統計応用の百科事典

松原 望・美添泰人・岩崎 学・金 明哲
竹村和久・林 文・山岡和枝 編

丸善出版

のような理由で役に立つのか，どのような点に注意が必要か，また統計的手法はどのような意味で本質的な役割を果たしているのかを明らかにすることを心がけました．統計の多彩な応用分野を紹介するため，せまい意味の統計分野に限定せず，環境問題や音楽，スポーツなど，さまざまな日常生活の場で統計的手法が活用されている事例もとりあげています．

　各項目は，それぞれの分野に精通している執筆者が分担して作成し，対象が多様な分野にわたることから，できるだけ各項目だけで解説が完結するような記述を心がけました．

　本事典が企画されたのは約3年前となります．完成まで，当初の予定より時間がかかりましたが，執筆の過程では多数の執筆者への連絡を初めとする編集作業を担当して下さった丸善出版の小林秀一郎さん，松平彩子さんの正確かつ周到な仕事ぶりには大変お世話になりました．執筆者を代表してお礼申し上げます．

　統計学がさまざまな分野でどのように応用されるのか，興味深く読める構成に仕上がっているかどうか，読者の皆様のご意見をいただければありがたく存じます．

2011年10月

　　　　　　　　　　　　　　　　　　　　　　編集委員長　松原　望
　　　　　　　　　　　　　　　　　　　　　　　　　　　　美添泰人

刊行にあたって

　統計学という学問はいろいろな分野に関係があり，その意味では明確に定[め]ることがむずかしいといわれています．統計学を専門とする研究者にたずね[て]「統計学とは何か」という問いにはさまざまな答えがかえってくることはまち[がい]ありません．

　統計学は，一方では人口，国民所得，失業率など定期的に調査・集計され[てい]る統計数字に関係しますが，他方で医学，心理・教育学，社会学，工学，[生物]など，さまざまな分野におけるデータ解析の方法として応用されています．[この]ような応用が意味をもつためには，統計的手法の理論の基礎が前提とされ[るの]はいうまでもなく，確率論や数理統計学の理論がその役割をはたしていま[す．]

　統計が学問として独立した体系をもつかどうかという科学方法論の議論[はさて]おき，以上の通り，統計的手法は実に多様な場面で利用されていることか[らそ]の意味を理解するためには，統計学について記述された書物を読むだけで[十分]とはいえません．統計学の入門書を読んで，統計的手法の体系やさまざ[まなデー]タ分析法を学んだとしても，それらがどのような場面で利用され，その[結果]をどのような意味で理解すればよいのかは，個別の分野の知識に基づい[た理解が]必要となるからです．そのうえ，さまざまな応用分野ごとに，若干異な[る用語が]用いられたり，個別の目的で開発された統計的手法が適用されることも[あり，]統計的手法の意味や利用方法を理解するためには，具体的な応用事例に[基づいて]学ぶことが必要であり，またそれが最も効率的な学習方法です．ある[いは，統計]的手法の活用は応用的な側面の理解を抜きにしては不可能であるとも[いえまし]ょう．

　本事典は，このような視点から，統計的手法が応用されるおもな分[野を選定]して，できるだけ実際の応用例に基づいて統計的手法を解説したも[のです．理論]的な背景の理解はもちろん重要ですが，実際の適用場面において統計[的手法が]

■編集委員一覧

編集委員長

松原　望　聖学院大学大学院政治政策学研究科
　　　　　東京大学名誉教授

美添泰人　青山学院大学経済学部
　　　　　日本統計学会前会長

編集委員（五十音順）

岩崎　学　成蹊大学理工学部

金　明哲　同志社大学文化情報学部

竹村和久　早稲田大学文学学術院

林　文　東洋英和女学院大学人間科学部

山岡和枝　帝京大学大学院公衆衛生学研究所

■執筆者一覧 (五十音順)

会田 雅人	総務省統計局総務課長
青木 敏	鹿児島大学大学院理工学研究科
赤澤 宏平	新潟大学医歯学総合病院医療情報部
朝野 熙彦	首都大学東京大学院社会科学研究科
浅見 泰司	東京大学空間情報科学研究センター
足立 浩平	大阪大学人間科学研究科
石田 敏郎	早稲田大学人間科学学術院
井出 満	元大阪産業大学経済学部教授
伊藤 雅光	大正大学文学部
稲葉 由之	慶應義塾大学経済学部
今井 英幸	北海道大学大学院情報学研究科
岩崎 学	成蹊大学理工学部
上坂 浩之	大阪大学臨床医工学融合研究教育センター
上田 尚一	龍谷大学名誉教授
上野 玄太	統計数理研究所モデリング研究系
植野 真臣	電気通信大学大学院情報システム学研究科
氏家 豊	埼玉大学社会調査研究センター
江島 伸興	大分大学医学部
大久保 智哉	独立行政法人大学入試センター研究開発部
大隅 昇	統計数理研究所 名誉教授
大津 起夫	独立行政法人大学入試センター研究開発部
大友 篤	株式会社アイコンズ
大森 拓哉	多摩大学経営情報学部
岡 太彬訓	多摩大学大学院経営情報学研究科
岡本 安晴	日本女子大学人間社会学部
小野田 崇	電力中央研究所システム技術研究所
小野寺 孝義	広島国際大学心理科学部
尾山 大輔	一橋大学経済学部
片山 徹	同志社大学文化情報学部
狩野 裕	大阪大学大学院基礎工学研究科
上村 修一	日本世論調査協会理事
川崎 茂	総務省統計局長
川本 竜史	大東文化大学スポーツ・健康科学部
北田 淳子	原子力安全システム研究所社会システム研究所
北村 佳之	日本銀行金融機構局
木村 邦博	東北大学文学研究科
木村 好美	早稲田大学文学学術院
姜 興起	帯広畜産大学地域環境学研究部門
金 明哲	同志社大学文化情報学部
口羽 文	独立行政法人国立がん研究センター研究所腫瘍ゲノム解析・情報研究部
国友 直人	東京大学 経済学部
栗原 考次	岡山大学大学院環境学研究科
栗山 浩一	京都大学大学院農学研究科
厳 網林	慶應義塾大学環境情報学部
後藤 則行	東京大学大学院総合文化研究科
小林 廉毅	東京大学大学院医学系研究科
小柳 雅司	株式会社ビデオリサーチテレビ事業局

執筆者一覧

酒折 文武	中央大学理工学部
桜井 裕仁	大学入試センター研究開発部
佐藤 勢津子	統計開発機構理事
サトウタツヤ	立命館大学文学部
佐藤 俊哉	京都大学大学院医学研究科
佐藤 朋彦	総務省統計局統計調査部
柴田 義貞	長崎大学大学院医歯薬学総合研究科
島谷 健一郎	統計数理研究所モデリング研究系
清水 誠	内閣府日本学術会議事務局企画課
鈴木 和幸	電気通信大学電気通信学部
鈴木 督久	日経リサーチ取締役
瀬尾 隆	東京理科大学理学部
平 久美子	東京女子医科大学東医療センター
髙橋 邦彦	国立保健医療科学院技術評価部
髙見 朗	総務省統計局統計調査研究官
竹内 光悦	実践女子大学人間社会学部
竹村 和久	早稲田大学文学学術院
田中 耕治	京都大学大学院教育学研究科
田中 茂穂	独立行政法人国立健康・栄養研究所 健康増進研究部
田中 章司郎	島根大学総合理工学部
田辺 孝二	東京工業大学大学院イノベーションマネジメント研究科
谷 聖一	日本大学文理学部
谷口 哲一郎	世論総合研究所所長
田畑 耕治	東京理科大学理工学部
壇 一男	清水建設株式会社技術研究所
丹後 俊郎	医学統計学研究センター長
千野 直仁	愛知学院大学心身科学部
千野 雅人	総務省政策統括官（統計基準担当）付統計企画管理官
辻 竜平	信州大学人文学部
辻谷 将明	大阪電気通信大学情報通信工学部
土屋 隆裕	統計数理研究所データ科学研究系
堤 盛人	筑波大学大学院システム情報工学研究科
椿 美智子	電気通信大学大学院情報理工学研究科
津村 宏臣	同志社大学文化情報学部
鄭 躍軍	同志社大学文化情報学部
手良向 聡	京都大学医学部
富澤 貞男	東京理科大学理工学部
中西 寛子	成蹊大学経済学部
中野 敦	一般財団法人計量計画研究所研究部
中野 佐知子	NHK編成局編成センター
中村 純作	立命館大学大学院言語教育情報研究科非常勤講師
中村 隆	統計数理研究所データ科学研究系
縄田 和満	東京大学工学部
西井 龍映	九州大学大学院数理学研究院
西川 正子	国立保健医療科学院技術評価部
西嶋 尚彦	筑波大学人間総合科学研究科
仁科 健	名古屋工業大学大学院工学研究科
南風原 朝和	東京大学大学院教育学研究科
橋本 修二	藤田保健衛生大学医学部
橋本 貴充	独立行政法人大学入試センター研究開発部
橋本 英樹	東京大学大学院医学系研究科
服部 環	筑波大学人間総合科学研究科
林 文	東洋英和女学院大学人間科学部
早見 均	慶應義塾大学商学部

執筆者一覧

福島 靖男	財団法人日本世論調査協会常務理事
藤井 聡	京都大学大学院工学研究科
舟岡 史雄	信州大学経済学部
古谷 知之	慶應義塾大学総合政策学部
Hermann GOTTSCHEWSKI	東京大学大学院総合文化研究科
星野 崇宏	名古屋大学大学院経済学研究科
星野 隆之	国立国際医療研究センター企画経営部
細野 助博	中央大学大学院公共政策研究科
前田 幸男	東京大学社会科学研究所
槙田 直木	総務省大臣官房企画課情報システム室
益永 茂樹	横浜国立大学大学院環境情報研究院
松井 茂之	情報・システム研究機構統計数理研究所
松原 望	聖学院大学大学院政治政策学研究科特任教授
松山 裕	東京大学大学院医学系研究科
真鍋 一史	青山学院大学総合文化政策学部
三浦 良造	一橋大学大学院国際企業戦略研究科特任教授
水嶋 春朔	横浜市立大学医学部
水田 正弘	北海道大学情報基盤センター
南 弘征	北海道大学情報基盤センター
宮崎 貴久子	京都大学大学院医学研究科
宮埜 寿夫	独立行政法人大学入試センター研究開発部
三輪 哲久	農業環境技術研究所生態系計測研究領域
棟近 雅彦	早稲田大学理工学術院
村上 征勝	同志社大学文化情報学部
村田 昇	早稲田大学先進理工学部
元山 斉	統計数理研究所リスク解析戦略研究センター
森川 敏彦	元久留米大学・バイオ統計センター教授
森本 栄一	株式会社ビデオリサーチ事業開発局
山岡 和枝	帝京大学大学院公衆衛生学研究所
山川 卓	東京大学大学院農学生命科学研究科
山口 幸三	独立行政法人統計センター情報技術部
山下 利之	首都大学東京人文科学研究科
山田 耕一	長岡技術科学大学経営情報系
山村 光司	独立行政法人農業環境技術研究所生物多様性研究領域
山本 紘司	大阪大学医学部
山本 義郎	東海大学理学部
山谷 修作	東洋大学経済学部
横山 徹爾	国立保健医療科学院生涯健康研究部
吉川 歩	甲南大学会計大学院
美添 泰人	青山学院大学経済学部
吉田 清隆	成蹊大学理工学部
吉田 寿夫	関西学院大学社会学部
吉野 諒三	統計数理研究所データ科学研究系
吉村 功	東京理科大学名誉教授
吉村 健一	京都大学医学部
汪 金芳	千葉大学大学院理学研究科

目 次

(※見出し語五十音索引は目次の後にあります)

1. 確率・統計の基本と分析手法 (編集担当：岩崎 学)

確率の定義と性質 — 2	重回帰分析 — 46
条件付き確率とベイズの定理 — 4	回帰診断 — 48
確率変数と確率分布 — 6	重回帰分析の変数選択 — 50
確率分布の特性値 — 8	判別分析 — 52
2変量の確率分布 — 10	主成分分析 — 54
離散型分布 — 12	因子分析 — 56
連続型分布 — 14	ベイズ統計の推測 — 58
正規分布 — 16	グラフィカルモデリング — 62
多変量正規分布 — 18	正準相関分析 — 64
大数の法則 — 20	対応分析 — 66
中心極限定理 — 22	クラスター分析 — 68
標本分布 — 24	ロジスティック回帰 — 70
点推定 — 26	分割表の解析 — 72
区間推定 — 28	対数線形モデル — 74
最尤推定量とその性質 — 30	一般化線形モデル — 76
統計的検定 — 32	ノンパラメトリック法 — 78
正規分布に関する統計的推測 — 34	不完全データ — 82
分散分析 — 36	EMアルゴリズム — 84
二項分布の推定・検定 — 38	情報量規準 — 86
ポアソン分布の推定・検定 — 40	ロバストネス — 88
適合度検定 — 42	スムージング — 90
単回帰分析 — 44	●コラム：平均値の計算法 — 92

2. 記述統計・計算機統計 (編集担当:金 明哲)

- データの構造 ──── 94
- データの要約 ──── 96
- 欠測値と外れ値 ──── 98
- データの視覚化 ──── 100
- 探索的データ解析 ──── 104
- 次元縮小の方法 ──── 108
- ブートストラップ法 ──── 112
- ジャックナイフ法 ──── 114
- モンテカルロ法 ──── 116
- マルコフ連鎖モンテカルロ法 ──── 120
- カルマンフィルタ ──── 124
- データ同化 ──── 128
- 機械学習 ──── 132
- カーネル法 ──── 134
- データマイニング ──── 136
- 樹木モデル ──── 138
- 集団学習 ──── 140
- ニューラルネットワーク ──── 144
- サポートベクターマシン ──── 146
- テキストマイニング ──── 148
- Webデータ解析 ──── 150
- 空間情報と空間統計 ──── 154
- 空間データと政策学 ──── 156
- コルモゴロフ記述量 ──── 158
- データ解析とソフト ──── 160
- アソシエーション分析 ──── 162
- ●コラム:計算統計学 ──── 166

3. 経済統計 (編集担当:美添泰人)

- 経済の構造統計と動態統計 ──── 168
- 国勢調査 ──── 170
- 経済センサス ──── 172
- 産業分類と職業分類 ──── 174
- 標本調査の基礎 ──── 176
- 標本調査のいろいろな方法 ──── 178
- 標本調査の実例 ──── 180
- 住宅と土地 ──── 182
- 家計の分析 ──── 184
- 不平等の尺度と所得格差 ──── 186
- 雇用と失業率 ──── 188
- 賃金と労働時間 ──── 190
- 雇用形態の変化 ──── 192
- 企業統計 ──── 194
- 製造業の統計 ──── 196
- 商業の統計 ──── 198
- サービス産業の統計調査 ──── 200
- 観光統計 ──── 202
- 地域と統計 ──── 204
- 地域データ分析 ──── 206
- 金融統計 ──── 208
- 国際収支統計 ──── 210
- 指数の作成方法 ──── 212
- 価格指数と数量指数の関係 ──── 214
- 指数の経済理論・連鎖指数 ──── 216
- 価格指数と品質調整 ──── 218
- 消費者物価指数 ──── 220
- その他の価格指数 ──── 222
- 製造業と生産指数 ──── 224
- 景気の指標 ──── 226
- SNAの構造 ──── 228
- SNAの利用 ──── 230

SNA 利用上の問題点 ——— 232	経済時系列データと季節変動 —— 242
産業連関表の構造 ——— 234	政府統計の利用法 ——— 244
産業連関分析 ——— 236	●コラム：公的経済統計の整備について
公的統計の制度 ——— 238	——— 246
公的統計の利用・提供 ——— 240	

4. 計量経済分析・ファイナンス (編集担当：美添泰人)

計量経済分析の方法 ——— 248	フィルター ——— 270
構造方程式と識別問題 ——— 250	多変量時系列モデル ——— 272
構造方程式の推定法 ——— 252	非定常時系列モデル ——— 274
消費関数(1)所得と消費 ——— 254	季節調整の手法 ——— 276
消費関数(2)仮説と分析 ——— 256	非線形時系列モデル ——— 278
生産関数 ——— 258	ファイナンスの確率過程 ——— 280
生産性の計測 ——— 260	デリバティブの価格理論 ——— 282
質的データの分析 ——— 262	平均分散アプローチ ——— 284
集計データとミクロデータ ——— 264	価格理論：CAPM と APT ——— 286
定常時系列モデル ——— 266	リスク計測の統計的方法 ——— 288
ARIMA モデル ——— 268	●コラム：計量分析手法の応用例 ——— 290
状態空間モデルとカルマン・	

5. 社会調査 (編集担当：林 文)

社会調査における誤差 ——— 292	質問紙調査 ——— 320
調査方式（調査モード） ——— 294	調査票の設計 ——— 322
標本抽出法(1) ——— 296	質的調査と量的調査 ——— 324
標本抽出法(2) ——— 298	調査倫理 ——— 326
オーソドックスな調査法 ——— 300	プリテスト，パイロットスタディー
調査不能と回収率 ——— 302	——— 328
電話調査 ——— 304	調査誤差，バイアス ——— 330
集合調査，出口調査，街頭調査 — 306	コードブック ——— 332
ウェブ調査 ——— 308	データ・アーカイヴ ——— 334
混合方式（混合モード） ——— 312	公開データの二次分析 ——— 336
コウホート分析 ——— 314	単純集計とクロス集計 ——— 338
パネル調査 ——— 316	数量化理論(1)数量化Ⅰ・Ⅱ類，
スプリットハーフ ——— 318	その他の数量化法 ——— 342

数量化理論(2)数量化III類	344	生活時間調査	360
国際比較調査(1)	346	内閣府調査の継続質問	362
国際比較調査(2)	348	選挙予測調査	364
バックトランスレーション	350	マーケティング・リサーチ	366
調査員	352	テレビ視聴率調査	368
選択肢回答と自由回答	354	●コラム：ガットマンスケール（ガットマン尺度）	370
欠測データの扱い	356		
世論調査の歴史	358		

6. 心理統計・教育統計 （編集担当：竹村和久）

心理測定	372	大学入試センター試験	424
心理尺度	374	信頼性と妥当性	426
事例ベース意思決定理論	376	潜在変数	428
偏差値	378	知能指数	430
テストの測定誤差	380	回帰現象	432
相関と因果関係	382	古典的テスト理論	434
探索的因子分析	384	項目反応理論	436
非計量多次元尺度法	386	心理測定関数	438
パス解析	388	信号検出理論	440
潜在構造分析	390	証拠理論	442
共分散構造分析	392	ランダム効用理論	444
コンジョイント分析	394	多項ロジットモデル	446
AHP	396	確認的因子分析	448
非対称データの解析	398	計量多次元尺度法	450
項目分析	400	S-P表と注意係数	452
ファジィデータ解析	402	社会的ネットワーク	454
マグニチュード推定法	404	eラーニング	456
態度測定	406	力学系モデルと計量分析	458
スモールワールド	410	描画の計量分析	460
リスクと不確実性	412	心理実験と検定	462
得点等化法	414	一対比較法	464
階層意識	416	系列範疇法	466
テスト	420	●コラム：計量心理学と数理心理学との違い	468
教育評価	422		

7. 保健・医療統計 (編集担当：山岡和枝)

医療経済 — 470	基準範囲 — 524
医療経済評価 — 472	臨床検査値の個人差のモデル — 526
政策分析 — 474	体型・肥満度の測定 — 528
社会格差と健康 — 476	臨床検査の精度管理 — 530
QOL（生活の質）— 478	メタボリックシンドローム — 532
子どもの体力，運動能力測定 — 480	がん検診 — 534
病気の原因を探る：疫学 — 482	画像診断 — 536
観察研究でのバイアス — 486	心電図 — 538
シンプソンのパラドックス — 488	腫瘍マーカー — 540
因果推論 — 490	ゲノムデータ解析 — 542
臨床疫学 — 492	ファーマコゲノミクス — 544
環境疫学 — 494	ゲノムワイドスクリーニング — 546
栄養疫学 — 496	がんの分子診断 — 548
遺伝疫学 — 498	臨床試験 — 550
空間疫学 — 500	臨床試験における無作為割付け — 552
疾病集積性 — 502	多重性と多重比較・多重エンドポイント — 554
症候サーベイランス — 504	クロスオーバー試験 — 558
疾病地図 — 506	欠測値の取り扱い — 562
平均寿命と健康寿命 — 508	国際共同試験 — 564
保健指標 — 510	薬物動態学的モデル・薬力学モデル — 566
健康評価 — 512	メタ・アナリシス — 570
生存時間分析 — 514	●コラム：科学的エビデンスの統合とメタアナリシス — 572
混合効果モデル — 518	
マルチレベル分析 — 520	
年齢・時代・コホートモデル — 522	

8. 品質管理・工業統計 (編集担当：岩崎 学)

実験計画法 — 574	応答曲面法 — 584
主効果と交互作用 — 576	配合実験 — 588
要因計画 — 578	寿命分布 — 590
直交表 — 580	信頼性・保全性 — 592
乱塊法，ラテン方格法とBIBD — 582	管理図 — 594

官能検査 ———— 596   ●コラム：偶然の一致の確率 ———— 598

9. 環境統計 （編集担当：松原 望）

リスク評価の理論 ———— 600
環境計量学 ———— 604
森林インベントリー ———— 606
環境意識 ———— 608
放射線リスク ———— 610
距離サンプリング：点過程に基づく
　統計量とモデリング ———— 614
空間的相関 ———— 616
自然資源モデリング：森林減少
　モデルの探究 ———— 618
環境リスク評価 ———— 620
環境アセスメント ———— 622
CV法(仮想評価法) ———— 624
廃棄物統計 ———— 626
大気中粒子物質の健康影響 ———— 630
中毒学研究と化学物質の健康影響
 ———— 632
空間データと環境学 ———— 634
魚の資源調査と資源管理 ———— 636
地震と耐震 ———— 638
気象と環境の統計理論的分析 ———— 640
自動車事故分析 ———— 644
交通量統計 ———— 646
環境シミュレーション ———— 648
動物生息数調査 ———— 650
●コラム：「理科年表」環境部(平成23年)
　を読む ———— 652

10. 文化統計 （編集担当：金 明哲）

計量言語学 ———— 654
計量コーパス ———— 658
文化計量学 ———— 660
計量考古学 ———— 662
音楽のデータ分析 ———— 666
スポーツデータ分析 ———— 668
●コラム：時空間人類情報学 ———— 670

付　録

統計数理的視点から見た統計学発展史：主要著作，論文，主題 ———— 672

見出し語五十音索引 ———— xv

和文事項索引 ———— 675

見出し語五十音索引

■ A～Z

AHP 396
ARIMA モデル 268

CV 法(仮想評価法) 624

EM アルゴリズム 84
e ラーニング 456

QOL(生活の質) 478

S-P 表と注意係数 452
SNA の構造 228
SNA の利用 230
SNA 利用上の問題点 232

t 検定 50

Web データ解析 150

■ あ

アソシエーション分析 162

一対比較法 464
一般化線形モデル 76
遺伝疫学 498
医療経済 470
医療経済評価 472
因果推論 490
因子分析 56

ウェブ調査 308

栄養疫学 496

応答曲面法 584
オーソドックスな調査法 300
音楽のデータ分析 666

■ か

回帰現象 432
階層意識 416
価格指数と数量指数の関係 214
価格指数と品質調整 218
価格理論 286
確認的因子分析 448
確率の定義と性質 2
確率分布の特性値 8
確率変数と確率分布 6
家計の分析 184
画像診断 536
カーネル法 132
カルマンフィルタ 124
環境アセスメント 622
環境意識 608
環境疫学 494
環境計量学 604
環境シミュレーション 648
環境リスク評価 620
がん検診 534
観光統計 202
観察研究でのバイアス 486
官能検査 596
がんの分子診断 548
管理図 594

機械学習 130
企業統計 194
基準範囲 524
気象と環境の統計理論的分析 640
季節調整の手法 276
教育評価 422
共分散構造分析 392
距離サンプリング 614
金融統計 208

空間疫学 500
空間情報と空間統計 154
空間的相関 616

空間データと政策学　156
区間推定　28
空間データと環境学　634
クラスター分析　68
グラフィカルモデリング　62
クロスオーバー試験　558

景気の指標　226
経済時系列データの分析　242
経済センサス　172
経済の構造統計と動態統計　168
計量経済分析の方法　248
計量言語学　654
計量考古学　662
計量コーパス　656
計量多次元尺度法　450
系列範疇法　466
欠測値　98
欠測値の取り扱い　562
欠測データの扱い　356
ゲノムデータ解析　542
ゲノムワイドスクリーニング　546
健康評価　512

公開データの二次分析　336
構造方程式と識別問題　250
構造方程式の推定法　252
交通量調査　646
公的統計の制度　238
公的統計の利用・提供　240
コウホート分析　314
項目反応理論　436
項目分析　400
国際共同試験　564
国際収支統計　210
国際比較調査(1)　346
国際比較調査(2)　348
国勢調査　170
古典的テスト理論　434
コードブック　332
子どもの体力・運動能力測定　480
雇用形態の変化　192
雇用と失業率　188
コルモゴロフ記述量　158
混合効果モデル　518
混合方式(混合モード)　312

コンジョイント分析　394

■さ

最尤推定量とその性質　30
魚の資源調査と資源管理　636
サービス産業の統計調査　200
サポートベクターマシン：SVM　146
産業関連表の構造　234
産業関連分析　236
産業分類と職業分類　174

次元縮小の方法　108
地震と耐震　638
指数の経済理論・連鎖指数　216
指数の作成方法　212
自然資源モデリング　618
実験計画法　574
質的調査と量的調査　324
質的データの分析　262
疾病集積性　502
疾病地図　506
質問紙調査　320
自動車事故分析　644
社会格差と健康　476
社会調査における誤差　292
社会的ネットワーク　454
ジャックナイフ法　114
重回帰分析　46
集計データとミクロデータ　264
集合調査　306
住宅と土地　182
集団学習　140
主効果と交互作用　576
主成分分析　54
寿命分布　590
樹木モデル　138
腫瘍マーカー　540
商業の統計　198
条件付き確率とベイズの定理　4
症候サーベランス　504
証拠理論　442
状態空間表現とカルマン・フィルター　270
消費関数(1)所得と消費　254
消費関数(2)仮説と分析　256
消費者物価指数　220
情報量規準　86

事例ベース意思決定理論　376
信号検出理論　440
心電図　538
シンプソンのパラドックス　488
信頼性と妥当性　426
信頼性・保全性　592
心理実験と検定　462
心理尺度　374
心理測定　372
心理測定関数　438
森林インベントリー　606

数量化理論(1)数量化Ⅰ・Ⅱ類，その他の数量化法　342
数量化理論(2)数量化Ⅲ類　344
スプリットハーフ　318
スポーツデータ分析　668
スムージング　90
スモールワールド　410

生活時間調査　360
正規分布　16
正規分布に関する統計的推測　34
政策分析　474
生産関数　258
生産性の計測　260
正準相関分析　64
製造業と生産指数　224
製造業の統計　196
生存時間分析　514
政府統計の利用法　244
選挙予測調査　364
潜在構造分析　390
潜在変数　428
選択肢回答と自由回答　354

相関と因果関係　382
その他の価格指数　222

■た
対応分析　66
大学入試センター試験　424
大気中粒子物質の健康影響　630
体型・肥満度の測定　528
対数線形モデル　74
大数の法則　20

態度測定　406
多項ロジットモデル　446
多重性と多重比較・多重エンドポイント　554
多変量時系列モデル　272
多変量正規分布　18
単回帰分析　44
探索的因子分析　384
探索的データ解析　104
単純集計とクロス集計　338

地域データ分析　206
地域と統計　204
知能指数　430
中心極限定理　22
中毒学研究と化学物質の健康影響　632
調査員　352
調査誤差，バイアス　330
調査票の設計　322
調査不能と回収率　302
調査方式　294
調査倫理　326
直交表　580
賃金と労働時間　190

定常時系列モデル　266
適合度検定　42
テキストマイニング：TM　148
テスト　420
テストの測定誤差　380
データ・アーカイヴ　334
データ解析とソフト　160
データ同化　128
データの構造　94
データの視覚化　100
データの要約　96
データマイニング　136
デリバティブの価格理論　282
テレビ視聴率調査　368
点推定　26
電話調査　304

統計的検定　32
動物生息数調査　650
等分散　48
得点等化法　414

■な

内閣府調査の継続質問　362

２変量の確率分布　10
二項分布の推定・検定　38
ニューラルネットワーク　144

年齢・時代・コホートモデル　522

ノンパラメトリック法　78

■は

廃棄物統計　626
配合実験　588
パス解析　388
バックトランスレーション　350
パネル調査　316
判別分析　52
非計量多次元尺度法　386
非線形時系列モデル　278
非対称データの解析　398
非定常時系列モデル　274

描画の計量分析　460
病気の原因を探る　482
標本抽出方法(1)　296
標本抽出方法(2)　298
標本調査のいろいろな方法　178
標本調査の基礎　176
標本調査の実例　180
標本分布　24

ファイナンスの確率過程　280
ファジィデータ解析　402
ファーマコゲノミクス　544
不完全データ　82
ブートストラップ法　112
不平等の尺度と所得格差　186
プリテスト，パイロットスタディー　328
文化計量学　660
分割表の解析　72
分散分析　36

平均分散アプローチ　284

平均寿命と健康寿命　508
ベイズ統計の推測　58
偏差値　378

ポアソン分布の推定・検定　40
放射線リスク　610
保健指標　510

■ま

マグニチュード推定法　404
マーケティング・リサーチ　366
マルコフ連鎖モンテカルロ法　120
マルチレベル分析　520

メタ・アナリシス　570
メタボリックシンドローム　532

モンテカルロ法　116

■や

薬物動態学的モデル・薬力学モデル　566

要因計画　578
世論調査の歴史　358

■ら

乱塊法，ラテン方格法とBIBD　582
ランダム効用理論　444

力学系モデルと計量分析　458
離散型分布　12
リスク計測の統計的方法　288
リスクと不確実性　412
リスク評価の理論　600
臨床疫学　492
臨床検査の個人差モデル　526
臨床検査の精度管理　530
臨床試験　550
臨床試験における無作為割付け　552

連続型分布　14

ロジスティック回帰　70
ロバストネス　88

1. 確率・統計の基本と分析手法

　統計分析を適切に行い，正しい結論を導くためには，その基となる確率ならびに統計手法に関する基礎的な知識は不可欠である．「確率」は日常用語として用いられもするが，それは数学的な対象であり，現に「確率論」は現代数学の中でも重要な位置を占める研究対象となっている．したがって，確率に関する種々の性質の導出には数学的な議論が不可欠であるが，本章では，過度に数学的にならないようわかりやすく説明を加えている．分析結果の確率的な表現にぜひ習熟していただきたい

　データの分析に用いられる統計手法に関しても，その妥当性の背後には数学的なモデルの存在がある．ほとんどの統計手法は何らかの数学的なモデルの仮定の下に開発され，その有効性は想定されたモデルにより示される．現実のデータではその種のモデルが厳密に成り立つことはまれであろうが，常に手元のデータとそれらのモデルとの距離を測りながら分析を行うという姿勢が強く望まれる． 　　　　　［岩崎　学］

確率の定義と性質

確率は，ある事柄が生起するかどうかが不明な場合に，その生起する確からしさを0から1の間の数字で表したもので，確率が0に近いほどその事柄は生じにくく1に近いほど生じやすいと解釈される．確率は，降雨確率のように日常用語としても用いられるが，ここではその数学的な定義を与え，いくつかの性質を考察する．

●**確率の定義**　実験や調査などのデータを得る行為を総称して試行といい，試行結果全体の集合Ωを標本空間という．Ωの部分集合は事象とよばれ，事象には通常の集合の演算が定義される．要素xがAに属することを$x \in A$と表し，AがBの部分事象であることは$A \subseteq B$と書く．事象A, Bに対し，AまたはBのいずれか（あるいは両方）に

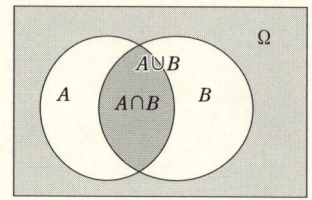

図1　ベン図による事象の表現

属する要素の集合をAとBの和事象とよび$A \cup B$で表す．また，AとBの両方に属する要素の集合をAとBの積事象といい$A \cap B$と書く（図1）．Ωの中でAに属さない要素全体の集合を余事象とよびA^cと書く．さらに，要素を何も含まない事象を空事象とよびϕと書く．Ω自身も1つの事象であり，$\phi = \Omega^c$である．2つの事象A, Bが同時には起こり得ない，すなわち$A \cap B = \phi$のとき，AとBは互いに素，もしくは排反であるという．特に，$A \cap A^c = \phi$であり$A \cup A^c = \Omega$である．これらの準備のもと，確率を数学的に定義する（定義はA. N. コルモゴロフによる）．

定義1〈確率の公理〉　標本空間Ωの任意の事象Aに対し，次の3条件を満たす実数$\Pr(A)$を事象Aの生起する確率という．

① $0 \leq \Pr(A) \leq 1$
② $\Pr(\Omega) = 1$
③ $A_i \cap A_j = \phi \ (i \neq j)$のとき$\Pr(A_1 \cup A_2 \cup \cdots) = \Pr(A_1) + \Pr(A_2) + \cdots$

[例1]　事象と確率の例

さいころを1度振って出た目を観測する試行の標本空間は$\Omega = \{1, 2, \cdots, 6\}$である．偶数の目が出る事象$A$は$A = \{2, 4, 6\}$となり，3以下の目が出る事象$B_3$および4以下の目が出る事象$B_4$はそれぞれ$B_3 = \{1, 2, 3\}$，$B_4 = \{1, 2, 3, 4\}$となる．このとき$A \cap B_3 = \{2\}$，$A \cap B_4 = \{2, 4\}$，$A \cup B_3 = \{1, 2, 3, 4, 6\}$である．出た目が$k$である確率を$\Pr(k)$とすると，目の出方に偏りがなければ$\Pr(k) = 1/6$，$k = 1, \cdots, 6$であり，$\Pr(A) = 1/2$，$\Pr(B_3) = 1/2$，$\Pr(B_4) = 2/3$となる．また，

$\Pr(A \cap B_3) = 1/6$, $\Pr(A \cap B_4) = 1/3$, $\Pr(A \cup B_3) = 5/6$ などとなる.

●**確率の性質** 確率のもつ性質をいくつか与える. 直感的な証明は図1のようなベン図によって得られる. 2つの事象 A, B に対し $\Pr(A \cup B) = \Pr(A) + \Pr(B) - \Pr(A \cap B)$ となる. この性質は確率の加法定理ともよばれる. ここで $\Pr(A \cap B) \geq 0$ に注意すると不等式 $\Pr(A \cup B) \leq \Pr(A) + \Pr(B)$ が成り立ち, 等号は A と B が互いに排反のときのみ成立する. この不等式はボンフェロニの不等式とよばれる. $\Pr(A)$ および $\Pr(B)$ は既知であるが $\Pr(A \cup B)$ が未知の場合, その上限を与えることから簡単ではあるが便利な不等式である.

確率計算では事象相互の関係を考慮に入れる必要があるが, 関係で最も重要なものは無関係という関係であり, 統計では独立性と表現される. 定義は次のようである.

定義2〈事象の独立〉 2つの事象 A, B に対し $\Pr(A \cap B) = \Pr(A) \Pr(B)$ となるとき, A と B は互いに独立であるという.

事象の排反性と独立性とは混同されることが多い. 事象 A と B が互いに排反であれば $\Pr(A \cap B) = 0$ であるので, $\Pr(A) \neq 0$ かつ $\Pr(B) \neq 0$ であれば A と B とは独立ではない. A と B が互いに排反のときは, A が生起すれば必ず B が生起しないので, A と B との間には強い関係がある. 独立性は, 事象間の関係でなく, 試行間の関係ととらえることが多い. すなわち, ある試行 A の標本空間を $\{A_1, A_2, \cdots\}$ とし, 別の試行 B の標本空間を $\{B_1, B_2, \cdots\}$ とするとき, すべての j および k に対し $\Pr(A_j \cap B_k) = \Pr(A_j) \Pr(B_k)$ であれば, 試行 A と B とは独立であるという.

[例2] 例1の続き

例1では $B_3 \subseteq B_4$ であるので $\Pr(B_3) \leq \Pr(B_4)$ である. また, $\Pr(A \cap B_4) = \Pr(A) \Pr(B_4) = 1/3$ であるので, 事象 A と B_4 とは独立であるが, A と B_3 とは独立ではない.

[例3] まれな事象の生起確率

コインを10回投げて10回とも表の出る確率は, 各試行で表の出る確率が1/2で各試行は互いに独立であるとすると $(1/2)^{10} = 1/1{,}024$ である. 確率は小さく, 多分そういうことは起こらないであろうと考えられる. ところがいま, 1,024人の人がいて各人それぞれが独立にコインを10回投げる試行を行ったとき, その中で10回とも表の出る人が1人以上いる確率は, 全員が10回続けては表が出ない事象(確率は1,023/1,024)の余事象の確率であるので, $1 - (1{,}023/1{,}024)^{1{,}024} = 0.6323$ ($\approx 1 - e^{-1}$) となる. 各人にとってはまれな事象であっても人数が多くなるとまれとはいえなくなるのである.

[岩崎 学]

条件付き確率とベイズの定理

ある事象 A の生起確率が別の事象 B の生起の有無によって影響を受けることがある．このときの確率計算では条件付き確率が用いられる．また，条件付き確率に関し重要でかつ応用範囲の広い定理としてベイズの定理がある．

●**条件付き確率** 事象 A, B に対し，$\Pr(B) \neq 0$ のとき

$$\Pr(A|B) = \frac{\Pr(A \cap B)}{\Pr(B)}$$

を B が与えられたときの A の条件付き確率という．確率の記号の縦棒 | の前が確率を求めようとする事象，後ろが与えられた条件を表す．事象 B が生起したとの条件の下での事象 A の生起確率であるので標本空間が B に制限されている．事象 A, B が独立の場合には，$\Pr(A \cap B) = \Pr(A) \Pr(B)$ であるので

$$\Pr(A|B) = \frac{\Pr(A \cap B)}{\Pr(B)} = \frac{\Pr(A) \times \Pr(B)}{\Pr(B)} = \Pr(A)$$

が成り立つ．同様に $\Pr(A|B^c) = \Pr(A)$ も示され，独立な場合には事象 B の生起確率は事象 A の生起によらず同じとなる．すなわち，B の生起が A の生起確率に何ら影響を与えていないことになり，これが2つの事象 A および B が互いに独立であることの実際的な意味である．条件付き確率の定義式から $\Pr(A) \neq 0$ および $\Pr(B) \neq 0$ のとき

$$\Pr(A \cap B) = \Pr(B|A) \Pr(A) = \Pr(A|B) \Pr(B)$$

となることがわかる．この関係式は確率の乗法定理ともよばれる．

事象 A, B, C に対し，$\Pr(A \cap B|C) = \Pr(A|C) \Pr(B|C)$ が成り立つとき，事象 A と B は事象 C が与えられたとの条件の下で条件付き独立であるという．事象 C の下で A と B が条件付き独立であっても C^c の下で条件付き独立とは限らない．また，仮に A と B が C の下でも C^c の下でも条件付き独立であったとしても，A と B は無条件で（すなわち C および C^c の条件がないとき）独立であるとは限らない．

●**ベイズの定理** 条件付き確率に関する次の定理は歴史的にも重要である．

定理 1〈ベイズの定理〉 2つの事象 A, B に対し，$\Pr(A) \neq 0$ および $\Pr(B) \neq 0$ のとき

$$\Pr(A|B) = \frac{\Pr(B|A) \Pr(A)}{\Pr(B)}$$

$$= \frac{\Pr(B|A) \Pr(A)}{\Pr(B|A) \Pr(A) + \Pr(B|A^c) \Pr(A^c)}$$

が成り立つ．これをベイズの定理という．

ベイズの定理の意味は重要で少なくとも次の2つの解釈ができる．

(1) 事象 B が観測される前の事象 A の事前確率 $\Pr(A)$ が，事象 B の生起により事後確率 $\Pr(A|B)$ に $\{\Pr(B|A)/\Pr(B)\}$ 倍だけ変化する．すなわち，事象 B が A の生起確率に及ぼす大きさを知る定理である．

(2) 事象 B を何らかの結果としたとき，結果 B の原因が A である確率 $\Pr(A|B)$ を，A が原因で B が結果として生起する確率 $\Pr(B|A)$ および A が原因でなく B が生起する確率 $\Pr(B|A^c)$ により表現する．すなわち，結果を見てその原因を探る定理である．

●確率計算の例

[例1] まれな事象の観察

事象 A の生起はまれで，その生起確率を p とする．A を1回以上観測する確率を0.95とするために必要な試行回数 n を求める．n 回中で A を1回以上観測する事象は1度も観測しない事象の余事象であるので，$1-(1-p)^n \geq 0.95$ より $(1-p)^n \leq 0.05$ を得る．この両辺の自然対数を取り，$\log(0.05) \approx -3$ および x が小さいとき $\log(1+x) \approx x$ であることを用いると，$n \geq 3/p$ を得る．$p=0.001$ では $n \geq 3{,}000$ となる．

[例2] 検査の精度

ある疾患をもつ人を D，もたない人を N とし，この疾患の有無を調べる検査での陽性を＋，陰性を－で表す．疾患をもつ人が陽性となる条件付き確率 $\Pr(+|D)$ を検査の感度といい，疾患をもたない人が陰性となる条件付き確率 $\Pr(-|N)$ を特異度という．例えば $\Pr(D)=0.01$ とし，感度を

表1　同時確率の表

n	D	N	計
＋	0.009	0.198	0.207
－	0.001	0.792	0.793
計	0.01	0.99	1

$\Pr(+|D)=0.9$，特異度を $\Pr(-|N)=0.8$ とする．検査で陽性になりかつ疾患をもつ確率は $\Pr(+\cap D)=\Pr(+|D)\Pr(D)=0.9\times 0.01=0.009$ と求められる．同様に $\Pr(+\cap N)=0.198$，$\Pr(-\cap D)=0.001$，$\Pr(-\cap N)=0.792$ となる．これらの各確率は表1のようである．検査で陽性になる確率は $\Pr(+)=\Pr(+\cap D)+\Pr(+\cap N)=0.207$ であり，陰性になる確率は $\Pr(-)=1-\Pr(+)=0.793$ となる．検査で陽性であった人が疾患をもつ条件付き確率 $\Pr(D|+)$ はベイズの定理により $\Pr(D|+)=\Pr(D\cap +)/\Pr(+)=0.009/0.207 \approx 0.0435$ となる．検査で陽性であっても疾患をもつ確率はそう高くないことがわかる．同様に，検査で陰性だった人が疾患をもたない条件付き確率は $\Pr(N|-)=\Pr(N\cap -)/\Pr(-)=0.792/0.793 \approx 0.9987$ となる．この場合，検査で陰性であれば，ほぼ疾患をもたないことになる．

[岩崎　学]

確率変数と確率分布

●**確率変数** 確率変数とは，数学的な変数であることに加え，そのとり得る値に確率が付随したものをいう．確率変数はアルファベットの大文字で，確率変数が具体的にとる値はアルファベットの小文字で表す習慣がある．例えば，$\Pr(X=x)$ は確率変数 X がある値 x をとる確率であり，$\Pr(c<Y\leq d)$ は確率変数 Y が定数 c より大きく d 以下の値をとる確率を表す．確率変数には離散型と連続型がある．離散型確率変数は，そのとり得る値が整数のように離散的であるものをいい，連続型確率変数はとり得る値が実数であるものをいう．

●**確率分布** 離散型確率変数 X のとり得る値が $x_1, x_2, \cdots$ のとき，X が x_i となる確率 $p(x_i) = \Pr(X=x_i)$ の集まり $\{p(x_i), i=1, 2, \cdots\}$ を X の確率分布という．$p(x_i)$ は確率を表すので $p(x_i) \geq 0$ および $\sum_{i=1}^{\infty} p(x_i) = 0$ が成り立つ．連続型確率変数では 1 点 x をとる確率は 0 であり（直線上の 1 点の長さが 0 であることに対応），離散型確率変数と異なる扱いが必要となる．連続型確率変数 X が区間 (a, b) に入る確率が $\Pr(a<X<b) = \int_a^b f(x)\,dx$ のようにある関数 $f(x)$ の定積分で与えられるとき，関数 $f(x)$ を X の確率密度関数という．確率密度関数については $f(x) \geq 0$ および $\int_{-\infty}^{\infty} f(x)\,dx = 1$ が成り立つ．

離散型確率変数の場合，$p(x_i)$ は確率そのものであるため 1 を超えることはないが，連続型確率変数の場合は，確率は確率密度関数 $f(x)$ の値そのものではなく $f(x)$ と x 軸との間の面積で与えられるため，関数 $f(x)$ の値は 1 を超えることがある．

●**累積分布関数** 離散型あるいは連続型の確率変数 X がある値 x 以下となる確率（下側累積確率）を x の関数とみた $F(x) = \Pr(X \leq x)$ を X の累積分布関数あるいは単に分布関数という．累積分布関数を用いると，
$$\Pr(a<X\leq b) = \Pr(X\leq b) - \Pr(X\leq a) = F(b) - F(a)$$
のようにある区間内の確率が計算される．

累積分布関数 $F(x)$ はその定義式から
① x の非減少関数：すなわち，$x<x' \Rightarrow F(x) \leq F(x')$
② $\lim_{x\to -\infty} F(x) = 0, \lim_{x\to \infty} F(x) = 1$
③ 右連続：x の不連続点では右（正の方向）から近づいたときの値

の 3 条件を満足する．逆に上記の 3 条件を満足する関数 $F(x)$ はある確率分布の

累積分布関数となる．

確率関数 $p(x_i)$ をもつ離散型確率変数 X の累積分布関数は $F(x)=\sum_{x_i\leq x}p(x_i)$ と計算され，X のとり得る値 x_i それぞれでその値をとる確率 $p(x_i)$ だけジャンプする階段関数となる（図1）．確率密度関数 $f(x)$ をもつ連続型確率変数 X の累積分布関数は $F(x)=$

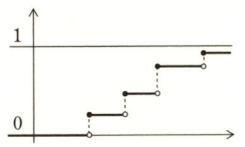

図1　離散分布の累積分布関数

$\int_{-\infty}^{x}f(x)dx$ となる．すなわち，$F(x)$ は確率密度関数 $f(x)$ の不定積分（原始関数）であり，逆に確率密度関数は分布関数の導関数 $f(x)=dF(x)/dx$ となる．したがって，累積分布関数 $F(x)$ が与えられれば，確率 $\Pr(a<X\leq b)$ は

$$\Pr(a<X\leq b)=\int_{a}^{b}f(x)dx=F(b)-F(a)$$

のように求められる．

［例］　確率密度関数と累積分布関数
連続型確率変数 X の確率密度関数が

$$F(x)=\begin{cases}\sin(2x) & (0\leq x\leq\pi/2)\\ 0 & (その他)\end{cases}$$

であるとすると（サイン分布とよばれる分布である），$\int_{0}^{x}\sin(2x)dx=0.5\{1-\cos(2x)\}$ であるので，累積分布関数は

$$F(x)=\begin{cases}0 & (x<0)\\ 0.5\{1-\cos(2x)\} & (0\leq x\leq\pi/2)\\ 1 & (\pi/2<x)\end{cases}$$

となる（図2）．

確率 $\Pr(X\leq 1)$ は確率密度関数 $f(x)$ と x 軸と $x=1$ とで囲まれた部分の面積であり，累積分布関数を用いると $F(1)=0.5\{1-\cos 2\}\approx 0.708$ と求められる．

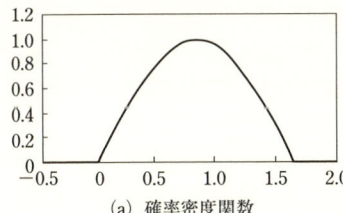
(a) 確率密度関数

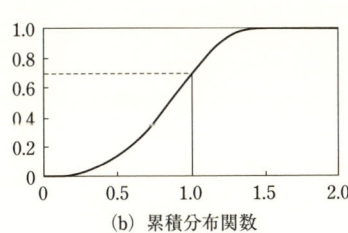
(b) 累積分布関数

図2　確率密度関数と累積分布関数

［岩崎　学］

確率分布の特性値

　確率分布はいくつかの特性値で特徴付けられる．ここではその種の特性値をいくつか示す．

●**モーメントに基づく特性値**　確率変数 X が離散型でその確率関数が $p(x_i)$ のとき，

$$E[X] = \sum_{i=1}^{\infty} x_i p(x_i)$$

で定義される定数 $E[X]$ を確率変数 X の「期待値」あるいは「平均値」という*．一般に，X のある関数 $g(X)$ の期待値は

$$E[g(X)] = \sum_{i=1}^{\infty} g(x_i) p(x_i)$$

により定義される．確率変数 X が連続型で確率密度関数 $f(x)$ をもつ場合，X の期待値は

$$E[X] = \int_{-\infty}^{\infty} x f(x) dx$$

で定義され，X のある関数 $g(X)$ の期待値も

$$E[g(X)] = \int_{-\infty}^{\infty} g(x) f(x) dx$$

により定義される．期待値は平均値 mean の m に対応するギリシャ文字の μ で表されることが多い．一般に，$\mu'_k = E[X^k]$ を「原点まわりの k 次のモーメント」，μ を期待値として $\mu_k = E[(X-\mu)^k]$ を「平均値まわりの k 次のモーメント」という．

　確率変数 X に対し，平均値まわりの 2 次のモーメント

$$V[X] = E[(X-\mu)^2] = \begin{cases} \sum_{i=1}^{\infty} (x_i - \mu)^2 p(x_i) & \text{（離散型）} \\ \int_{-\infty}^{\infty} (x-\mu)^2 f(x) dx & \text{（連続型）} \end{cases}$$

を確率変数 X の「分散」といい，その正の平方根 $SD[X] = \sqrt{V[X]}$ を X の「標準偏差」(SD) という．分散は σ^2 で，標準偏差は σ で表されることが多い．確率変数 X の分散については $V[X] = E[X^2] - (E[X])^2$ が成り立つ．

　実際の観測値は，身長であれば cm のように何らかの測定単位をもつのが普通であり，期待値はその測定単位と同じ単位をもつ．標準偏差も測定値と同じ単位をもつが，分散は 2 乗の単位となる（身長では cm^2）．よって，ばらつきの大きさの尺度としては標準偏差の方が望ましい．また，正の値をとる確率変数に対し，

＊) $E[X]$ など $E(X)$ と表記する流儀も多い．

標準偏差と期待値の比 $\mathrm{CV}[X]=\mathrm{SD}[X]/E[X]$ を変動係数（CV）という．変動係数は無名数である．

期待値は，確率分布をその点で支えるとバランスするという物理的な性質をもつ．確率変数 X の確率分布が 1 つの値しかとらないときに限り，分散(標準偏差)は 0 となる．期待値は確率分布の位置を，標準偏差および分散は共に分布のばらつきの大きさを表す尺度である．

確率変数 X に対し，$\mu=E[X]$ として，3 次および 4 次の平均値まわりのモーメントを基準化した

$$\beta_1 = \frac{E[(X-\mu)^3]}{(\mathrm{SD}[X])^3}, \quad \beta_2 = \frac{E[(X-\mu)^4]}{(\mathrm{SD}[X])^4} - 3$$

をそれぞれ X の歪度，尖度という．

●**その他の特性値** モーメントで定義される以外の特性値もある．確率分布の中央すなわちその値以下および以上の割合が 50％ずつとなる点を中央値といい，下側 25％および上側 25％となる点をそれぞれ下側四分位点および上側四分位点という．確率変数 X が連続的な場合，累積分布関数を $F(x)=\mathrm{Pr}(X\leq x)$ とすると，中央値 m は $F(m)=\mathrm{Pr}(X\leq m)=0.5$ となる点であり，下側四分位点 q_L および上側四分位点 q_U はそれぞれ $F(q_\mathrm{L})=\mathrm{Pr}(X\leq q_\mathrm{L})=0.25$，$F(q_\mathrm{U})=\mathrm{Pr}(X\leq q_\mathrm{U})=0.75$ となる点である．そして $q_\mathrm{L}-q_\mathrm{U}$ を四分位範囲という．分布が離散的な場合には等号の有無が定義に関係してくる．

離散型の場合の確率関数 $p(x)$ あるいは連続型での確率密度関数 $f(x)$ の最大値を与える点を最頻値という．連続的な場合の最頻値は $df(x)/dx=0$ の解として求められる．分布が左右対称でひと山型の場合には期待値，中央値，最頻値は一致するが，分布がひずんでいる場合にはそれらは一般に一致しない．

●**変数変換と特性値** 確率変数 X に対し，a, b を定数として $Y=aX+b$ と変換したとき，

$$\begin{aligned} E[Y] &= E[aX+b] = aE[X]+b \\ V[Y] &= V[aX+b] = a^2 V[X] \\ \mathrm{SD}[Y] &= \mathrm{SD}[aX+b] = |a|\mathrm{SD}[X] \end{aligned}$$

が成り立つ．歪度の絶対値と尖度はこの変換によって値が変わらない．中央値と最頻値もともに a 倍し b を加えた値となる．また，確率変数 X に対し，$\mu=E[X]$, $\sigma^2=V[X]$ $(\sigma=\mathrm{SD}[X])$ のとき，$Z=(X-\mu)/\sigma$ と変換すると（これを標準化変換という）$E[Z]=0$, $V[Z]=1$ となる．逆に $E[Z]=0$, $V[Z]=1$ のとき $X=\sigma Z+\mu$ とすると $E[X]=\mu$, $V[X]=\sigma^2$ となる．特に $T=10Z+50$ とすると $E[T]=50$, $V[T]=10^2$ $(\mathrm{SD}[T]=10)$ となり，このときの T は受験産業では偏差値とよばれる．

〔岩崎　学〕

2変量の確率分布

● **2変量離散型分布** 2つの離散型確率変数を X と Y とするとき，

$$p(x_i, y_j) = \Pr(X=x_i, Y=y_j). \quad i, j=1, 2, \cdots$$

で表される確率分布を2変量確率変数 (X, Y) の「同時確率分布」という．同時分布に対し，X あるいは Y 単独の1変量確率分布を「周辺確率分布」という．$X=x_i$ となる確率 $\Pr(X=x_i)$ は同時確率 $\Pr(X=x_i, Y=y_j)$ をすべての y_j に対して加えて得られる．すなわち，X の周辺確率 $p_1(x_i)$ は

$$p_1(x_i) = \Pr(X=x_i) = \sum_{j=1}^{\infty} p(x_i, y_j), \quad i=1, 2, \cdots$$

となる．同様に Y の周辺確率 $p_2(y_j)$ も

$$p_2(y_j) = \Pr(Y=y_j) = \sum_{i=1}^{\infty} p(x_i, y_j), \quad j=1, 2, \cdots$$

と計算される．$Y=y_j$ が与えられたときの X の条件付き分布を

$$p_1(x_i \mid y_j) = \frac{\Pr(X=x_i, Y=y_j)}{\Pr(Y=y_i)} = \frac{p(x_i, y_j)}{p_2(y_j)}$$

により定義する．同様に，$X=x_i$ が与えられたときの Y の条件付き分布も

$$p_2(y_j \mid x_i) = \frac{\Pr(X=x_i, Y=y_j)}{\Pr(Y=x_i)} = \frac{p(x_i, y_j)}{p_1(x_i)}$$

で定義される．離散型確率変数 X と Y のとり得る値すべての同時確率がそれぞれの周辺確率の積になるとき，すなわち，すべての (x_i, y_j) に対し $p(x_i, y_j) = p_1(x_i) p_2(y_j)$ が成り立つとき，確率変数 X と Y は「互いに独立である」という．

● **2変量連続型分布** 2つの連続型確率変数 (X, Y) が2次元平面上のある領域 A の値を取る確率が

$$\Pr(X, Y) \in A = \iint_A f(x, y) \, dx dy$$

と関数 $f(x, y)$ の2重積分で表されるとき，関数 $f(x, y)$ を2変量確率変数 (X, Y) の「同時確率密度関数」という．それに対し，X の1変量の分布の確率密度関数 $f_1(x)$ を X の「周辺確率密度関数」といい，

$$f_1(x) = \int_{-\infty}^{\infty} f(x, y) \, dy$$

となる．同じく Y の周辺確率密度関数は

$$f_2(y) = \int_{-\infty}^{\infty} f(x, y) dx$$

となる．$Y=y$ が与えられたときの X の条件付き確率密度関数は

$$f_1(x|y) = f(x, y)/f_2(y)$$

と定義され，$X=x$ が与えられたときの Y の条件付き確率密度関数は

$$f_2(y|x) = f(x, y)/f_1(x)$$

となる．すべての (x, y) に関して $f(x, y) = f_1(x)f_2(y)$ が成り立つとき確率変数 X と Y は「互いに独立である」という．

●**2変量分布の特性値** 確率変数の組 (X, Y) の関数 $g(X, Y)$ の期待値 $E[g(X, Y)]$ は，離散型の場合

$$E[g(X, Y)] = \sum_{i=1}^{\infty} \sum_{j=1}^{\infty} g(x_i, y_j) p(x_i, y_j)$$

で定義され，連続型では

$$E[g(X, Y)] = \int_{-\infty}^{\infty} \int_{-\infty}^{\infty} g(x, y) f(x, y) dxdy$$

により定義される．特に，$\mu_X = E[X]$，$\mu_Y = E[Y]$ としたとき，$(X-\mu_X)(Y-\mu_Y)$ の期待値 $E[(X-\mu_X)(Y-\mu_Y)]$ を「共分散」(covariance)といい Cov$[X, Y]$ と書く．そして，共分散をそれぞれの変量の標準偏差で割った $R[X, Y] = \text{Cov}[X, Y]/(\text{SD}[X]\text{SD}[Y])$ を X と Y の間の「相関係数」という．相関係数は無名数である．

X と Y が独立のときは共分散も相関係数も 0 になる．ただし逆は真でなく相関係数が 0 であっても X と Y が独立とは限らない．相関が 0 のときを無相関という．共分散では Cov$[X, Y] = E[XY] - E[X]E[Y]$ が成り立ち，a, b, c, d を定数とするとき，Cov$[aX+b, cY+d] = ac\text{Cov}[X, Y]$ となる．相関係数については $-1 \leq R[X, Y] \leq 1$ であり，a および b を定数として $R[X, Y] = \pm 1 \Leftrightarrow Y = aX+b$ となる（左辺の符号は，a が正のときは+，負のときは-である）．また，$R[aX+b, cY+d] = \pm R[X, Y]$ となる．ただし符号は，$ac>0$ のとき正，$ac<0$ のとき負である．

2つの確率変数 X, Y に対し，和 $X+Y$ の期待値につき $E[X+Y] = E[X] + E[Y]$ が成り立つ．一般に，a および b を定数として，$E[aX+bY] = aE[X] + bE[Y]$ となる．分散については $V[X+Y] = V[X] + V[Y] + 2\text{Cov}[X, Y]$ となる．特に X と Y が独立（正確には無相関）のときは Cov$[X, Y] = 0$ であるので $V[X+Y] = V[X] + V[Y]$ が成り立つ．このように，「和の分散は分散の和」が成り立つためには X と Y の無相関性が必要であるが，「和の期待値は期待値の和」は X と Y の間に相関があっても常に成り立つ．　　　　[岩崎 学]

離散型分布

確率変数 X の値が有限個または可算無限個の離散値のみをとるとき，X を「離散型確率変数」とよびその分布を「離散型分布」という．離散型分布の確率関数は

$$f_X(x_k) = P(X = x_k), \quad k = 1, 2, \cdots$$

によって与えられる．代表的な離散型分布を示す．

●**ベルヌーイ分布** コインを1枚投げた結果（表か裏）やある病気にかかっているか否かなど，結果が2通りの場合の分布が当てはまる．この分布の確率関数は

$$f_X(k) = p^k(1-p)^{1-k}, \quad k = 0, 1$$

で与えられる．この分布の平均は p，分散は $p(1-p)$ である．

●**二項分布** サイコロを n 回投げたとき1の目が出る回数や，ある病気にかかっている n 人の患者に薬を投与したとき，その病気が治った人数などの分布が当てはまる．この分布の確率関数は

$$f_X(k) = {}_nC_k p^k(1-p)^{n-k}, \quad k = 0, 1, \cdots, n$$

で与えられる．ここに ${}_nC_k = n!/[(n-k)!k!]$．この分布の平均は np，分散は $np(1-p)$ である．例えば，表の出る確率が0.3のコインを20回投げたときの表が出る回数 X の分布は図1のようになる．

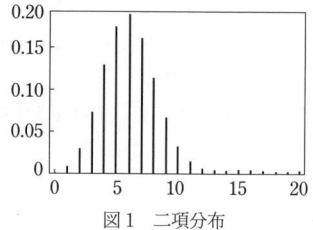

図1 二項分布

●**ポアソン分布** 二項分布で $np = \lambda$（一定），n が大きい（すなわち p が小さい）ときポアソン分布に近づく．交通事故件数などがこの分布に従うことが知られている．確率関数は

$$f_X(k) = \frac{e^{-\lambda}\lambda^k}{k!}, \quad k = 0, 1, 2, \cdots$$

で与えられ，λ は正の定数である．この分布の平均は λ，分散も λ である．例えば，1日平均5件の電話がかかってくる会社のある日の電話がかかってくる件数 X の分布は図2のようになる．

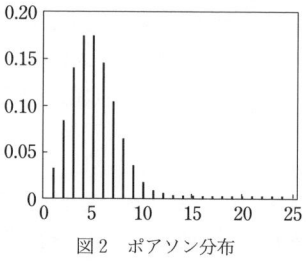

図2 ポアソン分布

●**幾何分布** 1枚のコインを繰り返し投げるとき，初めて表が出るまでに出た裏の回数などの分布が当てはまる．確率関数は

$$f_X(k) = p(1-p)^k, \quad k = 0, 1, 2, \cdots$$

で与えられる．この分布の平均は $(1-p)/p$，分散は $(1-p)/p^2$ である．例えば，

サイコロ投げにおいて，初めて6の目が出るまで投げ続けたとき，6以外の目が出た回数 X の分布は図3のようになる．

●**負の二項分布**　1枚のコインを繰り返し投げるとき，r 回目の表が出るまでに出た裏の回数などの分布が当てはまる．確率関数は

$$f_X(k) = {}_{r+k-1}C_k p^r (1-p)^k, \quad k=0, 1, 2, \cdots$$

で与えられる．この分布の平均は $r(1-p)/p$，分散は $r(1-p)/p^2$ である．例えば，表の出る確率が 0.4 のコインを繰り返し投げるとき，10回目の表が出るまでに出た裏の回数 X の分布は図4のようになる．

●**超幾何分布**　例えば箱の中に N 個のボールがあり，そのうちの M 個は白いボールであり，$N-M$ 個は赤いボールである．この箱の中から n 個のボールを取り出したとき，その中に含まれる白いボールの数の分布が超幾何分布である．確率関数は

$$f_X(k) = \frac{{}_M C_k \, {}_{N-M}C_{n-k}}{{}_N C_n}$$

$$\max\{0, n-(N-M)\} \leq k \leq \min\{n, M\}$$

で与えられる．この分布の平均は nM/N，分散は $nM(N-M)(N-n)/[N^2(N-1)]$ である．例として，全部で100本あるくじのうち25本が当たりであるとき，20本くじを引く（ただし，引いたくじは戻さない）とその中に含まれている当たりくじの本数 X の分布は図5のようになる．

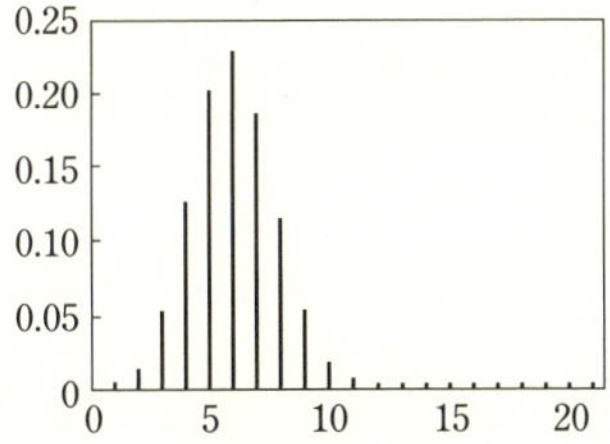

●**多項分布**　互いに排反な事象 $A_1, \cdots, A_m$ で事象 A_i が起こる確率を p_i としたとき，n 回の試行で事象 A_i が k_i 回（$i=1, \cdots, m$）起こる確率分布である．確率関数は

$$f_X(k_1, k_2, \cdots, k_m) = \frac{n!}{k_1! k_2! \cdots k_m!} p_1^{k_1} p_2^{k_2} \cdots p_m^{k_m}$$

で与えられる．ここに，$k_1+\cdots+k_m=n$，$p_1+\cdots+p_m=1$ である．この分布において，X_i の平均は np_i，分散は $np_i(1-p_i)$，X_i と $X_j (i \neq j)$ の共分散は $-np_ip_j$ である．

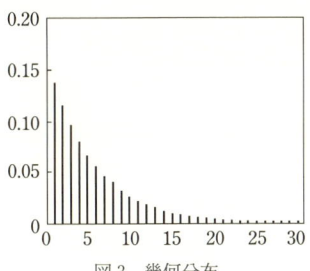

図3　幾何分布

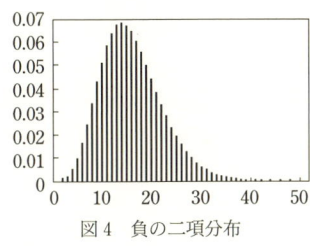

図4　負の二項分布

図5　超幾何分布

［富澤貞男・山本紘司］

連続型分布

体重，年収，ある製品に対する故障までの時間などのように確率変数 X のとる値が連続量と考えられるとき X を「連続型確率変数」とよび，

$$F_X(x) = P(X \leq x) = \int_{-\infty}^{x} f_X(t)\,dt, \quad -\infty < x < \infty$$

を満たす非負値関数 $f_X(x)$ を X の「確率密度関数」とよぶ（$F_X(x)$ は X の分布関数）．代表的な連続型分布を示す．

●**一様分布** 確率密度関数がある区間では一定の値をとり，そのほかでは0であるとき，この確率分布を一様分布とよび，確率密度関数は次のように定義される．

$$f_X(x) = \begin{cases} \dfrac{1}{b-a} & (a \leq x \leq b) \\ 0 & (x < a,\ x > b) \end{cases}$$

ただし，$-\infty < a < b < \infty$．特に $a=0$，$b=1$ の一様分布は2変量正規分布などの分布に従う乱数列の生成やモンテカルロ法などのコンピューターシミュレーションで利用される．また，平均，分散，積率母関数（$m_X(t) = E(e^{tX})$）は以下のように与えられる．

$$E(X) = \frac{b+a}{2}, \quad V(X) = \frac{(b-a)^2}{12}, \quad m_X(t) = \frac{e^{bt} - e^{at}}{(b-a)t}$$

●**指数分布** 銀行の窓口に1人の客が到着してから次の客が到着するまでの時間や機械などが故障するまでの時間の分布としてよく用いられる指数分布は次のように定義される．

$$f_X(x) = \begin{cases} \beta \exp(-\beta x) & (x > 0,\ \beta > 0) \\ 0 & (x \leq 0) \end{cases}$$

また，平均，分散，積率母関数は以下のように与えられる．

$$E(X) = \frac{1}{\beta}, \quad V(X) = \frac{1}{\beta^2}, \quad m_X(t) = \frac{\beta}{\beta - t} \quad (t < \beta)$$

●**ガンマ分布** ガンマ分布は次の確率密度関数によって定義される．

$$f_X(x) = \begin{cases} \dfrac{\beta^\alpha}{\Gamma(\alpha)} x^{\alpha-1} \exp(-\beta x) & (x > 0,\ \alpha > 0,\ \beta > 0) \\ 0 & (x \leq 0) \end{cases}$$

ここに，$\Gamma(\alpha)$ はガンマ関数：$\Gamma(\alpha) = \int_0^\infty x^{\alpha-1} \exp(-x)\,dx$，$\alpha > 0$ である．ガンマ分布は，$\alpha = 1$ のとき指数分布であり，$\alpha = n/2$，$\beta = 1/2$ のとき自由度 n のカイ二乗分布である．また，平均，分散，積率母関数は以下のように与えられる．

$$E(X) = \frac{\alpha}{\beta}, \quad V(X) = \frac{\alpha}{\beta^2}, \quad m_X(t) = \frac{\beta^\alpha}{(\beta-t)^\alpha} \quad (t<\beta)$$

●**ワイブル分布**　物体の強度を統計的に記述するために提案された確率分布であり，時間に対する劣化現象や寿命を統計的に記述するために用いられる．ワイブル分布 $W(\alpha, \beta)$ は次のように定義される．

$$f_X(x) = \begin{cases} \alpha\beta x^{\alpha-1}\exp(-\beta x^\alpha) & (x>0, \alpha>0, \beta>0) \\ 0 & (x \leq 0) \end{cases}$$

ワイブル分布は，$\alpha=1$ のとき指数分布と一致する（図1）．また，平均と分散は以下のように与えられる．

$$E(X) = \beta^{-1/\alpha}\left(1+\frac{1}{\alpha}\right)$$

$$V(X) = \beta^{-2/\alpha}\left\{\Gamma\left(1+\frac{2}{\alpha}\right) - \left[\left\{\Gamma\left(1+\frac{1}{\alpha}\right)\right\}\right]^2\right\}$$

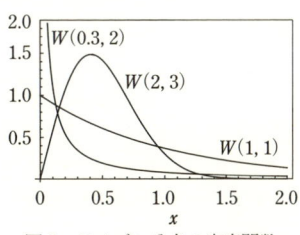

図1　ワイブル分布の密度関数

●**ベータ分布**　ベータ分布は次の確率密度関数によって定義される．

$$f_X(x) = \begin{cases} \dfrac{1}{B(\alpha, \beta)} x^{\alpha-1}(1-x)^{\beta-1} & (0<x<1, \alpha>0, \beta>0) \\ 0 & (x\leq 0, 1\leq x) \end{cases}$$

ここに，$B(\alpha, \beta)$ はベータ関数：$B(\alpha, \beta) = \int_0^1 x^{\alpha-1}(1-x)^{\beta-1}dx$, $\alpha>0, \beta>0$ である．また，平均，分散は以下のように与えられる．

$$E(X) = \frac{\alpha}{\alpha+\beta}, \quad V(X) = \frac{\alpha\beta}{(\alpha+\beta)^2(\alpha+\beta+1)}$$

●**正規分布**　実験などによって得られる観測量，ある年代における身長，入学試験における点数などの分布として幅広い場面で正規分布が用いられる．正規分布 $N(\mu, \sigma^2)$ の確率密度関数は次のように定義される．

$$f_X(x) = \frac{1}{\sqrt{2\pi\sigma^2}}\exp\left\{-\frac{1}{2\sigma^2}(x-\mu)^2\right\}$$

$$(-\infty<x<\infty, -\infty<\mu<\infty, 0<\sigma^2<\infty)$$

特に $\mu=0, \sigma^2=1$ の正規分布は標準正規分布とよばれる（図2）．また，平均，分散，積率母関数は以下のように与えられる．

$$E(X) = \mu, \quad V(X) = \sigma^2,$$
$$m_X(t) = \exp\left(\mu t + \frac{\sigma^2 t^2}{2}\right)$$

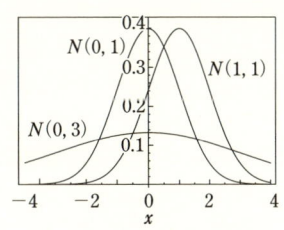

図2　正規分布の密度関数

正規分布に関する詳細は「正規分布」の項を参照されたい．［富澤貞男・田畑耕治］

正規分布

　正規分布は統計学の理論・応用において最も重要な確率分布の1つであり，考案者の Gauss の名にちなんで「ガウス分布」ともよばれる．以下に正規分布の定義および重要な性質をまとめる．

●**正規分布の定義と性質**　連続型確率変数 X の確率密度関数が

$$f(x) = \frac{1}{\sqrt{2\pi}\sigma} \exp\left[-\frac{(x-\mu)^2}{2\sigma^2}\right], \quad -\infty < x < \infty, \; -\infty < \mu < \infty, \; \sigma > 0$$

で与えられるとき，X は平均 μ，分散 σ^2 の正規分布に従うといい，$X \sim N(\mu, \sigma^2)$ と書く．図1は，いくつかの (μ, σ^2) の組における $f(x)$ のグラフである．平均 μ は分布の中心となる位置を示し，σ は分布の広がり程度を表している（σ が小さいとき分布は尖り，大きいとき偏平となる）．また，$f(x)$ は単峰なベル型をしており，① $x = \mu$ を中心として左右対称，② $x = \mu \pm \sigma$ のとき変曲点をもつ，③ x が μ から離れるにつれ急激に減少するなどの性質をもつ．

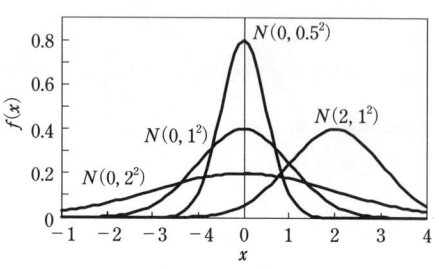

図1　$N(\mu, \sigma^2)$ の確率密度関数

　$\mu = 0$, $\sigma^2 = 1$ のとき $N(0, 1)$ を「標準正規分布」とよび，変数を z とすると確率密度関数，累積分布関数および上側確率はそれぞれ，

$$\phi(z) = \frac{1}{\sqrt{2\pi}} e^{-z^2/2}, \Phi(z) = \int_{-\infty}^{z} \phi(t)\,dt,$$

$$Q(z) = \int_{z}^{\infty} \phi(t)\,dt = 1 - \Phi(z)$$

となる．$\phi(z)$ は原点に関して対称であるので $\phi(z) = \phi(-z)$, $\Phi(z) = 1 - \Phi(-z)$, $Q(z) = 1 - Q(-z)$ が成り立つ．

　$X \sim N(\mu, \sigma^2)$ のモーメント母関数は $M_x(\theta) = E[\exp(\theta X)] = \exp(\mu\theta + \sigma^2\theta^2/2)$，キュムラント母関数は $K_x(\theta) = \log M_x(\theta) = \mu\theta + \sigma^2\theta^2/2$ で与えられる．これより1次のキュムラントは平均 μ，2次のキュムラントは分散 σ^2，3次以降のキュムラントはすべて0となる．また，歪度 $\beta_1 = E[(X-\mu)^3]/\sigma^3 = 0$，尖度 $\beta_2 = E[(X-\mu)^4]/\sigma^4 = 3$ となる．これらは正規分布の著しい特徴である．

●**標準化と確率計算**　$X \sim N(\mu, \sigma^2)$ のとき，定数 a, b について $Y = aX + b$ と

すると $Y \sim N(a\mu+b, a^2\sigma^2)$ となる．すなわち，正規分布の線形変換もまた正規分布となる．特に，$Z = X/\sigma - \mu/\sigma = (X-\mu)/\sigma$ とすると Z は標準正規分布 $N(0, 1)$ に従う．この変換を「標準化」とよぶ．任意の正規分布の確率は標準化を行うことにより以下のように標準正規分布によって計算できる．

$$\Pr\{c<X<d\} = \Pr\left\{\frac{c-\mu}{\sigma} < \frac{X-\mu}{\sigma} < \frac{d-\mu}{\sigma}\right\}$$
$$= \Pr\left\{\frac{c-\mu}{\sigma} < Z < \frac{d-\mu}{\sigma}\right\} = Q\left(\frac{c-\mu}{\sigma}\right) - Q\left(\frac{d-\mu}{\sigma}\right)$$

また，以下にあげる平均 μ を中心として標準偏差 σ の定数倍はなれた範囲に X が入る確率は重要である．これらは μ, σ の値によらず一定である．

$$\Pr\{\mu-\sigma<X<\mu+\sigma\} = \Pr\{-1<Z<1\} \approx 0.683$$
$$\Pr\{\mu-2\sigma<X<\mu+2\sigma\} = \Pr\{-2<Z<2\} \approx 0.954$$
$$\Pr\{\mu-3\sigma<X<\mu+3\sigma\} = \Pr\{-3<Z<3\} \approx 0.997$$

[例1] あるクラスの数学の得点 X は正規分布 $N(55, 10^2)$ に従うとする．このとき，得点が60点以上70点未満である学生の割合は $\Pr\{60 \leq X < 70\} = \Pr\{(60-55)/10 \leq Z < (70-55)/10\} = \Pr\{0.5 \leq Z < 1.5\} = Q(0.5) - Q(1.5) = 0.309 - 0.067 = 0.242$ であり，また45点以上の学生の割合は $\Pr\{X \geq 45\} = \Pr\{Z \geq (45-55)/10\} = \Pr\{Z \geq -1.0\} = Q(-1.0) = 1 - Q(1.0) = 1 - 0.159 = 0.841$ である．

●**再生性** n 個の確率変数 $X_i (i=1, \cdots, n)$ が互いに独立で $X_i \sim N(\mu, \sigma^2)$ であるとする．このとき，確率変数の和 $S = X_1 + \cdots + X_n$ もまた正規分布に従い $S \sim N(\mu_1 + \cdots + \mu_n, \sigma_1^2 + \cdots + \sigma_n^2)$ となる．この性質は正規分布の「再生性」とよばれる．

[例2] あるクラスの数学の得点 X と国語の得点 Y は，それぞれ独立に $N(55, 10^2)$, $N(60, 6^2)$ に従うとする．このとき，合計得点 $X+Y$ は正規分布 $N(115, 136)$ に従う．

●**正規分布であることの検証** 得られた観測値が正規分布に従うか否かを検証する方法の1つとして正規確率プロットによる目視チェックがある．これは横軸に観測値，縦軸に期待正規度数をプロットしたものであり，観測値が正規分布から得られたものであるならば，直線上にプロットされる（図2）．

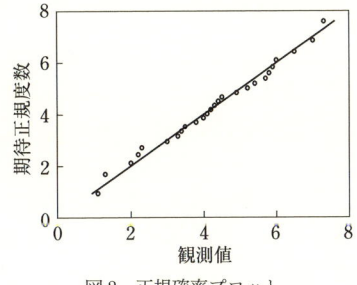

[吉田清隆]

図2 正規確率プロット

📖 **参考文献**
[1] 岩崎 学, 2007,『確率・統計の基礎』東京図書.
[2] 柴田義貞, 1981,『正規分布 特性と応用』東京大学出版会.

多変量正規分布

　多変量正規分布はその名のとおり1変量正規分布の多変量版であり，重回帰分析や判別分析などの多変量解析法の理論において重要な役割を果している．ここではまずイメージのつかみやすい2変量正規分布から説明し，その後，多変量正規分布の定義と性質について述べる．

●**2変量正規分布**　2つの確率変数 X_1, X_2 の同時確率密度関数が

$$f(x_1, x_2) = \frac{1}{2\pi\sigma_1\sigma_2\sqrt{1-\rho^2}} \exp\left[-\frac{1}{2(1-\rho^2)}\left\{\left(\frac{x_1-\mu_1}{\sigma_1}\right)^2 + \left(\frac{x_2-\mu_2}{\sigma_2}\right)^2 - 2\rho\left(\frac{x_1-\mu_1}{\sigma_1}\right)\left(\frac{x_2-\mu_2}{\sigma_2}\right)\right\}\right]$$

で与えられる分布を2変量正規分布とよぶ．ここで，μ_1, μ_2 および σ_1^2, σ_2^2 はそれぞれ X_1, X_2 の平均と分散であり，$\rho\ (-1<\rho<1)$ は X_1 と X_2 の相関係数である．$f(x_1, x_2)$ は (μ_1, μ_2) を中心とした単峰形をしている（図1）．確率変数およびパラメータを

$$\boldsymbol{X} = \begin{pmatrix} X_1 \\ X_2 \end{pmatrix}, \quad \boldsymbol{\mu} = \begin{pmatrix} \mu_1 \\ \mu_2 \end{pmatrix},$$

$$\boldsymbol{\Sigma} = \begin{pmatrix} \sigma_{11} & \sigma_{12} \\ \sigma_{21} & \sigma_{22} \end{pmatrix} = \begin{pmatrix} \sigma_1^2 & \rho\sigma_1\sigma_2 \\ \rho\sigma_1\sigma_2 & \sigma_2^2 \end{pmatrix}$$

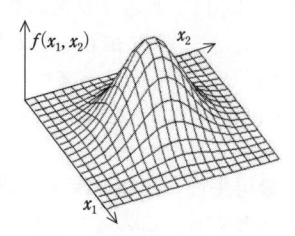

図1　2変量正規分布の概形

のようにベクトル・行列で表すと，上記の同時確率密度関数は

$$f(\boldsymbol{x}) = (2\pi)^{-1}|\boldsymbol{\Sigma}|^{-1/2}\exp\left\{-\frac{1}{2}(\boldsymbol{x}-\boldsymbol{\mu})^T\boldsymbol{\Sigma}^{-1}(\boldsymbol{x}-\boldsymbol{\mu})\right\}$$

となる．ここで，$|\boldsymbol{\Sigma}|$ は行列 $\boldsymbol{\Sigma}$ の行列式を表し，記号 T は行列・ベクトルの転置を表す．これは1変量正規分布の確率密度関数の式に酷似している．2変量正規分布の等確率密度曲線はある定数 $c\ (>0)$ について $(\boldsymbol{x}-\boldsymbol{\mu})^T\boldsymbol{\Sigma}^{-1}(\boldsymbol{x}-\boldsymbol{\mu})=c$ で与えられる．等確率密度曲線は楕円形をしており，相関係数 ρ が正のときは右上がりに，負のときは右下がりになる．

●**多変量正規分布の定義**　p 変量確率ベクトル $\boldsymbol{X}=(X_1, \cdots, X_p)^T$ の同時確率密度関数が

$$f(\boldsymbol{x}) = (2\pi)^{-p/2}|\boldsymbol{\Sigma}|^{-1/2}\exp\left\{-\frac{1}{2}(\boldsymbol{x}-\boldsymbol{\mu})^T\boldsymbol{\Sigma}^{-1}(\boldsymbol{x}-\boldsymbol{\mu})\right\}$$

で与えられるとき $\boldsymbol{X}$ は「多変量（p 変量）正規分布」に従うといい，$\boldsymbol{X}\sim N_p(\boldsymbol{\mu}, \boldsymbol{\Sigma})$ と書く．ここで $\boldsymbol{\mu}=(\mu_1, \cdots, \mu_p)^T$ は p 次の平均ベクトル，$\boldsymbol{\Sigma}=(\sigma_{ij})$ は $p\times p$

の分散共分散行列で非負定値である．この式は2変量正規分布のベクトル・行列表現を p 変量に拡張したものである．また，モーメント母関数は変数ベクトルを $\boldsymbol{\theta}=(\theta_1, \cdots, \theta_p)^T$ として $M_x(\boldsymbol{\theta})=E[\exp(\boldsymbol{\theta}^T X)]=\exp(\boldsymbol{\theta}^T\boldsymbol{\mu}+\boldsymbol{\theta}^T\boldsymbol{\Sigma}\boldsymbol{\theta}/2)$ と表される．

$\boldsymbol{\mu}=\boldsymbol{0}, \boldsymbol{\Sigma}=\boldsymbol{I}_p$ のとき $N_p(\boldsymbol{0}, \boldsymbol{I}_p)$ を「多変量標準正規分布」とよぶ．$N_p(\boldsymbol{0}, \boldsymbol{I}_p)$ の同時確率密度関数は

$$f(\boldsymbol{x})=(2\pi)^{-p/2}\exp\left(-\frac{\boldsymbol{x}^T\boldsymbol{x}}{2}\right)=\prod_{i=1}^{p}\frac{1}{\sqrt{2\pi}}\exp\left(-\frac{x_i^2}{2}\right)$$

であり，p 個の1変量標準正規分布の積となる．

●**多変量正規分布の性質** 多変量正規分布 $N_p(\boldsymbol{\mu}, \boldsymbol{\Sigma})$ に従う p 変量確率ベクトル $\boldsymbol{X}$ を $\boldsymbol{X}=\begin{bmatrix}\boldsymbol{X}_1\\\boldsymbol{X}_2\end{bmatrix}^T$ のように q 変量確率ベクトル $\boldsymbol{X}_1$ と $p-q$ 変量確率ベクトル $\boldsymbol{X}_2$ に分割し，また，それに対応して $\boldsymbol{\mu}=\begin{pmatrix}\boldsymbol{\mu}_1\\\boldsymbol{\mu}_2\end{pmatrix}^T, \boldsymbol{\Sigma}=\begin{pmatrix}\boldsymbol{\Sigma}_{11} & \boldsymbol{\Sigma}_{12}\\\boldsymbol{\Sigma}_{21} & \boldsymbol{\Sigma}_{22}\end{pmatrix}$ のように分割する．このとき以下の性質が成り立つ．

① $\boldsymbol{X}_1 \sim N_q(\boldsymbol{\mu}_1, \boldsymbol{\Sigma}_{11})$，$\boldsymbol{X}_2 \sim N_{p-q}(\boldsymbol{\mu}_2, \boldsymbol{\Sigma}_{22})$ である．すなわち，多変量正規分布の周辺分布もまた多変量正規分布となる．

② $\boldsymbol{X}_1$ と $\boldsymbol{X}_2$ は共分散行列 $\boldsymbol{\Sigma}_{12}$ が $\boldsymbol{0}$ のとき独立となる．すなわち，多変量正規分布の場合，無相関性と独立性は同値である．

③ $\boldsymbol{X}_2=\boldsymbol{x}_2$ を与えた下での $\boldsymbol{X}_1$ の条件付き分布は $N_q(\boldsymbol{\mu}_1+\boldsymbol{\Sigma}_{12}\boldsymbol{\Sigma}_{22}^{-1}(\boldsymbol{x}_2-\boldsymbol{\mu}_2), \boldsymbol{\Sigma}_{11\cdot 2})$ となる．ここで，$\boldsymbol{\Sigma}_{11\cdot 2}=\boldsymbol{\Sigma}_{11}-\boldsymbol{\Sigma}_{12}\boldsymbol{\Sigma}_{22}^{-1}\boldsymbol{\Sigma}_{12}^T$ である．条件付き期待値 $E[\boldsymbol{X}_1|\boldsymbol{x}_2]=\boldsymbol{\mu}_1+\boldsymbol{\Sigma}_{12}\boldsymbol{\Sigma}_{22}^{-1}(\boldsymbol{x}_2-\boldsymbol{\mu}_2)$ は $\boldsymbol{x}_2$ に関する線形式になっており，係数行列の転置行列 $(\boldsymbol{\Sigma}_{12}\boldsymbol{\Sigma}_{22}^{-1})^T=\boldsymbol{\Sigma}_{22}^{-1}\boldsymbol{\Sigma}_{12}^T$ は $\boldsymbol{X}_1$ を $\boldsymbol{X}_2$ に回帰したときの回帰係数（行列）とよばれる．また，条件付き分散共分散行列 $\boldsymbol{\Sigma}_{11\cdot 2}$ は条件 $\boldsymbol{X}_2=\boldsymbol{x}_2$ に依存しない．

④ $m\times p$ 係数行列 $\boldsymbol{A}$ および m 次元定数ベクトル $\boldsymbol{b}$ について線形変換 $\boldsymbol{Y}=\boldsymbol{AX}+\boldsymbol{b}$ とすると，$\boldsymbol{Y} \sim N_m(\boldsymbol{A\mu}+\boldsymbol{b}, \boldsymbol{A\Sigma A}^T)$ となる．すなわち，多変量正規分布の線形変換もまた多変量正規分布となる．

［例］ 数学と物理の得点を表す確率変数をそれぞれ X_1, X_2 とし，$\boldsymbol{X}=(X_1, X_2)^T$ は2変量正規分布 $N_2\left(\begin{pmatrix}70\\50\end{pmatrix}, \begin{pmatrix}4^2 & 15\\15 & 5^2\end{pmatrix}\right)$ に従うとする．このとき，$X_1 \sim N(70, 4^2)$，$X_2 \sim N(50, 5^2)$ である．また，物理が60点である学生の数学の（条件付き）分布は $N(76, 7)$ となる．両得点に重みをつけた総合点 $Y=0.6X_1+0.4X_2$ の分布は，上記性質④において $\boldsymbol{A}=(0.6, 0.4), \boldsymbol{b}=(0)$ とおくことにより，$Y \sim N(62, 16.96)$ となる． ［吉田清隆］

📖 **参考文献**
[1] 竹村彰通, 1991,『多変量推測統計の基礎』共立出版．

大数の法則

コインを10回投げ表(おもて)の出る回数を数える。そして、この試行を n 回繰り返したときの表の回数の平均 $\bar{X}$ について考察する。コインにゆがみがなければ $\bar{X}$ は $10 \times 0.5 = 5.0$ に近い値になることが期待される。図1は $n=1, 2, 5, 50$ について50回 $\bar{X}$ を求めヒストグラムに表わしたものである(実際にコイン投げをするのは大変なのでシミュレーションを行った)。n の値が小さいとき $\bar{X}$ はばらついているが、n が大きくなるにつれ5.0の近くに集まって分布している。この現象を主張するのが「大数の弱法則」である。ここでは、大数の弱法則を詳しく述べる前に、その準備としてチェビシェフの不等式について述べる。

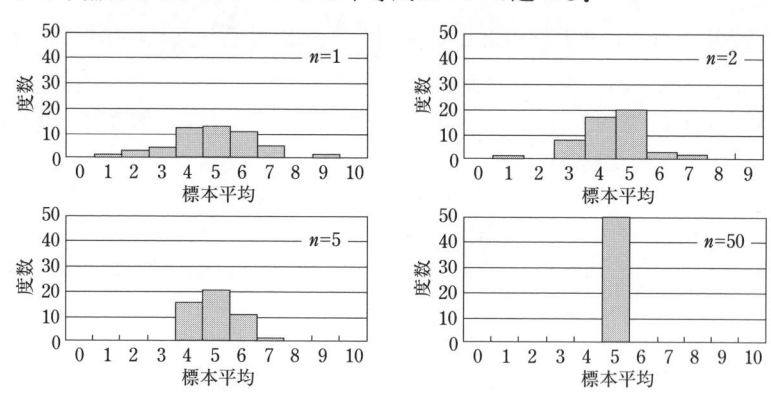

図1 $\bar{X}$ のヒストグラム

●チェビシェフの不等式

定理1 確率変数 X の母平均 $E[X]=\mu$、母分散 $V[X]=\sigma^2$ が有限であるとき、任意の正の定数 k について $\Pr\{|X-\mu| \geq k\sigma\} \leq 1/k^2$ が成り立つ。これをチェビシェフの不等式とよぶ。

[証明] 連続分布の場合の証明を与える。X の確率密度関数を $f(x)$ とすると分散は

$$\sigma^2 = \int_{-\infty}^{\mu-k\sigma}(x-\mu)^2 f(x)\,dx + \int_{\mu-k\sigma}^{\mu+k\sigma}(x-\mu)^2 f(x)\,dx + \int_{\mu+k\sigma}^{\infty}(x-\mu)^2 f(x)\,dx$$

となる。区間 $(-\infty, \mu-k\sigma]$ および $[\mu+k\sigma, \infty)$ で $|x-\mu| \geq k\sigma$ であることと、右辺第2項は非負であることより、

$$\sigma^2 \geq k^2\sigma^2 \int_{-\infty}^{\mu-k\sigma} f(x)\,dx + k^2\sigma^2 \int_{\mu+k\sigma}^{\infty} f(x)\,dx = k^2\sigma^2 \Pr\{|X-\mu| \geq k\sigma\}$$

が得られる．この両辺を $k^2\sigma^2(>0)$ で割ることにより定理1が示される．

チェビシェフの不等式は，X が平均 μ から標準偏差 σ の k 倍離れた範囲の外に出る確率は $1/k^2$ で抑えられることを意味している．例えば，$k=1, 2, 3$ とすると $\Pr\{|X-\mu|\geq\sigma\}\leq 1/1^2=1$，$\Pr\{|X-\mu|\geq 2\sigma\}\leq 1/2^2=0.25$，$\Pr\{|X-\mu|\geq 3\sigma\}\leq 1/3^2\approx 0.11$ となり，おおまかではあるが X が区間 $(\mu-\sigma, \mu+\sigma)$，$(\mu-2\sigma, \mu+2\sigma)$，$(\mu-3\sigma, \mu+3\sigma)$ の外に出る確率の上限が得られる．

●大数の弱法則

定理2 母平均 μ，母分散 σ^2 の母集団からの n 個の独立標本 $X_1, \cdots, X_n$ の標本平均を $\bar{X}_n=(1/n)\sum_{i=1}^{n} X_i$ とする．このとき μ, σ^2 が有限であるならば，任意の正の定数 ε について，$\lim_{n\to\infty}\Pr\{|\bar{X}_n-\mu|>\varepsilon\}=0$ が成り立つ．これを大数の弱法則という．

［証明］ $E[\bar{X}_n]=\mu$，$V[\bar{X}_n]=\sigma^2/n$ であるから，$\bar{X}_n$ についてチェビシェフの不等式を適用すると，任意の k について $\Pr\{|\bar{X}_n-\mu|>k\sigma/\sqrt{n}\}\leq 1/k^2$ が成り立つ．ここで $\varepsilon=k\sigma/\sqrt{n}$ とおくと $\Pr\{|\bar{X}_n-\mu|>\varepsilon\}\leq \sigma^2/(n\varepsilon^2)$ が得られ，両辺について $n\to\infty$ とすれば $\lim_{n\to\infty}\Pr\{|\bar{X}_n-\mu|>\varepsilon\}=0$ が導かれる．

大数の弱法則は，どんなに小さな区間 $(\mu-\varepsilon, \mu+\varepsilon)$ をとってきても，$n\to\infty$ とすれば標本平均 $\bar{X}_n$ がこの区間の外に出る確率が 0 となることを保証するものである．

（例）一様分布 $U(0,1)$ に従う独立な n 個の確率変数 $U_1, \cdots, U_n$ の標本平均を $\bar{U}_n=(U_1+\cdots+U_n)/n$ とすると任意の正の定数 ε に対して $\lim_{n\to\infty}\Pr\{|\bar{U}_n-1/2|>\varepsilon\}=0$ が成り立つ．

●大数の強法則　大数の弱法則はわかりやすくいえば n が大きいとき標本平均 $\bar{X}$ は母平均 μ の近くに集中して分布することを主張するものであるが，$\bar{X}$ が完全に μ に収束することまでは述べていない．しかし，実は標本平均 $\bar{X}$ について $\Pr\{\lim_{n\to\infty}\bar{X}=\mu\}=1$ となることが知られている．これを「大数の強法則」とよぶ．図2は前述のコイン投げの試行を $n=1, \cdots, 200$ について行い，表の出た回数の標本平均 $\bar{X}$ をプロットしたものである．n を大きくすると $\bar{X}$ が $\mu=5.0$ に収束していく様子がみてとれる．

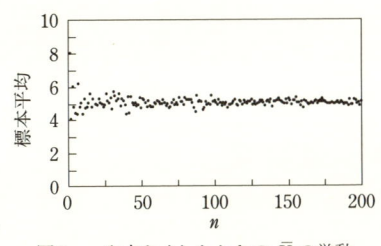

図2　n を大きくしたときの $\bar{X}$ の挙動

［吉田清隆］

📖 参考文献
[1] 柴田義貞, 1981, 『正規分布 特性と応用』東京大学出版会.
[2] 竹内 啓, 1963, 『数理統計学』東洋経済.

中心極限定理

公平なコインを n 回投げたとき，i 回目の結果を表すベルヌーイ変数を X_i とする（すなわち表が出たら $X_i=1$，裏が出たら $X_i=0$ とする）．このとき，n 回のうち表の出る回数は $X=X_1+\cdots+X_n$ と表される．図1は $n=1, 2, 5, 10$ において X の確率分布を表したものである．n が大きくなるにつれ左右対称のひと山型の分布に近づいていくことがわかる．この現象はベルヌーイ変数に限ったことではなく，実は，平均と分散が有限である分布からの独立標本であれば，その和は正規分布に近似できることが知られている．これを「中心極限定理」とよび，確率論および統計学において重要な役割を果たしている．以下に中心極限定理の詳細と応用例について述べる．

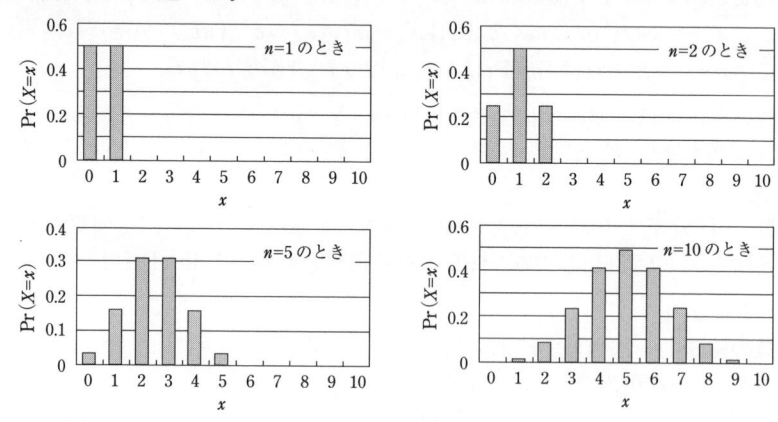

図1 表の出る回数 X の確率分布

●中心極限定理

定理1 確率変数 $X_1, \cdots, X_n$ が互いに独立で，期待値 μ，分散 σ^2 の同一の分布に従うとする（ただし，μ，σ^2 は有限であると仮定する）．このとき，確率変数の和 $S=X_1+\cdots+X_n$ が n が十分大きいとき正規分布 $N(n\mu, n\sigma^2)$ に近似的に従う．これを中心極限定理とよぶ．

この定理の大きな特徴は，もとの分布が何であっても個々の確率変数が独立で同一の分布に従うならば，n を大きくすればその和の分布は正規分布で近似できるということであり，その応用範囲は広い．

定理1を標本平均の標準化として言い換えたのが次の定理である．

定理2 定理1と同じ仮定のもと，$X_1, \cdots, X_n$ の標本平均を $\bar{X}=S/n$ とする

と，$\sqrt{n}(\bar{X}-\mu)/\sigma$ は n が十分大きいとき標準正規分布 $N(0,1)$ に近似的に従う．

［例1］ 一様分布 $U(0,1)$ に従う n 個の独立標本の和を $S=X_1+\cdots+X_n$ とする．一様分布 $U(0,1)$ の期待値と分散はそれぞれ $1/2$，$1/12$ であるから，n を大きくすると，S は平均 $n/2$，分散 $n/12$ の正規分布に近似的に従う．例えば $n=12$ とすると $S-12/2=S-6$ は近似的に標準正規分布 $N(0,1)$ に従う．

●**二項分布の正規近似** 中心極限定理により離散型分布も正規分布に近似することも可能である．特に，以下に示す二項分布の正規近似はよく利用される．

いま，X を試行回数 n，成功の確率が p の二項分布 $B(n,p)$ に従う確率変数とする．このとき期待値および分散は $E[X]=np$，$V[X]=np(1-p)$ である．X は n 個の独立なベルヌーイ変数の和として表現できるので，n が大きいとき中心極限定理より $N(np, np(1-p))$ に近似的に従う（あるいは $Z=(X-np)/\sqrt{np(1-p)}$ は近似的に標準正規分布 $N(0,1)$ に従うといってもよい）．図1の右下のグラフは $n=10$，$p=0.5$ の場合のケースである．$n=10$ 程度でも十分に正規分布に近似できることがわかる．

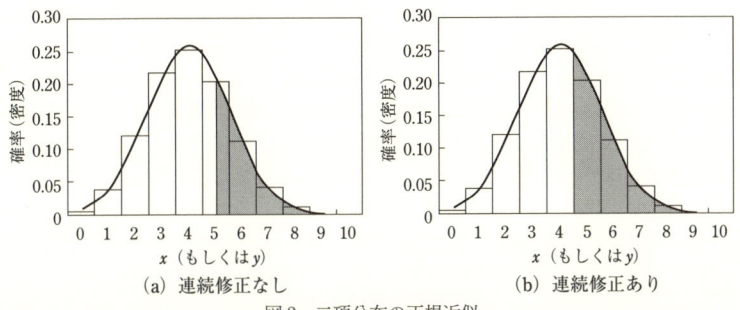

図2 二項分布の正規近似
(a) 連続修正なし (b) 連続修正あり

［例2］ 確率変数 X が二項分布 $B(10, 0.4)$ に従うとすると，中心極限定理により正規分布 $N(4.0, 2.4)$ に従う確率変数 Y によって近似できる（図2）．例えば，X が5以上になる確率は $\Pr\{X\geq 5\}=\Pr\{X=5\}+\cdots+\Pr\{X=10\}=0.367$ であるが，これを Y によって計算すると，$\Pr\{Y\geq 5\}=0.259$ となる（図2(a)の網かけ部の面積）．正確な確率値0.367より小さいがこれは4.5〜5.0の範囲における長方形の面積に相当する部分を計算していないためである．これを考慮したのが図2(b)であり，網かけ部分の面積は $\Pr\{Y\geq 5-0.5\}=0.373$ となる．このように離散型の分布の確率を正規分布によって近似する場合は，区間の端を0.5広げて計算することにより正確な値を求めることができる．これを連続修正という．下側確率についても同じ理由により $\Pr\{X\leq c\}\approx\Pr\{Y\leq c+0.5\}$ のように近似される．

［吉田清隆］

参考文献
[1] 柴田義貞, 1981,『正規分布特性と応用』東京大学出版会.

標本分布

　無作為抽出により $x_1, x_2, \cdots, x_n$ の大きさ n の観測値が得られたとする．この n 個の観測値を無作為標本 $X_1, X_2, \cdots, X_n$ の実現値とみなす．一般に標本 $X_1, X_2, \cdots, X_n$ は独立で同一の分布に従う確率変数であると仮定される．このとき，標本の関数である統計量 $T_n = T(X_1, X_2, \cdots, X_n)$ もまた確率変数となり，この統計量 T_n の分布を T_n の「標本分布」といい，さまざまな統計量の標本分布を研究する分野を「標本分布論」という．例えば，標本平均 $\bar{X} = (1/n)\sum_{i=1}^{n} X_i$ は標本の関数であるので，統計量であり，ある母集団から標本の大きさ n の無作為標本をとって平均を求め，これを限りなく繰り返せば，値の異なる数多くの平均が得られる．この分布が標本平均の分布である．

　標本分布論には「小標本論」あるいは精密標本論と「大標本論」があり，小標本論とは統計量の精密な分布を調べる理論であり，大標本論とは標本の大きさ n が十分大きいときの統計量の分布を調べる理論である．n を有限とするとき，統計量 T_n の分布は明示的に求まらないことが多いが，母集団分布として正規分布を仮定すると多くの場合その標本分布が明示的に求められる．このことから小標本論では，母集団に正規性を仮定したものが中心となる．一般の分布においては，大標本論を実用に用いることが多く，n を無限大として中心極限定理などを用いて，統計量の漸近的な分布が求められる．以下，標本平均の分布をまとめる．

　$X_1, X_2, \cdots, X_n$ が累積分布関数 $F(x)$ をもつ母集団からの大きさ n の無作為標本とし，$F(x)$ の平均 μ は存在し，分散 σ^2 は有限とする．このとき次が成り立つ．
 i) $\bar{X}$ の期待値と分散はそれぞれ $E(\bar{X}) = \mu$, $V(\bar{X}) = \sigma^2/n$ となる．
 ii) n が大きくなると $\bar{X}$ は μ に近づく（$\bar{X}$ は μ に確率収束する）．
 iii) $\bar{X}$ の分布は n が大きくなると $N(\mu, \sigma^2/n)$ に収束する（中心極限定理）．
　i)～iii)を数値的に検証してみる．図1は平均1/2，分散1/6のガンマ分布の密度関数 $f(x) = (3^{1.5}/\Gamma(1.5))x^{0.5}e^{-3x}$ であり，図2は図1から，大きさ $n = 100$ の標本を取り出して平均を求め，これを10万回繰り返したときの頻度分布である．

　10万個の標本平均データから平均と分散を求めると，それぞれ 0.5, 0.00168 であった．i)より，標本平均の期待値と分散は 0.5, 0.00167 となるので，この実験で i)の成立を数値的にみることができる．また図2から，

図1　ガンマ分布の密度関数　　図2　標本平均の頻度分布

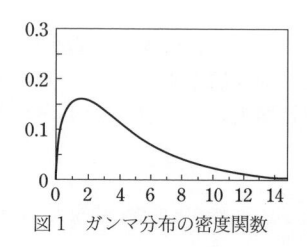

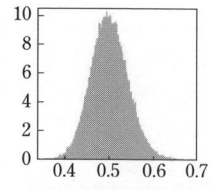

標本平均は真の平均 0.5 を中心に対称に分布し，母集団の分布によらず正規分布に近づくことがわかる．

確率変数 $X_1, X_2, \cdots, X_n$ が独立で同一の正規分布 $N(\mu, \sigma^2)$ に従う場合，標本平均 $\bar{X}$ およびその標準化された分布は正規分布の性質により次のようになる．

iv) $\bar{X}$ は $N(\mu, \sigma^2/n)$ に従う．

v) $\sqrt{n}(\bar{X}-\mu)/\sigma$ は $N(0, 1)$ に従う．

● χ^2 分布，t 分布，F 分布　次に正規母集団から導出される分布をまとめる．

(1) 確率変数 X が次のような確率密度関数をもつとき，X は自由度 n の「カイ二乗分布」に従うといい，以下のような性質をもつ．

$$f(x) = \frac{(x/2)^{n/2-1}e^{-x/2}}{2\Gamma(n/2)}, \quad x > 0$$

i) 自由度 n のカイ二乗分布の平均，分散はおのおの n, $2n$ で，右に裾を引く歪んだ分布である．

ii) X が $N(0, 1)$ に従うならば，X^2 は自由度 1 のカイ二乗分布に従う．

iii) $X_1, X_2, \cdots, X_n$ が独立に $N(0, 1)$ に従うならば，$\sum_{i=1}^{n} X_i^2$ は自由度 n のカイ二乗分布に従い，χ_n^2 で表す．

iv) $X_1, X_2, \cdots, X_n$ が独立に $N(\mu_i, \sigma_i^2)$ $(i=1, 2, \cdots, n)$ に従うならば，$(X_i-\mu_i)/\sigma_i$ は $N(0, 1)$ に従い，$\sum_{i=1}^{n}(X_i-\mu_i)^2/\sigma_i^2$ は自由度 n のカイ二乗分布に従う．

v) $X_1, X_2, \cdots, X_n$ が独立に $N(\mu, \sigma_i^2)$ に従うならば，$\sum_{i=1}^{n}(X_i-\bar{X})^2/\sigma^2 = (n-1)S^2/\sigma^2$ は自由度 $n-1$ のカイ二乗分布に従う．

(2) X と Y が独立に標準正規分布 $N(0, 1)$ と自由度 n のカイ二乗分布 χ_n^2 に従うとき，$T = X/\sqrt{Y/n}$ は自由度 n の「t 分布」に従い，t_n と表す．密度関数は，次式で与えられ，t 分布の平均，分散はおのおの 0, $n/(n-2)$ で，左右対称の分布である．

$$f(t) = \frac{(1+t^2/n)^{-(n+)/2}}{\sqrt{n}B(1/2, n/2)}, \quad -\infty < t < \infty$$

(3) $X_1, X_2, \cdots, X_n$ が独立に $N(\mu_i, \sigma^2)$ に従うとき，$\sqrt{n}(\bar{X}-\mu)/\sigma$ と $(n-1)S^2/\sigma^2$ が独立に $N(0, 1)$ と χ_{n-1}^2 に従うことが示されるため，$\sqrt{n}(\bar{X}-\mu)/S$ は自由度 $n-1$ の t 分布に従う．

(4) Y_1 と Y_2 がおのおの独立に自由度 n_1 および n_2 のカイ二乗分布に従うとき，$(Y_1/n_1)/(Y_2/n_2)$ は自由度 n_1, n_2 の F 分布に従い，F_{n_1, n_2} と表し，密度関数は次式で与えられる．

$$f(x) = \frac{n_1^{n_1/2} n_2^{n_2/2}}{B(n_1/2, n_2/2)} \cdot \frac{x^{n_1/2-1}}{(n_2+n_1 x)^{(n_1+n_2)/2}}, \quad x > 0$$

［瀬尾　隆］

点推定

$X_1, X_2, \cdots, X_n$ は確率関数または確率密度関数 $f(\mathrm{x};\theta)$ をもつ分布に従う無作為標本とする．パラメータ θ の値を標本の関数 $T_n = T(X_1, X_2, \cdots, X_n)$ によって推定することを「点推定」という．あるいは単に推定という．T_n は θ の「推定量」とよばれ，その分布が θ の近傍に集中していればいるほどよい推定量である．また確率変数としての推定量と区別して，推定量の実現値を「推定値」という．

●**不偏推定量** パラメータ θ の推定量 $T_n = T(X_1, X_2, \cdots, X_n)$ に対して，パラメータ空間 Θ の任意の θ のもとでの期待値が θ に等しいとき，すなわち $E_\theta(T_n) = \theta$ のとき，不偏（不偏性）であるといい，T_n は θ の「不偏推定量」という．推定量が不偏でないとき，$b(\theta) = E_\theta(T_n) - \theta$ を偏りという．例えば，$X_1, X_2, \cdots, X_n$ を母平均 μ，母分散 σ^2 をもつ母集団からの大きさ n の無作為標本とするとき，標本平均 $\bar{X} = (1/n)\sum_{i=1}^{n} X_i$，標本分散 $S^2 = \sum_{i=1}^{n}(X_i - \bar{X})^2/(n-1)$ はそれぞれ $E_\mu(\bar{X}) = \mu$, $E_{\sigma^2}(S^2) = \sigma^2$ となることが示されるので，$\bar{X}, S^2$ はそれぞれ μ, σ^2 の不偏推定量である．

パラメータ θ が実数で推定量 T_n が実関数のとき，パラメータと推定量の距離は 2 乗誤差 $(T_n - \theta)^2$ ではかられ，推定量のよさは平均 2 乗誤差 $E_\theta[(T_n - \theta)^2]$ を用いて比較されることがあり，これが小さければ小さいほどよい推定量といえる．T_n が θ の不偏推定量のとき，平均 2 乗誤差は分散である．すなわち

$$V_\theta(T_n) = E_\theta[(T_n - \theta)^2]$$

したがって，θ の不偏推定量を考えるかぎり，分散が小さければ小さいほどよいということになる．不偏推定量の中で，すべての $\theta \in \Theta$ に対して分散を最小にするものを一様最小分散不偏推定量という．一般には一様最小分散不偏推定量を求めることはそう簡単ではないが，不偏推定量の分散の下限は次のようなクラメール・ラオの不等式によって与えられている．

定理 正則条件のもとで，θ の不偏推定量 T_n の分散に関して次の不等式

$$V_\theta(T_n) \geq [nI(\theta)]^{-1}$$

が成り立つ．ここで $I(\theta)$ は「フィッシャー情報量」であって

$$I(\theta) = E_\theta\left[\left(\frac{\partial}{\partial \theta} \log f(X;\theta)\right)^2\right]$$

で定義される．上の不等式のことを「クラメール・ラオの不等式」という．なお等号が成り立つのは

$$\frac{\partial}{\partial \theta} \log f_n(\boldsymbol{x}; \theta) = nI(\theta)\{T(\boldsymbol{x}) - \theta\}$$

なる方程式が成り立つときに限る．ここで
$$f_n(\boldsymbol{x}; \theta) = f(x_1; \theta) f(x_2; \theta) \cdots f(x_n; \theta), \quad \boldsymbol{x} = (x_1, x_2, \cdots, x_n)$$
は，$(X_1, X_2, \cdots, X_n)$ の同時密度関数である．

この定理の中でいう正則条件とは次のようなものである．

① 任意の $\theta \in \Theta$ に対して，偏導関数 $\partial f(x; \theta)/\partial \theta$ が存在する．
② 任意の $\theta \in \Theta$ に対して，フィッシャー情報量 $I(\theta)$ が存在して正値である．
③ 次のような微分と積分の交換が可能である：

(a) $\int_{-\infty}^{\infty} \cdots \int_{-\infty}^{\infty} \frac{\partial}{\partial \theta} f_n(\boldsymbol{x}; \theta) dx_1 \cdots dx_n = \frac{d}{d\theta} \int_{-\infty}^{\infty} \cdots \int_{-\infty}^{\infty} f_n(\boldsymbol{x}; \theta) dx_1 \cdots dx_n$

(b) $\int_{-\infty}^{\infty} \cdots \int_{-\infty}^{\infty} T(\boldsymbol{x}) \frac{\partial}{\partial \theta} f_n(\boldsymbol{x}; \theta) dx_1 \cdots dx_n = \frac{d}{d\theta} \int_{-\infty}^{\infty} \cdots \int_{-\infty}^{\infty} T(\boldsymbol{x}) f_n(\boldsymbol{x}; \theta) dx_1 \cdots dx_n$

θ の不偏推定量 T の効率は $\mathrm{eff}_\theta(T) = [nI(\theta) V_\theta(T)]^{-1}$ で定義される．効率が1である不偏推定量のことを有効推定量という．

●**一致性，十分性** 推定量 T_n が $g(\theta)$ に確率収束する，すなわち任意の $\varepsilon > 0$ と任意の $\theta \in \Theta$ に対して $\lim_{n \to \infty} P_\theta(\|T_n - g(\theta)\| > \varepsilon) = 0$ となるとき，T_n は $g(\theta)$ の「一致推定量」であるという．

$X_1, X_2, \cdots, X_n$ の関数 $T = T(X_1, X_2, \cdots, X_n)$ について，T の値を与えたときの $X_1, X_2, \cdots, X_n$ の条件付き分布がパラメータ θ に依存しないとき，T を「十分統計量」という．このとき標本 $X_1, X_2, \cdots, X_n$ に含まれる θ に関する情報は，すべて T に含まれていると考えることができる．なぜならば，T の値のみに基づいて，$X_1, X_2, \cdots, X_n$ の条件付き分布と同じ分布をもつような $X_1', X_2', \cdots, X_n'$ を，適当な乱数を用いて発生させることができる．そうして $X_1, X_2, \cdots, X_n$ と $X_1', X_2', \cdots, X_n'$ はすべての θ に対して同一分布をもつので，θ に関して等しい情報をもつはずである．ところが，つくり方から $X_1', X_2', \cdots, X_n'$ に含まれる θ に関する情報は明らかにすべて T の中に含まれているはずである．したがって，T に含まれている情報はまた $X_1, X_2, \cdots, X_n$ に含まれている情報全体に等しいことになる．

T が十分統計量になるための必要十分条件は，$X_1, X_2, \cdots, X_n$ の同時密度関数が
$$f(x_1, x_2, \cdots, x_n, \theta) = h(x_1, x_2, \cdots, x_n) g(t(x_1, x_2, \cdots, x_n), \theta)$$
と分解され，h は θ を含まず，g は t と θ のみに依存することである．これを十分統計量に関する「因子分解定理」という．

［瀬尾 隆］

区間推定

$X_1, X_2, \cdots, X_n$ は無作為標本で分布 P_θ に従っているとする．ただし θ は実母数とする．このとき $0<\alpha<1$ に対して，$X_1, X_2, \cdots, X_n$ の2つの関数 $T_1(X_1, X_2, \cdots, X_n)$，$T_2(X_1, X_2, \cdots, X_n)$ を選んで，すべての θ について

$$P_\theta\{T_1(X_1, X_2, \cdots, X_n) \leq \theta \leq T_2(X_1, X_2, \cdots, X_n)\} \geq 1-\alpha$$

となるとする．$X_1, X_2, \cdots, X_n$ から，T_1, T_2 を計算すれば，θ が T_1 と T_2 の間に入っている確率は $1-\alpha$ 以上となる．そのような区間 $[T_1, T_2]$ を，θ の「信頼係数」$1-\alpha$ の「信頼区間」という．また信頼区間を求めることを「区間推定」という．信頼区間を求めるには次のようにすればよい．

$X_1, X_2, \cdots, X_n$ と θ の関数 $\phi_\theta(X_1, X_2, \cdots, X_n)$ でしかもその密度関数 g が θ に依存しないようなものが存在すると仮定する．このとき $0<\alpha<1$ に対して

$$\int_{t_1}^{t_2} g(t)\,dt \geq 1-\alpha$$

となる $t_1, t_2 (t_1 < t_2)$ が求められる．$X_1, X_2, \cdots, X_n$ が与えられたときに $\phi_\theta(X_1, X_2, \cdots, X_n)$ を θ の関数とみて，その逆関数が存在すれば，θ の下限 T_1 と上限 T_2 が定まり，それから得られた θ の区間 $[T_1, T_2]$ が信頼係数 $1-\alpha$ の信頼区間となる．同じ信頼係数の信頼区間はたくさん存在するが，できるだけ区間の長さ $T_2 - T_1$ が短いものが望ましい．

●**平均に関する信頼区間** $X = (X_1, X_2, \cdots, X_n)$ を平均 μ，分散 σ^2 の正規分布からの無作為標本とする．

(1) 分散 σ^2 が既知の場合：$\bar{X} = \sum_{i=1}^{n} X_i/n$ とすれば，$\sqrt{n}(\bar{X}-\mu)/\sigma \sim N(0, 1)$ である．$z_{\alpha/2}$ を $N(0, 1)$ の上側 $100(\alpha/2)\%$ 点とすると，

$$P\left[-z_{\alpha/2} \leq \frac{\sqrt{n}(\bar{X}-\mu)}{\sigma} \leq z_{\alpha/2}\right]$$

$$= P\left[\bar{X} - z_{\alpha/2}\frac{\sigma}{\sqrt{n}} \leq \mu \leq \bar{X} + z_{\alpha/2}\frac{\sigma}{\sqrt{n}}\right] = 1-\alpha$$

となる．したがって μ の信頼係数 $1-\alpha$ の信頼区間は，次で与えられる．

$$\left[\bar{X} - z_{\alpha/2}\frac{\sigma}{\sqrt{n}},\ \bar{X} + z_{\alpha/2}\frac{\sigma}{\sqrt{n}}\right]$$

(2) 分散 σ^2 が未知の場合：$U^2 = [1/(n-1)]\sum_{i=1}^{n}(X_i - \bar{X})^2$ を不偏標本分散とすると，$\sqrt{n}(\bar{X}-\mu)/U$ は自由度 $n-1$ の t 分布に従う．$t_{n-1,\alpha/2}$ を自由度 $n-1$ の t 分布の上側 $100(\alpha/2)\%$ 点とすると，

$$P\left[-t_{n-1,\alpha/2} \leq \frac{\sqrt{n}\,(\bar{X}-\mu)}{U} \leq t_{n-1,\alpha/2}\right]$$
$$=P\left[\bar{X}-t_{n-1,\alpha/2}\frac{U}{\sqrt{n}} \leq \mu \leq \bar{X}+t_{n-1,\alpha/2}\frac{U}{\sqrt{n}}\right]=1-\alpha$$

となる.したがって μ の信頼係数 $1-\alpha$ の信頼区間は,次で与えられる.

$$\left[\bar{X}-t_{n-1,\alpha/2}\frac{U}{\sqrt{n}},\ \bar{X}+t_{n-1,\alpha/2}\frac{U}{\sqrt{n}}\right]$$

母集団分布に正規性を仮定しないとき,つまり,$X=(X_1, X_2, \cdots, X_n)$ を未知の平均 μ と未知の分散 $\sigma^2(\leq \infty)$ をもつ母集団分布からの無作為標本とすると,中心極限定理より,

$$\frac{\sqrt{n}\,(\bar{X}-\mu)}{S_n} \xrightarrow{d} N(0,\,1)$$

となる.ただし,$S_n^2 = \dfrac{1}{n}\sum_{i=1}^{n}(X_i-\bar{X})^2$ とする.よって,

$$P\left[-z_{\alpha/2} \leq \frac{\sqrt{n}\,(\bar{X}-\mu)}{S_n} \leq z_{\alpha/2}\right]=1-\alpha$$

を得る.したがって μ の信頼係数 $1-\alpha$ の近似信頼区間は,次で与えられる.

$$\left[\bar{X}-z_{\alpha/2}\frac{S_n}{\sqrt{n}},\ \bar{X}+z_{\alpha/2}\frac{S_n}{\sqrt{n}}\right]$$

●**仮説検定と信頼区間** $X=(X_1, X_2, \cdots, X_n)$ を平均 μ,分散 σ^2 の正規分布からの無作為標本とする.このとき,平均についての水準 α の検定は,信頼区間と対応させながらまとめると以下のようになる.

(1) 分散 σ^2 が既知の場合:z_α を標準正規分布の上側 $100\alpha\%$ 点とする.
(2) 分散 σ^2 が未知の場合:$t_{n-1,\alpha}$ を自由度 $n-1$ の分布の上側 $100\alpha\%$ 点とする.

分散 σ^2	(a) $H_0: \mu \leq \mu_0$ $H_1: \mu > \mu_0$	(b) $H_0: \mu \leq \mu_0$ $H_1: \mu < \mu_0$	(c) $H_0: \mu = \mu_0$ $H_1: \mu \neq \mu_0$
(1) σ^2 が既知*	$\dfrac{\bar{X}-\mu_0}{\sigma/\sqrt{n}} > z_\alpha$	$\dfrac{\bar{X}-\mu_0}{\sigma/\sqrt{n}} < -z_\alpha$	$\left|\dfrac{\bar{X}-\mu_0}{\sigma/\sqrt{n}}\right| > z_{\alpha/2}$
(2) σ^2 が未知*	$\dfrac{\bar{X}-\mu_0}{U/\sqrt{n}} > t_{n-1,\alpha}$	$\dfrac{\bar{X}-\mu_0}{U/\sqrt{n}} < -t_{n-1,\alpha}$	$\left|\dfrac{\bar{X}-\mu_0}{U/\sqrt{n}}\right| > t_{n-1,\alpha/2}$

* H_0 を棄却
(2) のように t 分布を用いて行う検定を t-検定と一般にいうことがある.

[瀬尾 隆]

参考文献
[1] 野田一雄,宮岡悦良,1990,『入門・演習 数理統計』共立出版.

最尤推定量とその性質

確率ベクトル $\boldsymbol{x}$ における確率関数または確率密度関数をパラメータ θ の関数とみたもの
$$L(\theta;\boldsymbol{x})=f_n(\boldsymbol{x};\theta)$$
を θ の「尤度関数」とよぶ。θ の尤度関数は $X_i=x_i(i=1, 2, \cdots, n)$ が与えられたときの θ のもっともらしさの度合いを表す関数とみなすことができる。特に $X_1, X_2, \cdots, X_n$ が無作為標本で密度関数 $f(x;\theta)$ をもつ分布に従っている場合には、θ の尤度関数は次式によって与えられる。
$$L(\theta;\boldsymbol{x})=\prod_{i=1}^{n}f(\boldsymbol{x}_i;\theta)$$

尤度関数 $L(\theta;\boldsymbol{x})$ を最大にする $\theta=\hat{\theta}(\boldsymbol{x})$ が存在するとき $\hat{\theta}(\boldsymbol{x})$ を θ の「最尤推定値」といい、$\boldsymbol{x}$ を $\boldsymbol{X}=(X_1, X_2, \cdots, X_n)'$ に置き換えたとき、$\hat{\theta}(\boldsymbol{X})$ を θ の「最尤推定量」という。$L(\theta;\boldsymbol{x})$ を最大にすることとその対数 $\log L(\theta;\boldsymbol{x})$ を最大にすることは同値であるので、$L(\theta;\boldsymbol{x})$ が θ に関して微分可能ならば、尤度方程式 $\partial \log L(\theta;\boldsymbol{x})/\partial\theta=0$ の解の1つとして、最尤推定量が得られる。この方法はフィッシャーの「スコア法」とよばれることもある。例えば、$X_1, X_2, \cdots, X_n$ を正規分布 $N(\mu, \sigma^2)$ からの無作為標本とすれば、尤度関数は
$$L(\mu, \sigma;\boldsymbol{X})=(\sqrt{2\pi}\,\sigma)^{-n}\exp\left\{-\sum_{i=1}^{n}\frac{(X_i-\mu)^2}{2\sigma^2}\right\}$$
となる。したがって
$$\frac{\partial \log L(\mu, \sigma;\boldsymbol{X})}{\partial \mu}=-\sum_{i=1}^{n}\frac{X_i-\mu}{\sigma^2}=0,$$
$$\frac{\partial \log L(\mu, \sigma;\boldsymbol{X})}{\partial \sigma^2}=-\frac{n}{2\sigma^2}+\sum_{i=1}^{n}\frac{(X_i-\mu)^2}{2\sigma^2}=0$$
を満たす μ, σ^2 は、それぞれ
$$\hat{\mu}=\bar{X}=\sum_{i=1}^{n}\frac{X_i}{n},\quad \hat{\sigma}^2=\sum_{i=1}^{n}\frac{(X_i-\bar{X})^2}{n}$$
となり、これらが最尤推定量になる。

●**最尤推定量の性質** 最尤推定量は次のような意味で不変性をもつ。$\hat{\theta}$ が θ の最尤推定量ならば、θ の1価関数 $g(\theta)$ の最尤推定量は $g(\hat{\theta})$ である。

一般に、最尤推定量は小標本の場合は、必ずしもよい推定量になるとは限らないが、大標本に場合には、以下のようなよい性質をもつ。

最尤推定量が、尤度方程式のただ1つの解として求められるときは、最尤推定

量は，θ の一致推定量であり，漸近的に正規分布に従う．つまり，標本の大きさが大きいときは，ある（正則）条件のもとで，最尤推定量の分布は，平均 θ，分散 $1/[nI(\theta)]$ の正規分布で近似される．ここで，$I(\theta)=E_\theta\{[(\partial/\partial\theta)\log f(X;\theta)]^2\}$ はフィッシャー情報量である．

$\hat{\theta}$ を θ の最尤推定量とし，$g(\theta)$ が 0 でない導関数 $g'(\theta)$ をもつ θ の関数とすると，

$$\sqrt{n}\,\{g(\hat{\theta})-g(\theta)\} \xrightarrow{d} N\!\left(0,\,\frac{[g'(\theta)]^2}{I(\theta)}\right)$$

となる．つまり，$g(\hat{\theta})$ の分布は，平均 $g(\theta)$，分散 $[g'(\theta)]^2/[nI(\theta)]$ の正規分布で近似することができる．また，$g'(\theta)=0$ で $g''(\theta)\neq 0$ のときは，$n\{g(\hat{\theta})-g(\theta)\} \xrightarrow{d} \{g''(\theta)/2I(\theta)\}\chi_1^2$ となる．ここに，χ_1^2 は自由度1のカイ二乗分布である．

$\theta=(\theta_1,\theta_2,\cdots,\theta_d)$ が多重パラメータの場合，次の（正則）条件を仮定する．

i) $A=\{x:f(x;\theta)>0\}$ は，θ に依存しない．
ii) パラメータ空間 Θ は $\boldsymbol{R}^d$ の開区間．
iii) ほとんどすべての $x\in \boldsymbol{R}$ で，$(\partial^3/\partial\theta_j\partial\theta_k\partial\theta_l)f(x;\theta)$ がすべての $\theta\in\Theta$ で存在する．
iv) すべての $\theta\in\Theta$ で

$$E_\theta\!\left[\frac{\partial}{\partial\theta_j}\log f(X;\theta)\right]=0,\quad j=1,2\cdots,d$$

$$E_\theta\!\left[\frac{\partial}{\partial\theta_j}\log f(X;\theta)\frac{\partial}{\partial\theta_k}\log f(X;\theta)\right]=E_\theta\!\left[-\frac{\partial^2}{\partial\theta_j\partial\theta_k}\log f(X;\theta)\right]$$

v) フィッシャー情報行列 $\boldsymbol{I}(\theta)=[I_{ij}(\theta)]$ は有限で正定値である．ここに，

$$I_{ij}(\theta)=E_\theta\!\left[\frac{\partial}{\partial\theta_i}\log f(x;\theta)\frac{\partial}{\partial\theta_j}\log f(x;\theta)\right],\quad \theta\in\Theta$$

vi) すべての $\theta\in\Theta$ で，次式で示される M_{jkl} が存在する．

$$\left|\frac{\partial^3}{\partial\theta_j\partial\theta_k\partial\theta_l}\log f(x;\theta)\right|\leq M_{jkl}(x),\quad E_\theta[M_{jkl}(X)]<\infty$$

i)～vi) の仮定のもとで，(a) $\hat{\theta}$ は，θ の一致推定量，(b) $\sqrt{n}\,(\hat{\theta}-\theta)\xrightarrow{d} N_d(\boldsymbol{0},\boldsymbol{I}^{-1}(\theta))$，となるような尤度方程式の解 $\hat{\theta}$ が存在する．このことより，特にパラメータ $\theta\in\Theta\subset R$ の近似信頼区間は

$$P\!\left[-z_{\alpha/2}\leq \frac{\sqrt{n}\,(\hat{\theta}-\theta)}{\sqrt{1/I(\theta)}}\leq z_{\alpha/2}\right]=1-\alpha$$

をもとに構成できる．漸近的に $I(\theta)$ の代わりに $I(\hat{\theta})$ を用いることができるので，θ の $100(1-\alpha)$％信頼区間は

$$\left[\hat{\theta}-z_{\alpha/2}\frac{1}{\sqrt{nI(\hat{\theta})}},\ \hat{\theta}+z_{\alpha/2}+\frac{1}{\sqrt{nI(\hat{\theta})}}\right]$$

である．

［瀬尾　隆］

統計的検定

「統計的検定」あるいは「仮説検定」は，点推定，区間推定と並んで代表的な統計的推測法である．母集団に関する仮説を立て，それが正しいかどうかをデータに基づいて検証することを目的とする．例えば以下のような問題を考えてみよう．サイコロを5回振りそのうち4回1の目が出たとして，このサイコロは1の目が出やすいのであろうか，それともどの目が出る確率も均等だが偶然1の目が多く出たのであろうか．統計的検定はさまざまな方法が存在するが，その一般的な手順は表1のとおりである．

表1 統計的検定の一般的手順

ステップ1	仮説の設定：帰無仮説と対立仮説を設定する．
ステップ2	検定統計量の選択：適切な検定統計量を選択し，有意水準を決めておく．
ステップ3	有意性の評価：検定統計量の値を求め，棄却域に入るかどうか調べる．あるいは，検定統計量の値からp値を計算して有意水準と比較する．

●**仮説の設定** 統計的検定ではまず，否定したい仮説と，その仮説を否定することによって立証したい仮説を立てる．前者を「帰無仮説」といい，後者を「対立仮説」という．これらをそれぞれ H_0, H_1 などの記号でしばしば表す．サイコロの例では，1の目が出る真の確率 p が $1/6$ よりも大きいかどうかを立証したいので $H_0: p=1/6$ vs $H_1: p>1/6$ と設定する．

一般に，母集団分布の形は既知として，その分布に含まれる未知パラメータ θ に関する仮説を立てることになる．例えば，θ_0 を分析者が設定する定数として，$H_0: \theta=\theta_0$ vs $H_1: \theta\neq\theta_0$ のように立てる．問題設定によっては対立仮説が $H_1: \theta>\theta_0$, $H_1: \theta>\theta_0$ のような不等号の形となる．対立仮説が前者（等号否定）の形であれば「両側検定」といい，後者の形（不等号）であれば「片側検定」という．

なお，母集団分布の形が未知であれば，分布の形自体に関する仮説を立て，ノンパラメトリック法を用いることになる（「ノンパラメトリック法」参照）．

●**検定統計量の選択** 仮説を設定したら，続いて統計的検定を行うための統計量を計算する．この統計量のことを検定統計量という．サイコロの例では，1の目が出た回数 X そのものを検定統計量として用いる．一般には，検定統計量は仮説上の未知パラメータ θ の推定量 $\hat{\theta}$ の関数で与えられる．1つの検定問題に対して複数の検定統計量が候補となる場合もありうるが，後述する検出力の観点から適切なものを選ぶことになる．

有意水準の選択については以下で述べる．

●**有意性の評価** サイコロの例で，帰無仮説が真ならば5回中4回以上1の目が出る確率は約 0.0033 と計算できる（二項分布の確率計算による）．この確率は非常に小さいため，帰無仮説が真であるが偶然このようなことが起こったと考えるよりは，対立仮説が真であるからこそ起こったと考えるほうが妥当であろう．

このように，統計的検定は背理法と同じような論理により，帰無仮説を否定するために帰無仮説を真と仮定して"矛盾"（検定統計量の値の帰無仮説からの乖離）を導き出そうとするのである．帰無仮説が真のときには起こりがたいぐらい検定統計量の値が大きい（あるいは小さい）のであれば，帰無仮説は偽であると判断することになる．帰無仮説が偽であり対立仮説が真であると結論付けることを，帰無仮説を「棄却する」あるいは「統計的に有意」であるという．また，帰無仮説が偽であると言い切れなかった場合には，帰無仮説を「受容する」（または「棄却しない」）あるいは統計的に有意でないという．これは，帰無仮説を積極的に受け入れるわけではなく，帰無仮説が真であるか偽であるか判断できず，帰無仮説をやむなく受け入れている状態である．

統計的検定では，帰無仮説が真のときに帰無仮説を誤って棄却してしまう，つまり有意であると判断してしまう確率 α を有意水準とよばれる水準以下に抑える．有意水準 α は問題設定に応じて 0.05 あるいは 0.01 などと設定されることが多く，これらは分析者があらかじめ決めておくべき値である．この有意水準の設定により，帰無仮説を棄却する検定統計量の範囲が定まる．この範囲のことを「棄却域」といい，その境界値を「棄却限界」という．

それに対応して，標本から得られた検定統計量の値がちょうど棄却限界となるような有意水準のことを「P 値」あるいは「有意確率」という．すなわち，分析前に定めた有意水準よりも P 値が小さい場合に帰無仮説を棄却することで，棄却域を用いた場合と同様に統計的検定を行うことができるのである．統計パッケージソフトではこの P 値が出力されるものが多い．

●**2種の過誤と検出力** 統計的検定では，帰無仮説が真のときに誤って棄却してしまう場合もわずかながら存在する．そのような誤りを「第1種の過誤」という．反対に，対立仮説が真のときに帰無仮説を棄却できない誤りを「第2種の過誤」という．第2種の過誤の確率を1から引いたものを β で表し，「検出力」とよぶ．第1種の過誤の確率を有意水準以下に抑えつつ，検出力をなるべく大きくしようとするのが統計的検定の基本的な考え方である．常に検出力が最大となるような検定が存在するとき，その検定のことを「一様最強力検定」という．第1種の過誤の確率は有意水準と一致するのが望ましいが，必ずしもそうならない場合がある．第1種の過誤の確率が有意水準よりも小さく，有意になりにくいような検定のことを保守的であるという．また，対立仮説が真のときに検出力が有意水準以下にならないような検定のことを「不偏検定」という． ［酒折文武］

正規分布に関する統計的推測

　観測されるデータの中には，観測値が正規分布に従うと想定されるものが多い．本項目では，正規母集団を仮定して，未知のパラメータである平均 μ と分散 σ^2 に関する統計的推測について説明する．ただし，実際の観測値において異常値があるなど正規分布の仮定が不適切な場合には注意が必要である．

●**平均の推定・検定**　16人の子どもに対し，成長ホルモン治療を行った1年後の身長の伸びを計測した（Hindmarsh & Brook, 1987）．この16人の伸びの平均は $\bar{x}=2.66\,\mathrm{cm}$ であり，標準偏差は $s=1.06\,\mathrm{cm}$ であった．この伸びは正規分布に従うとして（実際には多少歪んだ分布をしているが），その母平均 μ に関して統計的に推測してみよう．正規母集団から抽出された大きさ n の無作為標本 $X_1, \cdots, X_n$ に対して，母平均 μ の推測は表1のように行うことができる．

表1　母平均の統計的推測

	母分散 σ^2 が既知のとき	母分散 σ^2 が未知のとき
点推定	$\bar{X}=(1/n)\sum_{i=1}^{n} X_i$ （母平均 μ の一様最小分散不偏推定量）	$\bar{X}=(1/n)\sum_{i=1}^{n} X_i$
区間推定	信頼係数 $(1-\alpha)$ の信頼区間 下側信頼限界：$\bar{X}-z(\alpha/2)\sigma/\sqrt{n}$ 上側信頼限界：$\bar{X}+z(\alpha/2)\sigma/\sqrt{n}$	下側信頼限界：$\bar{X}-t_{n-1}(\alpha/2)S/\sqrt{n}$ 上側信頼限界：$\bar{X}+t_{n-1}(\alpha/2)S/\sqrt{n}$
統計的検定	帰無仮説 $H_0: \mu=\mu_0$，有意水準 α の統計的検定の棄却域 検定統計量 $Z=\sqrt{n}(\bar{X}-\mu_0)/\sigma$ 対立仮説 $H_1: \mu\neq\mu_0$ 　$Z>z(\alpha/2),\ Z<-z(\alpha/2)$ 対立仮説 $H_1: \mu>\mu_0$　$Z>z(\alpha)$ 対立仮説 $H_1: \mu<\mu_0$　$Z<-z(\alpha)$ （両側検定は一様最強力不偏検定，片側検定は一様最強力検定）	検定統計量 $T=\sqrt{n}(\bar{X}-\mu_0)/S$ 対立仮説 $H_1: \mu\neq\mu_0$ 　$T>t_{n-1}(\alpha/2),\ T<-t_{n-1}(\alpha/2)$ 対立仮説 $H_1: \mu>\mu_0$　$T>t_{n-1}(\alpha)$ 対立仮説 $H_1: \mu<\mu_0$　$T<-t_{n-1}(\alpha)$

注：$z(\alpha)$ は標準正規分布の上側 α 点．$t_{n-1}(\alpha)$ は自由度 $(n-1)$ の t 分布の上側 α 点．

　先の例で，仮に母標準偏差 $\sigma=1.0$ が既知であったとしよう．このとき，母平均 μ の点推定値は $2.66\,\mathrm{cm}$，信頼係数 0.95 の信頼区間は $2.17\leq\mu\leq 3.15$，仮説 $H_0: \mu=0$ vs $H_1: \mu>0$ に関する統計的検定を行うと $Z=10.64>1.645=z(0.05)$ より有意水準 0.05 で帰無仮説を棄却でき，身長が伸びたと結論できる．母分散は未知とすると，母平均 μ の点推定値は $2.66\,\mathrm{cm}$，信頼係数 0.95 の信頼区間は $2.10\leq\mu\leq 3.22$ であり，仮説 $H_0: \mu=0$ vs $H_1: \mu>0$ に関する統計的検定を行うと $t=10.04>2.131=t_{15}(0.05)$ より有意水準 0.05 で帰無仮説を棄却でき，同様に身長が伸びたと結論できる．

なお，成長ホルモン治療の例では同一対象から2時点の観測値のペアが得られており，二標本に「対応のある場合」といわれる．このような場合に限らず，1つの標本に対する母平均の統計的推測は同様の方法で行うことが可能である．

●**分散の推定・検定** 母分散 σ^2 の統計的推測は表2のように行うことができる．

表2 母分散の統計的推測

点推定	$\hat{\sigma}^2 = (1/n)\sum_{i=1}^{n}(X_i-\bar{X})^2$ $S^2 = (1/(n-1))\sum_{i=1}^{n}(X_i-\bar{X})^2$ 不偏分散 (統計的推測では通常不偏分散を用いる)
区間推定	信頼係数 $(1-\alpha)$ の信頼区間 下側信頼限界：$(n-1)S^2/\chi_{n-1}^2(\alpha/2)$ 上側信頼限界：$(n-1)S^2/\chi_{n-1}^2(1-\alpha/2)$
統計的検定	帰無仮説 $H_0 : \sigma^2 = \sigma_0^2$，有意水準 α の統計的検定 検定統計量 $\chi^2 = (n-1)S^2/\sigma^2$ の棄却域 対立仮説 $H_1 : \sigma^2 \neq \sigma_0^2$ $\chi^2 > \chi_{n-1}^2(\alpha/2)$, $\chi^2 < \chi_{n-1}^2(1-\alpha/2)$ 対立仮説 $H_1 : \sigma^2 > \sigma_0^2$ $\chi^2 > \chi_{n-1}^2(\alpha)$ 対立仮説 $H_1 : \sigma^2 > \sigma_0^2$ $\chi^2 > \chi_{n-1}^2(1-\alpha)$

注：$\chi_{n-1}^2(\alpha)$ は自由度 $(n-1)$ のカイ二乗分布の上側 α 点．

先の例で，母分散 σ^2 の点推定値は不偏分散である $1.06^2 = 1.124$，信頼係数 0.95 の信頼区間は $0.613 \leq \mu \leq 2.691$ であり，仮に仮説 $H_0 : \sigma^2 = 2.0$ vs $H_1 : \sigma^2 \neq 2.0$ に関する統計的検定を行うと $\chi^2 = 8.43$ であり $\chi_{15}^2(0.975) = 6.262 < 8.43 < 27.49 = \chi_{15}^2(0.025)$ より有意水準 0.05 で帰無仮説は棄却できず，母分散が 2.0 でないと言い切れない．

●**二標本 t 検定** 2種のヒオプソドゥス（絶滅した脊索動物の一種）の化石から下部臼歯の長さを測定したところ，A種は標本の大きさ $n_1 = 12$，平均 $\bar{x}_2 = 3.87$ mm，標準偏差 $s_1 = 0.330$ mm，B種は標本の大きさ $n_2 = 10$，平均 $\bar{x}_2 = 4.67$ mm，標準偏差 $s_2 = 0.375$ mm であった（Olson & Miller, 1958）．このとき A 種と B 種の母平均は異なるといえるだろうか．この例のように，2群を比較する問題は「二標本問題」（対応のない場合）といわれる．2つの母平均 μ_1, μ_2 に差があるかを検定するには，2つの母分散 σ_1^2, σ_2^2 が等しい場合（$\sigma_1^2 = \sigma_2^2 = \sigma^2$）とそうでない場合とで異なる方法を用いるが，ここでは母分散が等しい場合の方法のみ述べる．

共通の母分散 σ^2 は

$$S^2 = \frac{1}{n_1 + n_2 - 2}\left[\sum_{i=1}^{n_1}(X_i - \bar{X})^2 + \sum_{i=1}^{n_2}(Y_j - \bar{X})^2\right]$$

で推定できる．これを「プールされた分散」などとよぶことがある．これを用いて，帰無仮説 $H_0 : \mu_1 = \mu_2$，有意水準 α の統計的検定は，検定統計量 $t = (\bar{X}_1 - \bar{X}_2)/\sqrt{(1/n_1 + 1/n_2)S^2}$ が自由度 $(n_1 + n_2 - 2)$ の t 分布に従うことから行うことができる．両側仮説 $H_1 : \mu_1 \neq \mu_2$ に対する統計的検定を行うと，検定統計量は $t = -5.33$ であり $-5.33 < -2.086 = -t_{20}^2(0.025)$ より有意水準 0.05 で帰無仮説を棄却でき，母平均には差があるといえる． ［酒折文武］

分散分析

　ある変数に対する質的な要因の効果を分析する方法の1つに「分散分析」がある．分散分析では，測定値の変動を種々の要因に分解し，どの要因が測定値に有意な効果を与えているかを調べることができる．分散分析にはさまざまなモデルがあるが，ここでは基本的な「一元配置分散分析」モデル，「二元配置分散分析」モデルについて説明しよう．

●**一元配置分散分析**　図1は，性的虐待を受けたPTSD患者45例を，ストレス免疫訓練(SIT)，長期持続暴露(PE)，支持的カウンセリング(SC)という3種類の療法と統制群(WL)の合わせて4群に無作為に割りつけ，一定期間経過後に症候数を測定したデータ(Foa, et al., 1991)を図示したものである．折れ線は各群の平均を意味する．これら4群間で有意差があるかを調べることが目的である．

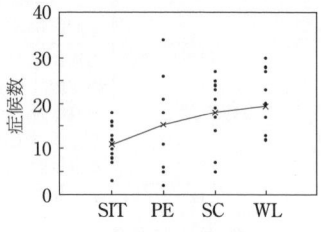

図1　療法ごとの症候数

　いま，第j群の測定値を表す確率変数をX_{ji}とし，それぞれの群の母平均をμ_jとする．このとき一元配置分散分析モデルは以下のように表される．

$$X_{ji} = \mu + \alpha_j + \varepsilon_{ji}, \quad j=1, 2, 3, 4\,;\ i=1, 2, \cdots, n_j$$

ここでμは総平均，α_jは第j群の効果(主効果という)を表し，誤差ε_{ji}は正規分布$N(0, \sigma^2)$に従うとする．検証したい仮説は$H_0: \alpha_1 = \alpha_2 = \cdots = \alpha_4 (=0)$ vs $H_1:$ not H_0 である．

表1　分散分析表

要因		平方和	自由度	平均平方	F値	P値
因子(群)	A	507.84	3	169.28	3.05	0.038
誤差	E	2,278.75	41	55.58		
計		2,876.59	44			

　分散分析では，表1のような分散分析表を求め，群間に有意差があるかを検証する．すべての測定値についての総平均からの偏差平方和S_Tを群間の変動を表す偏差平方和S_Aと誤差による変動を表す群内での偏差平方和S_Eとの和に分割し，S_A, S_E, S_Tの順番で平方和の列に記載する．因子の自由度は(群の数)-1で求め，全体の自由度である(全体の標本の大きさ)-1との差を誤差の自由度とする．平均平方は平方和を自由度で割ったものであり，平均平方の比がF値である．このF値が因子の自由度と誤差の自由度をもつF分布に従うことを用いてP値を計算する．P値により帰無仮説を棄却するかどうかを判断することになる．今の例ではP値が0.038であるから，有意水準5%で群間に有意差があることがわかる．

　分散分析では，変動の原因と考えられる変数のことを「因子」あるいは「要因」，各因子の取り得る値のことを「水準」，同じ水準での観測値の個数を「繰り返し数」

という．上の例では，因子が療法（群），水準が療法の種類（3種類＋統制群の4つ）である．因子の数が1つであることから一元配置分散分析とよぶ．

●二元配置分散分析　図2は，ニシダイヤガラガラヘビが尻尾を振って音を出す習性について，環境に順応するかどうかを調べるために，4日間にわたって実験を行って調べたもの（Place & Abramson, 2008）から5匹のみの結果を抜粋したものである．各折れ線が1匹のヘビに対応しており，小さいほど速く順応したことを表す．この例では，ヘビAと日

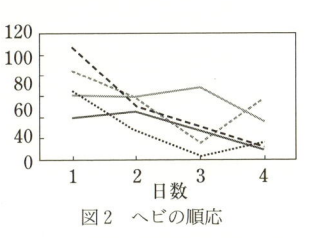

図2　ヘビの順応

数Bという2つの因子に対し，因子Aは5水準，因子Bは4水準であり，繰り返しはない．すなわち，この全20通りの水準組合せごとに1度ずつデータが測定されている．このような場合には繰り返しのない場合の二元配置分散分析モデルを用いる．因子Aの水準が j，因子Bの水準が k である測定値を表す確率変数を X_{jk} として，モデルは以下のように表現できる．

$$X_{jk} = \mu + \alpha_j + \beta_k + \varepsilon_{jk}, \quad j=1, 2, \cdots, 5 ; \quad k=1, 2, 3, 4$$

ここで，α_j は因子A，β_j は因子Bの主効果を表し，誤差 ε_{jk} は正規分布 $N(0, \sigma^2)$ に従うとする．因子Aについての仮説 $H_0: \alpha_1 = \alpha_2 = \cdots = \alpha_4 (=0)$ vs H_1: not H_0 および因子Bについての仮説 $H_0: \beta_1 = \beta_2 = \cdots = \beta_4 (=0)$ vs H_1: not H_0 を検証することができる．分散分析表は表2のように与えられる．

表2　分散分析表

要因		平方和	自由度	平均平方	F 値	P 値
ヘビ	A	2,881.2	4	720.30	1.957	0.166
日	B	6,634.6	3	2,211.53	6.009	0.010
誤差	E	4,416.4	12	368.03		
計		13,932.2	19			

F 値は，それぞれの要因の平均平方と誤差の平均平方との比で計算される．自由度などについては一元配置分散分析と同様である．ヘビの効果については有意でないが，日についての効果は有意であることがわかる．

先の例では，同一の水準組合せ（5×4=20通り）ごとに1回しか測定を行っていない．もし複数回測定した場合には，繰り返しのある場合の二元配置分散分析により，各因子の主効果だけでなく，水準の組合せによって特別な効果（「交互作用」）があるかどうかを検証することができる．その場合のモデルは次のようになる．

$$X_{jki} = \mu + \alpha_j + \beta_k + \gamma_{jk} + \varepsilon_{jki}$$

ここで γ_{jk} は因子Aの j 水準と因子Bの k 水準とが組み合わさることで生まれる交互作用を表す．統計的検定により，主効果だけでなく交互作用の有無も検証することができる．　　　　　　　　　　　　　　　　　　　　　　　　　［酒折文武］

📖 参考文献
[1] Foa, E. B., et al., 1991, Treatment of posttraumatic stress disorder in rape victims: A comparison between cognitive-behavioral procedures and counseling, *Journal of Consulting and Clinical Psychology*, **59**, 715-723.
[2] Place, A. J., and Abramson, C. I., 2008, Habituation of the rattle response in western diamondback rattlesnakes, *Crotalus atrox. Copeia*: 835-843.

二項分布の推定・検定

　試行回数 n, 成功の確率 p の二項分布 $B(n, p)$ の p に関する推定と検定, ならびに 2 つの二項分布 $B(m, p_1)$, $B(n, p_2)$ における p_1 と p_2 の比較を議論する.
●**二項確率の推定と検定**　n 回の試行で x 回の成功が得られたときの二項確率 p の自然な推定値は成功率 $\hat{p}=x/n$ である. $\hat{p}$ は p の最尤推定値でもある. $X \sim B(n, p)$ のとき $E[X]=np$, $V[X]=np(1-p)$ であるので, $E[X/n]=p$ となり $\hat{p}=X/n$ はの不偏推定量で, その分散は $V[\hat{p}]=p(1-p)/n$, 標準誤差は $\sqrt{p(1-p)/n}$ となる. 二項確率 p の信頼区間の導出法には二項分布の確率計算に基づく方法と正規近似による近似法があるが, ここでは正規近似法について述べる. 正規近似法では, n が大きいとき $\hat{p}$ が近似的に正規分布 $N(p, p(1-p)/n)$ に従うことを用いる. $\hat{p}$ を標準化した $Z=(\hat{p}-p)/\sqrt{p(1-p)/n}$ は近似的に $N(0, 1)$ に従うので, $c=z(\alpha/2)$ を $N(0, 1)$ の上側 $100\alpha/2\%$ 点とすると ($\alpha=0.05$ では $z(0.025)=1.96$)

$$\Pr(-c < (\hat{p}-p)/\sqrt{p(1-p)/n} < c) = 1-\alpha \tag{1}$$

となる. 式 (1) の括弧の中身を 2 乗して整理して得られる 2 次不等式 $(\hat{p}-p)^2 < c^2\{p(1-p)/n\}$ を p について解くことにより, 信頼区間の下限 $\hat{p}_L$ と上限 $\hat{p}_U$ が得られる. 具体的には

$$\hat{p}_L = \frac{2n\hat{p}+c^2-\sqrt{4nc^2\hat{p}(1-\hat{p})+c^4}}{2(n+c^2)}$$

$$\hat{p}_U = \frac{2n\hat{p}+c^2+\sqrt{4nc^2\hat{p}(1-\hat{p})+c^4}}{2(n+c^2)}$$

となる. この信頼区間は「スコア型」とよばれる. 一方, 式 (1) の分母の p に標本比率 $\hat{p}$ を代入して式を変形すると, $-c\sqrt{\hat{p}(1-\hat{p})/n} < \hat{p}-p < c\sqrt{\hat{p}(1-\hat{p})/n}$ となり, これより下限および上限 $\tilde{p}_L = \hat{p}-c\sqrt{\hat{p}(1-\hat{p})/n}$, $\tilde{p}_U = \tilde{p}+c\sqrt{\hat{p}(1-\hat{p})/n}$, が得られる. この信頼区間はワルド型とよばれるが p が 0 あるいは 1 に近いときは信頼区間が $(0, 1)$ をはみ出したりすることから, スコア型の方がより望ましいとされる.

　二項確率 p に関する検定では, ある与えられた値 p_0 に対し, 片側検定

$$H_0: p=p_0 \text{ vs. } H_1: p<p_0 \text{ (もしくは } H_1: p_0<p)$$

では, 観測された x に対し, X を $B(n, p_0)$ に従う確率変数として, 片側 P 値を

$P_1 = \Pr(X \leq x)$（もしくは $P_1 = \Pr(x \leq X)$）により求める．この確率計算は Excel の BINOMDIST 関数などにより容易に実行できる．また，$B(n, p)$ は正規分布 $N(np, np(1-p))$ で近似されるので，Y を $N(np_0, np_0(1-p_0))$ に従う確率変数として $\Pr(X \leq x) \approx \Pr(Y \leq x)$ と近似してもよい．ここで，$\Pr(Y \leq x+0.5)$ とした方が近似の精度はよく，これを「連続修正」という．上側確率の場合の連続修正は $\Pr(x \leq X) \approx \Pr(x-0.5 \leq Y)$ である．両側検定 $H_0: p=p_0$ vs. $H_1: p \neq p_0$ では片側 P 値を 2 倍すればよい（ソフトウェアによっては両側 P 値の定義が異なるものもある）．

● **2 つの二項分布の比較**　2 つの二項分布 $B(m, p_1)$，$B(n, p_2)$ に従う互いに独立な確率変数をそれぞれ X および Y とし，それらの実現値を x, y とする．各二項確率の自然な推定量はそれぞれの有効率 $\hat{p}_1 = X/m$，$\hat{p}_2 = Y/n$ であるので，二項確率の差 $\delta = p_1 - p_2$ の自然な推定量はそれらの差 $d = \hat{p}_1 - \hat{p}_2$ である．このとき，$E[d] = p_1 - p_2$ および $V[d] = p_1(1-p_1)/m + p_2(1-p_2)/n$ であるので，d の標準誤差は $\mathrm{SE}[d] = \sqrt{p_1(1-p_1)/m + p_2(1-p_2)/n}$ となる．p_1 と p_2 は未知であるので各推定値を代入して $\mathrm{SE}[d] = \sqrt{\hat{p}_1(1-\hat{p}_1)/m + \hat{p}_2(1-\hat{p}_2)/n}$ とし，二項確率の差 $\delta = p_1 - p_2$ の信頼係数 $100(1-\alpha)$% の近似的な信頼区間は，$c = z(\alpha/2)$ を $N(0,1)$ の上側 $100\alpha/2$% 点として

$$d_L = (\hat{p}_1 - \hat{p}_2) - c \cdot \mathrm{SE}[\hat{p}_1 - \hat{p}_2], \quad d_U = (\hat{p}_1 - \hat{p}_2) - c \cdot \mathrm{SE}[\hat{p}_1 - \hat{p}_2]$$

で与えられる．この信頼区間が 0 を含まなければ両側検定 $H_0: p_1 = p_2$ vs. $H_1: p_1 \neq p_2$ は有意水準 100α% で有意となる．

検定 $H_0: p_1 = p_2$ は上述のように信頼区間を用いても実行できるが，P 値の計算は以下のようにする．記号を表 1 のように定義すると，もし 2 つの処置間に差がなければ，処置 1 での有効者数 X は超幾何分布に従い，その確率は $\Pr(X=x) = {}_sC_x \times {}_tC_{m-x} / {}_NC_m$ となる．したがって，X の実現値を a としたとき，片側 P 値は $P_1 = \Pr(X \geq a)$ により求められる（両側 P 値は P_1 を 2 倍する）．この検定を「フィッシャー検定」という．一方，$H_0: p_1 = p_2$ のもとで $Y = N(ad-bc)^2 / (mnst)$ は近似的に自由度 1 のカイ二乗分布に従うことを利用しても検定できる．すなわち，Y の実現値を y とし，（両側）P 値を $P_2 = \Pr(Y \geq y)$ によって求める．ここでイェーツの補正を施して $y' = N\{|ad-bc| - N/2\}^2 / (mnst)$ とし，$\Pr(Y \geq y')$ とした方がフィッシャー検定への近似の精度はよい．

表 1

	有効	無効	計
処置 1	a	b	m
処置 2	c	d	n
計	s	t	N

［岩崎　学］

ポアソン分布の推定・検定

パラメータ λ のポアソン分布 Poisson(λ) の λ に関する推測では,互いに独立に Poisson(λ) に従う確率変数 $X_1,\cdots,X_n$ の和 $T=X_1+\cdots+X_n$ がパラメータ $n\lambda$ のポアソン分布に従うということを用いる(ポアソン分布の再生性).このとき $E[T]=V[T]=n\lambda$ である.

● 推定　Poisson(λ) からの独立な観測値を $x_1,\cdots,x_n$ とし,その和を $t=x_1+\cdots+x_n$ としたとき,$n\lambda$ の自然な点推定値は和 t であるので,λ の点推定値は観測値の平均値 $\hat{\lambda}=(x_1+\cdots+x_n)/n=t/n$ となる.$\hat{\lambda}=T/n$ を確率変数とみなすと,$E[\hat{\lambda}]=\lambda$ であるので $\hat{\lambda}$ の不偏推定量である.標準誤差は,$V[T/n]=\lambda/n$ より $\mathrm{SE}[\hat{\lambda}]=\sqrt{\lambda/n}$ であり,その値は,λ に推定値 $\bar{x}$ を代入して $\sqrt{\bar{x}/n}$ となる.

パラメータ λ の信頼区間の構成では,二項分布のときと同様,ポアソン分布の確率計算に基づく正確法と $n\lambda$ がある程度大きいときの正規近似法とがあるが,正確法は複雑であるのでここでは正規近似法を述べよう.観測値の和を表す確率変数 T は n が大きいとき近似的に $N(n\lambda, n\lambda)$ に従う.よって,T を標準化した $Z=(T-n\lambda)/\sqrt{n\lambda}$ は近似的に $N(0,1)$ に従うことから,c を $N(0,1)$ の上側 $100\alpha/2\%$ 点として $Pr(-c \leq (T-n\lambda)/\sqrt{n\lambda} \leq c)=1-\alpha$ となる.

左辺の括弧の中身を2乗し確率変数 T に実現値 t を代入した上で整理すると2次不等式

$$(t-n\lambda)^2 \leq c^2 n\lambda \Rightarrow (n\lambda)^2 - 2n\lambda t + t^2 - c^2 n\lambda \leq 0$$

を得る.これより λ に関する不等式の上下限は

$$\lambda = \frac{2t+c^2 \pm \sqrt{(2t+c^2)^2 - 4t^2}}{2n} = \frac{2t+c^2 \pm c\sqrt{4t+c^2}}{2n}$$

となる.$\alpha=0.05$ では $c \approx 1.96$ であるので,簡単のためこれを2とすると

$$\lambda = \frac{2t+2^2 \pm 2\sqrt{4t+2^2}}{2n} = \frac{t+2 \pm 2\sqrt{t+1}}{n}$$

と簡単な形となり,近似的な95%信頼区間の上限および下限は

$$\lambda_\mathrm{L} = \frac{t+2-2\sqrt{t+1}}{n}, \quad \lambda_\mathrm{U} = \frac{t+2+2\sqrt{t+1}}{n}$$

となる.この信頼区間は「スコア型」とよばれる.区間の中点は点推定値 t/n ではなく $(t+2)/n$ である.

● **Rule of Three**　ある期間内における事象の観測度数が0のとき,λ の点推定値は0であるが,例えば医薬品の重篤な有害事象などの場合,ある期間での観測

度数が0であるからといって今後絶対に起こらないとは保証されない．Poisson(λ)で事象が1度も生起しない確率は，$\Pr(X=0)=e^{-\lambda}$ である．この確率が0.05となる λ は $e^{-\lambda}=0.05$ の両辺の自然対数により $\lambda=-\log 0.05$ となる．$\log 0.05 \approx -3$ であるので $\lambda \approx 3$ を得る．これは，観測度数が0のときの λ の95%信頼区間が (0,3) であることに対応する．すなわち，ある期間で事象が一度も観測されなくても λ は3程度である可能性があり，もしそうであれば，λ はポアソン分布の期待値であるので，次の期間で3件程度の事象の観測は起こり得ることになる．ある期間内で生起回数が0であっても次の期間では3件程度起こり得ることから Rule of Three ともよばれ，まれな事象の生起に関する注意喚起に用いられる．備えあれば憂いなしのためのルールである．

●**検定** λ_0 をあらかじめ定められた値としたときのパラメータ λ に関する仮説 $H_0: \lambda=\lambda_0$ の検定では，上述の $100(1-\alpha)$%信頼区間内に想定値 λ_0 が含まれていなければ有意水準 100α%の両側検定は有意である（含まれていれば有意でない）．ポアソン分布の確率計算に基づく P 値は次のように求められる．観測値の和 T は H_0 のもとで Poisson(λ_0) に従うので，対立仮説の方向に応じて片側 P 値 P_1 を $P_1=\Pr(T \leq t | \lambda=\lambda_0)$ もしくは $P_1=\Pr(t \leq T | \lambda=\lambda_0)$ により求める．実際の確率計算は Excel の POISSON 関数などで容易に実行できる．両側 P 値 P_2 は片側 P 値を2倍する．

[例] サッカーワールドカップでの得点

日韓共同開催となった2002 FIFA World Cup の予選1次リーグでは全部で48試合が行われ，1試合2チームとして全データ数は $n=96$ であり，全得点数は $t=130$ であった．サッカーの得点はまれであるので，得点分布としてポアソン分布を想定すると λ の点推定値は $t/n=130/96 \approx 1.354$ である．実際の得点の頻度と相対頻度およびパラメータ λ の値を $\hat{\lambda}=1.354$ としたときのポアソン分布の確率は表1のようである（岩崎，2006）．λ の95%信頼区間は (1.137, 1.613) と求められる．$H_0: \lambda=2$ は，2が区間内に含まれないことから有意水準5%で棄却され，ワールドカップサッカーの試合での1チームの平均得点は2点よりも少ないことがわかる．

表1 ワールドカップでの得点

得点	頻度	相対頻度	ポアソン
0	25	0.260	0.258
1	36	0.375	0.350
2	20	0.208	0.237
3	11	0.115	0.107
4	2	0.021	0.036
5	1	0.010	0.010
6	0	0.000	0.002
7	0	0.000	0.000
8	1	0.010	0.000
計	96	1.000	1.000

[岩崎 学]

参考文献

[1] 岩崎 学，2006，『確率・統計の基礎』東京図書．

適合度検定

「適合度検定」とは，想定したモデルがデータにあてはまっているか否かを判定する検定である．適合度検定の中でも代表的なものとして，ピアソンのカイ二乗適合度検定があげられる．カイ二乗適合度検定では，想定したモデルに基づく期待度数 F_i とデータである観測度数 f_i を用いて，カイ二乗分布に従う検定統計量を作成する．

$$\chi^2 = \sum \frac{(f_i - F_i)^2}{F_i}$$

一定期間中の事故件数 i はポアソン分布に従うといわれている．航空事故に関する統計からジャイロプレーン（回転翼航空機の一種）の年間事故件数を表1に示す．35年間のうち事故がまったく起こらなかった年は17であり，事故が1件起こった年は14であることなどがわかる．これらの観測度数から年平均の事故件数は0.6571となり，事故件数を0件と1件，2件，3件以上と4つのセルに区分して，それらがポアソン分布に従うと仮定する．

ポアソン分布に従う確率変数に対応した確率を求めることにより期待度数を計算することができ，検定統計値は

$$\chi^2 = \frac{(17-18.142)^2}{18.142} + \frac{(14-11.922)^2}{11.922} + \frac{(3-3.917)^2}{3.917} + \frac{(1-1.020)^2}{1.020} = 0.649$$

のように計算する．この χ^2 の値に対し，一般的に，カイ二乗分布の自由度は「(独立な確率変数の数) − (推定したパラメータ数)」となる．この例では，確率の合計は1であることから「全セル数−1」が独立な確率変数の数である．表1の場合，ポアソン分布の適合度を検定しているため，パラメータは1つであり，セル数は4である．このため，自由度は $4-1-1=2$ となる．自由度2のカイ二乗分布の5％点は5.99であるため，適合度検定は有意水準5％で有意ではない．つまり，ジャイロプレーンの年間事故件数はポアソン分布に適合するのではないかと考えることができる．

表1 ジャイロプレーンの年間事故件数（1974〜2008年）

事故件数 i	観測度数 f_i	期待度数 F_i	$f_i - F_i$	$\frac{(f_i-F_i)^2}{F_i}$
0件	17	18.142	−1.142	0.072
1件	14	11.922	2.078	0.362
2件	3	3.917	−0.917	0.215
3件以上	1	1.020	−0.020	0.000
合計 平均	35 0.6571	35.00	0.00	0.649

注：事故件数「3件以上」の観測値は3件である．
[出典：運輸安全委員会「航空事故等に関する統計」]

●**分割表の独立性の検定** 表2は，ある大学における2つの科目の成績の関係を

表現したものである．応用科目は基礎科目の内容を理解していることを前提とした科目であり，基礎科目と応用科目の両方を履修した305人のデータが得られている．いま，2つの科目の成績に関連性はあるのか否かについて興味があるとする．

表2 基礎科目と応用科目の成績（観測度数）

		応用科目の評価				
		A	B	C	D	計
基礎科目の評価	A	30	16	7	2	55
	B	18	20	39	8	85
	C	16	25	72	15	128
	D	1	5	16	15	37
	計	65	66	134	40	305

ここで，各セルの観測度数 n_{ij} は多項分布に従うと考える．2つの科目の成績が独立であるという帰無仮説は，セルにおける確率を p_{ij} とした場合

$$H_0: p_{ij} = p_{i.}p_{.j}, i=1,2,\cdots,r, \ j=1,2,\cdots,c \ (p_{i.} = \sum_{i=1}^{c} p_{ij}, \ p_{.j} = \sum_{i=1}^{r} p_{ij})$$

と表すことができる．この帰無仮説の下で期待度数（$n\hat{p}_{ij} = n\hat{p}_{i.}\hat{p}_{.j} = n_{i.}n_{.j}/n_{..}$）を計算して，適合度検定を行う．

$r \times c$ 分割表の場合，セル数は rc であるため，独立な確率変数の数は $(rc-1)$ となる．また，帰無仮説の下で推定したパラメータ数は，行が $r-1$，列が $c-1$ であり，合計して $(r+c-2)$ となる．これらから，$r \times c$ 分割表の独立性の検定に関する自由度は $(rc-1) - (r+c-2) = (rc-r) - (c-1) = (r-1)(c-1)$ となる．

独立性の検定における検定統計値を計算すると 84.88 となる．自由度 $9(=(4-1)\times(4-1))$ のカイ二乗分布の 5% 点は 16.92 であることから，適合度検定は有意水準 5% で有意であるという結論が得られる．したがって，独立性の仮説を棄却することができ，基礎科目の成績と応用科目の成績は独立ではないことがわかる．

なお，独立性の検定における対立仮説は「すべての i, j に関して $p_{ij} = p_{i.}p_{.j}$ が成り立たない」である．成績評価には順序があるため，順序を考慮した対立仮説を立てたり，対称性に関する検定を行うことも可能である．また，カイ二乗検定統計量のほか，尤度比検定統計量 $G^2 = 2\sum f_i \log(f_i/F_i)$ による検定もある．

●**セルの期待度数が小さいときの適合度検定** カイ二乗適合度検定は，観測度数が大きいことによる正規近似に基づいている．各セルの観測度数が小さいときは正規性の仮定が崩れるため，セルの期待度数が5以上となるようにセルを併合することが1つの基準として用いられてきた．しかし，自由度が2以上の場合には，このセルの期待度数に関する制限は厳しすぎる（W.G. コクラン，1952）．自由度が2以上の場合，最小の期待度数がおおむね1以上となるならば，カイ二乗適合度検定は正確であると考えられるため，条件を満たすようにセルの併合を行う．

［稲葉由之］

📖 **参考文献**
[1] 広津千尋，1983，『統計的データ解析 工学，医学，薬学，社会データの実例による解説』日本規格協会．

単回帰分析

　回帰分析の目的は，目的変数（従属変数）とよばれるある1つの変数を，説明変数（独立変数）とよばれる1つ以上の変数の値で説明，あるいは予測することである．説明変数が1個の場合を「単回帰」，2個以上の場合を「重回帰」とよぶ．

●**単回帰モデル**　統計ソフトRのデータセットcarsは，車の速度(時速マイル)と，ブレーキをかけた後，車が止まるまでの距離（ft）に関して，50回の測定を行ったデータである．図1は，横軸に速度，縦軸に距離をとり，散布図を描いたものである．

　ここでは，速度を説明変数，ブレーキ後の停止までの距離を目的変数とした，単回帰分析を行う．同じ速度であっても，停止までの距離は測定によってばらつくから，目的変数は確率変数で表す．つまり，説明

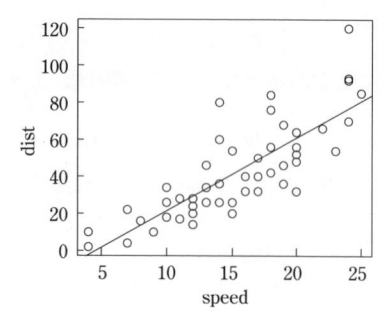

図1　データセットcarsの散布図と回帰直線

変数xの値$x_1, \cdots, x_n$において目的変数$Y_1, \cdots, Y_n$の値を測定し，$y_1, \cdots, y_n$を得たとする．図1からは，速度が大きくなればブレーキ後の停止までの距離も長くなるという，直線的な傾向がみられるので，

$$Y_i = \beta_0 + \beta_1 x_i + \varepsilon_i, \quad i=1, \cdots, n \tag{1}$$

というモデルを考えることは自然である．式(1)を単回帰モデルとよぶ．β_0は定数項または切片，β_1は回帰係数とよばれ，いずれも未知の定数である．ε_iは偶然誤差を表す確率変数で，$E(\varepsilon_i)=0$，$V(\varepsilon_i)=\sigma^2$かつ，$i$ごとに独立と仮定する．

●**最小二乗推定**　β_0, β_1の値を定めれば，Y_iの値の単回帰モデルの理論値（予測値）は$\hat{y}_i = \beta_0 + \beta_1 x_i$となる．これと実際の測定値との差$e_i = y_i - \hat{y}_i$を「残差」とよぶ．残差の2乗和*

$$S_e = \sum_{i=1}^{n} e_i^2 = \sum_{i=1}^{n}(y_i - \hat{y}_i)^2 = \sum_{i=1}^{n}(y_i - \beta_0 - \beta_1 x_i)^2 \tag{2}$$

を最小化するようにβ_0, β_1を求めることを，「最小二乗法」とよぶ．式(2)を最小化する$\hat{\beta}_0, \hat{\beta}_1$を$\beta_0, \beta_1$と書けば，連立方程式（「正規方程式」といわれる）$\partial S_e / \partial \beta_0 = \partial S_e / \partial \beta_1 = 0$から

$$\hat{\beta}_0 = \bar{y} - \hat{\beta}_1 \bar{x}, \quad \hat{\beta}_1 = \frac{\sum(y_i - \bar{y})(x_i - \bar{x})}{\sum(x_i - \bar{x})^2}, \quad \bar{x} = \frac{1}{n}\sum x_i, \quad \bar{y} = \frac{1}{n}\sum y_i$$

---

*) 以下，総和記号$\sum$から$i=1 \sim n$を省略することがある．

となる．$\hat{\beta}_0$, $\hat{\beta}_1$ はそれぞれ β_0, β_1 の不偏推定量である．残差平方和の最小値を $S_e=\sum(y_i-\hat{\beta}_0-\hat{\beta}_1 x_i)^2$ と書く．ε_i に正規性を仮定すれば，β_1 に関する有意性検定や信頼区間を考えることもできる（「重回帰分析」参照）．

cars のデータセットの2変数，speed(x_i) と dist(y_i) の平均は 15.40, 42.98, 分散は 27.95918, 664.0608, 相関係数は 0.80689 であるから，最小二乗推定量は

$$\hat{\beta}_1=\frac{0.80689\sqrt{27.95918\times664.0608}}{27.95918}=3.932$$
$$\hat{\beta}_0=42.98-\hat{\beta}_1\times15.40=-17.58$$

となる．すなわち，回帰式は dist $=-17.58+3.932\times$ speed となる．

●**回帰式の評価** 推定された回帰直線 $\hat{Y}=\hat{\beta}_0+\hat{\beta}_0 x$ のデータへの当てはまりを評価する指標としては，「重相関係数」R と「決定係数」R^2 がもちいられる．R は $\{y_i\}$ と $\{\hat{y}_i\}$ との間の相関係数であり，単回帰の場合は $\{x_i\}$ と $\{y_i\}$ の間の通常の相関係数 r と一致する．R^2 は，残差と予測値が直交する，つまり $\sum e_i \hat{y}_i=0$ が成り立つことをもちいれば

$$R^2=S_M/S_T=1-S_e/S_T$$

と式変形できる．ここで $S_T=\sum(y_i-\bar{y})^2$ は全平方和（全変動），$S_M=\sum(\hat{y}_i-\bar{y})^2$ は $\{\hat{y}_i\}$ の偏差平方和（モデル変動）などとよぶ．これらの平方和には，$S_T=S_M+S_e$ の関係がある．つまり決定係数は，実測値 $\{y_i\}$ の変動のうち，回帰式で説明される変動の割合という解釈ができる．$-1\leq R\leq 1$, $0\leq R^2\leq 1$ であり，R^2 が大きいほど回帰直線のあてはまりがよい．データが直線上に完全に乗っているとき，$R^2=1$ である．

cars のデータでは，決定係数は $R^2=r^2=0.80689^2=0.651$ となる．この場合，"目的変数 dist に対する説明変数 speed の説明力は65％である" などという．

●**平均への回帰** 最小二乗法で推定された回帰式は，$(\hat{Y}-\bar{y})/\sigma_y=r(x-\bar{x})/\sigma_x$ と書き直すことができる．ただし，σ_x, σ_y はそれぞれ $\{x_i\}$, $\{y_i\}$ の標本標準偏差である．通常 $|r|<1$ であるから，$\sigma_x=\sigma_y$ のときは $|\hat{Y}-\bar{y}|<|x-\bar{x}|$ で，x よりも $\hat{Y}$ の方がその平均値に近い．この現象を，「平均への回帰」とよぶ．

説明変数と目的変数が同じ種類の測定値で，分散が等しいとみなせる場合には，平均への回帰に注意しなければならない．臨床試験における処置前後データや，あるクラスの学生の中間試験と期末試験の成績などがその例である．プロ野球やサッカーなどで，1年目に活躍した選手が2年目には「平均的な選手よりも活躍するが1年目ほどではない」という，「2年目のジンクス」も，平均への回帰として説明できる現象である．　　　　　　　　　　　　　　　　　　　　[青木　敏]

重回帰分析

2つ以上の説明変数をもちいて目的変数を説明，あるいは予測する解析を，「重回帰分析」とよぶ．例として，統計ソフト R の faraway ライブラリに含まれているデータセット Gala を解析する．これは，ガラパゴス諸島の 30 の島に関するデータであり，ここではそのうちの 6 変数，Species：確認されたカメの種類数，Area：面積 (km²)，Elevation：最高海抜 (m)，Nearest：最近島までの距離 (km)，Scruz：Santa Cruz 島までの距離 (km)，Adjacent：最近島の面積 (km²) に注目する．ここでは，変数 Species を残りの 5 個の変数で説明する重回帰式を求める．

●重回帰モデル 独立な n 回の測定の i 番目につき，目的変数を表す確率変数を Y_i，それに関連すると思われる p 個の説明変数を $x_{i1}, \cdots, x_{ip}$ とする．このとき，
$$Y_i = \beta_0 + \beta_1 x_{i1} + \cdots + \beta_p x_{ip} + \varepsilon_i$$
を「重回帰モデル」とよぶ．β_0 は定数項または切片，β_j は j 番目の変数の偏回帰係数とよばれ，いずれも未知の定数である．ε_i は偶然誤差を表す確率変数で，$E(\varepsilon_i) = 0$, $V(\varepsilon_i) = \sigma^2$ かつ，i ごとに独立と仮定する．以上は，ベクトルと行列を $\mathbf{Y} = (Y_1, \cdots, Y_n)'$, $\boldsymbol{\beta} = (\beta_0, \beta_1, \cdots, \beta_p)'$, $\boldsymbol{\varepsilon} = (\varepsilon_1, \cdots, \varepsilon_n)'$,
$$\mathbf{X} = \begin{pmatrix} 1 & x_{11} & \cdots & x_{1p} \\ \vdots & \vdots & & \vdots \\ 1 & x_{n1} & \cdots & x_{np} \end{pmatrix}$$
と定めれば，簡潔に $\mathbf{Y} = \mathbf{X}\boldsymbol{\beta} + \boldsymbol{\varepsilon}$, $E(\boldsymbol{\varepsilon}) = \mathbf{0}$, $V(\boldsymbol{\varepsilon}) = \sigma^2 I$ と書ける．

gala のデータセットでは，$\mathbf{y} = (y_1, \cdots, y_n)'$ は目的変数 Species の観測値を表す $n = 30$ 次元ベクトル，$\mathbf{X}$ は $n \times (p+1) = 30 \times 6$ 行列となる．

●最小二乗推定 観測値 $\mathbf{y}$, $\mathbf{X}$ に基づき $\boldsymbol{\beta}$ を推定する．ある $\boldsymbol{\beta}$ に対する，重回帰モデルの理論値（予測値）を $\mathbf{y} = \mathbf{X}\boldsymbol{\beta}$ と，残差ベクトルを $\mathbf{e} = (e_1, \cdots, e_n)'$, $e_i = y_i - \hat{y}_i$ とおく．残差平方和 $\|\mathbf{e}\|^2 = (\mathbf{y} - \mathbf{X}\boldsymbol{\beta})'(\mathbf{y} - \mathbf{X}\boldsymbol{\beta})$ を最小にする $\boldsymbol{\beta}$ は，$\partial \|\mathbf{e}\|^2 / \partial \boldsymbol{\beta} = \mathbf{0}$ より $\mathbf{X}'\mathbf{X}\boldsymbol{\beta} = \mathbf{X}'\mathbf{y}$ の解として与えられる．これは $\boldsymbol{\beta}$ に関する連立 1 次方程式で，正規方程式とよばれる．$\mathbf{X}'\mathbf{X}$ が正則であれば，正規方程式は一意的な解をもち，$\boldsymbol{\beta}$ の最小二乗推定量 $\hat{\boldsymbol{\beta}} = (\mathbf{X}'\mathbf{X})^{-1}\mathbf{X}'\mathbf{y}$ を得る．このとき，$\mathbf{Y}$ の予測値は $\hat{\mathbf{y}} = \mathbf{X}\hat{\boldsymbol{\beta}} = \mathbf{X}(\mathbf{X}'\mathbf{X})^{-1}\mathbf{X}'\mathbf{y}$ と書け，残差平方和は $S_e = \mathbf{y}'[I - \mathbf{X}(\mathbf{X}'\mathbf{X})^{-1}\mathbf{X}']\mathbf{y}$ となる．もし，rank $\mathbf{X} < p+1$ であり $\mathbf{X}'\mathbf{X}$ が非正則な場合は，正規方程式は一意的な解をもたない．その場合，$\mathbf{X}'\mathbf{X}$ の一般逆行列をもちいて $\hat{\boldsymbol{\beta}} = (\mathbf{X}'\mathbf{X})^{-}\mathbf{X}'\mathbf{y}$ と推定する．

Gala のデータセットについて，$\boldsymbol{\beta}$ の最小二乗推定量を求めると，

$(\hat{\beta}_0, \hat{\beta}_{\text{Area}}, \hat{\beta}_{\text{Elevation}}, \hat{\beta}_{\text{Nearesr}}, \hat{\beta}_{\text{Scruz}}, \hat{\beta}_{\text{Adjacent}})$
$= (7.1, -0.024, 0.32, 0.0091, -0.24, -0.075)$

となった．重回帰式は例えば，ほかの条件が同じであれば，島の面積が $1\,\text{km}^2$ 増えればカメの種類は 0.024 匹減少し，最高海抜が 1 m 高ければ 0.32 匹増えることを示唆している．この結果については「回帰診断」の項で考察する．

●**回帰式の統計的評価** 推定された重回帰式のデータへの当てはまりを評価する指標としては，重相関係数 R と決定係数 R^2 がもちいられる．単回帰分析の場合と同様に，R は y と $\hat{y}$ との間の相関係数であり，その 2 乗（決定係数）は $R^2=S_M/S_T=1-S_e/S_T$ と式変形できる．ここで $S_T=\sum(y_i-\bar{y})^2$ は全平方和（全変動），$S_M=\sum(\hat{y}_i-\bar{y})^2$ は $\hat{y}$ の偏差平方和（モデル変動）などとよぶ．決定係数は，実測値 y の変動のうち，重回帰式で説明される変動の割合であり，1 に近いほど当てはまりがよい．実際，Gala のデータでは，決定係数は $R^2=0.7658$ で，図 1 は横軸に y を，縦軸に $\hat{y}$ をとり，散布図と回帰直線を描いたものである．

誤差に正規性 $\varepsilon \sim N(\mathbf{0}, \sigma^2 I)$ を仮定できれば，最小二乗推定量の分布は $\hat{\boldsymbol{\beta}} \sim N(\boldsymbol{\beta}, \sigma^2(X'X)^{-1})$ となり，これからさまざまな有意性検定や信頼区間が構成できる．

例えば重回帰モデルに対する帰無仮説 $\beta_1=\cdots=\beta_p=0$ の検定は，$F=((S_T-S_e)/p)/(S_e/(n-p-1)) \sim F_{p,n-p-1}$ から行える．Gala データセットでは，$F=[(381,081.4-89,231.37)/5]/(89,231.37/24)=15.7$ となり，これは $F_{5,24}$ と比較して高度に有意である．偏回帰係数 $\hat{\beta}_j$ の有意性検定は，$t=\hat{\beta}_j/\hat{\sigma}\sqrt{(X'X)_{jj}^{-1}} \sim t_{n-p-1}$ から行える．ただし，

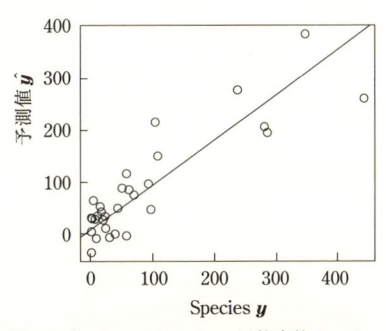

図 1 データセット gala の目的変数 Species と予測値

$(X'X)_{jj}^{-1}$ は $(X'X)^{-1}$ の (j, j) 成分とし，σ は通常は不偏推定量 $\hat{\sigma}^2=S_e/(n-p-1)$ を代入する．例えば $\hat{\beta}_{\text{Area}}$ は $t=-1.068$ となりこれは有意でない（$p=0.3$）が，$\hat{\beta}_{\text{Elevation}}$ の $t=5.953$ は高度に有意である．また，信頼区間は $\hat{\beta}_j \pm t_{n-p-1}^{\alpha/2} \hat{\sigma}\sqrt{(X'X)_{jj}^{-1}}$ となる．例えば，95% 信頼区間は $\hat{\beta}_{\text{Area}}$ が $(-0.070, 0.022)$，$\hat{\beta}_{\text{Elevation}}$ が $(0.209, 0.430)$ となる．$\hat{\boldsymbol{\beta}}$ の $100(1-\alpha)$% 同時信頼区間は，$(\boldsymbol{\beta}-\hat{\boldsymbol{\beta}})'X'X(\boldsymbol{\beta}-\hat{\boldsymbol{\beta}}) \leq (p+1)\hat{\sigma}^2 F_{p+1,n-p-1}^{\alpha}$ となる．これは $\hat{\boldsymbol{\beta}}$ を中心とする楕円である．$\hat{\boldsymbol{\beta}}$ に強い相関がある場合には，同時信頼区間を考えるのがのぞましい． ［青木 敏］

回帰診断

重回帰モデルのいくつかの前提は,「回帰診断」とよばれる手法でチェックする.
●**残差の検討** 誤差の仮定 $\varepsilon \sim N(0, \sigma^2 I)$ に関する診断は,残差ベクトル $\hat{\varepsilon} = y - \hat{y}$ に基づいて行う.$\hat{y} = Hy$, $H = X(X'X)^{-1}X'$ であるから,$\hat{\varepsilon} = (I - H)y$, つまり,$V(\hat{\varepsilon}) = (I - H)\sigma^2$ である.

誤差の等分散性の診断には $(\hat{y}, \hat{\varepsilon})$ の散布図を利用する.等分散であれば,散布図は横軸を中心に対称になるが,なんらかの傾向や多様性がみられる場合には,等分散性(あるいはモデルの線形構造)を疑う.不等分散を扱う手法の1つは変数変換である.目的変数 Y の変換 $g(Y)$ で $V(g(Y))$ が定数になるものは,高次の項を無視した展開から $g'(E(Y)) \propto (V(Y))^{-1/2}$ の形となる.例えば,$V(Y) = V(\varepsilon) \propto (E(Y))^2$ であれば $g(Y) = \log Y$, $V(\varepsilon) \propto E(Y)$ であれば $g(Y) = \sqrt{Y}$ という具合である.図1(a)はデータセット Gala の残差プロットである.誤差の分散が Y に比例的に増大しているので,目的変数を $\sqrt{\text{Species}}$ と変換する.変換後の残差プロットは図1(b)となり,等分散に近付いている.

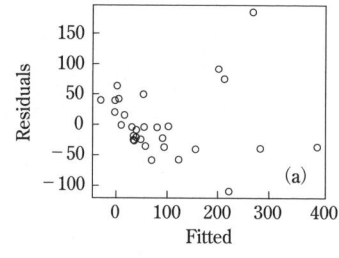

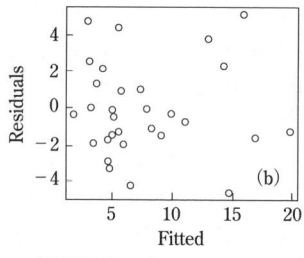

図1 データセットgalaの残差プロット(a) と目的変数を $\sqrt{\text{Species}}$ と変換した場合の残差プロット(b)

誤差の正規性の診断には残差の Q-Q プロットを利用する.対応する検定には,「シャピロ・ウィルクの検定」があるが,外れ値の個数や程度に関する情報を与えず,検出力もサンプル数に依存するために,あくまで補助的に扱うべきである.図2(a)は Gala データセットの Q-Q プロットである.正規性が成り立っているとはいえず,シャピロ・ウィルクの検定でも有意($p = 0.018$)であるが,Q-Q プロットは,非正規性よりむしろ,外れ値の存在を示唆している.誤差の無相関性の診断には,残差ベクトルを $(\varepsilon_i, \varepsilon_{i-1})$ とプロットする(定量的手法には,「ダービン・ワトソン検定」がある).Gala データについては図2(b)それであるが,ここでも,2つの外れ値(1個につき,2つ打点される)の存在が示唆される.

残差を使った診断にはほかにも,「偏回帰プロット」や「偏残差プロット」があ

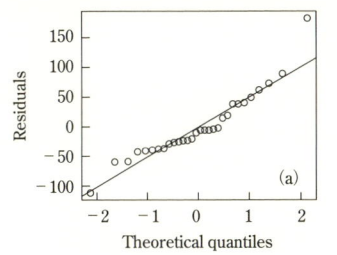

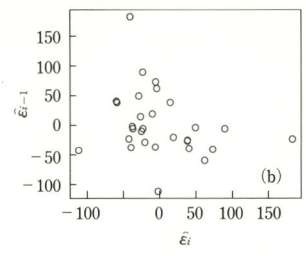

図2 データセット gala の残差プロットの Q-Q プロット(a) と残差 (ε_i, ε_{i-1}) のプロット(b)

る．これらは，重回帰モデルの構造部分 $E(Y)=X\beta$ の診断に有効である．

●**外れ値の検出** 外れ値の検出も，回帰診断の目的の1つである．H の (i, i) 成分 h_i は「てこ比」とよばれる．$\hat{\varepsilon}_i = \sigma^2(1-h_i)$ であるから，h_i が大きい個体ほど回帰直線は y_i に近付く（引っ張られる）．$\sum h_i = p+1$ が成り立ち，慣習として，$h_i > 2(p+1)/n$ であるような観測値については，外れ値かどうかを疑う．i 番目の観測値を除いた不偏分散をもちいて残差を $t_i = \hat{\varepsilon}/\hat{\sigma}\sqrt{1-h_i}$ と基準化したものを，「スチューデント化残差」とよぶ．この値の大きな観測値も，外れ値の候補となる．個々の観測値について，それを取り除くことにより予測値が受ける影響を測る関数を，「影響関数」とよぶ．代表的なものに，「クック距離」$D = (\hat{y} - \hat{y}_{(i)})'(\hat{y} - \hat{y}_{(i)})/((p+1)\hat{\sigma}^2)$ がある．ここで，$\hat{y}_{(i)}$ は i 番目の観測値を除いたときの予測値であり，$\hat{\sigma}^2$ は通常の不偏分散である．この値が大きい観測値も，外れ値の候補と考える．

Gala データセットについて，「てこ比」の半正規プロットとスチューデント化残差の Q-Q プロットを図3に示す．前者からは Isabela と Fernandina が，後者からは Isabela と Santa Cruz が，外れ値の候補として示唆される（D は Isabela が際立って大きい）．定量的な外れ値の判定には，検定を利用する．例えばスチューデント化残差は，外れ値がないという帰無仮説のもとで t_{n-p} に従う．Gala データセットでは，Isabela の $t_i = -3.64$ は，ボンフェロニ補正をしても5％有意であり，Santa Cruz の $t_i = 3.30$ は有意にならない．ただしこの種の検定は，対立仮説の想定が困難であり，補助的にもちいるべきである．　　　　　　　［青木　敏］

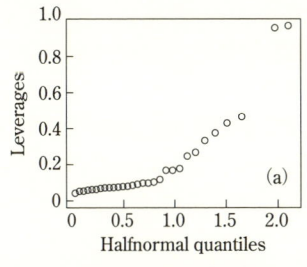

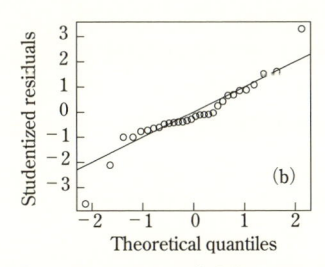

図3 データセット gala のてこ比の半正規プロット(a) とスチューデント化残差の Q-Q プロット(b)

重回帰分析の変数選択

　説明変数の選択は，重回帰分析における重要な問題の1つである．どの変数が目的変数の変動をよく説明するのかが，推定以前にはっきりとわかっていない場合は，いくつかの説明変数の候補から最良と思われる組合せを選んで，最終的に1つの回帰式を得る．重回帰モデルでは，説明変数が増えれば当てはまりはよくなる（決定係数の値が1に近付く）が，余分な説明変数を含めることは推定精度や予測精度を落としてしまう．

●**検定をもちいた変数選択**　変数選択の方法の1つは，偏回帰係数に関する t 検定の結果を利用するものである．例として，「重回帰分析」と「回帰診断」の項で扱った gala データセットを再度使う．ただし，「回帰診断」の項で得られた結果をもとに，目的変数 Species は平方根をとり，Isabela を外れ値として取り除いておく．最小二乗推定量と t 検定の結果は以下である．

変数	Area	Elevation	Nearest	Scruz	Adjacent
$\hat{\beta}_i$	0.0077	0.011	0.017	-0.0089	-0.0031
p 値	0.048	0.0010	0.694	0.323	0.00031

t 検定の結果，最も有意性が低い変数は Nearest であるので，まず $\beta_{\text{Nearest}}=0$ と判定する．残りの4つの変数をもちいて再度重回帰モデルを当てはめると，次のようになる．

変数	Area	Elevation	Scruz	Adjacent
$\hat{\beta}_i$	0.0077	0.011	-0.0068	-0.0031
p 値	0.043	0.00065	0.331	0.00011

同様にここでは，$\beta_{\text{Scruz}}=0$ と判定する．残りの3つの変数について重回帰モデルを当てはめて，次の結果を得る．

変数	Area	Elevation	Adjacent
$\hat{\beta}_i$	0.0084	0.011	-0.0031
p 値	0.024	0.00082	0.00011

残りの3つの変数は，いずれも t 検定の結果が有意となったので，これ以上取り除かない．すなわち，{Area, Elevation, Adjacent} というモデルが選択され，

$$\sqrt{\text{Species}}=3.56+0.008\times\text{Area}+0.011\times\text{Elevation}-0.0031\times\text{Adjacent}$$

という重回帰モデルを得た．

　この例のように，候補となるすべての変数を含む重回帰モデル（フルモデル）

から出発し，偏回帰係数に関するt検定の結果から有意性が低い変数を順次取り除く方法を，「変数減少法」（後退消去）とよぶ．逆に，定数項だけのモデルに，変数をひとつ加えたときの偏回帰係数のt検定の有意性が最も高くなるものを順次加えていく方法は，「変数増加法」（前進選択）とよばれる．また，変数減少法で一度取り除いた変数を再度モデルに含めることまで検討する「変数減増法」や，逆に一度モデルに取り込んだ変数を再度取り除くことを検討する「変数増減法」など，さまざまなバリエーションがあり，これらをまとめて「逐次選択法」とよぶ．いずれの方法であっても，基準となるp値の境界は5％である必要はなく，15％から20％程度に設定するのが適当である．

●**選択規準をもちいた変数選択** 変数選択のもう1つの方法は，モデルの良さをはかる規準をもちいるものである．代表的な選択規準には，自由度調整済み決定係数，AIC，C_pがある．

自由度調整済み決定係数は，「重回帰分析」の項で定義した決定係数$R^2=1-S_e/S_T$を自由度で調整したもので，$R_a^2=1-[S_e/(n-p-1)]/[S_T/(n-1)]$と定義される．ここで，$n$はサンプル数，$p$は説明変数の数，$S_e$は残差平方和，$S_T$は全平方和である．AICは，誤差の正規性の仮定のもとで，AIC$=n\log(S_e/n)+2(p+1)$と定義される．右辺第1項はモデルの最大対数尤度の-2倍であり，モデルの適合度を，第2項は母数の増加に対する罰則を，それぞれ表していると解釈できる．AICの小さいモデルほど望ましいと考えるのがAIC規準である．C_pは，$C_p=S_e/\hat{\sigma}^2+2(p+1)-n$と定義される．ただし$\hat{\sigma}^2$は，候補であるすべての説明変数を含むモデル（フルモデル）の誤差分散の不偏推定量であり，フルモデルの残差平方和を$\tilde{S}_e$，説明変数の数を$p_{\max}$とすれば，$\hat{\sigma}^2=\tilde{S}_e/(n-p_{\max}-1)$となる．AICと同じく，第1項がモデルの適合度を，第2項が罰則を表す．C_pが小さいモデルほど望ましいと考えるのがC_p規準である．

可能であればすべてのモデル（説明変数の候補が$p_{\max}$個であれば$2^{p_{\max}}$とおり）に関して，それが無理であれば逐次選択法によって，それぞれの規準を最適にするモデルを選択する．Galaデータセットでは，説明変数の候補は5個であるから，$2^5=32$とおりのすべてのモデルについて選択規準の値を計算することは容易である．計算の結果，R_a^2，AIC，C_pのいずれの規準においても，t検定と同じ{Area, Elevation, Adjacent}というモデルが選択された．選択されたモデルとフルモデルの，決定係数とそれぞれの規準の値は以下である．

	R^2	R_a^2	AIC	C_p
選択されたモデル	0.7972	0.7729	54.98	3.11
フルモデル	0.8065	0.7645	57.61	6

［青木 敏］

判別分析

「判別分析」は2つまたはそれ以上の群（または，母集団）が存在し，いずれの群に属するかが不明である標本を，いずれかの群に属すると判別する手法である．

ここで，虫垂炎の可能性のある患者が病院に運ばれてきたとする．患者が虫垂炎ならば手術が必要であるが，そうでない場合や軽い症状のときには手術する必要はない．手術の必要性は腹部の痛みの強さや継続時間，各種血液検査，腹部エコーなどから総合的に判断される．このとき，すでに虫垂炎か否かがわかっている患者のデータが重要であり，それらとの比較において疾患の有無を判断する．虫垂炎の場合，手術が必要な患者に対し判断を誤ると大事にいたる．一方で虫垂炎と判断され開腹したにもかかわらず虫垂炎でないこともある．間違った開腹は避けるべきだが，実際は虫垂炎の危険性を考えると開腹することがある．

本例は虫垂炎の患者群と非患者群の2群を考え，虫垂炎であるか否かがわからない新たな患者を，患者群または非患者群のどちらかに属すると判別するという「2群の判別分析の問題」となり得る．虫垂炎であるにもかかわらず，そうでないと判別した場合の損失は大きい．一方，虫垂炎でないにもかかわらず，開腹する損失も考えなくてはならない．虫垂炎の場合，このような誤判別による損失をできるだけ小さくするという観点から判別ルールを決めることになる．

●**判別手順**　判別分析は大きく次のような2段階の手順からなる．

第1段階：初期標本とよばれるすでにどの群に属しているかが明らかになっている標本によって判別ルールをつくる．このとき，誤判別を起こす確率（誤判別率）または誤判別による損失を最小にするよう判別ルールを考える．

第2段階：いずれの群に属しているか不明である新たな標本を，第1段階でつくった判別ルールを用いていずれかの群に属すると判別する．

判別分析を正しく行うためには，標本が各群に属する相対的な確率（先験確率）も情報として用いるのだが，あまり気にされずに分析が行われることが多い．また，一方の誤判別による損失を非常に大きくすると，損失の小さな群に属すると判別されない傾向になるため損失の決定には注意がいる．

●**判別ルール**　第1段階にあるように，判別分析においては初期標本を用いて判別ルールを準備しておかなくてはならない．一般に，各群は多変量正規分布に従っていると仮定する．2群の場合，初期標本より「判別関数」（線形判別関数や二次判別関数）を導出し，これより判別ルールをつくる．「線形判別関数」は2群の分散共分散行列が等しいという仮定のもとで求められた判別関数である．指標となる変量（痛みの強さや継続時間など）とそれに対応する係数の線形結合の形で

表されるためこのような名前でよばれる．
一方，二次判別関数は2群の分散共分散行列が異なる場合に求められる判別関数のことである．これらの関数に標本のデータ値を代入して得られる値を標本の「判別得点」という．この判別得点の大きさに対して判別点とよばれる閾値を決め判別ルールをつくる．誤判別率を最小にするのか，誤判別による損失を最小にするのかによって判別点は異なる（図1）．

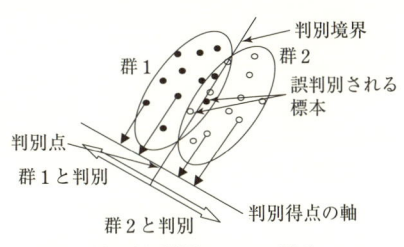

図1　線形判別関数を用いた判別ルール

「フィッシャーの線形判別関数」とよばれる判別関数がある．これは上の線形判別関数と考え方が異なり，はじめに変量とそれに対応する係数の線形結合を考える．ついで，2群の線形結合の平均の差が最大になるような係数を求める．2群が多変量正規分布に従い，それらの分散共分散行列が等しいとき，得られた関数は線形判別関数と同じである．その他の判別ルールとして，「ロジスティック判別分析」や「ノンパラメトリック判別分析」などがある．

多群の判別分析は，2群の判別ルールを組み合わせることもあるが，各群の平均ベクトルから標本までの「マハラノビス距離」を利用する判別ルールがよく用いられる．このルールは，各群と新たな標本のマハラノビス距離を計算し，その値が最も小さな群にこの標本が属すると判別するというものである．

●誤判別率の推定　第2段階にあるように，新たに得られた標本を判別ルールに従って判別する．仮に，新たに得られた標本が無数あったとする．それらを判別ルールによって判別したときの誤判別率を「実際の誤判別率」という．判別分析において，この実際の誤判別率が判別ルールの良さの評価となる．群がどのような確率分布に従っているかが正確に分からない限り，実際の誤判別率を求めることはできない．そのため実際の誤判別率を推定することになる．以下にいくつかの誤判別率の推定方法を示す．

ⅰ）見かけ上の誤判別率：構築された判別ルールを用いて初期標本を判別し誤判別された標本の割合を求める方法．

ⅱ）代入法による誤判別率：仮定した分布の母数に推定値を代入し，誤判別率を求める方法．上の2つの推定値は，判別ルールを構築した初期標本を利用するため，初期標本の数が少ないとき，実際の誤判別率の真値よりも小さい値を示すことが多いので利用するときは注意が必要である．

ⅲ）1つ取って置き法：初期標本の1つを残して判別ルールを構築する．最後に残しておいた標本を判別ルールに従って判別する．これをすべての標本に対して繰り返し行い誤判別率を求める．小標本に対しても不偏性をもち有効である．また，計算も簡単であるため利用価値は大きい．

[中西寛子]

主成分分析

「主成分分析」は，複数の観測された変量をそれよりも少ない合成変量（「主成分」）に縮約しデータの解釈を行う手法である．

例えば，生徒が国語，社会，英語，数学，理科の5科目の試験を受けたとする．人には文系型と理系型があるといわれる．もしそれが本当なら，文系科目とされる国語，社会，英語の成績には強い正の相関があり，理系科目とされる数学と理科の成績にも強い正の相関があるだろう．また，文系科目と理系科目はおおよそ無相関となるだろう．個々の科目の成績順に生徒を並べることもできるが，科目の点数に重みをつけた総合評価を考えて生徒を並べることができる．つまり，文系科目が得意な生徒の順や理系科目が得意な生徒の順に並べることができる．

さまざまな犬種の体長，体高，体重，胴まわり，脚の長さなど，体の測定データが得られているとする．犬の特徴を考えると，まずは大型犬から小型犬の順に種類を並べることができる．大きさがおよそ同じだとすると，次はスマートな体型の犬から丸い体型の犬へと種類を分けることができる．

● **主成分分析の概要**　成績の例では

総合点＝国語の重み×国語の点数＋社会の重み×社会の点数＋
　　　…＋理科の重み×理科の点数

のようになる．ただし，各科目の重み（「成分負荷量」または「因子負荷量」という）の二乗和を1としておく．このような総合点の中で分散が最大であるものを「第1主成分」という．次に第1主成分と無相関で，分散が最大であるものを「第2主成分」という．このようにそれまでの主成分と無相関であり，分散が最大であるものを順次求めていく．

このことをデータの構造の解釈という別の方法で説明する．例えば，p個の変量がある場合，実際に行っていることはp次元空間に存在しているデータの軸の回転である．はじめに，分散が最大となる軸を探し，次にその軸と直交する軸の

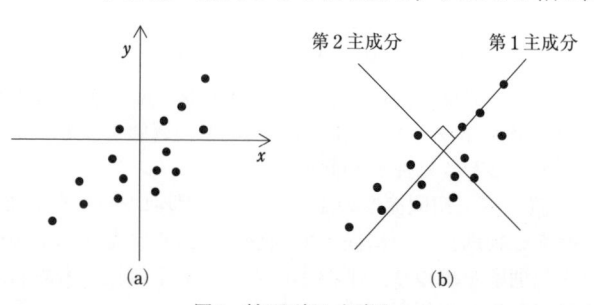

図1　軸の回転と主成分

中で2番目に分散が大きくなる軸を探す．これを順次続け，p番目の軸まで探す．1番目に得られた軸から順に第1主成分，第2主成分，…となる（図1）．

●**成分負荷量と解釈** 図2にあるように成分負荷量の大きさ（矢印の太さで表している）により各主成分の解釈を行う．例えば，第1主成分の成分負荷量の中で文系科目に対するものが大きいのであれば，文系能力の成分と解釈される．第2主成分の成分負荷量の中で理系科目に対するものが大きいのであれば，理系能力の成分と解釈される．第1主成分を横軸に，第2主成分を縦軸にとって成分負荷量をプロットすると相関のある科目のグループをみることができる．

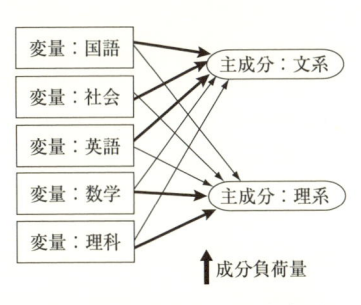

図2 主成分分析の考え方（概念図）

主成分に対する成分負荷量が得られたら，生徒の科目の点を代入することによって，各生徒の総合点が得られる．これを第1主成分得点，第2主成分得点，…とよぶ．これらの主成分得点によって文系能力順や理系能力順に生徒を並べることができる．また，第1主成分を横軸に，第2主成分を縦軸にとって主成分得点をプロットすると，文系と理系の能力がある生徒，一方の能力がある生徒，どちらの能力もあまりない生徒に分けることができる．主成分分析は因子分分析と混同されるので注意が必要である．因子分析はさまざまな手法があるが，主成分分析は軸の回転を考えるだけであるので1つに決まる（「因子分析」参照）．

●**成分負荷量の求め方と寄与率** 成分負荷量は分散共分散行列より求める場合と相関行列より求める場合がある．変量の単位が異なる場合や，単位が同じでも変量の分散が極端に異なる場合は相関行列を用いる．

どちらの行列を用いても成分負荷量の導出は固有値問題を解くことになる．ここでは，相関行列を用いる場合について説明する．行列の固有値は変量の数（例えばp個）ある．それを，$\lambda_1 \geq \lambda_2 \geq \cdots \geq \lambda_p$とし，これら固有値に対応するノルムが1の固有ベクトルを$a_1, a_2, \cdots, a_p$とする．最大固有値λ_1の大きさは第1主成分の分散の大きさを意味し，対応する固有ベクトルa_1は成分負荷量の並びとなる．このように，固有値の大きさの順に第1主成分，第2主成分，…が求められる．対応する固有ベクトルはそれぞれの成分負荷量の並びである．

すべての固有値の和は変量の数pと同じになる．そこで，λ_1/pを第1主成分の寄与率と定義し主成分の説明力を評価する．このように各主成分の固有値よりその寄与率が定義でき，説明力が評価できる．第1主成分の寄与率から順に第k主成分の寄与率まで足し合わせたものを「累積寄与率」という．一般に固有値が1以上の主成分や，累積寄与率がおよそ0.8までの主成分を用いてデータを解釈する．

[中西寛子]

因子分析

「因子分析」の目的は，実際に観測された変量の変動を，変量の数より少ない数の潜在因子で説明または解釈することである．

一例をあげよう．人には文系型と理系型があるという．文系型の人は潜在的に文系科目（国語，社会，英語）の成績がよく，理系型の人は潜在的に理系科目（数学，理科）の成績がよいといわれる．実際に試験を行ってみて，各科目の点数の現れ方に「潜在因子」（または，「共通因子」）が本当に存在するかを考える．

ある企業をとても好きだという人たちがいる．よくよく聞いてみるとその企業の製品が好きだという人と，サービスが好きだという人と，どちらも好きだという人がいた．この企業を好む人たちには「製品を好む因子」と「サービスを好む因子」の2つの潜在因子があるようである．製品に関することと，サービスに関することに対する質問をいくつか用意し，アンケート調査によりこれらの潜在因子が実際に存在するかを示す．

●**因子分析の概要** 科目の点数の例では，5つの科目の点数を文系因子と理系因子という実際には観測されない2つの潜在因子で解釈することになる．因子分析は「潜在因子」と「独自因子」（誤差）を含むモデル式を仮定する．例えば，以下のようになる．

　　　各科目の点数＝文系因子の重み×文系因子
　　　　　　　　　＋理系因子の重み×理系因子
　　　　　　　　　＋独自因子＋定数項

文系因子は国語，社会，英語の成績に強く影響を与え，理系因子は数学，理科の成績に強く影響を与えるであろう．因子分析で潜在因子が変量に与える重み（図1の矢印の太さ）のことを「因子負荷量」という．因子分析は主成分分析と混同されるが主成分分析とは矢印の方向が異なる（「主成分分析」参照）．

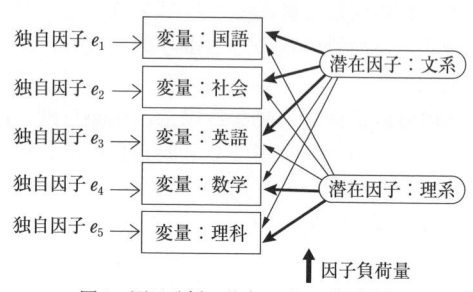

図1　因子分析の基本モデル（概念図）

モデル式を満たすように，観測されたケースごとに推定される因子の値を「因子得点」という．観測された変量は定数項と因子負荷量と各因子の因子得点の積の合計で表される．つまり，

　　　Aさんの各科目の点数
　　　＝文系因子負荷量×Aさんの文系因子得点

＋理系因子負荷量×Ａさんの理系因子得点
　　　＋独自因子＋定数項
となる．このように，因子分析は観測された変量を因子負荷量と因子得点によって分解すると考えてよい．

●**因子寄与と共通性**　各潜在因子にどの程度の影響力があるかを測る尺度として「因子寄与」がある．因子寄与は各潜在因子における因子負荷量の２乗和である．複数の潜在因子の中で影響力の高いものから第１因子，第２因子，…とよぶ．すべての因子の因子寄与の合計は変量の数と同じである．各因子の因子寄与を因子寄与の合計で割った値を「因子寄与率」という．また，第１因子から順に因子寄与率を足しあわせたものを「累積寄与率」という．潜在因子によって各変量がどの程度説明されるかを示したものが「共通性」で，変量に対する因子負荷量の２乗和で示される．共通性が小さな変量は独自因子が大きく，潜在因子では説明できなかったことを意味する．因子分析には，因子の数と解釈が最初から仮定されている場合（6章「確認的因子分析」参照）と，与えられたデータより第１因子，第２因子，…を順に解釈する場合（6章「探索的因子分析」参照）がある．ここでは「確認的因子分析」の考え方を説明したが，一般には探索的因子分析を行うことが多い．

●**因子負荷量と回転**　因子分析のモデルに対して２つの仮定
ⅰ）潜在因子と独自因子は無相関
ⅱ）異なる２つの変量に対する独自因子は無相関
がおかれている．これらの仮定を満たすよう因子負荷量と独自因子の分散の推定値を求めるがその手法は多数ある．例えば，「主因子法」，「最小二乗法」，「最尤法」などがある．主因子法は因子寄与が大きくなるものから順に因子を選ぶ方法で，かつては最も用いられた方法である．手計算により導出していた時代では計算が簡便であることが重要であったが，今はコンピューターの発達により理論的根拠のある手法が主流である．どの手法においても，求めたられた解は初期解とよばれ無数ある解の１つとなる．解は因子軸の回転によって解釈しやすい状況におくことができる．この回転方法は大きく直交性を保つ「直交回転」と直交性を保たない「斜交回転」の２つの回転に分かれる（図2）．

　　　(a) 初期解　　　(a) 直交回転　　　(c) 斜交回転
図2　回　転

直交回転の中では「バリマックス回転」が有名である．これは因子負荷量が０と大きなものに分けるようにする回転である．斜交回転としてはバリマックス回転を施した後に斜交を行う「プロマックス回転」などがある．　　　［中西寛子］

ベイズ統計の推測

一般に，標本空間 S，母数空間 Θ，および密度関数 $p(x|\theta)$ が設定され，標本 $x\in X$ が与えられたとき，母数 $\theta\in\Theta$ に関して推論を行うことが統計的推測である．さらに損失関数 $L(d,\theta)$ が与えられれば，最適な行動 $d=\delta(x)$ が定式化され，推定や仮説検定は統計的決定問題の特別な場合として導かれる．ベイズ統計では，これに加えて事前分布 $p(\theta)$ が導入される．また損失関数よりも効用関数 $U(d,\theta)$ が用いられる．

●**ベイズ統計の正当化** ベイズ統計には次のような特長と存在理由がある．

(1) 人の合理的行動に関する公理から事前分布 $p(\theta)$ の存在，効用関数 $U(d,\theta)$ の存在，事後期待効用 $E(U|x)$ を最大にする行動 d の最適性が統一的に導かれる．公理体系には変種があるが，有限母数空間については事前分布の存在は簡単に示される．また統計的推測は「任意の決定問題に対して必要な情報を整理しておくこと」だから，事後分布 $p(\theta|x)$ の評価と同等である．この論理的整合性がベイズ統計の最大の特長であり，結論に矛盾がないことが保証される．

(2) 精密測定または安定的推定の原理とよばれる定理は，任意の事前分布 $p(\theta)>0$ に対して，標本が大きくなると事後分布は母数の真の値に集中することを主張する．このように，事前分布の多少の差は結論に影響しないことも，ベイズ統計の信頼性を保証する．ここで重要なのは $p(\theta)>0$ という条件である．真の値について $p(\theta_0)=0$ なら，常に $p(\theta_0|x)=0$ となり，観測値は事後分布に反映されない．不適切なモデルの設定が重大な情報の損失を与えることは当然である．

(3) 主観の入らない事前分布を採用し，効用関数を特定しないという立場もある．情報をもたない事前分布の具体的な形については省略するが，もし $p(\theta)$ が一定であれば，事後分布 $p(\theta|x)$ は尤度関数 $p(x|\theta)$ に比例する．したがって尤度関数を利用する手法は，ベイズ統計の特殊な場合といえる．

●**標本理論の非整合性** ベイズ統計の整合性に対して，標本理論には標本分布を手法の評価に利用するという以外に明確な原理がないため，問題に応じて，不偏性，一致性，最小分散性など，多くの原理が導入されてきた．しかし，一貫した原理をもたないという本質的な欠陥から，論理的な矛盾が発生する．

(1) 一般に認められる弱い尤度原理（WLP）は「確率分布 $p(x|\theta)$ に従う2組の観測値 $x_1=(x_{1i})$，$x_2=(x_{2i})$ について，尤度関数が $p(x_1|\theta)\propto p(x_2|\theta)$ という比例関係を満たすとき x_1 と x_2 は同じ推論を導く」というものであり，最小十分統計量に基づく推論と同等である．また条件性の原理（CP）は，ある変数 z の分布が θ と無関係のとき「θ に関する推論は z の値を固定した条件付き分布で評価する」ことを要請する．例として，ある物体の特性 θ を測定するのに，異なる器具

を乱数 $z \sim U(0,1)$ で無作為に選び，$z<1/2$ のとき $x \sim N(\theta, \sigma_1^2)$，$z>1/2$ のとき $x \sim N(\theta, \sigma_2^2)$ とする場合，使った器具を知って推論を行うのであれば当然の原理である．一方，強い尤度原理 (SLP) は，「異なった確率分布に従う 2 組の観測値 x, y の尤度関数が $p(x|\theta) \propto p(y|\theta)$ を満たすとき x と y は同一の推論を導く」というもので，標本理論では受け入れられない．例えば $x \sim N(0,1)$ に対して仮説 $\mu=0$ を検定するとき，標本平均が $|\bar{x}|>c$ を満たすまで標本を取り続ける逐次検定では確実に間違った結論が導かれるが，尤度は停止規則には依存しない．

(2) 統計量 $T(x)$ が不偏という条件 $E[T(X)|\theta]=\theta$ は標本空間 S に依存する．例えば，成功の確率を θ とする n 回の実験で r 回の成功が観測された場合，n を固定していれば r は二項分布で $S=\{0, 1, \cdots, n\}$，不偏推定量は r/n である．一方，r を固定したときは，n は負の二項分布で $S=\{r, r+1, \cdots\}$，不偏推定量は $(r-1)/(n-1)$ と違う結果となる．これも強い尤度原理を否定する例である．なお，ベイズ統計では「事前分布が同一なら」事後分布が一致し，強い尤度原理を満たす．標本理論では現実の観測値ではなく，可能なすべての結果を評価基準とするため，不偏性が奇妙な結果を与える例もある．

(3) 母数 θ に関する信頼係数 $1-\alpha$ は，同じ手順を繰り返すと「信頼区間が θ を含む割合が $1-\alpha$」となるという標本理論の評価を表すものである．この方法が，繰返しを前提としない場合に無意味になることは，広く知られている．

(4) 多くの矛盾はあるものの，標本理論が実用的な成果をあげてきたことは事実である．しかしそれは，ある種の問題について標本理論の手法はベイズ統計の近似になっている，という偶然によるものである．例えば，不偏推定量，信頼区間，仮説検定などは，一定の制約の下でベイズ統計の解として構成できることが Pratt によって示されている．中でも重要な結果は，正規線形回帰モデルにおける推論がベイズ統計の近似的な解となることで，多くの実用的な問題はこの手法に基づいている．しかし，複雑な問題に対しては整合性が保証されていないし，A. Birnbaum による「WLP と CP は SLP の十分条件である」という結論は，標本理論の非整合性を端的に表すものである．

●**ベイズ統計の応用** 近年のベイズ統計の流行は，統計解析ソフトウェアが充実し，特に高次元の母数に関して事後分布の評価が可能となったことが原因である．

(1) 指数分布族 $p(x|\theta)=A(\theta)B(x)\exp[\sum_{i=1}^{m}\theta_i T_i(x)]$ を扱うときは，$\alpha_0, \cdots, \alpha_m$ を超母数として，事前分布を $p(\theta) \propto \{A(\theta)\}^{\alpha_0}\exp\{\sum_{i=1}^{m}\alpha_i\theta_i\}$ とおくと，事後分布では超母数だけが変化する．これを元の分布に対して「共役な事前分布」とよび，精密測定の定理から，扱いやすい近似的な事前分布として用いられる．

(2) 正規分布 $N(\mu, \sigma^2)$ の推論 $x=(x_1, \cdots, x_n)$ を観測値とする．$\tau=1/\sigma^2$（精度とよぶ）が既知のときは，θ の共役事前分布は $\theta \sim N(\mu_0, \tau_0^{-1})$ であり，事後分

布は $(\theta|x) \sim N(\mu_1, \tau_1^{-1})$ となる．ここで $\tau_1 = \tau_0 + n\tau$, $\mu_1 = (\tau_0\mu_0 + n\tau\bar{x})/(\tau_0 + n\tau)$ である．事後精度 τ_1 は事前分布の精度と観測値の精度の和，μ_1 は μ_0 と $\bar{x}$ の加重平均となっており，直感的にも解釈しやすい．区間推定としては，事後密度の高い μ の範囲を $\Pr\{\mu_1 < \mu < \mu_2\} = 1-\alpha$ となるように定める．一般に，これを HPD 領域とよぶが，今の例では 95% HPD 区間は $\bar{x} \pm 1.96/\sqrt{\tau_1}$ で与えられる．特に $\tau_0 \to 0$ の場合は通常の信頼区間 $\bar{x} \pm 1.96\,\sigma/\sqrt{n}$ と一致する．

$\tau = 1/\sigma^2$ が未知の場合の共役事前分布は $p(\tau)$ がガンマ分布，$p(\mu|\tau)$ が（条件付）正規分布である．事後分布は $p(\tau)$ がガンマ分布，$p(\mu|\tau)$ が正規分布であり，周辺分布 $p(\mu)$ は t 分布となる．μ の HPD 区間は標本理論と類似した結果を与えるが，τ の HPD 区間は区間の外側の確率が $\alpha/2$ ずつとはならない．それはガンマ（カイ二乗）分布が左右対称ではないことによる．

(3) 二項分布 $B(n, \theta)$ の推論　$x \sim B(n, \theta)$ の場合は，共役事前分布はベータ分布 $\theta \sim Be(a_0, b_0)$ で与えられ，事後分布は $(\theta|x) \sim Be(a_1, b_1)$（ただし $a_1 = a_0 + x$, $b_1 = b_0 + n - x$）となる．ベータ分布 $Be(a, b)$ の上側 $100\alpha\%$ 点を $B(\alpha; a, b)$ と表すとき，θ_1, θ_2 を $p(\theta_1|x) = p(\theta_2|x)$, $\alpha_1 + \alpha_2 = \alpha$, $\theta_1 = B(1-\alpha_1; a_1, b_1)$, $\theta_2 = B(\alpha_2; a_1, b_1)$ を満たすように定めれば，$(1-\alpha)$ HPD 区間は $\theta_1 < \theta < \theta_2$ と与えられる．事後分布 $p(\theta|x)$ が対称でなければ $\alpha_1 = \alpha_2$ とはならない．

一方，正規近似を利用しない場合の標本理論は次のようになる．α_1 と $\alpha_2 = \alpha - \alpha_1$ に対応して，$\Pr\{x \leq m_1\} \leq \alpha_2$ となる最大の整数を $m_1(\theta)$, $\Pr\{x \geq m_2\} \leq \alpha_1$ となる最小の整数を $m_2(\theta)$ とすると，$\Pr\{m_1(\theta) < x < m_2(\theta) | \theta\} \geq 1-\alpha$ となるから，不等式 $m_1(\theta) < x < m_2(\theta)$ を θ について解けばいい．ここで，$x \sim B(n, \theta)$, $u \sim Be(m+1, n-m)$ のとき $\Pr\{x \leq m\} = \Pr\{u > \theta\}$ が成り立つという性質を利用すると，信頼区間 $B(1-\alpha_1; x, n-x+1) < \theta < B(\alpha_2; x+1, n-x)$ が導かれる．$a_0 = b_0 = 1$ という事前分布を想定し，標本理論の α_1, α_2 を信頼区間が最短になるように定めると，HPD 区間と信頼区間はほぼ一致する．しかし，論理の一貫性とともに，ベイズ統計の手法の簡明さは明らかである．

(4) 複雑なモデルにおける事前情報の利用　これも非常に有用である．現実には，母数に関して何らかの先験的情報をもっている場合が多い．標本理論では情報の確からしさを表現することが難しく，十分なデータ分析は妨げられるのに対して，ベイズ統計では事前分布を工夫することで，新たな展開が開ける．特に，線形モデルにおける線形制約の問題は汎用的な手法を与え，多次元母数のモデルに利用されている．その応用として滑らかな応答局面をもつ回帰モデルの推定，計量経済分析における Shiller ラグ，季節調整法 Decomp (BAYSEA) などがある．以下，線形制約を取り上げる．

行列表記で，正規線形モデル $\boldsymbol{y} = \boldsymbol{X\beta} + \boldsymbol{u}$, $\boldsymbol{u} \sim N(\boldsymbol{0}, \sigma^2 \boldsymbol{I})$ を想定し，線形制約を $\boldsymbol{R\beta} = \boldsymbol{r}$ とする．標本理論では，仮説 $H_0: \boldsymbol{R\beta} = \boldsymbol{r}$ が受容されれば，線形制約付

き最小二乗法の解 $\hat{\beta}_R$ を求め，棄却されれば通常の解 $\hat{\beta}=(X'X)^{-1}(X'y)$ を求める．このように線形制約は無視するか，正しいとするかの選択しかない．

ベイズ統計では，線形制約を表現する事前分布として，$R\beta - r \sim N(0, \phi^{-1}I)$ を想定できる(簡単のために σ を固定する)．ここで ϕ は情報の信頼性を表す母数である．これ以外には情報がないときは，β の事前分布は $p(\beta|\sigma^2) \propto \exp[-(\phi/2)(R\beta-r)'(R\beta-r)]$ となる．この事前分布は一般には可積分ではないが，事後分布ではその困難は解消される．事後分布は $(\beta|y, \sigma^2) \sim N[\bar{\beta}, \sigma^2(X'X+kR'R)^{-1}]$ となる．ただし $\bar{\beta}=(X'X+kR'R)^{-1}(X'y+kR'r)$，$k=\sigma^2\phi$ である．k は事前情報と観測値の精度の比であり，$k \to 0$ は情報のない状態，$k \to \infty$ は完全な情報を表す．数値的にも，$k \to 0$ とすると $\bar{\beta} \to \hat{\beta}$ (最小二乗推定量)となり，$k \to \infty$ とすると $\bar{\beta} \to \hat{\beta}_R$ (制約付き最小二乗推定量)となる．

母数 σ^2 については共役事前分布を想定するのが最も簡単であるが，詳細は省略する．いずれにしても，$0 < \phi < \infty$ となるような中間的な値を用いるところに，データ解析的な手法としてのベイズ統計の長所がある．

(5) 指数分布族に含まれない t 分布などを扱う複雑なモデルとりわけ母数 (θ_1, $\cdots$, θ_k) が高次元となる問題では事後分布を解析的に求めることは困難であったが，今日では，マルコフ連鎖・モンテカルロ法(MCMC)などの数値計算法によって事後分布を評価することができる．MCMCの基本的な考え方は次のとおりである．事後分布 $p(\theta|y)$ に対して推移確率を $p(\theta, \theta^*)$ とする θ のマルコフ連鎖で $p(\theta|y)$ が定常分布となるようなものを選ぶ．マルコフ連鎖の選び方としては Metropolis 法，Gibbs Sampler など，いくつかの方法が提案されている．適当な初期値 $\theta^{(0)}$ から，このようなマルコフ連鎖に従って $\theta^{(1)}$，$\theta^{(2)}$，$\cdots$，$\theta^{(n)}$ を生成すると，十分に大きい m に対して $\theta^{(n)}$ の分布は事後分布 $p(\theta|y)$ に収束する．収束後に生成される乱数を用いれば事後分布を評価したり，θ のさまざまな関数 $g(\theta)$ の期待値を求めることができる．

● **MCMCの評価** 収束および精度の評価については基本的なマルコフ連鎖の理論が利用できるほか，多くの方法が開発されている．標本理論では解決が困難とされた複雑な問題でも，数値計算によって解答を求めることができる．MCMCは複雑な分布に対する一般的な乱数発生の手法であり，ベイズ統計の事後分布の評価において多大な貢献をしている．しかし，不適切な統計モデルからはどのような数値計算を用いても不適切な結果しか導けない．"MCMCが使える"という理由で，標本理論に比較してベイズ統計が有用であるという主張が増えているが，これはベイズ統計の本質を無視した皮相的な見解である． [美添泰人]

参考文献
[1] Savage, L. J., 1954, *The Foundations of Statistics*, Wiley, 1972 reprint from Dover.
[2] 竹内 啓編, 1983, 『計量経済学の新展開』東京大学出版会.

グラフィカルモデリング

「グラフィカルモデリング」はパス図の利用法の一つである．

まず，変量間を「パス」とよばれる線で結んだ図のこと「パス図」または「パスダイアグラム」という．パス図には，変量間のパスに矢印のないもの（無向グラフ）と矢印のあるもの（有向グラフ）とがある．因果関係や時間経過などが仮定されず，単に関係があるという場合は無向グラフ，仮定されている場合は有向グラフになる．また，両者が混在しているものもある．このように観測された変量間の関係をパスでつなぎグラフ化して示す手法を「パス解析」という．その中で変量間の条件付独立を利用したものが「グラフィカルモデリング」である．これらを理解するためには，「条件付独立」と「偏相関係数」を理解しておく必要がある．

●**条件付独立と偏相関係数** 小学生の足のサイズ X と理解している漢字の数 Y の相関係数が $r_{XY}=0.60$ であったとする．このとき，足のサイズと漢字の数に相関があると考えてよいだろうか？一般には直接的な関係があるとは考えられない．そこで，小学生の年齢 Z を考え，もう一度，相関係数を計算してみる．例えば，年齢と足のサイズの相関係数 $r_{XZ}=0.70$，年齢と理解している漢字の数の相関係数 $r_{YZ}=0.80$ が得られたならば，年齢が小学生の足のサイズ，および，理解している漢字の数に影響を与えていたと考えるのが理にかなう．

このように，小学生の足のサイズと理解している漢字の数に生じる相関を「見かけ上の相関」または「擬似相関」という．年齢 Z が同じであるという条件のもとで，小学生の足のサイズ X と理解している漢字の数 Y の相関である偏相関係数を考えれば本来の X, Y の相関がわかる．この例では，偏相関係数 $r_{XY|Z}=0.09$ となり，偏相関係数は 0 とみなすことができる．3 変量 X, Y, Z が多変量正規分布に従うという仮定のもとで偏相関係数が 0 とは，変量 Z を与えたとき，変量 X, Y が条件付独立であることを意味する．

偏相関係数の求め方について述べる．3 つの確率変数 (X, Y, Z) に対して，変量 Z を与えたときの 2 つの変量 X, Y の偏相関係数 $r_{XY|Z}$ は，

$$r_{XY|Z} = \frac{r_{XY} - r_{XZ}\, r_{YZ}}{\sqrt{1-r_{XZ}^2}\sqrt{1-r_{YZ}^2}}$$

のように求められ，さらに，3 つ以上の確率変数 $(X, Y, Z_1, Z_2, \cdots, Z_k)$ に対して，$Z_1, Z_2, \cdots, Z_k$ を与えたときの 2 つの変量 X, Y の偏相関係数 $r_{XY|Z}$ は，

$$r_{XY|Z} = \frac{-r^{XY}}{\sqrt{r^{XX}r^{YY}}}$$

のようになる．
　ここで，r^{XY}，r^{XX}，r^{YY} などは確率変数 $(X, Y, Z_1, Z_2, \cdots, Z_k)$ でつくられた相関行列の逆行列の成分である．この式からわかるように，偏相関係数 $r_{XY|Z}$ が 0 になることは，相関行列の逆行列の成分 r^{XY} が 0 になることを意味する．確率変量 $(X, Y, Z_1, Z_2, \cdots, Z_k)$ が多変量正規分布に従う場合，このことは，その他のすべての変量を与えたとき，X と Y が条件付独立になる必要十分条件である．

●**グラフ表示と共分散選択**　グラフィカルモデリングはすべての変量間にパスがある「フルモデル」（図1(a)）とよばれるモデルから解析を始める．各変量間の偏相関係数の値を求め，偏相関係数の値が 0 であると判断される変量間のパスを取り除き，値が 0 でないと判断される変量間のパスはそのまま残しながらグラフを作成する．3変量 X, Y, Z において，変量 Z を与えたとき，変量 X, Y が条件付独立であるなら図1(b)のようになり解はいくつもある．先の小学生の足のサイズ X，理解している漢字の数 Y，年齢 Z の間のグラフィカルモデリングの結果はそれぞれの変数の意味を考えると図2で示すような結果が得られる．

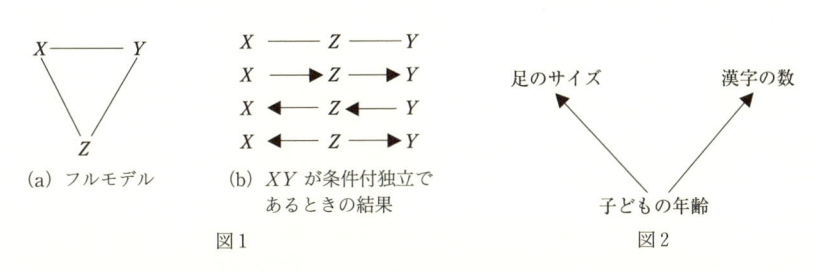

(a) フルモデル　　(b) XY が条件付独立であるときの結果

図 1

図 2

　このようにグラフィカルモデリングでは偏相関係数の値が 0 とみなされる変量間のパスを取り除いていくが，このような操作のことを「共分散選択」という．母偏相関係数が 0 であっても実際には標本偏相関係数が完全に 0 になることはほとんどない．しかし，標本偏相関係数の値が 0 に近いことより母偏相関係数が 0 であると仮定する．この仮定のもとに，再度，相関行列を計算すると，標本から得られたはじめの相関行列との違いが生じる．この違いが極端に大きくならないようにパスを除いていく．いくつかのパスを除いたモデルを「縮約モデル」といい，縮約モデルの適合性を測る尺度を「逸脱度」という．

●**質的変量のグラフィカルモデリング**　量的変量のみが観測されているデータは上記の方法で縮約モデルを作成するが，質的変量のみが観測されているデータは解析方法が異なり，対数線形モデルを用いる．変量間の 2 因子交互作用のうち，交互作用がないと判断される変量間のパスを取り除き，あると判断される変量間のパスはそのまま残す．2 因子交互作用が削除されたとき，モデル上ではそれより高次の交互作用も削除してグラフを作成する．　　　　　　　　　　　　［中西寛子］

正準相関分析

「正準相関分析」は，2つの変量群の間の相関関係を見出す手法である．

1つの変量 Y と，p 個の変量 $X_1, \cdots, X_p$ の線形結合との相関係数の中で最大のものが重相関係数であるのに対し，p 個の変量 $X_1, \cdots, X_p$ の線形結合と q 個の変量 $Y_1, \cdots, Y_q$ の線形結合との相関の中で最大のものが(第1)「正準相関係数」である．

表1は2008年の大相撲において，幕内での15力士の主な決まり手別の勝ち数である．例えば，「基本技(寄り，突き押し)と投げ手，捻り手，特殊技」の変数群間の関係を調べたい．

●**正準相関分析の定式化** 正準相関分析が用いられるデータでは，表1のように，各サンプルに対して，$(p+q)$ 個(ただし $p \geq q$)の変量が観測されている．変量 $(X_1, \cdots, X_p, Y_1, \cdots, Y_q)$ を $(X_1, \cdots, X_p)$ と $(Y_1, \cdots, Y_q)$ の2組に分割し，各サンプルの観測値を並べたベクトルを $\boldsymbol{x}_i = (x_{i1}, \cdots, x_{ip})'$，$\boldsymbol{y}_i = (y_{i1}, \cdots, y_{iq})'$ として，それぞれの平均を

表1 2008年の15力士の決まり手別勝ち数

力士名	基本技		投げ手	捻り手	特殊技
	寄り	突き押し			
白鵬	31	3	29	4	9
安馬	19	18	14	4	6
琴光喜	29	4	9	7	5
稀勢の里	22	15	5	6	3
把瑠都	23	4	9	2	13
琴欧州	24	10	7	0	9
旭天鵬	33	2	7	2	5
豊ノ島	16	13	6	4	5
高見盛	25	5	5	3	9
嘉風	14	13	2	0	15
琴奨菊	34	3	1	3	4
豪風	3	18	5	11	4
黒海	19	5	3	1	18
普天王	35	5	0	2	3
朝青龍	20	4	13	2	6

$$\bar{\boldsymbol{x}} = \left(\sum_{i=1}^{n} x_{1i}/n, \cdots, \sum_{i=1}^{n} x_{pi}/n \right)',$$
$$\bar{\boldsymbol{y}} = \left(\sum_{i=1}^{n} y_{1i}/n, \cdots, \sum_{i=1}^{n} y_{qi}/n \right)'$$

とする．分散共分散行列もこの分割に対応して $\begin{pmatrix} S_{XX} & S_{XY} \\ S_{YX} & S_{YY} \end{pmatrix}$ と表す．

いま，線形結合の係数ベクトルを $\boldsymbol{a}_1 = (a_1, \cdots, a_p)'$，$\boldsymbol{b}_1 = (b_1, \cdots, b_q)'$ とすると，$\eta_i = \boldsymbol{a}'(\boldsymbol{x}_i - \bar{\boldsymbol{x}})$ と $\xi_i = \boldsymbol{b}'(\boldsymbol{y}_i - \bar{\boldsymbol{y}})$ の相関係数は

$$\sum_{i=1}^{n} \eta_i \xi_i \bigg/ \sqrt{\sum_{i=1}^{n} \eta_i^2} \sqrt{\sum_{i=1}^{n} \xi_i^2}$$

となる．この相関係数の最大値は固有方程式 $|S_{XX}^{-1/2} S_{XY} S_{YY}^{-1} S_{YX} S_{XX}^{-1/2} - \lambda^2 I| = 0$ の最大固有値 λ_1^2 の正の平方根 λ_1 となる．また，このときの係数ベクトルは対応する固有ベクトル $\boldsymbol{u}_1$ を用いて，$\boldsymbol{a}_1 = S_{XX}^{-1} \boldsymbol{u}_1$，$\boldsymbol{b}_1 = (1/\lambda_1) S_{YY}^{-1} S_{YX} \boldsymbol{a}_1$ と表すことができる．

固有方程式には非負の固有値が q 個あるので，その正の平方根を大きさの順に $\lambda_1 \geq \cdots \geq \lambda_q$ とし，対応する固有ベクトルを $\boldsymbol{u}_1, \cdots, \boldsymbol{u}_q$ とする．係数ベクトル

$a_s = S_{XX}^{-1} u_s$, $b_s = (1/\lambda_s) S_{YY}^{-1} S_{YX} x_s$ を「第 s 正準ベクトル」とよび,線形結合
$\eta_s = (a_s'(x_1 - \bar{x}), \cdots, a_s'(x_n - \bar{x}))$,
$\xi_s = (b_s'(y_1 - \bar{y}), \cdots, b_s'(y_n - \bar{y}))$
を「第 s 正準変量」とよぶ. η_s は η_1, $\cdots$, η_{s-1} と無相関になり,同様に,ξ_s は ξ_1, $\cdots$, ξ_{s-1} と無相関になる.また,η_s と ξ_s の相関係数は λ_s である.表1のデータの正準相関係数と正準ベクトルは表2のようになる.

表2 正準相関分析の結果

決まり手	第1正準相関係数 0.77(累積寄与率 0.76)			第2正準相関係数 0.41(累積寄与率 1)		
	正準ベクトル	構造係数	r_{ξ_1, X_j}	正準ベクトル	構造係数	r_{ξ_1, X_j}
寄り	−1.42	−0.88	0.68	−0.53	0.47	−0.19
突き押し(寄与率)	−0.71	0.35	−0.27 (0.27)	−1.34	−0.94	0.39 (0.13)
投げ技	0.16	0.11	−0.08	0.38	−0.29	0.11
捻り技	−0.72	−0.31	−0.23	−0.76	−0.86	−0.35
特殊技(寄与率)	−1.02	0.75	0.57 (0.09)	0.37	0.65	0.27 (0.07)

いくつまでの正準変量までが意味をもっているかを表す指標として「累積寄与率」がある.最初の s 個の正準変量までの累積寄与率は $\sum_{i=1}^{s} \lambda_i^2 / \sum_{i=1}^{q} \lambda_i^2$ となる.データが正規分布に従う場合には,正準相関係数に関する検定を行うことで,0でない正準相関係数の個数を求めることができる.

●**結果の解釈** 正準相関分析は,変量群の間の関係を考察するものであるから,結果の解釈には,各変量が線形結合の中でどの程度の役割をもっているかを調べることが必要である.正準ベクトルの大きさだけでは線形結合の中での役割を判断することはできない.また,正準変量と,相手の変数群の変数との関係も結果の解釈には有用である.例えば,正準変量 η_s が $Y_1, \cdots, Y_q$ のいくつかの変量と大きな相関を持つ場合には,$Y_1, \cdots, Y_q$ の線形結合だけではなく,それらの変量との関連が強いことを示すことになる.正準相関分析の結果を解釈するためには,正準相関係数の値だけではなく,このようなことにも注意をする必要がある.

各変量と正準変量との関係は,それらの間の相関係数によって表すことができる.変量 X_j と第 s 正準変量の相関と,変量 Y_k と第 s 正準変量の相関係数は「構造係数」とよばれ,各変量と第 s 正準変量との関係を表す.正準変量のもつ意味は,正準ベクトルより構造変数を参照する方が解釈しやすい.

変量 $X_1, \cdots, X_p$ と相手方の正準変量との関係も相関係数を用いて表すことができる.変量 Y_k と X の第 s 正準変量 η_s との相関係数を r_{η_s, Y_k} とする.変量 $Y_1, \cdots, Y_q$ 全体と X の第 s 正準変量との関係はこれらの2乗の変量群全体での平均値 $\sum_{k=1}^{q} r_{\eta_s, Y_k}^2 / q$ は Y が与えられたときの X の第 s 正準変量に関する「冗長性係数」とよばれる.X が与えられたときの Y の第 s 正準変量に関する冗長性係数も同様に定義できる.表2から,表1のデータの第1正準変量との相関は,基本技(寄り)と特殊技(引き落としなど)で強く,また,相手の正準変量との相関係数も大きく,これらの決まり手の間に対応があることが示唆される. [今井英幸]

対応分析

「対応分析」は，クロス集計表において，直観的にデータのもつ構造を把握するための手法である．クロス集計表の行と列に「スコア」とよばれる数値を与え，その数値に基づいて分析を行う．

表1は2008年の大相撲で，幕内の勝ち星の多い6力士の主な決まり手別の勝ち数である．この表から力士を分類するには，まず，各力士の各決まり手の勝ち数を勝ち数の合計で割って各決まり手の割合を求め，この割合に基づいて似ている勝ちパターンの力士をまとめればよい．この割合のことを，「行プロファイル」とよぶ．列の項目に対しても同じような方法で分類することができる．

表1 2008年の6力士の決まり手別勝ち数

力士名	基本技 A	投げ手 B	捻り手 C	特殊技 D	合計
白鵬①	34	29	4	9	76
安馬②	37	14	4	6	61
琴光喜③	33	9	7	5	54
稀勢の里④	37	5	6	3	51
把瑠都⑤	27	9	2	13	51
琴欧州⑥	34	7	0	9	50

表2 $r \times c$ 分割表

		列の項目			
		B_1	$\cdots$	B_c	
行の項目	A_1	p_{11}	$\cdots$	p_{1c}	$p_{1\cdot}$
	$\vdots$	$\vdots$	$\ddots$	$\vdots$	$\vdots$
	A_r	p_{r1}	$\cdots$	p_{rc}	$p_{r\cdot}$
	A_i	$p_{\cdot 1}$	$\cdots$	$p_{\cdot c}$	1

●**対応分析の考え方** 対応分析が適用できるデータは，表2のような $r \times c$ の分割表である．この分割表では，各項目 (A_i, B_j) の値 p_{ij} は，この項目に反応した標本の個数 n_{ij} を標本の総数 $N = \sum\sum n_{ij}$ で割った相対頻度を表す．行と列の周辺確率を $p_{i\cdot}, p_{\cdot j}$ として，$(p_{\cdot 1}, \cdots, p_{r\cdot})$ を対角要素とする対角行列を P_R とし，$(p_{\cdot 1}, \cdots, p_{\cdot c})$ を対角要素とする対角行列を P_C とする．また，$P = (p_{ij})$ とする．

データの構造を表現するための1つの指標として，行と列にスコアを与えて，その相関係数を基準とすることが考えられる．行スコアを要素とするベクトルを $\boldsymbol{x} = (x_1, \cdots, x_r)$，列スコアを要素とするベクトルを $\boldsymbol{y} = (y_1, \cdots, y_c)$ とする．相関係数は位置と尺度の変換によって不変な量であることから，各スコアは $\sum p_{i\cdot} x_i = \sum p_{\cdot j} y_j = 0$，$\sum p_{i\cdot} x_i^2 = \sum p_{\cdot j} y_j^2 = 1$ と標準化されているとしてよい．このスコアによる相関係数は，

$$\rho = \sum\sum p_{ij} x_i y_j$$

となる．相関係数を最大にすることは，同じような行プロファイル $(p_{i1}/p_{i\cdot}, \cdots, p_{ic}/p_{i\cdot})$ をもつ行には同じような行スコアを与え，同じような列プロファイル $(p_{1j}/p_{\cdot j}, \cdots, p_{rj}/p_{\cdot j})$ をもつ列には同じような列スコアを与えることに相当する．

ラグランジュの未定乗数法から固有方程式

$$|P_R^{-1/2} P P_C^{-1} P' P_R^{-1} - \lambda^2 I| = 0$$

の解の中で $\lambda^2=1$ 以外の固有値の中の最大値を λ_1^2 するとき,最大の相関係数は,その正の平方根 λ_1 となる.また,そのときのスコアは,対応する固有ベクトルを $\boldsymbol{u}_1$ を用いて $\boldsymbol{x}_1 = P_R^{1/2} \boldsymbol{u}_1$, $\boldsymbol{y}_1 = (1/\lambda_1) P_C^{-1} P' \boldsymbol{x}_1$ と表される.

この固有方程式には $\lambda^2=1$ 以外に固有値が $k = \min(r-1, c-1)$ 個あるので,これらの平方根を大きさの順に $\lambda_1 \geq \cdots \geq \lambda_k$ とし,対応する固有ベクトルを $\boldsymbol{u}_1, \cdots, \boldsymbol{u}_k$ とすると,

$$\boldsymbol{x}_s = P_R^{1/2} \boldsymbol{u}_s, \quad \boldsymbol{y}_s = (1/\lambda_s) P_C^{-1} P' \boldsymbol{x}_s$$

として,直交性 $\boldsymbol{x}'_s P_R \boldsymbol{x}_t = 0$, $\boldsymbol{y}'_s P_C \boldsymbol{y}_t = 0$, $(s=2, \cdots, k, t=1, \cdots, s-1)$ を満たす標準化されたスコアを求めることができる.$\boldsymbol{x}_s = (x_{s1}, \cdots, x_{sr})$ を行の「第 s スコア」,$\boldsymbol{y}_s = (y_{s1}, \cdots, y_{sc})$ を列の「第 s スコア」とよぶ.求められたスコアが,元のデータをどのくらい説明しているかの目安として,第 s スコアまでを使った「累積寄与率」$\sum_{t=1}^{s} \lambda_t^2 / \sum_{t=1}^{k} \lambda_t^2$ が用いられる.

●**分析方法** 対応分析はデータの構造を直観的に把握することが目的であることから,スコアを利用してデータ構造を視覚化すること多い.第2スコアまでを用いて2次元表示する場合,これらのスコアによる累積寄与率は $(\sum_{t=1}^{2} \lambda_t^2)/(\sum_{t=1}^{k} \lambda_t^2)$ となる.これが1に近いほど,もとのデータを忠実に表現した表示になる.

行の項目と列の項目を同時に表示する方法として,i) 座標 $(\lambda_1 x_{1i}, \lambda_2 x_{2i})$ に行の項目 A_i を,座標 (y_{1i}, y_{2i}) に列の項目 B_j をプロットする行を基準とする方法,ii) 座標 (x_{1i}, x_{2i}) に行の項目 A_i を,座標 $(\lambda_1 y_{1i}, \lambda_2 y_{2i})$ に列の項目 B_j を,プロットする列を基準とする方法,iii) 座標 $(\sqrt{\lambda_1} x_{1i}, \sqrt{\lambda_2} x_{2i})$ に行の項目 A_i を,座標 $(\sqrt{\lambda_1} y_{1i}, \sqrt{\lambda_2} y_{2i})$ に列の項目 B_j をプロットする方法,の3通りがある.

i) の行を基準とする方法は,行の項目が原点の近くに集まることが多く,全体として見にくい図になることが多いが,列の項目との相対的な位置関係がわかる利点がある.ii) の列を基準にする方法でも同様である.一方,iii) の方法では,行の項目,列の項目ともほぼ一定の範囲に収まるので,図としては見やすい.

図1は表1のデータから対応分析によって求められた第1スコアと第2スコアを,行を基準として表示したもので,2次元表示の累積寄与率は0.92である.琴光喜と稀勢の里,把留都と琴欧州が勝ちパターンで類似していることが見てとれる.また,第1軸は捻り手(突き落しなど)と投げ手,第2軸は捻り手と特殊技(引き落しなど)の対比を示す軸といえる.これらの分類は対応分析の結果を基にしており,その妥当性は分割表の一様性の検定などによって確認する必要がある. [今井英幸]

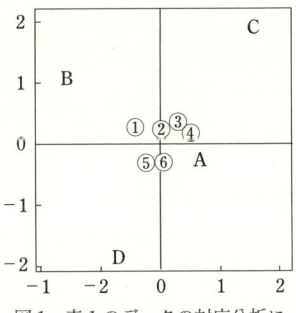

図1 表1のデータの対応分析による結果

クラスター分析

「クラスター分析」とは，明確な分類基準がない場合に用いる分類の統計手法の1つである．

複雑な社会環境において，対象をいくつかのグループに分けること（分類すること）は，対象がもつ構造を把握しやすくし，現状分析や原因究明において有意義であるが，ここでいう「分類」とは，対象を分けることに対して明確な基準がない場合であり，基準がある場合（このとき判別という）とは異なる．

●クラスター分析とは？　クラスター分析では，上述したように明確な分類基準がないため，与えられたデータの個々の対象または変数間における似ている程度（「類似度」）または似ていない程度（「非類似度」，「距離」）を測り，それらの情報をもとに似ている対象（または変数，以下同様）を同じグループ（これを「クラスター」とよぶ）に，似ていない対象を異なるグループに分けることを考える．

分類するデータが，雑誌間の参照頻度や市町村間移動データのような対象×対象（または変数×変数）となる（非）類似度を要素にもつ（非）類似度行列であれば，そのまま分析に利用できる．またアンケート調査のデータのような「対象×変数」の長方形データの場合，データの種類や分類目的に合わせて，ユークリッド距離や相関係数などを用いて，すべての対象の組合せで(非)類似度を測り，(非)類似度行列を求める．このように，クラスター分析は，上記なデータを得るさまざまな分野で利用可能である．例えばアンケートの回答パターンを用いて回答者の分類を行ったり，購入パターンによる顧客分類などで利用されている．

●クラスター分析の基本的考え方　クラスター分析は上述した(非)類似度行列を用いて，以下のように対象を分類する．クラスター分析では，大きく「階層的クラスター分析」と「非階層的クラスター分析」がある．階層的クラスター分析は最初にすべての対象間の(非)類似度を測り，1回の作業で1組のクラスターを結合し，最終的にすべての対象を含む1つのクラスターになるまで行う．

まず，階層的クラスター分析の具体的な流れは，以下のとおりである．

(1) (非)類似度行列の要素のうち，最大の類似度（対角要素を除き最小の非類似度）をもつ対象の組を1つ選び結合し，新しいクラスターとする．

(2) 新しいクラスターとその他のクラスターとの(非)類似度を計算し，(非)類似度行列を更新する．

(3) すべての対象を含む1つのクラスターになるまで1と2を繰り返す．

階層的クラスター分析では，この方法で求められた結合状況を図1のように表せる．この図のことを「デンドログラム」（または「樹形図」）とよぶ．この図では，横軸（または縦軸）に結合の際の(非)類似度（結合距離とよぶ場合がある）

をとる.

なお，(2)における新しく(非)類似度を求める際にクラスター間の(対象が1つからなるクラスターも含む)の(非)類似度を求める方法も複数提案されており，それぞれが階層的クラスター分析の手法として定義されている．主な手法としては，

　 i ）各クラスターに属する対象間の類似度の最大値(非類似度の最小値)をクラスター間の(非)類似度とする最短距離法(最近隣法ともいう)，

　 ii ）各クラスターに属する類似度の最小値(非類似度の最大値)をクラスター間の(非)類似度とする最長距離法(最遠隣法ともいう)，

　 iii ）各クラスターに属する(非)類似度の算術平均をクラスター間の(非)類似度とする群平均法，

　 iv ）ユークリッド空間における対象を考え，各クラスターの重心間の距離をクラスター間の(非)類似度とする重心法，

　 v ）結合によりクラスター内平方和を最小にする組合せを考えて，クラスター間の(非)類似度を求めるウォード法，

などがある．これらは，それぞれの手法において何をクラスター間の(非)類似度と考えるかによって異なるため，どの方法が適しているとは言いがたい．しかし，結合の際の(非)類似度が単調に増加または減少しない結合距離の逆転が起きる可能性をもつ手法などもあり，これらを参考に手法を選択する．

階層的クラスター手法は結合過程がデンドログラムで視覚化でき，どのような結合をしたかがわかりやすいため使いやすいが，一度に1組のクラスターの結合となるため，大規模データの場合には計算量が膨大になるため，適さない．

一方，非階層的クラスター手法は，1回の作業で一度すべての対象をいくつかの，例えば k 個のクラスターに分ける．このことから，「k-means法」や「k 平均法」などともよばれる．非階層的クラスター手法はいくつか提案されているが，基本的には，(1) k 個の種子点を考え，その種子点と各対象間の(非)類似度を測り，最も近い種子点を含むクラスターにその対象を含める，(2) クラスターに属する対象を考慮し種子点を再計算する，(3) (1)と(2)を繰り返し，クラスターが変わらなくなるか，設定した繰り返し数を超えるときに分析を止める方法である．

●クラスター分析の展開　クラスター分析はさまざまなところで利用され，発展している．上記の方法では，すべての対象は1つのクラスターにのみ属する排他的なクラスター分析だが，複数のクラスターに属することを許す重複クラスター分析などもある．また異なる分布の混合分布としてデータを取り扱うモデルに基づいたクラスター分析なども近年，提案・開発が盛んである．

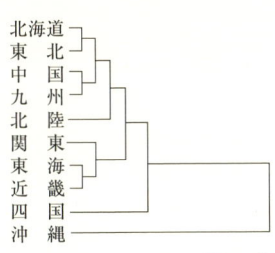

[竹内光悦]

図1　デンドログラム(樹形図)

ロジスティック回帰

　結果変数が「成功・失敗」,「発症・非発症」のような事象の発生の有無（2値変数）への要因の影響を分析するためのモデルとして,「ロジスティック回帰モデル」がある. このモデルは, 右辺を（$-\infty \sim \infty$）の変動範囲をもつ通常の回帰分析の形で表し, 左辺は範囲$(0,1)$に値をもつ発生確率$p(x)$を, ロジスティック関数を用いて変換したモデルであり,「一般化線形モデル」として位置づけられる[1].

$$\log \frac{p(x)}{1-p(x)} = \alpha + \beta x$$

ここで, 対数$\log$はeを底とする自然対数である. 左辺は$p(x)$の「ロジット(logit)」であり, このような変換を「ロジット変換」（図1）とよぶ. 左辺はちょうど「対数オッズ」の形を呈している. これを変換して$p(x)$について求めると,

$$p(x) = \frac{\exp(\alpha + \beta x)}{1+\exp(\alpha + \beta x)} = \frac{1}{1+\exp(-\alpha - \beta x)} \quad (\exp x \equiv e^x)$$

となる. これはxという観測値が与えられているという条件の下で, 疾病の発症などの事象が発生する確率$p(x)$を, 直接, 指数関数を用いて定義したものでもある. なお, 類似した関数として標準正規分布関数を利用したプロビット回帰モデルや, 二重指数関数を利用したcomplementary log-log回帰分析などがある.

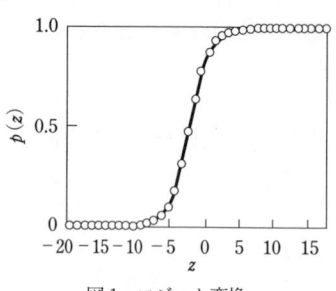

図1　ロジット変換

　このモデルでの説明変数xは, 複数個あってもかまわず, 例えばi番目の変数x_iが連続変数であれば, パラメータβ_iは通常の回帰分析と同様にx_iが1単位変化するときの変化率を表している. また, j番目の説明変数が3つ以上のカテゴリーをもつカテゴリー変数であれば, 属するカテゴリーに1を, ほかには0を与える2値変数x_{jk}

$$x_{jk} = \begin{cases} 1, & j\text{番目の説明変数の第}k\text{カテゴリーに属する} \\ 0, & j\text{番目の説明変数の第}k\text{カテゴリーに属さない} \end{cases}$$

を定義し, j番目の説明変数の第kカテゴリーの効果を表すパラメータをβ_{jk}（$k=1, \cdots, K_j$）として表現する. このような2値変数$\{x_{jk}\}$は「ダミー変数」ともよばれる. 各カテゴリーの推定値は絶対値としての意味はなく相対的な差が意味をもつため, パラメータ間に制約条件を課す必要がある. 一般的には, i）第1カテゴリーのパラメータを0とおく, ii）パラメータの総和を0とおく, として推定することが多い. したがって, i）の場合にはパラメータの推定値の解釈は, 第1カテゴリ

ーに対する差，ii) の場合には興味ある2つのカテゴリー間の差をとり解釈する．

●**関連性とオッズ比**　応答1のオッズ（すなわち事象の「発生」のオッズ）は次式で表され，x が1単位増加するとオッズは e^β 倍になることがわかる．つまり，単位あたりのオッズ比 Ψ は，$\Psi = \exp(\beta)$ で推定される．

$$\frac{p(x)}{1-p(x)} = \exp(\alpha + \beta x) = e^\alpha (e^\beta)^x$$

$\beta = 0$ の場合，すなわち，説明変数 x が発症にまったく関連しないとき，$e^\beta = e^0 = 1$ となり x が変化してもオッズは変化しないことになる．したがって，もし他の説明変数が同じ値をもてば，$\psi_{st} = \exp(\beta_{js} - \beta_{jt})$ で推定される．これを「ロジスティック回帰モデルで調整されたオッズ比」という．

●**モデルの評価**　モデルを評価するプロセスとして，モデルの適合度とモデルの有意性の2つの面から評価する．適合度の評価は，モデルがどの程度データに適合しているかを，データと推定値との差で定義される残差などを用いて評価することであり，程良く小さければモデルが適合していると判断する．「デビアンス」G^2 とよばれる「尤度比検定統計量」や，「ピアソンカイ二乗適合度統計量」と「ピアソン残差」などのモデルの適合度を総合的に評価する尺度があり，その分布はモデルが正しいという仮説のもとで漸近的に自由度（総プロファイル-モデルに含めた項目数-1）のカイ二乗分布に従う性質を利用して検定する．モデル（変数）の有意性の評価は，モデルが適合している，いないに関わらず適用したモデル（変数）がまったく意味のないものであるか，少しは有意なものであるか，当該変数のパラメータが0であるか否かについての仮説検定を行う．モデルや説明変数の有意性検定としては，尤度比検定のほかに，「ワルド検定」と「スコア検定」が利用されている．

　モデルはデータがよく適合し，モデル自体も有意であることが最も望ましいのであるが，現実にはモデルがデータにあまり適合していない状況でもモデル（変数）の有意性を議論することが多い．そのような場合には，残差をプロットして系統的なパターンの有無を検討したり，influential profile を探索したり，解析に取り込んでいない要因についても再検討するなど，きめ細かい解析が必要である．

●**経時的に観測されたデータや互いに相関のあるデータの取り扱い**　個人ごとにある事象の出現確率が時間経過に伴って変化するような経時的に観測されたデータや，異なった条件の下で繰り返し測定されたデータあるいは同じ施設や家族内でとられた複数の標本などでは，データ間に相関がある可能性がある．このようなデータの解析では「一般化推定方程式」（GEE）が利用されており，ギブス・サンプリングや iterative fitting algorithm を利用した方法が提案されている．

〔山岡和枝〕

📖 **参考文献**
[1] 丹後俊郎他，1996，『ロジスティック回帰分析-SASを利用した統計解析の実際』朝倉書店．

分割表の解析

　表1は，高校3年生男子500人を対象に，毎日4時間以上自宅で勉強するかしないかと近視であるかないかにより分類された2×2分割表である．一般に分類AとBが，それぞれカテゴリ$A_1, \cdots, A_r$とカテゴリ$B_1, \cdots, B_c$から構成されているときは，$r \times c$分割表を得ることになる．

●**適合度**　2つの変数XとYを導入し，分類Aがカテゴリ$A_i (i=1, \cdots, r)$に属するとき，Xは値iをとり，分類Bがカテゴリ$B_j (j=1, \cdots, c)$に属するとき，Yは値jを取るとする．Xがi，Yがjをとる確率をp_{ij}とする．一般にp_{ij}

表1　高校生の視力の程度と自宅での勉強時間（カッコ内はH_Iのもとでの期待度数の最尤推定値）

視　力	1日の勉強時間	
	4時間以上	4時間未満
近　視	250 (237.6)	110 (122.4)
近視でない	80 (92.4)	60 (47.6)

は未知である．また，(i, j)セル観測度数をn_{ij}とする．我々の関心は，母集団における未知の確率分布$\{p_{ij}\}$がどのような構造になっているかを（母集団の一部分として）得られた標本である観測度数$\{n_{ij}\}$から，できる限りわかりやすい解釈が得られるように高い信頼度で推測することにある．そのためには，データによく適合し，かつ解釈が容易な$\{p_{ij}\}$に関する統計モデル（仮説）を導入し，データによく適合するかどうか検定統計量を用いて調べる必要がある．

●**独立モデル**　$r \times c$分割表において確率変数XとYに関する独立モデル（仮説）は，
$$H_I : p_{ij} = p_{i.}p_{.j}, \quad i=1, \cdots, r ; \quad j=1, \cdots, c$$
で与えられる．ここに$p_{i.} = \sum_t p_{it}$，$p_{.j} = \sum_s p_{sj}$である．条件付き確率を用いて，独立モデルは次のようにも表せる：
$$H_I : P(Y=j | X=i) = P(Y=j), \quad i=1, \cdots, r ; \quad j=1, \cdots, c$$
これは，Xがどのような値をとってもYのとり得る値に影響を与えない，すなわち，XとYは独立であることを意味している．また，変数Xがiよりもjである可能性は変数Yがsのときよりもtのときの方が何倍高いかを示す「オッズ比」は，
$$\theta_{ij;st} = (p_{is}p_{jt})/(p_{js}p_{it})$$
で定義される．このとき独立モデルは
$$H_I : \theta_{ij;st} = 1, \quad 1 \leq i < j \leq r ; 1 \leq s < t \leq c$$
と表せる．これはXの値がiよりもjである可能性はYの値がどんな値であっても一定，すなわち，XとYは無連関（独立）を示している．

$r \times c$ 分割表において全観測度数を n とする．観測度数 $\{n_{ij}\}$ は多項分布に従うとし，n_{ij} の期待度数を $m_{ij}(=np_{ij})$ とする．未知の確率 $\{p_{ij}\}$ の構造を示すモデル（仮説）を M とする．モデル M がよくあてはまるかどうかの検定は，n が十分大きいとき，Pearson の「適合度カイ二乗統計量」

$$\chi^2 = \sum_{i=1}^{r} \sum_{j=1}^{c} \frac{(n_{ij}-\hat{m}_{ij})^2}{\hat{m}_{ij}}$$

や「尤度比カイ二乗統計量」

$$G^2 = 2\sum_{i=1}^{r} \sum_{j=1}^{c} n_{ij} \log\left(\frac{n_{ij}}{\hat{m}_{ij}}\right)$$

が用いられる．ここに $\hat{m}_{ij}$ はモデル M のもとでの m_{ij} の最尤推定量で，H_I のもとで，$\hat{m}_{ij}=(n_{i.}n_{.j})/n$ である．ここに $n_{i.}=\sum_{t} n_{it}$, $n_{.j}=\sum_{s} n_{sj}$ である．H_I のもとで，χ^2 や G^2 は漸近的に自由度が $(r-1)(c-1)$ のカイ二乗分布に従う．

●例 表1のデータに対して，H_I のもとで $\chi^2=6.80$, $G^2=6.66$（自由度は1）となり有意水準 0.05 で棄却され，独立性は成り立つとはいえない．表1より $\{\hat{m}_{ij}\}$ と $\{n_{ij}\}$ を比較すると，近視でないよりもむしろ近視である可能性は，1日4時間以上勉強する人は，独立モデルを仮定したときよりも高く，1日4時間未満の人は，独立モデルを仮定したときよりも低いといえる．

表2は英国の女性左右裸眼視力データである (Stuart, 1955)．カテゴリは (1) から (4) の順に，良い，やや良い，やや悪い，悪いを示している．行と列が同じ分類の正方分割表では，一般に主対角線付近に観測値が集中しており，独立性よりも対称性や非対称性に関心がある．

表2 英国の女性 7,477 人の左右裸眼視力

右眼	左 眼			
	(1)	(2)	(3)	(4)
(1)	1,520	266	124	66
(2)	234	1,512	432	78
(3)	117	362	1,772	205
(4)	36	82	179	492

$r \times r$ 分割表において，対称モデルは

$$H_S : p_{ij} = p_{ji}, \quad i \neq j$$

で与えられ，条件付き対称モデルは

$$H_{CS} : p_{ij} = \Delta p_{ji}, \quad i < j$$

で与えられる．Δ は未知のパラメーターである．表2のデータに対して，H_S のもとで $G^2=19.25$（自由度は6），H_{CS} のもとで $G^2=7.35$（自由度は5）となり，H_S は成り立たないが，H_{CS} は成り立つ．このとき Δ の最尤推定値は 1.16 となり，右視力が i で左視力が $j(>i)$ である確率は，右視力が j で左視力が i である確率よりも 1.16 倍高いと推測される．つまり，右視力と左視力は同じでなく左視力の方が右視力よりも悪い傾向にあるといえる． ［富澤貞男・田畑耕治］

📖 参考文献
[1] Stuart, A., 1955, *Biometrika*, **42**, 412-416.

対数線形モデル

「対数線形モデル」は，変数間の関連性を総合的に分析するモデルである．特に，3変数以上のクロス集計表の分析には有効である．「適合度検定」の独立性の検定において，ある大学での2つの科目（基礎科目と応用科目）の成績を例としてあげた．ここでは，そのクロス集計表に，3つめの変数として「実験への参加」を加えた3重クロス集計表（表1）に関して，対数線形モデルによる分析を示す．

表1　実験への参加，基礎科目の成績評価別応用科目の成績　　　（　）は％

実験への参加 [Z]	基礎科目成績評価 [X]	応用科目成績評価 [Y]				計
		A	B	C	D	
参加	A	24 (62)	8 (21)	7 (18)	0 (0)	39 (100)
	B	6 (22)	8 (30)	10 (37)	3 (11)	27 (100)
	C	3 (10)	4 (13)	19 (63)	4 (13)	30 (100)
	D	0 (0)	0 (0)	2 (67)	1 (33)	0 (100)
	計	33 (33)	20 (20)	38 (38)	8 (8)	99 (100)
不参加	A	6 (23)	10 (38)	9 (35)	1 (4)	26 (100)
	B	10 (26)	12 (31)	15 (38)	2 (5)	39 (100)
	C	4 (4)	35 (34)	53 (51)	12 (12)	104 (100)
	D	2 (5)	8 (22)	13 (35)	14 (38)	37 (100)
	計	22 (11)	65 (32)	90 (44)	29 (14)	206 (100)
計		55 (18)	85 (28)	128 (42)	37 (12)	305 (100)

変数「実験への参加」とは，基礎科目の授業において実施した「標本抽出実験」の実験結果を提出した学生を実験に参加したものと定義した変数である．なお，実験結果の提出は成績評価にはまったく関係がないことを学生に対して事前に通知している．表1で，実験に参加した学生99人のうち39人（39％）は，基礎科目において評価Aを取得し，実験に不参加の学生206人のうち評価Aを取得したのは26人（13％）に過ぎない．また，応用科目において評価Aを取得したのは，実験参加の学生では33人（33％），実験不参加の学生では22人（11％）である．このように，基礎科目での「実験への参加」は「応用科目の成績」とも関連があるようにみえ，3変数間の関連性の強さを総合的に把握することは難しい．

●**対数線形モデルで3重クロス集計表を分析する**　3変数の関連性を分析するために，対数線形モデルを適用する．モデルの表現のため，3つの変数をX，Y，Zとおく（X：基礎科目の成績評価（A；B；C；D），Y：応用科目の成績評価（A；B；C；D），Z：基礎科目での実験への参加（参加；不参加））．いま，Xを行，Yを列，Zを層として，表1をr行c列l層のクロス集計表とすると，$r=4$，$c=4$，$l=2$となる．r行c列のクロス集計表に比べると，r行c列l層のクロ

ス集計表では独立性のパターンが複雑となる．いま，3つの変数 X，Y，Z が互いに独立であるモデルを $[X][Y][Z]$ と表記する．このとき，1つの変数が独立である場合には，$[XZ][Y]$，$[XY][Z]$，$[X][YZ]$ とモデルを3つ考えることができる．全体の度数を N，i 行 j 列 k 層の度数を n_{ijk} とおけば，3変数独立モデル $[X][Y][Z]$ における期待度数の推定値 $\hat{\mu}_{ijk}$ は，$\hat{\mu}_{ijk} = N(n_{i..}/N)(n_{.j.}/N)(n_{..k}/N)$ となる．ここで

$$n_{i..} = \sum_{j=1}^{c}\sum_{k=1}^{l} n_{ijk}, \quad n_{.j.} = \sum_{i=1}^{r}\sum_{k=1}^{l} n_{ijk}, \quad n_{..l} = \sum_{i=1}^{r}\sum_{j=1}^{c} n_{ijk}$$

また，1変数独立モデル $[XZ][Y]$ における期待度数の推定値は，$\hat{\mu}_{ijk} = N(n_{i.k}/N)(n_{.j.}/N)$ である．この両辺の対数をとると，$\log \hat{\mu}_{ijk} = \log(n_{i.k}n_{.j.}/N) = -\log N + \log n_{i.k} + \log n_{.j.}$ となる．このように，期待度数の対数とモデルの効果が線形関係にあることから，このモデルは対数線形モデルとよばれる．

●**適合度** 対数線形モデルの分析では，モデルの期待度数の推定値を計算したのち，尤度比検定統計量 $G^2 = 2\sum$ (観測度数) $\log[$(観測度数)/(期待度数)$]$，AIC $= G^2 - 2 \times$ (自由度)，BIC $= G^2 - \log N \times$ (自由度)
などを求める．

対数線形モデルによる分析結果（表2）によると，対連関モデル $[XY][XZ][YZ]$ と条件付き独立モデル $[XY][XZ]$ が有意水準5％で棄却できない．また，AIC の値が最も低いモデルは $[XY][XZ][YZ]$ であり，BIC の値が最も低いモデルは $[XY][XZ]$ である．この2つのモデルを比較すると，$[XY][XZ]$ の方が解釈が容易である．モデル $[XY][XZ]$ の解釈では，授業への参加意欲を表す「実験への参加 Z」が「基礎科目の成績評価 X」に関連して，そのうえで，「基礎科目の成績 X」が「応用科目の成績 Y」に関連していると考えられる．［稲葉由之］

表2 対数線形モデルによる分析結果

モデル		自由度	G^2 (P 値)	AIC	BIC
飽和モデル	$[XYZ]$	0	0.0		
対連関モデル	$[XY][XZ][YZ]$	9	11.4 (0.2508)	−6.6	−40.1
条件付き独立モデル	$[XY][XZ]$	12	19.9 (0.0693)	−4.1	−48.8
	$[XY][YZ]$	12	40.4 (0.0001)	16.4	−28.3
	$[XZ][YZ]$	18	75.6 (0.0000)	39.6	−27.3
1変数独立モデル	$[XZ][Y]$	21	99.0 (0.0000)	57.0	−21.1
	$[XY][Z]$	15	63.7 (0.0000)	33.7	−22.1
	$[X][YZ]$	21	119.5 (0.0000)	77.5	−0.6
3変数独立モデル	$[X][Y][Z]$	24	142.8 (0.0000)	94.8	5.5

📖 **参考文献**
[1] 太郎丸 博，2005，『人文・社会科学のためのカテゴリカル・データ解析入門』ナカニシヤ出版．

一般化線形モデル

「一般化線形モデル」は，古典的回帰モデルの一般化と考えられる．

●**線形回帰モデル** 説明変数ベクトル $X=(X_1, X_2, \cdots, X_p)$ による応答変数 Y への影響，Y の値の予測および平均値の推定を考察する目的で回帰モデルが使われる．線形回帰モデルは，与えられた $X=x_1, x_2, \cdots, x_n$ に対して $Y_i=\alpha+\beta^T x_i + e_i$ $(i=1, 2, \cdots, n)$ で表現される．ここに，Y_i は $X=x_i$ を与えたときの応答変数，α は定数項，$\beta^T=(\beta_1, \beta_2, \cdots, \beta_p)$ は回帰係数ベクトル，$e_i (i=1, 2, \cdots, n)$ は誤差を表現する確率変数で，通常は互いに独立かつ同一の正規分布 $N(0, \sigma^2)$ に従うとする．説明変数の応答変数に与える影響は回帰係数に基づいて議論され，また説明力や予測力は決定係数 R^2 や重相関係数 $R=\sqrt{R^2}$ を用いて表現する．この古典的な回帰モデルは，応答変数が連続（計量）値であることを前提に，予測値と誤差が加法的に表現されている．実際のデータ解析では応答変数がカテゴリーあるいは計数値の場合や応答に正規分布が仮定できない場合も多く，一般化線形モデル（GLM）に拡張される．

●**一般化線形モデルの構成成分** 次の(1)から(3)の3成分で構成される．

(1) ランダム成分：説明変数 $X=x$ を与えたときの応答変数 Y の分布がランダム成分であり，GLM では離散応答変数の確率関数または連続応答変数の密度関数に指数型分布

$$f(y|x)=\exp\left\{\frac{y\theta-b(\theta)}{a(\varphi)}+c(y, \varphi)\right\} \tag{1}$$

を仮定する．ここに，θ と φ は母数で，$a(\varphi)$，$b(\theta)$ および $c(y, \varphi)$ は指定された関数で，ランダム成分は応答変数の不確実性を表現している．線形回帰モデルでは $N(\mu, \sigma^2)$ が仮定され

$$f(y|x)=\exp\left\{\frac{y\mu-\mu^2/2}{\sigma^2}+\frac{y^2}{2\sigma^2}-\log\sqrt{2\pi\sigma^2}\right\} \tag{2}$$

と変形でき，$\theta=\mu$，$a(\varphi)=\sigma^2$，$b(\theta)=\mu^2/2$，$c(y, \varphi)=y^2/2\sigma^2-\log\sqrt{2\pi\sigma^2}$ になる．

(2) 系統的成分：説明変数の線形結合 $\eta=\beta^T x$ を系統的成分という．説明変数および因子を設定する段階でこの成分が構成される．

(3) ランダム成分と系統的成分の結合：条件付き分布（式(1)）の平均は $\mu=b'(\theta)\equiv db(\theta)/d\theta$ であることが示され，系統的成分 η は μ の単調増加関数 $\eta=h(\mu)$ と仮定する．このことは自然な仮定で，この関数を結合関数という．線形回帰モデルでは結合関数は $\eta=\mu$ である．

以上の3成分の組合せにより多様な回帰モデルを構成することができる．

●**正準結合** ランダム成分と系統的成分は結合され，母数 θ の関数 $\eta=h(b'(\theta))$ になる．$h(u)=b'^{-1}(u)$ のときは $\eta=\theta$ が得られ，この結合を「正準結合」という．正準結合のときの条件付き分布式 (1) は次のようになる．

$$f(y|\boldsymbol{x})=\exp\left\{\frac{y\boldsymbol{\beta}^T\boldsymbol{x}-b(\boldsymbol{\beta}^T\boldsymbol{x})}{a(\varphi)}+c(y,\varphi)\right\}$$

線形回帰モデル，ロジットモデルおよびポアソン回帰モデルは正準結合もつ GLM の例である．線形回帰モデルのランダム成分式 (2) では，$\theta=\mu$，$b'(\theta)=\theta^2/2$ であり，正準結合関数は $h(u)=\sqrt{2u}$ となる．応答 Y のランダム成分が二項分布 $B_N(n,\pi)$ のときは

$$f(y|\boldsymbol{x})=\binom{n}{y}\pi^y(1-\pi)^{n-y}$$
$$=\exp\left\{y\log\frac{\pi}{1-\pi}-n\log\frac{1}{1-\pi}+\log\binom{n}{y}\right\}$$

で，その平均は π であるので，正準結合関数は $h(\pi)=\log[u/(1-u)]$ である．このとき，$\eta=\alpha+\boldsymbol{\beta}^T\boldsymbol{x}$ に対して $\pi=\exp(\alpha+\boldsymbol{\beta}^T\boldsymbol{x})/[1+\exp(\alpha+\boldsymbol{\beta}^T\boldsymbol{x})]$ となる．このモデルがロジットモデルである．ランダム成分がポアソン分布

$$f(y|\boldsymbol{x})=\frac{\mu^y}{y!}\exp(-\mu)$$

のときは，$h(\mu)=\log\mu$ が正準結合関数で，$\mu=\exp(\alpha+\boldsymbol{\beta}^T\boldsymbol{x})$ となる．実際のデータ解析では正準結合をもつ GLM が最も利用される．

●**回帰係数の解釈と予測力** GLM ではエントロピー相関係数

$$\mathrm{ECorr}(\boldsymbol{X},Y)=\mathrm{Cov}(\theta,Y)/\left(\sqrt{\mathrm{Var}(\theta)}\sqrt{\mathrm{Var}(Y)}\right)$$

が予測力測度として提唱され，説明変数によって説明された応答変数の不確実性（エントロピー）の割合と解釈される[1]．正準結合の場合は説明変数 X_i と応答変数をそれぞれ 1 単位変化させたときの，対数オッズ比は $\beta_i/a(\varphi)$ となり，回帰係数は対数オッズ比の変化量を表現している．また，

$$\mathrm{ECorr}(\boldsymbol{X},Y)=\sum_{i=1}^{p}\beta_i\mathrm{Cov}(X_i,Y)/\left(\sqrt{\mathrm{Var}(\theta)}\sqrt{\mathrm{Var}(Y)}\right)$$

の分解ができ，説明変数の応答に与える影響が評価できる．ECC は線形回帰モデルに適用すると重相関係数 R である．決定係数 R^2 の拡張としてエントロピー決定係数も提唱されている[2]．

[江島伸興]

参考文献
[1] Eshima, N and Tabata, M, 2007, Entropy Correlation Coefficient for Measuring Predictive Power of Generalized Linear Models, *Stat Probabil Lett*, **77**, 588-593.
[1] Eshima, N and Tabata, M, 2010, Entropy Coefficient of Dtermination for Generalized Linear Models, *Comput Stat Deta An*, **54**, 1381-1389.

ノンパラメトリック法

母集団分布を正規分布や二項分布のように固定して，その分布に含まれるパラメータについての推定・検定を行う方法であるパラメトリック法（パラメトリック検定）に対して，本項目で扱う「ノンパラメトリック法」（「ノンパラメトリック検定」）は母集団分布に依存しない統計的推測法である．ここでは，さまざまなノンパラメトリック法の中から代表的なものを説明する．

● **Wilcoxonの符号付き順位検定**　母集団の中央値（平均）に関する検定法の1つであり，正規分布に限らず連続で左右対称な母集団分布に関して検定を行うことができる．

表1は，ある汚染地域で繁殖するポプラの木のアルミニウム含有量のある期間での変化量である[1]．含有量が増えたといえるかどうかを調べるため，母集団分布が左右対称であると仮定し，母集団の中央値 θ に関する仮説 $H_0: \theta=0$ vs $H_1: \theta>0$ を検定するとしよう．

いま，観測値を表す確率変数を X_i とし，X_i を絶対値の小さい順に並べたときの順位を R_i とする．このとき，Wilcoxonの符号付き順位検定では，X_i が正であるもののみの順位の合計 $W = \sum_{X_i>0} R_i$ を検定統計量として用いる．先の例では W の値は75である．

表1　ある地域におけるポプラの木のアルミニウム含有量

観測値	順位
−3.1	6
6.3	9
−1.2	3
2.0	4
1.0	2
7.2	10
−5.6	8
−2.2	5
12.0	11
12.3	12
5.3	7
0.1	1
23.4	13

検定統計量 W の帰無分布は，正確法あるいは正規近似によって求める．正確法では，計算機を用いて正確な帰無分布を求めて棄却域を定める．この帰無分布は，標本の大きさ n のみで決まるため，n が小さいときの棄却限界は表として与えられている．正規近似法では，n が大きいとき W の帰無分布が近似的に平均 $n(n+1)/4$，分散 $n(n+1)(2n+1)/24$ の正規分布であることを用いる．つまり，W を標準化した

$$T = \frac{W - n(n+1)/4}{\sqrt{n(n+1)(2n+1)/24}}$$

が H_0 のもとで標準正規分布 $N(0, 1)$ に従うことから棄却限界や P 値を求めることができる．アルミニウム含有量の例において有意水準5％で検定を行うとき，正確法を用いた場合の上側棄却限界は70であり H_0 は棄却され，正規近似法を用いた場合には P 値が0.02となり同様に H_0 は棄却される．なお，観測値の絶対値に同順位（タイ）がある場合には，正確法においては同順位の観測値にその

平均順位を割り当てる,正規近似法においては分散を修正する,など同順位を考慮した方法を用いる必要がある.

この検定法は $H_1: \theta<0$, $H_1: \theta \neq 0$ のような対立仮説に対しても行うことが可能である.また,θ_0 を既知の値として,$H_0: \theta=\theta_0$ のような帰無仮説に対しても,各観測値から θ_0 を引くことで同様にして検定を行うことができる.

● **Wilcoxonの順位和検定** 2つの連続な母集団分布の位置のずれに関する検定法の1つである.

表2は,アメリカ先住民族と白色人種の血液中の平均姉妹染色分体交換 MSCE の観測値である[2].いま,両群の母集団分布の形が等しく位置のみが異なる,すなわち第1群の母集団分布 F と第2群の母集団分布 G について $G(x) = F(x-\delta)$ が成り立つと仮定し,両群の位置が等しいという仮説 $H_0: \delta=0$ $H_1: \delta>0$ を検定するとしよう.

表2 平均姉妹染色分体交換

先住民族	白色人種
8.50	8.27
9.48	8.20
8.65	8.25
8.16	8.14
8.83	9.00
7.76	8.10
8.63	7.20
	8.32
	7.70

いま,第1群および第2群の観測値を表す確率変数 $X_i (i=1, \cdots, m)$,$Y_i (i=1, \cdots, n)$ を合わせて $Z_i (i=1, \cdots, N)$ とし,Z_i を小さい順に並べたときの順位を $R_i (i=1, \cdots, N)$ とする.ただし $N=m+n$ であり,はじめの m 個の Z_i と R_i が第1群に対応しているとする.このとき,Wilcoxonの順位和検定では,第1群のみの順位の和

$$W = \sum_{i=1}^{m} R_i$$

を検定統計量として用いる.先のアルミニウム含有量の例では W の値は75である.

Wilcoxonの符号付き順位検定と同様に,W の帰無分布は,コンピューターを用いた正確法や正規近似で求める.正規近似法では,N が大きいとき W の帰無分布が近似的に平均 $m(N+1)/2$,分散 $mn(N+1)/12$ の正規分布であることを用いる.つまり,W を標準化した

$$T = \frac{W - m(N+1)/2}{\sqrt{mn(N+1)/12}}$$

が H_0 のもとで標準正規分布 $N(0, 1)$ に従う.

先の例において有意水準5%で検定を行うとき,正確法を用いた場合の上側棄却限界は76であり H_0 は棄却できず,正規近似法を用いた場合には P 値が0.0504となり同様に H_0 は棄却できない.なお,観測値に同順位(タイ)がある場合の対処は Wilcoxonの符号付き順位検定と同様に必要である.また,この検定法は,$H_1: \delta>0$,$H_1: \delta \neq 0$ のような対立仮説に対しても検定を行うことが可能である.

● **並べ替え検定** 先の Wilcoxonの順位和検定と同じ2群のデータについて,先と同様の仮説を検定するとしよう.

いま，すべての観測値を $x_i(i=1, \cdots, N)$ とおき，$N=m+n$ とする．また，$c_i(i=1, \cdots, N)$ を，x_i が 1 群であれば 1，2 群であれば 0 であるとする．帰無仮説が正しい，すなわち 2 群の母集団分布が等しいことは，c_i が 1 であるのも 0 であるのもランダムであることを意味する．つまり，N 個の観測値のうちどの m 個が第 1 群として観測されるかがランダムということである．このことを用いて，観測値 N 個中の m 個を選び出すすべての組合せについて検定統計量を計算し検定統計量の帰無分布を求める検定方式が考えられる．

検定統計量として例えば第 1 群の観測値の合計を用いた場合，この検定は「並べ替え検定」とよばれる方法の 1 つになる．並べ替え検定は，観測値の並べ替え（あるいは組合せ）のパターンにより検定統計量の分布を求めて検定を行う方法の総称である．

また，観測値を順位にして第 1 群の観測値の順位の合計を用いた場合，「Wilcoxon の順位和検定」での検定統計量と同じものになる．上記のようにすべての組合せについて検定統計量を計算して分布を求め，検定の棄却限界を得たものが，先の Wilcoxon の順位和検定における正確法なのである．このように，並べ替え検定によってさまざまなノンパラメトリック検定の正確法が構築されている．

● **Ansari-Bradley 検定** 2 つの母集団分布の位置が等しいときに散らばりの大きさに差があるかを調べる検定法の 1 つである．

表 3 は，あるコントロール血清について血清鉄の量（μg/100 mL）を 2 通りの測定法（Ramsay 法と Jung-Parekh 法）で調べたものである[3]．2 群の位置や分布の形は等しく散らばりの大きさだけに違いがある，すなわち第 1 群の母集団分布 F と第 2 群の母集団分布 G について

$$G\left(\frac{x-\theta}{\sigma_1}\right) = F\left(\frac{x-\theta}{\sigma_2}\right)$$

であると仮定し，Jung-Parekh 法の方が Ramsay 法よりも散らばりが少なく精度が高いといえるかどうかを調べるために，仮説 $H_0: \sigma_1 = \sigma_2$ vs $H_1: \sigma_1 > \sigma_2$ を検定するとしよう．

先の Wilcoxon の順位和検定と同様に，観測値を表す確率変数 $X_i(i=1,\cdots,m)$，$Y_i(i=1,\cdots,n)$ を合わせて $Z_i(i=1,\cdots,N)$，Z_i の順位を R_i とする．このとき，Ansari-Bradley 検定では検定統計量として

$$A = \frac{1}{2}m(N+1) - \sum_{i=1}^{m}\left|R_i - \frac{N+1}{2}\right|$$

表 3 2 通りの測定法による血清鉄の量(μg/100 mL)

Ramsay 法	Jung-Parekh 法
111	107
107	108
100	106
99	98
102	105
106	103
109	110
108	105
104	104
99	100
101	96
96	108
97	103
102	104
107	114
113	114
116	113
113	108
110	106
98	99

を用いる．先の例では A の観測値は 185.5 である．
　Wilcoxon の順位和検定と同じように，正規近似法や正確法によって検定を行うことができる．例えば正規近似法では，A を標準化した

$$T_A = \frac{A - E(A)}{\sqrt{V(A)}}$$

が H_0 のもとで近似的に標準正規分布 $N(0, 1)$ に従うことから棄却限界や P 値を求める．A の平均と分散は，$N = m + n$ を
　偶数のとき　$E(A) = m(N+2)/4$，$V(A) = mn(N^2-4)/48(N-1)$，
　奇数のとき　$E(A) = m(N+1)^2/4N$，$V(A) = mn(N+1)(N^2+3)/48N^2$
である．ただし同順位がある場合には分散に修正が必要である．
　先の例において有意水準5％で検定を行うとすると，同順位を考慮に入れて正規近似法を用いた場合 P 値が 0.091 となり H_0 は棄却できない．なお，この検定法は，$H_1: \sigma_1 < \sigma_2$，$H_1: \sigma_1 \neq \sigma_2$ のような対立仮説に対しても検定は可能である．

●**その他の検定と検定法の選択**　上記以外にもさまざまなノンパラメトリック検定があり，検定したい仮説に応じて使い分けられている．例えば2標本の分布の散布度に関する検定として検定や Mood 検定，分布の形に関する検定として Kolmogorov-Smilnov 検定などがある．
　ノンパラメトリック法がどの程度有効であるかを評価するために，ピットマンの「漸近相対効率」などを用いることがある．ピットマンの漸近相対効率は，ある対立仮説に対して，2 つの検定が漸近的に同等の検出力をもつための標本の大きさの比を表す．例えば，2母集団が正規分布であるとき，平均の差の t 検定ではなく Wilcoxon の順位和検定を用いたらどの程度情報をロスしてしまうのかを調べることができる．平均の差の t 検定に対する Wilcoxon の順位和検定のピットマンの漸近相対効率は 0.95 であり，標本の大きさが 20 のときの t 検定の検出力を得るには，Wilcoxon の順位和検定では標本の大きさが 21 程度あればよい，と直感的には理解すればよい．　　　　　　　　　　　　　　　　　　　　　　　　　［酒折文武］

📖 **参考文献**

[1] Laureysens, I., et al., 2004, Clonal variation in heavy metal accumulation and biomass production in a poplar coppice culture. I. Seasonal variation in leaf, wood and bark concentrations. Environ, *Pollution*, **131**：485-494.
[2] Margolin, B. H., 1988, Statistical Aspects of Using Biologic Markers, *Statistical Sience*, **3**, 351-357
[3] Jung, D. H., and Parekh, A. C., 1970, A semi-micromethod for the determination of serum iron and iron-binding capacity without deproteinization. *Amer. J. Clin. Path.*, **54**：813-817.

不完全データ

　データ解析においてデータがすべて得られていないとき，得られなかった部分を含むデータ全体を「不完全データ」という．実際のデータのほとんどは不完全データであると考えられる．例えば，標本調査において，すべての個体から100％の回答が得られることは考えられない．このとき，無回答を含む調査結果のデータは不完全データである．表1に不完全データの例を示す．不完全データは多種多様であり，観測値が得られないような「欠測を含むデータ」や「無回答を含むデータ」，「打ち切りデータ」，「脱落データ」のほかに，完全データにおけるカテゴリーが併合された「グループ化されたデータ」なども含む．

表1　不完全データの例

データの種類	具体例（データが不完全となる機構の例）
欠測を含むデータ	実験において実験機器の不具合から観測値が得られなかった．実験機器の不具合はランダムに起こり，実験内容との関係はない．
無回答を含むデータ	世帯の調査票において「年間収入」のみが無回答であった．世帯主が現在無職であり，「年間収入」が低いことを理由に回答しなかった．
打ち切りデータ	無職の人が職を失ってから調査時点までの期間を求職期間として記入した．職に就くまでを求職期間と考えるならば，求職期間は完了していない．
脱落データ	同じ調査対象へ毎年1回調査を行うパネル調査において，過去すべての調査に回答している人から回答が得られなかった．その理由は不明である．
グループ化されたデータ	血液型検査でA型であると判定された．しかし，AA型か，AO型かの区別については検査ではわからない．

●**データが不完全となる機構**　不完全データとなるには何らかの原因がある．この原因を規定するような機構を「データが不完全となる機構」とよぶ．不完全データが欠測を含むデータの場合には，この機構は「欠測機構」とよばれる．

　データが不完全となる機構には2つの重要な仮定がある．表1における「欠測を含むデータ」の例では，実験機器の不具合は，実験結果とまったく関係なくランダムに起こる．このため，「データが不完全となる機構は完全にランダムである(MCAR)」と仮定することができる．いま，観測データを Y_{obs}，欠測データを Y_{mis}，欠測と観測の別を表す指標関数を R とおくと，MCARの仮定は，観測データにも欠測データにも影響を受けないため，$f(R\,|\,Y_{\mathrm{obs}}, Y_{\mathrm{mis}}) = f(R)$ と表すことができる．一方，「無回答を含むデータ」の例（表1）では，無回答となる原因は，「年間収入」が低いことである．このため，データが不完全となるのは完全にランダムであるとは考えられない．そこで，世帯主の職業別に「年間収入」の項目に

回答した世帯と回答しなかった世帯の「年間収入」の分布が同様であると仮定した場合には，観測データである世帯主の職業という条件のもとで「データが不完全となる機構はランダムである（MAR）」と考えることができる．もちろん，無回答となった個体の「年間収入」はわからないため，MAR は仮定にすぎない．MAR の仮定は，$f(R\,|\,Y_{\mathrm{obs}},\,Y_{\mathrm{mis}})=f(R\,|\,Y_{\mathrm{obs}})$ と表すことができる．

データが不完全となる機構は，その内容が判明している場合がある．例えば，「打ち切りデータ」の例（表1）では，調査時点で完了していない求職期間は，調査で得られた期間以上となることがわかっているため，データが不完全となる機構は既知である．

●**不完全データの対処方法**　分析者は，不完全データへ対処を施したのち，データ解析を実施しなければならない．不完全データへの対処方法は，データの性質やデータが不完全となった原因によって異なるため，確立された方法は存在しない．欠測データを不完全データの例として以下の対処方法を説明する．

（1）完全データ部分のみを使用する方法：1個所でも欠測のある個体は除いて，欠測のまったくない完全データに変形してから分析を行う．データが不完全となる機構が MCAR の仮定のもとでは，分析結果に偏りは生じない．

（2）擬似的な完全データを作成する方法：欠測部分に値を割り当てて，擬似的な完全データを作成する．例えば，「脱落データ」の例（表1）において，回答が得られなかった人の無回答部分に，これまでに得られている回答や属性などとよく似た他の人の回答を当てはめて完全データにする．総務省統計局の全国消費実態調査では，年間収入が不詳の世帯について，世帯主の職業，消費支出額，世帯主の年齢，有業人員を説明変数とした回帰による推定を実施し，予測値を用いて完全データを作成している．この方法の利点は，完全データと同様にさまざまな集計や分析を実施することができる点にある．

（3）モデルを仮定する方法：適切なモデルを仮定したもとで分析を行う方法であり，不完全データに係わる状況もモデル化して分析を行う．このため，データが不完全となる機構が MCAR や MAR でない場合でも，機構をモデル化することによって対応することができる．

●**対処方法の選択**　データが不完全となる機構に関する仮定を定めることは，不完全データへの対処方法選択における最も重要な過程である．分析者は，どのような対処方法を選択するにせよ，データが不完全となる機構の仮定を明確に記述しておく必要がある．なぜなら，不完全データに関する分析結果は，データが不完全となる機構の仮定によって異なるからである． ［稲葉由之］

📖 **参考文献**
[1] 岩崎 学，2001，『不完全データの統計解析』エコノミスト社．

EM アルゴリズム

「EM アルゴリズム」は，最尤推定値を導くための反復アルゴリズムであり，1977年に A. P. デンプスターらによって定式化された．EM アルゴリズムは，期待値を計算する「E ステップ」(Expectation step)とパラメータを推定する「M ステップ」(Maximization step)からなる．この2つのステップを反復して最尤推定値を得ることから，EM アルゴリズムと命名された．

●**不完全データにおける最尤推定** EM アルゴリズムの適用分野の一つは，不完全データにおける最尤推定であり，次のような例が考えられる．ABO 式血液型は，3種類の遺伝子の組合せにより，6種類の血液遺伝子型(O 型，AA 型，AO 型，BB 型，BO 型，AB 型)に分けることができる．しかし，実際の血液型検査では，6種類の血液遺伝子型ではなく，4種類の区分(O 型，A 型，B 型，AB 型)が検査結果として得られる．例えば，A 型の人が AA 型であるのか，あるいは AO 型であるのかについて，血液型検査からはわからない．このため，血液型検査の結果に関する頻度データは不完全データであると考えることができる．

表1に示すように，血液型検査の観測データを不完全データと捉えて，実際には観測できない血液遺伝子型の頻度データを完全データとして考える．完全データが得られた場合，尤度方程式を解くことにより，血液遺伝子パラメータ(p_A, p_B, p_O)を求めることができる．しかし，血液型検査の観測データに基づいて，尤度方程式から直接的に解を得ることはできない．

このとき，EM アルゴリズムを用いて血液遺伝子パラメータ(p_A, p_B, p_O)の最尤推定値を求める．観測データは，$n_O=300$，$n_A=400$，$n_B=200$，$n_{AB}=100$ とする．

表1 ABO 式血液型検査における観測データと完全データとの関係

	血液型	O	A		B		AB
観測データ (不完全データ)	頻度	n_O	n_A		n_B		n_{AB}
	確率	p_O^2	$p_A^2+2p_Ap_O$		$p_B^2+2p_Bp_O$		$2p_Ap_B$
観測できない 完全データ	遺伝子型	O	AA	AO	BB	BO	AB
	頻度	n_O	n_{AA}	n_{AO}	n_{BB}	n_{BO}	n_{AB}
	確率	p_O^2	p_A^2	$2p_Ap_O$	p_B^2	$2p_Bp_O$	$2p_Ap_B$

E ステップでは，血液遺伝子パラメータ(p_A, p_B, p_O)に基づいて，6種類の血液遺伝子型の頻度に関する期待値計算を行う．例えば，観測されないデータである n_{AA} を，観測データ n_A と血液遺伝子パラメータ $p_A^{(k)}$, $p_B^{(k)}$ により，次のように計算する．ここで (k) は k 回目の反復計算であることを表す．

$$n_{\text{AA}}^{(k)} = \frac{(p_{\text{A}}^{(k)})^2}{(p_{\text{A}}^{(k)})^2 + 2p_{\text{A}}^{(k)}p_{\text{O}}^{(k)}} n_{\text{A}}$$

Mステップでは，Eステップで計算した $n_{\text{AA}}^{(k)}$，$n_{\text{AO}}^{(k)}$，$n_{\text{AB}}^{(k)}$ を用いて，血液遺伝子パラメータ p_{A}, p_{B}, p_{O} を更新する．この計算は通常の尤度最大化の計算であり，例えば，更新した血液遺伝子パラメータ $p_{\text{A}}^{(k+1)}$ は次のようになる．

$$p_{\text{A}}^{(k+1)} = \frac{n_{\text{AA}}^{(k)} + (1/2) n_{\text{AO}}^{(k)} + (1/2) n_{\text{AB}}^{(k)}}{n}$$

反復計算の結果（表2）から，Eステップでは擬似的な完全データを生成していることと，Mステップにおけるパラメータ推定値が反復により収束している状況がわかる．このように，EMアルゴリズムによって，血液型検査の結果である観測データ $(n_{\text{O}}, n_{\text{A}}, n_{\text{B}}, n_{\text{AB}}) = (300, 400, 200, 100)$ から，血液遺伝子パラメータの最尤推定値 $(\hat{p}_{\text{A}}, \hat{p}_{\text{B}}, \hat{p}_{\text{O}}) = (0.54, 0.29, 0.16)$ を得ることができた．

表2 EMアルゴリズムの反復計算の結果

ステップ		反復回数 k					
		0	1	2	3	4	5
Eステップ	$n_{\text{O}}^{(k)}$		300	300	300	300	300
	$n_{\text{AA}}^{(k)}$		160	100	88	85	85
	$n_{\text{AO}}^{(k)}$		240	300	312	315	315
	$n_{\text{BB}}^{(k)}$		50	30	27	26	26
	$n_{\text{BO}}^{(k)}$		150	170	173	174	174
	$n_{\text{AB}}^{(k)}$		100	100	100	100	100
Mステップ	$p_{\text{O}}^{(k+1)}$	0.30	0.50	0.53	0.54	0.54	0.54
	$p_{\text{A}}^{(k+1)}$	0.40	0.33	0.30	0.29	0.29	0.29
	$p_{\text{B}}^{(k+1)}$	0.20	0.18	0.17	0.16	0.16	0.16

注：観測データから，血液遺伝子パラメータの初期値を $p_{\text{O}}^{(1)} = 0.30$，$p_{\text{A}}^{(1)} = 0.4$，$p_{\text{B}}^{(1)} = 0.2$ とした．

● **EMアルゴリズムの性質** EMアルゴリズムは計算方法が単純である．Eステップでは期待値計算を行い，Mステップでは尤度最大化を行うため，Mステップは完全データに用いる計算をそのまま利用することができる．例えば，K 変量正規分布への適用では，Eステップにおいて $\sum_i y_{ij}$ と $\sum_i y_{ij} y_{ik}$ $(j, k = 1, 2, \cdots, K)$ の期待値を計算すれば，Mステップではそれらに基づく尤度最大化によりパラメータ μ_j と σ_{jk} を推定することができる．

このように，Eステップでの計算の設定と既存の尤度最大化プログラムを組合せることにより，EMアルゴリズムのプログラム化は容易である．また，EMアルゴリズムを実施可能なソフトウェアも存在する． ［稲葉由之］

📖 **参考文献**
[1] 渡辺美智子，山口和範，2000，『EMアルゴリズムと不完全データの諸問題』多賀出版．

情報量規準

「情報量規準」(AIC)は仮定されたモデルのデータに対する適合の重さの規準である。これを求めて行こう。

●**モデルの適合度** 1回の実験で事象 A_i が起こる確率を $p_i(i=1, 2, \cdots, I)$, n 回の反復実験で A_i が起こる回数を n_i とする。確率 $p_i(i=1, 2, \cdots, I)$ は既知の場合もあるが，一般には未知であり，いくつかの母数 $\theta_a(a=1, 2, \cdots, k)$ の関数，すなわち $p_i(\theta_1, \theta_2, \cdots, \theta_k)(i=1, 2, \cdots, I)$ である。ただし，$k<I$ する。母数の最尤推定量を $\hat{\theta}_a(a=1, 2, \cdots, k)$ で示すとき，確率 $p_i(\theta_1, \theta_2, \cdots, \theta_k)$ の最尤推定量を $p_i(\hat{\theta}_1, \hat{\theta}_2, \cdots, \hat{\theta}_k)(i=1, 2, \cdots, I)$ とおく。尤度比検定統計量

$$G^2 = 2\sum_{i=1}^{I} n_i \log \frac{n_i}{np_i(\hat{\theta}_1, \hat{\theta}_2, \cdots, \hat{\theta}_k)} \tag{1}$$

を用いて，統計モデルのデータに対する適合度検定ができる。この統計量は標本数 n が大きくなるとき自由度 $I-k-1$ のカイ二乗分布に近づく。

［例1］ 表1はタイの Doi Inthanon 国立公園で人を囮として吸血昆虫のブユ (black fly) を採集したデータである。1時間ごとに，収集されたブユの数のほかに，気温，湿度，照度が説明変数として記録された。ブユの数がポアソン分布に従うとして，気温，湿度，照度との関連をポアソン回帰モデルで解析する。この系統的成分を $\theta_1 = \beta_0 + \beta_1 T + \beta_2 H + \beta_3 L$ とする。各 β の推定値と標準誤差は，$\hat{\beta}_1 = -0.625(0.430)$, $\hat{\beta}_2 = -0.347(0.137)$, $\hat{\beta}_3 = -0.064(0.325)$, $G^2 = 1.356(df = 2)$ から $P = 0.503$ となり，適合度は良好である。

表1　ブユ成虫採集データ(2003年9月23日調査)

時　　間	平均気温/°C	平均湿度(%)	照度/lx	採集数
6：00～ 7：00	24.68	89.8	660.80	12
7：00～ 8：00	24.90	92.4	2,679.40	39
8：00～ 9：00	26.28	87.2	12,758.00	37
9：00～10：00	27.48	82.6	40,360.00	18
10：00～11：00	27.92	82.20	18,060.00	4
11：00～12：00	27.56	87.00	12,532.00	5
			合計	115

例1で回帰係数 β_3 の推定値と標準誤差から，この係数は有効でないと判断され，より簡素なモデルで現象が説明できれば有効である。この例で選択対象とするモデルを説明変数 T, H, L を組み合わせた系統的成分で表現し，

$\theta_1 = \beta_0 + \beta_1 T + \beta_2 H + \beta_3 L$,　　$\theta_2 = \beta_0 + \beta_1 T + \beta_2 H$,

$\theta_3 = \beta_0 + \beta_1 T + \beta_3 L$,　　　　$\theta_4 = \beta_0 + \beta_2 H + \beta_3 L$,

$$\theta_5=\beta_0+\beta_1 T, \qquad \theta_6=\beta_0+\beta_2 H, \quad \theta_7=\beta_0+\beta_3 L$$

の7つとする．この中から最適なモデルが決定できれば，現象考察では有意義である．このような場合に適用する方法が赤池情報量規準(AIC)を用いて提案されている．

●**モデル選択法** 尤度比検定統計量（式(1)）は

$$G^2 = 2\sum_{i=1}^{I} n_i \log \frac{n_i}{n} - 2\sum_{i=1}^{I} n_i \log(\hat{\theta}_1, \hat{\theta}_2, \cdots, \hat{\theta}_k)$$

と変形され，この統計量の第2項はモデルに依存した統計量で，マイナス最大対数尤度の2倍となり，尤度が大きくなるほどモデルのデータへの適合度は良くなる．しかし，母数の数 k が大きくなるとカイ二乗分布の自由度 $I-k-1$ が小さくなるので，適合度は悪くなる傾向をもつ．AIC は母数の個数をペナルティとして

$$\text{AIC} = -\text{最大対数尤度の2倍} + 2k$$

のように提案されている．選択対象とするモデルの中で AIC を最小とするモデルを最良と判断する．ここでは離散分布について述べたが，この AIC は連続分布モデルでも相対的に最適なモデルを判定することもできる．

モデル θ_1 を制限したモデル θ_2 を構成し，それぞれの統計量(式(1))を G_1^2 と G_2^2 で示すとき，モデル θ_2 の相対的適合度検定は $G_2^2-G_1^2$ で行える．この統計量の漸近的分布はカイ二乗分布で自由度はモデル θ_1 とモデル θ_2 の母数の個数の差である．例1のモデルを θ_1 とし，$\theta_2=\beta_0+\beta_1 T+\beta_2 H$ とすれば，表2から $G_2^2-G_1^2=0.039$, $df=1$, $P=0.843$ であるので，モデル θ_2 が採択される．しかし，モデル1とモデル2の間に制約関係がない場合，例えば例1で θ_2 と θ_4 を比較するとき，この統計量は用いることができない．AIC はモデル間に制約関係がない場合，さらに複数のモデルの中から最適なモデルを選択する場合にも使用できる．

表2 モデルの推定と AIC

モデル	θ_1	θ_2	θ_3	θ_4	θ_5	θ_6	θ_7
G^2	1.356	1.395	9.279	3.364	30.399	17.996	55.699
df	2	3	3	3	4	4	4
P 値	0.508	0.707	0.026	0.339	0.000	0.001	0.000
AIC	36.167	34.272	42.059	36.196	61.179	48.833	86.479

［例2］ 例1の θ_1 から θ_7 の中で，データを説明する最も簡素なモデルを選択する．データからモデルの推定値，G^2 および AIC を計算した（表2）．情報量基準 AIC によって，モデル θ_2 が最適のモデルと判定され，その適合度は $G^2=1.395$, $df=1$, $P=0.707$ となり，適合度は良好である．回帰係数の推定値とその標準誤差は $\hat{\beta}_1=-0.545(0.137)$, $\hat{\beta}_2=-0.370(0.078)$ で，人の囮に誘引されるブユの数は気温に対して減少し，湿度に対して増加する傾向をもつ． ［江島伸興］

ロバストネス

　統計手法がその前提となる仮定から多少ずれた場合でも妥当性をもつことを「ロバストネス」もしくは」「頑健性」という.

　統計手法の多くは観測値に関する何らかの仮定の下で開発され，その仮定下で妥当性が保証されている．例えば平均値の推測における t 検定では母集団分布の正規性が仮定され，分散分析の F 検定では正規性に加え各群での等分散性が必要とされる．しかし現実のデータ解析では，これらの仮定が厳密に成り立つことはほとんどなく，仮定からの多少のずれがあっても統計手法が破綻せずある程度の妥当性をもつことが必要となる．

　ロバストネスの議論は，このように「多少」とか「ある程度の」といった数学的に厳密に定義しにくい用語を含み，多少とはどのくらいなのか，ある程度とは何を意味するのかがややあいまいである．それをできる限り厳密に定義し数学的な理論展開をしたのが Huber（1981）であるが，高度に数学的でわかりにくいものとなっている．

●**ロバストな手法**　平均値の推測における t 統計量は，$N(\mu, \sigma^2)$ に従う n 個の独立な確率変数 $X_1, \cdots, X_n$ に対し，標本平均および標本分散を

$$\bar{X} = \frac{1}{n}\sum_{i=1}^{n} X_i, \quad S^2 = \frac{1}{n-1}\sum_{i=1}^{n}(X_i - \bar{X})^2$$

として

$$T = \frac{\bar{X} - \mu}{\sqrt{S^2/n}}$$

により定義される．$X_1, \cdots, X_n$ が正規分布に従えば分子の $\bar{X}$ も当然正規分布に従うが，個々の観測値が正規分布に従わなくても n があまり小さくなければ中心極限定理により $\bar{X}$ は近似的に正規分布に従う．この理由（およびその他の理由）により観測値の分布が正規分布から多少ずれても T は近似的に t 分布に従うことが示される．すなわち，t 検定は正規性からのずれに対し「ロバストな」手法である．同じく，分散分析の F 検定も等分散性が多少成り立たなくてもロバストであるとされる．逆に，等分散性の F 検定は正規性からのずれの影響を受けやすくロバストでない．

　ロバストネスの議論では，外れ値に対する頑健性が主たる話題となる．$x_1, \cdots, x_n$ を n 個の観測値としたとき，標本平均 $\bar{x} = (x_1 + \cdots + x_n)/n$ は外れ値の影響を受けやすくロバストではない．それに対し，$x_{(1)} \leq \cdots \leq x_{(n)}$ を観測値を小さい順に並べた順序統計量として，小さい方からと大きい方から $100\alpha\%$ ずつの観測値を取り除いた $100(1-2\alpha)\%$ のみの平均を「α-トリム平均」というが，これは外れ

値に対してロバストである．中央値は，n が奇数の場合は真ん中の値以外をすべて取り除き，n が偶数の場合は真ん中の2個以外を取り除いたトリム平均とみなされ，これも外れ値に対してロバストである．

一般に，$w_1, \cdots, w_n$ を $w_1, \cdots + w_n$ なる定数(重み)として順序統計量の加重平均を

$$\tilde{x}_w = w_1 x_{(1)} + \cdots + w_n x_{(n)}$$

とすると，これは，両端部分の重みを0とすることによりトリム平均および中央値を特別な場合として含んでいる．すべての重みを $1/n$ としたものが通常の標本平均であり，中ほどの重みを大きく両端に行くにつれて重みを小さくすればロバストな平均値が得られる．

●**影響関数** ロバストネスの理論で主要な役割を果たすのが「影響関数」である．想定される分布を F としたとき統計量 T の影響関数を

$$IF(x; T, F) = \lim_{t \to 0} \frac{T[(1-t)F + t\Delta_x] - T(F)}{t}$$

により定義する(Hampel, et al., 1986)．ここで Δ_x は x で確率1をとる1点分布である．影響関数は，わかりやすくいえば x という値のデータを追加した場合の統計量の変化率を表している．また，影響関数の2乗の期待値は統計量の漸近分散となる．影響関数が有界であれば，どのような値のデータが追加されてもそれが統計量 T に及ぼす影響は限定的であるという意味で T はロバストであるといえる (この性質を B-robustness ともいう)．標本平均の影響関数は $IF(x) = x$ であり，有界でないことからロバストであるとはいえない．α-トリム平均の影響関数は α に依存した値より外側では一定値となり，ロバストであることがわかる．

[例] 図1は10人の被験者に睡眠薬を投与したときの睡眠時間の増加時間である(Hampel, et al., 1986)．

1つの観測値4.6がほかとは飛び離れているようにみえる．10個のデータの標本平均は1.58であり，10％トリム平均は最大と最小の2つのデータを取り除い

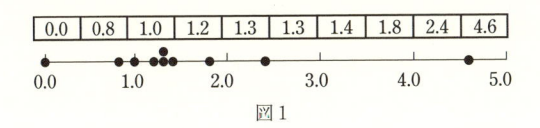

| 0.0 | 0.8 | 1.0 | 1.2 | 1.3 | 1.3 | 1.4 | 1.8 | 2.4 | 4.6 |

図1

た8個の平均値で1.40となる．20％トリム平均は2つずつを取り除いた6個の平均で1.33になる．また，中央値は1.3である．　　　　　　　　　　[岩崎　学]

📖 **参考文献**
[1] Hampel, F. R., et al., 1986, *"Robust Statistics"*, John Wiley and Sons.
[2] Huber, P. J., 1981, *"Robust Statistics"*, John Wiley and Sons.

スムージング

n組のデータを$(x_1, y_1), \cdots, (x_n, y_n)$としたとき，これらのデータ点を滑らかな曲線$y=f(x)$で近似することを「平滑化」（スムージング）という．回帰直線$y=a+bx$は最も簡単な平滑化であるが，多くの場合データの動きを的確に表現するとはいい難い．多項式の当てはめでも多項式のくせは避け難い．図2は地球の地表温度に近似曲線を当てはめたものであるが，温度変化が直線的か2次関数的かの判断は難しく，仮に2次曲線だとすると2000年以降の温度の上昇はきわめて深刻なものとなろう．直線や多項式だけでなくよりフレクシブルな曲線の当てはめが望まれるがそのための方法論として「スプライン」と「核関数法」がある．

●**スプライン** データの存在範囲(c, d)を小区間$[a_i, a_{i+1}]$に分け（$i=0, 1, \cdots, n-1$；$a_0=c, a_n=d$），区間の各端点を節点という．そして小区間ごとの多項式を滑らかにつなげた区分的多項式を「スプライン」とよぶ．区分的多項式として3次多項式をとり，端点での滑らかな接続のため各節点の両側の多項式の2次微係数を等しくしたものを3次スプラインといい，両端の区間$[a_0, a_1]$および$[a_{n-1}, a_n]$では1次多項式としたものを自然3次スプラインとよぶ．

スプラインでは節点の個数と位置を決める必要があるがそれを回避するため

$$Q(f, \lambda) = \sum_{i=1}^{n}\{y_i - f(x_i)\}^2 + \lambda \int \{F''(t)\}dt \tag{1}$$

を最小とする関数$f(x)$を選ぶという方策もある．式(1)の右辺第1項がデータへの当てはまりを評価する項，第2項が平滑化の程度を規定していてλは「平滑化パラメータ」とよばれる．$\lambda=0$とすると$f(x)$は各データ点を通る任意の関数となり（非平滑化），λを大きくすると平滑化の程度が増し，$\lambda=1$では通常の単回帰直線となる（最も平滑化された状態）．式(1)を満足する$f(x)$は自然3次スプラインであることが示される．これを「平滑化スプライン」という．λの決め方としては多くの研究があるが，交差検証法に基づく方法が推奨されることが多い．

●**核関数法** 簡単な平滑化の手法として株価の動きなどで用いられる手法に移動平均がある．移動平均では，ある点x_0における値としてx_0の両側（株価の場合には過去の値のみ）におけるいくつかの値の平均値を求める（図2には過去の値3個の移動平均を示している）．これを拡張し，点x_0における関数の値$f(x_0)$を

$$f(x_0) = \frac{\sum_{i=1}^{n} K_\lambda(x_0, x_i) y_i}{\sum_{i=1}^{n} K_\lambda(x_0, x_i)}$$

と計算する．このとき $K_\lambda(x_0, x_i)$ を「核関数」という．核関数 $K_\lambda(x_0, x_i)$ は，求めようとする値 x_0 と各 x_i の距離に基づいて y_i に与えられる重みで，パラメータ λ を含んだ形で $K_\lambda(x_0, x_i)=D(|x-x_0|/\lambda)$ の形に表現される．核関数としては

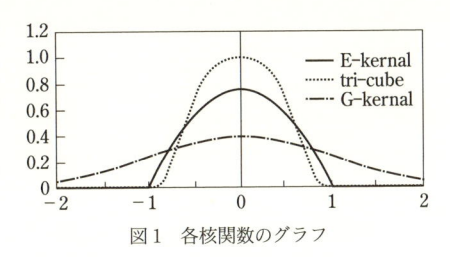

図1　各核関数のグラフ

i) Epanechenikov kernel　$D(x)=\begin{cases}\dfrac{3}{4}\,(1-x^2) \\ 0 \quad (その他)\end{cases}$

ii) tri-cube function　$D(x)=\begin{cases}(1-|x|^3)^3 & (|x|\leq 1) \\ 0 & (その他)\end{cases}$

iii) Gaussian kernel　$D(x)=\varphi(x)=\dfrac{1}{\sqrt{2\pi}}\exp\left(-\dfrac{x^2}{2}\right)$

がよく用いられる(図1)．いずれも λ を大きくとるほど平滑化の程度が大きくなる．

核関数法では y_i の重みつき平均値を計算していることになるが，平均値ではなくその範囲での回帰式を求めて $f(x_0)$ を計算する方法も提案されていて，これを「局所的（重みつき）線形回帰法」ともいう．

　[例]　地表温度の変遷　図2は1900年以降10年ごとの地表の平均温度に，直線，2次関数，3区間の移動平均を当てはめている（1951～1980の平均0）．

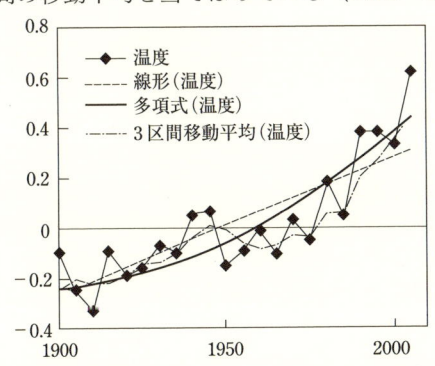

図2　地表の平均温度（5年ごと）とExcelによる近似曲線
　　［NASA GISS の記録データ http://data.giss.nasa.gov/gistemp/］

［岩崎　学］

📖 参考文献
[1] Hastie, T., et al., 2001, "*The Elements of Statistical Learning*", Springer.

コラム：平均値の計算法

次のような問題を大学の授業で出したことがある：

デイケアセンターAおよびデイケアセンターBはともに毎週土日を除く5日間オープンしていて，各センターに登録されている週に1回以上利用する高齢者は100人であり，各高齢者がセンターを利用する回数は週に1回以上5回以下で，個人ごとに決まっている．そして4回以下の利用回数の高齢者は特定の曜日でなく気ままにセンターにやってくる．今般，それぞれのセンターでは，登録高齢者1人あたり週に何回センターを利用するかを調査報告することになった．

センターAでは種々の記録がしっかりとってあり，それを調べたところ，週にk回利用する登録高齢者の比率p_kは以下のようであった．

回数 k	1	2	3	4	5	計
比率 p_k	0.40	0.30	0.15	0.10	0.05	1

センターBでは，センターAのような記録がなかったため，平均来所回数を調査しようと，ある日センターに来ている高齢者に対し「あなたは週に何回センターに来ますか」とたずねた．その結果，週にk回来ると答えた人の比率q_kは以下のようであった（$k=1, \cdots, 5$）．

回数 k	1	2	3	4	5	計
比率 q_k	0.19	0.29	0.21	0.19	0.12	1

問題は両センターにおける1人あたり平均来所回数はいくらであろうかというものである．センターAでの平均値は$1\times 0.4+2\times 0.3+3\times 0.15+4\times 0.1+5\times 0.05=2.1$であることがすぐに計算できる．問題はセンターBで，同じように計算すると2.72となる．まずこの計算は誤りであることに気が付かなければならない．ある特定の日に来た人を調べると，週に何回も来所する人がカウントされる確率は高く，たまにしか来所しない人は捕捉されにくい．実はこの問題ではセンターBでの平均値もセンターAと同じく2.1なのであるが，どのように計算すればいいのかは格好の演習問題として読者諸氏にゆだねることにしよう．

平均値の計算は統計的データ解析の初歩の初歩である，と思われるかもしれない．しかしどうして，この例が示すようになかなか一筋縄ではいかないもので，データの取り方が重要であるという教訓でもある．統計学も，当然ながら，奥が深い．

［岩崎 学］

2. 記述統計・計算機統計

　記述統計 (descriptive statistics) は，獲得したデータの構造及び特徴を客観的に記述することを目的とした統計学である．本章では，記述統計の中で重要と思われるいくつかのトピックについて説明する．計算機統計学 (computational statistics) は，計算統計学とよんだ方がより適切であろう．何が計算機統計であるか，どこまでが計算機統計学の範疇であるかに関しては定義しがたいが，伝統的な数理統計的アプローチで解決し難い問題を，計算機プログラムを借りて問題解決を行う統計方法の総称であると理解してもよいであろう．その代表的な方法としては，ブートストラップ法，モンテカルロ法，マルコフ連鎖モンテカルロ法，ニューラルネットワーク，EMアルゴリズムなどがある．本章では，計算機の資源が重要な役割を果たすいくつかのトピックについて説明する．ただし，EMアルゴリズムなど他の章で扱っているトピックについては重複をさける． 　　　　　　　　　　　　　［金 明哲］

データの構造

　現在，有能な統計ソフトウェアが普及し便利になった反面，データについての知識がなくても「解析」ができ，ある1つの「答え」が得られる．しかしその「答え」が適切か否かはデータについての正しい統計手法の知識が必要である．これらを知ることにより適切な統計手法を活用できる．

●**データの測定**　長さを測定する場合には定規やメジャーを，時間を測定するためには時計やストップウォッチを用いるように，測定する対象に合わせてさまざまな測定方法を用いる．調査や実験のように人の意思や行動を測る際には(男性/女性) や (好ましい/やや好ましい/どちらともいえない/やや好ましくない/好ましくない)など，質問項目で測定される．これらの質問項目には 4 つの尺度が定義されており，それぞれの尺度がもつ情報量は異なっているため，どの尺度で測られたデータなのかを踏まえて統計手法を選ぶ必要がある．

　i) 名義尺度：性別（男性/女性)，出身地（東京都/大阪府/など)，特徴や名前などを測る際の尺度．男性や女性など測定された観測値は名前などの意味以外に情報を持たず，観測値間には順序関係などの情報も持たない．

　ii) 順序尺度：好みの傾向など，観測値間に名義尺度の情報以外に順序関係の情報をもつ尺度．ただし観測値間の差には意味をもたず，四則演算は適さない．

　iii) 間隔尺度：西暦(2000 年，2010 年，など）や時刻 (12：00，12：10，など) など，順序尺度の情報をもちながら，観測値間に差の大きさ情報ももつ尺度．ただし原点のような起点となる点がないため，加法や減法は可能だが，乗法や除法は適さない．例えば，12：00 から 12：10 と 12：20 をみるとそれぞれ 10 分後，20 分後の時刻だが，12：20 が 12：10 の 2 倍の時刻とはいわない．12：00 は比率の起点という意味ではなく，単にある大きさの位置を表しているだけである．

　iv) 比尺度(比率尺度，比例尺度ともよぶ)：身長や体重，売上げなど，間隔尺度の情報に加え，観測値間に比率の情報ももつ尺度．四則演算のすべてを適用可能．

　それぞれの尺度では情報の大小があり，比尺度が最も多くの情報をもつことに対して，次いで，間隔尺度，順序尺度と続き，最も名義尺度が情報をもたない．多くの自然科学における測定では比尺度を仮定しており，それに合わせた統計手法が利用可能である．社会科学における測定では比尺度で測定されていないデータも多く，それぞれの尺度に合わせた統計手法の適用が必要である．データが比尺度で測れた変数であることを前提にしている統計手法において，比尺度よりも情報をもたない尺度のデータへの統計手法の適応は理論的には不適切である．逆に名義尺度や順序尺度を前提にしている統計手法に，2 つの尺度より情報をもつ

間隔尺度や比尺度で測られたデータを用いることも可能だが，情報の一部しか使っていないという点では不適切である．

●**データの構造**　測定されたデータは大きく長方形データ（表1）と正方形データ（表2）に分けられる．

表1　長方形データ

	Q1	Q2	Q3	...
回答者1	x_{11}	x_{12}	x_{13}	...
回答者2	x_{21}	x_{22}	x_{23}	...
回答者3	x_{31}	x_{32}	x_{33}	...
...				

表2　正方形データ

	回答者1	回答者2	回答者3	...
回答者1	n_{11}	n_{12}	n_{13}	...
回答者2	n_{21}	n_{22}	n_{23}	...
回答者3	n_{31}	n_{32}	n_{33}	...
...				

　長方形データは調査票調査のデータにみられるような変数（測定項目や質問項目）×対象（回答者など）の形式をとる．一般的に各列が変数を表し，各行が測定項目に対する観測値や各質問項目に対する回答者の回答を表す．ここで列の個数を m，行の個数を n で表すと長方形データは $m \times n$ 行列で表すことができる．

　正方形データは長方形データと異なり，列と行で表すものが同じデータである．例えば，お互いの施設間の物理的距離を測定した場合，列も行も施設を表し，それぞれの交差する項目は該当する施設間の物理的距離を表す．正方形データでは対象間の距離や類似性を表すデータもあり，多次元尺度構成法（MDS）やクラスター分析などの多変量解析でも利用される．この場合の正方形データのことを「距離行列」や「類似性データ」とよぶ場合もある．正方形データの場合，列と行が同じであるため，この個数を n で表すと正方形データは $n \times n$ 行列で表現できる．長方形データにおいても $m=n$ になり得るが，この場合は特例であり，正方形データは正方形データを適用できる統計手法を選ぶ必要がある．

　なお正方形データでは，対象においてAからみたBへの距離とBからみたAへの距離が同じである対称データが多いが，AからみたBへの距離とBからみたAへの距離が異なる場合がある．この場合のデータを「非対称データ」といい，近年，研究者によって，非対称MDSや非対称クラスター分析など，適用可能な統計手法の開発が研究されている．非対称データには，例えば各国間の輸出入のデータの場合や各対象間の電話を相手にかけた回数などが該当する．

　またデータ構造には相と元を用いた表現も使われる．上述した測定している対象（例えば回答者や設問など）が異なるひと組の対象を「相」とよび，それぞれの測定項目を「元」と表現する．例えば，正方形データの例では「回答者×回答者」になっており，回答者のみを対象としているため単相といえ，2つ回答者という測定項目のため2つの元をもつデータといえ，総じて，「単相2元データ」とよぶ．このように M 個の相と N 個の元をもつデータを「M 相 N 元データ」（$M \leq N$）とよび，これらのデータに適応させた統計手法も近年，提案されている．　　　［竹内光悦］

データの要約

　データの全体を眺めることはデータ全体の様子を知るために重要だが，複数の分布を調べる場合などには，より比較しやすくするために分布の特徴を"要約する"ことが望ましい．一般的に知られている平均値など，1つの数値(指標)でデータを要約することによってデータ全体の把握や複数のデータの比較が容易となる．
●**データの中心と順位に対する指標**　データを分析する際にデータの分布を知ることは重要である．特にデータの中心の位置や集中度を考えることは複数のデータを比較する際にも有意義である．データを1つの数値に要約してデータの中心の位置を表すことがある．この数値をデータの「代表値」とよぶ．代表値でよく知られている数値には「平均値」(算術平均)があげられる．平均値はデータのすべての観測値の合計の値を観測値の個数である標本サイズで割って求める数値である．平均値はすべての観測値を「平らに均した値」であり，データの中心の位置を表し，実社会において広範囲に利用されている．

　平均値は概念の理解のしやすさや計算の求めやすさから多くの報告書やメディアなどでもみられる．しかし，平均値の定義上，使用には注意が必要である．例えば，他の観測値に比べ大きく外れた値(外れ値という)がある場合，平均値はその値に引っ張られる．具体的には所得のデータのように低・中所得者が多いなか，所得の平均値は少数の高所得者に引っ張られ，イメージよりもやや高めの代表値となる．また計算上の数値のため，平均値に近い観測値がない場合もある．このように平均値ではデータの代表値と考えるには誤解を与える場合があるため，その他の意味での代表値を考える必要がある．

　平均値以外の代表値でよく知られている数値に「中央値」(メジアン)がある．中央値はデータを小さい順(または大きい順)に並べ替え，そのちょうど真ん中になる値である．標本の大きさが奇数の場合は，真ん中となる1つの観測値が中央値となり，偶数の場合は，真ん中となる2つの観測値の相加平均を中央値とする．中央値は順序情報によって求めるため，平均値とは異なり，外れ値の影響を受けにくい性質をもつ．

　データを表(度数分布表)で集計することにより，データの分布をみることが可能である．この場合，最も度数が多い階級をデータの代表と考えることができる．このことから最も度数が多い階級の階級値を「最頻値」(モード)とよぶ．最頻値も代表値の1つである．最頻値は度数分布表に対応するヒストグラムの山において，ちょうど山の頂点になる部分である．最頻値は単に出現頻度の最も高い場合の観測値を意味することもあり，この場合は名義尺度においても最頻値を求

めることができる．

　実際の分析においては，同時に複数の代表値をみながら分析することが望ましい．特に図1にみるように分布が一方に偏る場合，3つの代表値は異なっている．また「正規分布」とよばれる分布のように左右対称の山型の場合，この3つの代表値はほぼ近い数値になる．

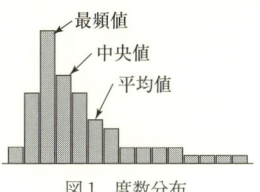

図1　度数分布

データ分析を行う際には要約された数値のみに着目するのではなく，グラフも同時に併用しながら分析することが重要である．

　またデータの全体における特徴的な位置を考えることも実社会でも利用されている．データの観測値の最小，最大の観測値を表す最小値や最大値以外にも，データ全体を100％として考え，特定の位置を考える「パーセンタイル」（「パーセント点」ともいう）などがある．これらは母子手帳における乳幼児の身長などの表現にも使われている．パーセンタイルはデータ全体を百分割した値（「百分位数」）であるが，同様に十分割した「十分位数」，四分割した「四分位数」が提案されている．またそれぞれの数値は小さい方から「第1四分位数」，「第2四分位数」，などとよばれる．

●**データの散らばりに対する指標**　データの分布の中心を考えると同様にデータに含まれる観測値の散らばりを考えることも分布を考える際に重要である．この散らばりの程度を要約した数値のことを「散布度」とよぶ．よく知られている散布度にはデータのすべての観測値が含まれる区間の大きさを表す「範囲」（レンジ）や中心を含むデータの半分（50％）を含む区間の大きさを表す「四分位範囲」などがある．定義から範囲は最大値から最小値を引いた値，四分位範囲は第3四分位数（75％点）から第1四分位数（25％点）を引いた値である．なお，四分位範囲の半分の大きさの「四分位偏差」という指標も提案されている．

　範囲や四分位範囲では区間の端の値のみ考慮し，各観測値の散らばりは考慮されない．そこで平均値に対する各観測値の散らばりを考慮し，その程度を測った「分散」，「標準偏差」を利用することがある．分散は平均値と観測値の差である偏差を考え，この偏差平方和を標本の大きさで割った数値である．また標本調査のように母集団の推測を行う場合は，標本の大きさから1を引いた値で割る「不偏分散」とよばれる指標も利用する．分散は偏差を平方するため，単位が元の観測値と異なる．そこで，単位を元の観測値とそろえるために分散の平方根を求め，この数値を「標準偏差」とよぶ．また分散や標準偏差は平均値に対する差である偏差をもとに計算するため，平均値の大きさや単位によっても影響を受けるため誤解を招くことがある．そのために標準偏差の値を平均値で割り，平均に対する標準偏差の大きさを比率で求めた「変動係数」も提案されている．

●**その他の有用な指標**　データの要約値は上記以外にも分布のゆがみ具合を測る「歪度」や尖り具合を測る「尖度」など提案されている．

［竹内光悦］

欠測値と外れ値

　調査や実験を行う際には想定された値以外が発生しないように取り組むことが重要だが，記入ミスや回答者，測定者の誤解により想定外の観測値が得られる場合がある．さらに得られたデータで一部の観測値がないもの，他の観測値と比べて大きく数値が異なるものなど，そのまま分析すると適切でない観測値が含まれる場合がある．この場合，前者を「欠測値（欠損・測値）」，後者を「外れ値」として考え，それぞれデータ分析の前処理を行う．

●**想定外の測定値，欠測値とその対応**　調査や実験を行うと調査票等の不備や回答者の誤解などもあり，想定されていない回答や無回答などが生じる．想定外の回答も多種多様なためその処理は決定的な方法はないが，標本の大きさなども踏まえ，いくつか方法が考えられる．例えば，すべての回答がすべて想定内の回答になっている観測値のみを分析対象とし，それ以外を分析からはずす方法や使える設問のみ，部分的に利用するなどがあげられる．前者は標本の大きさが小さくなることから調査の信頼性を踏まえ検討する必要がある．また後者は各設問の標本の大きさが異なることもあるため，設問間の関係を議論する場合には注意が必要である．

　調査や実験の結果，データが得られなかった場合にその観測値を「欠測値」とよぶ．例えば，世帯収入を聞いた質問の場合，答えたくなく，あえて未記入で調査票を提出するケースもあり，この場合に欠測値が生じる．この場合に，欠測のデータが最初からないものとして分析を行うと所得の分布が低めに偏ってしまう可能性があるため注意が必要である．欠測値は発生の状況から完全にランダムに発生していると考えられる場合は，欠測値となる観測値自体を削除したり，欠測値を平均値で置き換える方法などの処理がある．また欠測している情報を観測されている他の項目で補うことができる欠測値もある．この場合は，各変量間の関係を踏まえ，欠測値代入法やEMアルゴリズムを利用した推定方法，傾向スコアによる調整法などが提案されており，近年統計ソフトウェアでも利用することが可能になっている．

●**外れ値とその対応**　結婚したい年齢をたずねたときに，「80歳」と回答があった場合，回答者の本心はわからないため適切でない回答と言いがたいが，少なくとも多くの回答者が 20〜40歳内に含まれる中，明らかに他の回答とはかけ離れた回答といえよう．このような観測値を「外れ値」とよぶ．ただしどのような基準で観測値を外れ値をするかは調査や実験の実施背景や状況により，それぞれを検証する必要がある．

1変量のデータの場合，中央値や四分位数を用いた「箱ひげ図」で外れ値を検出する方法が提案されている．この方法では，図1のように箱の上底(75％点)，下底(25％点)から箱の長さ「四分位範囲」×1.5よりも離れている観測値を外れ値とする．同様に箱の長さ×3よりも離れている観測値を「特異値」とよぶ場合もある．この方法では，分布が対称の場合には有用だが，分布がひずんでいる場合は，多めに外れ値を検出することがあるため，注意が必要である．また統計的検定を用いて有意な外れ値を考える「Smirnov-Grubbs」の検定を行う方法もある．

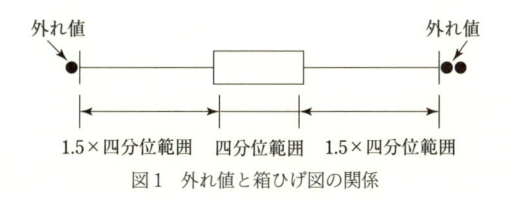

図1 外れ値と箱ひげ図の関係

データの分布が正規分布に従うことが仮定されているとき，平均値±3×標準偏差の中には理論的にはデータ全体のおよそ99.7％が入ることから，平均値と標準偏差で表す箱ひげ図を用いて，平均値±3×標準偏差よりも平均値から離れている場合に外れ値とするときがある．

●**いくつかの注意** 1変量のデータで，上記の箱ひげ図の方法などで外れ値が検出されない場合でも複数の変量を同時に扱うときには注意が必要である．例えば2変量の場合，散布図をみて2変量の分布の関係を検証することが可能であることから，散布図をみながらデータ全体を検証し，外れ値を検出することもある．図2のように横軸，縦軸のそれぞれの変量ではさほど他の観測値とかけ離れている観測値はないが，2つの変量を同時にみると左上の観測値は明らかにデータ全体の分布から外れていることがいえる．この観測値を含めたまま相関係数などの統計量を求めるとその影響を受け，適切な分析が求められないこともある．

欠測値や外れ値はどちらにしても単に機械的に削除するのではなく，どのようにしてそのような値が得られたかを考えることが重要である．回答がなかったからや他の回答とかけ離れているから分析対象としないとするのではなく，その対処の理由を考える必要がある．また検証の結果，該当の観測値を取り除く場合にも第三者にもわかる形で記録に残すことが大切である．

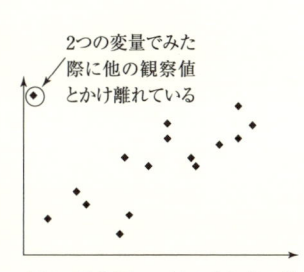

図2 散布図における外れ値の検出

［竹内光悦］

データの視覚化

　データの視覚化は，データの特徴を把握し，データ解析のヒントを得たり，データ解析の妥当性を検証したりするために用いられる．データの視覚化の方法としては，よく知られている棒グラフなどの基本的なグラフだけでなく，主に統計グラフとよばれるデータの分布を表現するためのグラフがある．さらに，複数の変数を同時に確認するための多変数のグラフがある．

●**基本的なグラフと統計グラフ**　グラフで表示する場合には，データを要約したり，特定の方向から見せることにより，グラフ作成者の意図を反映したものとなる．そのため，グラフの選択を誤ると，見るものに誤った印象を与えることになる．基本的なグラフについて目的ごとに分類すると，量を示すためには棒グラフ，比率や内訳を示すためには円グラフや帯グラフ，値の推移を示すためには折れ線グラフが用いられる．

　棒グラフは，2つ以上の変数の要約のためには，複合棒グラフや積み上げ棒グラフとして用いられる．例として，図1にタイタニック号沈没時の生存・死亡の人数についての集計結果を棒グラフで表した．(b)の積み上げ棒グラフでは，棒について他の変数（ここでは生死）についての内訳がわかる．これらのグラフ表現は，図2に示すようにモザイクプロットというグラフ表示としても実現できる．モザイクプロットは，多次元の帯グラフと考えられ，1つの変数についての構成比により1辺の長さが比例している．左の種別と生死についてのモザイクプロットから，乗組員や3等船室の客と1等船室の客では生存率が大きく異なることが確認できる．3変数以上については，さらに内側を分割することで表現される．

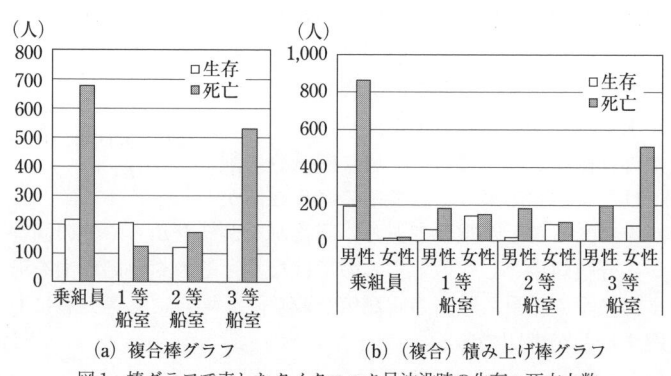

　　　(a) 複合棒グラフ　　　　　　(b)（複合）積み上げ棒グラフ
図1　棒グラフで表したタイタニック号沈没時の生存・死亡人数

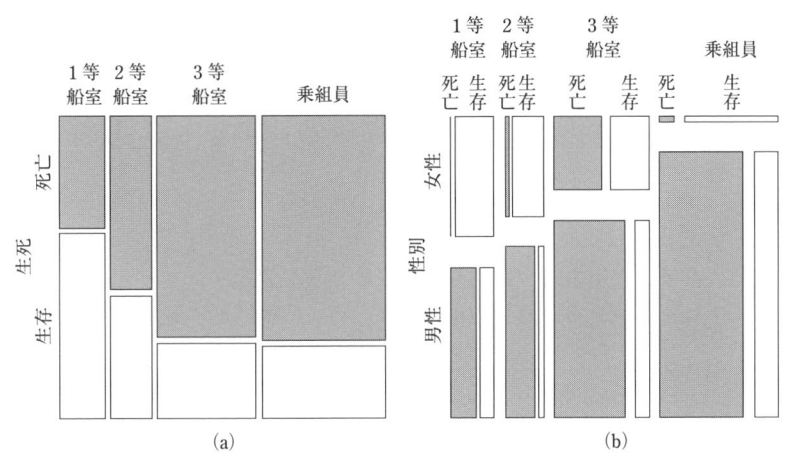

図2 モザイクプロットで表したタイタニックとの生存・死亡人数

量的変数の分布を表示する主要な方法として，ヒストグラフとボックスプロットがある．以下では，例として平成16年全国消費実態調査（総務省）による，都道府県別の1ヶ月の酒類に関する消費支出についてのデータを用いて紹介する（図3）．ヒストグラムは，適切な階級（区間）に対して度数分布表として集計されたものを，棒グラフの形式で表示したものである．階級数（区間の数），階級の開始位置により異なる形状となるため注意が必要である．適切な階級数 k については様々な提案がなされているが，データ数 n の大きさに依存し，$k \cong \sqrt{n}$ やスタージェの公式 $k \cong 1+\log_{10} n/\log_{10} 2$ などがある．階級に集計するのではなく，平滑化により分布を表現する方法もある．平滑化にも様々な方法があるため，手法の選択やパラメータの設定により異なる様相を示す．

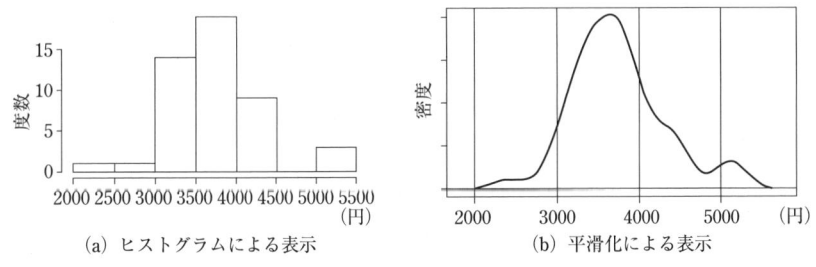

図3 都道府県別の1ヶ月の酒類の消費支出

ボックスプロット（箱ひげ図）は，5数要約を用いてヒストグラムよりも単純に，データの分布を示す方法である．図4に示しているように第1四分位数（Q1），第3四分位数（Q3）の位置を示す箱の中に中央値を示す．箱からは最小値と最大

値まで線（ヒゲ）が伸びているが，Rなどの多くのソフトウェアでは，四分位数から1.5倍の四分位範囲（IQR）にある最小値および最大値まで線をつなぎ，それを外れるものは，データ点を示す形で外れ値として示される．

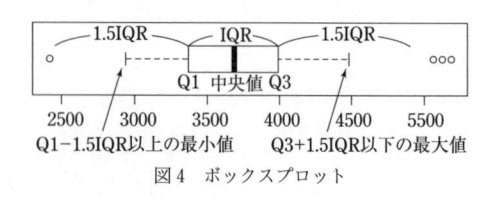

図4 ボックスプロット

●**多変数のグラフ表示方法**　質的変数と量的変数の要約プロットとしては，層別ボックスプロットがある．酒類の消費量について，地域別に層別ボックスプロットを示す．ボックスプロットは，単体で用いる場合よりも，層別に用いることが多い．

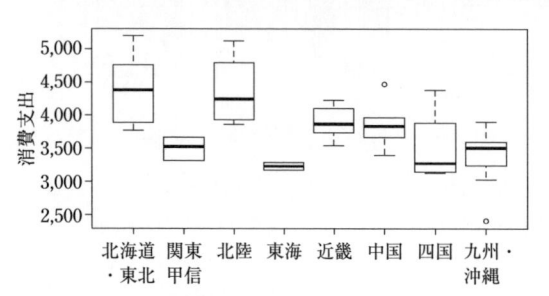

図5 酒類の消費支出（円）の地域でまとめた層別ボックスプロット

量的な2変数の分布を確認するためには散布図を用いる．散布図は，2変数だけでなく3変数により3D散布図として用いられたり，3変数以上については，すべての2変数の組み合わせに対して散布図を示す散布図行列がある．また，1つの変数について場合分けをして2変数の散布図を表示する条件付き散布図がある．条件として質的変数を指定した場合には，すべての水準に対して個々の散布図が示され，量的変数を指定した場合には，指定した変数の値に対して同数のデータ数となるように区間に分けて散布図を表示する．例としては，酒類の内訳として，清酒と焼酎について，ビールの支出の大きさにより5つの重なりがある区間で分けられた条件つき散布図（coplot）を図6に示した．散布図は，2つの変数を直交座標（横軸と縦軸による座標）でデータ点を示方法であるが，複数の変数について，座標軸を横にして（縦軸を並べて）表示する方法が並行座標プロットである．並行座標プロットでは，量的変数は最小値から最大値までを軸の下限，上限とし，質的変数については各水準を1点で表している．並行座標プロットでは，ある個体に対する個々の変数の値を折れ線で結ぶため，隣り合う変数と正の相関が強ければ個体を示す直線の多くが平行となり，負の相関が高いと交わりが多くみられることを示す．

　複数の変数と複数の個体の関連を散布図上に示す方法としてバイプロットがある．バイプロットは主に，主成分分析の結果として用いられ，第1および第2主成分得点の散布図に，変数の主成分の係数をベクトルで示すことで，主成分の解

(a) 散布図行列 　　　　　　　　(b) 条件付き散布図

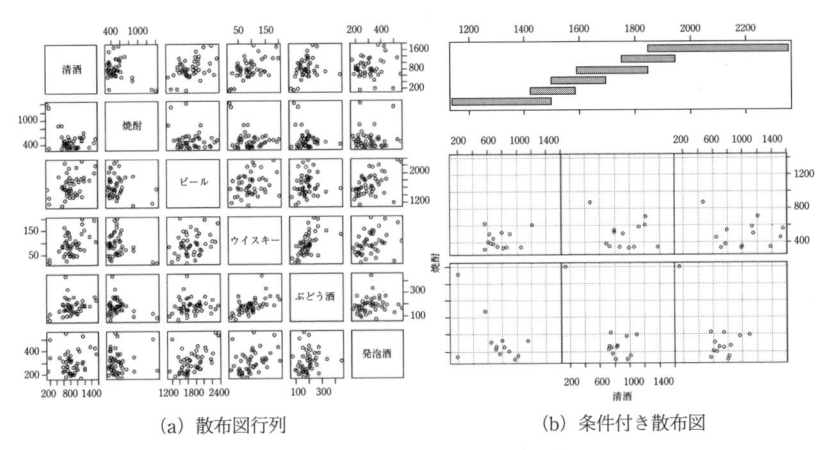

図6　散布図で表した酒類の消費支出

釈や個体の特徴の把握が可能となる方法である．例として，図7に消費支出データの7種の酒類についての主成分分析した結果をバイプロットで示した．

バイプロットはいくつかの主成分の組みにより表示されるほか，正準判別分析，コレスポンデンス分析など，次元縮約により変数の線形結合として表わす分析手法の視覚的表示方法としても用いられる．

このような多変量解析を行う場合には，取り扱う変数が多く，データの理解も困難になる．特に興味のある対象について，複数のグラフで様子を確認したい状況がある．そのような場合にはインタラクティブグラフは有効である．インタラクティブグラフが利用できるソフトウェアにおいて，描画されたグラフはリンクしており，一部のデータを選択すると，別のグラフにおいて対応するデータが強調表示される．

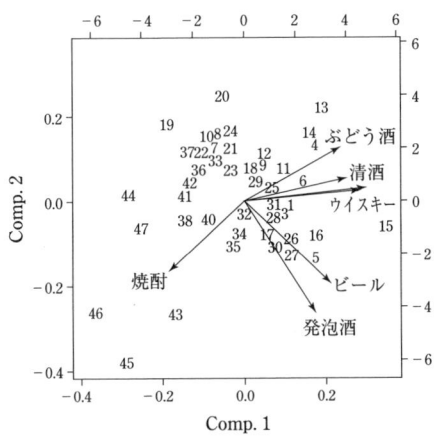

図7　バイプロットで表した酒類の消費支出の主成分分析

ここで示したグラフのほとんどは，一般的な統計ソフトウェアには含まれているものである．3D散布図が回転できたり，インタラクティブグラフが使えるなど対話性の高いグラフが利用できることは探索データ解析の手助けとなる．　　[山本義郎]

探索的データ解析

「探索的データ解析」（EDA）とは，1960年代から1980年代にかけて，J. W. Tukeyを中心として開発された，現実的な統計的手法およびその考え方を指す用語である．それは探索的という名称のとおり，分析対象であるデータとの「対話」を重視し，事前に想定した数理的モデルの形式的な適用を否定する手法である．EDAではデータの構造に関して可能な限り先験的な想定を排除するため，以下のような特色をもつ．i) グラフを用いてデータの構造を明らかにしながら適切な分析手法を導く，ii) 残差の分析を重視して追加的な分析を検討する，iii) 対数や平方根などの変数変換によって分析を支援する，iv) 外れ値の影響に対して抵抗力のある手法を利用する．なお，現在では計算機の利用が当然となっているが，計算機を必要としない簡便な手法の重視もEDAの特色といえる．

●**数理統計学の批判** 一例として，標準偏差 s と平均偏差 d の効率は次のように比較される．観測値 $x_1,\cdots,x_n$ を正規分布 $N(\mu,\sigma^2)$ からの無作為標本と仮定すると，n が大きいとき，$s_n=\{\sum(x_i-\bar{x})^2/n\}^{1/2}$ は σ に近づき，$d_n=\sum|x_i-\bar{x}|/n$ は $\sqrt{2/\pi}\sigma$ に近づく．そこで「漸近相対効率」（ARE）を評価すると，

$$\mathrm{ARE}=\lim_{n\to\infty}[\mathrm{var}\,(s_n)/E(s_n)^2]/[\mathrm{var}(d_n)/E(d_n)^2]=1/(\pi-2)\fallingdotseq 0.876$$

となり，平均偏差よりも標準偏差の方が優れていると結論される．

厳密な仮定の下での最適性の議論は現代統計学の基礎ではあるが，その形式的な適用には限界がある．Tukeyは現実の観測値は厳密な正規分布とは異なるとして，1つの近似として混合正規分布 $(1-\varepsilon)N(\mu,\sigma^2)+\varepsilon N(\mu,k^2\sigma^2)$ を想定した（$0<\varepsilon<1, k>1$）．自然科学における良質なデータは $\varepsilon=0.01\sim 0.1, k=3$ 程度で近似されるという．そこで $k=3$ とすると $\mathrm{ARE}(\varepsilon)=[(3(1+80\varepsilon)/(1+8\varepsilon)^2-1)/4]/[(\pi/2)(1+8\varepsilon)/(1+2\varepsilon)^2-1]$ となり，図1のように，現実的な ε に対しては s_n の優位は失われる．$\varepsilon=0.002$ で $\mathrm{ARE}\fallingdotseq 1$ となり，$\varepsilon=0.05$ の近くでAREは2を超える最大値をとる．

ある仮定のもとで最適であっても，モデルのわずかな違いによって結論が大きく変化する手法は実用的でない．これが，形式的な数理統計学に代わるデータ解析としてEDAが提唱された背景である．このようにEDAは頑健統計学の考え方に基づいており，グラフを中心とした頑健な手法をEDAと考えることもできる．

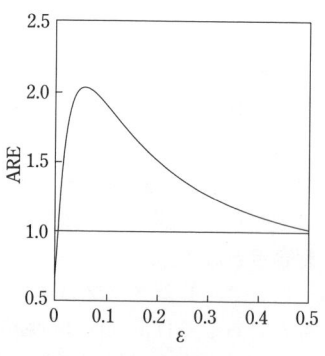

図1 混合正規分布ARE

● **EDAの手法**　初期のEDAではデータの洗練として外れ値の検出と除去を重視した．標準偏差の例では，少数の外れ値が混入するだけで正規分布の下での優れた性質が失われる．逆に，外れ値を適切に除去すれば標準的な手法が利用できることもある．しかし，標準的な手法では外れ値を発見することは困難であり，頑健な手法を適用する必要がある．これが，EDAにおいて抵抗力のある手法が重視される理由である．

● **幹葉表示**　「幹葉表示」はヒストグラムの代わりに容易に実行できる手法として提案された．図2と図3(a)は乗用車の燃費データに適用したもので，手作業としては図3(a)の方が図2よりはるかに容易である．幹葉表示において端から数えて何番目になるかを「深度」とよぶ．最大値と最小値の深度は1，中央値Mの深度は$d(M)=(n+1)/2$とされる．ただしnは標本の大きさであり，nが奇数のときは中央の観測値，偶数のときは中央の2個の観測値の平均を意味する．このように，EDAでは外れ値に抵抗力のある中央値を用いる．続いて，Mを境に二分されたデータのそれぞれに対して同じ手順を適用して，「ヒンジ」Hは，その深度を$d(H)=\{[d(M)]+1\}/2$として定める（$[\cdot]$は切捨てを表す記号）．Hは通常の四分位に近いが，定義はより単純である．続いて$d(E)=\{[d(H)]+1\}/2$として近似的な八分位に相当するEも求める．HやEは2つずつあり，これらは分布の形を判断するために用いられる．統計ソフトウェアで容易にヒストグラムが描ける現在では価値が低下しているが，簡便法として有用である．

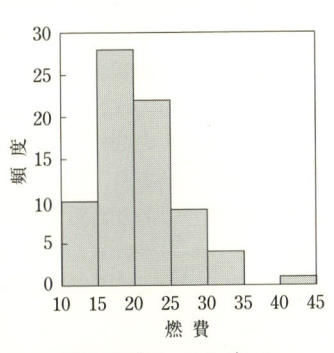

図2　燃費のヒストグラム

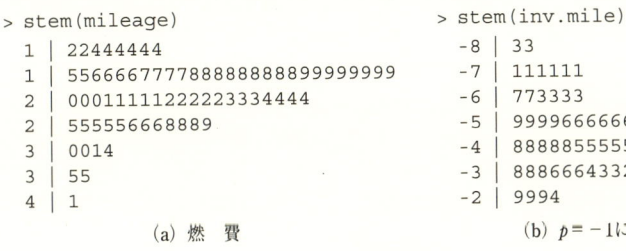

```
> stem(mileage)
  1 | 22444444
  1 | 55666677778888888899999999
  2 | 00011111222223334444
  2 | 555556668889
  3 | 0014
  3 | 55
  4 | 1
      (a) 燃費
```

```
> stem(inv.mile)
 -8 | 33
 -7 | 111111
 -6 | 773333
 -5 | 9999666666666333333333000
 -4 | 8888555533322200000
 -3 | 8886664332
 -2 | 9994
   (b) $p=-1$による再変換
```

図3　幹葉表示

● **箱ひげ図**　「箱ひげ図」は分布の形状を確認し，複数の集団を比較するために便利な手法である．いくつかの変種があり，現在でも広く利用される．図4は企業本社所在地別に乗用車の燃費を比較したもので，箱の両端は四分位（正確にはH），中の線は中央値，両側に伸びるひげが分布の範囲を表している．ひげの長さ

はヒンジ幅の 1.5 倍以内にある観測値までであり，これを超える観測値は外れ値として表示される．比較する群が多数の場合，箱ヒゲ図はヒストグラムを並べるより一覧性に優れている．ただし，複数の山をもつ分布に対しては不適切となることもあり，幹葉表示も併用される．

●**再表現：分布の対称化と散布図の線形化** EDAでは変数 x の実数 p によるべき変換 x^p を「再表現」とよぶ．$p=0$ のときは対数変換 $\log x$ とみなす．単調増加とするために符号をつけて $\mathrm{sgn}(p)x^p$ としたり，形式的に $x^{(p)}=(x^p-1)/p$ と表すこともある．実際 $p\to 0$ のとき $x^{(p)}\to \log x$ となる．p の値を変えて幹葉表示や散布図を描くことが広く行われる．再表現で得られた分布が対称であれば，位置の尺度，散らばりの尺度の解釈が明確になるし，再表現が具体的な意味をもつこともある．図3(b)は燃費を $p=-1$ で再表現したもので，対称な分布に近づいている．解釈も距離あたりの燃料消費量と明確である．

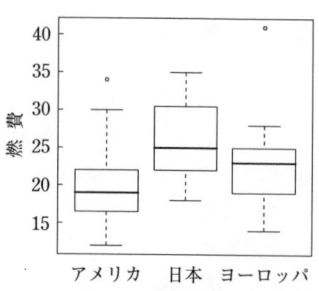

図4 燃費の箱ヒゲ図

散布図については，x や y を再表現することによって線形関係を得ることができれば，その後の分析が容易になる．乗用車の排気量と燃費の散布図(図5)では強い非線形性があり，外れ値の存在も判断が難しい．図6は $x^{1/3}$ および $-1/y$ と再表現したものであり，近似的な線形関係が見出せる．その結果として，左下と右端にいくつかの外れ値が明確に判別できる．分布の対称化や散布図の線形化のために，どのような再表現が適切となるかを判断する基準も提案されている．EDAでグラフを重視することは，散布図の利用でも顕著である．

なお，線形化された散布図に回帰直線 $y=a+bx$ をあてはめる場合，EDAでは外れ値の影響を受けやすい最小二乗法ではなく，Tukey の三分法として知られる簡易かつ頑健な手法が提案されている．まず x の大きさによって観測値を 1/3 ず

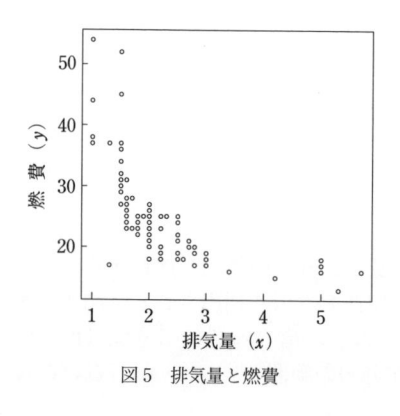

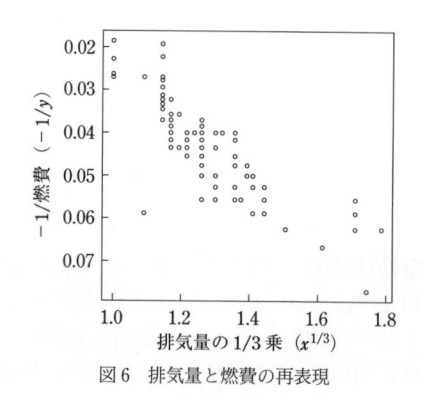

図5 排気量と燃費

図6 排気量と燃費の再表現

つ 3 つの群に分割し，x の大きい（右の）群の中央値（x_R, y_R）と小さい（左の）群の中央値（x_L, y_L）を求め，回帰直線の傾きはこれから $b=(y_R-y_L)/(x_R-x_L)$ と定める．切片は直線が中央の群の中央値（x_M, y_M）を通るように $a=y_M-bx_M$ とする代わりに，通常は 3 つの群の中央値を利用して $a=[(y_L-bx_L)+(y_M-bx_M)+(y_R-bx_R)]/3$ と定める．現在では統計ソフトウェアによって容易に頑健な推定量を求められるため，この方法の利用例は多くないとはいえ，単回帰分析に関しては簡便な手法である．

●**その他の手法** 二元分割表の分析手法として，加法的なモデル $y_{ij}=\mu+\alpha_i+\beta_j+u_{ij}$ の母数を推定する繰返し法である「メディアンポリッシュ」が提案されている．各行の算術平均を用いて $\hat{\alpha}_i=\bar{y}_i$ などとする最小二乗法は外れ値に脆弱である．ここで算術平均に代えて中央値を求めれば頑健な手法が得られる．具体的にはまず行方向に各行の中央値を求めて残差を計算する，残差の二元表から列方向の各列の中央値を求めて新しい残差を計算する，という手順を交互に繰り返す
ものである．この方法は比較的簡単で外れ値に対して抵抗力をもつが，収束に関する理論的な難点がある．図 7 の左上の分割表で，行方向に各行の中央値を求めると (1,1,0) が得られる．これを各行から引いた残差が右上の表で，その列方向の中央値は各行とも 0 であり，繰返しはここで収束する．一方，最初に列方向に各列の中央値を求めると (0,3,1) となり，左下の残差の表が得られる．その行方向の中央値はいずれも 0 だから，ここで収束する．これは，手順によって収束が一意とならない例である．二元表については残差 $r_{ij}=y_{ij}-\hat{y}_{ij}$ の分析によって $\alpha_i\beta_j/\mu$ という形の交互作用を追加することも可能である．そのときには $\log y$ という再変換によって加法性が近似的に成立することもある．

時系列データ y_t ($t=1,2,\cdots$) の「平滑化手法」も提案されている．広く利用される移動平均法は頑健性をもたないため，算術平均に代えて中央値を求めるのが「移動中央値」である．それも 4 項移動中央値の系列に 2 項移動中央値を求めたり（これを 42 と表記する），さらに続けて 5 項，3 項の平滑化を適用して外れ値を取り除いた後に重みを (1/4, 1/2, 1/4) とする「3 項移動平均」（これを hanning とよび，H と記す）を適用する（この手順全体は 4253H と表記される）などの手順が提案されている．統計ソフトウェアの発達した現在では，簡便性という利点よりも，外れ値の影響を排除する安定的な手法として利用される．　　　[美添泰人]

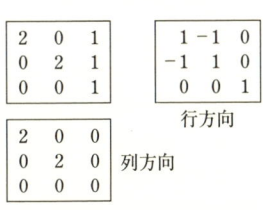

2	0	1
0	2	1
0	0	1

1	-1	0
-1	1	0
0	0	1

行方向

2	0	0
0	2	0
0	0	0

列方向

図 7　メディアンポリッシュ：最初の方向で結果が異なる例

参考文献
[1] Hoaglin, D.C., et al., 1983, *Understanding Robust and Exploratory Data Analysis*, Wiley.
[2] Tukey, J.W., 1977, *Exploratory Data Analysis*, Addison-Wesley.

次元縮小の方法

　影絵遊びでは，両手を使っていろいろな形の影をつくることができる．ある方向から映すと両手には見えないかもしれないが，別な方向から映すと手の形が見える．これは，3次元の物体（例えば，両手）を2次元で表現しているといえる．この2次元から，もとの3次元の構造をみつけることができる．しかし，4次元以上のデータを「見る」ことは非常に困難である．そこで，データを2次元空間，つまり，平面で表現すると，データの構造を「見る」ことができる．一般に，高次元データを低次元空間で表現することを「次元縮小」とよぶ．

　次元縮小には，「影絵」のような線形な方法と，それ以外の非線形な方法がある．線形な方法としては，「主成分分析」，「因子分析」，「射影分析」などがある．非線形な方法には，「一般化主成分分析」，「代数曲線当てはめ」，「プリンシパル曲線」などがある．以下では，射影追跡法，一般化主成分分析，代数曲線当てはめについて紹介する．また，次元縮小の考え方を，重回帰分析における説明変数空間に適用した「層別逆回帰法」についても述べる．主成分分析や因子分析になじみがない方は，「主成分分析」「因子分析」「重回帰分析」の項目と合わせて本項目を読んでいただきたい．

●**線形な次元縮小法：射影追跡法**　線形な次元縮小とは，p次元空間で表現されたデータ点をq次元空間の点として線形に射影させる方法一般をさす．ただし，$p \geq q > 0$とする．線形射影では，p次元空間の直線は，q次元空間でも直線となる．どのような規準で線形に射影させるかで，線形な次元縮小の手法が決まる．主成分分析では，q次元空間における「散らばり」が最大となる射影を求める．因子分析では，「内在する因子」が表現される射影を求める．射影追跡法では，正規分布となるべく異なる射影を求める．以下では，射影追跡法について，詳しく解説しよう．

　射影追跡法では，興味深い構造を統一的に数量化することは困難であるという理由から，「興味のない構造」を定義し，その構造から離れるほど興味深いとして特徴抽出している．構造の興味深さを測る指標を「射影指標」とよぶ．多くの場合，高次元の標本の低次元射影は近似的に正規分布になるので，正規分布を興味のない構造設定することが多い．はじめに$q=1$における射影追跡法のアルゴリズムを紹介し，次に射影指標について説明する．

　射影追跡法は次のアルゴリズムに従って実行される．
　ステップ1：データを平均0，分散共分散行列が単位行列となるように基準化する（データの中心化，および球化）．
　ステップ2：射影方向ベクトル$\boldsymbol{a}$の初期値を定める．

ステップ3：非線形最適化の手法によって射影指標 $I(\boldsymbol{a})$ を最大にする $\boldsymbol{a}$ を求める．
ステップ4：得られた $\boldsymbol{a}$ で線形写像し，その結果をグラフに表示する．
ステップ5：初期値を変えてステップ3からを繰り返す．

射影指標には，Hall の射影指標，モーメント射影指標などもあるが，ここでは，Friedman の射影指標を説明する．「Friedman の射影指標」(Friedman, 1987)は，球化したデータ Z を射影方向ベクトル $\boldsymbol{a}$(p 次元ベクトル)により，射影させたデータ $z = \boldsymbol{a}^T Z$ の密度関数 $f_a(z)$ を推定し，標準正規分布の確率密度関数 $\phi(z)$ との離れ具合を測っている．実際に密度関数の離れ具合を測る際には，2つの密度関数を正規分布が一様分布になるように変換し，変換した密度関数の差の面積を求めている．1次元空間へ射影した場合の Friedman の射影指標は

$$I(\boldsymbol{a}) = \frac{1}{2} \sum_{j=0}^{J} (2j+1) \left\{ \frac{1}{n} \sum_{i=1}^{n} P_j(2\Phi(\boldsymbol{a}^T z_i) - 1) \right\}^2$$

となる．ここで，$P_j(\cdot)$ は j 次の Legendre 多項式，$\Phi(\cdot)$ は標準正規分布の累積分布関数である．

ここでは，$q=1$ として1次元空間への射影追跡法を説明したが，$q \geq 2$ のときも同様に実行できる．ただし，射影指標が少し複雑になる．射影追跡法は，独立成分分析法の初期値を求めるために利用されることもある．

●非線形な次元縮小：一般化主成分分析法と代数曲線当てはめ　線形な次元縮小法では，p 次元空間において直線的ではない構造，例えば，曲線的な構造をみつけることは困難である．そこで，線形な射影に限定せずに，p 次元空間から q 次元空間への写像（関数を一般化したもの）により次元縮小する方法が開発されている．これらのうち，一般化主成分分析法と代数曲線当てはめについて紹介する．

主成分分析法は，最も基本的な線形な次元縮小法である．これを非線形な次元縮小法に拡張する研究は数多く提案されている．Gnanadesikan, Wilk は，1969 年に一般化主成分分析法を提案した．その後，同じ名称で他の一般化が提案されているので注意されたい．この一般化主成分分析法は，p 次元データを k 個の関数により，k 次元データに拡張した後に通常の主成分分析を適用する方法である．すなわち，「カーネル法」や「サポートベクターマシン」と同様な考え方に基づいている（「カーネル法」「サポートベクターマシン」参照）．説明の都合上，$p=2$ として，2次元データを (x, y) で表す．また，k 個の関数を，$f_1(x, y) = x$, $f_2(x, y) = y$, $f_3(x, y) = x^2$, $f_4(x, y) = \sqrt{2} xy$, $f_5(x, y) = y^2$ とするが，一般化は容易である．

一般化主成分分析においては，最小固有値に対応する固有ベクトルにより得られる関数

$$z(x, y) = a_1 x + a_2 y + a_3 x^2 + a_4 xy + a_5 y^2$$

は分散が最小になっている．すなわち，$\bar{z} = a_1 x + a_2 y + a_3 x^2 + a_4 xy + a_5 y^2$ は，代数

図1 一般化主成分分析の基本的な考え方

曲線当てはめと解釈できる．ただし，$\bar{z}$は，$z(x, y)$のx, yにデータを入れたときの平均である．

一般化主成分分析による代数曲線当てはめは，通常の主成分分析による直線当てはめと異なり，データ点からの距離の2乗和が最小となる代数曲線とはならない．このような代数曲線の導出法は，1990年代後半に開発されている．一般にp次元ベクトルxによる多項式$f(x)$からつくられる代数曲線$Z(f) = \{x : f(x) = 0\}$とp次元空間内の点aとの距離を

$$\mathrm{dist}(a, Z(f)) = \inf\{\|a-x\| : x \in Z(f)\}$$

とするとき，すべてのデータ点との距離の総和を最小とする代数曲線$Z(f)$を求めることになる．Taubin は，

$$\mathrm{dist}[a, Z(f)]^2 \approx f(a)^2 / \|\nabla f(a)\|^2$$

による近似距離を提案し，この近似距離の総和が最小となる代数曲線の導出方法を提案した．その後，近似距離ではなく距離を直接，利用した手法も開発されている．

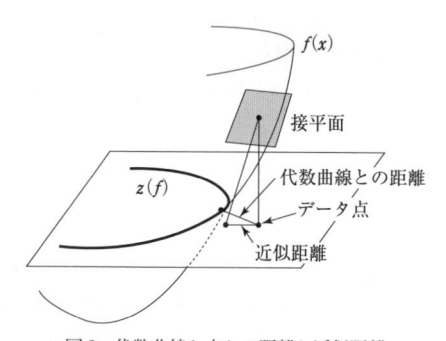

図2 代数曲線と点との距離と近似距離

●**層別逆回帰法** 重回帰分析において説明変数の個数が多い場合には，回帰係数などのパラメータの分散が大きくなりやすいなどの問題が起こる（「重回帰分析」参照）．そこで，（説明）変数選択や説明変数の空間を縮小する方法が多数提案さ

れている.層別逆回帰(SIR)は,Li, Ker-Chau(1991)により提案された,回帰分析における説明変数空間の次元縮小を目的にした手法である.層別逆回帰で利用されているモデルは非常に一般的なものであり,汎用性が高い.具体的なアルゴリズムとしては,SIR1, SIR2,拡張SIR,SAVE,射影追跡によるSIRなどがある.層別逆回帰で仮定されているモデル(SIRモデルとよぶ)と基本的なアルゴリズムを紹介しよう.

x を p 次元の説明変量,y を目的変量とする.このとき,層別逆回帰のモデルを,
$$y = f(\boldsymbol{\beta}_1^T \boldsymbol{x}, \boldsymbol{\beta}_2^T \boldsymbol{x}, \cdots, \boldsymbol{\beta}_K^T \boldsymbol{x}, \varepsilon)$$
とする.ここで,$\boldsymbol{\beta}_k$ を未知の p 次元ベクトル,ε を x と独立な誤差項,$f: \boldsymbol{R}^{K+1}$ 上における未知の関数とする.このモデルの下で,x と y の観測値が得られたとき,$\boldsymbol{\beta}_1, \boldsymbol{\beta}_2, \cdots, \boldsymbol{\beta}_K$ を求めることが目的である.特に,関数 f を求めることが目的ではないことに注意しよう.

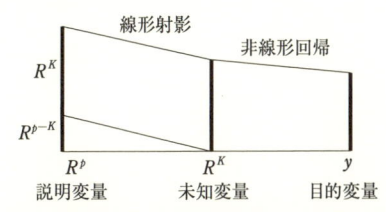

図3 層別逆回帰における説明変量の空間の分解

SIR1のアルゴリズムの概略は,以下のとおりである.

ⅰ) x を球化,すなわち平均を0ベクトル,分散共分散行列が単位行列になるように線形変換する.

ⅱ) 目的変量 y の値を分割し,その値により,データを H 個のスライスに分割する.ただし,H の値は,事前に決めておく.

ⅲ) スライスごとに平均ベクトルを計算する.

ⅳ) H 個の平均ベクトルに対して,主成分分析を適用し,主成分方向を求める.これに対してⅰ)で利用した球化の逆変換を適用したものが,求めるベクトルとなる.

SIR1は,f が対称性を有する場合に,適切な解を求めることができないことが多い.そこで先に述べたような改良されたアルゴリズムが提案されている.

[水田正弘]

📖 参考文献
[1] 水田正弘,他,2005,『S-PLUSによるデータマイニング入門』森北出版.
[2] 水田正弘,2002,外的規準のないデータに対する曲線当てはめについて,計算機統計学,**15**(2),263-271.

ブートストラップ法

　観測したデータから興味の対象とする母集団特性についてより多くの情報を抽出する方法の1つに，標本からのサンプリングを行う「リサンプリング法」がある．その中で最も有名なのが，1979 年に B. エフロンにより提唱された「ブートストラップ法」である．これは，未知の母集団分布 F_0 から観測される大きさ n の標本を X とすると，$F_0 \to X = (X_1, \cdots, X_n)$ という標本の発生機構を，$F_1 \to X^* = (X_1^*, \cdots, X_n^*)$ という発生機構に置き換えて各種の推測を行う方法であり，(A) パラメトリック・ブートストラップ法，(B) ノンパラメトリック・ブートストラップ法に大別される．(A) では F_0 の分布型を既知として分布の未知パラメータを推定値に置き換えた分布を F_1 とし，(B) では F_0 の分布型を未知として X に基づく経験分布を F_1 とする．X^* はリサンプルまたはブートストラップ標本とよばれる．ブートストラップ法の特徴は，複雑な理論や数式に基づく解析を，コンピューターによる大量の反復計算(モンテカルロ近似)で置き換え，得られたリサンプルを活用して推定量の変動などに関する情報を得ようとするところにある．

　図1は，文部科学省が公開している 2008 (平成 20) 年度全国体力・運動能力，運動習慣などの調査結果の 47 都道府県の体力合計点データをプロットした散布図である．以下では，各都道府県の小学校 5 年生男子と中学校 2 年生男子の得点を $X = (U, V)$ で表し，U と V の相関係数 θ の推定を例として，より実用的な (B) の考え方を説明する．

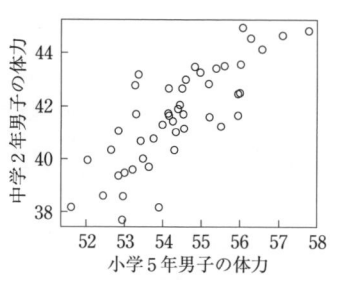

図1　体力合計点のデータ

●**推定量の分散，分布の推定**　X の実現値を $x = (x_1, \cdots, x_n)$, $x_i = (u_i, v_i)$, $i = 1, \cdots, n$, x に基づく経験分布を F_1 とする．θ は F_0 によって決まり，$\theta = \theta(F_0)$ と表す．θ に対する推定量として $\hat{\theta} = \theta(F_1)$ を考えれば，$\hat{\theta}$ の分散と分布関数は，$V(\hat{\theta}) = E[\{\theta(F_1) - E[\theta(F_1)|F_0]\}^2|F_0]$, $H_n(x) = E[I\{\theta(F_1) \leq x\}|F_0]$ と表せる．ただし $I\{A\}$ は定義関数で，A が真のとき 1，そのほかのとき 0 である．

　ここで問題は，これらの量は未知の F_0 に依存して決まることである．ブートストラップ法では，F_1 からのリサンプリングにより得られた X^* に基づく経験分布 F_2 を活用し，F_0 を F_1 に，F_1 を F_2 にそれぞれ置き換え，各量の推定を行う．しかし，これを解析的に求めることは一般には難しいため，通常は B 組のリサンプル $x^{*b} = (x_1^{*b}, \cdots, x_n^{*b})$ $(b = 1, \cdots, B)$ についての平均でモンテカルロ近似する．

　具体的なアルゴリズムは次のとおりである．i) x から大きさ n の x^{*b} を無作

為復元抽出し，その経験分布 F_2^b に基づき $\hat{\theta}^{*b}=\theta(F_2^b)$ を計算する．ii) 手順 i) を B 回繰り返し，
$$\hat{V}(\hat{\theta})=E[\{\theta(F_2)-E[\theta(F_2)|F_1]\}^2|F_1]\approx\sum_{b=1}^{B}\{\hat{\theta}^{*b}-\sum_{b=1}^{B}\hat{\theta}^{*b}/B\}^2/(B-1),$$
$$\hat{H}_n(x)=E[I\{\theta(F_2)\leq x\}|F_1]\approx\sum_{b=1}^{B}I\{\hat{\theta}^{*b}\leq x\}/B$$
によりブートストラップ推定値を計算する．

上述したデータ ($n=47$) に対して，標本相関係数は $\hat{\theta}=0.80$ であり，$B=2000$ とすると，$\hat{V}(\hat{\theta})\approx 0.003$ と計算される．$\hat{\theta}^*=\theta(F_2)$ の分布は「ブートストラップ分布」とよばれ，図 2 の $\hat{\theta}^{*1},\cdots,\hat{\theta}^{*B}$ のヒストグラムで $\hat{\theta}$ の標本分布が近似される．

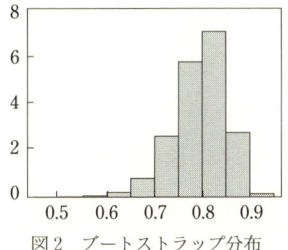

●**信頼区間の構成** 次に，θ に対する信頼度 $1-2\alpha$ の両側信頼区間を (a) パーセンタイル法，(b) BC_a 法，(c) ブートストラップ t 法により構成してみよう．(a), (b) は図 2 のブートストラップ分布の百分位数を用いて信頼区間を構成する方法である．上記の手順 ii) の B 個の $\hat{\theta}^{*b}$ に対する順序統計量を $\hat{\theta}^*_{(1)}\leq\cdots\leq\hat{\theta}^*_{(B)}$ とすると，(a) では $\hat{I}_P=[\hat{\theta}^*_{(B\alpha)},\hat{\theta}^*_{(B(1-\alpha))}]$，(b) では $\hat{I}_B=[\hat{\theta}^*_{(B\hat{\alpha})},\hat{\theta}^*_{(B\widetilde{1-\alpha})}]$ により信頼区間を構成する．ただし，$\hat{\alpha}=\Phi(\hat{z}_0+(\hat{z}_0+z_\alpha)/\{1-\hat{a}(\hat{z}_0+z_\alpha)\})$，$\widetilde{1-\alpha}$ は $\hat{\alpha}$ の z_α を $z_{1-\alpha}$ で置き換えたもの，$\Phi(\cdot)$ は標準正規分布の分布関数，$z_\alpha=\Phi^{-1}(\alpha)$，$\hat{z}_0=\Phi^{-1}\left(\sum_{b=1}^{B}I\{\hat{\theta}^{*b}\leq\hat{\theta}\}/B\right)$ は偏り修正量，$\hat{a}=\sum_{i=1}^{n}(\hat{\theta}_{(\cdot)}-\hat{\theta}_{(-i)})^3/6\left\{\sum_{i=1}^{n}(\hat{\theta}_{(\cdot)}-\hat{\theta}_{(-i)})^2\right\}^{3/2}$ は加速定数とよばれ，$\hat{\theta}_{(-i)}$ は $\boldsymbol{x}$ から x_i を除外して計算する $\hat{\theta}$ の値で，$\hat{\theta}_{(\cdot)}=\sum_{i=1}^{n}\hat{\theta}_{(-i)}/n$ である．(b) は，$\hat{\theta}$ の偏りと分布の歪みを同時に補正する百分位数を用いる点に特徴がある．

(c) では，統計量 $T=\sqrt{n}(\hat{\theta}-\theta)/\hat{\sigma}$ の分布をブートストラップ分布で推定し，信頼限界を求める方法である．ここで $\hat{\sigma}^2/n$ は $\hat{\theta}$ の分散の推定量である．$t^{*b}=\sqrt{n}(\hat{\theta}^{*b}-\hat{\theta})/\hat{\sigma}^{*b}$ に対応する順序統計量を $t^*_{(1)}\leq\cdots\leq t^*_{(B)}$ とすると，$\hat{I}_T=[\hat{\theta}-t^*_{(B(1-\alpha))}\hat{\sigma}/\sqrt{n},\hat{\theta}-t^*_{(B\alpha)}\hat{\sigma}/\sqrt{n}]$ により信頼区間を構成する．ただし，$\hat{\sigma}$ と $\hat{\sigma}^{*b}$ は，それぞれ $\boldsymbol{x}$ と $\boldsymbol{x}^{*b}$ からジャックナイフ法などにより推定する（「ジャックナイフ法」参照）．

●**例** 相関係数 θ に対する信頼度 0.95 の 3 種類のブートストラップ信頼区間は，上述したデータに対して $B=2000$ とすると，$\hat{I}_P=[0.67, 0.88]$，$\hat{I}_B=[0.64, 0.87]$，$\hat{I}_T=[0.63, 0.88]$ と計算される．図 3 は，各方法による信頼限界をプロットしたものである．一般に (c) では，(a) と (b) よりも長い信頼区間が得られる傾向がある． [桜井裕仁]

図 2 ブートストラップ分布

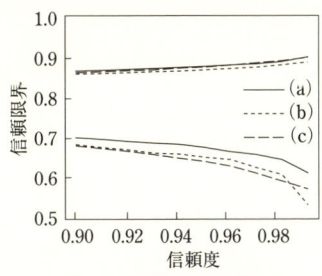

図 3 相関係数の信頼限界

ジャックナイフ法

「ジャックナイフ法」は推定量 $\hat{\theta}=T(X_1,\cdots,X_n)$ の偏り，$b=E(\hat{\theta}-\theta)$ と分散，$\sigma^2=E[\hat{\theta}-E(\hat{\theta})]^2$ を推定するためのノンパラメトリックな手法であり，b と σ^2 のジャックナイフ推定量は

$$\hat{b}_J=(n-1)(\hat{\theta}_{(\cdot)}-\hat{\theta}), \quad \hat{\sigma}_J^2=\frac{n-1}{n}\sum_{i=1}^n(\hat{\theta}_{(i)}-\hat{\theta}_{(\cdot)})^2$$

のように構成される．ただし，$\hat{\theta}_{(i)}=T(X_1,\cdots,X_{i-1},X_{i+1},\cdots,X_n)$ は i 番目の標本 X_i を除いたときの推定量の値を表し，$\hat{\theta}_{(\cdot)}=n^{-1}\sum_{i=1}^n\hat{\theta}_{(i)}$ は $\hat{\theta}_{(i)}$ の平均である．

●ジャックナイフ法　表1では1998年から2006年までの日本における年次別自殺率データを示してある．ここでの興味の1つは男性と女性の自殺率の相関係数 θ の推定であるが，よく用いられる標本相関係数（いまの場合 0.31）は偏りをもち，またその分散の推定は必ずしも容易ではない．上記のジャックナイフ法によれば偏りや分散の推定はきわめて簡単で，またそのアルゴリズムも明瞭である．ここでは例としてフリーソフトである R のソース・コードを記しておく．これを実行すると $\hat{b}_J=0.066$，$\hat{\sigma}_J^2=0.077$ という値が得られる．

```
n <- length(men)                              # 標本の大きさ
theta <- numeric(n)                           # ベクトルを用意
for(i in 1:n){                                # ジャックナイフ相関係数
  theta[i] <- cor(men[-i],women[-i])}         # men(women):男(女)の自殺率
(n-1)*(mean(theta)-cor(men,women))            # ジャックナイフ偏り推定値
((n-1)^2/n)*var(theta)                        # ジャックナイフ分散推定値
```

表1　1998〜2006年の日本における年次別自殺率（＝(自殺者数÷人口)×10^6）

	1998	1999	2000	2001	2002	2003	2004	2005	2006
男性自殺率	372	379	366	356	371	401	374	378	366
女性自殺率	153	147	142	137	139	145	138	138	143

[警察庁生活安全局地域課，2007，『平成18年中における自殺の概要資料』]

比較のために 2,000 回のブートストラップ法によるそれぞれの推定値を求めると $\hat{b}_B=0.024$，$\hat{\sigma}_B^2=0.071$ であり，特に分散推定値は非常に近い値となっている．しかし，ブートストラップ法に比べてジャックナイフ法による計算量は圧倒的に少ないので，特に統計量の計算が複雑な場合や，標本サイズが大きいときに使う．多くの場合（例えば，比推定量や標本相関係数のように，統計量が標本モーメントの滑らかな関数），ジャックナイフ分散推定量は一致性がある．しかし，標本分

位点（例えば，標本中央値）のような経験分布の滑らかな関数でない推定量に対して，ジャックナイフ分散推定量は一致性がないので，次のような修正法が考案されている．

●**delete-d ジャックナイフ法** 通常のジャックナイフ法は，1個の標本を除いた統計量の計算が繰り返し行われるため，「delete-1 ジャックナイフ」ともよばれる．これを拡張し，毎回 d 個の標本を取り除いて統計量を繰り返し計算すると，上述した分散推定量の一致性の問題は解消される．ただし d は $\sqrt{n}<d<n$ を満たすように選ぶ必要がある．この方法は，「delete-d ジャックナイフ法」とよばれ，1980年代後半から1990年代前半にかけて多くの理論的成果が得られている．

●**交差検証法** 交差検証法はジャックナイフ法と密接に関連する手法で，判別分析や回帰分析などにおける予測誤差の推定に使われる標準的な手法である．ここでは回帰分析における交差検証法について説明しよう．

回帰分析の主な目的の1つは，p 個の説明変数 $X=(X_1,\cdots,X_p)$ から反応変数 Y を予測することである．いま n 個のデータ $D=\{(y_1, \boldsymbol{x}_1),\cdots,(y_n, \boldsymbol{x}_n)\}$ が得られたとしよう．データ D に基づいた回帰式（予測式）を $y=\mu(\boldsymbol{x}, D)$ とする．例えば，線形回帰分析の場合には，$y=\boldsymbol{x}\hat{\beta}^T$ で，$\hat{\beta}$ は最小二乗推定量である．(Y_+, X_+) を将来の"観測値"とすると，予測値 $\hat{Y}_+=\mu(X_+, D)$ と観測値 Y_+ とのずれ $(Y_+-\hat{Y}_+)^2$ が予測の誤差と考えられる．ここで，(Y_+, X_+) は確率変数なので，回帰分析における予測誤差は予測平均二乗誤差

$$\Delta=E_+(Y_+-\hat{Y}_+)^2=E_+\{Y_+-\mu(X_+, D)\}^2$$

で定義される．ただし E_+ は，データ D を固定したときの，将来のデータ (Y_+, X_+) についての期待値を表す．ここで Δ の推定量として，観測データ D とは別の新たなデータが得られたときに，それに基づく平均を用いるのが理想的であるが，一般にこのようなことはできない．また，予測式 $\mu(x, D)$ を構成するのに使われたデータ D を再度使えば，残差平方和 $\mathrm{RSS}=(1/n)\sum_{i=1}^{n}\{y_i-\mu(\boldsymbol{x}_i, D)\}^2$ によって予測平均二乗誤差を推定することも考えられるが，このような推定量は予測誤差を過少に評価する傾向がある．特に複雑なモデルほど残差平方和が小さいので，残差平方和に基づくモデル選択などはできない．

予測誤差を正しく推定するためには，予測式を構築するために使われるデータと予測の性能を評価するために使われるデータを分離する必要がある．これが交差検証法の基本的考え方である．具体的には，i 番目のデータを取り除いた $n-1$ 個のデータ $D_{(i)}=\{(y_1, \boldsymbol{x}_1),\cdots,(y_{i-1}, \boldsymbol{x}_{i-1}),(y_{i+1}, \boldsymbol{x}_{i+1}),\cdots,(y_n, \boldsymbol{x}_n)\}$ に基づいて，予測式 $\mu(\boldsymbol{x}, D_{(i)})$ を構築し，i 番目のデータで予測の性能 $\{y_i-\mu(\boldsymbol{x}_i, D_{(i)})\}^2$ を検証する．このプロセスをすべての i について行い，平均を取った $\hat{\Delta}_{CV}=(1/n)\sum_{i=1}^{n}\{y_i-\mu(\boldsymbol{x}_i, D_{(i)})\}^2$ が交差検証法による予測平均二乗誤差に対する推定量である．

［汪 金芳］

モンテカルロ法

「モンテカルロ法」とは，乱数を用いた多数回の実験を行い，それから問題の解を近似として得る方法の総称である．通常，各種の問題に対する理論特性を評価する場合，対象とする問題を数式化しその解や振舞いを求める．しかし，一般に実際の問題に含まれる不確実性や仮定条件を定式化するのは困難性を伴い，たとえ定式化できる場合でも，常に解析的に求められるとは限らない．こうした問題に対して，試行錯誤的に実験を行うことにより，求めようとする解や理論特性の振舞いを近似的に得ることができる．

簡単な例として，平面上の2点A，Bを通る円の性質について調べてみよう．初等幾何の問題として解を求めることはできるが，ここでは次のような作図実験を試行錯誤的に行う．

ⅰ）平面上のいろいろな点Pを中心とし，いろいろな大きさ（半径）の円を描く．
ⅱ）図1のように，2点A，Bを通る円のみを残し，残された円にどのような性質があるかについて調べる．

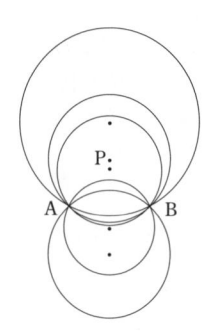

図1　初等幾何の問題を作図実験に基づき調べる方法

図1の円の軌跡を調べることにより，円の中心Pが線分ABの垂直二等分線上に位置あり，半径の長さがPA(PB)であることをみつけることができる．作図にあたっては，平面上の任意の点Pを中心として，種々の半径の円を描く必要があるが，これらの値は偏って選んではならない．点の位置や半径の大きさが特定の数値に偏らずランダムに決めるために乱数が用いられる．このように，乱数を用いてランダムな変動を入れながら，多数回実験を反復して行い，帰納的に問題の解を近似的に求める方法をモンテカルロ法とよぶ．

●**確率論的問題と決定論的問題**　モンテカルロ法は，中性子の核物質内での拡散

現象の振舞いを計算機上で実現するために J. von Neumann と S. M. Ulam により提案されたといわれている．彼らは，計算機を用いて乱数をつくり出す方法や決定論的な問題を確率モデルに変形する方法を考案した．この方法は確率的なゲームとして数学的に定式化できることから，カジノで有名なモナコ公国の都市名にちなんで「モンテカルロ法」とよばれている．学術的には，「The Monte Carlo Method」(Metropolis, N. C. & Ulam, S. M. JASA, 1949)に論文が掲載されている．

モンテカルロ法は，確率論的問題と決定論的問題に大別される．確率論的問題は，確率的に起きる現象を「模倣」(シミュレーション)するもので，現象を直接確率モデルとして表現する．確率モデルに対応する大量の乱数を用いて現象を疑似的に発生させ，現象の特性値を推定する．決定論的問題は，実際に解を求めることが困難な場合や定式化が難しい場合に，それらの問題を確率モデルに置き換えその値を推定する．現象を表す基礎方程式が解析的に示されている場合に，これに確率的な変動に対応する乱数を用いてランダムな試行を行い，反復計算して結果の平均値を求めて解とする．

このように，モンテカルロ法は乱数を使った実験によって，確率過程を含むモデルとして定義された問題の解を求める方法であり，通常以下のような手順で行われる．

ⅰ) モデルの作成
ⅱ) 乱数の作成
ⅲ) 解の推定や理論特性の評価

大量の乱数を計算機上で使用するためには，物理乱数や漸化式などを用いて乱数(擬似乱数)を発生する方式が用いられる．擬似乱数において，最も基本的な一様乱数の発生法として，1次の漸化式を用いる「線形合同法」や高次の漸化式による「M系列乱数」が知られている．また，正規乱数の発生法としては，「Box-Müller」法がある．

線形合同法では，以下のような漸化式を利用して一様乱数を発生させる．いま，a, c, M を自然数，X_0 を非負の整数としたとき，$X_i = aX_{i-1} + c \pmod{M}$ を用い，$U_i = X_i/M$ により区間 $[0,1]$ の一様乱数列 $\{U_i\}$ を生成する．

また，一様分布以外の分布に従う乱数列は，以下のように逆関数法を利用して求めることができる．X は確率密度関数 $f(x)$，累積分布関数 $u = F(x) = \int_{-\infty}^{x} f(t) dt$ に従うとする．このとき，逆関数 $x = F^{-1}(u)$ が $0 < u < 1$ において存在する．よって，一様乱数列 $\{U_i\}$ を用いて $X_i = F^{-1}(U_i)$ により，確率密度関数 $f(x)$ に従う乱数列 $\{X_i\}$ を作成できる．

●モンテカルロ法の原理 2次元平面上の第1象限に，図2のような原点を中心

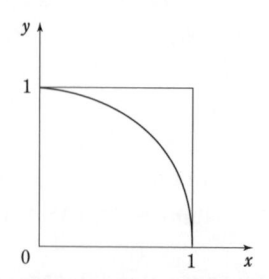

図2 hit or miss モンテカルロ法による π の近似

とした半径1の4分円を考える．

いま，この図形を利用してモンテカルロ法により円周率 π の近似値を求めてみよう．区間$[0,1]$の一様乱数 X_i, Y_i を使って正方形内（$[0,1]\times[0,1]$）に互いに独立な点(X_i, Y_i)を打つ（$i=1,2,\cdots,n$）．これらの点は正方形上で一様に分布し，そのうち $X_i^2+Y_i^2<1$ を満たすものが4分円の中に入る．ランダムに点を打つと，点が4分円の内部に入る確率は $p=\pi/4$ である．このように乱数を発生して，領域に入るかどうかを観測して，求めたい値を推測する方法を「hit or miss モンテカルロ法」とよぶ．

このような試行を n 回繰り返した場合，円の内部に入る個数を C とすると，C は二項分布 $B(n, p)$ に従う．C の期待値は np であり，$\hat{\pi}=4C/n$ は π の不偏推定量 $E(\hat{\pi})=\pi$ となる．$\hat{\pi}$ の分散は

$$V(\hat{\pi})=\frac{16V(C)}{n^2}=\frac{16p(1-p)}{n}=\frac{\pi(4-\pi)}{n}=\frac{2.697}{n}$$

となる．

●**モンテカルロ積分** 図2において，4分円の面積は $\pi/4=\int_0^1\sqrt{1-x^2}dx$ と表されるので，区間 $[0,1]$ の一様分布 $f(x)=\begin{cases}1 & (x\in[0,1])\\0 & (\text{others})\end{cases}$ を用いて，

$$\int_0^1\sqrt{1-x^2}dx=\int_0^1\sqrt{1-x^2}f(x)dx$$

と表現できる．この式は，確率変数 X が一様分布 $f(X)$ に従うときの確率変数 $\sqrt{1-X^2}$ の期待値と見なすことができる．よって，一様乱数 $X_1, X_2, \cdots, X_n$ を用いた平均値として $\hat{\pi}=4\times\sum_{i=1}^n\sqrt{1-X_i^2}/n$ で推定することもできる．このような方法を単純モンテカルロ法とよぶ．

分散は，$V(\sqrt{1-X^2})=E(1-X^2)-E(\sqrt{1-X^2})^2=2/3-\pi^2/16=0.0498$ となるので，$V(\hat{\pi})=16\,V(\sqrt{1-X^2})/n^2=16\times0.0498/n=0.797/n$ と計算され，hit or miss モンテカルロ法を用いて積分を求めるより，3倍程度精度がよくなる．

この方法を一般化し，$g(x)$ を x の関数とし，領域 A 上での定積分 $\theta = \int_A g(x)\,dx$ で表される定数 θ を推定する問題を考える．この式は以下のように変形できる．

$$\theta = \int_A \frac{g(x)}{f(x)} f(x)\,dx = \int_A w(x)f(x)\,dx$$

ただし，$f(x)$ は，領域 A 上で定義された正の値をとる確率密度関数であり，$w(x)$ は $w(x) = g(x)/f(x)$ となる関数とする．X を $f(X)$ に従う確率変数とすると，θ は確率変数 $w(X)$ の期待値と考えることができる．よって，$X_1, X_2, \cdots, X_n$ を $f(x)$ に従う確率変数としたとき，θ の自然な推定値は，その標本平均

$$\hat{\theta} = \frac{1}{n}\sum_{i=1}^{n} w(X_i)$$

で与えられる．

●**分散減少法** モンテカルロ法では，実験により特性評価を行うため，実験誤差の大きさや精度を評価する必要がある．サンプリングの回数を増やすことによって精度を高めることはできるが，一般にモンテカルロ法は収束の速度が遅いといわれている．そのため，推定量の分散を小さくする「分散減少法」が考案されている．

「重点的サンプリング法」では，積分区間内で一様にサンプリングするのではなく，被積分関数の値の大きいところにより多くのサンプリング点を配置しようとする．単純モンテカルロ法では，$w(x) = g(x)/f(x)$ が積分区間内でできるだけ一定に近いように選ぶと推定量の分散は小さくなる．

また，層別サンプリングを分散減少法に応用することもできる．すなわち，積分領域を以下のように k 個の領域 $R_i = [a_{i-1}, a_i]$，$a_0 = -\infty$，$a_k = \infty$，$(i = 1, 2, \cdots, k)$ に分割（層別）を行ない，

$$\theta = \int_{-\infty}^{\infty} w(x)f(x)\,dx = \sum_{i=1}^{k} \int_{a_{i-1}}^{a_i} w(x)f(x)\,dx$$

によって，それぞれの領域でランダムにサンプルを抽出する．

層別サンプリング法では，k 個の領域 $R_i = [a_{i-1}, a_i]$ $(i = 1, 2, \cdots, k)$ において，それぞれ $f(x)$ に従う n_i 個の乱数 $X_1^i, X_2^i, \cdots, X_{n_i}^i$ を生成し，各領域 i における推定値 $\hat{\theta}_i = \sum_{j=1}^{n_i} w(X_j^i)/n_i$ の重み付き平均 $\hat{\theta} = \sum_{i=1}^{k} p_i \hat{\theta}_i$ として求める．ただし，$p_i = \int_{a_{i-1}}^{a_i} f(x)\,dx$ である．なお，領域 R_i における標本数 n_i は被積分関数の変動が大きくなるようにとるのがよいとされる．

[栗原考次]

📖 **参考文献**

[1] Metropolis, N.C. and Ulam, S.M., 1949, The Monte Carlo Method, *Journal of the American Statistical Society*, **44**(247), 335-341.
[2] 岩崎 学，2004，『数値計算法入門』 朝倉書店．

マルコフ連鎖モンテカルロ法

「マルコフ連鎖モンテカルロ法」(MCMC法)では,まず,マルコフ連鎖の性質に基づいて一定の確率分布から乱数を生成し,そうして得た乱数によってモンテカルロ法を行う.したがって,MCMC法のポイントはマルコフ連鎖の性質を利用した乱数の生成にある.通常,マルコフ連鎖の性質を利用した乱数生成の方法は「マルコフ連鎖サンプリグ法」とよばれている.それゆえ,MCMC法はマルコフ連鎖サンプリング法を応用したモンテカルロ法の一種とみなせる.

ここでは,マルコフ連鎖とマルコフ連鎖サンプリング法の基礎的事項を述べ,マルコフ連鎖サンプリング法の代表的アプローチである「ギブズ・サンプラー」と「メトロポリス-ヘイスティングズ・アルゴリズム」を取りあげて説明する.ここでは,すべての確率変数が連続変数である場合について解説するが,関連する表現はほとんどそのまま離散確率変数に置き換えてよい.

●**マルコフ連鎖** ある確率変数(または確率変数のベクトル)Y について,その離散時点 $0, 1, 2, \cdots$ における値(状態)の系列 $\{Y_0, Y_1, Y_2, \cdots\}$ を確率過程として考える.ここで,時点 $n-1$ までの状態の標本 $\{y_0, y_1, \cdots, y_{n-1}\}$ が与えられたときと,時点 $n-1$ における標本 y_{n-1} のみが与えられたときの状態 Y_n の条件付確率密度関数をそれぞれ $g(y_n | y_0, y_1, \cdots, y_{n-1})$ と $h(y_n | y_{n-1})$ で表す.

確率過程 $\{Y_0, Y_1, Y_2, \cdots\}$ がマルコフ連鎖であるとは,すべての n について

$$g(y_n | y_0, y_1, \cdots, y_{n-1}) = h(y_n | y_{n-1})$$

が成り立つことをいう.したがって,マルコフ連鎖において過去の状態の標本 $\{y_0, y_1, \cdots, y_{n-1}\}$ が与えられたとき,現在の状態 Y_n の条件付き確率分布は,直前の状態の標本値 y_{n-1} だけに依存し,それより前の標本 $\{y_0, y_1, \cdots, y_{n-2}\}$ に依存しない.ここで,$h(y_n | y_{n-1})$ は Y_n が直前の状態の標本 y_{n-1} からとり得る値に変わる確率の分布を表し,「マルコフ連鎖の推移核」とよばれる.ここで,議論の簡単化のために,マルコフ連鎖の推移核が時刻に依存せず,すべての n について共通であると仮定して,$Q(y_{n-1}, y_n) = h(y_n | y_{n-1})$ と表記する.したがって,確率過程 $\{Y_0, Y_1, Y_2, \cdots\}$ がマルコフ連鎖であるとき,その同時密度関数 $f_n(y_0, y_1, \cdots, y_n)$ は

$$f_n(y_0, y_1, \cdots, y_n) = f_0(y_0) h(y_1 | y_0) h(y_2 | y_1) \cdots h(y_n | y_{n-1})$$

$$= f_0(y_0) \prod_{i=1}^{n} Q(y_{i-1}, y_i)$$

によって表現される.上式から明らかなように,推移核 $Q(y_{n-1}, y_n)$ がすべての n について共通であると仮定しているとき,マルコフ連鎖の同時確率分布は初期分布 $f_0(y_0)$ と推移核によって規定される.

●**マルコフ連鎖の不変分布** マルコフ連鎖サンプリング法の理論では，不変分布の概念がきわめて重要な役割を担っている．マルコフ連鎖の推移核 $Q(t,y)$ に対して $f(y) = \int_{-\infty}^{\infty} f(t) Q(t,y) dt$ を満たす確率密度関数 $f(y)$ が存在するとき，密度関数 $f(y)$ で与えられる確率分布を不変分布という．マルコフ連鎖の不変分布に関する重要な特性として，次の3つをあげておく．i) 不偏分布の存在性：マルコフ連鎖の不変分布が存在する．ii) 不変分布への収束性：マルコフ連鎖 $\{Y_0, Y_1, Y_2, \cdots\}$ で $f_n(y_n)$ を Y_n の周辺密度関数とするとき，適当な初期分布 $f_0(y_0)$ から出発して

$$f_n(y_n) = \int_{-\infty}^{\infty} f_{n-1}(y_{n-1}) Q(y_{n-1}, y_n) dy_{n-1}$$

を無限に繰り返していくと，$f_n(y_n)$ は不変分布 $f(y)$ に収束する．iii) マルコフ連鎖における大数の法則：平均定常であるマルコフ連鎖 $\{Y_0, Y_1, Y_2, \cdots\}$ について，不変分布 $f(y)$ に関する平均を $E(Y_n) = \int_{-\infty}^{\infty} y f(y) dy$ とし，マルコフ連鎖 $\{Y_0, Y_1, Y_2, \cdots\}$ からの標本 $\{y_1, y_2, \cdots, y_K\}$ の標本平均を $\bar{y} = \sum_{i=1}^{K} y_i \Big/ K$ としよう．標本サイズ K を大きくしていくと，標本平均 $\bar{y}$ は不変分布の平均 $E\{Y_n\}$ に確率1で収束する．また，不変分布の分散などの特性値が存在するとき，これらの特性値についても大数の法則が成り立つ．i)～iii) の条件はそれほど厳しいものではない．直観的には不変分布が特異なものでなければ成立する可能性が高い．詳細については参考文献を参照されたい．

●**MCMC法とベイズ法** MCMC法はベイズ統計解析に適用されることが多い．ベイズ統計解析では，データ D の確率分布におけるパラメータ θ を確率変数として扱い，ベイズの定理によりデータ D の確率分布を用いてあらかじめ設定された θ の事前分布を更新してその事後分布を導出する．そして，導出した θ の事後分布によって各種ベイズ統計解析を行う．また，θ の事後分布を $f(\theta|D)$ と表すと，ベイズ統計解析では，θ のある種の関数 $G(\theta, D)$ について期待値

$$E(G|D) = \int G(\theta, D) f(\theta|D) d\theta$$

が計算できる．ただしパラメータ θ の次元が非常に高く，$G(\theta, D) f(\theta|D)$ が θ の複雑な関数であるとき，上記の積分を解析的に計算できない．そのような場合，モンテカロル法で計算することが多い．具体的には次のようにモンテカロル法を実行すればよい．まず，所与の標本サイズ K について事後分布 $f(\theta|D)$ からのモンテカロル標本 $\theta^{(1)}, \theta^{(2)}, \cdots, \theta^{(K)}$ を生成し，次式で関数 $G(\theta, D)$ の θ に関する標本平均 $\bar{G}$ を計算しておく．

$$\overline{G} = \frac{1}{K}\sum_{i=1}^{K} G(\theta^{(i)}|D)$$

標本サイズ K の増大とともに，$\overline{G}$ が $E\{G|D\}$ に確率 1 で収束することを $\overline{G}$ に関する大数の法則という．大数の法則が成り立つと仮定すれば，十分大きな K に対し，$\overline{G}$ を $E\{G|D\}$ の近似とみなせる．このように $E\{G|D\}$ の近似としてモンテカルロ法で得られた $\overline{G}$ を $E\{G|D\}$ の「モンテカルロ近似」とよぶ．

モンテカルロ近似において，MCMC法が利用可能であれば，計算上きわめて有用である．ただし，MCMC法をベイズ統計解析に適用するには，マルコフ連鎖の不変分布が事後分布に一致しなければならず，

$$f(\gamma|D) = \int_{-\infty}^{\infty} f(\theta|D) Q(\theta, \gamma) d\theta$$

を満たす推移核 $Q(\theta, \gamma)$ をつくる方法が必要となる．MCMC法では，このような推移核を簡単につくる方法として，ギブズ・サンプラーのほかに，メトロポリス-ヘイスティングズ・アルゴリズムが有名である．

●**ギブズ・サンプラー**　MCMC法の代表的な方法であるギブズ・サンプラーを説明しよう．MCMC法はパラメータ数の多い問題に対して非常に有効で，実際，多くのパラメータをもつ問題に付随したアルゴリズム作成が一般的である．

ここでは，3変量のパラメータのケースについて述べよう．いま，$\theta = (\theta_1, \theta_2, \theta_3)$ とし，対応する事後分布を $f(\theta_1, \theta_2, \theta_3) \equiv f(\theta_1, \theta_2, \theta_3|D)$ と表す．また，$(\theta_1, \theta_2, \theta_3)$ の乱数を $f(\theta_1, \theta_2, \theta_3)$ から同時に生成できないが，条件付き分布 $f_1(\theta_1|\theta_2, \theta_3)$，$f_2(\theta_2|\theta_1, \theta_3)$ と $f_3(\theta_3|\theta_1, \theta_2)$ からは各パラメータの乱数を生成できると想定する．このとき，同時確率分布 $f(\theta_1, \theta_2, \theta_3)$ に対するギブズ・サンプラーは次のように定義される．

ステップ1：$\theta = (\theta_1, \theta_2, \theta_3)$ の初期値 $\theta^{(0)} = (\theta_1^{(0)}, \theta_2^{(0)}, \theta_3^{(0)})$ を与える．
ステップ2：$k = 1, 2, \cdots$ について以下の操作を順次行う．
　(2.1) $f_1(\theta_1|\theta_2^{(k-1)}, \theta_3^{(k-1)})$ から θ_1 の乱数 $\theta_1^{(k)}$ を生成する．
　(2.2) $f_2(\theta_2|\theta_1^{(k)}, \theta_3^{(k-1)})$ から θ_2 の乱数 $\theta_2^{(k)}$ を生成する．
　(2.3) $f_3(\theta_3|\theta_1^{(k)}, \theta_2^{(k)})$ から θ_3 の乱数 $\theta_3^{(k)}$ を生成する．
ステップ3：生成した乱数列が収束したと判定されればアルゴリズムを終了し，そうでなければステップ2に戻る．

例えば，ギブズ・サンプラーが回目で終了したとしよう．ここで
$$Q(\theta^{(m-1)}, \theta^{(m)})$$
$$= f_3(\theta_3^{(m)}|\theta_1^{(m)}, \theta_2^{(m)}) f_2(\theta_2^{(m)}|\theta_1^{(m)}, \theta_3^{(m-1)}) f_1(\theta_1^{(m)}|\theta_2^{(m-1)}, \theta_3^{(m-1)})$$
を推移核とすれば，得られた乱数列 $\theta^{(m)}, \theta^{(m+1)}, \theta^{(m+2)}, \cdots$ がマルコフ連鎖となり，対応する不変分布が事後分布 $f(\theta_1, \theta_2, \theta_3)$ になることを確認できる．

ギブズ・サンプラーの代表的方法として多重連鎖法と単一連鎖法がある．まず，多重連鎖法では，m 回目で得られた乱数 $\theta^{(m)} = (\theta_1^{(m)}, \theta_2^{(m)}, \theta_3^{(m)})$ を保存して，同じ

アルゴリズムで順次乱数列を生成する．このようにギブズ・サンプラーを必要な乱数が得られるまで繰り返す．また，単一連鎖法では，生成した乱数列が収束したと判定されてもアルゴリズムを終了せず，乱数生成を継続して必要な乱数が得られるまでギブズ・サンプラーを繰り返す．

●**メトロポリス-ヘイスティングズ・アルゴリズム** このアルゴリズムの原型は1950年代に核物理学の分野で開発されたメトロポリス・アルゴリズムである．M-Hアルゴリズムの基本的な発想は，乱数発生の「採択棄却法」に類似している．採択棄却法とは，乱数生成対象の分布から直接的な乱数生成が困難な場合，代替的な分布で候補の乱数を生成し，その中から取捨選択することで最終的な乱数を得る方法をいう．採択棄却法では，乱数生成対象の分布を「目標分布」とよび，目標分布の代用で候補の乱数生成に使用される分布を「提案分布」という．M-Hアルゴリズムもこれに類似するが，提案分布として推移核 Q をもつマルコフ連鎖を使い，Q から生成された乱数が棄却されたときは前のステップで生成した乱数を引き続き使用する点で採択棄却法と異なる．

実際の概要は次のとおりである．いま，推移核 $Q(\theta, \lambda)$ をもつマルコフ連鎖を考え，目標分布を $f(\theta)$ とする．また，$f(\theta)$ のとりうる値の集合を Θ としたとき，任意の $\theta \in \Theta$ と $\lambda \in \Theta$ に対して $Q(\theta, \lambda)$ と $f(\theta)$ がともに連続で正の値をとるものと仮定する．この設定下でM-Hアルゴリズムの定義は

　ステップ1：必要な乱数列の長さ K と θ の初期値 $\theta^{(0)}$ を与える．
　ステップ2：$k=1, 2, \cdots, K$ について以下の操作を順次行う．
　　　(2.1) $Q(\theta^{(k-1)}, \theta)$ から乱数 θ^* を生成し，
$$p(\theta^{(k-1)}, \theta^*) = \min\left\{\frac{f(\theta^*)}{f(\theta^{(k-1)})} \cdot \frac{Q(\theta^*, \theta^{(k-1)})}{Q(\theta^{(k-1)}, \theta^*)}, 1\right\}$$
　　　で採択確率を計算する．
　　　(2.2) 0と1の間の一様乱数 u を生成する．
　　　(2.3) $\theta^{(k)}$ を
$$\theta^{(k)} = \begin{cases} \theta^* & (u \leq p(\theta^{(k-1)}, \theta^*) \text{のとき}) \\ \theta^{(k-1)} & (u > p(\theta^{(k-1)}, \theta^*) \text{のとき}) \end{cases}$$
　　　のように決定する．

M-Hアルゴリズムのメリットはそれを実行する際に不変分布の存在性や不変分布への収束性などに注意を払う必要がないことである． ［姜　興起］

参考文献
[1] 伊庭幸人，他，2005，『計算統計II』岩波書店．
[2] 姜　興起，2010，『ベイズ統計データ解析』共立出版．
[2] 小西貞則，他，2008，『計算統計学の方法』朝倉書店．
[3] 中妻照雄，2007，『入門ベイズ統計学』朝倉書店．

カルマンフィルタ

　動的システムの状態推定問題は雑音に乱された観測データに基づいてシステムの状態を推定するもので，工学を始めとして確率・統計に関連した多くの分野に現れる普遍的な問題である．1960年カルマン（R. E. Kalman）によって考案された有名な逐次推定法が「カルマンフィルタ」（KF）である[1]．

●線形状態空間モデル　線形状態空間モデル

$$x(t+1) = Fx(t) + Gu(t) + w(t) \tag{1}$$

$$y(t) = Hx(t) + v(t) \tag{2}$$

について考察する．ただし $x(t) \in \boldsymbol{R}^n$ は時刻 t における状態ベクトル，$y(t) \in \boldsymbol{R}^p$ は時刻 t における観測ベクトル，$u(t) \in \boldsymbol{R}^m$ は外生入力（一般的には $y(t-1)$，$y(t-2)$，…の関数でもよい）である．$w(t) \in \boldsymbol{R}^n$ はシステム雑音，$v(t) \in \boldsymbol{R}^p$ は観測雑音である．また雑音は平均値 0 の白色雑音であり，その共分散行列は

$$E(w(t)w^T(s)) = Q\delta_{ts},$$
$$E(v(t)v^T(s)) = R\delta_{ts},$$
$$E(w(t)v^T(s)) = 0, \ \forall t, s$$

であるとする．ただし，$Q \geq 0$，$R > 0$，また $(\cdot)^T$ はベクトルあるいは行列の転置，δ_{ts} はクロネッカーの記号である．

　時刻 t までの観測データの集合を $Y^t = \{y(0), y(1), \cdots, y(t)\}$ とおく．このとき，Y^t に基づく状態ベクトル $x(t+m)$ の最小分散推定値を $\hat{x}(t+m|t)$ と表す．$m > 0$，$m = 0$，$m < 0$ に応じて，$\hat{x}(t+m|t)$ を「予測推定値」，「濾波推定値」，「平滑推定値」という．最小分散推定値は $x(t+m)$ の条件つき期待値

$$\hat{x}(t+m|t) = E(x(t+m)|Y^t)$$

で与えられ，また推定誤差共分散行列は

$$P(t+m|t) = E([x(t+m) - \hat{x}(t+m|t)][x(t+m) - \hat{x}(t+m|t)]^T)$$

となる．以下に述べる KF は $m = 0$ に対応する $[\hat{x}(t|t), P(t|t)]$ および $m = 1$ に対応する $[x(t+1|t), P(t+1|t)]$ を逐次的に計算するアルゴリズムである．

● KF アルゴリズム

ⅰ）初期値：$\hat{x}(0|-1) = \hat{x}_0$，$P(0|-1) = P_0$ として，$t = 0$ とおく．

ⅱ）観測更新ステップ：$[\hat{x}(t|t-1), P(t|t-1), y(t)] \to [\hat{x}(t|t), P(t|t)]$

$$K(t) = P(t|t-1)H^T[HP(t|t-1)H^T + R]^{-1}$$
$$\hat{x}(t|t) = \hat{x}(t|t-1) + K(t)[y(t) - H\hat{x}(t|t-1)]$$
$$P(t|t) = P(t|t-1) - K(t)HP(t|t-1)$$

上式の $K(t) \in \boldsymbol{R}^{n \times p}$ を「カルマンゲイン」という．

iii) 時間更新ステップ：$[\hat{x}(t|t), P(t|t)] \rightarrow [\hat{x}(t+1|t), P(t+1|t)]$
$$\hat{x}(t+1|t) = F\hat{x}(t|t) + Gu(t)$$
$$P(t+1|t) = FP(t|t)F^T + Q$$
iv) $t := t+1$ としてステップ②へ戻る．

雑音 $w(t)$，$v(t)$ および初期状態 $x(0)$ がガウス分布であるときには，事後確率密度関数 $p(x(t)|Y^t)$ はガウス分布となり，$\hat{x}(t|t)$ と $P(t|t)$ は $p(x(t)|Y^t)$ の（正確な）平均値ベクトルと共分散行列を与える．

●**非線形状態空間モデル** 式(1)，(2)を一般化した非線形状態空間モデル

$$x(t+1) = f(x(t), u(t)) + w(t) \tag{3}$$
$$y(t) = h(x(t)) + v(t) \tag{4}$$

について考察する．ここに $f \in R^n$ と $h \in R^p$ はそれぞれシステムの動特性および観測特性を表す非線形関数であり，微分可能性を仮定する場合が多い．

カルマンフィルタが発表された直後からカルマンフィルタのアルゴリズムを一般の非線形システムの状態推定に拡張する研究が始まった．最も広く用いられているのが，f および h をそれぞれ濾波推定値および予測推定値の近傍で線形化して，KFアルゴリズムにおいて

$$F \rightarrow \left.\frac{\partial f(x, u)}{\partial x}\right|_{x=\hat{x}(t|t)}, \quad H \rightarrow \left.\frac{\partial h(x)}{\partial x}\right|_{x=\hat{x}(t|t-1)},$$
$$H\hat{x}(t|t-1) \rightarrow h(\hat{x}(t|t-1))$$

と置き換える「拡張カルマンフィルタ」（EKF）である．

コンピューターの発達に伴って，事後確率密度関数 $p(x(t)|Y^t)$ の時間的な推移をモンテカルロ法によって効率的に計算する粒子フィルタが1990年代に発表された（「データ同化」参照）[2,3]．その後1990年代後半に入り，入力ベクトルの確率密度関数をいくつかの代表点によって近似して，非線形変換された出力ベクトルの平均値と共分散行列を近似的に計算する unscented 変換（UT）法を用いた unscented Kalman filter（UKF）が発表された[4]．UKF は2次近似フィルタであることが示されており，1次近似フィルタである EKF より一般に精度が高いとされている．なお unscented とは辞書的には「香りがしない」という意味であるが，less unbiased（より不偏でない）の意味で用いられたものと考えられる．

●**UT法** 確率変数 $x \in R^n$ の平均値と共分散行列を $\bar{x} \in R^n$，$\Sigma_x \in R^{n \times n}$ とする．$2n+1$ 個のベクトルとスカラーの組 $(x^{(i)}, w^{(i)})$ を

$$\sum_{i=0}^{2n} w^{(i)} x^{(i)} = \bar{x}, \quad \sum_{i=0}^{2n} w^{(i)} (x^{(i)} - \bar{x})(x^{(i)} - \bar{x})^T = \Sigma_x \tag{5}$$

が成立するように定める．ここに $\sum_{i=0}^{2n} w^{(i)} = 1$ であり，重み w_i のいくつかは負の値をとることができる．このような点の集合 $\{x^{(i)}, w^{(i)}, i=1, \cdots, n\}$ を重みつき σ

点という．式(5)を満足する $2n+1$ 個の重みつき σ 点集合は具体的には

$$x^{(0)}=\bar{x}, \qquad w^{(0)}=\frac{\lambda}{n+\lambda}$$

$$x^{(i)}=\bar{x}+(\sqrt{(n+\lambda)\Sigma_x})_i, \quad w^{(i)}=\frac{1}{2(n+\lambda)}, \qquad i=1,\cdots,n$$

$$x^{(i+n)}=\bar{x}+(\sqrt{(n+\lambda)\Sigma_x})_i, \quad w^{(i+n)}=\frac{1}{2(n+\lambda)}, \qquad i=1,\cdots,n$$

のように与えられる．ここに λ はパラメータ $(n+\lambda\neq0)$ であり，$\sqrt{\cdot}$ は $n\times n$ 正定値行列の平方根行列，$(\cdot)_i$ は平方根行列の第 i 列ベクトルである．ここで，正定値行列の平方根行列は「コレスキー分解」あるいは「特異値分解」により求めることができる．

x を確率変数として，非線形変換 $z=g(x)$ を考える．このとき，UT 法よると z の平均値 μ_z と共分散行列 Σ_z は（近似的に）

$$\mu_z=\sum_{i=0}^{2n}w^{(i)}g(x^{(i)})$$

$$\Sigma_z=\sum_{i=0}^{2n}w^{(i)}(g(x^{(i)})-\bar{z})(g(x^{(i)})-\bar{z})^T$$

で与えられる．すなわち，サンプル点 $x^{(i)}$ を g で変換して，それらの平均値と共分散行列を計算して，μ_z と Σ_z を求める方法である．これは $g(x)$ のテーラー展開の 2 次（x がガウス分布の場合は 3 次）の精度をもっている．

例 x を $N(\mu,1)$ に従う確率変数とし，$z=x^3$ の平均値と分散を計算した．正確な平均値，分散をそれぞれ μ_z, σ_z^2 とする．表1には，線形近似 $[g(x)\simeq\mu^3+3\mu^2(x-\mu)]$ と UT 法によって計算した値を示した．線形近似による μ_L, σ_L^2 は正しい値と大きくずれている．他方，表2に示すように示すように UT 法による平均値 μ_U はこの場合常に正しい値と等しく，分散 σ_U^2 は $\lambda=2$ 程度に選べば σ_z^2 のかなりよい近似値を与えることがわかる．

表1 z の平均値と分散

	$\mu=1$	$\mu=2$	$\mu=4$
μ_z	4	14	76
μ_L	1	8	64
σ_z^2	60	303	2895
σ_L^2	9	64	2304

表2 UT 法による分散 σ_U^2

λ	$\mu=1$	$\mu=2$	$\mu=4$
1.0	34.00	232.00	2644.0
1.5	43.75	264.25	2766.3
2.0	54.00	297.00	2889.0
2.5	64.75	330.25	3012.2

上記の UT 法を非線形システムの推定に用いると EKF とは異なる新しい推定アルゴリズムを導くことができる．UKF は非線形システムを線形化するのではなく，事後確率密度関数をガウス分布近似するという考え方に基づいた状態推定

アルゴリズムである．以下では，簡単のために式(3)の f のみが非線形で，式(4)の h は線形の場合，すなわち，状態遷移を表すシステムが非線形で，観測システムは線形である場合の UKF アルゴリズムを与える．

●**UKF アルゴリズム**
　ⅰ) 初期値：$\hat{x}(0|-1) = \hat{x}_0$, $P(0|-1) = P_0$ として，$t = 0$ とおく．
　ⅱ) 観測更新ステップ：$[\hat{x}(t|t-1), P(t|t-1), y(t)] \to [\hat{x}(t|t), P(t|t)]$
　　　KF の観測更新のステップと同じである．
　ⅲ) 時間更新ステップ：$[\hat{x}(t|t), P(t|t)] \to [\hat{x}(t+1|t), P(t+1|t)]$
　　(a) σ 点の集合　$\sigma_f = \{\hat{x}^{(i)}(t), w_f^{(i)}, i = 0, 1, \cdots, 2n\}$ を以下のように定める．

$$\hat{x}^{(0)}(t) = \hat{x}(t|t), \qquad\qquad w_f^{(0)} = \frac{\lambda}{n+\lambda}$$

$$\hat{x}^{(i)}(t) = \hat{x}(t|t) + (\sqrt{(n+\lambda)P(t|t)})_i, \quad w_f^{(i)} = \frac{1}{2(n+\lambda)}, \quad i = 1, \cdots, n$$

$$\hat{x}^{(i+n)}(t) = \hat{x}(t|t) - (\sqrt{(n+\lambda)P(t|t)})_i, \quad w_f^{(i+n)} = \frac{1}{2(n+\lambda)}, \quad i = 1, \cdots, n$$

　　(b) 予測推定値　$\displaystyle \hat{x}(t+1|t) = \sum_{i=0}^{2n} w_f^{(i)} f(\hat{x}^{(i)}(t), u(t))$

　　(c) 予測誤差共分散行列
$$P(t+1|t) = \sum_{i=0}^{2n} w_f^{(i)} [f(\hat{x}^{(i)}(t), u(t)) - \hat{x}(t+1|t)]$$
$$\times [f(\hat{x}^{(i)}(t), u(t)) - \hat{x}(t+1|t)]^T + Q$$

　ⅳ) $t := t+1$ としてステップ 2 へ戻る．ステップ 2 と 3 を繰り返すことにより，$\hat{x}(t|t)$, $\hat{x}(t+1|t)$ が逐次的に計算できる．

　観測方程式が非線形の場合には，上のアルゴリズムのステップ 2 は UT 法を用いたものに変更される．

　非線形フィルタの性能に関しては，最終的にはシミュレーションによらざるを得ない．システムによっては UKF の方がよい性能を示す場合も，逆に EKF の方が良い性能を示す場合がある．UKF の詳細や KF, EKF, UKF アルゴリズムの性能に関する数値的な比較については，文献[3, 4]を参照されたい．　　　[片山 徹]

📖 **参考文献**
[1] 片山 徹，2000，『新版応用カルマンフィルタ』朝倉書店．
[2] 北川源四郎，2005，『時系列解析入門』岩波書店．
[3] Ristic, B., et al., 2004, *Beyond the Kalman Filter-Particle Filters for Tracking Applications*, Artech House.
[4] Julier, S. J., and J. K. Uhlmann, 2004, Unscented filtering and nonlinear estimation *Proc. IEEE,* **92**(3), 401-422.(Corrections, *ibid*, **92**(12), 1958, 2004.)

データ同化

　数値シミュレーションで思うように現実を再現できない．これが「データ同化」の導入の出発点である．その原因はシミュレーションモデルの不備にある．シミュレーションの初期条件・境界条件，モデル化されていない異スケールの現象，差分近似のための格子の大きさ，経験的公式やパラメータ，などがその内訳である．データ同化とは，データを参考にしながらシミュレーションモデルを修正するプロセスをいい，現象の正確な再現や予測を狙うものである．天気予報を初め，海洋の監視や予報において精力的に手法・応用の研究が進められており，現在もその適用分野は拡大中である．

●**考え方**　データ同化では，シミュレーションモデルに不確実性を許し，観測データもモデルでは完全には再現しきれないものとして捉える．そのため，従来のシミュレーションでは単一の解が得られたところを，複数考えられる解をその確率分布で評価することになる．不確実性をシステムノイズ，観測ノイズとして表現すると，非線形演算子・非ガウスノイズからなる状態空間モデル $x_t = f_t(x_{t-1}, v_t)$，$y_t = h_t(x_t) + w_t (t = 1, \cdots, T)$ として定式化できる．ここで，x_t は状態ベクトル，f_t は非線形の状態遷移演算子，v_t はシステムノイズ，y_t は時系列データ，h_t は非線形の観測演算子，w_t は観測ノイズである．この状態空間モデルに対し，$y_{1:T} = \{y_1, y_2, \cdots, y_T\}$ に基づいて，$x_{1:T} = \{x_1, x_2, \cdots, x_T\}$ の確率分布を求めるわけである．

　これまでに提案されているデータ同化手法は，i) 全タイムステップでの変数の同時分布 $p(x_{1:T}|y_{1:T})$ を最大とするような解（MAP 解）を求める方法，もしくは ii) 各タイムステップでの変数の周辺分布 $p(x_t|y_{1:T})$ そのものを求める方法，の2とおりに大別できる．i) は最適化の問題であり，目的関数の勾配を正確に求めるためにアジョイント法とよばれる微分法が用いられる．ii) は統計的推測の問題であり，アンサンブルカルマンフィルタ，粒子フィルタなどのカルマンフィルタから派生した逐次型のアルゴリズムが用いられる．

●**アジョイント法**　同時分布 $p(x_{1:T}|y_{1:T})$ の最大化問題は，目的関数 $J(x_1, v_{2:T}) = -\log p(x_{1:T}|y_{1:T})$ の最小化問題と同値である．ここで，$v_{2:T} = \{v_2, \cdots, v_T\}$ とおいた．この最小化問題を，降下法（共役勾配法，準ニュートン法など）を用いて数値的に繰り返し計算を行って解く．「アジョイント法」とは，降下法の実施に必要となる勾配ベクトルを求めるための方法で，合成関数の微分則を利用した高速自動微分法である．目的関数を

$$J(x_1, v_{2:T}) = J_1(x_1) + J_2(x_2, v_2) + \cdots + J_T(x_T, v_T)$$

と分解して表現すると，目的関数の x_1 に関する微分係数 $\partial J/\partial x_1'$ は，漸化式 $\lambda_{T+1} = 0$，$\lambda_t = \lambda_{t+1}(\partial f_{t+1}/\partial x_t') + \partial J_{1:t}/\partial x_t' (t = T, \cdots, 1)$ から λ_1 として得られ

る．ここで，$J_{1:t} = \sum_{s=1}^{t} J_s$ とおいている．λ_t を用いると，目的関数の v_t での微分係数は $\partial J/\partial v_t' = \lambda_t (\partial f_t/\partial v_t') + \partial J_{1:t}/\partial v_t'$ と表される．実装時には，λ_t に関する漸化式の転置をとり，接線形行列 $\partial f_{t+1}/\partial x_t'$ の代わりにそのアジョイント行列 $(\partial f_{t+1}/\partial x_t')'$ を扱う．アジョイント行列を陽に扱わず，アジョイント行列とベクトル λ_{t+1}' との積 $(\partial_{t+1}/\partial x_t')' \lambda_{t+1}'$ を算出するプログラミングコードを「アジョイントコード」とよぶ．

● アンサンブルカルマンフィルタ，粒子フィルタ アンサンブルカルマンフィルタおよび粒子フィルタでは，x_t の実現値を多数（N 個とする）用いて得られる経験分布により周辺分布 $p(x_t|y_{1:\tau})$ を推定する．実現値をまとめて「アンサンブル」，個々の実現値を「アンサンブルメンバー」もしくは「粒子」という．図1に，両フィルタの概念図を示す．

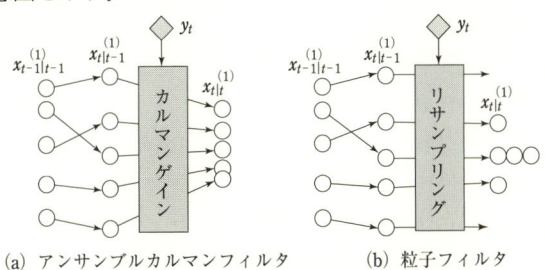

図1 逐次型データ同化手法の概念図
(a) アンサンブルカルマンフィルタ
(b) 粒子フィルタ

アンサンブルカルマンフィルタは，観測モデルが線形・ガウス（$y_t = H_t x_t + w_t$, $w_t \sim N(0, R_t)$）のときに使われる，カルマンフィルタのアルゴリズムに似せてつくられたアルゴリズムである．予測分布 $p(x_t|y_{1:t-1})$，フィルタ分布 $p(x_t|y_{1:t})$ を近似するアンサンブルメンバーを $x_{t|t-1}^{(n)}$, $x_{t|t}^{(n)}$ と書き，$v_t^{(n)}$, $w_t^{(n)}$ を，システムノイズ，観測ノイズの実現値の集合とすると，一期先予測，フィルタの操作はそれぞれ，$x_{t|t-1}^{(n)} = f_t(x_{t-1|t-1}^{(n)}, v_t^{(n)})$, $x_{t|t}^{(n)} = x_{t|t-1}^{(n)} + \hat{K}_t(y_t + w_t^{(n)} - H_t x_{t|t-1}^{(n)})$ と表される（$n=1,\cdots,N$）．ここで，$\hat{K}_t = \hat{V}_{t|t-1} H_t' (H_t \hat{V}_{t|t-1} H_t' + \hat{R}_t)^{-1}$ は近似カルマンゲイン，$\hat{V}_{t|t-1}$ は $x_{t|t-1}^{(n)}$ の標本共分散行列，$\hat{R}_t$ は $w_t^{(n)}$ の標本共分散行列である．同様に，固定ラグ平滑化に似せてつくられた平滑化アルゴリズムを「アンサンブルカルマンスムーザ」という．

粒子フィルタは，観測モデルが線形・ガウス性を満たすことは必要とせず，ベイズの定理に基づく確率分布の関係式からつくられた汎用性のあるアルゴリズムである．予測分布を近似する粒子 $x_{t|t-1}^{(n)}$ は，アンサンブルカルマンフィルタと同一の手続きで得られる．フィルタ分布を近似する粒子 $x_{t|t}^{(n)}$ は，予測分布を近似する粒子 $x_{t|t-1}^{(n)}$ おのおのの尤度 $p(y_t|x_{t|t-1}^{(n)})$ を求め，それを重みとして N 個をリサンプリングすることで得る．この重みで過去のフィルタ分布を近似する粒子をリサンプリングすることで，平滑化が実施できる． ［上野玄太］

機械学習

パターン認識におけるパターンの学習，ゲームの戦略の学習，プラント制御の学習，言語文法の学習，ロボットの行動の学習など，さまざまな種類の学習問題を対象として，学習する機械や学習システムのアーキテクチャや学習アルゴリズムを研究する分野をここでは「機械学習」とよぶ．

機械学習の研究には，現実の学習問題を解決するため，対象とする現実問題に有効な学習アルゴリズムを開発して，実験的に評価するような研究と，学習問題を抽象化して定式化し，それに対する理論的な解析を行う研究とがある．後者には，「計算論的学習理論」とよばれる分野がある．計算論的学習理論では，抽象化して定式化されたさまざまな学習問題の難しさを，必要な計算量や記憶容量などの視点から評価する研究や，効率の高い学習アルゴリズムを開発する研究が行われている．また，統計力学の手法を用いて，学習機械の性能について理論的に考察する研究もある．さらに，理論的な解析を行う研究には，統計学の視点から機械学習を理論的に考察する統計的学習理論がある．この統計的学習理論は，機械学習に関する理論的な研究の中でも，基本的で興味深い．

●**統計的学習理論** 統計的学習理論では，その理論構成のために，損失関数を導入する．例えば，パターン識別の問題において，クラス y のパターンをクラス $\tilde{y}$ に誤認識した場合の損失を $L(y, \tilde{y})$ とする．最も単純な損失関数は $y=\tilde{y}$，つまり正しく識別されれば損失 0，y と $\tilde{y}$ が一致していなければ，つまり誤識別されれば損失 1 という損失関数である．

パターンが生成される過程のモデルに従って，分類クラスが選択され，パターンが生成されるとして，そのパターンからある特徴抽出を行って，その特徴量 x とパラメータ α で構成されるある識別方式によって，パターンを識別するということを多数回繰り返す．ただし，分類クラス y が選ばれる確率を $p(y)$ とし，分類クラス y に属するパターンの生成，観測と特徴抽出を繰り返したときに得られる特徴量 x の確率分布を $p(x|y)$ とする．そのとき，損失の期待値は

$$R(\alpha) = \iint_{x,y} Q(x, y, \alpha) p(x|y) p(y) \, dxdy$$
$$= \iint_{x,y} Q(x, y, \alpha) p(x, y) \, dxdy \quad (1)$$

となる．ここで，$Q(x, y, \alpha)$ はその特徴量 x とパラメータ α で構成されるある識別方式によって認識した際の損失関数を表す．また，$p(x, y) = p(x|y) p(y)$ である．式(1)は期待損失とよばれる．

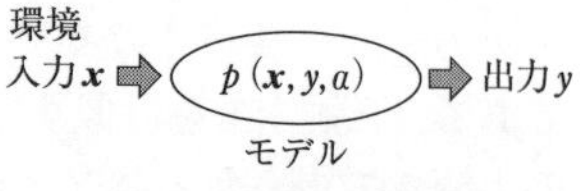

図1 統計的学習モデル

この期待損失を観測されたデータから最小化するという問題は，パターン識別に限らず，観測データからの関数関係の推定や確率分布推定などにおいても共通の問題である（図1）．統計的学習の問題を定式化すると次のようになる．
●**統計的学習の問題**　データ z を生成する未知の確率分布 $p(z)$ の集合 $\mathcal{P}$（真の分布の集合とよぶ），データ z に対処するための処理方式集合 H（学習仮説の集合），データ z を $h \in H$ で処理したときの損失関数 $Q(z, h)$ が与えられたとき，$p(z) \in \mathcal{P}$ から抽出された l 個の学習データ $Z = \{z_1, \cdots, z_l\}$ を使って，期待損失

$$R(h) = \int_z Q(z, h) p(z) dz$$

を最小化する処理方式 $h \in H$ を求める．パターン識別や関数関係推定の問題では，処理の入力 x と出力 y をまとめて z と考えればよい．

　ある学習アルゴリズムの性能は，一定の性能を達成するために必要とされる記憶領域，計算時間，学習データ数によって評価される．統計的学習理論では，特に，学習データ数と期待損失との関係がよく研究されている．真の分布 $p(z)$，学習仮説の集合 H，損失関数 Q が決められたときに，$p(z)$ から生成される学習データ Z は確率的に観測されるため，その学習データを使って，ある学習アルゴリズムの学習を行った場合の期待損失 $R(h)$ も確率変数となる．学習データ数が増加していったときに，$R(h)$ の分布がどのような振舞いを示すかを明らかにすることが統計的学習理論の主要な課題の1つである．

　パターン識別，関数推定，確率分布推定など，さまざまな統計的学習理論の研究分野において，学習アルゴリズム，真の分布の集合 $\mathcal{P}$，学習仮説の集合 H，損失関数 Q にさまざまな制約を与えた場合について，期待損失 $R(h)$ がどのような性質を示すかが考察されてきた．特に，真の分布の集合 $\mathcal{P}$ がパラメトリックな分布族であるとし，学習仮説の集合 H をパラメトリックな学習仮説の集合として，損失関数 Q を対数損失とした場合の，学習データ数 l が十分に大きい極限での漸近的な解析の解析が多く行われてきた．例えば，モデル選択の基準として使われている AIC の導出は，この解析の1つの成果である（「情報量規準（AIC）」参照）．

　このような制約下での漸近的な解析によって，理想的な環境下における学習アルゴリズムの振舞いを知ることができる．しかしながら，現実問題においては，データ z を生成する未知の確率分布 $p(z)$ がある集合に属することの保証は得られない場合が多い．つまり，真の分布の集合 $\mathcal{P}$ をできるだけ広い集合とすることが必要となる．また，損失関数 Q は問題によっていろいろ変化する．そして，学習データ数 l があまり大きくない場合も多い．　　　　　　　　　　［小野田　崇］

カーネル法

「カーネル関数」を利用してデータを観測空間から高次元特徴空間へ写像してから，線形の分析を行う方法として「サポートベクターマシン」を紹介し，カーネル法とは何かについて解説しよう．あわせて，カーネル法の代表例としてカーネル主成分分析を紹介する．

●サポートベクターマシン　ある観測空間上で取得された学習サンプル

$$(x_1, y_1), \cdots, (x_l, y_l), \quad x_i \in F, \quad y_i \in \{\pm 1\}$$

に対し，入力ベクトル $x_1, \cdots, x_l$ を高次元特徴空間に写像 ($\phi: x_i \mapsto z_i$) した学習サンプル

$$(z_1, y_1), \cdots, (z_l, y_l), \quad z_i \in F, \quad y_i \in \{\pm 1\}$$

が与えられたとする．そのとき，

$$f_{w,b}(z_i) = y_i, \quad i = 1, \cdots, l \tag{1}$$

を満たす判別関数 $f_{w,b} = \mathrm{sgn}((w \cdot z) + b)$ を推定する問題を考える．ただし，式(1)は制約条件

$$y_i((z_i \cdot w) + b) \geq 1, \quad i = 1, \cdots, l \tag{2}$$

を満たすものとする．この判別関数を，式(2)で表現される制約条件のもと，

$$\tau(w) = \|w\|^2 / 2 \tag{3}$$

を最小化することで推定する．この凸最適化問題を解くため，制約式(2)を満たす式(3)のラグラジアンを計算すると

$$L(w, b, \alpha) = \|w\|^2 / 2 - \sum_{i=1}^{l} \alpha_i [y_i((z_i \cdot w) + b) - 1] \tag{4}$$

のようになる．ここで，$\alpha_i \geq 0$ はラグランジュ乗数である．このラグラジアンを $\alpha_i \geq 0$ について最大化し，w と b について最小化する．パラメータ w と b についての L の導関数は鞍点において 0 にならなければならないので，

$$\sum_{i=1}^{l} \alpha_i y_i = 0, \quad w = \sum_{i=1}^{l} \alpha_i y_i z_i \tag{5}$$

成立する．結局，w は学習サンプルの展開式となる．w の解はただ 1 つに決まるが，係数 α_i はその必要がない．

カルシュ・クーン・タッカー条件により，鞍点においてラグランジェ乗数 α_i は，式(2)を表現し直した

$$\alpha_i [y_i((z_i \cdot w) + b) - 1] = 0, \quad i = 1, \cdots, l \tag{6}$$

の制約条件に対して，非零でなくてはならない．$\alpha_i > 0$ を有するパターン z_i を「サ

ポートベクター」とよぶ．式(6)より，サポートベクターは図1に示すように，$z_i \cdot w + b = -1$と $z_i \cdot w + b = \pm 1$ 上に存在することとなる．サポートベクター以外の学習サンプルは，凸最適化問題の解法には関係のないものとなる．つまり，サポートベクター以外の学習サンプルは，式(2)の制約条件を自動的に満たし，式(5)の展開項の部分には現れないのである．

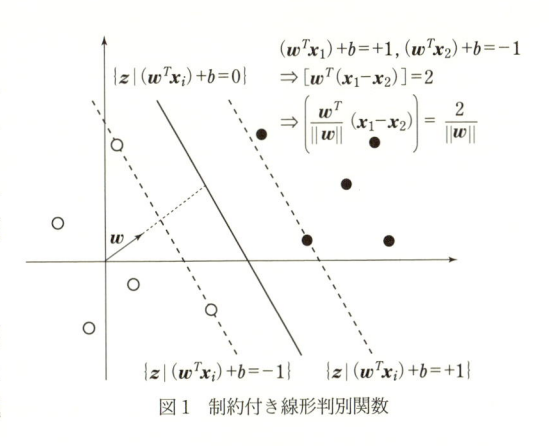

図1 制約付き線形判別関数

式(4)のラグランジアンに式(5)の条件を代入すると，双対問題となる凸最適化問題

$$\sum_{i=1}^{l} \alpha_i - \frac{1}{2} \sum_{i,j=1}^{l} \alpha_i \alpha_j y_i y_j (z_i \cdot z_j) \to \alpha \text{ について最大化}$$

制約条件 $\alpha_i \geq 0, \ i=1,\cdots,l, \quad \sum_{i=1}^{l} \alpha_i y_i = 0$

(7)

を得ることができる．

式(5)の展開式を判別関数の式(1)に代入することによって，式(1)の判別関数を，分類されるパターン z とサポートベクター z_i との内積で評価される

$$f(z) = \text{sgn}\left[\sum_{i=1}^{l} \alpha_i y_i (z \cdot z_i) + b\right]$$

(8)

に書き換えることができる．式(7)，(8)に現れる高次元特徴空間での内積 $z \cdot z_i = \phi(x) \cdot \phi(x_i)$ の計算には膨大な計算が必要となる．そこで，Mercer の条件のもと，もとの観測空間で定義される次式を満たすカーネル関数 k を導入することで，膨大な計算を削減する．この計算量削減方法を「カーネルトリック」とよぶ．このカーネルトリックを用いた，サポートベクターマシンに代表されるデータ分析手法を総称して「カーネル法」とよぶ．

$$\Phi(x) \cdot \Phi(x_i) = k(x, x_i)$$

(9)

このカーネル関数を用いると，高次元特徴空間での式(8)に相当する判別関数は

$$f(x) = \text{sgn}\left[\sum_{i=1}^{l} y_i \alpha_i k(x, x_i) + b\right]$$

(10)

のようになる．結局，ユークリッド空間の内積に代わって，適切なカーネル関数 k を選択できれば，サポートベクターマシンは，このカーネル関数 k に基づく多様な学習機械を構成できることになる．

カーネル関数を用いたデータ分析法では，学習の対象に対する事前知識をカー

ネル関数の形で表現する．カーネル関数は，2つの対象 $x \cdot x^T \in \chi$ の類似度を表していると考えることができる．例えば，文字認識の分野では，文字は回転や拡大に対して不変であるので，この回転や拡大に対する不変性を考慮に入れたカーネル関数が提案されている．また，DNA，タンパク質の分析の分野でも，生物学的な知識をカーネル関数に含める試みがなされている．

●**カーネル主成分分析** カーネル主成分分析の考え方を図2に示す．主成分分析は，d 次元の空間に l 個の点が与えられたとき，最もデータを効率的に圧縮表現する m 個の正規直交基底を抽出する．このとき，各点を主成分分析が生成した基底の構成する m 次元部分空間に射影すると，他の m 次元部分空間よりも，d 次元空間上の点から m 次元部分空間上への射影の二乗誤差が小さくなる．主成分分析は，データの本質を残しつつデータを表現する空間の次元数を減少させる．逆に与えられた本質を抽出できる方法とも考えられる．

しかし，測定されたデータが非線形構造となっている場合には，図2のように主成分分析は有効ではない．そこで，カーネル関数を利用した高次元特徴空間への写像 $\Phi(x)$ を利用して，非線形な主成分分析法を実現しよう．

$x_i \in R_n,\ i=1,\cdots,l,\ \sum_{i=1}^{l} x_i = 0$ となるデータが与えられると，主成分分析は，共分散行列 $C = \sum_{i=1}^{l} x_i^T x_i / l$ を対角行列化する．この対角行列化を行うため，固有値 $\lambda \geq 0$，固有ベクトル $V \in R^n$ に対する固有値方程式 $\lambda V = CV$ について，$\lambda V = CV = \sum_{i=1}^{l}(x_i \cdot V) x_i / l$ が成り立つ場合，$\lambda \neq 0$ を有するすべての V は，$x_1, \cdots, x_l$ の範囲に存在しなければならない．よって，そのような場合，$\lambda V = CV$ は，$\lambda(x_i \cdot V) = (x_i \cdot CV)$，$i=1,\cdots,l$ と等価である．

次に，高次元空間上での同様の計算を考えよう．$\sum_{i=1}^{l} \Phi(x_i) = 0$ の条件を満たす高次元特徴空間でのデータ $\Phi(x_1), \cdots, \Phi(x_l)$ が与えられたとする．特徴空間にお

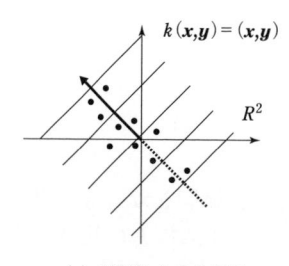

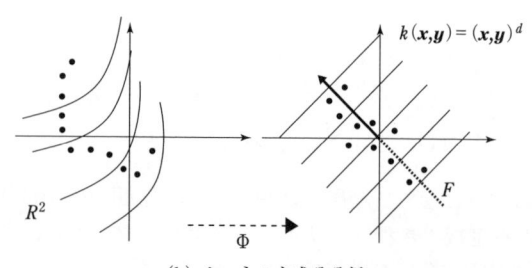

(a)（線型)主成分分析　　　　(b) カーネル主成分分析

図2　カーネル主成分分析

いて，共分散行列は $\overline{C} = \sum_{i=1}^{l} \Phi(\boldsymbol{x}_i)^T \Phi(\boldsymbol{x}_i)/l$ となる．ここで，$\lambda \boldsymbol{V} = \overline{C} \boldsymbol{V}$ を満たす固有値 $\lambda \geq 0$，固有ベクトル $\boldsymbol{V} \in F^n$ を探索する．ここでは，F は非線形写像 Φ : $\boldsymbol{R}^n \to F$ によって入力空間に関連付けられた特徴空間を表す．また，$\lambda \neq 0$ を有するすべての $\boldsymbol{V}$ は，$\Phi(\boldsymbol{x}_1), \cdots, \Phi(\boldsymbol{x}_l)$ の範囲に存在する．

これらから次の2つの有用な結果が得られる．1つ目は，$\lambda (\Phi(\boldsymbol{x}_i) \cdot \boldsymbol{V}) = (\Phi(\boldsymbol{x}_i) \cdot \overline{C} \boldsymbol{V})$，$i=1, \cdots, l$ の方程式を考えれば，問題を解決できることである．もう1つは，$\boldsymbol{V} = \sum \alpha_i \Phi(\boldsymbol{x}_i)$ を満たす係数 α_i，$i=1, \cdots, l$ が存在することである．これらを統合して

$$\lambda \sum_{i=1}^{l} \alpha_i [\Phi(\boldsymbol{x}_m) \cdot \Phi(\boldsymbol{x}_i)] = \sum_{i=1}^{l} \alpha_i \left\{ \Phi(\boldsymbol{x}_m) \cdot \sum_{j=1}^{l} \Phi(\boldsymbol{x}_j) [\Phi(\boldsymbol{x}_j) \cdot \Phi(\boldsymbol{x}_i)] \right\}/l \quad (11)$$

を得る．ただし，$m=1, \cdots, l$．ここで，$k_{i,j} = [\Phi(\boldsymbol{x}_i) \cdot \Phi(\boldsymbol{x}_j)]$ の $l \times l$ の行列 k を考える．この k を用いると，式(19)は $l \lambda k \boldsymbol{\alpha} = k^2 \boldsymbol{\alpha}$ となる．ここで，$\boldsymbol{\alpha}$ は要素が $\alpha_1, \cdots, \alpha_l$ のベクトルを表す．この $l \lambda k \boldsymbol{\alpha} = k^2 \boldsymbol{\alpha}$ を解くため，$l \lambda \boldsymbol{\alpha} = k \boldsymbol{\alpha}$ の固有値問題を解く．ここで，$\lambda_1, \cdots, \lambda_l$ は k の固有値，つまり，固有値問題の解を表し，$\boldsymbol{\alpha}^1, \cdots, \boldsymbol{\alpha}^l$ は固有値に対する固有ベクトルを表す．主成分分析の主成分は，正規直交性により，$(\boldsymbol{V}^m \cdot \boldsymbol{V}^m) = 1$，$m=1, \cdots, l$ となる．正規直交性は

$$1 = \sum_{i,j=1}^{l} \alpha_i^m \alpha_j^m [\Phi(\boldsymbol{x}_i) \cdot \Phi(\boldsymbol{x}_j)] = \sum_{i,j=1}^{l} \alpha_i^m \alpha_j^m k_{i,j} = (\boldsymbol{\alpha}^m \cdot k \boldsymbol{\alpha}^m) = \lambda_m (\boldsymbol{\alpha}^m \cdot \boldsymbol{\alpha}^m) \quad (12)$$

のように表現できる．ここで α_i^m，$i=1, \cdots, l$，$m=1, \cdots, l$ を要素とする行列 $\boldsymbol{U}$ を考える．正規直交性より，制約条件 $\boldsymbol{U}^T k \boldsymbol{U} = \boldsymbol{I}$ が導かれる．以上より，カーネル主成分分析は，最適化問題

目的関数　$\sum_{i=1}^{l} |\boldsymbol{U}^T \boldsymbol{K}_i|^2 \to \boldsymbol{U}$ について最大化

制約条件　$\boldsymbol{U}^T k \boldsymbol{U} = \boldsymbol{I}$ (13)

として表現される．ここで，$\boldsymbol{K}_i$ は k の第 i 列ベクトルである．この最適化は，基底 $\boldsymbol{V}$ の構成する部分空間上に写像された各点のノルムの二乗和の最大化に対応する．ここで，α_i，η_i を k の第 i 固有ベクトルおよび固有値とすると，この最適化問題の解は $\boldsymbol{U} = \boldsymbol{AS}$ で，ここで $\boldsymbol{A}$，$\boldsymbol{S}$ は，$\boldsymbol{A} = (\alpha_1, \cdots, \alpha_m)$ であり，$\boldsymbol{S} = \mathrm{diag}(1/\sqrt{\eta_1}, \cdots, 1/\sqrt{\eta_l})$ である．線形の主成分分析では，$d \times d$ の行列の固有値問題を解くが，カーネル主成分分析では，$n \times n$ の行列の固有値問題を解かなければならない．これは，$n \gg d$ の場合，カーネル主成分分析は多くの計算時間を要することを意味する．

[小野田　崇]

データマイニング

　情報技術の発展に伴い，データが自動的に取得でき，大量に保持することが可能となった．その情報を活用して新たな知見を見出したり，想定しているモデルの検証を行ったりするための，大量データに対する分析技術が集められたものがデータマイニングとよばれる．コンピューター科学の新しい対象分野として，統計学，人工知能，データベースの分野において個々にまた複合的に発展してきた．データマイニングは，KDD（Knowledge Discovery in Database）の国際会議において，「有用で，かつ既知でない知識をデータから抽出する自明でない一連の手続き」と定義され，「KDD プロセスにおける知識発見の段階」と捉えられている．データマイニングという用語は多様な意味で用いられ，単に大量データを分析すること，特に管理されず集められた（大量とは限らない）データの分析，探索的データ解析などもデータマイニングとよばれる．

　データマイニングは単一の処理でなされるわけではなく，対象データの選別，外れ値の除去などのデータクリーニング，分析に必要となるデータの変換，データ解析，結果の解釈と評価，といった一連のプロセスからなる．データマイニングは，目的志向的データマイニングと探索的データマイニングに大別される．前者は，売上げや顧客の離反の予測といった特定の目的変数についてモデル化する方法であり，後者は目的変数をもたず，データから特定のパターンを見つけだしたり，類似するグループをグループ化する方法である．

　大量で管理されていないデータの分析方法として，テキスト情報を扱うテキストマイニング，Web のログデータの解析を行う Web マイニングでは，数値データに変換する手順以降の分析ではデータマイニングで用いられる手法が適用できる．

●**データマイニングにおける解析手法**　データマイニングにおいて目的志向型の分析として，予測と分類がある．予測と分類はどちらも目的変数を説明変数で説明するモデルを構築する方法であるが，目的変数が量的変数の場合を予測（数値予測）といい，質的変数の場合を分類（カテゴリー予測）という．分類という用語は統計学の分野ではクラスタリングに対して用いられ，カテゴリー予測は判別とよばれるので注意が必要である．さらに，保有しているデータを説明するモデル化を行う場合と保有しているデータから将来の予測を行う場合とで分けて考えられることもある．重回帰分析は基本的には目的変数も説明変数も量的変数である必要があるため予測のための手法である．判別分析，正準判別分析，ロジスティック回帰分析は分類のための手法である．ニューラルネットワーク，樹形モデル（決定木分析），サポートベクターマシン，集団学習（アンサンブル学習），

記憶ベース推論，強調フィルタリングは，予測と分類のどちらにも適用可能な手法である．複数の予測モデルを適用した際に，最適なモデルを評価するのは，モデルの評価基準が手法により異なるため共通の尺度が必要であり，予測での平均平方誤差，分類での誤判別率の他，AIC などの情報量規準を用いて評価が行われる．予測の精度や予測モデルのパラメータ推定量の標準誤差の推定のためには，交差妥当化（クロスバリデーション）が用いられる．

　探索的データマイニングとしては，クラスタリングと連関規則がある．クラスタリングを行うには大量データに適した k-means 法などの非階層型の手法が使われる．また自己組織化マップ（SOM）もこのための手法であり，分類された出力層の解釈により結果を解釈できる特徴がある．結果の解釈には，主成分分析やコレスポンデンス分析などの次元縮小により低次元の空間により解釈する方法が用いられる．連関規則（アソシエーションルール）は，マーケットバスケット分析とよばれ，POS データから同時購買について知見を発見するための方法である．

　連関規則では，商品 A と商品 B について，商品 A を購入した客が商品 B も購入しているとき，ルール A⇒B を考え，このルールがよいルールであると判断する評価指標として，支持度（サポート），確信度（コンフィデンス），改善率（リフト）がある．商品 A，B それぞれの購買の割合を $P(A)$，$P(B)$ とし，同時購買の割合を $P(A, B)$，商品 A の購入者における商品 B の購入の割合を $P(B|A)$ とすると，ルール A⇒B に対する評価指標は，以下のように求められる．

$$\text{支持度} = P(A, B), \quad \text{信頼度} = P(B|A), \quad \text{リフト} = P(B, A)/P(B)$$

同時購買の強さは信頼度で評価できるが，支持度がある程度大きくないと売り上げには貢献しない，またリフトが 1 を超えないルールは単純に商品 B のみの購買の割合の方が大きいことを意味するので有効でない．連関規則は，この 3 つの評価指標を適度に調整し，有益なルールを発見する方法である．

●データマイニングツール　大量データを処理するための多変量解析および決定木などの機械学習の解析を実施できるソフトウェア．データマイニングツールは，大量のデータに対して予測，分類などを行うデータマイニングを行うためのツールとして開発され，機能別のアイコンをつなぎ解析するビジュアルプログラミングのスタイルで解析のフローを残すことができる特徴をもっている．

　商用のソフトウェアとしては SAS/EnterpriseMiner，IBM SPSS Modeler（旧 SPSS Clementine），統計解析ソフト S-PLUS を解析エンジンとしマイニング機能を追加した Visual Mining Studio などがある．非商用ではオープンソースの Weka は機能が多く，Java で構築されているため，分析のための関数はクラスとして Java のプログラムではライブラリとして利用することもできる．データベースのシステムもデータマイニングに用いられ，OLAP による分析以外にも，Microsoft SQL Server などデータマイニング機能を有するものもある．　　　　［山本義郎］

樹木モデル

●**樹木モデルとは** 「樹木モデル」は判別分析，回帰分析の1つの方法で，判別と分類の問題では「分類木」，「決定木」，回帰の問題では「回帰木」とよばれている．

決定木は，学習データを用いて説明変数を分岐させる方法によって分類ルールを構築する．図1に示す2つの変数（横軸 x_1，縦軸 x_2）を用いて3つのカテゴリA，B，Cを分類することを考えよう．1本の直線（線形判別）では3つのカテゴリを正しく分類することが不可能であるが，図1のように座標軸と並行する2本の直線を用いると3つのカテゴリを正しく分類することができる．図1は，図2のように逆さにした木のような形状で表現することが可能である．

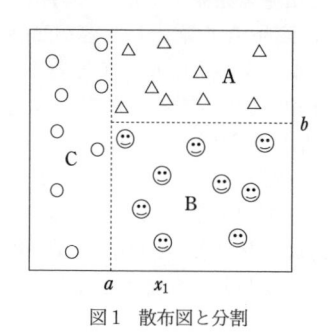

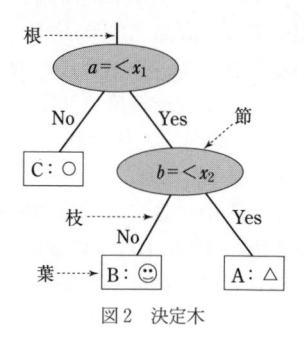

図1　散布図と分割

図2　決定木

また，図1と図2は
　IF $x_1 < a$ THEN C
　IF $x_1 >= a$ and $x_2 >= b$　THEN A
　IF $x_1 >= a$ and $x_2 < b$　　THEN B
のようなルールで表現することも可能である．回帰木の場合は，節の部分が説明変数であり，葉の部分が被説明変数である．このようなデータモデルを樹木モデル，あるいは樹形モデルとよぶ．

●**樹木モデルの種類**　樹木モデルに関する研究は，1960年代初期までさかのぼる．今日広く用いられているのはCHAID，CART，C4.5/C5.0/See 5をベースとしたアルゴリズムである．

'CHAID'（Chi-squared automatic interaction detection）は，J. A. Hartiganは1975年にAIDというアルゴリズムを発展させたアルゴリズムである．変数の分岐を決める基準としてカイ二乗統計量やF統計量を用いている．

'CART'(classification and regression trees)は，カリフォルニア大学のL. Breiman, R. A. Olshen, C. J. Stone，スタンフォード大学のJ. H. Friedmanが1970年代初めごろから共同研究を始め，1980年代初めごろに公開したアルゴリズムである．初期のCARTでは，変数の分岐を決める基準として，経済学者ジニによって提案されているジニ係数をジニ多様性指標として用いたが，最近は情報利得も用いている．CARTは，木をあらかじめ何の制限もせずに2進木を生長させ，データと対話しながら木を剪定する方法を取っている．

'C4.5/C 5.0/See 5'は，オーストラリアのJ. Ross Quinlanが1979年に提案したID 3 (iterative dichotomiser 3)を改良して1986年に公開したものである．C4.5/C5.0/See 5は，2進木に限らないのがCARTとの大きな違いである．C4.5/C5.0/See 5では，変数の分岐を決める基準として利得比を用いている．

樹木モデルにける重要なことは，木の成長と木の剪定である．木の成長はデータセットから説明変数を選定して木の枝を増やす，いわゆる樹木モデルの核の部分である．木の剪定とは，成長し過ぎた木を何らかの基準に基づいて枝刈りし，オーバーフィットにならないモデルに修正する作業である．これらの詳細に関しては参考文献[1][2]がある．

●木から森へ　機械学習の分野では，「集団学習」（アンサンブル学習）という学習方法がある．集団学習は，決して精度が高くない弱い学習機の結果を統合・組合せ，精度が高い，強い学習機を構築する．統合・組合せの方法としては，判別の問題では多数決，回帰の問題では平均が用いられている．集団学習法で多く用いられているアルゴリズムとしては，「バギング」(bagging)，「ブースティング」(boosting)，「ランダムフォレスト」(random forest)がある．これらの方法に最も多く用いられている弱い学習機は樹木モデルである．その際，バギングでは，データセットからブートストラップ標本を大量に生成し，そのブートストラップ(bootstrap)標本を用いて大量の木を生成する．ブースティングは，学習データを用いて木を生成し，その不正解率を用いて算出した信頼度に基づいて重みを変えながら木を繰り返し生成する．ランダムフォレストは，バギングの提案者L. Breimanが，バギングをさらに改良したアルゴリズムである[3]．ランダムフォレストでは，ブートストラップ標本から変数もランダムサンプリングして用いる．計算が速く，精度が高いのが特徴である．これらのアルゴリズムを実装したフリーソフトとしてRとWekaがある．　　　　　　　　　　　　　　　　［金　明哲］

📖 参考文献
[1] 元田 浩，他，2006，『データマイニングの基礎』オーム社．
[2] 金 明哲，2007，『Rによるデータサイエンス』森北出版．
[3] Breiman, L., 2001, Random Forests, *Machine Learning*, 45(1), 5-32.

集団学習

●**集団学習の背景**　「集団学習」が有用となるには2つの問題背景がある．統計的パターン認識や機械学習では，データの背後にある確率的な構造を表現するためのモデルをデータに基づいて構成することによって，対象の特徴量からその対象が属するカテゴリを推定するクラス判別や，システムへの入力からその出力を予測する非線形回帰（関数推定）などの問題を扱う．このため，特徴量とカテゴリラベル，あるいは入力と出力の例から，学習によってモデルを構成するさまざまなアルゴリズムが提案されている．最近の計算機・通信ネットワークの発展にともなって，例えばウェブ上に存在する大量の画像やテキストなどを比較的簡単に収集して用いることができるようになったため，これまでには考えられなかったほどの大量のデータを扱うことができるようになってきた．大規模なデータを扱う実問題においては，データの細かな構造を記述するために非常に複雑なモデルが必要とされる場合が多いが，そのような大規模で複雑な学習においては2つの大きな問題が生じる．

　1つは計算量の爆発的な増加である．モデルの複雑さはその自由度で評価することができるが，多くのアルゴリズムではモデルの自由度の増加に伴って多項式，あるいは指数オーダーで計算量が増加する．また，データ数が増えた場合にも同様に計算量が増加する．もう1つは過適応あるいは過学習とよばれる問題である．これはモデルの自由度が大きいことが災いして，自由度の一部を特定のデータに対してのみ用いるように学習が進む現象である．一般に過適応・過学習は十分多くのデータがあれば解消されていくが，大量のデータがあればより精密なモデルを構築できる可能性があるので，問題に応じて自由度とデータ数のバランスを考える必要があり，一般にこのバランスを見きわめることは難しい．

●**基本アイデア**　このような2つの問題を回避する方法の1つとして有力視されているのが「集団学習」である．その基本的なアイデアは，比較的容易に最適化を行うことができる単純なモデル（機械学習の分野ではこの単純なモデルを「弱学習器」とよぶ）を多数組み合わせることによって，複雑なデータを記述しようというものである．例えば，平面上の閉曲線の内側と外側を判別する2値判別問題を考えてみよう．単純な「スタンプ判別器」（座標軸に平行な判別境界を学習する簡便な判別器，学習が簡単なことから集団学習の1つであるブースティングではよく用いられる）では平面を直線で2分するだけなので，このような閉曲線の判別を十分に行うことはできないが，線形判別をいくつか組み合わせて判別結果の多数決を取ることによって閉曲線を近似することができるようになる．

　モデルの自由度は組み合わせるモデルの数に比例するが，個々のモデルは簡単な構造なので学習に必要な計算量は小さく，また組合せ方は多数決のような単純

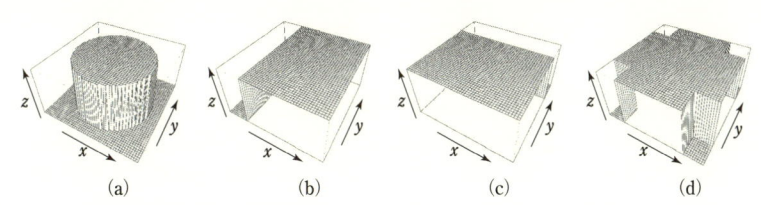

図1 (a) 2次元上の判別問題の例：この例では円の内側と外側を判別する問題を考える．(b)(c) スタンプ判別器の例：スタンプは座標軸に平行な判別境界を構成する簡便な判別器である．(d) 多数決によるモデルの組合せの例：4つのスタンプで構成した判別器は，単一のスタンプより柔軟な判別境界を構成していることがわかる．

な方法が一般には用いられるため，全体の計算量はモデルの数のほぼ線形オーダーでしか増えないことになる．また，多数のモデルを組み合わせることによって全体として大きな自由度をもつことになるので，まったく過適応が起こらないわけではないが，構成要素であるモデルが単純で自由度が低く過適応しにくいため，全体としても過適応しにくいことが経験的に知られている．

集団学習のアイデアは古くからあり，ニューラルネットワークの分野ではヒューリスティックな学習アルゴリズムが数多く提案されている．情報統計力学の分野では簡略化したモデルを用いて学習性能の解析が行われていたが，2値判別問題において 'AdaBoost' (Freund and Schapire, 1995) という効率的なアルゴリズムが提案されて以降著しく研究が進んだ．集団学習にはさまざまな考え方があるが，各モデルをどのように学習するかという点とモデルをどのようにして組み合わせるかという点から分類することができる．学習の方法としては，組み合わせる各モデルをほかのモデルの影響を考えて逐次的に構成するか，あるいは個々に独立に構成するかによって大きく2つに分けることができる．また，構成したモデルの組合せ方としては，入力（判別における特徴量や回帰における入力）に応じて動的に変えるか，入力によらず組合せ方を静的（一意）に定めるかの二通りが考えられる．以下では，入力によらない静的な多数決を用いる方法の代表的なアルゴリズムである「ブースティング」(boosting) と「バギング」について説明する．なお，簡単のため判別問題を想定して説明する．

●ブースティング　ブースティングは1つ1つのデータの重み付けを恣意的に変えることによって，性質の大きく異なるモデルを逐次的に構成し，これらを多数決によって組み合わせる方法である．アルゴリズムの流れは以下のようになる．
ⅰ）入力：N 個の学習データ（特徴量とラベルの組）．
ⅱ）初期化：各データの重みを均一 ($1/N$) に設定する．
ⅲ）繰り返し：繰り返し回数の上限，あるいは収束条件を決めておく．
　・正しく判別できないデータの重みの合計で判別誤りを定義する．
　・判別誤りができるだけ小さくなるようモデルを学習する．
　・誤って判別したデータの重みを増やし正しく判別したデータの重みを減らす．

・重みの合計が 1 になるよう正規化する．
 iv）出力：学習時の判別誤りで重み付けた多数決によるモデルの組合せ．

前の繰り返しで学習したモデルが不得意とする（うまく判別できない）データの重みが大きくなるので，次の繰り返しではこうした不得意データが集中的に学習され，それが正しく判別できるモデルが得られる可能性が高くなると考えることができる．最も有名な AdaBoost アルゴリズムでは，得られたモデルの判別誤りを ε とすると重みの増減は

$$\alpha = \log \frac{1-\varepsilon}{\varepsilon}$$

で定義される値を用いて

$$（新たな重み）\leftarrow （古い重み） \times \begin{cases} \exp(-\alpha) & 正しく判別 \\ \exp(\alpha) & 誤って判別 \end{cases}$$

で行われ，繰り返し誤って判別されるデータの重みは指数的に増加することになる．また，多数決は α で重み付けて行われるので，α は学習したモデルの信頼度と捉えることができる．

アルゴリズムの導出については「代理損失」という考え方が用いられることが多い．学習の結果得られた多数決判別器で本来最小化したいのは正しければ 0, 誤れば 1 を与える 0-1 損失であるが，この損失関数は不連続性をもつため一般に最適化が難しい．このため多数決判別器の全体としての 0-1 損失を最小化する代わりに，多数決の結果が誤りであり多くのモデルが誤った判別を支持しているのであれば大きな値を，逆に多数決の結果が誤りでもある程度多くのモデルが正しい判別を支持しているのであれば小さな値を与えるような連続性をもつ損失を考えてやればよい．この 0-1 損失の代わりに用いられる損失が代理損失とよばれるものであり，AdaBoost の場合は多数決の比率を指数関数で評価した損失（指数損失）を考え，逐次的にモデルを付け加えた形でその最適化を行っていると捉えることができる．指数損失以外にも計算量の削減，収束性，外れ値に対する頑健性などさまざまな観点から代理損失が提案されている．また，データの重み付けは

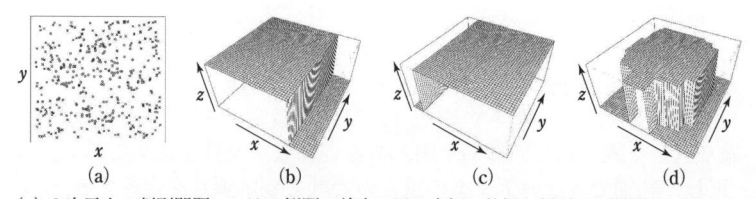

図 2　(a) 2 次元上の判別問題における例題：前出の円の内側と外側を判別する問題における 400 個の例題を 2 次元上に表示している．(b) (c) 例題の重み付けを変えて学習したスタンプの例．(d) 多数決によるモデルの組合せの例：40 回のブースティングによって構成した判別器．

一定のままで,学習に用いられる確率が高くなるようにデータのサンプリングを恣意的に変えるなど,アルゴリズムの実装にはいくつかのバリエーションがある.

●バギング　バギング (bagging) は,与えられたデータから復元抽出したブートストラップサンプルを用いて複数のモデルを並列的に構成し,これらを組み合わせる方法である.名称の"bag"はブートストラップ (bootstrap) と集合体 (aggregate) の合成語 (Breiman, 1996) である.アルゴリズムの流れは以下のようになる.

 i) 入力：N 個の学習データ（特徴量とラベルの組）.
 ii) 繰り返し：必要なモデルの数を決めておく（以下は並列に実行してよい）.
　　・学習データから復元抽出によってブートストラップサンプルを作成する.
　　・ブートストラップサンプルを用いてモデルを学習する.
iii) 出力：単純な多数決による学習したモデルの組合せ.

ブートストラップサンプルの違いによって多様なモデルが学習されることを期待し,これらを統合してより複雑なモデルを獲得しようというものである.このため,データの微小な違いによって学習結果が大きく異なるモデル,例えばニューラルネットワークのように学習の初期値に結果が大きく依存するなど,ある種の不安定性をもつモデルほどその性能改善が見込まれる方法であると考えられている.学習モデルによっては,推定の偏りを減らすと分散が大きくなる,逆に分散を小さくしようとすると偏りが大きくなるという性質をもつものがあり,これは「バイアス・バリアンス・ジレンマ」とよばれ学習や統計的推定においてよく知られているが,こうしたモデルを多数の組合せを用いることによって偏りと分散をともに小さくすることができるという観点から理論的な妥当性が説明されている.またベイズ統計の観点からモデルの混合としての解析も行われている.

[村田　昇]

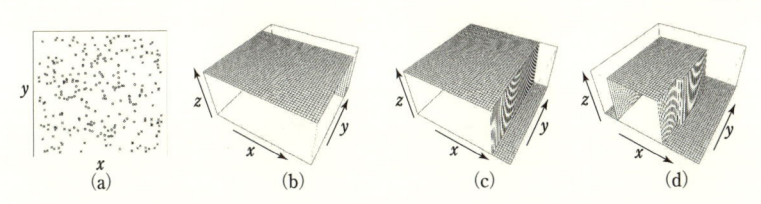

図3　(a) 2次元上の判別問題におけるブートストラップ例題：ブースティングで用いた例を復元抽出して作成したブートストラップ例題,(b)(c) 異なるブートストラップ例題により学習したスタンプの例.(d) 多数決によるモデルの組合せの例：40個のモデルを用いたバギングによって構成した判別器.この例ではブースティングによる構成の方が効率がよいが,単一のモデルより改善されていることは確認できる.

参考文献

[1] 金森敬文,他,2006,『ブースティング―学習アルゴリズムの設計技法,知能情報科学シリーズ』森北出版.

ニューラルネットワーク

「ニューラルネットワーク」は，人間の脳の回路網を模倣した情報処理機構で，パターン認識（例えば，文字・形状認識，音声認識），画像処理，ロボット制御，予測（株価，病気の診断）などの分野で広範に活用されている．特に，1985年以降，階層型ニューラルネットは，「バックプロパゲーション・アルゴリズム」の開発を契機に，分類問題の視座から脚光を浴びている．

●**単純ニューラルネットワーク** 脳の中にあるニューロンを模倣したのが，入力層と出力層のみからなる単純ニューラルネットワークである（図1）．

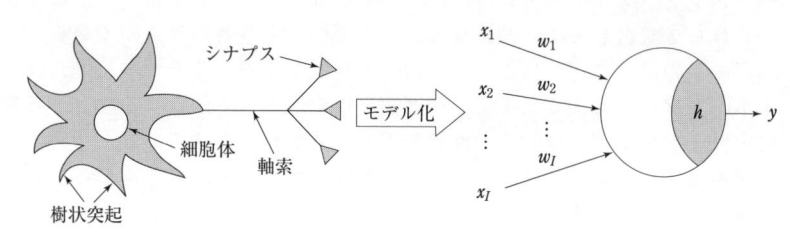

図1 ニューロンと単純ニューラルネットワーク

入力信号 $x_1, x_2, \cdots, x_I$ を受けたとき，結合重み $w_1, w_2, \cdots, w_I$ との線形和

$$u = \sum_{i=1}^{I} w_i x_i$$

を施し，u がしきい値 h を超えたとき1，超えないとき0を発生する．すなわち，

$$z = f\left(\sum_{i=1}^{I} w_i x_i - h\right), \quad f(u) = \begin{cases} 1 : u \geq h \\ 0 : u < h \end{cases}$$

となる（図2の単位ステップ関数）．$f(u)$ として図3のシグモイド関数（ロジット変換）$f(u) = 1/(1+e^{-u})$ によるロジット変換が用いられることが多い．

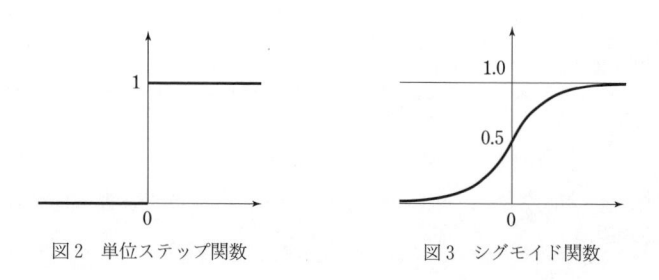

図2 単位ステップ関数　　図3 シグモイド関数

●**階層型ニューラルネットワークモデル** 例えば，表1の排他的論理和演算を解くニューラルネットワークを構築する．すなわち，入力 (x_1, x_2) に対して教師値 t となる演算である．そのため，単純ニューラルネットワークに隠れ層を加えた階層型ニューラルネットワークモデル（図4）を考える．

表1 排他的論理和演算

入力		教師値
x_1	x_2	t
0	0	0
0	1	1
1	0	1
1	1	0

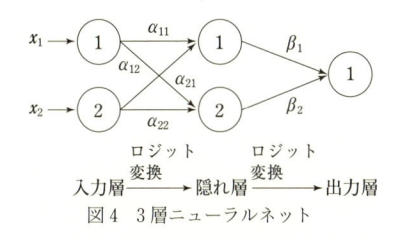

図4 3層ニューラルネット

一般に，入力層と隠れ層のユニットの個数を，それぞれ I, J とする．入力信号 $x_1, x_2, \cdots, x_I$ が得られたとき，隠れ層の第 j ユニットの活性値は $u_j = \sum_{i=0}^{I} \alpha_{ij} x_i$, $x_0 \equiv 1$ ($j=1,2,\cdots,J$) によって定まる．出力層は単一ユニットからなる．活性値 u_j にロジット変換 $f(u_j) = 1/(1+e^{-u_j})$ を施すと，隠れ層の第 j ユニットの出力値 $g_j = f(u_j)$ が決まる．これが出力層への活性値 $v = \sum_{i=0}^{I} \beta_j g_j$, $g_0 \equiv 1$ となる．さらに，v にロジット変換 $y = 1/(1+e^{-v})$ を施すと，最終出力 y が得られる．

例えば表1の排他的論理和演算のニューラルネットは，$I=2$, $J=2$ とし，$I=2$, $J=2$, $\alpha_{01}=-1.5$, $\alpha_{11}=1$, $\alpha_{21}=1$, $\alpha_{02}=-0.5$, $\alpha_{12}=1$, $\alpha_{22}=1$, $\beta_0=-0.5$, $\beta_1=-1$, $\beta_2=1$ と置けばよい．そして，最終出力 y が 0.5 以上なら 1, 0.5 未満なら 0 と判定する．さらに複雑な非線形問題には，バック・プロパゲーション学習則（最急降下法）により，教師値 t と出力値 y との誤差が最小になる $\theta = \{\alpha, \beta\}$ を推定する．

隠れ層のユニット数を多くすれば，3層のニューラルネットを用いて任意の関数を精度よく近似できることが証明されている．しかし，入力信号には本質的な情報とランダムなノイズが含まれており，最適なモデルの近似精度をいくら向上させても未知の入力信号に対し，必ずしもよい近似を与えるとは限らない．そのため，階層型ニューラルネットにおける隠れユニット数の決定が重要な課題である．それらは，一般に最適モデルの選択とよばれており，種々の情報規準が提案されている[1]． ［辻谷将明］

参考文献
[1] 辻谷将明, 竹澤邦夫, 2009, 『Rで学ぶデータサイエンス マシンラーニング』共立出版, 第7章.

サポートベクターマシン

「サポートベクターマシン」(SVM) は，ニューロンの最も単純な線形しきい素子を拡張したパターン識別器である．SVM では，局所的最適解が必ず大局的最適解になるという利点がある．p 個の共変量からなる i 番目の入力パターン $x_i=(x_{i1},x_{i2},\cdots,x_{ip})^t$，および 2 つのクラス（ラベル +1 と -1 に数値化）$y_i\in\{+1,-1\}$ をもつ N 組のデータ (x_1,y_1)，$(x_2,y_2),\cdots,(x_N,y_N)$ が与えられたとする．図 1 は，入力空間を線形識別関数 $f(x)=x^t\beta+b$ で 2 つに分け，一方に +1，もう一方に -1 を対応させる．誤りなく分類できた場合を「線形分離可能」という．

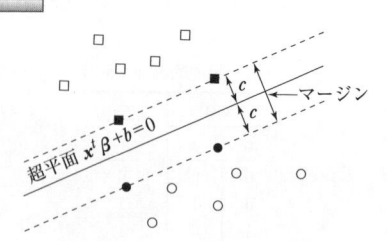

図 1 超平面とマージン：○がクラス 1 のサンプル，□がクラス 2 のサンプルで，それぞれ黒く塗りつぶしてあるものが，サポートベクターを表す．

●ハード・マージン　訓練標本と（分離）超平面 $x^t\beta+b=0$ との距離は，ヘッセの公式より $|x_i^t\beta+b|/\|\beta\|$ で与えられる．ここに，$\|\beta\|^2=\beta^t\beta$ である．よって，

$$\left.\begin{array}{l}\displaystyle\operatorname*{Min}_{\beta,b}\frac{1}{2}\|\beta\|^2\\ \text{制約条件}\quad y_i(x_i^t\beta+b)\geq 1,\ i=1,2,\cdots,N\end{array}\right\} \quad (1)$$

と定式化できる．図 1 では，超平面から両側に $C=1/\|\beta\|$ 離れており，$2/\|\beta\|$ の幅（マージン）をもつ．超平面から最短距離にある■と●は，超平面をサポート（支持）しており，「サポートベクター」とよばれる．通常，サポートベクターはもとのサンプル数に比べかなり少なく（スパースネス），SVM の大きな特長である．

例えば，表 1 は入力が 2 個 ($p=2$) で 7 例 ($N=7$) のデータである．計算的側面から入力データ x_1, x_2 を $(x-$平均$)/$標準偏差と基準化する．この場合，サポートベクターは No. 2, 4, 5, 6 で，線形識別関数は $f(x_{i1},x_{i2})=1.258x_{i1}+0.693x_{i2}-0.486$，$i=1,2,\cdots,7$ となる．

●ソフト・マージン　ハード・マージンでは，超平面により入力空間が完全に分離できると仮定してきた．しかし，現実問題では，超平面を用いて完全には分離できず，入力空間にクラスの重なりがある（すなわち，多少の誤判別を許す）ことが多い．その場合，マージンのほかのクラスの側にいくつかのデー

表 1　2 入力の 2 群判別

No.	x_1	x_2	y_i(群)
1	1	1	-1
2	2	4	-1
3	2	1	-1
4	3	2	-1
5	4	5	+1
6	5	3	+1
7	5	5	+1
平均	3.143	3.000	
標準偏差	1.574	1.732	

タ点があってもよい．これをソフト・マージンとよぶ．スラック変数 $\xi = (\xi_1, \xi_2, \cdots, \xi_N)$ を導入し，式(1)の制約式を $y_i(x_i^t \beta + b) \geq 1 - \xi_i$ に修正する．誤判別は $\xi_i > 1$ の場合に起きる．その総量 $\sum_{i=1}^{N} \xi_i$ に上限を定めて，マージンの誤った領域に入る割合の総量を制限する．よって，すべての i で，$\xi_i \geq 0$, $\sum_{i=1}^{N} \xi_i \leq$ 定数とする．

●**カーネルトリック** 特徴空間が線形であると仮定し，ソフト・マージンを用い，ある程度の誤判別を許すことにより，線形分離可能としてきた．しかし，ソフト・マージンを用いても，非線形な識別問題に対しては，性能のよい識別関数を構成できるとは限らない．そこで，入力ベクトルを非線形変換した入力空間よりはるかに高次元の特徴空間を考え，その中で識別を行う「カーネルトリック」という方法を用いる．この特徴空間上で線形モデルを考えれば，実質的にはもとの入力空間で非線形モデルを適用したことになる．基底関数 $\phi_m(x)$, $m = 1, 2, \cdots, M$ を用いて，入力パターン $\phi(x_i) = (\phi_1(x_i), \phi_2(x_i), \cdots, \phi_M(x_i))$, $i = 1, 2, \cdots, N$ による非線形の識別関数 $f(x) = \phi(x)^t \beta + b$ を構成できる．カーネル関数 $K(x_i, x_j)$ を用い $f(x) = \phi(x)^t \beta + b = \sum_{i=1}^{N} \alpha_i y_i K(x, x_i) + b$ を得る．

●**事後確率の推定** SVMは，$y_i \{+1, -1\}$ にクラス分類するのが目的であるが，クラスに属する確率を推定することもできる．SVMで求めた決定値 f_i を確率に変換する方式を提案されている．$y = +1$ と $y = -1$ のクラスに属する確率 $p(f|y=+1)$ および，$p(f|y=-1)$ を推定するのは困難なため，ベイズの事後確率

$$p(y=+1|f) = \frac{p(f|y=+1)p(y=+1)}{p(f|y=+1)p(y=+1) + p(f|y=-1)p(y=-1)}$$

を求める．ここに $p(y=+1)$ と $p(y=-1)$ は事後分布である．そして，事後分布 $p(y=+1|f)$ に直接，パラメトリックなモデルとしてシグモイド関数

$$p(y=+1|f) = \frac{1}{1+\exp(Af+B)}$$

を仮定する．このモデルは，SVMの決定値が対数オッズ $\ln\left\{\frac{p(y=+1|f)}{1-p(y=+1|f)}\right\}$ に比例することになる．未知パラメータ，A, B は f_i と t_i を新たな訓練データとし，負の対数尤度（クロスエントロピー）

$$\underset{A,B}{\text{Min}}\left[-\sum_{i=1}^{n}\{t_i \ln p_i + (1-t_i)\ln(1-p_i)\}\right]$$

を最小化して求められる．ここに，$p_i = \left\{\frac{1}{1+\exp(Af_i+B)}\right\}$ とする．［辻谷将明］

参考文献
[1] 辻谷将明，竹澤邦夫，2009，『Rで学ぶデータサイエンス マシンラーニング』共立出版，第8章．

テキストマイニング

「テキストマイニング」（TM：text mining）は，「データマイニング」からの派生語* であり，1990年代の後半から用いられるようになった．テキストとは小説，新聞記事，日記，電子メールのような文字列で記述されたデータを指す．情報システムの普及とあいまって，テキストデータが急速に増加している．対象を絞っても1つ1つ，目を通して分析するのには時間と労力がかかり，効率的に活用することが困難である．また，人によっては認識や解釈が異なることもあり，テキストを定量的に分析することが求められ，自然言語処理，人工知能，データマイニング，統計科学などの学際的分野として形成されたのが TM である．TM はテキストからの情報検索，テキストの自動要約，統計的テキスト分析など広範囲の内容に及ぶ．ここでは，統計的テキストの分析に限定する．TM は文字列のデータを何らかの単位（文字，単語，フレーズ）に分解し，それらの使用頻度や共起頻度などを集計し，データ解析やデータマイニングの手法を用いて定量的に分析する．

●**TMのプロセス** TM では，まずデータの電子化とクリーニングが必要である．クリーニング済みのデータについては，テキストに用いられた記号・文字を単位とした記号列の使用頻度を統計分析する方法と，テキストを語や文節などに分解し，注目する語や文節などの使用頻度やそれらの共起頻度を統計分析する方法に分けられる．そのプロセスを図1に示す．

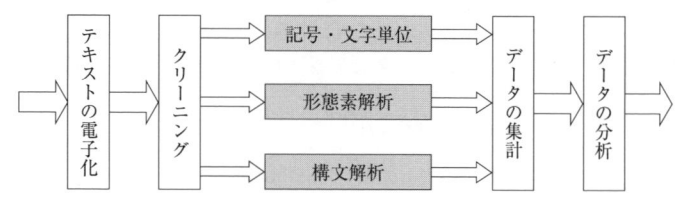

図1 統計的 TM のプロセス

記号列の集計方法としては '-gramn' が多く用いられている．n-gram とは，隣接している n 個の記号列のことである．例えば，$n=1$ の場合は用いられたすべての記号を1つ1つ集計し，$n=2$ の場合はテキストの先頭から隣接している2つの記号をセットとし，右にシフトしながら集計する．

文章における意味情報を考慮する場合は，文章を形態素解析や構文解析を行うことが必要である．形態素解析とは，文を言語で意味をもつ最小単位に分割し，

---

*）原型「マイン」mine は（鉱物などを）発掘する，の意．

関連の文法情報などを付与することである．広く知られている形態素解析器としては「JUMAN」「茶筌（ChaSen）」「MeCab」がある．

構文解析とは，句を単位として文を解析することであるが，日本語の場合は文節の係り受け関係で解析するのが一般的である．文節の係り受け関係を解析する構文解析器としてはJUMAN/KNP，CaboChaがある．

●**TMの現状と課題**　近年いくつかのTMツールが商業化されているが，汎用のデータ解析ソフトより高額であり，ほとんどが法人向けである．現時点のTMシステムは，基本的には形態素解析と構文解析の機能，辞書や辞書登録の機能，語や文節の集計機能，データ解析の機能を一体化したものである．

TMで主に用いられた分析方法は頻度分析，共起分析，特徴分析，クラスター分析，分類分析，時系列分析である．テキストについて語を単位として分析を行う場合，「頻度分析」は語の出現頻度のランキングについて分析する単純な分析である．「共起分析」は，複数の語がテキストに同時に用いられていることを分析することであり，語のネットワーク分析やアソシエーションルールなどの方法が用いられている．「特徴分析」はテキストと語との関係を分析することであり，主成分分析，対応分析，自己組織化マップが多用されている．「クラスター分析」はテキストのクラスター，あるいは語のクラスターを分析することであり，階層的クラスター分析，k-means法が主に用いられている．「分類分析」はテキストを学習データに基づいてカテゴリ別に仕分けすることであり，古典的な判別分析法，k近隣法，決定木，サポートベクターマシン，バギング，ブースディング，ランダムフォレストのような機械学習法が用いられている．「時系列分析」は，時系列に並べたテキストに用いられた語の変化状況を分析することであり，回帰分析が用いられている．

TMは，コールセンターのテキストデータ，社内の業務日誌，Web上のブログ，社会調査やマーケティング調査の自由回答文，Webサーバへのアクセスのログ，電子カルテ，文学作品，言語コーパス，作文，遺伝子情報など，記号列や自然言語で記録されているデータから特徴パターンを見つけ出すのに用いられている．

現時点のTMは，テキストにおける表記上のパターンを集計して，統計的分析する．意味情報に関しては，類義語辞書を用いて異なる標記の類義語をカテゴリ化する程度であり，本格的な意味処理には至っておらず今後課題の1つは意味処理である．意味処理に一歩近づく方法としては，大規模の意味辞書や概念辞書を用いることである．テキストマイニングの市販ツールや事例に関しては参考文献[1]，統計的テキストマイニングに関しては参考文献[2]がある．　　　　[金　明哲]

参考文献
[1] 村田真樹，他，2008，『事例で学ぶテキストマイニング』（上田太一郎監修）共立出版．
[2] 金　明哲，2009，『テキストデータの統計科学』岩波出版．

Web データ解析

'*World Wide Web*'（以下 Web）はインターネットにおける代表的アプリケーションで，当初は，膨大なデータを共通の手順や枠組で流通させる目的で提唱された．しかし現在では，通信販売サイトや，書籍の電子購読，動画の閲覧，ブログとよばれる個人ページに至るまで，情報流通のインフラストラクチャとして位置づけることができる．

Web の基本的構成要素は，HTML（Hyper Text Markup Language）で記述された「ページ」の内容と，他のページへの「リンク」である．Web 空間のページ総数は数十億以上と推定されており，利用者が無作為に的確な情報にたどり着ける確率はきわめて低い．「Web マイニング」はこのような問題に対する統計学的（あるいは情報学的）技法の総称であり，さまざまな観点からの処理技法が提唱されている．ここでは，グラフ理論に基づくモデルの例，テキストマイニングに基づくアプローチについて，代表的な技法を述べる．

●**Web 構造の解析**　すでに述べたとおり，Web は HTML で記述されたページと，ほかのページへのリンクで構成される．したがって，ページを頂点，リンクを辺ととらえれば，グラフとみなすことができる．この「グラフ」は，おおむね以下のような特徴をもつことが知られている．

ⅰ）頂点数に比してリンク数が圧倒的に少ない（スパース性）．

ⅱ）常に変動しており，グラフ全体の正確な推定は困難であるが，系全体の大きさに比して，直径は小さい（いわゆる「スモールワールド」性）．

ⅲ）1 頂点におけるリンク数の分布は，ベキ分布に従う．

このような性質を前提として，Web 全体の成長の度合いや，ページ（ノード）の増加に伴うリンク数あるいは直径（任意の 2 点間を結ぶ最短リンク数）を推定するモデルが提唱されている．また，Broder, et al. (2000) は，これらの特徴を，図 1 のように蝶ネクタイ構造で示した．すなわち，相互に強連結であり大部分を

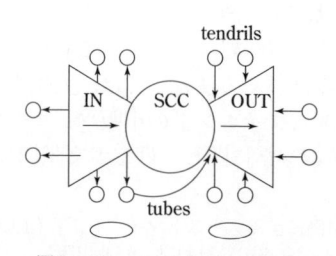

図 1　disconnected components

占めるコア，コアへのリンクをもつがコアに属していない IN，逆にコアからリンクを張られるがコアへのリンクをもたない OUT とその他の部分という大別である．

●**テキストマイニングによる類似性**　検索エンジンなどでは，構造よりも個々のページの類似性に基づき，適切なページ群（あるいはそのポインタ）の迅速な提供が肝要である．ページの主な構成要素はテキストであり，処理の対象として適している単位は単語である．比較の対象となるテキストに構文解析，形態素解析を施した上で，テキスト内に出現する単語について，テキストをレコードに，出現単語をアイテムとすると，出現単語に関するベクトル $d=(\omega(1), \omega(2), \cdots, \omega(|d|))$ をテキストごとに考えることができる．この場合，出現順序は失われるが，以後の取り扱いが容易になる．出現単語の集合 $\omega(t) \in V$ は 'bag of words' とよばれる．

ベクトルで表現したテキストの集合類似性指標として，内積 $\cos(x, y) = x^T y / (\sqrt{x^T x} \cdot \sqrt{y^T y})$ が古典的アプローチとして考えられる．さらに，テキスト中の出現頻度 n_{ij} をベクトルの要素として $|d|$ で除したものを 'TF' (Term Frequencies) とよび，$TF_{ij} = n_{ij}/|d|$ と書く．また，対象とするドキュメントの集合を $D=(d_1, d_2, \cdots, d_n)$ とし，$\omega(t)$ を1つ以上有するテキストの数を n_t としたとき，各文書における単語の頻度とドキュメント全体での単語の重要性をあわせて示す指標 'IDF' (Inverse Document Frequences) を，$IDF_t = \log(n/n_t)$ と定義して用いることにする．

これらから，ドキュメント d_i における ω_j の TF・IDF 重みを $x_{ij} = TF_{ij} \cdot IDF_j$（あるいはおのおのを最大値で除した値）として計算し，各単語の適切な重みとして用いる．しかし，探したいテキストが検索語を直接有していない場合，出現単語の重みづけに基づく検索では必ずしも適切な結果が得られない．

このような問題に対して，対象文書ベクトルによる行列 $X = [x_1, x_2, \cdots, x_n]^T$ を考え，X の特異値分解を行い，値の小さなものを0として再構成した $\hat{X}$ を用いてテキストの類似性を検討する手法を「潜在意味解析」とよび，単なる出現単語に基づく探索法やスパース性に対して有効とされている．

このほか，k-最近隣法，サポートベクターマシン，クラスター分析など，統計学における各種の分類法を用いてテキストそのものをカテゴライズし，検索を効率的に行う方法もある．

●**オーソリティとハブネス**　Web 文書間の関連性の手がかりとして，出現単語のほか，文書間のリンクを考えることができる．

関心ある話題にかかわる Web（ルート）ページ群 R とその近傍によるグラフを考える．ルートページ群の親ページの最大数を d とするとき，グラフ S の初期値を R とし，各要素（つまり個々のページ）v について，v からリンクのあるペー

ジ群 ch(v) と，v へのリンクのあるページ群 pa(v)（ただし d より多ければ，その中から，大きさが d となるような任意の部分集合）を，S に加える．

このようにして求めた S を $G=(V, E)$ $(V=S)$ としてグラフ理論の枠組で考える．各頂点 $v\in V$ について，「オーソリティ」$a(v) = \sum_{w\in \mathrm{pa}(v)} h(w)$ と「ハブネス」$h(v) = \sum_{w\in \mathrm{ch}(v)} a(w)$ を考える．オーソリティが大きなページは他の多くのページから参照された重要なページと考えることができ，ハブネスが大きなページはオーソリティの高いページへのリンクを多く含むページとみなせる．両者は再帰的関係にあるが，Kleinberg (1999) により，適切なアルゴリズムを用いることで収束することがわかっている．各頂点におけるオーソリティとハブネスをベクトルで表記すると，アルゴリズムは次のようになる．なお，ϵ とは終了条件を示す正数である．

(1) 要素がすべて1である大きさ $|V|$ のベクトルを $\boldsymbol{a}_0$, $\boldsymbol{h}_0$ とする．
(2) ループ変数 t を $t=1$ とする．
(3) 以下の手順を繰り返す．
　 i) V の要素である頂点 v について，
$$a_t(v) = \sum_{w\in \mathrm{pa}(v)} h_{t-1}(w), \quad h_t(v) = \sum_{w\in \mathrm{ch}(v)} a_{t-1}(w)$$
　　 を得る．
　 ii) $\boldsymbol{a}_t = \boldsymbol{a}_t / \|\boldsymbol{a}_t\|$, $\boldsymbol{h}_t = \boldsymbol{h}_t / \|\boldsymbol{h}_t\|$ とする．
　 iii) $t=t+1$ として，$\|\boldsymbol{a}_t - \boldsymbol{a}_{t-1}\| + \|\boldsymbol{h}_t - \boldsymbol{h}_{t-1}\| < \varepsilon$ を満たすまで繰り返す．

一方，Page, et al. (1998) では，各 Web ページに対して，「ページランク」とよばれる

$$r(v) = \alpha \sum_{w\in \mathrm{pa}(v)} \frac{r(w)}{|\mathrm{ch}(w)|}$$

のような重み $r(v)$ を1つだけ設定する．

親の値が子の数に応じて少なくなる，つまり親となるページからのリンクが多いほど数値が小さくなる点が，オーソリティとの相違点である．行列表記で書くと，$\boldsymbol{r} = \alpha \boldsymbol{B}\boldsymbol{r} = \boldsymbol{M}\boldsymbol{r}$ となる．グラフの隣接行列が $\boldsymbol{A}$ のとき，$\boldsymbol{B}$ は

$$b_{uv} = \begin{cases} \dfrac{a_{uv}}{\sum_w a_{uw}} & (\mathrm{ch}(u) \neq 0) \\ 0 & (\text{それ以外に}) \end{cases}$$

で表すことができる．このとき，r は，固有値 α に対応する $\boldsymbol{B}$ の固有ベクトルである．

ページランクの式から，$\boldsymbol{r}_t = \boldsymbol{M}^T \boldsymbol{r}_{t-1}$ というマルコフ連鎖のような関係式を考えることができるが，リンクが単純に循環している場合や親をもたないグラフな

ど，そのままでは用いることができない．このような点を考慮したアルゴリズムは次のとおりである．入力は非負正方行列 M と次元数 n のほか，終了条件を示す ε，出力は x_t である．

ⅰ）成分がすべて $1/n$ である n 次ベクトル z を初期値 x_0 とおく．また，ループ変数 t を $t=0$ とおく．

ⅱ）t を 1 増やし，$x_t = M^T x_{t-1}$ とする．

ⅲ）$d_t = \|x_{t-1}\|_1 - \|x_t\|_1$ とし，x_t を $x_t + d_t z$ で置き換える．

ⅳ）$\|x_{t-1} - x_t\|_1 < \varepsilon$ となるまで，ⅱ）以下を繰り返す．

d_t は，出力のないノードに伴って失われる順位の量にあたり，アルゴリズム中では，M が確率行列となるための役割を担っている．このアルゴリズムが収束しない，周期性をもつグラフを含めて定式化した

$$r_t = [\varepsilon H + (1-\varepsilon) M]^T r_{t-1}$$

が一般的なページランクとして知られている．ここに，H は $H = (h_{ij})$，$h_{ij} = 1/n$ である．

●**Web サーバーログの解析**　ここまでに紹介した諸例のほか，Web サーバに蓄積されるアクセス履歴（サーバログ）に対してマルコフモデルを適用し，ユーザの閲覧行動を予測したり，E-コマースサイトなどで，閲覧する Web ページの傾向が似ているユーザについて，過去の購買履歴を用いた協調フィルタリングにより，関心が高いと思われる商品を自動的に選び出すような研究や実践例についても，多くの報告がある．これらは，Web ページそのものを解析対象としていないが，広義には Web データ解析に含めることが多い．

なお，Web サーバログの解析において，履歴のみで個人を確実に特定するためには認証機構が必要であったり，E-コマースサイトでは購入される商品よりも閲覧される商品が圧倒的に多いことから，各ユーザの購買履歴を行列で表現する際には，Web 構造の解析と同様，スパース性が問題となるなど，必ずしも統計学的な見地に依らない，さまざまな技術的課題がある．　　　　　　　　　［南　弘征］

参考文献
[1] Baldi, P., et al., 2001, *Modeling the Internet and the Web*, Wiley.（水田正弘，他（訳），2007,『確率モデルによる Web データ解析法』森北出版）
[2] Broder, A., et al., 2000, Graph structure in the Web. In *Proc. of 9th International World Wide Web Conference* (WWW 9), *Computer Networks*, **33**, 309-320.
[3] Kleinberg, J., 1998, Authoritative sources in a hyperlinked environment. In *Proceedings of 9th Annual ACM-SIAM Symposium on Discrete Algorithms*, ACM Press, 668-677.
[4] Page, L., et al., 1998, *The PageRank citation ranking: bringing order to the Web*. Technical Report, Stanford University (http：//www-db.stanford.edu/~backrub/pageranksub.ps).

空間情報と空間統計

●**空間情報** 「空間情報」とは，位置情報（緯度経度など位置を表す情報）と属性情報（対象に関する特性を表す情報）を併せもった情報である．点で表現される点オブジェクトの場合にはその座標値（緯度経度，x-y座標など）が位置情報となるが，線で表現される線オブジェクトや面で表現される面オブジェクトの場合には線や閉曲線の形状を表現するパラメータ（例えば，頂点集合）が位置情報となる．点，線，面オブジェクトのデータ形式はポリゴンデータとよばれる．

データの並び自体に位置を代表させることもある．例えば，画像情報は一定間隔毎の点あるいは領域を代表する位置に属性情報に対応した色彩情報を付加した情報である．このようなデータ形式はラスターデータとよばれる．「地理情報システム」（GIS）は特にポリゴンデータを扱うことに優れたソフトウェアであるが，ラスターデータとの重ね合わせができるものも多い．

●**電子地図** 空間情報のデータソースとしてしばしば用いられるのは，数値地図やディジタル住宅地図などディジタル化された地図である．これらは，空間情報の種類ごとにレイヤー管理されており，さまざまな主題図を作成・表示するのに利用できるデータとなっている．

●**空間統計** 空間統計は空間で起きる事象の理解のために空間情報を統計的に分析する手法体系である．空間分布パターンを分析する場合には，統計的な性質が比較的わかりやすいような参照となる状態からの乖離をもって検定することが多い．例えば，点や線がランダムに分布した状態と比較して，有意に特定の配置に近い場合に統計的に有意であると判断することとなる．特に点分布パターンは，線などに比して空間統計上の発達が進んでいる．

また，大気汚染物質の濃度など，空間的に分布する数値がどのような傾向にあるかを分析することもある．このための典型的な手法としては，地球統計学，その中でも空間補間法としての「クリギング」が有名であり，またそれとは別に空間計量経済学がある．

●**点分布パターン** 点分布分析の代表的な手法としては，点が完全にランダムに分布した場合を参照とする分析手法がある．2次元上での完全空間ランダムな状態とは，どこでも互いに独立で一様に点が存在しうる状態である．ある閉領域内に存在する点の個数の期待値がその面積のみに比例する．点の密度を λ とすると，面積 A の領域内に含まれる点の数の分布は，平均値 λA のポアソン分布に従う．そのような場合と比較して，現実の点分布の統計量が有意に異なるかどうかで，点分布の傾向を検定することができる．対象地区を等面積の小地区に区切っ

てその中の点の数の分布から分析する区画法やそれぞれの点から一定距離にある点の数の分布で分析するK関数法が有名である．K関数は，λ を点の密度，E を期待値のオペレータとするとき，$K(h)=\lambda^{-1}E$（距離 h 以内にある点の数）と定義される．無限平面上における $K(h)$ は容易に計算できるが，境界がある場合には一般には算出が難しく，モンテカルロ・シミュレーションの結果と比較されることも多い．特にK関数法はGISのバッファリング（一定距離膨張させる操作）と親和的であり，GISを用いた数値解析に向いている．

●**地球統計学** 地質学などから発達してきた統計手法で，例えば平面上に連続的に分布する値があるランダム過程から実現したものであると仮定して，もとの過程に関する特徴量を求める手法である．例えば，ある位置 s における値とそこからベクトル h だけ離れた $s+h$ における値との差の分散値はバリオグラムとよばれ，地球統計学では重要な特徴量である．この性質からさまざまなランダム過程モデルを生成することができる．クリギングとは既知の測定点の値から別の地点の値を推計する手法である．特に地球統計学上の特質を加味した最良推定量のあり方が提案されている．

●**空間計量経済学** クリギングは既知の観測値のみから推定する手法であるのに対して，空間計量経済学では，注目する値を当該地点で観測される別の変数の値から推定する式を求める．例えば，不動産地価を，当該不動産に関する様々な特徴量を説明変数として推計する場合がそれにあたる．通常の（ヘドニック）回帰分析と異なるのは，被説明変数も説明変数も空間情報であることから，例えば空間的に近い場合には，変数の値も類似の傾向があるといった空間的な相関関係があることを前提にしていることである．そのため，変数どうしの空間相関ないしは誤差項の空間相関の効果を加味した推定が必要となる．

●**線分布パターン** 線分布分析は点分布分析ほど一般的な手法ではないが，例えば直線がランダムに分布したパターンとの違いを分析する方法がある．直線がランダムに分布した状態としては，原点から直線におろした垂線の足までの距離が一様に分布し，かつ，垂線の足までの角度も一様に分布する場合を考えることができる．この場合に，直線の密度 λ は，長さ1の線分に交わる直線の数の期待値として定義され，そのときの直線で区切られた多角形領域の面積 A，周長 L，辺の数 N の期待値は，$E(A)=4/(p\lambda^2)$, $E(L)=4/\lambda$, $E(N)=4$ で与えられる．

［浅見泰司］

📖 **参考文献**
[1] Anselin, L., 1988, *Spatial Econometrics: Methods and Models*, Kluwer Academic Publishers.
[2] Cressie, N. A. C., 1991, *Statistics for Spatial Data*, John Wiley & Sons.
[3] Ripley, B. D., 1981, *Spatial Statistics*, John Wiley & Sons.
[4] Santalo, L. A., 1976, *Integral Geometry and Geometric Probability*, Addison-Wesley.

空間データと政策学

　ひとくちに「政策学」といっても，「政策科学」的な方法と「総合政策」的な方法がある．前者は，政府など公的機関の政策を対象に，既存社会科学に基礎を置いて，政策に関連する社会事象を分析・理解し，学際的な学問融合領域の確立を目指す点に特徴がある．他方後者は，既存の政策の範囲や活動主体を拡大してガバナンス論の視点を取り入れ，エビデンスに基づく「問題発見・解決」のプロセスを重視し，制度設計における意志決定のメカニズムを明らかにすることで，新しい制度の構築を目指している．近年の政策研究では，限られた標本データを使い活動主体や地域の異質性を考慮した分析例や空間統計学の応用例が増えつつある．

●**空間的な近接性**　距離（直線距離，時間距離）などをインピーダンスとして，地点あるいは地区 i の属性 x_i について，代表点間の空間的な近接性を示す指標として，Moran's I 指標

$$I = (n/\sum\sum w_{ij})(\sum\sum w_{ij}(x_i-\bar{x})(x_i-\bar{x})/\sum(x_i-\bar{x})^2)$$

や Geary's C 指標が知られている（$\bar{x}$ は x_i の平均値）．地区属性の類似性と空間近接性を同時に示す指標として Local Moran's I も使われる．これらの指標では，地点 ij 間の重みづけ要素 w_{ij} で構成される空間重み付け行列 W を用いて空間的な近接性が表現される．犯罪発生数や要因別死亡数などの社会経済データを用いて，これらの事象に地理的な偏りがないか，どの地域で集中的に対策を講じればよいかを判断する材料として応用できる．情報社会学分野では，インターネット社会における人のつながり度合を示す指標としても，空間近接性指標が用いられる．

●**クリギング**　観測されたポイントサンプリングデータを用いて，観測されない地点の空間データを内挿し，面的な予測をする方法として，「クリギング」が知られている．代表的な手法として，単純クリギング，通常クリギング，普遍クリギング，コ・クリギングなどの方法が提案されている．保健衛生分野では感染症データ，環境政策分野では pH や騒音といった環境指標データ，計量経済分野や不動産分野では地価データなど，空間的に連続して影響を与えると考えられるデータの分析に適用される．

　空間内挿の前処理として，地点間の距離に対する属性の変動分布を，セミバリオグラムなどで表す．セミバリオグラムモデルを推定することにより，地点属性の空間従属性の強弱を把握できる．セミバリオグラムモデルには，指数モデル，球形モデル，ガウスモデルなどの関数が適用される．空間的な異質性を考慮するため，異方性を考慮したクリギングや，セミバリオグラムモデルをベイズ推定するベイズ・クリギングなども用いられる．

●**空間点過程分析** 空間疫学では疫病の集積性，空間的なクラスターを検知する空間点過程分析手法として Kulldorff and Nagarwalla's statistic や Besag and Newell's statistic などの空間スキャン分析手法が知られている．また空間集積性を仮説検定する方法として，Stone 検定や Tango 検定などが用いられる．

空間点過程分析は，しばしばホットスポットの検出に用いられる．近年，GPSや RFID，Wi-Fi などを用いた行動軌跡データの蓄積が容易になっており，観光客や施設来訪者のホットスポット検出などマーケティング分野でも応用される．

●**空間計量経済学** 時系列モデルにおける時系列相関の考え方を援用して，変数や誤差項について空間的な系列相関を回帰モデルに取り入れた分析手法が提案されており，計量経済学分野では空間計量経済学として体系化されている．

地点間・地区間の属性や誤差項に対して，空間重み付け行列を用いることにより，属性や誤差項の空間的自己相関を表現する．空間誤差モデル，空間自己回帰モデル，空間誤差モデルと空間自己回帰モデルを統合する空間回帰モデル，ランダム効果の空間相関を表現する「条件付き自己回帰モデル」(CAR) などが提案されている．CAR モデルはしばしば空間疫学や保健衛生分野で応用されている．

空間的な異質性を表現するモデルとして，地理的加重回帰モデル (GWR) が知られている．計量政治学分野では，空間プロビットモデルを GWR に拡張し，選挙時の投票行動モデルに応用した例もある（図1）． ［古谷知之］

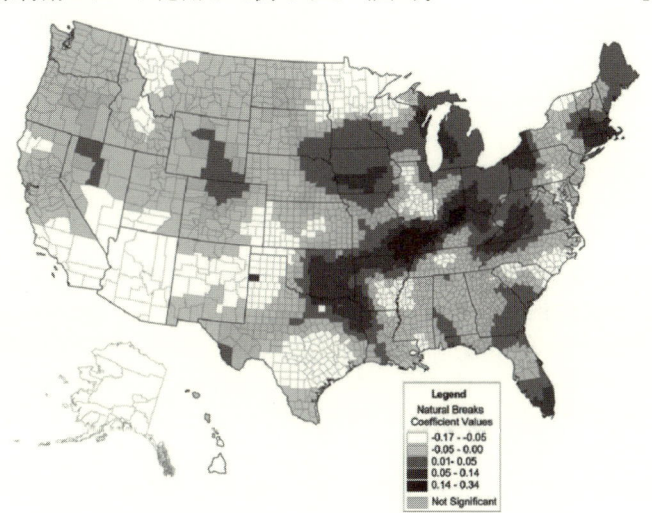

図1 合衆国大統領選得票率への失業率の影響（回帰係数の空間分布）[1]

📖 **参考文献**
[1] http://www.themonkeycage.org/2009/04/economic_hardship_and_the_2008.html（2009年4月）

コルモゴロフ記述量

「コルモゴロフ記述量」は有限長文字列が有する規則性を表す指標の1つであり，また，文字列を究極の圧縮方法で圧縮したサイズと見なすこともできる．このコルモゴロフ記述量に基づき文字列間の類似度を表す正規化情報距離が提案されている．正規化情報距離は，対象の背景知識を必要とせず，また，個々のパラメータに注目するのではなく包括的に類似度を判定する手法である．さらに，ある種の万能性をもつことも数学的に証明されている．コルモゴロフ記述量は計算可能ではないため，実用的な手法として，比較対象文字列のコルモゴロフ記述量をそれらの圧縮サイズで代用する正規化圧縮距離が提案されている．

●**コルモゴロフ記述量とその基本性質** 1か0をランダムに30回選び長さ30の文字列を生成すると，どの長さ30の文字列も生成確率は等しく$1/2^{30}$である．しかし，例えば，

"111010001101000001010111110010"，"111111111111111111111111111111"

は生成確率が等しいものの，規則性は明らかに異なる．後者は「1が30回連続する」などと簡潔に表すことができるが，前者はそれほど簡潔に表すことはできない．「コルモゴロフ記述量」はこのような有限長の文字列がもつ規則性を表す指標である．有限長文字列Sのコルモゴロフ記述量$K(S)$はSを生成するプログラムの最小サイズと定義される．Sを生成するプログラムをSの表現と見なし，Sの規則性が高ければより小さなサイズのプログラムで生成できると解釈できる．Sそのものをプログラム内部に保持しSをプリントするプログラムのサイズ（Sの文字列長$|S|$に定数を加えたもの）は$K(S)$の上界を与える．$K(S)$が$|S|$からそれほど小さくない場合は規則性が少なく，Sはランダムであるといえる．プログラムサイズは用いるプログラミング言語や計算モデルに依存するが，どの（万能な）プログラム言語を用いてもコルモゴロフ記述量は高々定数しか異ならないことに注意．また，$K(S)$は計算不能であることが証明されている．

圧縮したい文字列が高い規則性を内包しているならば，その規則性を利用することにより圧縮率を上げることが期待される．例えば，内容が文字列xであるファイルXを圧縮方式bzip2で圧縮しファイルX.bz2が得られたとする．X.bz2とbzip2の解凍プログラムbunzip2をひとまとめにして考えると，文字列xを生成するプログラムと見なすことができる．bunzip2のサイズはxのサイズに依存しない定数であるので，定数の差を無視すると，$K(x)$はxをbzip2で圧縮した際の圧縮の限界である．その他の基本性質については，参考文献[1]を参照のこと．

●**正規化情報距離と正規化圧縮距離** 一般的なデータマイニング手法は，特徴抽

出する対象の特性を利用しており，また対象に合わせて多くのパラメータを調整する必要がある．正規化情報距離は，有限文字列間の類似度を表す指標であるが，対象に関する背景知識を必要とせず，対象がもつ特定のパラメータに注目するのではなく包括的に捉えることが特徴といえる．

●**正規化情報量** 文字列 y を補助情報とする文字列 x のコルモゴロフ記述量 $K(x|y)$ を，入力として y が与えられると x を出力するプログラム（y はプログラムの一部ではない）の最小サイズと定義する．y に x に関する情報が多く含まれていれば $K(x|y)$ は $K(x)$ に比べて小さくなると考えられ，y に含まれる x の情報量 $I(x:y)$ を $K(x)-K(x|y)$ と定義する．$I(x:y)$ と $I(y:x)$ は一致しないが，その差は一定の範囲に収まることが証明されており，その差を無視すると対称性をもつ．x と y の「正規化情報距離」$\mathrm{NID}(x,y)$ を
$$\max\{K(x|y), K(y|x)\}/\max\{K(x), K(y)\}$$
と定義する．この $\mathrm{NID}(x,y)$ は $[0,1]$ の値をとり，ある程度の誤差を無視すると距離の公理を満たしている．さらに，ある密度条件を満たす任意の距離 D' に対して，$D(x,y) \leq D'(x,y) + O(1/K)$ であることが示されている．ここで，$K = \min\{K(x), K(y)\}$ である．背景知識を適切に活用しパラメータ調整を行い得られるどのような精緻な距離と比較しても，NID は同程度の性能を有するというのである．つまり，NID はこの意味で万能性をもつといえる．ただし，ある程度の誤差があることに注意しよう．

このように NID は距離の公理を満たし万能性をもつが，計算不能であるコルモゴロフ記述量を用いて定義されている．そこで比較対象文字列のコルモゴロフ記述量を，それらを圧縮したサイズで代用する手法が提案されている．やはりある程度の誤差を無視すれば $K(xy) = K(x) + K(y|x)$ であるので，$K(y) > K(x)$ ならば
$$\mathrm{NID}(x,y) = K(y|x)/K(y)$$
$$= \{K(y) - I(x:y)\}/K(y)$$
$$= \{K(xy) - K(x)\}/K(y)$$
となる．ある圧縮方法 Z で文字列 x を圧縮したサイズを $Z(x)$ で表すと，x と y の正規化圧縮距離 $\mathrm{NCD}(x,y)$ とは $(Z(xy) - \min\{Z(x), Z(y)\})/\max\{Z(x), Z(y)\}$ と定義される．圧縮方法 Z がある条件を満たすとき，ある程度の誤差を無視すると NCD は距離となり NID と同様の万能性を有する（詳しくは参考文献 [2] 参照）．NCD は文字列間の包括的な類似度を表す距離を与え，その計算も容易で，文字列表現をもつ様々な対象に適応できる． ［谷 聖一］

📖 **参考文献**

[1] M. Li & P. Vitányi., 2008, *An introduction to Kolmogorov complexity and its applications* (3 rd ed.), Springer-Verlag.
[2] P. M. B. Vitányi., et al., 2008, Normalized information distance., *Information Theory and Statistical Learning* (Emmert-Streib, et al. ed.), Springer-Verlag, 45-82.

データ解析とソフト

　データ解析を実際に行うためには，データ数が少なければ，電卓などでも可能な場合もあるが，何らかの統計処理・統計解析が可能な「ソフトウェア」が用いられる．データを分析する際に，ソフトウェアが必要となる場面としては，「データ処理」，「データ解析」，「データの視覚化」がある．Excel などの表計算ソフトの分析機能によってもある程度の統計解析は実行できる．例えば，Excel では，平均などの要約統計量の算出，度数分布表の集計，分布関数や分位数の計算などができる関数があり，アドインのデータ分析ツールを用いることにより回帰分析，基本的な検定，分散分析が実施できる．

　統計ソフトウェアとしては，特定の解析手法に対するものから，多くの解析手法が実施できる汎用統計パッケージまで幅広いが，利用者のスキルに応じて分類することもできる．利用者を，エンドユーザ（ソフトウェア利用者），パワーユーザ（若干のプログラムが可能な分析者）と分けると，エンドユーザは 'GUI'（グラフィカル・ユーザ・インタフェース）が用意され，メニューとダイアログボックスから分析を行うソフトウェアが適している．パワーユーザには，コマンドを入力し，プログラミングも可能な統計解析ソフトウェアが適している．

●**汎用統計解析パッケージ**　統計解析を実施するための広範な分析手法とデータ編集，視覚化の機能をもつ統合的な統計解析ソフトウェアで，主要な汎用統計解析パッケージは，仮説検定を含む統計的推測，予測や次元縮約などのための多変量解析手法が準備され，解析対象データに対して，メニューから解析手法を選び，データと解析オプションを指定することにより簡単に分析が実施できる．どのパッケージも多くのデータ形式をサポートし，基本的な統計処理，非常に広範な統計解析手法，統計的グラフ表現を含むグラフの作成機能を有している．

　メニューからの GUI で解析を実施できる商用パッケージ SPSS，JMP，STATISTICA，Minitab，SYSTAT などは，非常に多くの解析手法をカバーし，視覚化の機能も充実しているため初心者にも使いやすい．

　統計用プログラム言語でもある商用パッケージ SAS，S-PLUS，Stata，GPL ライセンスによるフリーソフトウェアである R などはコマンド入力による対話的に分析を行うインターフェイスである．S-PLUS は Windows 版では GUI により解析オプションの指定が容易となり，SAS もアナリストアプリケーションなど GUI による解析環境を提供していて，メニュー中心の統計パッケージと同様に利用できる．これらのソフトウェアでは，パッケージに用意されていない分析手法について独自にプログラミングする際に，行列処理や最適化のための関数は

用意されているため，効率的にプログラミングが可能である．

RはS-PLUSと互換性が高く，フリーソフトウェアながら，汎用統計解析パッケージとして商用のものと比べても機能や処理速度など遜色ない．解析手法の多くはパッケージとして追加することができ，最新のものが世界中の研究者から随時提供されているため，最新の手法がすぐに利用できるようになるという長所がある．Rコマンダーという，GUIにより統計解析が行えるパッケージもあるので，初心者にも使いやすくなってきている．

●**統計解析機能を追加して利用できるソフトウェア**　Excelでは，アドインにより機能追加が可能であるが，商用のソフトウウェアとして統計解析機能のアドインがいくつかある．NAG社のExcel NAG統計解析は，NAGの統計解析ライブラリを利用してExcelから高度な統計解析が実施できる．エスミ社のEXCEL統計解析シリーズは，EXCEL多変量解析など手法・適用分野に応じていくつかのソフトウェアがある．社会情報サービス社のエクセル統計は検定や多変量解析まで多機能であり，これらのアドインによりExcelが汎用統計パッケージとして利用できる．

数値計算言語であるMATLABには，Statistics toolboxやModel-Based Calibration Toolboxがあり統計パッケージとしても利用できる．数式処理システムであるMathematicaには，線形計画法，統計，最適化のパッケージなどがあり，高度な統計処理に関するプログラミングが可能である．

●**視覚化ツール**　視覚化ソフトウェアは，データをグラフ化することにより探索的な解析を行ったり，解析結果を評価するためのグラフ作成が実施できるなど統計解析に密接に関係している．商用のカレイダグラフやSigmaPlotは非常に多くのグラフをサポートしているだけでなく，基本統計量の計算や，検定などの統計解析機能を有している．

多次元データの可視化のためのフリーソフトとして，xgobiの後継であるGGobiがあり，RからはR-GGobiとして利用できる．多次元データの視覚化ツールは商用のものは高額であるが，GGobiはさまざまな角度からデータを探索することができる．

●**データマイニングツール**　データマイニングツールは，大量のデータに対して予測，分類などを行うデータマイニングを行うためのツールとして開発され，機能別のアイコンをつなぎ解析するビジュアルプログラミングのスタイルで解析のフローを残すことができる特徴をもっている．

商用のソフトウェアとしてはSAS Enterprise Miner，SPSSのClementine，S-PLUSを解析エンジンとしマイニング機能を追加したVisual Mining Studioなどがある．非商用ではオープンソースのWekaは機能が多く，Javaで構築されているため，分析のための関数はクラスとしてJavaのプログラムではライブラリとして利用することもできる．

〔山本義郎〕

アソシエーション分析

「アソシエーション分析」の対象となるのは「トランザクション」(取引)である POS データが獲得しやすくなった昨今，重要な課題の1つは蓄積されたデータを有効に活用することである．説明の便利のため，POS データをイメージした架空のデータを表1に示す．通常このようなデータを「マーケット・バスケット・トランザクション」とよぶ．表1の各行をそれぞれ1つの「トランザクション」(取引)，あるいはバスケットとよぶ．

「アソシエーション分析」は，百貨店や店舗などで集めている表1のような

表1　買い物バスケットの事例

TID	アイテム集合
1	{パン，牛乳，ハム，果物}
2	{パン，おむつ，ビール，ハム}
3	{ソーセージ，ビール，おむつ}
4	{弁当，ビール，おむつ，タバコ}
5	{弁当，ビール，オレンジジュース，果物}

TID はトランザクションの ID

トランザクションデータを活用するために，バスケットの中の商品間の関連性について分析を行う方法として開発されている．アソシエーション分析は，表1に示すような，トランザクションデータから，頻出するアイテムの組合せの規則を漏れなく抽出し，その中から興味深い結果を探し出すことを主な目的としている．

アソシエーション分析は，1990年代の初め頃に英国の有力百貨店マークス&スペンサーの店舗で集めているデータの活用に関して相談を受けたことをきっかけとして，IBM 研究所が研究を始め，'Apriori'（アプリオリ）というアルゴリズムを開発したといわれている．Apriori アルゴリズムは，巨大なデータベースからアソシエーション・ルールを抽出することを実現し，データマインニングの実用化に向けて大きく一歩前進した．その後，このアルゴリズムを改良したいくつかのアルゴリズムが公開されている．アソシエーション分析のアルゴリズムには，アソシエーション・ルールを返すものと頻出アイテムセットを返すものがある．アルゴリズムの詳細に関しては参考文献[1]などを参照されたい．

●アソシエーション・ルール　買い物をする際には，商品の組合せに何らかの関連，あるいは規則をもつケースは少なくない．トランザクションデータベースに頻出するアイテム間の何らかの組合せの規則をアソシエーション・ルールとよぶ．この規則は「連関ルール」，「関連ルール」，「相関ルール」などと訳される．

「商品 A を買うと商品 B も買う」のようなルールを簡潔に，{A}⇒{B} と表すことにする．アソシエーション・ルールは，通常 $X \Rightarrow Y$ の形式で表す．ルールの「⇒」の左辺を条件部（LHS），右辺を結論部（RHS）とよぶ．最も広く知られている相関ルールを検出するアルゴリズムは Apriori である．説明のためにまずア

ソシエーション・ルールを検出する際の評価指標を紹介しよう．

●**アソシエーション・ルールの評価指標** データベースの中からアソシエーション・ルールを検出する際，何らかの評価指標が必要である．広く用いられている指標としては支持度，確信度，リフトがある．

データベースは，トランザクションの集合 $D=\{t_1, t_2, \cdots, t_M\}$ であり，各々のトランザクションは，アイテム集合 $I_{\text{all}}=\{i_1, i_2, \cdots, i_k\}$ の子集合により構成されている．つまり，任意のトランザクション t_j は，アイテムの集合 I をもつ（$I \subseteq I_{\text{all}}$）．かつその子集合は空集合ではない．データベースから検出するアイテムのアソシエーション・ルール $X \Rightarrow Y$ は，$X, Y \subseteq I$ かつ $X \cap Y = \phi$ であることが必要である．

アイテム集合 X を含むトランザクションの数を X の「支持度数」とよび，$\sigma(X)$ を用いて表す．例えば，表1の中には $X=\{$おむつ，ビール$\}$ を含むトランザクションは3つあるので，その支持度数は $\sigma(X)=3$ である．

ルール $X \Rightarrow Y$ の「支持度」は，アイテム集合 X と Y を含むトランザクションが全体の中に占める比率

$$\text{supp}(X \Rightarrow Y) = \frac{\sigma(X \cup Y)}{M}$$

と定義する．「確信度」とは，アイテム集合 X と Y を含むトランザクションの数 $\sigma(X \cup Y)$ を，条件 X を含むトランザクションの数 $\sigma(X)$ で割った値

$$\text{conf}(X \Rightarrow Y) = \frac{\sigma(X \cup Y)}{\sigma(X)} = \frac{\text{supp}(X \Rightarrow Y)}{\text{supp}(X)}$$

である．「リフト」は，確信度を結論部のトランザクションの数 $\sigma(Y)$ が全体の中に占める比率 $\text{supp}(Y)$ で割った値

$$\text{lift}(X \Rightarrow Y) = \frac{\text{conf}(X \Rightarrow Y)}{\text{supp}(Y)}$$

で定義する．これは $\Pr(X \cup Y)/\Pr(X)\Pr(Y)$ の近似値である．

例えば，$X=\{$おむつ$\}$，$Y=\{$ビール$\}$ とすると，表1のデータにおいては $\sigma(X)=3$, $\sigma(Y)=4$, $\sigma(X \cup Y)=3$, $M=5$ であり，支持度，確信度，リフトはそれぞれ

$\text{supp}(X \to Y) = 3/5 = 0.6$, $\text{conf}(X \to Y) = 3/3 = 1$, $\text{lift}(X \to Y) = 1/(4/5) = 1.25$

である．

支持度が低いほど，そのルールが現れる比率が低い．しかし，アイテム数が多い，大きいデータベースの中では，個別のアイテムの支持度が非常に高いことは期待できない．ルールの評価は支持度，確信度，リフトを総合的に考慮する．

例として，表1の架空のデータにおける支持度上位6つのルールを表2に示す．結果は，左からルールの条件部（LHS），結論部（RHS），支持度，確信度，リ

表2　買い物バスケットの支持度上位6つのルール

	LHS	RHS	支持度	確信度	リフト
1	{ }	⇒ {ビール}	0.8	0.8	1.000000
2	{おむつ}	⇒ {ビール}	0.6	1.0	1.250000
3	{ハム}	⇒ {パン}	0.4	1.0	2.500000
4	{パン}	⇒ {ハム}	0.4	1.0	2.500000
5	{弁当}	⇒ {ビール}	0.4	1.0	1.250000
6	{ソーセージ}	⇒ {おむつ}	0.2	1.0	1.666667

フトの順に並べて返されている．支持度が最も高いアイテムは{ビール}で，支持度が最も高いルールは{おむつ}⇒{ビール}である．

●**アンケート調査への応用**　近年，アソシエーション分析はPOSデータに限らず，アンケート調査[2]やテキスト型データ[3]などにも応用されている．アンケート調査データの分析の例としては，アメリカのサンフランシスコ・ベイエリアの，あるショッピングモールの顧客9,409人が回答した表3の項目に関するアンケートの分析の例を表3に示す．また，結論部が高収入(income＝$40,000＋)であり，

表3　アンケート票の項目とデータ尺度

項目番号	項目	変数の数	データのタイプ
1	収入（income）	9	順序
2	性別（sex）	2	名義
3	結婚歴（marital status）	5	名義
4	年齢（age）	7	順序
5	学歴（education）	6	順序
6	職業（occupation）	9	名義
7	ベイエリアでの居住歴（years in Bay Area）	5	順序
8	夫婦収入（dual income）	3	名義
9	家族の数（number in household）	9	順序
10	子供の数（number of children）	10	順序
11	居住家屋状況（householder status）	3	名義
12	家の形態（type of home）	5	名義
13	人種の分類（ethnic classification）	8	名義
14	自宅での使用言語（language in home）	3	名義

表4　表3の例の支持度上位3つのルール

	LHS	RHS	支持度	確信度	リスト
1	{occupation＝professional/managerial, householder status＝own}	⇒ {income＝$40,000＋}	0.1384526	0.8074640	2.138722
2	{occupation＝professional/managerial, householder status＝own, language in home＝english}	⇒ {income＝$40,000＋}	0.1336533	0.8075571	2.138969
3	{dual incomes＝yes, householder status＝own}	⇒ {income＝$40,000＋}	0.1260908	0.8156162	2.160315

支持度上位3つのルールを表4に示す．

●**頻出アイテムの抽出**　アソシエーション・ルールや頻出アイテムを抽出するアルゴリズムの基本は，木構造のデータ検索である．木構造検索アルゴリズムは，大きく分けて，幅優先検索（BFS）と深さ優先検索（DFS）に分けることができる．AprioriアルゴリズムはBFSの方法でトランザクションをスキャンする検索アルゴリズムに属する．DFSの方法でアイテムをスキャンする方法としては，頻出アイテムを検索するアルゴリズムEclatがある．これらの違いは，コンピュータのメモリの占用や計算時間に関わる問題であるので，深い議論は省略する．

実証研究によると，Eclatアルゴリズムは，最小支持度の減少による性能の悪化がAprioriより少ないが，頻出アイテムが多いときには，性能が悪くなる可能性があると指摘されている．頻出アイテム抽出のEclatアルゴリズムによる表1のデータについて検索した結果の一部を例として表5に示す．

表5　Eclatアルゴリズムによる表1のデータ検索

	アイテム	支持度
1	{おむつ，ビール}	0.6
2	{ビール，弁当}	0.4
3	{パン，ハム}	0.4
4	{ビール，ソーセージ}	0.2
5	{おむつ，ソーセージ}	0.2

また，例としてEclatアルゴリズムによる表3のデータについて高収入（income＝$40,000＋）である支持度上位3つの結果を表6に示す．

表6　Eclatアルゴリズムによる表3データ高収入支持度上位3つ

	ms	支持度
1	{income＝$40,000＋, ethnic classification＝white, language in home＝english}	0.2789412
2	{income＝$40,000＋, type of home＝house, language in home＝english}	0.2613438
3	{income＝$40,000＋, number in household＝1, language in home＝english}	0.2523269

アソシエーション分析の基本アイディアは，アイテムの共起を何らかの評価指標に基づいて検索し，興味ある組合せをみつけることである．　　　　［金　明哲］

参考文献
[1] Han, J., and Kamber, M., 2006, *Data Mining*, Morgan Kaufmann.
[2] 金　明哲，2007，『Rによるデータサイエンス』森北出版．
[3] 金　明哲，2009，『テキストデータの統計科学入門』岩波書店．

コラム：計算統計学

　計算統計学は，従来の統計処理や統計計算が困難な問題についてコンピュータを用いて解決することを目指す統計科学と計算科学の複合領域である．1970年代から研究が活発になり，1980年代から多くの大学や研究機関で計算統計学の研究センター，学会では専門部会などが設立され，専門の論文誌を発行するようになった．

　日本には計算機統計学会（http://www.jscs.or.jp/）が1986年に設立され，その英語の名はJapanese Society of Computational Statisticsであり，「計算機」という用語は使用されていない．これは，学会成立当時には「計算統計」が「計算機統計」よりなじまないと判断したためであろう．

　Springer社から発行している国際論文誌Computational Statisticsは今年26巻になるので，発行し始めたのが日本計算機統計学会の設立とほぼ同時期になる．少し遅れて同社からStatistics and Computingという国際論文誌も発行している．近年の動向をみるため，両論文誌の論文タイトルの語句を集計してみたところ，方法論に関してはBayesianが最も多く，次がMCMCである．計算統計学でもベイズブームであることがわかる．論文のタイトルの中でBayesian, MCMC, EMと2回以上共起する自立語のネットワーク図を図1に示す．エッジ上の数値は共起の回数である．　　　　　　　　　　　　　　　　　　　　　　　　　　　　　　［金　明哲］

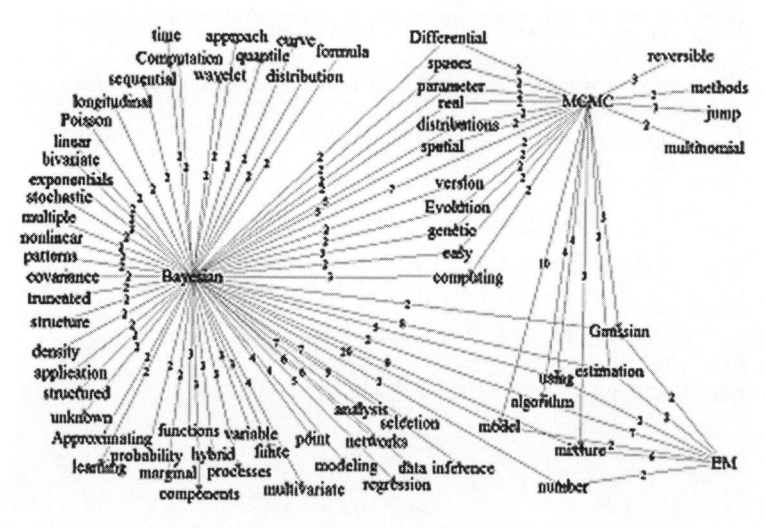

図1

3. 経済統計

　経済統計の扱う対象は主として政府機関が作成する公的統計である．調査または行政資料に基づいて作成される公的統計は，主観的な意見も重要な対象として作成される社会調査などの統計と大きく異なる性格をもつ一方で，実験に基づいて得られる統計とも分析方法が異なる点がある．

　経済統計については次のような分類が有用である．まず複雑な経済構造を明らかにするために5年程度の周期で実施される統計調査と，毎月の経済動向を明らかにするための調査の別がある．次に，個人や企業などに対する調査を通じて作成される統計と，出生届けや通関業務などの行政資料を用いて作成される統計にも性格に違いがある．さらにさまざまな統計を組み合わせて得られるGDPのような加工統計もある．

　本章では経済活動を把握するための基本的な統計を対象として，それらの作成方法と意義について紹介する．客観性が高い指標とはいえ，個々の経済統計に関しては，誤用を避けるために留意すべき点も少なくない．　　　［美添泰人］

経済の構造統計と動態統計

社会，経済について主要な情報源として，世帯や企業などに関する網羅的な統計である構造統計と，時間的な変化を概観する動態統計の区別が有用である．構造統計は，全数調査（センサス）あるいはそれに準じる形で実施され，その費用が大きいため，多くは3年ないし5年に1度の周期で実施される．世帯と個人に関する構造統計の代表である国勢統計調査は5年ごとに実施され，数百億円の費用を要する．2005年の国勢統計調査では約83万人の調査員が調査票を世帯ごとに配布し取集したが，費用の大部分はこれらの非常勤公務員に対する人件費である．労働と消費の主体である世帯を対象とした調査の他，生産の主体である企業および事業所を対象とした大規模な構造統計調査もある．消費と生産は経済の主要な構成要因であるが，最近では文化などの側面も重要性を増している．

●**構造統計の必要性** 人口や企業数などは統計調査を実施するまでもなく明らかな部分もあり，アメリカなどの住民登録制度のない国の場合はともかく，日本では住民基本台帳を利用すれば十分であるという意見もある．実際，国全体の人口について2000年の分析結果をみると，国勢調査では10月1日の人口が1億2,562万人であるのに対して，住民基本台帳では3月31日の人口が1億2,618万人と，ほぼ一致している．集計の時点に差があることを考えれば，56万人，0.5％の数値の違いは非常に小さいといえよう．しかし，都道府県別，年齢別，性別にみると，顕著な違いがある場合も少なくない．同じ2000年の結果によれば，13都府県において人口総数で2万人以上の違いがある．また性別，年齢階級別ではその差はさ

表1 人口の国勢調査 A と住民基本台帳 B との差 $(B-A)/A$（単位：％）

年齢（歳）	東京都	京都府	大阪府	福岡県	茨城県	和歌山県	宮崎県
10～14	1.54	0.10	0.52	0.43	0.41	0.75	0.25
15～19	−7.55	−8.19	−4.34	−4.19	3.08	6.54	4.19
20～24	−7.24	−9.91	−3.21	−2.16	6.60	13.93	9.76
25～29	2.61	1.96	1.93	2.34	2.31	4.57	2.81
30～34	3.58	2.36	2.62	2.04	2.62	3.86	1.73

表2 我が国の主要な構造統計調査

名称	対象	周期	内容
国勢調査	世帯・個人	5年	全世帯
住宅・土地統計調査	世帯・個人	5年	360万ないし400万世帯
経済センサス	事業所および企業	5年	活動調査と基礎調査，全事業所・企業
法人企業統計調査	法人企業	毎年	営利法人（大規模企業は全数，中小は標本調査）
企業活動基本調査	商業・製造業企業	毎年	大企業対象の全数調査
工業統計調査	製造業事業所	毎年	全数（小規模事業所を除外する年もある）
商業統計調査	商業事業所	5年	全数，中間年に簡易調査

らに大きくなる．例えば，表1のように京都府の20〜25歳では約10％の違いが生じている．このようなことから，学校など教育施設の設置や介護対象となる年齢の人口など，現実的な政策を実行する上で必要な情報を得るためには統計調査が必要と認められている．このことは企業や事業所についても同様であり，法務省に登記されている会社法人数と，実際に税務申告をしている法人数の間には10％程度の違いがある．以上のように，大規模構造統計調査が実施される最も重要な目的は，国全体の構造を明らかにすることである．

●**変数間の関係と名簿情報の重要性**　また，住民登録などでは把握できない重要な事項が多数存在する．例えば教育水準，職業，居住地域，婚姻関係など，複数の変数間の関係を明らかにすることは，今後の職業訓練などの必要性を判断するうえで欠かせない項目であるが，これらは住民登録や土地，建物の登記などさまざまな行政情報を集計したとしても完全とはいえない．そのことは，婚姻関係とは内縁関係なども含めた実際の状態を把握するものであること，就業状態とは短時間のパート・アルバイトなど雇用保険が適用されないものも含まれることなど，統計調査における基本的な概念を知れば，よく理解されるであろう．表2は我が国の主要な構造統計を示したものである．

一方，いかに正確な数値が求められるとはいえ，費用の点から，全数調査として実施される統計には限りがある．そのため，ほとんどの調査においては標本調査が導入されている（「標本調査の基礎」参照）．少ない費用で正確な標本調査が実施されるためには，正確な名簿が必要であり，地域ごとの世帯数，商業店舗数や製造業の工場数などを利用して標本を抽出するためには，古い名簿では不適切である．さらに，世帯調査の例では，勤労者世帯と自営業者世帯の比率や持ち家の比率，あるいは世帯主の年齢などを考慮して，母集団を適切に反映する調査対象が選ばれる．こうすることによって，標本調査の正確性が増し，調査の費用を軽減することが可能となっている．構造調査の結果から得られる家計や企業，事業所の名簿は，標本調査を実施するためにも重要な役割を果たしている．

●**月次の動態統計**　主として景気動向を知るために利用される統計は，速報性が要求されるため，月次で作成される．ただし，法人企業の決算情報を利用する統計など，四半期で作成されるものもある．製造業の活動状態を把握する鉱工業生産指数，失業率を捉える労働力調査，収入と支出を捉える家計調査，総合的なGDPに関する速報などが主要な動態統計である．これらは構造統計そのものではなく，そこで整備された名簿を利用して実施される標本調査に基づいて作成されている．この他にも，貿易統計や出生・死亡統計など，行政資料を利用して作成される統計の中にも重要なものは少なくない．　　　　　　　　　　　　　　　　［美添泰人］

📖 **参考文献**
[1] 政府統計の総合窓口 http://www.e-stat.go.jp/
[2] 中村隆英，他，1992,『経済統計入門 第2版』東京大学出版会．

国勢調査

　国勢調査は，我が国の人口や世帯の姿を明らかにする国の最も基本的な統計調査である．2005年国勢調査の結果，我が国の総人口が戦後初めて前年に比べ減少し，我が国が「人口減少社会」に突入したことが判明した（図1）．

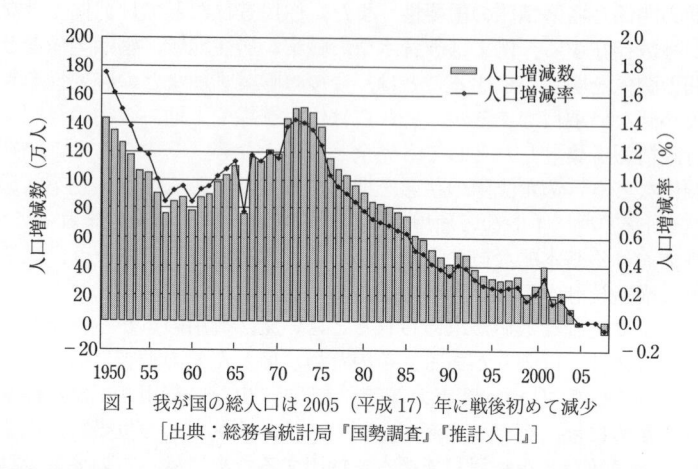

図1　我が国の総人口は2005（平成17）年に戦後初めて減少
［出典：総務省統計局『国勢調査』『推計人口』］

●**国勢調査の意義・役割**　国勢調査は，基幹統計である国勢統計を作成するために行う人および世帯に関する全数調査であり，1920年以来，5年ごとに実施されている．国勢調査の結果は，衆議院の選挙区の画定基準や地方交付税の交付金額の算定基準など，法定人口として多くの法令に利用が規定されているほか，各種行政施策や学術・研究などに幅広く活用されている．このような重要性から，統計法第5条において，国勢調査の実施を総務大臣に義務付けている．

　国勢調査は全数調査として行われているが，これは，市区町村やさらに細かい地域の統計を提供する必要があること，個人や世帯を対象とする各種標本調査の標本設計に用いる母集団情報を提供する必要があることなどによる．また，国勢調査は実地調査として行われているが，これは，我が国の人口や世帯の状況を居住の実態に即して明らかにする必要があること，登録ベースの住民基本台帳などの行政情報をもって国勢調査結果に代えることはできないことなどによる．

●**国勢調査の仕組み**　国勢調査は，我が国に居住するすべての人を対象に，総務省統計局→都道府県→市区町村→国勢調査指導員→国勢調査員の流れで，10月1日に全国いっせいに行われる．人口の捉え方は，普段住んでいる場所で調査する常住地方式であり，調査期日現在にいる場所で調査する現在地方式ではない．集

められた調査票は、独立行政法人統計センターで集計され、その結果は、速報集計、基本集計、抽出詳細集計などの区分により、順次公表される。また、国勢調査の調査項目は、統計利用者のニーズや記入者の負担などを考慮して設定され、西暦の末尾が0の年に実施される大規模調査ではおよそ22項目、5の年の簡易調査ではおよそ17項目となっている。これにより、人口ピラミッドを始め、配偶関係、労働力状態、産業・職業、昼間・夜間人口、国籍などの我が国の実態が明らかになる。調査環境に関しては、個人情報保護に関する国民意識の変化、生活様式や居住形態の多様化などを背景に、調査員が世帯と接触できなかったり、世帯からの協力が得られにくい事例が発生している。このため、2010年国勢調査では、調査票の郵送提出方式やインターネット回答方式の導入、幅広い分野の関係者の連携・協力体制の整備などの取り組みが行われた。正確な国勢調査の結果を得るためには、調査に対するすべての人の理解と協力が不可欠である。

●**国勢調査の歴史** 国勢調査の原型は、1879年に実施された「甲斐国現在人別調」であるといわれている。その後、1895年に、国際統計協会から日本に世界人口センサスへの参加勧誘があり、翌1896年に、貴族院および衆議院で「国勢調査ニ関スル決議案」が可決され、さらに6年後の1902年には、「国勢調査ニ関スル法律」が制定された。しかし、1905年に予定されていた第1回国勢調査は、前年に勃発した日露戦争のために実施できなかった。10年後の1915年にも、前年に参戦した第1次世界大戦のために実施できず、法律の制定から18年たった1920年に、第1回国勢調査が実施されることとなった。

なお、「国勢調査ニ関スル決議」には、「国勢調査ハ全国人民ノ現状即チ男女年齢職業…略…全国ノ情勢之ヲ掌上ニ見ルヲ得ベシ、…」とされており、国勢調査の「国勢」とは、「全国の情勢」という意味であることがわかる。

●**国際的な動向** 現在、国勢調査（人口センサス）は世界の200以上の国で実施されている。国際連合では、1950年から10年ごとに「人口・住宅センサスのための原則および勧告」を採択し、加盟各国にセンサスの実施を促している。この勧告では、i）個人ごとの調査、ii）明確な領域内での統一性、iii）同時性、iv）明確な周期、の4点を人口・住宅センサスの「本質的性格」としている。また、調査手法は、ほとんどの国で行われている調査票配布・回収による全数調査の手法を基本とし、これを「伝統的手法」と位置付ける一方、北欧など一部の国で行われている住民登録を始めとする各種行政情報を集計する手法（レジスター手法）などのその他の手法を「代替的手法」と位置付けている。

レジスター手法には、その導入国に、異なる行政機関が保有する個人情報に共通のID番号が付されており、それらを相互に結合することに国民のコンセンサスが得られていること、国の人口規模が小さいこと、などの共通点がみられ、また、集計項目が限定されるなどの問題が指摘されている。　　　　　［千野雅人］

経済センサス

　我が国の経済構造を包括的・網羅的に把握することを目的として新たに創設された統計調査で，日本に存在するすべての事業所・企業を対象とする．経済センサスは，これまで実施されてきた，事業所・企業統計調査などの大規模統計調査を整理・統合する形で実施される．

　調査は，事業所・企業の正確な把握および各種統計調査の母集団情報の整備を主目的とした「経済センサス-基礎調査」と，事業所・企業の経済活動の内容を把握することを主目的とした「経済センサス-活動調査」に分けて実施される．

●**創設の経緯**　我が国の産業統計は，産業ごと，所管府省ごとに行われており，これらの統計を突き合わせたとしても全産業分野の経済活動を同一時点で網羅的に把握することができない状況にあった．そのため，経済財政施策その他の重要な政策決定の判断指標であるGDPの推計上も大きな制約となっていたことから，「経済財政運営と構造改革に関する基本方針（いわゆる「骨太の方針」）2005」(2005（平成17）年6月21日閣議決定)により整備方針が決定されたものである．その後，関係府省等による検討が重ねられ，第1回の経済センサス-基礎調査が2009（平成21）年7月に実施され，経済センサス-活動調査は2012（平成24）年2月に実施される．

●**経済センサス-基礎調査**　経済センサス-基礎調査は，事業所および企業の経済活動の状態を調査し，すべての産業分野における事業所および企業の従業者規模などの基本的構造を全国および地域別に明らかにすること，各種統計調査実施のための母集団情報を得ることを目的として，2009（平成21）年7月1日実施された．それに伴い，これまで実施されてきた事業所・企業統計調査は廃止されるとともに，同年実施予定だった商業統計調査（簡易調査）は休止され，商業統計調査の内容は経済センサス-活動調査の中で調査されることになる．

　調査は，より正確な事業所・企業の母集団名簿を作成するため，本社などにおいて傘下の支所・支社・支店などの調査票を事業所ごとに作成する，いわゆる「本社一括調査」方式により行われた．また，新たな事業形態の出現や情報通信技術の進展に伴って，SOHOなど外観からは見つけにくい事業所が増加していることなどから，商業・法人登記の情報を活用してこれらの事業所を的確に把握することとした．また，傘下支所数の多い大企業に対しては，調査員調査を行わず，国・都道府県・市町村から直接調査を依頼し，郵送・オンラインなどにより回答する方法が新たに採用された（参照URL：http://www.stat.go.jp/data/e-census/2009/index.htm）．

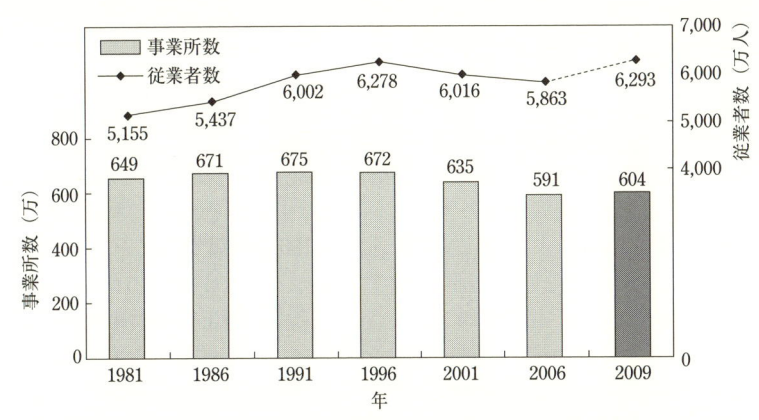

注：2009年の結果は，2006年までと調査方法などが異なるため，単純な比較はできない．
図1　事業所数と従業員数の推移（1981〜2009）
[出典：2006年以前は事業所・企業統計調査結果，2009年は経済センサス-基礎調査の速報結果による]

●**経済センサス-活動調査**　経済センサス-基礎調査により整備された事業所・企業名簿などに基づき，産業別の事業所・企業の活動状況を把握する統計調査で，2012（平成24）年2月に初回の調査が実施される．調査は，事業所の産業ごとなどに24種類の異なる調査票を配り分ける方法により行われる．

調査では，経済センサス-基礎調査の調査事項に加え，事業別の売上高，費用総額および内訳，設備投資額などが調査されるほか，産業によって在庫額，リース契約額，売場面積，営業時間なども調査される．

経済センサス-活動調査の実施に伴い，平成23年工業統計調査および平成23年特定サービス産業実態調査が休止されるほか，これまで5年周期で実施されてきたサービス業基本調査が廃止される．

●**事業所・企業データベース**　各府省，地方公共団体などが母集団情報として共通に利用できる事業所・企業の母集団名簿データベースである．これまでも事業所・企業統計調査の結果などに基づくデータベースは各府省向けに提供されてきたが，2009（平成21）年4月より，新統計法の規定に基づき，新たに地方公共団体も利用可能となった．データは，全数調査である事業所・企業統計調査，経済センサスの結果を中心に，その中間年に行われる，商業統計調査，工業統計調査の最新時点の結果を取り込み，母集団情報として提供されている．今後は，2013（平成25）年を目途に，前述以外の統計調査の結果，法人登記簿や労働保険適用事業所の新設・廃業の情報などもデータベースに取り込み，より最新の母集団情報が提供される見込みである．

[髙見　朗]

産業分類と職業分類

　2005年国勢調査によれば，製造業と卸売・小売業の就業者はそれぞれ1,065万人，1,102万人であり，全就業者の17.3％，17.9％を占める．また，専門的・技術的職業従事者として846万人，事務従事者として1,189万人就業してそれぞれ13.8％，19.3％を占める．産業別や職業別の就業者数を知ることができるのは，産業や職業についての統計分類が設けられているからである．統計分類が統計間で統一的に用いられることによって，各種の統計を組み合わせて活用したり，比較することが可能となる．我が国では公的統計の体系的整備と有用性を確保するための統計基準として，産業について日本標準産業分類，職業について日本標準職業分類が設定されている．いずれも統計法によって公的統計の結果表章で使用が義務づけられており，国際比較の観点から国際連合制定の国際標準産業分類（ISIC），ILO制定の国際標準職業分類（ISCO）に準拠して作成されている．

●**産業分類**　産業分類は財・サービスの生産・提供に係る経済活動の種類を体系的に区分したものである．公的統計の産業別の結果表章に用いる基準として，日本標準産業分類が1949年に制定され，これまでに12回改定されている．日本標準産業分類は統計結果を表章する場合に使用されているにとどまらず，法令などで産業の範囲を定めるためにも用いられている．産業分類を適用する単位は事業所であり，事業所の産業は経済活動により決定される．産業分類において，産業とは類似した経済活動を統合したものであり，同種の経済活動を営む事業所の総合体として定義される．分類の基準は(イ) 生産される財または提供されるサービスの種類(ロ) 財の生産またはサービス

表1　日本標準産業分類（第12回改定・2007年）の項目数

大　分　類	中分類	小分類	細分類
A 農業，林業	2	11	33
B 漁業	2	6	21
C 鉱業，採石業，砂利採取業	1	7	32
D 建設業	3	23	55
E 製造業	24	177	595
F 電気・ガス・熱供給・水道業	4	10	17
G 情報通信業	5	20	44
H 運輸業，郵便業	8	33	62
I 卸売業，小売業	12	61	202
J 金融業，保険業	6	24	72
K 不動産業，物品賃貸業	3	15	28
L 学術研究，専門・技術サービス業	3	17	29
M 宿泊業，飲食サービス業	3	18	41
N 生活関連サービス業，娯楽業	2	15	34
O 教育，学習支援業	2	6	10
P 医療，福祉	4	23	42
Q 複合サービス事業	3	23	67
R サービス業（他に分類されないもの）	9	34	65
S 公務（他に分類されるものを除く）	2	5	5
T 分類不能の産業	1	1	1
計 (20)	99	529	1455

提供の方法 (ハ) 原材料の種類および性質，サービスの対象および取り扱われるものの種類による．現行の分類は表1に示すように，大分類，中分類，小分類，細分類の4段階から構成され，大分類がアルファベット，中分類以下は2～4桁の数字で区分される．各レベルの分類項目の設定に際しては，事業所数，従業者数，生産額または販売額などの水準が重要な要素を成している．適切な基準によって分類された統計結果から，産業の組織，構造，位置付けを的確に分析することができる．

●**職業分類** 職業分類は個人が従事している仕事の種類を体系的に区分したものである．公的統計の職業別の結果表章に用いる基準として，日本標準職業分類が1960年に制定され，これまでに5回改定されている．職業分類でいう職業とは，個人が行う仕事で，報酬を伴うかまたは報酬を目的とするものをいう．仕事をしないでも財産収入や年金収入などを得ている場合は，職業に従事していることにはならず，またボランティア活動のように収入を伴わない場合は，職業分類上の職業としない．分類体系における仕事の区分は，i) 必要とされる知識または技能，ii) 事業所またはその他の組織の中で果たす役割，iii) 生産される財・サービスの種類，iv) 使用する道具・機械器具または設備の種類，v) 従事する場所および環境，vi) 必要とされる資格または免許の種類を基準としている．現行の日本標準職業分類は表2に示すように，大分類，中分類，小分類の3段階から構成され，それぞれアルファベット，2桁の数字，3桁の数字で区分される．

日本標準職業分類は2009年の改定で大きく見直された．従来の職業分類は，生産工程の従事者や技術者について，従事する産業や生産した製品に対応させて分類していたが，改定された職業分類では産業分類や商品分類の視点から独立して，技術・知識の水準や技能の専門性の同質性に焦点を当てて分類している．また，経済のサービス化にともなって販売・事務・サービスなどの職種が多様化してきた実態を取り込むべく，これらの職種分類を詳細にしている．このような改定によって，経済発展にともなう専門分化の進展や職種の多様化の実態をこれまで以上に的確に把握することが可能となっている． [舟岡史雄]

参考文献
- [1] 総務省，2007，『日本標準産業分類』www.stat.go.jp/index/seido/sangyo/19index.htm
- [2] 総務省，2009，『日本標準職業分類』www.stat.go.jp/index/seido/shokgyou/21index.htm

表2 日本標準職業分類
(第5回改定：2009年) の項目数

大分類	中分類	小分類
A 管理的職業従事者	4	10
B 専門的・技術的職業従事者	20	91
C 事務従事者	7	26
D 販売従事者	3	19
E サービス職業従事者	8	32
F 保安職業従事者	3	11
G 農林漁業従事者	3	12
H 生産工程従事者	11	69
I 輸送・機械運転従事者	5	22
J 建設・採掘従事者	5	22
K 運搬・清掃・包装従事者	4	14
L 分類不能の職業	1	1
計 (12)	74	329

標本調査の基礎

　統計調査によって統計データを収集する場合に，全調査対象から集める全数調査（センサス）を実施するのは，国勢調査などごく一部の統計であり，それ以外の統計では，全体から一部を抽出し，その一部から集める標本調査を実施するのが一般的である．標本調査は，全数調査と比べて，①標本誤差があること，②地域別や属性別の細分化したデータが得られないこと，などの短所はあるが，①費用がかからないこと，②調査結果を得るまでの時間が短期間であること，③少数の調査員をよく訓練することによって，より正確な回答が得られること，などの長所がある．

●**標本調査**　調査の対象となる集団，つまり情報を得ようとしている集団のことを母集団という．標本調査は，この母集団を構成する一部の単位を標本として選び，その標本について調査し，その調査結果に基づいて母集団に関する情報を推定しようとするものである．母集団を構成する単位を標本として選び出す場合に，標本に選ばれる確率を客観的に定まるように選ぶ方法（無作為抽出）と，標本を恣意的に定める方法（有意抽出）とがある．前者は確率的な抽出方法であり，抽出された標本のことを確率標本といい，それに対して後者を有意標本という．

　有意標本は，一般的に，専門家が「代表的」あるいは「典型的」と考えるものを標本として選び出すもので，「代表的」とか「典型的」ということは専門家の判断にゆだねられる．その有意標本から得られる調査結果の信頼性は専門家の判断によって評価され，客観的な基準によって評価することはできない．

　一方，確率標本による調査結果の信頼性は，その調査結果から客観的に推定することができる．これが確率標本の大きな特徴である．この特徴を活用して，調査において必要な精度に合わせて，標本数や抽出方法を考えることができる．

●**単純無作為抽出**　確率的に抽出する最も基本的な方法である単純無作為抽出について説明する．母集団の大きさを N とする．標本調査では対象となる集団は一般的に有限であるので，標本理論で扱われる無限母集団からの抽出とは理論的に少し扱いが異なる．母集団を構成する単位である世帯，個人，企業，事業所などを調査単位という．単純無作為抽出は母集団の N 個の調査単位から，n 個の標本を等確率で選び出す．実際の抽出には，乱数表を用いるか，または機械的に乱数を発生させることにより抽出することになる．重複を許す復元抽出では，1度選ばれた乱数がもう1度選ばれ，同じ調査単位が2度標本として選ばれることがあるが，標本調査では，その乱数に対する調査単位を2度は標本として選ばない方法，つまり，重複を許さない方法である非復元抽出をとる．

母集団の調査単位の特性値を $X_1, X_2, \cdots, X_N$, 標本の特性値を $x_1, x_2, \cdots, x_n$ とすると, 母集団の平均値 (母平均) $\mu = (1/N) \sum_{i=1}^{N} X_i$ の推定値, その標本分布の分散, 標準誤差は表1のように表される.

非復元抽出における $(N-n)/(N-1)$ は, 有限母集団修正といい, N が十分に大きく, 抽出率 n/N が小さければ, 近似的に1となり無視できる. また, 母集団の分散 (母分散)

$$\sigma^2 = \frac{1}{N} \sum_{i=1}^{N} (X_i - \mu)^2$$

は, 標本分散

$$s^2 = \frac{1}{n-1} \sum_{i=1}^{n} (x_i - \bar{x})^2$$

で推定される.

表1 母集団の推定値, 分散, 標準誤差

	復元抽出	非復元抽出
推定値 $\bar{x}$	$\dfrac{1}{n}\sum_{i=1}^{n} x_i$	$\dfrac{1}{n}\sum_{i=1}^{n} x_i$
分散 $V(\bar{x})$	$\dfrac{\sigma^2}{n}$	$\dfrac{N-n}{N-1}\dfrac{\sigma^2}{n}$
標準誤差 $S(\bar{x})$	$\dfrac{\sigma}{\sqrt{n}}$	$\sqrt{\dfrac{N-n}{N-1}}\dfrac{\sigma}{\sqrt{n}}$

標本調査は, 母集団から一部の単位を標本として選び, その標本の調査結果に基づいて母集団を推定するものであるから, その推定値は, 母集団を全て調査して得られる結果とは異なっている. 標本からの推定値と母集団すべての単位を調査した結果との差を標本誤差という. その誤差の大きさは表1の分数 $V(\bar{x})$ で表される.

●非標本誤差　標本誤差に対して, 調査の企画・設計, 実地調査, 集計の段階で生じる誤差を非標本誤差といい, 全数調査でも起こり得る. 非標本誤差は, 調査の不完全さに起因するものであり, 主なものに, ①調査の企画・設計に起因する誤差, ②調査対象に起因する誤差, ③回答誤差, ④集計誤差などがある.

例えば, 調査に用いた概念が調査目的に照らして適切でなかった場合, 母集団名簿が古かったり, 脱落や重複がある場合, 実地調査段階で調査対象の把握漏れや重複がある場合, 申告者が誤って回答する場合, 調査票内容を入力する際の誤り, 集計プログラムの誤りなど集計段階で誤りが発生する場合である.

調査結果の正確性を問題にする場合には, 標本誤差だけでなく, 非標本誤差も含めた総誤差を考えなければならない. 標本誤差については, 標本理論を使って, その限界を推定できる. ところが, 非標本誤差については, その一般的な大きさを知る方法はない. 一般的には, 調査結果をほかの関連のある調査から得られる資料と比較したり, 事後調査を実施して, 調査誤差を評価する. 国勢調査では, 毎回事後調査によって評価を行っている.

[山口幸三]

標本調査のいろいろな方法

　標本抽出の基本的な方法は単純無作為抽出であるが，母集団全体の名簿，例えば，全国のすべての世帯を掲載した名簿，作成する必要があり，また地域的に全国にわたって抽出された世帯を実地調査することになり，きわめて非効率である．さらに母集団情報を利用していないので，母集団の特性を生かした抽出を行えないなどの短所がある．そのため，実際の標本調査の抽出で用いられることは少ない．標本調査で実際に用いられているいろいろな抽出方法をみていく．

●**系統抽出**　単純無作為抽出で抽出する場合には，標本数が多くなると，多数の乱数を用意し，問題なく使用するのは手間がかかる．そのため，実際の抽出では，系統（等間隔）抽出を用いるのが一般的である．例えば，一定の順序でリストされている1,000世帯から20世帯を抽出する場合を考える．$1,000 \div 20 = 50$ であるから，50世帯に1世帯の割合で抽出することになる．そこで，まず1から50までの数を1つ無作為に選び，抽出起番号とする．仮に17であったとする．これに抽出間隔50を順次加えていくと，17, 67, 117, …, 967となる．これらの番号に対応する世帯が標本として選ばれる．

　系統抽出は，完全な無作為抽出ではないが，実務的には同じと取り扱っても差し支えなく，単純無作為抽出の代替として利用されている．ただし，系統抽出においては，調査単位の配列が結果精度に影響する．一般に調査単位の特性が配列の順序に従って単調に変化する場合には，層別に似た効果が表れ，精度の向上が期待できる．これに対して，特性が配列の順序に従って周期的に変化し，抽出間隔がその周期に近い場合には，精度の低い標本になる可能性がある．

●**層別抽出**　層別抽出は，母集団情報を利用することによって効率的に抽出する方法である．母集団の調査単位をある基準に基づいてグループ（層）に分け，層ごとに標本を選ぶ方法である（図1）．

　層別抽出の基本的な考え方は，母集団情報を利用して，層内の調査単位を均質に，層間については異質にするように分割する．すなわち，層内分散を小さく，層間分散を大きくすればするほど精度は高くなる．また，各層からは独立に調査単位を無作為に抽出すればよい．母集団を層別するのは，推定値の精度を上げるだけでなく，地域別，属性別の結果が求められているなど調査目的によ

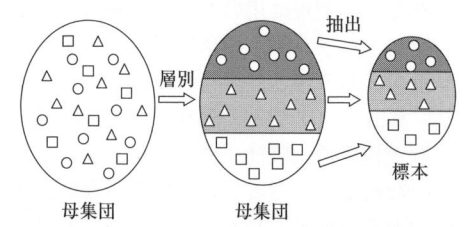

図1　層別抽出

って必要とされる場合もある．

●**多段抽出**　全国の全世帯から1,000世帯を抽出することを考えてみる．単純無作為抽出では1,000地点に散在するのに対して，平均50世帯から構成される国勢調査区を抽出する集落抽出（「標本調査の実例」参照）によると，20地点と地点数が少なくなる．国勢調査区の世帯から10世帯を抽出すれば，調査する地点数は，集落抽出の20点から100地点に拡大するので，集落抽出よりも精度の面でよくなる．

　このように，国勢調査区といった集落（第1次抽出単位）を抽出し，集落内の世帯といった調査単位をすべて調べるのではなく，その集落内の一部の調査単位（第2次抽出単位）を抽出して，調査するのが，二段抽出である．したがって，二段抽出は，集落抽出の長所を生かし，単純無作為抽出の精度の良さをも取り入れる抽出方法であり，実務的にはよく使われる．二段抽出をさらに発展させて，例えば，1番目に市町村を抽出し，2番目に市町村内から調査区を，さらに3番目に調査区内から世帯を抽出するといった三段抽出も用いられる．このように，二段以上の抽出方法を総称して多段抽出という（図2）．

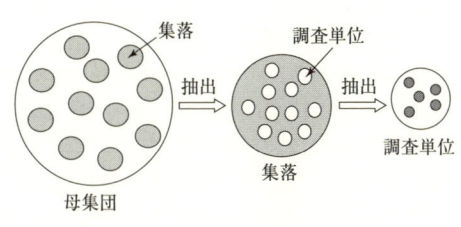

図2　二段抽出

●**確率比例抽出**　母集団情報を調査単位の抽出の際に用いようとする方法について説明しよう．例えば，商店の販売額を調べる標本調査がある．この場合，商店の販売額は，商店の従業者数と相関が高いと考えられる．それは，販売額の散らばりよりも従業者1人あたり販売額の散らばりの方が小さいということであり，その性質を利用しようとする抽出方法である．すなわち，商店を等確率で抽出するのではなく，それぞれの従業者数に比例した確率で抽出するわけである．このような抽出方法を確率比例抽出法という．また，二段抽出法で第1次抽出単位である集落を，集落の大きさに比例した確率で抽出する方法も考えられる．

●**比推定**　比推定は，調査単位の情報を推定のために用いる方法である．比推定が最もよく利用されるのは，総数（総和）を推定する場合である．例えば，わが国の就業者数を推定する場合，世帯から世帯人員と就業者数を調べ，これによって，まず就業者の割合を求め，次いでこの割合に別の推計から得られた総人口を乗じて推定する方法がとられる．比推定は，偏りのある推定方法であり，不偏推定ではない．しかし，適切な比推定おいてはその偏りは小さく，その偏りと標本誤差の合計が単純推定の標本誤差よりも小さければ，単純推定よりも比推定のほうが望ましい．

［山口幸三］

標本調査の実例

　数多くの標本調査の中から2つの調査，労働力調査と商業動態統計調査をとりあげて，標本調査の実際をみてみる．

●**労働力調査**　労働力調査は，我が国に居住している全人口を調査対象とする，層別二段抽出による標本調査である．国勢調査区（全国の地域をおおむね50世帯になるように分割して設定された区域）を第1次抽出単位とし，住戸（住宅やその他の建物の各戸で，1つの世帯が居住できるようになっている建物または建物の1区画）を第2次抽出単位としている．

　第1次抽出は，全国10地域ごとにすべての調査区を産業別就業者構成などの特性により層に分けて，各地域の層ごとに，所定の抽出率と任意の抽出起番号を用いて系統抽出により行う．この系統抽出は，各調査区の世帯数に基づく確率比例抽出とみなすことができる．第2次抽出は，抽出された調査区（標本調査区）にあるすべての住戸のうちから，1調査区あたりほぼ15世帯となるように所定の抽出率および抽出起番号を用いて系統抽出により行う．

　1つの標本調査区を4カ月継続して調査し，前半2カ月と後半2カ月とで調査区内の調査世帯を代えている．標本調査区は8組で構成されており，一斉に交代するのではなく，毎月1/4ずつ交代させている．さらに，翌年の同月に再び調査を行う（図1）．したがって，世帯からみると，2カ月調査されて，10カ月離れ，再び2カ月調査される一種の短期間のパネル調査（縦断調査）になっている．パネル調査というのは，同一の調査単位を異時点に繰り返し調査する方法のことである．我が国ではパネル調査を実施している調査は少ないが，厚生労働省の21世紀出生児縦断調査などがある．

　労働力調査は，調査員が調査区内の調査世帯を訪問して，調査票を配布・回収する方法で調査する．病気などの事情で調査が困難な世帯に対しては，代替世帯をとらず，比推定で補うことで対処している．家計調査などのように，調査がで

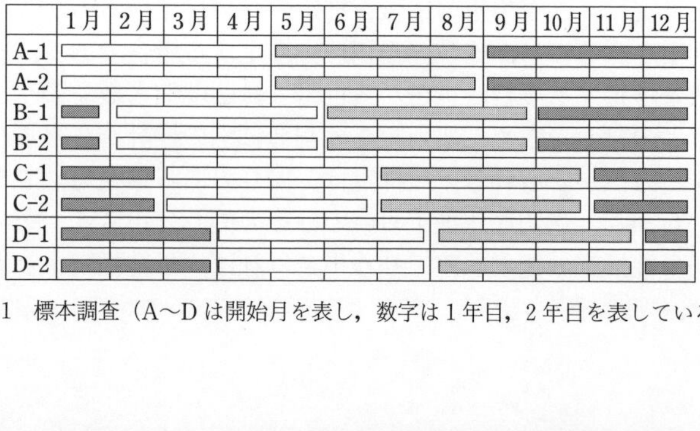

図1　標本調査（A〜Dは開始月を表し，数字は1年目，2年目を表している）

きない世帯には代替標本を抽出して，調査している場合もある．代替標本を抽出する場合に，世帯調査ではそのような例はまれであるが，企業を調査対象とする調査では，調査票が回収できなかった企業から再抽出して，再抽出された企業のみを確実に調査する一種の二相抽出を用いる場合もある．二相抽出とは大きな標本（マスターサンプル）から基本的な情報を得て，その標本から一部（サブサンプル）を再抽出して調査を行い，詳細な情報を得る方法である．

　また，国民生活基礎調査では，調査に協力する世帯をできる限り多くするために，調査区を抽出すると，調査区内のすべての世帯を調査する集落抽出を用いている．集落抽出とは，いくつかの調査単位の集まり（集落）を抽出単位とする抽出法である．例えば，世帯が調査単位であり，全国の世帯から標本世帯を抽出する際，調査区を抽出単位とする．この場合，調査区を集落という．抽出された調査区の調査単位，つまり世帯をすべて調査することになる．集落抽出の場合，標本理論からすると，標本数に比べ精度が落ちることになるが，国民生活基礎調査では，調査区内の世帯の調査協力を均一にし，代替標本を不要とすることで，非標本誤差を小さくしているといえる．

●**商業動態統計調査**　商業動態統計調査（商業販売統計）は，日本標準産業分類大分類「J-卸売・小売業」のうち代理商，仲立業を除く全国の事業所を調査対象としており，調査単位は事業所（コンビニエンスストアは企業）である．

　商業統計調査によって把握された事業所を母集団として，抽出された標本は個別標本，地域標本および企業標本の3種類から構成されている．個別標本とは，すべての卸売事業所，自動車小売事業所および従業者20人以上の小売事業所を対象とし，業種別，従業者規模別に抽出率を定め選定するものと，大型小売店である．地域標本は，調査区を指定し，その調査区内に所在する従業者19人以下の小売事業所（自動車小売事業所を除く）を対象とする．調査区の抽出は，商業統計調査の基本調査区を層別に分けて行っている．抽出された調査区の調査期間を1年として，都道府県を6組に分け，2カ月おきに1組ずつ交代する方法をとっている．企業標本は，コンビニエンスストアのチェーン企業が調査対象となる．

　調査結果である販売額の推定には，今月回収された調査票と前月回収された調査票を照合して，両月とも報告されている商店のみの販売額をセルごとに合計して前月比を求め，さらにこの比率を前月の販売総推定額に乗じて，今月の販売額を求めるという特殊な方法がとられている．このため同統計における販売額は通常当月に回収された調査票から推定される販売した金額とは異なる．また，商業動態統計調査は商業統計調査を母集団とした標本調査であるため，2～3年ごとに実施する商業統計調査結果が公表された時点で，過去に遡って業種別販売額を商業統計調査の結果に合わせるように数値の改定（水準修正）を行っている．

［山口幸三］

住宅と土地

　住宅に関する情報としては，建築基準法の規定により，建築主が提出する都道府県知事への届出などに基づいて作成されている建築着工統計がある．また，土地に関する情報としては，国土交通省国土地理院が行っている「全国都道府県市区町村別面積調」がある．

　しかし，住宅や土地がどのような世帯あるいは企業に保有されているのか，どのように使用されているのか，などを明らかにするためには，統計調査の実施がどうしても必要になってくる．

　なお，住宅とは，i）1つ以上の居住室，ii）専用の炊事用流し（台所），iii）専用のトイレおよびiv）専用の出入り口（屋外に面している出入り口，または居住者やその他の世帯がいつでも通れる共用の廊下などに面している出入り口）の四つの設備条件を満たしている一戸建の住宅やアパートのように完全に区画された建物の一部のことである．ただし，ii）およびiii）については，共用であっても，他の世帯の居住部分を通らずに，いつでも使用できる状態のものも含む．

●**住宅と土地に関する統計調査**　まず，世帯あるいは個人企業の統計調査として，総務省統計局が実施している「住宅・土地統計調査」がある．この統計調査は，住宅および住宅以外で人が居住する建物に関する実態，現住居以外の住宅および土地の保有状況，住宅などに居住している世帯に関する情報などを調査し，その現状と推移を全国および地域別に明らかにすることを目的として行われている．調査は，極度に住宅不足の実態を把握するために1948年に最初に「住宅統計調査」として実施され，その後5年ごとに（西暦年の末尾が3と8の年）実施されている．なお，98年調査から，従来の住宅以外に，世帯が保有する土地に関する調査項目が追加され，現在の名称に変更された．また，最近の調査項目は，住宅政策が「量」の確保から「質」の向上に転換されている関係から，住宅の改修の実態や耐震性，防火性，防犯性など，住宅の質に関する事項が充実してきている．

　法人が所有する土地に関しては，国土交通省が実施している「法人土地基本調査」がある．この調査は，法人が所有する土地の所有および利用状況を全国および地域別に明らかにすることを目的として行われている．調査は，1993年に「土地基本調査法人調査」として開始され，1998年に現在の名称に変更され，その後5年ごとに（西暦年の末尾が3と8の年）実施されている．

　上記の調査は，住宅および土地に関する実態を明らかにするものであるのに対し，国土交通省が実施している「住宅需要実態調査」は，住宅に関する世帯の意識や意向を明らかにするものである．すなわち，この調査の調査事項は，住宅に

関する事項や世帯の状況に加え，最近の居住状況の変化に関する事項，住宅の住み替え・改善の意向，今後の住まい方，子育てについてなどがある．調査は，1960年に開始され，その後5年ごとに（西暦年の末尾が0と5の年）実施されている．

●**住生活基本計画**　この計画は，住生活基本法（2006年法律第61号）第15条第1項に規定する国民の住生活の安定の確保および向上の促進に関する基本的な計画である．計画期間は，2006年度から2015年度の10年間である．全国計画は，2006年9月19日に閣議決定されたが，都道府県計画は，全国計画に即して定められている．これらの計画においては，目標を掲げるとともに，指標で基準年と達成年の値を明らかにしている．これらの指標の値は，上記の統計調査の結果などを用いて作成されている．なお，2005年度まで8回にわたって策定されていた住宅建設五箇年計画で用いられていた居住水準は，住宅の量から質へ一層進めるために廃止され，新たに住宅性能水準，居住環境水準，誘導居住面積水準および最低居住面積水準が設定されている．

　例えば，誘導居住面積水準は，一般型の場合，単身者では $55\,m^2$，2人以上の世帯では $25\,m^2 \times$ 世帯人数 $+25\,m^2$，都市型の場合，単身者では $40\,m^2$，2人以上の世帯では $20\,m^2 \times$ 世帯人数 $+15\,m^2$ である．ここで世帯人数とは，3歳未満の者は0.25人，3歳以上6歳未満の者は0.5人，6歳以上10歳未満の者は0.75人として算定する．ただし，これらにより算定された世帯人数が2人に満たない場合は2人としている．

●**土地価格**　土地については，いろいろな価格が存在している．代表的な価格として，i) 地価公示価格，ii) 都道府県地価調査基準地価格，iii) 相続税路線価格およびiv) 固定資産税評価額がある．

　i) 地価公示価格は，国土交通省が管理し，都市計画区域から選定した全国で約29,000地点の毎年1月1日現在の価格であり，3月下旬に公示される．この価格は，一般の土地取引価格の指標，不動産鑑定士などの鑑定評価基準など，土地取引の根幹を成すものである．ii) 都道府県地価調査基準地価格は，各都道府県が管理し，都市計画区域に限らず，全国すべての市町村において，約23,000の宅地地点と約600の林地地点が毎年7月1日現在で調査され，9月下旬に公表される．iii) 相続税路線価格は，国税庁が相続税，贈与税などに伴う土地価格算定のため，毎年1月1日を標準基準日として調査され，8月に公表される．なお，この価格は，地価公示価格の80％が水準とされている．iv) 固定資産税評価額は，各市町村により3年ごとに1月1日時点で評価替えされる．全国で40万地点以上の標準値が鑑定され，固定資産税はもちろん，登録免許税，不動産取得税などの課税標準の基礎となっている．なお，この価格は，地価公示価格の70％が水準とされている．

〔井出　満〕

家計の分析

　家計は経済主体の1つであり，家計を対象とした統計は所得，消費および資産の3つの面から世帯や個人における経済水準を示す指標となる．また，我が国のように人口の少子・高齢化が急速に進む社会においては，家計は所得や資産の移転，配分の面でも注目される研究分野である．家計を把握するためには，ミクロ（世帯ベース）とマクロ（SNAベース）の両面からアプローチする必要があるが，ここではミクロ面における家計の基本的な分析について紹介する．

●**家計を捉える3つの統計調査**　現在，我が国において，家計の状況を捉えた公的統計調査としては，総務省統計局が実施している「家計調査」，「全国消費実態調査」および「家計消費状況調査」の3つがある．これらの調査のうち，家計調査と家計消費状況調査は月次調査であり，全国消費実態調査は5年ごと（西暦の下1桁が4と9の年）に実施されている周期調査である．

●**収支項目分類と10大費目**　家計調査および全国消費実態調査は，家計簿により捉えられたデータは収支項目分類に基づき，1世帯あたり1ヵ月間の家計収支がまとめられている．両調査とも勤労者（サラリーマン）世帯と公的年金などで生活している無職世帯については，家計簿で毎月の収入を把握しているが，自営業などの世帯については，月々の収入を調査することが困難であることから消費支出のみのデータとなっている．消費支出の内訳は食料費，住居費，光熱・水道費など10大費目に分類されている．また，この分類にはさらに用途分類と品目分類があり，交際用に購入した財やサービスの扱いが異なっている．具体的には，お歳暮用にワインを購入した場合，用途分類では「その他の消費支出」の中の「交際費」に分類されるが，品目分類では「食料」の中の「酒類」に分類される．

●**可処分所得と消費性向**　収入（家計調査などでは「実収入」とよんでいる）には，勤め先からの収入や公的年金などの社会保障給付のほか，貸家の家賃収入などが含まれる．収入から直接税や社会保険料などを差し引いた収入が可処分所得である．したがって，可処分所得の動きをみる際は，賃金など収入の動きだけでなく，差し引かれる直接税や社会保険料などの動きにも注視する必要がある．

　家計の消費支出の変化は，基本的には可処分所得の動きに大きく影響されるが，可処分所得から消費にまわる割合である消費性向の動きによっても変化する．景気後退時における消費性向の動きをみると，可処分所得が減少するものの，家計がそれまでの消費水準を維持しようとするため，短期的に消費性向が上昇することがある．この現象は「ラチェット（歯止め）効果」とよばれている．また，雇用不安や金融不安など消費者心理が冷え込む社会状況においては，消費を抑制して貯蓄を増やす（または住宅ローンなどの借金を返済する）動きが強まり，可処

分所得が増加していても消費性向が低下する場合がある．さらに，株価の変動に伴う含み益や含み損により消費性向が変化する場合もある．

●**エンゲルの法則**　消費支出に占める食料費の割合は，エンゲル係数とよばれ，この係数が高いほど生活水準が低いことを示したのがエンゲルの法則である．2008年平均の家計調査結果（2人以上世帯）から年間収入五分位階級別のエンゲル係数をみると，高所得層ほど低くなっており，エンゲルの法則に従っていることがわかる．食料費以外では，住居費，光熱・水道費，保健・医療費も高所得層ほど消費支出に占める割合が低くなっているが，被服および履物費，教育費は高所得層ほど高くなっている（表1）．しかし，各年間収入階級では世帯主の年齢や世帯人員などの世帯属性が異なっており，分析の際は注意が必要である．

表1　年間収入五分位階級別消費支出と食料費（2人以上世帯，2008年）

	平均	年間収入五分位階級別				
		I	II	III	IV	V
世帯人員（人）	3.13	2.58	2.80	3.24	3.42	3.60
有業人員（人）	1.39	0.81	1.02	1.46	1.65	2.00
世帯主の年齢（歳）	55.7	63.0	58.4	52.7	51.3	53.0
持家率（%）	81.3	77.5	78.6	77.9	82.3	90.1
消費支出（円）	296,932	197,192	243,282	282,701	332,210	429,276
食料費（円）	69,001	52,960	60,007	67,477	75,455	89,106
エンゲル係数（%）	23.2	26.9	24.7	23.9	22.7	20.8

［資料：総務省統計局『家計調査』］

●**エンゲル関数と支出弾力性**　各費目の支出額 E を消費支出額 C に関係づけた関数 $E=f(C)$ をエンゲル関数という．エンゲル関数を1次式 $E=a+bC$ とし，表1に示す年間収入五分位階級別の食料費と消費支出から，最小二乗法で傾き b と切片 a を求めてみる．推計された傾き（$b=0.1571$）は，消費支出が1円増加したときの各費目の支出額の変化を示していることから，「限界消費性向」に相当する．例えば，消費支出が1万円増えたとすると，食料費は1,571円増えることを意味している．次にこの限界消費性向 b から消費支出が1%増加したときに当該費目の支出が何%増加するかを示す指標を求めてみる．この指標は

$$\eta = \frac{\Delta E}{E} \div \frac{\Delta C}{C} = \frac{\Delta E}{\Delta C} \times \frac{C}{E} = b \times \frac{\bar{C}}{\bar{E}} \quad (ただし，\bar{E} と \bar{C} は平均値)$$

に示すように変化率の比率として定義され，支出弾力性とよばれる．この式により，食料費の支出弾力性を求めてみると，$0.676(=0.1571\times(296,932/69,001))$ となる．支出弾力性が1以上の費目は，消費支出の増加率以上の伸びであることから選択的支出費目，一方，1未満は基礎的支出費目とよばれている．　　　　　［佐藤朋彦］

参考文献
[1] 中村隆英，他，1992，『経済統計入門 第2版』東京大学出版会，第7章．
[2] 廣松 毅，他，2006，『新経済学ライブラリー24 経済統計』新世社，第II部-5．

不平等の尺度と所得格差

　2000年以降，日本社会の貧富の差は拡大しているとの指摘が随所でされてきた．小泉内閣の構造改革路線とも絡める形で，国会においても所得格差の指標のジニ係数の値をめぐって論争が戦わされた．2009年には海外からも衝撃的な統計情報が届けられた．OECDのFactbook 2009はOECD加盟国の不平等の状況を特集し，そのなかの「所得の貧困」の中に貧困率が示されている．貧困率は中位の所得の半額以下の所得を貧困ラインとして設定し，これ以下の所得で生活するものの割合をいう．日本の貧困率は先進30カ国中第4位で，第1位から第5位までは，メキシコ18.4%，トルコ17.5%，米国17.1%，日本14.9%，アイルランド14.8%である．ちなみに，欧州主要国のドイツは11.0% 14位，英国は8.3% 19位，フランスは7.1% 26位である．日本はこれまで世界の中でも豊かで平等な国家といわれてきたが，統計データからみる限り事実と相違する結果である．

●**ローレンツ曲線**　ジニ係数は不平等の程度を比較する際の代表的な尺度の1つであるが，他にも所得格差の分析に広く用いられる尺度がある．図1に示すローレンツ曲線は，世帯を所得の低い順に並べ世帯数の累積比率を横軸に所得額の累積比率を縦軸にとって，両者の対応する点を結んで作られる．所得格差についての代表的な分析手法であり，視覚的に格差を捉えることができる．対角線ABは所得が均等な場合であり，ローレンツ曲線が対角線からの湾曲の程度が大きければ格差が大きいことを表す．弓形の図形ACBはADBに包含され，より対角線に近いので格差は小さいと考える．

●**不平等の計数尺度**　ローレンツ曲線は交差すると格差の大きさを判定することができないので，格差の程度を数値化した尺度がいくつか考案されている．ジニ係数，変動係数，タイル尺度，アトキンソン係数が不平等の程度を示す指標として広く知られている．ジニ係数Gは，世帯数をn，第i世帯の所得をy_i，平均所得をμとしたとき $G = \sum_{i=1}^{n} \sum_{j=1}^{n} |y_i - y_j| / (2\mu n^2)$として定義される．ジニ係数はローレンツ曲線と均等な分布を示す対角線で囲まれる弓形の面積と対角線より下の三角形の面積の比に等しくなる．したがって，所得が完全に平等な社会ではジニ係数は0であり，1世帯が所得を独占する完全に不平等な社会ではジニ係数は$(1-1/n)$と限りなく1

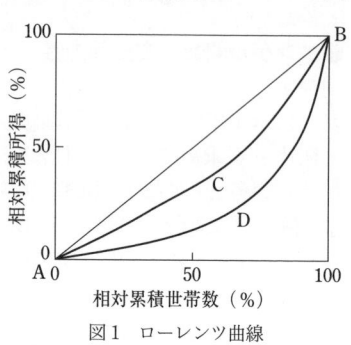

図1　ローレンツ曲線

に近づく．ジニ係数は統計結果の資料として公表されている．5年周期で実施される総務省統計局の全国消費実態調査では，2人以上の世帯についての1世帯あたり年間収入のジニ係数は1989年が0.293，1994年が0.297，1999年が0.301，2004年が0.308となり，年を追って世帯収入の不平等が拡大している結果となっている．また，3年周期で実施される厚生労働省の所得再分配調査においても，単独世帯も含めた全世帯の当初所得のジニ係数は，1996年が0.441, 1999年が0.472, 2002年が0.498，2005年が0.526，2008年が0.532と同様に上昇傾向にある．不平等の計測結果を異なる統計間で比較する場合には，統計ごとのデータの特性に細心の注意を払う必要がある．

表1にOECD Factbook 2010がOECD 30カ国について，世帯員数で調整した世帯可処分所得のジニ係数 G を公表した結果を示す．日本は0.32と10番目に大きく，OECD平均の0.31に近い値となっている．ジニ係数でみても，日本は所得格差が小さな平等な国であるとの見方は過去の幻影に過ぎないことがわかる．

その他，不平等の程度を測る尺度としてよく用いられるのは，変動係数とタイル尺度である．変動係数は所得の標準偏差を平均所得で除して算出され，完全平等のとき0，完全不平等のとき $\sqrt{n-1}$ である．タイル尺度 T はエントロピーの概念を不平等の尺度に用いたもので，$T=1/n\sum_{i=1}^{n}(y_i/\mu)\log(y_i/\mu)$ の式で算出される．不平等を測る尺度は所得分布の違いによって影響される．各尺度を利用する際には，変動係数は高い所得階層，ジニ係数は最頻値となる所得階層，タイル尺度は低い所得階層にそれぞれ大きなウェイトを与えていることに留意しておくと良い．［舟岡史雄］

表1 OECD 30カ国の2000年代中頃のジニ係数 G

国 名	G	国 名	G	国 名	G
メキシコ	0.47	スペイン	0.32	フランス	0.28
トルコ	0.43	カナダ	0.32	オーストラリア	0.27
ポルトガル	0.38	ギリシャ	0.32	オランダ	0.27
米 国	0.38	韓 国	0.31	ベルギー	0.27
ポーランド	0.37	ドイツ	0.3	フィンランド	0.27
イタリア	0.35	オーストリア	0.3	スロバキア	0.27
英 国	0.34	ハンガリー	0.29	チェコ	0.27
ニュージーランド	0.34	アイスランド	0.28	ルクセンブルグ	0.26
アイルランド	0.33	スイス	0.28	デンマーク	0.23
日 本	0.32	ノルウェー	0.28	スウェーデン	0.23
平 均 0.31					

［OECD, 2010, Facetbook］

📖 参考文献
[1] 大竹文雄，2005，『日本の不平等』日本経済新聞社．
[2] 舟岡史雄，2001，日本の所得格差についての検討，経済研究，**52**(2)．

雇用と失業率

　失業とは働く意思があっても雇用がない状態であるが，実はその定義は経済学的には不完全である．その理由は時給が100万円を超える超高額の就業機会にはほとんどの人が「働く意思はあっても雇用がない」，つまり失業しているからである．経済分析で失業を扱う場合は賃金構造にみられる労働市場の重層性が無視できない[1]．

　統計的な定義では失業保険を受給している人や調査票で働きたいのに仕事がない人を失業とする．調査票に基づく日本の「労働力調査」では調査の前月の最後の1週間に少しでも仕事をすると就業者となる．少しも仕事をしなかった人は休業者，完全失業者，非労働力（通学，家事，その他）にわけられる．労働力には，自営業の手伝いや内職も含めて収入を伴う仕事を少しでもした人，休業者と完全失業者が含まれる．「労働力調査」は調査期間を1週間と区切っていることから，actual base の統計とよばれる．

　ふだんの状態（usual base）に基づく「就業構造基本調査」では過去1年間でふだん仕事をしていた人は有業者，していなかった人は無業者（通学，家事，その他）と定義される．

●**労働力率の構造**　年齢階層別の労働力率は，男性の場合，学校卒業とともに定年になるまで労働力でありつづけるので，逆U字型になる．日本では女性は結婚や出産を機に引退し，子育てが終わってから再参入するというM字パターンを描く．過去には欧米でもみられたが現在は日本と韓国の女性のみみられる．日本では晩婚化によって1980年以降M字の谷が上昇してきている．有配偶女性の年齢階層別労働力率プロファイルを描くと低い率で逆Uになり，無配偶女性は男性と同じ逆U字になる．この重ね合わせでM字型が得られている（図1）．

　労働力率の時系列変動については，日本では石油危機後やバブル崩壊後の景気後退期に労働力率の低下（就業意欲喪失効果）が観察された．このように失業から非労働力に移行する比率が高まると，失業率は見かけ上低いままとなる．これに対して景気後退期に生活を維持するために追加的に労働市場に参入する人々も増える（追加的就業効果）．追加的就業効果は，ダグラスの『賃金の理論』では家計の労働供給を考慮した場合の右下がりの労働供給曲線として指摘され労働市場の不安定要因とされている．

●**労働市場のミスマッチ：UV曲線**　労働市場のマッチングの状態を示す欠員率と失業率のグラフをUV曲線という（図2）．労働市場は地域や性，年齢，スキルの違いなど無数の銘柄があり，欠員が発生してもすぐに失業者で埋めることはで

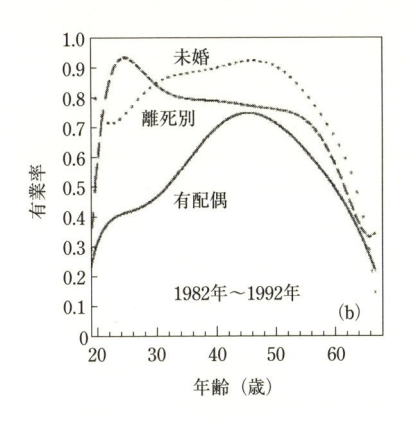

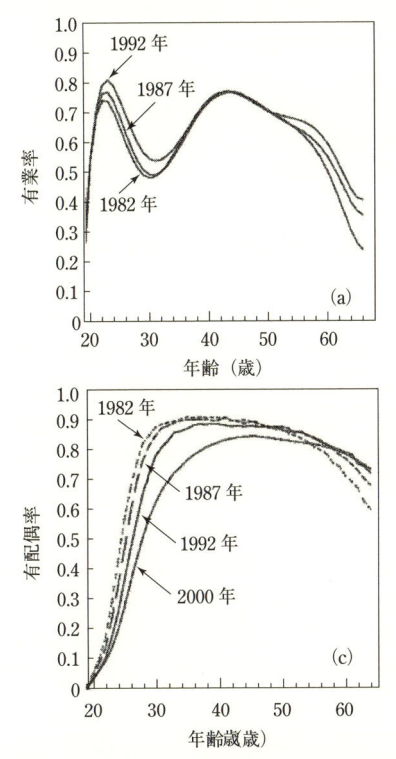

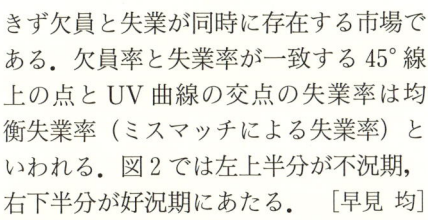

図1 女性の有業率プロファイル[2]：M字型の有業率は未婚と既婚の重ね合わせによる
[(a)(b) 総務省『就業構造基本調査』各年より推計，(c) 総務省『就業構造基本調査』各年および『国勢調査』2000年より推計]

きず欠員と失業が同時に存在する市場である．欠員率と失業率が一致する45°線上の点とUV曲線の交点の失業率は均衡失業率（ミスマッチによる失業率）といわれる．図2では左上半分が不況期，右下半分が好況期にあたる． ［早見 均］

📖 参考文献
[1] 小尾恵一郎，宮内 環，1998，『労働市場の順位均衡』東洋経済新報社．
[2] 早見 均，1997,「女性就業行動の変化：1977-82-87-92年の比較分析」労働省婦人局委託調査財団法人労働問題リサーチセンター『女性労働者の雇用と賃金に関する調査研究』．

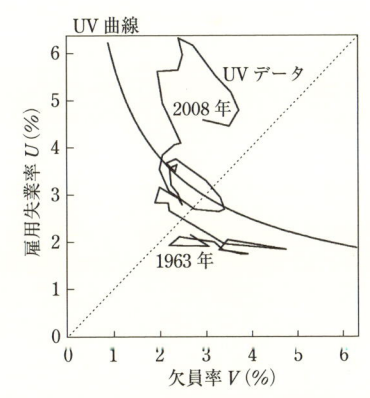

図2 日本のUV曲線：失業率は就業者の中から自営と家族従業者を除いた雇用就業率で計算している．欠員率が職業安定所経由のデータであることが主な理由である．
［厚生労働省『職業安定業務統計』，総務省『労働力調査』］

賃金と労働時間

　賃金は現金給与総額を指すことが多い．現金給与総額には基本給，所定内諸手当などの所定内給与，残業手当などの所定外諸手当，ボーナスなどの一時金が含まれる．そのほかの労働コストとしては退職一時金・退職年金，社会保障・保険の法定福利費，教育訓練費，慶弔見舞金，現物給付などの法定外福利費がある．
●**賃金構造**　日本では「賃金構造基本調査」によって労働者の属性別の現金給与総額データが得られる．賃金は産業別，企業規模別，地域別の格差のほかに，性，年齢，教育水準，経験年数，勤続年数，就業形態，職位・職階，職種，人種による個人属性による格差がある．これらを総称して賃金構造とよんでいる．「賃金構造基本調査」の対象となる労働者は一般労働者とパートタイムであるが，この違いはパートタイム労働者は通常よりも労働時間が短い労働者で，一般労働者はそれ以外である．

　図1は企業規模別男女別賃金格差で大規模は常用労働者が1,000人以上の規模，中規模は100人以上999人以下，小規模は10人以上99人以下の規模である．いずれも一般労働者の賃金格差である．図2は大卒の勤続年数別男女別賃金格差である．勤続年数・教育年数および企業規模を一定にしても所定内給与に男女間格差がある．

　図3は教育年数別男女別賃金格差である．日本の特徴として若い年齢では教育年数にかかわらずほぼ賃金が同じという傾向があるが，近年では若年でも教育年

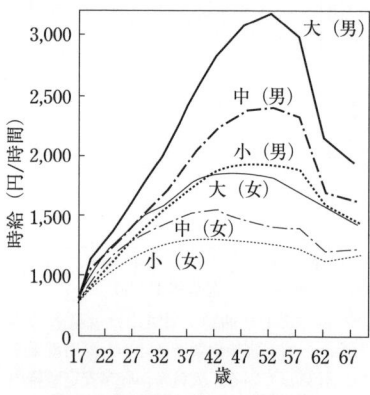

図1　企業規模別男女別賃金格差
[厚生労働省『賃金構造基本調査』2006年，年齢別賃金プロファイル]

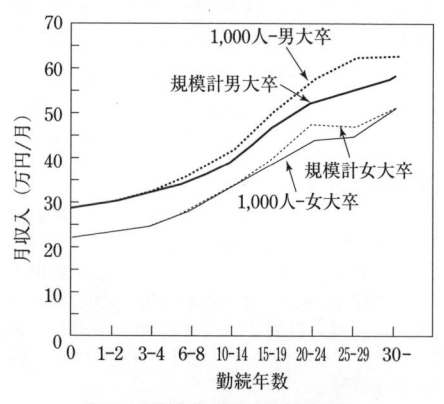

図2　勤続年数別男女別賃金格差
[厚生労働省『賃金構造基本調査』2006年，勤続年数別所定内給与]

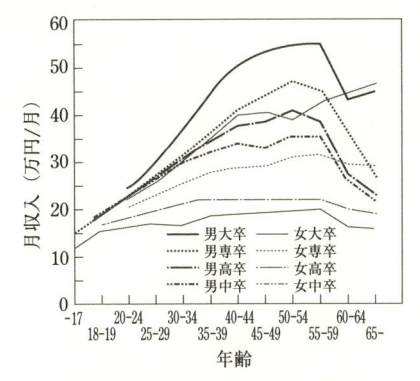

図3 教育年数別男女別賃金格差
[厚生労働省『賃金構造基本調査』2006年 学歴年齢別きまって支給される給与]

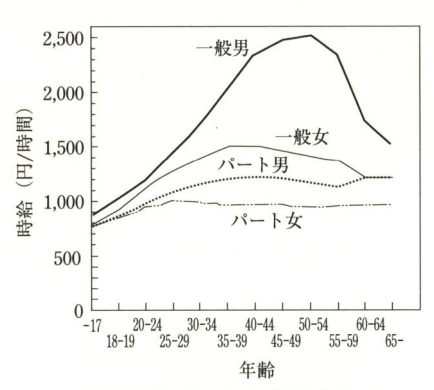

図4 就業形態別男女別賃金格差
[厚生労働省『賃金構造基本調査』2006年 一般・パート別時間当り所定内給与]

数別の賃金格差が目立つようになっている．図4は一般労働者とパートタイム労働者(期間のさだめがある)の賃金を比べたものである．パートタイム労働者は年齢にかかわらず賃金がほぼ一定であることがわかるが，一般労働者の女性も男性ほど年齢によって賃金が上昇しないことがわかる．

●**労働時間** 労働時間には1日の労働時間，週労働時間，月間労働時間，さらに年間労働時間という4種類の労働時間概念がある．これらは労働基準法による時間規制がその基礎にある．1日8時間，週5日で週40時間が法定労働時間である．一部の例外を除いてこの労働時間を超えた場合には時間外割増賃金率が適用される．業種によっては繁忙の差が激しいので，月間平均や年平均労働時間にして時間外割増を適用する変形労働時間制を適用している場合もある．このほかに出勤退出時間にゆとりをもたせるフレックスタイム制，みなし労働時間制・裁量労働時間制がある．

年間労働時間は年次有給休暇によっても左右されるが，国際的な比較が行われている．年間労働時間の統計は賃金変動と同じく「毎月勤労統計」が実労働時間を毎月調べているので国際比較の公式統計に利用される．ただし記入の手引きからみて実労働時間ではなく，支払い労働時間が報告されているといわれている．週間労働時間は労働者側にアンケートをする「労働力調査」の値が利用される．これは2か所で働いている場合には両者の合計となり，月末1週間の労働時間である．「賃金構造基本調査」でも月間労働時間は調査しているが，年1回で同じ対象を調査しているとは限らないので時系列でつなぐと大きく変動する．

[早見 均]

雇用形態の変化

　1990年代後半以降，正社員の賃金が企業の労働コストを圧迫すると派遣社員やパート，請負，嘱託など非典型雇用が増加した．それとともに労働者人材派遣法の規制緩和が急速に進み，派遣業に従事できる職種も拡大，業種も拡大した．

●**労働コスト**　期間の定めなく雇用された正社員には年金・健康保険・雇用保険の法定福利厚生費とその他の法定外福利厚生費を含めたものが労働コストとなる．パート名義で雇用された場合でも，雇用保険は1週間の所定労働時間が20時間以上でありかつ6カ月以上 (2009年3月31日まで1年以上) 雇用される見込みがある場合，または週40時間の契約の場合は加入しなければならない．年金・健康保険の加入要件は，年間の収入が130万円以上や労働時間が正社員の4分の3以上である．有期の雇用（契約社員）には退職金や教育訓練費はない場合が多い．一般労働者を対象とした労働コストは『就労条件総合調査』で数年に1回調べられている．雇用形態の多様化を議論する場合，労働コストの比較が最も重要な統計の1つとなる．

●**雇用形態の多様化**　それまでは職業安定法によって原則禁止されていた有料職業紹介が1986年に労働者派遣法が施行されることで解禁された．その後1999年改定で適用業務拡大，2004年からは適用業務がネガティブリスト化され雇用が急速に増加した．この規制緩和によってこれまではパート・嘱託・アルバイトに限られていた非正規雇用の形態が拡大した．1991年に一般労働者派遣業で常用雇用とそれ以外の合計の派遣労働者が19万5,530人，特定労働者派遣業が8万7,613人であったものが，2006年には一般労働者派遣業が129万7,454人，特定労働者派遣業が22万734人と増大している（「労働者派遣事業報告集計結果」による）．

　同時に，パートタイム労働者の比率も上昇している．パートタイムの定義は調査によって異なる．一般の労働者よりも1日または1週間の所定労働時間が短い場合 (Aパート)，パートタイムとして雇われている（呼称パート，このうち一般労働者と労働時間がほとんど同じものをBパート，擬似パートという）場合がある．「毎月勤労統計調査」は常用労働者についてのみのデータであるが，Aパートの比率は1990年に5人以上事業所で13.0％だったものが，2008年には26.1％まで上昇している．呼称パートの比率は「就業構造基本調査」と「労働力調査（詳細）」で調べられている．「就業構造基本調査」によるとパート・アルバイトの合計が1992年に16.1％であったものが，2007年には24.2％に上昇している．同調査では派遣や契約社員・嘱託などの正規雇用以外の比率は2007年に35.5％に上昇した．派遣やパートは不安定雇用のリスクがあったため，正規雇用となる請負

労働が製造業を中心に急速に増加した．請負労働は請負会社に正規雇用されそのもとで働くのだが，請負業務の委託主の事業所で勤務することが多い．委託主の業務命令が請負労働者には及ばないことが前提であるが，派遣と同様の扱いをされ請負会社が有名無実になる偽装請負も多いと指摘されている．さらに 2004 年から製造業務でも派遣が可能になったため区別がつきにくい．

1990 年代後半以降は若年の学卒新規雇用が抑制されたため，アルバイトをする若年労働者が増えた．特に 2000 年の『労働白書』でフリーターが「15～34 歳の若年（ただし，学生と主婦を除く）のうち，パート・アルバイト（派遣等を含む）及び働く意志のある無職の人」と定義されて以来，巨額の対策予算の対象になった．フリーターは，アルバイトを重ねているため賃金率（時給）が生涯変わらない．景気回復期になるとフリーターは低賃金・不安定労働の側面が強調されるようになった．過去にも農村からの出稼ぎ労働，建設・港湾労働などは臨時・日雇いであり，量的にも大きなものが存在した．しかしいま帰るべき農村はなく，若者が都市で生まれ卒業したために，都市の小売業・飲食店などのサービス職種に臨時・日雇いで流入するようになったものといえる．

●ワーク・ライフ・バランス　不安定雇用が増加する一方で，正社員の雇用状態も楽ではなくなってきた．賃金も基本給が固定されており，さらに社会保障負担などの固定費が大きい正社員は，企業にとっては長時間労働すればするほど単価が安くなる仕組みになっている．安定的な雇用機会を得るには長時間労働を受け入れなければならないと考えられてきた．1990 年代以降の長引く不況でサービス残業や部下なし管理職の量産など無法状態に近い労働時間管理が目立つようになった．そこで官主導でワーク・ライフ・バランス「仕事と生活の調和」が求められた．長時間労働による過労死，職場への女性の進出と子育て支援，ワークシェアリング（雇用機会の創出）という社会問題・雇用安定対策の万能薬だからである．実際には図1をみればわかるように長時間労働者の減少と短時間労働者の増加という現象は 2004 年以降現れており統計上の労働時間は全体的に短縮傾向にある．

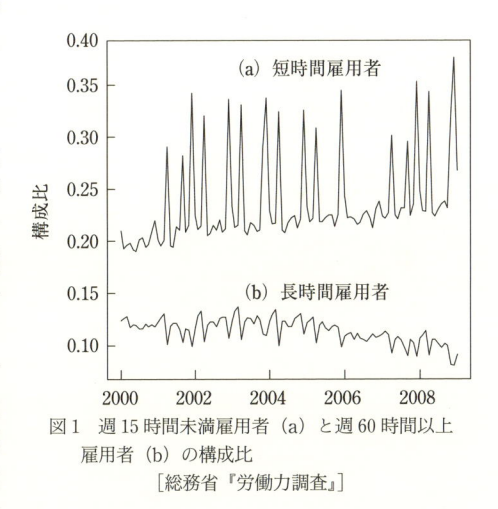

図1　週 15 時間未満雇用者 (a) と週 60 時間以上雇用者 (b) の構成比
[総務省『労働力調査』]

[早見　均]

企業統計

　企業活動の実態は事業所と企業の2つの単位から捉えることができる．2006（平成18）年事業所・企業統計調査によれば，事業所の総数は591万，法人企業数は152万，個人企業数は274万である．事業所は統計調査上の概念であり，単一の経営主体の下で一定の場所を占めて行われる経済活動の場所的単位である．一般に，事務所，工場，営業所，商店，飲食店，学校，病院，農家などとよばれているものが相当する．一方，企業は同一の意思決定機構の下で財・サービスを生産する経済主体であり，1つあるいは複数の事業所から構成される．企業活動の大半を担っているのは法人企業であり，多くの場合，法制度上の存在である会社とほぼ同じものとして扱われている．事業所を対象とした統計調査から，モノの生産や販売といった現場の活動を把握することはできるが，事業展開などの組織としての活動は企業を対象とする統計調査に拠らざるを得ない．

●**事業所統計と企業統計**　表1に事業所と企業に関する基幹統計と主要な一般統計（2009年の基本計画で基幹統計の候補とされている統計など）を記している．事業所統計の大半が1947年以降の数年間に調査を開始しているのに対して，企業統計は近年になって調査を開始した統計が多い．戦後，経済統計が整備された時期に必要とされた統計情報は，主にモノの生産および地域の流通についてであり，農林水産業，製造業，商業を対象とした統計調査が何よりも優先された．当時のサービス業はウェイトが小さいこともあって整備されず，その状況は長らく続いた．生産や販売の現場の実態を明らかにする統計は，地域ごとに漏れなく重複なく調査することのできる，事業所

表1　主要な事業所統計と企業統計
(a) 事業所統計

	統計名	開始年
構造統計	事業所・企業統計	1947
	経済センサス	2009
	農林業センサス	1950
	漁業センサス	1954
	工業統計調査	1947
	商業統計調査	1949
	サービス業基本統計	1989
	特定サービス産業実態調査	1973
動態統計	作物統計	1950
	海面漁業生産統計	1951
	経済産業省生産動態統計	1948
	薬事工業生産動態統計	1952
	鉄道車両等生産動態統計	1954
	造船造機統計	1950
	ガス事業生産動態統計	1951
	商業動態統計	1953
	サービス産業動向調査*	2008

(b) 企業統計

	統計名	開始年
財務データ	法人企業統計	1970
	個人企業経済調査	1952
活動データ	経済産業省企業活動基本調査	1992
	科学技術研究調査	1953
	建設業構造基本調査*	1975
	海外事業活動基本調査*	1971
	情報通信業基本調査*	2010

（注）基幹統計については指定統計調査としての開始年．＊は一般統計を示す．

を単位とした統計である．他方，企業を単位とした統計については，地域をくまなく調査しても正確に対象を捕捉することは困難である．複数の事業所からなる企業に関する情報は本社を対象として調査するのが通常であるが，その所在とする場所が登記上の住所，実質的な活動の拠点，管理機構を置く事業所であったりするなど，企業によって対処の異なるケースが少なくない．

●企業名簿と企業統計　企業を対象として適切な統計調査を行うためには，法人登記や税務申告から得られる行政情報をもとに整備された企業名簿の使用が欠かせない．法人企業統計調査が1948年から実施できたのは，国税庁が有する税務原簿から同じ省内組織の大蔵省が企業に関する情報提供を受けることができたからである．法人企業統計は営利法人の貸借対照表，損益計算書等の財務諸表の計数を年次と四半期ごとに調査しており，それぞれ年報，季報として公表している．いずれも法人企業の税務原簿を母集団情報として，資本金によって区分した階層毎に抽出した標本法人を対象として調査し，業種別・資本金階層別に結果を表章している．年報からすべての営利法人の毎年の収益状況，付加価値構成，設備・在庫投資の状況，資金調査・運用などが明らかになる．季報からは資本金1,000万円以上の営利法人の四半期別の収益・投資・資金の動向が把握でき，なかでも設備投資のデータはGDP統計の速報推計のための基礎資料として欠かせぬ情報である．サービス活動を捉える統計が限られていた状況で，法人企業統計はサービス業の業種別の売上高，投資等の活動を財務データから明らかにし，また各産業の販売管理費などの間接費を通して企業のサービス化の進展を確認できるので，長い間サービス分野の活動の実態を概観しうる唯一の統計であった．その他，企業を対象とした統計として科学技術研究調査があり，調査内容の大幅な改編を経て研究開発の実態に関して有用な情報を提供している．

　1980年代に入ると企業の収入として直接には表れない，企画，調査・研究開発，広告宣伝などの間接的な活動の比率が上昇してきた．同時に，事業分野の多角化，国際化も進展した．こうした活動の実態を生産・販売活動と関連づけて把握するために開始したのが通商産業省企業活動基本調査である．同調査は経済産業省が所管する製造業，商業，鉱業の事業所を抱える企業を対象として，事業所の調査から知り得た企業名簿に基づいて，事業所の本社に対して調査している．企業の国内外の事業組織，売上，収益などの事業内容，仕入れ・販売等の取引関係，研究開発・技術所有状況などのデータに併せて，資産などの財務データも明らかになる．従前の事業所を単位とした統計や企業の財務データからだけでは入手し得ない企業活動の実態を総合的に把握できる情報を提供する．近々，法人登記情報を活用して調査される経済センサスを基盤として，企業と事業所の関係づけが適切に行われれば，将来，企業と事業所の活動に関する各種の統計データを連結した新たな統計情報の創出されることが期待される．

〔舟岡史雄〕

製造業の統計

　製造業は，製品を製造・卸売する事業所からなり，「ものづくり」の担い手であり日本経済の核となる産業である．製品の開発・製造・販売・アフターサービスなどを通して，他産業の生産活動や雇用に大きな影響を与える．我が国の製造業の国内総生産（GDP）は全体の2割程度であるが，製造業の生産・出荷・在庫の変動は景気動向を大きく左右する．このため，製造業の生産活動の実態を把握する統計は，政策的にも企業活動面からも重要であり，代表的な一次統計には，年次統計として工業統計，月次統計として経済産業省生産動態統計がある．また，製造業の毎月の生産活動を指数化した鉱工業生産指数がある．

●**工業統計**　我が国製造業の実態を明らかにし，製造業に関する施策の基礎資料を得ることを目的として，経済産業省が毎年実施する統計である．製造業の全事業所を対象とする統計であり，業種別，従業者規模別，都道府県別に，事業所数，従業者数，製品出荷額，付加価値額などの把握ができ，製造業の暦年ベースの生産活動の実態を把握することができる．産業政策，中小企業政策など，国や地方公共団体の行政施策のための基礎資料として利用され，また，国民経済計算，産業連関表，県民所得統計などの作成の基礎データとして用いられるなど，経済統計体系の根幹をなす統計の1つである．政府が公表する経済白書，中小企業白書などの経済分析に不可欠なデータとして利用されている．

　製造業に属するすべての事業所（工場）を対象に調査が行われることから，「工業センサス」，「工場の国勢調査」とよばれる．工業統計は，1909（明治42）年に職工5人以上の工場について実施され，その後5年ごとに実施され，1920（大正9）年からは毎年調査が実施された．1971（昭和46）年以降は，西暦末尾0，3，5および8年については全数調査が実施され，それ以外の年は従業者4人以上の事業所を対象として，毎年年末を調査日として調査が実施されている．

　集計・公表は，調査実施から約9カ月後に，主要調査項目（事業所数，従業者数，現金給与総額，原材料使用額等，製造品出荷額等，有形固定資産額）および付加価値額が産業中分類（2桁分類），従業者規模別，都道府県別に集計され，速報として公表される．また，調査実施から約1年3カ月後に「工業統計表」として，各編の「産業編」「品目編」「市町村編」「用地・用水編」「工業地区編」，「産業細分類別統計表（経済産業局別・都道府県別表）」「企業統計編」が確報として公表される．調査項目には，事業所数，従業者数，現金給与総額，原材料使用額等，製造品出荷額等，有形固定資産額，原材料・燃料・電力の使用額，委託生産費，製造等に関連する外注費および転売した商品の仕入額，製造品在庫額・半製品・仕掛品の価額および原材料・燃料の在庫額，製造品出荷額に占める直接輸出

額の割合，主要原材料名，工業用地および工業用水などがある．

工業統計によれば，平成17 (2005) 年の製造業の全事業所数は46万8,841事業所，従業者数は855万人，製造品出荷額等は299兆円，付加価値額は106兆円である．工業統計を利用する際に注意すべきことは，全数調査を行わない調査年は従業者数の少ない事業所の把握が必ずしも十分でないため，事業所数が過少となることである．時系列データを用いて動向分析を行う場合は，従業者10人以上のデータを用いることなどが行われている．

●経済産業省生産動態統計　製造業と鉱業の生産の動態を明らかにし，鉱工業に関する施策の基礎資料を得ることを目的として，毎月経済産業省が実施している統計である．鉱産物および工業品を生産する一定規模以上の従業員を有する事業所を対象としており，毎月約2万事業所から提出される約1,800品目の鉱工業製品の生産・出荷・在庫等に関する月次実績の報告を集計・公表している．

調査項目は，製品に関する生産，受入，消費，出荷，在庫の数量・重量・金額，月末常用従業者数，生産能力などである．生産数量は，調査対象事業所が，国内で実際に生産（受託生産を含む．仕掛の半製品は除く）した製品の数量をいう．出荷数量は，調査対象事業所の倉庫から他社または自社他工場に実際に出荷した数量をいう．出荷には，自家使用も含み，他社や自社他工場から受け入れた製品の出荷が含まれることに注意する必要である．在庫数量は，調査対象事業所の倉庫に実際に保管してある製品の数量をいう．

政府・自治体においては，鉱工業に関する施策の基礎資料，鉱工業指数，四半期別GDP速報 (QE)，産業連関表などの二次加工統計の基礎資料として，また，個別産業における業況判断や需給動向把握，産業振興対策，中小企業対策，環境・リサイクル対策などの基礎資料として利用されている．産業界においては，当該産業の業況把握，需要予測などの基礎資料，各企業における原材料調達および需要先業界の動向把握などの基礎資料として利用されている．調査結果は，鉄鋼・非鉄金属・金属製品統計，化学工業統計，機械統計，窯業・建材統計，繊維・生活用品統計，紙・印刷・プラスチック・ゴム製品統計，資源・エネルギー統計として毎月公表される．調査月の翌月末に品目を限定して速報が公表され，すべての品目について確定値として翌々月中旬に確報が公表される．また，翌年6月末頃に毎月の確報値（必要に応じて補正）をまとめた年報が公表される．

生産動態統計は実態を素早く把握することを目的としていることから，速報ではすべての対象事業所から調査報告を入手しているものではなく，速報と確報において数値が異なることに注意する必要がある．　　　　　　　　　　［田辺孝二］

📖 参考文献
[1] 経済産業省『工業統計調査』http://www.meti.go.jp/statistics/tyo/kougyo/index.html
[2] 経済産業省『経済産業省生産動態統計調査』http://www.meti.go.jp/statistics/tyo/kougyo/index.html

商業の統計

　商業は卸売業と小売業からなり，卸売業には商社が含まれ，小売業には百貨店，スーパー，コンビニエンスストア，ドラッグストア，ホームセンター，家電量販店などが含まれる．商業に関する代表的な統計には，全事業所を対象とする商業統計，月次の販売動向を把握する商業販売統計がある．小売業の販売データは個人消費動向を供給サイドから分析するためにも利用されている．

●**商業統計**　我が国商業の実態を明らかにし，商業に関する施策の基礎資料を得ることを目的として，経済産業省が実施している統計である．商業を営む全事業所を対象に，産業別，従業者規模別，地域別などに従業者数，商品販売額等を把握するもので，「商業センサス」，「商店の国勢調査」とよばれる．

　調査結果は，国や地方公共団体による商業・流通関連施策（大規模小売店舗立地法，小売商業調整特別措置法，中小小売商業振興法の運用，都市計画，市街地再開発計画など）のための基礎資料，産業連関表および地域産業連関表の作成，国民経済計算および県民所得の推計，各種白書（経済白書，中小企業白書など）の基礎資料として利用されている．

　商業統計は，1952（昭和27）年に調査が開始され，1976（昭和51）年までは2年ごと，1997（平成9）年までは3年ごとに実施され，1997年以降は5年ごとに本調査が実施され，その中間年（本調査の2年後）に簡易調査が実施されている．2007（平成19）年には，本調査が2007年6月1日現在で実施された．

　2007年商業統計の範囲は，日本標準産業分類「大分類J－卸売・小売業」に属するすべての事業所を対象とし，店舗を有しないで商品を販売する訪問販売，通信・カタログ販売などの事業所も調査対象としている．また，有料施設（公園，遊園地，テーマパーク，駅改札内，有料道路内）の中にある商業事業所も調査対象である．駅改札内および有料道路内の事業所は2007年調査から調査を開始した．

　調査項目は，事業所の開設時期，従業者数など，年間商品販売額など，年間商品販売額の販売方法別割合，商品手持額などであり，小売業に対しては，小売販売額の商品販売形態別割合，セルフサービス方式採用の有無，売場面積，営業時間など，来客用駐車場の有無および収容台数，チェーン組織への加盟の有無も調査している．

　調査結果の公表は，速報として，主要項目（事業所数，従業者数，年間商品販売額，商品手持額，売場面積など）について，産業分類別，従業者規模別（事業所数のみ），都道府県別にとりまとめた統計表が公表され，その後，商業統計表として確報（産業編，品目編），二次加工統計表（流通経路別統計編，業態別統計編，立

3. 経済統計　　しょうぎょうのとうけい

地環境特性別統計編）が公表される．

　2007年商業統計によれば，卸売・小売業の事業所数は147万事業所，年間商品販売額は548兆億円，就業者数は1,169万人であった．卸売業は，事業所数が33万事業所，年間商品販売額は414兆円，就業者数は362万人，小売業は，事業所数が114万事業所，年間商品販売額が135兆円，就業者数は806万人である．

●**商業販売統計**　月次の全国の商業販売動向を明らかにすることを目的に作成される統計である．毎月の卸売業販売額（業種別），大規模卸売店販売額（業種別），小売業販売額（業種別），大型小売店販売額（百貨店・スーパーの業態別，商品別，都道府県別，経済産業局別），コンビニエンスストア販売額（商品別，経済産業局別）を調査・公表している．また，大規模卸売店と大型小売店については，商品別期末商品手持額を調査・公表している．

　調査結果は，生産と消費を結ぶ流通段階の変動を把握する数少ない指標として，国や地方公共団体の景気対策や商業・流通・中小企業振興政策などに幅広く利用されている．また，小売業販売額，大型小売店販売額は個人消費の動向を示す指標として活用されている．

　商業販売統計の基になる商業動態調査は，商業統計の対象事業所を母集団として抽出された事業所を対象に実施される標本調査である．標本は個別標本と地域標本から構成され，個別標本は業種別・従業者規模別に標本抽出枠（セル）を設定して抽出される事業所であり，地域標本は商業統計調査区から264調査区を抽出し，その調査区の従業者19人以下の小売事業所（自動車小売事業所を除く）を調査する．

　大規模卸売店は，商業統計の調査対象となった従業者100人以上の各種商品卸売事業（総合商社）および従業者200人以上の卸売事業所を対象としている．一方，大型小売店は，調査時点に存在する従業者50人以上の小売事業所の百貨店とスーパーを対象としている（大規模卸売店と異なり，新設事業所も調査対象）．大型小売店販売額は，既存店ベースの販売額前年比も公表している．消費動向の把握には，既存店ベースの販売額動向を加味することが行われている．コンビニエンスストア販売は，500店舗以上を有するコンビニエンスストアのチェーン企業本部について調査，集計した数値である．既存店ベースの前年比も公表されている．

　商業販売統計を利用する際に留意すべきことは，業種別販売額を推計により求めているため，2～3年ごとに商業統計調査結果が公表された時点で，過去にさかのぼって業種別販売額の数値が改訂（水準修正）され，これによって前年同月比，前月比が変動することである．　　　　　　　　　　　　　　　　　　［田辺孝二］

📖 **参考文献**
[1] 経済産業省『商業統計』http://www.meti.go.jp/statistics/tyo/syougyo/index.html
[2] 経済産業省『商業販売統計（商業動態統計調査）』http://www.meti.go.jp/statistics/tyo/syoudou/index.html

サービス産業の統計調査

　経済成長に伴い，産業全体における第3次産業（サービス産業）の占める割合が雇用面と生産面において増加傾向で推移している．2006年（または年度）においてサービス産業が全産業に占める割合は，事業所数の81.0％，従業者数の75.5％，総売上の58.9％，国内総生産（GDP）の72.6％にも達している．

　しかし，サービス産業を把握する統計は不十分であったことから，サービス産業の統計の整備は，内閣府経済社会統計整備推進委員会の提言（2005年）や「基本方針2006」などで政府の課題となっていた．

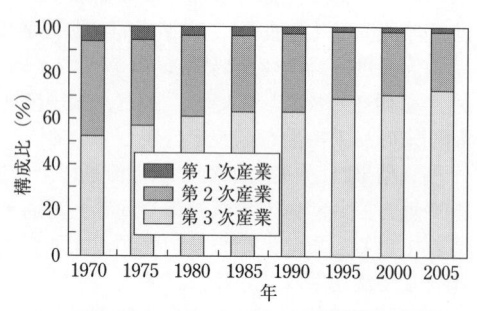

図1　国内総生産に占める第3次産業の構成比の推移
[内閣府のデータから総務省統計局が作成]

●**サービス産業動向調査**　このような中で，サービス産業の約3万9,000の事業所を対象に2008年に総務省統計局により創設された月次の統計調査がサービス産業動向調査である．

　この調査の調査対象はサービス産業のうち情報通信業，運輸業，郵便業，不動産業，物品賃貸業，学術研究，専門・技術サービス業，宿泊業，飲食サービス業，生活関連サービス業，娯楽業，教育，学習支援業，医療，福祉など広範に及んでいる．調査単位は企業でなく事業所である．というのは，企業は複数の産業にまたがる多様な活動をしているが，その中からサービス産業のみを産業別に把握することを目的としているため，企業属性を問わずに実地調査が可能な最小単位で調査が毎月継続して行われることとなったからである．調査対象は，原則として，1月（年初）から2年間継続して選ばれる．また，調査対象を一斉に交替すると調査結果の段差が大きくなるおそれがあるために，毎年半数を交互に交替するローテーション方式が採用されている．もっとも，いくつかの産業については母集団となる事業所数が少ないために継続して調査をしなければいけない事業所が存在する．調査事項には，調査開始月のみ経営組織，資本金などの額，主な事業の種類が含まれるが，毎月調査する事項は調査月の売上高（収入額）と月末の従業者数のみである．調査は調査対象が調査票に記入することによって行われ，調査票は事業従事者数が10人以上については郵送によって，10人未満については調査

員によって配付・回収される．

　この調査はサービス産業全般について共通の考え方で調査対象を選び共通の調査票を用いている点に特徴がある．このため，調査結果の業種間比較が可能となっている．特に付加価値の計算に不可欠な売上高を毎月把握することができることから，それを四半期で合算することにより QE（四半期別 GDP 速報）の推定について，12 カ月合算することにより GDP の年次推計について精度向上に寄与することとなる．2009 年 4 月から新たに施行された新統計法の中で，国民経済計算が基幹統計と位置付けられたことから，この効果はきわめて重要である．また，現在のように経済社会が目まぐるしく変化しているときには，迅速かつ継続的に追跡できる統計が根拠として必要であることから，本調査は機動的な政策の立案にも資するものとなっている．さらに，新統計法の第 1 条により公的統計は国民にとって合理的な意思決定を行うための基盤と位置付けられていることから，市場動向の把握を通じた経営戦略などへの活用も重要な用途である．

●特定サービス産業実態調査　業種によっては，産業特性を把握するため，売上高や従事者数などにとどまらず詳細な事項が調査されている．経済産業省により 1973 年から毎年 11 月 1 日に実施されている特定サービス産業実態調査はその典型である．

　この調査は，物品賃貸業，情報サービス業，広告業などの約 13 万の事業所を対象に実施されているが，2008 年にインターネット付随サービス業，音声情報制作業などが，2009 年に学習塾，スポーツ施設提供業などが追加されるなど，対象産業は段階的に拡大されてきた．調査事項は各産業における業務の種類別，契約先別，収入区分別，国内外別などの収入構造，派遣職員活用などの状況，情報化技術による事業活動の状況などである．調査結果は，経済産業省による施策，国民経済計算，産業連関表などの基礎データとして利用されている．

●サービス業基本調査　頻度は高くないが，サービス産業についてもっと多くの事業所を対象に実施され，そのため地域別詳細を明らかにすることができる統計調査もある．1989 年に総務省統計局によって開始されたサービス業基本調査はその役割を担っている．最新のサービス業基本調査は，情報通信業，不動産業，物品賃貸業，学術研究，専門・技術サービス業，宿泊業，飲食サービス業，生活関連サービス業，娯楽業，教育，学習支援業，医療，福祉などに属する約 43 万の事業所を対象に事業の内容や相手別の収入額，給与支給総額などの経費総額，設備投資額などを把握している．調査結果は，地方税法に基づく地方消費税の清算，各種指数，産業連関表などの基礎データとして活用されている．

　サービス業基本調査は，これまで独立の調査として 5 年に 1 回実施されてきたが，2004 年調査を最後に，今後実施される経済センサス-活動調査に統合されることとなっている．

［清水　誠］

観光統計

　観光統計は，日本においても国際的にも最も未整備な統計分野の1つである．日本では，2008年に観光庁が新設され，統計委員会は，2008年に答申した「公的統計の整備に関する基本計画」の中に整備すべき統計として観光統計をあげている．国際的には，国連統計委員会は，国連世界観光機構（UNWTO）に国際観光統計の作成を委ねてきたが，1994年に，各国に対して観光統計の整備を促進するよう勧告を出した．その結果，次第に観光統計の整備がなされるようになっている．一方，観光統計の需要は，先進国，途上国を問わず，政府の観光開発計画の策定や民間のマーケティングや投資などの目的で増大してきており，観光統計を利用しての観光サテライト勘定の作成も行われるようになっている．

　観光開発や観光立国など政策的需要が多いにも関わらず，観光統計の整備が遅れている理由の1つは，観光の概念や定義が明確でないことである．20世紀の初めに，英語のtourismの訳語として，かつて使われていた物見遊山や行楽に代わり，易経の「国の光を観る．用いて王に賓たるを利し」に由来する「観光」があてられて以来，これが広く使われるようなった．UNWTOは，観光客を「日常生活圏外に旅行し，訪問場所での収入を得る活動とは関わらない，余暇，業務及びその他の目的で1年を超えない期間連続して宿泊・滞在している者」と定義している．これに対して，日本の観光政策審議会（1995年答申）では，観光を「余暇時間の中で，日常生活圏を離れて行うさまざまな活動で，ふれあい，学び，遊ぶことを目的とする」とより広い意味で定義している．

　一方，「観光業」あるいは「観光産業」は，国連が定める国際標準産業分類の大分類項目である「運輸業」，「卸売小売業」，「飲食店・宿泊業」および「サービス業（ほかに分類されない）」という異なる統計体系に別々に区分されるため，観光業あるいは観光産業として単一の統計数値を得るにはこれらの中分類または小分類の関連数値を合算する必要があること，さらに，統計の対象が個人，世帯，企業，事業所，施設，活動，経済量など多岐にわたることも，観光統計の整備を困難にしている一因である．

●**観光統計の種類**　統計の対象を個人に絞った場合，他国からの観光客数や他国への観光客数，すなわち国際観光客数と，国内の特定の観光地へのほかの地域からの国内観光客数とを区分する必要がある．各国において作成されている主な統計は以下のようなものである．

　ⅰ）居住国別入・出国者数（各年・各月）
　ⅱ）男女，年齢，居住国別観光客数（各年）

iii) 観光客のタイプ別受け入れ数・滞在期間・1日平均支出額（各年・各月）
iv) ホテル分類別平均宿泊率・平均空室率および平均滞在期間（各年・各月）

なお，この種の観光統計が作成されているほとんどの国々においてiii) は特定の有名観光地，iv) は特定のクラスのホテルについて作成されているにすぎない．

日本の観光統計は，法務省の入国管理統計からの毎月の出入国者数に基づいて(独)国際観光振興機構（通称：日本政府観光局［JNTO］）が作成しているi) 訪日外国人旅行者数，ii) 日本人海外旅行者数のほか，観光庁が実施しているiii) 宿泊旅行統計調査およびiv) 旅行・観光消費動向調査からなっている．iii) は四半期ごとに各月，旅館，ホテル，簡易宿所（日本標準産業分類による）を営む事業所のうち従業者数10人以上の事業所を対象．延べ・実宿泊者数および外国人延べ・実宿泊者数，延べ宿泊者数の居住地（県内，県外）別内訳，外国人延べ宿泊者数の国籍別内訳などを調査している．またiv) は四半期ごとに全国の20歳から79歳の日本国民から無作為に抽出した1万5,000人を対象として，性・年齢などの属性，旅行回数・時期（国内：宿泊旅行・日帰り旅行・出張・業務，および海外旅行の別）ならびに消費内訳などの調査である．そのほか，業務統計として旅行業者数およびその取扱額の年度別統計が作成されている．

●観光統計の入手源　国際観光統計は，UNWTOの国際観光統計年鑑(2008年版は，204カ国についての2002〜2006年の入国者数，国内観光を含む宿泊者数）と国際観光統計要覧(2008年版は，208カ国についての2002〜2006年の各国主要観光統計指標）から得られる．日本の観光統計は，観光庁またはJNTOのホームページの統計情報のサイトから入手できる．

なお，UNWTOによれば，2006年の日本への外国人訪問者数は，世界で30位（約733万人）であった．これはアジア諸国・地域の中では，中国，マレーシア，香港，タイ，マカオ，シンガポールよりも下まわっている．　　　［大友　篤］

表1　国際観光訪問者数・収入額・支出額（世界ベストテン，2007年）

訪問者数 (100万人)			収入額 (10億ドル)			支出額 (10億ドル)		
1	フランス	81.9	1	米国	96.7	1	ドイツ	82.9
2	スペイン	59.2	2	スペイン	57.8	2	米国	76.2
3	米国	56.0	3	フランス	54.2	3	イギリス	72.3
4	中国	54.7	4	イタリア	42.7	4	フランス	36.7
5	イタリア	43.7	5	中国	41.9	5	中国	29.8
6	イギリス	30.7	6	イギリス	37.6	6	イタリア	27.3
7	ドイツ	24.4	7	ドイツ	36.0	7	日本	26.5
8	ウクライナ	23.1	8	オーストラリア	22.2	8	カナダ	24.8
9	トルコ	22.2	9	オーストリア	18.9	9	ロシア	22.3
10	メキシコ	21.4	10	トルコ	18.5	10	韓国	20.9

［資料：UN国際観光機構］

地域と統計

　地域は，地球表面上の一定の広がりと定義される．地域を研究の対象とする地理学では，地理的空間ともよぶこともあるが，一般的には，地域(英語では area)とよばれる．また，境界が明確に定められた広がりは，「地区」「区域」または「境域」ともよばれ，境界が明確でない広がりは，「領域」とよばれ，その形状が帯状である場合は「地帯」その内部に核心となる地域が認められる場合には「圏域」とよぶこともある．「地方」は，地域の境界の明確または不明確のいずれを問わず，地球表面上のなんらかの特定の場所を意識する必要がある場合に用いられる．

　統計の作成または分析の際に，まず，しなければならないことは，それらの対象地域すなわち対象となる空間的範囲を明確にすることである．この対象地域は全域とよばれ，その内部に細分された地域は部分地域または部分域とよばれる．全国を全域（対象地域）とすれば，都道府県や市区町村は部分域である．都道府県を全域とすれば，それらの内部の市区町村や町丁・字が部分域である．一方，世界を全域とすれば，各国は部分域である．国際連合では，国内の都道府県，市区町村，あるいは町丁・字のような部分域を sub-national area（国内部分域）とよんでおり，政府統計は，通常，全域のほかに部分域についても作成，表章されるものとしている．

　全域と部分域との関係で注意を要するのは，各部分域の統計値の合計は全域の統計値と同じで，全域を構成する部分域の数の差異によって異なることはないが，全域内の各部分域が示す統計値から得られる全域の広がり（空間）としての情報は部分域の数の差異によって異なることである．その情報は，部分域の数が少ないほど巨視的に，多いほど微視的に表される．

　統計の作成または分析のための部分域は，統計地域とよばれ，日本では，行政地域である都道府県や市区町村のほかに，以下のような統計地域が用いられている．

●日本の主要な統計地域

　(1) 人口集中地区（DID）：市区町村内において人口密度が高い（約 4,000 人/km^2 以上）基本単位区（後述）が集合して，人口 5,000 以上の地域として定義されるいわば広義の市街地で，1960 年国勢調査以降，毎回，ほぼ同じ定義に基づいて総務省統計局によって設定され，その結果が表章されている．

　(2) 農業集落：農家が農業上相互に最も密接に共同し，地縁的，血縁的に結びついている農家集団で，本来，自然発生的な村（ムラ）をさすものである．1955 年に農林水産省によって設定され，主に農林水産省が 5 年ごとに実施している農

林業センサスの結果表章に用いられている．

（3）大都市圏・都市圏：地理学や都市工学などでの一般用語で，中心市とそれと社会的，経済的に結合している周辺市町村からなる地域という定義に基づく統計地域として，1960年代から総務省統計局によって設定され，国勢調査，住宅・土地統計調査，就業構造基本調査などの結果表章に用いられている．人口が50万以上の市を中心市として設定され，東京都区部および政令指定市を中心市とするものを"大都市圏"，その他を"都市圏"とよんでいる．なお，周辺市町村は，各中心市の周辺の市町村から当該中心市への通勤通学者数が当該市町村人口の1.5％以上で，当該中心市と連接しているものとしている．

（4）調査区：統計調査に際し，その重複・脱漏を防ぐために画定された調査員の担当区域で，国勢調査調査区の場合は約50世帯を1調査区として設定されている．

（5）基本単位区：国勢調査調査区を設定するための恒久的地域単位として，また集計上の最小単位として用いるために，1990年国勢調査時に設定された．住居表示実施区域では1街区を1基本単位区とし，その他では地理的に明瞭で恒久的な地形地物を境界とする区画を1基本単位区としている．この集計結果は，町丁・字や地域メッシュ統計の単位としても用いられている．

（6）地域メッシュ：政府統計の表章に用いる「標準地域メッシュ体系」に基づき緯度30秒，経度45秒ごとに細分された約$1\,km^2$の方形の地域を"基準地域メッシュ"とよび，さらにこれを4等分した約$500\,m^2$の方形，さらに4等分した約$250\,m^2$の方形の地域についても，国勢調査などの結果が表章されている．1969年に総務省統計局によって作成されて以来，毎回の国勢調査，事業所・企業統計調査，商業統計調査，工業統計調査などの統計や国土数値情報などの土地・環境データが地域メッシュ別に表章されている．任意の地域の統計を容易に合成できることや，地球上の位置情報とともに表示されているので特定の地域間の距離データを合せて算出するできることから，地域メッシュ別統計は日本の小地域統計（上記の都道府県・市区町村や大都市圏・都市圏別統計を除く地域統計）の中では最も広く利用されている．

●統計GIS　地理情報システム（GIS）は，地域や地図に関する情報をコンピューターで処理するための技術である．20世紀末ごろから，この技術は，人口センサスなどの調査区地図の作成や集計結果を表章した統計地図の作成に用いられ，別項「地域データの分析」の各種の分析にも不可欠である．統計分野のGISを「統計GIS」とよぶ．

［大友　篤］

地域データ分析

　地域データは,全域データではなく部分域についてのデータであり,例えば,都市と農村あるいは東日本と西日本のような最小限2つの数値を1組とするデータ・セットをいう.したがって,地域データの分析（または地域統計分析）は,正確には,特定の都市や特定の県のみの単一の地域についての分析を除く「部分域データの分析」をいう.しかし,分析の本来の目的は,地域という空間的広がり（幾何学的には"面"）を前提にしてその上に存在する事象に関する統計的分析である.その分析の手法は,空間的広がりを対象とするか,その上の事象を対象とするかによっていろいろ異なる.地理学,経済学,社会学,都市工学,あるいは地域科学など種々の分野で用いられているものを整理すると,i）地域分布,ii）立地,iii）地域特性,iv）地域機能,v）地域的関係,vi）地域間交流（移動),vii）地域構造,viii）ネットワーク,ix）地域変化,x）地域予測の各視点からの分析に区分することができる[1].以下には,上記のうち,分析のために特に不可欠な事項を要説する.

●**地域分布・立地の分析**　事象の地域分布（地理的分布,空間的分布などともいう）の分析は,行政の施策や実施,地域計画,マーケティング,販売計画などのために不可欠であり,地域データ分析の基礎とも言える.そのために有用な分析の手段は統計地図である.統計地図は,分布図,主題図,データ・マップなどともよばれているが,要するに,対象地域内の部分域の境界が記載された地図上に,各部分域についての統計量をドット,円形,方形,色彩,色の濃淡,等値線,記号などで表したものである.

　地域分布・立地の分析の指標としては,密度,部分域別割合,集中指数,重心などがある.このうち,重心[*1]は,事象の分布の平衡点で,計算のためには,対象地域内の部分域間の距離データが必要であるが,地域メッシュ別統計をExcelのような表計算ソフトで使うと,距離データがなくても算出できる.特に,対象地域内の人口分布の重心は,公共施設や特定事業所の適正配置を行う場合の理論的な根拠を与えるものとして多用されている.また,都市内人口密度に関するクラーク・モデル[*2]は,事業所や地価分布などの分析に有用である.

●**地域特性・地域機能の分析**　各部分域について特定の事象の統計量の属性別割合を計算し,基準値を超える属性別割合を見つけ,その属性が当該部分域の地域

[*1] 重心の座標を(X, Y)で表すと,$X=\Sigma(p_i x_i)/\Sigma(p_i)$,　$Y=\Sigma(p_i y_i)/\Sigma(p_i)$,$p_i$は部分域$i$の特定の事象の統計量,$x_i$は原点から$i$までの$x$方向の距離,$y_i$は原点から$i$までの$y$方向の距離.

[*2] 都心からの距離xの部分域の人口密度をD_x,都心の人口密度をD_0とすると,$\ln D_x = \ln D_0 - bx$,bは定数.

特性であると判定するものである．その判定方法の1つが地域特化係数（立地係数ともよばれる）で，これを LQ で表せば LQ$=Q_{Ri}/Q_{Rt}$ が1を超える場合，i 地域は R で示される特性を有しているとする方法で，ここで Q_{Ri} は i 地域の R の割合，Q_{Rt} は t 地域（全域）の R の割合である．LQ の値が大きければ大きいほど特化度が高いとみる．一方，その特性は，地域がもつ機能を代表しているとみなす場合は，地域機能の分析とよばれる．その代表的応用例は，都市の産業機能，地域経済基盤などの分析である[1,2]．

●**年齢構成の標準化** 人口データは地域により年齢構成が大きく異なり，地域特性は大なり小なりその影響を受けるので，その影響を除去して（標準化して）比較分析する必要がある．標準化*3 の方法には「直接法」と「間接法」がある．

●**地域間交流・地域構造の分析** 地域間交流は地域間相互作用（または空間的相互作用）ともよばれ，具体的には，人口移動，交通，通信などであるが，分析のためには，表頭と表側にそれぞれ同一の部分域のセルを並べた地域行列表（地理行列表，移動マトリクス表などともよぶ）を作成するところから始める．これにより導出される移動選択指数*4 は，地域間移動の特徴を把握するのに有用である．

地域間交流を表わすための数式モデルの代表的なものとして重力モデル*5 とポテンシャル・モデル*6 をあげることができる．前者を応用したライリー・モデルや後者を応用したハフ・モデルは，小売商圏や公共施設の利用圏を画定するのに有用である．特に，ハフ・モデルによる商圏は，Excel のような表計算ソフト上で地域メッシュ統計を適用することにより容易に画定することができるほか，それに基づいて多様な商品についての個別の顧客数や売上高等を推計することができる[2]．

●**地域変化の分析・地域予測** 地域変化の分析に際しては，特定期間における，面としての地域の拡大・縮小，地域の上に実在する事象の質的・量的変化，あるいはそれらの両者なのかという点の区別が必要である．また，地域予測の方法は種々あるが，過去における経験的変動傾向を将来に延長する手法が多用されている．代表例としてロジスティック・モデル，マルコフ連鎖モデルなどがある[1]．

[大友 篤]

📖 **参考文献**
[1] 大友 篤，1997，『地域分析入門（改訂版）』東洋経済新報社．
[2] 大友 篤，2002，『地域人口の分析方法』（財）日本統計協会．

*3 直接法は，標準とする人口の年齢別人口に，適用する地域の年齢別属性率を掛け，その合計値を標準とする人口の総数で除し，100倍して，標準化属性率（％表示）を得る方法である．間接法は，対象とする部分域の年齢別人口に標準とする人口の年齢別属性率を適用する方法である．

*4 移動選択指数 $I_{ij}=\{M_{ij}/[(p_i/p_t)(p_j/p_t)]\sum M_{ij}\}k$，ここで M_{ij} は i と j 間の移動量，p_i は i の，p_j は j の，p_t は全域の移動の母体となる人口，特定製品の生産量などの事象量，k は定数で，通常は1．

*5 重力 $F_{ij}=[(p_ip_j)/D_{ij}^{\alpha}]k$，$p$ は事象量，D_{ij} は i と j の間の距離，α と k は定数．

*6 i のポテンシャル $V_i=\sum p_j/D_{ij}^{\alpha}$，$p$ は事象量，D_{ij} は i と j の間の距離，α と k は定数．

金融統計

　金融統計は，i) 残高や取引高，ii) 金利や価格，iii) 貸出動向などのアンケート調査結果，の3種類に大別される．我が国では，日本銀行のほか，全国銀行協会，日本証券業協会，東京証券取引所，証券保管振替機構，投資信託協会など多くの民間組織も金融統計を公表しているが，紙面の制約上，本項目では日本銀行が作成・公表する金融統計のうち，上記 i) の主な統計に絞って解説したい．

●マネーストック統計　マネーストック統計は，かつては「マネーサプライ統計」という名称であったが，2008年6月，統計計上方法の見直しに合わせて名称変更されたものである．

　マネーストック統計は，一般法人，個人，地方公共団体・地方公営企業などの「通貨保有主体」が保有する通貨（現金，預金など）の残高を集計した統計である．この通貨保有主体には，金融機関（銀行，保険会社，政府関係金融機関，証券会社，短資会社）や中央政府は含まれない．対象とする通貨や通貨発行主体の範囲に応じて，M1，M2，M3，広義流動性の4指標を作成・公表している．

表1　マネーストック統計の指標と構成要素

指　標	構　成　要　素
M1	現金通貨，預金通貨（預金通貨の発行者：全預金取扱機関）
M2	現金通貨，預金通貨，準通貨，CD（預金通貨，準通貨，CD の発行者：国内銀行など）
M3	現金通貨，預金通貨，準通貨，CD（預金通貨，準通貨，CD の発行者：全預金取扱機関）
広義流動性	M3，金銭の信託，投資信託，金融債，銀行発行普通社債，金融機関発行 CP，国債，外債

　現金通貨は銀行券発行高と貨幣流通高から構成される．預金通貨は要求払預金（当座預金，普通預金など）から，集計対象となる金融機関の保有する小切手と手形を控除したものである．準通貨は，解約して現金通貨ないし預金通貨に替えれば決済手段になる金融商品，つまり「預金通貨に準じた性格をもつ通貨」を表しており，定期預金が大半を占めている．「国内銀行など」は国内銀行(ゆうちょ銀行を除く)，外国銀行在日支店，信用金庫，信金中央金庫，農林中央金庫，商工組合中央金庫から構成される．全預金取扱機関は「国内銀行など」にゆうちょ銀行，信用組合，全国信用協同組合連合会，労働金庫，労働金庫連合会，農業協同組合，信用農業協同組合連合会，漁業協同組合，信用漁業協同組合連合会が加わっている．

　M1は最も容易に決済手段として用いることができる現金通貨と預金通貨から構成されている．M3は，M1に全預金取扱機関の準通貨とCD（譲渡性預金）を加えたものである．M2は，金融商品の範囲はM3と同じであるが，預金の預け入れ先が「国内銀行など」に限定されている．広義流動性は，M3に投資信託，国債

などを加えた指標である．これら各指標を構成する金融商品の間では，その時々の金融情勢などを反映して，資金の振り替えが発生するケースがあるが，広義流動性は幅広い金融商品を含んでいるため，こうした資金シフトの影響が現れにくく，比較的安定した動きを示すという特色がある．

マネーストック統計については，原計数と季節調整値（X-12-ARIMA を使用）が毎月公表されている．

●**資金循環統計** 資金循環統計は1国について生じる金融取引や，その結果として保有された金融資産・負債を，企業，家計，政府，海外といった経済主体（部門）ごとに，かつ金融商品ごとに包括的に記録した統計であり，3カ月周期で公表される．

資金循環統計は「金融取引表」（金融取引によって生じた期中の資産・負債の増減額を記録），「金融資産・負債残高表」（金融取引の結果，期末時点で保有される資産・負債の残高を記録），「調整表」（期中における資産の評価額の変動（株価の変動など）に伴う資産・負債の増減など，「金融取引表と金融資産・負債残高表の乖離要因」を記録）から構成される．

資金循環統計は，金融部門が非金融部門による資金運用・調達活動にどのように関与しているか，つまり1国の金融仲介構造を表している．また，他統計との関連では，金融取引表における資金調達・運用の差額（資金過不足）は，国民経済計算の「純貸出（＋）/純借入（－）」と概念上一致しているほか，海外部門については，金融取引表は国際収支統計，金融資産・負債残高表は対外資産負債残高と，それぞれ大枠での整合性が確保されている．

●**貸出・資金吸収動向など** 貸出・資金吸収動向などは，銀行の預金や貸出などの集計値の把握を目的とした統計であり，i）貸出動向，ii）CP 発行状況，iii）特殊要因調整後計数（参考計数），iv）資金吸収動向（同）から構成される．

貸出動向は，国内銀行および信用金庫を対象として居住者への貸出を集計しており，金融機関向け貸出と中央政府向け貸出は含まない．CP 発行状況は，国内銀行，農林中央金庫，商工組合中央金庫，信金中央金庫，証券会社（日本銀行と当座預金取引のある先のみ），外国銀行在日支店（同）が引き受けた CP（企業が短期資金の調達を目的として振り出した約束手形）などを集計しているが，外国法人の発行する CP については，ABCP（売掛債権などの金銭債権等を担保財産として発行される CP）のみを集計対象とする．特殊要因調整後計数とは，外貨建貸出に関する「為替変動要因」，金融機関経理上の貸出減少（融資先からみて借入額が変わるわけではない）となる「貸出債権償却要因」，金融機関経理上の貸出の増加・減少となる「貸出債権流動化要因」を調整し，より実勢に近い貸出動向を示した指標である．

［北村佳之］

※本項目の内容は個人的意見であり，誤りは筆者に帰せられる．

国際収支統計

国際収支統計は一定期間における1国のあらゆる対外経済取引を体系的に記録した統計であり，「外国為替及び外国貿易法」の規定に基づき，日本銀行が財務大臣から委任を受けて作成し，財務省と共同で毎月公表している（季節調整値「X-12-ARIMAを使用」も公表）．

●**計上方法** 計上対象は「居住者と非居住者との間で行われた取引」であり，i) 財貨・サービス・所得の取引，ii) 対外資産・負債の増減に関する取引，iii) 移転取引に分類できる．この「居住者」，「非居住者」という概念は，国籍による分類ではなく，取引当事者の「経済利益の中心」を基礎としており，我が国の場合には「外国為替及び外国貿易法」により定義が定められている．

国際収支統計は，複式簿記の原則に基づいており，i) 輸出および対外金融資産の減少（または対外金融負債の増加）を貸方に，ii) 輸入および対外金融資産の増加（または対外金融負債の減少）を借方にそれぞれ計上する．計上タイミングは原則として当該取引の発生時点（所有権移転時点）である．評価価格は取引価格であり，外貨建て取引は原則として市場実勢レートで円に換算される．

●**経常収支** 経常収支は，「貿易収支」，「サービス収支」，「所得収支」，「経常移転収支」から構成される．貿易収支は財務省の「貿易統計」（通称「通関統計」）をベースとしている．貿易統計では，輸出はFOB建て，輸入はCIF建てであるが，国際収支統計はFOB建てで計上することから，輸入をFOB建てに修正する．また，貿易統計の一部については，計上範囲・時期の調整を加える．

サービス収支は「旅行収支」，「輸送収支」，「その他サービス収支」から構成さ

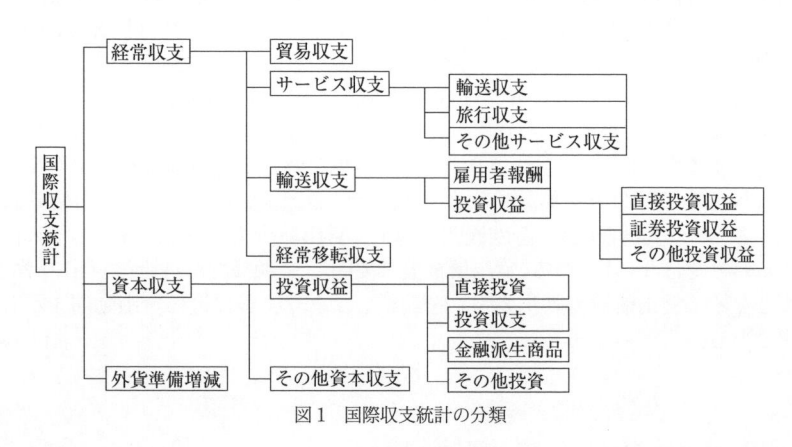

図1　国際収支統計の分類

れる．輸送収支には，居住者/非居住者が非居住者/居住者の提供した，旅客・貨物の輸送などのサービスを計上する．旅行収支には居住者/非居住者が，外国/日本を訪問中に支払った財貨・サービスの対価等を計上する．その他サービス収支には，輸送・旅行以外の居住者・非居住者間のサービス取引を計上し，通信，建設，金融，情報，特許等使用料など9項目から構成される．

所得収支の大半は「投資収益」で占められる．投資収益には居住者・非居住者間での金融資産・負債に係る利子・配当金などの受払を計上しており，「直接投資収益」，「証券投資収益」，「その他投資収益」から構成される．

移転収支は，財貨・サービス，金融資産などに係る無償取引を計上しており，i) 相手国の資本形成に貢献する「資本移転」と ii) それ以外の部分からなる「経常移転」に区分され，前者は資本収支に，後者は経常収支に含まれる．経常移転には，無償資金援助，国際機関への拠出金，労働者送金，保険金（生命保険を除く）の受払などが含まれる．

経常収支は国民経済計算の「経常対外収支」と一致するが，内訳をみると，サービス収支の「特許等使用料」が「財産所得」に分類されるほか，同じく「建設サービス」が「その他の経常移転」に分類されるといった相違点がある．

●資本収支　資本収支には居住者・非居住者間での資産または負債の受払を計上しており，「投資収支」と「その他資本収支」から構成されている．投資収支は居住者・非居住者間での金融資産・負債の取引を計上する項目であり，「直接投資」，「証券投資」，「金融派生商品」，「その他投資」から構成される．その他資本収支は居住者・非居住者間での固定資産の取引，非生産非金融資産の取引（知的所有権などの取引），資本移転などが計上される．

●外貨準備増減　外貨準備増減には，通貨当局の管理下にある，ただちに利用可能な対外資産（外貨準備）の増減を計上する．

●誤差脱漏　国際収支統計は複式簿記の原則によるため，事後的には「経常収支＋資本収支＋外貨準備増減＋誤差脱漏≡0」の関係が成り立ち，取引の報告時期のずれ，少額取引が報告対象外となることなどの要因により，貸方合計値と借方合計値の不突合部分を「誤差脱漏」と称する．もっとも，「誤差脱漏の金額が小さければ統計精度が高い」とも一概にはいえない（個別取引の「プラスの誤差」と「マイナスの誤差」を合算した結果，誤差脱漏が小さくなるケースがある）．

●対外資産負債残高　居住者と非居住者がそれぞれ保有する金融資産の取引（フロー）が資本収支と外貨準備の増減として国際収支統計に示されるのに対して，対外資産負債残高は，ある時点で居住者が海外に保有する金融資産（対外資産）と，非居住者が日本国内に保有する金融資産（対外負債）の残高（ストック）を記録している．我が国では，年末時点の残高を翌年5月末までに公表しているほか，それ以前の時点では各四半期ごとの推計値を公表している．　　　［北村佳之］

※本項目の内容は個人的意見であり，誤りは筆者に帰せられる．

指数の作成方法

　異なった時点間または地域間における数量(生産,出荷,輸出など)や価格を比較する目的で,指数が広く利用されている.一般に,多数の同種のデータを比較するために,ある値を基準にして他の値を基準値に対する比で表したものを指数とよぶ.数量指数や価格指数はその代表的なものである.

　物価指数や生産指数などで広く利用されている指数の計算方法は固定ウェイト方式で,物価指数を例とすれば,基本的な考え方は次のとおりである.

●**加重平均と指数**　まず,個々の品目に関する価格が必要である.すべての価格を調査することは現実的には不可能だから,店舗などを標本として抽出し,毎月の価格を調査する.2000年の物価水準を基準とする場合には,ある品目の2000年平均価格 p_{0i} で当月の価格 p_{ti} を割ったものを,当該品目の個別指数とよぶ.なお,一般的には基準時点の指数を100とする.表1は2000年(および2005年)を100として得られた2003年12月(および2007年12月)における通信料と食料の例であるが,品目によって価格の変化率には大きな差がある.

表1　2000年,2005年基準のウェイトと個別指数

	固定電話通信料	移動電話通信料	運送料	ポテトチップス	キャンデー	チョコレート	アイスクリーム
2000年ウェイト	180	74	17	17	8	14	28
2003年12月	90.9	94.8	100.0	106.7	97.4	67.5	97.3
2005年ウェイト	119	208	15	13	8	19	27
2007年12月	100.2	90.2	100.0	105.9	107.8	97.8	98.2

　多数の品目の価格を総合して価格指数を作成するには,典型的な消費者が1月間に購入する財の金額を調査する必要がある.品目ごとの支出額をウェイトとして各品目の価格指数を加重平均することで,総合的な物価指数が求められる.表1のウェイトは2000年および2005年における家計支出額で,支出額合計を10,000としたものである.試みに,表1の7品目だけを合成した2000年基準の価格指数を2003年12月について計算すると,$(180 \times 90.9 + 74 \times 94.8 + \cdots + 28 \times 97.3) / (180 + 74 + \cdots + 28) = 92.72$ と求められる.

●**ラスパイレス式**　ここで用いた算式はラスパイレス式,指数はラスパイレス指数とよばれる(海外では Laspeyres はラスペーア).より正確には,基準時点における第 i 品目の支出金額をウェイト w_i として,各財の t 時点価格 p_{ti} から求めた個別指数 p_{ti}/p_{0i} の加重平均 $\sum_i w_i(p_{ti}/p_{0i}) / \sum_i w_i$ をラスパイレス指数とよぶ.この算式は,比較時点 t が変っても同じウェイト w_i を用いる点に特徴がある.ラスパイレス算式は指数の経済的意味のほかに,基準時点のウェイトだけで指数を作

成できるいう利点があるため，多くの経済指数で採用されている（「価格指数と数量指数の関係」「指数の経済論・連鎖指数」参照）．ウェイトを得るためには多数の消費者世帯または企業を調査しなければならないが，価格調査に比較して膨大な費用がかかるうえ，調査の結果を集計するためにもある程度の時間が必要である．そのため，ウェイトを頻繁に変えることは容易ではない．

●**下位レベルの基本指数** ラスパイレス指数は，キャンデーやアイスクリームなど，各品目の価格を合成するために利用される算式であり，上位レベルの指数と呼ばれる．実際には，各品目に関する（第 k 店舗の）価格 p_{tik} は多数の店舗から収集されていて，表1はこれらを集計して得られた，下位レベルの基本指数である．下位レベルの基本指数算式としては，以下のものが代表的である（店舗の数を m，基準時点を0，比較時点を t とし，$\sum$ および $\prod$ は k に関する和および積を表す）．

 i) Carli 指数　　　$I_C = (1/m) \sum (p_{tik}/p_{0ik})$
 ii) Dutot 指数　　$I_D = \sum (p_{tik}/m) / \sum (p_{0ik}/m) = \sum p_{tik} / \sum p_{0ik}$
 iii) Jevons 指数　　$I_J = \prod (p_{tik}/p_{0ik})^{1/m} = \prod (p_{tik})^{1/m} / \prod (p_{0ik})^{1/m}$

こうして得られた I_D などが，上位レベルの算式において第 i 品目の個別指数 p_{ti}/p_{0i} として用いられる．上記の基本指数は，それぞれ，価格比の単純算術平均，価格の算術平均の比，価格比の単純幾何平均である．なお，日本の消費者物価指数では市町村ごとに店舗価格を集計するため，もう少し複雑になる．

●**価格指数と数量指数，実質GDP**　ウェイト w は価格 p と数量 q の積だから，上記の算式は，価格 p と数量 q によって表現される．そこで形式的に p と q を入れ替えれば，価格指数の算式から，数量指数が導かれる．例えばラスパイレス価格指数の算式から得られる数量指数もラスパイレス式とよばれる．多くの経済変数においては，価格と数量が対になっているため，数量指数と価格指数の両方を考える意味がある．例えば，雇用者の数量に対しては賃金が価格の役割を果たしている．なお，貿易に関する通関業務データを利用して作成される輸出入物価指数と輸出入数量指数のように，価格と数量とが同一資料に基づく例もあるが，通常はウェイトの作成にあたっては価格または数量の調査とは異なる資料が用いられる．

ところで，実質GDPは一種の数量指数である．実際，t 時点における基準時点（例えば2000年）価格の実質GDPとは，GDPの第 i 構成要素の産出数量 q_{ti} を基準時点価格 p_{0i} で評価した金額の合計 $\sum p_{0i} q_{ti}$ である．これは，基準時点の産出額 $w_i = p_{0i} q_{0i}$ をウェイトとして $\sum (p_{0i} q_{0i})(q_{ti}/q_{0i}) = \sum w_i (q_{ti}/q_{0i})$ と書き換えてみればわかるように，加重平均の $\sum w_i$ 倍である．$\sum w_i = \sum p_{0i} q_{0i}$ は基準時点における名目値のGDPだから，実質GDPとは，基準時点を100とする代わりに名目GDPとしたラスパイレス数量指数である．　　　　　　　　　　［美添泰人］

📖 **参考文献**
[1] 中村隆英，他，1992,『経済統計入門 第2版』東京大学出版会，第4章．
[2] ILO（日本統計協会）訳，2005,『消費者物価指数マニュアル―理論と実践』日本統計協会．

価格指数と数量指数の関係

各品目の価格と数量に関する情報が与えられたとき，これらを合成してさまざまな指数が作成される．指数に採用される第 i 品目の基準時点の価格を p_{0i}，比較時点 t の価格を p_{ti} とし，同様に，数量を q_{0i}, q_{ti} とすると，価格と数量の個別指数は，それぞれ p_{ti}/p_{0i}, q_{ti}/q_{0i} と表される（簡単のために基準時点の水準を1とする）．また t 時点の（支出ないし産出）金額を $w_{ti}=p_{ti}q_{ti}$ と書き，全体の額に対する第 i 品目の構成比（シェア）を $s_{ti}=w_{ti}/W_t$ と書く．ここで $W_t=\sum w_{ti}=\sum p_{ti}q_{ti}$ は金額合計であり，$\sum s_{ti}=1$ となる（なお $\sum$ はいずれも i に関する和を表す）．

●**代表的な指数の算式** 価格指数では，以下の算式が最も広く用いられる．

$P_{L(0,t)}=\sum s_{0i}(p_{ti}/p_{0i})$ ラスパイレス式

$P_{P(0,t)}=(\sum s_{ti}(p_{ti}/p_{0i})^{-1})^{-1}$ パーシェ式

$P_{F(0,t)}=\sqrt{P_{L(0,t)}\times P_{P(0,t)}}$ フィッシャー式

基準時点の構成比を用いた加重算術平均がラスパイレス式，比較時点の構成比を用いた加重調和平均がパーシェ式，これらの幾何平均がフィッシャー式である．1990年を基準として値下がりの激しいカメラ，ビデオカメラと，多少値上がりしたピアノ，学習机を対象にした3種類の価格指数を計算すると図1のようになる．品目によって変化が大きく異なる場合，$P_P<P_F<P_L$ となる傾向がある．このほか基準時点ウェイトによる加重幾何平均 $P_{G(0,t)}=\prod(p_{ti}/p_{0i})^{s_{0i}}$ や，$P_{T(0,t)}=\prod(p_{ti}/p_{0i})^{(s_{0i}+s_{ti})/2}$（トゥルンクヴィスト式）などが利用されることがある．なお，パーシェ式は $v_i=p_{0i}q_{ti}$ を人工的なウェイトとした加重算術平均 $P_{P(0,t)}=\sum v_i(p_{ti}/p_{0i})/\sum v_i$ とも表される．価格指数の算式において p と q を入れ替えると形式的に数量指数が得られるが，それらは元の算式に対応してラスパイレス数量指数などとよばれる．

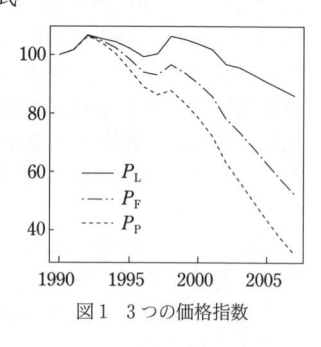

図1 3つの価格指数

●**指数の経済的な意味** ラスパイレス指数もパーシェ指数も，形式的な加重平均より，以下のような「金額比指数」としての解釈が容易である．まず，ラスパイレス式を書きなおすと $P_{L(0,t)}=\sum p_{ti}q_{0i}/\sum p_{0i}q_{0i}$ となるが，この分子は比較時点に基準時点と同じ量を購入した場合の支出金額である．一方，分母は基準時点の支出金額である．このことから，ラスパイレス指数 $P_{L(0,t)}$ は「基準時点と同じ生活をした場合の，比較時点の生計費と基準時点の生計費の比」という経済的な意味を

もつ．これが，ラスパイレス式が広く用いられる理由の1つである．同様に，パーシェ式も $P_{P(0,t)} = \sum p_{ti} q_{ti} / \sum p_{0i} q_{ti}$ と書きなおすと，比較時点の生活水準を固定して支出金額を比較する金額比指数として，経済的意味が明確となる．ただし，パーシェ指数の計算のためには毎期の数量 q_{ti} を入手する必要があり，実用性の面からは難点がある．

●**要素転逆テストと暗黙の指数**　数量指数について，製造業の生産量を例として記号を確認しよう．第 i 品目の t 時点の数量を q_{ti} とすると，個別数量指数 q_{ti}/q_{0i} から，ウェイト w_i を用いた加重平均指数 $\sum w_i (q_{ti}/q_{0i}) / \sum w_i$ が作成される．実際のウェイトとしては各品目の生産額がよく用いられる．数量指数において，異なる時点に生産された財の価値を共通の価格 p_i で評価し，それぞれの合計金額の比として金額比指数を考えると，$\sum p_i q_{ti} / \sum p_i q_{0i}$ という式が得られる．ここで p_i に何を選ぶかによって評価の基準が異なり，基準時点の価格 p_{0i} を用いるとラスパイレス数量指数，比較時点の価格 p_{ti} を用いるとパーシェ数量指数となる．価格指数の場合と同じように，金額比指数は経済的な内容の裏づけをもっているので，理解しやすい．また，フィッシャー数量指数は $Q_{F(0,t)} = \sqrt{Q_{L(0,t)} Q_{P(0,t)}}$ と定義される．いずれも対応する価格指数の p と q を入れ替えたものである．

時点間の生産額の変化を表す $M_{(0,t)} = \sum p_{ti} q_{ti} / \sum p_{0i} q_{0i}$ は金額指数とよばれるが，価格指数 $P_{(0,t)}$ と数量指数 $Q_{(0,t)}$ は $M_{(0,t)} = P_{(0,t)} Q_{(0,t)}$ という関係を満たすことが望ましい．この関係は「要素転逆テスト」とよばれるが，ラスパイレス指数もパーシェ指数もこの条件を満たさない．しかしこれらの指数を組み合わせると，$M_{(0,t)} = P_{L(0,t)} Q_{P(0,t)} = P_{P(0,t)} Q_{L(0,t)}$ が成立することが容易に確かめられる．以上のことから，要素転逆条件のためには，価格指数にラスパイレス式を採用するときには，数量指数にはパーシェ式を採用すべきことになる．逆にある数量指数 $Q_{(0,t)}$ を定めると，要素転逆条件を満たす価格指数が $P_{(0,t)} = M_{(0,t)} / Q_{(0,t)}$ と与えられる．このようにして定められる指数を暗黙の指数，特に価格指数をインプリシット・デフレータとよぶ．実際，国民経済計算における物価指数すなわち GDP デフレータは，名目 GDP を実質 GDP で割って事後的に求められるが，実質 GDP はラスパイレス指数とみなせるため，GDP デフレータはパーシェ指数とみなせる．

フィッシャー指数は，形式的に要素転逆テスト $M_{(0,t)} = P_{F(0,t)} Q_{F(0,t)}$ を満たす例として知られている．フィッシャー指数はラスパイレス指数やパーシェ指数のような金額比としての意味を持たないため，それほど多くは利用されてこなかったが，最近になって，消費者物価指数で改めてその重要性が認識されている．

[美添泰人]

📖 **参考文献**

[1] 中村隆英，他，1992,『経済統計入門 第2版』東京大学出版会，第4章.

指数の経済理論・連鎖指数

　消費者行動の議論によって価格指数の意味が経済学的に明らかにされる．基準時点の価格 $\{p_{0i}\}$ に対して，所得 y_0 をもつ消費者は $\sum p_{0i}q_{0i} \leq y_0$（以下，総和の添 i は省略）という予算制約条件のもとで購入量 $\{q_{0i}\}$ を定め，ある効用水準 u_0 を得るための最小費用が $y_0 = \sum p_{0i}q_{0i}$ となる．比較時点の価格体系 $\{p_{ti}\}$ のもとで効用水準 u_0 を得るために必要な費用を y_t とするとき，$I(u_0) = y_t/y_0$ を真の指数（効用不変価格指数）とよぶ．ラスパイレス指数では t 時点にも $\{q_{0i}\}$ を購入する費用を用いて $P_{L(0,t)} = \sum p_{ti}q_{0i} / \sum p_{0i}q_{0i}$ としているが，相対的に値上がりした財を減らして別な財に振り向ければ，分子の金額は減らすことが可能である．すなわち $I(u_0) < P_{L(0,t)}$ が導かれる．また，パーシェ指数 $P_{P(0,t)} = \sum p_{ti}q_{ti} / \sum p_{0i}q_{ti}$ では比較時点において効用を最大にする最適な購入量 $\{q_{ti}\}$ が定まり，その効用 u_t を実現するための最少費用 $\sum p_{ti}q_{ti}$ が分子である．基準時点の行動を考えるとパーシェ指数の分母は過大であり，$P_{P(0,t)} < I(u_t)$ となる．このように，ラスパイレス指数およびパーシェ指数は，真の指数の上限と下限を与える．

●**効用関数と真の指数，最良指数**　簡単な例として $u = \prod q_i^{s_i}$（$\sum s_i = 1$）という（コブ・ダグラス型）効用関数を仮定すると，真の指数は $\prod (p_{ti}/p_{0i})^{s_i}$ となり，結果的に s_i は支出構成比に一致すること，また真の指数は効用水準から独立であることが導かれる．最近の研究によって，一般的な効用関数の2次までの近似に対し任意の価格体系の下で真の指数を与える「最良指数」が構成できること，特にフィッシャー指数やトゥルンクヴィスト指数などが最良指数となることが知られている．他方，ラスパイレス指数やパーシェ指数は1次関数による近似にしかならないが，ウェイトが大きく異ならない時点間の比較であれば，よい近似を与えることも，理論的に明らかにされている．

　実際には，極端に違った生活水準を比較することは困難である．例えば，日本とアメリカの都市の消費者物価を比較するさい，日本を基準とするラスパイレス指数ではアメリカにおいて和室のある家に住み，米や海産物を食べる費用が比較され，パーシェ指数では日本で大きな家に住み，パンや牛肉を食べる費用が比較されるため，2つの指数では大きな差が生ずる．

●**連鎖指数とディヴィジア指数**　長期間の指数を作成する場合，明治時代にはテレビやパソコンがないなど，現在とは大きく生活様式が違っている．このように，基準時点 0 と比較時点 t が離れるに従って，入手可能な財の構成も変わり，支出構成比も変化するため，両者の直接的な比較は困難となる．ラスパイレス指数，パーシェ指数のいずれであっても，過去に長期間さかのぼって指数を作成すること

は不可能である．連鎖指数では，2時点間で価格および数量がどのような経路をたどったかという情報を利用して，この問題を回避することができる．具体的には，毎期品目構成ウェイトを変更しながら隣接する t と $t+1$ 時点の指数 $P_{(t,t+1)}$ を計算し，0時点を基準とする t 時点の指数は $P_{C(0,t)}=P_{01}\times P_{12}\cdots\times P_{(t-1),t}$ とするものが連鎖指数である．連鎖指数では毎期ウェイトが変更されるため，基準時点の変更は単に指数を100とする時点を変更するというにすぎず，指数そのものは本質的に変わらない．したがって，いつ基準時点を変更するかという問題は生じない．これが，連鎖指数の利点の1つである．隣接する時点が近ければ，指数 $\{P_{01}, P_{12}, \cdots\}$ にはラスパイレス式，パーシェ式のいずれを用いても大差はない．

他方，欠点としては，数量に関する基礎資料を整備する手間が非常に大きいことがあげられる．そのため，実際に連鎖指数を計算する場合にはウェイトを1年間固定するという方法が用いられるが，そうすると，季節的に支出額が変化する品目があると，季節変動の影響によって偏りが生ずる可能性がある．さらに，0時点と t 時点の価格だけではなく，途中の経路に依存するという問題がある．経路が違うと，同じ価格体系 $\{p_{ti}\}$ に対して指数の値が違うこともあり得る．

連鎖指数の理論的根拠を与えるディヴィジアの指数は連続時間のモデルであるが，ここでは離散的な時間で説明する．一般に差分を $\Delta x = x_{t+1} - x_t$ と書くと，合計金額 $M_t = \sum p_{ti} q_{ti}$ の差分は価格と数量の差分によって $\Delta M = \sum (\Delta p) q_t + \sum p_t (\Delta q) + \sum (\Delta p)(\Delta q)$ となるが，最後の項は無視できる．この両辺を M_t で割ると，左辺は $\Delta M/M_t$ となり，右辺の第1項は $\sum (\Delta p) q_t/M_t = \sum (p_t q_t/M_t)(\Delta p/p_t) = \sum s_t (\Delta p/p_t)$，第2項は $\sum s_t (\Delta q/q)$ と変形される．ここで s_t は t 期における各品目の支出構成比である．また近似的に $\log(1+h)\fallingdotseq h$ となるから $\Delta M/M_t \fallingdotseq \log(1+\Delta M/M_t) = \log(M_{t+1}/M_t)$ であり，これらを加えると $\log(M_1/M_0) + \cdots + \log(M_t/M_{t-1}) = \log(M_t/M_0)$ と金額指数の対数 $\log M_{(0,t)}$ が得られる．したがって右辺の2つ項の和をそれぞれ価格指数および数量指数の対数と定義すれば，これらの指数は要素転逆条件を満たす．第1項は $\sum s_t (\Delta p/p_t) = \sum s_t (p_{t+1}/p_t - 1) = \sum s_t (p_{t+1}/p_t) - \sum s_t = \sum s_t (p_{t+1}/p_t) - 1 = P_{(t,t+1)} - 1 \fallingdotseq \log P_{(t,t+1)}$ （$p_{(t,t+1)}$ はラスパイレス指数）だから，その和 $\sum_\tau \log P_{(\tau,\tau+1)} = \log \prod P_{(\tau,\tau+1)}$ は連鎖価格指数 $P_{C(0,t)}$ の対数である．同様にして，第2項は連鎖数量指数 $Q_{C(0,t)}$ の対数となる．結局，連鎖指数に対しては $M_{(0,t)} \fallingdotseq P_{C(0,t)} \times Q_{C(0,t)}$ と，要素転逆条件が近似的に成立する．同様に，パーシェ型などの連鎖指数も近似的に要素転逆条件を満たす．実際にも連鎖指数を採用する統計作成機関が次第に増えてきている． ［美添泰人］

参考文献
[1] 中村隆英，他，1992，『経済統計入門 第2版』東京大学出版会，第4章．

価格指数と品質調整

　価格指数は各種価格の平均的な変動を測定するものであり，消費者が購入する商品（財やサービス）の価格に関する消費者物価指数，企業が購入する財の価格に関する企業物価指数，企業が購入するサービスの価格に関する企業向けサービス価格指数などが存在する．

　これらのうち，消費者物価指数はもとより，企業物価指数も生産者物価指数として多くの国で作成されている．これらは国際比較が可能になるように，ILO，IMFなどの国際機関が定めた基準やマニュアルを踏まえて作成されており，価格指数を構成する各商品について同一の品質で価格動向を計測することとなっている．例えば，パソコンについては，現在普及している機種は2005年に普及していた機種と比べて性能などが著しく進歩しているが，2005年基準指数であれば2005年時の機種と同一の性能などを有する機種が現在いくらで売られることになるかを価格指数に反映させることになっている．このように，価格指数の対象となる商品について，物価変動以外の要因を除去するために品質を基準時の水準に調整することが必要となり，この操作を品質調整法とよんでいる．

　実際には，品質調整法は，調査する商品の銘柄が変更になる都度，新旧の銘柄の品質差の有無，品質差の態様，市場の価格形成の状況などを勘案し，以下のような方法の中から適切な方法が選ばれている．

●**オーバーラップ法**　最も一般的な品質調整法であり，新旧の銘柄に価格差があり，新旧の銘柄が同時点で販売されている場合に，新旧の銘柄の価格差は品質の差を反映しているとみなして，両者の価格比を用いて接続する方法である（表1）．消費者物価指数では基本的にはこの方法が適用されることとなっており，多くの品目に広く適用されている．

表1　オーバーラップ法による価格指数の計算方法

	基準時	比較時1	比較時2	比較時3
旧銘柄	50円	60円	存在しない	存在しない
新銘柄	存在しない	90円	120円	150円
価格指数	100	$\frac{60}{50} \times 100 = 120$	$\frac{120}{50} \times \frac{60}{90} \times 100 = 160$	$\frac{150}{50} \times \frac{60}{90} \times 100 = 200$

●**容量比による接続**　新旧の銘柄の品質は同じで，容量だけに差があり，価格と容量がほぼ比例的な関係にある場合に，新旧の銘柄の価格差は容量の差を反映しているとみなして，両者の容量比を用いて接続する方法である．例えば，食料品，

日用品などで，品質は同じであるが，内容量（重さや1パックの枚数など）だけが変化した場合などに適用されている．

●**回帰式を用いた換算**　新旧の銘柄の価格・特性を回帰式に当てはめ，新銘柄の価格を，品質などが旧銘柄と同等な場合の価格に換算する方法である．例えば，医薬品などで成分や効能はまったく同じで，錠数だけを変更して新たに発売した場合に，錠数と価格との関係を求める方法である．

　説明変数が2つ以上の重回帰式を用いる場合，一般にヘドニック法とよばれている．ヘドニック法は，商品間の価格差がその商品の有する諸特性に起因すると考え，特性データを説明変数とし，商品の価格を従属変数とした重回帰分析を行い，品質と価格の関係を求める方法である．

　ヘドニック法による品質調整が有効であるのは，パソコン，カメラなどのように，技術革新が著しく，市場の商品サイクルがきわめて短い品目で，従来の価格取集法では同質の商品を継続的に調査することが困難な場合，また，商品サイクルが極めて短いために新旧の銘柄の価格を同時点で調査できるとは限らないため，オーバーラップ法を用いた価格指数の作成が困難な場合である．ただし，ヘドニック法による品質調整を行うためには，相当数の価格データの収集や特性情報の把握が必要である．

●**オプションコスト法**　旧銘柄ではオプションとなっていた装備が，新銘柄では標準装備となった場合，もしくはその逆の場合に行われる．品質向上に伴う価格上昇はオプション部分の購入費用に相当する．ただし，標準装備になると必要なコストはオプション装備に必要なコストよりも少なくて済むと考えられることや，消費者がオプションの購入費用をかけないことを選択する機会を失うことを考慮してオプションであったときの価格から，その分を調整して品質向上分として扱い接続する．消費者物価指数では自動車で適用されることが多いが，別売りのリモコンがセット販売になるときなどにも適用されている．

●**インピュート法**　新旧の銘柄の価格が同一時点で得られない場合，その品目の価格変化を同じ分類に属する他の品目すべての平均的な価格変化と等しいとみなして接続する方法である．消費者物価指数では，出回りが季節的に限られる被服などの品目で例外的に用いられている．

●**直接比較**　化粧品が効能や内容量などを維持したまま名称のみ変更した場合など，新旧の銘柄の品質が同じとみなされる場合，新銘柄の価格を旧銘柄の価格とそのまま比較する方法である．

［清水　誠］

消費者物価指数

　消費者物価指数は，全国の世帯が購入する各種の商品（財やサービス）の価格の平均的な変動を測定するものである．すなわち，ある時点の世帯の消費構造を基準に，これと同等のものを購入した場合に必要な費用がどのように変動したかを指数値で表すものである．このように，消費者物価指数は物価そのものの変動を測定することを目的とするため，世帯の生活様式や嗜好の変化などに起因する購入商品の種類，品質または数量の変化に伴う生活費の変動を測定するものではないことに留意する必要がある．

　消費者物価指数の作成方法については，まず，世帯が購入する商品のうち家計の消費支出総額の1万分の1以上であるかどうかを目安として指数に採用する品目（食パン，緑茶，婦人上着，診療代，移動電話通信料など）が選ばれる．次に，この家計消費支出割合に基づいて指数の計算に用いる各品目のウエイト（家計の消費支出に占める割合）が求められる．なお，家計消費支出割合には家計調査の結果などが用いられる．

　各品目の価格は，主に毎月の小売物価統計調査によって調査したものが用いられる．調査においては，調査品目ごとに銘柄と呼ばれる品質，性能，特性(特徴)の規定が指定され，銘柄に沿った商品を一定して，かつ全国で調査することを原則としている．これは，調査品目の品質や機能の差を除いて純粋な価格変化を的確に把握するためである．

　指数の計算については，調査市町村別の平均価格を用いて個々の品目の指数(基準年に100)が計算され，これらがウエイトにより加重平均され，中分類（穀類，飲料，洋服，保健医療サービス，通信など），10大費目（食料，被服および履物，保健医療，交通・通信など），総合などの指数になる．

　消費者物価指数は，総合指数をはじめ，10大費目，中分類，品目ごとの指数，財・サービス分類ごとの指数，世帯主の年齢階級や職業ごとの指数などが公表されている．

　また，天候などによる時々の変動を除いた物価の基調をみるために，生鮮食品を除く総合指数，食料（酒類を除く）およびエネルギーを除く総合指数なども公表されている．

●**基準改定**　消費者物価指数は，基準年を設定し，基準年に比べてどれだけ物価が変化したかを表している．世帯が購入する商品は，新しい商品の出現や嗜好の変化等によって時代とともに変化し，基準年を長い期間固定すると，次第に実態と合わなくなる．そのため，基準年を一定の周期で新しくする基準改定を行い，指数に採用する品目とそのウエイトなどを見直す．日本の消費者物価指数は，5年

ごとに改定され，西暦で末尾が0と5の年を基準年としている．日本では1981年の統計審議会の答申で，消費者物価指数，鉱工業生産指数，輸送指数などの経済指数は5年周期の改定が適当とされている．

指数に採用する品目とそのウエイトはこの基準改定に合わせて見直しが行われている．2005年の基準改定では，情報関連品目を中心にテレビ（薄型），DVDレコーダー，サプリメントなどが品目に追加された．なお，基準改定以外の年においても，急速に普及状況が変化した商品については，品目の見直しが行われている．

● **持家の帰属家賃** 住宅や土地の購入は，財産の取得であり消費支出ではないことから，消費者物価指数に含まれていないが，持家に住んでいる世帯（持家世帯）は，自分が所有する住宅からのサービスを現実に受けている．そしてそれは，もとをたどれば土地や住宅の購入からきており，実際に住宅ローンを返済している持家世帯も多い．そこで，住宅を借家とみなした場合に支払われると想定される持家の帰属家賃が消費者物価指数に算入されている．

ウエイトは，持家ごとの家賃が同等の民営借家の家賃と同じになるとみなすことによって推定される．具体的には，総務省統計局で実施している住宅・土地統計調査の結果を踏まえて住宅の構造および規模ごとに民営借家における面積等から家賃を説明する回帰式を求め，それを持家の面積等に適用することによって推定される．また，価格変化については，小売物価統計調査で調査している民営借家の家賃の動きが適用される．

なお，持家の帰属家賃は，多くの先進国で消費者物価指数のほか国民経済計算でも算入されている．

● **連鎖指数** 消費者物価指数では，ウエイトを5年間固定する公式系列のほかに，消費構造の変化の影響を確認するため，毎年の家計調査の結果を踏まえた支出割合をウエイトとしてラスパイレス式で計算した指数を掛け合わせた連鎖指数が作成・公表されている．

［指数の計算方法］

$I_{s,t}$ を s 時点に対する t 時点のラスパイレス式の指数とすると

・固定基準方式の指数：$I_{0,t}$

・連鎖指数：$\dfrac{I_{0,1}}{100} \times \dfrac{I_{1,2}}{100} \times \cdots \times \dfrac{I_{t-1,t}}{100} \times 100$

連鎖指数は1975年基準から年次で作成・公表されてきたが，消費構造の変化を適時に指数に反映させるため，2005年基準から生鮮食品を除く系列について月次でも作成・公表されている．しかし，連鎖指数では，品目そのものは基準時のままを基本とし，時々の事情は反映されていないという点に注意が必要である．また，連鎖指数には加法整合性がない点，例えば内訳の合計が全体に一致するとは限らない点が不便な点である．

［清水 誠］

その他の価格指数

一般的な価格水準を表す指数としては，別項目の CPI，CGPI(WPI)，CSPI のほかにもいくつか重要なものがある．最も特色のあるものとして，価格を地域間，店舗形態別，業態別に明らかにすることを目的として5年おきに実施されている「全国物価統計調査」（総務省統計局）がある．この調査の性格は，CPI を作成するために実施されている小売物価統計調査との相違を考えれば明確である．小売物価統計調査は価格の時系列的な変化を把握する調査であり，代表的な小売店舗を選んで継続的に調査を実施することが基本である．同一時点において店舗属性（店舗の規模，立地条件，および一般小売店や量販店などの業態）による価格差が存在したとしても，時系列的な変化率が類似していれば，不必要に多くの店舗を調査しないことが費用の点から望ましい．これに対して，全国物価統計調査の目的は同一時点における空間的な価格差がどのようにして生ずるのかを明らかにするものである．つまり，小売物価は時系列的な価格の変化を捉える動態統計であり，全国物価は横断面の価格差を捉える構造統計である．

この統計を用いて，同一商品の価格が店舗によってどの程度異なるかを確認することができる．表1では銘柄を確定できる電気製品を中心にして，平均価格に違いのある品目を報告書から抜粋している．これによれば，平均価格が高くなるにつれて標準偏差は大きくなるが，一方で変動係数で評価した相対的な変動は逆に小さくなる傾向がある．図1の散布図は，価格水準を見やすくするために対数で表示したもので，全体として負の相関関係が明瞭に現れている．

消費者は，高額商品を購入するときには時間をかけて価格を比較するが，安価な日用品の場合は店舗間の比較に要する時間も無視できない．店舗間の価格の格差に関しては，時間費用を考慮に入れた経済的考察から「購入金額の小

表1 価格と変動係数の関係

品目	平均	変動係数	標準偏差
自動炊飯器	27,200	0.109	2,952
電気冷蔵庫 (A)	209,631	0.148	30,975
電気冷蔵庫 (B)	158,891	0.132	20,970
電気冷蔵庫 (C)	160,886	0.116	18,646
運動靴（国産品）	3,555	0.566	2,011
運動靴（アジア製）	2,589	0.708	1,832
自転車（国産品）	17,083	0.323	5,517
電話機	22,627	0.335	7,572
テレビ(28型)	99,622	0.155	15,461
テレビ(14型)	41,916	0.111	4,649
パソコン	267,326	0.126	33,556

［総務庁統計局『全国物価統計調査報告書』1997］

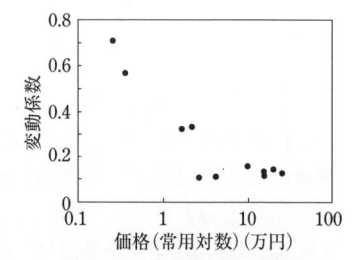

図1 価格と変動係数の関係
［総務庁統計局『全国物価統計調査報告書』1997］

さい財ほど相対的な価格変動が大きい」という命題が導けるが，全国物価統計調査の結果もその結論を支持している．この統計では1品目について複数の銘柄を調査しており，銘柄管理が十分にできている品目と難しい品目とでは店舗間の価格分布が大きく異なるという，興味深い結果も得られている．

●**貿易指数と製造業部門別投入産出物価指数**　多くの価格指数がラスパイレス算式を利用している中で，ラスパイレス式とパーシェ式の幾何平均として定義されるフィッシャー式を利用しているのが，財務省関税局が作成している貿易指数である．貿易指数は典型的な業務統計であり，通関業務を通じて収集される輸出入数量と金額に関する膨大な資料を利用して作成されるものである．その過程で，輸出物価指数・輸入物価指数だけでなく，輸出（輸入）数量指数とよばれる数量指数も作成されている．フィッシャー式では，価格指数と数量指数の積が金額の比になるため，価格指数と数量指数が整合的に作成できるという利点がある．貿易指数でフィッシャー式が用いられている理由は，このように形式的なもので，CPIで考慮される真の指数に関する議論とは無関係である．

　なお，輸出入物価指数では単純に金額を数量で割った値である単価を用いた価格指数が計算される．このことは品質が一定に保たれていないことを意味する．そのため，輸出製品の品質が向上して単価が高くなった場合には輸出貿易指数の物価は上昇するが，品質を固定した価格指数は変化が少ないことになる．実際，貿易指数の輸出価格とWPI（CGPI）の輸出物価指数とでは大きな差が出ることがあり，貿易指数の利用に当たっては注意が必要である．例えば，日本からアメリカ向けの乗用車の輸出は，初期には小型車が中心であったが，後に高級車が増加したため，単価で測定する輸出物価指数は急激な上昇を示した．他方，品質を一定としている卸売物価指数では価格上昇は現れない．

　日本銀行が公表している投入・産出物価指数は，製造業の生産活動に関連する価格水準を測定するもので，投入される財を対象とする投入物価指数と，生産される財を対象とする産出物価指数から構成される．この指数は製造業の生産活動に関して明確な経済的意味があることから，企業行動の分析のためには重要な役割を果たすものであり，製造業における投入費用と産出財の価格水準の比較，製造業部門の間で物価がどのように波及するかなどの分析に利用できる．算式にはラスパイレス指数を採用し，投入・産出の構造を表すウェイトは産業連関表を利用している．価格は，企業物価指数（CGPI）のために調査された結果から約1,200品目を転用している．CGPIでは，8割程度の価格は生産者から，残りを卸売業者などから調査するため，厳密な意味の生産者価格指数ではないという指摘もあるが，価格情報の精度は十分高いと考えられる．なお，企業物価（CGPI）の総合指数は企業間取引の平均価格で，経済理論的な意味を持たないため，価格水準としてよりも景気全体的な状況を表す尺度として用いられている．　　　　　　［美添泰人］

📖 **参考文献**
[1] 政府統計の総合窓口　http://www.e-stat.go.jp/

製造業と生産指数

　製造業の生産水準を表す指標として作成されている鉱工業生産指数（IIP）は代表的な数量指数である（以下，生産指数）．生産指数は，GDP速報（QE）などに比べて速報性があることから，景気動向を示す指標として最も重視されている経済統計である．

●生産指数の作成方法　500程度の品目の毎月の生産数量を基に指数が作成されている．生産指数の作成は，品目ごとに毎月の生産数量を基準年の1月あたりの生産量を100として指数化し，ラスパイレス算式により品目別指数を基準年のウェイトで加重平均する方式である．t時点の生産指数をI_tとし，基準時点における品目iの数量をq_{i0}，t時点における品目iの数量をq_{it}，品目iのウェイトをw_i，ウェイトの合計をWとすれば，生産指数は次の式で求められる．

$$I_t = \sum \frac{w_i}{W} \frac{q_{it}}{q_{i0}}$$

　生産指数のウェイトには，付加価値額ウェイトと生産額ウェイトの2種類があり，品目のウェイトは工業統計などをもとに設定されている．生産指数として通常利用されているのは，付加価値額ウェイトの生産指数である．

　指数計算に採用される品目は，生産動態統計などにおいて毎月調査されている品目の中から，データの速報性や業種の代表性などを勘案して選ばれている．一般に，ラスパイレス算式数量指数は上方バイアスがあり，基準年から時間がたつほど経済実態からの乖離が生じることになる．また，基準年において全体の動向を代表できるものを選んで採用品目としているため，新たな製品が登場した場合には，その製品の動向を指数に反映することができない．このため，生産指数では5年ごとに基準年を更新しており，西暦年の末尾が0，5の年を基準年とする指数の改定（基準改定とよばれる）が行われ，指数採用品目の見直し，ウェイトの再計算が行われる．

　2005（平成17）年基準への指数改定では，電気温水器，太陽電池モジュール，プロジェクタ，光ディスク，炭素繊維などが新たに採用され，ファクシミリ，ビデオテープレコーダ，ヘッドホンステレオ，カラーテレビ用ブラウン管，35mmカメラなどが採用品目から外された．品目の生産数量の測定単位は，トン，台，個などの製品数量単位であるが，同一品目内に製品の品質，大きさなどが著しく異なる場合や多機能化・高機能化が著しい品目については，生産数量ではなく生産金額を測定単位として採用している．生産金額は，価格変動の影響を除去するため，基本的に企業物価指数でデフレートし実質化している．金額単位を採用して

いる品目は，汎用コンピューター，半導体製造装置，半導体集積回路，医薬品などである．

●**生産指数の利用** 毎月の生産実績を示す生産指数は，翌月の月末に速報値が公表され，翌々月中旬に確報値が公表される．生産指数によって，製造業全体の生産活動とともに，各品目，各業種の生産活動の水準を把握することができる．このため，生産活動の基調判断，景気動向の基調判断などに利用されており，政府の月例経済報告などにおいて動向が注視されている．

生産指数と同時に公表される出荷指数，在庫指数，在庫率指数も用いて，生産，出荷，在庫の動きをみることにより，景気局面を把握することができる．例えば，景気が上向いて企業が将来の需要増を見込み，在庫を積む「在庫積み増し局面」から，景気が山を迎え下降局面に入ると，企業の需要予測よりも実際の需要が下まわることになり，在庫がたまりはじめる「在庫積み上がり局面」に変わり，企業が積み上がった在庫を減らすために減産を行う「在庫調整局面」になると，景気は本格的に悪くなり，在庫調整が進展し次第に景気が回復してくると，企業の需要予測を実際の需要が上まわり，生産を増やしても在庫が減っていく「意図せざる在庫減局面」になるという在庫循環による景気局面の変化を，生産指数などを用いて分析することができる．

●**生産指数の意味するもの** 生産指数（付加価値額ウェイト）の品目 i のウェイト w_i は，基準年の品目 i の付加価値率（付加価値額を数量で割った単位あたりの付加価値額）を p_{i0} とすれば，$w_i = p_{i0} q_{i0}$ であり，$I_t = \sum (w_i / W)(q_{it} / q_{i0}) = \sum p_{i0} q_{it} / \sum p_{i0} q_{i0}$ と考えられることから，生産指数は t 時点の生産数量に基準時点の付加価値率をかけた実質付加価値額の合計と基準時点の付加価値額との比という意味をもつ．つまり，生産指数（付加価値額ウェイト）によって，鉱工業分野で生産される実質付加価値額の水準と動向を把握することができる．このため，数量指数といわれる生産指数は，各品目の生産数量を総合化した生産数量の総合指標であると同時に，実質付加価値額の総合指標というべきものである．

実質付加価値額を把握する生産指数との認識に立てば，現行の生産指数が品目の生産数量の測定単位としてトン，台，個などの製品数量単位を原則として用いていることを見直す必要があると考えられる．例えば，普通乗用車の品質向上によって生産される．実質付加価値額は増加するが，台数を用いて生産数量を把握している生産指数は台数が変わらなければ変動しないため，台数ベースの指数では実質付加価値額の変化を指数に反映させることができないからである． ［田辺孝二］

📖 **参考文献**
[1] 経済産業省『鉱工業指数』http://www.meti.go.jp/statistics/tyo/iip/index.html
[2] 経済産業省『平成17年（2005年）基準鉱工業指数改定の概要』
http://www.meti.go.jp/statistics/tyo/iip/result/pdf/ha23005j.pdf

景気の指標

　経済活動の水準を表す基本的な指標である GDP は，四半期ごとにしか速報が公表されない．そこで，GDP 速報を補完する意味で月次系列である各種の指標が作成され，景気動向の判断に利用されている．
●**景気動向指数，内閣府の DI と CI**　内閣府では，採用系列の各月の値を 3 カ月前と比較して増減を判定し，採用系列数に占める拡張系列数の割合を景気動向指数 DI としている．すなわち，景気変動を反映する n 種類の系列のうち，前期に比べて拡張方向に動いている系列の数を n_+ とすると，$\mathrm{DI}=100(n_+/n)$ と定義される．内閣府 DI としては景気動向を表す一致指数のほか，景気の動きを予測する先行指数，景気の局面を確認する遅行指数が作成されている．一致系列には鉱工業生産指数，大口電力使用量，百貨店販売額，営業利益(全産業)，有効求人倍率などが採用され，過去何回かにわたり系列の変更がなされている．採用系列は原則として月次データであり，統計の速報性，景気循環との対応性などが考慮されている．2004 年 10 月の改定では，12 系列が先行系列，11 系列が一致系列，7 系列が遅行系列に採用されている．

　DI は変化方向を集計したものだから，経済活動の水準ではなく，その変化を指数化したものである．DI の一致系列が 50％ 以下となっている期間が景気の下降期，DI が 50％ 以上となっている期間が景気の上昇期とみなされる．このように，DI の変動は経済活動の水準ではなく変化の方向を指示するが，変化の大きさに関する直接的な情報は含んでいない．そのため 2008 年からは，それまで参考系列とされていた CI とよばれる指数を重視するように変更された．CI の定義は複雑であるが，各系列の「変化率の加重平均」が CI の変化率となるため，CI は景気の水準を表現する量的な指標である．DI が景気の変化方向を表しているのとは，この

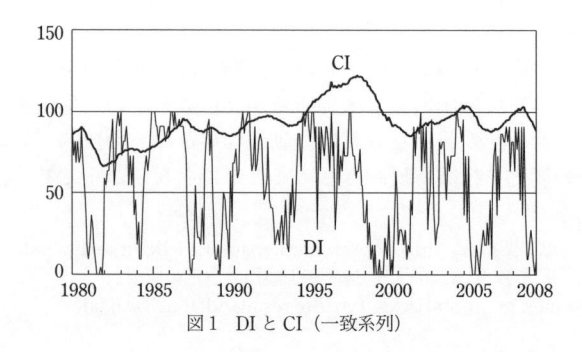

図 1　DI と CI（一致系列）

点で異なっている．図1でみると，CIが上昇している時期にはDIはおおむね50％を超えており，CIが下降している時期には50％を下まわっている．

なお，各種の経済統計で利用されている景気循環の定義で利用されている景気基準日付は，内閣府が判定して公表しているもので，基本的には一致指数のDIを利用している．ただし，個別系列の変化を滑らかにしたヒストリカルDI（HDI）とよばれる系列が用いられる．HDIとは各系列ごとに山と谷を設定し，谷から山にいたる期間はすべて上昇，山から谷にいたる期間はすべて下降としてDIを算出するものである．HDIが50％を下から上に切る直前の月が景気の谷，上から下に切る直前の月が景気の山に対応する．

●**サーベイ・データ** 企業に対し業況感，売上げ，資金繰りなど企業活動全般について主観的な判断を調査するサーベイ・データは，広く利用されている景気指標で，日銀の「主要企業短期経済観測調査」（短観と略称），財務省の「景気予測調査」などがその例である．景気の浸透度を表す指標を一般にDIとよぶが，サーベイデータでは「増加する」，「変わらない」，「減少する」などの判断を調査し，これから判断DIとよばれる指標が作成される．判断DIは回答者のうち「良い」を$+1$，「悪い」を-1として百分率表示したものであり，-100から$+100$までの値を取る．この点で0から100までの値を取る内閣府DIとは異なっている．多くのサーベイデータにおいて，業況，製品需給，製品在庫，製品価格などの各項目について判断DIが計算されている．単純な指標であるが，主要企業の意思決定に関わる回答者からの判断を集約す場合，判断DIの動きは景気の動きとほぼ一致する．したがって，景気動向指数のDIが経済活動の変化を指標化しているのと違って，経済活動水準を指標化したCIと似た性格の指標である．

●**理論モデルによる景気指標** 近年，高度な理論モデルを用いた景気予測の手法がいくつか提案されている．そのうちStockとWatsonなどが提唱している時系列因子分析モデルは，主要な経済変数の時系列データの背後にある因子として景気を推定しようというものである．しかし，現時点でも計算量が膨大であることや数値的な安定性から，4系列程度の指標を利用することが限界である．

また，Nefiçiの景気転換点予測モデルでは，景気の上昇局面と下降局面では主要な経済変数の挙動が異なることを踏まえて，ある時点において確率的に景気の転換が発生すると想定する．景気局面の変化が発生したと誤って判断する「誤信号」と，まだ景気局面が変化していないと誤って判断する「認定の遅れ」によって発生する費用を比較することによって，最適な判断基準が得られる．このほかにも，現時点で得られる情報に基づいて，景気局面が変化した確率をベイズの定理によって評価する簡単なモデルもある． ［美添泰人］

📖 **参考文献**
[1] 中村隆英，他，1992，『経済統計入門 第2版』東京大学出版会，第8章．
[2] 浅子和美，福田慎一編，2003，『景気循環と景気予測』東京大学出版会．

SNAの構造

　SNA（国民経済計算体系）は，1年間の経済活動を通じて生み出された付加価値を国民所得の源泉とし，消費や蓄積が行われる過程を勘定として記録するいわば「経済のものさし」を測る体系として定義されている．1993年に国連が勧告した93SNAが現在各国で実施されている．1年間の経済活動をフローとし，そこから生み出された富をストックとして記録する．経済活動は国内総生産（GDP）とよばれ，図1のように生産，分配，支出の三面等価の原則がなりたつ．

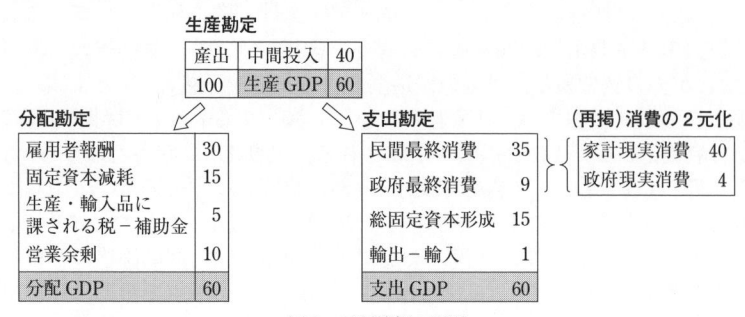

	生産勘定	
	産出	中間投入 40
	100	生産 GDP 60

分配勘定	
雇用者報酬	30
固定資本減耗	15
生産・輸入品に課される税−補助金	5
営業余剰	10
分配 GDP	60

支出勘定	
民間最終消費	35
政府最終消費	9
総固定資本形成	15
輸出−輸入	1
支出 GDP	60

（再掲）消費の2元化	
家計現実消費	40
政府現実消費	4

図1　三面等価の原則

　GDPとして測るべき経済活動量は体系における生産の境界として厳密に定義されている．それは，睡眠やエクササイズのような活動を除いて交換可能な「人に代わってもらうことができる活動」（「第三者基準」とよばれている）のうち，生産活動として市場取引される財貨・サービスのほか，市場取引財と同等の価値をもつ農家の野菜や小屋の建設などの自己勘定生産が含まれる．他方，サービスは持ち家の住宅サービスといった財から得られる便益サービスと有給の家事スタッフのサービスを除いて，家計内で世帯員に行われる調理，清掃，育児，介護といった家事サービスや善意で行われるボランティア活動のような「他の主体と合意」が得られない活動は，GDP推計対象から除外されている．自己勘定サービス生産を「体系の生産の境界」に組み込むと，市場・非市場で対価を前提に供給される同等のサービス生産と見分けがつかなくなり，結果的に「失業」がみえなくなるためである．

　93SNAの特徴は，経済循環を測る中枢体系が精緻になったこと，および中枢体系と密接な関係をもったサテライト勘定が導入されたことである．中枢体系の精緻化では，①資産概念の変更と無形資産の導入，②勘定体系の精緻化による所得支出勘定と消費の二元化があげられる．

●**資産概念の変更と無形資産の導入**　従来の基準である68SNAでは資産概念は

明確ではなく，有形資産，非金融無形資産，金融資産に分類され，生産と結びつけられていなかったが，93SNAでは「生産境界内に含まれる過程から，産出として出現した非金融資産」として生産から生み出された財に資産概念を連動させ，「生産資産」，「非生産資産」とした．生産資産は「1年を超えて生産過程において繰り返しまたは継続して使用される生産資産」として「有形資産」のほかに「無形資産」が組み込まれた．非生産資産には，生産に必要であるが，それ自身が生産されたものではない資産で，土地や非育成林などが含まれる．無形資産には，鉱物探査，コンピューターソフトウエア，娯楽，文学などが含まれる．

●**勘定体系の精緻化による所得支出勘定と消費の二元化表示**　社会保障制度に基づいて医療や教育のように政府が一部費用負担して国民にサービスを提供している場合，消費支出主体と便益を享受する主体が異なる．93SNAでは支出主体と共に便益享受主体の消費を「現実消費」として再掲している．これが消費支出の二元化である．家計現実消費には政府支払分の医療費や教科書代が含まれる一方，政府現実消費では削減されている．制度部門別所得支出勘定は，生産勘定より得られた付加価値に財産所得の受払いを加算した「第1次所得の配分勘定」，その第1次所得バランス（市場価格表示国民所得）に税の受払いや社会保障負担給付などの経常移転を加算した可処分所得を導き出す「所得の第2次分配勘定」，その可処分所得に医療や教育などの現物移転の受払いを加算した所得を調整可処分所得として導き出す「現物所得の再分配勘定」，実際に享受した主体の現実最終消費を導き出す「所得の使用勘定」により構成されている．

　サテライト勘定は，中枢体系に影響を及ぼす事柄を中枢体系に負担をかけない体系の多面的利用可能性として導入を勧告している．代表的なサテライト勘定は環境・経済統合勘定であり，その基準として93SEEAと2003SEEAが国連より公表されている．93SEEAでは経済活動の結果として排出された環境負荷物質を「外部不経済」として貨幣換算するいわゆる「グリーンGDP」が主流であった．他方2003SEEAでは環境負荷物質の貨幣評価は行わず経済活動と環境負荷物質を併記勘定にする「ハイブリッド型環境経済統合勘定」が主流となっている．環境負荷物質の貨幣評価が困難である一方，家計の廃棄物やマイカーによる家計の環境負荷問題への対応など従来の公害型より環境負荷として対応すべき範囲が広がっているためである．また，「体系の生産の境界」から排除されている家事，育児，介護といった「無償労働」は「外部経済」として，「有償労働」との対比や福祉分野との関係を測る「ものさし」でもある．

　今後の課題として，1つは93SNAの導入で我が国が積み残したFISIM（間接的に計測される金融仲介サービス）の本格導入がある．我が国では「参考」として公表しているが，FISIMには輸出入FISIMや中央銀行のFISIMの取り扱いなど残された課題も多い．さらに，今後の課題としては2008SNAの導入であろう．

［佐藤勢津子］

SNAの利用

　SNAは経済循環を測る国際基準であり，この基準のうち最も利用頻度が高いのは1年間の1国の経済活動をはかるGDPである．この経済指標としてのGDPは，我が国では内閣府で確報と四半期速報が作成・公表されている．

　確報は1年間の経済取引量を詳細な統計調査を基に推計され「国民経済計算年報」として公表されている．マクロ経済指標として社会保障負担と1年間の経済活動量の関係を表す国民負担率や，国際比較のための1人あたりのGDPなどのある経済集計量との比較を表す場合が多い．また，勘定を社会会計行列に組替え一般均衡モデル（CGEモデル）や，マクロ経済下のミクロ分析を行う際のマクロマイクロデータの基礎資料となっている．

　四半期GDP速報はQEとよばれ，確報の情報を基礎に需要側である最終消費支出，総固定資本形成および純輸出（輸出―輸入）の各項目がほかの四半期や月次統計調査によって延長推計されている．利用面では，景気指標や翌年の経済見通しの基礎資料として利用されている．景気指標としてのQEで最も利用されているのは経済成長率である．これは，一般的に季節調整済実質GDPの前期比のことである．GDPはある期間の経済活動を金額表示したものであり，その増加（減少）率は価格要因と数量要因に分解可能である．数量要因を実質GDPとよび，変化率を成長率とよんでいる．実質GDPはラスパイレス型数量指数であり，デフレーターは比較時のパーシェ型価格指数である．実質GDP値とそれぞれのGDP構成要素の実質値合計額は等しくなる．

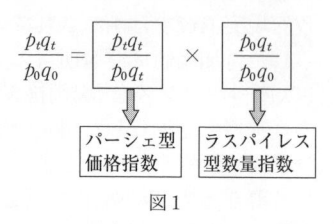

$$\frac{p_t q_t}{p_0 q_0} = \frac{p_t q_t}{p_0 q_t} \times \frac{p_0 q_t}{p_0 q_0}$$

パーシェ型価格指数　ラスパイレス型数量指数

図1

　これを加法整合性といい，実質GDPの信頼性への1つの大きな根拠となっているが，比較時ウエイトのためにデフレーターが実体の物価水準より振れて実質GDPにバイアスがかかることがある．内閣府ではこの弊害を除くため，2003（平成15）年度確報および2004（平成16）年7～9月期GDP速報よりパーシェ型連鎖指数を導入した．

表1　実質GDPとGDP構成項目合計値との開差（2008年）（内閣府）（単位：10億円）

月	国内総生産（支出側）①	民間最終消費支出	政府最終消費支出	資本形成（民間）	資本形成（公的）	純輸出	各項目合計値②	開差①－②
1～3	567,495.4	310,924.5	98,371.5	108,075.7	19,310.9	31,262.2	567,944.8	－449.4
4～6	562,296.9	308,593.2	97,466.3	106,001.6	19,195.4	30,996.9	562,253.4	43.5
7～9	559,070.6	309,506.1	97,311.5	102,659.4	19,333.3	30,570.6	559,380.7	－310.1
10～12	540,391.5	308,237.2	98,488.5	100,955.8	19,205.3	16,019.4	542,906.2	－2,514.7

パーシェ型連鎖指数は下式のとおり参照年と比較年の価格の推移に着目した指数であるため推移性を満たすが加法整合性を満たさないため実質 GDP と GDP の構成項目の合計値とは一致しない．内閣府では表1のように開差を明示している．

$$D^{pc} = \frac{p_1 q_1}{p_0 q_1} \times \frac{p_2 q_2}{p_1 q_2} \times \frac{p_3 q_3}{p_2 q_3} \times \cdots \times \frac{p_t q_t}{p_{t-1} q_t}$$

財貨・サービスの取引には季節性があり，前期比として経済の趨勢をみる場合にはこの季節要因を調整する必要がある（「経済時系列データと季節変動」参照）．季節調整済み実質 GDP の前期比が経済成長率である．また，経済成長に寄与した要因をみるのが寄与度である．表2は「経済成長率と項目別寄与度」であり，寄与度は次式で表せる（表2の記号参照）．

$$\frac{\Delta}{GDP} = \frac{\Delta c}{GDP} + \frac{\Delta g}{GDP} + \frac{\Delta i}{GDP} + \frac{\Delta x - \Delta m}{GDP}$$

表2 経済成長率と項目別寄与度（%）

	経済成長率 GDP	民間最終消費支出 c	政府最終消費支出 g	総固定資本形成 i		純輸出 $x-m$
				民間	公的	
2008年1～3月	0.2	0.4	0	−0.4	−0.2	0.3
4～6月	−0.9	−0.4	−0.2	−0.4	0	0.1
7～9月	−0.6	0	0	−0.6	0	−0.1
10～12月	−3.3	−0.2	0.2	−0.2	0	−3

表2の寄与度から，経済成長率は2007年10～12月期をピークに下落基調であり，その要因は傾向的な民間の総固定資本形成の下落であり，2008年10～12月期の経済成長率の大幅な下落は，純輸出の下落が大きいということがわかる．また，年率換算経済成長率とは，経済成長率（四半期季節調整済み前期比）を同じ条件で1年間継続すると仮定した場合の伸びである．別名「瞬間風速」といい，暦年のGDP成長率と比較して四半期の経済活動がどの程度活発化（または後退）しているかを判断する尺度である．平成20年第4四半期GDP成長率の−3.3%は年率換算すると−12.7%となる．なお，年率換算は前期比を単純に4倍しないことに注意を要する．式は以下のとおりである．

年率換算 $= [(1+季調済前期比)^4 - 1] \times 100$

成長のゲタとは，次年度立てられた「努力目標」である年率換算された経済成長率予測を達成するためのベースになる当該年度1～3月期の実績値の成長率のことをいう．具体的に年2%の経済予測見通しを達成するためには，当該年1～3月実績が0.2%であったならば，次年度の経済達成率は1.8%ということになる．式は以下のとおりである．

$$成長のゲタ = \frac{1～3月期の年率 GDP}{前年度 GDP} - 1$$

［佐藤勢津子］

SNA 利用上の問題点

　SNA体系で最もよく利用されるGDPには経済のものさしの問題点としていくつかの注意が必要である．それは特殊な取り扱いをする帰属概念と実質化である．
●**帰属概念**　フレームワークを維持するための技術であったり，国際比較する上でGDPを図る「ものさし」を共通にしておくための配慮から行われたりする独特の概念である．帰属計算を行うのは「帰属家賃」と「帰属利子」がある．
　帰属家賃とは，自己所有住宅の家賃は賃貸住宅と同様の住宅サービスを受けていると評価してGDP換算することである．SNAでは自己勘定サービス生産として有給の家事使用人のサービス以外に自己所有住宅の帰属家賃を認めている．その理由は「住宅サービスの生産と消費の国際比較および時間比較は自己勘定住宅サービスの価額に帰属が行われないならば，歪められたものとなる」としている．これは自己所有住宅比率が高い国のGDP規模は小さくなり，賃貸住宅比率が高い国のGDP規模は大きくなるという弊害を除去すること，およびGDPの経済的厚生尺度という視点から自己所有住宅の計上は望ましいと判断していると考えられる．しかし，景気という視点からは，持ち家の帰属家賃は経済活動の強弱を測るうえで意味を成さない側面もあり，我が国では民間最終消費支出には「除く持ち家の帰属家賃」として再掲している．
　帰属利子とはその「利ざや」のことである．金融業の生産額は受取利子から支払利子を差し引いた利ざやと配当であるが，その利ざやは他産業の付加価値の一部から支払われており，生産勘定全体としてみた場合，付加価値から支払われる利息が金融業の受取利息となり二重計上となる．我が国ではダミー産業を設けすべての産業の中間投入とすることによって付加価値をマイナス計上させバランスさせ二重計上を防ぎ生産勘定のフレームワークを維持している．しかしながら，利ざやの配分先がなくすべて産業の中間消費として処理されているので金融活動の実体からかけ離れたものになっている．93SNAでは現実的な金融活動に則した間接的に計測される金融仲介サービス（FISIM）を設けた．これは資金調達と資金運用をある水準の利子率（参照利子率という）を基礎に利ざやを取る形で調達利子率と参照利子率および運用利子率と参照利子率の差を金融仲介サービスの生産額としている．しかしながら，参照利子率の設定によっては，マイナスのFISIMが発生することや中央銀行の取り扱い，輸出入FISIMの問題もあり，我が国では参考として公表されていることに注意を要する．
●**実質化**　次に，この実質GDPとは，名目GDP/デフレーターである．デフレーターはパーシェ型が前提であるが，比較時ウエイトであるため実際の物価水準より「パーシェバイアス」（「指数の経済理論・連鎖指数」参照）がかかりやすく，

表1 実質GDPの算出に用いる指数

連鎖指数					固定指数	
日本	アメリカ	イギリス	フランス	ドイツ	中国	韓国
パーシェ型価格指数	フィッシャー数量指数	ラスパイレス型数量指数	パーシェ型価格指数	パーシェ型価格指数	固定価格指数（一部連鎖）	固定価格指数（一部連鎖）

実質GDPを歪めるといった指摘があり，こういった現象を避けるために，連鎖指数を用いる国が増えている（表1）．我が国では，2003年確報および2004年7〜9月期QEから導入されている．

連鎖指数は参照年として比較年の連続性に着目した指数であるため加法整合性を満たさないが，推移性を満たす．その特徴をみるためにりんごとみかんの合計金額を1,500で一定とし，ラスパイレス，パーシェ，パーシェ連鎖の動きをみることとする（表2）．なお，参考としてパーシェ型連鎖指数の式を次に示す．

$$P_t = P_{t-1}\frac{\sum P_t q_t}{\sum P_{t-1} q_t} = P_{t-1} \times \frac{1}{\sum w_t (P_{t-1}/P_t)}, \quad w_t = \frac{P_t q_t}{\sum P_{t-1} q_t}$$

表2 各種指数算式の推移と問題点

	1年			2年			3年			4年			5年		
	数量	価格	金額	数量	価格	金額	数量	価格	金額	数量	価格	金額	数量	価格	金額
みかん	10	100	1,000	7	140	980	8	120	960	3	500	1,500	7	140	980
りんご	5	100	500	5	104	520	6	90	540	0	100	0	5	104	520
合計	15		1,500	12		1,500	14		1,500	3		1,500	12		1,500
ラスパイレス型			100.0			128.0			110.0			366.7			126.0
パーシェ型			100.0			125.0			107.1			500.0			125.0
パーシェ連鎖			100.0			125.0			107.5			448.0			168.0

表2でわかるように，連鎖指数は前期の指数に当期の指数を乗じて求めるため，加法整合性は参照年の翌年は成り立つが，それ以外の比較年の加法整合性は成り立たない．また，推移性の欠点として，参照年の特異性が比較年に伝播する，いわゆるドリフトを発生させる．しかしながら，連鎖指数は真の物価指数に近いという最大の利点があり，各国も工夫の上連鎖指数に移行しているのも事実である．固定基準方式と連鎖方式の特徴を表3に示す．　　　　　　　　　　　　　　　　［佐藤勢津子］

表3 固定基準方式と連鎖方式の特徴

	固定基準方式	連鎖方式
潜在理論指数の関係	パーシェバイアスがかかる	真の物価指数に近い
基準改定に伴う参照年	基準改定による伸び率の変化あり	伸び率の変化はない
実質値の加法整合性	加法整合性が成り立つ	加法整合性が成り立たない
ドリフト	ドリフトがない	ドリフトが発生する
実務上の問題	計算にかかるコストが少ない	計算にかかる労力が大きい

産業連関表の構造

　さまざまな産業間の関連を明らかにするために作成されるのが産業連関表で，これによって，例えば公共事業が産業ごとの雇用者数に与える効果を評価することができる．我が国で5年ごとに作成されている産業連関表は500以上の異なる生産物（商品）部門に分割される基本表と，それを統合した部門表から構成されている．2005年産業連関表では190部門表などが用意されているが，分析の目的に応じて組替えて利用される．表1は2000年の産業連関表を3つの産業部門に集約した近似的なものであり，各産業で生産される商品が産業や家計などでどれだけ需要されたかが記されている．表の行（横）方向では，各産業の産出物が，他の産業で原材料として利用される中間需要と，家計の消費，企業の投資などの最終需要へ配分される．また，列（たて）方向では，各産業が商品を生産するために利用した投入が，原材料などの中間投入と付加価値に分けて表示される．このことから産業連関表は投入産出表（IO表）ともよばれる．付加価値は，さらに雇用者所得，資本減耗，（補助金を差し引いた）間接税と営業余剰に分解される．各行の合計は国内生産額であり，列の合計と一致しているが，それは，営業余剰が売上げから費用を引いて求められるバランス項目だからである．

　各産業について行方向と列方向をみると「国内生産＝中間需要＋最終需要－輸入＝中間投入＋付加価値」が成り立っている．II産業の行方向では，中間需要が31＋104＋82＝217，最終需要が128＋15＋14＝157，これらの和から輸入27を引いた国内生産は217＋157－27＝347である．中間需要と最終需要の中には国内生産品と輸入品が含まれているから，輸入を一括して差引くことにより国内生産が求められる．II産業の列方向からは，中間投入が15＋104＋51＝170，付加価値が108＋30＋21＋18＝177となり，その合計170＋177＝347は行合計と一致している．

表1　産業連関表（2000年の近似的なひな型．単位：兆円）

	I	II	III	消費	投資	輸出	輸入	合計
I	60	15	10	19	38	31	−11	162
II	31	104	82	128	15	14	−27	347
III	16	51	68	218	90	2	−6	439
雇用者所得	29	108	159					296
営業余剰	13	30	58					101
資本減耗	10	21	50					81
間接税	3	18	12					33
合計	162	347	439	365	143	47	−44	

注：I 農林業，素材型製造業，II 加工型製造業，商業など，III 金融，サービス．

産業連関表で用いる国内生産は中間需要を含んでいるため国内総生産（GDP）とは異なる概念である．国内生産ではなく，最終需要を全産業について合計した $365+143+47-44=511$ 兆円が，2000 年の GDP を支出面から測定したものであり，これは分配面から測定した GDP である付加価値の合計 $296+101+81+33=511$ と一致する．このことは，最終需要と付加価値は，それぞれ行の合計，列の合計から中間投入を引いて得られるという，表の構造から明らかである．

●生産者価格・購入者価格，輸入の扱い　産業連関表で表示する取引額については，通常は販売価格である生産者価格で評価される．機械の部品を中間財として利用する場合には，さらに流通過程において発生する商業マージンと運賃が発生するが，これらは商業および運輸業への需要として分離して評価される．このような生産者価格表の他，部品の価格に商業マージンと運賃を加えた費用を当該部品の製造産業への需要とみなす，購入者価格表という作成方法もある．購入者価格表では，商業および運輸業への中間需要は発生しないことになる．

●投入係数　産業連関表によって産業部門別に詳細な情報が得られるが，さらに各産業における技術構造の考察を通じて，経済分析の強力な道具を得ることができる．そのためには，各産業における中間投入の比率が利用される．例えば II 産業における中間投入比率を求めると，3 つの産業について，それぞれ $15\div347=0.043$，$104\div347=0.300$，$51\div347=0.147$ となる．

表 2　投入係数

	I	II	III
I	0.370	0.043	0.023
II	0.191	0.300	0.186
III	0.099	0.147	0.155
付加価値率	0.340	0.510	0.636

この比は投入係数とよばれる．投入係数はある産業が 1 単位の生産を行うのに必要な各原材料の量と解釈できるもので，短期的には安定的である．例えば，溶鉱炉を用いて銑鉄 1 トンを生産するのに必要な鉄鋼石，コークスの量，電力の消費量などはほぼ一定と考えられる．表 1 の 3 部門表から得られた投入係数を表の形にまとめたものが表 2 の上部である．なお，表には各産業の付加価値率も合わせて記されていて，素材型産業よりも金融などサービス産業の方が付加価値率が高い．各列で，投入係数と付加価値率の合計は 1 になる．

産業連関表の左上の部分は産業間の取引を表す中間投入であり，第 i 部門から第 j 部門への投入を X_{ij}，第 j 部門の付加価値を V_j と表すと，第 j 部門の産出額合計は $X_j = \sum_i X_{ij} + V_j$ となる．したがって第 i 部門から第 j 部門への投入係数は $a_{ij} = X_{ij}/X_j$ と表すことができる．投入係数は短期間では不変となることが理論的，経験的に知られている．　　　　　　　　　　　　　　　　　　　［美添泰人］

📖 参考文献

[1] 総務省，2000，『産業連関表』（特に総合解説編）（5 年ごと）

産業連関分析

ここでは $n=2$ 部門を用いて説明するが,通常は $n=50$ から 200 程度が利用される.表で X_{ij} は中間投入,X_i は生産額,Y_i は最終需要,V_j は付加価値である.各産業の技術を表す投入係数 $a_{ij}=X_{ij}/X_j$ は,短期的には安定的であり,これらの係数を並べた行列 $A=(a_{ij})$ が産業連関分析の基礎となる.実際には X_{ij}, X_j は金額で評価されているが,価格が変化しない限り金額は1円を単位とした数量とみなすことができるため,a_{ij} の安定性が保証される.定義から $a_{ij}≧0$ は当然であるが,金額表示による a_{ij} については $\sum_j a_{ij}<1$ が成り立つ.それは付加価値率 $v_j=V_j/X_j>0$ と,列(縦)方向の均衡式 $\sum_j X_{ij}+V_j=X_j$ を X_j で割った $\sum_j a_{ij}+v_j=1$ から確かめられる.

表1 2部門表

X_{11}	X_{12}	Y_1	X_1
X_{21}	X_{22}	Y_2	X_2
V_1	V_2		
X_1	X_2		

●均衡産出額モデル 産業連関表を行(横)方向にみた均衡式は $X_{i1}+X_{i2}+Y_i=X_i (i=1,2)$ となる.これを $a_{ij}=X_{ij}/X_j$ を用いて $a_{i1}X_1+a_{i2}X_2+Y_i=X_i (i=1,2)$ と書き換えて,最終需要 Y_i を生産するために必要な各産業の生産 X_1, X_2 を求めるものが均衡産出高モデルである.任意の Y_i に対して,その解は $X_i=b_{i1}Y_1+b_{i2}Y_2$ で与えられる.ここで b_{ij} は a_{ij} から定められる係数であり,$0≦a_{ij}<0$ を用いると $b_{ij}≧0$ となることが示される.すなわち任意の $Y_i≧0$ に対して経済的に意味のある生産額 $X_i≧0$ が定められる.なお行列表記では $Ax+y=x$ が行方向の均衡式であり,これを x について解くと $x=(I-A)^{-1}y$ が得られる.このため $B=(I-A)^{-1}=(b_{ij})$ の表は逆行列表とよばれる.

$n>2$ の場合にも $X_i=\sum_{j=1}^{n} b_{ij}Y_j$ となるから,各産業の最終需要の変化を ΔY_j とすると,第 i 産業の生産の変化は,$\Delta X_i=\sum_{j=1}^{n} b_{ij}\Delta Y_j$ と求められる.このように,係数 b_{ij} は最終需要 Y_j が1単位変化したときに引き起こされる第 i 産業の生産量の変化,すなわち直接的な最終需要から誘発される中間需要を含めた最終的な変化が $\Delta X_i=b_{ij}\Delta Y_j$ となることを表している.$b_{ij}≧0$,$b_{ii}≧1$ となることも上記の a_{ij} の性質から保証され,b_{ij} の経済的な意味が明確となる.b_{ij} を用いていくつかの指標が作成できる.例えば $c_j=\sum_i b_{ij}$ は第 j 産業に対する最終需要が他の産業に与える影響の強さの尺度,$d_i=\sum_j b_{ij}$ は第 i 産業が他の産業への最終需要から受ける影響の大きさの尺度である.

均衡産出高モデルの基本的な応用は，追加的な最終需要に対する各部門の生産額を決定することである．例えば新空港建設のために必要な機械，鉄鋼，建設などの最終需要として各産業に需要増 ΔY_i が生じると，これを満たすために必要な各産業の生産増 ΔX_i が求められる．それが達成されるためには，労働力や資本ストックの産業間配分がどうあるべきかも，産業連関分析の範囲である．以上の単純化されたモデルの他，雇用者所得や営業余剰などによって最終需要が影響されることを考慮に入れたモデルもある．

●**均衡価格モデル** 金額表示の a_{ij} が安定的なのは相対価格が一定の場合であり，現実には価格の変動を考慮する必要がある．そこで，産業連関表から a_{ij} を作成した時点の価格を1とする指数で第 i 部門の価格を p_i と表す．X_j や X_{ij} は金額表示だから，物量単位の投入係数は $a_{ij} = (X_{ij}/p_i)/(X_j/p_j) = (p_j/p_i)(X_{ij}/X_j)$ と表される．

表1を列方向に見た上述の均衡式 $\sum_i X_{ij} + V_j = X_j$ に，物量単位 a_{ij} の安定性から成立する $X_{ij}/X_j = a_{ij}p_i/p_j$ を代入して整理すると $\sum_i a_{ij}p_i + v_j = p_j (j=1, 2)$ という関係が得られる．ただし $v_j = p_j V_j / X_j$ は，第 j 財の物量1単位あたりの名目付加価値であり，これも付加価値率とよぶ．この式は，第 j 産業が物量1単位を生産するために必要な中間投入の費用と名目付加価値の和が，1単位あたりの売上に等しいことを表している．これが，付加価値率 v_j から価格 p_j を決定する均衡価格モデルである．

行列表記では，列方向の均衡式は $\boldsymbol{p}'\boldsymbol{A} + \boldsymbol{v}' = \boldsymbol{p}'$ であり，その解は $\boldsymbol{p}' = \boldsymbol{v}'(\boldsymbol{I}-\boldsymbol{A})^{-1} = \boldsymbol{v}'\boldsymbol{B}$ となる（$\boldsymbol{p}'$ は行ベクトル）．$n>2$ の場合でも $p_j = \sum_{i=1}^n b_{ij}v_i (j=1, \cdots, n)$ すなわち $\boldsymbol{p} = \boldsymbol{B}'\boldsymbol{v}$ となり，ここでも逆行列 $\boldsymbol{B} = (\boldsymbol{I}-\boldsymbol{A})^{-1}$ が転置されて用いられる．このように，均衡価格モデルと均衡産出高モデルの間には密接な関係がある．

均衡価格モデルの応用として，ある産業の賃金率が Δv_i だけ変化した場合の波及効果が分析できる．また，電気や鉄道運賃などの公共料金値上げや，原油価格上昇の影響などにも適用することができる．例えば原油部門の価格は本来は未知数（内生変数）であるが，輸入価格が値上がりしたときにはその価格が外生的に与えられたものとして，そのほかの p_i について方程式をを解くことができる．この場合，未知数 p_j の数が1つ減るが，原油部門についての方程式も不要となり，未知数と方程式の数は等しい．

●**その他の拡張** 産業連関分析は線形計画法と組み合わせて分析されることが多い．石油危機の時期に輸入量の制約条件の下で国内生産額を最大にするための政策を求めることで最大の成長率が予測できた．石油などの燃料を通じて発生する二酸化炭素の量を評価するなど，公害の分析にも用いられる． ［美添泰人］

公的統計の制度

　我が国の公的統計の制度は統計法を基礎としている．戦後60年近く，1947年制定の統計法（旧統計法）および1952年制定の統計報告調整法が，日本の公的統計制度の枠組みを提供してきた．しかし，2007年に統計法の全面改正が行われ（新統計法），統計報告調整法はこれに取り込まれ，新統計法が新たな公的統計の制度を規定することとなった．なお，新統計法の全面施行は2009年4月1日である．ここでは，公的統計，基幹統計，統計調査の区分，統計委員会，公的統計の整備に関する基本計画，統計基準について説明する．また，公的統計の信頼性を確保することなどを目的とした官庁統計の基本原則も紹介する．

●**公的統計の仕組み**　新統計法では「公的統計」を「行政機関，地方公共団体，又は独立行政法人等（政令の定めにより日本銀行はここに含まれる）が作成する統計を言う．」と定義している．ここでは，統計とは統計調査により作成されるものだけ限らず，広く上記組織が作成する統計を指している．公的統計の中でも，①行政機関が作成し，全国的な政策の企画立案，実施において特に重要な統計，②民間においても広く利用が見込まれる統計，または③国際比較などのために特に重要な統計を，総務大臣が統計委員会の意見を聞いた上で基幹統計として指定することとされている（従来の指定統計を若干拡張したものである）．なお，国勢統計（国勢調査から得られる統計）および国民経済計算の2つは新統計法において基幹統計として既に規定されている．

　基幹統計を作成するために実施される統計調査で行政機関が実施するものを「基幹統計調査」という．基幹統計調査の実施に際して，行政機関の長は総務大臣に承認を求め，総務大臣は統計委員会の意見を聞いたうえで，その計画を承認できる．行政機関が実施する基幹統計調査以外の統計調査は「一般統計調査」といい，従来の承認統計調査にほぼ該当する．一般統計調査の実施に当たっては，行政機関の長は総務大臣の承認が必要である．地方公共団体，日本銀行などが実施する統計調査は，このどちらにも含まれない．なお，地方公共団体が実施する統計調査のうち，都道府県および政令指定都市が実施する統計調査については，総務大臣に届け出ることとされている．

　なお，国民経済計算など統計調査以外の方法で作成される加工統計や業務統計でも基幹統計となるが，この場合，その作成方法およびその変更について総務大臣に通知しなければならず，通知のあった作成内容について改善する必要がある場合は，総務大臣は統計委員会の意見を聞いたうえで，行政機関の長に意見を述べることができる．

新統計法において，公的統計の整備に関する施策の総合的かつ計画的な推進を図るため，新たに「公的統計の整備に関する基本的な計画（基本計画）」を策定することが政府に義務付けられた．基本計画はおおむね5年を視野に入れ，総務大臣が統計委員会の意見を聞いて閣議に諮ることとされている．最初の基本計画が2009年3月13日に閣議決定された．

基幹統計調査の実施，基本計画策定などに関する総務大臣の諮問などに答え，また，基本計画の施行など新統計法の施行状況に対して意見を述べる機関として，内閣府に「統計委員会」が置かれた．これは，統計整備の司令塔機能の中核をなす組織として，従来の統計審議会を発展的に改組したものと位置づけられる．

また，統計法では，新たに「統計基準」が規定され，統計法施行令では，総務大臣が，統計委員会の意見を聞いて，統一性または総合性の確保を必要とする事項ごとに定めるとしている．公的統計では統計基準の使用が原則必要とされている．新統計法の全面施行時点では「日本標準産業分類」および「疾病，傷害及び死因分類」が統計基準とされ，その後「日本標準職業分類」，「指数の基準時に関する統計基準」，「季節調整法の適用に当たっての統計基準」が統計基準とされている．

●**官庁統計の基本原則**　公的統計の信頼性，有用性，品質などを確保するため，その作成に際して統計作成機関が遵守するべき理念，規範，ガイドラインなどがいくつかの国際機関や各国統計部局で制定されている．例えば，国際通貨基金では1996年に各国が経済・金融データを透明性を

表1　官庁統計の基本原則（要約）

原則 1：有用な官庁統計の作成・提供の義務
原則 2：科学原理，専門知識に基づく方法・手続きの決定
原則 3：作成方法等に関する情報公開
原則 4：官庁統計の誤用への意見表明の権利
原則 5：品質，報告負担等を考慮した情報源の選定
原則 6：収集データの秘密保護
原則 7：統計制度運用に関する法規の公開
原則 8：国内統計機関間の調整の重要性
原則 9：国際的基準等の採用
原則 10：二国間及び多国間協力の推進

確保して公表するための基準「透明性を確保して，特別データ公表基準」を策定し，欧州委員会統計局では2005年に「欧州統計実務規範」を策定した．英国では，2009年1月に「公的統計実務規範」が公表された．こういった中で中心的役割を果たすのが1992年に欧州統計家会議において，さらに，1994年に国連統計委員会において採択された10の原則からなる，官庁統計の基本原則である．各原則の中身を短く要約したものを表1に示す．　　　　　　　　　　　　　　　［会田雅人］

📖 **参考文献**
[1] 総務省統計局ホームページ「統計制度」—「官庁統計の基本原則」．

公的統計の利用・提供

　2007年に改正された統計法（2009年4月全面施行）では，統計の利用・提供を拡充する規定が新設された．従前，国の統計調査結果は集計表の形で提供されるのが原則であり，利用者が独自の集計を行うにはかなり制約があった．しかし，多くの利用者が統計調査結果を活用して新たな知見を得るためには，利用者の希望に応じて集計や分析が行えるようにする必要がある．このため，従前からの集計表の形による提供に加え，オーダーメード集計および匿名データの提供を可能とする規定が新たに設けられたものである．

表1　統計法における調査票情報の利用・提供に関する規定

利用形態	統計法の条文	統計法施行規則の条文	関連するガイドライン
オーダーメード集計	第34条	第10〜14条	委託による統計の作成などに係るガイドライン
匿名データの提供	第35, 36条	第15, 16条	匿名データの作成・提供に係るガイドライン

［総務省統計局・政策統括官ホームページ http://www.stat.go.jp/ の「統計制度」より］

●**オーダーメード集計**　統計法第34条に基づくものであり，統計調査の実施機関は，利用者からの委託を受けて統計の作成を行い，その結果を提供することができる．このサービスが利用できるのは，学術研究または高等教育の発展に資すると認められる場合であり，利用に当たっては，①その統計成果物を学術研究（または高等教育）に用いることが直接の目的であること，②その統計成果物を用いて行った学術研究（または高等教育）の成果が公表されること，の両方の条件を満たさなければならないとされている．

●**匿名データの提供**　オーダーメード集計では，利用者は集計の内容などをあらかじめ決めておく必要があり，試行錯誤的な分析などは行いにくい．このため，統計法第36条では，利用者が個別客体のデータを直接使用して集計・分析などが自由に行えるよう匿名データの提供を可能とする規定が設けられている．統計調査の実施機関は，この規定に基づき，学術研究または高等教育の発展に資すると認められる場合，利用を希望する者からの求めに応じて匿名データを提供することができる．

　匿名データとは，調査票の情報を個別の調査客体が特定できないように加工して作成されるファイルのことである．この加工においては，単に個人の住所・氏名などの識別情報を削除するだけではなく，仮に他の公知の情報と照合したとしても個別の客体が特定されないような処理が行われる．これは，調査客体の中に

は，母集団の中で同じ属性の客体がそれ自体以外に存在しないか，またはほかにごく少数しか存在しないものがあることが往々にしてあり，その場合にはほかの公知の情報との照合により特定される危険が高いためである．

このような場合に個別の客体が特定されることを防止する方法として，i) リグルーピング（地域区分や分類区分などを粗くする処理），ii) トップコーディング（例えば年齢や世帯員数などの最上位の階級を粗くする処理），iii) リサンプリング（調査対象の一部をランダムに抽出する処理）などがある．これらの方法は，統計調査の特性に応じて組み合わせて適用される．

なお，匿名データは，個人・世帯に関する統計調査では提供可能であるが，事業所・企業に関する対象とする統計調査では通常は困難である．これは，前者の場合，母集団の中に類似した属性の客体が多く存在するのに対して，後者の場合，大規模な事業所や企業は業種，売上高などの情報からきわめて特定されやすいためである．このため，匿名データの提供は，現在，前者の統計調査に限られており，後者の結果を利用するには，オーダーメード集計によらざるを得ない．

オーダーメード集計および匿名データの提供は，2009年4月から，まず総務省統計局の統計調査について独立行政法人統計センターを通じて開始され，その後，提供データの範囲が段階的に拡大されている．

●**情報の適正管理と守秘義務**　匿名データは個別客体を特定できないように加工してあるとはいえ，その提供を受けた者は，提供を受けた匿名データを適正に管理し，秘密を保持する義務があるほか，提供を受けた目的以外の目的で匿名データを使用することは禁止されている（統計法第42条，43条）．これらの違反に対しては罰則規定が設けられている．仮に統計調査により得られた調査客体の秘密が保持されなかったり，これに関して調査客体から不信感が生じたりすることがあれば，統計調査は存立しえなくなる．情報の適正な管理と秘密の保持は，匿名データの利用者においても必ず守らなければならない最も重要な義務であることが広く認識され，実践される必要がある．

●**統計データアーカイブ**　さまざまな統計調査についてオーダーメード集計や匿名データの提供を行う場合，サービスの提供窓口を1つまたは少数の機関に集約化することができれば，利用者の利便性が向上すると期待される．また，提供の効率性の向上，長期保存データの散逸防止などの観点からも機関の集約化は望ましい．欧米では，公的統計の匿名データを保管し，多様なサービスを提供する統計データアーカイブが設立されている．今後は我が国においても，統計データによる実証分析の普及を支援する体制として，統計データアーカイブの早期確立が求められている．この問題については，2009年3月に統計法に基づき閣議決定された「公的統計の整備に関する基本的な計画」における検討課題とされている．

［川崎　茂］

経済時系列データと季節変動

　価格や生産の水準を時間を追って調査するなど，時間の順序に従って与えられたデータを時系列データとよび，その変動を①傾向変動 TC，②季節変動 S，③不規則変動 I に分解して考えることが多い．傾向変動は基本的な変動方向を表すもので，短期的な分析では数年周期の循環変動 C を含めて考える．季節変動は1年を周期として循環を繰り返すもので，農産物の生産など自然現象に左右されるほか，ボーナスの支給による毎月の収入額の変動のように社会的・経済的要因で生ずる場合も多い．不規則変動は規則性を持たない偶然変動であるが，天災や大きな事故など予測が困難な変動も含まれる．図1の雇用者報酬の四半期データでは，毎年1～3月期が小さく，10～12月期が大きいという季節性が明瞭に現れている．形式的に「原系列」y_t が3つの成分の和からなるという関係式 $y_t = TC_t + S_t + I_t$ または $y_t = TC_t \times S_t \times I_t$ を想定し，それぞれ加法モデル，乗法モデルとよぶ．乗法モデルは原系列の対数に対して加法モデルを考えることに等しい．

　TC を求める簡単な手法に，各期ごとにその期の前後からそれぞれ k 個の観測値をとって $(2k+1)$ 個の観測値を平均する「移動平均法」がある．年次データのように季節変動がない場合，原系列が TC に対応するなめらかな関数 $f(t)$ と不規則変動 I_t の和として $y_t = f(t) + I_t$ と表されるとすれば，t 期の前後 $(2k+1)$ 期の平均 $\hat{y}_t$ は $f(t)$ の平均と I_t の平均に分解される．不規則変動 I_t は0を中心に変動するから，大数の法則によってその平均は $\hat{I}_t \fallingdotseq 0$ となる．一方，f が t 期の前後で1次式に近ければ，その平均は期間の中央である t 期の値 $f(t)$ に近いから，結局 $\hat{y}_t \fallingdotseq f(t)$ となって TC を求めることができる．この手法を $(2k+1)$ 項移動平均とよぶ．

●**季節調整法とセンサス局法 X-12 ARIMA**　季節成分は，四半期データの場合は周期4(月次なら12)であり，$S_{t+4} = S_t$ がほぼ成立すると考えてよい．したがって連続する4項の和 $S_t + S_{t+1} + S_{t+2} + S_{t+3}$ はどの時点でも一定となり，4項移動平均を適用すると季節性を消すことができる．一方で TC を正しく求めるためには，平均をとる観測値の数は時点 t の前後で対称でなければならない．その解決策として，4項移動平均を適用した後に2項移動平均を適用する方法がある．このような操作を中心化とよぶが，その結果は $\hat{y}_t = (y_{t+2} + 2y_{t+1} + 2y_t + 2y_{t-1} + y_{t-2})/8$ と，5項加重移動平均の特別な形になっている．図1に(加重)5項移動平均を適用した結果を破線で示した．月次データの場合には12カ月移動平均の後で2項移動平均を行えばよい．なお，両端の時期には前後の観測値がないため移動平均が計算できない，特に最新時点の結果が求められないという難点がある．これに対しては直近の値を延長するのが最も簡単な対応方法であり，表1にもその結果（

印）が示してある．

移動平均によって得られた系列 $\hat{y}_t$ は TC とみなせるから，これを原系列から引くことによって $y_t - \hat{y}_t \fallingdotseq \{f(t) + S_t + I_t\} - \{f(t) + \hat{I}_t\} \fallingdotseq S_t + I_t$ と季節変動と不規則変動のみの系列 ($\widehat{SI}_t$) が得られる．次に $\widehat{SI}_t$ を毎年の各四半期（または月）ごとに平均すれば，不規則変動成分が除かれて季節変動の推定値 $\hat{S}_t$ だけが残る．通常，季節変動はその合計が 0 になるように基準化される．乗法モデルの場合はその対数系列が加法モデルとなるから，$\hat{S}_1 \times \hat{S}_2 \times \hat{S}_3 \times \hat{S}_4 = 1$ と基準化し，季節変動指数とよばれる．このようにして求めた季節変動成分を原系列から除去した系列 $y_t - \hat{S}_t$（乗法モデルなら $y_t / \hat{S}_t$）を季節調整済み系列とよぶ．

公的統計で使われる実際の手法のうち最も有名なものは，アメリカの商務省センサス局で開発されたセンサス局法 X-12 ARIMA で，基本的には移動平均の繰り返しである．図 1 でもわかるように，移動平均では直近の期に対応する値が求められない点が欠点である．そのため，センサス局法では ARIMA（自己回帰和分移動平均）モデルとよばれる手法で予測値を作成し，最近時点までの移動平均を求める．日本でも主要な統計の季節調整に用いられているものは X-12 ARIMA か，ARIMA を用いない移動平均の X-11 である．

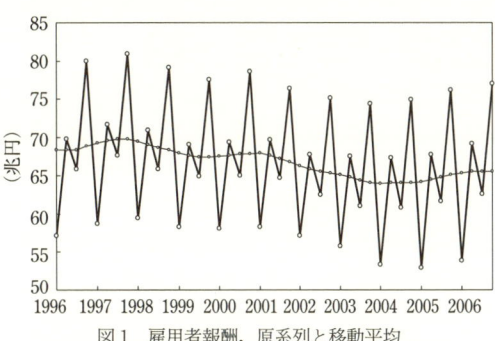

図1 雇用者報酬，原系列と移動平均
［内閣府『国民経済計算年報』（平成 20 年版）］

表1 移動平均の計算

期	y_t	$\hat{y}_t$
2000.1	55,757.2	65,038
2000.2	67,487.3	64,746
2000.3	60,957.5	64,349
2000.4	74,395.1	64,023
2001.1	53,353.7	63,973
2001.2	67,286.2	64,018
2001.3	60,757.5	64,038
2001.4	74,956.3	64,035
2002.1	52,946.7	64,193
2002.2	67,671.1	64,458
2002.3	61,637.1	64,735
2002.4	76,196.8	65,041
2003.1	53,924.9	65,337
2003.2	69,137.1	65,553
2003.3	62,544.7	65,553*
2003.4	77,010.5	65,553*

●**調整の理由** 経済分析において季節調整済み系列を用いる理由は，季節変動は政策などによって管理できない要因であり，これを除去すると経済現象を容易に理解できることにある．一方，季節変動調整み方法を変更すると，最近時点の景気動向が違って見える可能性がある点に注意が必要である．政府の作成する統計はさまざまな関係者の利害に影響を与えることから，各省の作成する時系列統計については，どのような手法で季節調整を行っているかを公開するという手順が定められ，統計の中立性を保証している． ［美添泰人］

📖 **参考文献**
[1] 中村隆英，他，1992，『経済統計入門 第 2 版』東京大学出版会．

政府統計の利用法

　テレビや新聞で報道のあった消費者物価指数，その情報源はどこに見にいけばよいのだろう．雇用・労働の動向について，関連する統計を洗い出すには何を見にいくべきか．ここでは，政府統計の利用法のポイントを紹介する．

●**府省の統計サイトで一次情報をチェック**　政府統計を利用するには，まず，それを作成している府省の統計サイトを訪ねるべきである．統計を引用している記事や解説は，良くも悪くも，その執筆者によるフィルターを通した二次情報である．公表元の府省が提供する一次情報を確認しよう．

　府省の統計サイトを探すには，もし，政府統計の名前を知っているなら，それをキーワードにしてサイト検索すればよい．テレビ番組や新聞記事では，データの出典である統計名を明記していないことがある．それでも，公表元の府省がわかるなら，その役所のウェブサイトを訪ねて新着情報・報道発表などに目を通せば，目的の統計を見つけられるはずだ．

●**メタデータを確認**　府省の統計サイトでは，コンテンツ構成が共通化されている．結果の概要や統計表（e-Stat へのリンク）だけでなく，その作成方法や用語解説といった関連情報（メタデータ）も掲載されている．調査統計の場合なら，標本の大きさや抽出方法，調査票様式には目を通しておこう．

　データを利用するのに，メタデータの理解は欠かせない．消費者物価指数は，どれだけの価格数を基に計算しているのか．労働力調査の完全失業率は，全国から何世帯を抽出した結果なのか．データと併せて，押さえておくべきである．

●**e-Stat の活用**　一般にネットでデータの調べものをすると，ヒットするウェブサイトは玉石混淆である．信頼性を欠いたり，内容が曖昧でデータがはっきりしなかったりすることもある．そんな時は，「政府統計の総合窓口」(http://www.e-stat.go.jp)（図1）を見てほしい．

図1　政府統計の総合窓口のロゴ

　府省は，「統計調査等業務の業務・システム最適化計画」という方針に基づいて，公表する統計表（スプレッドシート形式，カンマ区切り形式など）をこの e-Stat にアップロードするように求められている（前述の統計サイトのコンテンツ構成共通化も，この最適化計画によるものである）．

　e-Stat の「統計データを探す – キーワードで探す」を使えば，このサイトに収録された政府統計に限定した検索ができる．例えば，「自動車」をキーワードに e-Stat で検索すると，全国消費実態調査や自動車輸送統計調査，賃金事情等総合調査，経済産業省生産動態統計調査など，さまざまな統計表がヒットする．

3. 経済統計

せいふとうけい
のりようほう

なお，政府統計ではないものは，いくら著名なものであったとしても e-Stat の収録対象外である。例えば日本銀行「企業短期経済観測」（短観）などは，e-Stat からは探せないことに注意が必要である（後述する総合統計書の中には，民間統計を含めて広く統計データを収録しているものもある）。

●**図書館の活用**　図書館には，利用者からのさまざまな相談にのってくれるレファレンスカウンターといった窓口を設けているところがあり，中には統計に関する調べもののノウハウを蓄積している場合もある。ノウハウは，図書館のウェブサイトでも披露されており，国立国会図書館「リサーチ・ナビ」の"統計"や"ビジネス情報"，総務省統計図書館の「統計データ FAQ」などで，ジャンルごとに統計データの所在源を指南してくれる。

過去の統計データ，特にインターネットが普及し始める頃（1990 年代後半）以前のものは，ウェブサイトから利用できないことが多い。その場合には，図書館に出向いて，過去に出版された統計報告書を閲覧する必要があるかもしれない。

●**統計の俯瞰，分析に総合統計書・白書**　過去の統計データを探すもう 1 つの方法は，時系列データを収録している刊行物を当たることである。統計に関する刊行物は，個別の統計報告書だけでなく，総合統計書や白書もある。

総務省統計局「日本統計年鑑」（図 2）などの年鑑，月報，要覧といった総合統計書は，直近のデータだけでなくしばらく前のものも掲載していることが多く，統計を俯瞰するのに役立つ。また，長期時系列のために編纂された総務省統計局ウェブサイトの「日本の長期統計系列」も，重宝するだろう。

このほか，社会経済の実態や施策をまとめた白書は，統計データを収録した報告書としても大変有用である。

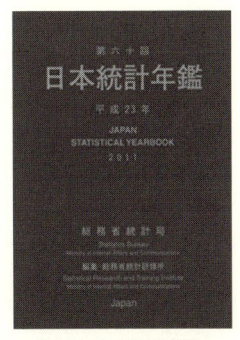

図 2　日本統計年鑑

例えば，厚生労働省「労働経済白書」は雇用・労働に関して注目すべき事項について，豊富な統計データを交えて論じている。このように，特定の課題に関する統計データのリサーチをする際に，「白書」は一読に値する。

総合統計書や白書を図書館の総記の本棚や大型書店の政府刊行物コーナーで眺めるうちに，思いがけない統計データに出会えるかもしれない。なお，これらの資料も，紙媒体だけでなく，インターネットでも相当のものは入手可能になっている。政府の白書については，「電子政府の総合窓口」（http://www.e-gov.go.jp）の「白書，年次報告書等」コーナーを見てみるのもよい。

●**出典は必ず明記**　政府統計に限らないが，統計を利用する際にはその統計名と作成機関を忘れずに明記すること。そうすることは，他の利用者の参考になるし，統計に関わった調査協力者などに対する報いともなる。

［槙田直木］

コラム：公的統計の整備について

　近代的な統計制度ができるはるか以前から，為政者は統計に類した情報を収集してきたことが知られている．たとえば巨大な王墓を建設するために各家庭から労働者を徴用する場合にも，残された家族の生活が維持できるような計画性が必要であることは当然である．現代社会においては，経済的状況が多くの市民に対して影響は過去とは比較にならないほど大きく，そのための基礎的な情報として公的な統計が求められる．実際，物価指数や失業率などの公的統計は，市場の動向を左右するほど大きな影響を経済に与えており，その情報は民間機関が作成する統計指標に比べて圧倒的に多い．

　一方，公的統計の持つ大量の情報が，研究に利用しやすい形で公開されたのは比較的最近のことで，このような「社会の情報基盤としての統計」への転換は，1990年代以降の国際的な潮流となった政府統計に関する認識の変化を反映したものである．まず，1980年代の英国経済の停滞に伴う政府支出削減の一環として，当時のサッチャー首相が予算を大幅に削減した統計改革の影響への反省がある．政府統計は必要最小限の役割を果たせば良いとした財政改革であったが，結果として統計の大幅な弱体化が起こり，国民の統計に対する信頼性が失われるまでになった．そのため，約10年後に大蔵省の勧告を受けて統計組織の再編が行われ，改めて統計作成機構が強化された．同じ時期に発生した，ソ連など社会主義圏の市場経済への移行の影響もある．命令による資料収集の方法が廃止されれば，それに代わる手段として統計調査による情報の収集が必要となることからも，統計の果たすべき役割が再認識され，統計制度の整備が欧州を中心にして促進された．

　さらに欧州諸国を中心とした国際交流の進展に対応して，統計の相互比較性を確保するための国際基準が整備され，国連によって「官庁統計の基本原則」が制定されるとともに，各国統計の改善が進められたが，この過程で，単に正確な統計を作成すればよいという従来の狭い目的から，より広く利用者の要求を満たす統計への転換が行われた．政府による政策決定過程の透明性を向上させる要求が政策の評価に関する情報公開に結びつくと，評価指標としての統計が必要とされることは自然な結果である．

　このような世界的な潮流に沿って2007年に日本の統計法が全面的に改正され，現在では研究などの目的で公的統計のミクロデータを利用することができるようになっている．コンピュータを利用した統計分析手法の発展には目覚ましいものがあるが，何よりも良質の統計が利用可能となったことに大きな意義がある．

[美添泰人]

4. 計量経済分析・ファイナンス

　経済データの計量的分析手法に関する最近の発達には目覚しいものがある．1つは従来の主流であった集計データの分析に加えて，企業や家計に関するミクロデータの分析が盛んになり，それに伴って分析手法が多様化，複雑化したことがある．もう1つは金融データにおいて特徴的に現れる分散の不均一性を扱うなど，時系列データ分析手法の展開がある．
　本章では最初に，マクロデータの計量分析に関して開発された連立方程式体系，主として集計データを対象にした消費関数・生産関数，さらに，質的データの分析，集計データとミクロデータの違いを紹介する入門的な項目を収録している．このほかに比較的新しく開発された手法を対象とする3つの主要な項目群がある．それらはミクロデータ分析の手法と応用を扱う項目，時系列分析に関する基礎から最新のモデルまでを対象とする項目，および金融工学として知られるようになった統計的手法を扱う項目である． ［美添泰人］

計量経済分析の方法

経済・金融(ファイナンス)・経営などでの経済データの統計的分析は計量経済分析とよばれている．経済データは固有の性格を有しているので，統計的分析ではまず経済データを正しく理解することが重要である．

●**経済データの特質** 計量経済分析で利用されるデータはクロスセクション(横断面)データとタイムシリーズ(時系列)データに大別される．特に重要な経済データとして政府統計データがあるが，政府が収集している調査データにもとづいて作成されている．政府統計の多くの原データは標本調査論に基づくランダム・サンプリングにより得られるので，ランダム・サンプル(標本)の実現値とみなせることが多い．また，エコノミストが日常的に利用しているマクロ経済指標など時系列データの多くも政府が定期的に集計し，公表している．経済時系列データをランダム・サンプルの実現値とみなせるか否かは計量経済分析における検討課題である．近年では経済時系列を確率過程の実現値の系列とみなして統計分析を行う統計的時系列分析の利用も盛んである．さらに横断面データを時間と共に累積した横断面・時系列データの利用される．特に同一主体の時系列データを集めたパネル・データとよばれるデータの計量分析も盛んである．

●**回帰分析と計量経済分析** 経済分析では複数の経済変数間の関係を議論することが多いので回帰分析を利用して経済変数間の関係がしばしば調べられている．例えば標本数 n の第 i 番目のデータの組を (Y_i, X_{1i}, X_{2i}) $(i=1, \cdots, n)$，被説明変数 Y_i として賃金水準，第1の説明変数 X_{1i} として教育水準(期間)，第2の説明変数 X_{2i} として経験水準(期間)，として回帰方程式

$$Y_i = \beta_0 + \beta_1 X_{1i} + \beta_2 X_{2i} + U_i \tag{1}$$

を取りあげよう．ここで $\beta_i (i=0,1,2)$ は未知母数，U_i は誤差項(あるいは撹乱項)を表す確率変数で期待値 $\boldsymbol{E}(U_i)=0$，分散 $\boldsymbol{E}(U_i^2)=\sigma_i^2$ である．分析のデータをランダム標本の実現値とみなせば，式(1)は説明変数 X_{1i}, X_{2i} を所与とする条件付期待値操作 $\boldsymbol{E}[\cdot|X]$ を用いて

$$\boldsymbol{E}[Y_i|X_{1i}, X_{2i}] = \beta_0 + \beta_1 X_{1i} + \beta_2 X_{2i} \tag{2}$$

と表現される．このことから係数 $\beta_i (i=0,1,2)$ は他の条件を所与とする第 i 変数の影響を表現する感応係数とみなせる．一般的に k 個の説明変数 $X_{ji} (j=1, \cdots, k; k \geq 1)$ とすれば(重)回帰モデルが得られる(ここで説明上で $k=2$ とした)．なお，計量経済分析で用いられる大部分の経済データは回帰モデルが開発された分野とは異なり，非実験データであることに特に注意する必要がある．回帰モデルでは分散均一性 ($\sigma_i^2 = \sigma^2$, $i=1, \cdots, n$) などの標準的仮定が妥当な状況では最小

二乗法などの統計分析（推定量や検定統計量など）を用いることができるが，具体的な作業は近年では Excel（エクセル）をはじめとする統計計算ソフトウエアが日常的に広く利用されている．なお，経済時系列データの多くでは時間の経過とともに観察される長期的すう勢（トレンド），季節性，といったランダム標本に基づく標準的な回帰分析での想定される状況とずれているときのために経済時系列データについてさまざまな統計的処理方法が開発されている．

●**計量経済分析の展開**　計量経済分析では重回帰モデルにおける説明変数の選択問題など標準的統計手法の妥当性についてさまざまな問題が議論されている．回帰モデルはより一般的な直交条件

$$E\left[\left(Y_i - \sum_{j=0}^{n} \beta_1 X_{ji}\right) \boldsymbol{Z}_i\right] = 0 \tag{3}$$

の推定方程式の推定問題とみなすことができる．ここで $E[\cdot]$ は期待値操作，$\boldsymbol{Z}_i$ は外生変数の p 次 $(p \geq k+1)$ ベクトル（例えば $\boldsymbol{Z}_i = (1, X_{1i}, \cdots, X_{ki})'$，操作変数としばしばよばれる）である．例えば横断面データの場合には誤差の分散不均一性を考慮した一般化積率法（GMM）などが式 (1) や式 (2) よりもより一般の非線形回帰モデルなどを含んで開発されている．GMM 法とは

$$g_n(\boldsymbol{\beta}) = \frac{1}{n} \sum_{i=1}^{n} \left(Y_i - \sum_{j=0}^{n} \beta_1 X_{ji}\right) \boldsymbol{Z}_i$$

とするとき，評価関数

$$J(\boldsymbol{\beta}, \boldsymbol{W}) = g_n(\boldsymbol{\beta})' \boldsymbol{W} g_n(\boldsymbol{\beta}) \tag{4}$$

の最小化により定義される．ここで $\boldsymbol{W}$ は（正定符号行列の）ウエイト行列であるが，GMM の推定は回帰分析の標準的仮定（$k+1=p$）のもとでは最小二乗法に対応する．時系列データで説明変数が被説明変数の過去値（$X_{ji} = Y_{i-j}, j=1, \cdots, p-1$）となる場合は自己回帰モデルに対応し，さらに誤差項の自己相関を GMM 推定におけるウエイト行列 $\boldsymbol{W}$ の中に考慮することができる．こうした回帰分析や時系列分析を含めた多くの統計的方法は今では TSP, STATA など国際的によく知られている統計計算ソフトウエアで容易に計算できるので計量経済分析では広く利用されている．

　計量経済分析に固有の統計的方法としては，説明変数が誤差項を通じて相関が存在する同時方程式，推定方程式としての構造方程式の統計的推定問題が発展している．こうした統計分析は変数誤差モデル，関数関係モデル，因子モデル，などと関係があるが[1,2]，さらに統計的線型モデルに時系列構造や非線形構造を拡張した計量経済分析もさまざまな方向に展開している．　　　　　　　　　　［国友直人］

📖 **参考文献**
[1] 国友直人, 1994,『現代統計学（下）』日経文庫, 日本経済新聞社.
[2] Anderson, 2003, *An Introduction to Multivariate Statistical Analysis*, 3rd edition, Wiley, 12sec.

構造方程式と識別問題

●**需給経済モデルと識別性**　経済分析では需要関数と供給関数による市場分析が基本的である．経済データについての初期の数量分析では統計的回帰モデルをそのまま利用して統計的需要関数を推定することなどが行われた．例えば被説明変数 Q_i として銑鉄の取引数量（対数値），説明変数 P_i として銑鉄の取引価格（対数値），測定誤差 U_i とおいた線形回帰モデル

$$Q_i = \alpha + \beta P_i + U_i, \quad i=1,\cdots,n \tag{1}$$

を利用して係数 β の最小二乗推定値により需要の価格弾力性を推定することが可能とみなされていた．

この種の統計的推定について，果たしてこれが経済的に意味のある数値であるか否か，という問題が経済学や計量経済分析では重要である．ここで需要関数を $Q_i^d = \alpha_d + \beta_d P_i^d + U_i^d$，供給関数を $Q_i^s = \alpha_s + \beta_s P_i^s + U_i^s$，とすると需要と供給がバランスして価格と数量が決まることが現実的であると，市場均衡として観察される経済データは $Q_i = Q_i^d = Q_i^s$ ($P_i = P_i^d = P_i^s$) を満たしているはずである．ここで経済的に関心がある問題は利用可能な観測データ (Q_i, P_i) ($i=1,\cdots,n$) より経済的に意味のある係数 α_d, α_s, β_d, β_s を求めることである．この場合には需要関数，供給関数，市場均衡により与えられた連立(同時)方程式を解くと

$$Q_i = \pi_q + v_i^q, \quad P_i = \pi_p + v_i^p \tag{2}$$

となる数量方程式，価格方程式が得られる．ここで π_q, π_p は（誘導型）係数，v_i^p, v_i^p は誤差 u_i^q, u_i^p の線形結合となる（誘導型）誤差項とよばれる．式 (2) で表される数量方程式と価格方程式の係数は，例えば最小二乗法により推定することができるが，これらの推定値より関心のある母数を推定することは一般には可能ではない．このことを需要関数と供給関数は価格データと数量データにみからは識別可能ではない，という．

この問題は識別問題とよばれているが，一般には利用可能なデータより，もともと，関心のある母数，あるいは方程式を一意的に決められるか否か，というパラメトリック・モデルにおける統計的問題に対応する．特に経済データの大部分のように，非実験データの統計的分析においては基本的かつ重要な問題である．需要関数と供給関数の例のような線形同時方程式の識別性の十分条件としては階数条件が知られているが，必要条件としての次数条件は，例えば「需要関数に表れない外生変数の数が需要関数の右辺の変数の数より小さくない」である．次数条件は容易に調べることができる．

●**構造方程式・同時方程式モデル**　計量経済分析では需要・供給モデルにおける

数量と価格のように同時に決定される変数を内生変数，需要・供給の経済モデルではすでに与えられたとみなされる変数を外生変数（あるいは操作変数）とよび区別する．構造方程式群は，需要関数と供給関数の例では 2 方程式（$G=2$）で内生変数 $y_i=(p_i, q_i)'$，誤差項ベクトルは需要関数に表れる需要者の予算，ほかの財の情報などの変数を並べた説明変数ベクトル c_i と撹乱項 u_i^d，供給関数に現れる生産者のコスト，生産の状況などの変数を並べた説明変数ベクトル w_i と撹乱項 u_i^s により

$$\begin{pmatrix} 1 & -\beta_d \\ 1 & -\beta_s \end{pmatrix} \begin{pmatrix} Q_i \\ P_i \end{pmatrix} = \begin{pmatrix} \gamma_d' & 0 \\ 0 & \gamma_s' \end{pmatrix} \begin{pmatrix} c_i \\ w_i \end{pmatrix} + \begin{pmatrix} u_i^d \\ u_i^s \end{pmatrix} \quad (3)$$

と表現でき，この種の統計モデルは同時方程式体系の構造型とよばれる．変数ベクトル c_i と w_i に同一のものが含まれてもよいが識別条件を満たしている必要がある[1]．

より一般には G 個の内生変数 $y_{ji}(j=1, \cdots, G; i=1, \cdots, n)$ からなる内生変数ベクトル $y_i=(y_{1i}, \cdots, y_{Gi})'$，$K$ 個の先決変数（あるいは外生変数）ベクトル $z_t=(z_{1i}, \cdots, z_{Ki})'$ が統計的線型関係 $By_i+\Gamma z_i=u_i (i=1, \cdots, n)$ に従うのが（線形）同時方程式モデルである．ここで n は標本数，$B=(b_{jk})$ と $\Gamma=(\gamma_{jk})$ は $G\times G$ と $G\times K$ 母数行列，u_i は $G\times 1$ 誤差項を表す確率変数ベクトル，先決変数 z_i は過去の変数 $y_k(k\leq i-1)$ などを意味する．初期値 y_{-1}（しばしば観測不能）とする．

ここで係数行列 B が非特異であることが仮定できれば

$$y_i=-B^{-1}\Gamma z_i+B^{-1}u_i=\Pi z_i+v_i \quad (4)$$

と変換される．ここで定義される $G\times K$ 行列 $\Pi=-B^{-1}\Gamma$ は誘導型母数，確率ベクトル $v_i=B^{-1}u_i$ は誘導型誤差，全体を構造型に対して誘導型計量モデルとよばれる．こうした線形計量経済モデルの誘導型は統計的多変量解析における係数行列に階数制約のある多変量回帰モデルと同一となる．

●**近年の動向**　なお，しばらく前まではマクロ経済学の展開に沿ってマクロ計量経済モデルの作成が盛んであったが，経済学の動向の変遷と共にマクロ計量モデルの利用はかなり下火となった．他方，経済的に重要な構造方程式を内生性をも考慮して推定する，操作変数法や一般化積率法（GMM）などがよく用いられる．また，時系列データに基づく同時方程式モデルについては，非線形性，予想（期待）変数，時系列構造の導入，などより様々な方向に複雑化した議論がある[2]．依然として構造方程式，同時方程式を巡る統計的方法は計量経済率の基礎と考えられている．

[国友直人]

参考文献
[1] 山本 拓，1995，『計量経済学』新世社．
[2] Amemiya, T, 1985, *Advanced Econometrics*, Blackwell.
[3] 国友直人，2011，『構造方程式と計量経済学』朝倉書店．

構造方程式の推定法

●**システム推定と制限情報推定** 「構造方程式の識別問題」の項目の誘導型方程式は（多変量）回帰モデルの標準的仮定の下で係数行列の最小二乗推定量 $\sum_{i=1}^{n} \boldsymbol{y}_i \boldsymbol{z}'_i = \hat{\boldsymbol{\Pi}} \sum_{i=1}^{n} \boldsymbol{z}_i \boldsymbol{z}'_i$，誤差項の分散共分散行列は $\hat{\boldsymbol{\Omega}} = (1/n) \sum_{i=1}^{n} (\boldsymbol{y}_t - \hat{\boldsymbol{\Pi}} \boldsymbol{z}_t)(\boldsymbol{y}_t - \hat{\boldsymbol{\Pi}} \boldsymbol{z}_t)'$ により推定できる．このとき，誘導型推定量から構造方程式の母数は一般的には推定可能でなく，前者から後者を一意的に定めることはできない．ここでさまざまな制約条件が考えられるが，しばしば特定の経済学的意味をもつ構造方程式には表れない説明変数が利用される．すべての構造方程式を同時に推定する方法はシステム推定法とよばれているが，完全情報最尤推定法（FIML）や三段階最小二乗推定法などが知られている．これに対して，計量経済分析ではしばしば特定の方程式のみを分析対象として関心のある方程式と説明変数群（操作変数とよばれる）を用いる制限情報推定法が考えられている．例えばある構造方程式を

$$u_i = y_{1i} - \boldsymbol{\beta}'_1 \boldsymbol{y}_{2i} - \boldsymbol{\gamma}'_1 \boldsymbol{z}_{1i} \tag{1}$$

としよう．ここで $\boldsymbol{\theta}' = (\boldsymbol{\beta}'_1, \boldsymbol{\gamma}'_1)$ は母数ベクトル，内生変数 $\boldsymbol{y}_i = (y_{1i}, \boldsymbol{y}'_{2i})'$（$(1+G_1) \times 1$），先決変数 $\boldsymbol{z}_i = (\boldsymbol{z}'_{1i}, \boldsymbol{z}'_{2i})'$（$(K_1 + K_2) \times 1$），$u_i$ はこの構造方程式の撹乱項である．ここで係数 $\boldsymbol{\Pi} = (\boldsymbol{\Pi}_{jk})$ ($j, k = 1, 2$) を $(1+G_1) \times (K_1 + K_2)$ 部分行列に分解すれば $\boldsymbol{\Pi}_{11} - \boldsymbol{\beta}'_1 \boldsymbol{\Pi}_{21} = \boldsymbol{\gamma}'_1, (1, -\boldsymbol{\beta}'_1)(\boldsymbol{\Pi}_{12}, \boldsymbol{\Pi}_{22}) = \boldsymbol{0}'$ が得られる．構造型母数 $(\boldsymbol{\beta}'_1, \boldsymbol{\gamma}'_1)$ を誘導型母数 $\boldsymbol{\Pi}$ より一意的に定めるには $G_1 \times K_2$ 部分行列 rank$(\boldsymbol{\Pi}_{22}) = G_1$ が必要十分条件（階数条件）である．これより必要条件（次数条件）として $L = K_2 - G_1 \geq 0$ が得られる．特に $L < 0$ のとき識別不能，$L = 0$ のときちょうど識別可能，$L > 0$ のとき過剰識別とよばれる．過剰識別のときには，例えば基準関数として分散比

$$R(\boldsymbol{\theta}) = \frac{\left[\sum_{t=1}^{n} \boldsymbol{z}'_t (y_{1t} - \boldsymbol{\gamma}'_1 \boldsymbol{z}_{1t} - \boldsymbol{\beta}'_1 \boldsymbol{y}_{2t})\right] \left[\sum_{t=1}^{n} \boldsymbol{z}_t \boldsymbol{z}'_t\right]^{-1} \left[\sum_{t=1}^{n} \boldsymbol{z}_t (y_{1t} - \boldsymbol{\gamma}'_1 \boldsymbol{z}_{1t} - \boldsymbol{\beta}'_1 \boldsymbol{y}_{2t})\right]}{\sum_{t=1}^{n} (y_{1t} - \boldsymbol{\gamma}'_1 \boldsymbol{z}_{1t} - \boldsymbol{\beta}'_1 \boldsymbol{y}_{2t})^2} \tag{2}$$

を最小化する推定量が考えられる．この推定量は誤差項が正規分布に従うときには縮小階数回帰問題の最尤推定量に一致し，LIML（制限情報最尤推定量）とよばれる．行列 $(n \times (1+G_1), n \times K (K = K_1 + K_2))$ $\boldsymbol{Y} = (y_1, \boldsymbol{Y}_2) (= (\boldsymbol{y}'_i)), \boldsymbol{Z} = (\boldsymbol{Z}_1, \boldsymbol{Z}_2)$ $(= (\boldsymbol{z}'_i)), \boldsymbol{Z}_1 = (\boldsymbol{z}'_{1i})$ を用いて確率行列 $\boldsymbol{G} = \boldsymbol{Y}'[\boldsymbol{Z}(\boldsymbol{Z}'\boldsymbol{Z})^{-1}\boldsymbol{Z}' - \boldsymbol{Z}_1(\boldsymbol{Z}'_1\boldsymbol{Z}_1)^{-1}\boldsymbol{Z}'_1]\boldsymbol{Y}$，$\boldsymbol{H} = \boldsymbol{Y}'[\boldsymbol{I}_n - \boldsymbol{Z}(\boldsymbol{Z}'\boldsymbol{Z})^{-1}\boldsymbol{Z}']\boldsymbol{Y}$ を構成する．このとき LIML 推定量は固有ベクトル $\hat{\boldsymbol{\beta}}_{\text{LI}} (= (1, -\hat{\boldsymbol{\beta}}'_{2,\text{LI}})')$

$$(G - \lambda H)\hat{\boldsymbol{\beta}}_{\mathrm{LI}} = 0 \tag{3}$$

λ は $|G - lH| = 0$ の最小固有値である．ここで λ を 0 で置き換えれば，式 (2) の分子を最小化する 2 段階最小二乗推定量 $\hat{\boldsymbol{\beta}}_{\mathrm{TS}} (= (1, -\hat{\boldsymbol{\beta}}'_{2.\mathrm{TS}})')$

$$\left[Y_2(Z(Z'Z)^{-1}Z' - Z_1(Z'_1 Z_1)^{-1}Z'_1) Y \right] \begin{pmatrix} 1 \\ \hat{\boldsymbol{\beta}}'_{2.\mathrm{TS}} \end{pmatrix} = \boldsymbol{0} \tag{4}$$

が得られる．また母数ベクトル $\boldsymbol{\gamma}_1$ は $\hat{\boldsymbol{\gamma}}_1 = (Z'_1 Z_1)^{-1} Z'_1 Y \hat{\boldsymbol{\beta}}$ により推定できる．

●**セミパラメトリック推定法**　古典的な同時方程式の推定法や単一構造方程式の推定法について，ノン・パラメトリックな方法，あるいはセミ・パラメトリックな方法として一般化モーメント (GMM) 法や経験尤度法などが利用されている．

被説明変数（スカラー）y_{1i} に関する線形モデルにおいて，説明変数として $G_1 \times 1$ 内生変数 $\boldsymbol{y}_{2i}$ および $K_1 \times 1$ の外生変数 $\boldsymbol{z}_{1i}$ とする．このとき $p \times 1 (p = G_1 + K_1)$ ベクトル $\boldsymbol{x}_i = (\boldsymbol{y}'_{2i}, \boldsymbol{z}'_{1i})'$ を用いた表現 $u_i = y_{1i} - \boldsymbol{x}'_i \boldsymbol{\theta} (i=1, \cdots, n)$ を考える（ただし n は観測数，誤差項 u_i の期待値 $E(u_i) = 0$，分散 $E(u_i^2) = \sigma_i^2$）．利用可能な説明変数 $K \times 1 (K = K_1 + K_2)$ ベクトル $\boldsymbol{z}_i$ はしばしば操作変数とよばれるが，操作変数を用いて直交条件

$$E[\boldsymbol{z}_i (y_{1i} - \boldsymbol{x}'_i \boldsymbol{\theta})1] = 0 \tag{5}$$

と表現できる．ここで K_1 の方程式群 $h_i(\boldsymbol{\theta}) = \boldsymbol{z}_i u_i(\boldsymbol{\theta})$ は条件 $E[h_i(\boldsymbol{\theta})] = 0$ で表せる．特に条件 $L = K - p = 0$ が成り立てば未知母数ベクトルに関して一意に解けるが積率法（モーメント法）とよばれている．制約条件 $L = K_2 - G_1 > 0$ が成り立つ過剰識別な場合，一般に式 (5) に対して $\boldsymbol{g}_n(\boldsymbol{\theta}) = (1/n) \sum_{i=1}^{n} h_i(\boldsymbol{\theta})$ とおき $\boldsymbol{g}_n(\boldsymbol{\theta}) = (1/n) \sum_{i=1}^{n} \boldsymbol{z}_i (y_{1i} - \boldsymbol{x}'_i \boldsymbol{\theta})$ に対して，評価関数として 2 次形式 $J(\boldsymbol{\theta}, W_n) = \boldsymbol{g}_n(\boldsymbol{\theta})' W_n \boldsymbol{g}_n(\boldsymbol{\theta})$ を最小化する $\boldsymbol{\theta}$ を GMM 推定量（一般化積率推定量）$\hat{\boldsymbol{\theta}}_n$ とよぶ．加重行列 W_n は分析者が適当に選ぶことができるが，よく用いられる選択としては，$\boldsymbol{\theta}$ の初期推定値 $\hat{\boldsymbol{\theta}}_n^{(0)}$ より残差系列を第 1 段階として求め，次に $\tilde{u}_i = y_{1i} - \boldsymbol{x}'_i \hat{\boldsymbol{\theta}}^{(0)}$ より $W_n = [(1/n) \sum_{i=1}^{n} \tilde{u}_i^2 \boldsymbol{z}_i \boldsymbol{z}'_i]^{-1}$ を用いて構成する二段階 (GMM) 法がある．この方法を最適 GMM 推定法，得られる $\hat{\boldsymbol{\theta}}_n$ を効率的 GMM 推定量とよぶことが多いが，いくつかの正則条件の下で漸近的に正当化されている[1]．

なお，ここで説明した計量経済分析の標準的な推定法・検定法，関連する統計的方法の大部分は *TSP*, *STATA*, *Eviews*, といった国際的によく知られた計量経済計算プログラムにより広く活用されている．　　　　　　　　　　　[国友直人]

📖 **参考文献**
[1] Hayashi, F., 2000, *Econometrics*, Princeton U. P.
[2] 国友直人，2011，『構造方程式と計量経済学』朝倉書店．

消費関数 (1) 所得と消費

消費は経済活動の大きな部分を占め，経済状況の判断や生活水準，格差などを検討するうえで重要な項目である．消費の主要な決定要因は所得であることは図1からも明確である．散布図の(a)は2008年の家計調査による年間収入と消費支出（12カ月），(b)はその両対数，(c)はマクロ経済の国民所得（GNI）と民間最終消費支出（1994〜2006）であり，いずれも強い関係を示している．さらに就業者が多い世帯ほど支払いが多いなど，所得以外の要因も消費に影響を与える．図1(a)では高所得者ほど消費の割合（平均消費性向）が低くなる非線形性がみえる．対数を取ると線形に近くなるが，これは広く観察される事実である．なお，対数変換の図によれば，年間収入が最も低い世帯は外れ値に見える．

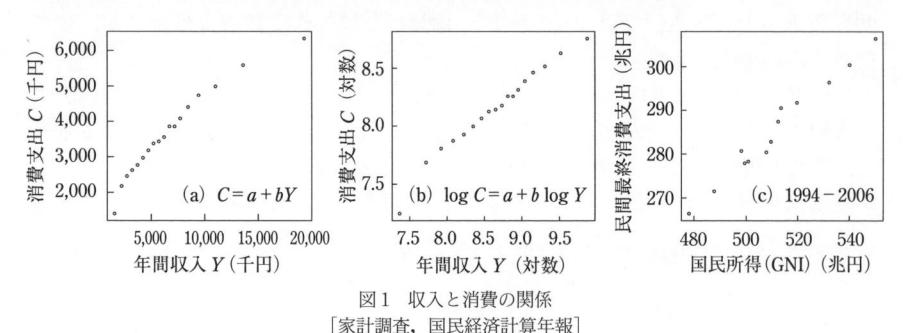

図1 収入と消費の関係
[家計調査，国民経済計算年報]

●**経験的事実** 以下では実質化された可処分所得を Y，消費支出を C と表して，経験的事実をまとめておく．

(1) 図1の散布図に回帰式 $C=a+bY$（ケインズ型の消費関数とよぶ）をあてはめると，(a) $C=1,804+0.271Y$ ($R^2=0.9356$)，(c) $C=1.74+0.555Y$ ($R^2=0.9696$) となり，ある程度の妥当性が認められる．マクロの消費関数については，1955年から1970年では直線に近かったが，1970年代の石油危機の後では異なった傾向が現れている．Y の係数（限界消費性向）は，マクロ時系列より世帯間の方が一般に小さい．また，世帯間では切片が明瞭に $a>0$ となるのに対して，マクロ時系列では $a\fallingdotseq 0$ と比較的小さく，平均消費性向 $C/Y=(a+bY)/Y\fallingdotseq b$ がある程度安定的である．

(2) 長期統計では，平均消費性向の安定性が認められ

表1 平均消費性向 APC
（アメリカの例）

期　間	APC(%)
1879〜1888	86.8
1889〜1898	85.9
1899〜1908	87.4
1909〜1918	87.5
1919〜1928	89.1
1929〜1938	98.0

[Simon Kuznets, 1946]

る．表1は，1879〜1938年の10年ごとの平均消費性向（APC）であるが，1929年からはじまる大恐慌の期間を除いて，きわめて安定的である．

(3) 好況期の1920年代と不況期の1930年代を比べると，消費関数の傾きは不況期に小さくなっている．このように，不況期に平均消費性向が上昇し，好況期に下降するという傾向は，第2次大戦後も観測されている．

(4) 家計調査のような世帯の横断面データでは，図1のように所得が高いほど平均消費性向が低下する傾向がみられる．また，異なる社会階層においても消費行動に違いがみられる．白人と黒人や，都市と農村を比較すると，同一の所得水準では都市の方が平均消費性向が高いことも一般的な傾向であった．

以上の観測結果を説明するために，以下のような仮説が提唱されている．

●**相対所得** 消費 C は所得 Y の絶対額ではなく，ある基準的な所得に対する Y の相対的な大きさによって定められることが観察される．2つの時点 A, B における平均所得を $\bar{Y}_A < \bar{Y}_B$ とすると，A時点では相対的に高かった所得でも，社会全体が豊かになったB時点では相対的に低くなる．その結果，両時点において所得が同じ世帯でも，その平均消費性向には差が生じる．このことは，消費関数の上方へのシフトとして表現される．実際，アメリカにおける世帯間の消費関数は，次第に上方に移動してきたことが知られていた．

マクロデータでは，所得の分布に極端な差が生じない限り，各時点での集計された平均消費性向はほぼ安定的となり，絶対所得水準の上昇につれて消費水準も上昇し，長期的に原点を通る直線的な関係が生じる．好況・不況による平均消費性向の変動については，例えば不況によって実質所得が低下したとき，これまでの生活水準を維持しようとすれば平均消費性向が上昇すると説明される．これを，習慣形成仮説とよぶことがある．

相対所得仮説を表現するために，$C_t/Y_t = a - b(Y_t - Y_0)/Y_t$ や $C_t = a + bY_t + cC_{t-1}$ のような式が提案されている．ここで C_t と Y_t は時点 t における消費と所得，Y_0 は過去の最高水準を表し，$a, b, c > 0$ とする．好況期には $Y_0 = Y_{t-1}$ だから $(Y_t - Y_0)/Y_t$ は経済成長率に相当する．一方，不況期においては $(Y_t - Y_0)$ が小さく，平均消費性向は高くなる．

●**流動資産** 所得水準が一定でも，家計の保有する流動資産が増加すれば消費水準は増大する．J. トービンは，実質流動資産 M を追加した消費関数 $C = a + bY + cM$ ($a, b, c > 0$) を提唱した．この仮説では，白人と黒人あるいは都市と農村の消費水準の差は，それぞれの保有する流動資産 M の水準の差によって説明される．また比率 M/Y が長期的に上昇すれば，平均消費性向 $C/Y = a/Y + b + c(M/Y)$ において a/Y の項の与えるマイナスの影響が M/Y のプラスの影響によって相殺されることになるから，マクロデータでは C/Y は安定的であり得る．これらは，アメリカにおいては歴史的な事実であった． ［美添泰人］

消費関数 (2) 仮説と分析

●**恒常所得仮説** M. フリードマンは，所得と消費を恒常的部分と変動的部分に分けて $Y=Y_P+Y_T$, $C=C_P+C_T$ と想定した．恒常所得 Y_P は消費者が予想する今期の所得であり，恒常消費 C_P は $C_P=\kappa Y_P$ と計画される（歴史的な観測結果から $\kappa\doteqdot 0.9$ である）．一方，変動所得 Y_T と変動消費 C_T は消費者が事前に予想できない成分であり，これらは平均ゼロで互いに無関係であると仮定した．これは，測定誤差のモデルとして知られる，説明変数に誤差がある回帰分析に相当するモデルである．

変動所得としては予定外の残業による所得の増減，変動消費としては病気による出費，冷夏による冷房費の減少などがある．ところで予想より多いボーナスによって，予定していなかった電気製品を購入するならば，Y_T と C_T とが無関係とはいえないため，最近の文献では変動所得と変動消費の関係を想定するものもあるが，本来は互いに無関係となるような成分を変動部分と呼ぶ．フリードマンは，概念的には耐久消費財は投資であり，消費に含めるのは生み出されたサービス部分としたが，現実のデータでは耐久消費財はそれが購入された時点で消費として扱われる．

このモデルは図1で説明される．まずミクロデータの場合，消費を書き換えると $C=C_P+C_T=\kappa Y_P+C_T=\kappa(Y-Y_T)+C_T=\kappa Y+(C_T-\kappa Y_T)$ となる．ある時点の平均的な所得 $\bar{Y}$ を得た家計については，最後の項 $(C_T-\kappa Y_T)$ は平均的にゼロとみなせるから，消費は図1の $\bar{C}=\kappa\bar{Y}$ に近くなる．一方，平均 $\bar{Y}$ より高い所得 Y' を得た家計では，Y_T が大きい結果として所得 $Y=Y_P+Y_T$ が大きくなった可能性が高い．つまりこのような世帯では Y'_T は平均的に正の値を取るため，Y'_P に対応する消費として図1のA点が観測される．逆に平均 $\bar{Y}$ より低い所得 Y'' の家計については $Y_T<0$ である可能性が高く，そのような家計では平均的には $Y''<Y''_P$ となるから，図1のB点が観測される．結局，実際の観測値は図のABを結ぶ線のようになる．その傾きは κ より小さく，正の切片をもつ．

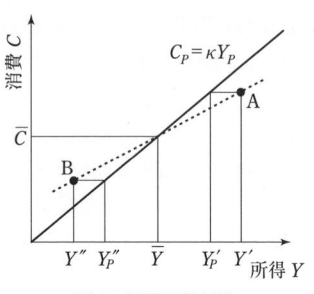

図1 恒常所得仮説

他方，すべての家計について集計される長期マクロ時系列データでは，変動所得および変動消費の合計はゼロに近くなるから，$C\doteqdot C_P$, $Y\doteqdot Y_P$ となって，結局 $C=\kappa Y$ という関係が観測される．さらに，短期間のマクロデータに関しては，好

況のときは $Y_T>0$，不況のときは $Y_T<0$ と考えれば，景気変動による平均消費性向の変動も説明される．このように，恒常所得仮説は消費の説明に見事な解答を与えている．なお，恒常所得 Y_P は実際には観測されないから，分析では過去の平均所得などが利用される．

●**ライフサイクル仮説**　個人の所得の時間的な流れは，一般に図2の Y 曲線のように，その人の一生のうち初期と終期には低く，中期には高くなる．ただし，図2の T は個人の平均寿命を表している．一方，個人にとって望ましい消費の配分は，図2の C 曲線のように一生を通じてほぼ一定ないし若干増加すると考えられる．生涯にわたる所得の予想を前提とすれば，個人は人生の初期においては借金をし，中期においてこれを返済すると同時に老後に備えて貯蓄し，最後の期間にこれを使うという行動をとる．このライフサイクル仮説によっても，これまでの経験的事実は説明できる．

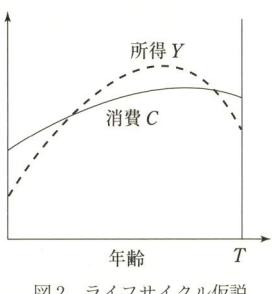

図2　ライフサイクル仮説

まず，家計調査における高所得層には，人生の中期にあるために所得の高い世帯が比較的多く含まれる．したがってこの仮説の下では平均消費性向 C/Y は低くなる．逆に，低所得層には若年または老年のために所得が低い世帯が多く含まれるために，平均消費性向が高くなると予想される．これは，消費関数において $a>0$ となることを意味している．一方マクロデータはすべての年齢層にわたって集計されるため，ほぼ一定の平均消費性向が観察される．

ライフサイクル仮説をマクロデータに適用するためには，Y^L を労働所得，A を実質純資産として $C=bY^L+cA$ のような定式化がよく用いられる．資産 A が含まれるのは，その生み出す財産所得が将来に期待されるからである．

合理的な期待を前提とすると，あらかじめ予想されている所得の変化は消費行動には影響を与えないため，2時点間の所得と消費の変化 ΔY，ΔC が無相関となれば仮説が確認されるという主張もある．また，ライフサイクル仮説は個人が利己的に行動することを前提としているが，子孫のために財産を残す場合もある．そのときにも，病弱な子供への遺産など，親にとって経済的な利益の提供がない利他的な行動を取るのか，家または家業の継続を望んで，その目的を達成することができる子にだけ遺産を残すのかで，消費行動が異なる．最近の比較によれば，日本の世帯は米国の世帯より，どちらかといえば利己的という結果が報告されている．

[美添泰人]

📖 **参考文献**
[1] 中村隆英，他，1992，『経済統計入門 第2版』東京大学出版会．
[2] ホリオカ，浜田，1998，『日米家計の貯蓄行動』日本評論社．

生産関数

経済活動のある単位（企業，産業など）において，投入量と産出量の間の関係を示すものが生産関数である．各企業は，労働と資本および各種の原材料を使用して生産を行っているが，マクロデータに集計すると中間生産物は相殺されて，基本的生産要素である労働と資本のみが投入として残される．この2つは短期間にその存在量を変えることが不可能な生産要素である．なお，資本の投入は期間中に提供された資本サービスであるが，多くの分析では資本ストックで代用している．産出も，マクロデータでは中間生産物を除いた最終生産物で測られる．

資本 x_1 と労働量 x_2 が与えられたとき，生産可能な最大産出量 y が $y=f(x_1, x_2)$ という生産関数で定められる．伝統的な生産の理論では，資本および労働の限界生産力 ($f_1=\partial f/\partial x_1$, $f_2=\partial f/\partial x_2$) は正であり，かつ投入量の増大にしたがって限界生産力は低下する．また，すべての投入量を k 倍すると産出量も $f(kx_1, kx_2)=kf(x_1, x_2)$ と k 倍になるとき，1次同次とよぶ．このような性質は近似的に広く観察されるが，このとき $y=f_1x_1+f_2x_2$（オイラーの定理）が成立する．完全競争の条件が満たされれば，資本用益価格 p_1，賃金率 p_2 はそれぞれ資本，労働の限界生産物の価値 f_1, f_2 に一致するから，この式は $y=p_1x_1+p_2x_2$ と生産物が過不足なく分配されることを示している．

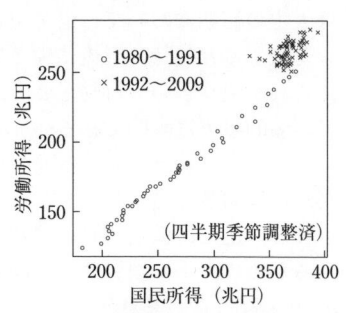

図1 国民所得と雇用者所得

●**基本的な生産関数** Cobb と Douglas によって提案された $y=Ax_1^{\alpha_1}x_2^{\alpha_2}$ という関数が最もよく知られている．特に $\alpha_1+\alpha_2=1$ のとき，1次同次となる．資本と労働の限界生産力は，それぞれ $f_1=\alpha_1 y/x_1$, $f_2=\alpha_2 y/x_2$ となる．これらが p_1, p_2 と一致すれば $\alpha_1=p_1x_1/y$ と $\alpha_2=p_2x_2/y$ は，資本および労働の分配率を表す指標である．データ分析の場合には，対数変換で $\log y=\log A+\alpha_1\log x_1+\alpha_2\log x_2$ という形にして，線形回帰分析を適用するのが一般である．特に1次同次を仮定する場合には $\log(y/x_2)=\log A+\alpha_1\log(x_1/x_2)$ という，単回帰の形となる．最初にアメリカ経済に適用されたときには $\alpha_2=0.75$ となり，当時の製造業の労働分配率74.1％とよく一致していた．日本のマクロデータについて，図1は横軸に国民所得，縦軸に労働所得を示しているが，1990年頃までは労働分配率は安定的という Cobb-Douglas 生産関数の妥当性を示しており，分析に広く利用されてきた．ただし，それ以降の時期にはマクロ経済における説明力は低下している．

Cobb-Douglas 生産関数では労働分配率は一定となるため，国際比較において労働分配率が賃金率に依存して，先進国では高く発展途上国では低いことを説明できない．そこで，労働生産性と賃金率について現実に観測された近似的な線形関係 $\log(y/x_2) = a + b\log p_2$ を満たす1次同次関数として提案されたのが $y = A\{\alpha x_1^{-\rho} + (1-\alpha) x_2^{-\rho}\}^{-1/\rho}$ という形の CES 生産関数である．この関数はその名称のとおり $\sigma = d\log(x_1/x_2)/d\log(f_2/f_1)$ と定義される労働と資本の代替弾力性が一定という性質をもっている．σ の定義式に現れる偏微分の比 f_2/f_1 は完全競争のもとでは p_2/p_1 に等しいので，σ は投入比率の価格比に対する弾力性と解釈される．

CES 関数の代替弾力性を計算すると $\sigma = 1/(1+\rho)$ が得られ，確かに一定になっている．一方 Cobb-Douglas 生産関数では代替弾力性は $\sigma = 1$ となる．$\sigma < 1$ のとき賃金率が高いと労働分配率が高くなるが，国際比較の結果は $\sigma = 1/(1+\rho) = 0.87$ 程度であった．なお数式としては CES 関数は $(-\rho)$ 次の加重平均となっており，特に $\rho \to 0$ のとき加重幾何平均である Cobb-Douglas 関数に近づく．

●**トランスログ生産関数** 一般的な生産関数を表すために導入されたのが，$\log y = \alpha_0 + \alpha_1 \log x_1 + \alpha_2 \log x_2 + \beta_{11}(\log x_1)^2 + 2\beta_{12}(\log x_1)(\log x_2) + \beta_{22}(\log x_2)^2$ と表される translog 関数である．この関数は Cobb-Douglas 関数を明示的に含んでいることと，任意の関数を2次まで近似できて，最良指数の応用として使いやすいことから，産業別の分析などでは標準的な生産関数となっている．特に $\alpha_1 + \alpha_2 = 1$，$\beta_{11} + \beta_{12} = \beta_{12} + \beta_{22} = 0$ のとき，1次同次となる．

translog 生産関数を推定するための直接的な方法として，$\log y$ を $\log x_1$ と $\log x_2$ の2次式に回帰することが考えられるが，通常は説明変数間の共線性によって適用困難である．そのため，限界生産力が価格に一致することを利用する方法が提案されている．$\partial \log y/\partial \log x_2 = (\partial y/\partial x_2)(x_2/y) = p_2 x_2/y$ となるから労働分配率 $p_2 x_2/y$ を $\partial \log y/\partial \log x_2 = \alpha_2 + \beta_{12}\log x_1 + \beta_{22}\log x_2$ の右辺の説明度数に回帰すればよい．同様にして，資本の分配率の回帰式 $p_1 x_1/y = \alpha_1 + \beta_{11}\log x_1 + \beta_{12}\log x_2$ から他の母数が推定される．ここで β_{12} は2つの式に現れるからダミー変数などの工夫が必要である．これらの関数は産業や企業に適用する場合のように，多数の投入要素 $x_1, \cdots, x_n$ にも容易に拡張できる．例えば translog 関数は $\log y = \alpha_0 + \sum_i \alpha_i \log x_i + \sum_i \sum_j \beta_{ij}(\log x_i)(\log x_j)$ と表される．

●**技術変化** 生産関数に $y = f(t, x_1, x_2)$ と時間 t を含めれば，技術変化率 f_t/f を導入することができる $(f_t = \partial f/\partial t)$．両辺を t で微分して $y = f$ で割ると，$\dot{y}/y = f_t/f + f_1 \dot{x}_1/y + f_2 \dot{x}_2/y$ が得られる（$\dot{y} = dy/dt$ などは時間に関する微分）．1次同次かつ完全競争のときは $f_1 \dot{x}_1/y = (p_1 x_1/y)(\dot{x}_1/x_1) = s_1(\dot{x}_1/x_1)$（ここで $s_1 = p_1 x_1/y$ は分配率）となるから，労働と資本の変化率 $\dot{x}_1/x_1, \dot{x}_2/x_2$ を用いて，技術進歩率を $f_t/f = \dot{y}/y - s_1 \dot{x}_1/x_1 - s_2 \dot{x}_2/x_2$ によって推定できる． [美添泰人]

📖 **参考文献**
[1] 中村隆英，他，1992，『経済統計入門 初版』東京大学出版会．

生産性の計測

　労働生産性は産出 y と労働投入量 x_2 の比 y/x_2 と定義される．投入量の測定単位が人数か時間かで生産性は異なるが，熟練度などの質などまで含めた労働投入量で測るのが生産関数の想定であり，単純に人数で測れば残業を増やしても労働生産性は上昇する．本質的な労働生産性の上昇は資本設備の高度化などによって実現され，技術進歩の効果も関心の対象となる．

●労働生産性と資本装備率　R. Solow は 1909～1949 年のアメリカ経済における労働生産性 y/x_2 の成長率 $(\dot{y}/y-\dot{x}_2/x_2)$ を分析し，資本装備率 x_1/x_2 の増加によってはその 12.5% しか説明できないことを示した．1 次同次生産関数 $y=A(t)f(x_1, x_2)$ を用いると技術進歩率は $\dot{A}/A=\dot{y}/y-s_1(\dot{x}_1/x_1)-s_2(\dot{x}_2/x_2)$ と Divisia 指数で評価できる（「生産関数」，第 3 章「指数の経済理論・連鎖指数」参照）．この式を $s_2=1-s_1$ を用いて書き換えると $\dot{y}/y-\dot{x}_2/x_2=\dot{A}/A+s_1(\dot{x}_1/x_1-\dot{x}_2/x_2)$ だから，左辺の成長率の 87.5% が技術変化 $\dot{A}/A$ となり，技術進歩の寄与が大きいと考えられた．このように，産出の変化率から投入の変化率を引いた残差としての技術変化は全要素生産性（TFP）または多要素生産性（MFP）とよばれ，生産要素投入量が一定の場合に生ずる産出の増加を説明する技術変化と解釈される．

●測定誤差と技術変化　しかし，投入量が変化しないのに時間が経つと産出量が増加するという技術変化の理解は不適当で，産出量の増加には労働または設備の質的な変化が必要である．新技術による製造装置や，高度な知識をもった労働力の増加を正確に測定することは困難であるが，投入量が正確に測定されれば TFP は小さくなると考えたのが，Jorgenson と Griliches である．Solow が産出を（非農業部門）GDP とし，投入を労働と資本の 2 つとしたのに対して，彼らは，投入と産出を多数の構成要素（産出は消費財と投資財，資本投入は構築物，設備，在庫など）に分解し，投入量 $x_i (i=1, \cdots, n)$，産出量 $y_j (j=1, \cdots, m)$ と，x_i, y_j の価格 p_i, q_j を考慮して，1 次同次生産関数を用いて技術変化を再点検した．

　産出，投入の Divisia 指数を y, x と書くと，その成長率は $\dot{y}/y=\sum r_j(\dot{y}_j/y_j)$，$\dot{x}/x=\sum s_i(\dot{x}_i/x_i)$ と表される．ただし $s_i=p_ix_i/(\sum p_ix_i)$ は投入の構成比，$r_j=q_jy_j/(\sum q_jy_j)$ は産出の構成比である．全要素生産性は，これから TFP$=A=y/x$ と定義され，その成長率は $\dot{A}/A=\dot{y}/y-\dot{x}/x$ と求められる．ところで経済全体では所得 $\sum p_ix_i$ は産出 $\sum q_jy_j$ に一致するから，$\sum\{p_i\dot{x}_i+\dot{p}_ix_i\}=\sum\{q_j\dot{y}_j+\dot{q}_jy_j\}$ という関係式が得られる．ここで p, q を投入と産出の Divisia 価格指数とすると，$\dot{p}/p=\sum s_i(\dot{p}_i/p_i)$, $\dot{q}/q=\sum r_j(\dot{q}_j/q_j)$ だから，この関係式から $\dot{p}/p+\dot{x}/x=\dot{q}/q+\dot{y}/y$ が導かれ，$\dot{A}/A=\dot{p}/p-\dot{q}/q$ という表現も得られる．数量指数と価格指数を同時に考

慮する場合には，Divisia 指数が自然である．

　Jorgenson-Griliches は膨大な作業によって，産出について誤差の少ない指数を作成するとともに，資本投入についてもストックとサービスを区別した上で，資本設備の稼働率を考慮した．さらに労働サービス投入量を性別と 8 段階の教育水準別に区別するなどの上で，Divisia 指数を作成した．詳細な分析は 1945〜1964 年のアメリカ経済が対象である．まず，誤差を除去せずに計算した産出，投入の Divisia 指数を用いると，この時期の産出成長率の 52.4％ が投入成長率によって説明され，TFP は 47.6％ であった．次にさまざまな誤差の要因を除去していくと，投入成長率は産出成長率の 96.7％ を説明した．利用できる経済統計には限度があるため，産出，投入とも測定誤差があり，その後この数字は 70％ 程度に修正されたが，好天候に恵まれた農産物の収穫増加などを除いて，労働と資本の投入が変化しない生産性（TFP）の上昇が小さいことは，経済理論からも明らかである．

● **TFP の意義と解釈**　TFP と Solow 残差を区別する例もあるが，いずれも Divisia 指数として定義される．TFP に関しては，その背景にある基本的な指数理論を踏まえていない議論も多く，混乱が見られるのが現状である．TFP(MFP) は多くの国や異なる時期で評価され，解釈に戸惑う結果も与えてきた．中でも情報技術の発展とともに TFP が低下する現象は，経済学者にとっては大きな謎とされた．しかし，情報技術関連の産出が多様化したため，指数にかたよりが生じて産出の過小評価が発生すれば，残差としての TFP は減少する．

　OECD 諸国のマクロデータを分析すると，1973 年を境としてすべての国で TFP が大幅に減少している．これには新製品の増加が著しく，多様な財の品質測定に偏りが生じた可能性があり，統計の整備が困難なため誤差が増大したという解釈がある．また，現時点では十分な実証はなされていないものの，1973 年に発生した石油危機を契機として新たな省資源型生産技術が必要となった一方で，その費用は直接には産出に反映されないという事情も考えられる．このように，経済理論を反映する正確な投入指数と産出指数の作成が困難であるという事情から，統計の整備状況によって，年代や国際間に大きな相違が発生する．当然，統計の仕組みと精度が異なる国の比較はほとんど意味をもたない．

　産出の増加は資本サービスの増加や労働者の知識水準の増加という技術進歩によって実現されるが，それらが対応する費用として測定できれば残差としての TFP が小さくなるのは当然である．したがって，TFP は経済理論上の技術進歩ではなく，統計上の誤差として測定される技術進歩である．したがって，一定の精度で労働や資本サービス投入量を測定している限り，安価な新設備など統計で捉えきれない技術進歩は正の残差として認識される．　　　　　　　　［美添泰人］

📖 **参考文献**
[1] 中村隆英，他，1984，『経済統計入門 初版』東京大学出版会．

質的データの分析

　統計学では，分析対象となる事象について数値データが得ることができず，対象があるカテゴリーに属しているかどうかという質的特性のみがデータとして観測される場合が数多くある．これを質的データとよぶ．質的データのなかで最も基本的でありかつ重要なものは，女性が労働したか，しないかのように観測結果が2つの状態を取る二項反応である．このような場合，一方の状態（女性が労働した場合）で1，他方の状態（労働しない場合）で0をとるダミー変数 Y_i を使って観測結果を表すが，このようなデータは2値データとよばれる．プロビット・モデル，ロジット・モデルは，質的なデータの分析に多くの分野で幅広く利用されている分析手法である．

●**プロビット・モデル，ロジット・モデル**　ここで，Y_i が0をとるか1をとるかを決めている仮想的な因子 Y_i^* があり，$Y_i^* = x_i'\beta + \varepsilon_i$ で表すことができるとする．回帰モデルの場合と同様，x_i は説明変数のベクトルである．Y_i^* は，直接観測することはできないが，その符号によって，Y_i の値が $1(Y_i^* > 0$ の場合$)$ または $0(Y_i^* \leq 0$ の場合$)$ となるものとする．いま，F を $-\varepsilon_i$ の累積分布関数とすると，

$$P(Y_i = 1 | x_i) = F(x_i'\beta)$$

となる．2値データの分析に広く使われているプロビット・モデルは F として標準正規分布 $\Phi(z)$ を仮定し，ロジット・モデルはロジスティック分布 $\Lambda(z) = e^z(1+e^z)$ を仮定したものである．

●**モデルの推定方法**　モデルは未知のパラメータ β を含んでいるため，これを実際に観測された標本のデータから推定する必要がある．現在ではモデルの推定にはほとんどの場合，最尤法が用いられており，主要な統計分析用のパッケージで簡単に推定が可能となっている．ここで，

$$P(Y_i = 1 | x_i) = F(x_i'\beta), \quad P(Y_i = 0 | x_i) = 1 - F(x_i'\beta)$$

であるから，尤度関数

$$L(\beta_1, \beta_2) = \prod_{Y_i=1} F(x_i'\beta) \prod_{Y_i=1} \{1 - F(x_i'\beta)\}$$

が得られる．ここで，$\prod$ はそれぞれ，$Y_i = 1$，$Y_i = 0$ となる i についての積を表す記号である．この尤度関数から，最尤推定量 $\hat{\beta}$ を求めることができる．

●**プロビット・モデルとロジット・モデルの比較**　この2つのモデルは2値データの分析において幅広く使われているが，実際のデータ分析においていずれを使うかが問題となる．回帰分析の考え方の応用としては，プロビット・モデルの方が自然であるといえる．しかし，ロジット・モデルには分布関数を簡単な形で表

すことができる，Y_i が 0 をとるか，1 をとるかの確率の比の対数が x_i の線形関数となっている，判別分析との対比が可能である，などの利点がある．

　分散が1となるように正規化して，正規分布・ロジスティック分布の確率密度関数を比較してみる．ロジスティック分布の方が多少分布の広がりが大きいが，その差は小さい．このため，$P(Y_i=1|x_i)$ が大きくも小さくもない場合は，あまり大きな差はない．2値データの分析においては，2つのモデルは一般に似た結果を与えるといえる（2つのモデルが大きく異なるのは，Y_i の取りうる状態が3つ以上の多項反応の場合である）．2値データの場合は2つのモデルには決定的な優位関係があるとはいえず，モデルの考え方やほかの手法との関連性，モデルの当てはまりのよさなどからどちらを使うかを決定する．

●**推定例**　ここでは，2007年に行われた中国農村調査（研究代表者：お茶の水大学永瀬伸子教授，回答数503）のデータを使って，中国農村部における自動車の保有状況を2つのモデルによって分析する．説明変数は世帯所得とし，モデルを
$$P(\mathrm{CAR}=1)=F(\beta_1+\beta_2\,\mathrm{INCOME})$$
とする．CARは自動車を保有している場合1，していない場合0のダミー変数，INCOMEは世帯所得（万元単位）である．推定結果は，表1のとおりである（推定にはEViews V6.0を用いた）．

表1　推定結果

モデル	変数	推定値	標準誤差	t 値
プロビット・モデル	定数項	-2.4148	0.1801	-13.4078
	INCOME	0.2913	0.0644	4.5265
ロジット・モデル	定数項	-4.6032	0.4174	-11.0284
	INCOME	0.5739	0.1196	4.7986

　INCOMEの t 値は 4.5265（プロビット），4.7986（ロジット）と大きく，世帯所得が高くなるほど所有確率が高くなることが認められる．この推定結果から自動車の保有確率を求めたものが図1で，調査対象地域においては世帯所得が3万元を超えるあたりから，自動車の需要が急増していくと考えられる．　　　　［縄田和満］

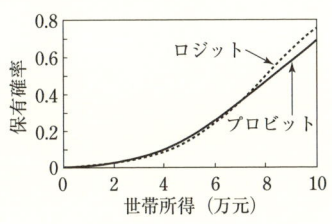

図1　自動車の保有と世帯所得の関係

📖 **参考文献**
[1] 牧　厚志，他，1997,『応用計量経済学II』多賀出版．
[2] 縄田和満，2009,『EViewsによる計量経済分析入門』朝倉書店．

集計データとミクロデータ

　経済分析では，大規模な標本調査に基づく公的統計の結果を利用することが多い．従来の多くの分析は集計データを対象としてきたが，それは計算機能力の限界だけでなく，秘密保護の観点から，特別な研究目的を除いてミクロデータの利用が制限されていたためである．PCの性能向上とともに，日本の統計法が2009年に改正されミクロデータ利用の拡大が見込まれる中で，分析手法も発展してきている（「ミクロデータの分析手法」「ミクロデータによる政策評価」「パネルデータの分析」参照）．

●ミクロデータ分析の特徴　集計データと比較すると，異なる性格をもつ．

　(1) 標本サイズが大きく，家計調査の1カ月分だけで約8,000となる．変数も分析次第で数百となるし，月次データを分析するには，周到なデータの管理が必要である．一方，財務省の法人企業統計（四半期）では，資本金規模10億円以上の法人は数千社程度であるが，資本金規模の小さい法人まで含めると数十万となる．さらに経済産業省の商業統計なら小売商店は100万を超える．なお分析の対象とする世帯，企業，事業所などの母集団は有限であり，無限母集団からの無作為標本とは異なる分析手法が要求されることもある．

　(2) 地域や世帯属性，事業所の業種などを細かく分類してさまざまなクロス集計を行っても，それぞれのセルに多数の観測値が出現する．このことから集計データの回帰分析で一般的に発生する共線性は，ミクロデータではさほど問題にならない．また変数関係の安定性や非線形性，非加法性が容易に確認できる．家計調査の年間収入10分位データで収入と消費の散布図を描くと，図1のように原単位でも対数変換でも同じような線形関係があり，相関係数でみてもほとんど変わらない．同じ時期のミクロデータを用いた図2では，原単位では左下に観測値が密集して関係が読み取りにくい一方で，右方や上方に外れ値が現れている．これに対して，両対数変換した散布図では近似的な線形関係が読み取れる．

　(3) 大量データで形式的な回帰分析を行うと，ほとんどのモデルにおいて回帰係数のt値は有意になる．しかし大きなt値であっても係数の絶対値が小さく，実質的には$\beta \fallingdotseq 0$が成り立つこともある．ミクロデータ分析の場合には，回帰分析を適用する前に，箱ヒゲ図など分布をみることによって多くの情報を得ることができる．なお外れ値は例外ではなく，ほとんど常に発生する．そのために，仮に線形関係が適当であっても，通常の最小二乗法などに代わる頑健な手法を利用する局面が多い．形式的な回帰分析によって本質的な関係を見逃す危険は，ミクロデータの適切な利用によって避けることができる．

　(4) 異なる統計を利用する場合に，概念の調整が可能である．例えば厚生労働

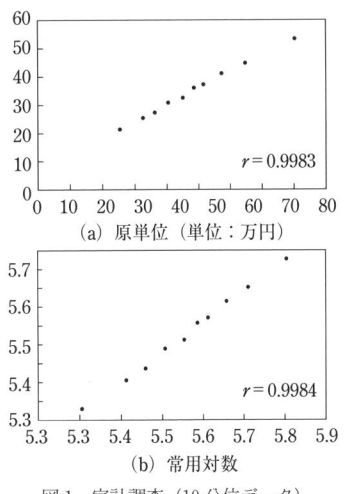

図1 家計調査（10分位データ）

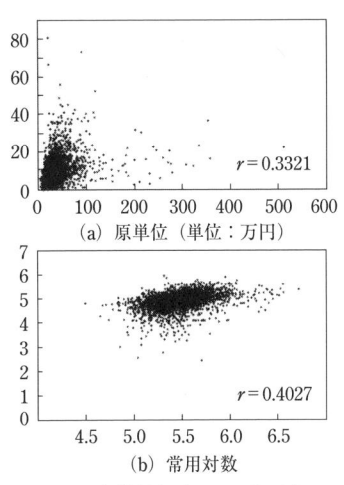

図2 家計調査（ミクロデータ）

省の国民生活基礎調査と総務省の家計調査では，貯蓄額や年間収入の結果は異なっている．その原因は，両調査の対象が単身者世帯などで若干異なること，さらに，調査および調査票の設計が大きく異なることである．このような調査設計から生じる差は，ミクロデータを利用すれば調整することができる．例えば，両調査から2人以上の世帯だけを取り出せば，意味のある比較が可能となる．

●**集計による情報損失**　形式的な議論としては，ミクロデータにおける行列表示の回帰モデル $y=X\beta+u$（y と u は $n\times 1$，X は $n\times p$，$\mathrm{var}(u)=\sigma^2 I_n$ とする）が正しい場合の最小二乗推定量 $\hat{\beta}=(X'X)^{-1}X'y$ と，k 個の階級に集計した平均値に対する回帰分析を比較することができる．集計行列 $G(k\times n)$ を，第 i 観測値が第 j 階級に含まれる場合だけ $g_{ji}=1/n_j$，それ以外の成分は0とする．ただし n_j は階級の度数である．このとき集計されたデータは $\bar{y}=Gy(k\times 1)$ および $\bar{X}=GX(k\times p)$ と表される．集計データの回帰モデルは $\bar{y}=\bar{X}\beta+\bar{u}$ となり $\mathrm{var}(\bar{u})=\mathrm{var}(Gu)=\sigma^2 GG'$ となるから，一般化最小二乗推定量 $\bar{\beta}=(\bar{X}'(GG')^{-1}\bar{X})^{-1}\bar{X}'(GG')^{-1}\bar{y}$ を比較する．$\hat{\beta}$ と $\bar{\beta}$ はいずれも不偏推定量で，その分散は $\mathrm{var}(\hat{\beta})=\sigma^2(X'X)^{-1}$，$\mathrm{var}(\bar{\beta})=\sigma^2(X'HX)^{-1}$ となる．ただし $H=G'(GG')^{-1}G$ とする．$X'X-X'HX=X'(I-H)X$ が非負値定符号だから，$(X'HX)^{-1}-(X'X)^{-1}$ も非負値定符号となり，この意味で $\mathrm{var}(\bar{\beta})\geq\mathrm{var}(\hat{\beta})$ である．これが集計の損失となる．特に単回帰の場合には，説明変数の大きさによって階級に区分すると損失が最小になることもわかる．　　　　　　　　　　　　　　　　　　　　　［美添泰人］

参考文献
[1] 松田芳郎，他，2000，『ミクロ統計の集計解析と技法』日本評論社．

定常時系列モデル

　経済時系列で対象とするデータの中には，毎日のように新聞，テレビなどで発表される株価や為替レートや週別，月別，四半期別に集計されて発表されている物価指数，失業率や景気の状態を表す経済データがある．このように，時間を表す変数（日，週，月，年など）とともに観測されるデータを時系列データという．これらのデータは一般に過去の値の影響からは独立ではない動きを示す．そこで，これらのデータの時系列的変化の異時点間の依存関係にモデルを当てはめることで，それに基づいて分析を試みることが時系列分析（time series analysis）の主題となる．

　時系列データは，背後にある確率モデルとしての確率過程からの実現値と解釈することができる．確率過程（stochastic process）とは，時点を表す t を持つ確率変数の系列であり，時系列分析においては，データを生成する確率過程にさまざまなモデルを当てはめる．時系列データを生成する確率過程を $\{Y_t\}$ とするとき，基本的性質を表す特性値として Y_t の平均 $\mu_t = E(Y_t)$ と Y_t と Y_{t-k} の自己共分散

$$\sigma_t(k) = \text{Cov}(Y_t, Y_{t-k}) = E(Y_t - \mu_t)(Y_{t-k} - \mu_{t-k})$$

が広く用いられる．自己共分散は，測定単位に依存するため自己相関係数

$$\rho_t(k) = \sigma_t(k)/\sigma_t(0)$$

がしばしば用いられる．自己相関係数を時間差 k の関数としたグラフをコレログラムとよび，そのグラフは過去との依存関係を目視で確認するのに便利な手法である．

●**定常性**　上で定義した平均 μ_t と自己共分散 $\sigma_t(k)$ が時点 t に依存しないとき，$\{Y_t\}$ を定常時系列（stationary time series）という．定常性は，確率過程の平均値と分散という一時点の特性値が一定であり，かつ異時点間での線形依存関係を表す自己共分散が観測時点に依存せず2つの時間の差 $t-t'$ のみに依存している状況すなわち，言い換えるとデータ発生構造が時間的に変化しないことを想定している．

　経済データは各時代の経済社会構造に強く依存しているので，このような仮定は一般には成立することがない．しかしながら，構造が不変とみなせる期間に分析を限定したり，過去の値との差分を求めるなどの工夫によって，近似的に定常性が成立している状況を想定することが可能となる．

　例えば，経済時系列はしばしば，その構成要素によって加法型モデル

$$Y_t = T_t + C_t + S_t + I_t$$

や乗法型モデル
$$Y_t = T_t \cdot C_t \cdot S_t \cdot I_t$$
として表現される．ここで4つの構成要素は T_t はすう勢や傾向変動（トレンド，trend）とよばれるもので経済の長期的な変動を表している．C_t は循環（サイクル，Cycle）とよばれる景気変動に代表されるトレンドまわりの周期的変動である．S_t は季節性（seasonality）であり1年を周期として変動する動きであり，それは例えば農作物の生産などの自然現象に依存するものから，ボーナスの支給のように社会的要因によるものまである．I_t は不規則変動であり上記の3つの要因のいずれにも含まれない，規則性をもたない変動である．なお季節変動に入っては，経済時系列と季節変動の様に取り扱っている．いま，トレンド成分 T_t が $T_t = a + bt$ という線形式で表されたとすると
$$T_t - T_{t-1} = a + bt - [a + b(t+1)] = b, \quad (T_t - T_{t-1}) - (T_{t-1} - T_{t-2}) = 0$$
となり，2階の階差をとることで直線のトレンドを完全に除去することができる．

●**自己回帰移動平均モデル** 定常性を仮定する代表的な時系列モデルに自己回帰移動平均（ARMA, auto regressive moving average）モデルがある．以下，順次これを導き出そう．

確率過程 $\{Y_t\}$ が
$$Y_t = \phi_0 + \phi_1 Y_{t-1} + \cdots + \phi_p Y_{t-p} + u_t$$
として表されるとき，$\{Y_t\}$ は次数 p の自己回帰モデル AR(p) に従うという．定常性の条件は特性方程式
$$\phi(\lambda) = 1 - \phi_1 x - \phi_2 x^2 - \cdots - \phi_p x^0 = 0$$
の根の絶対値がすべて1より大きいことである．

移動平均（MA）モデルもよく使われる．過去の不規則な変動の値の加重平均として現在の値が決まるというモデルで
$$Y_t = \theta_0 + \varepsilon_t - \theta_1 \varepsilon_{t-1} - \cdots - \theta_q \varepsilon_{t-q}$$
と表される．これを次数 q の移動平均モデル MA(q) という．MA(q) モデルは，AR(p) モデルと異なり，常に定常である．

自己回帰移動平均モデルとは，AR と MA を混合させたモデルであり
$$Y_t = \phi_0 + \phi_1 Y_{t-1} + \cdots + \phi_p Y_{t-p} + u_t + \theta_0 + \varepsilon_t - \theta_1 \varepsilon_{t-1} - \cdots - \theta_q \varepsilon_{t-q}$$
ARMA(p, q) とよばれる．

〔元山 斉〕

参考文献
[1] 田中勝人, 2006, 『現代時系列分析』岩波書店.
[2] 山本 拓, 1988, 『経済の時系列分析』創文社.

ARIMA モデル

　経済変数の多くは，それ自身は定常ではないことが多いが，階差を何回か取ったあとの系列は定常な ARIMA（auto regressive integrated moving average）モデルで近似できる場合がある．
　L をラグオペレーター $LY_t=Y_{t-1}$ と，階差オペレーター $\Delta=1-L$（1 は $1 Y_t=Y_t$ なる恒等オペレーター）を定義する．いまトレンド成分が 2 次式で
$$T_t=a+bt+ct^2$$
と表されたとすると，
$$\Delta T_t=T_t-T_{t-1}=a+bt+ct^2-(a+b(t+1)+c(t+1)^2)=(b-c)+2ct,$$
$$\Delta^2 T_t=\Delta T_t-\Delta T_{t-1}=2c,$$
$$\Delta^3 T_t=\Delta^2 T_t-\Delta^2 T_{t-1}=0$$
となることから類推されるように，トレンドが p 次多項式
$$b_0+b_1t+\cdots+b_pt^p$$
で表されるときは，$p+1$ 階の階差をとることでトレンドを完全に除去することができる．
　また，季節成分（seasonal component）は周期 s をもち（月次データの場合 $s=12$，四半期データの場合 $s=4$），$S_t=S_{t+s}$ がすべての t について成立する場合，s 期の階差をとると
$$(1-L^s)S_t=S_t-S_{t-s}=0$$
となり，季節成分が除去される．この操作を季節的階差とよぶ．
　このように，定常でない要素を階差操作によって消し去ることが可能である確率過程のことを和分過程とよぶ．1 階の階差をとって定常になる過程を 1 次の和分過程，d 階の階差で定常過程になるとき d 次の和分過程とよぶ．和分の名前は，定常過程が足し合わせて構成されることに由来する．和分過程の最も基本的なモデルを，以下に紹介する．
● **ARIMA モデル**　d 次の階差をとった変数 $Y_t^d=\Delta^d Y_t$ に，自己回帰移動平均モデル ARMA(p, q) で表されるとき自己回帰和分移動平均（アリマ）モデルといい，ARIMA(p, d, q) と表す．
●**季節的 ARIMA モデル**　さきほど，周期 s の季節周期性 $S_t=S_{t+s}$ の仮定のもとで季節的階差（前年同期差）をとり季節性を除去したが，現実には季節性のパターンは時とともに徐々に変化をしていくことが多い．例えば，勤労者の収入は 1950 年代に（ARMA モデルについては，前項目「定常時系列モデル」を参照されたい）．12 月のボーナスが主な季節性の原因であったが，その後 6 月のボーナスが

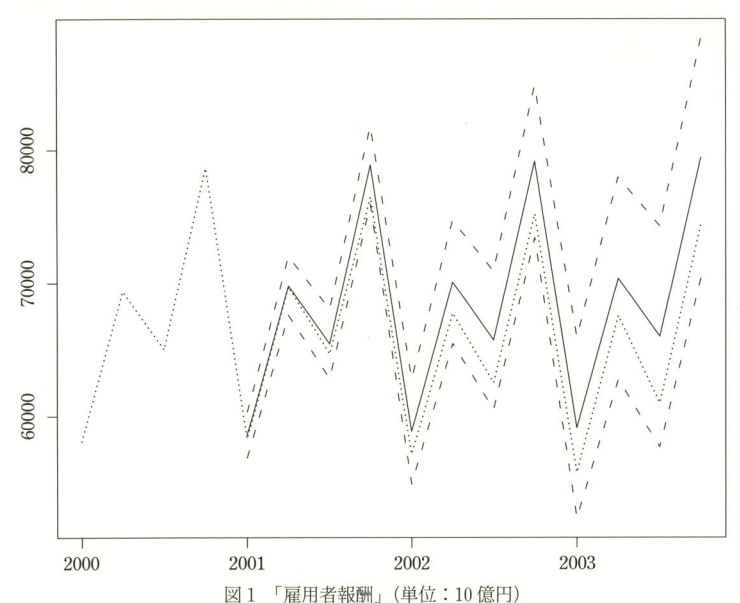

図1 「雇用者報酬」(単位:10億円)
出典:「国民経済計算」(平成20年度版,内閣府) の季節的ARIMAモデルによる予測.
実測値(点線),予測値(実線),95パーセント信頼区間(破線)

増加し,3月にも年度末手当が支給されるようになるなどの変化がおきた.

このような季節性の変動をとらえるために,D 階の季節階差をとったデータ $X_t=(1-L^s)^D Y_t$ についての ARMA モデルを考えると

$$X_t = \Phi_0 + \Phi_1 X_{t-s} + \Phi_2 X_{t-2s} + \cdots + \Phi_P X_{t-Ps} + u_t$$
$$+ \Theta_0 + \varepsilon_t - \Theta_1 \varepsilon_{t-s} - \cdots - \Theta_Q \varepsilon_{t-Qs}$$

が考えられる.このモデルを季節的 (seasonal) ARIMA モデルとよび,SARIMA $(P, D, Q)_s$ と表す.ここで P は季節自己回帰の次数,D は季節階差の次数,Q は季節移動平均の次数である.このモデルにさらに ARIMA(p, d, q) を組み合わせたモデルを

$$SARIMA(p, d, q) \times (P, D, Q)_s$$

と表し,季節的 ARIMA モデルというときは,一般にはこのモデルを指すことが多い.

経済データは $SARIMA(p, d, q) \times (P, D, Q)_s$ でよく近似されることが多い.これらの中から,適切な次数のモデルを選び出す一連の手順は Box-Jenkins 法とよばれる. [元山 斉]

参考文献
[1] 中村隆英,他,1992,『経済統計入門 第2版』東京大学出版会.
[2] 山本 拓,1988,『経済の時系列分析』創文社.

状態空間表現とカルマン・フィルター

カルマン・フィルタ（Kalman filter）とは，時系列モデルを状態空間モデルで表し，推論を行う手法である．状態空間モデルは状態方程式（state-space model，あるいは遷移方程式）と観測方程式からなり，

  状態方程式 $Z_t = F_t Z_{t-1} + \eta_t$,
  観測方程式 $Y_t = H_t Z_t + \varepsilon_t$

と表現される．ここで Z_t は状態変数の q 次元ベクトルで，かならずしも観測可能である必要はない．一方，Y_t は観測変数の p 次元ベクトルである．このモデルは，もともとはロケット制御などの制御工学の分野で発展したものであり，時間とともに変化する状態変数に関心があるが，状態変数がしばしばノイズや系統的な歪みによって影響を受け観測される場合に，状態変数について知りたいという問題関心から生まれたモデルである．

カルマン・フィルターのアルゴリズムでは，時系列的に与えられる観測値 Y_t によって，状態変数について次の推論を行う．

① フィルタリング：t 時点までの観測値 $Y_t, Y_{t-1}, \cdots, Y_1$ に基づいて，t 時点の状態変数 Z_t を推定すること（Filtering）．

② 予測：t 時点までの観測値に基づいて，t 時点以降の状態変数 $Z_{t+1}, Z_{t+2} \cdots$ を予測すること（Prediction）．

③ 平滑化：t 時点までの観測値に基づいて，過去の状態変数 $Z_{t-1}, Z_{t-2} \cdots$ を推定すること（Smoothing）．

状態空間モデルは，ARIMAモデルを始めとするBox-Jenkin法で取り扱うすべてのモデルを含む，広範な範囲を表現することが可能である．またトレンドや季節成分を含んだ経済構造を明示的にモデルに含む形での表現が可能であり，時間とともに構造の変化する非定常なモデルや欠損値も柔軟に扱うことができるなどの利点が数多くあるため今後ますます利用が期待されるモデルの1つである．

以下，経済における応用例を紹介する．

● **Stock-Watson モデル** 景気を表す指標は内閣府CIのような計数調査に基づく指標や，日銀短観のような判断調査に基づく指標もあるが，景気について共通の認識が存在している訳ではない．1980年代後半から1990年代初頭にかけてStockとWatsonは景気を複数のマクロ経済変数の背後にある共通に作用する変動要因（因子）と定義し，その景気を表す状態変数の変動を状態方程式で表し，景気に連動するマクロ経済変数が観測方程式に基づいて観測されているというモデルをたてた．カルマン・フィルターを実行することで得られる状態変数（景気）

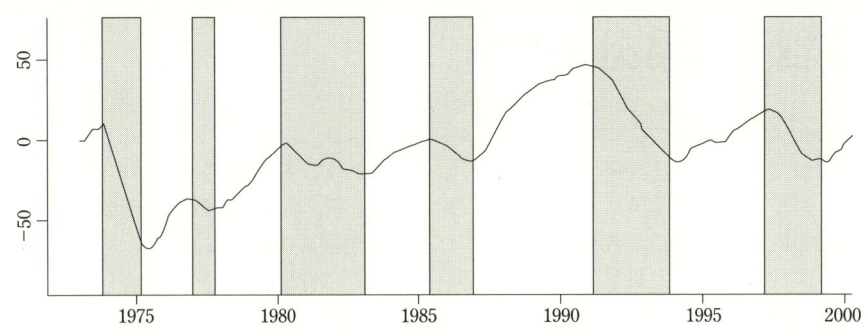

図1 Stocl-Wastonモデルによる日本の景気指標（影は景気基準日付〈内閣府〉による景気後退期）

の推定値を景気の指標として採用することを提案した．
●**労働力調査都道府県別結果** 失業率など労働力調査の都道府県別の集計は，地域の経済状況の把握や施策の策定において重要であるが，労働力調査は全国集計を基本として設計されているため，県別の推定は標本誤差が大きすぎるという問題があった．このような小地域の推計において，Tillerは補助変数や過去の値を入れた時系列モデルを状態空間表現で表しカルマン・フィルターで推計を行うことで推計精度を高めることを試みた．

日本でも対象とする県の変数（労働力人口，就業者，完全失業者，非労働力人口など）が，近隣地域（労働力調査の10地域ブロック）の推計トレンドを説明変数として説明できる部分，トレンドや季節性，不規則変動で表されるモデルに基づき安定的な推定量を構成する手法が総務省統計局によって「モデル推計値」として，2006（平成18）年以降公表されている．

[元山 斉]

📖 参考文献
[1] Durbin, J. and Koopman, S.J., 2001, *Time Series Anaysisby State Space Methods*, Oxford University Press. (和合 啓・松田安昌訳,「状態空間モデリングによる時系列分析入門」シーエーピー出版).
[2] Hamilton, J. (1994), Time Serres Analysis, Princeton, University Press (沖本竜義・井上智夫訳,『時系列解析』（上・下）シーエーピー出版).
[3] 総務省統計局『〈参考〉労働力調査都道府県別結果』http://www.stat.go.jp/data/roudou/pref/index.htm

多変量時系列モデル

　経済変数の多くは自分自身の過去の値のみならず，経済構造の中の自分以外の多くの変数と相互関係にあると考えられる．例えば，家計の各費目の消費支出は，世帯の収入に依存し，各種物価や金利などとも相互に依存している．マクロ経済でも国内総生産や失業率とマネーサプライの相互依存関係や，直物為替レートと先物為替レートとの間の相互関係の有無や強弱など，多変量時系列モデルを適用することで，より深く経済構造を分析することが可能となる．

　m 変量時系列データにおける定常性は1変量の場合と同様に平均ベクトルが一定で，過去の値との分散共分散行列が時点差のみに依存するという形で定義される．

● ベクトル自己回帰モデル　次数 p のベクトル自己回帰モデル VAR(p) は，
$$Y_t = \Phi_1 Y_{t-1} + \Phi_2 Y_{t-2} + \cdots + \Phi_p Y_{t-p} + u_t$$
で表される．ここで，$Y_t = (Y_{1t}, \cdots, Y_m)'$ は m 次元ベクトル，$\Phi_k (k=1, 2, \cdots, p)$ は $\Phi_k = [\phi_{k,ij}]$，係数パラメータの m 次平方行列，$u_t = (u_{1t}, \cdots, u_{mt})'$ は m 次元の撹乱項ベクトルであり，$E(u_t) = 0$, $\mathrm{Var}(u_t) = E(u_t u_t') = \Sigma = [\sigma_{ij}]$，を仮定する．ここで，$\Sigma$ は一般に非対角行列で，撹乱項の同時点における相関は0ではないと想定されている．

● Granger の因果関係　VAR モデルを用いて因果関係を検証することができる．VAR(p) モデルにおいて
$$\phi_{k,ij} = 0, \quad k=1, 2, \cdots, p$$
であるとき，Granger の意味で y_j から y_i への因果関係がないという．逆に，ある k について $\phi_{k,ij} \neq 0$ となるとき，Granger の意味で y_j から y_i への因果関係があるという．VAR モデルの各式は最小二乗法によって推定できるので，Granger の因果関係は，係数に対する 0 制約を検定する通常の回帰分析の F-検定によって行うことができる．この方法は Granger の検定法とよばれる．

● VAR(p) モデルの VMA(∞) 表現　定常性を満たす VAR モデルは以下のように無限次数のベクトル移動平均 (VMA) モデルとして表すことができる．この表現は VAR モデルの特性を調べるうえで重要な役割を果たす．
$$Y_t = \Psi_0 u_t - \Psi_1 u_{t-1} - \cdots - \Psi_k u_{t-k} - \cdots$$
ここで，$\Psi_0 = I_m$ (m 次単位行列)，$\Psi_k = [\psi_{k,ij}]$, ($k=1, 2, \cdots$) は m 次正方行列である．

　この表現においてある期の撹乱項 u_t を j 番目だけ 1 で残りすべてが 0 であ

るようなベクトルとする．u_t が時間を通じて第 i 変数に与える影響を記録すると $\phi_{0,ij}, -\phi_{1,ij}, -\phi_{2,ij}, \cdots$ となる．これを Y_j のインパルスに対する Y_i のインパルス応答関数とよぶ．

撹乱項において同時点での相関があるときは，撹乱項の第 j 成分が変化した際には他の項も変化する，この場合は撹乱項に同時点での相関がなくなるように(すなわち，撹乱項の分散共分散行列が対角になるように)モデルを変換すればよい．Cholesky 分解とよばれる正☆定符号行列は三角行列の積に分解する手法によって，VMA(∞) 表現を

$$Y_t = \Psi_0^+ u_t^+ - \Psi_1^+ u_{t-k}^+ - \cdots - \Psi_k^+ u_{t-k}^+ - \cdots$$

ここで，u_t^+ は，共分散行列が対角となるように変換された撹乱項ベクトル，Ψ_k^+ は対応する係数行列である．このとき，Y_j のインパルスに対する Y_i のインパルス応答関数は $\phi_{0,ij}^+, -\phi_{1,ij}^+, -\phi_{2,ij}^+, \cdots$ で与えられる．なお，Cholesky 分解は変数の順番に依存するので，Sims は，同時点内においてより原因となりそうな変数の順番にならべることを提唱している．

VMA(∞) 表現に依存しつつ，より定量的に変数間の影響関係を捉える手法が，Sims により提唱された分散分解である．それは，t 時点の第 i 番目の変数の分散に個々の撹乱項がどの程度貢献しているかを測る尺度として RVC (相対的分散寄与率) なる尺度を導入して第 j 変数から第 i 変数への影響の大きさを測るという手法である．u_t の分散が対角行列になるようにした上記の VMA 表現によって

$$\text{Var}(Y_{it}) = \sum_{j=1}^{m} \left\{ \sum_{k=0}^{\infty} (\psi_{k,ij}^+)^2 \sigma_{ij}^+ \right\}$$

のように Y_i の分数を m 個の無相関な要素に分解し

$$\text{RVC}_{i \leftarrow i} = \sum_{k=0}^{\infty} (\psi_{k,ij}^+)^2 \sigma_{ij}^+ / \text{Var}(Y_{it})$$

と定義する．$\text{RVC}_{i \leftarrow i} = 0$ のときは Y_j から Y_i への因果がなく，$\text{RVC}_{i \leftarrow i}$ が 1 に近いときは因果が強いと判断する．VAR による分析は，現在は非定常な確率過程もその射程においており，今後の発展が期待される．　　　　　　　　　　[元山 斉]

参考文献
[1] 山本 拓, 1988,『経済の時系列分析』創文社．

非定常時系列モデル

　マクロ経済変数消費，所得などの経済変数や株価，為替レートなどの金融データの時系列をみると，時間とともに水準が大きく上下に変化したり変動幅が大きく変化するなど定常とは言い難い．古典的な経済時系列分析においては，そのような系列の階差をとることによって定常的な系列に変換したうえで ARMA や VAR などのモデルを用いて分析を行うことが一般的であった．
　しかし現在の時系列解析においては，差分後の系列を用いた分析では情報の一部を失うため，非定常なデータを直接扱って分析することを考えている．以下では，非定常なデータを分析するモデルを紹介する．

●**単位根モデル**　単位根検定は 1970 年代後半から始まった．議論を簡単にするために定数項が 0 の AR(1) モデル

$$Y_t = \phi Y_{t-1} + u_t, \quad u_t \sim \text{i.i.d.Dist}(0, 1)$$

を仮定する．Y_t は $|\phi|<1$ のとき定常であるが，$\phi=1$ のときに単位根をもつ非定常なモデルとよばれる（ランダム・ウォークモデル）．
　このモデルは，経済的な意味をもつ．上のモデルを代入を繰り返すことで

$$Y_t = \phi^t Y_0 + \phi^{t-1} u_1 + \phi^{t-2} u_2 + \cdots + \phi u_{t-1} + u_t$$

と表すことができる．定常な $|\phi|<1$ の場合は過去からの影響は指数的に減少していくのに対して，単位根がある場合は過去の値は現在の値に影響を与え続ける．経済政策の変化が与える経済変数へのショックを考えると，定常か非定常かで政策の効果が一時的か，永続的かという違いがある．また，Hall による恒常所得仮説「消費関数(2)参照」の研究では，消費が AR(1) で表される条件が示されており，経済モデルとして単位根をもつ可能性が示されている．
　単位根が存在するという仮説は，対立仮説として

$$H_0: \phi=1 \text{ vs } H_1: \phi<1$$

と表される．この検定にはさまざまな方法が提案されているが，帰無仮説のもとでの分布は正規分布ではない特殊な分布（単位根分布）に従うことが知られている．

●**見せかけの回帰と共和分モデル**　経済のマクロ時系列データをそのまま用いて回帰分析を行うと，非常に高い当てはまりを示すことが多い．その一方で新たな変数の追加をすると大幅に当てはまりが落ちることがある．この問題は時系列データにおける見せかけの相関や見せかけの回帰とよばれ，本来関係のない独立なランダム・ウォーク同士でも標本相関係数か漸近的に 0 に収束せず，退化しない分布を持つ現象にも表れている．実際，1 階の階差をとることで定常過程となる

(次数1の和分過程),2つの独立な確率過程に対して,2つの系列は独立であるにも関わらず以下の現象が現れることが示される.①相関係数は0には確率収束しない.②回帰係数の最小2乗推定量や決定係数も0には確率収束しない.③ t-統計量は発散する.④ Durbin-Watson 統計量は0に確率収束する.この結果,互いに本来無関係な変数間にも,あたかも有意にみえる回帰関係が見出されるのである.従来の時系列分析では,階差を取って定常化した上で VAR モデル等をあてはめるのが一般的であったが,階差を取る以前の経済変数間の関係を記述できないという問題があった.そこで,非定常な変数間の意味のある関数があるかどうか調べるのが共和分モデルである.複数の和分過程は個々には非定常でもそれらの線形結合が定常になるとき,共和分関係にあるという.

経済変数の多くは,個々には非定常で安定的ではない動きを示すことが多いが,それら非定常な変数の間には比較的安定的な関係が存在するという仮説が数多く存在する.例えば,購買力平価の実証において各国の物価水準は非定常であり,為替レートも非定常であっても,それらの間には安定的関係が長期的には存在すると考えられる.そのような非定常変数間の関係を記述できることから,経済の実証において共和分関係の分析は有力な手法として注目を集めている.共和分関係の存在の有無についての検定は,最も単純な2つの和分過程に対するモデルでは共和分関係にある変数の回帰残差に単位根検定を行うことができる.ただし,この場合の帰無分布は回帰残差に基づいているので,通常の単位根分布とは異なった分布をもつ.

●**誤差修正モデル** 例として $\{Y_t\}$ と $\{X_t\}$ という2つの次数1の和分過程が共和分関係にあるとする.そのとき

$$\Delta Y_t = \gamma + \delta \Delta X_t + \lambda (Y_{t-1} - \alpha - \beta X_{t-1}) + u_t$$

というモデル(誤差修正モデル)が得られることを Granger はより一般の場合において示した(Granger の表現定理).ここでは,共和分関係の均衡状態からの乖離が $\lambda(Y_{t-1} - \alpha - \beta X_{t-1})$ としてモデルの中に含まれており,その誤差を修正したモデルという意味で誤差修正モデルとよばれる.この定理から,共和分関係にある変数の間では階差をとった変数同士で回帰を行う従来の方法は,情報の損失を招いているということが確認される. 　　　　　　　　　　[元山 斉]

📖 **参考文献**
[1] 刈屋武昭和,矢島美寛,田中勝人,竹内啓,2003,『経済時系列の統計(統計科学のフロンティア考』岩波書店.

季節調整の手法

　経済データの多くは，季節的な自然的，社会的現象の要因の影響を受ける．例えば農作物は，米やスイカの生産に代表されるように生産と供給は特定月に集中することが多く，その月の価格は低下する．そのような自然現象による季節性は需要面にも現われる．夏にみられる冷房のための電力消費やビール需要の増加や，冬の暖房のための灯油消費の増加などがあげられる．季節変動の発生は，自然現象に限らず社会制度や慣習に依存するものもある．例えば，4月には家計の教育費は新学期の開始を受けて増加する．また，6～7月や12月のボーナスの支給に伴う経済活動も，社会制度による季節変動である．

　ここで議論の道筋をたてるために，経済時系列をその構成要素によって加法型モデル $Y_t = T_t + C_t + S_t + I_t$ や乗法型モデル $Y_t = T_t \cdot C_t \cdot S_t \cdot I_t (Y_t > 0)$ として表現する．ここで4つの構成要素は T_t はすう勢や傾向変動（トレンド）とよばれるもので経済の長期的な変動を，C_t は循環（サイクル）とよばれる景気変動に代表されるトレンドまわりの周期的変動を，S_t は季節性，I_t は上記の3つの要因のいずれにも含まれない不規則変動を表す．

　経済データに含まれる季節変動は，経済外的な理由で発生し，政策などによって制御できないため，経済の長期的変動や景気変動を分析する上では余分なものであり，季節性を取り除くさまざまな手法が古くから研究されてきた．

●**前年同期比**　いま月次で季節性をもつ周期12のデータを想定する．乗法型のモデルを仮定して対前年同期（月）比を求めてみると

$$\frac{Y_t}{Y_{t-12}} = \frac{T_t}{T_{t-12}} \frac{C_t}{C_{t-12}} \frac{S_t}{S_{t-12}} \frac{I_t}{I_{t-12}}$$

となる．季節変動の変化がゆるやかであれば $S(t)/S(t-12)$ は1に近い．またトレンドがほぼ一定の成長率とすれば，T_t/T_{t-12} は一定で，Y_t/Y_{t-12} は近似的に定数 $\times \dfrac{C_t I_t}{C_{t-12} I_{t-12}}$ となり，季節変動とトレンドを同時に除去できる．対前年同期比はこのような性質から景気分析でしばしば利用される．

●**移動平均法**　いま，加法的モデルを仮定し，季節成分について近似的に $S_t = S_{t+s}$ が成立するものとする．四半期データでは $s=4$，月次データでは $s=12$ である．現実のデータでは，ボーナスの支給時期や割合の変化が起こるので，季節性はかならずしも安定的ではないが，短期間には等号が近似的に成立する．このとき，$S_t + S_{t+1} + \cdots + S_{t+s-1}$ がすべての t について定数となるので，s 項移動平均をとることによって季節性を取り除くことができる．ただし，この方法の場合，

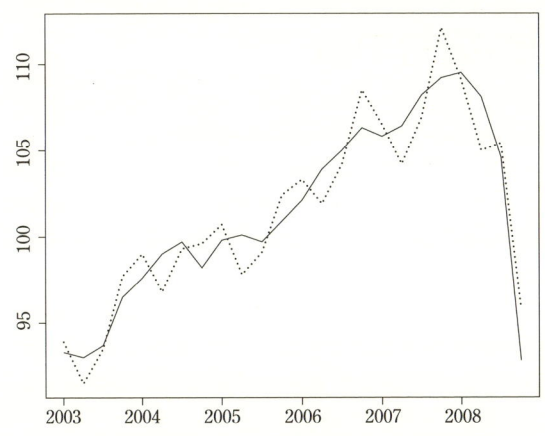

図1 鉱工業生産指数（出典，経済産業省），原指数（点線），X-12 ARIMA による季節調整済指数（実線）

例えば月次データで1月から12月までの平均をとった場合は6月と7月の中間（6.5月）の調整値が得られたことになる．そこで，さらに6.5月と7.5月の平均をもって7月の季節調整値とみなす（中心化）という方法をとる．

アメリカのセンサス局でShiskinを中心に開発されたセンサス局法X-11とは，基本的には移動平均を繰り返して季節性を取り除く方法である．すなわち，①最初に移動平均によって季節性と不規則変動を取り除いた系列をもとの系列から取り除くことで，仮の季節性と不規則変動を取り出し，②その後同期平均を年次で求め不規則変動を取り除き，仮の季節性を取り出しそれを元系列から取り除くことで季節性を取り除いた系列を作成し，さらにその系列に加重平均を施してトレンドとサイクルを取り出す，という一連の操作を繰り返し最終的な季節調整値を求めるというものである．

X-12 ARIMAとは，このX-11を改良したもので，X-11を実行する前にREGARIMAというモデルの当てはめを行い，その段階で外れ値や構造変化のチェックと制御を行う．そして，X-11の実行後に診断テストを実施し，季節調整の妥当性を検証するという2つのステップから構成されている．

● **Decomp** 統計数理研究所で開発されたDecompとよばれている季節調整の手法の基本的な考え方は季節性を含んだ時系列を状態空間モデルで表わして，状態変数の中に含まれる季節性をカルマン・フィルターによって推定して元の系列から季節性を取り除くという手法である． ［元山 斉］

参考文献
[1] 中村隆英，他，1992，『経済統計入門 第2版』東京大学出版会．
[2] 廣松 毅，他，2006，『経済時系列分析』多賀出版．

非線形時系列モデル

●**非線形性** 互いに無相関な系列の線形結合として表現が可能な確率過程を線形過程,そのように表される時系列モデルを線形時系列モデルとよぶ.そのように表現できない非線形時系列モデルは,金融時系列を代表とする多くの経済データに対して有用である.

株価やその指数,先物現物の商品価格,為替レートなどの金融時系列データは,分散構造に強い相関関係が含まれるものが少なくない.z_t をそれらファイナンスデータの系列とすると,その変化率 y_t は以下のように計算できる.z_t が金融資産の価格なら,y_t は収益率を表している.

$$\begin{aligned}
y_t &= \Delta \log z_t \\
&= \log z_t - \log z_{t-1} \\
&= \log \frac{y_t}{y_{t-1}} \\
&= \log\left(1 + \frac{y_t - y_{t-1}}{y_{t-1}}\right) \simeq \frac{y_t - y_{t-1}}{y_{t-1}}
\end{aligned}$$

このことは,金融データにおける収益率の分散には市場の活況を反映して持続性があり,一度変動が大きくなるとその状態は継続し,小刻みな変動のあとは同様の状態が続くという性質を反映している.また収益率の尖度は正規分布のときと比べ非常に大きな値となり,分散の異なる複数の分布が混合しているとの解釈が可能である.

これらの金融データでみられる現象を解釈するために登場したのが以下で述べるモデルである.

●**ARCH モデルおよびその一般化 GARCH モデル** 時系列データの AR(p) モデルは

$$Y_t = \phi_0 + \phi_1 Y_{t-1} + \cdots + \phi_p Y_{t-p} + u_t,$$

$$u_t \sim \text{i.i.d. Dist}(0, \sigma^2)$$

と表すことができた.ここで,撹乱項の独立性の条件の代わりに撹乱項の条件付き分散について以下の条件を課すことにする.

確率過程の表記法に従い,$\mathcal{F}_{t-1}$ を $t-1$ 期までの情報とする.このとき撹乱項 u_t の条件付分布が

$$u_t | \mathcal{F}_{t-1} \sim N(0, h_t)$$

ただし,

$$h_t = E(u_t^2 | \mathcal{F}_{t-1})$$
$$= \alpha_0 + \sum_{j=1}^{p} \alpha_i u_{t-1}^2 \quad (\alpha_0 > 0, \quad \alpha_i \geq 0, \quad i=1, 2, \cdots, p)$$

と表されるモデルが条件付自己回帰型不均一分散(auto regressive conditional heteroskedastic, ARCH)モデルであり,上のモデルは条件付き分散の AR 表現の次数が p であることから ARCH(p) モデルとよばれる.

この ARCH モデルを AR モデルから ARMA モデルに一般化したものが,一般化条件付自己回帰型不均一分散 (generalized auto regressive conditional heteroskedastic, GARCH) モデルであり,撹乱項 u_t の条件付分布に対して

$$u_t | \mathcal{F}_{t-1} \sim N(0, h_t)$$

ただし,

$$h_t = E(u_t^2 | \mathcal{F}_{t-1})$$
$$= \alpha_0 + \sum_{j=1}^{p} \alpha_i u_{t-i}^2 + \sum_{j=1}^{q} \beta_j h_{t-j}^2,$$
$$\alpha_0 > 0, \quad \alpha_i \geq 0 \ (i=1, 2, \cdots, p), \quad \beta_j \geq 0 \ (j=1, 2, \cdots, q)$$

というモデルを仮定している.GARCH(p, q) モデルとよばれる.ARCH および GARCR モデルは, u_t の条件付き分散が過去の u_t の 2 乗の関数になっているので,前期の収益率がプラスの場合もマイナスの場合も同じ影響を与えるモデルであるが,経験的に前期の収益率がマイナスであったときの方が影響が大きいことが知られており,その非対称性を考慮に入れたモデルとして EGARCH モデルなど,さまざまな拡張モデルが提案されている.

●閾値自己回帰モデル 閾値自己回帰モデルとは,2 変量確率過程 $\{(X_t, Y_t)\}$ に対して, Y_t の過去の値 Y_{t-d} に応じて, X_t の自己回帰モデルが別の線形自己回帰モデルへと変化するモデルである. Y_t として X_t 自身をしばしばもちいる.2 つの状態をもつ閾値自己回帰 (threshold auto regressive, TAR) モデルとは

$$X_t = \phi_0^{(1)} + \phi_1^{(1)} X_{t-1} + \cdots + \phi_p^{(1)} X_{t-p} + u_t \quad (Y_{t-d} \leq r \text{ のとき})$$
$$= \phi_0^{(2)} + \phi_1^{(2)} X_{t-1} + \cdots + \phi_q^{(2)} X_{t-q} + v_t \quad (Y_{t-d} > r \text{ のとき})$$

ここで,各状態の撹乱項 u_t と v_t は独立とする.このモデルは,容易に一般の l 個の状態をもつモデルに拡張が可能であり,経済局面の変化によって構造が変化する,金融・マクロ経済データの特徴を捉えることが可能となる. [元山 斉]

参考文献
[1] 刈屋武昭,照井伸彦,1997,『非線形経済時系列分析法とその応用』一橋大学経済研究所叢書 47,岩波書店.

ファイナンスの確率過程

　連続時間連続値確率過程は，確率空間(Ω, F, P)を基礎として，$\Omega \times [0, \infty)$から実数空間への写像である．離散時間確率過程は，$[0, \infty)$を離散時間に替えたものであり，値域を2項，3項の離散値にすることもある．基本は標準ブラウン運動W_t，$0 \leq t < \infty$（ウィーナー過程ともいう）であり，この上に多様な確率過程が構成される．ファイナンスにおける確率過程は，市場データから大きく外れずその上にデリバティブ価格理論を構築する要請のもとで発展してきた．

●**株価と為替レート**　S_tをt時点$(0 \leq t < \infty)$の株価あるいは為替レートとするとその変動を表すひな型モデルは，対数正規確率過程（あるいは幾何ブラウン運動）であり，確率微分方程式$dS_t = S_t(\mu dt + \sigma dW_t)$の解である$S_t = S_0 \exp\{(\mu - (1/2)\sigma^2)t + \sigma W_t\}$で記述される．ファイナンスでは投資収益率を対数差で近似することが多い．統計的には為替レートの対数差の方が，株価よりも尖りが強いし，裾も重いが通常同型の変動モデルが用いられる．ただし，為替レートについては，2国間の金利の差が組み込まれなければならない．上記のσ部分自体が不確実に変動するとしてV_tを組み込んだ株価変動モデルとして，$dS_t = S_t\{\mu dt + V_t \sigma dW_t\}$をヘストンモデルとよぶ．ただし$V_t$は上の$W_t$と相関をもつ別の標準ブラウン運動で表されるオルンスタイン・ウーレンベック過程に従う．

　オプション価格理論は当初ドリフトμとバラツキσの大きさ（ファイナンスの理論と実務ではボラティリティとよぶ）がオプション期間中定数であるという単純な対数正規過程に対して構築された．その後不確実に変動するボラティリティ，そして自己回帰的なドリフトを持つ確率過程に拡張され，その上にデリバティブ価格理論がつくられている．これに応じて，シミュレーションの数値計算のためには離散時間の枝分かれ表現も実際の状態に適合するように工夫改善されている．離散時刻の株価投資収益率変動に対する統計分析にはGARCH(1,1)モデルが使われ，その上にオプション価格理論がつくられてもいる．

●**短期金利過程と債券価格**　不確実変動の要因をファクターとよび，それを標準ブラウン運動で表す．1-ファクターの短期金利モデルは，一般形としてはt時点の短期金利をr_tで表せば，$dr_t = \beta(t, r_t)dt + \gamma(t, r_t)dW_t$である．$\beta(t, r_t) = a(b - r_t)$，$\gamma(t, r_t) = \sigma$とおいたものがヴァシチェクモデルとよばれ，$\beta(t, r_t) = a(b - r_t)$，$\gamma(t, r_t) = \sigma(r_t)^{1/2}$の場合がコックス・インガソル・ロス（CIR）モデルとよばれる．またヴァシチェクモデルを$\beta(t, r_t) = a(b_t - r_t)$として拡張したものはハル・ホワイトモデルとよばれて普及している．ここで，a, b, σは定数であり，b_tは時刻tの確定的関数である．bあるいはb_tは短期金利の平均とみなさ

れ，これらのモデルは，平均回帰的である．また $\gamma(t, r_t) = \sigma r_t^\beta$, $0 < \beta < 1$ で置き換えたものも扱われている．このほかに当初離散時間で表現されたモデルとしてその連続時間表現が，$\beta(t, r_t) = a_t, \gamma(t, r_t) = \sigma$ であるホー・リーモデル，$d(\log(r_t)) = a_t(\log(b_t) - \log(r_t))dt + \sigma_t dW(t)$ であるブラック・ダーマン・トイモデルあるいはブラック・カラシンスキモデルとよばれるものも知られている．a_t と b_t は時刻 t の確定的関数である．短期金利モデルでは正の金利を保証するモデルが特徴的であり上記の CIR モデルのほかにフレサカー・ヒューストンのアプローチがある．なお，短期金利過程から債券価格を理論的に導くことにより，債券の償還期の関数として金利の期間構造を導くことができる．

不確実変動の要因を2つ以上に拡張した2-ファクターのヴァシチェクモデル，CIR モデルなどもあり，ロングスタッフ・シュワルツモデルは，CIR モデルの2-ファクター版である．さらにマルチファクターのアフィン・イールド・モデルは，割引債券価格のイールドが金利の線形関数である構造に注目する．

●金利期間構造と HJM モデル　$T^* < \infty$ を固定して，償還期が $T(T < T^*)$ である t 時点 $(t < T)$ における債券価格を $P(t, T)$ と書くと，t 時点で見られる将来時点 s における期間 T のフォワード金利レートは，$-\log\{P(t, s+T)/P(t, s)\}$ で定義される．T をゼロに近づけた極限 $f(t, s)$ を瞬間的フォワードレートとよぶ．ヒース・ジャロー・モートン(HJM) モデルは，この $f(t, s)$ の確率的変動を $df(t, s) = \alpha(t, s)dt + \sigma(t, s)dW_t$, $0 \leq t \leq s$ のようにモデル化するが，期間 T に対応する金利をモデルの仮定として与えるので債券価格式を与えていることと同等である．市場ではイールドカーブ（金利期間構造）が観察されるので，このモデルは実際的であり実務で普及している．このモデルの中で，金利の期間を短くしてゼロに近づけることにより瞬間的フォワード金利を導くことができる．そうした上でみると上記の短期金利過程のホー・リー，ヴァシチェク，ハル・ホワイトモデルは，HJM の特殊な場合であることがわかっている．

モデルの仮定として与えた債券価格が市場で無裁定条件を保証するために HJM モデルのドリフト α とボラティリティ σ に制約がつけられる．

●単利モデル（市場モデル，LIBOR モデル）　上述の金利モデルは連続複利型モデルであるが，銀行間取引に用いられる単利 L の変動を表す，BGM モデル，市場モデル，あるいは LIBOR モデルともよばれるモデルが HJM モデルをもとにしてつくられている．t 時点における期間 $[T, T+\delta]$ に対するフォワード単利（フォワード LIBOR ともいう）$L(t, T)$ は，HJM モデルの中で，等式 $1 + \delta L(t, T) = P(t, T)/P(t, T+\delta)$ により定義される．δ は，3カ月あるいは6カ月などの銀行間取引金利の期間を表す．金利スワップ，キャップ，フロアーなどの金利デリバティブの価格理論がこの上につくられている．

[三浦良造]

デリバティブの価格理論

　原証券とその価格または原変数を指定し，満期を含めて（契約）期間を定め，その上でペイオフ関数を定めるものを総称してデリバティブ（原証券から派生した証券）という．ペイオフは権利行使時にデリバティブ発行者が保有者に支払う金額であり，原証券価格の関数である．

●**各種のデリバティブ**　権利行使が満期時だけ許されるものをヨーロッパ型，満期を含めてそれまでの任意の時点の場合をアメリカ型という．中間的な期間中有限回のバミューダ型もある．ペイオフが $\max\{S_T-K, 0\}$ のものをコール・オプション，$\max\{K-S_T, 0\}$ のものをプット・オプションという．オプションはペイオフが非負であり，それぞれ K で買う権利，売る権利などという．

　原証券あるいは原変数 S と K との交換を時点 T で行う契約を先渡しといい，ペイオフ関数が S_T-K，あるいは $K-S_T$ である．これらは S を K で買う，あるいは S を K で売るといい，相対取引で行われる．ペイオフは正にも負にもなる．先渡し取引が取引所で行われる場合，先物取引といい，日々値洗いが行われる．

　このほか，S の値の境界を決めておいて，S_t がそれに触れると権利が消滅，あるいは発生するようなものをバリアー・オプションという．バリアーに触れる時刻 τ を使ってペイオフを $\max\{S_\tau-K, 0\}$ のように表す．

　金利を変数とする先渡し契約に，金利スワップがある．3 カ月ごと，6 カ月ごと，数年から 10 年など債券償還期と同様の長期にわたり固定金利と変動金利を交換する契約である．ペイオフは，固定と変動の金利差に想定元本を掛けた金額である．変動金利があるレベルを超える分，あるいは下回る分だけを扱う契約もあり，キャップあるいはフロアーとよばれる．さらに，スワップ，キャップなどに対するオプションもあり，スワップション，キャプションなどとよばれる．

　ペイオフが期間中の S_t の軌跡に依存して決まるものもある．これら通常でないデリバティブを総称してエキゾチック・デリバティブズとよぶ．原変数が気温，積雪量など天候に関する場合，天候デリバティブという．CDS や住宅ローンを証券化した証券（CDO）などの価格もデリバティブ価格理論を用いて導かれる．

●**ブラック・ショールズのオプション価格式**　株価を S_t，権利行使価格を K，オプション満期を T とする．市場の一定金利を r，株価のボラティリティを σ とするとき，t 時点のブラック・ショールズのヨーロッパ型コール・オプション価格式 $C(t, S_t)$ は，$C(t, x) = xN(d_+(T-t, x)) - Ke^{-r(T-t)}N(d_-(T-t, x))$ である．ただし，$d_\pm(\tau, x) = 1/\sigma\sqrt{\tau}\{\log(x/K) + (r\pm\sigma^2/2)\tau\}$ であり，N は標準正規分布の累積密度関数である．アメリカ型オプションは最適権利行使が期中にある場合，

明示的な価格式が得られないので数値計算により求める．$C(t, S_t)$ は，S_t,，$T-t$，K，σ，r の関数である．$C(t, S_t)$ の S_t による一階偏微分係数をデルタとよび，二階偏微分係数をガンマという．時刻 t による偏微分係数をセータという．これらはグリークスと総称されヘッジの量を表す．また，価格式を通して，$C(t, S_t)$，S_t，$T-t$，K，r のデータを使ってボラティリティ σ の値を求めることができる．これをインプライド・ボラティリティという．このとき，5個程度の異なる権利行使価格のプットとコールから求められるインプライド・ボラティリティのグラフは，笑みの形を成すので，ボラティリティ・スマイルとよばれている．さらに，異なる権利行使価格に対応する市場価格などを使って，市場価格が想定する満期時点の S の（リスク中立）確率分布を粗く推定することができる．

●**導出理論** S_t は対数正規過程に従うとする．オプション価格式を $V(t, S_t)$ と書くとき，オプションを発行して，原証券をデルタ分買い持ちするとする．このヘッジポジション $(\partial V/\partial S_t)S_t - V$ は，わずかな時間経過の中では，S_t が含む不確実変動がその中で吸収され価値の増加率は，無裁定条件のもとでは，一定金利 r に等しくなければならない．議論は少し荒いが，さらにヘッジポジションがセルフ・ファイナンシング（自己充足的）であるとして，伊藤の確率微分を施せば，$V(t, x)$ が満たすべき偏微分方程式

$$1/2 \cdot \partial^2 V/\partial x^2 \cdot \sigma^2 \cdot x^2 + \partial V/\partial x \cdot r \cdot x + \partial V/\partial t - V \cdot r = 0$$

が導かれる．初期条件 $V(T, x) = \max\{x-K, 0\}$ を添えれば，その解がコール・オプション価格式である．初期条件を替えてプット・オプション，さらにほかの任意にペイオフを工夫したオプションの価格式も得られる．

価格式導出の方法と概念が数学的に整理され，マルチンゲールの数学理論を用いた汎用的な価格理論ができている．無裁定条件のもとで，測度の変換，ギルサノフの定理，リスク中立確率測度，マルチンゲール表現定理が適用され，オプションペイオフがオプション現在価値と満期までの連続時間的ヘッジの累積との和に等しい．デリバティブ価格式は条件付き期待値の形で与えられるが，ファインマン・カッツの定理により，それが対応する偏微分方程式を満たす．

2項オプション価格理論は原変量の確率過程として2項過程を仮定し，デリバティブ価格を導く．これは連続時間連続値確率過程の近似としても機能し，モンテカルロ・シミュレーションによる価格算出に用いられる．

●**プット・コール・パリティ** 同じ原証券上の同じ満期 T と権利行使価格 K をもつプットとコールの価格 P, C の間に関係式 $C(t, S_t : K, T) + Ke^{-r(T-t)} = S_t + P(t, S_t : K, T)$ が成立する．これは原証券価格の確率過程の型を問わない．

●**関数 $C(t, S_t)$ の性質** $C(t, S_t)$ は，S_t，$T-t$，K，σ，r の関数である．これらの関数として，$C(t, x)$ は，x の増加凸関数であり $C(t, x) > \max\{x-K, 0\}$ を満たし，K の減少凸関数，$T-t$ の減少関数，σ の増加関数である． ［三浦良造］

平均分散アプローチ

●**平均，分散，共分散** 証券を $i=1, 2, \cdots, n$ とし，t 時点の証券価格を $S_{i,t}$ で表すと投資収益率は $R_{i,t}=(S_{i,t+1}-S_{i,t})/S_{i,t}$ である．期間中 $(t, t+1)$ の配当は分子に加える．期首 t 時点では S_{t+1} は確率変数である．$R_{i,t}$ の期待値（平均）μ_i と分散 σ_i^2（標準偏差 σ_i），証券 i, j の投資収益率の共分散 σ_{ij} で $R_{i,t}, i=1, 2, \cdots, n$ の不確実変動を代表させるのが平均分散アプローチである．

証券の組合せをポートフォリオとよぶが，その投資収益率 $R_{p,t}$ は，各組み入れ証券の投資比率（証券 i への投資額と投資総額の比）を $w_i, i=1, 2, \cdots, n$ とすると $R_{p,t}=\sum w_i R_{i,t}$ である．$R_{p,t}$ の平均 μ_p と分散 σ_p^2 は

$$\mu_p=\sum w_i \mu_i, \quad \sigma_p^2=\sum\sum w_i w_j \sigma_{ij}=\sum w_i^2 \sigma_i^2+\sum\sum w_i w_j \sigma_{ij}$$

である（第2項は i と j が異なる対についての和である）．σ_p^2 の第1項は組み入れ証券数が多くなれば大幅に小さくなる．また第2項は共分散の平均である．投資比率が少数の銘柄に大きく偏っていなければ，σ_p^2 は平均的リスクの証券を個別に1つ持つ場合よりも小さいことが多く，ポートフォリオ効果とよばれる．

●**ポートフォリオ最適化** ファイナンスでは σ をリスク，μ を（期待）リターンとよぶ．投資家はリターンが大きく同時にリスクが小さいことを好む．そのようなポートフォリオを構成する，つまり投資比率 $w_p^T=(w_1, w_2, \cdots, w_n)$ を決めるために，通常ラグランジュの未定係数法を用いる．つまり，μ_p の値を指定して（指定値 m），それを満足する投資比率の中で σ_p^2 を最小にする w_p を求める．得られる投資比率 w^* は，$w^*=\lambda^* \Omega^{-1} 1+\gamma^* \Omega^{-1} \mu$ である．ただし，Ω^{-1} は $R_i, i=1, 2, \cdots, n$ の分散共分散行列 Ω の逆行列であり，$\lambda^*=(\mu^T \Omega \mu - m \cdot \mu^T \Omega 1)/(1^T \Omega 1)(\mu^T \Omega \mu)$，$\gamma^*=(m \cdot 1^T \Omega 1 - \mu^T \Omega 1)/(1^T \Omega 1)(\mu^T \Omega \mu)$ である．この投資比率をもつポートフォリオを極小分散ポートフォリオとよぶ．

ここで m の値を変化させると，対応する極小分散ポートフォリオは，m の関数として (σ, μ) 平面上に双曲線 $(\sigma_{p(m)}, \mu_{p(m)})$ をなす．この上半分が選択対象となるポートフォリオの全体で有効フロンティアとよばれる．このなかから投資家の効用関数の効用レベルが等しい等高線（凸な曲線）と接する点を選ぶ．

さらに，期末の価格が期首において確定しているリスクの無い $(\sigma=0, \mu=r)$ 証券も含めて最適化をすると，有効フロンティアは，(σ, μ) 平面の縦軸の $\mu=r$ を通る直線であり，リスクがある証券だけからつくられる上記の双曲線有効フロンティアに接する．この接点が表すポートフォリオが接点ポートフォリオ T であり，投資家はこの有効フロンティア直線上に効用関数で1点を選ぶ．このとき，関係式 $\mu_i - r = \beta_{iT}(\mu_T - r)$，ただし $\beta_{iT}=\text{cov}(R_i, R_T)/\text{var}(R_T)$ が得られる．

応用においては，投資比率に対する制約条件として負の値を許さない，また証券カテゴリーごとに投資比率制約を置く場合などがある．ポートフォリオ投資収益率の下方確率を最小化するアプローチもある．

●**効用関数**　リスク σ とリターン μ に対する投資家の選好，あるいは効用を表す (σ^2, μ) の関数 $U(\sigma^2, \mu)$ を効用関数あるいは選好関数とよぶ．σ^2 に関する一階微分は負であり，μ に関する一階微分は正であると仮定する．さらにリスク回避型の効用関数なども定義される．関数 U の例としては，b を定数として，
$$U(\sigma^2, \mu) = E(R - (b/2)R^2) = \mu - (b/2)(\mu^2 + \sigma^2)$$
などがある．最新の行動経済学では，投資家は S 字型の選好関数をもっているとされている．効用関数の違いにより最適投資比率は大きく変わることがある．

●**シャープの測度**　ポートフォリオの良さの尺度として，単位リスクあたりの超過期待リターン $(\mu_p - r)/\sigma_p$ はシャープの測度とよばれている．r は比較対象の投資収益率であり，期間中の金利，株価指数などの投資収益率である．

●**シングルファクターモデルとマルチファクターモデル**　投資収益率を各証券銘柄に共通の不確実変動を表す部分とその証券固有の不確実変動を表す部分に分けてモデル化する．共通の不確実変動を1つのファクター（要因となる確率変数）で表す場合をシングルファクターモデル，複数個を用いる場合をマルチファクターモデルとよぶ．実際の市場に適合するようにファクターを選ぶことになる．株式市場では，大型株指数，小型株指数，さらには債券価格指数の変動に該当するファクターが普及しているが，主成分分析により抽出した主成分を使うこともできる．株価指数の投資収益率だけを使うモデルは，市場モデルともよばれる．

　マルチファクターモデルの場合，各証券の投資収益率は $R_i = \sum c_{ij} F_j + \eta_{in}$, $i = 1, 2, \cdots, n$ と表される．ここで c_{ij} は証券 i のファクター j に付く係数，k 個の F_j, $j = 1, 2, \cdots, k$ は各証券に共通のファクター，η_i は証券 i の投資収益率に固有の変動を表す．この場合ポートフォリオの投資収益率 R_p は，
$$R_p = \sum w_i R_i = \sum w_i (\sum c_{ij} F_j + \eta_i) = \sum (\sum w_i c_{ij}) F_j + (\sum w_i \eta_i)$$
と表せる．ポートフォリオ投資収益得率のファクター F_j の係数は $(\sum w_i c_{ij})$ であり，その固有の変動は $(\sum w_i \eta_i)$ で表される．各 F_j および固有変動項 η_i の期待値と分散（あるいは標準偏差）を用いて，ポートフォリオの平均 μ_p と分散 σ_p^2 を表し，同様のポートフォリオ最適化を行うことができる．一期間の問題は多期間に拡張される．

●**統計的分析**　以上すべて平均分散共分散のパラメター値が既知であると仮定している．応用では，将来の投資期間 $(t, t+1)$ におけるパラメター値が必要で，過去のデータを用いて将来のパラメター値を推定，予測する問題がある．ファクターにつく係数の推定，予測が統計的問題となる．金融市場はパラメター値が時間とともに変化し，良好な予測値は容易ではない．

[三浦良造]

価格理論：CAPM と APT

　平均分散アプローチの項で述べた効用関数に基づく最適ポートフォリオ選択が，以下の仮定のもとで行われるとき，均衡状態において証券価格がどのように決まるかを示すのがCAPM（資本資産評価モデル）である．

● **CAPMの仮定**

① 投資家 j は各自異なる効用 U_j をもち，それを最大にするようにポートフォリオを組む．効用は危険回避的である．つまり，ポートフォリオ投資収益率の期待値 μ と分散 σ^2 の凹関数であり，$\partial U_j/\partial \mu > 0$，$\partial U_j/\partial \sigma^2 < 0$ である．

② すべての投資家は同じ投資期間を想定し，各平均分散共分散パラメータ値については同じ値を想定している．

③ すべての証券は無限に小さい単位で取引できる．

④ リスクのない証券は量に制限なく売買できる．

　リスクのない証券を組み入れた場合は，$\mu_p = r + \boldsymbol{w}_p^T(\boldsymbol{\mu} - r\cdot\boldsymbol{1})$，$\sigma_p^2 = \boldsymbol{w}_p^T \Omega \boldsymbol{w}_p$ であり，各投資家 j は $U_j(\sigma_p^2, \mu_p)$ を最大にするポートフォリオをもつ．その投資比率は最大化の解 w_j^* として，$\Omega^{-1}(\boldsymbol{\mu} - r\cdot\boldsymbol{1})$ に比例したベクトル $w_j^* = \{-(\partial U_j/\partial \mu)/(2\partial U_j/\partial \sigma^2)\}\Omega^{-1}(\boldsymbol{\mu} - r\cdot\boldsymbol{1})$ が得られる．すべての投資家がすべての資産を持ちよって売買し効用を最大にするという証券市場の均衡状態では，接点ポートフォリオはリスクがあるすべての証券の市場価格重み付き平均となり，これは市場ポートフォリオ M とよばれる．このため，平均分散アプローチの項で得られた関係式の T を M に置き換えた関係式 $\mu_i - r = \beta_{iM}(\mu_M - r)$ がここで得られる．各証券 i について $\mu_i = E[S_{t+1}/S_t]$ なので期首 t 時点に決まる価格 $S_{i,t}$ は $S_{i,t} = E[S_{i,t+1}]/(1 + r + \beta_{iM}(\mu_M - r))$ と表される．

●**統計的分析**　上記の $\beta_{i,M}$ はベータ値とよばれ，これを推定するために市場モデルとよばれる単純線形回帰モデルを用いる．この場合の回帰直線は，証券市場線とよばれる．説明変数である市場ポートフォリオとして，全市場をカバーするものがないため，代替物として各市場でその株価指数の投資収益率を使うことが通常見られる．例えば，東京市場では，東証株価指数である．CAPMに対しては，投資期間の同一性，パラメータ値についての同一認識など，仮定されている条件が非現実的であるという批判がある．市場ポートフォリオの選択についても同様である．また，パラメータ値は時間経過とともに変化するため，実務においては予測を必要とする．したがって，それに応じた時系列の統計モデル，あるいは計算方法の工夫がなされる．単純なものとしては，このベータ値が自己回帰的構造をもつとして扱うものもある．

CAPMは1期間モデルの均衡価格理論である．次のAPTは同じく一期間モデルであるが，均衡理論ではなく裁定価格理論である．両理論は共に平均分散アプローチに基づいている．

● APT　APT（裁定価格理論）は平均分散アプローチの項で述べたマルチファクターモデルを仮定している．そこでは確率変数をファクターに分解した形で書いたがここでは期待値を取り出して，ファクターの期待値がゼロである形で書いておく．

t時点を期首とする証券$i(i=1, 2, \cdots, n)$の投資収益率を$R_{i,t}$と書き，それを並べたベクトルをR_tと書き，投資収益率の期待値を$\mu_{i,t}$ファクターを$f_{j,t}$，$E[f_{j,t}]=0$, $\mathrm{cov}[f_{j,t}, f_{j',t}]=0, j' \neq j (j, j'=1, 2, \cdots, k)$とし，各証券固有の不確実変動を$\varepsilon_{i,t}$, $E[\varepsilon_{i,t}]=0$, $\mathrm{cov}[\varepsilon_i, \varepsilon_{i'}]=0, i \neq i'$, $\mathrm{cov}[f_{j,t}, \varepsilon_{i,t}](i', i=1, 2, \cdots, n)$とする．それぞれベクトル表示をして，マルチファクターモデルは，$R_t = \mu_t + \beta f_t + \varepsilon_t$と書かれる．ただし，$\beta_t$は定数行列で$\beta_t = (\beta_{i,j,t})$である．

nは任意としkは固定しておく．n次元ベクトルμを，1だけからなるn次元ベクトルと行列β_tのk本の列ベクトルが張るn次元線形部分空間に射影する．ここで得られる射影の影をつくる定数を$\gamma_{0,t}, \gamma_{1,t}, \cdots, \gamma_{k,t}$とする．射影の足$c_t = c_{1,t}, \cdots, c_{n,t}$を使ってつくる裁定ポートフォリオは，$n \to \infty$のとき$\sum_{i=1}^{n} c_{i,t}^2 \to \infty$であれば，ゼロの資金をもとにして正の収益を生む確率が1に近づくので，このような裁定取引は存在しないという無裁定条件のもとで$\sum_{i=1}^{\infty} c_{i,t}^2 < \infty$でなければならない．つまり有限個の$i$を除いて近似式$\mu_{i,t} \approx \gamma_{0,t} + \beta_{i,t}\gamma_{0,t} + \beta_{i,1}\gamma_{i,t} + \cdots + \beta_{i,k}\gamma_{i,k}$（APTの命題）が成立する．マルチファクターモデルに各証券固有の不確実変動$\varepsilon_{i,t}$がない，つまり数多くの証券投資収益率の不確実変動が少数の共通のファクターでに表される場合は，上記の近似式が等式となる．

● 統計的分析　APTが示すところのパラメータ値を推定あるいは予測するためには，まずファクターが必要である．主成分分析により得られる主成分を利用するなどの工夫が行われる．東京株式市場の分析では，相互に無相関なマルチファクター4本ないしは少し説明力が弱いものを追加すれば7本あるといわれている．実務では，統計学でいう多重線形回帰モデル，あるいは因子分析モデルと区別しないで，マルチファクターモデルとよぶようであるが，株式ポートフォリオの構成とパフォーマンス分析には必須の統計モデルであり，広く普及している．時間とともに変化するパラメータの推定を時系列的に行う例もみられる．

証券銘柄数が多い場合，サイズが大きい行列，例えばβ_tの逆行列計算などについて，数値計算上の工夫も必要とされる．　　　　　　　　　　　　　［三浦良造］

リスク計測の統計的方法

●**市場リスク** 証券価格の下落可能性を指す．株式，債券，デリバティブなどを組み入れたポートフォリオの損失分布は，ポートフォリオをそのまま固定して1日間，あるいは10日間保持する場合の損失の確率分布である．平均分散アプローチでは，損失分布形を正規分布と仮定している．

(1) バリューアットリスク（VaR）：ポートフォリオ損失分布 F の分位点を指す．$0<\alpha<1$ に対して，$q_\alpha(F)=\inf\{x(実数):F(x)\geq\alpha\}$ を信頼水準 $100\alpha\%$ のバリューアットリスク VaR という．F が連続で単調増加なら，$F^{-1}(\alpha)$ である．

この推定には分位点推定のためのあらゆる方法が試みられている．実務では GARCH(1, 1) モデルが条件付き平均分散アプローチのもとで用いられ，また経験分布がヒストリカル法とよばれ普及している．さらに指数重みを付ける平均分散アプローチも用いられ，ポートフォリオの分散が各組み入れ証券の分散共分散の和として表現されるという線形性がある．ヒストリカル法ではそれがない．

(2) 期待ショートフォール：VaR と同様に，損失分布 F を定めた上で定義されるリスク尺度である．損失分布 F と $0<\alpha<1$ に対して

$$\mathrm{ES}_\alpha(F)=\int_\alpha^1 q_u(F)\,du/(1-\alpha)=\int_\alpha^1 \mathrm{VaR}_u(F)\,du/(1-\alpha)$$

を期待ショートフォール（expected shortfall, 条件付き VaR, CVaR）という．多くのポートフォリオ・マネージャーはこれを好むという．損失分布が連続である場合，損失が VaR を超えた場合の損失の条件付き期待値である．

(3) バックテスト：損失のリスク計測の尺度，計測手法の精度を検定するバックテストが行われる．VaR については，損失が推定 VaR 値を超えるか否かを期待値 $1-\alpha$ のベルヌーイ変数とし，期待値についての仮説検定を行う．

(4) その他のリスク計測：ポートフォリオの最大損失を計測するために極値理論が使われる．ヘッジファンドでは，投資収益率が自己回帰性を持つことを懸念しつつも通常の手順で分析されることが多い．また，特徴的な手法としては最大ドローダウン（ポートフォリオ価格下落の最大値）を計測する．

複数資産の損失分布として多変量正規分布が適切でない場合，特に分布の裾が重い，また非対称であるという特徴をモデル化する研究が進められている．

(5) リスク尺度の整合性：金融リスクによる損失を表す確率変数 L の集合（凸錐をなす）に対して定義された，実数値関数 ρ が 4 つの条件：$\rho(L+c)=\rho(L)+c$（平行移動不偏性），$\rho(L_1+L_2)\leq\rho(L_1)+\rho(L_2)$（劣加法性），正の実数 λ に対して $\rho(\lambda L)=\lambda\rho(L)$（正の同時性），$L_1, L_2$ が確率 1 で $L_1\leq L_2$ ならば $\rho(L_1)\leq\rho(L_2)$

(単調性)である，を満たすとき，ρ は整合的リスク尺度であるという．VaR は整合的でなく，期待ショートフォールは整合的である．

●**信用リスク**　企業のデフォルト（債務不履行）可能性を指す．医学でいう病気をデフォルトとみなして，医学・疫学の統計的確率論的手法が援用されている．

(1) 統計モデル：倒産企業と生存企業の経営状態あるいは財務状態を表す財務指標を用いて，倒産のしやすさを計測する．統計的方法として，ロジスティック回帰，線形判別分析，生存モデルが用いられる．膨大な数の個別企業の情報を含んだ大規模データベースを必要とするので，信用リスク計測会社あるいは格付け会社が存在する．前者2つの統計的方法は，デフォルト確率を推定するわけでなく，デフォルト可能性の水準，つまり信用レベルあるいは格付けの分類を行うだけであるが，実際の倒産件数に基づく倒産確率を添える．年次ごとの格付け変化のデータを用いて，格付け推移確率の推定も行われている．

(2) 数理モデル：企業価値を表す確率過程を用いてそれが負債を下回るときデフォルトが発生するとし，デフォルトを構造的に定義する構造型モデルがある．オプションモデルアプローチ，マートンモデルとよばれる．

疫学モデルと同様に，ハザード率，デフォルト発生の度合いの強さ（デフォルト生起度）を用い，さらにそれらに確率変動を許す動的モデルがあり，縮約型モデル（あるいは誘導型，Reduced form model）とよばれている．これは債券，金利デリバティブ，証券化証券などの価格を導出する理論モデルにも使われる．このほか保険数理のポアソン混合モデルに基づく手法も用いられる．

(3) CDS：社債のクーポン金利は，デフォルトがない場合の金利 C とデフォルト可能性の大きさに応じたスプレッド S とよばれる金利の和である．2008年の金融危機で知られるようになった CDS (credit Default Swap) は，スプレッド S 相当分を支払い，見返りとしてもし社債発行企業がデフォルトを起こした場合，そのデフォルト時点後の C と債券額面を受け取る仕組みのデリバティブである．

(4) その他のリスク：以上のほかには，モデルリスク，オペレーショナルリスク，流動性リスク，システミックリスクなどがある．モデルリスクは，モデルの使用，モデルの仮定に誤りがあり業務上の損失を被るリスクである．オペレーショナルリスクは業務の作業遂行上の事故により損失が生じるリスクであり，決済システムの不備あるいは使用の不備なども含む．まだデータを蓄積している段階であるが，極値理論を応用した分析が行われている．流動性リスクは取引頻度の少なさが価格に与える影響を表す．システミックリスクは金融市場全体がシステムとして機能しないリスクである．これら2つのリスクはともに重要な関心事だが，モデルとデータによる研究はまだ多くはない．

〔三浦良造〕

コラム：計量分析手法の応用例

　計量分析の手法は次第に応用の対象が拡大され，最近では「幸福の測定」にも広く利用されている．OECDではGDPのような伝統的な経済指標を超えて社会的進歩の測定に取り掛からなければならないとしているが，2007年6月に開催された「統計，知識および政策に関する第2回世界統計フォーラム」では，幸福の測定に関するセッションが設けられ，最近の研究が提示された．これらの分析の多くはミクロデータを対象にしたもので，高度に精緻化された手法が利用されている．欧州諸国の比較に際しては，幸福に影響を与えるさまざまな要因に関する意識調査が実施されていて，ある程度の相互比較が可能という見解が多い．

　経済学における中心的な概念である効用に代えて，より幅広い概念である幸福（happinessまたはwell-being）を対象とする点が新しいが，人々の生活満足度を測定する社会調査が国際的かつ継続的に実施されてきたという蓄積がある．これらは金額などの計数を調査するものではなく意識調査である．したがって，分析の対象とされる項目でも質問は直接的で単純なものが用いられる．よく利用される例としては「最近の生活全般にどれくらい満足していますか」という質問に対して，選択肢は「1：完全に満足」から「10：完全に不満足」まで，10段階のスケールで回答させるものがある．

　周知のように，このような主観的な意識調査では調査時点や対象地域などによって結果が大きく異なることがあり，厳密なモデル分析には適当とはいえない．それにもかかわらず，この10年ほどの間，欧州諸国の計量経済学者，計量政治学者を中心として，現代的なミクロ計量分析の手法を適用した論文が大量に執筆されているのが現状である．分析に利用される手法は，ミクロデータを対象とした重回帰分析と順序プロビット分析が典型であるが，推定方法には誤差項の分散共分散行列の頑健推定や，時系列的な誤差と空間的な誤差のモデル化など，かなり高度な計量分析の手法が使われている．

　筆者の予想であるが，主観的な調査に基づくこれらの分析は，きわめて近い将来，反省の対象となるであろう．標本抽出や調査の実施過程に綿密な管理が行われていない統計データに対して緻密な統計的分析手法を適用することは，時間の無駄であるばかりでなく，不適切な分析結果に基づいて無意味な意思決定が行われる危険性さえ招きかねない．統計データの品質と分析手法の適用を一体の問題として扱うことによって，政策の企画立案に真に貢献できる統計が提供される．この点は統計の利用者ばかりでなく，作成者も常に意識すべき課題であろう．

［美添泰人］

5. 社会調査

　社会調査という言葉は広義には人間社会を対象とした調査のすべてをいうことがあり，フィールド調査などの質的調査をも含むが，この『統計応用の百科事典』の立場として，量的な把握を目的とした調査を考えたい．個人や世帯や組織などの集団としての社会現象を対象としたデータ収集であるが，人々の意見や意識を問う調査では，人格をもった調査対象に対する計測であるという特殊性をもつために，そのデータ獲得と分析について物質の測定とは別の困難さがある．例えば標本調査の基本的理論を，社会調査に適用するには，実際の社会の状況を考えた方法をとる必要がある．「社会調査」の分野を特に置いたのはこうした理由による．

　何々調査という言葉は限りなく存在しているが，調査方法による命名，調査対象による命名，調査内容による命名がある．ここで取り上げる項目の中でそれらの分類を明確にしてはいないが，実際の調査はこれらの組合せであることは言うまでもない．項目として，調査方法に関する基本事項から，社会調査データの分析に必須の分析法，実例としていくつか調査を取り上げた．長期的に何度も取り組まれている調査として価値があり，調査対象や内容によって，それぞれに工夫された調査法や分析がなされているものの例である．　　　　　　　　　　　［林 文］

社会調査における誤差

　調査の対象として目標母集団を定め，その状況を偏りなく推定しようとするのが調査である．目標母集団の各要素のうち調査実施可能なものが調査集団となる．抽出確率を与えて抽出した要素からなる標本を調査する標本調査では，標本調査の標本抽出に伴う標本誤差は，理論的に把握することができる．この標本誤差以外の誤差として，実際の調査を実施する過程で生じる非標本誤差を無視することはできない．非標本誤差は全数調査でも生ずる．調査の計画から実施までの間の過程は大きく分けて2つの段階，すなわち，調査実施対象者を選択する段階と，対象者から情報を得る段階に関わるものに分けることができる．社会調査における重要課題の1つは調査実施過程のそれぞれの段階で発生するさまざまな調査誤差の評価問題といってもよい．社会調査の対象たる社会の状況や調査にかかる費用を考慮しながら，避けられない誤差を目的に合った程度に少なくするために，さまざまな方法が考えられ実施されている．実際の調査において，誤差を厳密に分けることは難しいが，意識して分けて考える必要がある．ここでは主に個人の意識を問う調査を念頭に，調査誤差の考え方を示しておく．

●**総調査誤差**　調査実施の諸過程で生じる(介入する)さまざまな調査誤差をその特性に応じて分類し総合的に評価考察しようという考え方がある．通常は，標本誤差と非標本誤差に大別するが，実際の全調査実施過程における誤差の発生源とその場面に対応させると，カバレッジ誤差，標本誤差，無回答誤差，測定誤差に分けられる．このほか，調査に関わる誤差として，処理誤差，加重調整誤差などがある．

●**調査誤差の発生**　調査実施過程のどこで，どのような調査誤差が発生するかを考慮して調査設計を進めることが求められる．調査誤差の全体を低減することは調査品質の向上に寄与するが，同時に調査経費とトレードオフの関係にある．つまり一般に調査誤差の減少は調査品質の向上になるが，これは調査経費の増加を伴う．また調査誤差の種類によって，抑制や低減が容易なものもあればそうでないものもある．調査実施過程の諸要素と調査誤差の特性を勘案して低減可能な誤差から改善をはかることが必要である．

●**主な調査誤差の特徴**　調査実施過程で生じる調査誤差の特徴を示す．ここに示したもの以外に標本誤差（「調査誤差，バイアス」参照）や処理誤差，加重調整誤差がある（表1）．

　カバレッジ誤差：例えば全国民あるいは成人を目標母集団とするとき，標本の抽出枠となる調査集団の具体的な台帳（リスト）を標本抽出枠（サンプリング・フレーム）という．目標母集団に完全に適合する標本抽出枠を用意できないとき

表1 調査誤差の分類

調査誤差の区分	誤差の種類	内容
非観測誤差	カバレッジ誤差	調査したい目標母集団と標本抽出枠のズレに起因する誤差（アンダーカバレッジ，オーバーカバレッジ）．
	標本誤差	標本抽出に伴う誤差のこと，母集団と標本との間に生じる不可避の誤差．
	無回答誤差	標本中に回答のない個体が存在することによる誤差（項目無回答と，全項目無回答つまり調査不能とがある）．非標本誤差の一部．
観測誤差	測定誤差	調査票・設問形式の設計，調査員スキルの違いなどで生じる誤差，回答者の性質・回答傾向，調査方式など，測定に関わる誤差．非標本誤差の一部．
処理誤差	エディティング時の誤差	回収データの各種編集処理で生じる誤差．
	コーディング時の誤差	自由回答・自由記述ほか，テキスト型データのコーディング処理に伴う誤差．
	補定処理による誤差	補定を行ったときに生じる誤差．
	加重調整処理による誤差	加重調整の処理に伴う誤差．

に生じる誤差をカバレッジ誤差という．日本国内における住民基本台帳や選挙人名簿のようなすぐれた標本抽出枠が用意できれば，こうした誤差はほとんど考える必要はない．しかし，全世帯を目標母集団とする標本調査において，標本抽出枠を電話帳とするなら，電話の非保有世帯は調査対象から漏れてしまい，目標母集団を網羅できず，カバレッジ誤差が生じる．

無回答誤差：標本調査では，調査対象のすべてから回答が得られとは限らない．接触不能や回答拒否などの無回答が生じる．無回答には項目無回答と全項目無回答つまり調査不能・未回収とがあり，これらに起因する誤差である．

測定誤差：ある調査対象とその対象が提供した回答とその真値からのずれを意味する誤差のこと．標本が本来保有する真値に対して実際に回答者から得た回答が偏るような場合に生じる誤差をいう．回答をためらうような微妙な質問や調査員を意識して好ましい回答を答えやすい質問などがあるようなときに生じる．具体的には，社会的望ましさ，黙従傾向，初頭効果，新近性効果などが生じる可能性のある場合には測定誤差が生じることが知られている（「テストの測定誤差」を参照）．どのような調査方式を用いたかも関係する．例えば同じ質問をウェブ調査と郵送調査で行ったとき，面接調査と留置自記式で行ったときなど，回答結果に調査方式間の差違があることが知られている．これも測定誤差が関係する． ［林 文・大隅 昇］

参考文献
[1] Biemer, P. et al., 2003, *Introduction to Survey Quality*, John Wiley.
[2] Groves, R. M., 1989, *Survey Errors and Survey Costs*, John Wiley.
[3] Groves, R., et al., 2000, *Survey Methodology*, John Wiley.

調査方式（調査モード）

　一般に調査実施過程を考えるとき「調査対象の捕捉・選定の過程（誰を，どのように選ぶか）」と，その選んだ対象を「測定する過程（どのような手段で回答を集めるか）」とは不可分の関係にあるが，議論に際してはこの両者を意識的に分けて考えることが必要である．前者は標本調査であれば目標母集団と枠母集団を定め，具体的に設定した標本抽出枠（サンプリング・フレーム）から標本抽出（サンプリング）を行う行為に関わることである．例えば「住民基本台帳から単純無作為抽出で選ぶ」「選挙人名簿から，層化二段確率比例抽出により選ぶ」といった操作がこれに相当する．一方，後者の回答を集める手段と操作に関するデータ収集方式の関連事項を調査方式(調査モード，モード)という．例えば，「郵送調査，自記式」「調査員による個別面接聴取法」「調査員による個別訪問留置法，自記式」「電話調査（調査員による電話聴取法）」などと考えればよい．

●**調査方式の類型化**　調査方式を類型化し俯瞰することは調査設計の基本情報として重要である．さまざまな見方があるが，1つは分類のキーとなるいくつかの要素で区分することである．例えば，コンピューター支援の有無，面接員の有無，自記式か非自記式かなどの要素で分類することがある．これに従った類型化の1つを表に示した．これによると，面接方式とは，調査員がいて対象者から直接対面面接によりデータ収集を行うことである．電話帳により調査員が対象者に電話で接触し質問を行う初期の電話調査に対し，RDD法で自動的に対象(例：世帯電話）に接触し，調査員はコンピューター画面上の電子調査票に従って回答収集を進めるCATI方式がある．もう1つの見方はデータ収集式の発達の時間経緯にそって，調査方式の発生時期やどのような進展をたどったかを整理することであり，さまざまの報告がある[1,3]．例えば，「自記式」と「非自記式（特に面接方式）」に注目し，データ収集方式を時間軸にそって技術的変遷の観点から分類すると，電子化されないP&P方式（調査票による自記式）による郵送から始まりウェブ調査や携帯端末利用に至る"コンピューター支援による自記式"（CSAQ）の流れと，調査員による直接的面接や電話方式による聴取から"コンピューター支援による面接方式"（CAI）に移行する流れがある．これによると，ウェブ調査は電子調査票を使った間接的な自記式調査である．間接的な自記式調査という点で郵送調査に類似しており，郵送調査の発展型と位置づけられる．一方，調査員が直接対面で行っていた面接方式は，次第に電話により間接的に聴取する方式に移行し，技術改善でコンピューター支援によるCATI, CAPI, CASI/ACASI, さらにOFGといった電子化の方向に移行してきたことがわかる．このように情報化技術の発

表1 調査方式の類型化

		コンピューター支援（CA：computer-assisted）の有無			
		なし		あり（CASIC, CADAC）	
		調査員の関与		調査員の関与	
		あり	自記式	あり（CAI）	自記式
調査方式 (調査モード)	面接	面接 （直接的）	訪問留置	CAPI	CASI Text CASI, Audio CASI, Video CASI
	郵便	―	郵送	―	DBM (Disc by Mail)
	電話	電話 （間接的）	ファクシミリ	CATI IVR	携帯電話 高機能携帯電話
	インターネット	―	―	OFG	ウェブ調査 電子メール調査

CASIC：computer assisted survey information collection（電子的調査情報取得），CADAC：computer assisted data collection（コンピューターによるデータ収集），CAI：computer-assisted interviewing，CAPI：computer-assisted personal interview，CATI：computer-assisted telephone interviewing，IVR：interactive voice responses（自動音声応答），OFG：online focus group，CASI：computer-assisted self-interviews，ACASI：audio computer-assisted self-interviews

達により調査方式はますます多様化し利用方法も複雑になっている．
●**今後の方向，調査実施過程における調査方式の選び方**　さまざまな調査方式が登場したことにより，用いた調査方式が調査結果に及ぼす影響評価が複雑になっている．調査品質に関わる無数の影響要因が考えられ，特に総調査誤差の低減と最小化を意識した調査設計の構築が必要とされている．今後もデータ収集に用いる新たな電子機器類の登場で，調査実査の場面が大きく様変わりするであろう．すでに携帯電話，スマートフォン(高機能携帯電話)，タブレットPC(iPodなど)，TDE，IVRなどを用いた調査が行われている．これに合わせた電子的データ収集システムの基盤整備やその周辺技術の進歩もあるが，調査方式選択の基本は，調査経費と調査品質との間のトレードオフを念頭に行うことが求められる．また最近は，調査回収率向上や調査経費の低減を目的として複数の調査方式を組み合わせて用いる混合方式に移行する傾向もみられる．　　　　　［林　文・大隅　昇］

参考文献
[1] Dillman, D. A., et al., 2009, *Internet, Mail, and Mixed-mode Surveys -The Tailored Design Method-*, third edition, John Wiley.
[2] Groves, R. M., 1989, *Survey Errors and Survey Costs*, John Wiley.
[3] Groves, R. M., et al., 2004, *Survey Methodology*, John Wiley.
[4] 大隅 昇，前田忠彦，2007，インターネット調査の抱える課題－実験調査から見えてきたこと（その1），よろん，No. 100, 58-70.
[5] 大隅 昇，前田忠彦，2008，インターネット調査の抱える課題－実験調査から見えてきたこと（その2），よろん，No. 101, 58-73.

標本抽出方法（1）

●**ユニバース，母集団，標本**　社会を調査しようとする場合，例えば国勢調査のように集団の全員（日本に居住する人全体）を調べると多大なコストがかかり，データを収集，整理し，報告書を作成するまでに長期を要する．そのため，コストや時間を考慮して，集団全体から一部の集団を，全体の縮図となるように，あるいは全体を代表するように適切に選び出し，その一部集団の調査結果をもって，集団全体を推定することが行われる．これを統計的標本抽出調査といい，通常は本来の集団全体を「母集団」，選ばれた一部集団を「標本」と称する．

　数学的に厳密にいうと，調査対象集団を「ユニバース」，それに確率空間を導入したものが母集団であり，それから統計的標本抽出した部分が，1つの標本となる．例えば「世論調査での内閣支持率」の場合は，日本の有権者全体が「ユニバース」であり，そのユニバースの内閣支持の意見全体に確率の計算が整合するように数学的構造を導入したものが「母集団」となる．有権者全体から一部の集団を取り出したとき，その集団における内閣支持率が「標本における内閣支持率」となり，母集団の内閣支持率を推定する統計量となる．

●**標本抽出誤差**　一部の集団から全体を推定するには，その推定量と真の値（母集団全体を調査した場合の結果）との間のずれ（誤差）を評価する理論と，誤差を少なくする実践的方法が重要となる．統計的単純無作為抽出では，母集団全員（N人）のリストがあることを想定し，あらかじめ定めた標本サイズ（n人）に対応して，数学的にn個の重複しない「乱数」を発生させ，それに対応するものを抽出し，1つの標本とする．そのような操作で，いくつもの標本が得られるが，調べるべき統計量（例：母集団の内閣支持率p）の推定値（観測値）p'が，各標本では少しずつ異なるであろう．その統計的分布（ちらばり）の標準偏差の2倍をもって「標本抽出誤差」と称する（正確には95％の信頼区間）ことが多い．

$$E = \pm 2\sqrt{p(1-p)/n}$$

これは$p=0.5$のとき最大となるので，1つの調査票のたくさんの調査項目について，大まかな目安として$\pm\sqrt{1/n}$を「誤差」として，それ以下の差では統計的には意味がある差とはいえないと解釈することが多い．例えば$n=10,000$人のときは，± 0.01，すなわち$\pm 1\%$となる．「標本抽出誤差」とは別に，データ入力の間違いや偽造データの混入などによる「非標本抽出誤差」の推定も重要であるが，これは実験調査などで経験的に推定されるものである．

●**多段抽出と層別抽出**　実際の世論調査などでは，国民総背番号リストは用いることができないので，まず全国からいくつかの地点を抽出し，次に各地点で住民

基本台帳や選挙人名簿から無作為(乱数を用いて選ぶ)に,あらかじめ定められた人数の回答者を抽出して調査する.地点は,国勢調査データなどをもとに全国を国政選挙の投票区などに分割し,人口比例で抽出する.これを二段抽出という.

面接調査の場合,全国から抽出する計画標本サイズが $n=1,000$ の場合,例えば100地点で各地点10人ずつの抽出と,200地点で各地点5人ずつの抽出では,前者の方が少ない地点の近辺を回るだけなのでコストは低いが,標本抽出誤差は大きくなる.さらに,2段以上の多段抽出も考えられる.面接法,郵送法,名簿に基づく電話法,電話RDD法などの調査モードや,データの有効回収率にも依存するが,一般に多段抽出は調査コストを低減させるが標本抽出誤差は大きくなる.

他方で,大都市,都市部,郡部などの人口密度や地域性を考慮して,地点抽出の際に,それぞれの地域に対応する抽出地点数を確率的に調整することもある.これは,回答分布について地域間の差異(分散)は大きく,各地域内の差異は少なくなるように地域を層別しておいて地点を抽出すると,標本誤差が少なくなるためである.これを「層別抽出」といい,事前の作業コストは高まるが,一般に標本抽出誤差を減少させる(厳密にいうと,層別により誤差が高まることはない).

●**日本の戦後民主主義の発展と統計的世論調査の方法論の確立** 日本の全国レベルの本格的な標本抽出調査では,戦後民主主義を発展させるための重要な方策として,官民の調査機関が統計数理研究所の指導を受けながらアメリカの理論書をもとに,日本の現状に即した標本抽出法が開発された.比較的整った住民基本台帳や選挙人名簿が活用できる日本では,理想に近い統計的無作為抽出が可能で,1948年の「日本人の読み書き能力」調査において,小田原市の住民全体の調査結果(真の値)とそれから統計的標本抽出した結果を比較して,標本抽出誤差の推定の正確さを確認したといわれている.

●**「日本人の国民性」調査の事例** 「読み書き能力調査」で開発された調査方法を活用し,統計数理研究所では1953年以来,「日本人の国民性」調査を継続している.この調査では層別3段標本抽出が用いられている.2008年の第12次調査では,計画サンプルサイズを全国6,400人とした.まず全国の市町村を地方性と人口規模を考慮し層別し,各層より合計400地点を選ぶ.その400地点は,まず市町村を確率比例抽出し(第1段),選ばれた各市町村から投票区を確率抽出する(第2段).最後に,抽出した投票区の有権者名簿より,その地点に割り当てた人数 c(平均16)のサンプルを等間隔抽出で選ぶ(第3段).具体的には,1から投票区の名簿の人数 n までの範囲の乱数 x を発生させ,名簿の最初から x 番目の人を抜き出す.次にそこから n/c 番ごとに1人ずつ抽出するのである(途中で名簿の最後にきてしまったら,最初に戻って続ける). [吉野諒三]

📖 **参考文献**

[1] 吉野諒三,2008,『「科学的」世論調査の価値―歴史と理論と実践の三位一体』日本統計学会誌,**37**(2), 279-290.

標本抽出方法 (2)

　日本のようには住民基本台帳や整った選挙人名簿を活用しがたい国や地域では，ランダム・サンプリング(統計的無作為標本抽出)は容易ではない．また，日本でもプライバシー保護の問題などから，住民基本台帳や選挙人名簿を閲覧できない場合がある．さらに，全国で「ランダム・サンプリング」したと称した調査でも，一部の自治体では名簿が閲覧できず，他の抽出法で代用している場合がある．

●ランダム・ルート・サンプリング　このサンプリングは，いかなるバイアスがあるのか必ずしも明確でなく統計学的には好ましくないといわれるが，実際には海外の多くの国で用いられている．同じランダム・ルート・サンプリングでも国や調査機関により多様であり，以下は一般論としての説明である．

　全国調査では，地点抽出までは日本のランダム・サンプリングと同様だが，選ばれた各地点では，回答者をランダム・ルート・サンプリングする．欧州では，比較的小さな道にまで名称がついていて，その地図やリストが発行されている．その地図やリストの中から統計的にランダムに抽出した道のスタート点から道に沿って3軒毎など，系統的に住民を訪問し，あらかじめ決めた属性(性や年齢など)と数の回答者を得る．「道」ではなくとも，地図や地点リストから「スタート点」を統計的にランダムに抽出することもあろう．伝統的に欧州では「ランダム・ルート・サンプリング」，アメリカでは「ランダム・ウォーク」，そしてインドでは「ライト・ハンド・メソッド」(道に沿って右まわりに歩く)とよんでいるらしい．

　この方法では，あらかじめ計画した回答者数が取れるまで続けるので，見かけ上は回収率が100％となるが，訪問世帯総数を考えると，ランダム・サンプリング流に考えた回収率は，1990年代のイタリア，オランダ調査では30～40％程度と報告されている．最近の日本の実験調査では20％をきることが多い．

●エリア・サンプリング　国勢調査データなどから地域ごとの人口はわかる場合，第1段抽出として，人口に確率比例した地点抽出は可能である．第2段の個人抽出の方法を考案する必要がある．抽出された各地点で既存の住宅地図が手に入れば，それを利用する．それもない場合は，各地点周辺の現場を歩いて地図を作製する．各地点で統計的にランダムに選ばれたスタート点から，例えば3軒おきなど系統的に，あらかじめ定められた数の世帯を抽出する．その世帯で，各世帯の調査対象となる人の中で，一番最近，誕生日を迎えた人を選択する誕生日法や，各世帯の調査対象となるすべての人をリストにし，年齢順に並べ，乱数を発生させて選択するKish法などで，個人を抽出する．

●現地積上げ法　ランダムルート・サンプリングやエリア・サンプリングでは，

各世帯の抽出確率は等しいが，各個人の抽出確率は各世帯で調査対象となるすべての人の数に反比例する．したがって，全体で個人が等確率で抽出されたのと同じにするためには，理論上は，相対的ウェイト（世帯人数）をかけ補正することになる．ただし，問題は，この「ウェイト補正」は計画標本から100％の有効回収率でデータが得られた場合を想定しているが，現実には，はるかに低回収率であることが多いので，むしろバイアスを助長する危惧がある．

この問題を避ける方法が，林知己夫により提案された．それは，第2段の世帯抽出の際に，まず，各世帯での調査対象となる人数を聞き，それを積み重ねていく．例えば，初めから「2人おき，3人おき」の繰り返しで，該当する個人が，その世帯にいれば抽出するが，いない場合は人数の情報を積み重ねただけで，次の世帯へ行く．このようにすれば，個人抽出のレベルでも等確率になる．しかし，実際には，世帯人数だけを聞いて「質問調査」をしないで帰る世帯が生じ，不審に思われて警察へ通報されたり，近隣全体での調査協力率が落ちたりする懸念が大きい．これは，熟練の調査員でないと対応できない危惧があり，また，最近の世帯レベルでの調査協力率から考えても，ほかのバイアスの方がはるかに大きく，理論的な「個人レベルの等確率抽出」に固執するか，調査員の負担を減らす方法を用いる方が現実的かは検討の余地がある．

●**割当て法（クォータ法）**　割当て法も，地点抽出まではランダム・サンプリングと同じだが，各地点で回答者を選ぶときに，あらかじめ指定された属性（性別，年齢層，人種など）をもつ回答者を国勢調査などを参考にし，偏らないように選ぶ．指定されていない属性（例えば学歴，収入，宗教など）についてどのような偏りがあるかは，あらかじめわからないので，指定された属性だけが調査回答分布に影響があると断定される場合を除くと，回答データがそのまま母集団を代表すると考えるのは問題がある．学歴，収入，宗教などもあらかじめ指定した割当てをすると，調査の手続きのコストが大きくなる．

1936年のアメリカ大統領選挙予測では，統計的標本抽出ではない「リテラリー・ダイジェスト社」の大量データに対して，「ギャラップ社」は「割当て法」に基づき，わずか3,000人分の調査データに基づき，ルーズベルトの勝利を当て，統計的標本抽出調査の価値を証した．しかし，1948年の大統領選挙予測では，ギャラップ社を含み大半の調査会社が割当て法を用いて失敗した．この原因として，戦後の農村住民の都市移動を過小評価していた標本の偏りが指摘された．調査において母集団を適正に反映する標本抽出の重要さを示唆している．

しかし，いずれにせよ，各国は単に統計的理論のみではなく，各国の歴史や政治などの社会的背景のもとに世論調査の方法を開発してきたことを了解し，それぞれの差違を尊重すべきであろう．

［吉野諒三］

📖 **参考文献**
[1] 吉野諒三，他，2010,『国際比較データの解析』朝倉書店．

オーソドックスな調査法

　オーソドックスな調査方式としては，目標母集団の各要素が特定できる状況から，偏りのない推定を理論的が可能な標本抽出ができることを基盤とした調査実施方法として，個別面接聴取法，留置法(留め置き法)，郵送法があげられる．日本においては全国の住民基本台帳や選挙人名簿があり，また特定集団を調査対象とする場合もそれを構成する要素があらかじめ明確であり，目標母集団を枠母集団とした無作為標本が可能である．これらの調査法はこれを前提とした確実な調査方法として認識されてきた．調査実施の方法を，回答者への接触方法と媒体に関する部分について，調査方式（調査モード）という言葉で分ければ，標本抽出の如何には関わらず，調査員の介在・非介在，回答表示方式などによって特徴づけられる．

●**個別面接聴取法**　単に面接調査と略称することもある．調査員が調査の対象者を訪問し，調査票の質問を読み上げ，対象者から聞き取った回答を調査員が調査票に記入する．全ての対象者にできるだけ同じ条件で質問し回答を得るのが統計的社会調査の基本原則である．よく訓練した調査員であれば，調査企画側の計画どおりに実施できる．質問の流れが複雑な場合も間違いなく行うことができ，回答の記入法も間違いがない．また，回答方法リストを提示して選択する方法や，適時に図や写真・絵などを使う方法，あるいは，道具を使った回答方法など，さまざまな方法を行うことができる．声に出して質問したり回答したりしにくいことが予想される内容の質問については，部分的に自記式を取り入れる面前記入法も可能である．また，CAPIは，コンピューターを使った面接調査であり，グラフィカルな問題提示方法と回答方法は新しい個別訪問面接法として注目されている．

　初期の社会調査では個別面接聴取法の回収率は高く，標本誤差も非標本誤差も小さいとされたが，近年，回収率の低下（調査不能の増加）が問題となっている．調査不能の理由のうち特に「拒否」の増加が顕著であるが，訪問されることによるプライバシー漏洩の心配，調査に名を借りた悪質な勧誘による調査に対する警戒感，オートロックの集合住宅の増加などの居住環境の変化，人々の意識・行動の個性化などの現社会の諸状況によるといえる．

　個別面接聴取法で問題となる事項の1つは，調査員の質の問題である．上述の長所と問題点は，調査員の質によるところが大きい．調査員の個人差が調査の質に影響するため，調査技術を訓練した調査員の養成，実際の研究調査にあたっては調査の意義や調査実施上の重要な点の調査員への周知が必要である．調査協力

を対象者に求める対話術，対象者の個人情報保護など調査倫理の重視など，調査員教育は重要である．

このように，個別面接聴取法は回収率低下の問題は大きいが，調査員の質によっては最も確実なものとなり得，重要な調査方式であることに変わりはない．

●**留め置き法（留置法）**　調査員が調査対象を訪問し，対象者本人に調査票を渡して回答を依頼し，数時間後あるいは1日～数日後に回収する．会うことが困難な場合，家族を介して本人に依頼することも実際には行われる．面接調査と大きく異なるのは，調査票を対象者本人が自ら読み回答を記入する自記式という点である．このため，時間をかけて考えて回答する必要のある内容，生活実態を記録する内容，声に出して回答しにくい内容，などの調査には最適である．対象者にとっては，都合のよい時間に回答でき，面接時間に拘束されないことも長所といえる．回収率は面接聴取法よりも高い傾向がある．

しかし回収された回答が対象者本人によるものかは確認しにくい．面接調査と比べ，調査員の面接聴取の手間はないが，依頼と回収の少なくとも2回の訪問が必要なため，費用は面接調査と大きくは変わらない．

自記式調査共通の問題として，誤解や間違った方法での回答，無回答が起きやすい．枝分かれのある質問構成の質問票や，順序を追って回答を求める内容の調査には向かない．調査票は回答者にとってわかりやすいような工夫と十分な検討が求められる．

●**郵送法**　調査実施対象に調査票を郵送し，回答を記入した調査票を返送してもらう方法で，自治体の調査などで最も多く使われている．対象者が自分で調査票を読み回答を記入する自記式であり，留め置き調査と同様の自記式に伴う特徴がある．長所は，調査員を介さないため調査員の影響を受けないこと，調査員費用がかからないことである．問題点は，回答返送は対象者個人の協力意思にゆだねられており，調査の内容によっては回答が得にくいことがあげられる．回収率が低ければ，調査内容に関心のある対象者の回答に偏る傾向を否めず，無回答誤差の大きいことが予想される．しかし自治体が行う社会生活上の必要性や有用性が理解されやすい内容の調査や報道機関の行う調査は回収率が高いことが報告されている．費用が少なくてすむことから多用されるが，回収率を上げるには工夫と努力が必要で，単に安価で済むとはいえない．　　　　　　　　　　　　　［林　文］

📖 **参考文献**

[1] 杉山明子編著, 2011, 『社会調査の基本』朝倉書店.
[2] 林知己夫編著, 2002, 『社会調査ハンドブック』朝倉書店.
[3] 林 英夫, 2010, 郵送調査法の再評価と今後の課題, 行動計量学, **37**(2), 127-145.

調査不能と回収率

　母集団に対する偏りのない推定をする標本調査において，ある確率をもって抽出された無作為標本を前提に理論的に標本誤差を計算できるが，実際の調査では調査不能が生じ，計算できない非標本誤差として問題となる．調査対象の母集団から調査実施対象として抽出した標本を「計画標本」，調査を完了した対象集団を「回収標本」ということにすると，調査不能がなければ計画標本の標本誤差であるが，調査不能があると回収標本が対象となる．調査不能が無作為に起こるならば，回収標本も無作為標本であるが，調査不能が無作為であるという保証はなく，標本誤差の理論が成立せず，非標本誤差となる．

　回収標本 K 人における平均値 X，調査不能標本 M 人における平均値 Y，計画標本 N 人 $(N=K+M)$ の平均値 Z とすると，本来の計画標本における平均値 Z に対する X の誤差 $|X-Z|$ は，$(M/N)\cdot|X-Y|$ と書ける．すなわち，調査不能による誤差は，$|X-Y|$ に対して M/N（調査不能率）が効いてくることを示す．したがって，$1-M/N=K/N$，すなわち，こうした意味で回収率は，調査の信頼性を評価する要件の1つとして重要である．

●**回収率の実際**　しかし，回収率の分母として，計画標本から調査実施過程で対象外と判明した対象を除外する考えもあり，また回収数も不完全回答の扱いなど，除外要件についての明確な共通定義は難しい．さらに，抽出台帳によらない標本抽出法に基づく調査など，計画標本の大きさが定まらない調査方法では，回収率の定義はあいまいである．例えば，回収率の分母 N として，RDD法による電話調査では，架けた電話番号が一般世帯と確認されたものだけ，またエリアサンプリングによる個別面接調査では尋ねた戸数とすることもあり，調査方法によっても考え方が異なり，回収率を一定に評価できない．

　実際の回収率の状況を「世論調査の現況平成20年度版」（平成19年度に実施され標本数500以上の調査1199件の報告）から，名簿に基づく標本調査で計画標本の大きさが確定していると思われる個別面接聴取法と郵送法の回収率をみると，面接聴取法では最頻値60％台で集中しており，郵送法では最頻値は40％台でばらつきが大きい．近年の回収率の低下は大きな問題となっている．内閣府の個別面接聴取法による世論調査の5年ごと平均回収率は，1950年頃には9割近かったが，1960年代は8割台，1990年代までは7割台，2005年からはほぼ6割に低下している．留め置き法は比較的高い回収率を保っており，郵送法は調査主体や調査内容や工夫によっては高い回収率が得られることが注目されている．

●**調査不能の理由**　調査不能の理由がきちんと把握できるのは個別面接聴取法と

面前記入法である．留め置き法など調査員が調査実施対象者に直接会うことを原則とする調査法でもほぼ把握できる．

個別面接聴取法における調査不能の理由は次のような要因別に分けられる．
ⅰ）抽出台帳によるもの：死亡，移転，対象外，該当者なし
ⅱ）標本実施対象者の都合によるもの：長期不在，一時不在，病気，拒否
ⅲ）調査員に関係するもの：未訪問，尋ね当たらず，拒否

調査不能理由の時代変化を「日本人の国民性」調査を例に表1に示した．近年の回収率の低下はⅱ）の中でも特に「拒否」の増加によることがわかる．

表1　調査回収率と不能理由の状況

	1958年	1968年	1978年	1988年	1998年	2008年
回収率	79%	76%	73%	61%	64%	52%
死亡・転居	6%	7%	5%	3%	4%	4%
拒　否	2%	3%	6%	14%	17%	23%
その他の調査不能	13%	14%	16%	22%	15%	21%
合　計	100%	100%	100%	100%	100%	100%

[http://www.ism.ac.jp/kokuminsei より作成]

●**調査不能の結果への影響と対策**　例えば，回収率70％の調査で，ある特性の該当割合（回答選択肢からの選択回答など）が40％のとき，調査不能標本での割合が仮に30％だとすれば，本来の計画標本での割合は43％（相対誤差で0.08），回収率50％の調室なら45％（相対誤差0.14）ということになる．

調査不能による誤差に対する補正は可能であろうか．調査不能は属性によって生じ方に傾向があり，面接聴取法では若い世代の回収率の低いことが指摘されている．計画標本からの回収標本の属性分布の偏りを，抽出台帳などによる属性分布に基づき補正することがあるが，同じ属性特性の集団内で調査不能が無作為に生じることを前提とする．同じ属性特性の中でも回収標本と調査不能標本の間で回答傾向が異なれば，補正は一般的には不可能である．回収率が低いと，前者の補正により誤差が拡大することもあり，安易な補正では解決しない．

調査実施において極力調査不能を減らす努力とともに，調査不能についても可能な限り情報を把握して，回収標本のみによる結果の偏りについて十分な考察が求められる．項目反応理論は，経験を積み重ねて得られた情報から回収標本の回答傾向を把握し補正する考え方として参考になる．

また，インターネットなど新たな調査媒体の普及など調査環境の変化を受けて，総調査誤差を考え，調査方式によって生じる回答の誤差よりも，調査不能による誤差削減を重視した混合方式に関心が移っている．　　　　　　　　　　［林　文］

📖 **参考文献**
[1] 林知己夫編，2002，『社会調査ハンドブック』朝倉書店.

電話調査

調査対象者に電話をかけて調査員（電話オペレータ）が質問しながら回答を得る方法．日本では世帯に固定電話が普及した 1980 年代後半から報道機関の世論・選挙調査で主要な方法となった．日本初といわれる電話世論調査は産経新聞が 1969 年から 1977 年まで首都圏と近畿圏のパネル標本で実施したが，毎回独立の無作為標本による全国電話調査は日本経済新聞が 1987 年から始めた．面接法と電話法で内閣支持率の相関は高く，トレンドは類似傾向を示す（表1）．

表1　報道各社による小泉内閣支持率の相関

	日経	朝日	毎日	読売	時事	NHK	共同
日経	59	10	8	15	9	9	18
朝日	0.99	75	11	20	6	3	19
毎日	0.98	0.98	56	20	27	24	10
読売	0.94	0.98	0.98	62	10	12	18
時事	0.98	0.97	0.98	0.91	65	53	12
NHK	0.97	0.92	0.80	0.91	0.96	65	14
共同	0.99	0.94	0.98	0.85	0.99	0.97	61

注：下三角が相関係数で 2 社間で同日実施した調査で算出．上三角はそのペアワイズ件数．対角は各社の調査実施件数．読売と時事は面接法．他 3 社は電話法．

●**電話調査の利点**　電話調査は訪問調査や郵送調査に比べ，多くの質問はできない欠点があるが，報道機関の世論調査では内閣・政党・政策の支持や投票意向など十数項目に限定できること，さらに調査準備から実査・集計まで数日で完了するなどの利点があり，速報性を重視する報道機関に普及した．調査員を全国に配置する必要はなく，電話発信会場に集めて教育訓練・運営管理できる．1人の調査員が担当できる調査対象数が訪問調査より多い点でも効率的である．

実査では CATI システムを使う場合が多く，調査員は LAN に接続された各自のコンピューター画面の番号に電話して質問文を読みながら回答を入力していく．回答の論理チェック，選択肢のランダマイズ，質問画面の自動分岐など，調査員の負担軽減やミス防止を支援できる．回答データはサーバーに随時蓄積されるので，調査全体の進行管理，調査員ごとの回収状況が正確かつ迅速に確認できる．質問紙に回答結果を記入して進める電話調査は PAPI とよばれている．

●**電話調査における標本抽出**　全国の有権者を目標母集団とする場合の確率標本抽出法として次の 2 つの手法がある．i) 電話帳を抽出枠とする．ii) 住民基本台帳や選挙人名簿を抽出枠とし電話帳で世帯番号を調べ非掲載者には往復郵便で番号をたずねる．しかし，いずれも電話帳掲載率低下が代表性を損ない，さらに後者は迅速性も犠牲にする．そこで，電話帳非掲載番号を含む，すべての可能な番号を抽出枠とする RDD 抽出法が 2000 年以降の主流となった．報道機関が定例調査を RDD に転換した時期は早い順に，毎日新聞（1997 年），朝日新聞（2001 年），

共同通信（2001年），日本経済新聞（2002年），日本放送協会（2004年），読売新聞（2008年）である．

　RDDでは単純無作為抽出すると世帯ヒット率が2割強に過ぎない非効率性（稼働局番は2万近く存在するので2億近い番号が可能だが世帯数は5千万強）が課題である．抽出枠はすべての稼働局番に0000〜9999の1万個の4桁の加入者番号を付加した番号空間であり，枠母集団は固定電話加入世帯である．有権者世帯番号は枠母集団に包含されているが，事業所用や非使用の番号も含まれる．

　抽出枠を縮小することなく効率化するMitofsky-Wakesberg法は，世帯番号が抽出枠内で一様に分布せずに偏在する事実に注目した，確率比例抽出による二段無作為抽出法だが，第1段の抽出単位は地理的区画ではなく「バンク」とよばれる番号区画である．03-4567-89xxのように先頭から百位までが同じ数字の百個の番号のかたまりを百位バンクという．抽出手順を要約すると，第1段で百位バンクを抽出，2桁乱数を与えて完全な番号を1個つくる．電話して世帯だったバンクを残す．これによりバンク内の世帯番号数に比例した確率でバンクが選ばれ，第2段で抽出する番号標本は単純無作為抽出より世帯ヒット率が向上する．しかし実際の運用場面では難しい問題もいくつかあり，現在あまり使われていない．

表2　単純無作為RDD抽出法による計画標本と調査結果の概要

計画標本		回収標本		有権者のいる世帯（回答率の分母）	非回収の内訳				非該当
					世帯拒否		不明		
抽出総数	使用番号	回答数	回答率		有権者を確認	有権者未確認	世帯か不明	不対話	
160,000	47,172	11,330	59.3	19,107	7,777	6,498	264	10,741	10,562

注：「不対話」は呼出，話中，留守電を含む．「非該当」は事業所，公衆電話，AX，外国人世帯，非使用を含む．
［日本経済新聞が2008年実施した13回分の世論調査結果の合計値（日経リサーチのWEBサイトより作成）］

　最近は非使用番号を事前に除去するスクリーニング装置があるため，単純無作為抽出でも同程度の効率を達成できる．表2はスクリーニングを伴う単純無作為RDD調査の事例．どの方式でも世帯判定の不明番号が残るため回収率を定義する分母を明示すべきである．個人対象の調査では世帯内から個人を選ぶ抽出段階が増えるのもRDDの特性である．携帯電話の普及や固定電話の非契約世帯率が上昇した場合は母集団のカバレッジ誤差への注意が必要となる．　　　　　　［鈴木督久］

参考文献
[1] 島田喜郎，2005，RDDサンプリングにおける稼働局番法の再評価，行動計量学，62, 35-43．
[2] Lavrakas, P. J., 1993, *Telephone Survey Methods*：*Sampling, Selection and Supervision*, 2nd ed., Sage Publicaitons.
[3] 加藤元宣，2003，電話調査法における調査精度の改善策について，NHK放送文化研究所年報，**47**, 173-218．

集合調査，出口調査，街頭調査

　世論調査や市場調査は，あらかじめ住民台帳や有権者名簿などから抽出されたものに対して，調査を実施することが多く，この場合，標本のランダム(無作為)性は保証されている．しかし，調査対象全体をカバーする名簿のない場合や最近では名簿はあっても入手できないことも多い．このような調査では，調査対象者をどのように選定するか，いかに標本のランダム性を担保するかが重要である．調査の成否にかかることから，調査実施にいくつかの工夫が必要となる．

●集合調査　対象者を会場に集め一斉に調査を行う方法である．職場の従業員，学校の生徒・学生，地域の住民など同質の対象の範囲ではこの方法が効率がよい．職場では会議室，学校では教室などに集まってもらい，対象者に質問紙を配布し，調査の趣旨，記入方法などを説明する．質問もその場で受けるから，調査の同一性を保つことができる．場合によってはビデオなどの映像や音声で説明することもできる．職場や学校などあらかじめ対象者が集まっている場所では回収率は100％近くにもなる．短い時間に少人数で調査を終了することができるから，費用が軽減されるメリットがある．回答の匿名性も保証されるが，一方では自記式であることから記入漏れを点検できないことや会場での質問や雰囲気で回答が左右されることがある．会場での説明者の役割がポイントになる．時間設定，謝礼の有無，回収時に封書で提出させるなどの工夫も大切である．一般の人や特定の集団を会場に集めてきて調査を行う方法もある．市場調査ではあらかじめ会場を設定し，そこにスクリーニングされた調査対象者を集め製品や情報の評価・感想を聞く調査も多い．対象者は会場付近通行者が多いが，モニターなどに集まってもらうこともある．この場合は曜日，時間帯，謝礼，場所の案内などに考慮し，協力率を高めることが重要である．

●出口調査　新聞社やテレビ局が投票日に投票所で投票を終えた有権者にどの候補者(政党)に投票したかを質問する選挙情勢調査の1つである．結果は各政党の獲得議席数予測や候補者の当落判定に使われ，最近では投票締切り直後の午後8時にテレビで公表される．開票が始まれば当選者は次々に決まって行くから，その前に候補者の当確を打つ必要がある．投票締切りから数時間のうちにこの作業を行う．また他局よりも一刻も早く当確を打ちたいという競争原理も働き，国政選挙の度に誤当確が話題になることがある．調査は選挙区内の投票所をサンプリングで選び，午前7時の投票開始から締切りまでに行うが，午後8時まで調査をしていては間に合わないから通常は夕方6時くらいまでに調査は終了する．

　出口調査ではいつも母集団との関係が問題にされる．投票所内の有権者数はわ

かっているが，投票中の投票率はわからないから，その投票所からどのくらいの標本をとるのがよいのか，つまり母集団の数や定義が曖昧なまま調査をしなければならない．調査する投票所の選定は有権者数の確率比例で抽出すればよいが，この場合でも各投票所の投票率が均一でなければ意味はない．結局，抽出された投票所からは40〜100標本というように，あらかじめ決められた標本を調査する方法しかない．時間帯も同一投票所を終日調査するのではなく午前中や午後，夕方などと決め，その分調査員は投票所を移動して調査する．投票所では各メディアの腕章をつけた調査員が投票を終えた有権者に質問紙を渡し，自記式で回答してもらう．投票の秘密があるから封筒や回収箱のようなものを用意し回収する．投票所内で誰に調査を依頼するかは，5人おきに依頼するとか，男性の次は女性というようにランダム性を保つ工夫がなされている．

　国政選挙時には全国津々浦々に調査員を配置し，1選挙区1,000〜2,000標本を調査する．1日のうちの数時間で調査を終え，調査データを携帯電話などで本部に送信する．即座に集計を行い，1週前に行った「選挙予測調査」や記者の情勢判断なども加味し，当確打ちの準備をする．開票率0％でも当確が打てるのはこの調査ゆえである．

　最近では「期日前投票」も新たな課題である．投票日以前の不在者投票の基準が緩和されてから，全投票者の15〜20％は投票日以前に投票を終えている．この比率が高まるにつれて期日前投票者の投票行動も把握しておく必要が生じる．

●**街頭調査**　街頭で行き交う人の中から調査対象者を選び，調査を行う方法である．世論調査としてはあくまでも街中を歩いている人が対象で，母集団がはっきりせず'いい加減な調査'で，市場調査の分野では購買行動や商品の知名度などの調査で頻繁に行われている．時間帯や対象者の選定にランダム性を保てば有意義なデータを集めることができる．

　例えば，商店街の利用状況調査や新規店舗出店のための調査では街頭を行き交う大多数の人

図1　街頭調査

が母集団の可能性をもっている．あらかじめ曜日，時間帯や場所（地点）ごとの通行量や通行人の特性を観察調査で把握しておけば，回答者をランダムに選ぶことができ，全体像に近い回答結果を得ることができる．この方法は回答者を効率よく探し出すことができるが，反面，通行の妨げになったり，悪徳商法に利用される心配もある．調査場所や時間帯，調査目的の説明など留意する点も多い．

［谷口哲一郎］

ウェブ調査

インターネットを通じてオンラインで調査データ収集を行う調査方式をインターネット調査（オンライン調査）という．調査対象者の選出・勧誘と登録，質問文作成，調査票設計と配信・回収，集計まで，調査過程全体をほぼコンピューター支援のもとで実施する電子調査システムで中心的役割をはたす．図1に示すように，調査対象者のコンピューターと調査実施者の各種サーバーとの間で調査質問と回答のやりとりを行う．回答者はブラウザー（Internet Explorer, Safari, Firefox など）によりインターネットで実施者側のサーバーとの授受により調査票を確認するが，このとき HTTP, HTML, CGI などの WWW 環境設定ツールを使う調査をウェブ調査という．インターネット調査とウェブ調査の違いは明確ではなく，最近は電子メールのほかに HTML で記述された電子調査票を用いるのでウェブ調査とよぶことが多い．また，ネット調査，ネットリサーチは国内で用いられる俗称である．ウェブ調査とは，i) 間接的な自記式，ii) コンピューター支援，iii) 双方向的（インタラクティブ），iv) 分散型，v) 豊富なマルチメディアの利用（グラフィカル機能，音声，動画・静止画）といった多様な特性をもつ調査方式（調査モード）の1つである[1]．

●**国内の現状** 国内では，市場調査分野で急速に普及し調査の商品化が進んだ．（一社）日本マーケティング・リサーチ協会の調査によると（2011），回答のあっ

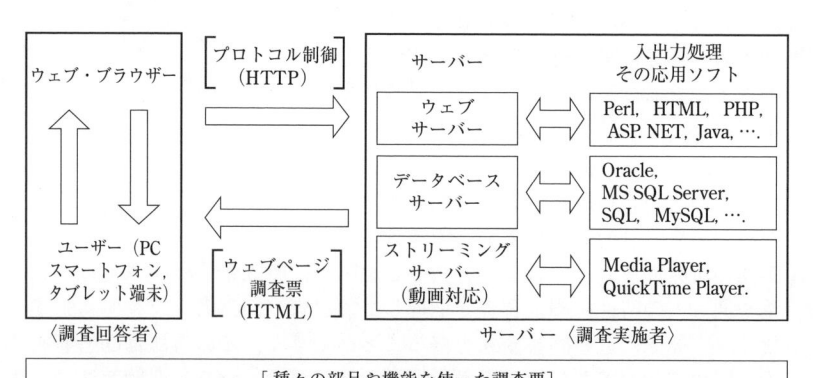

図1 ウェブ調査の概念図

た国内民間調査会社の約8割がウェブ調査を利用している．国内インターネット利用者数は9,000万人を越えたといわれ，各種統計資料もインターネットの一般世帯への普及を示している．ネット調査専業社を含む民間調査会社の保有するパネル登録者数の規模は数万人から数百万人と幅がある．最近は，調査サイト・パネルの合併も多い．廉価・迅速・簡便だけではなく，次第に調査品質への要求度も高まっている．1990年代後半のウェブ調査登場初期の模索段階を経て，ウェブ調査の問題点や解決すべき課題は何かがわかってきた．調査方法論研究は十分とはいえないが，技術面の改善，特に電子調査票作成や運用の技術はかなり進んでいる．

●**特徴：何を観測しているのか** 調査品質を測る指標の1つが回収率である．調査仕様をできるだけ標準化し，"ほぼ同じ日時に，同じ調査票を用いて，複数の調査パネルで"実施しても，通常は回収率に大きな差異がある[3],[5]．性別，年齢，学歴，インターネット利用歴などの人口統計学的特性も，多くの場合パネル間でかなり違いがある[5]．複数パネルで同時に同じ内容の調査を行えることがウェブ調査の優れた特性の1つであるが，結果の差異がなぜ生じるかをウェブ調査の課題として捉え，長短を心得て用いることが求められる．表1にこうしたウェブ調査の特性をまとめた．特に，i）誰を，どのように選ぶか，あるいは選べるか（目標母集団と標本抽出枠の設定，登録者パネル構築），ii）どのように回答を集めるか（調査方式とその技術要素）が重要である．

●**パネルのつくり方：公募型と非公募型** 一般に，インターネット・ユーザの完全なリストがないので，ウェブ調査では従来の確率標本抽出による標本を用いる確率的な方法は困難である．標本抽出枠に相当する登録者パネルのつくり方は，確率的操作の可能性の程度に応じて公募型，非公募型に分けられる．公募型とは，主に市場調査分野で急速に普及した非確率的な方法で，調査機関ホームページ，バナーやポップアップ広告，アフィリエイトやブログ経由など，インターネット上で公募して，登録したい人が登録する自己参加型のボランティア・パネルである．パネル登録者数を増やす傾向にあるが，母集団の代表性，パネルの運用管理，劣化などに課題があり，登録者数の大きさが高い調査品質を保証するものではない．確実な電子メール・アドレスがあれば，カバレッジ誤差の影響の少ない標本抽出枠が得られる可能性がある．例えば，特定の企業の従業員や大学内の学生，専門家集団（学会，組織団体）の会員などの調査である．一方，登録者の集め方を一部改善した非公募型は，まず従来の抽出法に近い方法で調査対象者を集め，その対象者から調査協力の応諾を得てパネルを構築する．パネル登録者の抽出法が明らかで，部分的に統計的推論が可能な確率的な方法となる．非公募型は公募型にありがちな重複登録，匿名，なりすましなどが回避される確度が高い．表2に公募型，非公募型の主な適用場面と特徴を整理した．こうした要件と調査経費を勘案して適切なパネル利用方法を考える．実用上は次のことに注意する．i）複数

表1 ウェブ調査の利点，欠点とされる主な事項

利点とされてきたこと	欠点とされてきたこと
●簡単さ，調査期間の短縮化(速報性・迅速性)，調査経費の低減化(廉価) ●登録者集団のつくり方が回収率の増減に影響 ●回答行動の電子的追跡とパラデータ取得が可能 ●調査不能の抑制が可能なことがある(回答制御による警告通知など) ●回答制御の有効利用(分岐回答，回答矛盾への警告，パイピングなど) ●地域性，地理的距離の解消の可能性(実際は都市圏に偏ることが多い) ●間接的自記式であり調査員の影響を受けにくい ●自由回答設問設計とその回答取得が容易とされる ●微妙な質問への回答取得可能性が高い(本音で答える) ●適切なパネル管理で登録者の高い協力度が期待できる ●双方向的(インタラクティブ)な利用可能性 ●調査票設計時の仕様変更の多様性 ●マルチメディア機能の有効活用(測定誤差の回避を考慮) ●パネル登録者との情報授受の容易性(登録者マイページを作るなど登録者との密な情報交換)	●目標母集団が曖昧，わからない ●誰をどう選んだかが曖昧(標本抽出枠が不透明) ●誰を調査したのか(回答の代表性が疑わしい) ●一般に回収率が低い(状況による) ●回答者の顔が見えない，回答者同定の困難性 ●虚偽，代理など不正回答の混入のおそれ ●謝礼目当てのプロ回答者の存在，その混入のおそれ ●過度の回答の制御・強制が起こりうること ●調査誤差の評価が難しい，十分に徹底しないこと ●有効回答の確定が難しい ●標本設計の困難性(統計的アプローチが困難) ●回答者との信頼性の確保が希薄(合意形成の曖昧性) ●調査不能・無回答の確認や処理が複雑になる ●種々のハードウェア上の障害(通信障害，サーバーダウンなど) ●回答者のコンピューター・リテラシーのばらつきの影響 ●回答者のPC，インターネット利用環境のバラツキ(PC性能，OS，通信回線速度，利用ソフトなど) ●パネルの疲労やパネル管理状態が見えない，調査主体・調査対象者間のなれ合い現象など ●マルチメディア機能の誤用，濫用の可能性(回答誘導のおそれもある)

パネルの利用：パネルのつくり方で調査結果は左右される．なるべく複数パネルを利用しパネル間の比較を行い，パネル特性を知る．ii) 複数の調査方式の比較：同一内容の調査でも，調査方式が異なれば結果は異なることがある．複数パネル間の比較，調査方式間の違い，調査員の有無や質問文の影響評価などが行える調査設計が望ましい．

●**調査誤差の低減：調査品質を考える**　総調査誤差(カバレッジ誤差，標本誤差，測定誤差，無回答誤差)を考えた調査設計とする．非インターネット・ユーザーの存在，ユーザーでもコンピュータ・スキルの不足で調査に参加できない人，メール・アドレスの不備などからカバレッジ誤差が生じる．確率標本抽出が難しいため，厳密な標本誤差の評価が困難で，標本誤差の低減が調査品質の向上となりにくい．多様なウェブ技法を使い複雑な電子調査票が設計できることは利点であり，例えば質問文設計で，回答分岐処理，選択肢論理チェック，条件選択やパイピング処理，質問文や選択肢の無作為化などがほとんど自動化できる(図1)．回答の制御も可能である(矛盾した回答に警告を出し確認を促す)．一方，これらが測定誤差の原因にもなる．また，表1に欠点としてあげた項目の多くも測定誤差に関係する．ここでは，質問文の順序効果，社会的望ましさ，黙従傾向，初頭効果，新近

表2 非公募型と公募型の主な特徴

	非公募型	公募型
適用範囲と主な勧誘方法	・少数だが採用している調査機関がある ・従来型の標本抽出法で集め，合意・応諾をとる（エリア・サンプリング，電話，郵送，ポスティングなどによる勧誘）	・大半のネットリサーチ，ネット調査企業 ・市場調査などで急速に普及し商品化が進む ・勧誘・公募（バナー広告など） ・自己参加，ボランティア／オプトイン
主な特徴	・従来型標本抽出法でパネルを構築しそのパネルに対して調査 ・統計的推論（確率的アプローチ）の可能性 ・パネルの人口統計学的特性の偏りの原因の推測可能性 ・一般に登録勧誘への応諾率は低い ・代表性に注意，パネルのつくり方に依存 ・一般に応諾後の調査協力度は高い ・回収標本は計画標本に近い ・廉価にはできない，高度な基盤整備が必要 ・従来の調査会社・機関がウェブ調査に参入 ・ネット調査専業社との調査の考え方の違い	・パネルのつくり方が多様で情報が不透明なことが多い ・パネルの人口統計学的特性の偏りがある ・統計的推論が難しい（非確率的アプローチ） ・登録者の顔がよく見えないことがある ・一般に回収率が低い，変動も大きい ・計画標本と回収標本の差違が大きい ・ネット調査専業社間のスキルのばらつき ・登録者パネルの再編成・併合の傾向 ・登録者情報の名寄せ，重複者管理，個人情報保護など懸念要素の増大

性効果，マルチメディア利用による言語・音声・視覚による情報伝達効果など，さまざまな要素が影響する．無回答誤差も同様で，回収率，無回答や調査不能の評価，電子調査であることから生じる接触・非接触数（率），完答数（率），アクセス数，未着数と無数の指標の総合的考察が必要である．カバレッジ誤差の低減についてはさまざまな試みがある．例えば，登録者パネル構築時に非インターネット・ユーザーにも測定機器（PC，ウェブTV，タブレット端末）を配付し操作手順を訓練するなどしてウェブ調査を行う方法で，この方式を採用している調査機関は国内外に少数だがある．もう1つは，加重補正法を用いる方法で（例：傾向スコア法），例えば母集団から得た確率標本，あるいはそれに相当する標本抽出枠があるとき，そこから抽出したインターネット・ユーザーに対してウェブ調査を行い，ユーザーと非ユーザー間で加重補正を行う．総誤差の観点から総合的に調査品質の改善を図ることは，ウェブ調査に限らず必要である．　［大隅　昇］

参考文献
[1] Couper, M. P., 2008, *Designing Effective Web Surveys*, Cambridge University Press.
[2] Dillman, D. A., et al., 2009, *Internet, Mail, and Mixed-mode Surveys—The Tailored Design Method*, John Wiley & Sons.
[3] 大隅　昇，他，2000・2004，「調査環境の変化に対応した新たな調査法の研究」報告書（http://srdq.hus.osaka-u.ac.jp/からアクセス可）
[4] 大隅　昇，2002，インターネット調査，林知己夫編『社会調査ハンドブック』，朝倉書店，200-239.
[5] 大隅　昇，2010，ウェブ調査とはなにか？―可能性，限界そして課題，市場調査，284号，4-19；285号，2-27.

混合方式（混合モード）

　異なる調査方式を調査実施過程の状況に応じて使い分けることを混合方式という．郵送調査で未回答の対象者に対し別の調査方式（例：電話調査，ウェブ調査）で追跡調査するなど，混合方式とは意識せずに多用されてきた．混合方式の体系的研究への関心が高まった理由はいくつかある．国内外ともに調査実施環境の悪化が深刻で，特に調査協力度と回収率の低下が著しく，欧米では携帯電話の普及による電話調査（CATIなど）のカバレッジ誤差増大もある．日本国内では，優れた標本抽出枠である選挙人名簿が利用制限により，カバレッジ誤差の大きい抽出枠への移行を余儀なくされている．複数の調査方式の適用で回収率の向上が考えられるが，調査方式の切り替えによる調査品質維持へのリスクもあり容易ではない．

●目的と効用　混合方式導入の目的は，回収率の向上，複数の調査方式を回答者に提示し選択の自由度を高め，回答者の負担軽減，調査期間短縮や調査経費節減など調査効率の改善，そして全体として調査誤差の低減を図り調査品質の向上に結びつけることにある．複数調査方式の形式的な併用ではなく，調査品質改善のための最適な適用可能性を探ることが目標とし，各調査方式の特性を勘案して弱点を相互補完的に埋め，結果として総調査誤差を最小に抑える調査方式の組合せを，許された予算と時間の枠内で考える．

●適用時の検討要素　調査実施過程の"どの時点でどの調査方式を，誰に（何に）対して，どのように適用するか"がある．特に"対象者に接触し勧誘する段階（接触段階）"，"回答取得の段階（回答収集段階）"，"フォローアップ・督促の段階"の3段階と調査方式の組み合わせ方である．調査過程の時間軸の中で，複数調査方式の同時的適用か，逐次的適用か，さらに対象とする標本が1組か複数組かなどの検討もある．こうした条件を混合方式の検討要素として整理し（表1），各調査方式の特性を考慮した組み合せを総合的に議論することが肝要である．同時に，用いる調査方式の差違により生じる調査誤差の評価を調査過程のどこで，どのように行うかの具体的な手順も留意すべきである．組合せは多種多様であるが，表1の諸要素を前述の3段階を中心に適用場面に応じて現場の実状に合わせて用いる．混合方式のうちいくつかを例示した（表2）．主たる回答収集段階はなるべく単一の調査方式で実施し，事前の接触段階（勧誘，依頼）や事後のフォローアップ・督促段階で，状況に応じてそれとは異なる調査方式を適用することが混合方式の基本的な設計指針とされる．

●調査方式の差違が回答結果に及ぼす影響　用いた調査方式の違いが回答に及ぼす影響要因として，調査員の有無（例：面接方式か自記式か），質問内容の伝達方

こんごうほうしき
(こんごうもーど)

表1 混合方式の主な検討要素

主な検討要素	内容
①調査方式の適用場面（調査過程のどの段階で適用するか）	・接触段階：調査対象者の勧誘や調査の告知などを含む ・回答段階：具体的な測定とデータ収集の段階 ・フォローアップ，督促の段階
②調査方式を適用する時点・時期	・同時的に適用　・逐次的に適用
③調査対象とする集団あるいは標本の数（対象者集団の数）	・単一標本を対象とする ・複数組の標本を対象とする
④調査実施期間	・1調査が1回（1期間）　・複数期間にまたがる
⑤調査方式の選択権	・調査方式の選択権を実施者側で事前に設定する ・回答者側に複数の調査方式を提示し選択を委ねる
⑥調査票の選択	・1つの調査票を複数の調査方式で使い分ける ・調査方式の変更に合わせて調査票を変える

表2 混合方式における調査方式の組み合せのいくつかの例

適用の時間軸	標本	時間軸	
遂的な混合	1つの標本	期間1 　調査方式a	期間2 　調査方式b
		異なる期間での混合，継続的に長期の期間にまたがることもある	
	1つの標本	期間1 　時点1：調査方式a ⟹ 時点2：調査方式b 同一の期間での混合だが逐次的，各時点で調査方式は1種	
同時的な混合	1つの標本	期間1 　調査方式a 　調査方式b 1つの期間，1つの時点で複数の調査方式を並列的に適用	
	複数の標本 標本a 標本b	期間1 　調査方式a 　調査方式b 1つの期間内で異なる対象に異なる調査方式を適用	

法（例：面接か電話か），調査要設計があげられる．これらから生じる諸現象，例えば質問の順序効果・文脈効果，社会的望ましさ，黙従傾向，初頭効果，新近性効果などは非標本誤差調査方式の選択と混合利用は，これらを十分に考慮した調査設計が必要である．（測定誤差，無回答誤差など）となる．　　［林 文・大隅 昇］

参考文献
[1] Dillman, D. A., 2009, *Internet, Mail, and Mixed-mode Surveys -The Tailored Design Method*, 3rd. ed., John Wiley.
[2] de Leeuw, E. D., 2005, To Mix or to Mix Data Collection Modes in Surveys, *Journal of Official Statistics*, **21**(2), 233-255.
[3] de Leeuw, et al., 2008, Mixed-mode Surveys：When and Why, Chapter 16 in *International Handbook of Survey Methodology*, (eds.) de Leeuw, E. D., et al., Psychology Press (Laurence Erbaum Associates).

コウホート分析

　同一調査項目について継続調査が行われ，年齢階級別の集計値が得られているならば，コウホート分析を行うことができる（ここでいう継続調査は同一調査対象を追跡する縦断調査ではない）．表1は，統計数理研究所が1953年から5年ごとに実施している「日本人の国民性調査」(http://www.ism.ac.jp/kokuminsei/)から，1958年以降質問しているある項目の女性の回答割合の年齢別推移を示したものである．

　コウホート分析とは，表1のような「調査時点×年齢階級別」に集計・整理されたデータ（コウホート表データとよぶ）から，データの変動に対する年齢効果，時代効果，コウホート効果を分離する方法である．ここでコウホートとは，語源的にはローマ時代の軍団の1単位のことであり，転じて人口学・政治学・社会学の分野で人生のある契機（出生，就職，結婚など）を同時期に経験した集団のことを指すようになった．何も冠さなければ同時出生集団を意味し，例えば団塊世代というときの世代とほぼ同義である．

　コウホート表データの変動には，社会の成員全体に対する時勢要因による変化だけでなく，社会の成員個々の加齢要因による変化，社会の成員の世代差要因によるものも含まれる．これらの要因の影響の程度がそれぞれ時代・年齢・コウホート効果であるが，時代効果が大きいことがわかればそのときどきの時勢により社会全体が変化しやすいこと，年齢効果が大きいことがわかれば個人は加齢に伴い変化するものの社会全体としては安定的であること，またコウホート効果が大

表1　女性の「女に生まれかわりたい」の割合（％）

年齢階級	調査年									
	1958	1963	1968	1973	1978	1983	1988	1993	1998	2003
全体	27	36	48	51	52	56	59	65	67	69
20～24	37	46	58	61	51	65	58	65	68	71
25～29	27	41	58	59	50	58	49	75	70	71
30～34	27	33	44	50	59	54	62	67	70	72
35～39	35	43	43	56	58	63	67	67	63	66
40～44	25	34	46	47	51	62	57	65	59	74
60～64	24	20	38	32	42	48	58	66	62	67
65～69	11	22	41	44	50	54	64	71	72	67

　注：調査年が5年ごとであるから，例えば，1958年の調査時に20～24歳（1933～1937年生まれ）の女性は2003年調査時には65～69歳の階級になっている．各調査時ごとの推移は"あみ"の数字をみればわかる．

きいことがわかれば世代交代によって社会全体がゆるやかに変化していくことがいえる．3効果のあり方により社会の変化の様相が異なるのである．

●**標準コウホート表** 調査間隔と年齢階級幅が一致している場合（表1では5年間隔と5歳幅）のデータ表を標準コウホート表とよぶ．この場合，調査時点数をJ，年齢階級数をIとし，第j調査時点の第i年齢階級を第kコウホートとすれば，このコウホートは$j+1$時点では$i+1$年齢階級にあり，結局添字間に$k=I-i+j$ $(k=1,\cdots,K; K=I+J-1)$という関係のあることがいえる．

●**コウホートモデルと識別問題** 標準コウホート表データについて，第j調査時点，第i年齢階級の何らかの集計値（平均や割合）をy_{ij}とし，その期待値を$\mu_{ij}=E(y_{ij})$とするとき，μ_{ij}を単調変換（恒等，対数，ロジット変換など）した$h(\mu_{ij})$を$h(\mu_{ij})=\beta^G+\beta_i^A+\beta_j^P+\beta_k^C$のように分解するモデルがコウホートモデルである．ここで，β^Gは総平均効果，β_i^A, β_j^P, β_k^Cはそれぞれ年齢・時代・コウホート効果のパラメータであり，適当なゼロ和制約を課す．このモデルには先の$k=I-i+j$という関係に由来する識別問題が存在し，何らかの付加条件がなければ3効果のパラメータの線形成分は不定であることが知られている．

●**パラメータの漸進的変化の条件とベイズ型コウホートモデル** 1982年に中村は，コウホート分析における識別問題を克服するためにパラメータの漸進的変化の条件を事前密度として取り込んだベイズ型コウホートモデルを定式化し，赤池のベイズ型情報量規準（ABIC）最小化法によりモデル選択を行う方法を提案した．パラメータの漸進的変化の条件とは，各効果のパラメータの1次階差の2乗和

$$\frac{1}{\sigma_A^2}\sum_{i=1}^{I-1}(\beta_{i+1}^A-\beta_i^A)^2+\frac{1}{\sigma_P^2}\sum_{j=1}^{J-1}(\beta_{j+1}^P-\beta_j^P)^2+\frac{1}{\sigma_C^2}\sum_{k=1}^{K-1}(\beta_{k+1}^C-\beta_k^C)^2$$

を小さくする条件であり，重みの逆数のσ_A^2などは超パラメータとよばれる．

●**女性の「女に生まれかわりたい」のコウホート分析結果** 表1のデータのコウホート分析結果を図1に示す．まず，時代効果が大きく，年齢や世代を問わず女性全体がこの意見をもつように変わってきたことがわかる．世代の特徴としては1940年代生まれが相対的に多くこの意見をもっている．ただし，年齢があがるにつれこの意見ではなくなる傾向にある．

［中村　隆］

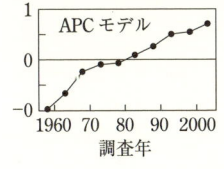

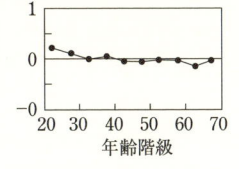

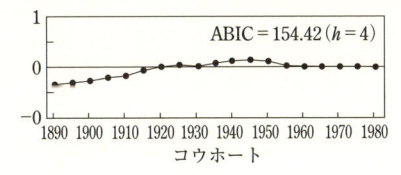

図1　女性の「女に生まれかわりたい」のコウホート分析結果

📖 **参考文献**

[1] 中村　隆, 2005,『コウホート分析における交互作用効果モデル再考』統計数理, **53**(1), 103-132.（http://www.ism.ac.jp/editsec/toukei/pdf/53-1-103.pdf）

パネル調査

「パネル調査」は継続調査の一種で，同じサンプルに対し一定の期間をおいて繰り返し調査を行い，対象者の意識や行動の時間的な変化を捉えようとする調査手法である．多くの場合同じ調査内容で行われる．パネル調査の利点は同一対象者集団（「パネル」とよばれる）から連続性のあるデータが得られるため，外部要因による意識や行動の変化を対象者単位で追跡することや，外的刺激をコントロールすることにより変化する方向やその原因を明らかにするなど，一般のアドホック調査では困難な複雑でより深い分析が可能となる．

パネル調査は非常に有効な調査手法であるが同じサンプルを長期間追跡するため，サンプルの脱落や調査に慣れることによる回答のぶれ（調査ずれ）など，パネルにひずみが生じやすい．これらのひずみの是正にはサンプルを一定期間で入れ替えるサンプルローテーションや，回答誤差の検証のために別サンプルのコントロールパネルを走らせる必要も考慮しなければならない．このようにパネル調査は利点が大きい反面，調査実施面での負担が重くなるなど欠点も少なくなく，一般の調査に比べ調査企画者の過去の経験や知見に頼る部分が多くなる．

パネル調査を調査内容で分けると，意識や意見の変化を追う分野と個人や世帯の行動や商品購入の実態を追跡する分野に分けられる．もともと1930年代のアメリカにおける商品の在庫調査から始まったこともあり，個人や世帯の消費者行動，商品購入動向の時系列的変化など，マーケッティング調査の分野での利用が盛んである．現在では国の「家計調査」，民間の消費者調査，販売店調査や視聴率調査など実態面を追跡する調査に広く利用されている．

●**パネル調査の設計** パネル調査の設計は調査規模，調査期間，対象（個人・世帯）などにより異なるが，アドホック調査に比べ一定期間パネルを維持・管理するために緻密な設計と周到な準備が必要である．パネルサンプルの抽出は，層化された母集団から十分大きなマスターサンプルを抽出し，そのマスターサンプルからパネルサンプルを抽出するという2段階の抽出方法を用いるのが一般的である．抽出の方法は，マスターサンプルに抽出台帳としての基本属性を付加するため，サンプル属性を確定する初期調査（ゼロ調査）を行い，このマスターサンプルを抽出台帳とした層別系統抽出法により必要数を抽出してパネルサンプルとする方法がとられる．マスターサンプルの役わりは抽出台帳だけでなく，パネルサンプル脱落の補充や代表性のひずみの照合などに利用される他，調査に不具合が生じたとき常に戻るべき基本台帳という重要な位置付けにある．

本調査は調査協力者を確保（植付け）する困難な作業だが，長期間に渡る拘束

をきらうパネルサンプルの初期脱落を最小限にくいとめ，植付け段階でいかに正規サンプルを確保するかは，パネルの精度を維持するうえで最も重要なことである．しかし，どうしてもパネルが正規サンプルで満たないときは，マスターサンプルの同一層から補充することになる．このような手続きを経てパネルが完成する．

●**パネル調査の維持**　設定されたパネルは調査回数を重ねることにより安定してくるが，依然として調査ごとに少数の脱落があることは避けられない．また，対象者は初めのうちは真剣に回答をしてくれるが，回を重ねることにより調査に慣れが生じ，対象者によっては回答が雑になったり，依頼者の意図を先回りしたりした不正確な回答などの調査ずれが生じてくる．これらを総称してパネルの消耗といい，パネル調査特有な現象である．パネルの消耗を防ぐため，一般的には一定数のサンプルを定期的に入れ替える，サンプルローテーションにより補っている．

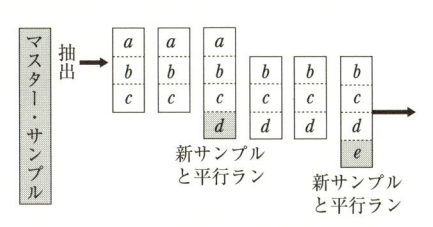

　サンプルを入れ替えることは厳密な意味で同一サンプルでの継続調査とはならないが，長期間にわたるパネル調査では避けられない手法である．サンプルをローテーションするときは同一サンプルの時系列的な移動状況の管理や新旧サンプルの平行調査期間を設けるなど，継続性を切らさない工夫が必要である．ローテーションの期間は調査の目的にもよるが，サンプルの緊張感が持続できる範囲を考慮して 6 カ月（回）あるいは 12 カ月（回）でサンプルが交代する調査が多い．

●**パネルサンプルの代表性**　走っているパネル調査の代表性については常に点検・修正する作業が不可欠である．毎回の調査票の点検と対象者に対する問合せは最低限の作業だが，サンプルローテーションによるパネル構成のひずみや対象者の調査ずれによる回答の偏りはパネルサンプルの代表性に大きな影響を与える．これらを是正・除去するためには，基本台帳であるマスターサンプルのゼロ調査結果との点検・照合は常に行われなければならないし，新しいローテーションサンプルの結果との比較・照合も欠かせない作業であるが，最も有効な手法は別サンプルのコントロールパネルを本パネルと平行して実施し，結果の差異を検証する作業である．

　コントロールパネルは本パネルと同じ設計で同時期・同質問で実施されるが，どの程度のコントロールパネルを実施するかは費用と手間を考えて慎重に検討しなければならない．いずれにしろ，パネルの代表性の検証は困難で根気のいる作業だが，調査企画者の過去の経験や知見による的確な処置が求められる．

［福島靖男］

スプリットハーフ

　特に意識調査では，質問文の言いまわしや回答選択肢の作成方法，質問の順序や調査モードといった調査手法が変われば，その影響を受けて結果も大きく変わることがある．そこで調査対象全体を無作為に2群に分割した上で，それぞれを異なる手法で調査し，結果を比較することで質問文などの影響の大きさを調べようとするのがスプリットハーフである．したがってスプリットハーフは予備調査の段階で用いられることが多い．なおスプリットバロットと呼ばれることもある．

　例えば表1をみてみよう．「離婚について，あなたの考えに最も近いものを，次の中から，1つだけあげて下さい」という質問に対する回答を電話調査で調べた結果である．ただし調査対象者は無作為に2分し，一方の

表1　離婚観

回答選択肢	↓	↑
●どんな場合にも離婚はさけた方がよい	9	9
●努力して離婚はなるべくさけた方がよい	45	38
●場合によっては離婚はやむを得ない	40	45
●離婚したいならさっさとしたらよい	4	8

グループには先頭の「どんな場合にも離婚は避けた方がよい」から順に回答選択肢を読み上げ，残りの半分のグループには最後の「離婚したいならさっさとしたらよい」から上へ向かって回答選択肢を順に読み上げた．

　上から下へ読んだグループでは，「どんな場合にも避ける」と「努力して避ける」の2つを合わせて54％と過半数が離婚に反対である．しかし下から上へ読み上げたグループでは，「場合によってはやむを得ない」と「さっさとしたらよい」の2つを合わせて53％であり，逆に過半数が離婚に賛成となっている．両者の違いは，リストの始めの方の回答選択肢ほど選ばれやすいという初頭効果によるものと考えられる．それと同時に，回答選択肢の提示順序によって結果が異なるということは，必ずしもすべての人が，「離婚」に関して賛成・反対といった明確な意見をもっているわけではないことを示唆している．

● **CASIC における利用**　ところで調査対象を分割する群の数は必ずしも2つに限る必要はない．特に CATI やインターネット調査など，コンピュータを利用した調査（CASIC）では，群の数を容易に大きくすることができる．例えばもともと順序がない P 個の回答選択肢については，その順序を対象者ごとに無作為に変えて提示することで，理論上は $P! = P \times (P-1) \times \cdots \times 1$ とおりの群ができることになる．そして調査対象全体から得られた結果は，回答選択肢の順序の影響が相殺されているため，順序を変えなかった場合の結果に比べ，回答選択肢の順序効果という非標本誤差がより小さいと考えられている．

● **item count 法** 調査手法の影響を調べるというスプリットハーフの本来の主旨からははずれるが，2群への無作為な分割を積極的に活用した調査法の1つにitem count 法（IC法）がある．IC法は，社会的に望ましくない行為や違法行為の経験の有無など，人によっては率直に答えにくい事柄を調べるための手法であり，間接質問法の1つと位置づけられる．例えば飲酒運転の経験の有無を調べたいものとしよう．飲酒運転は違法行為であるので，その有無を直接たずねても，当然すべての人が正直に回答するとは限らない．

そこでIC法では，まず調査対象を無作為に2分する．次に片方の群に対して図1のリストAを提示し，その中で「当てはまる項目の数」だけを回答してもらう．リスト内の各項目への該当・非該当は回答してもらわないので，回答が「0個」あるいは「5個」でない限り，回答者の飲酒運転の経験の有無は誰にもわからない．そのため直接質問をする場合に比べ，回答者はより正直に回答すると期待できる．

```
┌─リスト A ─────────┐  ┌─リスト B ─────────┐
│・富士山に登ったことがある│  │・富士山に登ったことがある│
│・犬を飼っている    │  │・犬を飼っている    │
│・オーロラを見たことがある│  │・オーロラを見たことがある│
│・ハチに刺されたことがある│  │・ハチに刺されたことがある│
│・飲酒運転をしたことがある│  │            │
└──────────────┘  └──────────────┘
```

図1 item count 法

さらにもう片方の群にはリストBを提示し，同様にその中で「当てはまる項目の数」だけを回答してもらう．2つのリストの違いは「飲酒運転をしたことがある」の有無だけである．そのため調査目的である飲酒運転の経験率は，両リストの平均個数の差として推定できる．すなわちリストAのうち「当てはまる項目の数」の平均の推定値を $\hat{\mu}_A$ とし，リストBにおける平均の推定値を $\hat{\mu}_B$ とすると，目的とする経験率の推定値は $\hat{\mu}_A - \hat{\mu}_B$ となる．仮想例としてリストAでは平均2.54個当てはまり，リストBでは平均2.37個であれば，$2.54 - 2.37 = 0.17$（17%）の人が飲酒運転の経験があるということになる．　　　　　　　　　　　　　　　　［土屋隆裕］

📖 **参考文献**
[1] 土屋隆裕，他，2004，『調査モード間の比較研究―2002年度・2003年度調査』統計数理研究所研究リポート 93.
[2] Tsuchiya, T., et al., 2007, A study on the properties of the item count technique, *Public Opinion Quarterly*, **71**, 253-272.

質問紙調査

　統計的推測により社会現象の本質を明らかにするための「質問紙調査」では質問形式と回答方法の標準化が必要である．適切な実施方法によって行えば質問紙調査は「豊かな知識をもつ調査者が回答者の考え方を正確に測れる」という妥当性と「同じ方法で調査すれば，同じ結果が得られる」という信頼性を確保できる調査方法の1つである．

●**一般手順**　調査研究の目的を明確にした上で，何について調べるか，どのような方法でデータ収集を行うか，調査結果をどのように分析するかといったことを周到に企画することが必要である．調査の目的，内容，実施方法によって手順の細部は多少異なるが，質問紙調査の一般手順は，図1のように調査企画，プリテスト，調査設計，調査実施，データ分析，結果報告の6段階からなっている．各段階において行うべき作業の内容概要は以下のとおりである．

ⅰ）調査企画では，先行研究の成果を踏まえ，調査課題を決定し，仮説検証ないし事実発見という調査の位置づけを明確にする．そして調査課題に合わせた母集団を定義し，標本抽出方法を確立する．次いで，おのおのの調査実施方法の特徴を吟味しながら，最も適切なデータ収集方法を選定する．また，データ分析計画および結果報告書草案を作成する必要がある．

ⅱ）プリテストでは，最初に策定した調査計画をもとに考案した調査票原案，標本抽出方法，調査実施方法などに問題点はないかを点検するために，全事項も漏れなく現地調査で確認する．なお，調査票草案に書かれた各質問の構文，選択肢

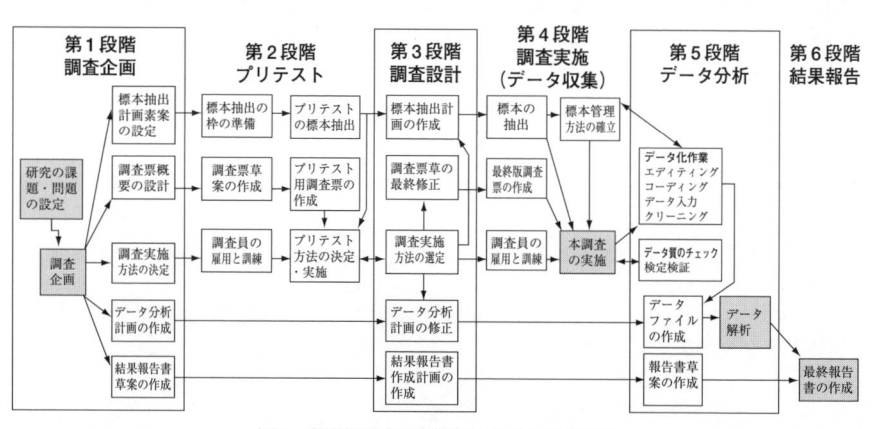

図1　質問紙調査の各段階における作業内容

などの適正さもプリテストにより検証する．

iii）調査設計では，プリテストでの所見をもとに，母集団の範囲，標本抽出方法，質問の形式と順序，調査実施方法などを決定する．特に，調査内容，予算額，調査期間，標本の地理分布などを慎重に考え，実施方法を選ぶことが重要である．

iv）調査実施では，標本抽出および標本の管理，最終版調査票と質問カードの印刷，作業工程表の作成と本調査，調査済み個票の点検などを主な作業とする．

v）データ分析では，個票に対して，エディティング，コーディング，データ入力，データクリーニングによりデータ化した上で，単純集計，クロス集計などの簡単な分析をもとに，データに含まれる情報を抽出するための高度な解析を行う．

iv）結果報告では，データ分析の結果をもとに，図表などによる可視化方法を生かし，仮説に対する検証結果，あるいは発見した新事実を中心にとりまとめる．

●**調査的特徴** 質問紙調査の本質は，個人や事業所などを対象にデータを客観的に収集することを通じて，社会事象の実態ないし構造を統計的に解明することにある．調査者は調査票に書いた内容が回答者にとっても同じ意味で解釈され，素直な回答が示されるということを前提に，調査結果に対する解釈を行う．心理学的実験を例にすれば，質問紙調査は質問文を「刺激」とし，それに対する回答を「反応」として母集団の特性を抽出するというアプローチとなる．客観的データの収集を保証するためには，回答者に与える「刺激」を厳密に統制することが重要である．したがって，調査課題を計測するための質問だけではなく，回答に影響を与えうる調査対象の属性に関する質問をも取り入れる必要がある．

質問紙調査は，厳格な標本抽出，慎重な調査票設計，適正な調査実施をすべて科学的にこなすことで，調査の妥当性と信頼性を最優先する調査方法の1つである．調査の信頼性は再現性と一貫性で測ることが可能である．このような意味では，質問紙調査による継続調査と比較調査は，再現性と一貫性をそれぞれ検証することを視野に入れている調査だと位置づけることができる．

質問紙調査法の長所としては，i）大規模な母集団を調査するのに有効である，ii）多様な質問を設けることで，調査結果に対してさまざまな分析を行うことが可能である，iii）まったく同じ質問の内容を対象者全員に聞くので，調査結果の信頼性が高い，という点がある．これに対して短所としては，i）標準化された調査票の質問項目では人々の知識，態度，行動などを深く捉えることができない，ii）多様な社会生活の脈絡を扱うことは困難である，iii）回答者に過去の行動や将来の行動意向を聞くだけで，社会的行為を直接測定することはできない，という点をあげることができる． ［鄭 躍軍］

📖 **参考文献**
[1] 鄭 躍軍，2008，『統計的社会調査―心を測る理論と方法』勉誠出版．
[2] 林 知己夫編，2002，『社会調査ハンドブック』朝倉書店．

調査票の設計

　質問紙調査で用いる「調査票」とは，質問や回答項目が順序よく体系的に並べられた情報収集の媒介である．調査票への回答は質問という「刺激」に対する「反応」なので，適切な調査票を設計しなければ妥当性と信頼性の高い情報を得ることはできない．したがって，調査票の設計は調査結果を左右する重要な手順の1つである．同じ内容でも，調査実施方法が異なれば質問の構文や質問順序など調査票の設計方法も変わる．調査の目的・内容・実施方法とデータの活用方法に基づき，全体構成，質問の形式と構文，質問順序などを考えることが大切である．

●**構成と作成手順**　質問紙調査は，調査者が調査対象に対して他記式（面接調査，電話調査など）で聞く場合と，自記式（留め置き調査，郵送調査など）で回答してもらう場合がある．両者は構造的に異なる点はあるが，いずれも調査協力依頼文，質問本体，付帯質問の3部分から構成される．協力依頼文は，調査の趣旨，調査結果の扱い方と協力依頼のほかに，調査主体と調査実施機関を示した説明である．質問本体は，質問内容と回答方式を含む複数の質問から構成される．調査票に取り入れる質問数は実施方法や内容によって異なるが，面接調査の場合40～50問程度とし，回答時間を45分前後とする．付帯質問は，調査対象の属性や社会的背景に関する内容からなっている．調査対象が個人であれば，性別，年齢，学歴，職業，収入などを含む場合が多い．付帯質問は調査票の最後に置くが，かつて調査票の最初に置かれたので「フェースシート」とよばれていた．

　目的に即した調査票の作成には図1のような設計手順が一般的である．

ⅰ）調査票概要の決定：仮説検証ないし事実発見という目的をもとに，課題，調査票に含む内容を明確にした上で，必要な概念を操作的に定義し，それを測るための質問項目を具体的な質問へ発展させる．

ⅱ）草案と質問文の作成：質問項目ごとに質問形式を決め，質問文を作成する．

ⅲ）プリテストの実施：被験者に質問項目や質問文などを，設計者の意図通りに理解し，回答できるかどうかを確認してもらう．

ⅳ）調査票の修正・確定：プ

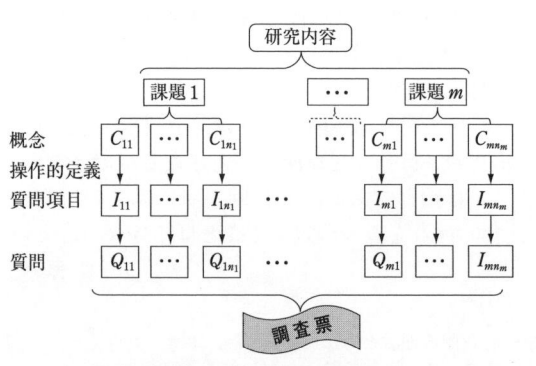

図1　調査票設計の概念的フローチャート

リテストにより得られた結果に基づく修正を行い，最終版調査票を確定する．
●**質問形式** データ分析方法を吟味した上で，質問項目ごとに質問形式を決める．質問形式は，回答の仕方により自由回答形式と選択肢方式に分けることができる．

自由回答形式は，「あなたが一番尊敬する職業は何ですか？」のような質問で聞き，回答内容をそのまま記録していくことである．これは多様な情報を収集できるという利点をもつが，回答結果のコーディングに手間がかかる．

選択肢方式には2項選択，多項選択，順位づけなどの方式がある．網羅性と排他性のもとで，可能な回答をカテゴリー化する形をとっている．最も単純な選択肢方式は回答者に賛否，有無などの2つの対立選択肢のどちらかを選ばせる2項選択である．多項選択はいくつかの選択肢のどれかを選ばせる形式で，選択肢から1つだけを選ばせる単一回答（SA）と2つ以上の選択肢を選ばせるという複数回答（MA）がある．多項選択方式はより多くの情報を得ることができるという利点をもつ．順位付けは，一定の基準（大切さ，好悪など）のもとで，回答者に与えられた項目の順位を決めさせる形式である．「次のうち一番大切なものは何ですか？二番に大切なものは何ですか？」のような単記法と「次のものを，大切な順に番号をつけてください」のような順序付け法などがある．

●**ワーディング** 質問文は調査者と調査対象間の交信媒体なので，内容が明瞭でわかりやすいワーディングにする必要がある．すべての調査対象に同じように質問の内容を理解させるために，ワーディングについては以下の原則がある．

ⅰ）曖昧で不明瞭な言葉を使わないこと；ⅱ）難しい言葉を使わないこと；ⅲ）特別な価値観的ニュアンスをもつ「ステレオタイプ」の言葉を含まないこと；ⅳ）1つの質問に2つ以上の論点が含まれる「ダブル・バーレル」質問をつくらないこと；ⅴ）能力と知識範囲を超えて調査対象が答えられない質問をつくらないこと；ⅵ）回答者が嫌がらずに回答できる言葉を使うこと；ⅶ）質問文を簡単にわかりやすくすること；ⅷ）回答者の回答を誘導するような表現を避けること

●**順序効果** 順序効果とは，質問や選択肢の順序による何らかの影響を受けて回答がある方向に偏ることを意味する．順序効果を避けるために，次のことに留意する必要がある．ⅰ）回答しやすい質問から並べること：日常の行動や経験などの質問を最初に置く．ⅱ）調査対象の思考を頻繁に切り換えさせないこと：関連性の高い質問を1つのグループにまとめて配列し，同じグループにある質問の順序による影響を配慮する．ⅲ）キャリー・オーバー効果を配慮すること：先に出た質問に対する回答が後に出た質問への回答に影響を与えることを「キャリー・オーバー」効果という．この影響を除くために，関連性の高い質問や選択肢を離れた位置に配置する．　　　　　　　　　　　　　　　　　　　　　［鄭　躍軍］

📖 **参考文献**
[1] 盛山和夫，2004，『社会調査入門』有斐閣．
[2] 鄭　躍軍，2008，『統計的社会調査―心を測る理論と方法』勉誠出版．

質的調査と量的調査

　一般に「社会調査」とよばれるものは，調査の目的や調査設計，調査方法などにより，さまざまな種類に分けられる．中でも収集するデータの特性に注目し，区分したのが質的調査と量的調査である．

●**質的調査**　質的調査とは，広く数量的なデータ以外を扱う調査を指す．質的調査の主な手法として，聴き取り調査，参与観察，ドキュメント分析があげられる．

　ⅰ）聴き取り調査：調査対象者との自由な会話を通してデータを収集するというまったく構造化されていないものから，質問内容や順序があらかじめある程度決められた半構造化されたものまでさまざまな種類がある．調査票などによって，すべての調査対象者に同じ順序で同じ内容を質問する，完全に構造化された指示的面接法に対し，聴き取り調査は相手や状況によって質問の順序や質問内容を変更し，臨機応変に行うことから非指示的面接法ともいう．

　ⅱ）参与観察：研究対象である現象が起こっている現場に入り込む，あるいは参与（参加）しながら，調査・観察を行う．参与の程度は，例えば特定のグループ（摂食障害の自助グループ，認知症を抱える家族の会など）の集まりへの参加から，特定の集団と一定期間ともに暮らすなどさまざまである．

　ⅲ）ドキュメント分析：自伝，手紙，日記，新聞や雑誌記事など，すでに存在している文書や記録を収集し，それをデータとして分析し，社会的事実を読み取る．

　質的調査のメリットとしては，その柔軟性と多様性（調査を実施する上での現実的な制約条件に対応し，さまざまな調査設計を選択できること）があげられる．また，数値化が可能な情報は限られているため，量的調査では見落としがちな，数値化が困難な調査事象の詳細な情報を捉えることができる．

　一方デメリットには，代表性の問題と客観性の問題があげられる．質的研究は量的研究に比べ，調査対象を特定の集団や事例におくことが多いことから，必然的に調査対象の代表性の問題が生じてしまう．また，調査者や研究者の資質によって，調査から得られる知見がまったく異なったものになってしまう可能性があるのみならず，調査によって得られた知見の一般化・普遍化を行う際にも，研究者の主観的要素が入り込みやすくなる．質的調査はその柔軟性と多様性より，研究者の能力や経験，資質が厳しく問われるのである．

●**量的調査**　量的調査とは，数量的，統計的データを扱う調査を指す．ただし，データの値は必ずしも数値である必要はない．量的調査の主な手法としては，調査票調査や既存の統計資料の分析があげられる．

　ⅰ）調査票調査：調査項目や回答形式，回答記入欄などをあらかじめ記載した，

同一形式の調査票を用いる調査（「質問紙調査」参照）．

ⅱ）既存の統計資料の分析：官庁統計などすでに統計にまとめられたデータや，他の研究者や研究組織が実施，収集した既存調査の個票データを分析（二次分析という）するもの．質的調査の「ドキュメント分析」と，この「既存の統計資料の分析」は，実査を伴わない社会調査である．

　調査票調査の中でも，母集団のなかのすべての個体を対象に調査を行う全数（悉皆）調査はいうまでもなく，無作為抽出で統計学的に適切な方法を用い標本抽出を行った標本調査は，調査対象が対象全体のなかで代表性を有していると見なすことができる．また，同一形式の調査票を用い，標準化された方法（個別面接調査，留置調査，郵送調査，RDD法など）で調査を行うこと，さらにそこから得られた調査データを統計学の手法を用いてデータ分析を行うことにより，客観性が担保される．そのため，質的調査に比べ，調査によって得られた知見の一般化・普遍化を行う際に，方法論上は研究者の主観的要素が入りにくい．このように，調査データの代表性と客観性については，「正しい手法を用いて行われた」量的調査は質的調査に比べ優れている．

　しかし，当然のことではあるが，調査票調査は調査票に記載されたことしかわからない．調査票の「質問/回答」形式で「問える/答えられる」内容には「量的/質的」に限界があるため，測定が少数の変数に限定される，質問文によっては微妙なニュアンスが伝わらない，仮説の枠組自体に問題があり，調査票の質問項目や回答の選択肢が不十分だった場合，明らかにしたい課題の実態や全体像が把握できない，という問題がある．

●**研究目的に応じた調査法を**　社会調査は，調査対象に注目し，事例調査法と統計調査法という区分もなされる．事例調査法は，調査対象範囲の中から典型事例とみなされる1つもしくは比較的少数の調査単位を対象として，調査を実施する．一方，統計調査法は，調査対象範囲から抽出された多数（もしくは調査対象すべて）の個体を対象としている．

　これらいずれの調査法においてもメリットの反面デメリットがあるため，それぞれの調査法の特徴を知り，研究目的に応じた調査法を選ぶ，あるいは両者を相補的に用いることが望ましい．また，どのような調査法にせよ個人のプライバシーは十分尊重せねばならず，調査倫理にのっとり調査を実施することが求められている．

[木村好美・岡太彬訓]

📖 **参考文献**
[1] 盛山和夫，2004，『社会調査法入門』有斐閣．
[2] 大谷信介，他，2005，『社会調査へのアプローチ 第2版』ミネルヴァ書房．
[3] 森岡清美，他編，1993，『新社会学辞典』有斐閣．

調査倫理

「調査倫理」は近年，特に配慮したい問題で調査に携わる者が備えておく必須事項といえよう．現在では，調査が従来からある面接調査や留置調査，郵送調査，電話調査のほかに，インターネット調査，オートコール調査（自動音声調査）など多様な方法で行われるようになってきた．調査は簡便にできるようになったが，専門家だけではなく誰でも調査を実施できる環境になって，その分，いいかげんな調査が横行している現状がある．一方，「個人情報保護法」などによる個人のプライバシー意識の高まりの中，これを侵害した調査例も後を絶たない．調査の実施者は公正で科学的な調査を行わなければならない．またどのような調査も調査相手の好意によって成り立っていることを考慮し，とりわけプライバシーに配慮する責務がある．

●**倫理綱領** このため，内外の世論調査や市場調査の連合体はそれぞれの倫理綱領を定めている．日本ではマスコミや調査専門機関，調査研究者からなる「財団法人日本世論調査協会」が「倫理綱領」と「倫理綱領実践規定」をもうけている．

日本世論調査協会倫理綱領

世論調査や市場調査は，社会の成員が自由に選択し表明する意見や判断，事実等を科学的に調査し，その総和を社会の実態として把握するための方法である．

したがって，調査の主体者は，調査結果のもつ社会的影響の重大さを痛感するとともに，常に高邁な倫理観をもって事に当たらなくてはならない．

1 調査は，正確を期すため正しい手続きと科学的な方法で実施する．
2 調査に携わる者は，技術や作業の水準向上に絶えず努力する．
3 調査は，調査対象者の協力で成り立つことを自覚し，対象者の立場を尊重する．
4 調査は，世論や社会の実態の把握を目的とするもので，他の行為の手段としない．
5 調査で知られた事項は，すべて統計的に取扱い，その結果の発表は正しく行う．

1982年8月　採択

また，倫理綱領を厳守するための実践規定は主に次のようなことである．

日本世論調査協会倫理綱領

- 住民基本台帳・永久選挙人名簿等の閲覧・標本抽出などに際しては，管理者の指示を尊重し，調査目的を逸脱した行動はとらない．
- 調査対象の回答は，すべて統計的に取扱い，調査上，知り得た個々の秘密は秘匿しなければならない．
- 調査の報告書には，次の事項を明記しなければならない．
  イ）調査の目的，ロ）調査の依頼者と実施者の名称，ハ）母集団の概要，ニ）サンプリング・デザイン，ホ）標本数，ヘ）調査の実施時期，ト）データの収集方法，チ）回収率，リ）質問票

日本世論調査協会の倫理綱領および実践規定では主として調査機関（調査する側）が遵守すべき点について重点がおかれている．これに対して，日本の市場調査会社の多くが加盟する社団法人日本マーケティングリサーチ協会の倫理綱領はさらに詳細かつ具体的である．基本原則のほかに「調査対象者の権利」「リサーチャーの職業上の責任」「リサーチャーとクライアント相互の権利および責任」に分けられており，データを提供する対象者，調査を実施する調査社（者），調査を依頼したクライアントとの関係にも重点がおかれている．特に「調査対象者の権利」として「調査対象者の協力は，調査のどの段階でも，調査対象者の自由意志によるものでなければならない」，「調査対象者から要請があった場合には，当該記録を破棄または削除しなければならない」などはかなり対象者の権利を重視したものといえる．これらはICC（国際商業会議所）およびESOMAR（ヨーロッパ世論・市場調査協会）の国際綱領に基づくもので，各国のマーケットリサーチ協会は国際化の進展などにも対応した独自の綱領および具体的なガイドラインを定めている．

　一般的に社会調査や世論調査に比べ，市場調査分野では倫理綱領や規範意識に厳格である．社会調査，世論調査は主に大学，報道機関，行政機関などが調査主体であり，その目的は研究や報道，行政サービスに供するもので明快である．調査データも公開される．市場調査では一部を除いてはクライアントの依頼により調査会社がその名称で行う．クライアント名は伏せられており，収集されたデータの使用目的もさまざまである．また，家族構成，年収・貯蓄など個人情報にかかわる調査項目が多いことも特徴で，その分，世論調査よりもさらに高度な倫理観，具体的なガイドラインが必要とされている．

●**今後の課題**　どの分野の調査であれ，年々，調査の回収率は低下している．つまり，調査対象者が安心して調査に協力する環境が整っていないことに原因がある．調査関係者は回収率の低下を客観的な調査環境の悪化のせいにするのではなく，調査倫理やガイドラインを遵守し，かつ，調査対象者のプライバシー，感情，名誉などを尊重し調査に協力することへの安心感を与える，という工夫や努力を怠らない姿勢が必要だろう．

[谷口哲一郎]

📖 **参考文献**
[1] 財団法人日本世論調査協会，1982，『倫理綱領』および『倫理綱領実践規定』．
[2] 社団法人日本マーケティングリサーチ協会，2010，『マーケティングリサーチ綱領』．
[3] 社団法人社会調査協会，2009，『社会調査倫理規定』．
[4] ESOMAR（ヨーロッパ世論・市場調査協会）とWAPOR（世界世論調査学会）による世論調査ガイドライン，2005，ESOMAR/WAPOR Guide to Opinion Polls including the ESOMAR International Code of Practice for the Publication of Public Opinion Poll Results．（ESOMAR http://esomar.org　WAPOR http://wapor.unl.edu）

プリテスト，パイロットスタディー

●**プリテスト** 本調査に入る前，準備段階での調査の1つである．「パイロットスタディー」や「パイロットサーベイ」と同意的に用いられることもあるが，「プリテスト」は質問票のチェックが中心になると考えればよい．調査を行うに際して，過去に同種の調査を何度も経験している場合はよいが，新しいテーマや専門的な内容の調査，特別な階層の調査を行う場合，回答者の意見や意見の分布に予想できないことが多い．特に日常的なことがテーマではなく，経済問題や環境問題など専門的な調査の場合，その問題に関する知識レベルや問題意識は調査企画者と回答者の間に乖離のあることが多く，難解な質問票になりがちである．質問票を作成する段階では，いつも一般の人はどの程度の知識があり，どう考えるかという視点に立って考えることが重要である．プリテストは最終的に調査票が完成するまでの吟味段階と考え，必ず実施したい．企画者がチームである場合はできるだけ全員が参加し，問題点を洗い出すことが望ましい．特別な調査でも2～3回のテストを重ねればより完成度の高い調査票に仕上がる．このためには質問文の検討から完成，調査実施までの時間的余裕が必要である．

●**主なチェック項目** 質問票がある程度完成した時点で，次のようなことを考慮したい．
- 質問文にあいまいなものはないか
- 必要な選択肢が抜けていないか
- 質問項目の順序は適切か
- 質問項目が多すぎないか，同種の質問はないか
- 回答を誘導するような質問はないか
- 倫理的に問題のある質問はないか
- 専門的すぎる質問や用語はないか

などが主である．プリテストのための標本数は50人くらいから，最大でも100人程度に実施すれば十分である．一応，完成された調査票の体裁をつくり，実施は調査員がいくつかの調査地点（地域）でランダムサンプリングで対象者を決めて実施する方法もあるが，調査企画者が周辺の人たちを対象に実施するほうが無理がなく手軽にできる．この場合，男女別，年代別程度の割当法にしておけば各層の意見を反映することができる．調査票に実際に回答してもらうが，回答しにくい質問，不足の選択肢など疑問点は空欄などに直接記入してもらう．また，金額や回数などの数値項目の回答はあらかじめカテゴリー化することの難しいものが多いため，実数で聞いておけば後でカテゴリー化するときの参考になる．回答に

費やした時間を確認しておくことも必須で，これで対象者の負担感を知ることができる．集計は簡単な集計で選択肢の大雑把な散らばり具合がわかればよい．この結果から質問選択肢の修正，補充，自由回答のプリコード化などの手直しをするが，プリテストで重要なことは，自由記述や意見記入欄を設けておくことである．これにより，調査票の手直しだけではなく，調査計画全体への意見も事前に集約することができる．一般的に，調査企画者が考えるほど回答者は調査内容に興味や関心をもってはくれない．プリテストを実施して初めてわかることも多い．本調査が有効な調査になり得るかどうか，調査目的がどの程度達成できるのか，この工程でおおよそのことがわかるような計画にしたい．調査票は一旦調査実施に入るとやり直しが利かないから，特に重要な工程と位置づけたい．

●パイロットスタディー 「パイロットサーベイ」（予備調査）ともよばれる．本調査の前に試験的に行う小規模な標本調査を指すこともあるが，そもそも調査を企画する段階での，調査目的，日程，標本設計，調査方法，調査項目，調査票，謝礼品，調査費用など，調査工程全般がチェックおよびテストの対象となる予備研究である（図1）．情報収集やそのためのヒアリングなど時間や費用，労力もかかるからあらかじめそのような計画を立てておく必要がある．

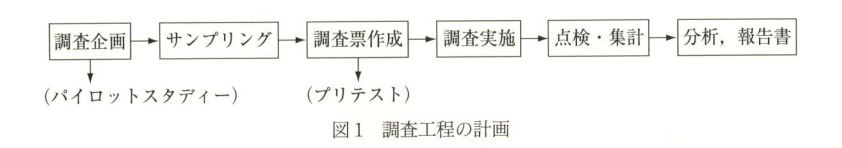

図1 調査工程の計画

通常の調査は調査企画（計画）書が作成され，調査目的，調査実施計画，日程，予算にしたがって調査が進行されるが，新しいテーマの調査，大規模な調査を計画するには，これ以前に各種の情報や予備的な研究がなければ調査企画書自体が十分に作成できない場合がある．各種統計情報や類似調査報告書の収集，調査地域の情報，専門家のヒアリングなどが考えられる．一般の人を集めて，個別面接調査や数人の集団のグループインタビューなどを行い，定性的な情報を得ることも重要である．現在では各種統計，調査地域の情報はある程度は既存資料やインターネットから収集することができる．しかし，現地に行けばまた違った情報に出合ったり，思わぬ報告書や統計類が入手できることもある．調査工程の中でも調査方法の選択は特に重要である．面接法か郵送法かそのほかの方法かは，調査の成否のほかに予算や日程にも関連してくる．

要は事前にいろいろ調べ，いろいろな人に聞いてみることである．現地の人，専門家などさまざまな人の意見を聞くことで机上の議論ではなく，実際の声を企画に反映することができる．

［谷口哲一郎］

調査誤差，バイアス

　調査で得られた数字はどのようにして，「誤差や結果の正確性に対する影響の可能性」を含むことになるのだろうか．例えば「人々の意識を把握するための調査」を行う場合には，まず，調査対象者を選ぶ．たいていは「標本調査法」を採用して，対象者全部を調査する代りに，対象者の一部を選んで調査し，全部を調査した場合の結果を推計する．

　次に，対象者の意識を把握するために質問項目を用意する．聞きたいことを列記するのでなく，回答を得るための質問文を検討し，場合によっては，各質問項目に対する回答区分を用意して，どの区分に該当するかをきく形で回答を求める．

　これらの調査のどの段階についても，得られた結果の正確性に影響をもたらす可能性があり，結果として得られる数字は，さまざまな誤差（調査誤差）をもつ数字になる．

　ここでは，調査後の分析・利用も含めて4つの場面に分け，それぞれの場面で誤差をへらすために考えるべきチェックポイントを提示する．

●**対象者を選ぶ**　ランダムに選べといっても簡単ではない．標本調査法を採用すると，「サンプルについての調査結果」で「対象者全体についての調査結果を推定できる」とされているが，これは，「対象全体からサンプリングする」手順（ランダムサンプリング）を採用した場合に「確率論の数理」を使って説明されることである．

　要は，サンプリングの誤差の発生の仕方を「バイアスのない状態（不偏）に制御できる」，そうして，「誤差を許容範囲に収め得る」という意味である．誤差がなくなるという意味ではない．

　また，サンプリングの手順をどのように定めても，選ばれた人に面接できないなどの理由で，結果的には「不偏性の保証が欠けた結果」あるいは「許容範囲をこえた誤差」をもつ結果になってしまう．対象者に面接しにくい状況から，ランダムに番号を選んで電話するRDD法などの代替法が採用されるようになったが，適正な手順を適用しないと，結局は「答えてくれる人を探す」ことになり，「誰を選んで調査したか」ということすらあいまいになる．

●**回答を求める**　個人差と誤反応を識別できるか．回答を求める段階でおきる調査誤差を減らすことは，さらに難しい．調査に応じてくれない人（NA）や，わからないという人（DK）もあり，答えてくれた人について求められた結果は，対象者全体でみたときの結果と違ってくる．

　答の得られた場合でも，ある意図を含んだ答や，事実を脚色した答になってい

ることもあり得る．本来は対象者の意識を聞きたいのだが，例えば「マスコミの論調」の影響をうけて「受け売りした答」になったりする．Yes, No をきく質問の場合「どちらともいえないという回答」が日本の調査では多くなることがよく知られている．

いいかえると，「調査したいことについて答えてもらう」ためには，質問の意図が回答者にはっきり伝わる質問文にしておけばよいのだが，そうしたとしても，回答者がその意図を読みとってくれるとは限らない．結果分析の段階に問題が移ることになる．

●**分析の段階**　数値で表現するための手順が必要．利用者が自分の問題意識で調査結果を読むための分析と，調査結果として得られた事実の分析とを区別しなければならない．ここでいう分析は，後者である．

扱うデータは，いわば，刺激（調査項目）に対する反応（調査結果）である．したがって，調査結果は，その数値だけをみて多い・少ないとか，ふえた・へったと即断できるものではなく，数値としてよむための手順が必要である．まず，「どんな刺激に対する反応か」を考慮に入れて「刺激の与え方」と「観察された反応」の両面を組み合わせて結果を読むための集計表を用意する．そうして，それを読むための探索的データ解析，例えば「数量化の方法」とよばれる手法を採用して，「先見にひかれない形で，データから知見を引き出す」方針を適用する．また，対象（サンプル）をランダムに分割したサブサンプルを使って，「刺激の与え方をかえて調査して，刺激の与え方の影響を把握できるようにする方法」，いわば実験計画の考え方を取り入れた方法を採用することも考えられる．

●**情報の利用**　情報価値のある調査か否かを見分けること．適正な情報を得るためには，調査誤差に関してさまざま配慮を加えた調査を行うことが必要である．当然，経費と時間を要する大きい仕事になる．このような配慮に欠けた調査もままみられるので，ユーザーが「価値ある情報を見分ける」ことが必要であり，その情報を利用する前に，まず調査の実施手順などをチェックしなければならない．

調査実施者は，調査結果そのものの説明資料だけでなく，調査方法の説明や調査誤差の検討などを含めた技術資料を用意しておかねばならない．また，結果利用者は，それに目を通すことが必要である．

よくあることだが，「こういう主張をしたい．それをサポートする数字はないか…と探す」，これでは，論証にならない．関連する問題を取り上げた調査のうち，「調査方法がある水準を満たしているか否かを評価するステップ」をへて，証拠価値のある情報を選ぶことが必要である．　　　　　　　　　　　　　　　　　［上田尚一］

参考文献
[1] 上田尚一, 2003,『講座 情報をよむ統計学 第五巻・統計の誤用活用』朝倉書店.

コードブック

　研究のために統計分析を始める段階で多くの初心者が戸惑うのがデータの扱いである．最初は独力でデータをソフトウェアに読み込めないことも多い．ファイルが開けた場合でも，その内容は往々にして単なる数値の羅列に過ぎず，データの理解および分析の下準備に多くの時間が必要となる．データを作成した当事者以外の第三者がデータを理解する際に必要となる情報を掲載した冊子が「コードブック」である．

　磁気媒体上に保存された数値（コード）が具体的に何を意味しているのかを示すコードブックなくして，公開データの二次分析は不可能である．その意味で，コードブックは，「データ分析のための，バイブルのようなもの」といってよい[1]．あえて定義すれば，コードブックは，データが作成された目的と経緯，さらに磁気媒体に保存されたデータ・ファイルの構造とその内容について記述した文書ということになるであろう．

●**調査の背景とデータの内容**　コードブックを手にして最初に読むべき箇所は，冒頭の数十頁である．通常そこに研究の背景および目的，母集団の定義と標本設計，調査方法と時期，回収率，ウェイト作成方法など，データを利用する上で必須となる情報が掲載されている．さらに，末尾にも調査対象者に送付された依頼状，調査票，回答票，枝分かれ質問のフローチャートなど，データの理解を促進する重要な資料が採録される．不十分な理解に基づき分析を行うと，誤った結論を導き出す危険性があるので，データが作成された経緯に関連する部分は熟読するべきである．

　ただし，コードブックの紙幅の大半は，各変数の磁気ファイル上の位置と桁数，変数名と質問文，選択肢と数値との対応関係，そして頻度が占めている．図1に，

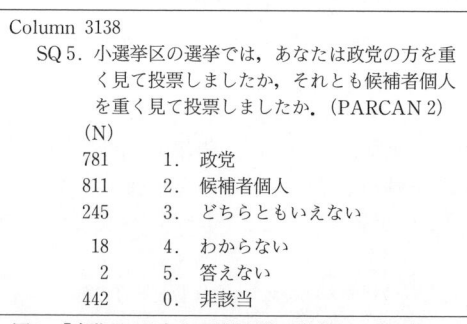

```
Column 3138
  SQ 5. 小選挙区の選挙では，あなたは政党の方を重
      く見て投票しましたか，それとも候補者個人
      を重く見て投票しましたか．（PARCAN 2）
  (N)
  781    1. 政党
  811    2. 候補者個人
  245    3. どちらともいえない
   18    4. わからない
    2    5. 答えない
  442    0. 非該当
```

図1　「変動する日本人の選挙行動」調査のコードブック

「変動する日本人の選挙行動」調査のコードブックから具体例を示す[1].

この場合は，変数が磁気ファイル上で割り振られた位置 (3138列)，質問文，変数名 (PARCAN 2)，頻度，および数値 (コード) と対応する選択肢が示されている．ただし，データ・ファイルの構造と質問文・選択肢の対応関係を理解するだけでは不十分である．この場合，「0. 非該当」は，一部の調査対象者がこの質問については回答を求められていないことを示唆する．したがって，この質問に対して「1. 政党」という選択肢を選んだ回答者の比率を計算する場合，少なくとも「0. 非該当」は除外して計算するべきであるが，その事実はコードブックがなければ理解できない．

なお，コードブックを必要とするのは実は二次分析者だけではない．実際にデータを作成する組織や研究者にとっても，調査に関連した重要な情報の散逸を防ぎ，かつ，担当者が交代してもデータの利用を可能にするためには，コードブックの準備はきわめて重要である．コードブックなしには，データの長期的保存と利用は著しく困難と考えてよいであろう．

●**インターネットの普及による変化** 伝統的には印刷・製本されたコードブックの閲覧が中心であった．しかし，インターネットを通じたデータの提供が一般的になるにつれ，製本されたコードブックを準備せず，インターネット上にPDFやHTMLなどの形態で公開することが主流になりつつある．

一方，最近は冊子形態にとらわれずに，数値データを解釈する上で必要となる情報を提供することも増えている．例えば，DDIとよばれるプロジェクトでは，XMLを利用して，数値データとデータ関連情報とを関連づける規格の開発を行っている[2]．その場合，質問文あるいは選択肢と数値の対応関係などの情報は，データ・ファイルと有機的に関連づけられた上で，なかば一体として提供される．実際に，ドイツ社会科学インフラストラクチャ・サービスはZACATというシステムを通じてデータの提供を行っているが，調査関連情報は冊子形態ではなく，階層的に整理されたリンクをたどってその都度必要な部分を閲覧するようになっている[3]．また，ZACATでは，複数の調査データを横断した，質問文および変数の内容をキーワードとする検索が可能となっている．従来は，複数のコードブックを丹念に見比べて初めて可能であった国際比較や時系列比較が，調査情報を提供する方法の変化により，極めて簡単にできるようになったのである．

近年では，冊子以外の形態によってデータについての説明が提供されることを反映して，コードブックよりも上位の概念としてメタデータという用語が使用されることが増えている．

[前田幸男]

参考文献
[1] 蒲島郁夫, 他, 1998,『JESII コードブック』木鐸社.
[2] http://www.ddialliance.org/
[3] http://zacat.gesis.org/webview/index.jsp

データ・アーカイヴ

　データ・アーカイヴ，データ・ライブラリー，データ・バンク，データ・オーガニゼーション，などの用語が，社会調査データの収集・整理・保管・活用の機能を果たす機関を意味するものとして相互交換的に用いられている．ここでは，「データ・アーカイヴ」(data archive) という用語を用いる．

●**データ・アーカイヴはなぜ必要か**　社会調査のデータ・アーカイヴの意義は，それが「学問的要請」と「社会的要請」のいずれにも応えるものであるという点にある．まず「学問的要請」であるが，それは一言でいえば，科学という人間の知的営為が「累積的」でなければならないということにつきる．そのような要件を満たすためには，社会調査の素データが公開され，ある研究者の調査データがほかの研究者によって再分析されることをとおして，「知見」が確認され，「命題の定立」がなされるという手続きと，それを可能にする機関が不可欠である．このような機関こそがデータ・アーカイヴとよばれるものにほかならない．しかし「学問的要請」については，それが「再現性」とよばれる科学的認識の要件を満たすという点を越えて，データ・アーカイヴに蓄積される調査データが，いわば「宇宙船地球号」における人間の生きざまについての記録であり，同時代の記録であるという点も重要である．調査データというものは，宇宙論的な視点からも，人類史的な観点からも，いまそれをアーカイヴに収集・整理・保管しておかなければ二度と後世に残すことのできない貴重な人類の足跡ともいうべきものである．

　次に，「社会的要請」であるが，それは何よりも社会調査のデータが社会において役に立つという点に求められる．現代社会においては，さまざまな領域において，いわゆる「科学的」営みが重要になってきている．つまり，「空想から科学へ」あるいは「勘からデータへ」という方向がでてきたのである．調査方法の発展とデータ利用の進展にともなって，ようやく本格的な科学的行政，科学的経営，科学的市民活動（この点については，一般市民がデータ・アーカイヴの情報を利用しながら公共の論争に参加するという点が重要である）の時代になってきたのである．このような時代の要請に応えるのがデータ・アーカイヴである．

●**歴史と現状**　欧米諸国のほとんどにおいては，データ・アーカイヴは1960年代に設立されている．最も古いものは1945年開設のアメリカのローパー・センター (Roper Center) であり，ドイツ・ケルン大学のセントラル・アーカイヴ (ZA) は1960年に設立された．ZA（機構改革によって Institute for Data Analysis and Data Archiving という名称になった）は，設立後，ヨーロッパ各国（例えばノルウェー，オランダ，イギリス，デンマーク，フランスなど）における多くのデー

タ・アーカイヴ設立のための「産婆役」としての役割を果たしてきた．その後，アメリカでも大小さまざまなデータ・アーカイヴが設立されることになる．特に重要なものとしてミシガン大学のICPSR (Inter-University Consortium for Political and Social Research：1962年創設)をあげておかなければならない．

各国にさまざまなデータ・アーカイヴが設立されるにともなって，それらの国際的な協力・共同活動が必要となり，1970年代になって，まずヨーロッパを中心にCESSDA (Committee of European Social Science Data Archives)が形成され，続いて北米をも含む文字どおり国際機関としてのIFDO (International Federation of Data Organization)が結成された．

ひるがえって，日本の現状はといえば，東京大学のSSJDA (Social Science Japan Data Archive)をはじめ，大阪大学のSRDQ(Social Research Database on Questionnaire)，札幌学院大学のSORD (Social and Opinion Research Database)などのデータ・アーカイヴがそれぞれの方針に基づいて独自の活動を展開しているものの，欧米の先進的な事例に比べて，いまだ十分なものとはいえない．

●**今後の発展の方向**　では，社会調査のデータ・アーカイヴの今後の発展の方向として，どのようなことを考えておかなければならないであろうか．ここでは，次の4点を示唆しておきたい．

ⅰ) データ・アーカイヴは「集中型」であるべきか，それとも「分散型」であるべきかという議論がある．これまでのデータ・アーカイヴの歴史の検証から，世界中の調査データを1つの「世界センター」のようなところに集中させるよりも，それぞれの国に複数のデータ・アーカイヴを分散させ，それらの間で相互にデータのやり取りをする協力・共同活動の方式の方が望ましいといえる．

ⅱ) データ・アーカイヴに蓄積されるデータは「公共財（無償で利用できる）」と考えるべきか，それとも「利潤を生みだす資本（利用に当たっては受益者負担が原則）」と考えるべきかという議論がある．日本の現状では，どうしても公共財としての考え方を取り入れる必要があるのではないだろうか．

ⅲ) データ・アーカイヴを単独の機関とするか，それとも「社会調査の実施」「調査データの分析」を含めて3つの機能の統合体とするかという議論がある．やはり3つの機能を盛り込んだ「社会調査のインフラストラクチャー」というのが，今後の望ましい形態といえよう．

ⅳ) データ・アーカイヴは，国際化の時代にどう対応していきべきかという議論がある．現在，世界の国々で，日本の実証的な調査研究に対する関心が高まっている．ところが，海外からの日本の調査データへのアクセスについては，使用言語をどうするかという問題が残されたままとなっている．グローバリゼーションの進展に伴って，日本においても英語化が避けられない方向となってくるであろう．

［真鍋一史］

公開データの二次分析

　政治学，社会学，経済学等の諸分野で社会調査データの分析が行われる場合，データ収集者とデータ分析者が同一ではないことが多い．実験研究のようにデータ収集者と分析者とが一致する場合とは異なる．データを収集した当事者ではなく，広く学術目的に公開されたデータの提供を受けた第三者が行う分析を「二次分析」とよぶ．公開データの二次分析は社会科学諸分野において大きな役割を果たしている．

●データの寄託と公開　社会科学における大規模標本調査は巨額の研究費に依存するだけに，その成果であるデータは，広く学術目的の利用に供することが強く求められる．最近では多くの大規模調査のデータが，研究期間満了後，データ・アーカイブに寄託され，二次分析のために提供されている．

　日本では，例えば，東京大学社会科学研究所の SSJDA がデータの寄託を受け，学術目的のデータ提供を行っている[1]．世界的にはアメリカのミシガン大学にある ICPSR が有名である．ICPSR は大学単位での加盟だが，日本では SSJDA が窓口となり国内利用協議会が結成されている．

　先進諸国にはそれぞれのデータ・アーカイブが存在するが，データは有料の場合もあるので，各アーカイブの運営方針を確認する必要がある．近年ではホームページ上で調査名や質問文の検索が可能になっており，研究者がそれぞれの目的に適した公開データを容易に選択できるような環境が整いつつある．

●二次分析の意義　二次分析には，データを収集した当事者が行う一次分析と異なる意義がある．まず，教育上の意義だが，特定の分野における応用を志して統計学を学ぶ際は，教科書の例題ではなく，現実のデータを分析することで学習意欲が高まるだろう．標本抽出や質問文作成の技術を学ぶことは決して軽視されるべきではないが，学習上は一時的にデータ分析に特化する方が効率的だと思われる．

　ただし，二次分析の意義は教育効果のみに留まるわけではない．刊行された論文の分析を追体験することで，新しい角度からの分析の着想を得ることも多い．実際，政治学や社会学の調査は質問項目数も多く，到底一次データの収集者だけで分析しつくせるものではない．日本でも有数の大規模調査である日本版総合的社会調査（JGSS）などは，企画段階から多くの二次利用者がいることを前提にしている[2]．

　また，二次分析には研究遂行上の大きな利点もある．研究目的に合致する公開データがある場合，研究者は，データ収集の時間を節約し，理論的考察と統計分析のみに専念することができる．学問的に重要な貢献をなす研究が公開データの

二次分析から生まれることは，決して珍しいことではない．

　最後に，社会調査の品質改善という観点からも二次分析は重要である．図1に示すのは，内閣府が毎年行っている「外交に関する世論調査」の回収率の推移だが，基本的に低下傾向にある．学問的あるいは政策的に特定の事柄の調査が重要であっても，調査への協力は一般の人にとっては，日常生活に割り込んでくる，時間の浪費と映る面がある．多くの人々協力してもらうためにも，調査の数は精選し，かつ，実施する調査については高い質を維持する必要がある．同一目的の調査を抑制するためには，データの公開により二次分析を促進することが有益である．また，二次分析を通じて既存のデータの問題点を確認できるからこそ，新たなデータ収集時における改善の工夫が可能になる．その意味で，データ収集と公開データの二次分析は，相互補完的な関係にあるといってよいだろう．

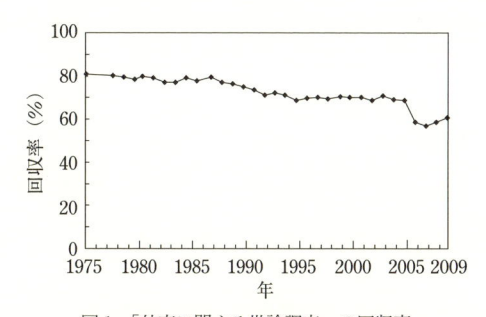

図1　「外交に関する世論調査」の回収率

●**二次分析における礼儀作法**[1]　公開データを利用した論文を執筆した場合，そのデータを提供した研究者や組織に対する謝辞を書くのが基本的な礼儀である．一次データの作成者は貴重な研究上の資金と時間とを投入した成果を，科学の発展のために第三者に提供しているのであり，二次分析を行う者はその多大なる恩恵を被っている．また，分析結果を理解する上で，データの収集過程についての知識は欠かせないので，一次データ収集者が刊行した報告書や論文は引用を心がけるべきであろう．節度ある二次利用がさらなる一次データの収集につながる好循環のサイクルをつくるためにも，二次利用者がデータ提供者，さらには調査に応じた多くの人々に対する感謝の気持ちをもつことが重要だと考えられる．

［前田幸男］

📖 **参考文献**
[1] http://ssjda.iss.u-tokyo.ac.jp/
[2] http://www.jgss.daishodai.ac.jp/
[3] 佐藤博樹，他編，2000，『社会調査の公開データ』東京大学出版会．

単純集計とクロス集計

●**単純集計表とクロス集計表** 調査項目について「回答区分のどれにあたるか」を調べた場合，その結果は「各回答区分に該当する人数」で表わす（表1）．これを「単純集計表」とよぶ．

表1 単純集計表 T(A)

	調査項目Aの回答区分				
	計	A1	A2	A3	A4
全 体	3,030	500	780	840	910

A 生き甲斐を感じるのはどんなときか
A1余暇，A2仕事，A3家庭，A4子供

この表1で「全体でみればこうだ」といえるにしても，それだけでは十分でない．調査データは個性をもつ人々の情報だが，個人差のかなりの部分は対象者の属性によるちがいとして説明できるだろう．よって，対象者の属性区分ごとにわけた「クロス集計表」（表2）を用意して，それを比べる．

表2 クロス集計表 T(A×B)

対象者の属性	調査項目Aの回答区分				
	計	A1	A2	A3	A4
全体	3,030	500	780	840	910
B1	590	230	230	130	0
B3	470	60	130	130	150
B5	530	20	90	170	250

A1〜A4は表1と同じ．
Bは年齢区分．15歳から44歳までの5歳区切り．表によっては一部省略．

●**構成比で比較：その手順** このような調査データでは，行方向に並んだ1セッ

表3 構成比 P(A/B)

対象者の属性	調査項目Aの回答区分				
	計	A1	A2	A3	A4
全 体	100	16.5	25.7	27.7	30.0
B1	100	39.0	39.0	22.0	0.0
B3	100	12.8	27.7	27.7	31.9
B5	100	3.8	17.0	32.0	47.2

図1 構成比のグラフ(年齢別比較)

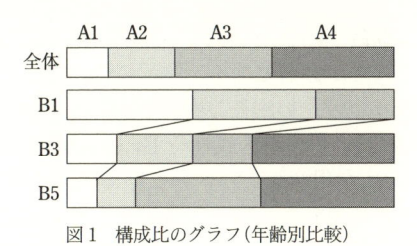

トの数値が各属性区分の情報であり，それを他の属性区分または対象者全体でみた情報と比べることができる．そのためには，各回答区分に含まれる人数の割合に注目し，各属性区分ごとに，100人あたりにおきかえた構成比を計算しておくとよい（表3）．

このような比較だから，各セットの情報をそれぞれ1つの図形（帯）に表した「帯グラフ」（図1）を使うことが多いが，「各対象者区分でみた構成比」P(A/B)と「全体でみた構成比」P(A)の相対比を使う代案がある（表4）．この相対比を特に「特化係数」とよぶ．その値が1なら標準なみ，1より大きい（小さい）なら標準より多い（少ない）と読めることから，構成比の数字を使うよりも読みやすくなる．

表4 構成比の相対比（特化係数）(Q(A×B))

	A1	A2	A3	A4
全 体	1	1	1	1
B1	2.36	1.51	0.80	0.00
B3	0.77	1.07	1.00	1.06
B5	0.23	0.66	1.16	1.57

したがって，特化係数と1との差に注目して，AとBの関連度を測ることができる(補足で説明)．また，特化係数の値を五段階に区切って表5のようにすると，調査項目Aと属性Bの関係を把握しやすくなる．表5では年齢とともにA1，A2，A3，A4の順にかわる．

表5 特化係数表の図示

	A1	A2	A3	A4
B1	++	+	−	=
B3	−	0	0	0
B5	=	−	0	+

値を2，1.25，1/1.25，1/2で区切り，記号++，+，0，−，=で示す．

●**三重クロスが必要な場合**　調査項目Aの調査結果を説明するためには，種々の説明変数を取り上げることが必要となる．例示についていえば，年齢区分Bだけなく，性別区分Cも取り上げたい，その場合どういうクロス表を用意するかという問題がある．一般的には，対象者の属性をB，Cの組合せ区分で表した「三重クロス集計表」T(A×BC) を用意し，各区分ごとに構成比を求め，比較する．

表6は，この三重クロス集計表の特化係数を示したものである．C1(男性の部分)とC2(女性の部分)を対比し，「ABの関係がC1，C2で異なる」ことが読みとれる．これは，Bの効果とCの効果が共存してそれぞれの影響が重なっていることを示唆する．こういう場合，「BCの交互作用がある」という．

表6　三重クロス表T(A×BC)でみた AとBCの関係

	A1	A2	A3	A4
C1B1	++	+	=	=
C1B2	++	+	=	=
C1B3	0	+	−	−
C1B4	=	0	0	0
C1B5	=	0	0	+
C1B6	=	0	+	+
C2B1	++	+	0	=
C2B2	+	0	0	−
C2B3	=	=	+	+
C2B4	=	=	0	+
C2B5	=	=	0	+
C2B6	=	=	0	+

交互作用が大きいときには，Cを取り上げてない表T(A×B)によってABの関係をみた場合，Cの影響が識別されずに混在する結果になる．このことから起きる誤読は，「シンプソンのパラドックス」とよばれている（「シンプソンのパラドックス」参照）．

交互作用が小さければ，表7のように，2つのクロス表を使えばよいのだが，一般には，ABの関係を乱す混同要因Cを考慮に入れるため，三重クロス集計表T(A×BC)を使うのである．このように，調査結果を正しく読むには，そのためのクロス集計表を用意しておくことが必要である．

●**情報量による分析**　補足として「情報量による分析法」を述べておこう．
 ⅰ）クロス集計表は「分割表」，この項で説明した手法は「分割表分析」とよばれる．
 ⅱ）特化係数と1との差を「$\log_e(Q_L)$と$\log_e(1)$との差の加重和」で測ることができる．これを情報量とよぶ．

$$I(A \times B) = 2\sum\sum N_{KL} \times \log_e(Q_{KL})$$

この情報量については，次の関係が成り立つ

表7 2つのクロス表 T(A×B) と T(A×C) の結合度

	A1	A2	A3	A4
B1	++	+	−	=
B2	+	+	−	=
B3	−	0	0	0
B4	=	−	0	+
B5	=	−	0	+
B6	=	−	0	+
C1	0	+	0	−
C2	0	−	0	0

$I(A×B) \geqq 0$

$I(A×B)$ は N に比例する

AまたはBの区分を合併すると，$I(A×B)$ は減少する

AまたはBの区分を分割すると，$I(A×B)$ は増加する

クロス表の結合 $T1 \cup T2$ に対して $I(T1 \cup T2) = I(T1) + I(T2)$

また，それによって，クロス表の区分の結合や分割の有効度を評価できる．

iii) 情報量を参照してクラスター分析を適用できる（「クラスター分析」参照）．

表8 区分の合併による情報量ロス

表	情報量	コメント
A×BC Bは区分	1210.93	表6でみるとB5 B6 はほぼ同じパターン
B5 B6 を合併	5.25	合併してもロスは 0.4%
A×BC Bは5区分	1205.68	40歳前後は10歳きざみで十分

表9 3次元クロス表の構成部分と情報量分解

表	情報量	コメント
A×BC	1211	3重のクロス表の扱いは面倒だがACの
A×C	178	関連度は低いにしても15%
A×B|C1	528	A×Cも含め，3つの成分表にわけて扱
A×B|C2	505	おう

iv) 多数の調査項目についてそれらの相互関係を説明する場面では，一連の調査項目区分を横に，一連の対象区分を縦に結合した表を用意して，一連の調査項目に共通する情報を説明する軸を誘導し，それらの軸での評価値を図示する数量化III類とよばれる方法を適用できる（「数量化理論(2)」参照）．

v) 本項については参考文献 [2]，情報量の数理の詳細については [1] の補足を参照．

[上田尚一]

参考文献

[1] 上田尚一，1982，『データ解析の方法―質的データの解析』朝倉書店．
[2] 上田尚一，2003，『講座 情報をよむ統計学 第六巻 質的データの解析』朝倉書店．

数量化理論(1) 数量化 I・II 類,その他の数量化法

　意識調査や,社会の状況を分類情報として把握する質的データに対する多次元データ分析のさきがけとなった考え方が,林知己夫の「数量化理論」である.1940年代後半から開発発表された一連の多次元データ分析法であるが,単なる数式上の解析方法ではなく,データそのものの質を考え,データの獲得(調査)の方法を考える「データの科学」の思想を含む.開発の発端は,実社会の問題に対する取り組みであり,受刑者の再犯の有無を諸条件(質的データ)から予測するという問題(仮釈放予測)であった.諸条件の数的表現としての評価を可能にするため,再犯有無の予測を目的に諸条件たる質的データに最も適切な数量を与えるものである.

　質的データに数量を与える数量化理論は,外的基準がある場合とない場合に分類される.それぞれの分析目的の立場に対して,いくつかの数量化の方法が提案されている.数量化 I 類,数量化 II 類,数量化 III 類(パターン分類の数量化),数量化 IV 類(e_{ij} 型数量化)が,数量化という名前がついた主な方法として知られるが,さらに,林の開発によるデータ解析の方法として,数量化 IV 類を基盤とする MDA-OR, MDA-UO, APM なども,数量化理論の体系に含まれる.

●**数量化 I 類**　外的基準があり,それが数量で与えられている場合の方法である.外的基準の値を説明する項目群の質的データ(回答選択肢)に与える数値 x_{jk}(第 j 項目,第 k 選択肢)は,回答をダミー変数 $\delta_i(j, k)$ で表し,対象 i の予測値として

$$y_i = \sum_j^J \sum_k^{K(j)} \delta_i(j, k) x_{jk} + \bar{y}$$

ただし,　$\delta_i(j, k) = 1$,　対象 i が第 j 項目の第 k 選択肢に反応している場合
　　　　　$\delta_i(j, k) = 0$,　対象 i が第 j 項目の第 k 選択肢に反応していない場合
　　　　　J は項目数,$K(j)$ は第 j 項目の選択肢数

を考え,外的基準データとの相関係数を最大とする解として求められる.解くべき式は,$AX = B$ で,A は項目相互間のクロス集計表,B は外的基準の値を各項目選択肢別に合計した値を要素とする.質的データにダミー変数を用いた重回帰分析である.数量化 I 類では,それぞれの項目ごとに回答選択肢群から単一回答を得る場合を前提としており,すなわち,$\sum_k^{K(j)} \delta_i(j, k) = 1, j ; 1, \cdots, J ; i = 1, \cdots, N$
である.計算上,ランク落ちを避けるために除外した選択肢も含めて,各項目内の選択肢に与える数量を平均値 0 とし,外的基準の平均値 $\bar{y}$ に対して,各項目内のどの選択肢がどう影響するかを読み取ることができる.また,各項目の影響の大きさは,項目内の選択肢に与えられた数値の範囲(レンジ)や偏相関係数で評

価できる．ただし，選択肢該当が小さい場合に数値が極端に大きくなる傾向があり，また適切な解釈が不可能な場合は，適宜選択肢を統合することにより，妥当な結果を求める試行錯誤を必要とする．選択肢総合の自動的判断にCATDAPを用いる提案もある．

●**数量化II類** 外的基準があり，それが分類で与えられている場合の方法である．外的基準の値（分類）を説明する項目群の質的データ（回答選択肢）に与える数値 x_{jk} は，数量化I類と同様の予測式により，予測値 y_i の外的基準の値（分類）ごとの分布ができるだけ異なるよう，すなわち相関比を最大とする解として求められる．解くべき式は固有方程式 $AX=\eta^2 BX$ で，A は項目相互間のクロス集計表，B は外的基準と項目のクロス集計表であり，固有値が相関比 η^2 である．外的基準の値が R 分類であれば，$(R-1)$ 次元の解が得られる．解を項目ごとに平均値0となる値とし，データのもつ意味の解釈が容易で明確に示される．外的基準に対する各項目選択肢の効果は数量化I類と同様であるが，解の符合そのものの意味はなく，外的基準の分類ごとの予測値の分布に対応して解釈する．

●**適用例** 統計数理研究所の「日本人の国民性」調査（2003）における中間的回答スケールを外的基準として，その説明要因に性別，年齢別，信仰など6項目を取り上げた数量化I類の適用例をあげる（図1）．中間回答スケールの平均値は2.36で，例えば20〜39歳ならば予測は0.47高める性質があることがわかる．また，この外的基準スケールを少・中・多の3分類にまとめ，数量化II類を適用することもできる．3分類なので2次元の解が得られるが，この例ではほぼ1次元だけで表現され，3分類それぞれの平均値は，少−0.315，中0.086，多0.584となる．各選択肢の値は数量化I類の結果とほぼ同じである． [林 文]

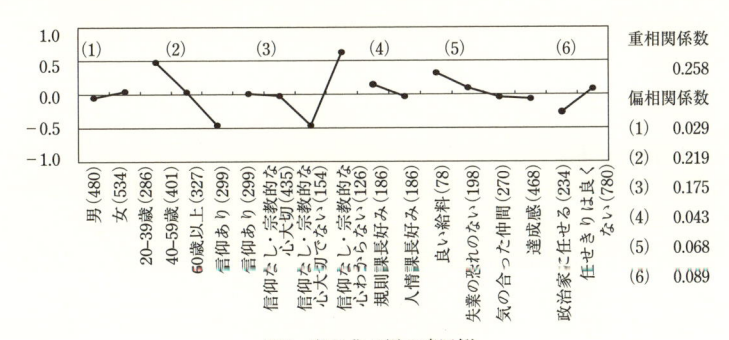

図1 数量化I類の適用例

参考文献
[1] 林 知己夫，1993，『数量化の理論と実際』，朝倉書店．
[2] 駒沢 勉，他，1998，『新版 パソコン数量化分析』，朝倉書店．

数量化理論（2）数量化Ⅲ類

　社会集団として文化をとらえようとする意識調査では，さまざまな項目に対する回答が質的データとして得られる．2項目の関連は，クロス集計で読み取れるが，多数の項目間の関連を総合的に捉える多変量解析法が数量化Ⅲ類である．1952年の林知己夫による数量化理論の開発とは独立に，J. P. Benzecri によって開発され1973年に発表された Correspondence Analysis（対応分析）や双対尺度法といわれる分析法は，数量化Ⅲ類と同じ数式に基づくものである．主成分分析の質的データに対する方法ということもできるが，ダミー変数を用いた主成分分析とは解のようすが異なり，代用することはできない．

　意識調査で得られた人々の複数の質問に対する回答の行列パターンから，回答の方向と対象（人）の方向と同時に整理分類されるので，パターン分類の数量化ともいわれる．多岐にわたる適用例があるが，回答意識や考え方を分解して捉える立場ではなく，調査対象集団に現れた現象を総合的に捉え，集団としての回答構造，考え方の筋道として把握する．

●**数量化Ⅲ類の扱うデータ**　扱うデータには，調査の回答形式が複数回答選択型（複数選択型）の場合と項目ごとの回答選択肢選択型（アイテムカテゴリー型）がある．複数回答選択型ではそれぞれの回答選択肢が独立であり，各対象がそれぞれの選択肢に該当する場合1，該当しない場合0とするダミー変数 $\delta_i(j)$ の $\{1, 0\}$ パターンで表現される．項目ごと選択肢選択型は数量化Ⅰ類，Ⅱ類と同様であるが，数量化Ⅲ類の分析では，項目内の選択肢のどれにも該当しない項目があっても，すべての選択肢を独立として扱い，複数回答選択型と同様に分析できる．

　この選択肢 j に x_j，対象 i に y_i を与えて，x と y の相関係数 ρ が最大となるような解として求められ，x について解くべき式は，ρ^2 を固有値とする固有方程式となる．

$$Hx = \rho^2 Fx$$

ここで，行列 H の要素 h_{jk} は j 選択肢と k 選択肢に同時に選択された率と両選択肢が独立の場合の同時確率との差であり，行列 F の要素 f_{jk} は $j \neq k$ では j 選択肢と k 選択肢が独立の場合の同時確率，$j = k$ では j 選択肢の選択率と同時確率との差である．ただし，対象によって選択肢数が異なることを考慮したものとする．得られた解は通常，選択肢の第1次元目と第2次元目の布置によりその遠近関係から考え方の特徴を読み取る．それを踏まえて第3次元目以下からも特徴を読みとる．

　一方の，対象に与えられる値 y_i は，対象 i の該当する選択肢に与えられた値の合計を，選択した選択肢数 l_i で平均した $(1/l_i)\sum_j \delta_i(j) x_j$ となる．この個人得点 y_i について同様に第1次元目の値と第2次元目の値の布置から個人を分類すれ

ば，分類された集団は，選択肢の図から読み取れた考え方を特徴とするものと捉えられる．

回答パターンの単純な典型例として，完全な順位付ができるデータ（いわゆる「ガットマンスケール」）に数量化III類を適用すると，2次元目の値は1次元目の値の2次曲線状のU字型に布置し，3次元目の解は1次元目の値の3次曲線状に布置するような値をとるという性質がある．したがって，こうした布置を得たなら，データが単純な1次元構造をなしていることが把握される．

●**適用例** 集団によって回答構造の違いがみられる例として，統計数理研究所の日本人の国民性調査から，近代-伝統の考え方の時代変化を示す．アイテムカテゴリ型で，7つの質問項目の計18選択肢と年齢別項目の3区分，計21カテゴリのパターン分類である．ここでは，全ての質問項目に回答していない回答者もあるため，対象者ごとに選択肢数が異なる．数量化III類で得られた20次元の値のうち第1次元目（相関比0.27）と第2次元目（相関比0.18）の値を図示した（図1）．1953年には丸で囲んだところにいわば伝統的意見が集まっており，近代的意見と相対する図式であるが，2003年には境界があいまいになっている．また，1953年には40歳以上の人たちが伝統的意見であったが，2003年の伝統的意見は特に60歳以上の特徴となったことが読み取れる． [林 文]

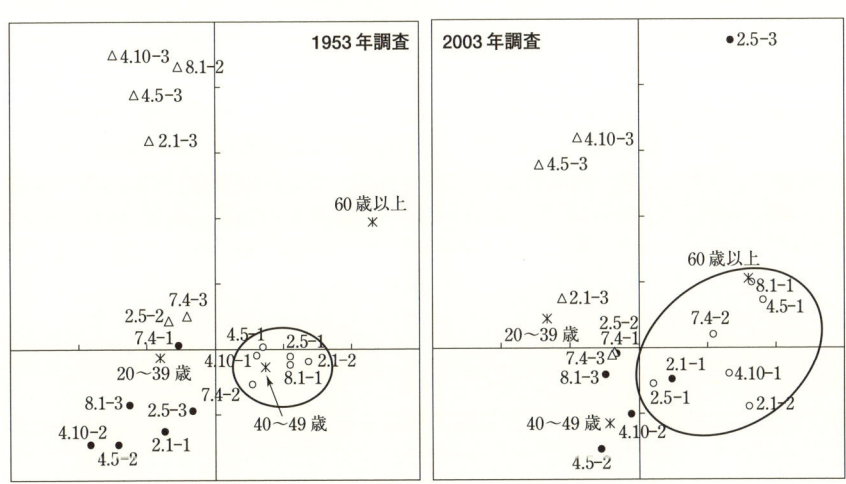

図1 1953年時点での伝統的意見を○，近代的意見を●，中間的意見を△で示してある．この例では，質問項目への回答と年齢という属性回答を同時に扱っているが，属性との関連において回答選択肢が分類され構造が捉えられている．（調査の詳細，質問文などは，統計数理研究所ホームページ参照）

📖 **参考文献**
[1] 林 知己夫編著, 2002,『社会調査ハンドブック』朝倉書店.
[2] 林 知己夫, 1993,『数量化—理論と方法』(統計ライブラリー), 朝倉書店.

国際比較調査 (1)

●**一般社会調査** 社会調査の初期の段階では、特定のテーマに絞った個別の標本調査はみられたものの，各種の調査を系統的に比較できる形の調査はみられなかった．やがて人々の生活一般を広くカバーする一般社会調査（総合社会調査）の形の調査が，アメリカの戦時研究やその後の社会学の発展と密接に関係するが遂行され，また国際比較調査へとも拡張された．

●**国際比較の問題点** 最近では国際比較調査が数多く遂行されているが，資金さえ十分あれば，どこの国でも統計的標本調査が可能であるわけではない．政治的理由，国内事情により，調査が不可能なこともある．また調査が遂行できても，それらのデータ解析において，多くの場合，異なる標本抽出方法により得られたデータの各母集団に対する代表性の質の問題や，異なる言語に翻訳された質問の等価性など種々の問題があり，そもそも国際比較など可能であるのかという疑義が生じる．しかし，社会調査一般のデータと同様，表面的な数字をそのまま信じるのは愚かであるが，そのようなデータにまったく情報がないと捨て去ってしまうことも，また愚かである．調査専門家は，そのようなノイズの多いデータから，いかにして信頼性のある情報を抽出するかを研究しているのである．

●**意識の国際比較調査** 統計数理研究所では，1953年以来継続する「日本人の国民性」調査の展開の中で，1971年頃から国民性をより深く考察する目的で日本以外に住む日本人・日系人を初め，他の国の人々との比較調査へと拡張してきた．

初めからいきなりまったく異なる国々を比較しても，意識調査では計量的に意味のある比較はできない．言語や民族の源など，何らかの重要な共通点がある国々を比較し，似ている点，異なる点を判明させ，その程度を測ることによって，初めて統計的「比較」の意味がある．この比較の環を徐々に繋ぐことによって，比較の連鎖を拡張し，やがてはグローバルな比較も可能になろう．この方針の下で，国際比較が進められ，「連鎖的調査分析」とよばれる方法論の確立を目指し，「国際比較可能性」が追求されている．

●**文化多様体解析 CULMAN（計量的文明論の確立に向けて）** 意識の国際比較可能性が追求される中で，指標や尺度の比較可能性と適用範囲に一種の相補性（森を見るか，木を見るか）があることに留意されている．すなわち，グローバルに標準化された指標や尺度は，各国間の概略的な様相を表すが，各国の事情の差を考慮した深い分析に供するのは難しい．逆に，例えば日本の事情を詳細に考慮した敏感な指標は，海外との比較には適さないことが多い．

この考え方は整理され，時系列調査における「時間の連鎖」，国際比較における「空間の連鎖」，および研究テーマ間の関係における「質問項目の連鎖」という3種

類の比較の連鎖を拡大し，やがては多様な項目に関してグローバルな時系列的かつ国際比較を目指すという，文化の連鎖的比較の方法論が発展した．

これらの各調査対象（連鎖のリンクの1つ）に対応する局所チャート連鎖は，各連鎖チャートが場合によっては一部が重複し，または包含関係をみせながら，さらに国際比較の範囲の大きさの大小，時系列的な長さの長短に対応して，階層構造，いわば「文化の多様体 (culfwral manifold)」をなすと考えられる．このような観点からの解析のパラダイムが，文化多様体解析 (CULMAN) とよばれている．

●**海外の国際比較調査** 「日本人の国民性」調査を模範として，その後，アメリカの GSS (General Social Survey)，ドイツの ALBUS，フランスの CREDOC など，欧米各国も同様の一般社会調査を遂行するようになり，さらに欧州の ESS (European Social Survey) や Eurobarometer などの国際比較も開始された．アジアでは最近，猪口孝を中心に Asiabarometer が遂行されている．ただし，各国の標本抽出の統計的厳密さを含む，データの質には十分に注意すべきである．

また，「世界価値観調査 (World Values Survey)」は 50 カ国以上が参画しているが，アメリカで考えられた調査票を世界の各国語に翻訳して調査し比較している．ISSP (International Social Survey Program) は日本の NHK を含め，40 カ国以上が参画しているが，各年度は「政府の役割」などの 1 テーマに絞り，5 年を 1 サイクルとし，調査票は世界共通の部分と各国固有の部分とで構成されている．これらのデータは，ホームページ上で詳細な解説がなされ，あるいは各国のデータアーカイヴで公開されている（「標本抽出方法(2)」参照）． ［吉野諒三］

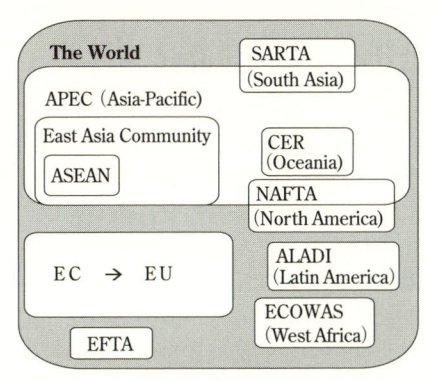

図1 A Manifold of Local Communities：これらの各所の共同体のいくつかの対は，互いに重複したり，含まれたりして，全体で階層構造をなす多様体とみなすことができる．世界の安定した平和と経済発展のためには，単一の厳格な「グローバルスタンダード」を押し付けるのではなく，隣接する各所の共同体を相互に緩やかに結びつける規則 ("soft" regulations) の集合で，全体としての結びつきを発展させることが重要であろう

📖 **参考文献**
[1] A. インケレス/吉野諒三訳, 2003,『国民性論 精神社会的展望』出光書店．
[2] 吉野諒三, 2001,『データの科学シリーズ 心を測る』朝倉書店．
[3] Yoshino, R. and Hayashi, C., 2002, An overview of cultural link analysis of national character, *Behaviormetrika*, **29**(2), 125-141.
[4] 吉野諒三, 2005, 東アジア価値観調査―文化多様体解析 (CULMAN) に基づく計量文明論の構築へ向けて, 行動計量学, **32**(1), 133-146.
[5] 吉野諒三編, 2007,『東アジア国民性比較 データ科学』勉誠出版．

国際比較調査 (2)

●**国際比較でわかる日本人の特徴**　日本人の特徴と巷間いわれてきたことが国際比較調査で確認されたり，あるいは国際比較して初めて浮かび上がってきたりした特徴もある．

●**基本的な人間関係**　欧米人と対照し，日本人固有の「義理人情」的態度は半世紀にわたりほとんど不変であった．国民性に関する諸側面では，例えば政治・経済に関係する側面は比較的短期の変動もみられる．例えば，1990年代からの経済的低迷の下で，日本人の科学技術に対する自信も低下がみられるし，政治に対する期待や信頼も混迷を深めている．しかし，人間関係における態度や意識は，日本人のみならず，一般に長期にわたり変化し難いものであるようである．これは海外移民や，政治・経済体制の変化に伴う「文化変容」について考える場合にも重要である．例えば，旧社会主義国の崩壊，中国の急激な社会変化について，社会体制と各国民の意識や態度の相互作用の問題を考える際に重要であろう．

　アメリカのスタンフォード大学の名誉教授であり，国民性研究の世界的権威でもあるA. インケルス（Alex Inkeles）は，常々，政治や経済の要因は，国民性の一部としては考えるべきではないと強調している．しかし，例えばフランス人はかなり経済状態がよくても悲観的，ブラジル人は世界最大の債務国であったときも，裕富な欧米なみに楽観的であるというようなこともある．他方で，1980年代の日本は経済的には世界のトップクラスに踊り出たにもかかわらず，日本人の満足感や幸福感はそれほど高く示されなかったのをみて，欧米諸国は不思議がった．また，「失われた10年」とよばれた1990年代からの不況時には，むしろ満足感は高く示されているというパラドクスも報告されている．したがって，政治・経済も国民性と分離できない側面がある．

　さらに述べると，個人としての「絶対的」満足感や幸福感と，身近なまわりの人やマスコミで騒がれている人たちと比べての「相対的」満足感や幸福感とは異なるかもしれないが，通常はそれらの両方ともが1人の心の中に分けられないで存在しているのかもしれない．国際比較の質問としては，「あなたは今の生活に満足していますか？」などと単純で，翻訳の問題もあまりなく，見かけ上は，国際比較も簡単にみえるものも，その解釈は慎重でなくてはならない．人々の回答を，各社会状況と人々の相互作用に中で考える必要がある．特に「満足感」は，同時期の同じ母集団に対する調査で，必ずしも安定した結果が得られないこともある．

　なお，海外（ハワイ，ブラジル，アメリカ西海岸）の日系人についても，人間関係（義理人情的態度）や以下に述べる宗教心については，日本にいる日本人と

同様の一般的傾向があることが確認されている．ただし，欧米人に「義理人情」がないといっているのではなく，これは日本人が「義理人情」を感じる固有の場面での意識や態度と比較した結果であり，ほかの場面や状況では各国の人々もそれぞれの形での「義理人情」を示すのかもしれない．

●**宗教的な態度**　宗教的な態度について，我々の調査では，日本人の約3分の1が実際に信心をもち，年齢を重ねるうちにより多くの人が信心をもつようになっていく傾向がある．また，信心していない人々も含めて，全体の6〜7割もの人々が「宗教心は大切」と回答している．これらの傾向も約半世紀にわたり，ほとんど不変であり，日本人が欧米人とは異なる点として浮かび上がっている．因みに，オランダ1993年調査でも年齢の高い方が信心している率が高かったが，これはコホート効果で年齢効果ではなかった．

●**中間回答の選好傾向**　日本人はどのような質問に対しても，イエス，ノーの明確な回答を避け，中間回答である「ふつう」「どちらともいえない」「場合による」「どちらかといえば賛成（反対）」などの曖昧な回答を選択する傾向が強いということは，国際比較において幾度も確認されてきた．ハワイやブラジルの日系人調査でも比較的同様の傾向があるといわれてきたが，2001年の我々のアメリカ本土の日系人調査の結果はそうではなかった．これは，ハワイのように少数民族群の中では多数派の日系人社会や，広大な国土に日系人だけでまとまっていたブラジルの日系人社会とは違い，アメリカ本土ではすでに日系人が多民族の中に浸透していて，そのような多民族社会では以心伝心は通じず，明確な自己主張をしなければ生きていけないという，社会環境と性格の相互作用の結果であろう．

　他方で，バイリンガルによる比較調査では，同じ日本人でも日本語で質疑応答する場合と英語でする場合では，回答傾向が異なることも判明してきた．日本語の場合より英語の質問に英語で答える場合の方がより極端になる，あるいはYesとNoが明確になるという傾向がわかった．つまり，中間回答傾向は文化，社会と広範に関連した言語の特性ともいえる[5]．

　これらの知見から，一般に，社会調査における回答データは，現実の状況と回答者の一般的回答傾向との複合物であり，また回答者の用いる言語（思考の枠組み）にも依存することを確認させ，回答データの比較や解析における注意を促しているといえよう．

[吉野諒三]

参考文献
[1] 林 知己夫，他編，1998，『国民性七ヵ国比較』出光書店．
[2] Inkles, A., 1996, National Character（吉野諒三訳，2003，『国民論』出光書店）．
[3] 水野欽司，他編，1992，『第五 日本人の国民性　戦後昭和期総集』出光書店．
[4] 吉野諒三，2005，富国信頼の時代へ，行動計量学，**32**(1), 147-160．
[5] 吉野諒三，他，2010，『国際比較データの解析』朝倉書店．

バックトランスレーション

●**国際比較調査における言語の違い**　意識の国際比較調査には調査票翻訳による同値性の問題がある．異なる言語を用いて同一内容と想定される質問文を作成し回答を得るが，この言語の相違は，単に狭義の言語上の差異のみならず，社会システムの相違などの問題を含め，質問および回答の「比較可能性」について疑義を浮かび上がらせる．つまり，そもそも異なる言語で異なる文化地域の調査により，意味のある比較が可能であるのか？

　この課題を完全に解決するのは容易ではないが，「バックトランスレーション」は質問文翻訳に関する問題解決のための1つの手法である．「バック」とは，元へ（再翻訳）という意味である．

●**質問文翻訳検討**　例えば，もとの調査質問文が日本語であり，これに対応する米語版の質問文をつくる場合を考えよう．統計数理研究所の「日本人の国民性調査」では，4つの選択肢の中から「大切なもの2つ」を選ばせる質問がある．本来の日本語の質問調査票からの質問文は，「次のうち，大切なことを2つあげてくれといわれたら，どれにしますか．a. 親孝行，b. 恩返し，c. 個人の権利を尊重すること，d. 個人の自由を尊重すること」である．これをアメリカ生まれの米日語バイリンガルに英訳させ，それを日本生まれの日米語バイリンガルに再翻訳（和訳）させると，回答カテゴリーのaとbのみが「a. 親孝行，親に対する愛情と尊敬，b. 助けてくれた人に感謝し，必要があれば援助する」というような説明調の表現となった．意味は同じだがニュアンスが異なり，同一とみなしてよいかはただちには判定しがたい．bとcの再翻訳は，もとの質問文と一致した．

●**比較実験調査**　前述のようなケースを考慮した比較実験調査が遂行されている[3]．日本人全体の中から2つの同質の無作為抽出標本AとBをとり，Aには「もとの日本語質問」をたずね，Bには「再翻訳された日本語質問」をたずねる．結果として，AとBの調査票にはまったく同じ表現の質問群と少し表現が異なる質問群が混在している．

　調査結果の回答分布を比べてみると，先の「大切なもの2つ」の質問の回答カテゴリーa, b, c, dは，Aでは73.2, 45.8, 37.7, 36.6％，一方Bでは77.7, 56.8, 25.2, 32.8％となった．aについては大きく違っているわけではないが，bは11.0％も違っている．さらにAとBでまったく表現の同じであったcとdも，bの効果のためか，違いが出ている．他の項目でも，少しの表現の違いで，回答結果が10％から15％くらい違うものもあった．したがって，国際比較で回答結果に差が15％あったとしても，それが意識の本当の差か，翻訳上の言いまわしの差で生じ

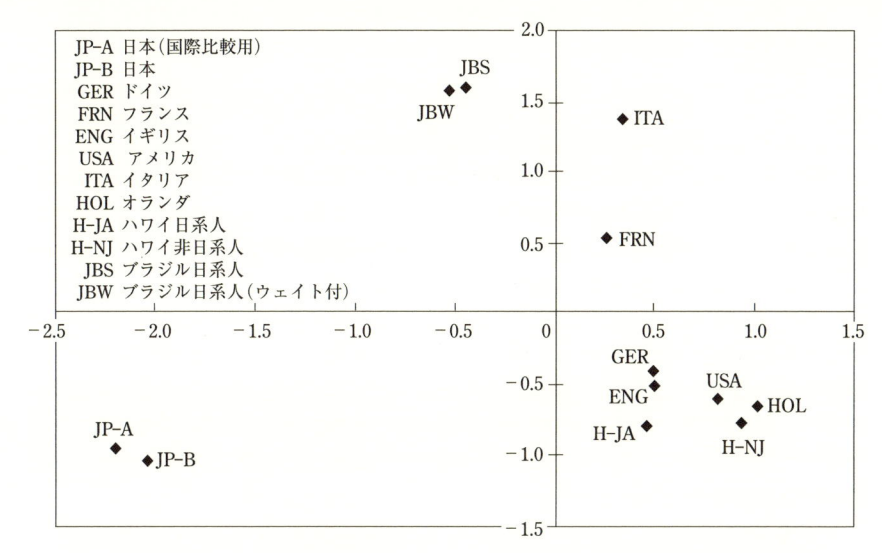

図1 複数の項目に対する複数の国の回答パターンの多次元データ解析（林の数量化Ⅲ類）[3][4]

たのか，ただちには判定しがたい．

●**数量化Ⅲ類によるパターン解析**　ところが，質問の1つ1つの回答分布を比べるのではなく，調査票全体の質問群（数十問）に対する，いくつかの国の集合の回答データを総合して解析すると，話はまったく異なる．

図1は，日米欧7カ国やハワイ日系・非日系人などの調査データを国・地域（あるいは日系，非日系の集団別）に区別し，回答データのパターンの類似性を解析したものであり，類似性が位置の遠近に対応し，似ているものは近くに表示される（林の数量化Ⅲ類）[4]．日本調査AとBの差は，全体の中ではほとんど無視できる．このような多次元データ解析については，一般意識調査での質問項目の多少の入れ替え，標本抽出法の違い，回収標本の属性（性，年齢）の偏りについてのウェイト補正の有無などに対しても，かなりの程度，結果は安定していることが経験的に確認されている．また混入している「偽造回答データ」を検出することが可能な場合も確認されている[3]．

「吉野諒三」

📖 **参考文献**
[1] 吉野諒三，1990,「Batchelder & Romney の正答のないテスト理論」のアンケート調査法への応用，統計数理，**37**(2), 171-188.
[2] 吉野諒三，1992, 社会調査データの国際比較の枠組みの為の"superculture", 統計数理，**40**(1), 1-16.
[3] 吉野諒三，2001, データの科学シリーズ『心を測る』朝倉書店．
[4] 林 知己夫，1993,『数量化－理論と方法』朝倉書店．

調査員

 「調査員」とは主に訪問面接法や配布留置法の調査に従事する者をいう．特に面接調査においては調査対象者と直接面談し，回答を得てくるため調査員の果たす役割は大きい．調査成功の可否もこの調査員の良し悪しにかかっているといってよい．良し悪しは調査手順の熟達度によるところが大きいので，調査員教育や訓練，調査員説明会が重要になる（電話調査の調査員を「オペレーター」とよぶ場合もある）．

●調査員の仕事　調査員の仕事は指定された地域の指定された調査対象者の家を訪問し，対象者本人に会い調査の趣旨を説明，了解が得られれば，調査票に沿って質問し回答を得る．得られた回答を所定の日時に調査本部に持参するまでの一連の作業工程を行う．

 1調査地域で通常は10から20標本程度，調査期間は2～3日から1週間くらいをかける．限られた日数で調査をするから，調査員はまずは効率よく対象者の家を見つけ出し，対象者が在宅していそうな時間帯に訪問する．調査対象者にはあらかじめ，葉書などで訪問の予告がされているが，訪問する日時や時間に対象者が在宅しているとは限らない．また，すべての対象者が快く調査に協力してくれるわけでもない．一般的に高齢者や主婦などには1回の訪問で会えることが多いが，男性や若い人にはなかなか会えない．その場合は家族に訪問の趣旨を伝え在宅時間を確認し，次回の訪問の約束を取り付ける．再訪問は休日や夜間になることが多い．調査員の役割はまずは対象者に会うことから始まる．

 専門の調査員は稼働のたびに従事する調査内容が違うことが多い．したがって，その都度，調査説明会に出席しなければならない．説明会では調査の趣旨や目的，調査内容や質問票，調査用具の説明，担当する地域や人数，提出日や手当などの説明を行う．質問票は特に重要だから誤解のないように時間をかけて説明する．場合によっては調査員と対象者の役割を模擬的に行うのがよい．特に新人調査員の場合は途中管理が重要である．いったん，調査の現地に入れば指示をするのは難しい．このため，調査が1件完了した時点で調査方法の再確認や調査票の点検などのチェックをする必要がある．説明会の役割は諸条件の確認も大事だが，調査員のやる気を起こさせることがなにより大切である．

●調査員の条件と資質　調査員の多くは通常は調査会社に登録をしており，調査の仕事が発生すればそれに従事する．複数の会社に登録していることもあるから，登録調査員だけでは足りないこともある．この場合はアルバイト募集をして新人などで補充する．調査員が従事するときに重要なことは，調査テーマや手当の高

低よりも調査を担当する地域や日程であることが多い。調査員の仕事には自由度が高い印象があるが、実際には調査地域まで出かけたり、対象者の都合に合わせて訪問をしなければならないから、時間的余裕が必要である。男女は問わないが、年齢的には外を動き回る仕事だから若い人向きではある。調査員の優劣は調査手順などの指示を忠実に守ることで、必ずしも専門的知識を有する必要はない。ただし、消費者調査など日用品を扱う調査では主婦など女性調査員が向いている。AV機器などの調査は若い調査員のほうが適任であろう。

●**調査員調査をめぐる諸問題** 最近ではインターネット調査に代表されるような調査員を介さない調査が増えている。主に調査費用の増大や手間がかかる割には必ずしも回収率が高くならないことなどが背景にある。しかし、調査員が介在することによるメリットも大きいはずである。訪問面接調査での調査員調査のメリット・デメリットは表1のように考えられている。

表1 調査員調査のメリットとデメリット

メリット	デメリット
・対象者への負担が少ない	・調査費用がかかる
・対象者の本人確認ができる	・多忙な人に会うことの困難
・複雑な質問が可能	・調査員の資質や性格などによる偏りが大きい
・回収率が比較的高い	
・信頼性の高い回答が得られる	・調査員の不正や対象者とのトラブル

表1のほかに調査員調査のメリットとしては他の手段、例えば郵便や電話による依頼や説明に比べ調査員が直接接触することから、対象者の協力率は遥かに有利に働くと考えられる。反面、調査員が介在することにより、対象者と思わぬトラブルが発生することもある。近年の調査回収率の低下の原因では対象者の「多忙による不在」のほかに「調査拒否」が増えている。在宅時間の変化、オートロックマンションなど住宅条件の変化など外的要因も大きいが、対象者が安心して協力できる調査内容かどうかへの不信が、調査拒否につながっていると考えられる。調査回収率の高低は多分に調査内容や質問数に左右される。調査企画者の配慮する点として、質問数の多さや難しい質問、拒否を多発させる質問は避けたい。

また、調査期間の短さ、担当標本数の多さなど調査員への無理強いは止め、不正やトラブルを誘発させないようにしなければならない。最近では国勢調査などでも調査員が途中脱落したり、参加者が少なくなっているといわれる。やっかいで割りの合わない仕事と受け止められており、調査員が学生など若い人の貴重なアルバイトの代名詞であった時代からはかなり遠ざかり高齢化が進んでいる。今後は調査企画者側の課題として、調査員の身分保証、調査員手当などに配慮し、調査員の社会的地位の向上に向けた努力が必要であろう。　　　　　［谷口哲一郎］

選択肢回答と自由回答

　調査における質問の回答のとり方には，回答候補を用意し，その中から選択することを求める「選択肢回答」と，回答候補を用意しない「自由回答」がある．それぞれメリットとデメリットがあり，調査ニーズに適するものが使われる．現実には，選択肢回答が主となり，自由回答はごく一部に取り入れられる調査が多い．

●**選択肢回答**　選択肢の内容で分類すると，「非常に・かなり・やや」といった程度や頻度の段階で構成されるものと，「賛成・反対」のような，段階ではない項目で構成されるものがある．選択肢が段階の場合には，間隔尺度とみなした統計分析法を適用することもある（「心理尺度」参照）．選択する個数で分類すると，選択肢の中から1つを選ぶのが単一回答で，選択肢が段階でない場合には，個数を指定するか，「あてはまるものいくつでも」と回答者の任意とする複数回答がある．調査の関心が，個別の項目がどのくらいの人に支持（選択）されるかにあれば複数回答がよいし，項目の比較においてどれが支持（選択）を集めるかにあれば単一回答がよいだろう．選択個数は，回答しやすさや調査目的を勘案して決められる．選択肢の個数が多い，文章が長いなどで選びにくい場合は，複数回答で選択を求め，選択した中から1つ選んでもらう．選択の有無だけでなく，選択肢間の相対関係も回答者に直接判断してもらいたい場合には，1番目，2番目と順序づけて選択させたり，ウエイトを付けて選択させたりする．ウエイト付けの例では，回答者に持ち点として5枚など一定枚数のシールを与えておき，複数の選択肢に，あてはまる強さに応じて配分してもらう方法がある．「いちがいにいえない」が多数になる場合や，トレードオフの関係にあるが単純に割り切れない問題についての質問に使われることがある．

　選択肢回答のメリットとしては，回答が一意的であり，機械的に集計できるので，迅速に結果が得られる．全体の傾向，項目間や回答者集団間の差異を客観的に効率良く把握するのに適している．選択肢は分析枠組みに沿って作成されるので，理論などに基づいた分析がデザインしやすい．

　デメリットとしては，選択肢は調査者の考えの枠組みの範囲をでるのは難しい．回答者は与えられた選択肢にぴったり当てはまるものがなくても，相対的に判断して選択せざるを得ない．人々の多様な意識をカバーする妥当な選択肢を用意することが重要である．日常意識していなくても，選択肢が刺激となって回答が引き出されることもある．

●**自由回答**　質問の形で与えられた課題に対し感想・意見・理由などを直接的に述べてもらったり，質問でキーとなる情報を与えて，回答者が自由に思い浮かべ

るものを述べてもらう．表現については文章で，あるいは単語でと指定することもある．回答の質と量は，個人の回答意欲に依存する．自由回答は通常，入力して電子化されたテキストデータにする．分析の視点を定めて分類項目と分類基準を作成し，それに従って個々の回答を分類し（コーディングという），集計や他の項目との関連を分析する．

　自由回答のメリットとしては，選択肢という形で思考の枠組みが与えられないので，それによる先入観やバイアスのない，回答者の意識にあるものや，回答者の発想によるものをとらえることができる．調査者が予想しなかった回答や，バリエーションの大きい多次元的な回答が期待できる．選択肢をつくる参考とするためにプリテストで自由回答を用いることがある．

　デメリットとしては，回答者自身の言葉で述べなければならないので負担が大きく，自記式調査では選択肢回答より無回答が多くなる傾向がある．最大の問題は，コーディングに手間がかかることであり，当初設定した分類項目や分類基準では分類しきれず，試行錯誤の作業になることが多い．分類する人によって判断が異なったり，同一人でもサンプル数が多く，回答が長文になると，判断の一貫性を保つのは難しい．このような手作業によらず，テキストマイニング（「テキストマイニング」参照）のソフトウエアを用いた解析もある．テキストデータの分かち書き，単語や語句の抽出，構文解析などの自然言語処理機能と統計解析機能をもつソフトが開発されている．インターネット調査の自由回答では，入力作業なしに，大量サンプルによる電子化されたテキストデータが取得できる．手作業による分析が困難な場合でも，ソフトを用いた分析が可能になっている．

表1　交通事故の不安と原子力への不安

回答のとり方	質問文	結果
選択肢回答	あなたは，次のような危険について不安を感じることがありますか．［「非常に不安」を選択した比率］	・交通事故　　　　　36% ・原子力施設の事故　23%
自由回答	「自分ではどうすることもできなくて，思いがけなく巻き込まれる人為的災害」といったら何を思い浮かべますか．具体的にお答えください．［総記述数1,452個における比率］	・交通事故関係の記述　45% ・原子力関係の記述　　3%

［北田淳子，林知己夫，1999，INSS JOURNAL, 6, 2-23.］

●**選択肢回答と自由回答の質の違い**　表1は同一の調査票における結果である．交通事故については選択肢回答でも自由回答でも不安が高いことを示しているが，原子力への不安は自由回答ではほとんど出ず，選択肢回答とのギャップが大きい．ふだん意識されていないが，不安かと問われて改めてそれについて考えたときに出てくるのが原子力への不安の特徴であり，選択肢回答と自由回答の質の違いによって，対象の特徴が浮かびあがる例である．　　　　　　［北田淳子］

欠測データの扱い

　社会調査においては年収や宗教・性的な内容などセンシティブな質問項目で無回答が多くなる．無回答だけでなくデータの欠測はさまざまな状況で生じるが，大別すると，i) 各変数レベルでの記入漏れや無回答，ii) 打ち切り（ある上限や下限などの閾値を超えると，閾値を超えたことはわかるが本来の値がわからない）や切断（閾値を超えた観測値の数そのものが不明），iii) 経時・パネルデータでの脱落またはパネルの損耗，iv) 調査や測定全体への無回答や不参加・測定不能があげられる．一方，より広い概念として不完全データ（「不完全データ」参照）という言葉を利用する場合もあり，その場合は上記に加えて，v) 四捨五入や小数点切り下げなどの値の丸め（ラウンディング）や，vi) 連続値の離散値化，が含まれる．ただし v) や vi) は社会調査では通常考慮しない．また，一部の変数に対する欠測と，上記の分類の iv) に当たる全変数に対する欠測を分けて考える場合もある．

●**完全にランダムな欠測とランダムな欠測**　「ある個体である変数がなぜ欠測したか」のメカニズムを欠測メカニズムとよぶが，これについては D. B. ルービン (1976) の研究以来，3 とおりに分けて考えるのが一般的である．

　i) 完全にランダムな欠測：欠測するかどうかはモデリングに用いている変数に依存しない．例えば面接調査において調査員に対する謝金のコストの問題から，乱数表を用いて 1/2 の確率で調査項目の後半部を質問せずに終了するとする．後半部の欠測は質問項目の回答結果に依存せず「完全にランダムな欠測」である．

　ii) ランダムな欠測：欠測するかどうかが，欠測する可能性のある項目の回答には依存せず，観測される項目に依存する．例えばある項目 A への回答が何かによって次の項目 B に回答するかどうかが決定される場合，「項目 B を項目 A で説明する回帰モデル」の母数推定に関心がある場合にはこの欠測は必ず観測される項目 A に依存しているためランダムな欠測である．

　iii) ランダムでない欠測：欠測するかどうかは欠測値や観測していないほかの変数にも依存する．

　欠測データの解析は，i), ii), iii) の順に対応が難しくなる．

●**欠測への対応法**　8 つの対処法が考えられる．i) 完全ケース分析（どこかの項目に欠測がある回答者のデータは除去して解析），ii) 利用可能なデータを使った解析（例えば相関係数やクロス表ならば，2 つの項目で欠測がないペアを利用），iii) 観測データ尤度を用いた最尤推定[1]，iv) 単一代入法（後述），v) 多重代入法（後述），vi) 集計での工夫（レイキング法など周辺比率を事前に知られている母集団比率に合わせる方法），vii) 傾向スコアを用いた解析，viii) 欠測のモデリング（欠測するかどうかを回答の値で説明するモデルを作成し最尤法やベイズ推定法

で解析する).

データの欠測が「完全にランダムな欠測」である場合にはどの方法で解析しても正しい結果が得られるが,「ランダムな欠測」である場合に i) や ii) を行うと誤った結果が導かれる可能性が高い.また,「ランダムでない欠測」の場合は viii) の方法のみ正しい結果になるが,モデル仮定が正しいかどうかの判断が難しい.

●**単一代入法と多重代入法** データに欠測が存在する場合,欠測値にある値を代入することで疑似的な完全データを作成し,その完全データから通常の解析を行う方法を単一代入法とよぶ.単一代入法には,i) 平均値代入(観測されている個体での値から計算した平均値を代入する),ii) 回帰代入(欠測値を観測されている項目の値で予測する回帰分析モデルを利用して計算した予測値を代入する),iii) 確率的回帰代入(回帰代入に誤差項を乱数で発生させて加える),iv) ホットデック(観測されている変数について,最も類似した他の個体を探し,その個体での値を欠測値に代入するマッチング法),v) コールドデック(類似した個体を別のデータセットから探す)などがある.ただし単一代入法で得られた推定量の分散は過小評価される傾向があるため,実際には単一代入を複数回実施し,得られた複数の推定値の統合を行う多重代入法が利用されることが多い.

●**傾向スコアによる重み付けと代入法** 欠測が「ランダムな欠測」つまり観測値によって欠測するかどうかが決まる場合には,「観測値を用いて欠測するかどうかの確率」(傾向スコア)を用いた欠測データの解析(P. R. ローゼンバウムと D. B. ルービン,1983)がしばしば行われる.例えば年収が高く仕事や家事が忙しい人は回答しない可能性が高ければ,年収や労働時間,家族構成などを説明変数として欠測の有無を説明する「ロジスティック回帰分析」を実施し,各調査対象者が回答する可能性を示す予測確率を傾向スコアとする.この値が低い人は「本来ならば回答しない可能性が高いが,実際には回答した対象者」であり,無回答の人と同じ回答を行っている可能性が高い.そこで集計の際に傾向スコアの値が低い人の重みを増やせば,無回答による欠測を補って集計したことになる.ここで $z=1, 0$ を回答の有無,y を項目への回答値,e_i を傾向スコア,N をサンプルサイズとすると

$$\left\{\sum_{i=1}^{N}(z_i/e_i)y_i\right\}\bigg/\left\{\sum_{i=1}^{N}(z_i/e_i)\right\}$$

が傾向スコアを用いた Y の期待値の推定量であり,傾向スコアの推定が正しければ一致推定量になる.また,傾向スコアの値が近い回答者と無回答者をマッチングさせるホットデックもよく利用される.傾向スコアを含め「ランダムな欠測」において利用する方法では,欠測の有無を説明する変数をどう選ぶかが非常に重要である. [星野崇宏]

📖 **参考文献**
[1] 岩崎 学,2002,『不完全データの統計解析』エコノミスト社.
[2] 星野崇宏,2009,『調査観察データの統計科学』岩波書店.

世論調査の歴史

●**成長期の世論調査** 戦前に例がないわけではないが，日本で本格的な世論調査が行われるようになったのは第二次大戦後である．戦後すぐに新聞をはじめ，多くの世論調査機関が発足した．早くも1945年11月には知事公選の方法調査（毎日）が行われ，1947年には無作為サンプルによる都知事選挙調査（輿論科学協会）が行われた．さらに読書世論調査（毎日，1947），経済実相報告調査（総理府，1947），読み書き能力調査（統計数理研究所，1948）など多くの調査が実施された．この時期はGHQ（連合軍総指令部）の意向によって「世論調査協議会」の開催（1947）など科学的世論調査が指導され普及した．政府も国立世論調査所（1949〜1954）を設立するなど世論調査に努めた．これらは正確な世論の把握とその報道が民主主義の発展に寄与すると考えられたためである．

　科学的世論調査とは，基本的には台帳からの無作為抽出サンプルと訪問面接調査が中核である．そのため全国調査組織網が整備され，昭和30年代には現在の調査体制の骨格ができあがった．すなわち，i) 憲法調査（1956）などの総理府（現内閣府）による政府調査，ii) 報道各社による時事調査や選挙調査，iii) 国民生活に関する調査（総理府，1958）や日本人の国民性調査（統計数理研究所，1953）などの基本意識調査，iv) 国民生活時間調査（NHK，1960）やSSM調査（社会学会，1955）などの社会調査が実施された．このほかラジオの聴取率調査もNHK（1950）が行っており，市場調査でもBBR調査（中央調査，1956）が開始された．また，各自治体による住民意識調査などがこの時期にも多数行われた．

●**拡大期の世論調査** 日本社会の急速な発展に伴い，世論調査は質量ともに拡大した．例えば，昭和40年代の電子計算機の登場により，集計が正確・迅速・大量化しただけでなく，多変量解析などの手法が実用に供された．特に選挙調査における速報，議席予測などの領域で効果があった．機械化という点では，視聴率調査で機械式世帯調査が導入され（ビデオリサーチ，1962など），その後，翌日速報やPM（機械式個人）調査などに進展した．

　新しい領域としては社会の国際化に対応し，国際共同調査や海外との交流が盛んになる．国民性ハワイ調査（統計数理研究所，1971），世界青年の意識調査（総理府，1972），日米共同調査（読売，1978）などであり，後のWAPOR（世界世論調査学会）東京会議（1996）に連なっていく．

　調査の実施数も多くなる．同一質問による継続調査は，古くは時事世論調査（中央調査，1960）や国民生活に関する調査など総理府調査があるが，読売，朝日は毎月の全国調査を開始した（1978）．また，長期観測を視野に日本人の意識調査

表1 戦後の主な世論調査（数字は実施年（西暦末尾2桁））

1945年～50	55	60	65	70	75	80	85	90	95
47 世論調査協議会（GHQ，総理府）									96 WAPOR東京大会
49 国立世論調査所設立				69 月刊世論調査創刊（総理府）					98 SSJアーカイブ設立（東大）
47 経済実相報告調査（総理府）	56 憲法調査（総理府）			72 国民選好度調査（経企庁）					
	58 国民生活調査（総理府）			69 社会意識調査（総理府）					
48 読み書き能力調査（統数研）				72 世界青年の意識調査（総理府）					
	53 日本人の国民性調査（統数研）			71 国民性ハワイ調査（統数研）				96 衆院選各社電話調査化	
47 都知事選調査（輿論科学）		60 時事世論調査（中央調査）		79 新聞信頼度調査（新聞協会）				92 日ロ調査（中央調査）	
	55 国政選挙予測（朝日）			78 毎月全国調査（読売）				04 参院選調査RDD化	
47 読書世論調査（毎日）				78 日米共同調査（読売）				90 衆院選電話調査（日経）	
	50 家族計画調査（毎日）			69 1000人電話調査（サンケイ）			87 1万人電話調査（日経）		
		60 生活時間調査（NHK）				78 県民意識調査（NHK）		93 ISSP（国際社会）調査（NHK）	
	50 全国ラジオ聴取率調査（NHK）			73 日本人の意識調査（NHK）					
		62 機械式視聴率調査（ビデオリサーチ）						96 PM式視聴率調査（ビデオリサーチ）	
	56 BBR（ブランド）調査（中央調査）				75 総合嗜好調査（TBS）				
	55 SSM（階層移動）調査（社会学会）				79 生活価値観調査（余暇開発センター）			00 J（日本）GSS調査	
昭和20年	30	40		50		60		平成7	

（NHK，1973）も開始された．

●**転換期の世論調査** 昭和60年代ごろから，調査相手の協力率は低下してくる．これは外出や拒否の増加などによるが，調査の根幹である信頼性にかかわることであり，調査経費の効率化とともにその対応が模索されている．

その1つが電話調査への転換である．衆院選挙で小選挙区（併用）制が導入され，選挙調査（30万以上の調査サンプルが必要）は一気に電話調査に切り替わった（1996年衆院選）．内閣支持率も電話で毎月調査されるようになった．また，留置法や郵送法の再評価も行われている．携帯電話やインターネットの利用についても検討されているが，世論調査としては代表性の確保が課題となる．

このほか，調査結果を共同利用するデータアーカイブ（東大，1998）や社会調査士の資格認定をめざす新たな動きもみられる．

一方，2006年の法改正により住民基本台帳や有権者名簿が閲覧できなくなった．世論調査については例外とされたが，サンプル抽出は格段に困難になった．世論調査の必要性や存在価値が厳しく問われている時代なのかもしれない．

［上村修一］

参考文献
[1] 日本世論調査協会，1986，『日本世論調査史資料』．
[2] 日本世論調査協会，2007，日本世論調査協会報 よろん，100号（同別冊）．

生活時間調査

　「生活時間調査」は「生活時間」の調査であるが，生活時間とは何だろうか．図1は平日の主な生活行動について，1日に費やす平均時間量を男女別に示したグラフである．たとえば日本人男性の平均の睡眠時間は7時間29分であり，女性は7時間16分である．また，仕事時間は男性が，家事時間は女性が圧倒的に長く，男女間の生活時間構造の違いを決定的にしている．メディアでは男女ともテレビ視聴時間が特に長く，3時間を超えている．

　このように「生活時間」とは人びとの1日の生活を時間の面からとらえた指標であり，計測するための社会調査を「生活時間調査」という．生活時間

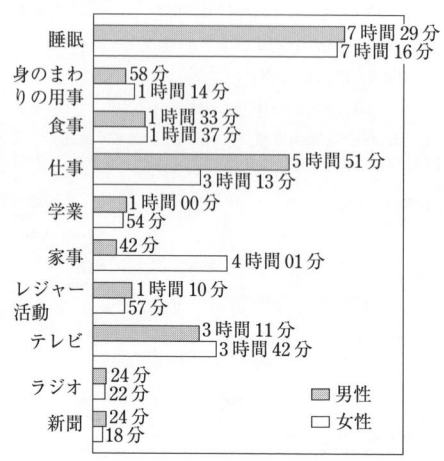

図1　各行動の1人あたりの平均時間量（平日）
[NHK 国民生活時間調査，2005]

データを通じて人びとの生活実態を把握することは，例えば，国民の生活に関連する政策を立案したり，マーケティングで生活者のニーズを探ったりと，さまざまな側面で有効である．また生活時間の時系列変化をたどることで社会の構造的変遷に迫るなど，社会学的指標としても活用の場面は多い．国内には生活時間専門の学会はないが，海外には国際生活時間学会（IATUR）があり，世界中の研究者が交流を深めている．

　日本では現在，日本放送協会（NHK）と総務省統計局が全国規模で生活時間調査を実施している．「NHK 国民生活時間調査」は人々の生活実態に沿った放送を行うために企画され，1960 年から 5 年に 1 度定期的に実施されている．基本的な生活行動のほか，テレビ視聴やラジオ聴取などメディア利用行動を細分化して調査している点が特徴となっている．一方，総務省統計局の「社会生活基本調査」は，各行政施策上の基礎データを得るために企画された調査で，1976 年からやはり 5 年に 1 度定期的に実施されている．過去 1 年間の活動状況についての調査と生活時間調査がセットになっており，生活時間調査では，行動のほか「一緒にいた人」なども把握できる設計になっている．

●NHK 国民生活時間調査について　NHK 国民生活時間調査は，住民基本台帳から無作為に抽出した全国 10 歳以上の国民を対象に，10 月中〜下旬の連続する 2

日間の生活行動を 15 分刻みで記録してもらうものである.集計は平日(月〜金)・土曜・日曜別に行う.集計結果の最小単位は,15 分ごとのある行動をしている人が全体に占める割合(行為者率)であるが,このほか1日あたり 15 分以上その行動を行った人の率(1 日の行為者率)や,行動を行わなかった人も含めた全員の行動に費やした平均時間(全員平均時間)などを基本指標としている.

NHK 国民生活時間調査の最も大きな特徴として,i) 同時間帯において2つ以上の行動の記録を可としている点, ii) およそ半世紀にわたる時系列データを積み上げてきた点があげられよう.まず,i) については,テレビやラジオの視聴が他の行動(食事や家事など)をしながら行われることが大変多いことから,より精確にテレビ・ラジオ視聴の実態を捕捉する意図で行っている.一方,総務省の社会生活基本調査の生活時間調査(調査票 A)では主行動のみの記録となっている. ii) については,諸外国をみても半世紀にわたり継続的に調査を続けている事例はなく,その希少性は際立っているといえる.とはいえ調査維持のために,過去に2回大きな調査方式の変更を行ってきた.1回目は 1970 年調査時で,個人面接法から配付回収法に切り替えた.2回目は 1995 年調査時で,アフターコード方式(時刻目盛りに沿って自由に自分の行動を記録してもらい,後に専門のコーダーによって行動分類を行う)から,プリコード方式(あらかじめ調査行動が印刷された調査票に該当行動を行った時間に矢印を記入してもらう)に切り替えた.変更前と後の調査データの直接の比較はできないが,大まかな時系列変化は把握できるよう工夫している.例えば図2は 1970 年以降の食事の全員平均時間の推移である.1995 年を境に折れ線グラフが2本あるものの,長期的に食事時間が増加傾向にあることは確認できよう.

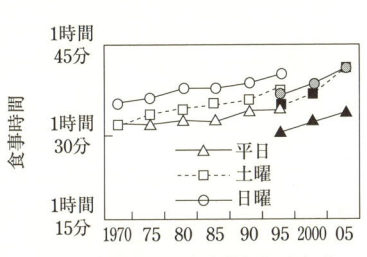

図2 食事時間の時系列変化(平日)
[NHK 国民生活時間調査,2005]

●**生活時間調査継続の課題** 　課題はその企画から実施に至るまでさまざまあるが,最も重要なものは有効率であろう.NHK 調査の場合,2000 年調査では有効率が 73% あったのに対し,2005 年調査では 61% まで下がっている.生活時間に限らず世論調査の有効率の低下(特に若年層)は著しい.さらに生活時間は個人の1日の生活の具体的記録であり,昨今の個人情報保護に対する意識の高まりから調査拒否の率が増加している.調査の結果をより広く社会還元し,国民の調査に対する理解が得られるよう一層の努力が必要な時代になってきたといえる.

[中野佐知子]

📖 **参考文献**
[1] NHK 放送文化研究所編,2006,『日本人の生活時間・2005』NHK 出版.
[2] 総務省統計局・社会生活基本調査 http://www.stat.go.jp/data/shakai/2006/index.htm
[3] 国際生活時間学会(IATUR) http://www.smu.ca/partners/iatur/iatur.htm

内閣府調査の継続質問

●**概要** いわゆる「国の世論調査」というのは内閣府政府広報室が行っている世論調査のことである．政府広報室が世論調査を行う法的根拠は，内閣府設置法第4条（内閣府の所掌事務）ならびに内閣府本府組織令第19条（政府広報室）に基づいている．2008（平成20）年度までに実施された世論調査は1,143本，毎年平均18.4本の世論調査[*1]が実施され，その調査結果が公表されてきた．それらの世論調査は，各省庁から質問案が準備され様々なテーマで実施されるが，施策に対する意見を問うものばかりではなく，国民の日常生活や社会とのかかわりの中で持つ考え方など，幅広く質問したものとなっている．

調査対象者は偏りのないように選ばれた全国の調査地点から，住民基本台帳により無作為に抽出され（層化二段無作為抽出法），調査は調査員が直接訪問して（面接聴取法）行われる．母集団は日本に居住する20歳以上の国民，標本数は調査によって3,000，5,000，10,000の3とおり，調査期間は約2週間で行われる．

●**歴史と経緯** 日本の世論調査は，戦後，GHQが日本の民主化にとって世論調査が重要であるという認識の下で行われるようになった．そこでGHQの一員であったH.パッシンらが中心となり世論調査の実施の仕方について教授し，1947（昭和22）年に国（政府）の最初の世論調査が実施され，現在にいたっている．当初の回収率は8割を超えていたが，次第に回収率の低下が見られ，個人情報保護法が施行された2005（平成17）年には一時5割台になった．そこで，回収率の向上を図るために，調査主体名を明らかにしたり，事前の調査依頼を行い，現在ではやや持ち直している．しかし，この状態が今後も維持されるという保証はなく，今後の世論の捉え方を検討する中で，調査方法についても議論をすべき時期にきている．

●**継続質問** 長年にわたり同一の調査が行われていれば，調査結果を時系列で比較することができる．例えば，「物価感」を聞いた調査結果を年次ごとに追えば，そこからその年その年の国民の生活をうかがうこともできよう．その際，同じ聞き方をして得られた調査結果でなくては比較をすることができない．最も長い期間にわたり同じ質問を行っているのは，「国民生活に関する世論調査」の"1年前と比べた暮らし向き"に関する質問である．この質問は1948（昭和23）年から現在（2010年）まで続いている[*2]．最近の質問文は以下のとおりである．「お宅の生活は，去年の今頃と比べてどうでしょうか．この中から1つお答えください．」回答項目として「向上している」「同じようなもの」「低下している」が用意されている．しかし，この質問は1948年の質問から質問形式がだいぶ変更されてきた．

ワーディングがいくたびか変更されたばかりでなく，以前は回答票を提示せずに質問していたし，一時期はスプリット方式で2とおりの聞き方をしていることもあった．これでは，厳密には時系列の比較を行うことはできない．これに対して，「社会意識に関する世論調査」の中の"日本は良い方向に向かっていると思うか，悪い方向に向かっていると思うか"という質問は，1971（昭和46）年度調査から聞き方をほとんど変えずに[*3]継続されてきた．そのために時系列の比較ができ，国民がこの国をどのようにみてきたかを年次別に追うことができる（図1）．

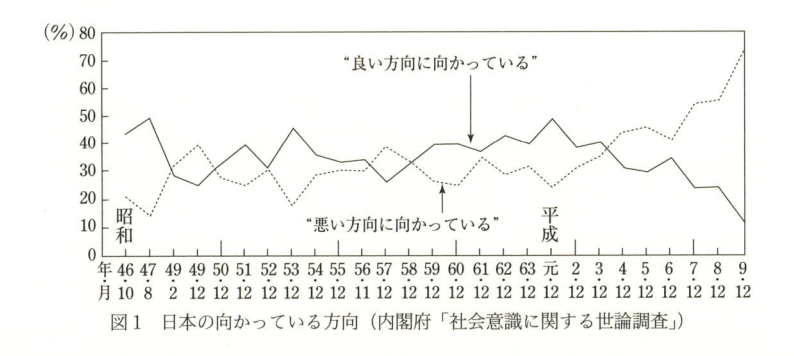

図1 日本の向かっている方向（内閣府「社会意識に関する世論調査」）

●**傾向** これをみると，「良い方向に向かっている」という意見も「悪い方向に向かっている」という意見も何度か山型を示しているのがわかる．このように，時々の社会の動きを反映しながら山谷を繰り返してきた世論であったが，1994（平成6）年以降は短期間で「悪い方向に向かっている」が急激に増加し，1997（平成9）年には72％に達した．1979（昭和54）年度調査以降，「良い方向」「悪い方向」を回答したそれぞれの回答者に「それはどのような点か」を質問してきたが，1997年を最後にこの聞き方は終了した．それ以降は「良い方向か，悪い方向か」の質問をせずに，全員に「良い点」「悪い点」を質問している． ［氏家 豊］

📖 参考文献
[1] 内閣府「世論調査」 http://www8.cao.go.jp/survey/

---

*1 2004（平成16）年度から実施された特別世論調査を含む．
*2 1948（昭和23）年の第1回目調査は「国民生活（都市住民）に関する世論調査」というもので，その後5年を経て1953（昭和28）年度より「国民生活に関する世論調査」が開始され現在まで続いている．
*3 1971（昭和46）年度から1990（平成2）年度まで「全体として，日本は良い方向に進んでいると思いますか，……」，1991（平成3）年度からは「……良い方向に向かっていると思いますか，……」と質問している．質問冒頭に「あなたは」や「話は変わりますが」などが入ることはあったが，これらはいずれも回答に影響を及ぼすものではないので無視する．

選挙予測調査

　選挙前に有権者を対象として投票行動を調べる調査を総称して選挙予測調査とよぶ．大規模な選挙予測調査は衆議院の総選挙（300選挙区）と参議院選挙（47選挙区）で実施されている．実施主体は報道機関，政党，学術機関などが多い．報道機関による予測調査の結果はマスメディアで報道され有権者に情報提供される．日本の国政選挙では政党別の獲得議席数予測が最大の目的である．
　主に公示日から投票日直前までに実施する選挙予測調査を「情勢調査」とよび，投票を済ませた直後の投票者に投票所の出口で投票先を質問する「出口調査」と区別している．出口調査は投票者を母集団とする無作為抽出標本調査だが，情勢調査は棄権者も含む有権者を母集団とせざるを得ないため，投票率が低いほど母集団のカバレッジ誤差が大きくなる．さらに調査時点では投票先を決めていない回答者が回収標本の3割前後に達する．回答はしても調査時点から投票日までの期間に回答と異なる投票先に変更する回答者も存在するので，一般に情勢調査は出口調査よりも非標本誤差が大きく，予測精度は出口調査より低い．
　2009年衆院選の終盤情勢調査では，各社とも民主党320議席前後の予測に対して，選挙結果は308議席にとどまったが「民主圧勝」の情勢は予測できた．2010年参院選の終盤情勢調査では，各社とも民主50議席前後と予測した．「与党過半

表1　報道各社による2010年参院選（7月11日投開票）予測調査報道の概要

実施主体	掲載日	調査日	回答者数	予測表現	見　出　し
日経	6/26	24～25	30,440	グラフ	民主「改選54」上回る勢い/自民，40台うかがう/みんな，比例で健闘
読売	6/26	〃	〃	グラフ	与党過半数は微妙/1人区自民優勢/みんなの党躍進
朝日	6/26	24～25	46,980	議席数表	民主過半数微妙/50議席台前半か/1人区，自民互角/みんな10議席程度
共同	6/27	24～26	30,406	議席数表	与党過半数は微妙/民主50乗せ，自民45前後/みんなが躍進
毎日	7/5	2～4	40,373	議席数表	民主「改選54」維持も/1人区自民と激戦/みんな10議席うかがう
共同	7/7	4～6	44,000	議席数表	与党過半数厳しく/民主50割れも/自民堅調
朝日	7/9	6～7	49,653	議席数表	与党，過半数は困難/民主失速，50議席割れも/1人区自民競る
日経	7/9	6～8	31,791	グラフ	民主苦戦50議席前後/与党過半数届かず/自民堅調，みんな勢い
読売	7/9	〃	〃	グラフ	与党過半数厳しく/民主比例伸び悩む/自民改選議席上まわる

注：各社ともRDDによる電話調査法．日経と読売は調査データを共有．予測表現の列「グラフ」とは紙面の予測議席の表示が数値でなくグラフのみであることを意味する

数困難」の情勢は予測できたが，選挙結果は民主44，自民51議席に終わり自民が改選第1党となり予測とは順位も異なった（表1）．

●**調査の方法** 情勢調査は通常の世論調査と同じ形式で実施される．衆院に小選挙区比例代表並立制が導入された1996年以降，報道機関の情勢調査は電話調査法が主流となり，標本抽出法としてはRDDが利用されている．参院選では選挙区が県単位なので市外局番（4桁バンク）で選挙区をほぼ特定できるが，衆院選は小選挙区であるため2桁（百位）バンク程度の狭い範囲で地域を特定しなければならない．バンクがどの地域で使われているかという対応関係は電話帳情報などを利用する．しかし完全には対応しないので電話をかけて対象者に選挙区を確認してから調査を始める．この手順は全国電話世論調査にはない特徴である．

標本サイズは選挙区あたり数百人から千人程度で計画される．衆院選では全国300選挙区の合計で数十万人に達する大規模調査となる．調査期間は報道機関では各社とも2〜3日間．質問内容は選挙区と比例代表で投票する候補者名・政党名などを含めて，全体として10問程度以下に抑制することが多い．

●**予測の方法** 調査において各候補者（選挙区）や各政党（比例代表）に投票すると回答した割合を標本支持率とよぶことにする．選挙結果の得票率と標本支持率とは高い相関を示すが，標本支持率は標本誤差と非標本誤差を含んでいるため完全には得票率と一致しない．そこで過去のデータを用いて第1段階として標本支持率および候補者・選挙区特性を独立変数とし，得票率を従属変数とした予測モデルを構成する．線形・非線形の重回帰分析モデルやロジスティック回帰分析モデルなどが利用されることが多い．この予測値を推定得票率とよぶことにする．推定得票率は標本支持率から非標本誤差を除去した点推定値とみなすことができる．第2段階では推定得票率の標本誤差を考慮しながら各候補者・各政党の当選確率を計算する．同時に，候補者全員を積み上げて政党別獲得議席数の区間推定ができる．

過去の選挙と調査結果から予測するため，選挙のたびに同じ調査設計でデータを蓄積することが重要だが，与野党逆転や政界再編など政治状況が変化している時期は過去の傾向がよく当てはまらないことがある．投票態度を直前まで決めない無党派層の増大も予測を難しくする要因となる．なお報道機関が発表する議席予測は分析結果をもとにしながらも，特に小選挙区に関しては記者の取材情報も加味して当落予測を修正することがある． ［鈴木督久］

📖 **参考文献**
[1] 福田昌史，2008．出口調査の方法と課題，行動計量学，**35**(1)，59-71．
[2] 林 知己夫，高倉節子，1964．予測に関する実證的研究—選挙予測の方法論—．統計数理研究所彙報，12(1)，9-86．

マーケティング・リサーチ

　マーケティングは製品開発に始まり販売促進やコミュニケーションを効果的に実行するための市場創造活動であり，それを支える情報機能が「マーケティング・リサーチ」である．マーケティング活動に必要な情報を組織的に提供しようとするのがマーケティング・リサーチの立場である．

●**草創期**　マーケティングは1860年代にアメリカで生まれた．南北戦争(1861〜1865)は鉄鋼，鉄道，木綿，皮革などの工業を飛躍的に発展させた．しかし戦争終結とともに軍需が激減した結果，需要開拓が必要になった．これがプロモーション活動とセールス管理を中心にした当時のマーケティング発生の由来である．

●**今日の諸手法**　マーケティング・リサーチの諸手法を目的にそって分類したのが図1である．この図の右端で四角く囲んだグループが質問紙調査である．質問紙を使わない手法が多数開発され，実用されている[1]．例えば商品の陳列数，交通量，買物客の店内動線の調査もある．いずれも人間に質問する意図がない調査である．座談会形式で討論させるグループ・インタビューという調査もある．グループ・インタビューや会場調査では個々の出席者の反応は他の人々との相互作用

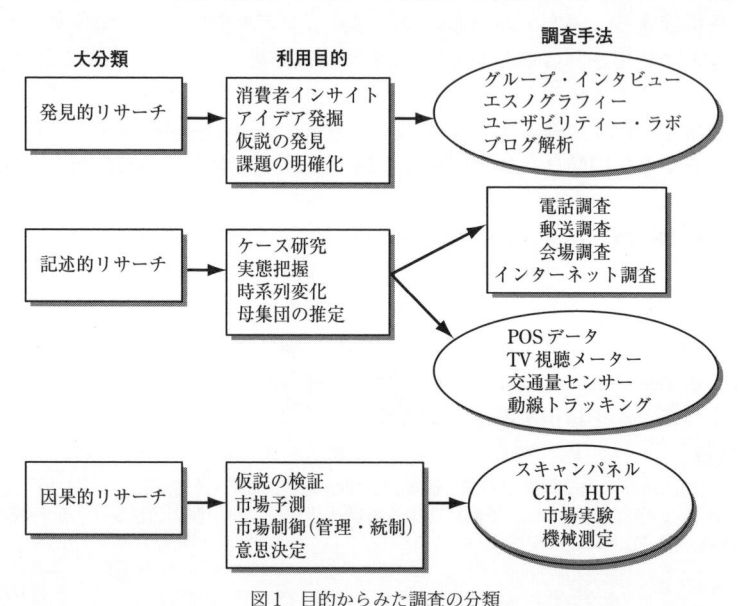

図1　目的からみた調査の分類

の産物なので，標本はIID（独立同一分布）に従わない．そのためIIDを仮定して推定や検定を行うことは誤りである．以上の諸点を考慮すると，マーケティング・リサーチは世論調査とは別ものだと考えた方がよい．

●**使われる統計手法** 日本行動計量学会の大会（2000〜2008年），および同時期の日本マーケティング・リサーチ協会のマーケティング・リサーチャー誌（No.84〜107）においてマーケティング・リサーチで応用された統計手法を調べると頻度順に，i）テキストマイニング/ブログ解析，ii）因子分析，iii）クラスター分析，iv）SEM，v）MDS，vi）回帰分析であった．

その他，マーケティング・リサーチへの統計の応用には次の傾向がうかがえる．

ⅰ）ORの手法がほとんど用いられない．その理由は，マーケティングは組織外の顧客を対象にするために，企業からの統制管理が困難な変数が多いからである．また計量経済学の手法やコーホート分析があまり用いられないのは，時系列データの蓄積が足りないためである．

ⅱ）ベイジアンネットワーク，潜在クラスモデルなどは実務での応用はまだ少ない．コレスポンデンス分析の利用は多い．

ⅲ）ベイズ統計，ロジットモデル，空間統計はマーケティング・リサーチへの応用はまだ少ないが，今後の応用可能性は高いと考えられる．

●**今日に求められる機能** 産業界がマーケティング・リサーチに求めている情報機能は次の3つといえる．i）顧客のホンネをつかむ，ii）ビジネス上の解決策を発見する，iii）マーケティングデシジョンに役立てる．

確率分布のパラメータを推定することがマーケティング・リサーチの目的だとは限らない．1950年代の動機調査（モチベーション・リサーチ），近年では「消費者インサイト」といって，エスノグラフィーなどの定性的な調査も重視されている．もちろん定性調査なら発見できるが統計分析では発見できないと断定するのも短絡的である．探索的データ解析（EDA）は発見を志向する方法であった[2]．

特定の課題に答えるために設計された調査を「アドホック調査」といい，特に問題意識もないままに集まってしまったデータを分析するのがデータマイニングである[3]．どちらにせよ，ビジネス上の解決策を発見することが求められている．「発見」が必要な以上，自明な仮説を検証したところで発見にはならない．マーケター自身でさえ予想していなかった仮説が発見でき，それがマーケティングデシジョンに寄与できることが求められているのである． ［朝野熙彦］

📖 **参考文献**
[1] 朝野熙彦，2000，『マーケティング・リサーチ工学』朝倉書店．
[2] Tukey, J. W., 1977, *Exploratory Data Analysis*, Addison-Wesley．
[3] Berry, M. J. A. and Linoff, G., 1997, *Data Mining Techniques for Marketing, Sales, and Customer Support*, John Wiley & Sons．

てれびしちょう
りつちょうさ

テレビ視聴率調査

　日本における最初のテレビ視聴率調査（TAM）は，日本放送協会（NHK）がテレビ放送を開始した翌年の1954年にNHK放送文化研究所で実施された．現在の主な視聴率調査は，NHKが全国で実施している自記式視聴率調査（年2回，各1週間）と「ビデオリサーチ」が27の放送エリア（日本の放送エリアは32）で実施している機械式視聴率調査である．
　機械式視聴率調査の代表的な方法は，「ピープル・メータ方式」（関東・関西・名古屋地区で実施）とよばれ，テレビごとに設置された測定機器により視聴チャンネルを測定するとともに，リモコンや測定機器に付けられた個人ボタンに個人の視聴記録を入力することにより誰が見ているのかを測定するなど，世帯視聴率と個人視聴率を同時に調査する方法である．なお，この視聴率調査システムにより1年365日の世帯および個人の視聴状況が1分単位で測定され，視聴率として報告されている．
　●テレビ視聴率調査の調査設計　視聴率は，放送された番組やテレビ広告が，自宅内にあるテレビ受像機で，リアルタイムに，どのような世帯または個人に，どの程度見られたかを表す指標である．特にテレビ広告の評価指標として広告取引にも利用されており，視聴率には高い信頼性が求められている．
　視聴率調査の対象となる世帯は，調査エリア全体の縮図となるように，国勢調査の統計情報を基にしたサンプリング（系統抽出）によって抽出される．さらに個人については，世帯の全員を調査対象とする集落抽出法が採用されており，標本誤差を大きくしないような調査設計となっている．また，測定機器にて視聴チャンネルを調査することにより記入漏れなどの測定誤差を防ぐなど，非標本誤差への配慮もなされている．
　一方で，毎日の視聴状況を測定する必要があることから，パネル型の調査設計となっている．パネル調査は，同じ調査世帯からデータを一定期間収集するため，母集団と比較して同じ傾向の偏り（標本誤差）が継続して発生しやすい．また，調査世帯の調査慣れや疲弊（調査協力度の低下）が生じ，調査結果に影響を与える可能性がある．そこで，「ローテーション」とよばれる計画的な調査世帯の入れ替えを行っている．
　なお，視聴率調査（ピープル・メータ方式による）の標本数は600世帯であるが，この600という標本数は標本誤差の大きさと経済合理性から決定されたものである．
　●テレビ視聴率調査の運用上の工夫　実際の調査場面では，すべての世帯から調

査に協力を得られるわけではない．調査を拒否する世帯の特性を分析してみると，多少ではあるが世帯主の年齢などが協力世帯と異なっていることがわかる．そこで，調査拒否により調査世帯の特性が母集団と乖離しないよう，世帯特性を利用した代替世帯の抽出を行っている．しかし，視聴率調査で行っているローテーションや代替世帯の利用は，理論的にその妥当性を説明できるものではなく，調査誤差を大きくする可能性をはらんでいるものである．

そこで，ローテーションではある時点で既に調査を実施している世帯（A群）とまだ調査を実施していない世帯（B群）に，また代替世帯の利用では系統抽出によって抽出された世帯（C群）と代替世帯（D群）に分け，さまざまな時点におけるA群とB群，C群とD群の視聴率の差を定期的に検証し，調査世帯の入替えによる影響を常に確認しながら，視聴率調査が運用されている．

●**テレビ視聴率データの特徴**　視聴率調査は，1年365日24時間の1分単位のデータを測定しているため，時系列にターゲット別，番組別（または時間帯別）の視聴率を比較することが可能である．また，視聴率からは番組への興味・関心やターゲット別の番組の嗜好のみならず，図1にある時間帯別の総世帯視聴率（HUT）により，1日の視聴状況の変化（朝・昼・夜の山），またその年次比較からは，生活習慣（ライフスタイル）の変化なども読み取ることができる．

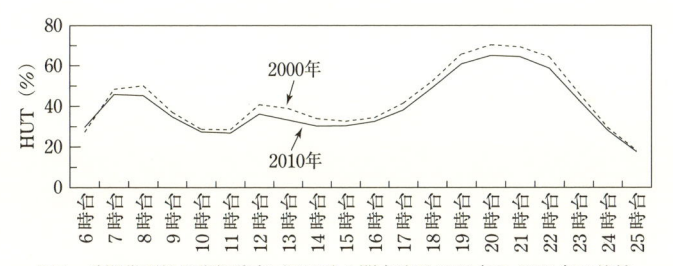

図1　時間帯別総世帯視聴率（HUT）：関東地区2000年と2010年の比較

番組の視聴率は，番組放送時間における1分単位の視聴率の平均として算出される．したがって，60分の番組の番組平均視聴率が10％でも，極端な例ではあるが，10％の視聴率が60分間続くケースや，ある6分だけ100％の視聴率で，残り54分は0％のようなケースが考えられる．このときに当該番組を1分以上視聴した世帯（個人）の割合を"広がり"指数，視聴した世帯（個人）の平均視聴時間の割合（放送時間に対する）を"深さ"指数とよぶが，視聴率をこの2つの指標に分解することにより，番組の見られ方をより深く分析することができる．

　　　　　　　　　　　　　　　　　　　　　　　　　　　　［小柳雅司・森本栄一］

コラム：ガットマンスケール（ガットマン尺度）

　20年も前のことになるが，自然観について行った全国成人男女の層別2段無作為抽出の個別面接調査で取り上げられた「絶滅から守りたい生きもの」がある．「パンダ」「ヒグマ」「へび」「ゾウリムシ」「天然痘ウィルス」の5つについて「もし絶滅の危機にあるとして，絶対に守りたいもの，守らなくてよいもの」を選んでもらった．その結果，「守りたいもの」の回答割合は，順に83％，61％，34％，19％，9％でその順序は明らかについている．この回答の組み合わせをみてみると，表のようなガットマンスケールに並べることができる．全部「守りたい」パターンから順に「守らなくてもよい」とされる順序がついており全体の84％が，これに当てはまる．

表1　絶滅から守りたいもの回答パターン（○：守りたい）

パンダ	ヒグマ	ヘビ	ゾウリムシ	天然痘ウィルス	該当者数計 1,477	％
○	○	○	○	○	56	4
○	○	○	○	−	173	4
○	○	○	−	−	197	4
○	○	−	−	−	365	4
○	−	−	−	−	441	4
−	−	−	−	−	120	4
ガットマンスケールをなすパターン　合計					1,242	12
その他のパターン					176	12
すべて「わからない」					59	4

　また，興味深いのは，このプリテストで，用いた生きものは異なるが，農学部で環境を学んでいる学生の回答が特異であったことである．ウィルスを除けば，守りたいとする割合が生きものによってほとんど変わらず50％から70％の範囲にあった．生物多様性などの環境意識の違いであることは容易に想像できる．　　　　　　　　　　　　　　　　　　　　［林　文］

6. 心理統計・教育統計

　心理学,教育学,社会学などの人間を対象にした分野では,得られるデータが主観に基づいていたり,環境の不確実性や曖昧性のために,正確な測定が困難な点がある.また,測定対象が,自然科学で用いられているような物理量のように,正の定数倍変換しても尺度の意味が変わらない比例尺度であることはめったになく,むしろ,カテゴリーの違いがかが区別できる名義尺度や,順序性だけが保たれて尺度の単調増大変換をしても尺度の意味が変わらないような順序尺度である場合が多い.このようなデータの特性を考慮して,これまでにさまざまな理論やそれに基づく測定法,分析法が提案されている.

　この章では,心理学,教育学,社会学における基本的な測定の概念,測定理論,統計解析法,データ取得の方法について解説を加えている.これらの分野における基本的な概念などだけではなく,これらの分野でこれから重要になってくると思われるトピックも取り上げた.特に分析法では,確率論に基づく理論やデータ解析法が一般的であるが,この章では,かならずしも確率論に基づかない理論や技法もとりあげている.　　　　　　　　　　[竹村和久]

心理測定

　古代の数の概念の萌芽から現代までに，抽象的な「数の体系」の発達が見られ，「時間」を数で表現したり，面積や体積など幾何学的な量の大小関係を1次元の数の大小関係で表したりする発想は，多くの天才のさまざまな試行錯誤が繰り返され，発展したのに違いない．「数の体系」を「知識表現の一種」とすると，この流れは「表現の世界の可能性」の拡張であった．また，異文化間の経済交易における必要性のみならず，現代科学の進展にも，長さ，重さ，面積，体積など，各計量単位の標準化，あるいは各国で伝統的に用いられてきた計量単位の間（尺貫法やメートル法など）の変換の規則化が明確にされる必要があった．

●**現代心理学における測定理論**　科学的研究としての心理学は，1860年の物理学者 G. T. Fechner (1860) が物の世界と心の世界の対応関係を研究する新しい学問として精神物理学を提唱し，「Element der Psychophysics（精神物理学要綱）」を出版した頃を初めとし，また Spearman (1904) は統計的解析により知能因子の研究などを展開し始めた．1935年にはアメリカで Psychometric Society が設立され，Psychometrika が創刊された．当初の精神物理学的実験研究とその統計解析の流れから，「計量心理学」とは心理学実験によって得られた実証データの統計的解析や統計的モデリングであるというイメージをつくった．

　心理学では，D. Bernoulli (1738) の「富の主観的効用価値」の考察が測定論の先駆的な研究とみられるが，現代測定論の理論的基礎研究は物理学者 Helmholtz (1887) や Hölder (1901) の Extensive Measurement 理論に始まる．それは，現象や事物の「測定」を，ある一定の計量単位を定め，それを用いて測る（計量単位の何倍かと比べる）操作として，定式化したのであった．ただし，心理学の世界では，研究対象の「単位」を定めること自体が大きな実践的課題となる．

●**測定の表現理論**　Helmholtz らの研究は，1930年代頃に心理学における測定の問題，すなわち，「人間の感覚も物理学的測定のように安定して測定できるのか」，あるいは「そもそも人間の感覚の測定という概念が科学的に意味をもつのだろうか」という問題についての論争につながり，Stevens が「測定の表現理論」を発展させる先駆となった．この理論では，ある測定対象が尺度をもち得ることを示す理論を「尺度の存在定理」といい，尺度の要素が複数存在する場合，各要素がどのような変換によって一方から他方に移れるかを示す理論を「尺度の一意性定理」という．端的に述べると，Stevens 流の測定の基礎とは，まず，個々の実証的研究において，測定対象の尺度の存在定理と一意性定理を保証する公理系を作成することと考えられる．さらに Stevens (1946) は科学で用いられている「尺度の

種類」を経験的に分類し，順序構造を持たない尺度として「名義尺度」，順序構造をもつ尺度として「順序尺度」「間隔尺度」「比例尺度」をあげた．

その後，Scott と Suppes (1958) は，「測定の表現理論」を定式化し，Pfanzagl (1968) は「Theory of Measurement」に，この分野の新しい動向を示した．

●**公理的測定理論** このように，一方で 19 世紀末から欧州を中心に感覚や知覚研究の統計解析から計量心理学が生まれ，Thurston や Guttmann の尺度構成などへ発展し，他方で 20 世紀中頃からアメリカを中心に学習理論の体系化とも絡み数理心理が発展し，測定理論も体系化されていった．この流れは，実験心理学の研究でアドホックな指標や統計量が数多く考案される中で，それらによる「発見」が実は科学的尺度としての条件を満たさないための artifact かもしれない可能性を批判しつつ，科学的「尺度」の数学的条件を探求し，数理心理学者は「抽象的測定論」，あるいは「公理的測定論」とよばれる分野を発展させていった．それらの成果は，Suppes, Krantz, Luce, Tversky により 1972 年から 1990 年に発行された "Foundation of Measurement Theory" にまとめられている．近年では，Narens (2001) が科学的法則の有意味性についての理論をまとめている．

公理的測定理論は，哲学的には深いものの，高度に抽象的であることと，計量的誤差を考慮しないことなどから，計測心理学的な測定論とは乖離して発展してきたきらいがある．

[吉野諒三]

📖 参考文献

[1] Helmholtz, H. V., 1887, Zaehlen und Messen, erkenntnistheoretisch betracht, *Philosophische Aufsaetze Eduard Zeller gewidmet*, Leipzig. Translated by C. L.
[2] Hölder, O., 1901, Die Axioe der Quntitaet und Lehre vom Mass, Berichte ueber die Verhandlunger der Koeniglich saechsischen Gesellschaft der Wissenshaften (zu Leipnig), *Mathematischephysische Klasse*, **53**, 1-64.
[3] 印東太郎, 1995, 尺度化の意義, 行動計量学, **22**(2), 135-154.
[4] 池田 央, 1997, 心理・教育の理論と技術はいかに発展してきたか, 応用社会学研究, **39**, 15-35.
[5] Krantz, D., et al., 1972, *Foundation of Measurement Theory*, Vol. 1, Acdemic Press.
[6] Luce, R. D., et al., 1989, 1990, *Foundation of Measurement Theory*, Vol. 2 & Vol. 3, Acdemic Press.
[7] Luce, R. D., 1996, The ongoing dialog between empirical science and measurement theory, *Journal of Mathematical Psychology*, **40**, 78-98.
[8] Narens, L., 1985, *Abstract measurement theory*, MIT Press.
[9] Narens, L., 2001, *Theory of meaningfulness*, Lawrence Erlbaum Assoc Inc.
[10] Pfanzagl, J., 1968, *Theory of measurement*, Wiley.
[11] Scott and Suppes, 1958, Foundatioal aspects of theories of measurement, *Journal of Symbolic Logic*, **23**, 113-309.
[12] 高田誠二, 1970, 『単位の進化』講談社.
[13] 吉野諒三, 1989, 公理的測定論の歴史と展望, 心理学評論, **32**(2), 119-135.
[14] 吉野諒三, 他, 2007, 『数理心理学』培風館.

心理尺度

　Helmholtz（1887）と Hölder（1901）に始まる現代の測定理論は Extensive Measurement とよばれ，測定対象(物の世界)に数の世界を対応させる表現 ψ（準同型写像）で構成できる．これは，観測すべき現象に基準となる「単位」を定めて，その単位やそれを何倍かに拡張した「コピー」と測定対象を比べ，対象に「数値表現」を与える（物に数の世界を対応させる）．公理的測定論では，測定対象である現象（物）に数値表現の存在を数学的に示すことを「数値表現（尺度）の存在定理」を証明するといい，異なる単位間で矛盾なく数値表現が変換できることを数学的に示すのを「一意性定理」を証明するという．

●**Stevens の測定尺度の理論**　測定論をめぐる議論の発展は 1932 年には British Association of the Advancement of Science において，特別委員会の設置をもたらし「一体，物理学における測定のように，人間の感覚を測ることができるのか？」という問題について 7 年間にわたり議論を重ねたが，明確な解決には至らなかった．このような議論に動機づけられ，1946 年，Stevens は，実践上「測定」は，i) 測定対象全体に適正に数値を対応させる規則（ruler；ものさし）の集合の特定，ii) そのような規則と規則の間の関係の明確化で構成されているという理論を表し，「規則の集合」を尺度（scale）とよんだ．

　結局，Stevens は「科学的に意味のある測定とは何か」という前述の特別委員会の問題を，「測定対象に適正に数値を対応させる規則の集合」，つまり，「尺度」とは何かという問題に還元したといえる．

　尺度構造は，次のように特定できる．$X^* = <X, \gtrsim, \circ>$ を Extensive Measurement の構造（$\gtrsim$ は全順序性，$\circ$ は連結可換性，各変数について狭義の増加性を満たす）とし，$N = (Re^+, \geq, +)$ は X を表現する正の実数の集合 Re^+ の構造とする．尺度 S は，測定対象 X から，それを表現する数値構造 N への対応の集合として，次の条件を満たす．

　i）尺度 S の各要素 ψ は，X より N への準同型写像である．つまり，任意の測定対象物 x と y に対して，$\psi(x \circ y) = \psi(x) + \psi(y)$ が成り立つ（これは，刺激の和 $x \circ y$ には，各刺激 x と y のおのおのに対応する数値の和が対応することを意味する）．

　ii）尺度 S は，少なくとも 1 つの要素をもつ

　iii）尺度 S の任意の 2 つの要素 ψ_1 と ψ_2 は，正の定数倍によって等しくできる．つまり，ある正の実数 r によって $\psi_1 = r\psi_2$ とできる（これは，単位量の調整で尺度の各要素は互いに変換できることを意味する）．

iv) 尺度 S の任意の要素 ψ を正の定数で乗じた $r\psi$ は, S の要素となっている.
　この条件 iii) と iv) により尺度 S の各要素は, 正の定数倍による変換によって同一となるものに限るので, これら全体が 1 つの尺度構造をもつことがわかる. これは, 現在「比例尺度」とよばれているものを特性づけている.
●**尺度の種類**　Stevens (1946) は, 尺度を, 順序構造をもたず, 個体を 1 対 1 に特定する番号を与えるだけの「名義尺度」, 順序構造を与える「順序尺度」, さらに数値間の差も意味をもつ「間隔尺度」, さらに零点も意味をもつ「比例尺度」の 4 種に分類した. 数学的には名義尺度, 順序尺度, 間隔尺度, 比例尺度の順で条件が強くなる. しかし, これは科学の諸分野の既存の尺度を経験的にまとめあげたもので, これらのみが理論論的に可能な尺度であるのか, その他にも異なる尺度がありうるのかという問題は扱わなかった. この点に関し, Narens は「m 点一様性」と「n 点一意性」という概念を用いて分析し, 公理的測定理論の立場から可能な尺度は, 絶対尺度, 順序尺度, 間隔尺度, 対数間隔尺度, 比例尺度であることを明らかにした.「絶対尺度」は, 尺度の要素間の変換をまったく許さないもので, 統計的な％分布や確率％がこれに該当する.「対数間隔尺度」は, 変数の対数が間隔尺度となる.
●**有意味性**　尺度は, より一般には幾何学という多次元表現の特殊なケースとしても位置づけられる. 多様な幾何学を統一する現代幾何学の思想として,「許容される変換群のもとでの不変量」が幾何学の対象であるという Klein の Erlanger Programm の構想は, 現代幾何学に大きな影響を与えたパラダイムである. そのもとで長さ, 重さなどの一次元量の測定論を見直すと, 測定単位系間に許容される変換群のもとで不変な量や量的関係のみが「有意味な (meaningful) 測定量」であると捉えられる. Stevens の場合は尺度の種類を許容される変換の条件が緩い順に, 名義尺度, 順序尺度, 間隔尺度, 比例尺度に分類したのであった. それらに許容される変換群は, 名義尺度では 1 対 1 対応, 順序尺度では狭義の単調増加関数, 間隔尺度では正の線形変換 ($\psi: x \to rx+s, r>0$), 比例尺度では正の定数倍 ($\psi: x \to rx, r>0$) である. 科学的発見や法則は, 特定の測定操作に依存しないことを明確にするには, この有意味性の観点から正当化される必要がある.

[吉野諒三]

参考文献
[1] Narens, L., 2002, *Theories of meaningfulness*, Lawrence Erlbaum Associates, Publishers.
[2] Stevens, S. S., 1946, On the theory of scales of measurement, *Science*, **103**, 677-680.
[3] Stevens, S. S., 1957, On the psychophysical laws, *Psychophysical Review*, **64**, 153-181.
[4] Yoshino, R., 1989, On the possible and stable psychophysical laws, *Journal of Mathemtical Psychology*, **33**, 68-90.
[5] Yoshino, R., 1989, On the degree of stability of psychophysical laws, *Behaviormetrika*, **25**, 49-63.
[6] 吉野諒三, 他, 2007,『数理心理学』培風館.

事例ベース意思決定理論

不確実性のある状況で人々はどのように意思決定を行うのであろうか．たとえば，現行製品の後継版を発売するにあたって企業はどのように価格設定などの販売戦略を決めるのだろうか．また，災害に見舞われたときに人々はどのように避難行動を決定するのだろうか．政府・社会はいつ起こるかわからない災害に備えてどのような対策をとるべきなのだろうか．1つの考え方は，人々は過去の経験からの類推にもとづいて現時点での行動を決めるであろう，というものである．I. ギルボアとD. シュマイドラーの提唱する事例ベース意思決定理論（CBDT）はこのような考え方を数学的に記述しようと試みるものである．

●**事例ベース意思決定の数理** ある意思決定主体が意思決定問題 p に直面しているとしよう．とりうる行為のうちどの行為をとるかを決定したいが，それぞれの行為がどのような帰結をもたらすかは不確かである．そこで，自分が見聞きして知っている過去の事例において各行為がどのような帰結，どのくらいの効用をもたらしたかに基づいて現在の行動を決めることにする．その際，意思決定問題が現問題 p により類似している事例をより重視することになろう．これがCBDTの想定する意思決定プロセスの大枠である．

数学的には以下のように定式化される．意思決定の集合を P，現在の問題においてとりうる行為の集合を A，ありうる帰結の集合を R とする．それぞれの事例は (q, a, r) のように，直面した問題 $q \in P$，そのとき選択した行為 $a \in A$，そしてその帰結 $r \in R$ の組で表される．したがって，考えうる事例の集合は $C = P \times A \times R$ となる．本理論で中心的役割を果たすのは類似度関数 $s: P \times P \to [0, 1]$ である．すなわち，$s(p, q)$ は問題 p, q の類似度を定量的に表すものである．最後に $u: R \to R$ を帰結に対する効用関数とする．

ここで，記憶 $M \subset C$ をもち，問題 $p \in P$ に直面している意思決定主体を考える．記憶 M は自分自身が直接経験した事例のみならず，他人との会話，あるいは書籍・テレビ・インターネットなどから学んだ事例も含む．本理論の基本型においては，意思決定主体は関数

$$U(a) = \sum_{(q,a,r) \in M} s(p, q) u(r) \qquad (*)$$

に基づいて各行為 $a \in A$ を順序付け（記憶 M に行為 a が一度も現れないときは $U(a) = 0$ とする），この値を最大化する行為を選択する．つまり，行為 a を選択した過去の事例たち (q, a, r) に注目し，帰結から得られた効用値 $u(r)$ を現在の問題 p からみた問題 q の類似度 $s(p, q)$ で重み付けして（より類似した事例をよ

り重視して）足しあわせたものを a の評価値とするのである．ギルボア・シュマイドラーの理論では，この意思決定ルールを，想定される記憶たちに対する A 上の選好関係族に課された公理群から導出している（詳しくはギルボア・シュマイドラー 2005，第 3 章を参照のこと）．

●**アスピレーションと満足化**　評価式（＊）は重み付きの足し算で与えられているので，行為 a が事例 $c=(q,a,r)$ において $u(r)>0$ となるような帰結 r をもたらしたのであれば a はより高く評価され，逆に $u(r)<0$ であったならば a はより低く評価されることになる．したがって，過去の経験上，たまたま行為 a が現在の問題に類似した多くの事例において 0 を超える帰結をもたらしていれば，意思決定主体はこの行為 a に満足しそれをより選びやすくなる．その意味で「0」という基準値は意思決定主体のアスピレーション・レベルを表していると考えられ，CBDT は A. サイモンの満足化理論の 1 つの数理モデル化と解釈することもできる．

●**期待効用理論との比較**　不確実性下の意思決定理論として支配的であるところの期待効用理論（EUT）との比較でいうと，EUT が演繹的であるのに対し，CBDT は帰納的であるといえる．EUT においては，意思決定者はありうるシナリオ（状態）をすべて書き尽くした状態空間をあらかじめ構築した上で，各状態での各行為の帰結をすべて想定し各状態それぞれがどのくらいの確率で起こりうるかの事前分布を設定している．新しい情報を得た際には，起こりえないとわかった状態を排除してベイズ・ルールによって確率を改定する．一方，CBDT の想定する意思決定者は完全に無知の状態から出発し，経験を積み重ねて記憶を拡大することで世界観を構築していく．

　数学的には，CBDT はすべての起こりうる事例を経験し尽くした極限においては EUT と同値であり，したがって両理論は原理上同等の説明力を持つ．これらの理論は互いに補完的な異なる分析枠組であり，どちらがより妥当性をもつかは分析対象による．同一の問題に頻繁に直面する状況においては EUT がより妥当であろうし，希にしか起きない状況での意思決定については CBDT がより妥当であろう．冒頭であげた災害の例では，「可能な被害シナリオをすべて列挙し，その集合上に事前確率を設定する」ような意思決定者を想定するよりも，「過去の経験からの類推で行動を決定する」ような意思決定者を想定する方が，記述分析においても規範分析においてもより説得力をもつであろう．　　　　　　［尾山大輔］

📖 **参考文献**
[1] I. ギルボア，D. シュマイドラー／浅野貴央他訳，2005，『決め方の科学—事例ベース意思決定理論』勁草書房．
[2] 松井彰彦，2002，『習慣と規範の経済学』第 14 章，東洋経済新報社．

偏差値

「偏差値」とは，テストの得点などを，相対評価のために変換した指標である．例えば，100点満点のテストにおける80点は，相対的に高い得点といえるだろうか．もし平均が70点ならば平均より上だが，もし平均が85点ならば平均より下である．また，平均が60点でも，もし大半の受験者が50点から70点までならば，80点はかなり上の得点といえるが，もし90点や100点をとった人が多ければ，80点はそれほど上とはいえない．テストの得点に限らず，相対評価を行いたいときには，その得点を偏差値に直すと便利である．

偏差値には2種類のものがある．一方は「正規化しない偏差値」または「Z得点」とよばれ，他方は「正規偏差値」または「T得点」とよばれる．

●**正規化しない偏差値** 得点を正規化しない偏差値に直すと，得点が平均に等しければ偏差値は50となる．60, 70, 80という偏差値はそれぞれ，得点が平均よりかなり高い，非常に高い，きわめて高いことを意味し，40, 30, 20 はそれぞれ，得点が平均よりかなり低い，非常に低い，きわめて低いことを意味する．

正規化しない偏差値は，次のようにして求められる．

$$偏差値(Z) = 50 + 10 \times \frac{得点 - 平均}{標準偏差}$$

例えば，平均が65，標準偏差が12のテストでは，80点の偏差値は

$$Z = 50 + 10 \times \frac{80 - 65}{12} = 62.5$$

となり，このテストにおける80点は，平均よりかなり高い得点といえる．

正規化しない偏差値の度数分布は，得点の度数分布と同じ形である．そのため，偏差値を見ても，その得点が上位何%の順位にあたるのかを知ることはできない．受験者集団の中の相対的な位置を知りたい場合には，正規偏差値を用いる．

●**正規偏差値** 得点を正規偏差値に直すと，得点が中央値に等しければ偏差値はほぼ50となる．60, 70, 80という偏差値はそれぞれ，かなり上位，非常に上位，きわめて上位であることを意味し，40, 30, 20 はそれぞれ，かなり下位，非常に下位，きわめて下位であることを意味する．

正規偏差値は，次のようにして求められる．

$$偏差値(T) = 50 + 10 \times \mathrm{NORMSINV}\left(\frac{1つ下の点までの人数 + \dfrac{その得点の人数}{2}}{全人数}\right)$$

ただし，NORMSINV は「標準正規分布の累積分布関数の逆関数」とよばれるもので，Excel などで計算できる．

例えば，0 点から 79 点までの人数が 291 人，80 点の人数が 5 人，全受験者数が 300 人だった場合，80 点の偏差値は

$$T = 50 + 10 \times \text{NORMSINV}\left(\frac{291 + 5/2}{300}\right) = 70.2$$

となり，このテストにおける 80 点は，非常に上位の得点といえる．

ちなみに，「(1 つ下の点までの人数＋その得点の人数の半分)÷全人数」は，100 を掛けると，パーセンタイル順位というものになる．パーセンタイル順位とは，パーセントで表示した，その得点より低い得点の受験者の割合である．パーセンタイル順位と正規偏差値とは 1 対 1 に対応し，その関係は表 1 のようになる．

表 1　パーセンタイル順位と正規偏差値の関係

パーセンタイル順位	正規偏差値	パーセンタイル順位	正規偏差値
10	37.2	2.3	30
30	44.8	15.9	40
50	50.0	50.0	50
70	55.2	84.1	60
90	62.8	97.7	70

●**受験における偏差値**　受験者数が非常に多く，得点の度数分布が左右対称の釣鐘状ならば，正規化しない偏差値と正規偏差値はほぼ同じ値になる．したがって，全県規模の高校入試模試や全国規模の大学入試模試では，平均と標準偏差さえあれば，得点を正規化しない偏差値に換算することで，正規偏差値を推測できる．「成績が上位○○％ならば××高校に合格できるだろう」という（上からの）パーセンタイル順位を使った表現は，「上位○○％」の部分を正規偏差値に言い換えることができる．これらを利用すると，テストの得点と合格可能性を，偏差値を通じて比べることが可能になり，得点から合格可能性を予想したり，合格に必要な得点を予想したりすることが容易になる．ただし，正規化する場合もしない場合も，偏差値は受験者集団に依存するため，異なる科目の選択者，異なる模試の受験者など，異なるテストの偏差値は比較することに意味がない．　　　［橋本貴充］

参考文献
[1] 松原 望編，2005，『統計学 100 のキーワード』弘文堂．
[2] 芝 祐順，南風原朝和，1990，『行動科学における統計解析法』東京大学出版会．
[3] 繁桝算男，他編著，2008，『Q&A で知る統計データ解析 第 2 版』サイエンス社．

テストの測定誤差

　すべてのテストは「測定誤差」を含んでいる．
　テストとは関心下にある特性を尺度づけるために行われるものであり，テストにおいて扱われる特性は学力であったり性格や行動であったりと幅広い．また，それら特性は直接的に観測することのできない潜在的な構成概念を含む．したがって，テストが用いられる領域は，心理学や教育学のみならず，およそ構成概念を扱う領域すべてに及ぶということができる．また，テストは測定のためのものであるため，測定誤差を含むことになる．この測定誤差を小さくすることはテストの信頼性を保つための必要条件である．ここではテストの測定誤差について，測定すべき潜在特性値をテスト得点によって表す場合と回答パターンをもとに統計モデルを用いて表す場合の2通りに分けて考えよう．

●**テスト得点における測定誤差とその評価**　テストによって得られた得点 X は，真の得点 T と測定誤差 E に別けて考えることができる．真の得点 T こそが，関心の対象となる値である．測定による得点 X は真値 T にそれとは独立な測定誤差 E が加わったものである．測定誤差 E は確率変数と考えられ，その期待値は0とされる．このことから得点 X の分散 $\sigma^2(X)$ は，真値 T の分散 $\sigma^2(T)$ に測定誤差 E の分散 $\sigma^2(E)$ を加えたものとなることがわかる．そして，真値 T の分散 $\sigma^2(T)$ と得点 X の分散 $\sigma^2(X)$ の比である $\sigma^2(T)/\sigma^2(X)$ が信頼性を表す数値（信頼性係数）として用いられている．測定誤差 E が小さいほど，信頼性係数は1に近づく．この信頼性係数をもってテストの測定誤差を評価することができる．また，信頼性係数の推定方法としては，平行検査法や折半法などいくつかの方法をあげることができる．

　さらに，テスト得点の分散を誤差と要因ごとの分散成分に分解し，その分散成分に関する情報を積極的に用いることによって信頼性に関する情報を引き出すことも可能である．そのような分析は一般化可能性理論とよばれる枠組みで行われる．一般化可能性理論は，分散成分の推定を行うG-研究と推定された分散成分を用いてテストデザイン策定のための情報を引き出すD-研究から成り立っている．例えば，パフォーマンス・テストのようにテスト得点が被評価者の要因に加え，評価者や評価項目など複数の要因に影響を受けるような場合，誤差分散を評価することも重要であるが，何人の評価者で何項目を用いて測定すれば信頼性のある測定結果が得られるのかといったことを検討しておくことも必要となるであろう．一般化可能性理論はそのような場合に用いることができる．

　ただし，これらテスト得点の測定誤差の評価は，テストの規準集団の特性につ

いて念頭に置いておく必要がある．なぜならば，これらの指標はテスト規準集団によって変化するためである．また，これらの指標はテストを構成するそれぞれの項目や受験者個人に与えられた情報ではなく，テストと受験者集団に対して固有のものとなっていることにも注意が必要である．

● 回答パターンをもとに潜在特性値を推定した場合の測定誤差とその評価

一方，テスト得点を潜在特性の指標として用いずにテストを構成する個々の項目に対する回答パターンから尤度を構成し，その尤度をもとに潜在特性値を推定する統計モデルがある．このモデルは項目反応理論（item response theory）とよばれる．項目反応理論では，項目ごとに反応確率が潜在特性の関数として表されるように数理モデルが導入されている．図1は項目特性曲線とよばれる潜在特性と反応確率（正答と誤答の2パターンの反応を想定している）の関係を表したものである．

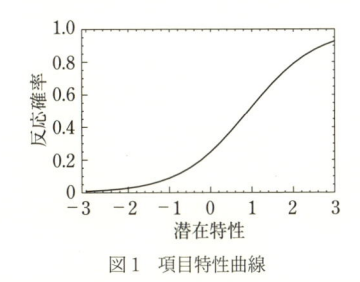

図1 項目特性曲線 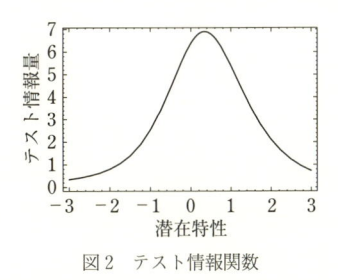　　　図2 テスト情報関数

項目反応理論を用いて推定された潜在特性値には漸近的に誤差分散が与えられるため，潜在特性値ごとの測定誤差の評価が可能となる．したがって，項目反応理論を用いた場合の測定誤差はテストと規準集団に対して固有のものではなく，項目ごとに潜在特性の関数として得られることがわかる．この誤差分散の逆数は項目情報量とよばれる．なお，項目情報量は加算性をもつため，テストを構成するすべての項目についての項目情報量の和をとったものがテスト情報量となる．さらに，図2のようにテスト情報量を潜在特性の関数として表したものはテスト情報関数とよばれている．このテスト情報関数の逆数はテストにおける潜在特性値ごとの誤差分散となっている．　　　　　　　　　　　　　　　　［大久保智哉］

📖 参考文献

[1] Lord, F. M., 1980, *Applications of item response theory to practical testing problems*, Lawrence Erlbanm Associates, Publishers.
[2] Brennan, R. L., 2001, *Generalizability Theory*, New York: Springer-Verlag.

相関と因果関係

　2つの変数についてデータを測定すると，それらの変数の間に，一方が変化するとそれにともなってもう一方も変化するといった関係が存在する場合がある．例えば，身長が高い人ほど体重も重い，といった関係があるとき，二つの変数の間には相関関係があるという（図1）．また，2つの変数間に相関関係があり，一方が変化すると，その影響を受けてもう一方も変化するといった関係が存在する場合がある．例えば，賃貸アパートの家賃は，駅に近いと高く，駅から離れるほど安くなる．これは駅までの距離が原因となって，家賃の価格が決まるという結果になっている．このような場合を，因果関係があるという（図2）．

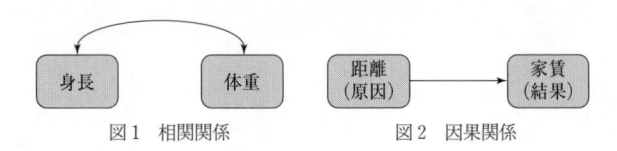

図1　相関関係　　　図2　因果関係

●**相関の大きさ（相関係数）**　相関関係の強さの程度は，"相関係数"で表すことができる．連続データの変数 x と y の相関係数 r_{xy}（ピアソンの積率相関係数）は以下の式で表される．

$$相関係数\ r_{xy} = \frac{(x の標準得点 \times y の標準得点)の総和}{データの数}$$

$$= \frac{x と y の共分散}{(x の標準偏差)(y の標準偏差)}$$

相関係数の取りうる値の範囲は $-1 \leq r_{xy} \leq +1$ で，$+1$ に近いほど正の相関関係が強く，-1 に近いほど負の相関関係が強いことになる．

●**相関関係と因果関係**　相関関係は2つの変数の共変関係を示すものであるが，因果関係は相関関係が認められる2つの変数のうち，一方が原因，一方が結果という関係になっているものである．例えば，テスト勉強に費やした時間とテストの点数を考えると，おそらく正の相関関係が存在するであろう．このとき，勉強に費やした時間がテストの点数に影響すると考えられるので，勉強に費やした時間（原因）とテストの点数（結果）との間には因果関係が存在すると考えられ，「テストの点数がよかったから（悪かったから）勉強時間が増えた（減った）」とは考えない．これは時間的に"原因"（勉強に費やした時間）が先で，"結果"（テストの点数）が後に起こった事象であると認められるからである．このことは因果関係が成立するための条件でもある．

●見かけの相関と誤った因果推論　「顔のしわの数」と「年収」との間に正の相関があったとしよう．しわの少ない若者の年収はおそらくそう高くはないが，年齢が上がるにつれ年収が増え，同時にしわの数も増える．しかしどう考えても「年収が増えたから顔のしわが増えた」とも「顔のしわが増えたから年収が増えた」ともいえないであろう．これらの間には，どちらが原因でどちらがその結果かという関係は見出せない．これは背後に「年齢」という要因があり，「年齢」がそれぞれの変数に影響していると考えるのが普通である．このように見かけ上は相関関係が存在するが，背後に別の要因の影響を受けているような場合を，"見かけの相関"（あるいは擬似相関）という．この関係は図3で表される．

また，「栄養ドリンクの摂取量」と「疲労感」を考えたときに正の相関があったとしよう．このとき，「栄養ドリンクを飲めば飲むほど疲労感がたまる」，すなわち"栄養ドリンクの摂取"が原因でその結果"疲労感が増した"と推論することは，図4のように，逆方向の誤った因果関係を見出すことになる．

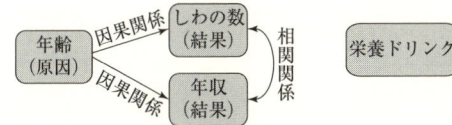

図3　見かけの相関関係　　　　図4　逆方向の因果推論

　上記の例とは逆に，相関係数の値が大きくなくても因果関係が認められるような場合もある．例えば，図5のように，気温と快適度の関係があったとしよう(擬似データ)．この散布図上のデータの相関係数は 0.05 であり(ピアソンの積率)相関係数にはその関係性の強さは現れないが，非線形の相関関係がみられる．20℃くらいが最も快適だと仮定すると，気温（原因）と快適度（結果）に因果関係が認められることは自明と考えられるので，相関係数の値だけで因果関係の存否を判断することはできない．

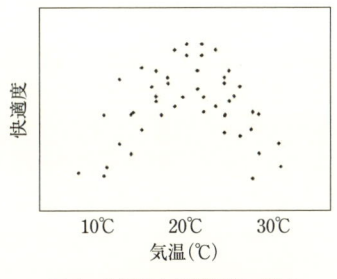

図5　非線形な相関関係の場合

●因果関係が成り立つための条件　2つの変数の間に因果関係が存在することを認めるための条件として，いくつかの条件が示されている．2つの変数を x と y とすると，x が原因，y が結果という因果関係が成り立つためには，i) 2つの変数間に（擬似相関でない）相関関係がある，ii) x が y より時間的に先に生じている，iii) x と y の関係性が時間や場所が違っても維持される，iv) x が原因であり y が結果であることに既知の事実と矛盾がない，などがあげられる．　　　［大森拓哉］

探索的因子分析

「因子分析」は伝統的な多変量解析法の1つで，複数個の観測変数の背後に潜む構造を探ることや次元縮小を図ることを主な目的とする．1970年前後に構造方程式モデリングの重要なコンポーネントである「確認的因子分析」が登場したことで，それまで因子分析とよばれていた手法は「探索的因子分析」とよばれるようになった．

●**変数** 回帰分析では説明変数（独立変数）と被説明変数（従属変数，基準変数，目的変数）の区別があるが，因子分析ではすべての変数を対等に扱い，観測変数間の共分散（相関）を共通因子とよばれる潜在変数の共変動として説明する．図1は「X_1：代数」「X_2：幾何」「X_3：解析」の3科目の試験の点数を「F_1：数学的能力」という潜在変数で説明するモデルで，最も単純な因子分析モデルである．ここで F_1 は潜在変数であり，データとして観測できない変数である．因子分析モデルでは観測変数は常に従属変数であり，共通因子は独立変数である．

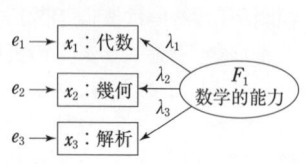

図1 因子分析モデル

●**モデルの基本的理解** 試験を受けた被験者の「F_1：数学的能力」にはばらつきがあり，F_1 が高い被験者はどの3科目にもそれなりに高い点数を取り，F_1 が低い被験者はあまり高い点数は取らないと考えられる．つまり，X_1, X_2, X_3 は共通に F_1 を原因変数として変動し，その結果として X_1, X_2, X_3 の間に共分散が生じると考えるのが因子分析モデルの最も基本的な理解である．観測変数 X_i は F_1 と完全に連動するのではなく，F_1 とは無相関に分布する独自因子 e_i からも影響を受ける．この図のモデルを方程式で表すと以下のようになる．

$$\left.\begin{array}{l} X_1 = \mu_1 + \lambda_1 F_1 + e_1 \\ X_2 = \mu_2 + \lambda_2 F_1 + e_2 \\ X_3 = \mu_3 + \lambda_3 F_1 + e_3 \end{array}\right\} \begin{array}{l} E(F_1) = E(e_1) = E(e_2) = E(e_3) = 0 \\ V(F_1) = 1,\ V(e_i) = \psi_i > 0,\quad i = 1, 2, 3 \\ \text{Cov}(F_1, e_i) = 0,\ \text{Cov}(e_i, e_j) = 0,\quad i \neq j \end{array}$$

ここで，F_1 は「（共通）因子」，$E(X_i) = \mu_i$，λ_i は「因子負荷量」とよばれ F_1 が X_i に及ぼす影響の大きさを表す．独自因子 e_i は X_i に付随する特殊因子と誤差変数の和となっているが，通常，それらを区別しない．確率変数についての仮定から，$\text{Cov}(X_i, X_j) = \lambda_i \lambda_j (i \neq j)$ が導かれ，これをデータの共分散と等値することで因子負荷量の推定ができる．観測変数が p 個で共通因子が k 個ある一般的な因子分析モデルは次のように表される．

成分表記： $X_i = \mu_i + \sum_{r=1}^{k} \lambda_{ir} F_r + e_i,\quad i = 1, \cdots, p$

ベクトル表記： $\boldsymbol{X} = \boldsymbol{\mu} + \boldsymbol{\Lambda} \boldsymbol{f} + \boldsymbol{e}$

共通因子ベクトル f と独自因子ベクトル e に関して，上記と同様に $E(f)=0$, $E(e)=0$, $V(f)=\Phi$(正定符号，対角要素=1), $V(e)=\Psi$(対角), $\mathrm{Cov}(f,e)=0$ なる仮定をおく．Λ, Φ と Ψ はそれぞれ「因子負荷行列」，「因子間相関行列」，「独自分散行列」といわれる．このとき，$V(X)=\Lambda\Phi\Lambda'+\Psi(=\Sigma)$ を得る．この式は「因子分析の基本方程式」とよばれ，Σ を標本共分散行列と比較することで，未知母数である Λ, Φ, Ψ が推定される．

●**直交モデルと斜交モデル** $\Phi=I_k$ を課すモデルを「直交モデル」，課さないモデルを「斜交モデル」とよんで区別する．母数がより少ない直交モデルにおいても $\Sigma=\Lambda\Lambda'+\Psi$ から (Λ,Ψ) を一意的に定めることができない．実際，任意の k 次直交行列 Q に対して，$(\Lambda Q,\Psi)$ も同一の Σ を生成する．そこで，何らかの基準によって直交行列 Q を定めることになるが，伝統的に，$B=(b_{ij})=\Lambda Q$ の要素のコントラストが強くなるように Q を定める．このようにして得られた解は解釈可能性が高いことが経験的に知られている．Q を定める作業を「因子回転」とよんでいる．直交モデルではバリマックス回転が，斜交回転ではオブリミン回転やプロマックス回転がしばしば用いられる．バリマックス回転の回転行列 Q は，次の最大化問題の解として定められる．

$$\max_Q \sum_{r=1}^{k} \sum_{i=1}^{p} (b_{ir}^2 - \bar{b}_r^2)^2, \quad \bar{b}_r^2 = (1/p) \sum_{i=1}^{p} b_{ir}^2$$

●**例** 6科目の試験データと2因子の因子分析モデルによる推定結果を表1に与える．なお，探索的因子分析では共分散行列よりも相関行列を分析することが多い．共通因子 F_1 と F_2 はそれぞれ数学的能力と言語的能力と命名することができよう．斜交回転は 0 に近い因子負荷量が多く解釈しやすい推定値を与えていることがわかるだろう． [狩野 裕]

表1 6科目の試験データ（相関行列，$n=250$）と推定結果（反復主因子法）

科目	代数	幾何	解析	英語	国語	古文
代数	1					
幾何	0.412	1				
解析	0.521	0.495	1			
英語	0.538	0.499	0.525			
国語	0.334	0.293	0.364	0.607	1	
古文	0.346	0.248	0.323	0.517	0.506	1

科目	バリマックス回転		オブリミン回転（$\tau=0$）	
	F_1	F_2	F_1	F_2
代数	0.61	0.30	0.62	0.08
幾何	0.62	0.20	0.67	-0.04
解析	0.71	0.25	0.77	-0.02
英語	0.55	0.64	0.40	0.54
国語	0.23	0.74	-0.05	0.80
古文	0.23	0.61	0.01	0.65
因子間相関	1	0	1	0.65
	0	1	0.65	1

参考文献
[1] 柳井晴夫，他，1990,『因子分析―その理論と方法』朝倉書店．
[2] 市川雅教，2010,『因子分析』朝倉書店．

非計量多次元尺度法

「多次元尺度法」(MDS) とは，対象間の非類似性データを分析して，似た対象どうしを近くに，異なる対象どうしを遠くに位置づける空間布置を求める方法であるが，「対象 k と l の非類似性は，対象 i と j の非類似性よりも大きい」などの類似性の順序関係だけに基づいて空間布置を求める MDS を，特に「非計量 MDS」とよぶ．

●**非計量多次元尺度法の適用例** 「計量多次元尺度法」の項の表1を，非類似性の値 q_{ij} の大小関係に基づいて書き換えたのが，本項の表1である．すなわち，この表には，「計量多次元尺度法」の項の表1で q_{ij} が最小 (3.3) である対象9と4のペア「にんじん-大根」から，最大 (7.7) である対象4と1のペア「大根-トマト」まで，非類似性の昇順に対象のペアを並べて，ペア ij の非類似性の順位 r_{ij} と値

表1 非類似性の昇順に並べられた対象のペア（中間の順位のペアは略）

順位 r_{ij}	(i) 対象 i	(j) 対象 j	q_{ij}	$f(r_{ij})$	$d_{ij}(x)$
1	(9) にんじん	(4) 大根	3.3	$f(1)$	$d_{94}(x)$
2	(6) なすび	(5) きゅうり	4.2	$f(2)$	$d_{65}(x)$
3	(8) かぼちゃ	(7) じゃがいも	4.4	$f(3)$	$d_{87}(x)$
4	(7) じゃがいも	(2) 玉ねぎ	4.5	$f(4)$	$d_{72}(x)$
5	(3) キャベツ	(2) 玉ねぎ	4.6	$f(5)$	$d_{32}(x)$
⋮	⋮	⋮	⋮	⋮	⋮
32	(9) にんじん	(3) キャベツ	7.1	$f(32)$	$d_{93}(x)$
33	(4) 大根	(3) キャベツ	7.2	$f(33)$	$d_{43}(x)$
33	(6) なすび	(3) キャベツ	7.2	$f(34)$	$d_{63}(x)$
35	(7) じゃがいも	(5) きゅうり	7.4	$f(35)$	$d_{75}(x)$
36	(4) 大根	(1) トマト	7.7	$f(36)$	$d_{41}(x)$

q_{ij} および後述する記号 $f(r_{ij})$ と $d_{ij}(x)$ を記した．「表1の q_{ij} は，非類似性の程度を正確に表す数量ではないが，順位 r_{ij} は正確である」という仮定のもとに，非計量 MDS は，r_{ij} が示す順序関係だけに基づいて，トマト＝$[0.17, -0.58]$ など対象の座標値の解を出力する．座標値に基づいて対象を位置づけた布置（図1）は，近く（遠く）に位置づけられる対象どうしは似ている（異なる）ことを表す．非類似性の数量 q_{ij} を正確であると考えて計量 MDS を用いるか，あるいは，順位 r_{ij} だけを正確であると考えて非計量 MDS を用いるかは，ユーザーの判断に任される．なお，順位データ r_{ij} だけが与えられる場合には，必然的に非計量 MDS を使うことになる．

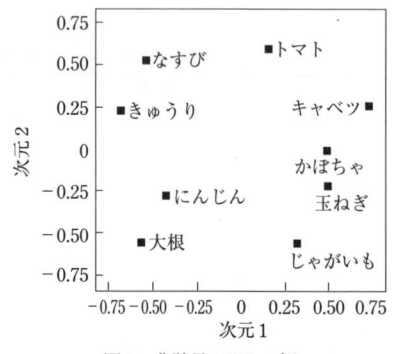

図1 非計量 MDS の解

●**計算原理** 分析前は未知である表1の対象 i と j の座標値を $[x_{i1}, x_{i2}]$, $[x_{j1}, x_{j2}]$ と表すと,両者間のユークリッド距離は $d_{ij}(x)=\{(x_{i1}-x_{j1})^2+(x_{i2}-x_{j2})^2\}^{1/2}$ と書ける.この距離を q_{ij} に対応づけるのが計量 MDS であるが,非計量 MDS では,距離をディスパリティとよばれる関数値 $f(r_{ij})$ に対応づける.すなわち,両者の誤差平方をすべての対象のペアについて合計した $\sum_{i>j}\{f(r_{ij})-d_{ij}(x)\}^2$ を最小にする一連の座標値 x と $f(r_{ij})$ の値を求める.ここで,$f(r_{ij})$ の値は,順位 r_{ij} と明示的な関数関係をもつものではなく,$f(r_{ij})$ は,r_{ij} の単調増加関数,つまり,「$r_{ij}<r_{kl}$ ならば $f(r_{ij})\leq f(r_{kl})$」という条件だけを満たす関数である.ここで,添え字 kl は ij とは別のペアを表す.なお,「全対象の座標値は同じで,$f(r_{ij})=d_{ij}(x)=0$」という無意味な解を避けるため,「$\sum_{i>j}f(r_{ij})^2=$ 正の定数」などの制約条件がおかれる.

表1の分析で得られた $f(r_{ij})$ の解を図2に示す.不規則な折れ線であるが,単調増加関係は満たされていることがわかる.表1をみると,対象 4-3, 6-3 のように $r_{43}=r_{63}=33$ 位と同順位のペアがあるが,$r_{ij}=r_{kl}$ ならば $f(r_{ij})=f(r_{kl})$ というように,$f(r_{ij})$ に単調増加関係より強い制約を課すオプションもある.

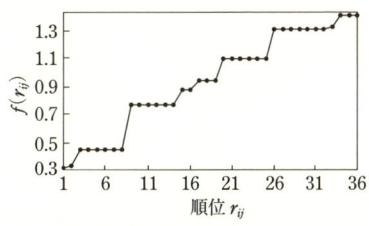

図2 順位とディスパリティの解

●**非計量個人差多次元尺度法** 表1のような1~36位の順位データが複数の実験参加者から得られたとして,参加者 k の対象 i, j の非類似性の順位を r_{ijk} と表そう.順位 $r_{ijk}=1, \cdots, 36$ の単調増加関数 $f_k(r_{ijk})$ と重みつきユークリッド距離 $d_{ijk}(x, w)=\{w_{k1}(x_{i1}-x_{j1})^2+w_{k2}(x_{i2}-x_{j2})^2\}^{1/2}$ との誤差平方和が最小になる座標値 x,次元の重み w,および,$f_k(r_{ijk})$ を求めるのが非計量個人差 MDS である.ここで,$f_k(r_{ijk})$ の f に参加者を区別する添え字 k が付くのは,図2に示すような順位とディスパリティの関数関係が参加者ごとに異なることを意味する.ここまでは,1~36位の順位データが参加者ごとに観測されるケースを想定したが,参加者を越えた対象ペアの順位データ(例えば,参加者が10名であれば $r_{ijk}=1, \cdots, 360$ の順序非類似性データ)を分析対象とする非計量個人差 MDS もある.この場合は,ディスパリティは,添え字 k が f に付かない $r_{ijk}=1, \cdots, 360$ の単調増加関数 $f(r_{ijk})$ で表される.

ここまで解の次元数 p を2に限定して非計量 MDS を解説したが,p は1~[対象の数-1]のいずれかに設定でき,どのような p であっても,距離の定義式が一般化されることを除けば,計算原理は同じである. 　　　　　　　　　　　　　　　[足立浩平]

📖 **参考文献**
[1] 岡太彬訓, 今泉 忠, 1994, 『パソコン多次元尺度構成法』共立出版.
[2] 齋藤堯幸, 宿久 洋, 2006, 『関連性データの解析法』共立出版.

パス解析

「風が吹けば桶屋が儲かる」という俗諺がある．「風が吹く」→「土ぼこりが立つ」→ … →「ネズミが桶をかじる」→「桶屋が儲かる」．これは非現実的な例であるが，一種の因果モデルと考えることもできる．$X_1 \to X_2 \to \cdots \to X_6 \to X_7$ と原因と結果が一直線の経路をたどって結びつくというわけである．このような直線的な経路だけではなく，複雑な因果関係のモデルはいくらでも考えることができる．こうして，因果モデルが想定できる場合に，変数間の影響の大きさを知りたいことがある．そのような場合にパス解析が利用できる．

●**因果関係** パス解析は因果分析とよばれることもあるが，因果関係を特定してくれる手法ではない．因果関係は解析を行う前に，別な方法で特定されている必要がある．因果関係があると判断するための条件としてはブラッドフォード・ヒル(1965)の9つの基準が言及されることが多い．満たされている基準が多いほど因果関係がある可能性が高いと判断できる．

ⅰ) 強固な関連：原因とされる変数と結果とされる変数の間に強い関連，相関がある．
ⅱ) 一致した関連：場所や時間，被験者など状況が変わっても関連がみられる．
ⅲ) 特異な関連：原因とされる変数がない場合には，結果とされる変数に影響が生じず，原因とされる変数と結果とされる変数の間に特異な関係がある．これは第3の変数によっては原因と結果が説明できないことを意味する．
ⅳ) 時間的な関係：原因とされる変数が先に生じてから，結果とされる変数に影響が生じ，時間的な順序関係に矛盾がない．
ⅴ) 生物学的勾配：用量-反応関係ともよばれる．原因とされる変数の量が増減すると，結果とされる変数にも対応した増減の影響がある．
ⅵ) もっともらしい関連・説得性：既存の知識や理論，事実と矛盾が生じない．
ⅶ) 整合性のある関連・一貫性：因果関係を仮定してもほかの関係に矛盾が生じない．
ⅷ) 実験的な根拠の存在：因果関係を支持する実験的な研究結果が得られている．
ⅸ) 類似の関連の存在：類似の関係がほかにも観察される．

●**パス解析の発展** パス解析は生物学者のS.ライト(1921, 1934)が考案した．もともとは重回帰分析を繰り返し適用し，逐次的にパス係数や誤差分散を求める方法であった．これを古典的パス解析とよぶ．「古典的パス解析」ではモデルとデータの適合性を吟味するという発想や因果モデルを分析者が自由に変更していく

という発想はなかった．これに対して現在では共分散構造分析（SEM）のアルゴリズムを用いた推定方法が使われることが多く，「SEMによるパス解析」とよばれる．SEMによるパス解析ではモデルの適合度が吟味できる，モデル改善のための指標が得られる，双方向因果モデルが扱える，誤差にも共分散を設定できるなど利点が多い．結果としてパス解析は観測変数だけの分析（観測変数の構造方程式モデリング）であり，潜在変数を含む構造方程式モデリング（SEM/LV）の下位手法に過ぎないとみなされるようになってきている．その結果，分析に先だって因果関係が特定されていなくてはならないという考え方も薄れてきている．

●パス図　パス解析の特徴は「パス図」とよばれる因果関係の図示表示にあり，これは共分散構造分析にも受け継がれている．

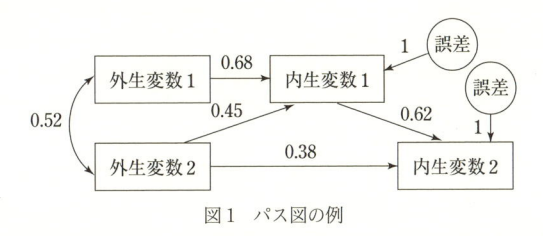

図1　パス図の例

パス図では観測変数は四角で，誤差変数は円，あるいは文字で表現する．因果の方向は矢印で表し，これを「パス」とよぶ．相関（共分散）は双方向の矢印で表現し，影響力の強さはパス上に数値として記し，これをパス係数とよぶ．パス係数は回帰分析の偏回帰係数に相当する．パス係数にはもとの変数を標準化し，測定単位の影響を除いた標準化係数と，そのままの単位で解を求めた非標準化係数の両方がある．

パスを出すが，パスを受けない変数は「外生変数」とよばれる．パスを受ける変数は「内生変数」とよばれる．

図1で内生変数2は外生変数2から2つの影響を受けている．1つは外生変数2からの直接のパスである．これを直接効果とよぶ．もう1つは外生変数2から内生変数1を経由して内生変数2に向かうパスである．これを間接効果とよぶ．直接効果と間接効果の和は総合効果とよばれる．間接効果は直接効果の積として求めることができる．

［小野寺孝義］

📖 参考文献
[1] Pearl, J.／黒木 学訳，2009，『統計的因果推論―モデル・推論・推測』共立出版．
[2] 足立浩平，2006，『多変量データ解析法』ナカニシヤ出版．
[3] 甘利俊一，他編，2002，『多変量解析の展開―隠れた構造と因果を推理する』岩波書店．
[4] Hill, A. B.-, 1965, The environment and disease : Association or causation?, *Proceed. Roy. Soc. Medicine-London*, **58**, 295-300．

潜在構造分析

●**潜在構造モデル** 人の各種の行動や応答が潜在する因子に起因する場合に，その潜在因子を説明する目的で，潜在構造モデルが P. Lazarsfeld により提唱された．この意味で因子分析モデルも潜在構造モデルに含める場合もあるが，狭義には潜在クラスモデルと潜在特性モデルを潜在構造モデルとしている．各種の意識調査では被験者の真の意識が回答に確率1で反映されるとは限らず，真の意識とは逆の回答をする可能性も否めない．このとき，真の意識状態は観測不可能である．潜在構造分析では観測項目を表す変数を顕在変数，観測不可能な状態や因子を表す変数を潜在変数という．潜在変数がカテゴリ的な場合は潜在クラスモデルで，連続の場合は潜在特性モデルである．潜在特性モデルはテスト理論に用いられるので，ここでは潜在クラスモデルを説明する．いま，顕在変数 A, B, C, D は，それぞれ I, J, K, L 個のカテゴリをもち，また潜在クラスを潜在変数 Z で示し，潜在クラスの個数を M 個とする．潜在構造分析では，潜在クラスを与えたとき顕在変数への応答が独立と仮定する．この仮定を「局所独立の仮定」という．

いま，潜在クラス $Z=a$ のとき，顕在変数に $A=i, B=j, C=k, D=l$ と応答する条件付き確率をそれぞれ

$$\pi_{i|a}^{A|Z}, \quad \pi_{j|a}^{B|Z}, \quad \pi_{k|a}^{C|Z}, \quad \pi_{l|a}^{D|Z}$$

とする．このとき，$Z=a$ のときの応答 $(A, B, C, D)=(i, j, k, l)$ の条件付き確率は

$$\pi_{ijkl|a}^{ABCD|Z} = \pi_{i|a}^{A|Z} \pi_{j|a}^{B|Z} \pi_{k|a}^{C|Z} \pi_{l|a}^{D|Z}$$

になる．したがって，潜在クラスの比率を $\pi_a^Z \equiv \Pr(Z=a)$ とすれば $(A, B, C, D)=(i, j, k, l)$ の同時確率は

$$\pi_{ijkl|a}^{ABCD|Z} = \sum_{m=1}^{M} \pi_m^Z \pi_{i|a}^{A|Z} \pi_{j|a}^{B|Z} \pi_{k|a}^{C|Z} \pi_{l|a}^{D|Z} \tag{1}$$

のように分解される．この方程式を「潜在構造方程式」という．このモデルでは観測される変量（項目）間の連関を説明する概念が潜在クラスである．

潜在構造モデルの母数推定では潜在変数を欠測した変数と見なすことにより，「EMアルゴリズム」の利用が一般的である．このアルゴリズムは潜在変数 Z を条件付き期待値で復元する E-step（期待値段階）と復元した完全データ (Z, A, B, C, D) から母数の最尤推定を行う M-step（最大化段階）を反復する．探索的な潜在クラス分析では式 (1) に基づいて母数の推定をし，結果から潜在クラスの解釈を行う．潜在クラスの数を変えてモデル選択をすることも考えられる．検証的分析では現象に則したモデルを構築して分析を行う．同一の被験者に対して複数回の観測を行う場合には潜在マルコフ連鎖モデルが提唱されている．潜在混合マルコフ連鎖モデルも提唱されているが，これらは同値であることが示される[1]．

●**発達・学習構造の分析** 幼児集団の発達構造を分析するために，知能テストから分析項目として1：指の数を数えずに答える，2：紐結び，3：社会的適応性(質疑応答：他人の物を壊したらどうしますか？など)，4：文章反復，を選んだとする．幼児集団には発達段階の異なる幼児が混入し，幼児はその発達に基づいてテスト項目に応答する．S_a を項目 $a(a=1, 2, \cdots, 5)$ を解くための能力の有無を示す潜在変数とし，能力 a をもつとき $S_a=1$ で，もたないときは $S_a=0$ とおく．幼児の発達は一様ではなく，パス1：$S_1 \to S_2 \to S_4 \to S_3$；パス2：$S_1 \to S_4 \to S_2 \to S_3$；パス3：$S_1 \to S_4 \to S_3 \to S_2$ のいずれかのパス(経路)で発達すると仮定する．発達パス1からは $(0,0,0,0)$，$(1,0,0,0)$，$(1,1,0,0)$，$(1,1,0,1)$，$(1,1,1,1)$ の発達段階(状態)が出現する．同様に，その他のパスからの状態を含めると，幼児集団に存在する能力 (s_1, s_2, s_3, s_4) の状態空間は

$$\Omega = \{(0,0,0,0), (1,0,0,0), (1,1,0,0), (1,0,0,1), (1,1,0,1),$$
$$(1,0,1,1), (1,1,1,1)\}$$

であり，7個の潜在クラスが幼児集団を構成する．項目 a に対する成功を $X_a=1$，失敗を $X_a=0$ とすれば条件付き成功確率 $Pr(X_a=1|S_a=1)$ と $Pr(X_a=1|S_a=0)$ を

$$Pr(X_a=1|S_a=0) = \frac{\exp(\alpha_i)}{1+\exp(\alpha_a)},$$

$$Pr(X_a=1|S_a=1) = \frac{\exp(\alpha_a+\beta_a)}{1+\exp(\alpha_a+\beta_a)}, \quad \beta_a=\exp(\delta_a)$$

のように構造化すると，$Pr(X_a=1|S_a=1) > Pr(X_a=1|S_a=0)$ が満たされ，発達モデルとして妥当である．確率 $1-Pr(X_a=1|S_a=1)$ は能力 S_a をもつ幼児の不注意過誤，$Pr(X_a=1|S_a=0)$ は S_a をもたない幼児の憶測過誤を意味する．能力段階が (s_1, s_2, s_3, s_4) の幼児が (x_1, x_2, x_3, x_4) と応答する条件付き確率は

$$\prod_{i=1}^{4} \{\exp(\alpha_1+s_i\beta_i)/[1+\exp(\alpha_i+s_i\beta_i)]\}^{x_i} \{1/[1+\exp(\alpha_i+s_i\beta_i)]\}^{1-x_i}$$

になる．このとき，式(1)の潜在変数 Z を状態空間 Ω の要素を値としてとる確率変数とすれば，潜在構造方程式が構成できる[2]．上のモデルで能力をスキルに置き換えて応用すれば学習構造モデルが考えられる．

●**パス解析** 因子分析モデルは構造方程式モデルとして，因果関係の分析のために拡張されている．一方，潜在構造モデルでパス解析を行うときには，変数間の因果関係が方程式で表現できず，効果をオッズまたは対数オッズを基礎として扱う方法が研究されてきた．しかし，全効果の直接効果と間接効果への分解が巧く取り扱われていない．今後の研究への展開が期待される． [江島伸興]

参考文献

[1] Eshima, N., 1993, Dynamic Latent Structure Analysis through the Latent Markov Chain Model, *Behaviormetrika*, **20**(2), 151-160.
[2] Eshima, N., et al., 1996, Developmental Path Model and Causal Analysis of Latent Dichotomous Variables, *Brit. Jour. of Math. and Stat. Psych.*, **49**(1), 43-56.

共分散構造分析

「共分散構造分析」とは何であろうか．
　ここで，例えば，魅力ある人は，恋愛した回数が多いとは考えられないだろうか．魅力がある結果，付き合いを多くの人から申し込まれるという仮説が成り立つかもしれない．恋愛の回数は本人からの報告や友人からの観察によって得られるかもしれない．つまり観測可能である．しかし魅力は簡単には定義できない．気持ちがやさしいというのも魅力であろうし，美貌やスタイルも魅力であろう．あるいは経済的に裕福であることや社会的地位・名声，家族の社会階層の高さ，あるいは知性や肉体的な強さを魅力と感じる人もいるだろう．このような変数は「構成概念」とよばれる．直接に観測できないが，潜在的に存在しているという意味で「潜在変数(因子)」とみなすことができる．知能，性格，気分，コミュニケーション力など日常的に使う言葉の中にも構成概念は数多くある．

　共分散構造分析は，身長や体重，血圧のように明らかに測定可能な変数間の関係だけではなく，潜在変数も含めて影響過程をモデル化し，現実のデータとの適合を検討した場合に利用できる．

●**主なモデル**　共分散構造分析ではパス図によって変数間の関係を図示することが多い．ここでは主なモデルのパス図を示す．多重指標モデルでは潜在変数が原因となって複数の観測変数に影響が現れていると考える．MIMICモデルは複数の観測変数→潜在変数→複数の観測変数という影響過程をモデル化している．高次因子分析モデルでは潜在変数（因子）の背後にさらに上位の潜在変数（因子）が存在していると考える．成長

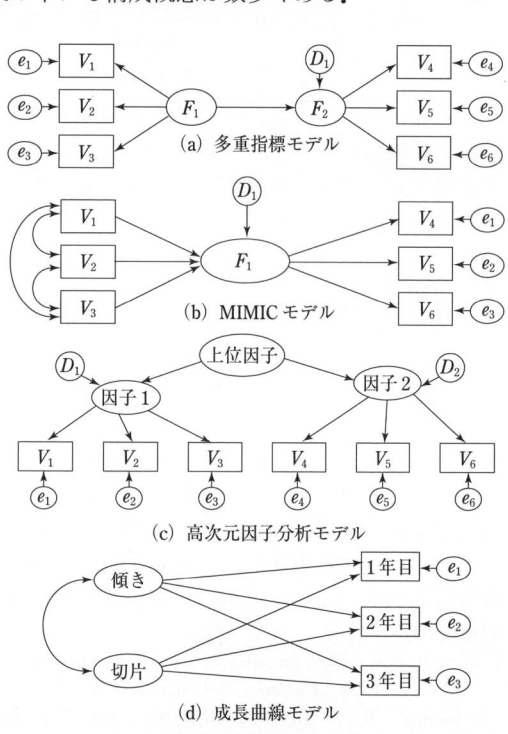

図1　共分散構造分析のパス図

曲線モデルは潜在曲線モデルとよばれ,時間的に隔たった反復測定データを扱う.データはパネルデータとか縦断的データとよばれ,回帰モデルの切片と傾きを潜在変数として現象をモデル化している.

　パス図では図1でわかるように潜在変数は円,もしくは楕円で囲み,観測変数は四角で囲む.矢印は影響の方向を示し,パスとよばれる.双方向の矢印は相関(共分散)を表している.

　現在では分散やパス係数の推定だけではなく,多母集団の同時分析とよばれる方法で,グループ間の平均の違いを検討することも可能になっている.そこで共分散の構造だけを分析する手法と勘違いされやすい共分散構造分析という呼び方よりも,構造方程式モデリング,略して SEM (structural equation modelling)とよばれることが多くなってきている.

●**共分散構造分析の考え方**　観測されたデータから分散・共分散行列を得ることができる.次に分析者がモデルを構築すると,その指定に従ったモデルの分散・共分散行列が導かれる.実際には,パス係数や変数の分散,変数間の相関などの未知パラメータが決められないとモデルの分散・共分散は数値として得られない.もし,推定されたモデルの分散・共分散行列が現実のデータに適合するなら,モデルはデータをよく説明できていることになる.このようにデータとモデルの乖離がなるべく小さくなるように最小二乗法,あるいは最尤法を利用して未知パラメータを決定する.このようにして得られたモデルとデータの違いはカイ二乗検定で検定できる.ただし,データ数が多いとモデルは棄却されやすくなってしまう.そこで検定ではなく,「適合度指標」とよばれる指標によってモデルの当てはまりの程度を量的に判断する考え方が主流になっている.主な適合度指標としては数値が1に近づくほど適合がよいとみなす AGFI や CFI,NFI,数値が0に近づくほど適合が良いことを示す RMSEA,絶対的な基準値はなく,モデル同士の比較で,その値が小さいモデルがよりよいモデルと判断する AIC などがある.モデルが棄却された場合には,モデル修正のための指標であるワルド検定や LM 検定を参考に,パスを除いたり,加えることを検討する.

●**識別可能性**　実際の分析ではモデルによっては計算不能になる場合があり,それを識別不能とよぶ.識別可能なモデルにするためには,なんらかの制約をモデルに科すことが多い.共分散構造分析ではパスの引き方や分散・相関などを分析者自身が設定でき,制約のかけ方にも自由があるが,自由なだけにいくらでも異なるモデルが生み出せる.それらの中で少ない変数で説明可能で,一般化可能性が高く,既存の理論や知識に矛盾せず,かつ識別可能なモデルを設定するのは簡単なことではない.

[小野寺孝義]

📖 **参考文献**
[1] 豊田秀樹,1998,『共分散構造分析 入門編』朝倉書店.

コンジョイント分析

「コンジョイント分析」は人々の選好や選択行動を説明するために数理心理学分野において考えられた分析方法（R.D. ルース，J.W. テューキー，1964）であり，現在ではマーケティングや政策評価を中心として利用されている．合理的な意思決定者は対象ごとに価値（効用とよばれる）を評価し，効用が高い対象を選択すると考えられる．ここで各対象の効用（全体効用とよばれる）はその対象のもつさまざまな属性別の価値（部分効用）の関数であると考え，人々の選好・選択データを用いて各属性の全体効用への影響度や最適な属性の値の組み合わせを調べるのがコンジョイント分析である．

●**属性水準の組合せによるプロファイルの作成**　例えば消費者が車を購入する際に，その消費者が考慮する属性として「金額」「排気量」「内装」の3つの属性に注目するとする．市場に存在する車はこの3つの属性においてさまざまな値（水準とよぶ）を取っており，水準の組合せ（結合した）によって全体効用が変わると考えるのはごく自然である．具体的に金額が4水準（200万円，300万円，400万円，500万円），排気量が3水準（1,500 cc, 2,000 cc, 2,500 cc），内装が3水準（通常，高級，最高級）であるとする．ここで3つの属性の水準の組合せをプロファイルとよぶ．例えば自動車 A は {300万円, 2,000 cc, 通常} のプロファイルを，自動車 B は {400万円, 2,500 cc, 高級} のプロファイルを有する．このとき全体効用を，U，p 番目の属性がどのような値であるかを表す変数を X_p，p 番目の属性の部分効用を $v(X_p)$ とすると，通常は加法モデル

$$U_{車A} = v(X_1 = 300万) + v(X_2 = 2,000\,cc) + v(X_3 = 通常) + 誤差$$
$$U_{車B} = v(X_1 = 400万) + v(X_2 = 2,500\,cc) + v(X_3 = 高級) + 誤差$$

を利用する．もし全体効用が連続値として測定されているならば，これは単なる分散分析モデルであるが，実際には全体効用は直接観測することはできない．そこでさまざまなプロファイルを持った対象を複数用意し，それらについての選好を調べる質問を行って得られるデータから，個々の部分効用を推定する．

●**プロファイルの評価と部分効用の推定**　部分効用を推定するためによく利用される質問法としては，i) 完全プロファイル評定型の質問法（1つずつプロファイルを提示し，好ましさを採点させる），ii) ペアワイズ評定型の質問法（一対比較をさせる．ただし通常は強制選択ではなくどちらが好ましいかを7件法などで採点させる），iii) 選択型の質問法（複数のプロファイルを提示し，最も好ましいものを選択させる．選択しないという選択肢を設ける場合もある），iv) ランキング型の質問法（複数のプロファイルに好ましさの順位を付けさせる）がある．

どの質問法を用いるかで部分効用の推定方法は異なる．例えば選択型の質問法

を利用する場合，上記の加法モデルの下で誤差に正規分布を仮定すれば，「さまざまな属性の水準」を説明変数とし「どの対象を選択するか」を従属変数とする名義プロビット回帰分析モデルと同様のモデル構成になる．またプロビットモデルでは数値計算が煩雑になるため，ロジットモデルを利用することが多い．ただし，通常の名義ロジスティック回帰モデルでは，選択肢 k を選択する確率が（説明変数を x とすると）

$$\exp\boldsymbol{\beta}_k^t\boldsymbol{x}/\sum_{j=1}^K\exp\boldsymbol{\beta}_j^t\boldsymbol{x}$$

となるのに対して，コンジョイント分析では

$$\exp\boldsymbol{\beta}^t\boldsymbol{x}_k/\sum_{j=1}^K\exp\boldsymbol{\beta}^t\boldsymbol{x}_j$$

となり（ここで K はカテゴリー数），「選択肢によって説明変数の値が異なる」「係数は選択肢間で共通である」という違いがある．後者を「条件付きロジットモデル」ともよぶ．解析から得られる結果として，車の例ならば「2,000 cc」の部分効用の推定値は，排気量についての2つ（＝水準数の3−1）のダミー変数のうち「2,000 cc かどうか」についての偏回帰係数の推定値となる．

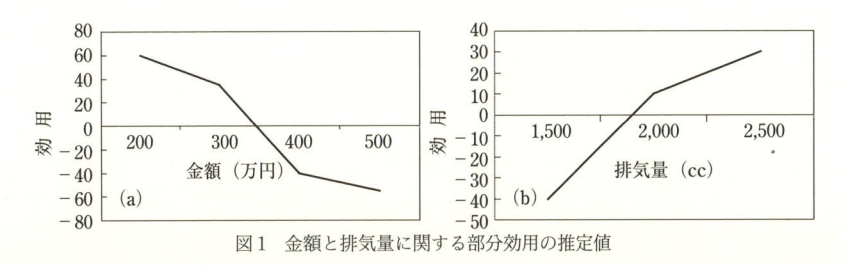

図1 金額と排気量に関する部分効用の推定値

●**マーケティングや環境評価での利用**　マーケティングでは製品開発の際によく利用されるが，その際には全体効用が高い順にプロファイルを順位付け，技術制約や価格との兼ね合いから実現可能なプロファイルを製品化するというのが一般的である．また，シミュレーションを行うことも容易である．例えば車の場合，400万円の効用が−40，500万円の効用が−55であり，排気量 2,000 cc の効用が10，2,500 cc の効用が30とすると，「400万円で2,000 cc の車」よりも「500万円で2,500 cc の車」の方が効用は高いことから，後者を開発するべきである，といった示唆を得ることができる．このように，コンジョイント分析から貨幣価値で表すことが難しい環境価値を評価することが可能であることから，近年では環境保全の政策評価に利用されることも多い．　　　　　　　　　　［星野崇宏］

📖 **参考文献**
[1] 栗山浩一，庄子 康編著，2005,『環境と観光の経済評価』勁草書房.

AHP

「AHP」(階層分析法,階層化意思決定法) は,ピッツバーグ大学のサーティ (T. L. Saaty, 1977, 1980) によって考案された意思決定を支援する1つの手法である.意思決定とは,いくつかの選択肢(代替案)の中から最も適切であると思うものを選択することであるが,いくつもの要素が複雑に絡み合って特定の選択肢がほかの選択肢よりも適切であるのか否かを判断できないことが多い.AHPは,i) 問題と最終的な選択の対象となる選択肢の間に,選択肢を絞り込むための評価基準を階層図で表現することで明確化する.さらに,ii) 人間は2つの要素の一対比較という局所的な判断は容易に行えることを利用して,一対比較の積み重ねから,最終的に選択肢の優劣関係を定量的に示す.

●手続き　一般に次のような4段階を踏む.

ⅰ) 図1に示すように課題を「問題」-「評価基準」-「選択肢」の観点から階層化する.この例は3つの携帯電話のうちのどれを購入すべきかという問題に対する階層図を示す.

ⅱ) この例では,「機能」「デザイン」「価格」「ブランド」の4つを評価基準としている.デザインを重視する人もいるだろうし,ブランドを重視する人,とにかく安い方がよいという人もいるだろう.そこでまず,意思決定者がどの評価基準をどの程度重視するかを表すウェイトを算出する.評価基準から2つの組合せをすべてつくり,その各々の対に対して一方の評価基準に対する他方の評価基準のウェイトの比に関する一対比較を行う.ただし,比の数値をそのまま回答するのは困難なので,例えば9段階(比例尺度)で回答する場合,表1のような数値が示される.その一対比較データから各評価基準のウェイトを算出する.

ⅲ) 次に各評価基準に対して選択肢間の一対比較を行い,各評価基準に対する各選択肢のウェイトを求める.

ⅳ) 最後に,評価基準のウェイトとその評価基準に対する選択肢のウェイトを掛

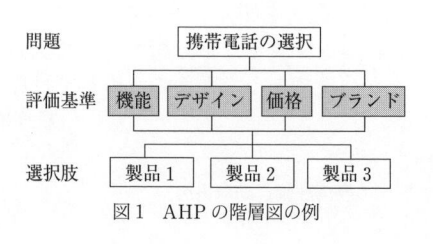

図1　AHPの階層図の例

表1　一対比較値の例

重用度	意　味
1	同じくらい重要
3	若干重要
5	重要
7	かなり重要
9	絶対的に重要
2, 4, 6, 8	補完的に用いる

けたものの和を求め，それをその選択肢の総合得点とする．

● **AHP の数学理論** ウェイトの算出は以下の数学的理論に基づいている．いま，m 個の項目 $I_1, I_2, \cdots, I_m$ があり，各項目のウェイトが $w_1, w_2, \cdots, w_m$ であるとする．2 つの項目 I_i, I_j のウェイトの比 $a_{ij} = w_i/w_j$ を回答する理想的な一対比較が行われるとしたら，その一対比較行列は次のようになる．ウェイトの比を判断するので，行列の対称の位置はお互いに逆数の関係にある．

$$A = \begin{pmatrix} \dfrac{w_1}{w_1} & \dfrac{w_1}{w_2} & \cdots & \dfrac{w_1}{w_m} \\ \dfrac{w_2}{w_1} & \dfrac{w_2}{w_2} & \cdots & \dfrac{w_2}{w_m} \\ \vdots & \vdots & & \vdots \\ \dfrac{w_m}{w_1} & \dfrac{w_m}{w_2} & \cdots & \dfrac{w_m}{w_m} \end{pmatrix} = (a_{ij})$$

A の右側からウェイトのベクトルを掛けると，

$$\begin{pmatrix} \dfrac{w_1}{w_1} & \dfrac{w_1}{w_2} & \cdots & \dfrac{w_1}{w_m} \\ \dfrac{w_2}{w_1} & \dfrac{w_2}{w_2} & \cdots & \dfrac{w_2}{w_m} \\ \vdots & \vdots & & \vdots \\ \dfrac{w_m}{w_1} & \dfrac{w_m}{w_2} & \cdots & \dfrac{w_m}{w_m} \end{pmatrix} \begin{pmatrix} w_1 \\ w_2 \\ \vdots \\ w_m \end{pmatrix} = m \begin{pmatrix} w_1 \\ w_2 \\ \vdots \\ w_m \end{pmatrix}$$

のようになる．すなわち，ウェイトベクトルは一対比較行列の固有ベクトルであり，m は固有値である．実際に得られる一対比較行列はこのような理想的な形をしていないので，A の最大固有値 $\lambda_{\max}$ とその固有ベクトルを求め，それをウェイトとする．

また，その一対比較に一貫性があるかどうかの指標として，CI（consistency index）が使われる．一対比較行列が完全な整合性を保っているときは CI の値は 0 となり，整合性が低くなると CI の値は大きくなる．経験的に 0.1（場合によっては，0.15）以下であれば，整合性のある評価とみなせるとされている．

$$\text{CI} = \frac{\lambda_{\max} - m}{m - 1}$$

● **AHP の応用範囲** AHP の応用範囲は広く，個人の意思決定支援から，国際・国内問題の戦略，経営戦略，マーケティングなど，非常に多くの問題に対する研究や実践において使われている． ［山下利之］

📖 **参考文献**
[1] 刀根 薫，1986,『ゲーム感覚意思決定法』日科技連出版社．
[2] 木下栄蔵，大屋隆生，2007,『戦略的意思決定手法 AHP』朝倉書店．

非対称データの解析

　教育や心理の分野での「非対称データ」には様々なものがあり，それに応じてこれまで多くの分析方法が提案されている．それらは，非対称（非）類似度行列に対する非対称多次元尺度構成法（以降，非対称 MDS），ソシオメトリックデータに対する行列の方法，分割表の対称性関連の統計的検定法，グラフ理論的方法，確率過程モデルとりわけマルコフ連鎖モデル，類似度判断に対する各種知覚過程モデル，非対称クラスター分析，主として2値の非類似度ブロックモデル，非対称(非)類似度行列に対する多次元展開法などのデータ解析的方法，などである[1]．

　これらの方法のうち，2つの主要な方法について概説しよう．1つは 1970 年代の中ごろから現在にいたるまで発展を続けている計量心理学の分野における非対称 MDS であり，他方は 1940 年代の後半から現在に至るまで発展を続けている数理統計学の分野における正方分割表の対称性関連の検定である．

●**非対称 MDS**　非対称 MDS は，計量心理学の分野で 1950 年代から発展してきた多次元尺度構成法，すなわち対象間の対称な(非)類似度データ，例えばマンセル色立体上の複数の色相互の類似度判断データ，から複数の対象の多次元布置（座標）を推定する方法，を対象相互の非対称な(非)類似度データ，例えばクラスメート間の片思いなどの非対称な親近度データ，に拡張する方法であり，1970 年代の中頃から内外の多くの研究者によって提案されている．

　MDS が，リチャードソンのアイディア（M. W. リチャードソン, 1938）を定式化したトーガソンの古典的 MDS（W. トーガソン, 1952, 1958）に始まり，その後の記述統計的方法が ALSCAL（高根ら, 1977）に集約され，最尤法による最尤 MDS（高根, 1978, 1981; 高根・D. J. キャロル, 1981; J. O. ラムジー, 1978, 1982 ら）へと発展し，最近ではベイズ的方法による MDS（M-S オー・A. E. ラフティリー, 2001）へと発展しているように，非対称 MDS も最初は記述的方法から出発している（例えば，千野, 1997）．

　これに対して，これまで皆無であった非対称 MDS の推測統計的方法が最近提案された（佐部利, 千野, 2008）．この方法は ASYMMAXSCAL とよばれ，対称データに対する最尤 MDS の方法である MAXSCAL（高根, 1981）を非対称データの場合に拡張するところの推測統計的方法である．この方法では，これまでに提案されてきたいかなる非対称 MDS モデルも原則的にその表現モデルとして採用でき，さらにデータの尺度レベルも順序，間隔，比率尺度のいずれでもよい．さらに，この方法では，データが果たして十分非対称であるかどうかの検討を，尺度構成の前の対称性関連検定もしくは尺度構成の途上での各種対称性関連モデ

ルのモデル選択により行うことができる．図1は，極東の日本を含む5カ国の政府相互の親近度判断データから，表現モデルとしてO-Iモデル(岡太，今泉，1987，1997)を採用した場合に得られた5カ国の布置(佐部利，千野，2008, Fig. 4)を転載したものである．

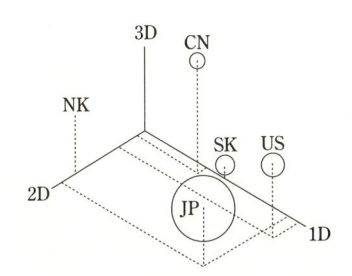

図1　O-Iモデルの例(岡本，今泉)

●正方分割表の対称性関連検定　正方分割表とは，通常，一般の $r \times c$ 分割表で行数と列数が等しい特別な場合を指し，文献上でよく引き合いに出されるのが右目と左目の度数をそれぞれ4等級に分類し，これら2つの属性で7,477人の30歳から39歳の女性の両目の等級を分類したものである．

　正方分割表の対称性関連の検定の歴史は，ピアソンカイ二乗統計量，尤度比カイ二乗統計量共に1940年代の後半にさかのぼり，対称性仮説すなわち対角要素に位置する母比率の相等性に対する尤度比統計量が示唆された（H. クラメール，1946）のに続き，同仮説のピアソンカイ二乗統計量が，2×2の場合（Q. マクネマー，1947），および一般の $r \times r$ の場合（A. H. バウカー）提案された．1960年代に対数線形モデルが提案される（M. W. バーク，1963）と，準対称性の概念が導入され同仮説の尤度比カイ二乗統計量が提案された（H. コシニュー，1965）．準対称性とは対数線形モデルにおける交互作用項の対称性をさす．一方，分割表の各行と対応する各列の周辺母比率の相当性をさす周辺同等性もそのころまでに提案された（H. クラメール，1946；A. スチュアート，1955；V. P. バプカール，1966）．その後も準2重対称性（富澤，1985）をはじめとする多くの対称性関連の概念が提案された(富澤, 2006)．また，分割表の多重比較の方法についてもいくつかの提案がなされている（広津，1983；栗木，1991など）．　　　　［千野直仁］

📖 参考文献
[1] 千野直仁，1997,『非対称多次元尺度構成法』現代数学社．
[2] Saburi, S. and Chino, N., 2008, A maximum likelihood method for an asymmetric MDS model, *Computational Statistics and Data Analysis*, **52**, 4673-4684.
[3] 富澤貞男，2006，統計学における正方分割表の解析，数学，**58**, 39-63.

項目分析

　いくつかの問いを項目として並べれば，一応それをテストとよぶことは可能である．しかし，いうまでもなくテストには良し悪しがあり，そのテストで測ると称しているものをまったく測定できていない，品質の悪いテストもある．テストの品質は「妥当性」と「信頼性」という観点から評価することができる（「信頼性と妥当性」参照）．

　では，どうしたら品質の良いテストをつくることができるだろうか．まずは，テストで測定しようとしている内容に関する十分な検討と，その観点からの項目内容の検討が必要である．しかし，そのような検討を経てつくられたテスト項目でも，実際に役に立つ，品質の良い項目である保証はない．例えば，内容的には問題のない項目でも，対象者の誰も答えられないような難しいものだと，個人差を測定するうえでは役に立たない．また，専門家からみて問題のない内容だと判断されても，対象者に意味が伝わりにくい表現や，別の意味にとられてしまう表現などがあると，これも有効に機能する項目にはならない．要するに，テスト項目は，実施してみないとその良し悪しが判断できない面があるということである．

　「項目分析」とは，作成されたテスト項目を予備的に実施してみて，その結果を統計的に分析し，項目の良し悪しを判断する手続きである．

● **項目分析の観点**　多肢選択項目を例にとって，どのような観点から項目分析がなされるかを具体的にみていこう．

　表1は，4肢選択の項目において，各選択肢を選択した人の割合を示したものである．この場合の分析の観点の1つは，正答率（逆にいえば困難度）が適当な水準になっているか，ということである．表1の例では，正答選択肢Dの選択率（正答率）が40%となっている．テストの目的に対して難しすぎたり易しすぎたりする項目は不適当と判断される．また，誤答の選択肢についても，誰も選ばないような選択肢は個人差を見る目的では何の情報も与えてくれないので，不適当なものと判断される．表1の選択肢Bはその例である．

表1　各選択肢の選択率（%）（*は正答選択肢）

選択肢	A	B	C	D*	無答
上位群	36	0	24	40	0
下位群	20	0	12	40	28
全体	28	0	18	40	14

　表1では，テスト全体の合計得点で対象者を上位群と下位群に分け，それぞれの群での選択率も示してある．テストは，基本的に同種の内容を測定する項目で構成するというのが一般的な原則である．そこで，項目分析の観点として，各項目がテスト全体と同じ内容のものを測っているといえるかどうか，ということが

出てくる．もしもテスト全体での上位群が，その項目において下位群よりも正答率が低いとしたら，おかしなことになる．また，そのような逆転はなくても，上位群・下位群の間で正答率にほとんど差がない場合も，その項目は成績の高低を識別する力をもっていないことになる．表の例では，正答選択肢Dの選択率が上位群・下位群ともに40％と等しくなっており，識別力のない結果となっている．また，誤答の選択肢AおよびCの選択率は上位群の方でむしろ高くなっており，この点からも，この項目は問題となる．

●**項目分析に用いられる統計的方法**　項目分析では，表1のような分布表を用いた基本的な検討のほか，さまざまな統計的方法が利用される．例えばテスト全体での成績が高い人ほど当該の項目に正答する傾向の強さ（項目の識別力）を評価するには，テスト得点と各項目の得点との間の相関係数が利用される．S-P表における項目の注意係数（「S-P表と注意係数」参照）も，この相関係数と同様の目的で利用することができる．

項目得点間の相関係数に因子分析（「因子分析」参照）を適用すれば，項目が全体として1つだけの因子を測定しているといえるかどうか，その傾向に従わない項目はどれか，逆に1つの因子を最もよく反映している項目はどれか，という観点から，項目を選択することができる．このとき，もしテスト全体として複数の因子をもつことが明らかになれば，それぞれの因子を別々に測定する下位テストを構成することもできる．

最近は項目反応理論（「項目反応理論」参照）を適用して，各項目の統計的特徴を推定することもなされるようになってきた．項目反応理論における項目の識別力と困難度の指標は，受験者集団に依存しない，項目自体の特性を表すものである．項目反応理論を利用した項目分析では，識別力の低い項目について，それを除去したり内容を修正したりすることが主な目的となる．困難度については，難しいものから易しいものまで幅広く残しておいて，広範囲の測定が可能な項目プールをまず構築し，そのうえで，テストの目的に応じて，例えば能力の高い対象者間の比較を正確に行いたいのであれば困難度の高い項目によってテストを構成するというような手続きがとられることが多い．

●**項目分析を行ううえでの注意**　項目分析の手法は，項目の識別力を評価するものが主であり，その観点からの分析だけで項目の選択が行われる傾向がある．それによって，テストに含まれる項目がすべて同種のものを測っているという意味での内的整合性は高まるが，その分，測定される領域が狭くなりすぎる可能性がある．測定しようとしている内容に関する検討とつきあわせ，内的整合性のみならず，妥当性についても十分に配慮して最終的な項目選択を行う必要がある．

［南風原朝和］

ファジィデータ解析

通常の評定尺度法では，回答者は図1に示すように特定の評定値を回答する．しかし，人間は「3から5くらい」，「だいたい良さそうだ」のように，あいまいなまま状況を把握し，それでいて状況に適した行動を取っていることが多い．このような人間の主観的なあいまいさを扱うのがファジィ理論である．何がその集まりに属し，何が属さないかが明確に定義されたものの集まりをクリスプ集合というが，ファジィ集合というのはその集合に属するか属さないかの境界があいまいな集合である．クリスプ集合は，特性関数

$$C_A(x) = \begin{cases} 1, & x \in A \\ 0, & x \notin A \end{cases}$$

で表される．すなわち，集合 A に全体集合 X の要素 x が属していれば1，属していなければ0となる．それに対して，ファジィ集合 A は，メンバーシップ関数 $\mu_A : X \to [0, 1]$ によって特性づけられた集合である．例えば，$\mu_{\text{young}}(30\text{歳}) = 0.5$ は，30歳の人は"young"というファジィ集合にメンバーシップ度0.5で属することを表す．$\mu_A(x) = 0$ は絶対的非メンバー，$\mu_A(x) = 1$ は絶対的メンバーを表すので，$\mu_A(x) \in \{0, 1\}$ の場合，メンバーシップ関数はクリスプ集合における特性関数となる．したがって，ファジィ集合は通常の集合（クリスプ集合）の拡張とみなすことができる．

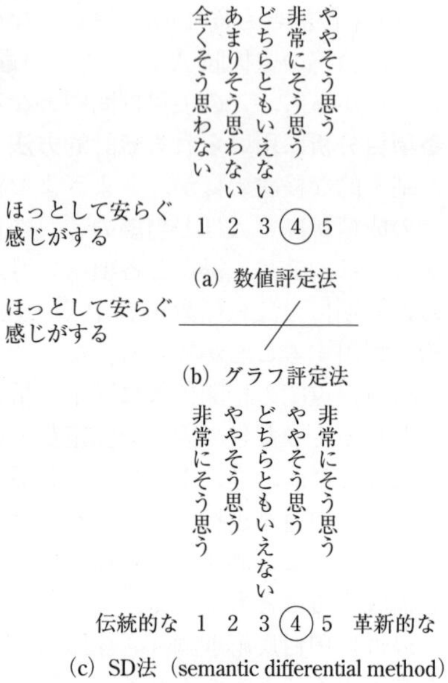

●**ファジィ評定法とメンバーシップ関数**　人間のあいまいな判断を測定する数多くのファジィ評定法が提案されている．代表的なものは，図2に示すような区間で評定する区間評定法である．区間評定からメンバーシップ関数を構成する方法も方形のメンバーシップ関数を仮定したり，区間の中央を頂点とする三角形のメンバーシップ関数を仮定したりする方法などがある．あるいは，最も自分の気持ちを表しているとみなせる点と許容範囲，最も自分の気持ちを表しているとみなせる評定範囲と許容範囲を回答させる方法（図2(c)）などがある．その場合は，

ほっとして安らぐ感じがする　　全くそう思わない　あまりそう思わない　どちらともいえない　ややそう思う　非常にそう思う
　　　　　　　　　　　　　　　1　2　3　④　5

(a) 数値評定法

ほっとして安らぐ感じがする

(b) グラフ評定法

伝統的な　非常にそう思う　ややそう思う　どちらともいえない　ややそう思う　非常にそう思う　革新的な
　　　　　1　2　3　④　5

(c) SD法（semantic differential method）

図1　評定法の種類

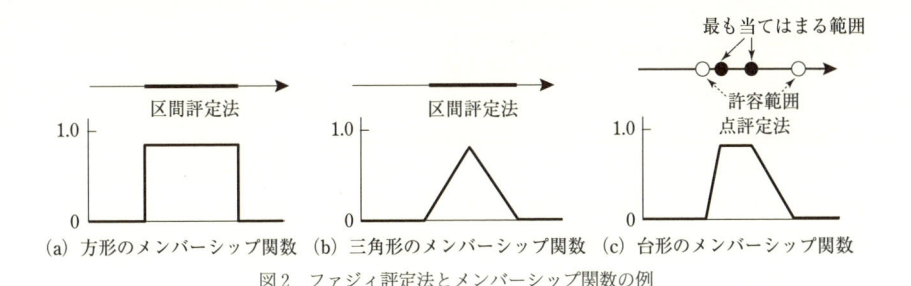

(a) 方形のメンバーシップ関数　(b) 三角形のメンバーシップ関数　(c) 台形のメンバーシップ関数

図2　ファジィ評定法とメンバーシップ関数の例

台形のメンバーシップ関数が仮定されるのが普通である．

●**データ解析**　ファジィ評定で得られたファジィデータを解析する手法も数多く開発されている．多変量解析の拡張としては，ファジィクラスタリング，ファジィ因子分析，ファジィ主成分分析，ファジィ回帰分析，ファジィ判別分析，ファジィ数量化 I〜IV 類などが開発されている．ソフトコンピューティングの手法においても，ファジィニューラルネットワーク，また意思決定支援の手法である AHP においてはファジィ AHP などが開発され，ファジィデータ解析はさまざまな分野で活用されている．

　ファジィ評定により得られたデータは，一般にファジィ数で与えられるのでファジィ数の演算が用いられる．例えば，ファジィ回帰分析において，中心が a，中心からの広がりが e の左右対称三角型のメンバーシップ関数をもつファジィ数 $\tilde{A}$ を，$\tilde{A}=(a, e)$ と表記すると，そのメンバーシップ関数は，

$$\mu_{\tilde{A}}(x) = \max\left\{0, 1 - \frac{a-x}{e}\right\}$$

となる．このようなファジィ数をファジィ回帰係数とするファジィ線形回帰モデルは次のように表される．

$$\tilde{Y}(x_p) = \tilde{A}_0 + \tilde{A}_1 x_{p_1} + \cdots + \tilde{A}_n x_{p_n} = (a_0, e_0) + (a_1, e_1) x_{p_1} + \cdots + (a_n, e_n) x_{p_n}$$

　ファジィ線形回帰モデルでは，ファジィ回帰係数がファジィ数であるので，モデルの推定値もファジィ数で与えられる．　　　　　　　　　　　　　　　　[山下利之]

📖 **参考文献**
[1] 中森義輝，2000，『感性データ解析―感性情報処理のためのファジィ数量分析手法』森北出版．
[2] 日本ファジィ学会編，2000，『ファジィとソフトコンピューティングハンドブック』共立出版．

マグニチュード推定法

　感覚量すなわち感覚の「マグニチュード」(強さ) を被験者が直接評価できると考えて，被験者に感覚量を表す数値を報告させる方法を「マグニチュード推定法」という．感覚量の直接判断に基づいて感覚量の対応 (マグニチュード・マッチング) を被験者に求める方法としてクロス・モダリティ・マッチング法，マグニチュード生成法があるが，マグニチュード推定法は当該の感覚モダリティの強さと数値の感覚量とのクロス・モダリティ・マッチングであると考えることができる．また，感覚量の比率判断に基づくものとしては，クロス・モダリティ・比率マッチング法，比率推定法，比率生成法がある．マグニチュード推定は，ある1つの刺激値を標準刺激として設定してその標準刺激の感覚量に対応する数値を例えば10と決めて行う方法と，標準刺激を用いずに被験者が自由に感覚量を表す数値を報告する方法があるが，スティーブンス (S. S. Stevens, 1975) は，標準刺激を用いない方法の方が感覚量の単位を被験者が自由に決めることができるのでよいとしている．

　スティーブンスは感覚をプロセティックとメタセティックに区別している．プロセティックは，量的な感覚であるとされ，音の大きさなどが当てはまり，メタセティックは質的な感覚で音の高さなどが該当すると説明されるが，理論的には心理物理学的性質による区別である．プロセティックな感覚とは，べき法則とか (近似的に) ウェーバーの法則に従う感覚量のことをいい，メタセティッタな感覚はこれらの法則に従わない．べき法則とは，感覚の強さ ψ が物理量 ϕ のべき関数

$$\psi = \kappa \phi^{\beta} \tag{1}$$

で表されることをいう (図1). ウェーバーの法則は弁別閾に関する法則である．べき法則はより一般的な式

$$\psi = \kappa(\phi - \theta)^{\beta} \tag{2}$$

が用いられることもある．べき法則における κ は感覚量の単位によって決まる値であるが，β は当該の感覚量の特性を表すパラメータであるとされ，マグニチュード推定法ではこの β の値を求めることになる．

●べき関数の推定　物理量に対する感覚量の評価値 (マグニチュード推定値) として被験者が各物理量 ϕ_i に対して n 回の評定値 $\psi_{i1}, \cdots, \psi_{in}$ を報告したとする．このデータに対するべき関数のパラメータの推定は，式 (1) の場合は両辺の対数をとって

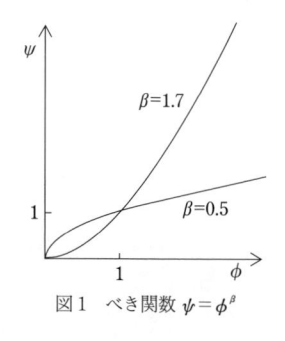

図1　べき関数 $\psi = \phi^{\beta}$

$$\log\psi = \log\kappa + \beta\log\phi \qquad (3)$$

とおけば，データ ($\log\phi_i$, $\log\psi_{ij}$) に対して回帰直線を当てはめることで推定値を得ることができる．式(2)の場合は，誤差の二乗和 $\text{SSE} = \sum_{i=1}\{\log\psi_i - \log\kappa(\phi_{ij} - \theta)^\beta\}^2$ を最小にする値として極値探索法を用いた最小二乗法によりパラメータ値を求める[3]．あるいは

$$\log\psi \sim N(\log\kappa(\phi-\theta)^\beta, \sigma^2) \qquad (4)$$

と設定すれば，最尤法あるいはベイズ的方法によってパラメータ値の推定を行うことができる．ここで $N(\mu, \sigma^2)$ は平均 μ，分散 σ^2 の正規分布を表す．近年は，一般にデータ分析法としてベイズ的方法[3]が勧められているが，ベイズ的方法で必要な尤度関数は式 (4) のモデルの場合

$$L(\kappa, \beta, \theta, \sigma) = \prod_{i,j} f(\log\psi_{ij}, \log\kappa(\phi_i - \theta)^\beta, \sigma)$$

で与えられる．ここで，$f(x, \mu, \sigma)$ は確率密度関数で

$$f(x, \mu, \sigma) = \{1/(\sqrt{2\pi}\cdot\sigma)\}\exp[-0.5\{(x-\mu)/\sigma\}^2]$$

と表される．尤度関数が与えられると，事前分布 $p_0(\kappa, \beta, \theta, \sigma)$ に対して事後分布 $\pi(\kappa, \beta, \theta, \sigma)$ は

$$\pi(\kappa, \beta, \theta, \sigma) \propto p_0(\kappa, \beta, \theta, \sigma) L(\kappa, \beta, \theta, \sigma)$$

で与えられる．

感覚の特性を表すと考えられている β の値は 0.5 から 1.7 ぐらいの値が報告されているが，0.3（視角5°の光点の明るさ）あるいは 3.5（指の間に流された電気ショック）という値もある．β の値は物理刺激量を表す単位にも依存しているので，β の値を示すときは物理量の単位も明記する必要がある[3]．

●批判　感覚量を被験者は直接報告できると考え，その数量的判断を直接求める方法は，直接法とよばれている．この実験方法に関する妥当性の批判はスチーブンスの時代からあるが（ガーナー，1954），最近ではラミング（1997）やベアード（1997）らのものがあげられる[1,2]．直接法に対して間接法とよばれているる方法では，被験者の刺激に対する比較判断などのデータに対してモデルを構成して，そのモデルに基づいて感覚量に関する尺度が構成される．間接法としては，一対比較が有名である． 　　　　　　　　　　　　　　　　　　　　　　　　　　　　　［岡本安晴］

📖 参考文献
[1] Baird, J. C., 1997, *Sensation and judgment*, Lawrence Erlbaum Associates, Publishers.
[2] Laming, D., 1997, *The measurement of sensation*, Oxford Univ. Press.
[3] 岡本安晴，2006,『計量心理学』培風館．
[4] Stevens, S. S., 1975, *Psychophysics*, John Wiley & Sons.

態度測定

「何らかの対象や事柄に対する好悪や賛否などの肯定性」ということに代表される態度の測定方法として広く知られる3つの方法がある．ここでは「あるAという国およびその国の国民に対する感情の肯定性の測定」ということを例として解説しよう．いずれも問題にしている態度が1次元的であることを想定している．

●**サーストン尺度** サーストンによって提案された，等現間隔法などともよばれる方法である．この方法では，まず，当該の対象に対する態度が反映されていると考えられる意見を予備調査の結果や関連研究などを参考にして数多く収集し，それらを文章化するが，その際，「A国の国民になりたい」というような極端に肯定的な内容のものから「A国の人間とは会うのも嫌だ」というような極端に否定的な内容のものまでが，なるべく偏りなく含まれるようにする．次に，多くの判定者に，それぞれの意見文の内容がどの程度肯定的または否定的であるかに関して，通常，9ないし11段階のいずれかに分類（評定）するよう求める．つづいて，分類結果の判定者間のばらつきが大きく，多義性が高いと判断される意見文を除外した上で，残りの意見文に対する評定値の中央値（これを，各意見文の尺度値とよぶ）に注目し，i）極端に肯定的な内容のものから極端に否定的な内容のものまでを偏りなく含める，ii）含めることになる意見文を，それぞれの尺度値の大きさの順に並べたときに，隣接する意見文の尺度値間の差がなるべく等間隔になるようにする，という基準のもとに，15〜30個くらいの意見文を採用する．そして，この採用された意見文のおのおのを回答者に提示して，それらの中で自身の考えないし気持ちと一致しているものを選択させ，選択された意見文の尺度値の平均値または中央値を各回答者の態度得点とする．

サーストン尺度は，元来，個々の調査における回答者集団内での態度の相対比較を行おうとしたものではなく，どのような者にも共通して適用できる普遍的な尺度の作成を意図したものである．しかし，実際には，判定者による評定がどのような回答者集団に対しても適用できる普遍的かつ客観性の高い尺度値をもたらすわけではなく，このような意味では，上記の意図が具現されているとはいいがたい．また，サーストン尺度では，態度が間隔尺度上の連続変量であることを想定しているとともに，実際の手続きには反映されていないが，もともとの理論においては，「態度という変数は正規分布に従って分布している」ということが前提とされている．さらに，「作成された尺度（ないし，採用された意見文群）が1次元性を満たすものであるならば，当該の対象に対する肯定性の指標である尺度値が大きく異なる意見文が同一の回答者からともに選択される確率は低いはずであ

る」という前提のもとに，採用された意見文のすべてのペアに関して，各回答者が同時に選択している傾向を表す類似性係数という指標を算出し，それらに基づいて1次元性の確認および不適合な意見文の削除を行う．

●**リッカート尺度** リッカートによって提案された，集積評定法などともよばれる方法である．この方法では，サーストン尺度の場合と同様の意見文を20個程度用意し，それらの意見の1つ1つに対する賛否などに関して，"非常に賛成""やや賛成""どちらともいえない""やや反対""非常に反対"といった5ないし7段階程度の意味的に連続したカテゴリーを回答者に提示して，自身の考えないし気持ちに最も当てはまるカテゴリーを選択させる（ただし，サーストン尺度の場合とは異なり，肯定性に関して広範囲にわたる内容のものを用意する必要はない）．そして，どの意見文においても高得点であることの意味する方向が一定になるようにして各カテゴリーに1〜5ないし1〜7などの等間隔の数値を付与し，これらの得点の全意見文に関する合計点を算出して，これを各回答者の態度得点とする．ただし，得点のばらつきが非常に小さい意見文は，弁別力が低いものと判断して，合計点を算出する際に除外することもある．

なお，結果がほとんど変わらないために通常は行われないが，本来は，1つ1つの意見文ごとに各カテゴリーに付与された等間隔の得点に対して態度の分布が正規分布に従うことを前提とした変換を施し，変換後の得点に関して合計点を算出する．したがって，リッカート尺度では，サーストン尺度と同様に，態度が正規分布に従う間隔尺度上の連続変量であることを想定している．また，サーストン尺度とは異なり，あくまで個々の調査における回答者集団内での態度の相対比較を目的としている．さらに，尺度の1次元性の確認に関しては，「全意見文の合計点によって回答者を上位群と下位群に分けたときに，それらの群の各意見文における得点に合計点と合致した方向の差が認められるか否か」という観点からの，G-P分析ないし上位-下位分析とよばれる分析が行われる．ただし，この分析では，用いた意見文が因子分析を適用した際に2つの直交する因子のいずれかに高い負荷を示すものに2分されるような場合でも，通常「いずれの意見文の得点に関しても，合計点と合致した方向の差が認められる」という結果になってしまう可能性が高く，基準として甘いという批判が存在する．

リッカート尺度は，サーストン尺度に比べて作成が容易であるにもかかわらず，一般に，サーストン尺度による態度得点と非常に強い正の相関関係にある得点が得られる．そのため，リッカート尺度の方が実際に適用されている頻度がきわめて多い．しかし，リッカート尺度では，サーストン尺度および次に解説するガットマン尺度の場合とは異なり，「合計点が同じでも各意見文における反応にはさまざまなパターンが存在する可能性が高いため，得点の意味が一義的に定まらない」という問題がある．

●**ガットマン尺度**　ガットマンによって提案されたこの方法では，「①Ａ国に住んでみたい」「②Ａ国のことを知りたい」「③Ａ国の人と友だちになりたい」「④Ａ国の国民になりたい」などというような，当該の対象に対する肯定性の程度が異なると考えられる複数の意見文を回答者に提示し，それらのおのおのが自身の考えや気持ちに当てはまるか否かなどを問う（ただし，回答形式は，必ずしも二者択一である必要はない）．そして，「これらの意見文から構成される尺度が完全に１次元性を有しているならば，表１に示したように，ある意見文に肯定的反応をした者は，それよりも肯定的反応が全般に多かった意見文（すなわち，相対的に，それほど強い肯定的態度を有していない者からも肯定されやすい項目）のすべてにおいて肯定的反応をしているはずである」という仮定のもとに，このような仮定をほぼ満たす意見文群で尺度を構成し，それらの意見文群のうちのいくつにおいて肯定的反応がなされたかを各回答者の態度得点とする．

表１　ガットマン尺度において再現性が100％で尺度化が完全に可能な状態

回答者[1]	意見文[2]				態度得点
	④	①	③	②	（肯定的反応の数）
7	○	○	○	○	4
2	○	○	○	○	4
6	×	○	○	○	3
8	×	×	○	○	2
5	×	×	○	○	2
3	×	×	○	○	2
1	×	×	×	○	1
4	×	×	×	×	0
肯定的反応をした者の数	2	3	6	7	

○：肯定的反応，×：肯定的ではない反応．
1) 肯定的反応が多い順に配列してある．
2) 肯定的反応が少ない順に配列してある（意見文の内容例については本文参照）．

ここで，全体の反応パターンが表１のようになっているということは，各回答者の態度得点がわかれば，それだけで，その人がどの意見文において肯定的反応をし，どの意見文においてはしなかったかが完全に再現できるということであり，このような状態を再現性が100％であるといい，また，尺度化が完全に可能であるともいう．そして，各意見文を含めることによって再現性が100％の状態から

どの程度低下してしまうかを主たる基準として，尺度に含める意見文の選択が行われる．

なお，これまでの説明から推察されるように，ガットマン尺度によって得られる態度得点は，基本的には，順序尺度上の離散変量である．したがって，分布の正規性も仮定されてはいない．

以上の3つの方法は，いずれも，もとより態度を測定するために考案されたものであるが，次に解説するSD法は，元来は態度の測定を意図したものではなく，種々の対象や事柄（SD法では，一般に，これらを概念とよぶ）に対して我々がどのようなイメージを抱いているか（ないし，どのような意味づけをしているか）といった，情緒的意味とか内包的意味とよばれるものを測定するために考案されたものである．ただし，態度を，本項の最初に例示したような「対象に対する好悪や賛否などの肯定性」ということに限定せずに，「対象に対する個々人の行動を規定する心理的構えの総体」などと広義にとらえるならば，通常SD法を用いて測定されているものはすべて態度であるともいえよう．

●**SD法** オスグッドによって提案されたこの方法では，「よい－悪い」「明るい－暗い」「強い－弱い」といった形容語対を，"非常によい""ややよい""どちらともいえない""やや悪い""非常に悪い"といった5段階や7段階のカテゴリーとともに数多く回答者に提示し，各形容語対に関して，各概念に対して自身が抱いているイメージなどに最も当てはまるカテゴリーを選択するよう求める（SD法が適用される場合には，通常，同時に複数の概念が検討の対象になる）．

次に，各形容語対に関して，選択肢となった各カテゴリーに1～5や1～7などの等間隔の数値を付与する得点化を行ったのち，測定しようとしているイメージや態度が1次元ではなく，多次元的なものであることを想定して，因子分析を適用し，提示された多くの形容語対に関するデータを集約するための少数の次元の抽出を行う．そして，抽出・命名された次元ごとに，高い負荷を示した形容語対における上記の得点の合計点などを概念ごとに算出し，それらを各次元に関する各概念に対するイメージ得点ないし態度得点とする．

なお，以上の説明から推察されるように，SD法を態度の測定に適用するということは，態度を間隔尺度上の連続変量だとみなしていることになる．　［吉田寿夫］

📖 **参考文献**
[1] 末永俊郎編，1987，『社会心理学研究入門』東京大学出版会．
[2] 西田春彦，新 睦人編，1976，『社会調査の理論と技法（II）アイディアからリサーチへ』川島書店．

スモールワールド

　こういう経験はないだろうか．旅先で知り合った人と話をしていたら，共通の知人がいることがわかる．そんな「世間は狭い」と感じる経験が「スモールワールド現象」である．あまり起こりそうにもないこのような経験は，意外にも多くの人々が経験しているようである．では，どんなメカニズムでこのような現象がよく起こるのだろうか．これが「スモールワールド問題」である．スモールワールド問題を解くことによって，社会ネットワークによる社会統合，情報・革新・疫病の伝播といった問題の解決にも寄与するものと考えられた．スモールワールド問題に関連する研究は，プールとコーチェンの研究（Pool & Kochen, 1978；そのドラフトは1958年ごろから回覧されていたとされる）が契機となっている．しかしながら，スモールワールド問題が一定の解決に至るには，Watts & Strogatz (1998) の研究まで待たねばならなかった．

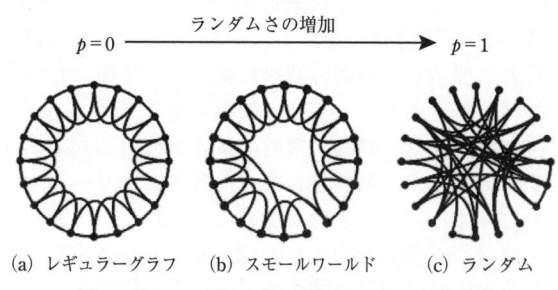

図1　グラフの形状の変化［Watts and Strogatz］

(a) レギュラーグラフ　　(b) スモールワールド　　(c) ランダム

●**ワッツとストロガッツのモデル**　ワッツとストロガッツは，図1(a)のようなレギュラーグラフを設定する．レギュラーグラフにおいては，点の数をN，各点から出入りする無向線の数を定数kとし，k本の線は，各点の左右に最も近い点から順に掛けたものである．

　このレギュラーグラフをもとにして，(b)のような線の架けかえを行う．まず，任意の点を1つ選び，その点から時計まわりに1つ隣の点に架かっている線を選ぶ．そして，その線を確率pで架けかえるかどうか決める．架けかえるとなれば，もとの点から伸びる先をランダムに決めて架けかえる．この作業を時計まわりに順次すべての点について行う．こうして円を1周したら，次に，2つ隣の点，3つ隣の点，…と順次選び，同様に架けかえを行う．こうして，都合$k/2$回同じ作業を行うことになる．このとき，確率$p=0$ならば，レギュラー状態にとどまり，確

率 $p=1$ ならば，必ず架けかえが行われることになる．こうして，p の値によって，ランダムさの異なるネットワークが生成されることになる．

ここで，生成されたそれぞれのネットワークにおいて，次の2つのネットワーク指標を求める．1つは，平均最短パス長 L であり，グラフ全体におけるすべての2点間の最短パスの長さの平均値である．もう1つは，クラスタリング係数 C である．ある点 v と直接つながっている点が k_v 個あるとすると，それらの点同士がすべて結合している場合には最大で $k_v(k_v-1)/2$ 本の線が引ける．そして実際にそれらの点同士の間に存在する線の数が，その最大値に占める割合を C_v とする．さらに，C_v をすべての点について求めて平均したものが C である．また，p が変化する各段階での L と C をそれぞれ $L(p)$，$C(p)$ とする．

ワッツとストロガッツは，$N=1,000$，$k=10$ の場合についてシミュレーションを行い，次のような結果を得た．すなわち，p が0から少し大きくなるとすぐに L は急激に下降し始めるが，C は p が比較的大きくなるまで下降しない（図2）．p がある範囲にあるときには，C は $p=0$ のときとあまり変わらないが，L は $p=0$ のときと比べるとかなり小さい状態が存在する．このときスモールワールド現象が生じるものと考えられ，そのような状態にあるネットワークをスモールワールド・ネットワークとよぶ．

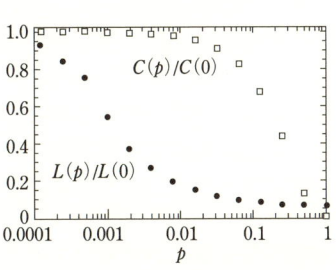

図2 2つのネットワーク指標値の変化
[Watts and Strogatz]

●スモールワールド・ネットワーク以降　ワッツとストロガッツの研究は，ネットワーク研究の1つの金字塔であるが，それは，従来研究がなされていた規則的なグラフやランダムグラフの理論からは導けない，規則的でもありランダムでもあるスモールワールド・ネットワークを発見しその特徴を示したからである．さらにこの研究は，その後のバラバシとアルバートのスケールフリー・ネットワークをはじめ，さまざまな種類の複雑ネットワーク研究を生み出す契機ともなった．

一方，スモールワールド・ネットワークやスケールフリー・ネットワークに関わる実証研究は，社会科学の領域においては，インターネットのリンクの分析などを除いてあまり進んでいない．それは，大規模ネットワークのデータの入手が困難なためである．ミルグラムの手紙のリレー実験（Milgram, 1967），リバース・スモールワールド法（Bernard & Killworth, 1978），電話帳法による知人数推定（Killworth, et al., 1990），ジオグラフィカル・バッテリ（辻・針原，2008）などの工夫がなされてきている．
　　　　　　　　　　　　　　　　　　　　　　　　　　　　　　　[辻　竜平]

📖 参考文献
[1] 増田直紀，今野紀雄，2010，『複雑ネットワーク—基礎から応用まで』近代科学社産業．

リスクと不確実性

●**リスクと不確実性の社会的文脈**　我々の社会は，多様なリスク (risk) に取り囲まれている．近年の日本の例だけ取り上げても，BSE 問題，SARS 問題，テロ，地震，などのリスクや，内分泌かく乱化学物質（いわゆる「環境ホルモン」）などをあげることができる．それらの中には，地球温暖化の問題のようなあまりその全容が科学的に把握されていないようなリスクもある．

　リスク概念の定義は，National Research Council (1983) による「被害の生起確率と被害の重大性の積」というものがあるが，「被害の生起確率」のことを指したり，「被害の確率分布」を指したり，「被害の可能性」を指したり，さまざまなものがある．また，確率分布がわかっていない事態も「リスク」として捉えられることもある．リスク論でのリスク概念は，後述する，意思決定論で言うところの「結果の確率分布が既知な状況」に関するリスクの事態と「確率分布が既知でない状況」に関する不確実性の事態を含んでいると解釈することができる．欧州圏やカナダを中心にして提案されている，いわゆる予防原則あるいは予防的アプローチは，この不確実性を想定した政策だと考えることができる．

●**意思決定論におけるリスクと不確実性**　リスクと不確実性の概念は，このような社会的政策や意思決定と密接な関連性を持っている．意思決定者を取り巻く環境についてその意思決定者がどれだけ知っているかという意思決定環境の知識の性質から分類すると，図1に示したように，以下の3つに大別できる．

　(1) 確実性下の意思決定：第1は，確実性下の意思決定であり，選択肢を選んだことによる結果が確実に決まって来るような状況での意思決定である．例えば，5,000 円の現金と 6,000 円分の商品券を貰うのとどちらが良いかを決めるような状況は，確実性下での意思決定になる．

　(2) リスク下の意思決定：第2は，リスク下の意思決定である．リスクというのは，心理学の分野やリスク分析学の立場では，「危険性」や「損害」というようなより広い意味をもっているが，意思決定研究の文脈では，選択肢を採択したこ

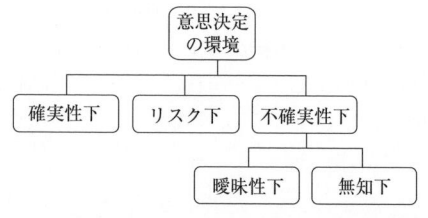

図1　意思決定の環境としての不確実性の分類[1]

とによる結果が既知の確率で生じる状況を指す．例えば，傘をもって行くか行かないかの意思決定を考えてみよう．雨が降るかどうかが確率で表現できる場合，傘を持って行くかどうかの決定は，リスク下の意思決定になる．また，この場合，天候が雨であれば，傘を持って行くことの価値は高いが，晴れれば傘は邪魔なだけである．このように，選択肢を採択したことによる結果は天候なでの状態に依存すると考えることができる．

(3) 不確実性下の意思決定：最後に，第3は，不確実性下の意思決定である．ここでいう不確実性下とは，選択肢を採択したことによる結果の確率が既知でない状況をいう．この不確実性下の意思決定は，以下のように下位分類することができる(竹村，1996)．まず，第1が曖昧性のもとにおける意思決定である．曖昧性とは，どのような状態や結果が出現するかはわかっているが，状態や結果の出現確率がわからない状況をいう．

●**数値表現** このような場合，確率を数値で表現できないが，「多分高い」「結構低い」「まあまあ」というように言語で表現されることもあるのである．実際，自然科学のトレーニングを受けた天気予報の専門家であっても，確率を数値表現するよりも，言語表現を用いて確率を表現する傾向があることがわかっている（例えば，Beyth-Marom，1982）．さらには，不確実性を仮に数値で表現できたとしても，確率のように加法性を満たさない測度（例えば，可能性測度，デンプスター=シェーファー測度など）も考えることができるのである（Smithson，1989；Takemura，2000）．

不確実性下の意思決定の第2が，状態の集合の要素や結果の集合の要素が既知でない場合になる，無知下の意思決定である(Smithson，1989；Smithson, et al.，2000)．例えば，ある社会政策を採用することによって，どのような状態が生じ，どのような結果が出現するかその可能性すらもわからない状況である．

無知下の意思決定には，どんな選択肢の範囲があるのか，どんな状態が可能性としてあり得るのか，どんな結果の範囲があるのか，よくわからない状況での意思決定もある．実際の社会においては，無知下の意思決定はよく出現する．無知の程度が深刻な場合は，結果の集合，選択肢の集合，状態の集合の要素だけでなく，それらの全体集合自体がわからないような無知もあり得るだろう．このような全体集合がわからないような無知下の意思決定を扱える理論はほとんどない．

［竹村和久］

📖 **参考文献**
[1] 竹村和久，他，2004，不確実性の分類とリスク評価―理論枠組の提案―，社会技術研究論文集，**2**，12-20．
[2] Takemura, K., 2000, Vagueness in human judgment and decision making. In Z. Q. Liu and S. Miyamoto (Ed.s.), *Soft computing for human centered machines*, Springer Verlag, 249-281．

得点等化法

「得点等化法」とは，同一の構成概念（知能や能力，性格特性など）を測定する複数のフォームを受けた受験者を比較可能にし，被験者が受けていないフォームでの得点を推定するために，各テストの得点を別のテストの得点に変換する方法である．

TOEFLなど年に複数回実施されるテストでは，受験者がどの回のテスト（テストフォーム，以後フォームとよぶ）を受けても，公平な評価・判定が必要とされる．しかし実際にはフォームごとに難易度が変動することから，たとえ同じ能力を持つ受験者間でもフォームごとに得点が異なる可能性があり不公平になる．また発達検査や心理尺度についても，年齢の違いなどから複数の版が利用されることが多いが，3歳版の検査で得られた得点と4歳版で得られた得点の比較ができなければ，発達変化を調べることはできない．

●**等質群と非等質群** 得点の等化を行うに当たって，まず対象となる2つのフォームの受験者集団の能力分布に違いがあるかどうかを考慮する必要がある．2つの集団が能力について等質である場合（等質群とよぶ）には，「2つのフォームの難易度の差」を除去する方法として，標準化された得点や偏差値などの集団に準拠した指標を用いてもかまわない．しかし，2つの集団が等質であるとはいえない場合（非等質群）には，集団に準拠した指標を利用すれば，例えば能力の低い群の上位3割の人と高い群の上位3割の人が等しく扱われるといった誤りが生じる．実験研究など（等質になるよう操作できる）特別な場合を除いて等質群の仮定を置くことはできないから，通常は「集団間の能力の差」と「テストの難易度の差」どちらも考慮した等化法を利用する必要がある．

●**テスト等化のためのデザイン** テスト等化のためのデータ取得デザインには，

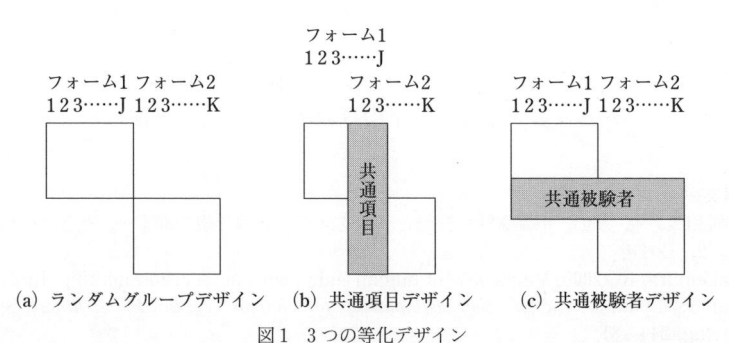

図1 3つの等化デザイン

(a) ランダムグループデザイン　(b) 共通項目デザイン　(c) 共通被験者デザイン

i) ランダムグループデザイン：受験者がランダムに各フォームに割り当てられる．結果として等質群の仮定を置く，ii) 共通項目デザイン：2つのフォームに共通項目（係留項目やアンカー項目とよばれる）がある，iii) 共通被験者デザイン：2つのフォームに対して複数の受験者が解答する，の3種類がある．ここでフォーム1がJ個の項目から，フォーム2がK個の項目から成立しているときの3つのデザインを図に記載する．縦が被験者，横が項目を表している．等質群の仮定が不可能な場合には ii) か iii) のデザインを用いる必要があり，テストの計画段階において，どちらのデザインを用いた方が実施上，あるいは精度上効率的であるかを事前に考えておく必要がある．

●**等化のための統計手法** 等化のための手法は大きく分けて古典的テスト理論を用いた方法と項目反応理論を用いた方法の2つに分類できる（「項目反応理論」参照）．前者の代表的なものとして線形等化法，等パーセンタイル法などがあり，2つのフォーム間での得点の換算式を作成するという意味での値の等化を行う．また後者では，一般に同一受験者に関してフォーム1において得られた能力の推定値θ_1とフォーム2での推定値θ_2の関係が線形の関係（$\theta_2 = A\theta_1 + K$）であると仮定する．このとき，2パラメータロジスティックモデルを利用していれば，同じ項目の困難度a_1，a_2と識別力b_1，b_2の関係は$a_2 = a_1/A$，$b_2 = Ab_1 + K$と表現される．ここで係数AとKを求めることで，2つのフォーム間での能力の推定値の比較が可能になる．共通項目デザインからこれらの係数を求める方法としては，i) Mean & Mean 法：共通項目の項目母数の推定値の平均を利用する，ii) 南風原の方法：2つのフォーム間での項目特性曲線の差を能力値の分布で期待値を取ったものを最小にするように等化係数を求める，iii) Stocking & Lord の方法：南風原の方法の項目特性曲線をテスト特性曲線に変えたもの，などが，また共通被験者デザインでは共通被験者の2つの能力推定値の平均と分散を用いる方法がよく利用される．

また項目反応理論を用いた方法では，図から明らかなように，すべての項目をすべての受験者が解答する理想的なデータの一部が欠測した「不完全データ」と考えることができる（「不完全データ」「欠損データの扱い」参照）．そこでフォームAとフォームBのデータから，不完全データを解析する方法を用いて困難度や識別力などの項目母数を一度に推定する方法を同時較正とよぶ．この方法を用いれば，結果としてフォームが違う受験者が比較可能になるため，等化の一種として近年よく利用される． ［星野崇宏］

📖 **参考文献**

[1] Kolen, M, J., and Brennan, R.L., 2004, *Test Equating, Scaling, and Linking*：*Methods and Practices*., 2nd ed., Springer.

階層意識

　現代社会において人々は，職業・収入・学歴などの地位に基づいて，ある階層（階級）に属するものとみなされる．階層研究者は，人々がどの階層に属するかによって，社会や自分の生活などに関する意識や態度も異なってくると考え，その差異を記述し，その差異を生み出すメカニズムを探求してきた．「階層意識」とは，このように人々の意識・態度の中で，所属階層によって差異がみられる，あるいは所属階層と関連があると考えられるもののことである．

　この階層意識に関して，広義のものと狭義のものとの区別をすることが，一般的である（原，1986）．狭義の階層意識とは，人々が階層それ自体に関して抱いている意識や態度のことである．例えば，階層帰属意識，階層観（階層構造のイメージなど）などがその例である．これに対し，広義の階層意識とは，それ以外の対象に関する意識や態度で，階層と関連すると考えられるもののことである．例えば，具体的には，生活満足感，政治意識，性別役割意識などを例としてあげることができる．しかしながら，階層意識の研究の中で，最も研究の蓄積があると同時に，統計的手法の応用と展開とに密接に結びついてきたのが，階層帰属意識の研究である．

●**階層帰属意識の定義と測定**　階層帰属意識とは，自分が社会の中でどの階層に属しているかということに関する主観的判断のことである．このように定義は単純であるけれども，それをどのように測定するかについては，いくつかの考え方がある．代表的なものは，次の2つである．i)「次の4つに階級を分けるとしたら，あなたはそのうちのどれに属していると思いますか」とたずね，「1. 下層階級，2. 労働者階級，3. 中流階級，4. 上流階級」という選択肢から選んで答えてもらう（「労働者階級以下」と「中流階級以上」に再コードして二値変数とすることもある）．ii)「かりに現在の社会全体を，次の5つの層に分けるとすれば，あなた自身は，どれにはいると思いますか」というように問いかけ，「1. 上，2. 中の上，3. 中の下，4. 下の上，5. 下の下」という選択肢から選んで答えてもらう．前者が絶対的基準に基づいた回答を求めているのに対し，後者は社会全体をみて相対的比較をした上での回答を求めている，というニュアンスの違いがある．

●**階層帰属意識の準拠構造に関するモデル**　人々が自分の階層帰属を判断する際に何に準拠しているかに関して，次の3つのモデルが提唱されてきた．i) 自分自身の学歴・職業・収入などの地位のみに基づいて判断が行われるという，「地位独立モデル」．ii) 自分の配偶者（や親など）の地位に基づいて判断が行われるという，「地位借用モデル」．iii) 自分の地位だけでなく世帯収入など個人に還元できない世帯の属性に基づいて階層帰属意識が形成されるという，「地位共有モデル」．

特に有配偶女性の階層帰属意識研究において，この3つのモデルのうちどれが最も説明力があるかをめぐって，論争が行われてきている．ただし，これ以外に，「地位最大化」あるいは「自己高揚」という仮説も提唱されている．これは，人は自分が所属すると考える階層が最も高くなるように，自分と配偶者の学歴・職業・収入などの地位に重みづけを行う，という社会心理学的メカニズムを想定するものである（Davis & Robinson，1988；Baxter，1994）．

以上の仮説のうち，地位独立モデル・地位借用モデル・地位共有モデルの考え方は，図1のようなパス図を用いてみれば，わかりやすいだろう（盛山，1998）．ここで，p はそれぞれの矢印に対応したパス係数を表している．

階層帰属意識に関する質問に妻が回答する際，本人属性と世帯属性のどちらに特に準拠（志向）して答えるかを考えると，次の表1のような

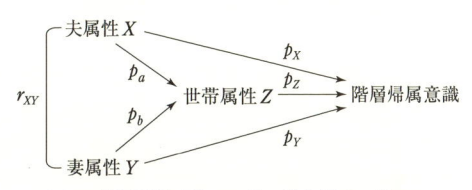

図1 階層帰属意識の回答の準拠構造に関する基本的パス図［盛山，1998：97，図1］

形で，「完全な本人志向」「強い本人志向」「弱い本人志向」「世帯志向」という四類型を概念的に識別することができる（盛山，1998）．ただし，ここで R_Y^2 は本人属性に関する変数群のみを独立変数とした重回帰モデルにおける決定係数，R_Z^2 は世帯属性に関する変数群のみを独立変数とした重回帰モデルにおける決定係数，R_{YZ}^2 は本人属性に関する変数群と世帯属性に関する変数群との両方を独立変数として投入した重回帰モデルの決定係数を表している．夫属性と世帯属性との関係も，同様に考えることができる．このように複数のモデルを比較することで，階層帰属意識を問われたときに回答者が特に何に準拠して回答しているのかを分析できる．

実際には，盛山（1998）がある意味で理想的に描いたような形で研究が発展してきたわけではない．したがって先駆的研究やその後の研究，そして近年の新しい統計手法の開発と適用について，紹介しておくことにも一定の意味があるだろう．

表1 本人志向と世帯志向の概念区分，パス係数・決定係数の傾向

準拠構造の類型	パス係数の値の関係	重回帰モデルにおける決定係数の値
完全な本人志向	$p_Y>0$ かつ $p_Z=0$	$R_Y^2>R_Z^2$ かつ $(R_{YZ}^2-R_Y^2)$ が有意でない
強い本人志向	$p_Y>p_Z>0$	$R_Y^2>R_Z^2$ かつ $(R_{YZ}^2-R_Y^2)$ が有意
弱い本人志向	$p_Z>p_Y>0$	$R_Z^2>R_Y^2$ かつ $(R_{YZ}^2-R_Z^2)$ が有意
世帯志向	$p_Y=0$ かつ $p_Z>0$	$R_Z^2>R_Y^2$ かつ $(R_{YZ}^2-R_Z^2)$ が有意でない

［盛山（1998）の表1と本文中での記述をもとに作成］

●**決定係数の増分法とパス解析による分析** アメリカにおける有配偶男女の標本のデータを用いて，地位独立モデル・地位借用モデル・地位共有モデルのうちどれが最もデータにみられる傾向を説明できるかを検討した先駆的研究が行われた

(Felson & Knoke, 1974). そこで用いられた統計的手法は, 重回帰分析における決定係数の増分法とパス解析である. この研究では, 男女とも地位共有モデルがあてはまる可能性を排除できないものの, 有配偶女性に関しては地位借用モデルを支持する結果が得られた. 日本でもこれにならった研究が, 有配偶女性の標本を従業上の地位別に分割して重回帰分析とパス解析を適用するという手法で実施された（直井, 1990). そこでは, 無職と自営業の場合は地位借用モデルを, フルタイム就業の場合は地位独立モデルを支持する結果が得られた.

●その後の研究と錯綜する分析結果　その後も多くの研究が行われてきたけれども, どの仮説が最もあてはまるかについて, 一貫した結果が得られていない. これには, 統計学的にみると次のような複数の理由が考えられる.

ⅰ) 標本の性質：有配偶女性全体を標本とする研究あるいは, 共働き家庭の有配偶女性のみを標本とする研究, 有配偶男性を比較対象として用いる研究.
ⅱ) 標本の分割：上述のように従業上の地位別に標本を分割して分析を行う研究あるいは, 標本を分割せず従業上の地位を独立変数として位置づける研究.
ⅲ) 独立変数群：回答者と配偶者それぞれの属性と世帯の属性のみを独立変数としている研究あるいは, 両親の学歴・職業なども独立変数に含めている研究.
ⅳ) 階層帰属意識の測定：すでに述べたように, 従属変数に関しても, 測定の方法が研究によって異なる.
ⅴ) 統計手法：重回帰分析における偏回帰係数の値のみで仮説の当否を判断している研究あるいは, パス解析で独立変数の直接効果と間接効果を比較し, あるいはロジスティック回帰分析を用い複数のモデルの適合度を比較して, 仮説を検討する研究.

●独立変数に重みづけパラメータを導入したロジスティック回帰モデル　以上のことに加え, 多くの研究には, 次のような問題もある. 例えば, 従業上の地位が同じであっても階層帰属を判断する際に自分の地位や配偶者の地位にどのような重みづけをつけるかに関して人々の間に異質性があり得ることに, 配慮していない. さらに, 自分や配偶者の属性にどのような重みづけをしているのかを推定するモデルが用いられていない. これらの問題を解決するために, 独立変数（共変量）に重みづけパラメータを導入したロジスティック回帰モデルが提案された (Yamaguchi, 2002). この基本型は, 次のように定式化できる.

$$\mathrm{logit}(P_i) = \beta_0 + \sum_j \beta_j \left(\sum_k w_{jk} x_{ijk} \right) + \sum_m \alpha_m u_{im}$$

ここで P_i は, 0か1の値を取る従属変数 y_i の値が1となる確率である. 回答者 i に関する,「重みづけをつけるべき」共変量のベクトルを $x_{ij} = (x_{ij1}, x_{ij2}, \cdots, x_{ijk})$ と表す ($j=1, 2, \cdots, J$). ここではこの共変量のベクトルに K 個の成分があるとする. 例えば, 自分の属性と配偶者の属性という成分があると考えれば, $K=$

2となる。また $w_j=(w_{j1}, w_{j2}, \cdots, w_{jk})$ は x_{ij} に対応する重みづけのベクトルである。この重みづけベクトルに関しては $\sum_k w_{jk}=1$ という制約条件を課す。さらに β_j は，重みづけられた共変量のうち j 番目の共変量の効果を表す。重みづけのない共変量 u_m の効果は α_m で表される。このモデルの基本型を，交互作用効果を考慮したものに展開することも可能である。パラメータの値はニュートン゠ラフソン法を用いた最尤推定法で推定する。

このモデルを用いて，1977～1998年のアメリカ総合社会調査データ（標本は20～65歳で共働きの有配偶男女に限定）を分析した結果，主に次のような知見が得られた（Yamaguchi & Wang, 2002）。i) 男女とも，夫の収入と妻の収入にほとんど同じ重みづけをしている。ii) 教育水準に関しては，男性では地位独立モデルが棄却できない一方，女性では地位共有モデルがあてはまる。iii) 自営業の女性，アフリカ系アメリカ人の女性に関しては，特に地位独立モデルがあてはまる傾向がある。iv) 自己高揚という現象が，夫婦間の収入の差に関してみられる。例えば，男性は自分の収入が妻の収入よりも低い場合，収入に対する重みづけを小さくしている。これは，「男性（夫・父親）が一家の主な稼ぎ手であるべきだ」という性別役割分業の観点に照らしたときに，自分が所属していると考える階層が低くならないようにしているからだと解釈することができる。　　　　　　［木村邦博］

参考文献
[1] 直井 優，他，1986，『社会階層・社会移動』東京大学出版会.
[2] 盛山和夫，原 純輔監修，2006，『ジェンダー・市場・家族における階層』日本図書センター.

引用文献
[1] Baxter, J., 1994, Is Husband's Class Enough? Class Location and Class Identity in the United States, Sweden, Norway, and Australia, *American Sociological Review*. **59**(2), 220-235.
[2] Davis, N., and Robinson, R. V., 1988, Class Identitfication of Men and Women in the 1970s and 1980s, *American Sociological Review*, **53**(1), 103-112.
[3] Felson, M., and Knoke, D., 1974, Social Status and the Married Women, *Journal of Marriage and the Family*, **36**(3), 516-521.
[4] 直井道子，1990，「階層意識―女性の地位借用モデルは有効か」『女性と社会階層』(現代日本の階層構造 4) 岡本英雄，直井道子編，東京大学出版会，147-164.
[5] 原 純輔，1986，「第4部 階級・階層意識 解説」『社会階層・社会移動』(リーディングス 日本の社会学 8) 直井 優，他編，東京大学出版会，245-247.
[6] 盛山和夫，1998，「階層意識の準拠構造におけるジェンダー差」『ジェンダーと階層意識』(1995年SSM調査シリーズ 14) 尾島史章編，1995年SSM調査研究会，93-113.
[7] Yamaguchi, K., 2002, Regression Models with Parametrically Weighted Explanatory Variables, *Sociological Methodology*, **32**, 219-245.
[8] Yamaguchi, K., and Wang, Y., 2002, Class Identification of Married Employed Women and Men in America, *American Journal of Sociology*, **106**(2), 440-475.

テスト

「テスト」という語は広い意味で用いられている．数理統計学においては帰無仮説を確率モデルに基づいて棄却し得るか否かの数理的な検討の手続きをテスト（検定）とよぶが，ここでは日本テスト学会によるマニュアル（2007）が定義するように「能力，学力，性格，行動などの個人や集団の特性を測定するための用具であり，実施方法，採点方法，結果の利用法などが明確に定められているべきもの」との意味で，学力試験，知能テスト，適性検査，性格検査などを表すものとする．

●**テストの目的による分類** テストの分類方法はさまざまな側面からのものが考えられるが，ひとつにはテストの結果が受検者の能力を評価し利害に大きく関わるものと（high-stakes であるとよばれる），受検者の利害とは直接の関係が薄いものとに分類することができる．前者の代表的な例は入学試験や国家資格のための試験，就職のための採用試験である．後者の例は，直接の能力評価とは関係しない性格検査や，利害とは関係の薄い心理テスト（例えば左利きの程度の強さを測定するためのテスト）がある．前者に属するテストは多かれ少なかれ競争としての意味あいをもち，何らかの方法で一次元的な尺度化を行うことを念頭においている．一方，後者においては対象の適切な表現を得ることが目的であり，しばしばテストの実施者が手にする測定の尺度は多次元的なものとなる．R. L. リン（1992）[2] は，教育評価の方法（学力テストはここでの中心的なテーマである）についての，極めて広範なレビューをまとめたものである．

心理学に関わる統計的分析手法の研究は計量心理学とよばれているが，狭義には主としてテストを対象とする分析手法の呼び名として使われることが多い．また能力の優劣の組織的な判定のための統計モデルの理論とその分析方法は，「テスト理論」ともよばれている．テスト理論のうち，線形モデルを用い積率相関係数を主に利用してテスト項目の特性を分析する手法を「古典的テスト理論」とよぶ．これに対して受検者の能力特性を示す潜在変数を仮定し，この潜在変数に対してロジスティック関数などの非線形の反応曲線により正答率を表現する手法を「項目反応理論」または「項目応答理論」とよぶ．

一方，後者の多元的な構造の分析に使われる代表的な手法が因子分析である．古典的な因子分析モデルにおいては，観測された複数の指標が多変量正規分布することを仮定し，それらの観測変数の相互関係を説明する潜在変数の存在を仮定する．ここで観測変数は，テスト項目あるいは複数の項目群の得点に対応し，一方，潜在変数は測定しようとしている受検者の特性に対応する．因子分析はその

汎用性からさまざまな派生モデルを生み出しており，現在の計量心理学における研究の少なからぬ部分が，因子分析にその起源をもっている．因子分析によって得られた潜在変数の座標系を，分析者が解釈しやすいものへと変換する手法は因子回転とよばれており，テストに関わるデータ分析において広く用いられている．

あるテストが利用され普及していく場合に生じ得る問題の1つは，当初は受検者の特性の記述を目的としていたものが，次第に受検者の能力評価としての利用が広がっていくことである．知能テストは心理学における統計的分析手法の発展を促した大きな要因の1つであるが，フランスのビネーによって開発された当時は学習遅滞のスクリーニングを目的としていた．後のアメリカにおける知能テストの普及においては，テストが一般的な能力評価のための道具として利用されるようになった．当初の設計目的を超えてのテストの利用は，一般的にはかなり問題が大きい．参考文献[1]はテストの開発や実施者，利用者が留意すべきガイドラインを示している．

●テストの実施方法による分類　テストのもう1つの分類は，その実施方法によるものである．伝統的な学力試験では，受検者が一斉に問題冊子を読みながら解答用紙に解答を記入していく．学校内で行われる小規模な学力試験では，解答の記述は記号や文章が混在するものであることが多く，問題の作成者あるいは採点方法の指示を受けた教員が一定の基準に従って採点を行う．より大規模な学力試験などでは，マークシートを用いて光学的な読取装置によって解答を電子化することが多い．また，アメリカでは小論文（エッセイ）のコンピュータによる採点も，人間の補助的役割として実用化されている．

日本における入学試験での利用ではまれであるが，コンピュータによる出題採点システムを利用した試験（CBT）が，次第に広く利用されるようになりつつある．一斉にきわめて大規模な試験を実施することは設備の面から難しいが，受検者の解答に応じて適応的な出題が可能であること，紙の問題冊子では提示できない音声や画像，対話的操作環境を設問として利用できること，採点結果が即座に電子化されること，解答時間などの詳細データを測定可能であるなどの利点がある．一般的には，テスト実施者が設定したテストセンターに受検者が赴いてテストを受検するが，利害があまりかかわらないテストについては，インターネットを介して自宅などで受検する方式もある． 　　　　　　　　　　　　　　［大津起夫］

📖 参考文献
[1] 日本テスト学会編，2007,『テスト・スタンダード　日本のテストの将来に向けて』金子書房．
[2] リン，R. L. 編／池田　央，他編訳，1992,『教育測定学　第3版』（上下巻）C. S. L. 学習評価研究所．
[3] Downing, S. M. and Haladyna, T. M. 編／池田　央監訳，2008,『テスト作成ハンドブック』教育測定研究所．

教育評価

●**教育評価とは何か** 第2次世界大戦後に日本語で「教育評価」と翻訳される「エバリュエーション」という概念を最初に使用したのは，1930年代にオハイオ州立大学で活躍していたタイラーであった．その背景には，当時隆盛をきわめていた「教育測定（メジャメント）」運動に対する批判意識があった．当時の「教育測定」運動においては，試験やテストはもっぱら子どもたちを区分して，序列化するために行うものと考えられていた．

そこで，タイラーは試験やテストを子どもたちを値踏みするためではなく，教育活動を反省・改善するために実施するものと考えるようになる．この試験やテストのもつ役割を認めた上で，それを豊かな教育実践を展開するために活用しようとする発想こそ，エバリュエーションの原点になったものである．タイラーは，後に「タイラー原理」と称される，教育評価を実施するための具体的な提案を次のように行っている．

i）評価の規準は，教育目標である．
ii）教育目標は，高次の精神活動を含む重要な目標群を含むべきである．
iii）教育目標は，生徒に期待される行動で記述すべきである．
iv）目標実現の度合いを知るために多様な評価方法を工夫すべきである．
v）目標に未到達の子どもがいた場合には治療的授業が実施されるべきである．
vi）以上のことは，カリキュラムや授業実践の改善につながる．

つまり，教育評価という営為はたんに評価方法を工夫するということではなく，目標＝評価規準の設定，教育評価の実施，教育実践の改善という一連の行為を指している．

●**アセスメント** さて，現代のアメリカにおける教育評価研究においては，教育評価の原語としてエバリュエーションだけでなく，「アセスメント」も使用されるようになっている．そこには，およそ3種類の使用例がある．1つ目は，アセスメントはエバリュエーションの単なる言い換えであって，基本的には同意語として使用している場合である．2つ目は，アセスメントとエバリュエーションの機能を区別するものである．アセスメントは多角的な視点から，多様な評価方法によって評価資料を収集すること．そこには，教師だけでなく子どもや保護者の提出する資料も含まれ，観察法やテスト法，さらにはパフォーマンス評価法やポートフォリオ評価法などによって得られる資料も入る．そして，エバリュエーションは，アセスメントによって得られた資料から，その教育実践の目標に照らして達成度を価値判断する行為であって，さらにはそれに基づいて改善の方策を打ち出

す行為として規定される．3つ目は，タイラーが提起したエバリュエーションの意味や意義が時代とともに薄れてしまい，エバリュエーションが標準テストや統一テストを連想させる言葉になってしまっている現状から，エバリュエーションの原義を踏まえ，さらには教育評価研究の新しい動向を反映した言葉として，アセスメントを使用しようとする動向である．その新しい研究動向とは，「質」の向上と「参加」を促す「真正の評価」といわれるものである．

●**相対評価と絶対評価**　教育評価の立場は，何をもって評価の規準としているのかによって，分類される．「教育測定」運動に淵源をもつ相対評価はその評価の規準を「集団での位置関係」に求めるものであって，それを厳格にしたものが正規分布曲線であり，なかでも「5段階相対評価（5：7％，4：24％，3：38％，2：24％，1：7％）」は有名である．この相対評価の問題点は，次の4点に集約できる．まず第1点は，必ずできない子がいるということを前提とする非教育的な評価論であること．第2点は排他的な競争を常態化させて，「勉強とは勝ち負け」とする学習観を生み出すこと．第3点は，学力の実態を映し出す評価ではないことである．したがって，第4点として学業不振の原因は子どもの努力や能力の不足にのみ課せられて，教育活動を反省するということにはならないこと．

以上のことから，相対評価から絶対評価への転換が志向されている．ところで，絶対評価という言葉は少なくとも3つの意味で使われていることに注意したい．その1つは，評価をする者の絶対性を規準にするものであって，その場合には往々にして評価者の主観的で恣意的な判断が支配的になる．このような評価は戦前の「考査」の時代に横行していたことから戦前型の絶対評価とよんだり，やや一般的に認定評価ともよぶ．絶対評価の2つ目の意味は，「個人内評価」と同じ意味で使われる．ここでは，その子どものもつ個性を絶対視するという意味である．絶対評価の3つ目の意味は，まさしく相対評価を批判して登場してきた立場であって，タイラーが提起したエバリュエーションを復権させた「到達度評価」や2001年の指導要録改訂で採用された「目標に準拠した評価」である．ただ，絶対評価の語感からは戦前型の絶対評価を連想しやすいことから，この混同を避けるには絶対評価は「認定評価」と限定して使用してもよいだろう．　　［田中耕治］

📖 **参考文献**
[1] 天野正輝，1993，『教育評価史研究』東信堂．
[2] 田中耕治編著，2007，『人物で綴る戦後教育評価の歴史』三学出版．
[3] 田中耕治，2008，『教育評価』岩波書店．
[4] 教育目標・評価学会編，2010，『「評価の時代」を読み解く―教育目標・評価研究の希望と課題（上・下）』日本標準．

大学入試センター試験

「大学入試センター試験」，通称センター試験は，高等学校段階での基礎的な学習の達成度を測定することを目的として1990年より開始された統一試験であり，その成績は個別の大学における入学者選抜の有力な資料として使われている．センター試験は，毎年1月に大学入試センターとセンター試験に参加している大学とが共同して実施しており，2011年には約50万人が受験している．

●センター試験の規模　センター試験は，1979年から1989年にかけて行われた国公立大学および産業医科大学の入学志願者を対象とする共通第1次学力試験を前身とする試験である．センター試験を利用する大学は，当初は主に国公立大学であったが，利用する教科・科目を個別の大学が自由に指定できる方式（アラカルト方式）の導入および2004年から短期大学の利用を可能としたこと等もあり，国公立大学以外の大学の利用が増加している．2011年1月のセンター試験では，すべての国公立大学(国立大82，公立大79，公立短期大15)と私立大学の約85％にあたる652大学（私立短期大148を含む）が参加している．一方，志願者数については，少子化による高卒生の減少，大学進学率の増加，センター試験に参加する私立大学の増加などの要因が働いた結果，2004年以降ほとんど変化していない．2011年のセンター試験における志願者の数は558,984人であり，そのうち卒業見込者442,421人である．この卒業見込者の数は高校3年生の約41％にあたる．また，既卒の志願者は110,211人であり，したがって高校卒業見込または既卒の志願者は552,632人である．残りの人は，高等学校卒業程度認定試験合格者らの出願資格を有する人である．なお，志願者のほとんどは普通科の卒業見込/既卒者であり，志願者の90％以上を占めている(表1)．しかし，普通科以外からの志願者も少しずつではあるが農業科を除いて増加してきている．

表1　高校卒業見込者・卒業者の学科別志願者数（人）

区分	合計		男		女	
	2011年度	2008年度	2011年度	2008年度	2011年度	2008年度
普通科	510,023	497,202	292,624	289,021	217,399	208,181
農業科	533	578	367	414	166	164
工業科	2,399	2,383	2,070	2,137	329	246
商業科	2,863	2,547	1,390	1,319	1,473	1,228
理数科	11,237	10,999	7,928	7,733	3,309	3,266
総合学科	10,294	8,239	5,476	4,199	4,818	4,040
その他	15,283	14,731	6,342	5,939	8,941	8,792
合計	552,632	536,679	316,197	310,762	236,435	225,917

●センター試験問題の作成　センター試験は，高校卒業段階での基礎的な学習の到達度の測定を主たる目的とするため，6教科・28科目の広範なテスト科目を用意している．センター試験の受験者は，これらの教科目より，入学を志願する大学によって決められた教科目を選択して受験する．例えば，ある国立大学の文系において，国語，地理歴史1科目，公民1科目，数学1科目，理科1科目，外国語1科目のように文系科目に少し重きをおいた6科目の受験を要求した場合，入学志願者はこの科目の種類および科目数に対する制約の範囲で，具体的な受験科目を選択する．大学が利用したい教科・科目を自由に指摘できる方法は，アラカルト方式とよばれる方法であり，私立大学のセンター試験利用を容易にしている．

　センター試験の問題は，400名以上の国公私立大学などの教員らにより組織された作題部会（点字問題の作成部会を含む24部会）において作成されている．作成された問題は，さらに作題経験者および学識経験者からなる委員会，高等学校関係者からなる委員会などにおいて，その内容・構成・表現などが点検され，良問となるように最大限の努力がなされている．

　センター試験はマークシート方式であり，試験問題はこの方式の欠点を意識してつくられている．大問形式とよばれる出題形式の採用がその1つであり，問題に関わる長文（リード文という）が用意され，各問題はリード文とのかかわりで作成されている．このことは，問題に対する理解，すなわちある程度の読解力を受験者に要求することを意味する．もう1つのマークシート方式であることを意識した工夫は，特に数学の問題に採用されているように，多肢選択ではなく，解答をマークシート上に表現させる方法の採用である．短問形式による単純な多肢選択問題にならない工夫がセンター試験には随所になされている．

●センター試験の得点　センター試験問題は，平均点が年によってあまり変動しないようにつくられている．また，教科内で難易度，すなわち平均得点差が開かないような注意が作題においてなされている．

　しかし，科目によって受験者集団が大きくことなることもあり，科目間の難易度調整は必ずしも成功しないことも予想される．このため，センター試験においては，理科および地理歴史教科内において，平均得点に20点以上の差がある場合には分位点差縮小法とよばれる方法により得点調整を行うことにしている．得点調整はこれまでに一度しか適用されていないが(1998年1月)，得点調整の問題は試験成績の複数年度利用とも関連する重要な統計学上の問題である．　［宮埜寿夫］

信頼性と妥当性

一般的に測定における信頼性とは，測定の結果得られるデータが，測定しようとしている対象をどれだけ忠実に反映しているか，その程度を表す．心理学や教育学において，しばしば問題になるのは，測定しようとしている値の定義が必ずしも明確ではない場合があることである．例えば「知能」の定義は，心理学研究者の間である程度の一致をみるが，その詳細な定義については意見が分かれる．現実に利用される「知能」の定義のかなり部分が，知能を測定する「知能テスト」の得点に依存している．このような概念の定義とその測定方法の相互依存が，これらの分野におけるデータの解釈の難しさを招く．ここでの説明は，心理学や教育学におけるテストに関連する用法に限定する．

「信頼性」と「妥当性」のいずれの語も，一般的には，測定された値が本来の目的にどれだけかなうものであるかその程度を示すものだが，心理学・教育学などの分野では，日常的な用法とは幾分異なる限定された意味で用いられる．妥当性とは，研究者によって測定されるデータが，その目的にどれだけかなっているか，特にその概念的な面における適切さの程度を示す語として用いられており，一方，信頼性はデータの精度についての技術的な性質を示すものとして用いられている．

●妥当性　R.L.リン(1992)の第2章はS.メシックによる妥当性についての長文でかなり難解な論考であるが，次の5つの妥当性の概念を「教育と心理テストのためのスタンダードと手引」(米国心理学会，1966)に基づいて，伝統的な区分としてあげている．これらは次の5つである．

i) 内容妥当性：測定に用いられるテストの内容が，結論を引き出そうとしている事柄をどれだけよく表現しているか．

ii) 基準関連妥当性：テストの得点が，説明しようとしている内容を良く表すことがあらかじめわかっているほかの数値＝基準変数をよく予測し得ること．

iii) 予測妥当性：個人の将来における基準変数の値を，検討対象となっているテストがどれだけよく予測できるか．

iv) 併存妥当性：個人の現在の基準変数の値を，テストがどれだけよく推定できるか．

v) 構成概念妥当性：テストの得点が，予測しようとする概念を説明する理論に照らして適切であること．

このうち，iii)とiv)はii)に含まれるものと考えられる．時代とともにこれら5つの概念はまとめられ，「教育と心理テスト法のためのスタンダード」(米国心理学会，1985)では，妥当性とは「テスト得点からなされる特定の推測の適切性，

有意味性，有用性」を示す単一の概念であるとされた．

　心理学関連の文献に現れるv)の説明は，かなり錯綜しているが，現在では統計的な因果関係についての数理的モデルによる説明の理論の整備が進み，少なくとも統計的推測の側面において妥当性の概念をより明快にすることが可能と思われる．1980年代以降，欠測値を伴うデータにおける推論や，グラフィカルモデルとよばれる影響関係のネットワークについてのモデル（心理学研究で多用される構造方程式モデルを特殊ケースとして含む）の研究が進んだ．J.パール（2001）の第3章はグラフィカルモデルによって表される因果性がどのような条件のもとで推定可能であるかを同定する方法を示している．

●**信頼性**　妥当性は，テストの利用目的に関しての適切さに関わるものであるのに対し，信頼性は測定された得点の統計的な精度に関わるものである．テスト得点の信頼性とは，測定しようとする特性のどれだけ忠実な指標であるかその程度を表す値である．より具体的は，次のような信頼性係数の定義を用いる．あるテスト j の得点を X_j とし，これが本来測定するべき値 T と誤差 E_j の和であるとする．また，$\sigma^2_{X_j}$, σ^2_T, および $\sigma^2_{E_j}$ をそれぞれの分散とする．さらに T と E_j とが統計的に独立であると仮定する．このとき，$X_j = T + E_j$ であり，また得点の分散は $\sigma^2_{X_j} = \sigma^2_T + \sigma^2_{E_j}$ となる．ここで測定値の分散 $\sigma^2_{X_j}$ に対する真の特性の分散 σ^2_T の比率を信頼性係数とよぶ．信頼性係数は，X_j と T との積率相関係数の2乗 $\rho^2_{X_jT}$ に等しい．もし同じ特性を測定するもうひとつのテスト $X_k = T + E_k$ があり，E_j と E_k は統計的に独立であり，さらに E_k の分散は $\sigma^2_{E_k}$ であるとする．このとき得点和 $X_k + X_j$ の信頼性係数は $\sigma^2_T / \{\sigma^2_T + (\sigma^2_{E_j} + \sigma^2_{E_k}/4)\}$ となり，$\sigma^2_{E_k}$ が $\sigma^2_{E_j}$ と同程度なら個別の得点よりも信頼性係数が向上する．このように，複数のテスト項目が同一の T を共通にもつことをタウ等価とよぶ．

　一般的には，テスト得点のうちどの部分が真に特性を反映したものであるかは分からないので，なんらかの仮定をおいて信頼性係数を推定する．L. J. クロンバックの α 係数は，複数のテスト得点がタウ等価であることを仮定した上で，それらの和得点の信頼性係数を求める方法である．タウ等価とは限らない一般的な場合については，因子分析モデルを用いて信頼性係数の推定を行うことができる．現在用いられている因子分析の多くの推定法は，T および誤差の同時分布に多変量正規分布を仮定する．　　　　　　　　　　　　　　　　[大津起夫]

参考文献
[1] 日本テスト学会編，2007，『テスト・スタンダード　日本のテストの将来に向けて』金子書房．
[2] リン，R. L. 編／池田 央，他編訳，1992，『教育測定学 第3版』（上・下）C.S.L. 学習評価研究所．
[3] Pearl, J., 2001, *Causality : models, reasoning, and inference*, Cambridge University Press.

潜在変数

「潜在変数」を操作的に定義するならば，分析すべきデータセットに現れない変数のことである．誤差変数も潜在変数に分類することが多い．例えば，代数，幾何，解析の試験の点数がデータとして与えられているとする．それらの合計得点に数学的能力という名称をつけてデータセットに付加し分析するとき，この数学的能力は観測変数であり潜在変数ではない．一方，代数，幾何，解析を観測変数とする因子分析モデルの共通因子として数学的能力を定義するならばそれは潜在変数である（「探索的因子分析」参照）．統計学においてランダム効果とよばれるものの多くは潜在変数であり，それらは統計モデルにおいて一定の役割を果たしている．

潜在変数は，i) 対応する物理的実態が存在するもの，ii) 意味のある変数名が付与されるが物理的実態は未確認であるもの，iii) 変動を説明するために導入されるが物理的実態を同定しないもの，に区別することができる．

●**変量内誤差モデル** i) の典型例は変量内誤差モデルに現れる潜在変数である．ある島に生存する特定の昆虫とこの昆虫を餌にする鳥の数を調べ，昆虫と鳥の数の間の関係をみたいとする．昆虫の数は有限確定であるが正確に観測することは期待できず無視できない誤差を伴う．このとき，真の昆虫の数 ξ を潜在変数とし，観測した昆虫の数を観測変数 X としたモデルを考える．誤差変数を δ と書くと，そのモデルは $X=\xi+\delta$ となる．ここで共分散 $\mathrm{Cov}(\xi, \delta)=0$ が仮定されている．観測変数の変動における真の変数の変動の割合を（測定の）信頼性といい記号 ρ で表す．すなわち

$$\rho = \frac{V(\xi)}{V(X)} = 1 - \frac{V(\delta)}{V(X)}$$

である．容易に $0\leq\rho\leq1$ であることが理解され，ρ が 1 に近いほど信頼性が高い測定ということになる．

この昆虫を餌とする鳥の数（真の数 η，観測変数 Y，誤差 ε）も同様に考えて，$Y=\eta+\varepsilon$ とする．ここで推定すべき対象は，潜在変数（真の数）の間の回帰式 $\eta=\beta_0+\beta_1\xi$ である．このモデルは，測定の信頼性 ρ が既知である場合に推定することができる．真の数が潜在変数で観測できなくても，観測できる情報から興味の対象である β_0 や β_1 を推定できることは興味深い．潜在変数を導入せず「誤差を含んだ」観測変数 X と Y に回帰モデルを当てはめることも考えられる．しかし，信頼性が十分に 1 に近くないとき，観測変数間の回帰モデルは真の回帰係数を過小推定し不正確であることがわかっている．

●**多重指標** ii) の例は社会科学でしばしば登場する構成概念である．先に示した

数学的能力はその典型例であり，文科的能力，言語理解や記憶，帰納的推理など知能に関する潜在変数は多い．これらは現象を理解しやすくするために研究者が導入した仮想的な人工物との見方もあるが，将来，測定道具の発達によって生体内の生理量などと関連付けられる可能性もある．いずれにしても，この意味での潜在変数の導入は現象を単純化して記述するという長所がある．

　複数個の観測変数で潜在変数を測定する方法を多重指標とよんでいる．i)で取り上げた昆虫と鳥の例においても多重指標を導入することができる．昆虫と鳥の数をそれぞれ2回以上測定しモデル化することで，信頼性が未知である場合や真の変数間の回帰式に攪乱項（誤差 ξ がある場合（$\eta = \beta_0 + \beta_1 \xi + \zeta$））においても推定が可能となる．複数回の測定をどのように実行するかは，どのような誤差 δ, ε を想定するかと関係する．例えば，複数人で測定することは測定者間のばらつきを，複数地点で測定することは昆虫・鳥の偏在を，1日に複数回測定することは昆虫・鳥の日内の活動を，誤差として考慮していることになる．

　測定のレベルが低く順序尺度しか得られないとき潜在変数が導入されることがある．5件法のデータ採取では，例えば，ある特定の対象に対して「大嫌い，嫌い，どちらでもない，好き，大好き」の中から1つを選択させる．各回答者は，好感度という1次元の心理学的連続体においてスコアをもっているがそれを正確に出力させることができず，5つの候補の中から選択すると考える．各回答者のスコアは直接観測することができないので潜在変数である．i 番目のカテゴリーを選択するという事象 $Y=i$ は，連続体上のスコア（潜在変数）を Y^*，閾値を τ_i として

$$Y = i \iff \tau_{i-1} \leq Y^* < \tau_i, \quad i = 1, \cdots, 5$$

と関連付ける．ただし，$\tau_0 = -\infty$，$\tau_5 = \infty$ である．Y^* は標準正規分布に従うと仮定されることが多い．

●**共変動の説明**　iii)の典型的な例には，人や動物を対象とした研究に登場する被験者要因，乱塊法計画や分割法計画に現れるブロック因子や一次誤差，多段抽出モデルにおける各次の抽出単位の効果，枝分かれ実験における分散成分を生み出す諸効果などがある．多くの場合，変動の大きさを評価したり，何らかの共通の変動を吸収・説明し分析の精度を向上させたりすることを目的として潜在変数（ランダム効果）が導入される．同じ被験者から観測される複数個の観測変数は何らかの共通要因をもち結果としてその観測変数間に共変動が生じる．これを説明する潜在変数が被験者要因であるが，被験者のどの特性が影響を及ぼしているかを知ることは第一義的ではなく，結果として生じる共変動を説明できればよいとすることが多い．　　　　　　　　　　　　　　　　　　　　　　　　[狩野　裕]

📖 **参考文献**
[1] Bollen, K. A., 2002, *Annual Review of Psychology*, **53**, 605-634.
[2] 狩野　裕，2011，『構造方程式モデリング』朝倉書店．

知能指数

「知能指数」は知能検査で測定された結果を示す測定値である．もともと精神年齢/生活年齢×100として定義されたが，後に，平均からの偏差を考慮した数値として定義し直されることになった．現在の知能指数は二代目であり，Intelligence Quotient の *Quotient*(商)の原義からみれば単なる愛称のようなものである．

●**知能検査の展開** 近代化した欧米諸国では，ほとんどすべての子どもたちに初等教育を施すことになった．すると，ある割合の子どもたちは大人数教育になじまず特別の教育を受ける必要があると認識されるようになってきた．フランスでもこうした問題が起こった．心理学者・ビネは，子どもに直接検査することで，子どもの全体的な知能を捉える必要があると考えて医師のシモンの協力を得て知能検査を整備した(1905)．彼は，子どもの注意，判断，推論，記憶など高次の機能をみることができるような項目を集めることにした．さらに，彼は，「年齢による知的水準の違い」に着目した．それぞれの年齢の子どもたちの標準を先に定めて基準をつくり，その基準との比較で眼前の子どもの知的水準を理解しようとしたのである．

表1　知能検査関連年表

1869	ゴルトン	『天才と遺伝』を出版．
1890	キャテル	メンタル・テストという語をつくり項目を整備．
1904	スピアマン	知能の二因子説の提唱．
1905	ビネ	シモンと共同で、実用に耐える知能検査の開発．
1908	ビネ	知能検査改訂版で結果の表示を精神年齢で表記する．
1912	シュテルン	知能指数という概念と知能指数算出の公式を創案．
1916	ターマン	ビネ=シモン式検査を改変して結果表示を知能指数にする．
1917	ヤーキス	陸軍で集団式の知能検査を開発．
1939	ウェクスラー	新しい知能検査の作成．知能偏差値による結果表示を導入．

ビネらは1908年に改訂版を作成するが，そこで年齢尺度という考え方が明確に打ち出された．つまり，改定された知能検査において，その結果は知能の年齢水準として表されることになったのである(精神年齢)．どの問題に答えられたら何歳レベル，ということがあらかじめ決定されているのである(年齢尺度)．そして，その結果を実際の年齢（生活年齢あるいは実年齢）と比較する．検査の結果から得た知能の年齢水準が生活年齢と一致すればその子は標準的，精神年齢が生活年齢より低ければ遅れがある，と判断された．また，ビネは，1歳の遅れは標準的なものとみなし2歳以上の遅れを，介入の必要な遅滞レベルであると考えた．

●**知能指数の発明** ところで，2歳の遅れといっても，その子が何歳であるかによってその意味は異なる．そこでドイツのシュテルンは「精神年齢÷生活年齢」に

よって結果を表現しようと提案した（この算出式は，比率による表現であるとともに，単位が消えてしまうということも意味した）．これが知能指数である．この結果表記を実用的な検査に取り入れたのがアメリカのターマンである．彼はビネ＝シモン検査のアメリカにおける改訂版をつくり（スタンフォード＝ビネ式），結果表記に知能指数を取り入れたのである．なお，ターマンは知能の定義として「一定の方針を決め保持する傾向，意図する結果を達成するために目的を調整する能力，自己批判力」というビネの定義を採用していた．知能指数の計算式は「精神年齢÷生活年齢」に 100 をかけて表現することになっており，平均は 100 である．

アメリカでは第一次世界大戦に前後して，陸軍での新兵の知的能力を選別するための集団式知能検査を開発する必要に迫られた．この活動を主導したのはヤーキスである．この検査は英語を理解できる人を対象とする α 版と英語を理解できない人向けの β 版があった（非言語式の知能検査）．この集団式の知能検査は 175 万人以上に施行された．

●**知能検査の第二世代**　また，アメリカでは，ウェクスラーが新しい知能検査を開発した．その検査は知能を 2 つの下部領域からなるものとした．課題を理解し完成させるために言語が必要かどうかによって，言語性検査と動作性検査という 2 つの領域を設定したのである．したがってこの検査は全体の IQ だけではなく，言語 IQ と動作 IQ を算出することが可能である．ただし，ウェクスラーの知能検査においては，年齢間の移行という考え方は捨て去られることになった．ビネの関心は就学時期の子どもにあったので，年齢という要因に注目して知能指数を算出することに大きな意義があった．だが，知能検査の利用が拡大すると，青年・中年には使いにくい指標であることが明らかになったのである．そこでウェクスラーは各年齢ごとの得点を標準化しておいて，そこからの偏差で対象者の知能を把握することにした．

$$知能偏差値 = \frac{個人の知能得点 - その年齢集団の平均得点}{その年齢集団の得点の標準偏差} \times 10 + 50$$

知能偏差値は平均が 100 で標準偏差が 15 になるように数学的に調整されている．この方式はそれまでの知能指数とは異なるのだが，ウェクスラー式知能検査の結果もそれまでの検査と親和性をもつように IQ という名称でよばれる．

知能指数をめぐる議論としては，いわゆる遺伝−環境論争があり，ジェンセンが白人と黒人の知能が生得的に異なるのではないかと提起して，人種問題が絡む政治問題化したこともあった．また，近年ではフリンによって知能指数の経年的上昇の問題（後から生まれた人々の方が知能指数が高くなる）が提起されている．

［サトウタツヤ］

参考文献
[1] サトウタツヤ，2006，『IQ を問う』ブレーン出版．

回帰現象

"回帰"とは,「1周してもとにもどる」という意味である."北回帰線"は太陽が北半球で最も北上する緯度で,その線を境に南に帰っていくという意味であり,"自然に回帰する""原点に回帰する"という場合は,さまざまに発展したりはしたものの,もう一度自然や原点にもどる,といった意味で使われる.ここでの回帰とは,「平均への回帰」という場合を考える.

●**平均への回帰** 例えば,父親の身長が高い息子の身長を調べると,父親ほど身長が高くないことが多い.また,一流スポーツ選手の子供が,親の成績を超える選手となることはめったにない.これらのことは実は"回帰現象"で説明することができる.すなわち,「2つの観測できる変数があり,そこに相関関係が認められるとき,1組のデータの1つの変数が平均値より極端に離れている場合,もう一方の変数の値は他方の変数の値に比べて平均値に近づくことが多い」という性質である.

x軸を父親の身長,y軸を息子の身長として散布図を描くと,父親の身長も息子の身長も人数を多く集めれば,それぞれ正規分布に従うと考えられるので,2変量正規分布の図となる(図1).xとyが正の相関をもつ場合,その散らばり具合は右肩上がりの楕円形になる(ただし相関係数が1.0の場合は直線となる).このデータに,変数xから変数yの値を求める回帰分析を施して得られる回帰直線は,相関係数が1.0の場合は$y=x$の直線,相関係数が0.0の場合はx軸に平行な直線となるが,相関係数が$0.0<r<1.0$の場合は$y=ax+b$の直線となる.ここでaは直線の傾き,bはy軸との切片である.男性の平均身長が170 cmで,父親の身長が180 cmの場合を考えると,その息子の身長の分布は,$x=180$のx軸に垂直な直線上に現れる(図2(a)).その分布も正規分布をなしていると考えられるの

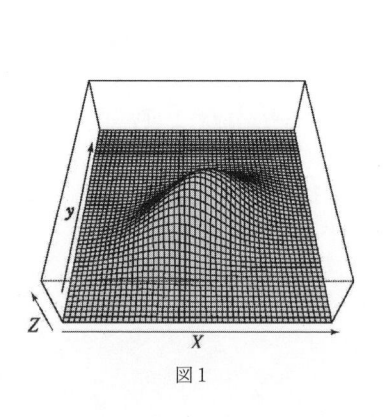

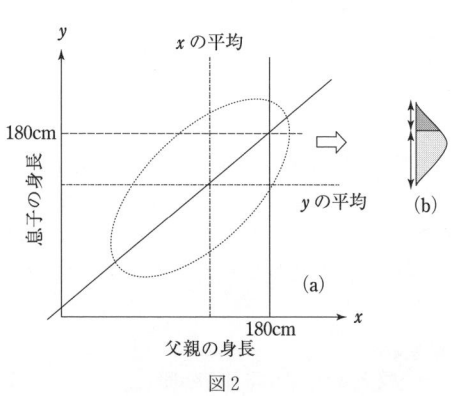

図1

図2

で，息子の身長の分布は図 2 (b) のようになっていると考えられる．この息子の身長の分布の中で，180 cm を超えている割合は少なく，180 cm 以下になる割合の方が多い．平均値の 170 cm を下回ってまで低くなる割合は少ないと考えられるが，これと逆の場合，例えば父親の身長が平均より小さい 160 cm だったときに，息子の身長は 160 cm より小さくなる割合は少なくなる，といったことも導き出せる．すなわち，平均への回帰という現象が起こっていることがわかる．

● 2 年目のジンクス　プロのスポーツ選手などが，プロ 1 年目で活躍し，新人王を取った翌年など，1 年目ほどの輝かしい成績が得られず，"2 年目のジンクス"などといわれることがある．しかしこれもこの回帰現象を考えれば，容易に説明がつく．すなわち，1 年目の成績は平均より極端に良かったということであり，2 年目の成績は平均に近づいた，というだけのことであって，賞を取って慢心したからだとか，相手が対策研究をしたからだ，などというもっともらしい解説や批評がでることがあるが，単に回帰現象が起こって平均に近づいただけと考えられる．実際に日本のプロ野球の新人王を獲得した選手（1990〜2009 年，セパ両リーグ）39 人の，賞を獲得した年の成績（投手は防御率：値が低い方がよい，野手は打率：値が高いほうがよい）を翌年の値と比較してみると，実に 34 人（87.2％）が前年（新人賞獲得年）の成績を下回っていた（表 1）．すなわち，2 年目のジンクスとは，回帰現象の現れであるということがわかる．　　　　　　　　　［大森拓哉］

表 1　新人王獲得年と翌年の成績（投手は防御率，野手は打率を表示）

年	セ・リーグ				パ・リーグ			
	種別	獲得年	翌　年		種別	獲得年	翌　年	
1990	投手	3.26	3.28	↓	投手	2.91	3.05	↓
1991	投手	3.03	4.05	↓	投手	3.55	3.27	↑
1992	野手	0.245	0.244	↓	投手	3.15	4.96	↓
1993	投手	0.91	5.40	↓	投手	2.80	3.56	↓
1994	投手	3.18	2.98	↑	投手	3.20	4.11	↓
1995	投手	3.03	3.90	↓	投手	2.32	2.50	↓
1996	野手	0.37	0.36	↓	野手	0.261	0.277	↑
1997	投手	3.74	4.94	↓	野手	0.261	0.233	↓
1998	投手	2.54	4.44	↓	野手	0.283	0.268	↓
1999	投手	2.09	3.07	↓	投手	2.60	3.97	↓
2000	野手	0.346	0.271	↓	該当者なし			
2001	野手	0.338	0.300	↓	投手	2.68	3.95	↓
2002	投手	3.33	3.79	↓	投手	3.45	5.78	↓
2003	投手	3.34	5.03	↓	投手	3.38	4.35	↓
2004	投手	3.17	2.81	↑	投手	3.06	4.73	↓
2005	野手	0.344	0.321	↓	投手	3.40	4.55	↓
2006	野手	0.289	0.260	↓	投手	2.48	4.54	↓
2007	投手	2.42	3.14	↓	投手	3.82	3.49	↑
2008	投手	2.32	1.37	↑	投手	2.51	7.09	↓
2009	野手	0.293	0.287	↓	投手	1.47	2.30	↓

古典的テスト理論

　学力テスト，知能テスト，性格テスト，技能テストなどは，人の心理的な特性を測定するツールであり，心理テストとよばれる．心理テストのあるべき姿，作成手順，実施と採点手順などに関する知識体系をテスト理論とよぶ．テスト理論は，A. ビネーと T. シモンが 1900 年代初頭に知能テストを開発した頃から研究が始まり，1950 年代に基本的な完成を見せた．それと前後して，それまでとは発想を異にする潜在特性理論，近年では項目反応理論とよばれるテスト理論が発展した（「項目反応理論」参照）．本項の「古典的テスト理論」とは，項目反応理論と対比させるために，1950 年代までに発展したテスト理論のことを指す．

●測定モデル　心理テストで得られた測定値は大学入試センター試験のようにテスト冊子を構成する小問の合計点のこともあれば，質問紙法による性格テストの尺度得点のこともある．もし受検者が同一のテストに同一条件の下で繰り返し受検したとしたら，その測定値は変わるであろうか．おそらく，知識の有無を問うような単純なテストを除き，たとえ受検者の特性値が変わらなくても，無作為な測定誤差の影響を受けて測定値は変動するであろう（「テストの測定誤差」参照）．これを古典的テスト理論は，$x_t = \tau + e_t$ と表現する．ここで，添え字 t は測定時点 t を表し，x_t は時点 t における測定値，e_t は時点 t における測定誤差である．ここで τ は真の得点もしくは真値とよばれ，個人内では不変とされる．τ は本当の得点という意味ではなく，受検者が繰り返しテストを受けると仮定したときの期待値に相当する．

　測定値の大きさはテストの難易度に依存するので，測定値自体に絶対的な意味はない．そのため，測定値は偏差値に代表される標準得点へ変換され，受検者へ報告される（「偏差値」参照）．

●テストの評価　良いテストの要件は信頼性と妥当性である（「信頼性と妥当性」参照）．信頼性とは測定値 x_t の一貫性である．一貫性の高いテストは時点 t とは関係なく，同一の得点が得られる傾向が強い．実際には同じ受検者に同一のテストを繰り返し実施することはできないので，受検者集団で信頼性の高さを評価する．主な評価法として再テスト法，内部一貫性に基づく方法，代替テスト法がある．信頼性の高いテストを作成するには項目分析が必須の作業である（「項目分析」参照）．妥当性とは測定値 x_t に関する解釈の適切性，有意味性，有用性である．妥当性は，その証拠を収集する手段によって内容的妥当性，基準関連妥当性，構成概念妥当性などに分類される．現在では，多様な妥当性が構成概念妥当性へ集約されるとする立場もある．信頼性の高さは妥当性の高さの必要条件である．

ところで，受検者集団でテストの信頼性を評価するとき，受検者 i の測定値 x_i を受検者 i の真の得点 τ_i と測定誤差 e_i を用いて

$$x_i = \tau_i + e_i$$

と分解する．さらに測定値 x_i が小問 j の得点 x_{ij} の合計点であるなら，小問の得点を

$$x_{ij} = \lambda_j \tau_i + e_{ij}$$

と分解することができる．これをパス図で表現すると図1になる．図1は通常の1因子モデルに相当し，古典的テスト理論では同族測定モデルとよばれる（「探索的因子分析」「確認的因子分析」参照）．また，因子パターンに等値制約を課すこともでき，それは τ 等価測定モデルとよばれる．

このように，古典的テスト理論の測定モデルを確認的因子分析モデルとして表現できることから，1990年代後半から共分散構造分析の枠組みの中で信頼性係数が研究されるようになってきた（「共分散構造分析」参照）．例えば，その1つLISRELプログラムによって同族測定モデルの信頼性係数（Ω 係数とよばれる）を推定するためのシンタックスは図1のようになる．ここでは1因子としたが，2因子以上でも，また，測定誤差の共分散を認めた上でも信頼性係数を推定することができる．

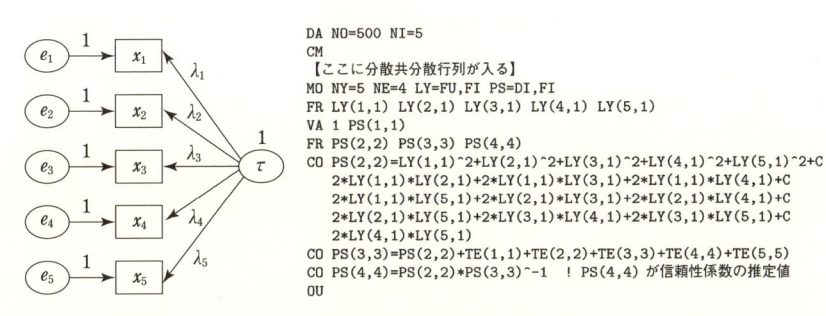

```
DA NO=500 NI=5
CM
【ここに分散共分散行列が入る】
MO NY=5 NE=4 LY=FU,FI PS=DI,FI
FR LY(1,1) LY(2,1) LY(3,1) LY(4,1) LY(5,1)
VA 1 PS(1,1)
FR PS(2,2) PS(3,3) PS(4,4)
CO PS(2,2)=LY(1,1)^2+LY(2,1)^2+LY(3,1)^2+LY(4,1)^2+LY(5,1)^2+C
   2*LY(1,1)*LY(2,1)+2*LY(1,1)*LY(3,1)+2*LY(1,1)*LY(4,1)+C
   2*LY(1,1)*LY(5,1)+2*LY(2,1)*LY(3,1)+2*LY(2,1)*LY(4,1)+C
   2*LY(2,1)*LY(5,1)+2*LY(3,1)*LY(4,1)+2*LY(3,1)*LY(5,1)+C
   2*LY(4,1)*LY(5,1)
CO PS(3,3)=PS(2,2)+TE(1,1)+TE(2,2)+TE(3,3)+TE(4,4)+TE(5,5)
CO PS(4,4)=PS(2,2)*PS(3,3)^-1  ! PS(4,4) が信頼性係数の推定値
OU
```

図1 同族測定モデルと信頼性係数を推定するLISRELシンタックス

●**一般化可能性理論** L. J. クロンバックが分散分析モデルを用いて古典的テスト理論を発展させた理論である．その特徴は，古典的テスト理論がひとくくりにした測定誤差を採点者，時間，項目など（相とよばれる）に起因する誤差成分へ分解する点にある（G研究）．G研究が成功すれば，実際に必要とする信頼性の高さを確保するための条件を予測することができる（D研究）．

パフォーマンスの評定では評定者と課題の違い，また，その交互作用などによる測定誤差が予想されるので，一般化可能性理論の適用が望まれる． ［服部 環］

項目反応理論

「項目反応理論」は、テスト項目に対する受検者の反応（解答と回答）に基づいて心理的特性値の大きさを推定したり、項目やテストの特徴を統計的に評価するために開発された。1950年代にF. M. ロードとG. ラッシュによる萌芽的研究が始まり、Lord & Novick（1968）において基礎理論が集成された。項目反応理論は、古典的テスト理論にはない利点をもっている（「古典的テスト理論」参照）。現在、TOEFL、TOEIC、経済協力開発機構が世界規模で実施している学習到達度調査（PISA）、また、我が国では医学部共用試験や情報処理技術者試験などでも利用されている。

●**項目反応モデル** 項目反応の出現確率を定義する関数を項目反応モデルとよぶ。多様な回答・採点形式があるので、それに合わせて多数のモデルが提案されている。ここでは、2値的に採点された項目（正答を1点もしくは「はい」を1点）に適用する3母数ロジスティックモデルを取り上げる。3母数ロジスティックモデルは受検者iが項目jに正答する確率$P_j(\theta_i)$を

$$P_j(\theta_i) = c_j + \frac{1-c_j}{1+\exp[-1.7 a_j(\theta_i - b_j)]}$$

と定義する。ここで、$\theta_i(-\infty<\theta_i<\infty)$は受検者$i$の特性値であり、$\theta_i$が大きな受検者ほど、その特性が強い。$a_j(0<a_j)$、$b_j(-\infty<b_j<\infty)$、$c_j(0 \leq c_j<1)$は項目の特徴を表す3つの母数で、$a_j$を識別力、$b_j$を困難度、$c_j$を疑似チャンスレベル（当て推量母数）とよぶ。

受検者母数θ_iの関数として表現した正答確率を項目特性関数、それを図示したものを項目特性曲線とよぶ。図1に5項目の項目特性曲線を示す。c_jはθ_iを無限小としたときの正答確率に等しく、5肢択一式の項目であれば、0.2程度の値を取る。b_jは正答確率が$(1+c_j)/2$となる特性値に等しい。b_jを困難度とよぶが、困難度の大きい項目の正答確率が常に小さいわけではなく、図1からわかるよう

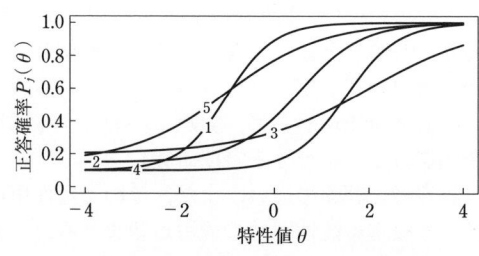

	項目母数		
j	a_j	b_j	c_j
1	2.0	−1.0	0.10
2	1.5	0.5	0.15
3	0.8	2.0	0.20
4	1.8	1.5	0.10
5	1.0	−1.0	0.15

図1 項目特性曲線

に，識別力が異なる項目間では，能力値の大きさにより，正答確率の大きさが逆転する．識別力 a_j が大きい項目ほど，特性値が b_j に近いところで項目特性曲線の勾配が険しい．つまり，識別力は，曲線の勾配が最も険しいところで特性値の違いをどれだけ正答確率の違いとして検出できるかを表す．

　c_j をすべて 0 としたモデルは 2 母数ロジスティックモデルとよばれ，自由記述式の項目に適用される．さらに，すべての項目の a_j を等値と制約したモデルは 1 母数ロジスティックモデルとよばれる．このモデルは数理的にはラッシュモデルと等しいので，ラッシュモデルとよばれることもある．このほかには，段階反応モデル，一般化部分採点モデル，名義反応モデルなど，さらに，マルチレベルの項目反応モデルがある．

●**母数の推定**　最尤推定法，周辺最尤推定法，MMAP 法などがある．
　多数の項目がある場合，1 人の受検者にすべての項目を実施することはできない．普通，複数の冊子へ項目を配当して受検者の負担を軽くした上でテストを実施する．このとき，冊子ごとに項目母数を推定したのでは，母数の尺度が冊子間で異なる．したがって，すべての冊子に配当された項目の母数を同時に推定する．これを同時較正とよぶ．また，冊子ごとに項目母数を推定したあと，共通項目法もしくは共通受検者法を用いて項目の母数を共通尺度へ等化してもよい．

●**項目反応理論の利点**　項目母数が共通の尺度上で推定された項目の集まりを項目プールとよぶ．項目プールを作成できたら，受検者の特性値に合わせて任意の項目を選択して新たなテスト冊子を編集できる．例えば，特性値の大きい（小さい）受検者には困難度の大きい（小さい）項目を選択して冊子を編集する．項目母数が共通尺度上で推定されているので，テスト冊子が異なっても，受検者の特性値を共通の尺度上で推定できる．これを項目に依存しない測定とよぶ．表 1 に特性値の推定例（Warm の重み付き最尤推定値）を示す．表中の 1 は正答，0 は誤答，－は未提示であることを示す．

表 1　特性値の推定例

	1	2	3	4	5	6	7	8	9	10	
a_j	1.0	1.5	1.0	1.5	1.0	1.5	1.0	1.5	1.0	1.5	
b_j	−2.0	−2.0	−1.0	−1.0	0.0	0.0	1.0	1.0	2.0	2.0	
c_j	0.2	0.1	0.2	0.1	0.2	0.1	0.2	0.1	0.2	0.1	$\hat{\theta}$
Sub. 1	1	1	0	1	－	－	0	－	－	－	−0.759
Sub. 2	－	－	1	1	1	0	1	－	－	0	0.216
Sub. 3	－	－	－	－	1	1	1	1	0	－	1.799

　コンピューターを用いて受検者の特性値に合わせて提示項目を決めていくテスト方式があり，コンピューター適応型テストとよばれる．このテスト方式は受検者の心理的な負担を軽くし，効率よく受検者の特性値を推定できる．　　　［服部　環］

心理測定関数

　標準刺激100 gの重りに対して比較刺激の方がより重いと判断される確率を比較刺激の重さの関数として表したもの，あるいは暗闇で提示されたかすかな光が被験者によって検出される確率を光の強さの関数として表したもののように判断の確率などを物理量の関数として表したものを「心理測定関数」あるいは「精神測定関数」という．標準刺激と比較刺激との比較の場合の心理測定関数は，比較刺激の物理値が大きくなるに従って0から1まで単調増加する関数で表される（図1）．

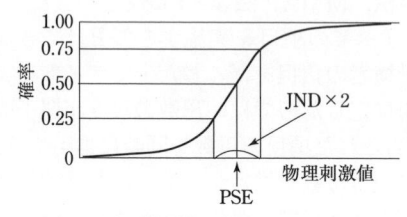

図1　心理測定関数（恒常法などの場合） 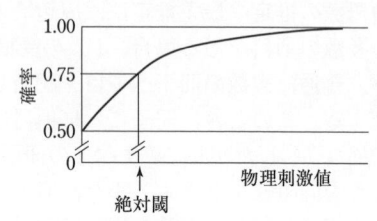　　図2　心理測定関数（検出2AFC課題）

　2つの刺激「ノイズ」と「シグナルを含むノイズ」の提示からシグナルを含む方を選ぶ2選択肢強制選択（2AFC）課題では，正しくシグナルを含む方を選ぶ確率を表す心理測定関数は，シグナルが強くなるに従いランダムに選んで正答する確率0.5から常に正答する確率1まで増加する形をとる（図2）．心理測定関数を表す関数として代表的なものとして次の4つがあげられる（図1の場合で，図2の場合は縦軸方向に1次変換を行う）．

累積正規分布：　　　$N(x;\mu,\sigma)=\int_{-\infty}^{x}(1/\sqrt{2\pi\sigma^2}\exp\{-(t-\mu)^2/(2\sigma^2)\}dt$
ロジスティック分布：$L(x;\alpha,\beta)=1/[1+\exp\{(\alpha-x)/\beta\}]$
ワイブル分布：　　　$W(x;\alpha,\beta)=1-\exp\{-(x/\alpha)^\beta\}$
ギュンベル分布：　　$G(x;\alpha,\beta)=1-\exp\{-\exp\{(x-\alpha)/\beta\}]$

　多くの要因が加法的に独立にかかわるときは中心極限定理より正規分布による近似が有効になる．ロジスティック分布は正規分布の近似として用いられることが多い．検出器と検出確率の関係についての仮定からワイブル分布が導かれる．ワイブル分布において横軸を対数軸に変換するとギュンベル分布を得る．

●閾　心理測定関数を得る実験法としては，恒常法あるいは恒常法の効率を高めた適応的方法がある．恒常法あるいは適応的方法により得られたデータに対して心理測定関数を決定する方法として最尤法がよく用いられるが，最近ではベイズ

的方法がすすめられている（岡本, 2006）.

　位置パラメータ α と傾きパラメータ β をもつ心理測定関数 $F(x|\alpha,\beta)=P(x$ の方が標準刺激より強いと判断 $|\alpha,\beta)$ とおき, 刺激 $x^{(i)}$ に対する判断を $y^{(i)}$ で表す. 正規分布の場合は μ が α, σ が β である. $x^{(i)}$ の方が強いという判断を $y^{(i)}=1$ で, 弱いという判断を $y^{(i)}=0$ で表すと, 尤度関数は
$$L(\alpha,\beta)=\prod F(x^{(i)}|\alpha,\beta)^{y^{(i)}}(1-F(x^{(i)}|\alpha,\beta))^{1-y^{(i)}}$$
となる. 最尤法では, 尤度関数 $L(\alpha,\beta)$ が最大となるように心理測定関数 $F(x|\alpha,\beta)$ のパラメータ α と β を求める. ベイズ的方法では, 事前分布 $p_0(\alpha,\beta)$ に対して与えられる事後分布 $p_1(\alpha,\beta) \propto p_0(\alpha,\beta) \cdot L(\alpha,\beta)$ から α と β についての分析を行う. 心理測定関数 $F(x)$ に対して, 閾はある弁別確率 p に対応する値 x_p から与えられる. $p=F(x_p)$ であるが, p の値は $p=0.75$ あるいは $p=\sqrt{0.5} \approx 0.71$ が用いられる. 検出課題の場合は, この x_p を「絶対閾」あるいは「刺激閾」という（図2）. 標準刺激との比較の場合は, $p>0.5$ に対応する値 x_p のほかに $p<0.5$ に対応する値も求める. $p=0.75$ に対しては $p=1-0.75=0.25$ が用いられる. これら2つの x_p の値の差の $1/2$ として「弁別閾」あるいは「丁度可知差異」(JND) を与える. 例えば, $F(x_{0.25})=0.25$, $F(x_{0.75})=0.75$ であるとき, 弁別閾を $\text{JND}=(x_{0.75}-x_{0.25})/2$ で与える. また, 弁別確率 0.5 に対応する刺激値を主観的等価点 (PSE) という. $F(\text{PSE})=0.5$ である. 心理測定関数が累積正規分布 $N(x;\mu,\sigma)$ で与えられるとき $\text{JND}=x_{0.75}-\text{PSE}=\text{PSE}-x_{0.25}$ である. JND が標準刺激の強さに比例するという関係をウェーバーの法則という.

　弁別閾を求める方法として極限法などもあるが, この方法で求められた弁別閾の値は感覚過程の特性の他に判断の基準という決定過程の影響も受ける.

●フェヒナー問題　心理測定関数 $F(x)$ として, 標準刺激 a を固定して比較刺激 x の関数として弁別確率を表したものを考える. 2つの物理量 a と x に対応する感覚量 $u(a)$ と $u(x)$ を考え, 感覚量の差によって弁別確率が決まるとすると, $F(x)$ は $u(x)-u(a)$ の関数となる. 一般に, 2つの物理刺激 x と y の弁別確率を $P_{x,y}$ で表したとき, x と y の感覚量 $u(x)$ と $u(y)$ の差の関数として次式の形
$$P_{x,y}=G(u(x)-u(y))$$
で $P_{x,y}$ を表し, 感覚量 $u(x)$ を与えるアルゴリズムを求める問題は,「フェヒナー問題」とよばれている. 感覚量を確率変数で表し, その分散 $\sigma^2(x)$ を考慮するという形にフェヒナー問題を拡張すると $h(x) \cdot \sigma(x)/x = du/dx$ が導かれる（Okamoto, 2004）. ここで, $h(x)$ はウェーバーの法則のさまざまな形の一般化に対応して決まるものである. $u(x)$ はこの微分方程式の解として与えられる. 　　　　［岡本安晴］

参考文献
[1] 岡本安晴, 2006,『計量心理学』培風館.
[2] Okamoto, Y., 2004, Generalization of Fechner's approach, *Japan Women's University Journal*, 15, 107-121.

信号検出理論

「信号検出理論」はノイズに含まれる弱い信号を人が検出する場合の理論である．ノイズに信号が含まれている刺激を「シグナル」，ノイズに信号が含まれていない刺激を「ノイズ」と表し，提示された刺激に対して信号が含まれているという判断を Yes, 含まれていないという判断を No で表すと，提示刺激とそれに対する判断の組合せは表1に示す4とおりとなる．

● **ROC 曲線**　表1に対応して4つの確率 P(Yes|シグナル)，P(No|シグナル)，P(Yes|ノイズ)，P(No|ノイズ) が対応する．これらの確率には P(Yes|シグナル)+P(No|ノイズ)=1, P(Yes|ノイズ)+P(No|ノイズ)=1 の関係が成り立つので，反応パターンの確率は4つの中の2つ，例えば P(Yes|シグナル) と P(Yes|ノイズ) がわかるとほかの2つを求めることができる．P(Hit)=P(Yes|シグナル)，P(FA)=P(Yes|ノイズ) 表す．同じ刺激に対する判断であっても，Yes あるいは No の判断に用いられる被験者の判断の基準が変わると判断の確率も変わる．このとき P(FA) および P(Hit) を x 座標および y 座標とする点 (P(FA), P(Hit)) は判断基準の変位に伴って軌跡を描くが，この軌跡を「ROC 曲線」という（図1）．ROC 曲線は原点 (0,0) と点 (1,1) を結ぶ曲線（あるいは折れ線）である．ROC 曲線には「2 選択肢強制選択課題における正反応確率が ROC 曲線の下側の領域の面積に等しい（面積定理）」という性質がある．

表1　提示刺激と判断の組合せ

刺激	判　　断	
	Yes	No
シグナル	Hit	Miss
ノイズ	False Alarm(FA)	Correct Rejection(CR)

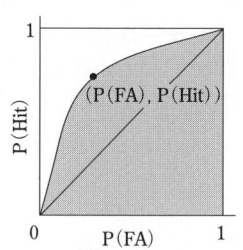

図1　ROC 曲線とその下の面積（灰色部分）

● **モデル**　信号検出理論における代表的なモデルでは，ノイズあるいはシグナルによって引き起こされる感覚の強さをそれぞれ確率変数 X_n あるいは X_s で表し，それぞれ正規分布に従うとする．$X_n \sim N(\mu_n, \sigma_n^2)$, $X_s \sim N(\mu_s, \sigma_s^2)$．ここで，$X \sim N(\mu, \sigma^2)$ は確率変数 X が平均 μ，分散 σ^2 の正規分布に従うことを表す．これらに基づいて確率 P(Hit) などを算出するときは，感覚量の原点および単位に任意性があるので，X_n の平均 $\mu_n=0$, 分散 $\sigma_n^2=1$ となるように原点と単位を設定する．

感覚量 X_n あるいは X_s が被験者の設定した基準値 c より大きいときに Yes の判断が，そうでないときに No の判断が行われるとすると

$$P(\text{Hit}) = P(X_s > c) = \Phi((\mu_s - c)/\sigma_s), \quad P(\text{FA}) = P(X_n > c) = \Phi(-c) \quad (1)$$

となる（図2）．$\Phi(z)$ は累積標準正規分布関数である．式 (1) において，同じ刺激状況に対して μ_s と σ_s は一定であるが，判断基準値 c が変わるとそれに応じて点（P(FA), P(Hit)）は c の関数としての軌跡である ROC 曲線を描く．各判断に伴うコストを C(FA) などと表すと，判断基準 c に対する期待コストは EC(c) = P(シグナル){C(Hit)P(Hit) + C(Miss)P(Miss)} + P(ノイズ){C(FA)P(FA) + C(CR)P(CR)} となる．各コストの値の変化に応じて EC(c) が最小となる最適な c の値が変わる．ノイズとシグナルの感覚量 X_n と X_s の分布の隔たりが大きいほど ROC 曲線は対角線から離れて点 (0, 1) に近づく．X_n と X_s の分布の分離度はシグナル刺激に対する感覚レベルの検出力（弁別力）を表すが，2つの分布の平均値の差 $\Delta m = \mu_s - \mu_n = \mu_s$ あるいは，さらに $\sigma_s = \sigma_n = 1$ の仮定をおいた上での差 $d' = \mu_s$ などで表す[1]．表1における各反応パターンの頻度がデータとして与えられたときのパラメータ μ_s, σ_s, c の値の推定は最小二乗法あるいは最尤法で求めることができるが，理論的に望ましい方法としてベイズ的方法が提案されている[2]．

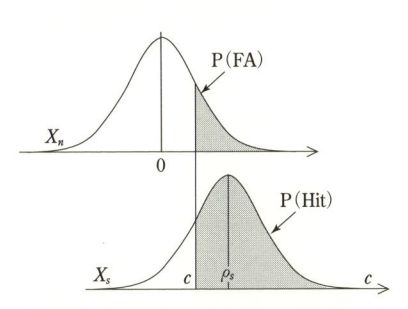

図2 確率分布 X_n と X_s，判断の基準値 c と確率 P(FA) および P(Hit) の関係

●**応用** 信号検出理論はノイズとシグナルという2つの刺激の弁別に関するものであるが，刺激としてノイズとシグナルに限らず単に2つの刺激の弁別に関する理論と考え，記憶（先に見た絵と初めて見る絵という既知感の弁別）など広く2刺激の弁別データの分析に用いられる．また，医学における診断検査（スクリーニング）において有病者をシグナル，健康である者をノイズと考えると信号検出理論が適用できる．この場合は表1とは異なる用語がもちいられる．例えば確率は，感度＝P(陽性|病気)，特異度＝P(陰性|病気健康) である．

この場合，感覚量に相当するものは診断検査における検査値である．診断検査では P(病気|陽性) = P(病気)・P(陽性|病気)/P(陽性) が問題となる．

[岡本安晴]

📖 **参考文献**
[1] 岡本安晴, 2006,『計量心理学』培風館．
[2] 岡本安晴, 2006,「SDT データのベイズ的分析—評定データの MCMC による分析」日本行動計量学会 第34回大会発表論文抄録集, 92-95.

証拠理論

「証拠理論」は数値を用いて情報の不確実性を扱う理論の1つである．

ものごとの不確実性を数値で表現するとき，通常我々は確率を用いる．例えば次の状況を考えよう．ある製品の故障原因が3種類（C_1, C_2, C_3）あり，データから確率分布が $p(C_1)=0.7, p(C_2)=0.2, p(C_3)=0.1$ と得られている．後日，技術開発によって C_2 は異なる2つの原因 C_{2A}, C_{2B} に分けられることがわかった．確率を用いて故障診断をするためには4種類の故障原因 C_1, C_{2A}, C_{2B}, C_3 の確率分布を必要とする．しかし，過去のデータには C_{2A} と C_{2B} を識別する情報が含まれていない．

このようなとき，我々は最大エントロピー原理を利用し，$p(C_{2A})=p(C_{2B})=0.1$ と仮定して故障診断を行う．しかし，$p(C_{2A})=p(C_{2B})=0.1$ と $p(C_3)=0.1$ では明らかに情報の意味が異なる．C_{2A} と C_{2B} の本当の確率は不明のままなのである．

証拠理論[1]は，確率論を数学的に一般化したものである．特徴の1つは，複数候補に対する不特定性を無知のまま扱うことのできる点にある．上例の場合，証拠理論では基本確率とよばれる集合関数を用いて，$m(\{C_1\})=0.7, m(\{C_{2A}, C_{2B}\})=0.2, m(\{C_3\})=0.1$ のように表現する．

●**理論の概要** 証拠理論では，確率論の標本空間に相当する有限集合 $\Theta=\{\theta_1, \cdots, \theta_n\}$ を識別フレームとよび，Θ 上に確率分布の代わりとなる基本確率 $m(X)$，$X \subseteq \Theta$ を与える．$0 \leq m(X) \leq 1$ で，$m(\emptyset)=0$ および $\sum_{X \subseteq \Theta} m(X)=1$ を満足する（$\emptyset$ は空集合）．$m(X)$ は真の値が X の中にあると信じる相対的重み（信念）を表すが，X 内の各要素の重みの和ではなく，X それ自身が保持する値である．

確率論で確率分布から確率測度を定義できるように，証拠理論では基本確率から信念測度 $\mathrm{Bel}(X)=\sum_{E \subseteq X} m(E)$，および妥当性測度 $\mathrm{Pl}(X)=\sum_{E \cap X \neq \phi} m(E)$ が定義される．これらは双対な測度で，$\mathrm{Bel}(X)=1-\mathrm{Pl}(\bar{X})$，$\mathrm{Pl}(X)=1-\mathrm{Bel}(\bar{X})$ が成り立つ（$\bar{X}$ は X の補集合）．また，基本確率が確率分布に一致するとき，つまり $m(\{\theta_i\})=p(\theta_i)$ であるとき，$\mathrm{Bel}(X)=\mathrm{Pl}(X)=\mathrm{P}(X)$ となる．

●**不確実性の諸相** 確率分布は，Θ の各要素にそれが真の値である重み（頻度）を与える．θ_i と $\theta_j (i \neq j)$ に与えられる重み $p(\theta_i), p(\theta_j)$ は互いに対立する主張であり，その意味で確率は対立に起因する不確実性を表現する．

基本確率は，Θ の各部分集合に，真値が含まれると信じる重みを与える．重みは部分集合自身が保持し，集合内の要素のどれが真かについてはまったく無知である．つまり，部分集合内部の不特定性に起因する不確実性を表現する．

また，部分集合 X, Y に与えられる重み $m(X), m(Y)$ は，$X \cap Y = \emptyset$ であれば確率と同様に X と Y の対立を，$X \subset Y$ または $X \supset Y$ であれば X と Y の

協和を表す．さらに，X と Y が協和関係にあるとき，X と Y の重なりによって重みが多段に積み重なり，あいまいな領域を作り出す．$m(X)>0$ を満たすすべての X を $X_1, \cdots, X_K$ とするとき，$X_1 \subset \cdots \subset X_K$ であれば妥当性測度 $\mathrm{Pl}(X)$ は可能性測度となり，その分布（可能性分布）はファジィ集合のメンバシップ関数を表現する．

●**証拠の結合** 通常の確率論にはない証拠理論の便利な道具として証拠の結合がある．独立な情報源から得た2つの異なる基本確率 m_1, m_2 は，Dempster 結合則によって1つにまとめることができる（一般には N 個の基本確率に適用可）．

$$m(X) = \sum_{X = A \cap B} m_1(A) m_2(B) \Big/ \Big(1 - \sum_{A \cap B \ne \emptyset} m_1(A) m_2(B)\Big)$$

ただし，$m(\emptyset)=0$ で，分母が0のとき結合則は定義されない．

Dempster 結合則では，$m_1(A)$ と $m_2(B)$ の情報を結合し，$X = A \cap B$ に $m_1(A) m_2(B)$ の重みを与える．この処理は $m_1(A)$ と $m_2(B)$ の情報への完全な信頼を前提とする．また，$A \cap B = \emptyset$（矛盾）の場合は $m_1(A)$ と $m_2(B)$ を棄却し，$\sum_{X \subseteq \Theta} m(X) = 1$ を満たすように残る値を正規化する．しかし，情報源への完全な信頼と矛盾時の処理については，応用面で様々な問題が指摘されている．そのため，矛盾する場合に $m_1(A) m_2(B)$ を棄却せず，識別フレーム全体（Θ）に割り振る結合則，$m_1(A)$ と $m_2(B)$ の重みに比例して A と B に割り振る結合則などが提案されている．また，情報源を完全に信頼せず，少なくとも A と B の一方は正しいとの前提で $A \cup B$ に $m_1(A) m_2(B)$ を割り振る結合則，$A \cap B$ を強く信じ，$A \cap \bar{B}$ と $\bar{A} \cap B$ を弱く信じて割り振る結合則も提案されている．

例　強盗犯人が着ていたTシャツの色に関する証言があるとする．
証言 A：原色だったと思う（確信度0.6）．有彩色だったのは確かだ．
証言 B：間違いなく暖色だった．橙だった気もする（確信度0.3）．
$\Theta = \{$赤, 橙, 黄, 緑, 青, 白, 黒$\}$ とすると，証言 A は $m_A(\{$赤, 黄, 青$\})=0.6$, $m_A(\{$赤, 橙, 黄, 緑, 青$\})=0.4$ と記述でき，証言 B は $m_B(\{$橙$\})=0.3$, $m_B(\{$赤, 橙, 黄$\})=0.7$ と書くことができる．この2つの基本確率を Dempster 結合則で結合すると，$m(\{$橙$\})=0.15$, $m(\{$赤, 黄$\})=0.51$, $m(\{$赤, 橙, 黄$\})=0.34$ となる．この基本確率から $\{$橙$\}$, $\{$赤, 黄$\}$, $\{$赤, 橙, 黄$\}$ の信念測度を計算すると，それぞれ $\mathrm{Bel}(\{$橙$\})=0.15$, $\mathrm{Bel}(\{$赤, 黄$\})=0.51$, $\mathrm{Bel}(\{$赤, 橙, 黄$\})=1.0$ となる．妥当性測度は $\mathrm{Pl}(\{$橙$\})=0.49$, $\mathrm{Pl}(\{$赤, 黄$\})=0.85$, $\mathrm{Pl}(\{$赤, 橙, 黄$\})=1.0$ である．Bel は各集合を支持する程度，Pl は否定されない程度を表す．

証拠理論の応用には結合則を用いるものが多く，複数の不確実な情報を用いる意思決定やデータ融合，センサフュージョンなどに応用されている．　［山田耕一］

📖 **参考文献**
[1] Shafer, G., 1976, *A Mathematical Theory of Evidence*, Princeton University Press.

ランダム効用理論

「ランダム効用理論」とは，個人的意思決定を記述する古典理論である効用理論に準拠した，個人の意思決定を数理的計量的に表現する意思決定理論である．それゆえ，ここではまず「効用理論」を解説した上で，ランダム効用理論を説明する．

●**効用理論** 効用理論はミクロ経済学の「消費行動」を記述する理論として重要な役割を果たしてきた理論として広く知られているが，そもそも効用理論は，個人的意思決定を記述する基本的な古典理論の1つである．ここに効用とは，ミクロ経済学では「消費者が財を消費することから得られる満足の水準」を意味するが，ベイズ的意思決定理論ではより広範に「ものごとの望ましさを表現する尺度」を意味するものである．すなわち，複数の選択肢から唯一の選択肢を選択する局面において，意思決定者が個々の選択肢に対して抱く主観的な望ましさの程度が"効用"である（もちろん，意思決定時点においては，個々の選択肢を選択した場合に実際にえる望ましさ，あるいは満足度は多くの場合不確実なものであるが，それを考慮した効用は"期待効用"とよばれる）．そして，「効用理論」では，意思決定者は，選択肢の集合の中の個々の選択肢についての効用が最大のものを選択する，という「効用最大化仮説」（ミクロ経済学では「効用価値説」ともよばれる）をその基礎仮説として意思決定を記述する．

●**序列的効用と基数的効用** このように「効用」を想定すると，人間のすべての選択行動は，効用理論を用いて"説明"することが可能となる．なぜなら，誰のどのような選択であっても，少なくともその選択をなした時点においては，実行可能などの他の選択肢よりも実際に選んだ選択肢の方が，その効用水準が高いと見込まれていたからなのだと"説明"できてしまうからである．しかし，当の選択者ですら，個々の選択場面で，それぞれの選択肢にどのような効用を与えていたのかは不明確である．当然ながら，どの分析者にとっても，それは同様に不明確である．そのため分析者による，効用の「測定問題」が生ずる．

この効用の測定問題においては，効用をどのようなものであると想定するかによって，自ずとその測定方法が異なるものとなる．そして，この効用の測定問題においては，効用を想定する基本的な考え方として，「序数的効用」と「基数的効用」という2種類の考え方がある．ここに，序数的効用とは，個々の選択肢についての効用に対して，具体的な数量を測定することができない一方で，選択肢間の大小関係を測定することが可能である，というような効用である．一方で，基数的効用とは，大小関係のみならず，具体的な数量を測定することができる，と

いうような効用である．

●**ランダム効用理論**　ランダム効用理論は，基数的効用を想定して意思決定を記述する．ただし，効用の測定者あるいは意思決定の記述者（つまり，分析者）にとっては，常に個々の選択肢の基数的効用の値は「不確実」である．したがって，分析者にとって，個々の選択肢の効用値は「確率変数」である．とはいえ，確率変数の定義通り，その効用の「実現値」は唯一である．具体的には，次のように数理的に表現される．

まず，N 個の選択肢からなる選択肢集合 Ω からの選択問題を考える．それぞれの選択肢 $i(=1, 2, \cdots, N)$ の効用を U_i とすると，この U_i は，当該の意思決定時点においては確定値であり，U_i が最大となる選択肢 i を「選択者」は選択することとなる．ただし，「分析者」にとっては U_i の値は不確実であるため確率変数となる．それゆえ，分析者にとっては，この意思決定者がいずれの選択肢の効用が最大値を与えるのか不確実であり，したがって，いずれの選択肢も，その効用が最大となる（＝選択される）「可能性」をもつ．ここで，選択肢 i を選択する確率（選択確率）を P_i と表記すると，

$$P_i = \mathrm{Prob}\{U_i > U_j, \ \forall_j (\neq i) \in \Omega\}$$

と，選択肢 i が選択肢中最大の効用を与える確率として，P_i を定義できる．

●**基本的数理表現**　ランダム効用理論においては，以上に述べた基本的な考え方に基づきつつ，以下のような数理表現を行いつつ，効用を計量化する．まず，効用 U_i を，以下のように確定効用 V_i と誤差項（ランダム項）ε_i に分離し，

$$U_i = V_i + \varepsilon_i$$

と表現する．そして，ε_i について多様な確率分布モデルを想定することで，P_i を解析的に定義する．例えば，その分布として正規分布を仮定する場合にはプロビットモデルとよばれるモデルで選択確率を定義することが可能となり，ガンベル分布を仮定する場合にはロジットモデルとよばれるモデルで選択確率を定義することができる（「多項ロジットモデル」参照）．

ここで，ロジットモデルなどのこれらのランダム効用理論に基づく計量モデルでは，選択肢や選択状況に関わる属性変数ベクトル X_i を想定し，確定効用 V_i をこの X_i の関数として表現することが一般的であり（一般に，この関数は効用関数と呼称される），かつ，その関数形を，選択に関わるデータ（どういう選択肢の下で何を選択したのかというデータと，X_i のデータ）に基づいて推計することができる．こうして，効用関数を推計することを通じて，個々の選択における各選択肢についての基数効用（の確率分布）を特定することが可能となる．

なお，このようにランダム効用理論は，意思決定理論というよりはむしろ「計量分析」のために開発されたモデルであることから，ランダム効用モデル（RUM）と呼称されることも多い．

［藤井　聡］

多項ロジットモデル

　「多項ロジットモデル」は，3つ以上の選択肢を想定した選択問題を記述するランダム効用理論（あるいはランダム効用モデル）（「ランダム効用理論」参照）の中でもとりわけ援用されることが多く，消費行動，生活行動，交通行動などにおける意思決定についての応用統計分析の実務と研究の中で最も頻繁に活用されているモデルである．同種のモデルとして多項プロビットモデルも広く知られているが，その取り扱いやすさの点においては多項ロジットモデルが優越しており，この点が，その応用範囲の広さの直接的原因となっている．なお，選択肢が2つの場合は特に二項ロジットモデルともいわれるが，その基本構造は多項ロジットモデルと共通であることから，ここでは特に多項ロジットモデルについて述べる．

●**概略**　ランダム効用理論あるいはモデルは，①選択データを取得，②その選択データに基づいた効用関数の特定，③特定された効用関数に基づく効用水準の特定とそれを踏まえた（予測も含めた）各種分析の実施，といった一連の応用統計的作業を行う際に援用されるものである（「ランダム効用理論」参照）．多項ロジットモデルは，そうしたランダム効用モデルの中でも，とりわけ，各選択肢の効用の確率分布がそれぞれの互いに独立であり，かつ，以下のような累積密度関数をもつ「ガンベル分布」（あるいはガンベル分布）を仮定する場合のモデルである．

$$F(\varepsilon) = \exp[-\exp\{-\mu(\varepsilon - \eta)\}]$$

ここに，μ は分布のばらつきを表すスケールパラメータ，η は分布の位置を表すロケーションパラメータである．ここに，ガンベル分布は次のような特徴をもつ分布である．i) 2つのガンベル分布に従う確率変数の差はロジスティック分布に従う，ii) 最頻値は η，平均値は $\eta + \gamma/\mu$（γ はオイラー定数 $\cong 0.577$），分散は $\pi^2/6\mu^2$．ここで，ランダム効用理論は常に個々の選択肢の間の「効用の差」に基づいて選択確率を誘導することから，多項ロジットモデルは結局，「ロジスティック分布」に基づいて選択確率を誘導するモデルである，ということができる．

●**一般的数理的表現**　多項ロジットモデルでは，選択肢集合内の個々の選択肢 i ($=1, 2, \cdots, N$) について，以下のようなランダム効用 U_i を想定する．

$$U_i = V_i + \varepsilon_i$$

ここに，V_i は確定効用，ε_i はガンベル分布（スケールパラメタ μ，ロケーションパラメータは0）に従う誤差項である．この仮定のもと，選択肢 i の選択確率 P_i を算定すると，以下のようなシンプルな形となる．

$$P_i = \exp(\mu V_i) \bigg/ \sum_{i=1}^{N} \exp(\mu V_i)$$

この式から明らかなように，多項ロジットモデルでは確定効用 V_i がより大きい

選択肢の方が選択確率が大きいという性質をもつことがわかる．
　さて，多項ロジットモデルの援用場面では，V_i について，以下のような選択肢や選択者・選択状況についての属性変数（以下説明変数）の線形関数が想定されることが多い．
$$V_i = b_{i0} + b_{i1}x_{i1} + b_{i2}x_2 + b_{i3}x_{i3} + \cdots = \boldsymbol{B}_i^{\#} X_i$$
ここに b_{i0}, b_{i1}, b_{i2}, $\cdots$ はパラメータ（定数），x_{i1}, x_{i2}, x_{i3}, $\cdots$ は説明変数であり，$\boldsymbol{B}_i^{\#}$, X_i はそれぞれそれらを要素とするベクトルである．ここで，$\boldsymbol{B}_i = \mu \boldsymbol{B}_i^{\#}$ と表記した上で，これらの式に基づくと，
$$P_i = \exp(\boldsymbol{B}_j X_i) \Big/ \sum_{j=1}^{N} \exp(\boldsymbol{B}_j X_i)$$

●**パラメータの推定**　この式に示されているように，個々の選択肢の選択確率は，説明変数 X_i とパラメータ $\boldsymbol{B}_i$ がすべての i について与えられれば算定できる．ここで，説明変数 X_i は個々の選択肢や選択状況の属性変数であるから，別途測定・計測することができる．それ故，選択確率を定義するためにはパラメータ $\boldsymbol{B}_i$ を推定することが求められる．この推定にあたっては，まず，どういう選択肢集合とどういう説明変数 X_i (for all i) の下で何を選択したのか，という選択データを集める必要がある．そして，最尤推定法の考え方に基づいて，この選択データに基づいて以下の尤度関数 $L(\boldsymbol{B}_1, \boldsymbol{B}_2, \cdots)$ を誘導し，これを最大化するパラメータ $\boldsymbol{B}_i$ (for all i) を求め，これをもってその推定値とする．
$$L(\boldsymbol{B}_1, \boldsymbol{B}_2, \cdots) = \prod_l P_{i*l}^l = \prod_l \left[\exp(\boldsymbol{B}_{i*l} X_{i*l}^l) \Big/ \sum_{j=1}^{N} \exp(\boldsymbol{B}_j X_j^l) \right]$$
ここに，l は個人を表す引き数，$i*l$ は個人 l が実際に選択した選択肢番号である．

●**応用例**　多項ロジットモデルは，これまでにさまざまな局面に援用されてきた．基礎的分析においては，例えば動物の選択行動を説明するモデルとして援用され，高い説明力で動物の選択行動を説明できることが示されている．
　応用的には消費者の商品選択や，都市生活者の交通手段選択などに活用されている．とりわけ，都市計画，交通計画では広範に活用され，実際の交通需要予測などに幅広く応用されており，現在では需要予測のための最も基本的な方法論として位置づけられている．また，そうした応用の局面では，さまざまな方向に改良，拡張されている．とりわけ，多項ロジットモデルの問題点として指摘されることの多いIIA特性（個々の選択肢の誤差項が独立であるという特性）の緩和については，ネスティッド・ロジットモデル，ミックスト・ロジットモデルなどの開発を通してさまざまに展開されている．　　　　　　　　　　［藤井　聡］

📖 **参考文献**

[1] McFadden, D., 1973, Conditional logit analysis of qualitative choice behavior. In P. Zarambka (Ed.) *Frontiers in Econometrics*, Academic Press, 105-142.
[2] 竹村和久，藤井　聡，2005，一般対応法則と意思決定論，理論心理学研究，**7**(1), 40-44.

確認的因子分析

「因子分析」は伝統的な多変量解析法の1つで，複数個の観測変数の背後に潜む構造を探ることや次元縮小を図ることを主な目的とする．1970年前後にスウェーデンの統計学者であるヨレスコーグによって「探索的因子分析」と対を成す分析技法として「確認的因子分析」が導入された．因子分析の基本的な考え方は「探索的因子分析」の項目を参照されたい．記号も同項目を引き継ぐ．

探索的因子分析モデルのモデル式は

$$X = \mu + \Lambda f + e$$

であり，因子負荷行列 Λ の要素はすべて推定すべき未知母数である．これに対して，確認的因子分析モデルでは，事前の情報を利用して因子負荷行列に構造 $\Lambda(\lambda)$ を導入し，

$$X = \mu + \Lambda(\lambda)f + e, \quad V(X) = \Lambda(\lambda)\Phi\Lambda(\lambda)' + \Psi (=\Sigma)$$

とする．確認的因子分析モデルの要点の1つは因子回転が不必要になるように構造 $\Lambda(\lambda)$ を入れることであり，Σ から母数 (λ, Φ, Ψ) が一意に決まるようにする．また，通常は共通因子の間に相関を許す．事前情報は統計的に検証しておく必要がある．すなわち，データと事前情報を入れたモデルとが整合的であることを適合度検定や適合度指標によって確認する必要がある．

●具体例 「探索的因子分析」の項目で分析した6科目の試験データを再分析する．代数，幾何，解析の背後に数学的能力を表す共通因子を，英語，国語，古文の背後に言語的能力を表す共通因子を想定する．このとき，因子負荷行列の構造は

$$\Lambda(\lambda) = \begin{bmatrix} \lambda_{11} & \lambda_{21} & \lambda_{31} & 0 & 0 & 0 \\ 0 & 0 & 0 & \lambda_{42} & \lambda_{52} & \lambda_{62} \end{bmatrix}' \tag{1}$$

となる．潜在変数を扱うモデルでは潜在変数の尺度を定めなければならない．因子分析では共通因子の分散を1と固定する（$\phi_{ii}=1$）ことが多いが，構造方程式モデリングの枠組みでは，潜在変数の測定モデルにおいて各潜在変数について1つの因子負荷量を1に固定し潜在変数の分散を自由母数として推定することも多い．この場合は，上記の $\Lambda(\lambda)$ において，例えば，$\lambda_{11}=\lambda_{42}=1$ として推定する．推定値には，すべての変数を標準化（平均＝0，分散＝1）した標準解と標準化しない非標準解がある．一般に，標準解においては，潜在変数の尺度を定める上述の2つの方法は一致する．母数の推定値は

$$\Lambda(\hat{\lambda}) = \begin{bmatrix} 0.70 & 0.64 & 0.74 & 0 & 0 & 0 \\ 0 & 0 & 0 & 0.91 & 0.68 & 0.59 \end{bmatrix}', \quad \hat{\Phi} = \begin{bmatrix} 0.80 & 1 \\ 1 & 0.80 \end{bmatrix}$$

のようになる．ところが，適合度仮説

$$H_0: V(X) = \Lambda(\lambda)\Phi\Lambda(\lambda)' + \Psi \text{ vs. } H_1: V(X) > 0$$

の（尤度比）検定統計量の値と p 値は $\chi_8^2=18.24$, p 値 $=0.019$ となり，有意水準 5％ でモデルは棄却される．推定値においても，0.9 を超える因子負荷量や因子相関の推定値 0.8 も不自然である．したがって，当初想定した構造 $\Lambda(\lambda)$ は不適切であったと考えるべきであろう．

当初のモデルを，モデル修正に有用なLM検定とワルド検定を参考にして，修正する．修正の要点は，0と固定した因子負荷量を自由母数として推定すべきかどうか，推定した因子負荷量は 0 と固定した方がよいかどうかであり，これらを検討する仮説は

$$H_0: \lambda_{ij}=0 \text{ vs. } H_1: \lambda_{ij}\neq 0 \quad (2)$$

である．H_0 のもとでの推定結果のみを用いて行う検定をLM検定，H_1 の推定結果のみを用いて行う検定をワルド検定という．式 (1) のモデルのもとでの推定値を用いるとき，例えば，仮説「$H_0: \lambda_{21}=0$」に対してはワルド検定を，仮説「$H_0: \lambda_{22}=0$」に対してはLM検定を適用することになる．12個の因子負荷量のそれぞれに関する仮説 (2) の検定統計量の値を表1に示す．これらの値は自由度1のカイ二乗分布の上側 $100\alpha\%$ 点と比較する．$\alpha=0.05$ を採用するならば，検定統計量の値が $\chi_1^2(0.05)=3.841$ を超えたとき H_0 を棄却することになる．

表1 モデル修正のためのLM検定とワルド検定結果

	F_1：数学的能力	F_2：言語的能力
X_1：代数	126.41	1.19
X_2：幾何	102.62	0.14
X_3：解析	144.39	2.21
X_4：英語	12.30	258.89
X_5：国語	5.66	125.42
X_6：古文	0.82	91.36

表1から，現在自由母数として推定している因子負荷量はすべて $\lambda_{ij}\neq 0$ と判断され，0と固定されている因子負荷量の中では $\lambda_{41}(F_1\rightarrow X_4)$ が非ゼロと判断され，λ_{41} を自由母数として再推定する．修正モデルの因子負荷行列の構造を $\Lambda_1(\lambda_1)$ と書くと，推定結果

$$\Lambda_1(\hat{\lambda}_1)=\begin{bmatrix} 0.70 & 0.65 & 0.73 & 0.41 & 0 & 0 \\ 0 & 0 & 0 & 0.52 & 0.77 & 0.66 \end{bmatrix}', \quad \Phi=\begin{bmatrix} 0.64 & 1 \\ 1 & 0.64 \end{bmatrix}$$

となり，適合度仮説の検定統計量の値は $\chi_7^2=6.31$ で，新しいモデルは受容される．

●発展　確認的因子分析の定義と流れを示したが，分析事例においては，確認的因子分析 (CFA) の推定結果は探索的因子分析 (EFA) のそれ（「探索的因子分析」表1参照）と大きな違いはない．しかし，一般的にはこれらの分析には本質的な違いは多い．探索と確認という利用できる事前情報の差に加えて，CFA のみで分析できる状況は多い．特に，CFA は識別可能であるが EFA では識別できず推定不可能となる場合，複数の母集団の間での因子分析結果の統計的比較，因子平均の推定，誤差共分散の導入などが必要である．

［狩野　裕］

参考文献
[1] 豊田秀樹, 1998,『共分散構造分析 入門編』朝倉書店.
[2] 狩野　裕, 三浦麻子, 2002,『グラフィカル多変量解析 増補版』現代数学社.
[3] 狩野　裕, 2002, 行動計量学, **29**, 138-159.

計量多次元尺度法

「多次元尺度法」(MDS)の目的は，(非)類似性データを分析して，対象を位置づける空間布置を求めることである．ここで，非類似性とは，値の大きさ（小ささ）が対象どうしの遠さ（近さ）を表す数値を指す．MDSは，数量としての非類似性を分析する「計量MDS」と，非類似性の順位データに適用される「非計量MDS」に大別でき，この項では前者だけを指してMDSとよぶ．

● **計量多次元尺度法の適用例** MDSが適用される対象×対象の非類似性データ行列の例を表1に示す．行列の要素は，値が小さいほど行と列の対象（野菜）が似ていると知覚されることを表す．このデータをMDSで分析すると，トマト＝ [0.22, 0.62] といった対象の座標値が解として得られ，座標値に従って対象を位置づけた布置（図1）より，「大根はにんじんと似てトマトから隔たる」など対象間の関係が把握できる．

表1 野菜どうしの非類似性

対象	(1)	(2)	(3)	(4)	(5)	(6)	(7)	(8)	(9)
(1) トマト	—								
(2) 玉ねぎ	5.5	—							
(3) キャベツ	5.8	4.6	—						
(4) 大根	7.7	6.4	7.2	—					
(5) きゅうり	5.9	6.9	6.7	5.4	—				
(6) なすび	5.6	6.8	7.2	6.2	4.2	—			
(7) じゃがいも	6.2	4.5	6.6	6.2	7.4	6.9	—		
(8) かぼちゃ	5.7	5.1	5.1	6.9	7.0	6.4	4.4	—	
(9) にんじん	6.5	6.1	7.1	3.3	4.9	6.1	5.1	6.1	—

● **モデルと計算原理** 分析前は対象の座標値は未知であるので，表1における任意の2つの対象iとjの次元1, 2の座標値を $[x_{i1}, x_{i2}]$，$[x_{j1}, x_{j2}]$ と表そう．i, j間のユークリッド距離は，ピタゴラスの定理より

$$d_{ij}(x) = \{(x_{i1} - x_{j1})^2 + (x_{i2} - x_{j2})^2\}^{1/2}$$

と表せる．ここで，距離が座標値xの関数であることを明示するため，d_{ij}に(x)を付けている．この距離に切片cと誤差e_{ij}が加わったものが対象i, j間の非類似性q_{ij}であるとみなすこと，つまり，$q_{ij} = d_{ij}(x) + c + e_{ij}$というモデルがMDSの基礎となる．すべての対象のペアについての誤差平方の総和

$$e_{21}^2 + e_{31}^2 + e_{32}^2 + e_{41}^2 + \cdots + e_{98}^2 = \sum_{i>j} e_{ij}^2 = \sum_{i>j} \{q_{ij} - (d_{ij}(x) + c)\}^2$$

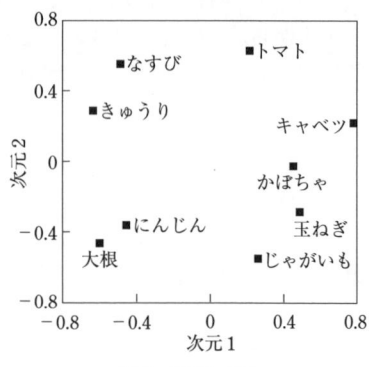

図1 MDSの解

を最小にするcおよび一連の座標値xがMDSの解となる．ここまで解の次元数pを2に限定して説明したが，pは1〜[対象の数-1]のいずれかに設定でき，ど

のような p であっても，距離の定義式が $d_{ij}(x) = \left\{\sum_{k=1}^{p}(x_{ik}-x_{jk})^2\right\}^{1/2}$ と一般化されることを除けば，モデルや計算原理は同じである．以下，$p=2$ を想定する．

●**個人差多次元尺度法** 表1の非類似性は，複数（50名）の実験参加者から得られた評定値を平均したものであるが，素データである複数参加者の非類似性データをそのまま分析する方法に，個人差 MDS がある．この方法は，参加者 k から得られた対象 i,j 間の非類似性 q_{ijk} を，重み付きユークリッド距離 $d_{ijk}(x, w) = \{w_{k1}(x_{i1}-x_{j1})^2 + w_{k2}(x_{i2}-x_{j2})^2\}^{1/2}$ に切片 c と誤差 e_{ijk} が加わったものとみなすモデルに基づく．上記の重みつき距離の定義式で，参加者を区別する添え字 k が重み w にだけ付き，座標値 x には付かないことからわかるように，個人差 MDSのモデルは，対象の座標は個人間で共通であるが，各参加者が各次元に与える重み w_{k1}, w_{k2} に個人差が現れると考えるものである．誤差平方和

$$\sum_k\sum_{i>j} e_{ijk}^2 = \sum_k\sum_{i<j}\{q_{ijk} - (d_{ijk}(x, w) + c)\}^2$$

を最小にする c，一連の座標値 x，重み w が解となる．表1のもとになった素データに，個人差 MDS を適用した結果を図2に示す．

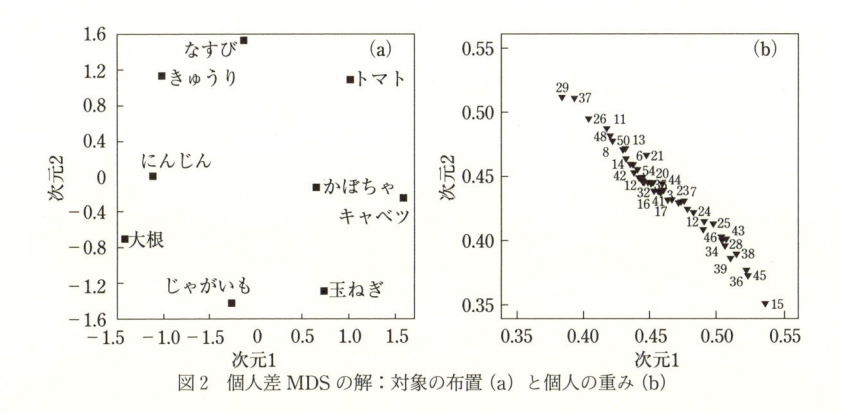

図2 個人差 MDS の解：対象の布置（a）と個人の重み（b）

対象（a）の布置をみると，形が丸い野菜が布置の右，細長い野菜は布置の左に位置することから，次元1は「形の次元」とよぶことができ，根菜は布置の下，「実」の野菜は上に位置することから，次元2は「実-根の次元」とよべよう．図2 (b) は，$[w_{k1}, w_{k2}]$ を座標値として参加者をプロットした布置であるが，例えば，次元2より次元1に大きい重みを示す右下の参加者15は，「実-根」の区別より「形」を重視して，類似性を評定しているといえる． ［足立浩平］

📖 **参考文献**
[1] 足立浩平, 2006,『多変量データ解析法』ナカニシヤ出版．
[2] 岡太彬訓, 今泉 忠, 1994,『パソコン多次元尺度構成法』共立出版．

S-P表と注意係数

　S-P表のSはstudent（生徒），Pはproblem（問題）の略である．
　テストの項目分析（「項目分析」参照）では，もし成績の高い人がよく間違え，逆に成績の低い人のほうが正答率が高い項目があったら，それは，たとえば，テスト作成者が想定していたレベルよりも深く考えると，想定していた正答とは異なる答えに至るような項目であったり，そもそも想定していた正答自体が正しくなかったりする可能性があり，注意して見直しをする必要があるとされる．
　この考えは，項目だけでなく，テストを受ける生徒のほうに適用することもできる．もし，正答者の少ない難しい項目には正答しているのに，易しい項目には誤答している生徒がいれば，でたらめに答えを選んでいる可能性や，あるいはケアレスミスが多い可能性，さらには，学習にむらがあって基本的な内容について誤解をしている可能性などが考えられ，いずれも指導上，注意が必要となる．
　教育工学の分野で佐藤隆博によって提案された注意係数は，項目および生徒について，上記のような注意を要する程度を指標化したものである．また，S-P表とよばれる表は注意係数の算出を容易にするとともに，テスト結果に関するさまざまな情報を視覚的に把握できるものである．

●**S-P表のつくり方**　S-P表は，表1に示したように，生徒×項目という形の表に，各生徒が各項目に正答なら1，誤答なら0を入れたものである．ただし，生徒は合計点の高い方から順に並べ替え，項目は正答者の多い易しいものから順に並べ替えてある．このように並べ替えられた一覧表の中に，S曲線とP曲線とよばれる2本の曲線を書き込んだものがS-P表である．S曲線（表中の実線）は，各生徒について，左から合計点の分だけ数えて区切ったものであり，P曲線（点線）は，各項目について，上から正答者数の分だけ数えて区切ったものである．
　この中の生徒8のように，易しい項目にすべて正答し，ある程度以上難しい項目にはすべて誤答していると，パターンとしては特に問題にならない．実際，後に定義する注意係数は，この生徒の場合，右端の欄にあるように0となる．これに対し，例えば生徒4のように比較的難しい項目に正答していながら易しい項目に誤答しているのは注意を要するパターンである（注意係数は0.53）．

●**注意係数の求め方**　項目分析における識別力の考え方を援用すれば，項目については，当該項目の得点(1,0)と合計点の間の相関係数を求め，それが小さかったり，負であったりすると要注意と判断することができる．注意係数は，相関係数ではなく共分散を用いることと，要注意であるほど値が大きくなって最大1となるよう，以下のように基準化している点に特徴がある．

　　項目の注意係数＝1－（項目得点と合計点との共分散）/共分散の最大値

表1　S-P表の例

項目 生徒	2	3	13	10	1	6	4	11	12	5	8	7	15	14	9	合計点	注意係数
1	1	1	1	1	1	1	1	1	1	1	1	1	1	1	1	15	0.00
20	1	1	1	1	1	1	1	1	1	1	1	1	1	1	0	14	0.00
22	1	1	1	1	1	1	1	1	1	1	1	1	1	1	0	14	0.00
9	1	1	1	1	1	1	1	1	1	1	1	1	0	0	0	13	0.00
24	1	1	1	1	1	1	1	1	0	1	1	1	1	1	0	13	0.37
12	1	1	1	1	1	1	1	1	0	1	1	1	1	1	0	13	0.41
19	1	1	1	1	1	1	1	1	1	0	1	1	0	1	1	13	0.61
8	1	1	1	1	1	1	1	1	1	1	1	1	1	0	0	12	0.00
3	1	1	1	1	1	1	1	1	1	1	0	1	1	0	0	12	0.03
14	1	1	1	1	1	1	1	1	1	0	1	1	1	0	0	12	0.17
7	1	1	1	1	1	1	1	0	1	1	1	1	1	0	0	12	0.21
25	1	1	1	1	0	1	1	1	1	1	1	0	1	1	0	12	0.38
16	1	1	1	1	1	1	1	1	1	1	0	0	0	1	0	12	0.41
21	1	1	1	1	1	1	1	1	0	1	0	0	1	0	0	11	0.12
2	1	1	1	1	1	0	1	1	1	1	0	1	1	0	0	11	0.21
17	1	1	1	1	1	0	1	1	1	0	1	1	1	0	0	11	0.30
23	1	1	1	0	1	1	1	1	1	0	1	1	0	1	0	11	0.49
10	1	1	1	1	1	1	1	1	0	1	1	0	0	0	0	10	0.06
6	1	1	1	1	1	1	1	1	0	1	0	0	0	0	0	10	0.30
5	1	1	1	1	1	1	1	1	0	0	1	0	0	0	0	10	0.33
4	1	1	1	1	1	1	0	1	0	1	0	1	0	1	0	10	0.53
13	1	1	1	1	0	1	0	0	1	1	1	1	0	0	0	9	0.33
18	1	1	1	1	1	1	1	0	0	0	0	1	0	0	0	8	0.00
11	1	1	1	1	0	1	1	0	0	0	0	1	0	0	0	7	0.13
15	1	1	1	0	0	0	0	1	0	0	1	0	0	0	0	6	0.45
正答者数	25	25	25	23	22	21	21	20	20	19	18	15	14	10	3		
注意係数	0.00	0.00	0.00	0.42	0.08	0.33	0.47	0.25	0.68	0.52	0.59	0.44	0.19	0.48	0.32		

[子安増生，他，2003，『教育心理学（新版）』有斐閣，p.195]

　　生徒の注意係数＝1−(項目得点と正答者数との共分散)/共分散の最大値
　ここで，項目の注意係数を求める際の共分散は，S-P表の各項目の列と合計点の列から計算する．分母の「共分散の最大値」は，その項目と同じ正答者数でP曲線の上が全部1になるような「完全パターン」のときの共分散である．生徒の注意係数を求める際の共分散は，S-P表の各生徒の行と正答者数の行から計算する．分母の「共分散の最大値」は，その生徒と同じ合計点でS曲線の左が全部1になるような「完全パターン」のときの共分散である．
● **S-P表の利用**　S-P表を用いれば注意係数の計算が簡単になり，注意係数は
　　　生徒の注意係数＝$(A-B)/(C-D \times E)$
で求めることができる．ただし，A：その生徒のS曲線から左の0に対応する正答者数の和，B：その生徒のS曲線から右の1に対応する正答者数の和，C：その生徒のS曲線から左の項目の正答者数の和，D：その生徒の合計点，E：項目の正答者数の平均，である．注意係数の値が0.5を超える場合は，その生徒の学習状況について検討の必要があるとされている．　　　　　　　　　　　[南風原朝和]

社会的ネットワーク

'口コミはどのようにして広がっていくのだろうか'. この問題を解くためには，「社会的ネットワーク」の構造を表現し，その上で，情報伝播の経路をたどる必要がある．社会的ネットワーク構造を表現するためには，主として2つの方法がある．第1に，個人を点で，個人間の関係（口コミの場合は，コミュニケーション関係）を線で表したグラフを描くこと，第2に，関係する人々を行列Aの行と列それぞれに配置し，ある個人iと別の個人jの間にコミュニケーション関係がある場合は，$A_{ij}=1$，関係がない場合は$A_{ij}=0$とした隣接行列を作成することである．そして，情報伝播の経路をたどるには，グラフ上で情報源から順に線をたどっていくか，$A^2, A^3, A^4, \cdots$を計算し，2−1=1ステップ，3−1=2ステップ，3ステップ，…後に各人から出た情報が，どこまで伝達されるかを見るかである．

●**中心性の指標** 集団において中心的な人物は誰かを考えてみよう．この場合，まず，どのような人物を中心的と考えるかの仮定が必要である．例えば，i) 多くの人々に人気がある人，ii) 集団内の人々に短いステップで情報や命令を伝達できる人，iii) 集団内の情報伝達過程における発信者から受信者への最短経路の中で，しばしば情報を媒介することになる人，などである．このような仮定に則して指標化したもの（ここでは，すべて無向関係とする）が，i) 次数中心性C_D, ii) 近接中心性C_C, iii) 媒介中心性C_Bである．これらの中から，当該問題にとって適切な指標を用いればよい．

表1 いくつかの中心性指標

次数中心性	近接中心性	媒介中心性
$C_D = \dfrac{\sum_j A_{ij}}{g-1}.$	$C_C = (g-1)\left[\sum_{j=1}^{g} d(n_i, n_j)\right]^{-1}.$	$C_B = \left[\dfrac{\sum_{j<k} g_{jk}(n_i)}{g_{jk}}\right]\left[\dfrac{(g-1)(g-2)}{2}\right]^{-1}.$
和は$i \neq j$, gは点の数	和は$i \neq j$, $d(n_i, n_j)$は点iと点jの距離	$i \neq j \neq k \neq i$, $g_{jk}(n_i)$は点jと点kの最短経路の中で点iを含む数

また，集団において競合的な関係にある人々がだれかを考えてみよう．ここでは，資源が限定的な場合に，ネットワーク上で同じような位置にある人々が，その資源をめぐって競合するという仮定を置いてみる．つまり，構造上の位置に鑑みて同値類に属する人びとが競合すると考えるのである．同値類を判別するための指標としては構造同値が知られているが，基準を緩めたレギュラー同値などがよく用いられている．

表2 「ハラリーのグラフ」とよばれるグラフとそのネットワーク指標

		次数中心性	近接中心性	媒介中心性	構造同値	レギュラー同値
	1	0.667	0.750	0.000	＊＊	＊
	2	1.000	1.000	0.167	＊	＊
	3	1.000	1.000	0.167	＊	＊
	4	0.667	0.750	0.000	＊＊	＊

注：同値に関する項の＊は，それが同数の点が同じ同値類であることを表す．

●**社会的ネットワーク分析** ここまでに例示したように，社会的ネットワークとは，人々のもつ関係性をグラフないし隣接行列で表現したものである．しかしながら，グラフや隣接行列それ自体から理解できることは少ない．上述の情報伝播の過程などが，その少ない例の1つである．多くの場合，ネットワーク構造をグラフないし行列で表現した上で，その全体的ないし局所的構造を特定の関心にしたがって指標化したり，特定の構造的パターンを全体構造の中に見出したりしようとする．指標化の例としては，中心性に関わる指標などがあり，特定の構造的パターンを析出する例としては，同値類の発見などがある．社会的ネットワーク分析とは，これらの表現と分析を含めた全体である．

　ところで，教育現場で行われてきているソシオメトリーないしソシオメトリック・テストは，学級における児童・生徒間の好悪の人間関係の構造を明らかにしようとする点で，社会的ネットワーク分析と関心は共通している．歴史的には，J. L. モレノと H. H. ジェニングスが提唱したソシオメトリーは，現在の社会的ネットワーク分析の起源の1つである．しかしながら，近年，ソシオメトリーは人権を侵害する可能性のある手法であるという批判が高まっており，その利用にあたっては十分な配慮が必要である．

●**その他の社会的ネットワーク研究** ここまでにあげたもの以外にも，社会的ネットワークに関わる研究がある．例えば，ある人が，ある属性を持つ人々やある社会的カテゴリーに属する人々とのつながりをもっていることと，その人の行動・思考・認知・精神的健康・地位達成などとの間にどのような関係があるかといった研究である．その中には，ソーシャル・サポート・ネットワーク，コンピュータを媒介としたコミュニケーション，N. リンの社会関係資本（N. リン，2008）の研究などが含まれる．これらの研究においては，社会的ネットワークの構造分析よりも，社会的ネットワークの機能分析に比重がある． ［辻 竜平］

📖 **参考文献**
[1] Wasserman & Faust, 1994, *Social Network Analysis*, Cambridge.

eラーニング

　eラーニングは一斉授業や集合研修の単なる近似ではない．もちろん，一斉授業や集合研修を講師が話す様子を録画したビデオを単にWebで配信すればよいのではない．従来から研究されてきたCAIは，教師によって行われてきた「教授過程」をコンピューター上で表現し，それを自動化しようとするものであったため，実用的には，あくまでも対面教授の近似にすぎず，十分な成果をもたらすことはできなかった．その後，研究が進み，教師が中心となる「教授」をベースとした学習環境よりも，学習者（集向）自身が主体となり，学習者の自律的学習を生起させることができる学習環境のほうが，個々の学習を真正化し，より有意義で効果的であることが明らかとなってきた．このような背景の下，eラーニングは，新しい学習パラダイム，学習者集団の自律的な学習生起を支援するコンピューター環境として提案されたのである．

　すなわち，eラーニングとは，i) multimedia：リソースのマルチメディア・コンテンツによる教材の提示，ii) collaboration：ネットワーク上での複数の学習者間の相互作用を通した学習活動，iii) computation：コンピューター計算/推論機能による学習支援，という3つの要素の融合による新しい学習環境下での学習を意味し，地理的に分散した学習者集団によって構成した学習共同体の生産的で自律的な協調的学習活動である，と定義できる．

　以上より，eラーニングとは単なるテクノロジーをさすのみでなく，社会的学習理論などの新しい学習理論や哲学を含んだ最新の学習形態のことを意味していることがわかる．

● **LMS**　eラーニングを実現するためには，LMSとよばれる情報システムが必要となる．LMSは「学習（の生起）をマネジメントするためのシステム」であり，i) コンテンツのWeb配信・管理，ii) CSCL，iii) 受講者管理と学習履歴データ管理，iv) 教材コースの登録・管理，の機能，v) 学習マネジメント機能をもつ．i) では，教材コンテンツとしてテキストのみでなく，画像・音声・動画などを用いたマルチメディア・コンテンツをWebを通じて配信できるように設計される必要性がある．これにより，実験プロセスやさまざまな現実の現象を再現することができ，例えば仮説実験学習や理論学習のタイミングに合わせた実験の提示などに用いることができる．ただし，コンテンツを自習することだけなら，従来のCAIでも十分可能である．eラーニングの特徴は，さらにインターネットに繋がっていることであり，学習者間での協調学習にある．

　例えば，マルチメディア・コンテンツによって，実験といくつかの実験結果の

仮説が選択肢として学習者に提示され，対立した仮説を選択した学習者同士で電子掲示板上で議論させることが可能となる．さらに正解の実験結果をマルチメディア・コンテンツとして提示することにより，その説明を電子掲示板上で議論させることができる．すなわち，科学者の科学的方法を追従することができ，真正性が高い学習が実現できるのである．

●**真正な学習評価** eラーニングとは，人工的で無理やりさせられる学習から「ありのままの学習」や「真正な学習」への転換を目指して行われる行為である．つまり，テストなどで動機付けされない自律的な学習の実現こそが目的なのである．そのため，より現実的な文脈の下，真正な課題を設けて評価する必要がある．このような課題に対して学習者によって生成される成果物を学習成果物とよぶ．eラーニングでは学習成果物は電子ファイルとしてLMS上に提出され，学習者間で共有される．その評価法は，i) セルフ・アセスメント（自己評価），ii) ピア・アセスメント（学習者同士の相互評価），iii) エキスパート・アセスメント（教師などによる評価）に大別され，それぞれの評価システムはLMS上に組み込まれる．ただし，eラーニングは教師がいなくても成り立たなくてはならないので，基本的にはi)，ii) の評価が中心となる．

さらに評価データは自動的に可視化され，リフレクション（振り返り）の誘発による学習活用や学習者評価などに用いられる．真正な評価においても，どの程度正しく知識を獲得したかを確認することは重要である．知識を計測したり，演習を促進するためにLMSに埋め込まれたコンピューター・テストをeテスティングとよぶ．また，近年，学習者自身に項目を作問させて実際にテストや演習問題に用いる方法が注目されており，「問題づくり」が問題解決能力や問題分類能力を向上させ，学習者のメタ知識を発達させる働きがあることが知られている．一方，eラーニングでは学習者の詳細な学習履歴が大量に蓄積されることが特徴である．これらをデータ・マイニングし，学習者やeラーニング・コースおよび各コンテンツに重要なフィードバックを与えることも重要な評価活動となる．このようにeラーニングでは，多種かつ大規模な評価データがLMS上で蓄積され，これらのデータを統一的に処理し，評価や学習そのものに活用させる知的な情報システムがLMSに組み込まれる必要性がある．このようなシステムを一般に，eポートフォリオ・マネジメント・システムとよび，近年注目されている．

［植野真臣］

参考文献
[1] 植野真臣，2007，『知識社会におけるeラーニング』培風館．

力学系モデルと計量分析

●**分野** 力学系の研究は，その名が暗示しているようにもともとは古代のエジプト，バビロニア，中国などにおける天体観測から始まったといわれる（例えば，青木，白岩，1985）が，複数の要素からなるシステムの状態の変化を何らかの方程式や規則で記述し，それらのモデル式の数学的な性質を研究する分野の1つである．ここで，それらの式が微分方程式であれば，その系は微分力学系，同差分方程式であれば差分力学系などとよばれる．システムの状態は1つないしは複数の変数（状態変数）により表され，状態空間を構成する．例えば，物理系の例として物体の運動を考えれば，状態変数は物体の位置および運動量から構成される．電気回路の例として簡単なコンデンサー，抵抗，およびコイルの3要素からなる系を考えれば，状態変数は各要素での電流と電圧からなる．生物学の分野では，例えば年ごとの蝉の発生数を状態変数とする差分方程式（例えば，R. M. メイ）などがよく知られている．状態変数は必ずしも定量的なものである必要はなく，アルファベットのような記号であれば，記号力学系を考えることもできる（例えば，B. P. キッチェンス，1998）．

●**心理学の分野** この分野でもこれまでにさまざまな系が考察されてきた．心理学の分野に限って力学系の萌芽的な研究まで遡ると，古くは物理的ゲシュタルト（W. ケーラー，1920）や社会的場理論（K. レビン，1935，1951）などがあげられるが，共に思弁の域を出ていない．力学系の問題を科学的な研究の俎上に乗せるためには，個々の研究における状態変数の定義，系の変化を記述する方程式や規則，および力学系の理論が必要である．力学系の理論のうち，特異点とその分岐理論は基礎的なものの1つである．

しかし，心理学の分野では早くから力学系の考え方の必要性は指摘されているにもかかわらず，思弁的レベルにとどまる議論も多いし，状態変数や状態空間の定義があいまいな研究や，それらが直接的には構成できないような現象も存在する．後者の場合，縦断的に得られるソシオメトリックデータなどの評定尺度データから，計量的方法により，事後的に状態空間を推定しかつ推定された系の定性的軌道特性を描き出す方法もある（千野・中川，1983，1990）．図1は，15週に

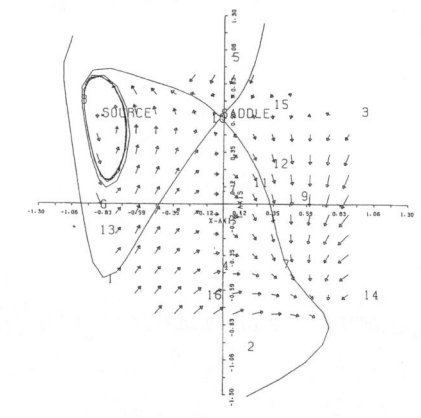

図1 縦断的ソシオメトリックデータを使った例

わたる縦断的ソシオメトリックデータ (T. M. ニューカム, 1961) に千野らの方法 (DYNASCAL) を適用した結果の一部（第1週目の推定された状態空間上の17名の成員の布置とそこでの系の軌道特性）を示したものである．この図には，2次元非線形微分方程式系で理論的に可能な特異点やリミットサイクルの1つが推定されている．

　一般に，微分・差分力学系では系の軌道特性として「アトラクタ」が各種知られている．アトラクタ（altractor）とは，力学系の解曲線（軌道）上の点が，長期的な振る舞いの結果，吸い込まれていった先の点または点の集合をいう．よく知られたアトラクタは4種類あり，1つは1点からなるアトラクタでポイントアトラクタ（微分力学系では特異点，固定点，差分力学系では固定点ともよばれるもののうち漸近的安定なもの）である．2つ目は，閉軌道からなるアトラクタでω-リミットサイクルとよばれるものである．図2の第2象限にはこの種のアトラクタが存在する．3つ目はトーラスである．4つ目は，ストレンジアトラクタ，カオスアトラクタ，およびハミルトン系のアトラクタ（カオスの海とよばれる）(E. N. ロレンツ, 1993) である．上に述べたDYNASCALでは2次元非線形微分方程式を仮定しているので，トーラスやカオスアトラクタは現れない．

●**現象の表現例**　心理学的現象を，状態空間をきちんと定義し，系の変化を正確に微分方程式系で表現する研究もすでにいくつか提案されているが，それらは必ずしも心理学者によるものではない．例えば，甘利はMcCulloch-Pittsのニューロンの原理に従った連想と概念形成のモデルで，概念形成は複数のニューロンが自己組織化する中で複数の特異点を形成する系を創出することであり，個々の特異点形成は短期記憶に，シナプス荷重を変えることにより形成される多くの特異点形成は長期記憶にかかわるとしている（甘利，1977）．また，津田はニューラルネットワークとりわけ非線形振動子に関する考察から，我々の知覚は力学系の固定点であり，概念はリミットサイクル，トーラス，カオスなどの振動活動であろうとしている（津田，1991）．一方，中川は最近リカレントニューラルネットワークにカオスや評価関数からの誘導メカニズムを組み込んだ発見的課題解決の力学系モデルを提案している（岡林，2008）．また，津田は毛細管（脈波）の測定結果を解析し，心臓だけでなく脈波にもカオスの存在することを見つけ，カオス特性を正常者とアルツハイマー型老年痴呆や統合失調症患者等でも比較検討している（津田，1992）．また，ミアオらは最近，脈波の詳細な力学系モデルを提案し，そのカオス特性を検討している（ミアオ，下山，雄山-比嘉，2006）．　　[千野直仁]

📖 **参考文献**
[1] 青木統夫，白岩謙一，1985，『力学系とエントロピー』共立出版．
[2] Chino, N. and Nakagawa, M., 1990, A bifurcation model of change in group structure, *The Japanese Journal of Experimental Social Psychology*, **29**(3), 25-38.
[3] 岡林春雄編，2008，『心理学におけるダイナミカルシステム理論』金子書房．

描画の計量分析

臨床心理学や精神医学の領域においては，クライエントに描画をさせ，その描画の特徴から，臨床的な診断を行うということがなされている（Koch, 1952 林他訳, 1970；三上, 1979；森田, 1989；横田, 1993）．有名なものは，Kochにより提案された，図1に示したような樹木画法（バウムテスト）である．さらに，発達心理学の領域においても，児童の発達段階を確認したり，児童の問題行動を理解したりするために，描画が用いられることが多い（Wallon, et al., 1990）．さらに，タブーが存在したり，社会的望ましさの観点から認知を言語報告しにくいような場合，一般成人を対象にして，描画を用いた調査手法が用いられることがある（竹村，他，2003；高崎，他，2005）．

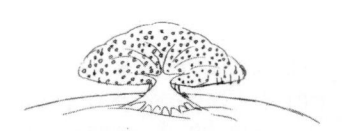

図1 樹木法による描画の例[1]

これらの描画の分析においては，
ⅰ）絵全体としての印象を評価する全体的評価，
ⅱ）絵の用紙上の位置，サイズ，陰影などの形式的分析，
ⅲ）何を描き何を描かなかったという観点からの絵の内容分析
などがある．

ⅰ）とⅲ）の分析については，評価者の主観的な報告にほとんどまかされるほか，ⅱ）の形式的分析においても，評価者の評価をもとになされるので，必ずしも高い信頼性はあるとはいえない現状があった．しかし，近年，ⅱ）の形式的分析に関して，描画を計量的に分析しようという研究が出始めている[2]．

●**描画の計量分析の手順** 描画の計量分析については，その定性的特徴をコード化して，多変量解析にかける方法，描画をスキャナーなどに取り込み画像解析する方法がある．計量分析にあたっては，以下のステップが考えられる．

（1）描画：調査対象者に描画をしてもらう．臨床心理学で用いる人物画や樹木画などの他に，「コーヒーショップの店の雰囲気を絵にしてください」というような描画や「アメリカ人を描いてください」などの方法がある．

（2）描画の計量分析：描画の定性的特徴をコード化する方法では，コレスポンデンス分析や数量化理論などの多変量解析にかけることが行われている[2]．また，描画をスキャナーなどに取り込み，濃度ヒストグラムによる分析，空間濃度レベル依存法による分析，描画の濃度レベル差分法による分析，特異値分解，フーリエ解析，独立成分分析，ウェーブレット解析などの画像解析の手法を用いることが

できる．

(3) 描画の解釈：分析による描画の定量的特徴から描画の解釈を行い，他の言語報告や行動指標との相関分析を行い，あわせて描画に関する心理学的観点，あるいは臨床心理士や医師などによる専門家の問題解決的観点からの全体的評価との総合評価を行う（Takemura, et al., 2005）．

●**描画の画像解析** 描画の画像解析において基本的な分析である，濃度ヒストグラムによる分析，空間濃度レベル依存法による分析，濃度レベル差分法による分析について説明する．

〈描画の濃度ヒストグラム法による分析〉 濃度ヒストグラム法は，全体が1になるように正規化された濃度ヒストグラム $P(i)$ から，平均，分散，歪度，尖度などの指標を求める方法である．例えば，平均 μ は

$$\mu = \sum_{i=0}^{n-1} i p(i)$$

のように求められる．

〈描画の空間濃度レベル依存法による分析〉 空間濃度レベル依存法は，画像における濃度 i の画素から θ 方向に距離 d だけ離れた画素の濃度が j である確率 $P(i, j)$, $(i, j=0, 2, \cdots, n-1)$ を要素とする同時生起行列を求め，その行列から，エネルギー，エントロピー，相関，局所一様性，慣性などの特徴量を求める方法である．例えば，エネルギー E は

$$E = \sum_{i=0}^{n-1} \sum_{j=0}^{n-1} p(i, j)$$

のように求められる．

〈描画の濃度レベル差分法による分析〉 濃度レベル差分法は，ある画素から θ 方向に距離 d だけ離れた画素の濃度差が k である確率 $P(k)$, $(k=0, 1, 2, \cdots, n-1)$ を要素とする行列を求め，その行列から，コントラスト，角度別2次モーメント，エントロピー，平均，逆差分モーメントなどの特徴量を求める方法である．例えば，コントラスト C は

$$C = \sum_{k=0}^{n-1} k^2 P(k)$$

のように求められる． 〔竹村和久〕

📖 **参考文献**

[1] Takemura, K., et al., 2006, Statistical image analysis of psychological projective drawings, *Journal of Advanced Intelligent Computing and Intelligent Informatics*, **9**(5), 453-460.
[2] 竹村和久，他，2007，消費者心理学の最前線(第3回)―描画による消費者心理の分析―，繊維製品消費者科学，**48**(10), 638-644.

心理実験と検定

「心理実験」は，心理学の諸領域において，心のしくみを知るためにさまざまなかたちで行われている．

例えば，記憶の研究では，事柄がどのように構造化されて記憶されているかということについて仮説が立てられ，その仮説の妥当性を実験で調べることがなされる．しかし，人の記憶がどのような形で構造化されているかを直接，目でみることはできないから，いろいろな工夫が必要となってくる．例えば，その仮説に従えば，事物AとBは，事物AとCに比べ，構造上，近くに位置していると考えられるとする．実際にそうであるかどうかを確認する方法としては，事物AとBに関する文を提示して，その文が正しいかどうか判断させ，事物AとCに関する文を提示して真偽判断させたときよりも反応時間が短くなるかどうかを確認する実験を考えることができる．

あるいは，臨床心理学の領域では，例えばカウンセリングの後，次回のセッションまでの間にどれぐらいの期間をおくのが最適かを調べるのに，期間をいくつか設定し，それぞれごとにカウンセリングの効果を調べて比較する実験を考えることができる．

●**理論確証型実験と実用主義的実験**　上記の最初の例では，2つの文の真偽判断において，どちらの反応時間が短いかということは，それ自体に心理学的意味があるというのではなく，それを通して，記憶の構造に関する仮説や理論について知見を得ようとするものである．このような実験は「理論確証型実験」とよぶことができる．これに対し，2つめの例では，カウンセリングのセッション間におく時間による効果の違いそのものに関心があり，実験の結果は直接的な意味をもっている．このような実験は「実用主義的実験」とよぶことができる．

実用主義的実験の方は，例えば農業分野で，肥料の種類や量の違いによって作物の収穫量がどのように違ってくるかを調べるような実験と似ており，分析方法も特に違いはない．これに対し，理論確証型実験は，理論を確証するために，目に見えるような行動として何に注目し，何を調べればよいのかが初めから明らかではなく，実験者の創意工夫が必要となる．しかし，この場合も，例えば2つの条件間で反応時間を比較する，ということが決まれば，結果の分析の方法は実用主義的実験における条件間の比較の場合と同じである．

●**心理実験における検定**　心理実験の結果の分析では，ほぼ例外なく，統計的検定が行われる．そして，有意水準5％での検定結果をもとに，理論確証型実験であれば仮説の支持・不支持の判断がなされ，実用主義的実験であればどちらの条

件がより有効であるかの判断がなされる.

　一般に，心理学が対象とする現象は複数の要因が複雑に影響しているものが多く，そのため，実験の計画や実施，および結果の解釈には注意を要する．例えば，上記のカウンセリングの例であれば，どれぐらいの期間を空けるのが最適かということが，対象者の症状によって異なる可能性がある．したがって，対象者を条件の異なる群に分ける際には，完全にランダムに分けなければ，例えばある条件のもとにはある症状の者が多く含まれる，というアンバランスが生じ，仮に条件群間に差がみられても，条件による差なのか，それとも症状による差なのか見分けがつかないことになってしまう．そのような状況を，「要因が交絡している」という．実験においては要因の交絡をいかに回避するかが，実験の計画および実施段階における重要なポイントとなる．

　この場合，もし対象者の症状の影響も独立に調べたいということであれば，症状を第2の要因として取り上げ，各症状ごとに対象者を条件の異なる群にランダムに分けるというデザインを採用することができる．図1は，条件と症状を2つの要因とした実験で，交互作用がみられる場合の例である．この例では，症状Bに関しては条件1の方が有効であるが，症状Aに関してはほとんど差がない．したがって，「条件1の方が有効である」ということを症状の違いを超えて一般化することはできない．

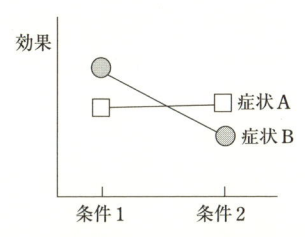

図1　2要因実験における交互作用の例

●**効果の大きさ**　検定全般に共通する特徴として，サンプルサイズの増大に伴い，検定力（有意な結果が得られる確率；検出力ともいう）が高くなり，ごく微小な差異でも統計的には有意差として検出されることがある．差異や効果というものは，「存在するか否か」だけでなく，「どれぐらいの大きさか」ということが重要である．実際上ほとんど意味がない大きさの差異を有意差として取り出して，あたかも決定的な違いがあるかのような結論を導く誤りは避けなければならない．こうした誤りを避けるには，有意か否かだけでなく，効果の大きさの指標（「効果量」とよばれることがある）も同時に推定し，報告することが必要である．特に実用主義的研究においては効果の大きさを評価することは必須である．その際，信頼区間もあわせて報告することが推奨されている（「区間推定」参照）.

[南風原朝和]

📖 **参考文献**
[1] 南風原朝和，2002，『心理統計学の基礎』有斐閣．
[2] 南風原朝和，他編，2001，『心理学研究法入門』東京大学出版会．
[3] 高野陽太郎，岡　隆編，2004，『心理学研究法』有斐閣．

一対比較法

　自然科学ではほとんどすべての刺激の物理的特性を測定する物理的尺度が存在する．しかし，その刺激を知覚したときの人間の心理量を表す尺度はないのが普通である．そこで，心理量を表す尺度を構成する方法が心理学では数多く考えられてきた．その一連の手法を心理学的尺度構成法というが，その代表的な手法が一対比較法である．

　一対比較法の基本的な手続きは以下のようである．n 個の刺激から，2刺激の組合せをすべてつくり，そのおのおのの刺激対を評定者に提示する．評定者は，好ましさ，美しさ，おいしさなどの心理的属性について，刺激対のどちらがより大かを判断する．各刺激対を同一の評定者が多数回判断する場合や，多数の評定者が1人1回ずつ判断する場合がある．いずれにせよ，評定者は2つの刺激のどちらがその心理的属性についてより大かという順位を判断しているので，順序尺度による判断を行っている．そして，得られた一対比較データから，統計的仮説に基づいて間隔尺度，あるいは比例尺度を構成するのが一対比較法である．ただし，どれくらいより大であると思うかという程度を求める手法もあり，評定者の判断，得られる尺度によって表1のような一対比較法が考えられている．

表1　一対比較法の種類

方　法	評定者の判断	求まる尺度
サーストンの一対比較法	順序尺度	間隔尺度
シェッフェの一対比較法	間隔尺度	間隔尺度
ブラッドレーの一対比較法	順序尺度	比例尺度

●**サーストンの一対比較法**　一対比較法の先駆的研究はサーストン（L. L. Thurstone, 1927）によってなされた．サーストンの仮説は，刺激 A_i により生じる感覚は正規分布するというものである．すなわち，

　　　刺激：$A_1, \cdots, A_i, \cdots, A_n$
　　　　　　↓　　　↓　　　↓
　　　感覚：$X_1, \cdots, X_i, \cdots, X_n$

ここで，
　　　　　$X_i \sim N(S_i, \sigma_i^2)$,
　　　　　X_i と X_j の相関$=\rho_{ij}$

とする．正規分布する2つの確率変数の差 $X_i - X_j$ の分布は，
　　　　　$N(S_i - S_j, \sigma_i^2 + \sigma_j^2 - 2\rho_{ij}\sigma_i\sigma_j)$

に従うことを利用し，かつ確率 $P(X_i>X_j)=P(X_i-X_j>0)$ に一対比較データを用い，かつ単純化するためのいくつかの仮説（単純化の程度によりケースⅠからケースⅤまで考えられている）により，各刺激 A_i ($i=1, 2, \cdots, n$) によって引き起こされる感覚の平均値 S_i を求める．

●**シェッフェの一対比較法** 現在，最も使われている一対比較法はシェッフェの一対比較法（H. Scheffé, 1952）である．サーストンの一対比較法と異なる点は，
ⅰ）一対比較で評点をつける．例えば，5件法の場合は表2のようである．
ⅱ）1人に1つの組合せを割り当てる．
ⅲ）順序効果を考慮する．

しかし，ⅱ)の制約では比較すべきものの数が増えると評定者が多数必要となる．また，ⅲ)の制約では比較順序を逆にした対も実験する必要が生じる．そこで，表3に示すように，ⅱ)とⅲ)の制約をなくした方法も提案されている．さらに，シェッフェの一対比較法がよく用いられる理由の1つに，得られた刺激の心理量間に統計的な有意差があるかどうかの検定ができることがある．

表2 シェッフェの一対比較法で用いられる評点の例

評　価	点数
A_i が A_j に比べて非常に良いとき	+2点
A_i が A_j に比べて幾分良いとき	+1点
A_i が A_j と同じ良さであるとき	0点
A_i が A_j に比べて幾分悪いとき	−1点
A_i が A_j に比べて非常に悪いとき	−2点

表3 シェッフェの一対比較法の原法と変法

比較順序（順序効果）	1人が評価する刺激対	
	1対のみ	すべての対
考慮する	シェッフェの原法(1952)	浦の変法(1956)
考慮しない	芳賀の変法(1962)	中屋の変法(1970)

●**ブラッドレーの一対比較法** ブラッドレーの一対比較法（R. A. Bradley & M. E. Terry, 1952）は，対のうちのどちらがより大であるかという順序尺度による判断を求めることについてはサーストンの一対比較法と同じであるが，求まる心理量（判定比という）は比例尺度であることが大きく異なる．すなわち，n 個の刺激からすべての対を取り出し，どちらがより大と判断する確率を考える．各刺激に判定比 $\pi_1, \pi_2, \cdots, \pi_n$ を対応させて，A_i の方が A_j よりもより大であると判定する確率 π_{ij} が，$\pi_{ij}=\pi_i/(\pi_i+\pi_j)$ で与えられるとする．この π_i を $\pi_i \geqq 0$，$\sum_{i=1}^{n}\pi_i=1$ の制約のもとで推定する．より大きな判定比をもつ刺激の方が，その心理的属性に関してより大であるということになる． ［山下利之］

📖 **参考文献**
[1] 天坂格郎，長沢伸也，2000，『官能評価の基礎と応用』日本規格協会．

系列範疇法

「系列範疇法」は，順序尺度の水準を満たすカテゴリー（目盛）からなる評定尺度で刺激（評定対象）の主観量を測定した結果から，間隔尺度の水準を満たすカテゴリーの心理尺度値と刺激の心理尺度値を計算する手法である[1]。表1のような5段階尺度図により回答された各球団の好感度の評定結果からカテゴリーの間隔と各球団の好感度を計算する場合を想定すればよい。

表1 評定結果（括弧内は相対頻度）

球団	非常に嫌い	やや嫌い	どちらでもない	やや好き	非常に好き
阪神	0(0.00)	5(0.05)	10(0.10)	30(0.30)	55(0.55)
中日	10(0.10)	25(0.25)	35(0.35)	30(0.30)	0(0.00)
巨人	60(0.60)	20(0.20)	15(0.15)	0(0.00)	5(0.05)

●**カテゴリーの尺度構成** 系列範疇法の理論的な基礎となるのはカテゴリー判断の法則である．カテゴリー判断の法則では，カテゴリーの選択はカテゴリー境界と主観的程度を比較することにより行われ，その主観的程度の判断は確率的変動を受けるため正規分布に従うとされる．さらにカテゴリー境界は明確に定まるという仮定を設けることで，評定結果の分布を標準正規分布に当てはめて，標準正規分布の標準偏差を単位としてカテゴリーの間隔を推定する．カテゴリーの尺度構成には，境界を数値化する方法と代表値を計算する方法があるが，前者は両末端カテゴリーの数値化が行えない欠点があるため，後者のみを解説する．

あるカテゴリーの心理尺度値 z_c は

$$z_c = \frac{y_1 - y_2}{p_2 - p_1}$$

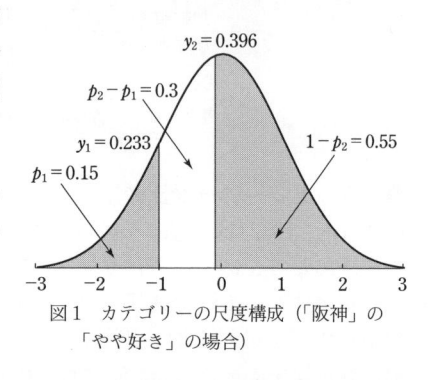

図1 カテゴリーの尺度構成（「阪神」の「やや好き」の場合）

で求められる（図1）．y_1, y_2 はそれぞれあるカテゴリーの下限と上限での標準正規分布の確率密度関数の縦座標値，p_1, p_2 はそれぞれ当該カテゴリーの下限以下，上限以下と評定された相対頻度である．この z_c は当該区間の確率密度関数の0次モーメントに対する1次モーメントの比であるため重心に相当する．表2は計算例である．なお最下端カテゴリーの y_1 と最上端カテゴリーの y_2 は0となる．評定されていないカテゴリーは計算から除き，その心理尺度値は欠損値とする．また

表2 「阪神」に関する尺度値の計算過程

	非常に嫌い	やや嫌い	どちらでもない	やや好き	非常に好き
相対頻度	0.00	0.05	0.10	0.30	0.55
累積比率	0.00	0.05	0.15	0.45	1.00
対応する横軸の値	$-\infty$	-1.645	-1.036	-0.126	∞
カテゴリー上限の y 値	0.000	0.103	0.233	0.396	0.000
カテゴリーの尺度値 z_C		-2.06	-1.30	-0.54	0.72

y_1, y_2 は表計算ソフトの標準正規分布の累積分布関数 Φ の逆関数を利用すれば容易に計算できる．

複数の刺激について評定を行った場合は，刺激ごとに求めたカテゴリーの心理尺度値から平均心理尺度値を算出する．平均心理尺度値は刺激ごとに隣接するカテゴリー間で心理尺度値の差を求め，それらを平均した値を順に累積することにより得られる．表3は計算例である．ただし欠損値がある場合はそれらの刺激を除いて前述の差を算出する．例えば「やや好き」と「非常に好き」の差は「阪神」の値のみから計算される．また平均心理尺度値は間隔尺度の水準であるため，中性カテゴリーの値を 0 とするように平行移動することも可能である．

表3 刺激ごとのカテゴリーの心理尺度値と平均心理尺度値

球団	非常に嫌い	やや嫌い	どちらでもない	やや好き	非常に好き
阪神		-2.06	-1.30	-0.54	0.72
中日	-1.75	-0.78	0.06	1.16	
巨人	-0.64	0.53	1.18		2.06
心理尺度値の差の和		2.15	2.25	1.85	1.26
その差の平均	0.00	1.08	0.75	0.93	1.26
平均心理尺度値	0.00	1.08	1.83	2.75	4.01
原点移動 C_i	-1.83	-0.75	0.00	0.93	2.19

●**刺激の尺度構成** 得られたカテゴリーの平均心理尺度値 C_i から刺激 j の心理尺度値 M_j と標準偏差 σ_j は

$$M_j = \sum_i p_i C_i, \quad \sigma_j = \sqrt{\sum_i p_{ij} C_i^2 - M_j^2}$$

により計算できる．p_{ij} は刺激 j のカテゴリー i に対する相対頻度である．表1と表3より各球団の好感度の心理尺度値 M とその標準偏差 σ は，阪神：1.44 (0.91)，中日：$-0.09(0.85)$，巨人：$-1.14(1.03)$ と計算される． ［吉川 歩］

📖 参考文献
[1] Guilford, J. P., 1954, *Psychometric Methods*, McGraw-Hill. (秋重義治監訳，1959,『精神測定法』培風館．)

コラム：計量心理学と数理心理学との違い

　心理学において，研究対象に対して測定を行い，数理的な処理をするアプローチは，少なくとも19世紀のフェヒナー（G. Fechner,）に遡ることができるが，現在では，計量心理学による方法（心理統計学とよばれることもある）と数理心理学による方法の2種類に分かれている．自然科学においては，理論と測定が非常に密接に関係しているので，計量的方法と数理的方法との区別はそれほど大きくはないのであるが，心理学においては，研究者のタイプも，内容もかなり異なっている．この事情は，経済学における計量経済学と数理経済学の違いにやや類似している．なお，教育学分野では，計量心理学や心理統計学の研究者が教育データを扱うことが多く，数理心理学者はあまり活躍していないので，両者の相違はほとんど観察されない．

　計量心理学では，知能，人格，思考，学力，態度などの心理学的概念の測定に関する理論と技法についての学問であり，テスト理論や数理統計学をもとにした利用が多く，テスト，人格診断，質問項目などの具体的な分析について検討する．数理心理学では，計量心理学と同様に，心理学的概念の測定についての理論を扱うが，より根源的に「測定とは何か」という問題から測定理論を考え，心理学的考察を行う．特に，公理的測定理論では，順序尺度や間隔尺度を構成するための公理的基礎を考える．計量心理学では，これらの尺度が存在することを所与としているのと理論的な出発点が異なっている．

　数理心理学での公理的測定理論と計量心理学とは非常に密接な関係を持っているのであるが，研究者集団が異なっていることと，両者の関係付けをすることが理論的に困難なことから，対応付けは不十分な状況である．むしろ，数理心理学，特に公理的測定理論と数理経済学における効用理論の研究者のほうが，ルース（D. Luce,）やフィッシュバーン（P. C. Fishburn,）などに認められるように，重なりがある．同じ心理学の領域なのであるが，計量心理学者は，より具体的な計量的技法の開発に関心がある傾向があり，数理心理学者は，現象の背後にある法則性に関心がある傾向がある．　　［竹村和久］

7. 保健・医療統計

　保健・医療統計は人びとの健康や人びとを取り巻く医療にかかわる統計を取り扱い，現象解明の要として統計学が意味をもつ．近年では個人差を考慮した統計モデルなど，関連する統計的手法の開発や応用範囲も膨大になっている．そのような中から，この限られた事典に何を取り込むかということは，なかなか難しいところである．本章では，主な分野として医療経済や医療政策，健康度の測定などを含む社会医学，各種分野における疫学の考え方，リスク指標，疾病集積性やサーベイランス，医学統計として取り上げられている各種指標や統計の実際，統計モデル，臨床医学，臨床試験，精度管理などを取り上げ，新しい話題や主要な事項について，特に最近この分野で注目されていること，基礎的であっても重要で意味があると考えられることを中心に，多少，独断と偏見に基づいているが，選択した．　　　　　　　　　　　　　[山岡和枝]

医療経済

　医療経済の概念は，17世紀，英国の医師で，かつ経済学者であったW.ペティが，衛生面への投資は救われる人命の多さから十分正当化されると述べた頃から現れ始めているが，近代的な医療経済学の始まりは，1963年，アメリカの経済学者K.アローが医療サービスの経済学的特殊性を体系化したところからと考えるのが一般的である．なお，「医療経済」は，医療経済学全体を表す場合と，医療経済学のトピックのうち，実際の医療費に関わる事項だけを表す場合がある．本項では，医療経済学としての医療経済を解説する．

●**医療の経済学的特殊性**　医療経済では，限られた資源のもとで，いかに効率的な医療サービス提供を行うか，あるいは公平な医療資源配分を行うかを考える．しかも，医療における公平性の問題は，医療ニーズの存在と切り離しては考えられないため，話は複雑である（特定の薬剤を当該疾患以外の人にまで均等に分配することは，むしろ資源の無駄遣いになろう）．また，アローの提起した医療サービスの経済学的特殊性について，どの程度まで考慮すべきかがしばしば論点となる．その「特殊性」とは，以下の4項目に整理できる．

　ⅰ）患者・医療従事者間における情報の非対称性の存在
　ⅱ）疾病の発生と経過に関する不確実性の存在
　ⅲ）外部性（外部経済）の存在
　ⅳ）福祉的役割の存在

　ⅰ）は，患者と医師との間では，医学知識や疾病治療の経験において大きな格差があり，通常の市場取引のもとでは，患者側の福利が阻害される可能性のあることを示唆している．そのため，医師の資質を保証し，職業倫理を維持する仕組みを構築することが重要となる．資格制度はその1つの仕組みと考えることができる．ⅱ）は，疾病はいつ発生するか予測が困難であり，治療経過にも不確実性が伴うことを意味している．そのため，多くの国で医療保険制度が発達した，ⅲ）の外部経済は，医療サービスによって治療を受けた当事者以外にも便益がもたらされることを意味するが，具体的には感染症の予防や治療によって周囲の人々の感染リスクが低下することなどである．ⅳ）の福祉的役割については，病気で苦しむ人を助けたいと思う人々が社会には少なくないことを意味しており，慈善や利他主義につながるものである．外部経済や福祉的役割をもつサービスに関しては，原則として公費投入が検討されるべきである．

●**医療経済研究**　医療経済は，先進各国における医療費増加と相まって急速に発展しており，表1にあげるようなさまざまなトピックが研究対象として扱われて

いる．その中でも代表的な研究領域は，需要側の分析，供給側の分析，医療経済評価などである（「医療経済評価」参照）．需要側の分析では，さまざまな疾病の患者の受療行動が，経済的要因によってどのような影響を受けるかなどについて，実際の患者を対象にした調査で分析されてきた．有名なアメリカの RAND Health Insurance Experiment（RAND 医療保険研究）では，アメリカの数地区の約 8,000 人を調査対象として，異なる自己負担割合の医療保険に無作為割付方式で加入させ，受療行動と健康状態を約 10 年間にわたって追跡調査した．この研究の結果，受療行動の価格弾力性（価格の変化率に対する需要の変化率の比の絶対値）が従来考えられていたより小さいこと，また特定の疾病や低所得層において自己負担割合の影響が大きいことなどが明らかになった．なお，RAND はロサンゼルス郊外にある大規模な民間シンクタンクである．

供給側の分析では，医師の地理的あるいは診療科に関する偏在，医療機関のサービス提供に対する医療費支払方法の影響などが研究対象として取り組まれている．

表 1　医療経済学の主要な研究領域

- 需要側の分析（人々の受療行動分析）
- 供給側の分析（医療従事者，医療機関など）
- 医療従事者の需給と養成政策
- 病院や保険組織の経営
- 医療関連産業の分析
- 医療に関する財源制度（ヘルスファイナンシング）
- 医療保険の理論
- 政府の役割と市場の役割
- 長期ケア
- 医療経済評価（費用効果分析，費用効用分析など）
- 経済発展と国民の健康水準の関連，など

最近では，欧米を中心に数多くの大学や研究機関の経済学・医学・公衆衛生学などの部門に，医療経済の教育・研究コースが設置されており，医療経済専門の国際学術誌も数種類刊行されている．また，医療経済に関する国際学会が 1996 年に組織され，2 年ごとに学術総会が開催されている．以下に国内外の学会の URL に示しておこう．

- International Health Economics Association（iHEA）
    http://www.healtheconomics.org/
- 医療経済学会（日本）　http://www.ihep.jp/jhea/index.html　　　［小林廉毅］

📖 参考文献
[1] Phelps, C. E., 2009, *Health Economics*, 4 th ed., Addison Wesley.
[2] 西村周三，田中　滋，2006,『医療経済学の基礎理論と論点』勁草書房．
[3] 河口洋行，2009,『医療の経済学』日本評論社．

医療経済評価

　医療経済評価は，医療経済学の一分野として発展してきたが，近年，効率化を求められている臨床現場での重要性が強調されている．医療経済評価の基本は，インプット（費用投入）とアウトプット（結果，成果）の双方をみることである．さらに複数の選択肢を比較しているかも重要である．以上の2つの要素を完全に満たしている場合に，はじめて費用効果分析，費用効用分析，費用便益分析というフォーマルな医療経済評価に該当する（表1）．

表1　医療経済評価の位置づけ[1]

| 代替案と比較 | 費用と結果の双方をみているか | |
しているか	どちらか一方のみ	費用と結果の双方
していない	費用または結果の記述分析	費用と結果の記述分析
している	臨床試験 費用分析	費用効果分析 費用効用分析 費用便益分析

●**費用**　インプットである費用とは，真の意味での資源の消費を意味し，医療費の請求書などに表れる単なる請求額ではないことに留意する必要がある．すなわち，数分の診察も30分の診察も我が国の公的医療保険制度の下での請求額は同一だが（公定価格のため），真の費用という点では大きな違いがある．また，外来での患者の待ち時間や在宅ケアにおける家族の介護時間は，一般に金額として表されることはないが，これも資源の消費であり厳密にいえば費用として換算する必要がある．

●**効果・効用・便益**　アウトプット（結果，成果）として用いられるのが「効果」「効用」「便益」であるが，これらには医療経済評価における特有の意味がある．「効果」は予防や治療の結果として得られる健康の改善に関する成果であり，通常，症状や検査値の改善，疾病治癒率，死亡数減少，余命延長などの健康に関する指標が用いられる．「効用」は健康の改善を，さらに生活の質（QOL）などで重み付けしたコンセプトであり，QALY（Quality Adjusted Life Years）がその代表例である．重み付けに使われる指標の測定方法は，いくつか提案されているが，代表的なものは，standard gamble（SG）法，time trade-off（TTO）法，あるいは multi-attribute health status classification systems に包含されるさまざまな質問票（EQ-5D，SF-6Dなど）である[1]．「便益」は健康の改善を経済的な財として換算したもので，一般に貨幣価値で表される．

●**評価の手順**　費用効果分析を例として，その評価の手順を説明する．まず2つ

以上の治療法やプロジェクトの比較が基本なので，i) 比較する治療法や予防プロジェクトを設定する，ii) 効果の指標を決める，iii) 費用，効果に関するデータを収集する，iv) 費用，効果について割引を行うか検討する，v) 主要な結果の呈示，vi) 感度分析，vii) 結果の考察および政策的意義を検討する，などの手順で分析を進めて行く．

この手順の中で，「割引」と「感度分析」の用語が出てきたが，これらは医療経済評価でしばしば使われる手法である．割引は，資金を適切に運用すれば価値を生み出すという前提のもと，数年先の費用額を現在価値に換算する方法である．具体的には，適切な利子率 r を用いて，x 年後の費用 C の現在価値 C^* は，$C^* = C/(1+r)^x$ と表せる．利子率 r には，当該国の国債の利率などが用いられることが多い．

感度分析は，不確実性への対応であり，精度の低いデータについて一定の幅を設けて分析にあてはめることで，結果が大きく変わらないかをチェックする手法である．

●**医療経済評価のデータベース**　近年，多くの医療経済評価研究が行われる一方，医療費増大による医療の効率化促進のため，医療経済評価の結果を蓄積しようという試みが進められている．インターネットで利用できる代表的な医療経済評価のデータソースを以下に示す．

- Harvard School of Public Health, Harvard Center for Risk Analysis
   http://www.hcra.harvard.edu/
- Tufts Medical Center, The CEA Registry　https://research.tufts-nemc.org/cear/default.aspx
- Centre for Reviews and Dissemination (NHS EED), University of York
   http://www.crd.york.ac.uk/crdweb/
- European Network of Health Economic Evaluation Databases (EURONHEED)
   http://infodoc.inserm.fr/euronheed

とりわけ，ヨーク大学のデータベースは，収集した個々の医療経済評価研究に詳細なコメントを付しており，非常に有用なデータリソースとなっている．

[小林廉毅]

📖 **参考文献**

[1] Drummond, M. F., et al., 2005, *Methods for Economic Evaluation of Health Care Programmes*, 3rd ed., Oxford University Press.
[2] 久繁哲徳，岡 敏弘監訳，2003，『保健医療の経済的評価―その方法と適用』じほう．([1]の第2版の訳本)
[3] 武藤孝司，1998，『保健医療プログラムの経済的評価法』篠原出版．

政策分析

　政策分析とは，統計学や経済学などを活用して政策決定に資するための調査結果などの情報を体系的にまとめたり，将来必要になるであろう政策関連の情報を選択したりするある種の方法論の束といってもよい．ここでは人口，喫煙と生活習慣を例にして保健医療統計がトピックスとしてどう使われるかを例示する．

●人口統計　「合計特殊出生率」（ある1年間の出生状況に着目した，15～49歳女性の各年齢別出生率の合計値で，total fertility rate（TFR）として国際的な比較も可能な定義）は丙午の年（1966）など3カ年を除き2.0以上の水準を1974年まで保ってきた．1975年を契機に下がり続け，2005年に1.26の底を打ったが，2008年は1.37となり前年に比べ0.03ポイント上がった．2007年に生まれた子は108万9,818人だったのが，109万1,150（実数で1,332）人に増えた．この原因は合計特殊出生率が上昇に転じたというよりも，i）2008年はうるう年で1日増えた，ii）出産期の女性の数自体が減少したので5歳階級別出生率を計算する分母が減ったことが原因であり，少しも出生率の向上につながっていない．人口規模を維持するに必要な「人口置換水準」はおおよそ2.07（両親2人分とプラスα）であるから，日本の人口規模が減少する予兆は1970年代後半にあったといえる．なぜそのときに早めに対策を打たなかったのか，人口政策は長期を要することを考えれば謎というしかない（省庁間の力関係か）．1930年代の多産多死型の日本の人口ピラミッドは，団塊世代（1947～1950年生まれ）が親になり，「人口のエコー効果」で団塊ジュニア世代（1973～1980年生まれ）で2つの突起ができた．しかし，バブル経済の崩壊後「年功序列賃金，終身雇用」型労働市場が変質し，若年労働市場が一気に冷え込む．経済的理由から「婚姻率」も低下し，団塊ジュニア世代は十分な「人口エコー効果」を形成できないでいる．人口ピラミッドは2つの突起が顕著な壺の形状に変わってきている．結果として2004年の1億2,779万人をピークに日本の総人口は減少を始めている．

　なぜ，政府はいうに及ばず，メディアも国民も関心ごとの1つとして，合計特殊出生率の変化に一喜一憂するのか．理由は人口が市場で取引される私的財と政府の配分する公共財（年金や福祉などの政府のサービスや道路や空港などの社会インフラ）の需要と供給の総量，そして中味をダイナミックに変化させるからである．特に若い世代の人口は次世代を準備する可能性をもつ重要な要因である．ただし出生率は「有配偶率」（国勢調査で15歳以上人口は各年齢別に「未婚」「有配偶」「離別」「死別」に4区分される）と密接な関係にあるし，未婚率の上昇や女性の社会参加などで起こる晩婚化が進む状況下では容易に上昇しえない．また，

出生率の低下と密接につながる人口高齢化の問題も大きい．一般に年少人口（0〜14歳），生産人口（15〜64歳），老年人口（65歳以上）に3区分される．前述のように低出生率による年少人口が減少し，他方で生活様式の改善や医療技術の進展で「平均寿命」が伸びて，「高齢化率」（総人口に占める65歳以上の老年人口の割合）が上昇し，日本の財政を揺るがしている．核家族化の進展で，高年齢になるとともに配偶者との死別などで世帯規模は縮小し，個体差は若干あるものの罹患率も高まり，「ジニ係数」などで表される所得の不平等度も高まり，国の社会保障給付（年金＋医療＋介護などの福祉）は増え続けるからだ．社会保険料の国民所得に占める割合を「社会保障負担率」という．北欧型の「高福祉，高負担」を選択するか，アメリカ型の「低福祉，低負担」を選択するか，その中間の「中福祉，中負担」を選択するかは将来の国民の選択に委ねられる．

●**喫煙と生活習慣** たばこの規制に関する世界保健機関枠組条約（たばこ規制枠組条約FCTC）は2003年5月21日ジュネーブで作成され，2005年2月27日に効力を発生した．この条約では，i) 受動喫煙の防止，ii) 誤解を与える手段での販売促進の抑制措置，iii) 健康に関する警告などをパッケージ表示面の30％以上，iv) 広告と販売促進，後援の包括的禁止や制限，v) 密輸などを未然に防止し，国内市場での合法的販売確保，vi) 未成年者への販売禁止の効果的措置実施などが盛り込まれている．2009年4月現在条約締結国は我が国も含めて168カ国である． 日本でも喫煙と生活習慣病との関連性が一般に認識されてきたのか，家庭や勤務先の「分煙措置」の効果か男子の成人喫煙率の推移をみると1995年頃の52.7％から徐々に低下の兆しをみせ，2005年に40％台を切った．ところが女性の場合1988年頃から9〜12％台で推移している．さてここでは未成年の喫煙に限定して述べる．ある市の教育委員会の協力で公立小学校児童生徒の喫煙調査をほとんど全数調査に近い状況で行った．その調査票から小学校児童の喫煙経験の有無と家庭の保護者などが喫煙者か否かで「2×2の分割表」をつくり，その「オッズ比」から両変数の関係性を量的に判断することができる．表1からオッズ比の点推定値は6.50で95％信頼区間の下限が3.37，上限が12.53で関係性は高い．

喫煙防止のために，タバコの価格水準あるいは税額の上昇という手段が議論される．タバコの喫煙総数とタバコの価格の両対数線形回帰モデルの回帰係数推定値からタバコ需要の「価格弾力性（1％のタバコ販売価格の上昇が，何％本数を削減させるか）」の大まかな推定ができる．価格弾力性が1.0を切るとすれば，地方にとってタバコ税収と本数の減少が実現される． ［細野助博］

表1 小学校児童の喫煙経験と家族の喫煙状況

	家庭で誰も喫煙しない	家庭で誰か喫煙する
喫煙経験なし	$a=4,699$	$b=6,147$
喫煙経験あり	$c=10$	$d=85$

点推定値 $a \times d / b \times c = 6.498$
95％信頼区間 3.371〜12.526

社会格差と健康

「社会階層」によって健康状態が異なることについて本格的な検討が始まったのは1990年以降，社会疫学なる学問領域が確立し始めてからのことである．米国を皮切りに英国，大陸欧州，北欧，そして東欧や南米，さらには日本やアジア諸国においても，所得や就労，学歴などによって自覚的健康状態や疾病罹患率・死亡率などに格差がみられることは次第に明らかにされてきている．

●**健康格差のメカニズム**　どのように社会経済的格差が健康の格差につながるかについては，いくつかの仮説が提示されており，どれが主たるものかは見解が分かれている．

ⅰ）唯物論的仮説：健康を確保するために必要な資産・情報・医療サービスなどの資源に対するアクセスが社会階層によって異なり，健康格差につながるという仮説．絶対的貧困，すなわち資源の絶対的不足によって健康が障害されるという見方に通ずる．

ⅱ）社会心理学的・ストレス仮説：社会格差が心理的・物理的・社会的ストレスを通じて健康格差につながるという仮説．相対的貧困仮説，すなわち社会通念からみて相対的に資源や機会が欠落していることにより，社会参加や自己実現が妨げられる考え方と呼応する．

ⅲ）社会組織論的仮説：格差の大きな社会では社会連帯意識が希薄で，弱者に対する福祉などへの資源配分も少なく，市民の信頼関係も揺らいでいることが健康を育む環境を損なっているという仮説．社会関係資本などの概念を用いて表現される．

このように仮説によって測定されるべき変数が異なり，これらを包括的に測定したデータが入手しがたいことから，対立仮説の検証が困難となっている．

●**社会階層の指標**　従来，学歴や就労状態・職種・職階，そして所得によって階層は指標化されてきた．しかし，年齢やジェンダーによって学歴が階層形成に果たす意味は異なるかもしれない．例えば，女性では本人の学歴ではなく，配偶者の学歴や所得によって社会階層が表現されやすいことも知られている．現時点では社会階層をなにによって表現するかについて統一的見解はない．さらに，学歴・職階・所得は密接に相互に関係し，社会的選択の過程によって階層移動は左右される．したがってこれらの変数は内生的な変数として取り扱われる必要がある．しかし，従来の疫学研究ではあたかも外生的・独立要因としてこれらを多変量解析に含めることが多く，これについては批判がある．

●**分析のレベル**　原因となる社会経済的格差と結果となる健康状態を個人レベ

ル・集団レベルのいずれで測定するかによって解析や解釈が異なってくる．例えば都道府県別の年齢調整死亡率と所得格差の指標をプロットすれば，格差の大きな都道府県ほど年齢調整死亡率は高い（図1）．このように原因・結果とも集団レベルの指標を用いたものを生態学的研究という．あくまで集団レベルの現象を表したものであり，これをもって「格差社会の個人は死亡確率が高い」という結論を導くことはできない．集団レベルの分析から個人レベルの因果関係を導く誤りを生態学的誤謬という．

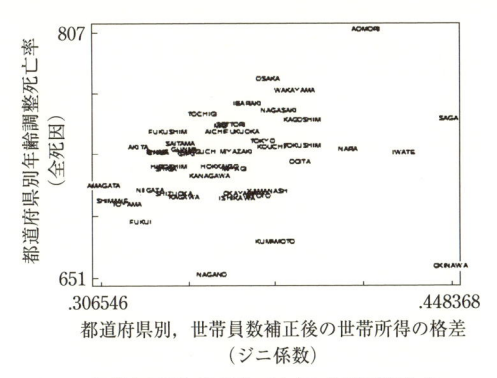

図1 都道府県別年齢調整死亡率と世帯所得格差の生態学的関連
［1995年国民生活基礎調査所得票ならびに人口動態統計］

一方，都道府県別の所得格差指標と個人の自覚的健康状態の間には確かに関係が見られる．この場合，原因（所得格差）は集団レベルで，結果（自覚的健康）は個人レベルで測定されており，所得格差の影響は個人所得によって交絡されている可能性が高い．こうした場合，個人レベルの所得を同時に考慮したマルチレベル解析が必要になり，generalized estimating equation(GEE)などの marginal モデルと，random intercept model ないし random coefficient model などの conditional モデルの2種類のアプローチがある．所得格差など集団レベルの「固定効果」の推計値については，アウトカムが連続変数であれば両者でほぼ同じ推計が得られることが知られている．

●**因果関係の問題** 社会疫学が現在直面している最大の手法論的課題は因果関係の推計である．例えばベースラインで所得や学歴を測定し，5年後の健康状態を測定し，両者に関係があるからといって，所得や学歴が疾病の原因となっているとはいえない．ベースラインの所得や学歴は，すでにそれにさかのぼる幼少期の成育環境や個人の能力などの影響を受けており，かつ健康状態も同じものによって影響を受けている．

このように社会経済的要因は内生的（ほかの要因によって規定されている）であるために，縦断的測定だけでは因果関係を証明したことにならない．それを克服するには，社会的実験を実施するか，制度などの変更を自然実験として操作変数法を合わせて検討する方法などが考えられる．ただし，社会疫学領域では，限られた変数を観察データとして収集しているものが多いため，よい操作変数をみつけることが困難であり，その応用はほとんどみられていない． ［橋本英樹］

QOL（生活の質）

　QOL（quality of life：生活の質・生命の質）は，患者や一般の人々の主観的な健康や医療の効果に関する評価指標の1つである．健康に直接起因するQOLとして健康関連QOL（health related quality of life：HRQOL）ともよばれる．

●**QOL測定の背景**　医療のアウトカム（結果，転帰）では，主として罹患率，合併症発症率，重症度，死亡率などの客観的指標が活用されてきた．1980年代から，患者の視点から評価する患者立脚型アウトカムの重要性が認識されるようになった．近年は患者から直接得る測定値としてPRO（patient-reported outcomes）とも表される．これらを代表する1つがQOLである．背景には，がん，糖尿病，動脈硬化などの慢性疾患や生活習慣病が増加し，治癒や延命だけでなく，QOLの向上が治療の目標になってきたことがある．患者の主観に基づくQOLを定量化するために，科学的に信頼性と妥当性が検証された尺度が提案されてきた．

●**QOLの構成要素**　QOLの基本的な構成は，WHOの健康の定義（1948）に準拠し，全体的健康，身体的症状，心理的機能，社会的機能，役割機能，スピリチュアルなどが含まれるとコンセンサスが得られている．しかし，統一的な定義は定まっていない．QOLの測定では，健康や疾患が人々に与えている影響を，上記のQOLの視点で定量化することが一般的である．測定の目的によって，QOLのどの側面が含まれるのか異なる．

●**QOLの測定**　医療におけるQOLの測定では，①測定する目的を明確にする（表1），②目的に合った科学的に信頼性と妥当性が検証されている尺度を用いる[1]，③QOLが基本的には患者の主観的指標であることから本人による回答が原則である，

表1　QOL測定の目的

① 治癒を目的とした治療効果の指標として
② 緩和を目的とした治療効果の指標として
③ QOLに影響する要因の同定するために
④ 将来のアウトカムの予測因子として
⑤ 疾患や病態のスクリーニングのために
⑥ 患者と医療者のコミュニケーションの促進の指標するために
⑦ 患者と医療者による共有（意思）決定の指標として
⑧ 臨床で活用するために（すでに上記，特に①，②に含まれているが個別の対応を目指す）

表2　QOLの主な尺度

分類		主なQOL調査票
効用型尺度（選好に基づく尺度）		EQ-5D
プロファイル型尺度	包括的尺度	SF-36，WHOQOL-26
	疾患特異的尺度*	EORTC QLQ-C30（がん），FACT-G（がん），AQLQ（ぜん息），AIMS2（関節リウマチ），PAID（糖尿病），KDQOL（慢性腎疾患），EORTC QLQ-C15-PAL（緩和ケア）

＊ 疾患特異的尺度は疾患ごとに多数ある．詳細は参考文献［1］を参考のこと

④QOLの評価や分析は統計的方法に依拠している[2]。

QOL尺度は表2のように2種類ある。①効用型尺度はQOLを効用値として測定し，完全な健康を1，死亡を0とした単一の指標で表す。選考に基づく尺度ともよばれ，主に医療政策決定などに使用される。②プロファイル型尺度はQOLに含まれるさまざまな要素（次元）を多次元で表すものであり，包括的尺度と疾患特異的尺度に分けられる。

包括的尺度は一般の人々に共通した要素で構成されており，健康な人から患者にまで適応が可能である。疾患特異的尺度は特定の疾患をもつ人を対象として，疾患に特有の症状や治療効果の評価などに使用される。包括的尺度は，特定の患者を対象とする疾患特異的尺度と異なり，一般の人々や異なる患者集団とのQOLスコアの比較が可能である。図は慢性疾患の患者と米国の一般の人々のQOLを包括尺度（SF-36）で測定し，比較した例である。

最近ではQOL測定で得られた個別のデータを，患者と医療者による治療方針の共有（意思）決定などでも活用したいという臨床家からの要望に対応して，臨床的に意味があるQOLスコアの最小重要差，項目応答理論を用いたコンピュータによる個別のQOL測定，質的なQOLデータの収集などが検討されている。　　　　　　　　　　　　　　　［宮崎貴久子］

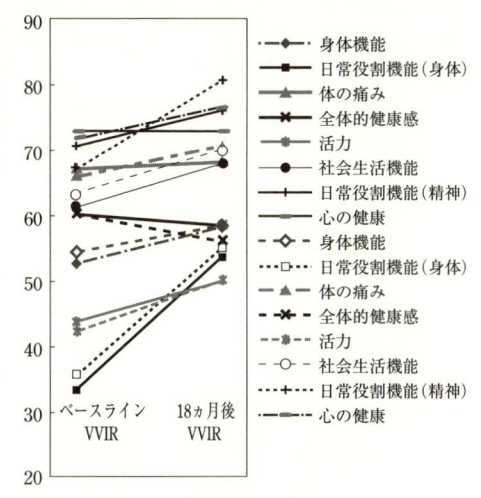

図1　SF-36の下位尺度の心臓ペースメーカー Ventricular（実線）とDual-Chamber Pacing（点線）の治療によるQOLの変化
[Lamas, A. G., et al., 1998, *New England Journal Of Medicine*, **338**(16), 1097-1104, Table 3をもとに作図]

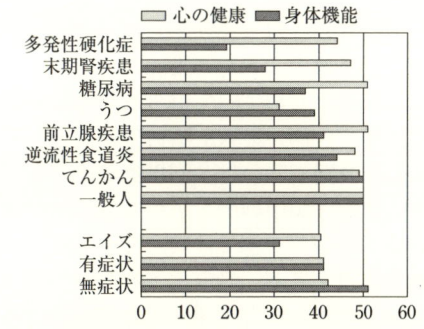

図2　慢性疾患患者と一般の人々のHRQOLの比較
[Hays, R. D., et al., 2002, *Arch Phys Med Rehabil*, **83**, Suppl 2, S 6]

参考文献
[1] 池上直己，他，2001，『臨床のためのQOLハンドブック』医学書院。
[2] フェイヤーズ，マッキン著／福原俊一，数間恵子監訳，2005，『QOL評価学—測定，解析，解釈のすべて』中山書店。

子どもの体力，運動能力測定

　体力と運動能力は，身体能力を説明するためには必要不可欠な構成概念である．体力は身体活動に要求される心身の潜在的能力であり，運動能力は疾走，跳躍，投球などの身体運動に要求される潜在的能力であり，直接的には測定できない．体力は体力特性ごとに複数の体力要素に分類され，構造的に理解されている．体力要素は体力要因，体力下位領域とも表記される．体力要素や運動能力領域ごとに信頼性，妥当性，客観性などの尺度特性を満足するテスト項目が選択される．複数のテスト項目から1組のテストバッテリーが構成され，体力テストや運動能力テストが作成されている．複数の体力テスト項目や運動能力テスト項目は単位の異なる測定尺度であるので，測定されたテスト成績を標準得点に変換して，合計して，体力得点や運動能力得点とする．

●**体力・運動能力テストの信頼性**　体力テストや運動能力テストの信頼性は，主に再テスト法を用いて確認される．テストの妥当性は，体力要素や運動能力領域に対応した内容的妥当性，構成概念妥当性，妥当基準となるテストがある場合には基準関連妥当性から確認される．

　子どもの体力・運動能力は，主として実技検査であるパフォーマンステストを用いた体力テストや運動能力テストによって測定される．パフォーマンステストでは最大努力によって得られた運動成績をテスト成績とすることを原則としている．多くの体力テスト項目や運動能力テスト項目は信頼性が高く，十分な休息を挟んで2回あるいは3回以上の測定を実施し，最良値をテスト成績として採用する．信頼性が中等度な項目では2回の測定値の平均値を採用する．全身持久力や筋持久力のテストでは安全性を考慮して，測定は1回のみの実施である．

●**新体力テスト**　最も代表的な標準化された子どもの体力・運動能力テストは，文部科学省の体力・運動能力調査で用いられている新体力テストである．体力・運動能力調査は一般統計であり，毎翌年度の体育の日頃に公表され，スポーツ振興および体力・運動能力の向上に関わる施策上の基礎資料として活用されている．

　6歳から11歳（小学生）と12歳から19歳（中学高校生を含む）を対象とする新体力テストは，8領域8項目から構成されている．握力は筋力のテスト項目であり，上体起こしは筋力・筋持久力，長座体前屈は柔軟性，反復横とびは敏捷性，20mシャトルランは全身持久力，50m走はスピードと走能力，立ち幅とびは筋パワーと跳躍能力，ボール投げは巧緻性と投球能力のテスト項目である．

　小学生と中学・高校生との測定項目の違いは，i）ボール投げが小学生ではソフトボール投げ，中学・高校生ではハンドボール投げであること，ii）全身持久力テ

ストが，小学生では20mシャトルラン，中学・高校生では20mシャトルランと持久走との選択であることの2点である．男子の持久走は1,500m走であり，女子は1,000m走である．

新体力テストでは，性別にテスト項目別得点表が用意されている．各テスト項目の成績（測定値）を項目別得点表に照合させて10点満点で得点化する．全8項目の総合得点である体力テスト合計点を用いて体力を総合的に測定する．体力テスト合計点の性・年齢別分布に基づいて，ABCDEの5段階で体力の総合評価が行われる．

新体力テストを構成するテスト項目は，スピード，全身持久力，筋パワー，巧緻性，筋力，筋持久力，柔軟性，敏捷性の体力要素を評価する．これらの体力要素は，走能力，跳躍能力，投能力の基礎的運動能力に関与する体力要素であるスピード，筋パワーおよび巧緻性を含み，かつ，健康関連体力要素の心肺持久力，筋力・筋持久力および柔軟性を含んでいる．したがって，新体力テストはスポーツ選手の体力・運動能力テストとしても，発育期の青少年の体力・運動能力テストとしても，一般人および高齢者の体力テストとしても，その評価と活用の可能性を内包している．新体力テストの対象年齢は6歳から79歳までであり，小学生年代の6歳から11歳，中学生および高校生年代を含む12歳から19歳，成人年代の20歳から64歳，高齢期年代の65歳から79歳の4区分である．握力，上体起こし，長座体前屈の3項目はすべての年齢区分の共通項目で，それ以外の項目は各年齢区分で異なる．体力の総合評価は対象年齢区分ごとに性別になされる．

●健康関連体力　これまでの多くの体力測定では，筋力，筋パワー（瞬発力），スピード，敏捷性などの身体的要素の中の行動を起こす能力に優れているほど，体力的に優れているという評価が得られてきた．すなわち，体力はスポーツに要求される運動能力と同義に考えられてきた．一方，日常生活の利便化に伴い身体活動量が減少し，体力水準が低下する傾向がみられてきた．体力低下が誘因となるいわゆる運動不足症や生活習慣病が問題となる現代社会においては，一般人の健康を支える基盤としての体力を意味する健康関連体力が重要な意義を有することが広く理解されてきた．

体力は，広義には身体的能力と精神的能力に分類される．身体的能力は行動体力と防衛体力に分類され，狭義には一般的に行動体力が体力とよばれている．体力要素は，行動を起こす能力（発現力），行動を持続する能力（持久力），行動をコントロールする能力（調整力）の3領域に大きく分類される．発現力の体力要素は筋力，瞬発力（パワー）に細分類される．同様に，持久力は全身持久力と筋持久力に分類され，調整力は敏捷性，平衡性，協応性，柔軟性に分類される．健康関連体力を構成する体力要素は，一般的に筋力，全身持久力，柔軟性，そして形態的要素の身体組成の4要素とされている．

[西嶋尚彦]

病気の原因を探る：疫学

　1950年代から1960年代にかけて，日本では水俣病，イタイイタイ病，新潟水俣病，四日市ぜん息という四大公害病が社会的な問題となった．これらの病気は，企業が人体に有害な影響を与える，メチル水銀（水俣病），カドミウム（イタイイタイ病），硫黄酸化物（四日市ぜん息）を排水や排気に垂れ流すことで起こったが，この原因究明に活躍したのが疫学という学問である．疫学はコレラなどの急性感染症の原因追求，予防のための学問として成立した．イギリスでは，コッホがコレラ菌を発見する30年以上も前に，麻酔科医であったJohn Snowが，コレラの流行の注意深い観察と科学的推論により，コレラは汚い水を介して広まることを主張した（http://www.ph.ucla.edu/epi/snow.html）．

　衛生環境の改善などにより急性感染症が減り，がんや心疾患などの慢性疾患が増えたことによって，慢性疾患の原因究明，予防対策の確立が今日の疫学研究の中心的要素となってきた．近年ではAIDS（acquired immune deficiency syndrome）やSARS（severe acute respiratory syndrome）などの新興感染症，結核などの再興感染症が社会問題となり，感染症の疫学も再び注目を集めている．

　現在では疫学があつかう領域も，感染症の疫学，がんの疫学，循環器疾患の疫学といった疾患領域ごとに分化し，また産業疫学，環境疫学，遺伝疫学，薬剤疫学といった研究領域ごとに分化している．しかし，病気の原因の追究と予防対策の開発を行い，公衆衛生に役立てるという疫学研究の基本に変わりはない．

●定量的評価　病気の原因を調べるためには，病気を定量的に評価する必要がある．1年間である地区では10人が心疾患を発症し，別な地区では100人が心疾患を発症した場合，どちらの地区に心疾患の発症が多くみられたのであろうか．この問いに答えるためには，心疾患の発症を観察し始めたときに，それぞれの地区に何人が居住していたか，という情報が必要である．このように定量的評価を行うためには，疾病の発症数だけではなく，何人中何人が疾病を発症したのかという分母に相当する情報が必要となる．

　心疾患の患者100人を調べたところ，そのうち80人もが過去にコーヒーをよく飲んでいた，したがって心疾患の予防のためにはコーヒーを控えたほうがよい，というたぐいの主張をよくみかける．これは一見，定量的な評価のように思えるが，実はとんでもない落とし穴がある．心疾患の患者の80％がコーヒーをよく飲んでいた，ということから，心疾患の患者にはコーヒーをよく飲む人が非常に多いので，コーヒーをよく飲むことが心疾患の発症の原因であるかのように思えてしまうが，一般の集団でコーヒーをよく飲む人はどのくらいいるのだろうか．一

般の集団でコーヒーをよく飲む人の割合を調べたところ80％であったとするとどうであろうか．心疾患の患者にコーヒーをよく飲む人が特別多いのではなく，どこでも誰でも80％くらいの人はコーヒーをよく飲んでいる，ということを表しているに過ぎない．このことから，定量的な評価を行うためには，比較対照となるコントロールの情報が必要となることがわかる．

疫学研究では，疾病の原因と考えられている要因の定量的な評価を行うために，いろいろな工夫がなされている．

● **前向きに評価する**　ある薬剤T薬の副作用であるかもしれない有害な症状を定量的に調べるためには，すでに述べたように，何人にその症状が発現したかだけではなく，何人がT薬を服薬したかという情報と，さらに，T薬を服薬しなかった人の中で何人に同じ症状が発現したかを調べ，T薬服薬群と非服薬群で症状の発現割合を比較する必要がある．表1はT薬服薬群2,090人と非服薬群186,022人を対象に，1年間に有害な症状が何人に発現したかを追跡して調査した仮想的な結果である．

表1　薬の副作用の前向き評価（単位：人）

T薬	有害な症状		合計
	あり	なし	
服薬	90	2,000	2,090
非服薬	22	186,000	186,022
合計	112	188,000	188,112

このように，研究を開始するときに，原因と想定している要因（T薬の服薬）の有無で対象者を分類し，対象者を前向きに追跡して健康に関連するイベント（有害な症状の発現）を調べる研究方法を前向き研究，またはコホート研究とよんでいる．表1から，T薬服薬群では2,090人中90人（4.31％）が症状を発現し，非服薬群では186,022人中22人（0.0118％）が症状を発現している．明らかにT薬服薬群に症状の発現が多いが，有害な症状の発現に対するT薬の効果を定量的に評価するためには，2群での発現割合の差をとったリスク差4.31％－0.0118％＝4.29％，および発現割合の比をとったリスク比4.31％/0.0118％＝364が用いられる．ほかにバイアスがなければ，リスク差は「T薬を服薬すると，服薬しなかった場合に比べ有害な症状の発現が4.29％増加する」，リスク比は「T薬を服薬すると，服薬しなかった場合に比べ有害な事象の発現が364倍増える」と解釈することができる．

病気の原因を前向きに評価するコホート研究は，臨床試験のような実験的研究によく似ていて理解もしやすいが（「臨床試験」参照），表1に示したような発生頻度の非常に小さい症状を対象としている場合には，たくさんの対象者を調査し

なければならず，費用も時間もかかるという問題点がある．
●**後ろ向きに評価する**　表1は188,112人の対象者を前向きに調べた結果であるが，同じ188,112人の対象者を研究開始から1年後の時点で，過去1年間に有害な症状を発現した112人と発現しなかった188,000人について1年前のT薬の服薬状況を調べることを考えてみよう．T薬を服薬したかどうかが医療記録などに正確に記録に残されていれば，表1とまったく同じ結果が得られるはずである．このように結果である有害な症状の発現状況に基づいて対象者を選択し，過去にさかのぼって原因を調べる研究方法を後ろ向き研究という．前向き研究と同じ対象者について後ろ向きに調べた結果は，過去の不正確な記録を調べたり，対象者にインタビューが必要な場合は対象者の記憶に頼る誤差を除けば表1の結果を再現することができるので，コホート研究と同様に，T薬服薬状況別の症状の発現割合，リスク差，リスク比を求めることができる．

　表1では有害な症状を発現したのは112人だけであるため，その比較として有害な症状を発現しなかった人を188,000人も調査する必要はなく，もっと少ない人数でも精度の高い結果が得られるかもしれない．表2には，表1の有害な症状なしの188,000人から100分の1の1,880人をランダムに選択した場合（表2 (a)）と1,000分の1の188人をランダムに選択した場合（表2 (b)）に期待される結果を示した．

　表2では有害な症状ありの人は全員対象としたが，症状ありの人から一定数をランダムに選択してもよく，この研究方法は一般にイベントを発生したケースと，発生していないコントロールを調べることから，「ケース・コントロール研究」とよばれている．

表2　T薬の副作用の後ろ向き評価

T薬	(a) 症状なしから100分の1選択			(b) 症状なしから1000分の1選択		
	有害な症状		合計	有害な症状		合計
	あり	なし		あり	なし	
服薬	90	20	110	90	2	92
非服薬	22	1,860	1,882	22	186	208
合計	112	1,880	1,992	112	188	300

　ケース・コントロール研究では，定量的な評価の指標としてオッズ比を用いる．オッズとは，ある事象が起きる確率と起きない確率の比であり，表2 (a) を例にすると，有害な症状があるケースの服薬オッズは90/112対22/112＝90対22であるし，有害な症状のないコントロールの服薬オッズは20対1,860となる．オッズ比はこれらの服薬オッズの比であり，

$$(90/22)/(20/1,860) = (90 \times 1,860)/(22 \times 20) = 380$$

となる．

　このオッズ比は表 2 (b) から計算されるオッズ比 $(90\times186)/(22\times2)=380$，さらには表 1 のコホート研究から計算されるオッズ比 $(90\times186,000)/(22\times2,000)=380$ とも同じ値となり，イベントの発生頻度が小さい場合にはリスク比のよい近似となることがしられている．実際，表 1 で求めたリスク比は 367 であり数パーセントしか異なっていない．

　ケース・コントロール研究は，イベントの発症頻度が小さくても，すでにイベントを起こした人とそれに見合ったイベントを起こさなかった人を対象として調査をすればいいので，まれなイベントに適した研究方法である．しかもイベントがまれであれば，コホート研究を実施したときのリスク比の近似としてオッズ比を解釈することができるという利点ももっている．

●**サリドマイドによる薬害**　ある研究者が表 2 (b) をみて，「非服薬群の症状の発現が $22/208=10.6\%$ と高すぎる」，「300 人全体では T 薬の服薬が $92/300=30.7\%$ であり，これは T 薬の一般的な服薬状況を考えると高すぎる」，したがって表 2 (b) の調査結果は信用できないと批判した．あなたはどう答えるであろうか．

　ある研究者と同様に，T 薬非服薬群の有害な症状発現割合を形式的に求めてみよう．表 2 (a) では $22/1,880=1.17\%$，表 2 (b) では $22/208=10.6\%$ となるが，いずれも表 1 に示す正しい割合 0.0118% から大きく異なってしまう．これは有害な症状なしのコントロールの選択割合を 100 分の 1 や 1,000 分の 1 に設定したからであり，選択割合を別な値に変えれば，服薬，非服薬別の合計人数はいくらでも変わってしまう．このため，表 2 を T 薬の服薬別にみることは適切ではなく，対象者の選択方法に沿って有害な症状の有無別にみることが適切であることがわかる．また同じ理由から服薬者の合計 92 人と全体の 300 人を比べることも，コントロールの選択割合を変えると数字が大きく変わってしまうので，意味はない．したがって，表 2 (b) に対するある研究者の批判は，データの取り方を理解していない，まったく誤ったものであることがわかる．

　1960 年頃，妊娠の初期にサリドマイドという薬を服薬すると，生まれてくる子供に重症の四肢の欠損症がみられることがわかった．表 2 (b) はドイツで行なわれたサリドマイドとその副作用のケース・コントロール研究の結果であり，ある研究者は実際に上記の批判を行った．表 1，表 2 に示した単純な 2×2 表であっても，データの取り方を十分に理解したうえで結果を解釈する必要がある．

[佐藤俊哉・吉村 功]

参考文献
[1] 増山元三郎編，1971，『サリドマイド—科学者の証言』東京大学出版会．
[2] 佐藤俊哉，2005，『宇宙怪人しまりす　医療統計を学ぶ』岩波科学ライブラリー，岩波書店．

観察研究でのバイアス

　いま，喫煙することで心疾患の発症が増えるかどうか，言いかえてみると喫煙が心疾患の原因となっているかどうかを調べる研究を行うことを考えよう．

　喫煙者と非喫煙者に研究への参加を依頼し，一定期間追跡したところ，喫煙者のグループに心疾患が多く起こることが観察された．喫煙が心疾患発症の原因である場合には，喫煙者に心疾患の発症が増えることが予想されるが，逆は必ずしも真ではないので，喫煙者に心疾患が多かったからといって喫煙が心疾患の原因であると解釈することはできない．なぜならば，喫煙が原因だと考える以外にも，「喫煙者に心疾患が多い」という結果と整合する理由を考えることが可能だからである．

●**バイアス**　喫煙がほんとうに心疾患の原因である場合には，「喫煙は心疾患の原因である」と結論でき，また喫煙がほんとうは心疾患の原因ではない場合には，「喫煙は心疾患の原因ではない」と結論できる研究方法が正しい研究方法であり，正しい結論が得られる研究を妥当な研究という．妥当ではない研究は正しい結論が得られない研究であり，研究の妥当性に欠けることをバイアスがあるという．

　観察研究では，研究結果を解釈する際に最初に検討する必要があるのは，i) 喫煙は心疾患の原因ではないのに，バイアスの影響で見かけ上喫煙者に心疾患が多くみられたのではないか，である．観察的な研究でバイアスがまったくないということはまず考えられないので，バイアスの影響が小さいか，あるいは研究計画や解析で適切に対処できていると考えられる場合は，次に，ii) 喫煙は心疾患の原因ではないのに，偶然の誤差により見かけ上喫煙者に心疾患が多くみられたのではないか，を検討することになる．ほとんどの統計解析で調べていることは，この偶然による誤差の影響のみである．これらの点をクリアしてはじめて，iii) 喫煙は心疾患の原因かもしれない，という解釈を検討することになる．研究の妥当性を妨げるバイアスには大きく分けて，選択バイアス，情報バイアス，交絡によるバイアス（「シンプソンのパラドックス」参照）がある．

●**選択バイアス**　現在は生活習慣病に対する関心が高まり，さまざまな健康診断事業が実施されている．健康診断の受診者は健康に対する意識が高いので，健康に関する調査や研究を実施する際，一般の住民よりも協力が得られやすい．このため，健診受診者を対象として研究が数多く実施されている．この場合，健診受診者が一般住民を代表するような集団だと考えることができれば，その結果を一般住民の結果として解釈できる．しかし，健康診断を受診するためには，健診会場まで出向く必要があり，外出することが難しい人は研究対象から外れてしまう．

また健診受診者は，食事に気をつける，運動を心がけるといった健康に対する意識が非常に高い人が多く，とても一般住民を代表しているとは考えられないので，健診受診者を対象とした研究の多くでは，結果の解釈に注意しているはずである．このように想定している対象集団から実際の研究対象者を選択する際に入り得るさまざまなバイアスを選択バイアスとよぶ．

喫煙と心疾患の関係を調べる研究をある病院に来院した患者を対象に実施することを考えてみよう．喫煙が心疾患の原因の1つであることはよく知られているが，喫煙は心疾患以外にもさまざまな病気の原因となっている．このため，病院に来院した患者を対象とすると一般住民を対象とした場合に比べて全体的に喫煙者が多くなり，喫煙と心疾患との関係は薄まってみえる．これはBerksonバイアスとよばれる，原因と結果がともに来院状況に影響する場合に起こる選択バイアスの1つである．

● 情報バイアス　疫学研究では健康に関するさまざまな影響を定量的に評価することが目的であるので，多くの測定がなされる．喫煙と心疾患との関係を調べるコホート研究であれば，1日の喫煙本数，喫煙開始年齢，性別，年齢，血圧，血清コレステロールなどを研究開始時に測定し，対象者を追跡して心疾患発症の有無を測定する．あらゆる測定には測定誤差がつきものであるが，測定に関する誤差が引き起こすバイアスを情報バイアスとよぶ．

測定誤差には，単純に測定方法に由来する血圧測定の誤差や，調べたい変数を測定することが難しかったり，費用がかかるために，代替変数を測定することによる誤差などがある．心疾患との関係を調べるうえで最も重要なのは，ある対象者がいつ喫煙を開始し，どんなタバコをどのように吸ってきたか，禁煙の経験はあるか，という詳細な喫煙歴であるが，喫煙歴をきちんと調べることは難しいため，通常は喫煙歴の代替変数として1日喫煙本数と喫煙年数を測定する．

また心疾患発症の診断が難しいときに，「この対象者は喫煙者なのできっと心疾患だろう」，「この対象者は非喫煙者なので心疾患ではないだろう」と判定してしまう場合のように，ある変数の値（喫煙の有無）によって別の変数（心疾患の診断）の誤差が影響を受けることを「偏りのある誤差」とよぶ．偏りのある誤差が存在すると，喫煙と心疾患との関係が強まる方向にも薄まる方向にもバイアスが入る可能性があり，結果に与える影響が大きい．このため計画の段階で心疾患の判定者には対象者の喫煙状況は知らせないというマスク化を行って，偏りのない誤差に転換する，といった配慮をする必要がある．　　　　　　　　　［佐藤俊哉］

参考文献
[1] Rothman, K. J., et al., 2008, *Modern Epidemiology*, 3rd ed. Lippincott, Williams & Wilkins.

シンプソンのパラドックス

●**層別による違い** 腎臓結石に対する2つの治療法を比較したデータを表1に示す．(a)と(b)は結石の大きさで層別したデータであり，(c)はそれらを併合したものである．層別したデータでは結石の大きさに関わらず治療法 A_1 が勝るが (93％＞87％，73％＞69％)，併合したデータは治療法 A_2 に軍配を上げる (78％＜83％)．このように，ある変数で層別するかしないかによって結論が異なる事実をシンプソンのパラドックスとよんでいる (Simpson, 1951)．この例では，層別したデータに対する分析結果の方が正しい．では，なぜこのようなパラドックスが生じるのか．

表1 腎臓結石のデータ[2]

	(a) 結石（小）C_1		(b) 結石（大）C_2		(c) 併合	
	治癒 B_1	未治癒 B_2	治癒 B_1	未治癒 B_2	治癒 B_1	未治癒 B_2
治療法 A_1	81　　　　6 93％(81/87)		192　　　71 73％(192/263)		273　　　77 78％(273/350)	
治療法 A_2	234　　　36 87％(234/270)		55　　　25 69％(55/80)		289　　　61 83％(289/350)	

　これらの疑問を解くカギは，各治療法を受けた患者の不等質性（偏り）にある．すなわち，治療法 A_1，A_2 はともに 350 名に施されているが，治療法 A_1 は結石が大きな患者がより多く(87＜263)，治療法 A_2 は結石が小さな患者がより多く受けている (270＞80)．同様に，結石の大きさによって層別された患者は約 350 名ずつで，小さな結石の患者には治療法 A_2 がより多く施され(87＜270)，大きな結石の患者には治療法 A_1 がより多い(263＞80)．このような不等質性は，例えば，結石が大きい患者は重症であるとすれば，重症患者にはより効果的だと思われている治療法 A_1 が処方され，一方，治療法 A_2 の方が治療効果が劣るが患者負担が軽い治療法だとすると，結石が小さな軽症患者には治療法 A_2 が処方される可能性が高くなる，というように説明することができる．したがって，この状況の下では，不等質性は偶然の所産というよりも常に生じると考えられる．
　治療法 A_1 がより効果的であったとしてもより多くの重症患者に治療法 A_1 が施されていたとすれば，治療法 A_1 の成績は見かけ上悪くなるかもしれない．実際，併合した後のデータにおいては，治療法の優劣を越えて患者の偏りがより大きな影響を及ぼしており，データは治療法 A_2 がよりよいことを示している．一方，各層内（結石（小）のグループまたは結石（大）のグループ）においては2つの治療法間

で結石の大きさに大きな違い（偏り）はないと考えられるので，各層における分析の方がより適切であると考えられるのである．
●**期待度数の分解**　3つの変数間の関係を整理しておく．結石の大小（変数 C）が治療法の選択 A に影響している．結石の大小が病気の重症度を表すならば，当然，治癒するかどうか（変数 B）に影響する．変数 C のように，原因変数である A と結果変数である B の両者に影響する第3の変数を交絡変数とよんでいる（図1）．このデータを対数線形モデルによって分析する．サンプルサイズを n，$p_{ijk}=P(A=A_i, B=B_j, C=C_k)$ $(i, j, k=1, 2)$ とおいて，期待度数 np_{ijk} の対数を次のように分解する．

$$\log np_{ijk} = \mu + \alpha_i + \beta_j + \gamma_k + (\alpha\beta)_{ij} + (\beta\gamma)_{jk} + (\gamma\alpha)_{ki} + (\alpha\beta\gamma)_{ijk} \quad (1)$$

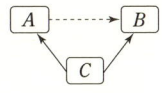

図1　交絡変数

α_i, β_j, γ_k はそれぞれ要因 A, B, C の主効果であり，続く項はそれらの交互作用を表している．交互作用がすべて0であるとき，式(1)は $p_{ijk} = \mathrm{const}\, e^{\alpha_i} e^{\beta_j} e^{\gamma_k}$ となり，この式は A, B, C が互いに独立であることを示している．したがって，交互作用の項はこれらの変数間の従属性を表すと考えてよい．表1のデータを対数線形モデルで分析した結果を表2に示す．なお，3要因交互作用 A, B, C は非有意で p 値（$p = 0.33$）が大きかったためモデルから除いて再分析してある．$B \times C$ と $A \times C$ が有意であることから，先に述べたように，変数 C が原因変数と結果変数の両方に（直接的な）関連をもっていることがわかる．交互作用 $A \times B$ は非有意であり，統計的には治療法の違いが治癒率に影響するとはいえない．

表2　対数線形モデルによる分析結果

要因	自由度	カイ二乗値	p 値	要因	自由度	カイ二乗値	p 値
A	1	0.48	0.4882	$A \times B$	1	2.43	0.1189
B	1	211.03	<.0001	$B \times C$	1	27.82	<.0001
C	1	7.97	0.0047	$A \times C$	1	167.44	<.0001

もし，$(\alpha\beta)_{ij} = 0$，$(\alpha\beta\gamma)_{ijk} = 0$ が結論できるならば，式(1)から容易に

$$P(A=A_i, B=B_j | C=C_k) = P(A=A_i | C=C_k) P(B=B_j | C=C_k)$$

を得る．この結果は，C を与えた下で A と B が条件付き独立であることを示しており，併合したデータにおける治療法と治癒率の関係は，治療法が直接に治癒率と関連しているのではなく，結石の大きさの効果の反映ということになる．

図1には原因変数と結果変数を区別するため矢印を入れたが，原因と結果は対数線形モデルによって識別できるものではなく，実質科学による理解である．

［狩野　裕］

📖 **参考文献**
[1] 佐藤俊哉, 2008, 交絡：事実と反事実の比較, 科学, **78**(4), 427-429.
[2] Charig, C. R., et al., 1986, *British Medical Journal*, **292**(6524), 879-882.
[3] Simpson, E. H., 1951, *Journal of the Royal Statistical Society*, **B13**, 238-241.

因果推論

　20世紀後半の25年間に，因果効果を推定するための統計的方法論が芽生え，最後の10年間では，異なる分野で発展してきたいくつかのモデル（反事実モデル，グラフィカルモデル，構造方程式モデル）の関連が明らかになった．特に疫学・医学領域で発展した反事実モデルに基づく因果推論の考え方について述べる．

●**反事実モデルと因果効果**　ある特定の個人Aさんに対して，「アスピリンを飲むことで頭痛が治るかどうか」について考えてみる．もしアスピリンを飲んで2時間以内に頭痛が治ったとする．この事実だけからアスピリンはAさんの頭痛に対して効果があったといえるだろうか．何も薬を飲まなくても頭痛が治っていたかもしれないので，その答えは否である．すなわち，Aさんに対するアスピリンの因果効果を調べるためには，以下の2つの状況を「同時に」知る必要がある．

　ⅰ）Aさんがアスピリンを飲んだ場合に2時間以内に頭痛が治るかどうか．
　ⅱ）Aさんがアスピリンを飲まない場合に2時間以内に頭痛が治るかどうか．

　この2つの状況の結果がわかれば，Aさん個人に対するアスピリンの因果効果を調べることができる．状況1でAさんの頭痛が治り，かつ状況2では治らなければ，Aさん個人にとってはアスピリンの効果があると判断できる．しかし，どちらの状況でも頭痛が治れば，Aさんにとってはアスピリンの効果なしということになる．これら2つの状況は，一方が観察されれば他方は絶対に観察することができないので，反事実的とよばれる．

　これらの2つの状況に対応する反事実結果変数 $Y_{A,X=x}$ を用いれば，Aさん個人に対するアスピリンの因果効果は $Y_{A,X=1} - Y_{A,X=0}$ で表現される．ただし，$Y_{A,X=x}$ はAさんが x という治療（服用：$x=1$，非服用：$x=0$）を受けた場合に観察されるはずの潜在結果を表す．つまり，因果効果は同一対象者に対する異なる状況での結果の比較として定義され，データからは検証不能な仮定（例えば，アスピリンを飲まなかったこと以外はAさんとまったく同じ他人Bさんが存在するなど）をおかない限り，個人に対する因果効果を調べることはできない

●**平均因果効果の推定**　特定の個人に対する結果が，集団の他のメンバーが受けた治療に無関係であれば，個人 i（$i=1,\cdots,N$）に対する因果効果は同様に $Y_{i,X=1} - Y_{i,X=0}$ と定義することができるので，平均因果効果 $E(Y_{i,X=1} - Y_{i,X=0})$ の推定を考える．この平均因果効果も「1つの集団に対する異なる状況の比較」なので，それらを同時に観察することはできない．しかし，もし治療を受けるかどうかが反事実結果変数と独立，あるいは結果に関するリスク要因を条件付けたもとで独立であれば，上記の平均因果効果を観察データから推定可能である．

治療変数と反事実結果変数の独立性を $Y_{i,x=x} \amalg X$ と表現したとすると，この仮定と観察結果 Y_i に関する一致性の仮定（$Y_i = Y_{i,x=1}X + Y_{i,x=0}(1-X)$）のもとでは，
$$E(Y_{i,X=1} - Y_{i,X=0}) = E(Y_{iX=1}|X=1) - E(Y_{i,X=0}|X=0)$$
$$= E(Y_i|X=1) - E(Y_i|X=0)$$
となる．既知のリスク要因を Z，未知のリスク要因を U と表すと，反事実結果変数は性・年齢などと同様の背景因子の1つと考えることができるので，治療法の無作為化は $(Y_{i,x=x}, Z, U) \amalg X$ を保証している．したがって，治療法の無作為化により対象者を平均的に比較可能な集団に分けられれば，実際に観察された治療群と対照群の結果を単純に比較することで平均因果効果は推定可能である．

平均因果効果は，前述の独立性よりも弱い条件 $Y_{i,x=x} \amalg X|Z$ のもとでも推定可能である．この条件付き独立の仮定は，リスク要因 Z で層別すると，その層内では治療法は無作為に決定されており，層内での群間の比較可能性があることを意味している．この条件付き独立が成立するためには，すべてのリスク要因と個人が治療を受けることにかかわるすべての要因を共変量 Z として測定している必要がある．このため，この仮定は「治療割り付けの強い無視可能性」，あるいは「未測定の交絡要因はない」などとよばれる．この仮定のもとでは，平均因果効果は以下のように観察データ（Y_i, X, Z）のみの関数として表現できる．
$$E(Y_{i,X=1} - Y_{i,X=0}) = E_Z[E(Y_{i,X=1}|Z)] - E_Z[E(Y_{i,X=0}|Z)]$$
$$= E_Z[E(Y_i|X=1, Z)] - E_Z[E(Y_i|X=0, Z)]$$
標準化や Mantel-Haenszel 法などの層別解析のテクニックを利用すれば上式は推定可能である．

●**因果構造モデル** 反事実変数に対するモデルである因果構造モデルとして，構造ネストモデル（SNM）と周辺構造モデル（MSM）が提案されている．どちらのモデルも繰り返し治療（あるいは曝露）を伴うデータにおける平均因果効果の推定に有用である．治療によって変化する中間結果が，死亡などの最終結果のリスク要因であり，かつ次の治療を決定する要因にもなっている場合，これらの中間結果は時間依存性交絡要因とよばれる．時間依存性交絡要因は，交絡要因であるため調整しないと治療効果の推定にバイアスが入るが，一方で治療と最終結果の間の中間結果であるため通常の層別解析や回帰モデルなどで調整するとやはり治療効果の推定にバイアスが入る．SNM に基づく g 推定は，因果パラメータに強い生物学的な仮定を必要とするものの，前述の条件付き独立の仮定のみを利用したセミパラメトリックモデルである．ある時点で受ける治療がそれ以前の治療歴と共変量歴に依存する場合に有効であり，治療の不遵守（ノンコンプライアンス）が生じたデータの解析にも応用されている．一方，MSM は，対象者が実際に受けた治療を受ける確率の逆数で重み付けた解析（IPTW 法）であり，事前に定められた治療方針に対する平均因果効果を推定する場合に有効である． ［松山 裕］

臨床疫学

臨床疫学とは，疫学の原理と方法を応用して，臨床医学における個々の患者の診断，予後判定，治療法の選択・効果判定などに関して，できる限りバイアスが少なく精度の高い結論を得ることを目指した学問のことである．

●**疾患の自然史** 治療は疾患の転帰に影響するので，ある症状，徴候または病態をもつ人々が治療を受けない場合にどのような転帰をとるかの測定は重要である．そのような研究は，疾患の自然史に関する研究とよばれる．ある疾患の自然史がその症状・徴候のない人々の場合と同じであれば，その症状や疾患を同定/治療したりする意義は少ない．逆に，自然史を研究することで，その症状・徴候・病態をもっている人々が好ましからぬ経過をとらないよう，それらを早期に発見・予防するための適切な対策を講じることもできる．例えば，原因不明の発熱を起こした乳幼児に対して，感染源を同定すべきか，あるいは抗生剤などによる治療をすべきかどうかの決定は，同様の発熱を起こした乳幼児のうちどれくらいの頻度で髄膜炎などの重篤な合併症を起こすものなのかというデータに依存する．

自然史に関する主要な情報源は，コホート研究からのデータである．対象とする症状・徴候・病態をもつ人々を関心のある転帰に関してモニターし，その発生率を同様にモニターされた当該疾患を有していない人々での発生率と比較する．

●**診断およびスクリーニング検査の特性** 症状や徴候をもった人々に対して行われる検査を診断，そのような状態をもっていない人々に対する検査をスクリーニングとよぶが，それらの検査特性を議論する上での原理はどちらも同じである．

陽性・陰性で結果を捉える検査の特性は感度と特異度で表現される．表1のように，感度とは「疾患ありに対して陽性となる確率」であり，真陽性ともよばれ，$Pr(+|D)$ と表す．特異度とは「疾患なしに対して陰性となる確率」であり，真陰性ともよばれ，$Pr(-|notD)$ と表す．この感度と特異度はどちらも100%に近いほど良い検査であることを意味する．しかし，陽性・陰性の判断となるカットオフ値の設定の仕方によって，感度と特異度を同時に高くすることはできない．その

表1 検査結果の解釈

検査		疾患あり(D)	疾患なし(not D)
	陽性（＋）	真陽性　$Pr(+|D)$	偽陽性　$Pr(+|not D)$
	陰性（－）	偽陰性　$Pr(-|D)$	真陽性　$Pr(-|not D)$

感度(Se)＝$Pr(+|D)$，特異度(Sp)＝$Pr(-|not D)$，有病率(P)＝$Pr(D)$．
陽性適中度＝$Pr(D|+)$＝$P\times Se/Pr(+)$，陰性適中度＝$Pr(not D|-)$＝$(1-P)\times Sp/Pr(-)$．$Pr(+)$，$Pr(-)$ は集団全体におけるそれぞれ検査陽性，陰性の割合．

トレードオフの関係をグラフィカルに表現したものが ROC 曲線である．通常，縦軸に感度，横軸に偽陽性割合（1－特異度）をとり，さまざまなカットオフ値に対してプロットされる．有用な検査ほど ROC 曲線が左上方に位置することになる．

　検査結果を受け取った人にとって気になることは，陽性（あるいは，陰性）と出た場合に，どれくらいの確率で疾患が存在するか（あるいは，しないか）ということである．これは，適中度とよばれるもので，ベイズ統計学における事後確率に相当する．表1の記号では，陽性適中度は $Pr(D|+)$，陰性適中度は $Pr(not\ D|-)$ と表される．ベイズの定理に従って，適中度を求めると表1の脚注に示したような式となる．ここで注意しなければいけないのは，適中度は感度・特異度だけでなく，有病率の関数にもなっていることである．つまり，適中度は当該疾患の有病率に大きく影響を受けることを意味しており，感度・特異度ともに高い検査が対象集団の特性によっては有用でない場合がある．

●治療効果：無作為化研究　治療効果を科学的に評価するのに最も優れた標準的な方法が無作為化比較研究である．治療法は，医師または患者によってではなく第三者によって無作為に割付けられる．これにより治療群と対照群のさまざまな患者特性が平均的には一様になるため，各群の転帰を比較することで治療効果の有無や大きさについてバイアスの少ない議論が可能となる．比較的頻度が高く，治療後すぐに生じるような有害事象の同定に関しても無作為化研究は有用であるが，その主要な目的は治療の有効性評価である．無作為化研究は，無作為化を伴わない研究と比べて作業量が一般に多く，1患者あたりにかかるコストも高い．このため，また患者や医師に積極的かつ継続的な研究への関与をうながすことがしばしば困難であるために，大規模研究を行うことはまれである．症例数があまり多くない研究では，大きな治療効果をみつけることはできるが，わずか（あるいは，中程度）だが医学的に意味のある治療効果を検出することはできないかもしれない．研究の感度を増加させるために，患者選択・介入内容・エンドポイントの設定などのさまざまな研究デザインを十分慎重に計画・工夫しなければならない．

●治療効果：観察研究　さまざまな理由により既に治療を受けている，あるいは受けていない患者集団に対する転帰を単に観察することで，治療効果を評価する研究を観察研究とよぶ．疫学研究とよばれる研究のほとんどが観察研究である．主な長所は，実行の容易さであるが，主な短所は，治療自体よりも比較群間の系統的な差が大きく，治療効果について誤った結論を導きかねないことである．特に，群間の比較可能性が満たされないことに起因した交絡を予防，あるいは除去するために，対象者の限定，マッチング，層別解析などを用いる必要がある．しかし，一般に観察研究は多くの対象者数を扱うことができ，予後因子の検討にも適している．また発生頻度の低い有害事象に対しても，自発報告システム，あるいは症例・対照研究などを用いることで，その影響を評価可能である．　［松山　裕］

環境疫学

　環境疫学の主要課題は環境が人体に及ぼす影響の解明であるが，ここで環境とは，個々のヒト宿主の外部にあって，集団の健康状態に影響を及ぼすものを意味しており，物理的・化学的・生物学的病因のほか，それらの因子に対する人の接触に影響を与える，社会的・政治的・文化的・工学的要因などがその例である．水俣病，カドミウム汚染米，四日市ぜんそくは日本の高度成長期に顕在化した，水汚染，土壌汚染，大気汚染の顕著な例である．また，チェルノブイリ原発事故は，広大な周辺地域を放射性物質で汚染し，その人体影響が大きな問題になっている．環境は一般に広範囲の地域に及び，影響を受ける人も膨大な数に上る．水俣病問題は，厳密な因果関係の証明に拘泥し，適切な疫学調査を看過したために，問題の顕在から半世紀以上が経過しても解決していない．水俣病問題は，環境の人体影響を解明する上で初期の適切な疫学調査が重要であることを示している．

●**曝露評価**　曝露測定の質が環境疫学研究の正当性を左右する決定要因となる場合が多い．曝露評価とは，ある病因に対する曝露の強さ，期間および頻度を推定する過程であり，そのために次のようなものが利用される．i) 面接，質問紙，構造化日記帳，ii) マクロ環境中の測定値(例：水源地からの取水中における塩素処理副産物の濃度)，iii) ミクロ環境中の測定値(例：蛇口からの水道水に含まれるトリハロメタンの濃度)，iv) 個人の曝露量，v) ヒト組織中の濃度，および vi) 生理学的影響のマーカー(例：紫煙中の β-ナフチルアミンにより誘導されるタンパク質付加体)．内部被曝の場合，曝露量を直接測定することはきわめて困難であり，個別科学の知見に基づいたモデルを用いて推定する場合が多い．

●**調査研究手法**　環境疫学の調査研究手法は，断面研究，コホート研究，症例対照研究，生態学的研究，および地域介入研究など，すべての標準的な疫学研究デザインである (「病気の原因を探る：疫学」参照)．

　すでにコホート研究の集団が設定されている場合，コホート内症例対照研究や症例コホート研究を行うことができる．コホート内症例対照研究では，コホート内で発生した各症例の発症時期に一致させて，コホート内の曝露集団の構成員から対照を選ぶ．そのため，時という交絡の影響を分析段階で調整することができる．また，症例，対照のいずれについても利用可能な情報をすでにある程度入手しているため，交絡の可能性のある因子の影響を小さくするか，なくすことができる．症例コホート研究では，症例の生活歴と，同じコホート内にいる非症例からの標本の生活歴とを，両者の生存期間をマッチさせたうえで比較するもので，コホートからの標本を使うことによる経費節減の利点がある．

環境疫学では，集団レベルでは既に曝露が測定されている場合が多く，また個人レベルの曝露データの収集が経済的に困難な場合が多く，生態学的方法がよく用いられる．しかし，生態学的研究は分析の単位が個人ではなく人間集団であるため，生態学的錯誤（集団レベルでの変数間に観察される関連が必ずしも個人レベルで存在する関連を表すものではないことによるバイアス，および集合体のレベルの違いを区別できないことによる推論上の誤り）を犯す危険性がある．しかし，i）問題が新奇であるか解決に行き詰まっていて，安価な仮説選択が最終目標である場合，ii）時系列分析などで集団内の変化を研究する場合，あるいはiii）個人間の変動よりも集団間の変動の方がずっと大きい場合は，有用になる．

環境疫学においては，多くの場合，人体に悪影響を及ぼす要因が研究対象であり，介入研究は不適切である．環境疫学が契機となって開発された比較的新しい研究方法が2つある．第1は，ラドン被曝による肺がんリスクに関する症例対照研究を契機に開発された2段階ランダマイズド・リクルートメントとよばれる方法で，入手の容易な情報は全対象者について収集し（第1段階），収集に経費のかかるデータは，疾病状態と第1段階で得た変数に基づいて定めた確率によって選択した対象者についてのみ収集する（第2段階）．第2は，症例クロスオーバーデザインとよばれるもので，断続的な曝露による急性疾患発症リスクの短期的一過性の影響を推定する場合などに利用される．

● **チェルノブイリ原発事故** 1986年4月26日に発生したチェルノブイリ原発事故は，膨大な量の放射性物質を放出し，周辺地域住民700万人余りを被曝させた．数年後周辺国から小児甲状腺がんの増加が報告されたが，事故との関連は確認できなかった．主たる被曝経路が食物摂取による内部被曝のため，当時は個人の被曝線量が推定困難で，線量反応関係も不明であった．しかし，放射性ヨウ素の半減期が高々8日程度で，1987年以降は放射性ヨウ素への被曝が事実上ないことに着目して筆者らが実施した事故前後に生まれた子ども約2万人の学校検診は，チェルノブイリ周辺で事故後多発した小児甲状腺がんの原因が，I-131および半減期がさらに短い放射性ヨウ素への牛乳摂取などによる内部被曝であることを，世界で初めて強く示唆した．図1は筆者らの予想を裏付けている．

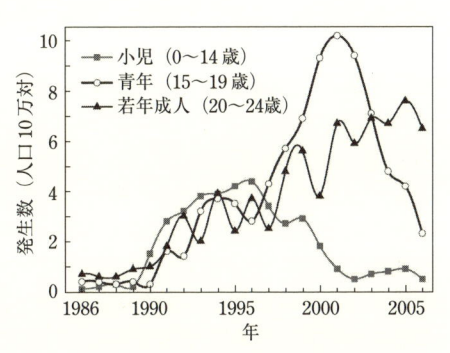

図1 ベラルーシにおける診断時年齢別甲状腺がん発生率の年次推移
[Arq Bras Endocrinol Metab 2007 より改変]

[柴田義貞]

栄養疫学

　さまざまな食物や栄養素などの摂取量と、循環器疾患やがんなどの疾病罹患との因果関係を追求してゆくために用いられる疫学的な方法を、栄養疫学という。基本的な原理は、ある食物などの摂取量と将来の疾患罹患率との関連を観察するというものであり、用いられる研究デザインは一般の疫学研究と同様である（「病気の原因を探る：疫学」参照）。栄養疫学で特徴的なのは、i) 食物などの摂取量を正しく把握するための食事調査法、ii) 交絡変数としての総エネルギー摂取量の扱い、iii) 結果の解釈と応用可能性について十分な配慮を要するという点である。

●**食事調査法**　自由な生活を営んでいる人々が日々摂取している食物を定量的に把握するのは容易なことではない。また、将来の疾病罹患リスクに影響するのは長年の「食習慣」であり、例えばある1日だけの食物などの摂取量を正確に測定できたとしても、それがただちに将来の疾病罹患に関係するとは考えにくい。栄養疫学では、食事調査法の種類と特徴を理解し、目的に応じて使い分ける必要がある。

　食事記録法と24時間思い出し法は、1～数日間程度の短い調査期間中に摂取した食物などをすべて把握する食事調査法である。食事記録法では摂取した食物などを逐次記録する。その際に、重量や容積を秤で測定する秤量記録法と、ポーションサイズ（標準的な1回あたり摂取の目安量）を推測する目安量記録法とがあり、実際には両者を併用することが多い。秤量記録法は調査期間中に摂取した飲食物の量を把握するという点においては比較的正確と考えられ、他の食事調査法の妥当性検討を行う際のゴールド・スタンダードとみなされることが多い。24時間思い出し法では、調査対象者はインタビューを受けながら直前24時間に摂取した食物などを思い出し、自由回答形式の調査票に記録する。調査対象者の記憶・説明能力およびインタビュアーの能力にも依存するためバイアスが生じやすい。食物などの重量から、食品成分表を用いて栄養素摂取量が計算される。これらは定量的に食物などの摂取量を把握する方法なので、複数の集団間で摂取量の平均値を比較するなどの目的（例：地域別の動物性脂肪の平均摂取量と虚血性心疾患の年齢調整死亡率との関係を調べる生態学的研究など）に適している。しかし、食物などの摂取量は日々変動するため、少数日の調査による食物等摂取量と疾病罹患との関連をコホート研究などによって調べるのは必ずしも適切な方法ではない。

　食物摂取頻度調査法（FFQ）は、長期間（1カ月～1年程度）の平均的な食習慣を把握するための食事調査法である。調査対象者は、質問票に列挙された数十～百以上の食品リストについて、指定された期間内（過去1カ月間や1年間など）におけるその食品の習慣的な摂取頻度を（食品によっては量も）回答する。複数日

の食事記録法との比較によって妥当性検討が行われることが多い．コホート研究や症例・対照研究によって，個人の食物などの摂取量と疾病罹患リスクとの関係を調べる目的に適している．必ずしも定量的ではないので，ある個人の摂取量を絶対量として評価する目的には適していない．

●**エネルギー調整** 総エネルギー摂取量が多い人は，主エネルギー源である糖質，タンパク質，総脂肪のみならず，エネルギー源でないビタミンA，ビタミンC，カルシウム，食物繊維なども多く摂取しているとする報告が多い．これは，身体が大きく，身体活動が多く，代謝効率の低い人は，一般に多量の食物を摂取するため，総エネルギー摂取量だけでなくさまざまな栄養素の摂取量もまた多くなる傾向があるためである．そこで，特定の栄養素と疾病罹患との関係を調べようとする際には，総エネルギー摂取量を重要な交絡変数とみなし，残差法によって総エネルギー摂取量で調整した栄養素などの摂取量を計算して分析に用いるのが一般的である．残差法では，注目している栄養素と総エネルギー摂取量との関係を回帰直線で表し，実際に測定された栄養素摂取量との差（残差）に定数を加えたものを総エネルギー調整栄養素摂取量とみなす（図1）．点Aをある個人の総エネルギー摂取量と栄養素摂取量とすると，残差 a に便宜的に定数 b（総エネルギー摂取量の平均値における栄養素摂取量の期待値）を加えて，$a+b$ を総エネルギー調整栄養素摂取量と定義する．この値は総エネルギー摂取量とは無相関になる．多変量解析を行う場合には，残差法による総エネルギー調整栄養素摂取量，総エネルギー摂取量，さらに調整したいほかの変数をモデルに投入することが多い．

●**研究結果の解釈** 動物性脂肪の多量摂取と冠動脈心疾患リスク上昇のように，栄養疫学

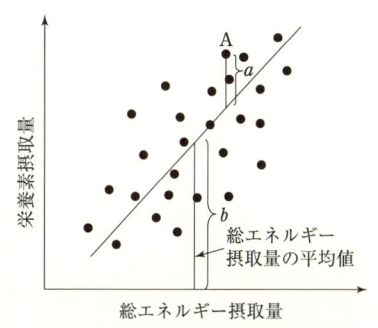

図1 総エネルギー調整栄養素摂取量（$=a+b$）

[Willett. W., 1998, *Nutritional Epidemiology*, 2nd ed., Oxford University Press.]

研究によって得られた予防医学上の有益な知見は多い．しかし，観察研究では交絡の影響を完全に除くことはできないため，ある栄養素がある疾病の罹患率と逆相関することがコホート研究で示されたとしても，その栄養素をサプリメントなどによって多量摂取することで疾病を予防できるとは限らない．例えば，観察研究によってβカロテンの多量摂取が肺がんを予防することが期待されたにも関わらず，大規模な介入研究（無作為化比較試験）によって逆に肺がんのリスクを高めることが示されている．食事に関する疫学研究の成果の社会的影響は大きいので，研究デザインと因果に関する証拠能力をよく理解したうえで，栄養疫学研究の結果を慎重に解釈していくことが重要である．

［横山徹爾］

遺伝疫学

　遺伝疫学とは，集団において遺伝子と環境因子が疾患の発生に与える影響や家系内での原因遺伝子の継承パターンに関する研究である[1]．過去には多くの単一遺伝子（メンデル）疾患の原因遺伝子が同定されたが，近年では，有病割合が高く，疾患発生に複数の遺伝素因，加えて，環境要因や生活習慣が複雑に関与していると考えられる疾患が主な研究の対象となりつつある．以下，遺伝疫学研究の典型的な流れに沿って基本的な概念・事項を説明する．

●**遺伝的寄与の間接的検討**　ある疾患の発生に強い遺伝的素因があるかどうかは，疾患が家系内に広まる傾向にあるかを調べることで検討できる．近親に罹患者がいる人の方がいない人よりも罹患しやすければ，家系集積性があるといえる．一般集団でのリスクに対する近親に罹患者がいる人のリスクの比である家系性相対リスクがよく用いられる．多くの研究では，まず個人（創始者）をサンプリングし，続いてその個人の家系情報を確認する方法がとられる．CASH研究[2]では，創始者の乳がん罹患状態を曝露とし，創始者の近親の罹患率を求めることで，乳がんの家系集積性の検討が行われた．遺伝素因と環境要因の効果を分離することを目的に双生児や養子を対象とした研究も行われる．

　家系集積性が認められたなら，その背後にある遺伝モデルを検討する分離比解析が行われる．観察された集積性パターンが1つの主要な遺伝子（主要遺伝子モデル），あるいは，複数の遺伝子（多遺伝子モデル）によるものかを判定する検定や遺伝モデルにおけるパラメータの推定が行われる．主要遺伝子モデルでの尤度は，表現型 Y に対して，

$$\Pr[Y|q,f] = \sum_g \Pr[Y|G=g,f]\Pr[G=g|q]$$

となる．q と f はそれぞれ原因遺伝子のアレル頻度と浸透率（ある遺伝子型をもつ人が罹患する確率）である．各家系の尤度は取り得るすべての遺伝子型 g に関する和（あるいは積分）をとるため膨大な計算量になる．計算の効率化やGibbs sampling法による近似尤度の計算が提案されている．ランダムサンプリングが困難な場合には，家系の確認方法（サンプリング確率）の考慮も必要となる．CASH研究では，乳がんに対しては主要遺伝子モデルが選択され，集団中の原因遺伝子の頻度は0.3％，その遺伝子をもつ人の生涯リスクは約92％と推定された[2]．

●**原因遺伝子座位の推定**　遺伝子の関与が示唆されれば，その遺伝子はどの染色体上のどこの座位（以下，疾患座位）にあるのかを推定する連鎖解析が行われる．同一染色体上の2座位の物理的距離が離れるとその間で組み換えが起こる確率は大きくなる．2座位間の組み換え率が小さく，ともに同じ配偶子に受け継がれる傾

向にあることを連鎖という．疾患座位との間の組み換え率が小さいマーカー座位（位置が既知の多型座位）を同定できれば，そのマーカー座位周辺に原因遺伝子が存在すると考えられる．興味のあるパラメータは組み換え率であり，最尤法により推定できる．そこでよく用いられるのはロッドスコア法である．ロッドスコアとは「マーカー座位と疾患座位は連鎖していない」下での尤度 $L(\theta=0.5)$ と最尤推定量に基づく尤度 $L(\theta=\hat{\theta})$ からなる対数尤度比 $\log\{L(\hat{\theta})/L(0.5)\}$ である．ロッドスコア法は，分離比パラメータを含む遺伝モデルを与えるのでパラメトリックな方法であり，メンデルの遺伝形式を仮定できる疾患に対して強力である．一方，メンデルの遺伝形式を仮定できない場合は，家系内の罹患者同士がより似たアレル（同祖アレル）を共有する傾向があるかどうかで連鎖の検討を行うノンパラメトリック連鎖解析が用いられ，罹患同胞対解析はその代表である．連鎖解析は，稀で浸透率の高い遺伝子の位置を同定するための強力な方法といえるが，同定される領域はかなり広い．

●関連解析　候補領域をさらに絞り込むため，あるいは，候補領域内の多型のリスクや集団中での分布，ほかの要因との交互作用を推定するために関連解析が行われる．基本的な研究デザインは通常の疫学研究と同じであり，曝露変数を遺伝子型やアレルとする．関連解析では連鎖不平衡という現象を利用する．連鎖不平衡とは，集団中のハプロタイプ頻度がそのハプロタイプを構成するアレルの周辺頻度の積からずれている状態のことである．マーカー座位と疾患座位間の連鎖不平衡により生じるマーカー座位と疾患との間接的な関連を検出する．

多くの複雑な疾患では，単一の遺伝子のみに由来しないため家系集積性は小さく，これまでの一連の研究過程が必ずしも有効とは限らない．「罹患率の高い疾患の原因となる主な遺伝的多型は集団中に比較的高頻度に存在する」という仮説の下では，全ゲノム上を一度に探索するゲノムワイド関連研究（「ゲノムワイドスクリーニング」参照）が強力な手段と考えられており，近年注目されている．

一般集団を対象とした関連解析特有の交絡として，集団内に複数の遺伝的背景の異なる亜集団が存在するという集団層化があげられる．ケース・コントロール研究において亜集団の割合がケースとコントロールで異なる場合，集団層化は交絡要因となる．そのため，伝達不平衡検定や疾患座位とは関係のない複数のマーカーの情報を用いて，集団層化の程度や亜集団の推定を行う方法が提案されている．

［口羽　文・松井茂之］

📖 参考文献
[1] D. C. Thomas. 2004, *Statistical Methods in Genetic Epidemiology*, Oxford University Press.
[2] Claus, E. B., et al., 1990, Age at onset as an indicator of familial risk of breast cancer. *Am. J. Epidemiol*, **131**, 961-72.

空間疫学

　現代のヒトの生活環境下にはヒトの健康を脅かす環境要因が知らず知らずのうちに（あるいは見過ごされて）特定の地域に偏在し，その要因に長期間にわたって（あるいは短期に）曝露し，健康への悪影響を受けて症候の発現，疾病の発症，あるいは，すでにその疾病で死亡してしまったという健康被害に関する事例は実は少なくない．自然か人為的かを区別することなく，この種の健康リスク（の兆候を）表す事象の空間・時間的変化あるいは集積性を早期に検出しアラームを出す症候サーベイランスの構築は今日的な課題といえよう．最近，世界的に話題にのぼっている新興感染症SARS（新型肺炎）の流行の早期検出への適用はいうまでもない．

●**疾病の地理的格差・変動**　空間疫学とは，このような健康リスクを表す症候・疾病・死亡（以下，疾病）の発生状況の地理的な格差・変動を記述するとともに，人口統計学的要因，環境要因，行動要因，社会経済学的要因，遺伝的要因，伝染性要因など疾病のリスク・ファクターの地理的変動を考慮に入れて，ランダムではない系統的な疾病の地理的異変を検出し，その要因の分析を行う比較的新しい学問である．最近の地理情報システム（GIS）の進化，疾病の空間情報を解析するための統計的方法論と統計ソフトウエアの進展，それに疾病頻度と疾病のリスクファクターに関する高解像度の地理的情報が入手可能になってきた時代背景が空間疫学の最近の進歩に大きく貢献している．

　もちろん，空間疫学の手法で検出された地理的異変の詳細な要因分析にあたっては，過去の個人情報に基づく後ろ向きコホート研究，症例・対照研究などの伝統的な疫学手法が必要となる場合も少なくない．ここでは，その中から，疾病の地理的変動を視覚化するための疾病地図の推定法，市区町村などの地域データに基づく地域データに基づく回帰分析法，それに局所的な地域に疾病が集積しているか否かを検討しそのエリアを同定（推定）する疾病集積性の方法論について概観しよう．

●**疾病地図**　公衆衛生分野では，市区町村別の健康状況，疾病状況を比較検討するためにある疾患の年齢調整死亡率(有病率)，標準化死亡比などを数区分に色分けして視覚的に表示した疾病地図がよく利用されてきた．しかし，年齢調整死亡率にせよ，標準化死亡比にせよ，人口の小さいところでは指標のバラツキが大きいという統計的に「当り前」の現象が起こっている．バラツキが大きいということは，本当は全国平均と比べて差がないのに，あるときは高度に死亡率が大きくなったり(危険地域，赤で表示されることが多い)，あるときはきわめて死亡率が

低くなる（安全地域，青で表示）という見かけ上の変動で悩まされることになる．つまり，地域間の人口格差の問題が大きく影響している．最近は，この問題に対してベイズ的アプローチが盛んである．

もう1つの問題は，空間相関への配慮である．従来の疾病地図は，各地域の死亡率は独立であるという仮定をおいている．しかし，「近隣地域においては疾病リスクが類似している」，つまり，任意の2つの地域を選んだとき，「地域間の距離が近ければ疾病リスクは類似し，遠ければ類似しない」という疾病リスクと地域間距離が負の相関を示すとを考えるのはごく自然であろう（もちろん，隣接地域であってもその間に高い山や大きな川が境界となっている場合には必ずしもこのような空間相関は適切ではないかもしれないが）．この相関を空間相関とよぶ．この空間相関を導入したモデルの1つとして，条件付自己回帰モデルCAR (conditional auto-regressive model) モデル（Besagら，1991）が有名である．

●**地域単位のデータに基づく回帰分析**　公衆衛生学，社会医学の分野では，市区町村などの小地域ごとにまとめられたデータを利用して，ある疾病の年齢調整死亡率，標準化死亡比などを被説明変数，市区町村ごとの社会経済的指標，環境変数などの多変量（$x_1, \cdots, x_p$）を説明変数とした回帰分析などもよく行われてきている．しかし，次のような誤差 ε_i に各地域で独立に正規分布を仮定した標準的な回帰分析プログラムを利用したものが多い．

$$\mathrm{SMR}_i = \beta_0 + \beta_1 x_{1i} + \cdots + \beta_p x_p x_{pi} + \varepsilon_i, \quad \varepsilon_i \sim N(0, \sigma_\varepsilon^2)$$

この説明から，このような疾病の小地域間の比較を行うためには，SMRを直接被説明変数に持ってくる方法は不適切で，少なくとも「地域の人口の違いを調整」し，地域相関を考慮したモデルが必要で，CARモデルは1つの方法である．

●**疾病集積性**　日本において1950年代後半から1970年代にかけての高度経済成長期において四大公害病とよばれる，水俣病，第2水俣病（新潟水俣病），四日市ぜんそく，イタイイタイ病の発生，近年では，アスベスト（石綿）製品を扱っていた工場周辺住民に中皮腫患者の発生などは，汚染源周辺に明らかな空間集積性を示した事例である．これらは汚染源から住民の生活環境中に排出され局所的に偏在した人体に有害な物質が空気中の浮遊物，ガス，食物などを通じ，蓄積されることによって引き起こされた健康影響である．疾病集積性が誰がみても明らかな場合にはそのデータを示すことだけで疫学的に重要な証拠となる．しかし，集積性が一見したところでは判断しがたい場合で，かつ，その影響が重大と考えられる場合にはその頻度の集積度が偶然に起こりえる現象を超えて発生しているか否かを統計学的検定を利用して慎重に検討する必要がある．　　　　　　［丹後俊郎］

📖 **参考文献**
[1] 丹後俊郎，他，2007，『空間疫学への招待』朝倉書店．

疾病集積性

　疫学では，ある要因に曝露されてたヒトの疾病の頻度が「通常期待される頻度に比べて大きい」現象を疾病の超過リスクがあるというが，それが時間あるいは地域の場合には，疾病集積性があるといい，その集積した期間，あるいは，地域をクラスターという．特に，クラスターに含まれるすべての地域で一定の超過リスクが観察される場合にそのクラスターをホットスポット・クラスターという．しかし，後述するように，まったく地域差がなくても偶然変動により見かけのクラスターが生じることに注意しなければならない．1854年ロンドン一帯でコレラが大流行したが，コレラがどのように感染・広がっていくかがわかっていなかった．そこでJohn Snowは，ロンドンのゴールデン・スクエアにおいて，コレラによる死亡者の住居をプロットし，それがある井戸の周辺に多いことを観察し，井戸の水を感染源としてこの地域にコレラが蔓延していることを突き止めたのである．この事例は疾病集積性の典型例である．

●**小児白血病の疾病集積性**　欧米では，疾病の集積性の研究，集積性を検出する方法論の研究は，歴史的には小児白血病・悪性リンパ腫の発症パターンに関する研究が多い．小児白血病・悪性リンパ腫などのリスクファクターの1つに「小児期において通常罹患するウイルス感染に遅れて罹患した」という疫学的証拠がその背景にあるからである．ある疾病が感染性の要素をもっているとすれば，疾病の発生パターンは独立ではなく，空間的に集積する空間集積性(地域集積性)，あるいは，時間的に集積する時間集積性，あるいは空間的かつ時間的に疾病が近接して集積する空間-時間集積性を示す可能性が大きい．

●**住民からの報告に注意**　疾病の集積性について注意したい点は，「A地域にXという病気が多いのでは？」という住民からの報告(reported clusterという)を受けて，その「A地域だけのXの頻度」と全国平均のXの頻度を比べて「A地域の頻度は確かに統計的に有意に高い」と判断し「A地域に疾病Xが集積している」と解釈するのは適切ではないことである．市民団体などによる市町村への疾病集積性の訴えはこの種の見かけのクラスターに基づいていることが多い．

　なぜなら，他地域より頻度の大きいA地域を事前に(観察を通して)選んでいるという選択バイアスがあり，かつ，地域差はなくても平均に比べて頻度が高い地域は偶然変動により必ず存在するからである．つまり，頻度が一番大きい地域を事前に選んで全国平均との差を検定するということは，選ぶという行為を通して検定を何度も繰り返していることに相当し，その結果，高度に有意な結果が得られるのである．したがって，このようなreported clusterの調査には，A地域

だけではなく，隣接地域を含めたより大きな地域全体において A 地域がどのような相対的な位置にあるかという検討がきわめて重要になる．

●**ロスアラモスにおける悪性脳腫瘍のクラスター騒動** ロスアラモスは僻地のニューメキシコ人社会で 1943 年にマンハッタン技術地区の一部として設立された．そこでは，戦時中，極秘に原子爆弾を開発，製造，試験をしていた地域であった．ほとんどの労働者は原子力の研究施設であるロスアラモス国立研究所に勤務していた．1991 年に，ある居住者が「最近の近所の住民 12 名が悪性脳腫瘍で死亡していた」と脳腫瘍の集積に懸念を表明した．この関心事は即地元の新聞で報道され，その後，New York Times, People Weekley などに記事が掲載されたことで全国的な関心を集めた．結果として，地元の住民により悪性脳腫瘍で死亡したケースが追加された．研究所と地元の自治体との合同調査団が結成され公聴会も開催された．その後，激論が地元の新聞の letters 欄で起こった．ある住民はその関心事をきわめて重大に受け止め，一方のある住民は彼らを魔女狩りだとして退けたのである．急速に国民の関心が高まったことを受けて，ニューメキシコ保健省とがん登録センターが 1970 年から 1990 年までの悪性脳腫瘍罹患率の包括的な再調査を実施した．

その結果，1986〜1990 年の 5 年間に 80％(10 例) の罹患率の増加が観測されたが，全期間を通じて特に驚くような異常な罹患率は観測されなかった．結局，そのニューメキシコ人社会には，12 名の集積性という現象は小さい人口集団の中においてはまれな疾患の場合の罹患率としては十分に偶然変動の範囲で起こりえるものという調査結果が伝えられた．追跡調査の結果，1990 年代初頭にはロスアラモスでは悪性脳腫瘍の罹患率は減少傾向を示していた．Kulldorf ら (1998) はこの騒動を例にして彼の開発した Space-time scan statistic の有用性を紹介している．適用した結果は，1985〜1989 年の 5 年間にロスアラモスを含む Albuquerque-Santa Fe（アルバカーキ-サンタ・フェエリア）がホットスポット・クラスターの最有力候補と同定されたが有意ではなかった．

●**統計的方法の適用の必要性** したがって，疾病の集積が誰かみても明らかな場合にはそのデータを示すことだけで疫学的に重要な証拠となる．しかし，reported cluster など，集積性が一見したところでは判断しがたい場合にはその頻度の集積度が偶然に起こりえる現象を超えて発生しているか否かを慎重に統計学的に検討する必要がある．紙面の都合上，集積性の検定手法の解説は省略したが，参考文献 [1] に詳しいので参照されたい． [丹後俊郎]

📖 **参考文献**
[1] 丹後俊郎, 他, 2007, 『空間疫学への招待』朝倉書店.

症候サーベイランス

2001年9月11日にニューヨーク市の世界貿易センターを襲った史上最大の国際テロはあまりにも衝撃的であった．ニューヨーク市では，その発生後24時間以内に新たなテロの発生を警戒して，最大級のバイオテロリズムに対する監視体制を引いた．しかし，10月に入って，今度は「炭素菌の白い粉」が入った郵便物の事件が発生し数名の生命が失われた．これらの事件をきっかけとして，人の健康を脅かす事件を未然に防ぐための症候サーベイランスの必要性が議論されてきた．

実際にアメリカでは，2001年9月11日のテロの発生以降，いくつかのサーベイランスシステムが稼動し，日々監視が行われている．例えば，ワシントンD.C.におけるESSENCE（The Early Notification of Community-Based Epidemics System）やニューヨークにおけるNYC-DOHMH（The New York City Deoartment of Health and Mental Hygine）Systemなどがある．近年，国際疾病サーベイランス学会（ISDS）の主催する会議などでも，サーベイランスに関するさまざまな発表・討論が行われている．

バイオテロリズムのように突発的な症候の発生を発見するためには，日頃から関連の症状の発生状況を監視しておき，患者数が通常の状況に比べ突発的に集中した場合，それが重要なシグナルになっていると考えることができる．このようなデータからシグナルを統計的に検出するため，いくつかの手法が用いられるが，特に，「いつから」発生したのか，「どこで」発生したか，という空間・時間両面の検出が重要となる．この目的のために，集積性の検定を利用した方法がいくつか提案されているが，現時点で実際のサーベイランスシステムに導入されているのは，疾病の空間集積性の検出のためのKulldorffの空間スキャン統計量（1997）を空間・時間に拡張した空間・時間スキャン統計量（2001）とそのソフトウエアSaTScan[1]である．そこで，ここでは，空間・時間スキャン統計量による検定に焦点をあてて，サーベイランスのための解析方法について簡単に紹介してみよう．

● **Kulldorffの空間スキャン統計量** この方法の概略は次のとおりである．ある地域（市区町村）の中心点（緯度，経度などの座標で表現される）を中心として半径rの円を描き，その円に含まれる(中心点が円内に含まれる)連結した地域の集合（ウインドウとよぶ）をZとする．そのとき

帰無仮説 H_0：Z内での観察罹患数は期待罹患数に等しい．
対立仮説 H_1：Z内での観測罹患数は期待罹患数より大きい．

の検定を尤度比検定で行う．半径rを0から事前に決められた値まで連続的に動かし，生成される異なるウインドウZについてこの尤度比検定を繰り返し，その

尤度比の最大となる Z を決定する．尤度比最大となる Z を「可能性が最大なクラスター (MLC)」と定義する．MLC の有意性検定はモンテカルロ検定で行う．尤度比が 2 番目，3 番目に大きいクラスターも同様に同定できる．

● **Kulldorff の空間・時間スキャン統計量**　いま，解析対象地域が m 個の地域（市区町村など）に分割され，各地域は研究対象としている症候の頻度を定期的に報告していると仮定する．解析を行う現在の時点を t_p とし，現時点を含む過去の T 個の区間 $[t_p-T+1, t_p]$, $[t_p-T+2, t_p]$, …, $[t_p, t_p]$ のいずれかに疾病の集積（突発的な発生）がみられるかに関心があるとする．そのとき，先に定義された空間上の円状の各ウインドウ Z に対して，時点 s から時点 t_p までの円柱のウインドウ $W = Z \times [s, t_p]$ を考える．それぞれの W に対して

　　帰無仮説 H_0：W 内での観察罹患数は期待罹患数に等しい．
　　対立仮説 H_1：W 内での観測罹患数は期待罹患数より大きい．

の尤度比検定を繰り返し，尤度比最大となるウインドウ W^* を選択する．ところで，一般的な統計的検定の有意性の判定基準としては，p 値が 0.05 や 0.01 などの値を用いることが多い．5% の確率で起こるということは，1/0.05=20 でほぼ 20 日に 1 回の頻度で起こっても不思議がないということになる．サーベイランスにおいては「○○日に 1 回の頻度よりもまれである」という期間 (RI) が p 値の代わりに用いられることがある．例えば，RI＝365 日とあればそれは $p=0.0027$ に対応する．

● **非円状の地域を同定できるスキャン統計量**　Kulldorff の空間スキャン統計量と空間・時間スキャン統計量は円状の地域しか同定できない欠点が存在する．非円状の地域を同定できる空間スキャン統計量が Tango-Takahashi (2008) によって，空間・時間スキャン統計量が Takahashi ら (2008) によって提案され，そのソフトウエア FleXScan が公開されている．

● **サーベイランスにおける解釈**　統計学的に有意なクラスターが検出された場合でも，そのクラスターの情報（症候，場所，期間など），使用した RI の適切さ，などを検討し，このクラスターが本当に問題となるかどうかを検討する必要がある．例えば発生した曜日の問題（週明けは患者が多い）や特定のイベントがあった日など，さまざまな検討がされる．これは統計学者だけではなく，疫学や医学，保健医療，行政，データ解析など，それぞれの専門家がチームとなって検討されるべきものである．

〔丹後俊郎〕

参考文献

[1] Kulldorff, M. and Information Management Services, Inc., 2008. SaTScanTM v 7.0：Software for the spatial and space-time scan statistics. http://www.satscan.org/
[2] 丹後俊郎，他，2007，『空間疫学への招待』朝倉書店．
[3] Takahashi, K., et al., 2010, FleXScan：Software for the flexible scan statistics. http://www.niph.go.jp/soshiki/gijutsu/index_j.htm

疾病地図

　一般的な観察データに基づく統計解析を行う場合，まずヒストグラムや散布図などによってそのデータの様子を視覚的に観察することが重要である．一方，保健医療・公衆衛生分野において疾病に関する検討を行う場合，疾病地図によって疾病の発生状況の分布などを観察することができ，その観察は空間疫学における解析の第一歩であると考えられる．例えばインフルエンザのような感染症では，その発生地点を経時的に観察することで流行の様子をみることができたり，また特定の疾病がある地域に集中して発生していたり，発生地点になんらかの規則性がみられる場合には，そこに共通の原因があるのではないかとも考えられ，次の研究へとつながっていく．

　疾病地図は，疾病の発生点の1つ1つをプロットした「点データの地図」と，市区町村や二次医療圏，都道府県単位などに集められたデータを扱う「集計データの地図」の2つに大きく分けられる．点データの地図としてはJ．スノーによるコレラの発生地点の地図などが有名であるが，そのためのデータ収集に費やす時間も費用も大きくなってしまう．一方，集計データに基づく疾病地図は日本のみならず，アメリカにおける州・郡ごとの地図のように世界的に広く利用されている．

●標準化死亡比を用いた疾病地図　　死亡を扱う疫学研究においては標準化死亡比（SMR）を指標とした集計データの疾病地図が伝統的な方法としてよく用いられている．1つの実例として2006年埼玉県における女性の自殺による死亡数を考えよう．ここでは『2006年埼玉県保健統計年報』掲載の市町村別死亡数を観測死亡数とし，2006年度住民基本台帳人口要覧掲載の性・年齢階級別人口と2006年人口動態統計掲載の全国の性・年齢階級別死亡率をもとに各市町村の期待死亡数を計算した．このとき市町村 i の観測死亡数を d_i，期待死亡数を e_i とすれば，$SMR_i = d_i/e_i$ となり，この値を5段階に分けて描いた疾病地図を図1に示す．この疾病地図を眺めることで各市町村の死亡リスクを視覚的に把握することができる．

　ところでこの指標を統計的推測の立場から考えると，SMRは死亡リスクを表す1つの推定量となっている．いま，i 地域の死亡リスクを基準集団（全国など）の死亡リスクと比較することを考え，i 地域の基準集団に対する相対リスクを θ_i とする．一般に死亡数はポアソン分布に従うと仮定されるので，i 地域が基準集団と同じ死亡リスク $\theta_i = 1$ をもてば，i 地域の死亡数は基準集団の死亡リスクから計算された期待死亡数 e_i を期待値とするポアソン分布に従う．もし，i 地域が基準集団より死亡リスクが大（$\theta_i > 1$）あるいは小（$\theta_i < 1$）であれば，死亡数 d_i は互いに独立に期待死亡数 $\theta_i e_i$ をもつポアソン分布 $Poisson(\theta_i e_i)$ に従うと仮定で

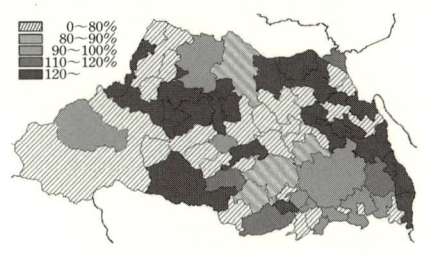

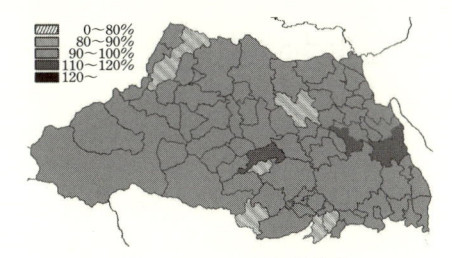

図1 SMRの疾病地図　　　　　　図2 EBSMRの疾病地図

きる．ここで未知の定数 θ_i の推定量として地域ごとに最尤推定量を求めると $\hat{\theta}_i = d_i/e_i$ と求められ，これが広く用いられる SMR になっている．

● **SMR の問題点とベイズ推定**　SMR を用いた疾病地図は従来からよく用いられているが，それと同時に SMR の指標としての問題点も論じられている．一番の問題は SMR がその地域の人口の影響を受け，特に人口の少ない地域では極端に大きな値や小さな値をとるなど不安定な指標であり，人口サイズが異なる市町村間の地域比較などには適しているとはいえないことである．

その問題を解決するための1つのアプローチとしてベイズ推定が活用されている．つまり各地域の相対リスク θ_i が定数ではなく確率変数と捉え，ある事前分布に従うと仮定したうえで推測を行う．SMR の場合，伝統的にはこの θ_i の事前分布としてガンマ分布 Gamma (α, β) を考えることが多い．この α, β の値については観測されたデータからの推定値を用いる経験ベイズ推定や，α, β を超パラメータとしてさらにそれぞれ事前分布を設定して推定を行うフルベイズ推定など，いくつかのモデルのもとでの議論が行われている．いま θ_i にガンマ分布を仮定し，推定された $\hat{\alpha}$, $\hat{\beta}$ を用いた θ_i の経験ベイズ推定量（ここでは EBSMR とよぶ）は，

$$\hat{\theta}_{i,\mathrm{EB}} = \frac{\hat{\alpha} + d_i}{\hat{\beta} + e_i}$$

と求められる．先の実例でこの値を描いた疾病地図を図2に示す．図1の疾病地図と比べて全体的にバラツキが小さく，100％前後の地域が増え平坦になっていることが観察できる．

さらに，より複雑なベイズ推定のモデルとして，対数正規モデル，CAR モデル，Mixture モデルなども提案されている．このようなフルベイズ推定の計算には MCMC による数値計算が利用され，WinBUGS などのアプリケーションを利用することができる．これらの詳細は参考文献を参照されたい． ［高橋邦彦］

📖 **参考文献**
[1] 丹後俊郎，他，2007，『空間疫学への招待』朝倉書店．
[2] Lawson, A. B., 2009, *Bayesian Disease Mapping*, CRC Press.

平均寿命と健康寿命

　平均寿命とは，ある時点（年次など）で生まれた集団における出生から死亡までの期間（寿命）の平均値をいう．通常，その対象はヒトである．40歳まで生存した個体における40歳以上の生存期間（余命）の平均値を，40歳平均余命という．他の年齢でも同様であり，とりわけ0歳平均余命は平均寿命と同一である．この平均寿命は死亡水準を表す最も重要な保健指標の1つとされ，生命表を通して算出される．

●**生命表の種類**　生命表は世代生命表と現状生命表に大別される．前者は各個体の寿命を基礎資料とするもので，その作成には寿命の最大値に等しい年月の観察を要するゆえ，保健指標としては実際的でない．後者はある年次の年齢別死亡率を基礎資料とし，後述する前提の下で作成される．単に生命表といえば，後者を指す．5歳年齢階級別死亡率を基礎資料とするものを簡略生命表または簡易生命表とよぶことがある．

●**平均寿命の算出**　生命表による平均寿命の算出方法を概説する．いま，2005年の年齢別死亡率から2005年生まれの平均余命を求める．x歳の生存数をl_xと記す．毎年，10万人が出生すると仮定する（$l_0=100,000$）．ここで，10万は計算の有効数字の関係から用いるだけで，平均余命の計算結果に影響しない．l_1はl_0から0～1歳未満死亡率に従って死亡した分だけ減少し，l_2はl_1から1～2歳未満死亡率に従って死亡した分だけ減少する．2歳以降も同様である．年齢とともに生存数の減少する様子が図1のような生存曲線に画かれる．ここで，l_{40}からl_{41}の減少には2005年生まれの40～41歳未満死亡率（2045年の40～41歳未満死亡率）を用いるべきであるが，「今後の年齢別死亡率が不変」を前提とし，2005年に観察されたもので代用する．

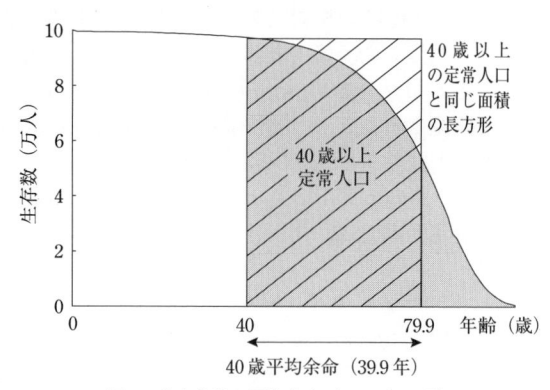

図1　生存曲線と平均寿命（2005年，男）
［厚生労働省大臣官房統計情報部編，2007，『第20回完全生命表』］

　生存曲線で表される人口は，出生数と年齢別死亡率が長年に渡って不変（定常）と仮定した場合に出現するもので，定常人口という．x～$x+1$歳未満の定常人口

へいきんじゅみょうと けんこうじゅみょう

を L_x と記す．x 歳の平均余命 $\overset{\circ}{e}_x$ は x 歳以上の定常人口を x 歳生存数で除す，すなわち，$\sum L_y / l_x$ で与えられる（$\sum$ は x 歳以上の年齢 y について和をとることを表す）．このように，平均寿命は，年齢別死亡率が不変と仮定したときに，現在 0 歳の者が将来生存するであろう期間の期待値である．

世界各国で生命表が作成され，平均寿命が報告されている．日本では，国勢調査の実施年に，国勢調査人口に基づく詳細な生命表が作成される．これを完全生命表という．毎年の推計人口に基づいて簡易生命表が，5 年ごとに都道府県と市町村の生命表が作成される．厚生労働省ホームページ (http://www.mhlw.go.jp/toukei/itiran/index.html) や政府統計の総合窓口 (e-Stat) (http://e-stat.go.jp/) で公表されている．

●**健康寿命とは**　健康寿命は生存期間の代わりに"健康な状態の生存期間"の期待値を表す指標またはその総称を指す．健康な状態の規定・測定は難しいため，その替りに，実際には"障害のない状態"あるいは"自立した状態"を用いることが多い．

●**健康寿命の算出**　いま，障害なし，障害ありと死亡の 3 相間の移行を想定し（図 2），健康寿命として障害なし平均余命を算出する．基礎資料は年齢別の 3 相間の移行率である．毎年，障害なしの 10 万人が出生すると仮定して，前述の生命表と同様の計算法によって，移行率を用いて生存数とともに障害なしの定常人口が求められ，障害なし平均余命が算出される．ここで，障害を不可逆的な状態とみなして，障害ありから障害なしへの移行率（障害回復率）を 0 と仮定することもある．

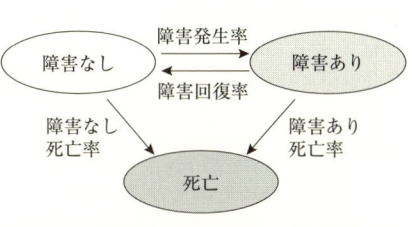

図 2　障害なし・ありと死亡の間の移行

生命表とある時点の障害ありの割合（障害有病率）を基礎資料とする算出方法に Sullivan 法がある．ここでは，定常人口における年齢別の障害有病率を，実際に調査した集団のそれで代用する．前述の移行率を得るには集団を一定期間にわたって追跡調査する必要があるのに対して，障害有病率は一時点の横断調査で得られるので便利である．これまで，健康寿命としては，統計資料を基礎資料とし，Sullivan 法により算出されたものが多い．最近，世界各国の健康寿命が世界保健機構（WHO）(http://www.who.int/) により算出され，World Health Statistics の中で公表されている．

現在，長寿が達成されつつあることから，今後，保健指標として，平均寿命とともに健康寿命の重要性が高まっていくと考えられる．　　　　　　　［橋本修二］

保健指標

　近年の我が国では，心疾患による年齢調整死亡率は低下しているものの，急速な高齢化により粗死亡率は上昇し，医療機関で受療する患者数も増加している．中高年の男性では肥満者の割合が増加し，国民全体で糖尿病が強く疑われる者は，1997年の約690万人が2007年には約890万人に増加した．このように，ある集団の保健衛生状態を記述するために，さまざまな保健指標が用いられる．ここではいくつかの主要な調査統計に基づく保健指標について説明する．

●**人口静態統計**　ある時点における人口の総数，年齢階級別数などの静止した姿を人口静態という．国勢調査（「国勢調査」参照）は人口静態の主要統計である．年少人口（0～14歳），生産年齢人口（15～64歳），老年人口（65歳以上）の年齢3区分別人口に分けると人口の特徴を理解しやすい．年少人口と老年人口の和である従属人口は社会に支えられる側，生産年齢人口は社会を支える側という位置づけで考えることが多い．総人口に占めるそれぞれの割合を，年少人口割合，生産年齢人口割合，老年人口割合，従属人口割合という．老年人口割合は高齢化率ともいい，高齢化の程度を地域・時代間で比較するためによく用いられる．年少人口，老年人口，従属人口それぞれを分子，生産年齢人口を分母とした比（×100）を，年少人口指数，老年人口指数，従属人口指数といい，社会に支えられる側と支える側の人口比を意味する．老年人口と年少人口の比（×100）を老年化指数といい，少子高齢化の程度を意味する．

●**人口動態統計**　人口の動きに関連する，出生・死亡・死産・婚姻・離婚の5つに関する統計を人口動態統計といい，以下のような保健指標が算出される．

　(1) 出生：出生率は，人口1,000人あたりの年間出生数である．人口に含まれる高齢者や男性の割合に影響されるため，出生力（妊娠可能年齢の女性の出産傾向）の指標としてはあまり適切でない．合計特殊出生率は，母の年齢別出生率を再生産年齢（妊娠可能な年齢：WHOでは15～49歳と定義）について合計したものであり，出生力の主な指標として最もよく用いられる．その年次の年齢階級別出生率がずっと続くと仮定した場合に，1人の女性が生涯に生むと期待される子どもの数を意味し，これが約2.1（人口の置き換え水準）を下まわった状態が続くと，長期的には人口が減少する．期間合計特殊出生率とコホート合計特殊出生率の2種類があり，通常は前者を指すことが多い（上記の説明はこれである）．

　(2) 死亡・死産：死亡率（粗死亡率）は，人口10万対（1,000対にすることもある）の年間死亡数（総数，死因別）で表す．一般に死亡率は高齢者ほど高いため，年齢が異なる地域や時代間での死亡しやすさの指標としては適さず，直接法

年齢調整死亡率や標準化死亡比（SMR）を用いるべきである．母子保健指標としては，死産率(妊娠満12週以後の死児の出産)，乳児死亡率(生後1年未満死亡)，新生児死亡率（生後4週未満死亡），早期新生児死亡率（生後1週未満死亡），周産期死亡率(妊娠満22週以降の死産と生後1週未満死亡)，妊産婦死亡率がある．

　(3) 婚姻・離婚：婚姻率と離婚率は，人口1,000対で表す．婚姻率の分母を配偶者のない人口としたものを無配偶婚姻率，離婚率の分母を配偶者のある人口としたものを有配偶離婚率といい，これを基準人口により調整した標準化無配偶婚姻率と標準化有配偶離婚率は，年齢構成の異なる時代や集団間での比較に適する．

●**傷病統計**　疾病や傷害に関する統計を総称して傷病統計という．主要な傷病統計には，医療施設の側から傷病を把握する患者調査と，世帯の側から傷病および自覚症状などを把握する国民生活基礎調査がある．

　患者調査は，医療施設（病院と一般・歯科診療所）を利用する患者について，その頻度や傷病状況などの実態を把握するために，3年に1度実施されている標本調査である．調査日当日に，全国の病院，一般診療所，歯科診療所で受療した患者の推計数（調査を実施した施設以外を受療した患者も含む）を推計患者数といい，これを人口10万対で表した数を受療率という．調査日現在において，継続的に医療を受けている者（調査日には医療施設を受療していない者も含む）の推計人数を総患者数という．調査対象期間中（9月1日～30日）に退院した患者の在院期間の平均の推計値を退院患者平均在院日数という．

　国民生活基礎調査は，保健，医療，福祉，年金，所得など国民生活の基礎的事項を把握するために，3年ごとに大規模に，中間の各年は小規模に実施されている標本調査である．大規模調査年の調査事項には，世帯票，健康票，介護票，所得票，貯蓄票がある．健康票では，自覚症状，通院，日常生活への影響，健康意識，悩みやストレスの状況，こころの状態，健康診断などの受診状況など，介護票では，介護が必要な者の性別と出生年月，要介護度の状況，介護が必要となった原因，居宅サービスの利用状況，主に介護する者の介護時間などが調査される．

●**国民健康・栄養調査**　国民の栄養素等摂取量，身体の状況，生活習慣の状況を明らかにし，健康増進施策などの基礎資料を得るために毎年行われている標本調査．栄養摂取状況調査票では，食品・栄養素等摂取量，欠食や外食などの食事状況が調査され，食品・栄養素などの1人あたり平均摂取量などが計算される．身体状況調査票では，身長，体重，腹囲，血圧，1日の歩行数の測定，血液検査，問診が行われる．これにより日本人における肥満者，糖尿病の頻度などが推計される．生活習慣調査票では，食生活，身体活動・運動，休養，飲酒，喫煙などに関する生活習慣全般が調査され，朝食の欠食率，習慣的に喫煙している者の割合，飲酒習慣のある者の割合などが把握される．ほぼ同様の方法で，3～5年に1回程度，ほとんどの都道府県で独自に健康・栄養調査を実施している．　　［横山徹爾］

健康評価

　健康診査で血圧，血糖値，血中脂質などに異常があった者は，虚血性心疾患・脳卒中などの重篤な疾患罹患リスクが高いと考えられるため，保健指導や服薬治療が行われる．都道府県健康・栄養調査による食塩摂取量の平均値や高血圧者割合が高値で，脳血管疾患年齢調整死亡率が高い地域では，減塩および高血圧対策を優先して行う．このように，個人や集団における疾病予防や健康増進のためには，まずリスク因子などの保有状況により健康状態を評価したうえで，必要な対策を講じるという手順がとられる．

●**個人の健康評価**　ある生活習慣やリスク因子を持つ個人が，特定の疾病に罹患・死亡する危険性を総合的に評価する方法を総称して，健康危険度評価(HRA：Health Risk Appraisal)という．疫学的知見に基づき，その個人の性，年齢，血圧，喫煙，その他のリスク因子から，将来の疾病罹患・死亡の確率を推定して具体的な数値で示すのが典型例である．個人ごとにリスクが算出されると，一般の人々にとっては疾病罹患の危険性を認識しやすく危機感をもちやすいため，保健指導などにおける動機付けのツールとして有用と考えられる．また，集団健診などにおいて高リスク者を同定して対策の優先順位付けをするためにも役立つ．

　多くのHRAは，コホート研究によって推定された複数のリスク因子の相対危険および罹患・死亡率に基づいて開発されている．例えば，米国フラミンガムのコホート研究に基づく，個人の将来の循環器疾患リスクの予測式が有名である．2002年版のフラミンガムの式 (cardiovascular disease用) では，表1のパラメータと次式より，10年間の予測発症確率 p が計算される．

$$\mu=\sum_{i=0}^{10}\beta_i x_i, \quad \sigma=\exp(0.6536-0.2402\,\mu),$$

$$u=\{\ln(10)-\mu\}/\sigma, \quad p=1-\exp\{-\exp(u)\}$$

疾病の罹患率・死亡率は国や地域によって異なることが多く，フラミンガムの

表1　フラミンガムの式のパラメータ

i	x_i 女性	x_i 男性	β_i	i	x_i 女性	x_i 男性	β_i
0	1	1	18.8144	6	ln(収縮期血圧), mmHg	同左	−1.4032
1	1	0	−1.2146				
2	ln(年齢), 歳	同左	−1.8443	7	喫煙：有1, 無0	同左	−0.3899
3	{ln(年齢), 歳}²	同左	0	8	ln(TC/HDL)*	同左	−0.539
4	ln(年齢), 歳	0	0.3668	9	糖尿病：有1, 無0	同左	−0.3036
5	{ln(年齢), 歳}²	0	0	10	糖尿病：有1, 無0	0	−0.1697

　＊　TC：血清総コレステロール (m mol/L)，HDL：HDLコレステロール (m mol/L)．

式は東洋人では過小評価される可能性が指摘されている．したがって，適用する集団で行われた疫学研究に基づいた HRA を用いることが望ましい．我が国では，NIPPON DATA 80 チャート，J-LIT チャートなど，一般の人々でも容易に利用できる HRA が開発されている．いずれも，コホート研究の知見に基づき，リスク因子の保有状況に応じてその後の循環器疾患罹患・死亡確率を推定する．

●**集団の健康評価**　疫学調査や公的な統計調査による保健指標（「保健指標」参照）によって，ある集団の健康状態を評価し問題点を把握することを地域診断といい，公衆衛生活動によって集団の健康状態を改善していくための最初のステップである．評価の指標は，生活習慣，リスク因子，罹患率，有病率，死亡率の順を追って各段階で整理するとわかりやすい．

（1）生活習慣とリスク因子：食事，運動，休養，喫煙，飲酒などについての不適切な生活習慣は，それ自身がリスク因子として直接的に，またはほかのリスク因子の増悪を介して，脳血管疾患・虚血性心疾患などの重篤な生活習慣病の罹患リスクを高める．また，高血圧，脂質異常症，糖尿病，肥満などのリスク因子は，不適切な生活習慣，ほかの環境要因，加齢・遺伝素因など多要因の結果として生じ，同様に重篤な生活習慣病の罹患リスクを高める．集団における生活習慣とリスク因子の状態の評価は，我が国では主に国民（都道府県）健康・栄養調査，健康診査，各種疫学調査などによって行われている．

（2）罹患率：罹患率は疾病の新規発生頻度を意味するので，疾病の発生を予防するという観点からは最も重要な指標である．しかし，届出の義務がある一部の感染症を除いて，罹患率を把握することはきわめて困難である．悪性新生物の罹患率は，地域がん登録によってある程度把握可能であるが，脳血管疾患や虚血性心疾患の罹患率は，ごく一部の地域において研究者によって把握の努力が行われているだけであり，公的な統計資料はない．

（3）有病率：上述の高血圧などのリスク因子の有病率は，国民（都道府県）健康・栄養調査などによって把握される．患者調査では，さまざまな疾患別に総患者数が推計され，これを人口から除した値は有病率に近い概念ではあるが，継続的に医療を受けている者のみの値なので，厳密な意味での有病率とは異なる．

（4）死亡率：人口動態統計によって，死因別死亡率が把握される．当該疾病を原死因として死亡した者を把握しているだけなので，糖尿病や高血圧などの致命率が低い疾患では必ずしも疾病頻度を反映しない．また，治療技術の進歩などによって予後が改善すると，同じ罹患率であっても死亡率は低下する．　　［横山徹爾］

📖 **参考文献**

[1] Cappuccio, F. P., et al., 2002, Application of Framingham risk estimates to ethnic minorities in United Kingdom and implications for primary prevention of heart disease in general practice：cross sectional population based study, *BMJ*, **325**, 1271-6.

生存時間分析

保健・医療分野では，ある事象（イベント）が発生するまでの時間を評価尺度とする研究が行われる．例えば，疾患が発症してから治癒するまでの時間，外科手術を行ってから死亡するまでの時間などである．これらのデータのことを time to event データ，もしくは，死亡，再発など生存予後をイベントとすることが多いので生存時間データとよぶ．生存時間データでは，転居などによる追跡不能やイベント未発生のままでの観察終了が起こりうる．すなわち，60カ月という時間データでも，イベント発生時点までの60カ月とイベント未発生で観察を終えた60カ月との2種類のデータがある[1]．後者を打ち切りデータとよび，これらを考慮した生存率の推定や生存時間分布の比較が必要となる．

●カプラン-マイヤー法　生存時間データの例を図1に示した．図中の▲印は観察開始時点，黒丸はイベント発生時点，白丸は打ち切り時点を表している．生存時間を表す正の確率変数を T とするとき，生存率関数または生存時間関数を

$$S(t) = P(T > t), \quad 0 \leq t < \infty$$

と定義する．ただし，右辺の $P(A)$ は事象 A の起こる確率を表す．生存率 $S(t)$ を推定する方法としてカプラン-マイヤー法がある．

(1) カプラン-マイヤー法を用いた生存率推定の例：表1は図1で示された5例の生存時間データである．3例が死亡（イベント発生），2例が打ち切り例である．観察時間 t が8カ月において1例死亡が発生しているので，生存率の推定値は $\hat{S}(8) = 1 - 1/5 = 0.8$ である．次に，$t=19$ で打ち切り例が1例あるが，この時点での推定生存率は 0.8 のままである[2]．打ち切り例の発生は，次の死亡例発生時のリスク集合（その直前で観察中の症例の集合）の個体数に影響を与える．$t=30$ での推定生存率を考えると，$t=30$ の直前で観察中の症例数が3例でその中の1例が死亡したので，推定生存率は $\hat{S}(30) = (1-1/5) \times (1-1/3) = 0.533$ となる．同様に，$t=64$ における推定生存率は0である．これらの生存率をグラフで表したものが図2である．図2の横軸は生存時間，縦軸は生存率であり，

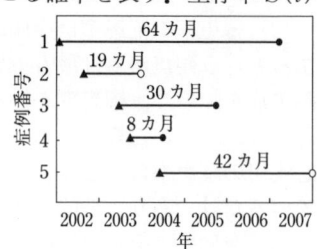

図1　イベント発生までの時間と打ち切り時点までの時間が混在した生存時間データの例

表1　カプランマイヤー法での生存率推定のための生存時間データ（図1から）

症例番号	生存時間(月)	転帰
4	8	死亡
3	19	打ち切り
2	30	死亡
5	42	打ち切り
1	64	死亡

右下がりで表示されている階段関数が生存率である。$t=8, 30, 64$ では，関数が落ちたあとの値がその時点での生存率である。

(2) カプラン-マイヤー法の公式：症例数 n の中で観察された死亡時間を $t_1 < t_2 < \cdots < t_k$，ただし，$k \leq n$，と表す。$t_j (j=1, \cdots, k)$ における死亡例数を d_j，観察区間 (t_j, t_{j+1})，ただし，$j=0, 1, \cdots, k$, $t_0 = 0, t_{k+1} = +\infty$，における打ち切り例数を m_j とする。t_j でのリスク集合における症例数を n_j と表す。n_j を m_j と d_j で表すと
$$n_j = (m_j + d_j) + \cdots + (m_k + d_k), \quad j = 0, 1, \cdots, k.$$
このとき，時間 t における推定生存率はカプラン-マイヤー法の公式
$$\hat{S}(t) = \prod_{j | t_j \leq t} \left(\frac{n_j - d_j}{n_j} \right)$$
による。

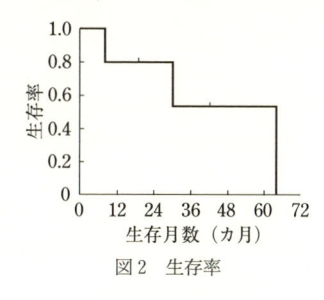

図2 生存率

● ログランク検定　ログランク検定は2群以上の生存率曲線の差を検定する手法の1つである。ログランク検定は，臨床所見（臨床進行期，喫煙の有無など）のカテゴリー間の生存率曲線比較に用いられるほか，臨床試験での治療効果判定に用いられる。ログランク検定以外に，生存率曲線の群間比較を行う手法として，一般化ウィルコクソン検定，Peto-Prentice の検定があり，群間に傾向（例えば，投与量10，20，40mg）がある場合には，Tarone の検定がある。

2群の生存率曲線の有意差検定を具体的な生存時間データを用いて説明する。表2は，治療法Aと治療法Bの2群でそれぞれ5例ずつが登録されている。このとき，生存率曲線に有意差があるかどうかをログランク検定で検定する。時間 t，ただし，$0 \leq t \leq 60$ カ月，におけるA群の生存率を $F_A(t)$，B群の生存率を $F_B(t)$ とおくと，帰無仮説，対立仮説は，帰無仮説：$S_A(t) = S_B(t)$, $(0 \leq t \leq 60)$，対立仮説：$S_A(t) \neq S_B(t)$，（ある t に対して）となる。

表2を用いて，各死亡時点での治療法と転帰の2×2クロス集計表を作成し，A群，B群の期待死亡数とA群の死亡数の分散を表3に示す。生存時間7カ月目においてA群で1例死亡が発生している。このとき，各群の期待死亡数ならびに死

表2　生存時間データの例

症例番号	治療法	生存月数	転帰	症例番号	治療法	生存月数	転帰
1	A	7	死亡	6	B	28	死亡
2	A	16	死亡	7	B	35	打ち切り
3	A	25	死亡	8	B	40	死亡
4	A	25	打ち切り	9	B	56	打ち切り
5	A	40	死亡	10	B	60	打ち切り

亡数の分散を求めると，
  A 群の期待死亡例数（E_{A7}）$=1\times 5/10=0.5$
  B 群の期待死亡例数（E_{B7}）$=1\times 5/10=0.5$
  A 群の死亡数の分散（V_{A7}）$=$ B 群の死亡数の分散（V_{B7}）
         $=5\times 5\times 1\times 9/(10\times 10\times 9)=0.25$

となる．生存時間 t における A 群，B 群の観察死亡数，期待死亡数，死亡数の分散について，それぞれの合計を求めると表 3 の最終行を得る．ログランク検定の検定統計量は $\chi^2_{\text{Logrank}}=(\sum_t O_{At}-\sum_t E_{At})^2/\sum_t V_{At}$ であり，自由度 1 のカイ二乗検定に従うことにより検定できる[2]．上式において，A 群を B 群に変えても同じ結果を得る．表 3 より，

  $\chi^2_{\text{Logrank}}=2.01^2/1.12=3.62,$ $P\text{-値}=0.057$

であり，有意水準 5％のログランク検定では 2 群の生存率曲線に有意な差は認められない，という結果を得る．

表 3　ログランク検定統計量算出に必要な統計量

| 死亡順位 j | 生存月数 t_j | 死亡数 | | | リスク集合の個体数 | | | 期待死亡数 | | 観察死亡数−期待死亡数 | | 分散 V_{At} |
		A O_{At}	B O_{Bt}	合計 O_t	A N_{At}	B N_{Bt}	合計 N_t	A E_{At}	B E_{Bt}	A	B	
1	7	1	0	1	5	5	10	0.5	0.5	0.5	−0.5	0.25
2	16	1	0	1	4	5	9	0.44	0.56	0.56	−0.56	0.25
3	25	1	0	1	3	5	8	0.38	0.62	0.63	−0.63	0.23
4	28	0	1	1	1	5	6	0.17	0.83	−0.17	0.17	0.14
5	40	1	1	2	1	3	4	0.5	1.5	0.5	−0.5	0.25
	合計							1.99	4.01	2.01	−2.01	1.12

●**比例ハザードモデル**　保健・医療分野では，例えば，年齢や性別により飲み薬の効果に違いが生じることがあり，年齢や性別の効果を補正した上で薬効を評価したい場合がある．このような目的に対して，多変量回帰モデルが用いられる．年齢，性別，疾患の重症度，生活習慣などの因子を共変量とよぶ．これらの多変量解析に，用いられる多変量回帰モデルが Cox の比例ハザードモデルである．

 (1) ハザード：多変量回帰モデルによる生存時間分析では，ハザード（瞬間死亡率）関数が重要な役割を果たす．T は生存時間を表す正の確率変数，Z は共変量を成分にもつ共変量ベクトルとする．T が連続であるとき，共変量 Z が与えられたときの時間 t におけるハザード関数は

$$\lambda(t|Z)=\lim_{h\to 0+}P(t\leq T<t+h|T\geq t,Z)/h$$

ただし，$0+$ は正方向から 0 に近づくことを意味する．ハザード関数は，定義から，時間 t まで生存したという条件の下で次の瞬間 $t+h$ までに死亡する確率を時間幅 h について極限を取った値で，生存率関数 $S(t)$ はこの $\lambda(t)$ から

$$\lambda(t|Z) = \exp\left\{-\int_0^t \lambda(u|Z)\,du\right\}$$

と表すことができる．T が離散であるときのハザード関数の定義，ハザード関数と生存率関数の関係については，Kalbfleisch and Prentice (2002) を参照されたい．

(2) 比例ハザードモデル：生存時間分析における多変量回帰モデルは，ハザードを目的変数，複数の共変量（背景要因または予後因子）を説明変数としている．以下で，Cox の比例ハザードモデルの定義とその特徴を述べる．

t を経過時間，$z=(z_1,\cdots,z_p)$ を共変量ベクトル（年齢，性別，臨床進行期など），$r(z)$ を共変量ベクトル z の関数とする．$\lambda(t|z)$ を共変量ベクトル z が与えられたときの時間 t におけるハザード関数，$\lambda_0(t)$ を時間 t での任意の正値関数とすると，Cox の比例ハザードモデルは，次式で表される[3]．

$$\lambda(t|z) = \lambda_0(t) r(z), \quad t > 0$$

ここで，$\lambda_0(t)$ はベースラインハザード関数，$r(z)$ は相対危険度関数である．

保健・医療分野の研究では，共変量ベクトル z の関数として

$$r(z_1,\cdots,z_p) = \exp(\beta_1 z_1 + \cdots + \beta_p z_p) = \exp(\beta' z)$$

と仮定することが多い．ここでは $\beta' = (\beta_1,\cdots,\beta_p)$ 回帰係数ベクトルである．ハザード関数から生存率関数を求めると次のようになる．

$$S(t|z) = \exp\left[-\int_0^t \lambda_0(u) r(z)\,du\right]$$

$S_0(t) = \exp\left[-\int_0^t \lambda_0(u)\,du\right]$ とおき，ベースライン生存率関数とよぶ．$S_0(t)$ を使うと $S_0(t;z)$ は，$S(t|z) = S_0(t)^{r(z)}$ と表される．

(3) 比例ハザードモデルによる解析結果の解釈：共変量として，治療法 z_1（0：A法，1：B法）と疾患の重症度 z_2（0：軽度，1：重度）があり，n 例のデータから，相対危険度関数として $\exp(-0.3 z_1 + 0.5 z_2)$ が推定されたとする．治療法の回帰係数は負の数であり，B法の方が相対危険度関数の値が小さくなる．したがって，A法に比べて予後良好（生存率が高いこと）であると推測される．同様に，疾患の重症度に関しては，重度の症例の方が予後不良であると推測される．

A法に比べてB法がどれくらい死亡リスクが低下するのかを示す統計量としてハザード比が用いられる．A法に対するB法のハザード比は $\exp(-0.3)/\exp(0)$ $=0.74$ である．重度の症例の軽度の症例に対するハザード比は $\exp(0.5)/\exp(0)$ $=1.65$ であるので，死亡リスクが 1.65 倍高いと解釈できる． ［赤澤宏平］

参考文献
[1] 赤澤宏平，柳川 堯，2010，『サバイバルデータの解析』近代科学社．
[2] Kalbfleisch, J. D. and Prentice, R. L., 2002, *The Statistical Analysis of Failure Time Data*, 2nd ed., John Wiley & Sons, Inc.
[3] 中村 剛，2001，『Cox 比例ハザードモデル』朝倉書店．

混合効果モデル

頻度論的な統計的推測の基本は，何度も繰り返しが可能な実験（標本抽出）から得られる標本 X に対して，未知パラメータ θ を含む確率分布 $f(x|\theta)$ を考え，パラメータ θ を推定することにある．これらのパラメータがすべて定数であれば「母数効果モデル」とよぶ．しかし，θ の一部に一群のパラメータ $\xi=(\xi_1, \cdots, \xi_r)$ があり，個々の ξ_j の値に興味があるのではなく，その変動の大きさに興味がある場合がある．この場合，個々のパラメータを定数ではなく，確率変数に置き換えてそのバラツキの大きさ（分散）を推定することがよく行われる．このパラメータを「変量効果」という．母数効果と変量効果のパラメータが混在する場合には混合効果モデルときには混合モデルとよぶ．

●**モデルの例と推定**　以下にはその例を紹介しよう．

［例1］　ある母集団から無作為に選んだ1組の標本
$$(X_1, X_2, \cdots, X_n)$$
に対して，正規分布 $N(\mu, \sigma_E^2)$ を考え，未知母数 (μ, σ^2) を推定しようとするのは母数効果モデルである．

［例2］　研究対象である3つの地域について，それぞれ r 人の住民に対し，血圧を測定した二元配置データ X_{ij} について，統計モデル
$$X_{ij} = \mu + \alpha_i + \varepsilon_{ij}, \quad \varepsilon_{ij} \sim N(0, \sigma_E^2)$$
を考え，母数 $\alpha_i (i=1, \cdots, 3)$ を推定して，地域の平均値 $(\hat{\mu}+\hat{\alpha}_i)$ を推定しようというのは母数効果モデルである．

［例3］　ある病院に来院した患者の中から任意の n 人の患者について血圧を繰り返し r 回測定した2元配置データ X_{ij} は例2と同じ形の線形モデルで表現できる．しかし，ここでは，n 人の患者は対象とする集団からランダムに選んでいて，それぞれの患者の平均値には興味はない．つまり患者間差に興味がある場合である．この場合，α_i は母数ではなく，確率変数であると考え
$$\alpha_i \sim N(0, \sigma_B^2)$$
というモデルを導入し，σ_B^2 を推定しようというモデルとなる．これは変量効果モデルである．

［例4］　ある条件下に置かれた動物の成長を観察するために，n 例のマウスの体重を r 回の測定時期 $(t_1, \cdots, t_r)$ で測定した2元配置データ X_{ij} に対して，母数効果の線形モデル
$$X_{ij} = \alpha + \beta t_j + \varepsilon_{ij}, \quad \varepsilon_{ij} \sim N(0, \sigma_E^2)$$
を考えてみよう．データをグラフにプロットして観察してみればわかるように，

個体差が大きくて1つの上記の線形モデルで表現できるケースは少ない．このような場合には，個体差を表現するための変量効果モデル
$$X_{ij} = (\mu_\alpha + \alpha_i) + (\mu_\beta + \beta_i)t_j + \varepsilon_{ij}, \quad \varepsilon_{ij} \sim N(0, \sigma_E^2), \quad (\alpha_i, \beta_i) \sim N(0, \Sigma)$$
を考えることができる．

[例5] ある病院の中央検査室で，ある測定法の精密度に影響を与える3つの要因「測定誤差，日内変動，日間変動」の大きさを評価するために，管理血清を用いて，1日の指定した b 個の時刻に r 本測定を繰り返し測定し，それを a 日間繰り返す実験計画を考えた．第 i 日の第 j 時刻の k 番目の繰り返し測定値を x_{ijk} とすると次の変量効果モデルが導入できる．

$$x_{ijk} = \mu + \alpha_i + \beta_j + (\alpha\beta)_{ij} + \varepsilon_{ijk}$$

$i=1, \cdots, a$ (日)； $j=1, \cdots, b$ (時刻)； $k=1, \cdots, r$ (反復)

$\alpha_i \sim N(0, \sigma_A^2)$, σ_A^2 は日間変動の分散

$\beta_j \sim N(0, \sigma_B^2)$, σ_B^2 は日内変動の分散

$(\alpha\beta)_{ij} \sim N(0, \sigma_{AB}^2)$, σ_{AB}^2 は日間×日内の交互作用の分散

$\varepsilon_{ijk} \sim N(0, \sigma_E^2)$, σ_E^2 は測定誤差の分散

ここに，α_i は第 i 日の効果，β_j は第 j 時刻の効果，ε_{ijk} は測定誤差を表す．ここで，それぞれの分散成分（平均平方和）を V で表すと，その期待値が次のようになり，表1の分散分析表からそれぞれの分散成分が推定できる．

$$E(V_A) = \sigma_E^2 + r\sigma_{AB}^2 + rb\sigma_A^2$$
$$E(V_B) = \sigma_E^2 + r\sigma_{AB}^2 + ra\sigma_B^2$$

表1 繰り返しのある2元配置分散分析表（混合効果モデル）

	平方和	自由度	平均平方和	F値
日間	SS_A	$a-1$	$V_A = SS_A/(a-1)$	V_A/V_E
日内	SS_B	$b-1$	$V_B = SS_B/(b-1)$	V_B/V_E
日内×日間	$SS_{A\times B}$	$(a-1)(b-1)$	$V_{A\times B} = SS_{A\times B}/(a-1)(b-1)$	$V_{A\times B}/V_E$
誤差	SS_E	$ab(r-1)$	$V_E = SS_E/ab(r-1)$	
全体	SS_T	$abr-1$		

$$E(V_{A\times B}) = \sigma_E^2 + r\sigma_{AB}^2$$
$$E(V_E) = \sigma_E^2$$

もし，ある特定の日の特定の時間の測定値が他の測定値に比較して変わった挙動を示す，つまり，日間×日内の交互作用 $(\alpha\beta)_{ij}$ が有意となれば，その原因を追求し，それを除去する対策をたてる．有意でなければ，日間×日内の交互作用項と誤差項を併合して，誤差変動の分散を

$$\hat{\sigma}_E^2 = (SS_{A\times B} + SS_E)/(abr - a - b + 1)$$

で，日間変動，日内変動の分散を

$$\hat{\sigma}_A^2 = (V_A - \hat{\sigma}_E^2)/rb, \quad \hat{\sigma}_B^2 = (V_B - \hat{\sigma}_E^2)/ra$$

で推定できる．

[丹後俊郎]

マルチレベル分析

「マルチレベルモデル」は，Aitkin, et al. (1981), Aitkin & Longfold (1986) によって教育分野の評価方法の統計モデルとして提案されたものである．その後，使用頻度が増え，Goldsteinと彼のチームが精力的にマルチレベル分析のためのソフトウエアを開発してきた．現在はMLwiN[1]という名前である．

例えば，教育分野で教育方法の評価，地域格差，学校間格差，などを考える場合，複数の地域を選び，それぞれの地域に属する複数の学校を選ぶことになる．各学校に複数のクラスがあり，そのクラスに複数の学生がいる．つまり，「地域-学校-学級-学生」という4つのレベルをもつ階層構造をもつデータとなる．最小単位である学生の上位にあるそれぞれの「学級」，「学校」，「地域」はクラスターとよぶ．この意味で，この種のデータ解析をクラスタード・データの解析ともよばれたり，階層モデル，あるいは枝分かれ変量効果分散分析モデルともよばれている．

この種の階層構造のデータはなにも教育分野に限ったことではなく，「ある地域において，新しい健康増進プログラムの導入効果を現行のものと比較して評価したい」，「ある病院において，医療スタッフへの新たな教育プログラムの効果を評価したい」，「中学生に対するタバコ・お酒に関する新しい健康増進プログラムの効果を評価したい」，「老人施設を対象としたインフルエンザワクチンの接種効果を評価したい」など，医療分野でもその応用例は多い．

この研究デザインから容易に想像できることは，同じクラスター内の個人個人のデータ（反応）は，異なるクラスターに属する個人のデータと比べると，互いに似ているということである．つまり，無視できないクラスター間変動があると，クラスター内相関が生じるのである．この類似性を無視して（独立と考えて）個人単位で集計した解析の危険性は後述する．

● **2-level モデル** 簡単のためにある地域での学力の学校間差を検討する目的で行われた統一テストの試験結果の解析方法を考える．ここでは，簡単のため学級間差は無視できると仮定しよう．学校 i ($=1, 2, \cdots, I$) の生徒 j ($=1, 2, \cdots, n_i$) のデータ y_{ij} について，個人単位でデータを考えると，

$$y_{ij} = \mu + \alpha_i + \sum_{v=1}^{p} \beta_v x_{v,ij} + \varepsilon_{ij}$$

という2-level モデルを考えることができる．ここで，α_i は学校 i の変量効果で $N(0, \sigma_B^2)$ に従う確率変数，つまり，σ_B^2 はクラスター間変動の分散を表す．また，ε_{ijk} は個人の測定に伴うランダム誤差（クラスター内誤差）を表し $N(0, \sigma_W^2)$ に

従う．つまり，σ_W^2 はクラスター内分散を表す．最後に $x_{v,ijk}$ は生徒の共変量を表し，β_v はその効果を表す母数効果の定数である．

さて，このモデルからは
$$\mathrm{Var}(y_{ij}) = \sigma_B^2 + \sigma_W^2 = \sigma^2$$
$$\mathrm{Var}(\bar{y}_{i+}) = \sigma_B^2 + \frac{\sigma_W^2}{n_i} = \frac{\sigma^2}{n_i}\{1+\rho(n_i-1)\}$$

となる．ここで ρ はクラスター内相関係数
$$\rho = \frac{\sigma_B^2}{\sigma_B^2 + \sigma_W^2}$$

である．つまり，クラスター間変動 σ_B^2 が大きいほど，クラスター内のデータはお互い似てきて相関が生じ，階層構造を無視した平均値の分散 σ^2/n_i の $[1+\rho(n_i-1)]$ 倍となっている点に注目したい．この値は，クラスターデザインの複雑性を示す尺度を意味し，Deff などの記号で表現されている．つまり，階層構造のデザインを無視した個人レベルでの解析を実行すると，分散が（1/Deff）倍とかなり小さめとなり，見かけ上の有意差がでてしまうことを示唆している．

なお，クラスター内相関係数の値は多くの研究で $-0.02 \sim 0.21$ の範囲にあり中央値は大体 0.04 と小さい．しかし，標本サイズが大きくなるにつれてデザイン効果 Deff は無視できなくなる．例えば，$\rho=0.01$ であっても，$n_i=200$ であれば
$$\mathrm{Deff} = 1+(200-1) \times 0.01 = 3 \text{ 倍}$$
となってしまう．

●**乳がん検診の有効性に関する介入研究**　その一例を紹介しよう．スウェーデンで行われた乳がん検診の有効性に関する介入研究[2]においては，その1つのKopparberg カウンティを7つのエリアに分け，それぞれのエリアを3つの地域にわけて，2地域にスクリーニングを実施する群，1地域を実施しない群に無作為に割り付けている．つまり，このデータは，「カウンティ-エリア-地域-被験者」という4つの階層を有する階層構造があった．このプログラムを評価した最初の論文では，これらの上位レベルのクラスター間変動を無視した解析で誤った結果を導いた．後に，クラスター間変動を考慮にいれた解析で結果の修正が行われたのである．　　　　　　　　　　　　　　　　　　　　　　　　　　　　　　[丹後俊郎]

📖 **参考文献**

[1] Rashbash, J. W., et al., 2000, *A User's Guide to MLwiN*, London：Institute of Education.
[2] Tabar, L. and Gad, A., 1981, Screening for breast cancer：the Swedish trial. *Radiology*, **138**, 219-222.

年齢・時代・コホートモデル

疫学,社会医学などで,死亡率,世論調査の回答率などの変動を分析する際,それが,生物学的年齢によるものか,時代の環境的変化の影響を受けたものか,または,ある出生世代(コホート)に特異的現象なものかがよく問題にされ,それぞれの効果を分離して,定量的に推定しようとする試みがなされている[1]。これらを称して「年齢・時代・コホートモデル」,略して APC モデルといわれている。通常,調査の対象となる集団は,横断調査の繰り返しによって,年齢×時代の2元表に分類されることが多い。この際,年齢階級幅と時代間隔が等しければ,表の対角線上に同一世代が並ぶことになる(表1)。これを標準コホート表とよぶ。

表1 年齢 x 時代の2元表($I=3, J=4$)におけるコホート k (コホート効果 γ_k)の動き

年齢	時代			
	1 β_1	2 β_2	3 β_3	4 β_4
1 α_1	γ_3	γ_4	γ_5	γ_6
2 α_2	γ_2	γ_3	γ_4	γ_5
3 α_3	γ_1	γ_2	γ_3	γ_4

●**モデルの推定** 本表に示すように第 i 年齢階級,第 j 時代の cell (i, j) でのある測定値,または,ある事象が生起する率(rate)を y_{ij} としたとき,年齢,時代,コホートの3つの効果を同時に推定するための APC モデルは

$$f(E(y_{ij})) = \mu + \alpha_i + \beta_j + \gamma_k = X\xi$$

の一般化線形モデルとなる。ここに $\xi=(\mu, \alpha_i, \beta_j, \gamma_k)^t$ で,α_i は年齢効果,β_j は時代効果,γ_k はコホート効果を表し,$K=I+J-1$ である。

さて,APC モデルでは添字間に $k=I-i+j$ という従属関係が内在するため,$IJ\times(2I+2J-3)$ のデザイン行列 X の階数が $2I+2J-3$ より $2I+2J-4$ へと1つ階数落ちし,各効果が一意に推定できない。つまり,ξ 自身は推定可能ではなく,その任意の1つの最尤推定値は次の重み付最小二乗法を適用して

$$(X^t W X)\hat{\xi} = X^t W f(\hat{y})$$

を解くことになり,

$$\hat{\xi} = (X^t W X)^{-} X^t W f(\hat{y}),$$
$$\text{Cov}(\hat{\xi}) = (X^t W X)^{-}$$

となる。ここで W は各繰り返し時点での推定値 $\hat{y}$ を用いて再推定される重みを

表現する対角行列であり，$(\mathbf{X}'\mathbf{WX})^-$ は，$\mathbf{X}'\mathbf{WX}$ の一般化逆行列の1つである．この一意解を得るために，例えば，隣接する2つの効果を等しくする，といった付加条件を与えることがあるが，この方法では，付加条件の種類によって，推定結果が大きく変わり，付加条件の恣意性が問題となる．したがって，推定可能な母数関数より推測しようとする立場が自然である．ここでは，ホルフォードの方法「APC モデルの線形成分は推定できないものの，非線形成分は推定可能[1]」を利用し非線形成分に基づく推測の実例を示す．

●**線形成分と非線形成分の分解** 例えば，年齢効果 α_i について考えてみよう．$L(x, y) = x - (y+1)/2$ とおくと，その線形成分は $\bar{\alpha}_i = S_a L(i, I)$ となり，非線形成分は $\tilde{\alpha}_i = \alpha_i - S_a L(i, I)$ となる．ここで線形成分の傾き S_a は $\bar{\alpha}_i$ と $\tilde{\alpha}_i$ の直交性より

$$S_a = \frac{\sum_{i=1}^{I} L(i, I) \alpha_i}{\sum_{i=1}^{I} L(i, I)^2}$$

で与えられる．ほかの2つの効果 β_j, γ_k についても同様の議論より $\bar{\beta}_j$, $\tilde{\beta}_j$, S_β, $\bar{\gamma}_k$, $\tilde{\gamma}_k$, S_γ が得られる．

●**昭和1桁世代の特異性検出** この応用を考えよう．「昭和ヒトケタ世代に自殺傾向が強い」という厚生省の分析結果を朝日新聞(1984, 1986)が大きく報道したことがある．その真意を探るため，丹後，倉科(1987)は1955～1979年の25年間の5歳・5年の「年齢×時代」の分割表に編集された死亡数(20～79歳)のデータにポアッソン回帰モデルである APC モデル

$$\log E(d_{ij}) = \log N_{ij} + \mu + \alpha_i + \beta_j + \gamma_k$$

を適用している．ここに，死亡数 d_{ij}，人年 N_{ij}，死亡率が $y_{ij} = d_{ij}/N_{ij}$ である．人口の推移は，5年ごとに行われている国勢調査の集計人口より線形補間で各5カ年間の人年を求めた．このデータ構造では，各コホートの時間間隔は10年(その中間年でコホートを代表)となるが，$k=1$ (1875～1984年生れ) から始まって，$k=16$ (1950～1959年生れ) となるが，昭和1桁世代に相当するコホートは，$k=10$ (1920～1929年生れ)，$k=11$ (1925～1934年生れ)，$k=12$ (1930～1939年生れ) の3つである．その結果，$k=12$ (1930～1939年生まれ) を中心としたコホートに自殺が特異的に急増していることが観察された．しかし，モデルの適合度はよくない．さらなるモデル化が必要である[1]． [丹後俊郎]

📖 **参考文献**
[1] 丹後俊郎, 2002, 『医学データ, デザインから統計モデルまで』共立出版, 第8章.

基準範囲

　検査診断学の発達により基準範囲，基準値の概念は病態認識の基本的尺度として重要性をましている．基準範囲は慣例的に「健常者集団の約95％が含まれる範囲」として統計学的に定義されており，正常範囲，臨床参考範囲などともよばれている．理想的にはすべての施設に共通の基準範囲を設定できればよいが，i)新しい検査項目，測定法が次から次へと開発されている，ii)精度管理の実態が施設によってかなり異なる，iii)施設の種類，例えば病院と検診センターとでは収集できる標本の性質が異なる，iv)コンピューターが利用できる施設とそうでない施設では適用可能な統計手法が異なる，などの制約があり，不可能である．したがって，施設毎に基準範囲を適切に推定することが望まれる．

●**基準範囲の定義**　基準範囲は慣例的に「健常者集団の約95％が含まれる範囲」として統計学的に定義されてきた．もちろん，必要な場合には年齢別・性別に層別する．健常者集団のある検査データが連続型の確率分布 f に従う場合，95％が含まれる範囲

$$\Pr\{L \leq X \leq U\} = \int_L^U f(x)\,dx = 0.95$$

は無数に存在するが，通常は左右両裾 2.5％ を取った範囲，つまり，$100p$ パーセント点を X_p と表現すると，$L = X_{0.025}$ (2.5％点)，$U = X_{0.0975}$ (97.5％点) と定義される．

●**古典的な推定方法**

　(1) 正規分布を利用する方法：検査値がほぼ正規分布を示すならば，この基準範囲は

$$\hat{X}_{0.025} = \bar{X} - 1.96\,\mathrm{SD}, \quad \hat{X}_{0.0975} = \bar{X} + 1.96\,\mathrm{SD}$$

で推定できる．対数正規分布を示す場合は，対数変換後の ($\bar{X}_L$, SD_L) から上式を利用して計算し逆変換して推定すればよい．

　(2) ノンパラメトリック法：検査値の分布形が正規分布にも対数正規分布にもしたがわない場合にでも基準範囲を推定する方法にはノンパラメトリック法を利用するとよい．それは，データを小さい順に並べて $X_{(1)} \leq X_{(2)} \leq \cdots \leq X_{(n)}$ とすると，X_p は分布形に関係なく

$$X_p = (1-\alpha)X_{(k)} + X_{(k+1)}$$

で与えられる．ここに $k = (n+1)p$ の整数部分，$\alpha = (n+1)p$ の少数部分，である．したがって，基準範囲は $p = 0.025$，0.095 を代入して計算すれば求まる．ただ，検査値が正規分布に従う場合にノンパラメトリック法を適用すると平均値，標準偏

差を利用した方法に比べると推定誤差が大きくなり推定効率が落ちる．
●**基準範囲推定の統計モデル** 基準範囲を推定するには，前節までに説明した2種類の方法が基本的であるが，収集されたデータを観察すると，i）正規分布，対数正規分布にいずれにも従わない項目も多い，ii）外れ値が複数個観察される，場合が少なくない．前者に対してはノンパラメトリック法で対処できるが，推定誤差が大きいので，正規分布へ近づける適当な変換を行い，変換後のデータに対してパラメトリック法を適用する方法が行われてきた．しかし，「分布型がわからないと外れ値は棄却できない」「外れ値を除かないと分布型が決められない」という「卵が先か鶏が先か」という問題が存在する．この問題に対して，外れ値に対しても分布型を仮定する統計モデルをを紹介する．この方法は東京の虎の門病院をはじめとする多くの病院での基準範囲設定に使用されてきた．まず，正規分布への単調変換 φ を導入し，小さい順に並べた順序データを

$$\varphi(x_1) \leq \varphi(x_2) \leq \cdots \leq \varphi(x_n)$$

として，次のモデル $M(\varphi, k, m)$ を導入する．

 i ）外れ値のモデル：下側 k 個，上側 m 個のデータはそれぞれ異なる母平均 μ_i ($i=1, \cdots, k; k+1, \cdots, k+m$)，共通の分散 σ^2 をもつ正規分布に従う．

 ii）正常値のモデル：残りの $n-k-m$ 個のデータは正常値で母平均 μ，分散 σ^2 をもつ正規分布に従う．

いいかえると，分散は共通だが，平均が次の不等式を満たすモデルである．

$$\mu_1 < \cdots < \mu_k < \mu < \mu_{k+1} < \cdots < \mu_{k+m}$$

このモデルの近似尤度の1つは

$$L = (n-k-m)! \left(\prod_{i=1}^{n} |\varphi'(x_i)|\right) \sum_{i=k+1}^{n-m} f(\varphi(x_i)|\mu, \sigma^2)$$
$$\times \prod_{i=1}^{k} f(\varphi(x_i)|\mu_i, \sigma^2) \prod_{j=1}^{m} f(\varphi(x_{j+n-m})|\mu_{j+k}, \sigma^2)$$

で与えられる．この近似尤度に基づく (μ_i, μ, σ^2) の最尤推定値は

$$\mu_i = \varphi(x_i), \quad i=1, \cdots, k+m, \quad \hat{\mu} = \frac{1}{n-k-m} \sum_{i=k+1}^{n-m} \varphi(x_i)$$
$$\hat{\sigma}^2 = \frac{1}{n} \sum_{i=k+1}^{n-m} (\varphi(x_i) - \hat{\mu})^2$$

と簡単になる．最適モデル $M(\varphi^*, k^*, m^*)$ の選定に際しては，赤池の情報量基準（AIC）を利用し，基準範囲は

$$\varphi^{*-1}(\hat{\mu}^* - 1.96\,\sigma^*) \sim \varphi^{*-1}(\hat{\mu}^* + 1.96\,\sigma^*)$$

として推定することができる． ［丹後俊郎］

📖 **参考文献**
[1] 丹後俊郎，2002，『医学データ，デザインから統計モデルまで』共立出版，第2章．

臨床検査値の個人差のモデル

　具合が悪くなって病院へ行くと多くの場合，医師が指示した生化学・血液検査を受けることになる．その検査値が病的に高い値か低い値かを判断する「ものさし」が基準値である．この基準値は「健常者の約95％が含まれる」集団として設定された範囲である．しかし，日常の診療の対象はもちろん集団ではなく，一人一人の患者個人である．Williams (1956)が個人の生理的変動幅は集団のそれに比較して著しく狭いことを示して以来，多くの検査項目で無視できない個人差が明らかにされている．丹後 (1981) は，ある健診センターにおいて，i) 過去5年に毎年，計5回受診している，ii) 過去5年の平均年齢が40歳前後，iii) 5回とも臨床的に異常は認められなかった，の条件を満たす24名の男性について赤血球数の5回の測定値を平均値の小さい男性から順にプロットして個人の生理学的変動幅は集団の基準値の範囲よりかなり狭く，かつ個人差の大きいことを示した．

●**個人差指数**　個人差の大きさを考えるために，任意の個人の検査データの分布が適当な変数変換を含めて正規分布 $N(\mu_i, \sigma_i^2)$ に従うと仮定しよう．そうすると，個人差があるとは

$$H_0: \mu_i = \mu_j, \quad \sigma_i^2 = \sigma_j^2$$

の帰無仮説が否定されることを意味する．平均値が異なるのの明らかであるが，分散の個人差は経験的に小さいことが知られている．そこで「個人分散は近似的に等しい」という仮定のもとで個人差の評価方法を考えてみよう．x_{ij} を個人 i の j 回目の測定値とすると，次の1元配置型の変量モデルが適用できる．

$$x_{ij} = \mu_i + \varepsilon_{ij} = (\mu + \beta_i) + \varepsilon_{ij}$$
$$i = 1, \cdots, n \text{ (個人)}; j = 1, 2, \cdots, r \text{ (反復)}$$

ここに β_i は個人差を示す個人 i の変量効果で

$$\beta_i \sim N(0, \sigma_B^2), \quad (\sigma_B^2 \text{ は個人間分散})$$
$$\varepsilon_{ij} \sim N(0, \sigma_E^2), \quad (\sigma_E^2 \text{ は個人内分散})$$

である．一般に測定誤差の分散は個人内分散に比べて小さいので σ_E^2 は事実上，個人内分散に等しい．このモデルから集団の分散 σ^2 は $\sigma^2 = \sigma_B^2 + \sigma_E^2$ であり，検査項目の個人差の大きさを評価するための「個人差指数」$\eta = \sigma_B / \sigma_E$ が導入できる．1元配置分散分析表からそれぞれ

$$\hat{\sigma}_B = \sqrt{\frac{V_B V_E}{r}}, \quad \hat{\sigma}_E = \sqrt{V_E}, \quad \hat{\eta} = \sqrt{\frac{F-1}{r}}$$

で推定される．ここで V_B, V_E は個体間，個体内平均平方和であり，F は「個人差はない」という帰無仮説 $H_0: \sigma_B^2 = 0$ に対する自由度 $(n-1, n(r-1))$ の F 検定

統計量である．次に帰無仮説のもとで

$$\frac{V_B/(\sigma_E^2 + \gamma \sigma_B^2)}{V_E/\sigma_E^2} = \frac{F}{1+r\eta^2} \sim F_{n-1, n(r-1)}$$

となるから，F_L，F_U をそれぞれ，上側 $100(\alpha/2)\%$ 点，$100(1-\alpha)\%$ 点とすると，$100(1-\alpha/2)\%$ 信頼区間は

$$\sqrt{\frac{1}{r}\left(\frac{F}{F_U}-1\right)} \leq \eta \leq \sqrt{\frac{1}{r}\left(\frac{F}{F_L}-1\right)}$$

と推定できる．赤血球数の個人差指数は $\hat{\eta}=2.05$（95% 信頼区間：1.50−2.98）と推定された．

●**個人差指数に基づく基準範囲の解釈** 次に，個人差指数を利用すると，よりきめ細かな（集団の）基準範囲の解釈が可能となることを示そう．集団の基準範囲は $\mu \pm 1.96\sigma$ と定義でき，個人 i の基準範囲は $(\mu+\beta_i) \pm 1.96\sigma_E$ と定義できる（β_i は未知）．そこで，個人差指数が η である検査項目の検査値 X が

$$X - \mu = t\sigma \quad (\mu,\ \sigma は既知)$$

である状況を考えてみよう．臨床的に重要なのは，この「検査値 X が集団の基準範囲の中に入っているか否かではなく，その個人の基準範囲の中に入っているか否か」である．初診の場合は，

$$P(t\,|\,\eta) = \int_{t\sigma-1.96\sigma_E}^{t\sigma+1.96\sigma_E} \phi(u\,|\,0,\ \sigma_B^2)\,du$$

$$= \Phi\left(\frac{t\sqrt{1+\eta^2}+1.96}{\eta}\right) - \Phi\left(\frac{t\sqrt{1+\eta^2}-1.96}{\eta}\right)$$

と計算できる．ここに，$\phi(u\,|\,0,\ \sigma_B^2)$ は平均 0，分散 σ_B^2 の正規分布の密度関数であり，$\Phi(\cdot)$ は $N(0,1)$ の累積分布関数である．

次に，健康な状態で測定された値 $(X_1,\cdots,X_m)$ が利用できる場合を考えよう．ここでも，$X_k - \mu = t_k\sigma$，$(k=1,2,\cdots,m, m+1)$ とする．現在の測定値 $X(=X_{m+1})$ が個人の基準範囲に入る事後確率は $t=t_{m+1}$ において，

$$P(t\,|\,\eta,t_1,\cdots,t_m) = \int_{t\sigma-1.96\sigma_E}^{t\sigma+1.96\sigma_E} \phi(u\,|\,\mu^*,\ \sigma^{2*})\,du$$

$$= \Phi\left(\frac{(1+m\eta^2)(t\sqrt{1+\eta^2}+1.96) - m\bar{t}\eta^2\sqrt{1+\eta^2}}{\eta\sqrt{1+m\eta^2}}\right)$$

$$\quad - \Phi\left(\frac{(1+m\eta^2)(t\sqrt{1+\eta^2}-1.96) - m\bar{t}\eta^2\sqrt{1+\eta^2}}{\eta\sqrt{1+m\eta^2}}\right)$$

となる．ここで導かれた「個人の基準範囲に入る確率」は検診センターでの活用が期待される．　　　　　　　　　　　　　　　　　　　　　　　　　　　［丹後俊郎］

📖 **参考文献**

[1] 丹後俊郎，2002，『医学データ，デザインから統計モデルまで』共立出版，第 2 章．

体型・肥満度の測定

　一般に，身体の形そのものを「体型」という．体型の指標としては，身体計測値どうしの比率をとることが一般的である．例えば上肢・下肢のプロポーションの指標として，座高÷身長，あるいは「座高÷(身長−座高)」がある．体型の分類法として，W. シェルドンのソマトタイプがある．これは，人体計測値に基づく計算値により，内胚葉型（肥満型），中胚葉型（筋・骨格発達型），外胚葉型（やせ）に分類しようというものである（ヒース・カーター法）．

●**体格指数**　しかし最近は，「体型」といえば，体重と身長の比として得られた「体格指数」によって肥満の程度を評価するのが一般的である（本来「体格」は身体の大きさを表す）．体格指数としては，次のようなものがある（W：体重，H：身長）．

・比体重：W/H (kg/m)
・BMI（ボディ・マス・インデックス）：W/H^2 (kg/m²)
・ローレル指数：$(W/H^3) \times 10$ (kg/m³)
・リビー指数：$W^{1/3}/H$
・肥瘦係数：$H/W^{1/3}$

　A. キース (1972) は，i) 身長の影響がないこと，ii) 相対的な肥満の程度あるいは体脂肪の量を強く反映すること，を必要条件として，成人においては BMI (W/H^2) が最も適していることを示した．また，この指数を body mass index (BMI) とよぶことを提案した．BMI は，疾病との関連などについての疫学データも豊富なので，幅広く使われている．ただし，体脂肪量だけではなく，除脂肪量も反映していることにも留意する必要がある．

●**BMI を用いた肥満判定基準**

　集団として最適な BMI について，欧米においては，死亡率との関係をみた疫学調査結果に基づき，WHO (1997) が，BMI 22 kg/m² を最適値，BMI 25 kg/m² 以上を Preobese, 30 kg/m² 以上を Obese とした（表1）．日本では，有病率との関係をみた Matsuzawa ら (1990) の報告に基づいて，BMI 22 kg/m² を最適値としている．また，高血圧・高脂血症・高血糖症の出現頻度と BMI との関係を分析した横断的な多施設共同研究（吉池ら，2000）に基づいて，BMI 25 kg/m² 以上を肥満とした．これは，WHO などの基準より一段階ずつ厳しくなっている（表1）．

表1　WHO/NHLBI および日本における肥満の判定基準（表中は BMI の値 (kg/m²)）

肥満の分類	WHO/NHLBI	日本
Underweight	〜18.4	〜18.4
Normal	18.5〜24.9	18.5〜24.9
Preobese/Overweight	25.0〜29.9	
Obesity　I	30.0〜34.9	25.0〜29.9
II	35.0〜39.9	30.0〜34.9
III	40.0〜	35.0〜39.9

●**成人における肥満度**　身長と体重の値を用いて肥満の程度を表す指標として，

以下の式により算出する肥満度もある．

肥満度＝(実測体重−標準体重)／(標準体重)×100

ここで，i) 標準体重としてどのようにして得られた値を用いるか，ii) 肥満度を用いた肥満判定基準をいくつにするか（一般に＋20％），の2点が問題となる．

標準体重は，身長のほか，性や年齢も考慮して決めることがある．ある集団における代表値（平均値または中央値）を用いる場合と，死亡率あるいは罹患率が最低となるような値とする場合がある．成人では，BMI 22 kg/m² に相当する体重を以下のように求めて用いることが多い．

標準体重＝身長$(m)^2$×22

●**子どもにおける体格指数と肥満度**　子どもにおける体格指数の問題は，年齢とともに値が大きく変動することである．そのため，特に日本においては，体格指数よりは肥満度が用いられてきた．標準体重としては，性と身長を考慮できる日比の肥満度計算図表や，学校保健統計に基づいた性別・年齢別・身長別の標準体重・平均体重などが用いられてきた．文部科学省から毎年公表されている学校保健統計調査報告書は，全国規模かつ莫大な対象人数に基づいた身体計測値の統計結果が示された，このデータは世界に類をみないものである．

2006（平成18）年の学校保健統計からは，学校保健統計調査結果に基づき，性・年齢・身長別に，外れ値を除いた上で得られた回帰式から算出した標準体重を用いて，肥満傾向の判定を行っている（表2）．20％以上を軽度肥満とする[2]．

しかし，国際的な流れを受けて，BMI のパーセンタイル曲線を用いる方法も広がっている．国際的には，T. J. コールら(2000)，あるいはアメリカ・CDC，あるいは最近WHO の作成したパーセンタイル曲線などが利用されている．日本でも，学校保健統計調査結果に基づいて得られた BMI のパーセンタイル曲線で，90および95パーセンタイルを境界値とすることとなっている[2]．　　　［田中茂穂］

表2　身長別標準体重の求め方

年齢	男		女	
	a	b	a	b
5	0.386	23.699	0.377	22.750
6	0.461	32.382	0.458	32.079
7	1.513	38.878	0.508	38.367
8	0.592	48.804	0.561	45.006
9	0.687	61.390	0.652	56.992
10	0.752	70.461	0.730	68.091
11	0.782	75.106	0.803	78.846
12	0.783	75.642	0.796	76.934
13	0.815	81.348	0.655	54.234
14	0.832	83.695	0.594	43.264
15	0.766	70.989	0.560	37.002
16	0.656	51.822	0.578	39.057
17	0.672	53.642	0.598	42.339

身長別標準体重(kg)
＝a×実測身長(cm)−b

［財団法人日本学校保健会，2006，『児童生徒の健康診断マニュアル 改訂版』］

参考文献
[1] 田中茂穂，2003，体重と身長を用いた肥満判定法—体格指数法と標準体重法，日本臨床，**61**（増刊号 6），351-356．
[2] 日本肥満学会 編，2004，『小児の肥満症マニュアル』医歯薬出版．

臨床検査の精度管理

　健康診断などで，血液検査なども含めてさまざまな臨床検査を行った経験をもつ人は少なくないだろう．いろいろな測定を行うと，測定値には必ず誤差がつきまとう．この誤差はたとえ同一人物を繰り返し測定したとしても，通常，分析操作の誤り，精密度，偏り（正確度）が含まれている．このような誤差を少なくして検査データの質を一定レベルに保ち信頼のおける結果を提供することは，臨床検査において非常に大切である．そのために，精密度の目標値として（精密度の分散＋正確度の2乗）の平方根をとった許容誤差を定めたり，検査業務の工程に発生する異常原因を，偶然原因によるばらつきを基準にプロットして，それが一定レベルを超えれば異常原因として分類し排除することを目的としたさまざまな管理図を用い，精度管理を行い診断に役立てている[1]．

●**臨床検査の有効性**　一般に有効性が高い検査とは，精密度が高く，かつ，正確度の高い検査のことをいう．精密度は偶然誤差が小さいことであり再現性について検討する．正確度は系統誤差が小さいことであるが，この評価には「真の値」が必要となる．一般に臨床検査によるスクリーニングテストなどでは，一般的に受け入れられた，最も正確な検査方法（あるいは手技，測定法）である"gold standard"（最近では"reference standard"）としての疾病あるいは異常が，どの程度正確に定義できるかについては曖昧なものが多い．そこで検査の目的とする疾患を明確にしたうえで感度と特異度を中心とした有効性について評価する．

　多くの検査診断では疾患ごとにカットオフ値とよばれる臨床的な判別点が定められ，検査値がその値を超えると陽性，超えないと陰性と判定される．実際には疾患であるのに陰性と判定されたり，疾患でないのに陽性と判定されたりすることもある．診断が正しいことを真，誤っていることを偽として，疾患と検査との関係をまとめると図1のようになる．これらから検査の有効性を測る指標として感度，特異度が，有用性を測る指標として陽性的中率，陰性的中率がよく利用される．

		検査	
		陰性	陽性
疾患	有	偽陰性 FN	真陽性 TP
	無	真陰性 TN	偽陽性 FP

図1　疾患と検査結果の分類

・**感度**：TP/(TP＋FN)　疾患がある人が陽性と診断される確率で，例えば悪性新生物（がん）など見逃した代償が大きいときは感度の高い検査法がよいとされる．

・**特異度**：TN/(TN＋FP)　疾患でない人が陰性と診断される確率で，例えば腎生検など確定診断のための精密検査の侵襲や危険が高い検査を伴う場合など，偽陽性(FP)が重い代償をもたらすときは，特異度の高い検査法がよいとされる．

・**陽性的中率（PVP）**：TP/(TP＋FP)　臨床検査で陽性と判定されたものの中

で真陽性(TP)となる確率で，検査結果から疾患であることをどのくらい予測できるかの評価に用いる．

・陰性的中率(PVN)：TN/(TN+FN)　臨床検査で陰性と判定されたものの中で真陰性(TN)となる確率で，検査結果から疾患でないことをどのくらい予測できるかの評価に用いる．

　感度と特異度は，あらかじめ疾病の有無がわかっている場合に検査がどの程度正確に判定できるかをみるという検査の有効性を検討する指標である．一方，PVPとPVNは実際に検査を行うとき，その検査からどの程度正確に疾病の有無を予測できるかを判断するための指標である．リスク指標やNNTなどとともにスクリーニングの有用性を検討するときに用いられる．検査時点では疾病の有無はわからないので，サンプルが母集団からの無作為抽出でなければ推定できないが，対象疾患の有病率がわかっていれば推定することができる[2]．

●ROC曲線　カットオフ値と感度・特異度の関係は図2のようになるが，横軸に「1－特異度」，縦軸に感度をとり，カットオフ値を変化させたときのそれぞれの値の軌跡を描いてできる曲線を受信者動作特性曲線(ROC曲線)という．これは1950年代にレーダーシステムにおける信号検出に関する通信工学的理論に端を発し，心理学での知覚などの測定方法として統計的決定理論などを基礎に開発された信号検出理論のROC曲線(等感受性曲線)を検査法の評価に利用したものである．例えばa, b, cという3つの検査法の有効性を比較するときには，曲線は交差していないので曲線が左上に近いものほど(この場合はa＞b＞cの順で)感度，特異度がともに高く有用な検査法とみなされる．評価にはROC曲線下の面積を求めて検定する．ところが，dも含めて4つの検査法の比較をするときには曲線が交差しており，単純には評価できない．　　［山岡和枝］

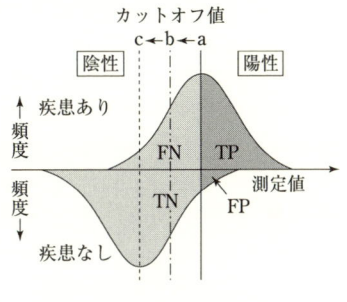

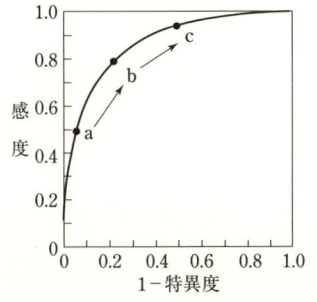

図2　カットオフ値の変化と感度・特異度，ROC曲線

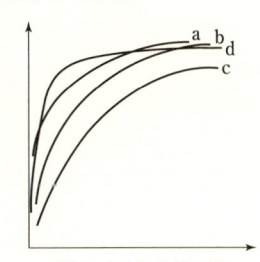

図3　ROC曲線の例

📖 参考文献
[1] 丹後俊郎，1986，『臨床検査への統計学』朝倉書店．
[2] 矢野栄二，他，2003，『EBM健康診断 第2版』医学書院．

メタボリックシンドローム

　虚血性心疾患などの動脈硬化性疾患の危険因子である高血圧，糖尿病，脂質異常などは，単独のときよりも複数存在するときに相乗的に危険度が大きくなることが，フラミングハム研究を始めとする多くのコホート研究で明らかにされてきた．これらはマルチプルリスクファクター症候群とよばれ，1980年後半から提唱され，インスリン抵抗性症候群，シンドロームX，死の四重奏，内蔵脂肪症候群などという名称で報告された．

●マルチプルリスクファクター症候群からメタボリックシンドロームへ　マルチプルリスクファクター症候群はメタボリックシンドローム（代謝症候群）という概念にまとめられる．両者の概念の違いは，前者は複数の危険因子がそれぞれの機序を介して動脈硬化の危険度を上げると考えるのに対して，メタボリックシンドロームは共通した病態として過食や運動不足によって惹き起こされた肥満，内蔵脂肪蓄積が上位にあり，これらが肥満細胞が分泌するアディポサイトカインなどを介して関連した危険因子の危険度をあげて，最終的に動脈硬化性疾患の発症リスクをあげるという考え方である．

　メタボリックシンドロームの代表的な診断基準を表1にまとめた．世界保健機関（WHO，1999）の診断基準では，インスリン抵抗性を基盤として捉え耐糖能異常を必須項目としている．一方米国コレステロール教育プログラム（NCEP，2001）では必須項目を設けていない．我が国の内科系8学会合同メタボリックシンドローム診断基準検討委員会（2005）[1]は，腹部肥満（内蔵脂肪蓄積）を必須項目として，内臓脂肪面積が男女とも$100\,cm^2$に相当するとされる臍レベルで測定したウエスト周囲径85cm（男）と90cm（女）をカットオフポイントとし，加えて高血圧，耐糖能障害，脂質代謝障害から2項目以上該当する場合にメタボリックシンドローム症候群としている．国際糖尿病連合（IDF，2005）も同様な考え方であるが，ウエスト周囲径を民族別に定義しており，アジア系は90cm（男）と80cm（女）として，空腹時血糖値も我が国の基準より低い100mg/dLとしている．

　厚生労働省の2004（平成16）年度国民健康栄養調査からの推計によると，メタボリックシンドローム該当者および予備群は，男性の40代以上の40〜50％，女性の40代以上の約10％であるといわれている．

●特定健診・特定保健指導プログラム　厚生労働省[2]では，40〜74歳の被保険者と被扶養者を対象とした「メタボリックシンドローム」（内臓脂肪症候群）の概念を導入した特定健診・特定保健指導の実施を医療保険者に対して義務づけ，2008年度より開始した．新たな健診においては，健診結果と質問票から保健指導の3段

表1　メタボリックシンドロームの診断基準

WHO（1999年）[1]	NCEP ATP-III（2001年）[2]	日本8学会合同（2005年）[3]
糖尿病またはIGTまたはインスリン抵抗性	—	腹腔内脂肪蓄積（ウエスト周囲径：≧85（男）≧90（女），内臓脂肪面積：男女とも≧100 cm^2）
・上記に加え以下のうち2項目以上 ①肥満：BMI≧30 kg/m^2，またはWHR＞0.90（男），＞0.85（女） ②脂質代謝異常：TG≧150 mg/dL，またはHDL-C＜36 mg/dL（男），＜40 mg/dL（女） ③高血圧：血圧≧140/90 mmHg ④微量アルブミン尿：アルブミン排泄率≧20 μg/分	・以下のうち3項目以上 ①腹部肥満（ウエスト周囲径）：＞102 cm（男），＞88 cm（女） ②脂質代謝異常：TG≧150 mg/dL ③脂質代謝異常：HDL-C＜40 mg/dL（男），＜50 mg/dL（女） ④血圧：≧130/85 mmHg ⑤空腹時血糖値≧110 mg/dL	・上記に加え以下のうち2項目以上 ①脂質代謝異常：高TG血症≧150 mg/dL かつ/または低HDL-C＜40 mg/dL（男女とも） ②血圧：収縮期血圧≧130 mmHg かつ/または拡張期血圧≧85 mmHg ③空腹時高血糖：≧110 mg/dL

1) WHO, 2001, *Nature* **414**(13), 782-787．2) NCEP, 2001, *JAMA*, **285**, 2486-2497．3) 8学会（内科学会，日本動脈硬化学会，肥満学会，高血圧学会，糖尿病学会，循環器学会，腎臓学会，血栓止血学会）合同，2005，日本内科学会誌，**94**(4)，198-203．

階の階層化（図1）が行われて，内蔵脂肪減少，体重減少に重きを置いた特定保健指導が実施される．

特定保健指導は，階層化の結果，リスクがない者に対しては，適切な生活習慣につながる「情報提供」，リスクが少ない者に対して生活習慣の改善に関する「動機づけ」（1回面接），リスクの重複がある者に対して，医師，保健師，管理栄養士などが「積極的支援」（3〜6カ月程度）をする．　　　　　　　　　　　［水嶋春朔］

参考文献

[1] メタボリックシンドローム診断基準検討委員会，2005，メタボリックシンドロームの定義と診断基準，日本内科学会雑誌，**94**，188-203．
[2] 厚生労働省健康局，2007，『標準的な健診・保健指導プログラム（確定版）』．
http://www.mhlw.go.jp/bunya/shakai-hosho/iryouseido01/info03 a.html
[3] 水嶋春朔，2007，内臓脂肪型肥満に着目した生活習慣病予防のための健診・保健指導，成人病と生活習慣病，**37**(10)，1155-1159．

```
ステップ1  ○内臓脂肪蓄積に着目してリスクを判定

・腹囲：M≧85 cm, F≧90 cm                    →（1）
・胸囲：M＜85 cm, F＜90 cm　かつ25≧BMI       →（2）

ステップ2　↓

①血糖：(a) 空腹時高糖100 mg/dL以上または(b)
       HbA1 cの場合．5.2%以上または(c) 薬
       剤治療を受けている場合（質問票より）
②脂質：(a) 中性脂肪150 mg/dL以上または(b)
       HDLコレステロール40 mg/dL未満．ま
       たは(c) 薬剤治療を受けている場合（質問
       票より）
③血圧：(a) 収縮期血圧130 mmHg以上または(b)
       拡張期血圧85 mmHg以上．または(c) 薬
       剤治療を受けている場合（質問票より）
④質問票：喫煙歴あり（①から③のリスクが1つ以
        上の場合にのみカウント）

ステップ3　○ステップ1,2から保健指導対象者を
           グループ分け

(1) の場合：①から④のリスクのうち追加リスクが
   2以上の対象者は     積極的支援レベル
   1の対象者は         動機づけ支援レベル
   0の対象者は         情報提供レベル    とする．
(2) の場合：①から④のリスクのうち追加リスクが
   3以上の対象者は     積極的支援レベル
   1または2の対象者は  動機づけ支援レベル
   0の対象者は         情報提供レベル    とする．
```

図1　保健指導対象者の選定と階層化

がん検診

　がん検診の目的は，がんを早期発見するのみではなく，発見されたがん患者に対して早期の適切な治療介入を行うことによってがん死亡のリスクを減少させることにある．このため，がん検診の有効性を評価する際には，がんの発見数やがん発見後の生存期間・生存率を指標とするだけでは不十分である．がんの発見数は年齢構成をはじめとする集団の特性に依存することから解釈が難しいだけではなく，そもそも早期治療による延命効果を評価したものではないことから最終的にがん死亡リスクの減少に寄与しているか否かは分からない．

　がん発見を起点として生存期間・生存率を定義した場合，リードタイム・バイアス，レングス・バイアスなどの影響を受けやすい．リードタイム・バイアスはがんの早期発見により生存期間の起点が前倒しされることによって生じ，これによりたとえ早期の治療介入に効果がなかったとしても生存期間は長くなる傾向にある．レングス・バイアスは検診では成長・増殖の遅いがんであるほど発見されやすいことから生じ，この種のがんは症状が顕れてからの成長・増殖も遅くなるため，検診を経ずに症状が顕れてから発見されたがんとは一般に比較することができない．このため，がん検診の有効性を示す場合に用いるべき真の指標は，検診を実施する集団における死亡率となり，がん検診によってこの死亡率が減少するか否かを評価することが重要となる．

●無作為化比較試験　前立腺がん検診の有効性を評価することを目的として1990年代前半から実施された重要な大規模無作為化比較試験として，アメリカのProstate, Lung, Colorectal and Ovarian Cancer Screening (PLCO) 研究，ヨーロッパのEuropean Randomized Study of Screening for Prostate Cancer (ERSPC) 研究がある．前者のPLCO研究は複数のがん検診の評価を目的としたものであるが，ここでは簡単に前立腺がん検診の部分のみに焦点をあてる．いずれの試験も全対象者を検診群と対照群の2群のいずれかに無作為化し，PLCO研究では検診群のみに前立腺特異抗原（PSA）検診と直腸指診，ERSPC研究では検診群のみにPSA検診が行われるように計画された．PSAは前立腺から分泌されるセリンタンパク分解酵素であり，前立腺に異常があると血液中にも侵出する．2試験の詳細は表1のとおりである．

　前述したようにがん検診の有効性を示すためには検診を実施する集団における死亡率の減少の有無を評価する必要があり，この目的に対して無作為化比較試験は最良の研究デザインである．PLCO研究では死亡率減少効果が示されなかった一方で，ERSPC研究では有意な死亡率減少効果が示された．この不整合に関して

表1 がん検診に関する大規模試験（PLCO研究とERSPC研究）

	PLCO	ERSPC
参加施設	アメリカ	ヨーロッパ(オランダ,フィンランドなど7カ国)
対象者数	76,693名	162,243名
対象年齢	55～74歳	55～69歳
デザイン	非盲検ランダム化比較試験	同左
検診方法	PSA検診＋直腸指診（1年に1回）	PSA検診（4年に1回[*1]）
主要評価指標	前立腺がん死亡	同左
発見率比[*2]	1.22	1.71
死亡率比[*2] (95% C.I)	1.11 (0.83～1.50)	0.80 (0.65～0.98)

[*1] スウェーデンのみ2年に1回，[*2] 検診群の対象群に比べた比．

はさまざまな議論が行われている．PLCO研究では試験参加の時点において過去3年間にPSA検診歴を有する対象者がすでに4割以上存在し，また対照群で実際に発見された前立腺がんのうちPSA検診で見つかりやすい早期の限局がん（臨床病期Ⅰ-Ⅱ）の割合が94％であり，検診群のそれ（96％）と大差なかった．これらより本研究では対照群でも試験期間の前後を通じて試験外のPSA検診が相当な割合で実施されていたことが疑われる．これをコンタミネーションとよぶ．実際にアメリカでは一般集団におけるPSA検診が広く実施されている．また，他方のERSPC研究においてもコンタミネーションが報告されており，死亡率減少効果は実際に観察された群間差よりも大きいことが示唆される．

　この事例からも，コンタミネーションが避けられない状況では，無作為化比較試験を実施したとしても死亡率減少効果をバイアス無く評価できないことがわかる．ERSPC研究ではこの種のバイアスを調整した感度解析の実施も試みられている．

●課題　がん死亡の減少という目標に向けて，がん検診は有力な早期の介入方法として期待されている一方で，その有効性に関するエビデンスが広く受け入れられるためにはコストのかかる大規模ランダム化比較試験によって死亡率減少効果を示すことがコンセンサスとなっている．しかしながら，適用する状況によって正当な評価が難しくなることもしばしば予想されるため，デザイン・統計解析の両面から如何に統計学が貢献可能かという問いは，統計応用上の重要な課題になると考えられる．　　　　　　　　　　　　　　　　　　　　　［吉村健一］

📖 参考文献

[1] Andriole, G. L., et al., 2009, Mortality results from a randomized prostate-cancer screening trial, *N Engl J Med*, **360**, 1310-1319.
[2] Schröder, F. H., et al., 2009, Screening and prostate-cancer mortality in a randomized European study, *N Engl J Med*, **360**, 1320-1328.

画像診断

　画像を用いて病気を診断する技術は，がん(腫瘍)，脳，心臓など多くの疾患において不可欠の技術となっている．装置としては，超音波診断装置，CT(コンピューター断層撮影)，MRI(磁気共鳴画像法)，SPECT(単光子放射型断層撮影)，PET(陽電子放射断層撮影)などが代表的である．それぞれが長所と短所を持ち，医療現場では適用疾患，部位などを見きわめて使用されている．近年，SPECT，PETおよびfMRI（機能的MRI）を用いた脳機能の研究が盛んである．特にSPECTやPETから得られる脳血流画像を用いて，脳血流が低下あるいは亢進している部位などを客観的に評価する手法が開発され，各種脳疾患の早期発見が可能となってきた．

　従来，これらの画像評価は視覚的評価が主であったが，画像の精度，評価者間・評価者内の再現性など多くの問題があった．これらの問題を解決すべく，1990年以降，SPMs，3D-SSP，eZISなどの統計学的手法を用いたコンピュータ診断法が開発されてきた．以下，これらの統計的画像解析について解説しよう．

●**脳血流の統計学的画像解析**　解析を行う際には，年齢層ごとの参照データ（健康成人の画像データ）の集まりを準備する必要がある．また，アナログ情報である画像からデジタル情報である数値データを抽出する過程（解剖学的標準化，関心領域の設定などの処理）が各統計的画像解析手法の特徴を表す核となる部分であるが，いずれの手法も最終的には画像の最小基本単位ごとに以下のZスコアを算出し，その大小により脳血流の低下あるいは亢進を判断する．

$$Z スコア = \frac{参照データの平均値 - 各症例の値}{参照データの標準偏差}$$

　例えばSPMsでは，実験計画の違いに依存せず，一般線形モデルという統一的な枠組みで，t検定，相関係数，分散分析，共分散分析などの比較的単純な統計手法を用いた画像データの解析ツールを提供している．このために仮定される一般線形モデルは，

$$y = X\beta + \varepsilon$$

という式で表されることが多い．これは，反応 y（例えば，局所脳血流量）が，説明変数の線形結合と，独立で同一の正規分布に従う誤差 ε との和で表されるモデルである．行列 X は計画行列とよばれ，実験計画に依存して決まり，パラメータ β は最小二乗法により推定される．実験計画は，単因子実験と多因子実験に大別され，その因子には分類変数あるいは連続変数が含まれる．

　最近では，伝統的/頻度論的な推測の限界を補うために，ベイズ流の推測を取り

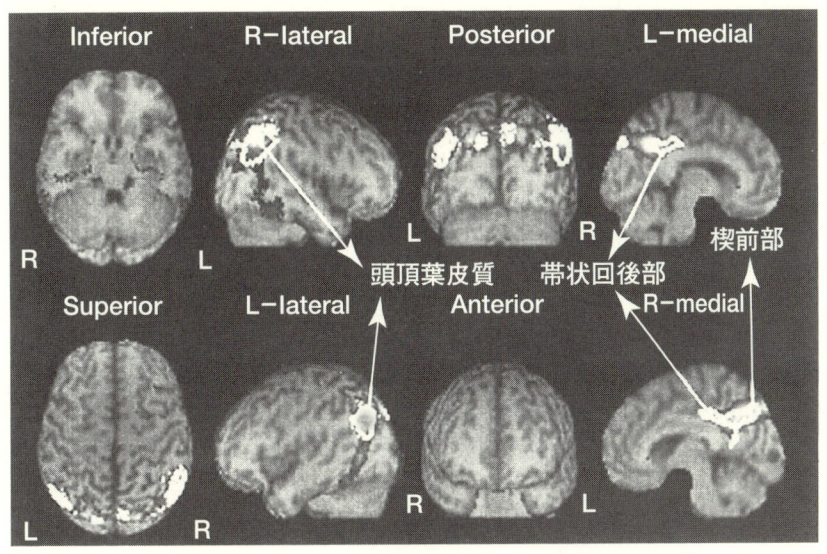

図1 アルツハイマー病の経度認知障害の時点での脳血流 SPECT[2]

入れた PPMs が提唱されている．この方法では，脳血流の活性化についての事前分布を必要とするが，活性化がある閾値を超える確率を事後分布により明示的に得ることができ，事後確率に基づく判断が可能となる．また，伝統的/頻度論的な推測における多重性の問題に対処可能であることも，このベイズ流推測法の利点と考えられている．

●**脳機能画像診断によるアルツハイマー病の発症予測** 脳血流 SPECT，MRI，PET などを組み合わせた統計的画像解析を用いて，アルツハイマー病の前駆期とされる軽度認知障害の時期に，80％ 以上の確率でアルツハイマー病の発症予測を行えることが示されている．そのほかにもさまざまな分野で画像処理に統計学的手法が利用されており，画像の精度が向上するにつれてその有用性は高まると思われる．

［手良向 聡］

参考文献
[1] 河村誠治，上野雄文，2003，脳核医学および fMRI における統計学的画像解析法，日本放射線技術学会雑誌，**59**，594-603．
[2] 松田博史，2007，認知症の早期発見と画像，日本老年医学会雑誌，**44**，308-311．
[3] Friston, K. J., 2009, Modalities, modes, and models in functional neuroimaging, *Science*, **326**, 399-403.

心電図

　心電図（ECG）とは，心電計によって得られる心臓全体を総合した活動電流の図形記録である．図1のように，心電図の波形図はP波，PR部分，QRS波，ST部分，T波およびU波に分類される．最も大きなR波が心室の収縮を表し，2つの連続するR波の間隔をRR間隔とよぶ．1分（60秒）をRR間隔（秒）で割ったものが心拍数である．Q波の始まりからT波の終わりまでがQT間隔であり，心室の脱分極開始から再分極終了までの時間を表す．QT間隔が長くなると，トルサード・ドゥ・ポワン（TdP）とよばれる重篤な不整脈を引き起こし，突然死などのリスクが高まることが知られている．

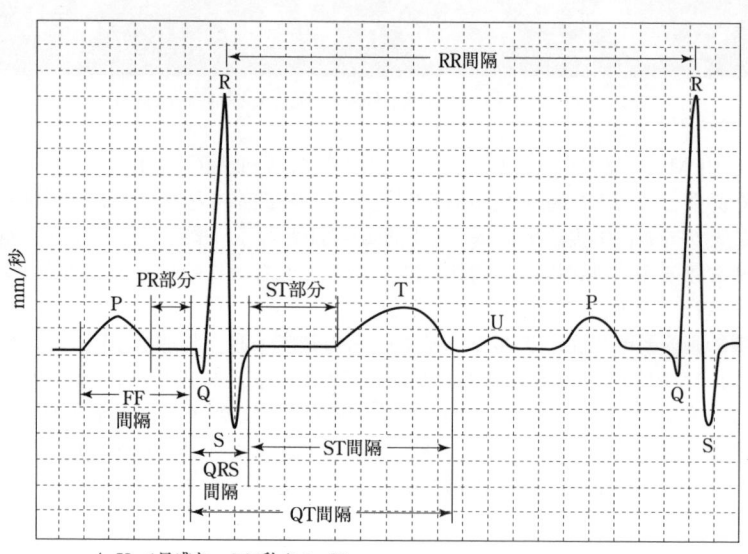

mm/mV　1目盛り = 0.04秒/0.1 mV
図1　心電図波形

［福島雅典監修，2006,『メルクマニュアル第18版日本語版』日経BP社，p.625］

●**薬によるQT間隔の延長**　QT間隔の延長は先天性あるいは薬物誘発性であることが多い．よって，新薬開発時の臨床試験においてQT延長作用を検討することが求められている．QT延長作用が0.005秒未満であればTdPを引き起こす可能性はほとんどなく，0.02秒を超えるとその可能性が高いといわれている．

●**QT間隔の補正方法** QT間隔とRR間隔には正の相関がある．個体によってRR間隔は異なり，個体内でも時点によってRR間隔は異なっているため，QT間隔を評価する際にはRR間隔の影響を取り除く必要がある．その1つの対処法がRR間隔による補正である．RR間隔が1秒，すなわち心拍数が60となるように補正したQT間隔をQTC間隔（補正されたQT間隔）とよぶ．補正方法を補正対象で分類すると，

- 集団補正法：すべての人に同じ補正式を適用する．
- 試験別補正法：臨床試験の対象者全体に試験固有の補正式を適用する．
- 個体別補正法：個体ごとに補正式を推定して適用する．

となる．集団補正法が適用できる本質的な条件は，「個体によらずQTとRRの関係が安定かつ一定」であるが，この条件は厳密には成り立たない可能性が高いことが知られている．また，すべての補正法について，「日，時間によらずQTとRRの関係が安定かつ一定」，および「薬の投与にかかわらずQTとRRの関係が安定かつ一定」という条件が必要である．

QT間隔とRR間隔または心拍数（HR）の関係式で分類すると，

$$QT = \alpha + \beta \times RR \tag{1}$$
$$QT = \alpha + \beta \times HR \tag{2}$$
$$\log(QT) = \alpha + \beta \times \log(RR) \tag{3}$$

となる．集団補正法として最も知られている方法は式(3)の関係式を用いたBazettのQT_c間隔：$QT/RR^{1/2}$である．そのほかにも式(1)を用いた$QT_c = QT - 0.514(1-RR)$，式(2)を用いた$QT_c = QT + 1.87(HR - 60)$，式(3)を用いた$QT/RR^{1/3}$などがある．

●**QT延長作用の臨床的評価** 薬の投与によってQT_c間隔が0.005秒程度延長するかどうか，という規制当局の問いに開発者は答えなければならない．したがって，QT延長作用を評価する臨床試験を計画する際には，QT_c間隔の変動要因となる個人特性（年齢，性，電解質異常，併存疾患など），個人内（日内，日間）での変動，心電図測定の信頼性，薬物の血中濃度などについて十分な検討を行い，対象，用量，投与期間，試験デザインを決定することが重要である．また，限られた対象者数で精度の高い臨床試験を行うには，上述の個体別補正法を用いてQT_c間隔を求める必要があることが示唆されている． ［手良向聡］

📖 **参考文献**

[1] 渡橋 靖, 2008, QT延長を評価する試験デザインと統計的評価方法―背景とQT間隔の補正, 計量生物学, **29**(Suppl.1), S61-S68.
[2] 厚生労働省医薬食品局審査管理課長, 非抗不整脈薬におけるQT/QTc間隔の延長と催不整脈作用の潜在的可能性に関する臨床的評価について, 薬食審査発1023第1号（平成21年10月23日）.

腫瘍マーカー

腫瘍マーカーとは，がんの組織から血液や尿などの中に出てくる物質で，がんの目印(マーカー)になるので，そうよばれている．CEA(がん胎児性抗原)，AFP(α フェトプロテイン)，PSA（前立腺特異抗原）などが代表的であるが，そのほかにも多くの物質が腫瘍マーカーとして知られている．しかし，これらの物質はがんでない正常な組織においてもつくり出されているため，これらの物質を測定しただけで，がんの診断ができるわけではない．また，これらの物質はさまざまな臓器でつくられているため，もし CEA という腫瘍マーカーの数値が高く，がんが疑われたとしても，胃がんなのか，大腸がんなのか，肺がんなのかを正確には診断できない．確定的な診断を行うためには，画像検査などのさらに精密な検査が必要となる．現在，がんのスクリーニング（早期発見）に広範囲に使われている腫瘍マーカーの1つが前立腺がんに対する PSA である．以下，PSA の例を用いて，がんの診断の統計学的評価について解説する．

●**腫瘍マーカーによる前立腺がんの診断** あなたが健康診断で血液中の PSA 値を測定され，医師から「PSA 値が異常ではないので，前立腺がんの可能性はありません」，もしくは「PSA 値が異常です．前立腺がんの可能性があります」と告げられた場合，その可能性はどの程度であろうか．表1は，腫瘍マーカー（PSA）による診断の確かさを調べるために行われたある研究の結果である．

表1 前立腺がんのスクリーニング検査結果

	前立腺がん（組織学的診断）	
	あり	なし
PSA 値異常あり（PSA 陽性）	67％（感度）	3％
PSA 値異常なし（PSA 陰性）	33％	97％（特異度）
計	100％	100％

この研究では，血液中の PSA 値が 4 ng/mL を超えた場合を異常あり(陽性)と判定している．このように「陽性」と「陰性」を分ける境界の値をカットオフ値とよぶ．ここで診断の確かさを表す2つの指標が，感度と特異度である．ここで感度は，

$$感度 = \frac{「PSA 陽性」と判定され，前立腺がんであった人の数}{前立腺がんであった人の総数}$$

と定義される．この数字から，前立腺がんであった人のうち 67％ が PSA 陽性を示し，残りの 33％ の人は PSA 陰性であったことがわかる．67％ という感度はそれほど高くなく，PSA 検査だけでは前立腺がんを見逃すことが多いといえる．一方，特異度とは，

$$特異度 = \frac{「PSA 陰性」と判定され，前立腺がんでなかった人の数}{前立腺がんでなかった人の総数}$$

である．この研究での特異度は 97％ であり，前立腺がんでなかった人の 97％ が PSA 陰性と判定されていた．残りの 3％ の人は，前立腺がんではないにもかかわらず，PSA 陽性と判定されていた．97％ という特異度はかなり高く，PSA 検査によって前立腺がんでないことはほぼ確実に判定できる．

定義からわかるように感度と特異度はそれぞれ 0～1 の値をとり，両方の指標がともに 1 であれば，完全な診断検査ということになるが，実際には測定誤差などもあり，そのような検査は存在しない．また，感度と特異度は，一方を高くしようとするともう一方が低くなる，トレードオフの関係にある．例えば，PSA 検査のカットオフ値を 4 ng/mL から 2 ng/mL に下げると，PSA 陽性と判定される人数が多くなり，感度は高くなる．しかし，そうすると多くの人を陽性と判定してしまうために特異度は低くなる．したがって，先のような研究から，感度と特異度のバランスを考えて PSA 値の 4 mg/mL というカットオフ値が決定され，その値が広く用いられている．

●**腫瘍マーカーの推移による再発の予測**　通常，がんの大きさと腫瘍マーカーの値には関連があり，手術でがんを切除されると腫瘍マーカーの値は低くなる．よって手術後，がんが再発していないことを確認するために定期的に腫瘍マーカー検査が行われる．がんのスクリーニングのためだけではなく，進行・再発を予測するという目的にも多くの腫瘍マーカーが利用されている．その際用いられる指標としては，倍加時間（腫瘍マーカーの値が 2 倍になる時間）が用いられることが多い．　　　　　　　　　　　　　　　　　　　　　　　　　　　　　　［手良向聡］

📖 **参考文献**
[1] Kramer, B. S., et al., 1993, Prostate Cancer Screening：What we know and what we need to know, *Annals of Internal Medicine*, **119**, 914-923.
[2] ローレンス, M. ティアニー Jr. ほか編, 『カレント・メディカル診断と治療』(第 43 版 日本語版), 日経 BP 社, 1694-1696.

ゲノムデータ解析

　健康科学や医学の分野では古くから疾患と遺伝的な因子との関わりについて研究がなされてきた．個体からの遺伝情報は，疾患機序の解明のみならず，疾患の予防，早期発見，治療法の選択など，公衆衛生対策や医療においても活用が試みられてきた．近年では，ヒトゲノム計画によって約30億塩基対のヒトゲノム配列が解読され，全ゲノム情報が利用できるようになっている．遺伝子多型や遺伝子発現量などのゲノムデータを収集し，解析する臨床研究や疫学研究は近年増加しているが，対象疾患や研究目的はさまざまであり，用いられる統計的手法は多岐にわたる（「遺伝疫学」「ファーマコゲノミクス」「がんの分子診断」「ゲノムワイドスクリーニング」参照）．本項では，近年多く実施されている一塩基多型（SNP）を調べる関連解析や遺伝子発現データ解析に共通する基本的事項や方法について解説しよう．

●**SNP関連解析**　多くのSNP関連解析は集団遺伝学におけるハーディー・ワインベルク（HWE）平衡を前提としている．例えば，遺伝子型AA, AG, GGに対して，集団でのアレルAまたはGの相対頻度をそれぞれp, qとおく（$p+q=1$）．HWEとは，集団が十分に大きく任意交配が行われているなど条件のもとで，遺伝子型AA, AG, GGの相対頻度はアレルの相対頻度の積p^2, $2pq$, q^2で与えられ，これらは世代を経ても変わらないというものである．遺伝子型頻度に関する適合度の検定によってHWEからの逸脱が示唆された場合，SNPのミスタイピングが第一に疑われるが，疾患と関連が強い多型の可能性もあるので十分な注意が必要である．

　単一のSNPについて疾患との関連を調べる際，疾患の有無と3つの遺伝子型についての2×3分割表に関して，自由度2のピアソンのカイ二乗検定やフィッシャーの直接確率法が用いられる．片方のアレルの効果に関して加法性モデルを仮定できるならば，コクラン・アーミテージ検定などの自由度1の傾向性検定を用いることで検出力を改善できる．さらに，片方のアレルに対して優性または劣性のモデルを仮定すると，それぞれに対して自由度1の検定が得られる．これらに傾向性検定も加え，検定統計量の最大値をとることにより，3つの異なる効果モデルを同時に考えることもできる．P値は並べかえ法によって計算できる．いくつかのSNPを同時に扱う場合にはロジスティック回帰モデルが用いられる．一方，あるSNPのサブセットが強い連鎖不平衡の状態にあるとき，片親由来の染色体上でのアレルの組合せであるハプロタイプ（図1）を用いることで次元を縮小し，遺伝学的にも解釈しやすい解析が可能となる．連鎖不平衡の強さはD'やr^2

などの連鎖不平衡係数で表される．ハプロタイプはEMアルゴリズムを用いてデータから推定できる．連鎖不平衡の強さはヒトゲノム上で一様ではないが，ハプロタイプ解析は連鎖不平衡の強いSNPのブロック（ハプロタイプブロック）がある領域において有効である．一方，ハプロタイプはこれを構成する一部のSNP（タグSNPとよばれる）によって代表させることができる（図1）．国際HapMap計画などの公開データを用いてタグSNPを予め選択し，これをタイピングする方法が考えられる．ハプロタイプまたはタグSNPと疾患の関連は先に述べた検定や回帰モデルを応用することで調べることができる．

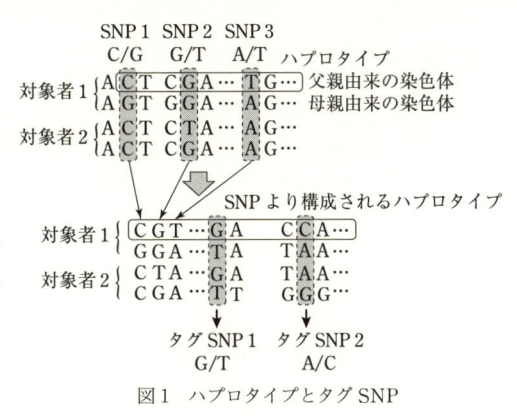

図1　ハプロタイプとタグSNP

●**遺伝子発現解析**　体細胞の遺伝子発現解析では，部位・組織・細胞のタイプによって遺伝子発現量は大きく異なることから，検体組織のサンプリングやRNA抽出の方法をあらかじめ厳密に定めておく必要がある．また，RNAの比較的不安定なので，検体組織の保存法にも注意が必要である．アッセイの手順についても標準化が必要である．マイクロアレーの場合には，アレーの種類・作成法，アレーや試薬のロット，蛍光色素のラベリング，ハイブリダイゼーションなどの方法，加えて，実験施設・実験者や実験環境の違いがばらつきの要因となり得る．また，光強度等に基づく遺伝子発現量の計量化についても検討が必要である．マイクロアレー実験では，計量化された遺伝発現量に関して，アレー内，アレー間で無視できない系統的誤差がしばしば生じる．これを補正し，アレー内のすべての遺伝子の発現量をアレー間で比較できるようにするための正規化とよばれる一連のデータ解析法が提案されている．いくつかの遺伝子については，発現量の測定が不十分と判定され，欠測値が生じることがある．データの補完法として，相関の高い遺伝子を用いて最近隣法を適用する方法などが提案されている．

　ゲノムデータと臨床データを関連づける研究では，臨床データの質にも十分な配慮が必要である．また，事前にアウトカム研究などで臨床データを綿密に解析すべきである．これより，臨床上の課題や解析上の問題などがより明確となり，ゲノムデータを収集する臨床研究の計画に有益な多くの情報を得ることが期待されている．

［松井茂之・口羽　文］

📖 **参考文献**

[1] Balding, D. J., et al., 2007, *Handbook of Statistical Genetics*, 3rd ed., Wiley.

ファーマコゲノミクス

　薬剤に対する反応には個体差がある．ファーマコゲノミクスは，遺伝的因子の違いが薬剤反応性にどう影響するかを研究し，その成果を薬剤の適正使用に応用する学問である．後者の臨床応用には分子診断法の開発も含まれる．分子診断法の開発では，特定の遺伝的因子の測定が正確で再現性が高いこと（分析的妥当性），個々の患者の薬剤反応性を高い精度で予測できること（臨床的妥当性），さらには，臨床上の意義が明確であり，従来の診断法に対して意味のある治療成績の向上をもたらすこと（臨床的有用性）が示される必要がある．

●**臨床的妥当性までの評価**　薬剤反応性の個体差には，薬物動態学的特性や薬力学的特性だけでなく，薬剤標的の状態に関する個体差も反映され，これらすべてに遺伝的因子が関与する．有害事象に関する事例として，抗凝血剤であるワルファリン投与後の出血などの副作用は，薬物代謝酵素チトクロム P-450 2C9（CYP 2C9）や標的分子であるビタミン K エポキシド還元酵素複合体 1（VKORC 1）の遺伝子多型と関連があることが報告されている．これまでの事例の多くは，標準治療の薬剤について薬剤特異的な有害事象のリスク診断を行うものである．薬剤の作用機序から有害事象の発現との関与が疑われる遺伝子多型の候補があれば，有害事象を発現している患者（ケース）とそうでない患者（コントロール）で遺伝子多型の分布を比較することで臨床的妥当性についての検討が行われる．

　一方，遺伝的因子と薬剤の有効性との関連性の評価はより複雑である．複数の薬剤標的が考えられる場合や薬剤の標的が同定されていてもその状態について複数の評価法が考えられる場合（例えば，分子標的薬トラスツズマブ（Herceptin®）に対するヒト上皮増殖因子受容体 2 型（HER2）のタンパク質の発現量や遺伝子増幅など）には，複数のマーカーが測定される．併せて，多くの測定法ではゴールドスタンダードが存在しないことから，測定結果の再現性と頑健性の評価が必要となり，分析妥当性の評価はより複雑なものとなる．

　標準治療か，それに代わる新しい治療法かでも評価の仕方は異なる．標準治療の場合には，臨床的妥当性の評価として予後解析が実施される．例えば，術後ホルモン療法を受けた早期乳がん患者に対する遠隔再発リスクの診断では，治療後の再発までの時間と治療前の遺伝子発現量との関連づけがログランク検定や Cox の比例ハザード回帰などを用いて行われる（「がんの分子診断」参照）．標準治療後の予後に関連する遺伝子（予後因子）は，必ずしも標準治療の効果（例えば，標準治療を受けることで再発リスクが低くなるか）に関連する遺伝子（効果予測因子）とはいえないが，治療法の選択に関する示唆を与えてくれることが多

い．早期乳がんの例では，再発リスクが十分低いと診断された場合には，化学療法の実施は不要であることが示唆される．一方，新しい治療法の開発では標準治療との比較において，新しい治療に対する効果予測因子，さらには，新しい治療が有効な患者集団の同定が試みられる．これは治療と遺伝子の交互作用の評価である．しかし，交互作用の検定の検出力は一般に低いことから多くの患者数が必要である．ゲノムワイドなランダム化臨床試験での効果予測因子の探索は新しい分野であり，交互作用の検出法に関する更なる研究が必要である．

● **分子診断法を用いた臨床試験のデザイン**　分子診断法の臨床的有用性の評価の一環として，分子診断法を用いたランダム化臨床試験が行われる（図1-A, B）．デザインAは，新しい診断法と従来の診断法をランダム化し，おのおのの群で被験者は診断結果に沿った治療を受ける．これは新しい診断法が従来法にとってかわるものかを調べるものである．しかし，両群で同じ治療を受ける患者が多くなり，比較効率が低くなるという欠点がある．1つの対処は，2つの診断法で異なる治療が示唆された被験者に対して，どちらの診断結果（治療）を採用すべきかをランダム化するデザインBである．これは従来の診断法に加えて新しい診断法を導入する際に問題となる診断結果の不一致に対する解決策を得るものでもある．一方，新しい治療法の開発を意図した臨床試験もある（C, D）．デザインCは，新しい治療法に対する遺伝的因子に基づく効果予測の診断が陽性の患者のみをランダム化することで治療の比較効率の向上を目指すものであり，主に，効果予測の診断が強い生物学的根拠をもつ場合に用いられる．そうでない場合は全被験者をランダム化するデザインDが考えられる．例えば，試験全体の第一種の過誤5％のうち，4％を通常の全被験者を対象とした群間比較，残り1％を効果予測の診断が陽性のサブグループでの群間比較に割り当てることが提案されている．また，陽性と陰性で治療効果に差があるかを調べることで効果予測診断の妥当性の評価も併せて行える．　　　　　　　　　　　　　　　　［松井茂之］

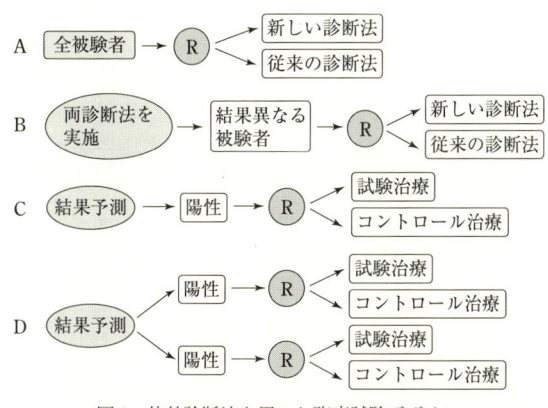

図1　体外診断法を用いた臨床試験デザイン

📖 **参考文献**

[1] Simon, R., 2008, Development and validation of biomarker classifiers for treatment selection, *Journal of Statistical Planning and Inference*, **138**, 308-320.

ゲノムワイドスクリーニング

　近年のヒトゲノム塩基配列の解読や遺伝子解析技術の著しい進歩は，生殖細胞での遺伝子多型や体細胞での遺伝子発現量などをゲノム網羅的に調べるゲノムワイド研究を可能としている．例えば，遺伝疫学研究では，複雑な多因子性遺伝疾患に対して，ゲノムワイド関連研究を実施して，数十万個以上の一塩基多型(SNP)を測定し，疾患関連遺伝子の探索が試みられる．がんの分子診断研究では，DNAマイクロアレーを用いて数千の遺伝子の発現量を同時に測定し，疾患関連遺伝子，予後関連遺伝子，治療感受性関連遺伝子等の探索が試みられる．一般に，ゲノムワイドな臨床研究や疫学研究は，疾患機序の検討や分子診断法開発における早期の探索的研究と位置づけられる．ゲノムワイド研究の主な役割は，後続研究の対象となる比較的少数個の候補遺伝子や候補マーカーのスクリーニングである．

●**多重性**　数千・数万個の遺伝的因子と臨床変数（疾患の有無，病型，生存期間など）を関連づける際には深刻な多重性の問題が生じる．リンパ節転移陰性の早期乳がんの研究[2]では，286名の患者から得た腫瘍サンプルに対して約2万個の遺伝子の発現量が測定され，手術後の再発までの時間との関連づけが行われた．

表1　m 個の帰無仮説の検定結果の分割表

	検定の結果		合計
	棄却	受容	
帰無仮説が真	X	$m_0 - X$	m_0
帰無仮説が偽	Y	$m_1 - Y$	m_1
合計	R	$m - R$	m

1つ1つの遺伝子について再発までの時間との関連を有意水準5％で検定すると，2万の遺伝子のすべてで帰無仮説（関連なし）が真のもとで，平均的に1,000個（＝20,000×0.05）もの遺伝子が誤って関連ありと判定されてしまう．表1は，m 個の遺伝子について検定したときの結果をまとめたものである．なお，m_0 は関連なし，m_1 は関連ありの遺伝子数であり，これらは未知である．

　仮説の検証を目的とした研究でよく用いられる多重性の調整として，検定全体で少なくとも1つの帰無仮説が棄却される確率 $\Pr(X \geq 1)$ を調整する方法がある．例えば，ボンフェローニの方法がこれである．並べかえ法を用いた検定間の相関を考慮した方法も提案されている．しかし，数千もの検定のもとでは保守的になりすぎるという欠点がある．これに対して，偽発見率（FDR）の調整はより緩い基準である．FDRは，有意と判定された検定の内の偽陽性の割合 $Q = X/R$ の期待値 $E(Q)$ である．ここで，$R = 0$ のとき $Q = 0$ とする．遺伝子に置き換えていえば，例えばFDRが10％とは，100個の有意と判定された遺伝子の内，平均10個は偽陽性であることを意味する．FDRは，偽陽性の数をある程度許してもなるべく重要な遺伝子は逃したくないというスクリーニングの本来の目的により

合致するものであり，ゲノムワイド研究では標準的に用いられている．あらかじめ FDR の水準を指定し，データに基づいて個々の検定の棄却域を定めることで FDR を制御する手法と，検定全体に共通の棄却域を定めたもとで FDR を推定する方法がある．研究の探索的側面から，より柔軟性の高い後者が普及している．後者の例として，表 2 は，先の乳がんの研究において全遺伝子に対してさまざまな共通の有意水準 α（カットオフ）を用いた両側ログランク検定の結果である．

●**感度** 関連遺伝子の検出に関する指標として感度 $E(Y/m_1)$ が用いられる．これは関連遺伝子についての検出力の平均に対応し，関連遺伝子の割合 m_1/m の推定を通して推定できる（表 2）．カットオフは，本来，FDR と感度のバランスから定めるべきであるが，多くの（サンプルサイズが小さい）ゲノムワイド研究では，両者について満足のいく水準を得ることは難しい．表 2 からもわかる

表 2 さまざまな有意水準 α に対する FDR と感度の推定値

α	棄却された検定の数	FDR	感度
0.0500	3,766	0.21	0.45
0.0100	1,469	0.11	0.20
0.0050	964	0.08	0.13
0.0005	223	0.03	0.03

ように，カットオフを少し緩めるとあまりに多くの遺伝子が選択されることから，後続研究での研究資源上の制約なども考慮して，カットオフはしばしば厳しめにとられる（目安として FDR＝5〜10％）．FDR＝10％とすると約 1,400 個の遺伝子が選択され，このときの感度は 20％程度である．なお，ベイズ流の推論からは，データが帰無仮説のもとで得られる確率と対立仮説のもとで得られる確率の比であるベイズ因子やデータ所与のもとでの帰無仮説が真である事後確率などの有用な指標が得られる．また，ベイズ流階層混合モデルは，関連遺伝子の検出だけでなく，効果サイズの推定と効果サイズに基づく遺伝子のランキングにも有用である．

感度の改善は，遺伝子間の相関を考慮した次元縮小や既知の遺伝子機能などの外部情報を取り入れた gene-set-enrichment analysis（GSEA）などによってある程度可能であるが，抜本的な対策はデザインの段階で行うべきである．サンプルサイズの設計法については多くの研究がある．また，特に数十万個以上の SNP を測定するゲノムワイド関連研究では，十分な感度を保ちつつ SNP の測定コストを減らすための多段階デザインが検討されている．第 1 段階目では比較的少ないサンプルサイズで全 SNP を測定し，比較的緩い基準で SNP を選択し，第 2 段階目では，選択された SNP に限定してサンプルサイズを増やして SNP をさらに絞り込む．感度の減少を最小限に抑えつつ最もコスト効率がよくなるように，各段階でのサンプルサイズや SNP 選択基準などのデザインパラメータを設定するデザインが提案されている． ［松井茂之・口羽 文］

📖 **参考文献**
[1] Balding, D. J., et al., 2007, *Handbook of Statistical Genetics*, 3rd ed. Wiley.
[2] Wang, Y., et al., 2006, *Lacet*, **365**, 671-679.

がんの分子診断

　がんには生殖細胞系列を介して世代間で継承される遺伝性のがんも含まれるが，多くのがんは散発性である．がんは体細胞内での遺伝的異常が次々と引き起こされることで発生・進展する．がんの診断と治療が難しいのはがんが1つの疾患でないことによる．同じ臓器または組織で発生し，形態学的には同じ診断のがんであっても，臨床上の転帰（生存期間など）や治療への反応性には大きな個体差がみられる．近年，がんを分子レベルまで精密に調べることで個体差の要因や疾患機序を明らかにし，これを個々の患者に対するより的確な診断と適切な治療に結びつけようという試みが盛んである．

　多くのがん細胞では，その染色体の構造に大きな異常がみられ（細胞遺伝学的異常），これはしばしばがんの悪性度と関連する．染色体異常には，染色体全体または一部の欠失，転座，あるいは，ゲノムの一部分のコピー数が増加する遺伝子増幅等が含まれる．一方，よりミクロな，遺伝子レベルでの異常を検出するために，個々の遺伝子の発現量や染色体の特定領域でのコピー数に着目した研究が近年盛んである．特に，近年の検査技術の進歩によりゲノムを網羅的に解析すること（ゲノムワイド解析）が可能となり，この分野は注目されている．例えば，がん患者から採取したがん組織をDNAマイクロアレーにより解析すると，1人のがん患者に対して数千もの遺伝子の発現量を一度に測定できる．

●**がんのクラスの発見**　がん患者を遺伝子発現パターンの異なるいくつかのサブグループに分けたところ，サブグループ間で患者の生存期間に差が認められたことが，いくつかのがんについて報告されている．遺伝子発現量に基づくがんのサブグループは，異なる発がん組織や病因機序を反映している可能性があり，がんの新しい分類法の発見につながるものかもしれない．これより，遺伝子発現量に基づくがんサンプルの分類は，class discoveryの解析とよばれる．さまざまなパターン認識の方法が用いられる．クラスター分析はその代表であり，階層型クラスター分析がよく用いられる．また，がん関連遺伝子間のネットワークでは，遺伝子間の制御・非制御の関係によって発現量に相関が生じることが考えられることから，遺伝子のクラスタリングも併せて行われることが多い（図1）．しかしながら，ゲノムワイドに数千の遺伝子を解析するということは，がんとは関係のない多くのノイズ遺伝子も解析に含めることにもなる．解析結果の内的妥当性の評価として，標本再抽出や数値実験に基づくクラスターの再現性の評価法がいくつか提案されている．

●**がんのクラスの比較**　異なる病理組織学的分類のがん，特定の遺伝変種の有無

など，既知の異なるがんのクラスの間での遺伝子発現量の比較は疾患機序の解明に役立つ．t 検定や分散分析，各種ノンパラメトリック検定などの手法がこれまで適用されてきた．ゲノムワイド研究では，一度に数千の遺伝子を解析することにより深刻な多重性の問題が生じるので多重性の調整は必須である．「ゲノムワイドスクリーニング」参照．

●**がんのクラスの予測**　新しい分子診断法の開発では，遺伝子発現量等を用いた既知のがんのクラスの予測が試みられる．臨床上の転帰や治療に対する反応の有無が予測の対象となることもある．例えば，早期乳がんに対しては遠隔再発のリスク診断法がいくつか開発されている．その1つであるOncotypeDX®は，エストロゲン受容体が陽性，リンパ節転移が陰性で，術後ホルモン治療を受けた乳がん患者に対して，21個の遺伝子の発現量を測定することにより，遠隔再発のリスクを予測するものである．

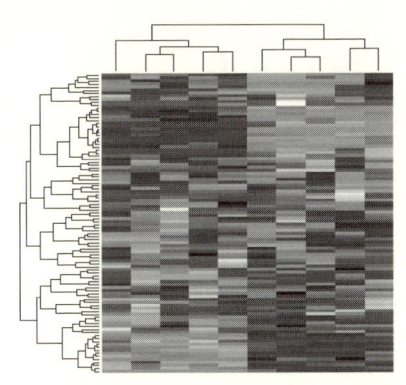

図1　遺伝子（行）とサンプル（列）の階層クラスタリング：黒（白）は発現量が高い（低い）ことを表す

予測システムの作製では，線形判別分析，ロジスティック回帰やCoxの比例ハザード回帰，サポートベクターマシーン，ニューラルネットなどさまざまな方法が適用されてきた．予測に用いる遺伝子が特に多い場合にはlassoやリッジ回帰などの正則化や主成分回帰の適用も試みられる．マイクロアレーを用いたゲノムワイド研究では，数千の遺伝子から，予測で用いる遺伝子をいかに選択するかが難しい問題である．がんのクラスの比較で用いられる検定を実施し，最も有意性が高い上位遺伝子を選択する方法がよく用いられる．

しかし，数千の遺伝子からの遺伝子選択は，予想以上に深刻な過適合をもたらすので，独立したサンプルを用いた予測精度の評価が不可欠である．内的妥当性の検討として交差検証法がよく用いられる．このとき，先にすべてのサンプルを用いて遺伝子選択を実施し，モデルのあてはめの部分だけを交差検証の対象とすると，予測誤差が過度に小さく推定されてしまう．遺伝子選択は予測システムの作製過程に含まれているという認識のもと，交差検証の各ステップでは，遺伝子選択も含めて予測システムの作製を最初から行う必要がある．　　　　　　　　　　　　　［松井茂之］

📖 **参考文献**

[1] Simon, R., et al., 2003, *Design and Analysis of DNA Microarrays Investigations*, Springer.

臨床試験

　臨床試験は，病気の治療，診断，予防を目的とする薬物，医療機器，手術や心理療法，食事，運動などの介入を意図的にヒト（人）に施し，その作用を研究することを目的として実施される介入試験である．対象が人（患者とは限らない）であるから倫理的側面と科学的側面から適切な試験を計画し，それに則り適切に実施し，結果を適正に評価することが非常に重要である．

●**倫理的側面**　ヒトを対象とする医学研究を行う際に常に意識すべき倫理の規範は，1964年に世界医師会が採択したヘルシンキ宣言であり，科学や人権の保護についての意識の進歩に応じて適宜改訂がなされてきた．ヘルシンキ宣言は，医学の進歩のために人体実験が必要なことを明確に認めた上で，臨床試験の対象となる被験者の利益は，科学や社会に対する寄与よりも優先されるべき，という原則に基づいている．被験者に対する福利の尊重や，本人が試験の内容(意義，目的，方法，生じうる利益/不利益（予想される効果と副作用），同意の撤回の自由，参加しない場合の治療法など）について十分な説明を研究者より受け，それを理解したうえで自発的な自由意思による研究への参加の同意（インフォームド・コンセント）が必要であること，また，臨床試験計画を審査する倫理審査委員会の承認を得た常識の範囲内の医学研究であることなどが規定されている．被験者が未成年の場合には，法的保護者の同意も必要となる．

　ヘルシンキ宣言を基礎として，ほかにも医療行為を規定する倫理・法的な規制がある．厚生労働省（MHLW）への医薬品や医療機器の承認申請に直接かかわらない臨床試験では，臨床研究に関する倫理指針，ヒトゲノム・遺伝子解析研究に関する倫理指針，遺伝子治療臨床研究に関する倫理指針などにより，被験者の安全確保や個人情報の保護などが十分に配慮される．特に，承認申請を意図して行われる臨床試験は「治験」とよばれ，倫理性と科学性を確保するために設けられた「医薬品の臨床試験の実施の基準（GCP）」を遵守して行われ，臨床試験の科学的な質の確保および被験者の保護に関して十分な配慮がされている．

●**科学的側面**　臨床試験は，介入の効果があったとした場合にその介入を施したい対象集団（母集団）から抽出した部分集団（標本）に対する結果を母集団に適用する推測統計が中心となる．しかし，前述のような手順を経て被験者が登録されるため，統計学で普通に仮定される無作為抽出標本からの母集団についての推測方法を適用することには問題が生じる．被験者に被験治療法または標準治療法（対照）を割付けて，被験治療法などの効果の有無などを対照と比較して評価を行う試験を比較対照試験とよぶ．被験治療が薬剤である場合，対照としては標準治

療法のみではなく，被験薬と見た目や味が同じであるが，有効成分を含まないプラセボ（偽薬）を対照とすることもある．プラセボは薬理活性を持たないが，被験者や研究者の期待などの影響を受けて好転的な変化が起こり，治療としての効果が見られることも多い．

　比較対照試験において，被験者に確率的に，被験治療法または対照治療法のいずれかの介入法を割付ける方法を無作為割付け（ランダマイゼーション）とよび，選択バイアスを防いだり，いずれかの介入法に特定の特性をもった被験者たちが偏って割付けられないようにする利点がある．また，無作為割付けにより統計学で仮定する確率的な要素が実現される．盲検化（ブラインド化，遮蔽［マスク］化）とは，割付けられた治療が被験者と医師（または医療スタッフ，研究者）のいずれか（単盲検），または双方にわからないようにする（二重盲検）ことであり，被験者の先入観による反応や自覚症状などの訴えへのバイアスを除いたり，医師の先入観による評価や医療スタッフの被験者への接し方などへのバイアスを除く利点がある．薬剤の試験の場合には，盲検化の手段としてプラセボが用いられることが多い．研究者も被験者もいずれも介入の識別ができた上で実施される臨床試験は，オープン（非盲検）試験とよばれる．新薬の開発の初期の治験では対照をおかない試験（無対照試験）がなされることも多い．

●**科学と被験者の保護**　臨床試験では，最初に，ヘルシンキ宣言やGCPなどを遵守した綿密な臨床試験実施計画書（プロトコル）を策定する．プロトコルには，試験の目的，デザイン，介入方法，統計学的なデータ解析方法，実施する組織体制など，臨床試験をどのように進めるかについて重要事項が定められている．計画は，研究の命題に対して適切な結果が得られるよう，また，被験者の安全を保護するよう注意深く立案され，そこにはデータ解析のみではなく実験計画法やデータの精度管理など種々の統計学的理論が応用される．臨床試験はプロトコルおよび手順書に従って行われるが，それは有害事象が発現しないことを意味するのではなく，それらが発現した場合には担当医師により速やかに適切な処置がなされ被験者の安全を守るということを意味している．「有害事象」とは，薬物の投与などの介入によって起こる，あらゆる好ましくないあるいは意図しない徴候（臨床検査値の異常変動も含む）や症状または病気のことであり，介入との因果関係を問わない．「副作用」は介入薬剤や治療による望まれない反応または影響であり，因果関係があることも意味する．MHLWから承認を受けた医薬品や医療機器，開発中の化合物などの重篤な有害事象はICH国際医薬用語集（MedDRA）の用語を用いてMHLWに報告され，全世界で速やかに情報が共有される．

［西川正子］

📖 **参考文献**
[1] 丹後俊郎，上坂浩之編，2006，『臨床試験ハンドブック―デザインと統計解析』朝倉書店．

臨床試験における無作為割付け

　統計学的推測においては調査対象（母集団）を決定（定義）し，母集団からの無作為抽出を行った標本により母集団について推測を行う．臨床試験の参加者は試験を実施している施設を訪れた人で文書同意が得られた人であるから，標本抽出の無作為化は一般に不可能である．したがって，臨床試験の参加者の集団は偏りのある標本であり，母集団の特性の推定はできない．しかし，統計的に比較できる環境を整えることは可能であり，これが無作為割付けである．作用因子（比較する処置，介入）を被験者に無作為に割付けることにより，比較する治療の間で被験者背景の分布の偏りがないことが確率的に保証され，正しい処理効果の差が推定可能となる．まり，A処理群とB処理群との差は処理A, Bの差以外には無作為割付けによる確率化された偶然変動による差だけであるという状況をつくりだし，統計的推測を可能にする．制御可能な要因（測定方法や機器，評価方法など）は同一環境に設定し，同一環境に制御不可能な要因（個体差など）には処理を無作為割付けするという実験計画の基本原則が応用されている．無作為割付けにより交絡因子の分布が2群間で確率的にバランスがとれるのみではなく，その時点で交絡因子であるのかは未知の要因についても分布が確率的にバランスがとれるという大きな利点がある．主な無作為割付け方法について述べよう．

●**完全無作為化法**　比較する治療法への割付けがいずれの治療に対しても等確率でなされる．例えば，比較する処理がAとBの2つであれば，割付け確率をそれぞれ1/2とする．これにより，割付けに対して完全に予測不可能となり，選択バイアスははいらない．しかし，試験への被験者の組み込み終了時点で，表1に示すようにAとBの間で割付けの不均衡が起こることがある．同数ずつの割付けからはずれるが，極端な不均衡はほとんど起こらない．2：1程度の割付けの不均衡が起こっても検出力はあまり下がらないことも知られている．

表1　合計100例を完全無作為化法により割付けた場合の不均衡の発生確率

不均衡	発生確率	AとBの例数の比
10 より大	0.317	55/45：1
20 より大	0.046	60/40：1
30 より大	0.0027	65/35：1

●**置換ブロック法**　一定の被験者数 T ごとに処理間で同数に割付けることを保証する．T をブロックサイズとよぶ．例えば，比較する処理がAとBの2つであり $T=2$ であれば，可能な割付け順序はABまたはBAの2とおりである．ブロ

ックサイズ2ごとにこのいずれをとるかを1/2の等確率で選んでいき，割付けは2例（ブロックサイズ）単位で決まっていく．$T=4$であれば，可能な割付け順序はAABB, ABAB, ABBA, BBAA, BABA, BAABの6とおりである．ブロックサイズ4ごとにこのいずれをとるかを1/6の等確率で選んでいき，割付けは4例単位で決まっていく．このように，置換ブロック法では任意の時点で割付けの不均衡の最大がブロックサイズの1/2以下に抑えられる．しかし，ブロックサイズがわかっていればブロックごとの最後の割付けは完全に予測可能であるため，選択バイアスを避けるには二重盲検化やブロックサイズを確率的に変える，などの工夫が必要となる．ただし，施設を層別因子としない多施設共同試験では，ほかの施設の割付け状況がわからない場合には，ブロックごとの最後がいつであるかはわからない．

●**層別無作為化法** 重要な交絡因子で層別し，各層内で無作為割付けをする方法である．層別因子としては，年齢，疾患の重症度，施設などがあり，水準数はそれぞれの層別因子で2〜3くらいに分けることが多い．施設の効果はそこに来る被験者の食生活や地域性などと交絡している場合や，離れた施設であっても施設の方針が類似している場合などもあるので，施設の水準数は施設数よりも少なくできる場合もある．層別無作為割付けにより重要な交絡因子の分布の不均衡を防ぐことができるが，介入群全体として同数に割付けることを保証しているわけではない．層の水準ごとに完全無作為化法と同様のことが起こり，層別の階層数が多いときに群全体として割付けの不均衡が起こることがある．目標症例数が少ないほど過剰層別になりその危険性は大きい．層別に置換ブロック法による割付けを行うことにより最大の不均衡を抑えることができるが，過剰層別になれば群全体としての不均衡は起こりえる．

●**最小化法** 被験者が登録されるごとに，それぞれの層別因子ごと，および全体について，介入群間で被験者数の均衡がとれるように逐次的に動的に割付ける．そのため事前に割付け表を準備できない．層別因子の均衡を登録時点で図れるが，無作為性が少々犠牲になる．この点の改良法としては各層別因子の不均衡の相対的重要度を考慮して確率的に割付けるPocock-Simon法やEfron法などがある．

●**さまざまなバイアス** 無作為割付けにより臨床試験における選択バイアスは防止できるが，観察バイアスや解析によるバイアス，公表バイアスを防ぐには，それぞれ盲検化，治療がどのくらい遵守されたかによらず治療を意図した集団全部を評価対象とする解析（ITT），すべての臨床試験を登録制にするなどの方法が必要である．

[西川正子]

📖 **参考文献**
[1] 丹後俊郎, 2003, 『無作為化比較試験』朝倉書店.

多重性と多重比較・多重エンドポイント

　1つの実験で複数の仮説を設定し，複数の検定をそれぞれ有意水準 α で実施する場合，たとえ比較群間に差がなかったとしても，「いずれか」の検定で有意となる（つまり比較群間に差ありとの結論を得る）確率は基準値 α を超えることになる．これを多重性の問題とよんでいる．例えば水準 $\alpha=5\%$ の独立な検定を10個実施すると，$1-0.95^{10}=0.40$ の確率でポジティブな結果が得られることになるが，これは不合理である．実際には検定間になんらかの相関が生じるのが普通でこれほど極端なことは通常起こらないが，多重性の問題が存在する場合には，有意水準あるいは p 値を調整して，検定全体としての有意水準（つまり帰無仮説が成り立つ場合にいずれかの検定で有意となる確率，すなわち FWE(familywise error rate))を所与の α 以下に保つことが必要となる．これを多重性の調整とよぶ．また実施される複数の検定を多重検定とよんでいる．

　観察研究から仮説検証がなされる場合はまれであり，通常は適切に計画された検証的実験研究により検証が行われるが，たとえば臨床試験においては，以下のような多重性の問題が生じる可能性がある．i) 多群比較（多重比較），ii) 多項目比較（多重エンドポイント），iii) 多時点比較（経時データ），iv) 中間解析（群逐次法），v) サブグループ解析，vi) 多種検定（同じデータに複数の検定法を適用する），vii) 尺度合わせ（同じデータの尺度を変えて解析する）．ここではこれらの多重性のうち，多重比較と多重エンドポイントにおける多重性の問題に焦点を当てて解説する．

●**さまざまな多重比較**　2種類の薬剤あるいは治療法を比較する2群比較（例えば2標本t検定）は最も単純な形式であり，検定の多重性を生じない．しかし例えば複数の用量群の比較，複数の実薬群間の比較など複数の処置群を比較したい場合に複数の比較が必要となり，多重性の問題が生じる．この問題を多重比較，扱う方法を「多重比較法（MCP）」といっている．

　例えば3種類の治療 A, B, C を比較したい場合には，A vs B, B vs C, A vs C のような各群相互の対比較がよく行われる．これは最も素直な比較のタイプであり，変量が正規分布の場合テューキー法（テューキーの多重比較，テューキーの検定）とよばれる方法が使われる．この方法のノンパラメトリック版はスティール・ドゥワス法とよばれる．同じ3群比較の場合においても，ある薬剤の2用量 D_1, D_2（ただし $D_1<D_2$）とプラセボ P の場合には，主たる興味が，薬物の薬効あるいは毒性などの作用の存在の評価にある場合がある．この場合主たる比較は対照であるプラセボとの比較 D_1 vs P, D_2 vs P となる．変量が正規分布の場合のこのような比較法としてダネット法（ダネットの多重比較，ダネットの検定）

がある．またこの方法のノンパラメトリック版はスティール法とよばれる．これらの方法は，本質的には2標本検定(t検定やウィルコクソン検定)の検定統計量の限界値を，FWEが所定値 α を超えないように調整するものである．同じ3群比較でも D_1, D_2 の平均値 $(\mu_1+\mu_2)/2$ を P の平均 μ_P と比較するような方法も考えられるが，これは対比（m 群の平均値 $\mu_i (i=1, \cdots, m)$ を比較したい場合，

$$\sum_{i=1}^{m} c_i \mu_i, \quad ただし \sum_{i=1}^{m} c_i = 0$$

の形の比較）検定とよばれ，任意の対比検定を許すような柔軟な多重比較法はシェッフェ法として知られている．

テューキー法，ダネット法，シェッフェ法は分散分析で現れる典型的な多重比較法であり，正規分布を仮定しているが，より簡便で使いやすい方法としてボンフェローニ法がある．これは関心のある比較の数を m としたとき，各比較の名目有意水準を α/m に調整するものである．この方式はボンフェローニの不等式によりFWEを α 以下に制御することが知られている．

以上述べたような方法は1つの仮説の検定の限界が他の仮説検定の結果によらないという意味で同時検定あるいは一段階検定となっている．これに対し対応する同時検定よりも検出力の高い閉検定手順（CTP）という逐次（多段階）検定方式が提案されている．これは検定したい帰無仮説の集合 $\{H_i, i=1, \cdots, m\}$ に対して，その可能なすべての積仮説（または同時仮説）を構成し，その積仮説の階層構造の中で「厳しい仮説（親）」から順に水準 α の検定を進めていって，親仮説の検定結果が有意となる限り，より「緩い仮説（子）」の検定を実施していくような方式であり，FWEを α に制御する．このような閉検定手順は，一般に対応する同時検定手順よりも検出力が高くなることが知られている．またある条件の下では後述の下降法や上昇法とよばれる簡単な手順に帰着する．

この方式により逐次ダネット型検定や逐次テューキー型検定，逐次ボンフェローニ検定などを構成することが可能である．逐次ボンフェローニ検定は任意の積仮説の検定にボンフェローニ基準を適用するもので，ホルムにより開発されたため，ホルム法またはホルム-ボンフェローニ法とよばれている．

ある薬剤の用量反応を評価したい場合に，用量反応の単調性が仮定できる場合が多い．このような場合に各用量群とプラセボを比較する方法としてデータが正規分布に従う場合に単調回帰（用量反応関係などの単調性制約のもとでの回帰）を用いたウィリアムズ検定，そのノンパラメトリック版としてシャーリー・ウィリアムズ検定が知られている．これらウィリアムズタイプの検定では，高用量から順にそれぞれ水準 α でプラセボとの比較を行い，有意でなくなるまで検定を続ける方式となっている．

●**多重エンドポイント**　比較したい項目（エンドポイント）が複数ある場合を「多

重エンドポイント」とよぶ．例えば降圧薬の評価において収縮期血圧と拡張期血圧の2つのエンドポイントを同時に評価したい場合，あるいは花粉症において，鼻汁，鼻閉，くしゃみの3症状をやはり同時に評価したい場合，などが多重エンドポイントの場合に相当する．心血管系の疾患では，脳卒中や心筋梗塞の発症，あるいはそれらによる死亡などが重大な臨床イベントであり，これらは「多重エンドポイント」となりうるものである．

(1) グローバル検定：多重エンドポイントに対する対処法として，大別して2種類の方法が考えられる．第1は複数のエンドポイントをなんらかの形で総合化することにより，多重性を回避するものである．例えば心疾患の場合，死亡原因を問わない総死亡，あるいは脳卒中や心筋梗塞など心血管系死亡を主要エンドポイントとすることが考えられる．また精神系疾患などでは各症状の程度を点数化して合計点をとり，その前後差をエンドポイントにする場合もある．これらのように決められたアルゴリズムにより総合化を図られたエンドポイントを複合エンドポイントとよぶ．またオブライエン法のように，統計的にエンドポイントを総合化する方法も考えられる．これはいくつかのエンドポイントの値を規準化した上で足し合わせることにより総合化するものである．これらの総合化による検定をグローバル検定とよぶ．グローバル検定では，アルゴリズムあるいは統計的基準を利用した総合化により，多重性を回避しながら比較の感度を上げることが可能となる．しかしこれらのアプローチは結局抽象的な尺度を構成することになるため，これによって治療間の差が見出されたとしても，具体的にどのエンドポイントが治療差に寄与しているのかがわからない．エンドポイントのサブセットも同じ方法で検定することにすると，閉検定手順の適用が可能となり，エンドポイント単位の評価が可能となる．オブライエン法を閉手順化した方法はレーマッヒャー・ワスマー・ライトメア法として知られる．

(2) p値調整法：多重エンドポイントを扱う第2の方法は，多重エンドポイントを構成する各項目の多重性を直接調整するような方法である．よく用いられる方法としてp値調整法がある．この方法は，各検定の名目有意水準あるいはp値を調整することにより，FWEをαに制御する方法である．この方法は個別p値にのみ依存するような方法なので，元のエンドポイントの尺度や多重性の種類によらず適用可能であり，多重エンドポイントだけでなく，より広い多重性の問題に適用でき，修正ボンフェローニ法とリサンプリングベースの多重検定がよく用いられる．

(3) 修正ボンフェローニ法：これは閉検定手順の一種であり，古典的なボンフェローニ法を多重検定の場合に拡張したものである．データの尺度や相関を考慮しないで使えることから，多重エンドポイントの場合に好んで用いられる．代表的な方法として，ホルム法，ホックバーグ法，ホンメル法などが知られている．

(4) リサンプリング法：その他のp値調整法としてリサンプリング法（再抽出

法）とよばれる方法がある．これは元のデータ（標本）からデータを再抽出し，再抽出データから各エンドポイント i に対する p 値 $(i=j,\cdots,m)$ を計算し，再抽出の繰り返しによる最小 p 値 $p_{\min}=\min_i p_i$ の再抽出分布と p_i との比較から，調整 p 値 $\tilde{p}_i=\Pr(p_{\min}\leq p_i)$ を求め，$\tilde{p}_i\leq\alpha$ なら対応する仮説 H_i を棄却するような方法である．再抽出法として復元抽出によるブートストラップベース多重検定と，非復元抽出による並べ替えベース多重検定がある．ただし，ブートストラップ検定は元の標本が無作為抽出により得られていること，並べ替え検定は標本が無作為化により得られていることが前提である．

(5) 門番法（ゲートキーピング法）：最近多重エンドポイントの解析に関して門番法とよばれるアプローチが注目を浴びている．これは複数の仮説群に対して優先順位を付け，高い順位にある仮説群から順番に検定を進めていく方式である．関心のある仮説が g 個の仮説群 $F_1, F_2, \cdots, F_g$ に分けられ，仮説群の優先度はこの順になるものとする．このとき門番法では，仮説群 F_i に属する仮説の検定は，それより優先度の高い仮説群 F_j, $j<i$ に関する検定結果がある条件を満たす場合だけ許される．優先度の高い仮説群は優先度の低い仮説群に対して門番の役割を果たすことになるので，門番法の名が付いている．ある仮説群 F_i の出口の門を開き，次の仮説群 F_{i+1} の検定を可能とする主な基準として，直列門番と並列門番が考えられている．直列門番では，いま関心のある仮説群 F_i 内でのすべての仮説が棄却されたとき，並列門番では F_i 内でのいずれかの仮説が棄却されたときに F_{i+1} の仮説の検定が可能となる．FWE を α に制御するために閉検定手順を適用するアプローチが種々考案されている．直列門番と並列門番を任意に組合せたより一般的な手順は樹木門番法とよばれる．

門番法が特に有用と考えられるのは，主要エンドポイントの結果をサポートするために副次エンドポイントについても検証的な結果が要求されるような場合である．これは例えばグローバル検定の項で述べた複合エンドポイントの結果がポジティブな場合に，個々のエンドポイントの裏付けが必要となるような場合である．また，前述の i)〜vi) の適当な組合せに対する適用が検討されている．

［森川敏彦・三輪哲久］

参考文献

[1] Dmitrienko, A., et al., 2005. *Analysis of Clinical Trials Using SAS：A Practical Guide*, SAS Institute Inc. (森川 馨，田崎武信監訳，2009,『治験の統計解析』講談社.)
[2] Dmitrienko, A., et al., 2010, Multiple Testing Problems in Pharmacentical Statistics, CRC Press.
[3] Hochberg, Y. and Tamhane, A. C., 1987, *Multiple Comparison Procedures*, Wiley.
[4] Hsu, J. C., 1996. *Multiple Comparisons：Theory and Methods*, Chapman & Hall.
[5] Miller, R. G., 1966, *Simultaneous Statistical Inference*, McGraw-Hill.
[6] 永田 靖，吉田道弘，1998,『統計的多重比較法の基礎』サイエンティスト社.

クロスオーバー試験

　まず，クロスオーバー試験とは何であろうか．薬剤の体内への吸収，代謝，排泄などの速度は被験者ごとに異なり，同一の薬剤量を投与されても治療効果の大きさや有害事象の発生状況は患者ごとに異なる．また被験者内でも常に同じではない．しかし，同一被験者での違いに比べ被験者間の差の方が大きい場合が多いことが経験的に知られている．したがって同一個人内で複数の治療を比較する方法は比較の精度を上げ被験者数を少なくするために統計的にも好ましい方法である．同一の被験者で時期を試験単位としていくつかの処理を順次試験単位に割り付けていく方法を「クロスオーバー試験」という．最も単純な例は，第1期に治療T，第2期に治療Cを実施する群と，その逆の順序CT順に実施する群を設ける2治療2期の試験である．

●クロスオーバー試験の条件　各治療の効果は，時期によらず一定であることが前提である．この条件が満たされないと治療効果を偏りなく推定できない．実施順序によって第2期の治療効果の大きさが異なる状況を，治療と時期の交互作用があるという．治療と時期の交互作用は，さまざまな状況で生じる．

　第1に第1期の治療の影響が第2期まで及ぶ場合である．例えば，第1期に服用した薬物自体が体内に残存しており，それが第2期でも作用を生じる場合がある．第1期の薬剤は体内から消失しているが，第1期薬によって生じた生理学的，精神的な変化が持続していたり，第1期の治療への反応が第2期の治療に対する期待や不安などの心理的な影響を及ぼす可能性がある．作業を伴う試験では学習効果によって，第1期と第2期では出来栄えに系統的な差異が生じる可能性もある．第1期治療が第2期治療の結果に影響することを「持ち越し効果」という．

　第2に，被験者の状態は全試験期間にわたって比較的安定していなければならない．例えば，被験者の状態が短期間に非可逆的に変化する場合，第1期治療に依存して第2期開始時点の状態が異なるであろう．治療効果が治療開始時点の状態に依存するならば，第2期の効果は第1期の効果と異なる可能性がある．また，第1期治療で治癒した患者は，もはや第2期で試験対象とはならない．

　以上よりクロスオーバー法は，治療を中止すればもとの状態に戻る慢性疾患，健康な被験者を対象とする試験などで用いるのがよいとされている．

　クロスオーバー試験では，第1期と第2期のそれぞれにおいて，それぞれの期に固有の要因が，各期ごとに全被験者に共通に作用する可能性がある．例えば学習効果はこのようなものと捉えられる．各期に特有の要因による時期間の差を時期効果という．時期効果は各期の治療に依存しないと仮定される．

第1期の薬剤の残存あるいは治療効果の影響がなくなるように，第1期治療が終了してから第2期の治療を開始するまでに一定の期間試験治療を中止する場合がある．この操作を「ウオッシュアウト」という．患者が対象の試験でウオッシュアオウトを行えない場合には，第1期の治療の影響がなくなり第2期の治療の効果のみが結果に含まれるように，十分長い治療期間を設定する必要がある．
●**統計解析**　最も単純な2治療2期の試験で，各被験者で各期にただ1つの値が測定される場合を考える．観測値と平均値の構造を表1に示す．両期に共通な治療法間差を $\delta=2\tau$，持ち越し効果がない場合の全平均を μ，第1期と第2期の差を 2π とする．また第1期治療によって第2期の治療効果が変容する場合の変容の程度を示す持ち越し効果を λ_1 および λ_2 とする．試験群 TC と CT の被験者数をそれぞれ n_1 および n_2 とし，$n=n_1+n_2$ とする．また，$f=n_1+n_2-2$ とおく．

表1　観測値と平均値の構造：2治療2期のケース

治療順序	被験者	観測値 1期	観測値 2期	平均値 1期	平均値 2期
TC($i=1$)	$S_{1j}, 1 \leq j \leq n_1$	X_{1j}	Y_{1j}	$\mu_{11}=\mu+\tau+\pi$	$\mu_{12}=\mu-\tau-\pi+\lambda_1$
CT($i=2$)	$S_{2j}, 1 \leq j \leq n_2$	Y_{2j}	X_{2j}	$\mu_{21}=\mu-\tau+\pi$	$\mu_{22}=\mu+\tau-\pi+\lambda_2$

治療 T への反応の観測値を，
$$X_{ij}=\mu+\tau+(-1)^{i+1}\pi+(i-1)\lambda_i+s_{ij}+e_{Xij}, \quad i=1, 2$$
治療 C への反応の観測値を
$$Y_{ij}=\mu-\tau+(-1)^i\pi+(2-i)\lambda_i+s_{ij}+e_{Yij}, \quad i=1, 2$$
と書く．ここに $s_{ij} \sim N(0, \sigma_s^2)$ は個体差，$e_{Xij} \sim N(0, \sigma_e^2)$，$e_{Yij} \sim N(0, \sigma_e^2)$ は測定誤差であり，これらはすべて互いに独立とする．したがって
$$\overline{X}_1. - \overline{Y}_1. = 2\tau+2\pi-\lambda_1+\bar{e}_{X1}. - \bar{e}_{Y1}. \sim N(2\tau+2\pi-\lambda_1, 2\sigma_e^2/n_1)$$
$$\overline{X}_2. - \overline{Y}_2. = 2\tau-2\pi+\lambda_2+\bar{e}_{X2}. - \bar{e}_{Y2}. \sim N(2\tau-2\pi+\lambda_2, 2\sigma_e^2/n_2)$$
である．
　持ち越し効果がない $\lambda_1=\lambda_2=0$，の場合，治療間差 δ の不偏推定値は，
$$d=\{(\overline{X}_1. - \overline{Y}_1.) + (\overline{X}_2. - \overline{Y}_2.)\}/2$$
その分散は $n\sigma_e^2/(2n_1n_2)$ である．σ_e^2 の不偏推定値は
$$\hat{\sigma}_e^2 = \sum_{i=1}^{2} \sum_{j=1}^{n_i} \{(X_{ij}-Y_{ij})-(\overline{X}_i. - \overline{Y}_i.)\}^2/2f$$
である．したがって，治療主効果の検定は $t=\sqrt{2n_1n_2}\,d/\sqrt{n\hat{\sigma}_e^2}$ が $\delta=0$ のもとで自由度 f の t 分布に従うことに基づいて行える．同様に，時期効果の検定は，
$$p=\{(\overline{X}_1. - \overline{Y}_1.) - (\overline{X}_2. - \overline{Y}_2.)\}/2$$
として，$t=\sqrt{2n_1n_2}\,p/\sqrt{n\hat{\sigma}_e^2}$ が自由度 f の t 分布に従うことを用いて行える．持ち越し効果がある場合，$E(d)=\delta+(\lambda_2-\lambda_1)/2$，$E(p)=2\pi-(\lambda_1+\lambda_2)/2$ とな

り，治療主効果，時期主効果の検定は誤ることになる．

●**被験者数の設定** 有意水準 α の両側検定で治療間差 δ における検出力を $1-\beta$ とする．TC群とCT群の被験者数を等しくしたとき，総被験者数 n は $n=2(Z_{\alpha/2}+Z_{\beta})^2\sigma_e^2/\delta^2$ である．個体間分散を σ_s^2 とするとき，並行群デザインでの総被験者数は $4(Z_{\alpha/2}+Z_{\beta})^2(\sigma_e^2+\sigma_s^2)/\delta^2$ なので，クロスオーバーデザインの総被験者数は並行群デザインのそれの $\sigma_e^2/2(\sigma_e^2+\sigma_s^2)$ となる（$Z\alpha$ は標準正規分布の上側 α 点）．

●**持ち越し効果への対応** いま，
$$c=\{(\overline{X}_{1.}+\overline{Y}_{1.})-(\overline{X}_{2.}+\overline{Y}_{2.})\}/2 \sim N((\lambda_1-\lambda_2)/2,\ n\sigma^2/n_1n_2)$$
である（ただし，$\sigma^2=\sigma_s^2+\sigma_e^2/2$ とする）．σ^2 の不偏推定値は
$$\hat{\sigma}^2=\sum_{i=1}^{2}\sum_{j=1}^{n_i}\{(X_{ij}+Y_{ij})-(\overline{X}_{i.}+\overline{Y}_{i.})\}^2/4f$$
である．持ち越し効果がなければ，$t=\sqrt{n_1n_2}\,c/\sqrt{n\hat{\sigma}^2}$ は自由度 f の t 分布に従う．Grizzle[2]はこの t を用いて持ち越し効果を検定し，持ち越し効果が存在すると判断した場合には第1期のみのデータで通常の2群比較を行うことを提案した．しかし，この持ち越し効果の検定の検出力は非常に低いこと，また，第1期データによる比較は $\sigma_s^2+\sigma_e^2$ が誤差分散であるために検出力の大きく低下する．

持ち越し効果がある場合，$\mu'=\mu+(\lambda_1+\lambda_2)/4$，$\tau'=\tau-(\lambda_1-\lambda_2)/4$，$\pi'=\pi-(\lambda_1+\lambda_2)/4$，$\lambda'=(\lambda_1-\lambda_2)/4$ とおくと，各群の各期の平均値は $\mu_{11}=\mu'+\tau'+\pi'+\lambda'$，$\mu_{12}=\mu'-\tau'-\pi'+\lambda'$，$\mu_{21}=\mu'-\tau'+\pi'-\lambda'$，および $\mu_{22}=\mu'+\tau'-\pi'-\lambda'$ と表せる．すなわち持ち越し効果は治療順序 TC と CT を母数効果としたときの治療順序主効果，あるいは，治療と時期の交互作用効果としてとらえることができる．すなわち，治療順序による差は，持ち越し効果，治療と時期の交互作用の複合した結果とみなすことができる．

●**各期のベースラインを用いること** Willian and Pater[8]はウオッシュアウト期を設け各期の治療開始前で観測値をとり，これを期ごとの基準値とし，期ごとに基準値と最終時点の差をとることにより持ち越し効果を除去した解析の効率を議論している．このモデルの条件は，持ち越し効果があっても，それは第2期を通して不変であり，持ち越し効果が第2期の治療効果に影響しないことが前提となるが，この条件が成立する場合は限られているだろう．ウオッシュアウト期を設けることができず，第1期治療の影響が無くなるだけの試験期間を設定する場合には，この仮定は成り立たない．Wallenstein and Fleiss[9]は各期で基準値を観測する場合について，より一般化した持ち越し効果を含むモデルを与えてクロスオーバー試験の妥当性を論じている．

●**ノンパラメトリック法** 観測値の誤差項の分布が歪みを持ち正規分布からのずれが明瞭であるとき，持ち越し効果が存在しないとの十分な根拠があれば，順位に基づく方法を用いることができる．これは，$Z_{ij}=(-1)^{i+1}(X_{ij}-Y_{ij})$，$j=1,\cdots,$

n_i とおくと，$\{Z_{1j},\ j=1,\cdots,n_1\}$ と $\{Z_{2j},\ j=1,\cdots,n_2\}$ の2標本は治療効果が存在しないとき，同一の分布に従い，治療効果が存在するとき位置のずれた分布に従うからである．

●**2値応答データ** 持ち越し効果が存在しないとの仮定の下での治療効果の存在に関する検定は Mainland-Gart の検定[6]，Prescott 検定[3]，などが知られている．いま，TC 群と CT 群の第1期と第2期の反応のパターンの頻度を

$$(n_{11}, n_{10}, n_{01}, n_{00})\ \text{および}\ (m_{11}, m_{10}, m_{01}, m_{00})$$

とする．ここに，添え字 uv は u が第1期，v が第2期の応答であり，$u=v=1$ は応答あり，$u=v=0$ は応答なしを表す．Mainland-Gart 検定は線形ロジスティックモデルを仮定しており，治療効果の検定は (n_{10}, n_{01}) と (m_{10}, m_{01}) で構成される 2×2 表における Fisher-Irwin 検定に等しい．Prescott 検定は TC 群と CT 群への無作為割り付けが行われる無作為化クロスオーバー試験を前提とし，$a=n_{10}+m_{10},\ b=n_{01}+m_{01}$ として，統計量

$$T = n_{10} - n_{01}$$

の $n_{11}+n_{00}+m_{11}+m_{00}$，$a, b$ の観測頻度上に条件づけられた一般化超幾何分布のもとでの分布によって検定する．

$$E(T) = n_1(a-b)/n,\ \mathrm{Var}(T) = n_1 n_2 \{a+b-(a-b)^2/n\}/n(n-1)$$

より，大標本のもとでは，$Z = (|T - E(T)| - 1/2)/\sqrt{\mathrm{Var}(T)}$ が標準正規分布に従うものとして検定する．他方 Zimmermann and Rahlfs[7] は反応確率に連続値に関する持ち越し効果を仮定した加法モデルを仮定し，最小修正カイ二乗法による効果の検定法を示した．

Hills and Armitage[1]，Armitage and Hills[5]，および Kenward and Jones[4] は対数線形モデルのもとで，治療効果，時期効果，持ち越し効果を評価する一般的なモデルと解析法を示している．　　　　　　　　　　　　　　　［上坂浩之］

参考文献

[1] Hills, M. and Armitage P., 1979, *British Journal of Clinical Pharmacology*, 8, 7-20.
[2] Grizzle, J. E., 1965, *Biometrics*, **21**, 467-480.
[3] Prescott, R.J., 1981, *Applied Statistics*, **30**, 9-15.
[4] Kenward, M. G. and Jones, B., 1987, *Applied Statistics*, **36**, 192-204.
[5] Armitage, P. and Hills, M., 1982, *The Statistician*, **31**：119-131.
[6] Gart, J. J., 1969, *Biometrika*, **56**, 75-80.
[7] Zimmermann, H. and Rahlfs, V., 1978, *Biometrical Journal*, **20**, 133-141.
[8] Willian, A. R. and Pater, J. L.,1986, *Controlled Clinical Trials*, **7**, 282-289.
[9] Wallenstein, S. and Fleiss, J. L., 1988, *Communication in Statistics, Theory and Methods*, **17**, 3333-3343.

欠測値の取り扱い

　ここでは臨床試験の経時観測データにおける欠測の取り扱いを述べる．欠測はさまざまの理由で発生する．例えば，i) 被験者が来院しなかった場合，ii) 測定者の都合または不注意により特定の測定がなされなかった場合，iii) 測定結果に信頼性がなく，使用できないと判断された場合，iv) 脱落によって観測できなかった場合などである．欠測は試験薬の効果や安全性とは独立な理由によって生じることもあれば，効果や安全性に関連して発生する場合もある．例えば，来院が不規則で指定された期間内での測定ができなかったがその前後では測定されている場合があれば，有害事象または疾病の悪化による脱落ではそれ以降のすべての時点で観測がなされない．臨床試験のように人を対象とした研究では脱落の発生は多くの場合避けられない．欠測値の扱い方は，欠測値の発生理由あるいは発生機構によって異なる．一般的には，何らかの値を代入し，それらが通常の観測値であるかのように扱う代入法，欠側を有する個体を除く完備例のみを解析する方法，統計的な方法によって推定しそれを用いる方法，また，推測対象パラメータを統計モデルに含めたうえで観測値と欠測値発生機構に関する統計モデルを適用する方法などに分けられる．

　●脱落への対処　臨床試験データの解析にあたっては，脱落は薬効評価において重要な情報であり，組み入れたすべての被験者を解析対象とすべきである．新薬の承認申請のための臨床試験に関する指針である「臨床試験のための統計的原則」は，臨床試験では組み入れられたすべての被験者を，試験治療の中止やその他の変則的事態が生じても，割り付けられた群の構成員として，予定した最終観測時点まで追跡し，最終観測時点の値を解析に含めることを原則とすべきとしている．この考え方は intention-to-treat (ITT) の原則といわれている．ITT は，試験で指定された治療を開始した結果として，一定期間後にどのような状態になったかを評価することを意味する．しかし，多くの試験では試験治療を中止した後は観測が打ち切られるため，主要解析に用いる値が欠測となる．脱落の問題は，解析対象集団の捉え方や定義と密接に関係している．解析対象集団については，参考文献 [2][3] を参照されたい．

　●代入法　ITT の代表的な欠測の補填方法は欠測の直前の観測値を代入する方法 (LOCF：last observation carried forward) である．ITT における LOCF による代入値は「もし最後まで観測できていたとしたら」得られたであろう値として用いられる．解析結果の解釈は予定した最終時点での結果に関するものとなる．LOCF は簡単であるが重大な偏りを含む可能性があるので疾患と薬効の性質を

考慮して用いることが必要である.次に LOCF に関する留意点を示す.

ⅰ)進行性の疾患では,無効で中止したときの観測値は,治療を続けていたとしたら到達したであろう状態に比べ軽い状態を示すであろうから,劣った治療に有利な(よい結果の向きへの)偏りをもたらす可能性が高い.

ⅱ)治癒を治療目標とする場合では,治療以前の状態を反映するので,当該治療を続けていたとしたら到達したであろう状態より悪い状態へ偏る可能性がある.

ⅲ)一時的に改善をもたらすが長期投与の結果治療開始時の状態か悪化をもたらす場合には,試験途中の改善した状態での脱落は良い状態への偏りをもたらす.

ITT の原則は,予定した最終観測時点の状態を比較するが,脱落後は利用可能な最良の治療を受けると期待されるので,予定した最終観測時点の値は,試験治療中止後に通常治療を行ったうえでの状態の観測値である.この値は LOCF の値とは異なることは確かであろう.

●**観測完備例の解析**　最後まで観測がなされた被験者のみを対象とする解析であり,試験計画を遵守した被験者集団の解析の1つである.一般に効果不十分な被験者は効果の認められる被験者より脱落しやすく,完了被験者のみの解析では試験薬の効果が大きく推定され試験薬間の差が小さくなる可能性が高い.

●**最悪値または最良値の代入**　多くの疾患では比較的短期間の観測によって治療法の有効性を判断する.その場合,一般に,脱落は選択した治療による治療目的を達成しなかったことを意味するので,有効・無効の評価では無効と扱うのが多くの場合に妥当であろう.定量的な観測値を用いる場合には,最も悪い値を代入するという考え方もある.例えば,被験薬群では組み入れられた全被験者中の最も好ましくない値よりさらに好ましくない値を代入し,対照薬群では取り得る最良の値を代入する.その結果,被験薬の優越性が認められれば,有効性の十分な根拠となる.この方法では平均値は意味をもたないので,順位に基づく方法がすすめられる.

●**欠側モデルの利用**　欠測の発生機構に関するさまざまなモデルと,それに対応する尤度解析法が提案されている[1].代表的な方法は,脱落は観測値とは独立,あるいは,脱落以後の情報には依存しないと仮定したモデルに基づく解析である.これらの仮定の妥当性を示すことは一般に極めて困難であるが,さまざまなモデルや仮定のもとでの解析結果の一貫性の評価は,主要な解析から得られる結論の頑健性を評価するための有力な方法と考えられている.　　　　　　　［上坂浩之］

📖 **参考文献**

[1] Molenberghs, G. and Kenward, M. G., 2007, *Missing Data in Clinical Studies*, John Wiley & Sons Ltd.
[2] 厚生省, 1998,『臨床試験のための統計的原則』医薬審第 1047 号.
[3] 上坂浩之, 2006,『医薬開発のための臨床試験の計画と解析』朝倉書店.

国際共同試験

　国際共同試験は，同一の試験実施計画書のもとで複数の国で実施される臨床試験であり，国内多施設試験に比べて，短期間に多数の患者を組み入れられるため，1990年代から欧米を中心として実施されてきた．試験の主要な目的は，通常，主要評価変数に関する治療主効果の評価であり，施設や国は一般化可能性を確保するための層別因子として扱われてきた．1990年に設立された日米EU医薬品規制調和国際会議（ICH）は，医薬品開発における品質，動物，人試験関する，概念，用語，試験方法，統計的方法などの，科学的および技術的方法を日米EU間で共通にし，地域間での試験データの相互利用の道を開いてきた．「外国臨床データを受け入れる際に考慮すべき民族的要因についての指針（ICH-E5指針）」[1]は，地域あるいは民族間での薬物応答性の差異の存在を認識し，試験データの相互利用のための基本的な考え方を示した．さらにICH-E5指針のQ&A 11[2]は，地域間差を同時試験によって評価する多地域試験の概念を導入した．

　わが国の厚生労働省はこれらの指針に基づき2007年に「国際共同治験に関する基本的考え方について」[3]を公表し，日本の国際共同試験への参加の道を開いた．一方で，世界規模の医薬品会社は，医薬品開発を促進するために，欧米以外の地域における，あるいは欧米以外の地域を含む国際共同試験を推進しつつある．他方，規制当局は地域間差異と他地域の試験結果の自地域への適用可能性に関心を示している[4],[5]．このように，主として欧米を舞台とした国際共同試験は，世界規模の多地域試験へと変容しつつあり，試験の計画，実施，解析，解釈に新たな問題が提起されている[6],[7]．

●**試験結果に影響する民族的要因（ICH-E5指針）**　臨床試験の結果は多くの要因に影響される．第1に，性，年齢，遺伝的素因などの患者固有の特性や，患者の病態や現病歴，臓器機能などは，患者の薬物応答性を決定する重要な要因である．このような生体側の因子を内因性因子という．患者の居住地域や国により異なる生活様式，文化，社会・経済的条件，地理的条件，保健衛生上の条件，医療の方法などの環境条件は，薬物応答性や治療結果に関する認識の仕方に影響する可能性があり，さらに臨床試験を実施する医療機関や医師などによっても臨床的結果の表れ方や評価結果が異なり得る．患者の外部にあるこれらの影響因子を外因性因子という．内因性因子のなかには，その分布が地域によって異なるものがあり，それが薬物応答の差となって現れる可能性がある．また，疾病の疫学的特徴に地域間差が認められる場合がある．

●**国間差または地域間差の評価**　国際共同試験では，参加国あるいは施設を層別

因子として，試験治療主効果を評価し，その結論を全参加国に適用するが，それは，治療間差が層別因子に大きく依存しないことを前提とする．ICH-E5 指針 Q&A 11 で定義している多地域試験は，試験治療主効果が統計的に有意となることを示したうえで，参加地域間での結果の一貫性を評価すべきとしている．試験計画において試験結果の地域間一貫性の評価方法を示し，一定の条件下での一貫性の存在を示しうる被験者数の設定を考慮すべきである[3][6]．

●**試験実施計画書の主要事項に関する留意点**　新薬の承認申請においては，国際共同試験の結果は承認のための評価に用いられる．したがって，試験計画の主要な事項は当該国の規制要件を満たさなければならない．ICH-E5 指針 Q&A 12 は主要評価変数，組み入れ基準，併用治療などが国間で異なる場合の考え方が述べられている．

●**試験の質と倫理にかかわる問題**　科学的に妥当なデータを得るためには，すべての試験担当医師，医療関係者，試験実施担当者が試験実施計画書を同じように理解し，計画を遵守して試験を実施することが求められる．また，試験対象となる患者あるいは被験者は試験責任医師から試験の方法や安全性等に関して説明を受け，臨床試験の方法と意義を理解したうえで，自らの意思で参加し，試験計画を遵守することが必要である．安全性に関する考え方，有害事象の捉え方と報告のしかた，あるいは患者が有害事象を知覚し報告する程度には，国あるいは文化の違いが影響することも考えられ，有害事象の定義の理解と報告の仕方が試験関係者に共通とすることが必要である．

　倫理原則を遵守し，試験の質を保つために試験実施者と医療機関が遵守すべき技術的事項の標準は，ICH における「臨床試験の実施の基準」で示されている．ICH に参加していない多くの国がこの基準を導入しており，さらに医学研究の倫理原則としての Helsinki 宣言は全世界で共通であり，世界規模での国際共同試験を実施する基盤は整いつつある．しかし，臨床試験の質を支える条件や倫理原則等の理解や遵守の実態は参加国間で異なっているのが現状であり，試験実施者は全参加国で一定の質を確保するための教育・訓練に留意しなければならない[4][7]．

[上坂浩之]

参考文献

[1] 厚生省医薬安全局審査管理課，1998，医薬審第 672 号（8月 11日）．
[2] 厚生労働省医薬食品局審査管理課，2006，事務連絡（10月 5日）．
[3] 厚生労働省医薬食品局審査管理課，2007，薬食審査発第 0928010 号（9月 28日）．
[4] Anello, C., et al., 2005, *Statistical Methods in Medical Research*, **14**, 303-318.
[5] European Medicines Agency, 2009, EMEA/CHMP/EWP/692702/2008, London.
[6] Uesaka, H., 2009, *Journal of Biopharmaceutical Statistics*, **19**, 580-594.
[7] 上坂浩之，2011，保健医療科学，**60**, 18-26.

薬物動態学的モデル・薬力学モデル

　薬物がヒト（人）に投与されると，生体内で吸収，分布，代謝，排泄という過程を経る．薬物動態学（PK）では薬物の生体内での速度過程を研究する．ヒトを対象とした臨床試験で観測されるデータは体液中（主に血中や尿中）の薬物濃度である．体液中の薬物濃度推移を，吸収，分布，代謝，排泄のそれぞれを要約するような薬物動態学的パラメータ（最高血中薬物濃度 C_{max}，最高血中濃度到達時間 t_{max}，血中薬物濃度下面積 AUC，分布容積 V_d，クリアランスなど）により検討することも多い．これらの PK パラメータはモデルによらない解析またはモデルを仮定した解析により推定を行う．$X(t)$ および $C(t)$ を投与後 t 時間での体内薬物量および血中薬物濃度とすると，$C(t)=X(t)/V_d$ が成り立つ．

●コンパートメントモデル　薬物の生体内での各過程を最も簡単にモデル化したものが1コンパートメントモデル（図1(a)）である．消失に1次反応速度過程（体内コンパートメントからの薬物の消失速度は体内コンパートメントに存在する薬物量に比例すること）を仮定する．すなわち微分方程式 $dX(t)/dt=-k_{el}\cdot X(t)$ が成り立つものと仮定する．ここに，k_{el} は消失の1次速度定数，マイナスは体外へ出て行く方向（減少）を意味する．このような微分方程式を解いて $C(t)$ を導出する．$C(t)$ は一般に指数関数の線形和で表現される．投与経路とコンパートメントの数により指数関数の項数が決まる．$C(t)$ の経時的推移を図1(b) のような片対数グラフにより表示すると1コンパートメントモデルの場合，消失相の血中薬物濃度はほぼ1本の直線で近似でき，この傾きは薬物に固有で投与経路によらないとされる．

　消失相の血中薬物濃度が片対数グラフ上ではほぼ2本の直線で近似できる（二相性の消失）場合（図2(b)），2コンパートメントモデル（図2(a)）を仮定するのがよい．これらの直線の傾きは薬物に固有で，投与経路によらない．2コンパートメントモデルでは，血液と速やかに平衡状態が成り立つ体液・臓器・組織などが体循環コンパートメントを構成し，それ以外の骨格筋，皮膚，脂肪組織などが抹消コンパートメントを構成していると考えられる．モデルを仮定した解析では，1人の被験者から多数回の採血を行い個人ごとに PK パラメータを推定する方法と，1人の被験者（患者）からは少数回の採血を行い多数の被験者のデータを併合させて非線形混合効果モデルを仮定した母集団解析により推定する方法がある．PK は薬物固有であるので，本来は薬物固有にどのモデルがふさわしいか決まっているが，個人ごとに PK パラメータを推定する場合は観測データの誤差や精度により被験者によって適合のよいモデルが見かけ上異なる場合もある．

●薬力学　薬力学（ファーマコ・ダイナミックス：PD）では作用部位の薬物量や

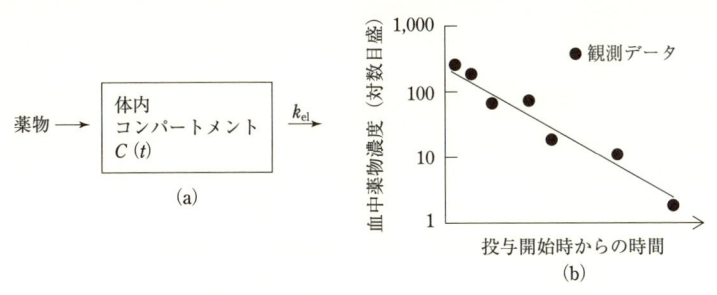

図1　静脈内注射の場合の1コンパートメントモデル

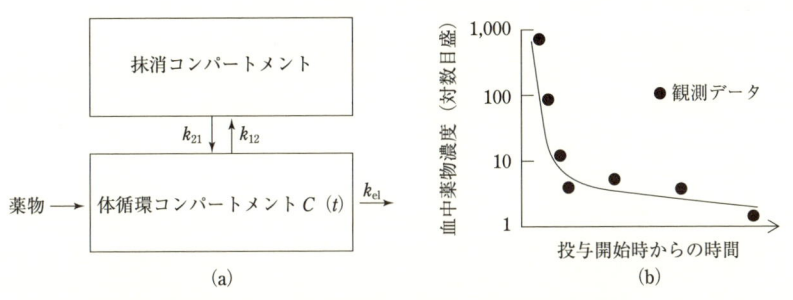

図2　静脈内注射の場合の2コンパートメントモデル：k_{12}, k_{21} は体循環コンパートメントおよび抹消コンパートメント間における薬物移行の速度定数

薬物濃度と薬理作用（効果・反応）の強さの関係を明らかにする．薬効は作用部位の薬物量によって発現するが，作用部位の薬物濃度を測定するのはヒトにおいては難しい．効果・薬理作用の指標である PD 変数は，血糖降下剤における血糖値，抗圧剤における血圧等，薬理作用から容易に選択できるものや，臨床評価の代替エンドポイントとなりえるような臨床的エンドポイントと相関の高い変数などである．説明変数，目的変数のそれぞれに1人の被験者についての要約指標を用いることもある（例えば，抗ヒスタミン薬の反復投与中のトラフ濃度と膨疹の抑制効果，血糖降下剤における C_{max} とその被験者の降下血糖値の最大値）．その場合は1人の被験者で多くの観測値を得ることはあまりできない．PD 変数が有害反応の有無などのように，ある曝露量を超えると発現し，それ以下では起こらないなどの場合，説明変数として PD 変数が測定された時点までの血中濃度累積 AUC や C_{max} など，PD 変数を最も説明できる曝露量をさまざまな観点から探索することも必要である．

ただし，計画されていない事後的な量反応関係の検討では必要な説明変数のデータが記録されていないこと（欠測）がしばしば起こる．曝露量はある仮定を置いた計算式により算出する場合もある．もっとも，観測値が少なく計算式により

算出するしかない場合も多く,仮定の妥当性はデータでは検証されていないことが多いようである.

(1) PD モデル:説明変数を作用部位での薬物濃度,目的変数を PD 変数(または時間に関する PD 変数の微分)とする.薬効の作用機序や PD 変数に依存して,説明変数は薬物濃度に限定せず,一般に曝露量を示す適切な変数とし,PD モデルを回帰モデルの1つとして扱う場合も多い(ER 関係).PD 変数は観測値の絶対値,または基礎値(薬物投与前値)からの相対的大きさや変化量で示す.作用部位の薬物濃度は通常は測定できないので,最も簡単なモデルは,通常,抹消静脈から採血される血中濃度と作用部位濃度に直ちに平衡関係が成立することを仮定する直接反応モデルである.説明変数としての血中濃度は通常,原尺度を用いるが,PK-PD 関係の図示には血中濃度の対数変換値を多く用いる.

(2) 直接反応モデル:直接反応モデルの中でよく用いられるモデルは最大効果(E_{max})モデル

$$E(x) = E_0 + \frac{E_{max} \cdot x}{EC_{50} + x}$$

で表現される.ここに,$E(x)$ は血中濃度が x であるときの PD 変数の値を示し,E_0:基礎値(薬物が存在しないときの生体反応),E_{max}:血中濃度を高くしてもそれ以上は得られない最大の効果,EC_{50}:最大効果の 50% の効果を示すときの血中濃度,を意味するパラメータである.E_0 は推定するパラメータとして扱う場合と,既知の定数として与える場合がある.EC_{50} は,薬物に対するヒト側の感受性の変化(病態の変化など)や同効薬の薬物の強さの比較の指標となる.

シグモイド型最大効果モデル(シグモイド E_{max} モデル)は

$$E(x) = E_0 + \frac{E_{max} \cdot x^\gamma}{EC_{50}^\gamma + x^\gamma}$$

で表現される.E_{max} モデルのパラメータに,ヒル係数 γ とよばれる形状パラメータが追加される.E_{max} モデルは $\gamma = 1$ に相当する.γ が大きくなるに従い,EC_{50} 付近の濃度の小さい変化が効果の大きな変化を起こす.

説明変数またはその対数変換値のある範囲内で PD 変数との関係が直線関係で近似できる場合は,それぞれ線形モデル,対数線形モデルが仮定できる.

(3) 間接反応モデル:効果の発現に遅延が見られる場合,間接反応モデルや薬効コンパートメントモデルによるリンクが提案されている.間接反応モデルは,PD 変数が生理反応であるとき,薬物が酵素反応などの体内の活性物質の阻害や促進を起こすことにより間接的に効果を発現する,というモデルである.阻害や促進に対応して,4つのモデルがあるが,ここでは詳細は省略する.

(4) パラメータの推定:E_{max} モデルをはじめとする非線形モデルにおけるパラメータは,PK のコンパートメントモデルにおけるパラメータ推定の場合と同

様に，1人の被験者で多くの観測値が存在すれば個人ごとにパラメータの推定が可能である．患者を対象とした試験では通常1人の被験者から得られる観測値が少ない．被験者の違い（個体差）を無視して，あたかも全データが同一被験者から得られた観測値であるかのように見なして効果パラメータを測定する方法（naïve法）や，個体差と偶然変動をモデル化して非線形混合効果モデルを仮定し，母集団PK・PD解析により推定する方法がある．naïve法では被験者間変動の情報は得られない．

●ER関係　ER関係（エクスポージュア・レスポンス：曝露応答関係）は広義のPK・PD関係，量反応関係として考えることができる．薬物の曝露量（用量，AUC，C_{max}，定常状態での血中濃度など）と反応（狭義の薬力学的変数，バイオマーカー，代替エンドポイント，臨床効果など）の関係をある回帰モデルで説明することをER解析とよんでいる．ER解析には，複数の試験の結果を統合し，母集団PK-PDの解析方法を用いているものが多いが，それを使わない別な方法も応用されている．

ER解析におけるモデル構築では，モデルの検証のためにモデル構築に用いなかった被験者の観測された共変量を用いて，そのモデルの妥当性の検討も行う．ER解析で構築されたモデルは，これから計画する臨床試験について，被験者の共変量が得られる前に，被験者の共変量の分布を仮定して擬似的にデータを発生させることにより，現在計画段階の臨床試験の結果をシミュレーションにより予測する際にも応用される．

PK-PDを統合した試験の意義は，目標とする治療効果を得るためにどのような用法用量にすればよいか，に対して，定量的な予測ができるようにすることにある．観測できる量は全身循環血中濃度である．PK-PDを結合させる，という意味は，全身循環血中濃度と作用部位の薬物量との関係をつないである仮定のもとでモデル化する，または，つないだあとに，PDの経時的推移を予測し，意図するPDプロファイルを得るためにコントロールできる要因である用法（投与間隔，投与経路）用量をシミュレーションにより変化させて最適な用法用量を選択する（臨床試験シミュレーション，CTS）選択した用法用量の妥当性を検証試験でPK-PDの観点から確認するなど，広い意味を含めて使われていたりする．後者はPK-PD解析とよばれている．

欧米では，CTSを基にした臨床試験のデザインや用法用量の最適化により新薬の臨床開発が効率よく行えるようにガイドラインなどが出されている．　　［西川正子］

📖 参考文献
[1] 高田寛治, 2002,『薬物動態学－基礎と応用』じほう．
[2] Weiner, G., 2000, *Pharmacokinetics & Pharmacodynamic Data Analysis*：*Concepts and Applications*, Swedish Pharmaceutical Press.

メタ・アナリシス

「メタ・アナリシス」とは，治療効果，毒性の効果，あるいは環境のリスクなど，何らかの作用因子の効果・影響に関して，過去に独立して実施された研究を網羅的に収集・整理して統合可能かどうかを検討し，統合可能と考えられる研究結果から共通の効果の大きさを推定する統計手法である[1]．心理学者 Glass がメタ・アナリシスという名称を初めて提案した．臨床試験の世界にメタ・アナリシスが持ち込まれたのはイギリスの Richard Peto の存在が大きい．彼のデザインによる心筋梗塞後の β ブロッカーの長期投与の2次予防効果のメタアナリシスは代表的である．

●**メタ・アナリシスの基本的手順**　メタ・アナリシスも文献をデータとして利用しているものの，他の研究と同様に慎重な研究プロトコールを事前に作成する必要がある．そのポイントは次の手順に整理できる．

ⅰ）選択基準（研究の質，研究デザイン，研究規模など）の明確化
ⅱ）文献の網羅的探索-統計的に有意な結果がでた論文が掲載される傾向公表バイアスをさけるための方法を工夫する必要がある
ⅲ）効果・リスク指標の選択-計量値であれば平均値の差，2値であればオッズ比，リスク比，リスク差など
ⅳ）統合可能性（均質性）の検討
ⅴ）統計手法の選択
　　1）母数モデル：研究間の結果の差はもっぱら偶然変動だけであるという均質性を仮定する方法．
　　2）変量モデル：研究間には偶然変動としての誤差以外にも無視できない異質性があると考えこれを確率変数としてモデル化した方法．
　　3）ベイズモデル：効果・リスクの大きさは一定の値ではなく，ある確率分布（事前分布）をしていると「信じる」方法で，その「信念」をデータから計算される「事後分布」で更新させる方法．
ⅵ）感度分析の実施

●**適用例**　表1にはハイリスク群を対象とした糖尿病予防に対する食習慣の改善プログラムの効果を検証した5つの無作為化臨床試験（RCT）のデータ[2]で，介入群と非介入群それぞれの糖尿病発症数と症例数が掲載されている．ここでは，このデータを例にして「発症率の比（リスク比）」に関する漸近的正規近似に基づく母数モデルのメタ・アナリシスの手順を紹介する．なお，$b_i = n_{1i} - a_i, d_i = n_{0i} - c_i$ とする．

表1 糖尿病発症率改善を目指した食習慣介入プログラムの効果に関する5つのRCT（Yamaokaら，2005）

論文 NO.	食習慣介入群		非介入群	
	発症数 a_i	症例数 n_{1i}	発症数 c_i	症例数 n_{0i}
1	58	130	90	133
2	6	100	7	100
3	22	265	51	257
4	155	1,079	313	1,082
5	3	86	6	87

段階1．各研究での対数リスク比とその推定誤差段階

$$\log \hat{R}R_i = \log \frac{a_i/n_{1i}}{c_i/n_{0i}}, \quad SE_i = \sqrt{\frac{b_i}{a_i n_{1i}} + \frac{d_i}{c_i n_{0i}}}$$

を計算する．

段階2．各研究の95％信頼区間は $\exp(\log \hat{R}R_i \pm 1.96\, SE_i)$ で計算する．

段階3．各研究の重みは $w_i = 1/SE_i^2$ で計算する．

段階4．統合リスク比の推定：重み付き平均を計算し指数変換

$$\hat{R}R_V = \exp\left(\frac{\sum_{i=1}^{K} w_i \log \hat{R}R_i}{\sum_{i=1}^{K} w_i}\right), \quad \exp\left(\log \hat{R}R_V \pm 1.96 \sqrt{\frac{1}{\sum_{i=1}^{K} w_i}}\right)$$

でもとに戻す．

段階5．均質性の検定 Q_1 と有意性の検定 Q_2 を行う．

$$Q_1 = \sum_{i=1}^{K} w_i (\log \hat{R}R_i - \log \hat{R}R_V)^2 \sim \chi_{K-1}^2,$$

$$Q_2 = (\log \hat{R}R_V)^2 \sum_{i=1}^{K} w_i \sim \chi_1^2$$

リスク比の統合推定値は $\hat{R}R = 0.55$（95％CI：0.48〜0.63）となり，食習慣プログラムの有意な効果（$Q_2 = 84.5$, $df = 1$, $p < 0.0001$）が認められた．均質性の検定は $Q_1 = 5.81$（$df = 4$, $p = 0.21$）となり有意ではなかった．つまり，食習慣プログラムは糖尿病発生を46％減少させると推測される． ［丹後俊郎］

参考文献
[1] 丹後俊郎，2002，『メタ・アナリシス入門』朝倉書店．
[2] Yamaoka, K. and Tango, T., 2005, Efficacy of dietary education to prevent type 2 diabetes : a meta-analysis of randomized controlled trials, *Diabetes Care*, **28**, 2780-2786.

コラム:科学的エビデンスの統合とメタアナリシス

　近年,保健医療の分野では,「根拠に基づいた医療(EBM)」という概念が広まりその医療のあり方が提唱されている.EBM とは,その時点で最新最良の医学知見(治療効果・副作用・予後の臨床結果)に基づき医療を行うものである.1990 年代より EBM の情報インフラともいうべきコクラン共同計画の発展とともに浸透してきた.あたりまえのことのように思われるかもしれないが,専門家の意見が重視されてきた医学界では斬新な考え方でもあったのである.もちろん,専門家の貴重な知識・見解を否定するものではないことはいうまでもないが,EBM では科学的エビデンスを得るために専門誌や学会で公表された過去の臨床結果や論文などを広く検索し,さまざまな医学的設問に対する解答としてできるだけ高いレベルのエビデンスを得るよう図るのである.エビデンスの分類で広く引用されているものに,次の AHCPR の分類がある.

　1a　無作為化比較試験のメタアナリシス
　1b　少なくとも一つの無作為化比較試験
　2a　少なくとも1つのよくデザインされた比無作為化比較試験
　2b　少なくとも1つの他のタイプのよくデザインされ準実験的研究
　3　　よくデザインされた非実験的記述的研究
　4　　専門家委員会報告や権威者の意見

1a のメタアナリシスはエビデンスの統合のために提案されてきた統計的方法である.

　例えば筆者らが実施した糖尿病ハイリスク群への生活習慣教育の効果の評価をメタアナリシス結果が図1である.1つ1つの研究成果ではあまり明確ではなかったが,7つの無作為化比較試験の論文からその効果を統計的に検討したところ,健康教育を行わなかったグループに比べて実施したグループでは 10% 程度の有意なリスクの低下が認められた.生活習慣の改善が,投薬に劣らず糖尿病予防の効果的戦略となりうる可能性が示唆されたのである.もちろん,生活習慣教育にはばらつきがあり,さまざまなバイアスについて考慮して注意深く結果を受けとらないといけないが,このような情報を引き出すことも意味があるのではあるまいか.

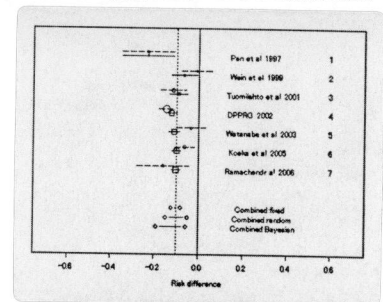

図1　7論文のリスクのフォレストプロット
[出典:Yamaoka & Tango, 2008 より]

[山岡和枝]

8. 品質管理・工業統計

　第二次世界大戦後，ともすれば安かろう悪かろうの代名詞であったメイドインジャパンの工業製品は，時を経るにつれてその面目を一新し，全世界においてその性能の良さが高く評価されて信頼度を増し，現在ではゆるぎない地位を築いている．その背景には，各分野の技術者の血のにじむような努力があったことはもちろんであるが，製品の品質管理に関するさまざまな技法が効果的に用いられてことも忘れてはならない事実である．本章ではその種の品質管理手法の考え方および実際問題における使い方を分かりやすくていねいに解説している．

　計算手段が紙と鉛筆からコンピュータへと変化するに従い，品質管理の各手法もその様相を変化させつつある．しかしその背後にある考え方には時代の変化に流されない一貫した真理が含まれている．何が不変で何が変化しているのかを常に認識し，製品の価値を今後さらに向上させていくためにも，品質管理に関する正確な知識はきわめて重要な位置を占めるといえよう．

［岩崎　学］

実験計画法

　製品の品質の改善,生産性の向上などを目的として,工程の条件や原料の配合割合などを変えて比較する実験に際して,その最適条件を探るために,費用,時間などの制約のもとで,統計的データに基づいた多くの情報を効率良く得るためのデータの集め方に関する統計的方法が「実験計画法」である.

　実験計画法は,ロンドン郊外にあるロザムステッドの農事試験場の統計主任であったR.A.フィッシャーによって,農事試験での応用を目的に1920年代に開発された.そして,歴史的には,農事試験(農学),品質管理・工業統計(工学),臨床試験(医学・薬学),官能検査(家政学・食品工学),市場調査研究(社会学),パネルデータ分析(計量経済学)などへと順次導入され,現在までに幅広い分野の発展に貢献してきた.

　目的変数(結果系特性値)の値を上げる(あるいは下げる)ために,説明変数(原因系)を意図的に変更したときの因果的効果を検討するためには,観察データによっては行えず,実験計画法により実験データを得て,分散分析や,回帰分析などにより分析を行う必要がある.

●**定義,用語**　実験計画法の基礎的な用語の定義,考え方を説明しよう.

　例えば,表1はプリント基板組立て工程における品質改善のための実験データの例である.結果系特性値は不適合率の経験ロジット変換したものである.

表1　プリント基板組立て工程におけるはんだ付け実験データ

印刷条件 A	実験日(ブロック) R		
	R_1	R_2	R_3
A_1	-4.195	-3.065	-2.523
A_2	-4.195	-3.065	-2.387
A_3	-3.674	-2.854	-2.154

　W.シューハートはR.A.フィッシャーの実験計画法を工業における品質管理に適用したが,品質管理の推進をしたW.E.デミングは品質を改善するには,その品質が測定されなければならず,その測定結果の分布の母数を改善するために生産プロセスの基本的構造を変える必要があると主張している.ここでは,品質を基盤中のはんだ付け不適合率で測っている.そして,これは乱塊法とよばれる実験計画によって得られたデータである.乱塊法とは,時間的,空間的に実験の場が大きく異なるときに,実験の場をブロックとよばれる区分けをし,ブロック

の中でひとそろいの条件の実験を行う実験である．

●**フィッシャーの3原則**　R. A. フィッシャーは，実験の場を3つの原則に基づいて管理すべきことを提唱しているが，その原則が実験計画法の考え方の重要なポイントである．

　ⅰ）無作為化：実験順序によって生じる慣れ，空間的配置などの系統誤差を偶然誤差に転化するために，実験条件の水準組合せに関して実験順序を無作為にすること．

　ⅱ）局所管理：ブロックの構成原理ともよばれ，系統誤差の大きい部分をブロック間差異として誤差の評価から除去し，制御因子の水準間を精度よく比較できるようにするために，各ブロック内はできるだけ均一になるように管理すること．

　ⅲ）反復：誤差分散を評価するために，同一条件で実験を繰り返すことが必要だが，局所管理が導入された場合処理のひとそろいを2回以上行うことを反復するという．

　表1の実験計画においては，系統誤差の大きい実験日をブロックとして局所管理を行い，実験日内はできるだけ均一になるように管理されている．そして，このように局所管理が導入され3日間実験を行い，各日に印刷条件 A の水準ひとそろい A_1, A_2, A_3 の実験を行うことによって，3回の反復を行っている．そして，各実験日内の実験順序は無作為化している．したがって，表1の実験計画は，フィッシャーの3原則のすべてを満たしていることがわかる．

　もし，表1で実験日による系統誤差が大きくなく，ブロック因子を設ける必要がないため，単なる3つの繰り返しを行った実験であった場合には，9個の実験を無作為に行い，この実験計画は1元配置実験とよばれる．この実験計画の場合は，局所管理を行う必要はないが，各実験を無作為に行い，同一条件で実験を3回繰り返していることがわかる．

　ところで，もし，実験日による系統誤差が大きいとき，各実験日において A の水準ひとそろい（A_1, A_2, A_3）の実験を行わず，ある日は A_1 の実験を2回あるいは3回行い，別の日は A_1 の実験をまったく行わない実験になっている場合には，たとえ A_1, A_2, A_3 の実験を合計して3回ずつ行ったとしても，実験日の効果と因子 A の効果の区別が付かない．このとき，2つの因子は「交絡」しているという．交絡があると，実験の繰り返し数を増やしても信頼性のある結論が導けない．フィッシャーは収穫変動の研究において交絡に苦労をしたため，実験計画法を開発した．

［椿　美智子］

📖 **参考文献**
[1] 奥野忠一，芳賀敏郎，1969，『実験計画法』培風館．
[2] 宮川雅巳，2008，『SQCの基本』日本規格協会．

主効果と交互作用

●**因子と水準** 実験計画法における主効果と交互作用の説明をする前に，因子と水準について記述しておく．結果系特性値に影響を及ぼすと考えられる種々の原因系（品質管理では，通常，特性要因図で確認）の中，実験で取り上げて水準（実験条件）を設定し比較される項目を因子という．ここで因子の目的や果たす役割による分類を示しておこう．

 i) 制御因子：実験の場でも，生産の場でも，水準の指定も選択も可能（制御可能）なもので，最適水準を選ぶ目的で取り上げる因子である．
　[例] 工程の温度，材料の種類，原料の配合方法，処理時間，添加物の量など：表1では，印刷条件 A が制御因子であり，最適水準を選ぶことに興味がある（「実験計画法」表1も参照）．

 ii) 標示因子：実験の場では制御でき，生産の場では水準の指定はできるが選択はできない因子．その最適水準を選ぶことは意味がなく，ほかの制御因子との交互作用を検討することが目的となる．
　[例] 試験条件，地域による差，使用条件など：表1では，基盤因子 B が表示因子であり，最適水準を選ぶことには意味がなく，制御因子との交互作用を検討することに意味がある．

 iii) ブロック因子：実験の精度を上げるために，局所管理（フィッシャーの3原則の1つ）に用いる因子．その水準の性質は技術的には明確ではなく，再現性がない．また，制御因子との交互作用には意味がない．
　[例] 日，作業者，装置，ロットなど：実験日 R がブロック因子であり，各日の性質は明確でなく，再現性がなく，制御因子 A との交互作用には意味がない（「実験計画法」表1参照）．

 iv) 誤差因子：生産の場において，水準の指定も選択も不可能なもので，生産者側でコントロールできない因子．生産の場においては制御できないが，実験の場においては水準の設定ができることが望ましく，実験においてノイズの効果を求めるために選ばれた因子．

●**主効果と交互作用** 要因実験では，主効果と交互作用を評価することができる．
 i) 主効果：結果系変数の平均に対する単一因子の影響のこと．
 ii) 交互作用：結果系変数に対する1つの因子の影響が，ほかのいくつかの因子に依存している程度を表す効果のこと．相乗効果や相殺効果を含んだより広い組み合わせ効果を表しており，制御因子間の交互作用の分析だけでなく，制御因子と標示因子，制御因子と誤差因子の分析が有効である．

表1 プリント基板組立て工程におけるはんだ
付け2元配置実験データ

印刷条件 A	基盤因子 B		
	B_1	B_2	B_3
A_1	-5.303	-4.195	-3.674
	-5.303	-3.674	-3.327
A_2	-3.327	-2.854	-2.523
	-3.674	-3.065	-2.387
A_3	-3.065	-2.384	-2.265
	-2.677	-2.265	-2.154

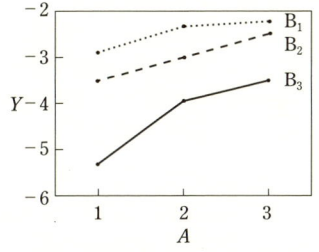

図1 A の主効果

図2 A と B の交互作用の図

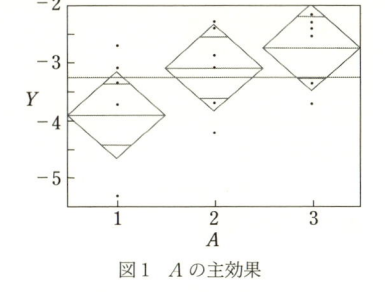

表1はプリント基板組立て工程における品質改善のための2元配置実験データである.結果系特性値 Y は不適合率の経験ロジット変換したもの,原因系因子は印刷条件 A(制御因子)と基盤因子 B(表示因子)である.A を横軸,Y を縦軸にとったプロット図を図1に示す.

表1は,各水準組合せを無作為な順序で実験する2元配置実験データである.モデルを示す.

$$y_{ijk} = \mu + \alpha_i + \beta_j + (\alpha\beta)_{ij} + e_{ijk}$$
$$e_{ijk} \sim N(0, \sigma^2), \quad i=1, \cdots, I ; j=1, \cdots, J ; k=1, K$$

ここで,y_{ijk} は A_i 水準,B_j 水準の k 番目のデータ,μ は一般平均,α_i は A_i 水準の主効果 ($\sum_{i=1}^{I}\alpha_i=0$ を仮定),β_j は B_j 水準の主効果 ($\sum_{j=1}^{J}\beta_j=0$ を仮定) を表し,また,$(\alpha\beta)_{ij}$ は AB_{ij} での交互作用 ($\sum_{i=1}^{I}(\alpha\beta)_{ij}=\sum_{j=1}^{J}(\alpha\beta)_{ij}=0$ を仮定) を表している.また e_{ijk} は誤差である.

A_i 水準の主効果 α_i は $\hat{\alpha}_i = \bar{y}_{i..} - \bar{y}_{...}$ で求められ,図1においては各水準における平均 $\bar{y}_{i..}$ と総平均 $\bar{y}_{...}$ の差で表される.

交互作用がない場合 ($\widehat{(\alpha\beta)}_{ij} = \bar{y}_{ij.} - \bar{y}_{i..} - \bar{y}_{.j.} + \bar{y}_{...} = 0$) には,折れ線グラフがほぼ平行 ($\{\widehat{(\alpha\beta)}_{(i+1)(j+1)} - \widehat{(\alpha\beta)}_{i(j+1)}\} - \{\widehat{(\alpha\beta)}_{(i+1)j} - \widehat{(\alpha\beta)}_{ij}\} = \bar{y}_{(i+1)(j+1)} - \bar{y}_{i(j+1).} - \bar{y}_{(i+1)j.} + \bar{y}_{ij.} = 0$ になり,交互作用がある場合は,この平行性が崩れる $\bar{y}_{(i+1)(j+1).} - \bar{y}_{i(j+1).} - \bar{y}_{(i+1)j.} + \bar{y}_{ij.} \neq 0$).図2は表1のデータの A と B の交互作用の図であるが,平行な折れ線グラフとはなっていない. [椿 美智子]

参考文献
[1] 奥野忠一,芳賀敏郎,1969,『実験計画法』培風館.

要因計画

　実験計画法において，単一の因子につきその因子が結果系変数に効果があるかどうかを調べる実験を1因子実験とよぶ．

●1元配置実験　まず，最も基本的な完全無作為化実験である1元配置実験について説明する．「主効果と交互作用」の表1が，仮に印刷条件を A_1, A_2, A_3 と $I=3$ 水準変えて，繰り返し数 $r=6$ で無作為な順序で行った1元配置実験データであるとする．1元配置実験データのモデルを示す．

$$y_{ij} = \mu + \alpha_i + e_{ij} \quad 誤差\ e_{ij} \sim N(0, \sigma^2), \quad i=1, \cdots, I\ ;\ j=1, \cdots, r \quad (1)$$

ここで，y_{ij} は A_i 水準の j 番目のデータ，μ は一般平均，α_i は A_i 水準の効果を表している（$\sum_{i=1}^{I} \alpha_i = 0$ を仮定）．ここで検証したい仮説は，

$$帰無仮説\ H_0 : \alpha_1 = \cdots = \alpha_I = 0 \quad (A_i の効果はすべて等しい) \quad (2)$$

$$対立仮説\ H_1 : \alpha_i \neq 0\ となる\ i\ が存在する$$

である．これを検証するために，まず，データ y_{ij} のばらつきを，A_i 効果を評価する項と，誤差分散を評価する項に分解する．

$$\sum_{i=1}^{I} \sum_{j=1}^{r} (y_{ij} - \bar{y}_{..})^2 = r \sum_{i=1}^{I} (\bar{y}_{i.} - \bar{y}_{..})^2 + \sum_{i=1}^{I} \sum_{j=1}^{r} (y_{ij} - \bar{y}_{i.})^2 \quad (3)$$

式 (3) は，総平方和 S_T =A 間平方和 S_A +誤差平方和 S_e であることを示している．また，各平方和の自由度は，

　全体の自由度 $f_T\ 17(=I \times r - 1)$

　　＝印刷条件 A の自由度 $f_A\ 2(=I-1)$ +誤差の自由度 $f_e\ 15(=I \times (r-1))$　(4)

そして，各平方和を，対応する自由度で割って，各平均平方（分散）を求める．「主効果と交互作用」の表1のデータが1元配置実験であったとした場合の分散分析表を表1に示す．この場合，誤差分散 V_e は 0.750 と推定されており，帰無仮説のもとで，分散比 F は

$$F = \frac{V_A}{V_e} = \frac{S_A/f_A}{S_e/f_e} \sim F(f_A, f_e)$$

が成り立つことから，仮説を検定することができる．表1のデータの場合，分散比は 2.881 となり，p 値は 0.0873 であるので，式 (2) の帰無仮説は 5％ 水準で有意とならないが，10％ 水準では有意となる．

表1　分散分析表（1元配置実験の場合）

要因	平方和	自由度	平均平方	分散比	p 値
A	4.324	2	2.162	2.881	0.0873
誤差	11.255	15	0.750		
計	15.579	17			

分散分析の結果,印刷条件 A_i の効果は有意水準 10％ ですべて等しいとはいえないことがわかったので,どの水準ではんだ付けを行うと不適合率が小さくなるのか考察をしたい.

各水準の母平均 $\mu_i = \mu + \alpha_i$ は各水準のデータの平均値で推され,A_1 水準が1番小さく ($\hat{\mu}_1 = -3.892$) なっていることがわかったので90％信頼区間も求める.
$$-3.892 - t(15, 0.10)\sqrt{0.750/6} < \hat{\mu}_1 < -3.892 + t(15, 0.10)\sqrt{0.750/6}$$
よって
$$-4.512 < \hat{\mu}_1 < -3.272$$

● **2元配置実験** 次に,2因子以上の実験計画に進む.2つ以上の因子を取り上げ,それらの因子の水準のすべての組合せを実験する場合を要因実験とよぶ.ここでは,その中でも2因子の実験で無作為な順番で行っている一番基本的な2元配置実験について示す.モデルは「主効果と交互作用」の項目に示されている.

表2 分散分析表 (2元配置実験の場合)

要因	平方和	自由度	平均平方	分散比	p 値
A	4.324	2	2.162	51.675	<0.0001
B	10.069	2	5.034	120.333	<0.0001
$A \times B$	0.810	4	0.405	4.841	0.0233
誤差	0.377	9	0.042		
計	15.579	17			

表2より,2元配置実験では,因子 A,B,$A \times B$ すべてが5％水準で有意となっている.ここでは,因子 A の各水準,および因子の組合せ $A \times B$ の各水準の推定値を示しておくと,$\hat{\mu}_{A_1} = \mu + \alpha_1 = -0.633$,$\hat{\mu}_{A_2} = \mu + \alpha_2 = 0.155$,$\hat{\mu}_{A_3} = \mu + \alpha_3 = 0.507$ で,A_1 水準が一番小さく,さらに組合せに関しては $\hat{\mu}_{AB_{11}} = \bar{y}_{11.} = -0.395$ が一番小さいので,その95％信頼区間も求めておく.

$$-0.633 - t(9, 0.05)\sqrt{0.042/6} < \hat{\mu}_{A_1} < -0.663 + t(9, 0.05)\sqrt{0.042/6}$$
$$\therefore -0.852 < \hat{\mu}_{A_1} < -0.474$$
$$-0.395 - t(9, 0.05)\sqrt{0.042/2} < \hat{\mu}_{AB_{11}} < -0.395 + t(9, 0.05)\sqrt{0.042/2}$$
$$\therefore -0.723 < \hat{\mu}_{AB_{11}} < -0.067$$

もし,交互作用が有意とならなかった場合には,$\hat{\mu}_{AB_{ij}} = \bar{y}_{i..} + \bar{y}_{.j.} - \bar{y}$ で点推定され,
$$\bar{y}_{i..} + \bar{y}_{.j.} - \bar{y}_{...} - t(\phi_e, 0.05)\sqrt{V_e/n_e} < \hat{\mu}_{AB_{ij}} < \bar{y}_{i..} + \bar{y}_{.j.} - \bar{y}_{...} + t(\phi_e, 0.05)\sqrt{V_e/n_e}$$
で区間推定される $\{n_e = IJ/(f_A + f_B + 1)\}$.

因子 B は標示因子であり,因子 B の最適水準を求めたいわけではなく,B_1 水準の場合にはどの印刷条件との組合せがよく,B_2,B_3 水準の場合にはその組合せが異なるのかに興味があるので,交互作用分析が重要となる. ［椿 美智子］

参考文献
[1] 奥野忠一,芳賀敏郎,1969,『実験計画法』培風館.

直交表

　多因子の要因実験では，取り上げた因子の水準のすべての組合せを実験しなければならない．したがって，因子数が多くなると総実験回数が非常に多くなり，実施不可能となってしまう．因子数が p の場合，すべて2水準であれば，総実験回数は $N=2^p$，3水準であれば $N=3^p$ となる．実施者は，因子数 p はなるべく多く，実験総数はなるべく小さくしたいと思うであろう．このような場合には，すべての水準組合せを行わずにその一部だけを実施する実験（一部実施法）を考える．このような状況の下で，必要な情報を効率よく得るために用いられるのが直交表実験である．

●**2水準系**　直交表は大きく分けて，2水準系（$L_4(2^3)$, $L_8(2^7)$, $L_{16}(2^{15})$, $L_{32}(2^{31})$, …）と3水準系（$L_9(3^4)$, $L_{27}(3^{13})$, $L_{81}(3^{40})$, …）がある．ここでは，2水準系の代表である $L_8(2^7)$ による実験データを表1に示す．

　直交表 $L_n(p^k)$ の p は水準数を表し，直交表中の数字 $1, …, p$ が各実験での割付けた因子の水準を示している．そして，n は行数を表し，行は各実験の水準組合せを示しており，k は列数を表し，列は因子を割付けるという役割を果たす．

　表1では，プリント基板組立て工程におけるはんだ付けに関して，原因系因子として4つの印刷条件 A，B，C，D（いずれも制御因子）それぞれ，直交表の1, 2, 4, 7番目の列に割付けられている．もし，交互作用を分析する必要がなければ，主効果 A，B，C，D は任意の列に割付けることができる．しかし，表1の

表1　プリント基板組立て工程におけるはんだ付け直交表 $L_8(2^7)$ 実験データ

実験番号	列番号							水準組合せ	データ
	A (1)	B (2)	$A\times B$ (3)	C (4)	誤差 e (5)	誤差 e (6)	D (7)		
1	1	1	1	1	1	1	1	$A_1B_1C_1D_1$	-5.303
2	1	1	1	2	2	2	2	$A_1B_1C_2D_2$	-5.303
3	1	2	2	1	1	2	2	$A_1B_2C_1D_2$	-3.065
4	1	2	2	2	2	1	1	$A_1B_2C_2D_1$	-3.327
5	2	1	2	1	2	1	2	$A_2B_1C_1D_2$	-3.367
6	2	1	2	2	1	2	1	$A_2B_1C_2D_1$	-2.854
7	2	2	1	1	2	2	1	$A_2B_2C_1D_1$	-2.265
8	2	2	1	2	1	1	2	$A_2B_2C_2D_2$	-2.387
列名	a	b	a b c	c	a c	b c	a b		
群番号	1	2	2	3	3	3	3		

実験のように交互作用も分析対象となっている場合には,主効果の割付けられた列に伴って,交互作用の割付けなければならない列は決まってくる.表2を参照されたい.表1ではAを1列目,Bを2列目に割付けているので,その交互作用は3列目に割付けなければならないことが表2からわかる.

表2 2列間の交互作用表

	1	2	3	4	5	6	7
1	(1)	3	2	5	4	7	6
2		(2)	1	6	7	4	5
3			(3)	7	6	5	4
4				(4)	1	2	3
5					(5)	3	2
6						(6)	1
7							(7)

結果系特性値は不適合率の経験ロジット変換したものであり,実験順序は無作為に実施されている.

●モデル　直交表実験データのモデルを示そう.

$$y_{ijkl} = \mu + \alpha_i + \beta_j + \gamma_k + \delta_l + \alpha\beta_{ij} + e_{ijkl} \tag{1}$$

$e_{ijkl} \sim N(0, \sigma^2)$, $i=1, \cdots, p$; $j=1, \cdots, p$; $k=1, \cdots, p$; $l=1, \cdots, p$

ここで,y_{ijkl}はA_i水準,B_j水準,C_k水準,D_l水準のデータ,μは一般平均,α_iはA_i水準の効果,β_jはB_j水準の効果,γ_kはC_k水準の効果,δ_lはD_l水準の効果($\sum_{i=1}^{p}\alpha_i = \sum_{j=1}^{p}\beta_j = \sum_{k=1}^{p}\gamma_k = \sum_{l=1}^{p}\delta_l = 0$ を仮定)を表している.またe_{ijk}は誤差を表わす.ここで検証したい仮説は,

帰無仮説 $H_0 : \alpha_1 = \cdots = \alpha_p = 0$ 　(A_iの効果はすべて等しい) 　(2)

対立仮説 $H_1 : \alpha_i \neq 0$ となるiが存在する

である.検証するために,データy_{ijkl}のばらつきを,各因子の平方和と,誤差平方和に分解し,分散分析する.ここで,各効果の平方和に分解できるのは,直交表の各列が直交するように構成されているからである.

表1のデータの分散分析表を表3に示す.分散分析の結果,主効果

表3 分散分析表(直交表実験の場合)

要因	平方和	自由度	平均平方	分散比	p値
A	4.689	1	4.689	60.675	0.0160
B	4.180	1	4.180	54.334	0.0179
C	0.002	1	0.002	0.027	0.8845
D	0.017	1	0.017	0.226	0.6813
$A \times B$	0.875	1	0.875	11.366	0.0778
誤差 e	0.154	2	0.077		
計	9.918	7			

A_i, B_jは有意水準5%,交互作用の効果は有意水準10%で有意であった.このとき,主効果の推定値は$\hat{\mu}(A_i) = \bar{y}_{i\cdots} = -4.250$,信頼率$(1-\alpha)$の信頼区間の幅は$\pm t(f_e, \alpha)\sqrt{V_e/(n/2)}$であり,最適条件の母平均の推定値は$\hat{\mu}(A_iB_j) = \bar{y}_{ij\cdot\cdot} = -5.303$,信頼率$(1-\alpha)$の信頼区間の幅は$\pm t(f_e, \alpha)\sqrt{V_e/n_e}$であり,ここで$n_e = n/[1+(点推定に用いた要因の自由度の和)] = n/4$となる.　　[椿 美智子]

📖 参考文献

[1] 奥野忠一,芳賀敏郎,1969,『実験計画法』培風館.

乱塊法，ラテン方格法とBIBD

　フィッシャーは実験に誤差の概念をもちこんだ．実験では誤差を避けることはできない．しかし，処理効果を検証するには誤差は邪魔ものである．そこで，誤差の大きさを評価し，統計的な判断が適用できる場の形成と誤差の大きさをできるだけ小さくする工夫が必要となる．このようなニーズから，フィッシャーの3原則「反復」「無作為化」「局所管理」が生まれた（「実験計画法」参照）．

●**偶然誤差と系統誤差**　誤差には偶然誤差と系統誤差の2つのタイプがある．偶然誤差はもともと確率変数と考えられるものである．一方，系統誤差は時間的あるいは空間的な要因によって生じた一般的には小さな効果ではあるが，実験結果に偏りを与えてしまう可能性がある．そこで，無作為化によって系統誤差を偶然誤差に転化させ，本来の偶然誤差と併せて，反復によって誤差変動の大きさを評価する．しかし，系統誤差から偶然誤差への転化をできるだけ避けたい．その対策が局所管理である．局所管理とは，比較したい処理をできるだけ同じ実験の場におくことを意味する．局所管理のために取り上げる因子をブロック因子という．

　成形工程のパイロットプラントにおいてバッチ処理できるキャビティ数が4であるとしよう．比較したい処理の水準が4水準以下であるならば，次のような実験計画を立てることによってバッチ処理間の系統誤差を実験誤差から分離することができる．

●**乱塊法**　例えば，処理因子を因子A（4水準），処理バッチを因子B（5水準）とした実験を表1のように計画する．ここで，局所管理とは因子Bをブロック因子として取り上げることであり，反復とは因子Bを5水準に設定することである．また，無作為化とは因子Bの水準ごとの因子Aの水準をどのキャビティに割り付けるかをランダムに行うことである．表1ではキャビティのランダムな割り付け例を$C(i)$ ($i=1, \cdots, 4$) によって表記している．このようにブロック因子を設定し，ブロック因子の各水準に比較したい処理の水準をすべて設定する実験を

表1　乱塊法の実験計画の例

処理バッチB	処理因子A			
	A_1	A_2	A_3	A_4
B_1	$C(2)$	$C(3)$	$C(1)$	$C(4)$
B_2	$C(4)$	$C(3)$	$C(2)$	$C(1)$
B_3	$C(3)$	$C(1)$	$C(4)$	$C(2)$
B_4	$C(2)$	$C(4)$	$C(1)$	$C(3)$
B_5	$C(1)$	$C(2)$	$C(4)$	$C(3)$

乱塊法とよぶ．ブロック因子（バッチ処理）による変動を誤差変動と分離できることが乱塊法（局所管理）の利点である．

●**ラテン方格法**　処理バッチをブロック因子とした表1の実験に対して，さらにキャビティもブロック因子（因子 C とする）としたい場合の実験計画を考える．2方向の局所管理を行うことになる．処理数を t とし，処理バッチのブロックの大きさを k_1，キャビティのブロックの大きさを k_2 とすると，$t=k_1=k_2$（このケースでは $t=k_1=k_2=4$）のとき，表2のような実験を立案できる．

表2の実験計画では，4水準の処理がどの同一処理バッチにおいても，どの同一キャビティにおいても1回ずつ行われている．このような実験計画をラテン方格法とよぶ．ラテン方格法では2つのブロック因子と処理が直交する．

表2　ラテン方格法の実験計画の例

処理バッチ B	処理因子 A			
	A_1	A_2	A_3	A_4
B_1	C_1	C_2	C_3	C_4
B_2	C_2	C_1	C_4	C_3
B_3	C_3	C_4	C_1	C_2
B_4	C_4	C_3	C_2	C_1

因子 C はキャビティ

●**BIBD**　表1の乱塊法に話を戻そう．処理数 t がキャビティ数4より多い場合はどのような計画が考えられるであろうか．この場合，同一ブロック内に比較したい処理のすべてを含めることができない．これを不完備ブロックという．1つの処理が同じブロック内で2回以上現れることはないという条件で，どの2つの処理を取り上げても同一ブロック内での比較を同じ回数（会合数という）行うことになる計画を立てることができる．

表3　BIBDの実験計画の例

処理バッチ （ブロック因子）	キャビティへの割付けは無作為			
B_1	A_1	A_2	A_3	A_4
B_2	A_2	A_3	A_4	A_5
B_3	A_3	A_4	A_5	A_1
B_4	A_4	A_5	A_1	A_2
B_5	A_5	A_1	A_2	A_3

因子 A は処理

表3がその一例である．表3は処理数 $t=5$ の場合である．このような実験計画をつり合い型不完備ブロック計画（BIBD）という．BIBDでは各処理間の比較精度が等しくなる．ちなみに，ラテン方格法に対する BIBD の実験計画をユーデン方格法とよぶ．

[仁科 健]

応答曲面法

●**応答曲面法と2次多項式モデル** 技術的な現象をモデル化するとき，工学的なアプローチによるモデル化ができるほど十分に，そのメカニズムの理解が進んでいない状況を想定しよう．このような状況では，別のアプローチとして，いくつかの因子（独立変数）$x_j (j=1, 2, \cdots, p)$ の条件を意図的に変化させ，その実験条件 $i (i=1, 2, \cdots, n)$ ごとに応答 y_i を獲得し，モデルを構築する．ただし，このような実験を行うには因子が絞り込まれていないと難しい．因子が絞り込まれていないと，実験回数が膨大になるからである．事前情報の整理と既にあるデータによる探索的な解析によって，応答への効果が大きいと期待される因子の絞り込みが必要である．

実験に取り上げた因子 $x_j (j=1, 2, \cdots, p)$ と応答 y との関係式が

$$y = \phi(x_1, x_2, \cdots, x_p) + \xi$$

であるとする．ここで，ξ は無作為化によって確率変数とみなせるものである．モデル化の目的が応答 y を最大（あるいは最小）とする因子の条件を決めることであるならば，2次計画が望まれる．2次計画の実験計画によって，因子 $x_j (j=1, 2, \cdots, p)$ に対する応答 y から，2次多項式モデル

$$y = \beta_0 + \sum_{j=1}^{p} \beta_j x_j + \sum_{1 \leq j \leq k \leq p} \beta_{jk} x_j x_k + \delta + \xi \tag{1}$$

を構築する．ここで，δ は2次多項式の当てはめの欠如（lof）である．lof は2次より高次の項を意味する．したがって，統計的に無視できるほど小さいことが望まれる．そこで，実験回数を n とすると，2次多項式モデルとして

$$y_i = \beta_0 + \sum_{j=1}^{p} \beta_j x_{ij} + \sum_{1 \leq j \leq k \leq p} \beta_{jk} x_{ij} x_{ik} + \varepsilon_i, \quad i=1, 2, \cdots, n \tag{2}$$

を仮定する．ここで，ε_i は

$$E(\varepsilon_i) = 0, \quad \mathrm{Var}(\varepsilon_i) = \sigma^2, \quad \mathrm{Cov}(\varepsilon_i, \varepsilon_l) = 0, \quad i \neq l$$

を満足する確率変数であることを仮定する．式 (2) のパラメータ数 q は

$$q = 1 + 2p + \frac{p(p-1)}{2}$$

である．

●**パラメータと応答曲面の推定** 式 (2) を行列表示すると

$$y = X\beta + \varepsilon \tag{3}$$

となる．ここで X をデザイン行列という．

最小二乗法によって式 (3) のパラメータ β を推定すると

$$\hat{\boldsymbol{\beta}} = (\boldsymbol{X}^t\boldsymbol{X})^{-1}\boldsymbol{X}^t\boldsymbol{y}$$

であり，$p=2$ のときには，$\boldsymbol{x}_z^t = (x_{z1}, x_{z2})$ での応答 y_z の推定値 $\hat{y}_z$ は

$$\hat{y}_z = \boldsymbol{z}^t(\boldsymbol{X}^t\boldsymbol{X})^{-1}\boldsymbol{X}^t\boldsymbol{y}$$

となる．ここで，

$$\boldsymbol{z}^t = (1,\ x_{z1},\ x_{z2},\ x_{z1}^2,\ x_{z2}^2,\ x_{z1}x_{z2}).$$

最小二乗推定量 $\hat{\boldsymbol{\beta}}$ の推定精度は，誤差 ε に対する上記の仮定から，

$$\mathrm{Var}(\hat{\boldsymbol{\beta}}) = \sigma^2(\boldsymbol{X}^t\boldsymbol{X})^{-1} \tag{4}$$

となり，$\boldsymbol{x}_z^t = (x_{z1}, x_{z2})$ での応答 y_z の推定値 $\hat{y}_z$ の分散は

$$\mathrm{Var}(\hat{y}_z) = \sigma^2 \boldsymbol{z}^t(\boldsymbol{X}^t\boldsymbol{X})^{-1}\boldsymbol{z} \tag{5}$$

となる．

●**実験計画** 2次多項式による応答曲面モデルを構築するための3水準系の実験計画について考えよう．3水準系の要因実験では3のべき乗の実験回数が必要となり，因子数が増えると実験回数が過大となる．

実験回数の削減する手段として3水準系直交配列実験（一部実施法）がある．しかし，3水準系直交配列実験では2因子交互作用に自由度4を費やす実験計画になっている．自由度4の2因子交互作用は，1次×1次，1次×2次，2次×1次，2次×2次の4つの積項に対応する．これは2次多項式モデルには過剰な自由度である．したがって，直交配列表の利用もそれほど効率的ではない．

2次多項式モデルを効率的に推定するための実験計画として，中心複合計画と

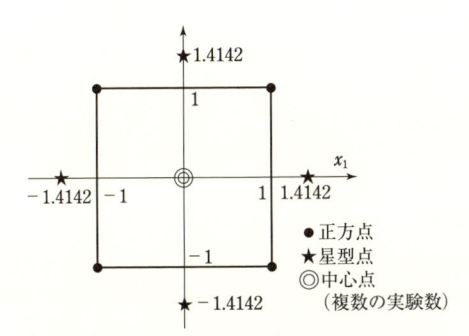

図1 $p=2$ のときの中心複合計画（回転可能性）

表1 図1の中心複合計画による実験結果の分散解析表

要因	平方和	自由度	平均平方
2次モデル	S_q	5	$S_q/5$
当てはめの欠如	S_{lof}	3	$S_{lof}/3$
誤差	S_e	$r_{ce}-1$	$S_e/(r_{ce}-1)$
計	S_T	9	

Box-Behnken 計画がある．ここでは，中心複合計画について記述する．
中心複合計画の実験点は，図1にあるように
 i) 2水準系の要因実験計画，あるいは2水準系 Resolution V の一部実施計画の実験点（正方点）
 ii) 実験の中心座標からの距離がすべて α にある各因子の軸上の実験点（星型点）
 iii) 実験の中心座標点（中心点）

からなる．ここで，距離とは上記 i) での正方点の座標が1，あるいは−1となるように，水準幅のを単位としたものである．これをコード化とよぶ．

上記の星型点の実験座標 α の値は，回転可能性，あるいは，直交性の観点から決定する．回転可能性とは，応答の推定量の分散（式 (5)）が中心点からの距離によってのみ決まる性質をいう．要因実験計画や一部実施法はこの性質を有していない．中心複合計画は元々各因子の1次項と各積項は直交している．ここでの，直交性とは2乗項の列の中心化することによって，各2乗項も互いに直交する性質をいう．

正方点での実験数を c とすると，回転可能性を満足する α は

$$\alpha = c^{1/4} \tag{6}$$

である．また，直交性を満足する α は，

$$\alpha = \{(c/4)(r^{1/2} - c^{1/2})^2\}^{1/4}$$

である．ここで，$r = c + 2p + r_{ce}$（r_{ce}：中心点での実験数）である．直交性には中心点の実験数も関係してくる．式 (6) によって回転可能性を満足する α を定めた上で，さらに直交性を満足する計画にする実験計画も考えられるが，このような計画は中心点での実験回数が過大になる．

今，因子数 $p=2$ で正方点での実験が要因実験計画（すなわち，$c=4$）のとき，回転可能性をもつ中心複合計画の実験点を図1に示す．式 (6) より $\alpha = 1.4142$ である．中心点での実験数 r_{ce} は3〜5が適当である．

実験回数の制約や，より高次な多項式モデルが要求される場合，既成の実験計画（要因実験計画，一部実施法や中心複合計画など）では対応できない状況も考えられる．このとき，想定される多項式モデルと実験回数を与えた上で，パラメータや応答の推定の最適性を追求した計画をカスタマイズすることができる（例えば，Box and Draper, 1987）．代表的な最適計画が D 最適化計画である．D 最適化計画は，式 (4) よりパラメータの推定量の一般化分散を最小にする意味で最適な計画である．

因子数 $p=3$ の2次多項式のフルモデルを仮定し，実験回数 $n=11$ の場合の D 最適化計画を図2に示す．図2の計画は D 最適化を求める代表的なアルゴリズムである修正 Fedorov 法（Cook and Nachtsheim, 1980）によって求めたもので

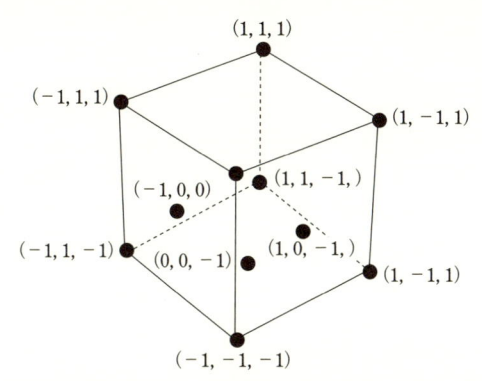

図2　$p=3$ の2次多項式フルモデルを仮定したD最適化計画（実験回数11回）

ある．式 (3) はデザイン行列 X の空間上で単峰である保証はない．使用するアルゴリズムによっては，あるいは，初期値によっては局所最適となる可能性がある．初期値を変更して最適条件かどうかを確認する必要がある．

●**モデルの妥当性の検討**　式 (1) を仮定し，図1の中心複合計画による解析結果を分散分析表にまとめると表1になる．当てはめの欠如（式 (1) の δ）の大きさを統計的判断することによって，式 (2) の2次多項式を仮定することの妥当性を検討する．$\delta=0$ であるとき（ε の仮定に正規性を加えると）$(S_{\mathrm{lof}}/3)/\{S_e/(r_{ce}-1)\}$ が自由度 $(3, r_{ce}-1)$ の F 分布に従うことを利用して，$\delta=0$ に対する仮説検定を行う．

●**最適化**　実問題では特性の数は複数であるケースが多い．このとき「望ましさ関数（例えば，参考文献 [3]）を用いて，各特性のウェイト付けを行う方法が1つの対応である．ただし，トレードオフの関係にある特性への対応は，トレードオフを生んでいる要因を摑むことが先決である．例えば，参考文献 [4] が参考になるであろう． [仁科 健]

📖 **参考文献**
[1] Box, G. E. P. and Draper, N. R., 1987, *Empirical model-building and response surface*, Wiley.
[2] Cook, R. D. and Nachtshein, C. J., 1980, A conparison of algorithms for constructing D-optimal design, *Technometrics*, **22**, 315〜324.
[3] Derringer, G. and Suich, R., 1980, Simultaneous optimization of several response variables, *Journal of Quality Technology*, **12**(4), 214-219.
[4] 宮川雅巳, 1992, 交互作用要素に基づく多特性実験データの要因解析, 応用統計学, **21**(1), 27-36.

配合実験

いくつかの種類のガソリンの混合物のオクタン価のように,混合成分の配合比には関係するが,成分の量には関係しない特性を想定しよう.混合成分の種類を p,各成分の配合比を $x_1, x_2, \cdots, x_p$ 混合物の特性を y とし,配合比と特性の関係を応答曲面としてモデル化を行いたい.このとき

$$\left.\begin{array}{l} x_j \geq 0, \quad j=1, 2, \cdots, p \\ x_1 + x_2 + \cdots + x_p = 1 \end{array}\right\} \tag{1}$$

の2つの制約条件が付加される.このような制約下で行う実験を「配合実験」(あるいは混合実験)とよぶ.例えば,応答 y を2次多項式の応答曲面モデル

$$\begin{aligned} y = &\beta_0 + \beta_1 x_1 + \cdots + \beta_p x_p + \beta_{11} x_1^2 + \beta_{pp} x_p^2 + \beta_{12} x_1 x_2 + \cdots \\ &+ \beta_{p-1, p} x_{p-1} x_p + \varepsilon \end{aligned} \tag{2}$$

によって表記したいとする.アプローチは通常の応答曲面法と同様であるが,式(1)の制約下での実験であることから,実験計画と多項式のパラメータ数において特徴あるものとなる.

●**単体** 式(1)の制約下での実験領域を $((p-1)$ 次元)単体といい,その座標系を単体座標系という.標準的な配合実験計画としては,単体格子計画と単体重心計画がある.

p 変数を m 等分した配合比

$$x_j = 0, \ \frac{1}{m}, \ \frac{2}{m}, \ \cdots, \ \frac{m-1}{m}, \ 1; \quad j=1, 2, \cdots, p$$

を実験点とするとき,$\{p, m\}$ 単体格子計画という.図1に $p=3$,$m=2$ の場合の実験点($\{3, 2\}$ 単体格子計画)を示す.

1つの成分が100%の実験点,2つの成分の配合比が等しい条件を実験点とし,順次 p 成分の配合比が等しい条件を実験点とする計画が単体重心計画である.

図1 {3,2}単体格子計画

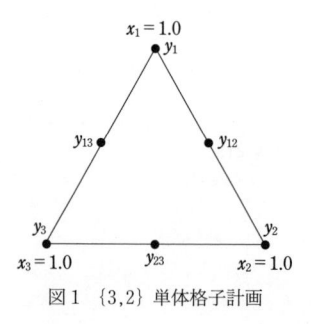

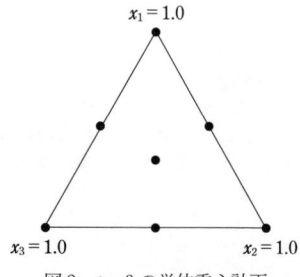

図2 $p=3$ の単体重心計画

$p=3$ の場合の単体重心計画を図2に示す．

●**応答曲面** 式(1)の制約条件が付加された配合実験計画では，式(2)の2次多項式のフルモデルに対して，パラメータ数を削減した応答曲面モデル

$$y = \gamma_1 x_1 + \gamma_2 x_2 + \gamma_3 x_3 + \gamma_{12} x_1 x_2 + \gamma_{13} x_1 x_3 + \gamma_{23} x_2 x_3 + \varepsilon \tag{3}$$

を想定できる．式(3)を正準多項式とよぶ．式(3)の正準多項式は2次多項式のフルモデルに対して，パラメータ数が4つ減少している．係数には

$$\gamma_j = \beta_0 + \beta_j + \beta_{jj}, \quad \gamma_{ij} = \beta_{ij} - \beta_{ii} - \beta_{jj}, \quad i, j = 1, 2, 3 \ (i \neq j)$$

の関係がある．

$\{3, 2\}$ 単体格子計画における実験の応答が図1の

$y_i \ (x_i = 1.0, \ x_j = 0.0 \ (i \neq j))$,
$y_{ij} \ (x_i = 1/2, \ x_j = 1/2, \ x_k (k \neq i, j))$

であるとすると，式(3)のパラメータの推定量として，

$\hat{\gamma}_i = y_i, \quad E(y_{ij}) = (1/2)\gamma_i + (1/2)\gamma_j + (1/4)\gamma_{ij}$

と $\hat{\gamma}_i = y_i$ から

$\hat{\gamma}_{ij} = 4 y_{ij} - 2(y_i + y_j)$

を得る．

●**制約** 環境規制など外部要因による規制から，各成分の配合比に制約が付加される場合も考えられる．各配合比の制約を一般化すると

$$L_j \leq x_j \leq U_j, \quad j = 1, 2, \cdots, p \tag{4}$$

となる．式(4)を満足する実験領域を求めた上で，実験計画としては式(4)の制約条件が定める多角形の各端点および辺，面などの重心を実験点とする「端点重心計画」が一般的である（例えば，図3）．ただし，必ずしも

$x_j = U_j, \quad j = 1, 2, \cdots, p$

となる配合比の実験点が存在するとは限らない．存在しない場合は，上限を小さくする工夫が必要となる． ［仁科 健］

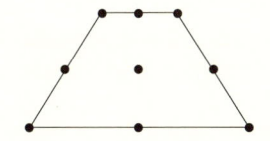

図3 配合比に制約がある場合の実験例（端点重心計画）[1]

📖 **参考文献**

[1] 岩崎 学, 1994,『混合実験の計画と解析』サイエンティスト社．

寿命分布

信頼性の分野では医学統計と異なり，一般に指数分布・ワイブル分布・対数正規分布・極値分布などのパラメトリックな扱いが可能である．これにより推定・検定に必要なサンプル数の低減と打ち切りされた後の寿命の予測（外挿）が可能となる．ただし，対象データを層別すべきか否か，分布型のあてはめなどの事前解析においてはノンパラメトリックな方法および確率プロット法が有用である．特に後者はデータの視覚化の点で有用である．寿命予測・外挿に関しては，これまでの故障メカニズムが打切り時点以降も続くか否かの検討が鍵を握る．この検討なしの予測・外挿には危険を伴う．

●**ワイブル分布・指数分布** 複数個の環（リンク）からなる鎖を両側から引っ張るとき最も強度の小さい環が壊れ鎖の機能が失われる（図1）．このときの強度，すなわち最小値の分布を最も簡単に表すものとして誕生したものがワイブル分布である（最弱リンクモデル）．物理的・機構的に理にかなっているだけでなく，

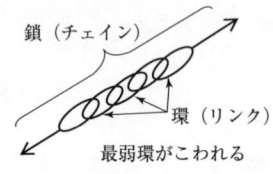

図1 最弱リンクモデル

金属の弾性限界，電子素子やボールベアリングの寿命など，実際の寿命分布としてあてはまりのよいことが実証されている．ワイブル分布の時点 t における累積分布関数（不信頼度）$F(t)$ は，

$$F(t) = 1 - \exp\left[-\left(\frac{t-\gamma}{\eta}\right)^m\right], \quad t \geq \gamma \tag{1}$$

により与えられる．確率密度関数 $f(t)$ は m により形状が変わるゆえ，m を形状パラメータという（図2(a)）．η は尺度を決めるもので，$\gamma=0$ とすれば，$t=\eta$ においては $F(\eta)=1-\exp(-1) \cong 0.63$ となり 63% が故障し，尺度パラメータとよばれる．γ は，故障がどこから始まるかを示す位置パラメータとよばれ，通常は

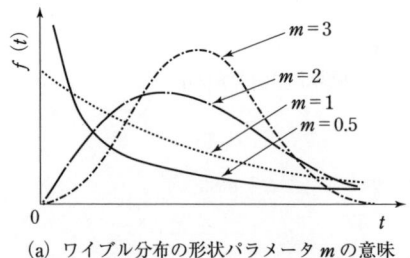

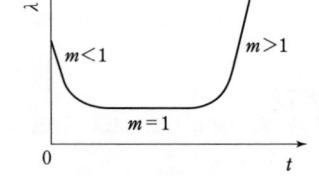

(a) ワイブル分布の形状パラメータ m の意味

(b) バスタブ曲線と m

図2 ワイブル分布の形状パラメータ m の意味とバスタブ曲線

$\gamma=0$ であるが，あらかじめ出荷前にスクリーニング操作を行ったとき γ はマイナスの値として，また，ボールベアリングなどでは γ はプラスの値となる．これらのうち，特に重要な点は形状パラメータ m と故障率との関係である．時点 t における故障率 $\lambda(t)$ は，$\gamma=0$ のとき，

$$\lambda(t)=\frac{f(t)}{1-F(t)}=\frac{m}{\eta}\left(\frac{t}{\eta}\right)^{m-1}, \quad t \geq 0 \tag{2}$$

となる．$m>1$ のとき t に関し増加関数，$m=1$ のとき，時点 t にかかわらず一定値，$m<1$ のときには t に関し減少関数となる．すなわちバスタブ曲線における初期故障期 ($m<1$；故障率減少)，偶発故障期 ($m=1$；故障率一定)，摩耗故障期 ($m>1$；故障率増加) のそれぞれと m とが対応関係にあることがわかる (図 2 (b))．したがって m を推定することにより，故障率の時間的推移を知ることができる．スクリーニングにより初期故障 ($m<1$) を，オーバーホールなどの予防保全により摩耗故障 ($m>1$) を取り除くことが可能となれば，偶発故障 ($m=1$) のみとなる．そこで，式 (1) において，$m=1$, $\eta=1/\lambda$, $\gamma=0$ とおけば

$$F(t)=1-\exp(-\lambda t), \quad t \geq 0$$

となり指数分布が得られる．多くの電子部品の m は 1 に近く (厳密には 0.8 ～0.9)，指数分布として扱われることが多い．

●**ワイブル確率紙** ワイブル分布のパラメータを推定する方法として，ワイブル確率紙を用いる方法，最尤法，モーメント法など種々の方法が開発されている[1]．例えば，式 (1) において $\gamma=0$ とおき，両辺に 2 度対数をとり，

$$\ln\ln\frac{1}{1-F(t)}=m\ln t-m\ln\eta \tag{3}$$

を得る．いま，左辺を Y，$\ln t \equiv X$，$m\ln\eta \equiv B$ とおけば，$Y=mX-B$ なる (X, Y) 座標に関する直線となり，直線の傾きが形状パラメータ m を与える．この関係を用いて手軽に，m や η，さらには，任意の時点の信頼度を求められるよう工夫されたものがワイブル確率紙である[2]．

なお，寿命データ解析においては，基本的に以下の 2 つの検討が必要である．

ⅰ) 質的解析：故障物理的検討(ストレス，故障メカニズム，故障モードの検討など)

ⅱ) 量的解析：信頼性特性値等の定量的分析(ワイブル解析，故障パターン分析など)

ワイブル解析などの量的解析結果の裏付けとして故障のメカニズムの検討などの質的解析を行うことが重要である． [鈴木和幸]

参考文献
[1] 鈴木和幸編著，2009，『信頼性データ解析』日科技連出版．
[2] 真壁 肇編著，2010，『信頼性工学入門』日本規格協会．

信頼性・保全性

　信頼性とは,"アイテム(対象とするもの)が与えられた条件の下で,規定の期間,要求機能を遂行できる能力"(JIS Z 8115 2000)と定義される.故障とは,要求された機能を果たせなくなった状態である.この故障をいかに防ぐか,すなわち,欠陥のない高信頼性の製品・システムをいかにつくりあげ,そしてその高信頼性を運用段階においていかに維持していくかが重要となる[1].後者を保全性という.

　信頼性を考える場合,いたずらに長くというのではなく,そのアイテムに期待される使用時間(任務時間とよばれる)において無故障であればよい.これにより過剰品質を避けることが可能となる.そこで,信頼性の定量的尺度として,図1に示す信頼度 $R(T)$ が用いられている.T は任務時間を表す.また,故障してしまっている割合を不信頼度 $F(T)$ で表す.その他,信頼性の尺度としてMTTF(平均故障寿命),B_{10}ライフ(10%分位点)などの尺度がある.一方,新幹線などの修理系のアイテムに対しては,MTBF(平均故障間隔)が用いられる.

●バスタブ曲線　故障の起こりやすさを定量化するものとして,故障率という大切な尺度がある.偶発故障においては,単位時間あたり何件の故障が発生するかを示す.厳密には,母集団を考え,時点 t の直前まで故障のなかったもののうち,次の単位時間における故障の発生割合を示すものが故障率 $\lambda(t)$ である(図1).この故障率は,減少型,一定型,増加型に大きく分類される.しかし,保全を伴わないシステム,機器などの典型的故障率は,これらのものが組み合わさり,図2のような「バスタブ曲線」となる場合が多い.$t=0$ の付近より,初期故障期・偶発故障期・摩耗故障期と3分割される.バグ(虫)を取り除くデバギングにより初期故障を,また,オーバーホールなどの予防保全により摩耗故障を取り除くことが肝要である.例えば半導体などは,高温と低温の交互の環境下にさらすヒートサイクル試験により,デバギングし初期故障を低減できる.偶発故障期は青

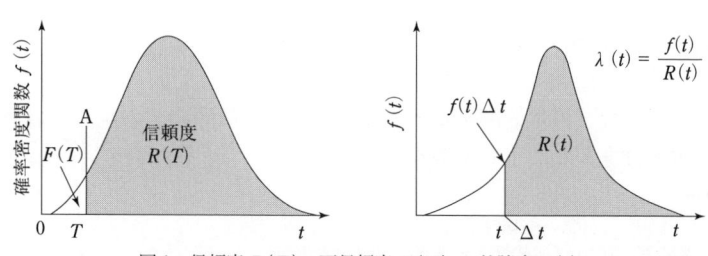

図1　信頼度 $R(T)$・不信頼度 $F(T)$ と故障率 $\lambda(t)$

壮年期にあたり，この主要因は交通事故のような偶然的なものである．偶発故障期を過ぎ，システムに疲労が蓄積されることにより，故障率は増加する．この摩耗故障期には，予防保全が有用となる．

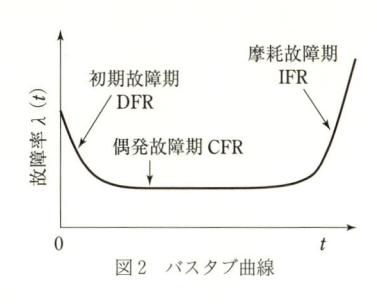

●**直列・並列システム**　複数の部品からなるシステムで，どれか1つの部品でも故障すればシステムの機能が果たせない（故障）とき，このシステムを直列システムとよぶ．仮に，3つの部品からなるシステムで，1つの部品が故障しない確率(信頼度)が0.90であれば，システム全体の信頼度は$0.90 \times 0.90 \times 0.90 = 0.729$となる．スペースシャトルでは600万点の部品が使われている．シャトルの600万個の部品が仮に3000個のユニットを構成し，各ユニットの信頼度が，0.9999であってもシステム全体としては0.9999の3000乗の約0.7となってしまう（図3）．10回の飛行のうち平均して7回しか成功しないことになる．そこで誕生したのが，冗長設計である．同じ機能をもつ部品を2つ以上システムに組み込み，それらがすべて故障したときのみシステムの機能が果たせず，少なくとも1つが正常であれば機能するような設計の方法である．これを「多重化」とよぶ．例えば，図3(b)のように信頼度0.90のコンピューターを3台用意しておけば，3台ともすべて故障する確率は$(1-0.90)$の3乗の0.001ゆえ信頼度は$1-0.001=0.999$となる．このようなシステムを並列システムとよぶ．故障時の影響が大きいシステムに対し，有用である．　　　　　　　　　　　　　　　　　　［鈴木和幸］

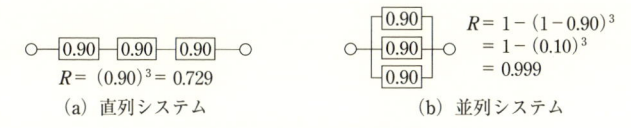

図2　バスタブ曲線

$R = (0.90)^3 = 0.729$
(a) 直列システム

$R = 1-(1-0.90)^3$
$= 1-(0.10)^3$
$= 0.999$
(b) 並列システム

図3　直列システムと並列システム

📖 **参考文献**
[1] 真壁 肇，他，2002，『品質保証のための信頼性入門』日科技連出版．
[2] 真壁 肇編著，2010，『信頼性工学入門』日本規格協会．
[3] 阿部俊一，1987，『システムの信頼性解析方法』日科技連出版．
[4] 市川昌弘，1990，『信頼性工学』裳華房．
[5] 鈴木和幸編，2008，『信頼性七つ道具R7』日科技連出版．
[6] 田中健次，2008，『入門信頼性』日科技連出版．
[7] 上山忠夫，1984，『構造信頼性』日科技連出版．

管理図

　製品の製造工程においては，日々安定して均質な製品をつくることが，品質管理の視点からは重要な目標となる．毎日工程が安定した状態に保たれているかを判断し，安定していない場合には処置をとって安定状態に管理していくために用いられる品質管理のための手法が「管理図」である．
●**2つの原因**　統計的品質管理の創始者であるW. A. シューハートは，品質に変動を与える原因を偶然原因と見逃せない原因の2つに分けた．偶然原因とは，工程において適切な作業標準を適切に使い，しかも材料や機械に異常がないにもかかわらず製品品質などの結果にばらつきを与える原因である．このばらつきは，技術的あるいは経済的に押さえることが困難であり，不可避原因ともよばれる．見逃せない原因とは，技術標準や作業標準が未設定であったり，守られなかった場合，あるいは材料が変わった，機械の性能が低下したなど，何らかの異常が起きて製品品質に大きなばらつきを与える原因である．異常原因，突き止め得る原因，可避原因，わけのある原因ともいう．異常原因は着実に排除し，偶然原因だけによる安定した状態を維持していこうとするのが統計的工程管理の考え方である．

　工程が安定した状態かどうかは，次の方法で判断する．ある工程が，一定の工程平均に保たれ，偶然原因によってのみ工程が変動しているとき，この工程からとられる品質特性値（寸法，重量など）のデータは，正規分布 $N(\mu, \sigma^2)$ に従うと仮定できる．統計的安定状態とは，この正規分布の状態で，平均 μ と標準偏差 σ が変わらず工程が推移することである．

　この工程から n 個のサンプルをとり，その平均 $\bar{x}$ を計算するとき，$\bar{x}$ は分布 $N(\mu, \sigma^2/n)$ に従う．また，$\mu \pm 1.96\sigma_{\bar{x}}$（$\sigma_{\bar{x}}$ は $\bar{x}$ の標準偏差，$\sigma_{\bar{x}} = \sigma/\sqrt{n}$）の中に $\bar{x}$ の95％が現れる．さらに，$\bar{x}$ が $\mu \pm 1.96\sigma_{\bar{x}}$ の外に出れば，μ が変わったと判断できる．これは，仮説検定の考え方そのものである．つまり，異常原因により工程の平均が変化したかどうかを知るためには，安定状態にあるときの μ と σ から，例えば $\pm 1.96\sigma_{\bar{x}}$ のような管理限界を定めておき，その限界を外れるかどうかを見ればよいことになる．ただし，一般に製造工程で用いられる管理図では，管理限界としては $3\sigma_{\bar{x}}$ が用いられる．つまり，通常の検定よりは，第1種の過誤を小さく設定することが一般的である．これは，異常原因を追求するためには工程を止めることもあるので，なるべく工程を無駄に止めないようにすること，原因追求の意欲をそがないようにすることなどが考慮されているためである．

　このように，工程平均から $\pm 3\sigma_{\bar{x}}$ の位置に管理限界線を設けて，工程を管理していくのが管理図の基本的な概念である．これを図式化したものを図1に示す．

　安定状態かどうかを判定するためには，管理限界を超えるかどうかが基本であ

るが，これだけでは異常の検出が遅くなる．そこで，管理限界線への接近，連，傾向など，連続した点の並び方による判断基準も用いて，検出力を落とさない工夫もされている．

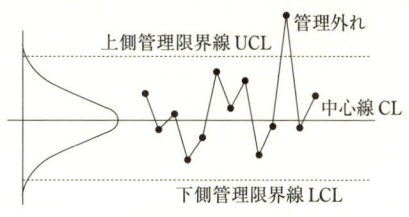

●$\bar{X}$-R 管理図とその他の管理図　寸法や重量などの計量的な品質特性値に対して最も一般的に用いられるのが $\bar{X}$-R 管理図である．$\bar{X}$-R 管理図の例を図 2 に示す．

図 1　管理図の概念

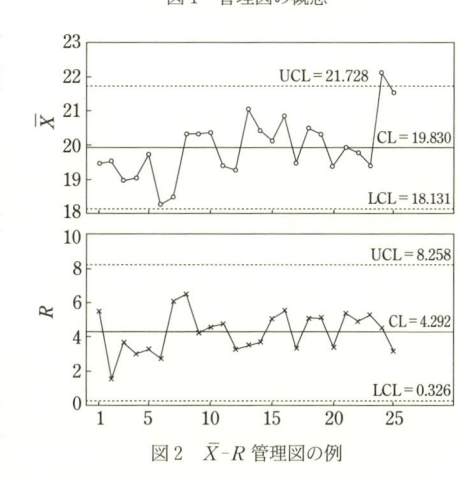

管理図を作成するには，偶然原因のみしか入り込まないようにグループに分け，そのグループ内のばらつきを求める．例えば，1 日あるいは 1 ロットのように分けることができる．これは，異常の発生により平均値が変化したとしても，1 日あるいは 1 ロットのように短い期間や小さなグループに分ければ，それだけ少ない原因の影響しか受けないはずであるから，その中のばら

図 2　$\bar{X}$-R 管理図の例

つきはあまり変わらないことが期待できるからである．このようにデータをいくつかのグループに分けることを「群分け」といい，各グループのことを「群」という．群分けにより，安定状態における偶然原因によるばらつきに近いものを求めることができる．

$\bar{X}$-R 管理図では群内のばらつきを範囲 R で求める．また，その平均 $\bar{R}$ から $\sigma_{\bar{x}}$ と R の標準偏差を推定し，それぞれの 3σ 限界を求めて管理限界線とする．群ごとに求めた $\bar{X}$ と R をプロットしたものが図 2 である．$\bar{X}$ 管理図では工程平均の情報を，R 管理図では工程のばらつきの情報を把握することができる．これらは通常対にして用いられるので，$\bar{X}$-R 管理図と組み合わせて用いることが多い．

計量値に対するその他の管理図としては，$\bar{X}$ の代わりに中央値を用いる Me(メディアン) 管理図，合理的な群分けができない場合に生データとその移動平均を用いる X-Rs 管理図などがある．

●その他の管理図　不良品など，二項分布に従う特性を管理するためには，p 管理図，np 管理図が用いられる．また，欠点数など，ポアソン分布に従う特性に対しては，u 管理図，c 管理図が用いられる．これらの管理図では，不良率や欠点数をプロットすることで，工程の安定状態を判定することができる．　　　　　[棟近雅彦]

官能検査

官能検査とは，人間の感覚器官を使って製品などの評価を行うことをいう．工業製品などでは，長さや重さといった物理特性での評価に加え，食品の味，ステレオの音質，テレビなどの見やすさ，携帯電話の使い勝手のように，人間による評価が重要な役割を示す．官能検査には，ある種の訓練を受けた専門家による評価と一般の消費者による評価とがあるが，前者は精密な測定器械に類似の扱いとなることからここでは主として後者の一般消費者による評価を念頭に置く．

●**実験の計画** 官能検査の実施に当たっては，人間の感覚器官は疲労しやすいことおよび個人差が大きいことを前提にしなくてはならず，それらの影響を最小限にとどめるため計画段階からの工夫が必要がある．同じ人であっても異なる時期での評価結果は異なる可能性も否定できない．1人の評価者が評価できる対象の数は限られることから，釣り合い型不完備計画（BIBD）の採用が現実的である．評価対象の個数を m，1人の評価者が評価する対象数（ブロックサイズ）を k，評価者数を b，各対象が評価される回数を r とし，任意の2つの対象が同じ評価者により評価される回数（会合数）を λ としたときのBIBDはBIBD(m, k, b, r, λ) と表現される．図1は全部で7種類の対象を7人の評価者が各4つずつ評価するためのBIBD$(7, 4, 7, 4, 2)$の例であり，ローマ数字が各被験者を表し，その行が被験者の評価する対象の番号を示している．各対象は4回ずつ評価され，同じ対象のペアは2人ずつで評価されている．各評価者への対象の提示をランダムな順序で行うなどの時間効果による偏りを避ける手立ても必要である．

I	1	2	3	6
II	1	2	5	7
III	1	3	4	5
IV	1	4	6	7
V	2	3	4	7
VI	2	4	5	6
VII	3	5	6	7

図1 BIBD$(7, 4, 7, 4, 2)$

評価法にも工夫が必要である．官能評価では物理測定のような精密な評価は不可能であり，評点法や順位付けもしくは一対比較法が主たる計測法となる．評点法では，「最も悪い」から「最も良い」までを5点法ないし7点法で評価する．順位付けの場合も，評価対象すべてを順位付けする完全順位法と例えばよいもの順に3つを順位付けするといった部分順位法とがあり，評価の困難さに応じて適切に選択する．一対比較法では2つの対象を比較してよいものを選ぶという単純な場合から，どのくらいよいのかを評点する方法もある．また，2つではなく3つを比較する3点比較法も用いられることがある．

●**データの解析法** 評点法（例えば評価を1から7までの数字で表現）では，①何段階で評価したらよいか，②整数値スコアそのものを用いてもよいか，が問題

となる．①については，評価の背景に連続的な量を想定し，評価結果はそれらのグループ化と解釈した場合，Cox(1957)によると5段階へのグループ化により元の連続データの持つ情報のうち90％は保たれるとのことである．日本人の性質として極端な評価はしないことを考慮すれば7段階評価で十分であるといえよう．②に関しては「最適スコア」を求めるという研究もあるが，そのためには何らかの仮定を必要とする上に再現性の保証もないので，整数値そのものを使っても不都合はないことが多い（「最適スコア」と整数スコアとの相関は経験上かなり高い）．順位に関しても同様で，特に多変量解析的な分析を行う場合には順位そのものを計量値とみなして解析しても差し支えない場合が多い．これは，計量データを順位化するノンパラメトリックな方法の効率の低下は大きくないことからも正当化される．

　一対比較法は多くのものを同時に評価するのが困難な場合，2つずつをペアにしてどちらが（どれだけ）よいかを評価するものである．全部で m 個の対象物があるとき，紅茶の試飲実験のように順序効果（残存効果）が予見できる場合には全部で $m(m-1)$ とおり，順序効果がない場合には $m(m-1)/2$ とおりの組合せがある．一対比較法では，例えば3つの対象 A, B, C に対し，A は B より好まれ，B は C より好まれるが，C は A より好まれるという矛盾した結果をもたらすことがある．これは一巡三角形とよばれ，評価があいまいな場合あるいは評価が多次元的な構造をもつ場合に生じる．一巡三角形の個数は評価の一意性の係数として用いられる．対象物の優劣の評価は逆にいえば評価者どうしの評価の一致性とみなすことができる．各評価者どうしの評価が一致していれば対象物に明確な優劣が生じていると解釈される．

　一対比較法で，対象どうしの比較結果を点数で表す方法をシェッフェの方法といい，何人の評価者で行うかによっていくつかの変法が考案されている．この方法では，第 j 番目の対象を先に第 k 番目の対象を後に第 t 評価者が評価した点数を x_{jkt} とするとき，点数に

$$x_{jkt}=(\alpha_j-\alpha_k)+\gamma_{jk}+\delta_{jk}+\varepsilon_{jkt}$$

なる線形モデルを想定する．ここで α_j は第 j 番目の対象の嗜好度（主効果），γ_{jk} は組み合わせ効果，δ_{jk} は順序効果，ε_{jkt} は誤差項である．観測値から各効果を推定し，分散分析表を用いて分析を行う．詳細は参考文献［1］を参照されたい．

［岩崎 学］

参考文献
［1］日科技連官能検査委員会，『新版官能検査ハンドブック』日科技連．
［2］Cox, D. R., 1957, *Journal of the American Statistical Association*, **52**, 543-547.

コラム：偶然の一致の確率

きわめて稀なことを実際に体験したり，ありそうもないことが起こるのを目の当たりにしたりすると驚きをもって報道されたりする．例えば以下はネットで拾った記事である．

裁判員，3回連続で呼び出し状「こんなに当たるの」：大津地裁（2009年10月31日：時事通信）

2009年10月26日から大津地裁であった滋賀県初の裁判員裁判で，裁判員を務めた大津市の男性（65歳）が，同地裁で11月に開かれる2, 3例目の裁判員裁判でも呼び出し状を受け取っていたことが31日，わかった．男性は「こんなに当たるものか」と驚いた様子で，家族に促され宝くじを購入したという．同地裁は，1例目で約3,600人の候補者名簿から，90人の候補者を抽選で選出．3回続けて選ばれるのは，同じ条件だと6,000分の1の確率となる．

この確率計算の根拠は，1回の抽選で選ばれる確率は $90/3,600=1/40$ であり，これが3回続くのであるから $(1/40)^3=1/64,000$ というものであるが，本当にこれで正しい確率計算といえるのであろうか．ある特定の人に注目していたとしたらこの計算は正しい．しかし，この記事にある男性はたまたま結果としてそうなった人のことである．だとすると，3,600人中で誰かが3回続けて当たる人がいるかどうかを問題としなければいけない．3,600人中で3回続けて当たる人が1人以上いる確率は，$1-\left(1-\frac{1}{64,000}\right)^{3,600}=1-\left(\frac{63,999}{64,000}\right)^{3,600} \approx 0.0547$ と計算される．大きな確率ではないがありそうもないともいえない．

筆者の受け持つ授業の一昨年のクラスでは○○友紀（ゆき）さんという女子学生がいたが，昨年○○友紀（とものり）君という男子学生がいた（苗字もまったく同じ），などというのはその例である．学生からもそのような偶然の一致（coincidence）の例を毎年集めていて，これぞcoincidenceという例には賞品を出している．「サークルのパーティーへお気に入りの新しいワンピースを着て行ったら，仲の良いほかの大学の友人がまったく同じワンピースを着て登場した．」などは女子学生らしい例である．「高校の時の登校中，電車の手すりに傘をかけたまま下車したが，下校時に駆け込んだ電車の手すりにその傘がかかっていた．」は賞品を獲得した例である．

統計の専門学術雑誌にも時たまcoincidenceの論文が載ることがあり，このような遊び心にあふれた論文も非常な好感と興味をもって読んでいる．

［岩崎　学］

9. 環境統計

　環境問題においても統計的分析は用いられている．分析を深くすれば，おおよそデータが表されない環境問題はほとんどないといってよい．しかし，環境問題の統計分析には際立った特徴がある．まず，現象優位であって，いわゆる統計的方法の応用として発想するのとは逆である．現象優位は統計学の歴史からみれば，創世記の統計学がそうであって，決して目新しいとか特別なものではない．現象ごとに1つの統計的分析法があって当然であり，現にそうである．そこをみてゆこう．

　また，その著しい学際性である．純粋に自然科学的にみれば，自然現象そのものがそれとして生起しているのであって，その段階では「環境問題」は存在しない．人為が介入したとしても，自然か学的にはそれとして対応反応が起きるだけで何の不思議もない．しかし，ひとたび社会として，人間側からみることで「環境問題」が生じるのである．いいかえれば，環境問題はそれ自体学際的課題であり，統計的方法の直接的適用でただちに解決できる問題ではなく，そこにその問題固有の難しさもある．そこもみてゆくものとしよう．

　とはいえ，統計的方法も進歩する．どう進歩するかは「歴史的にみなければはっきりしない．今までの統計的方法の蓄積限定している切れ切れになったノウハウの集まりになってしまい，息切れし，長続きしない．個別的統計分析から何を学ぶかも大きな課題である．　　　　［松原 望］

リスク評価の理論

●**リスクの定義** 自然環境中に生活する人間にとっては，地震，台風，洪水，気候変動をはじめとして，有害物質，さらには数多くの動植物が脅威となってきた．また，文明は機械をはじめとして多くの有用な装置を産み出したが，交通事故を例として，それは同時に，人為起源のリスクを伴っている．ことに人為起源のリスク（例：原子力）はリスク評価の大きな課題である．

「リスク（risk）」は，しばしば「危険」とも訳されており．概ね，次の必須の二要素からなる．

 i) 損失，被害，状態の悪化，利益や良好状態の喪失
 ii) その確率ないしは可能性

i) についてはその大きさ M（ことに大きい M），ii) についてはその確率 p（小さくても問題になる）が評価の問題になるが，いずれもその評価は容易でない．またそれが測定できないこと，ことに p が計量できないことが，リスクの本質とする説もあり，その場合を「リスク」とよばずに「不確実性」と称することも主張されている（F. ナイト）．

また誰がそのリスクを受けるか（リスクの負担）が問題の本質となることもあり，主として法律，経済で論じられる．契約における危険負担は計測よりも危険負担の帰属性の問題である．

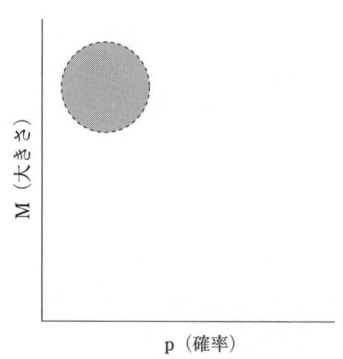

図1 リスクの問題領域

●**リスク計量の試み** 経済，経営の分野においては，後述するように，リスクの評価の方法はおのずから備わっており，方法論的に難しい根本の問題はないが，自然現象一般，医療，環境，心理，社会心理などの分野においては，評価は必ず

しも容易ではなく，さまざまな確証的理論の基礎がある．

〈原理論〉　歴史的には，将来（未来）が予知できないこと自体がリスクと考えられていた．この関係では確率論の発展がリスク計量の相当部分を分担したといってよい．パスカルの「賭けの決断」の確率論的扱いがその最初であり，J. ベルヌーイの『予測術』（Ars Conjectandi），ド・モアブルの『確率論の原理』などは確率論の発展に大きく寄与した．他方，D. ベルヌーイによる「聖ペテル（ス）ブルクの逆説」の解決は，歴史上初の効用概念の導入として，確率とならんで今日のリスク評価の一大支柱である「効用」の基礎を与えた画期的業績である．

〈期待効用仮説〉　リスク評価には"失なわれたもの""害されたもの"を評価する機能が必須であり，「財」や「活動」に対する価値評価として「効用」（utility）がある．D. ベルヌーイはその最初を与えたが，20世紀に到って，不確実性下における意思決定は効用関数の期待値の最大値と等価であるとする「期待効用仮説」が確立し（フォン・ノイマン），リスク評価の理論に効用関係が大きな役割を果たすことになった．実際，フリードマンおよび L. J. サベジによる効用関係の形状の理論から，限界効用逓減とリスク回避傾向が一致することが論じられ（D. ベルヌーイもすでに発見していた）効用関数からリスク回避度（絶対，相対），同値額などが定義され，今日，ミクロ経済学の基礎の一部をなしている．

〈確率の発展〉　確率はリスク評価の根幹部分をなすが，必ずしも一様，平板な議論だけではない．本当に不確実な状況は確率で数理的に表現することさえ不可能とする主張がある（J. M. ケインズ，F. ナイト）．一方，それは可能とする通説（F. ラムゼー，ベイジアンおよび理論の調査説）がある．その通説に従った適用が今日広く行われているが，リスク評価論の実践的面では種々の不便さも感じられている．一例として，期待効用仮説は確率の限界ケース「0 あるいは 1 に近い領域」では種々の逆説なかんずく「アレーの逆説」などをもたらし，確率が一様な内部構造をもつものではないことが，反省されている．

この文脈のなかで提案されたのが，「プロスペクト」(prospect)理論(Tversky)であり，「確率」に替わって人の見込み行動に合わせて，確率を再構造化した概念である．プロスペクト理論およびその関連・類似概念により，人のリスク認知行動の分析に大きな進展がみられるようになった．あわせて，ベイズ統計学の進展にともない，主観確率，個人確率の同定（エリシテーション）も，リスク評価の理論に有用であるといってよいであろう．

〈医療，疫学の分野〉　健康に対する脅威はそれ自体リスクであり，何らかの因子（原因）によって，疾患を発症する確率が高まるとき，それを「リスク因子」とよぶ．遺伝，毒物，化学物質，薬物，生活習慣，社会習慣，行動などに，それぞれの疾患の「リスク因子」がある．この場合，リスク評価は，素朴であるが，発症者数/その集団の調査人数で計算される．また，リスク因子の存在する集団（ハ

イリスク集団）と不存在特定集団の各比を計算してリスク比とし，それをリスク評価とする．

〈環境の分野〉 人の生活は，環境中のさまざまな物質，活動，手段などに囲まれて営まれており，それから多くのベネフィット（便益）とリスクを同時に受けている．両者を比較考査してリスク評価をするアプローチが「リスク・ベネフィ

表1 技術，活動，行動の社会的リスク social risk の順位評価（米国）
(1) 女性有権者団体，(2) 短期大学生，(3) 経営者団体，
(4) 大学教授，研究者，専門職

技術・活動・行動	(1)	(2)	(3)	(4)
	有権者	短 大	経営者	教 授
原子力	1	1	8	20
自動車	2	5	3	1
銃（handgun）	3	2	1	4
喫 煙	4	3	4	2
バイク	5	6	2	6
アルコール飲料	6	7	5	3
自家用飛行機	7	15	11	12
警察職務	8	8	7	17
殺虫剤	9	4	15	8
外科手術	10	11	9	5
消防職務	11	10	6	18
大規模建設工事	12	14	13	13
狩 猟	13	18	10	23
スプレー	14	13	22	26
登 山	15	22	12	29
自転車	16	24	14	15
飛行機	17	16	18	16
電 気	18	19	19	9
水 泳	19	30	17	10
避妊ピル	20	9	22	11
スキー	21	25	16	30
X 線	22	17	24	7
フットボール	23	26	21	27
鉄道	24	23	20	19
食品添加物	25	12	28	14
食品着色料	26	20	30	21
自動芝刈機	27	28	25	28
抗生物質	28	21	26	24
家庭用具	29	27	27	22
予防注射	30	29	29	25

ット分析」（費用便益分析）であるが，リスクもベネフィットも評価は容易ではない．ベネフィットは社会調査，公的統計などを用いて，いろいろな仮定，想定をおき，モデルを構築して帰属計算を行うのが，実務上もっとも現実的である．リスクは経済損失，および健康・生命に関する人的リスクなどを考慮する．人的リスクの場合，被害人数の平均値（確率論的期待値）が計算されることが多い．

他方，社会心理学的なリスク認知の研究も広く行われており，表1は米国におけるSlovicらによる「社会的リスク」（societal risk）の順位であり，主体によって大きくリスク評価の順位が異なる様子が観察される．

●**統計理論上のリスク**　数理統計学の検定では，帰無仮説と対立仮説の二仮設を立てることから，意思決定として，2種類の誤りのリスクとその評価がある．

第1種の誤りのリスク(生産者リスク)：帰無仮説が真のときに，それを棄却して対立仮説を採択する確率—品質管理において良品を不合格とする確率

第2の誤りのリスク(消費者リスク)：対立仮説が真のときに，それを採択せず帰無仮説を採択する確率—同じく，不良品を合格とする確率

第1種の誤りの確率は有意水準 α に等しく，制御されているが，第2種については，事前に制御されていない．これを1から引いた確率をその検定の「検出力」といい，成立していない帰無仮説を正しく棄却する確率である．検出力を最大化する検定が望ましい検定である．

●**保険・金融分野のリスク評価**　保険（Insurance）は契約によるリスクの移転であるが，この場合はリスクの算定と移転に伴う対価（リスクプレミアム）いわゆる保険料の算定が最大の課題であり，確率評価論，確率過程論を駆使した，クレームの分析，あるいはVaR（Value at Risk）などの，リスク尺度の定義づけが研究されている．

有価評価(securities)に対する投資のリスクもリスク評価理論の対象であるが，その基礎的アプローチは「ポートフォリオ」の平均利益率 μ と，リスクとしてのその分散 σ^2 ないしは標準偏差 σ によるもので「平均分散（EV）アプローチ」とよばれている．これはリスクを軽減ないしは回避する取り組みであり，リスク自体は実務的にはVaRが重用されている．投資のリスク評価での大きな課題はいわゆる派生商品，いわゆる「デリバティブ」とそのリスクヘッジ効果であり，ブラック・ショールズ価格式は価格付けの公式ではあるが，リスク評価式ではない．CDS（クレジット・デフォルト・スワップ）の価格などが，デリバティブないしはその取引主体の信用リスクの指標として事実上用いられている．　　　［松原　望］

環境計量学

　環境計量学は，環境問題の解明および対策への統計学的方法の応用，そして新たな数理的方法の開発を考究する新しい学問であり，環境現象の計量的なモニタリング，標本調査と影響評価などに数学やコンピューターモデリング技術により補強された統計学的方法を導入することを目的としている．日本では環境計量学という言葉はあまり普及せず，「環境統計学」という用語が広く用いられている．ここでは，環境計量学の起源，目標，基本方法と最近の動向について概観する．

●起源　環境計量学は，環境現象にかかわる分析，モデリング，変化予測にいかに計量的方法を利用するかということに焦点を絞り，しばしば大気や水の汚染，そして環境汚染による人体健康被害などの問題と関連づけられている．環境計量学という言葉は，アメリカのP.コックス教授が1971年にアメリカ国家科学基金に提出したある研究計画の中で使い始め，1972年の国際計量生物学会で再び提起され，環境研究分野に関する統計学の導入が提唱された．しかし，学問としての環境計量学の基礎，そして新しい科学としての範疇が確立されたのは，その18年後の1989年にエジプトのカイロで開催された初の環境計量学に関する国際会議の中であった．その後，広さと深さのどちらにおいても増えつつあった研究活動が展開されたことにより，国際環境計量学会（TIES）の発足，学術誌「Environmetrics」の創刊，そして環境計量学百科事典の刊行が促された．今日では，環境計量学に関する出版物や訓練コースが普及しており，産業先進国を中心に，複数の大学で環境計量学に関するプログラムや研究機構が創設されている．

●研究領域　環境計量学は環境を直接的に描く内的な要素と，学問的挑戦を確認する外的な要素から構成される．このように自然現象に対する感知とモデリングは行政基準と実際の環境修復に共通して必要とされる．したがって，環境計量学はほかの学問分野で十分に扱われていない課題を機軸としている．例えば，化学者は化学的な変化，物理学者は物理学上の過程，生命科学者は生物学上の過程，統計学者はデータ解析に専念するのは当然のことである．行政と社会のそれぞれの要望を満たすために，異なる学問的な実践の統合を行うことこそが環境計量学の研究領域を特定している．言い換えれば，化学，物理学，生物学，統計学などの専門知識を生かして，計量化と可視化の方法によりさまざまな環境現象を描くことを追求するのは，今日の環境計量学的研究にとって最大の知的挑戦である．

●環境データの収集　要因が複雑に絡み合った環境問題を解決するには，定点観測・調査により現場からデータを計画的に収集することが重要である．多くの環境計測は時空関連続体において行われるにもかかわらず，標本の代表性は無論，

データの無作為性,再現性とトレーサビリティも強く求められる.例えば,水については,処理水,地下水,下水,海水,飲用水などさまざまなものがあり,それぞれにおいて特定の計測方法が必要となる.

一方,情報の豊富なデータは,往々にして調査者の強い問題意識と綿密なデータ収集過程によりしか得られないものである.統計学者はかつてから農業試験や工業実験において「実験設計」というデータ収集方法を開発し,多くの研究領域に応用した.しかし,環境計量学で扱うデータ収集では,いくつかの特殊な難局を乗り越えることが必要である.例えば,川口の生物資源被害,都市上空の光化学スモッグ,地下汚水などの汚染源を特定するためには,センサーの設置場所や標本抽出の頻度などに関する具体的なデータ収集計画が必要である.標本としての地点はすべての対象地域をカバーしておかなければならない.したがって,情報の豊富なデータの設計は環境計量学の重要な課題の1つであり,試行錯誤を繰り返しながら成熟した方法を模索することが必要となる.

●環境データの分析法　環境計量学的研究では,位相幾何学的ならびに生態学的空間情報を基にした地図を用いることに終始する.これは地図が大量のデータの要約および個別地点の欠損値に対する内挿値を提供することができるからである.さらに,位相幾何学的な情報を用いれば,等高線による現象の3次元可視化が可能となる.一方,複雑な構造をもち,時空間データを主とした環境関係データを分析するために,探索的データ解析というアプローチが重要となってくる.その基本原則として,グラフの活用によりデータに潜む構造や新しい事実を発見することと,数理モデルの構築により環境現象の構造と観測値の不確実性を解析することをあげることができる.例えば,観測値の変動を扱う場合に,回帰分析,分散分析が重要な方法にもなるが,名義尺度や順序尺度で計測されるものが含まれると,対数線形モデルや一般化線形モデルなどを用いる必要がある.また,非線形関係を対象とする場合,モンテカルロ法やベイズ法を導入する必要がある.場合によって,メタ分析,ニューラルネットワーク,ブートストラップサンプリングを用いることも考えられる.

●国際環境計量学会　国際環境計量学会(TIES)は1989年に発足した,環境科学,環境工学,環境モニタリングおよび環境保全のための統計的ないし,ほかの計量的方法の開発と応用を主旨とする国際組織である.TIESは環境問題の解決に統計学者,数学者,理学者と工学者の積極的参加が不可欠だと強調し,多分野の研究者や実務者による幅広い協力を推進している.なお,1990年に学会誌が発刊され,2008年に国際統計学会(ISI)の正式な分科会として認められた.　[鄭　躍軍]

📖 参考文献
[1] El-Shaarawi A. H. and Piegorsch W. W. (Eds), 2002, *Encyclopedia of Environmetrics*, John Wiley & Sons.

森林インベントリー

　森林の集約的経営にはさまざまな情報を収集し解析することが必要である．例えば，伐採計画を考える際は，対象となる森林の樹種構成，樹齢，大きさ(胸高直径と樹高)，欠陥の有無などの情報が重要となる．一方，森林の多面的機能を経営目的に取り入れるときには，木材生産にかかわる情報のほか，土壌，水資源，野生生物，景観などに関連する時間的・空間的情報が不可欠となる．一般的に，林地を対象に森林の広さ，数量，品質，変化，健康状況などを計測するための統計的調査を森林インベントリー（森林調査）とよぶ．以下は木材資源量の査定と分析に重点を置きながら森林インベントリーについて説明する．

●**目的と歴史的変遷**　多くの国において森林インベントリーが長く続いている理由として，情報に基づく森林経営が求められていることにある．18世紀後半のヨーロッパでは主要な燃料であった森林がなくなるという恐怖に襲われたため，樹種構成および材積の定量的査定が目的であった．

　20世紀後半から木材生産機能のみならず，森林の公益機能の発揮も注目されるにともなって，森林インベントリーは，森林の現状と変化を時間的にとらえるだけではなく，林地規模や所有権などの空間的変化をも調査し始めた．これにともない，施業，更新状況，資産評価などの実務調査から経営計画策定，地域や全国の森林資源査定などの戦略的調査にいたるまで，森林インベントリーの目的が多様化していった．これらの調査は対象林分が重なる場合もあるが，目的や方法は明らかに異なっている．森林インベントリーの進め方は以下のとおりである．

●**一般手順**　調査対象の時空間的規模と目的が決定すると，具体的な標本設計が必要となる．天然資源調査によく活用される標本設計には，補助変数を利用せずに直接標本抽出を行う方法（単純無作為抽出，系統抽出，集落抽出など）と，空中写真や衛星データなどの補助変数を用いて標本抽出を行う方法（多段抽出，層別抽出，非等確率抽出など）がある．ここではおのおのの方法の特徴を念頭におきながら森林インベントリーの一般手順を概説する．

　(1) 標本単位の選定：面積に基づく方法もあれば，立木の大きさに依存する方法もある．前者は補助変数を用いずに標本単位を無作為に選んで情報を収集して森林全体の特質を統計的に推測する．標本単位を一定面積の帯状，円形，線状などのプロットとし，その大きさは目的によって $100\,\mathrm{m}^2$ から $1,000\,\mathrm{m}^2$ の間に変動する．一方，後者は立木の大きさという補助変数を用いて抽出確率が立木の大きさに比例するような不等確率抽出法（PPS）に基づく標本設計である．そのうち，林分内から標本点（ポイント）を選んで定角測定器具で木々を検視することで総

胸高断面積を推定する方法（ビッターリッツ法）が最も知られている．

(2) 標本抽出の操作：大縮尺の地形図やデジタル地図のほかに，GISやリモートセンシング情報を抽出の枠として用いることができる．標本の大きさは一般に調査精度，予算額，調査期間などに基づいて算定する．面積に基づく方法では，選定した標本抽出方法で林分プロットを順次抽出し，地図上にその位置を標記する．これに対して，ビッターリッツ法では林地の範囲内に無作為に点を標本点として選び，すべての標本点を地図上に記録する．

(3) 現地調査：調査手引きに沿って現地調査を行う．プロットの場合には，範囲内の対象立木の樹齢，胸高直径，樹高などを測ると同時に，樹種，位置，所有権などの情報も記録する．また，目的に応じて土壌，植生と野生動物などの状況を調べる場合もある．一方，ビッターリッツ法を用いた場合は，選ばれたそれぞれの標本点に立って周囲の立木の胸高直径を一定の視角で検視し，その視角より胸高直径がはみ出す立木の数をカウントする（図1）．そしてこの本数に視角の大きさで決まった定数を乗じて1haあたりの胸高断面積合計を求める．

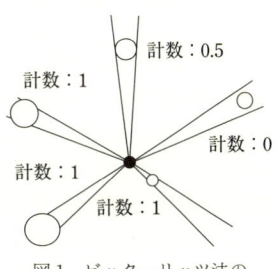

図1　ビッターリッツ法のカウント原則

(4) データの集計・分析：プロットから収集した調査データを基に，集計を行ったり，モデルを構築したりすることにより森林全体に関する情報を統計的に推測する．ビッターリッツ法の場合，おのおのの標本点で求められた胸高断面積に平均樹高を乗じて材積総量を推測することになる．ただし，断面積の情報しか提供しないため，プロットによる森林インベントリーを代替することはできない．

森林インベントリーにとって，現時の森林状況や収穫量などを推測することが重要な目的となるが，成長状況の時系列変化を推測することも不可欠である．その場合，以下のような継続調査が必要となる．

●森林継続調査　1930年代にいち早く固定プロットの定点観測に基づいた森林継続調査（CFI）の概念と内容が確立された．CFI用固定プロットのすべての木に番号を付けて，5年ないし10年ごとに調査が繰り返される．これによってそれぞれの立木の成長，伐採，枯死および進界木（胸高直径が一定の値（4cmか6cm）を新たに超えた木）の状況を追跡する．森林に関する情報については，アメリカ，中国，ヨーロッパなどで定点観測による国家規模での森林継続調査が実施されている．日本においても，1999年に全国で4km間隔の格子点上に約15,000個の円形プロットを設置して，5年ごとに森林資源モニタリングを開始し，継続している．

［鄭　躍軍］

📖 参考文献

[1] Burley, J., et al. (Eds), 2004, *Encyclopedia of Forest Sciences*, Elsevier Academic Press.

環境意識

　環境変化と人間活動のかかわりを議論する際に，環境意識という概念がしばしば登場する．一般的に，環境に対する考え方を内面的に網羅する精神活動を環境意識とよび，時空間により定義される環境の歴史，現状，変化，そしてとるべき保全対策に関する知識，価値判断，行動意向を要素として考えることが多い．身辺，地域，国家，地球といった，異なる規模の環境を客体とするときには，過去，現在，将来という時間軸に沿って人々の環境意識が移り変わる．環境意識は，人々の生活様式に影響を与えるのみならず，市民運動や消費行動などを通して企業の環境対策，政府の環境政策においても社会的役割を果たすものである．

● **形成過程と影響要因**　通常，人々は所与の環境の現状および変化を認知した上で，個人の価値観・感性のもとで環境意識を醸成する．図1は一般市民の環境意識の形成過程を示している．環境意識は，環境変化，社会，個人との相互作用により形成されるものである．環境意識に影響を及ぼす主な要因として次の4つのカテゴリーに分けられる．i) 持続時間と速度：水や大気の汚染のような変化は人に深く影響を及ぼすが，緩やかに進んでいる砂漠化や海洋汚染は影響が比較的小さい．ii) 規模と被害の程度：人は熱帯雨林減少のような大規模な変化には敏感であるが，緑地の減少のような小規模・軽度な変化には鈍感である．iii) 価値観・感性：環境変化に対する受容範囲や捉え方には個人差がある．iv) 環境情報の伝達：異なる立場から発信した情報は人々の認識に影響を及ぼす．

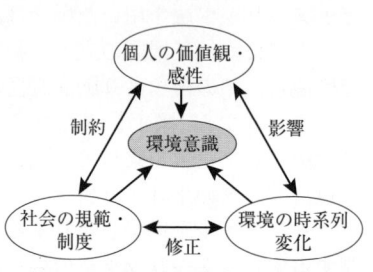

図1　一般市民の環境意識の形成過程

　これらの要因にとどまらず，個人の性別，年齢，教育状況，経済状況，環境との関係などの人口統計学的属性による影響も配慮する必要がある．

● **環境配慮行動理論**　1970年代以降，欧米の研究者らは環境意識と環境配慮行動との関係を研究し始め，多くの理論を提案した．一般に，環境配慮行動は市民運動，学習活動，消費行動，法的活動，身体活動，教育活動に分類される．

　鄭は環境配慮行動の影響要因を意識，信念，行動制御，個人的規範，外的要因に分解した上で，図2のような意識から行動までの環境配慮行動モデルを提案した．環境に対する個人的意識が行動の原動力である．生態学的世界観，行動結果配慮，責任帰属認知の信念を形成した上で，人々は行動を知覚的に制御する過程に入る．そして環境に配慮した行動をとる義務に関する行動意向が生まれる．こ

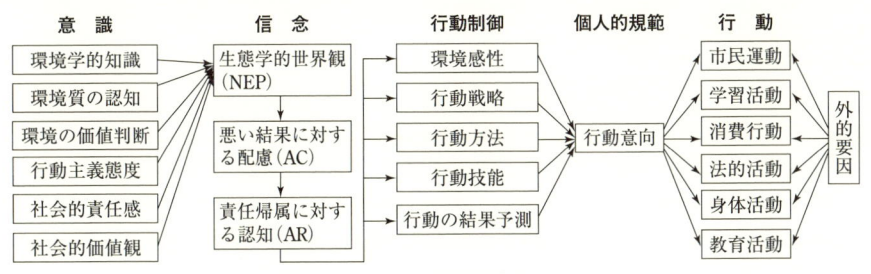

図2 一般市民の環境配慮行動モデル

の行動意向は情報伝達や行動に伴う費用などの外的要因からの影響を受け，その一部を環境配慮行動に定着させる．なお，因果関係連鎖の上位にある変数が下位に位置する変数に影響を与えるのである．

●**データの収集と分析** 環境意識研究では，集団的特性をもつ環境意識を明らかにし，人々の環境配慮行動を喚起するための情報を得ることを重要視している．つまり，一般市民を対象に環境意識を調査し，「データを中心に現象を理解する」という理念から，データに秘められている環境意識の本質を解明することが求められる．以下の4つの問題に留意することが求められる．

　i) 母集団を正確に定義し，個人標本を無作為に抽出し，データの妥当性と信頼性を確保できる調査を行う．ii) 時間の経過，増齢による影響を解き明かすための継続的調査を実施する．iii) 異なる国家・地域における共通点と相違点を解明するための国際比較調査を遂行する．iv) データに潜む環境意識の本質を明らかにするために多様なデータ分析を探索的に行う．

●**環境意識と環境評価** 環境評価とは，何らかの測度を用いて消費者の選好性により環境の変化を価値付けるという環境経済学的過程である．その本質は多数者の選好を尊重し，社会にとっての環境の望ましさを主観的基準で判断することにある．今日では環境評価の具体的な方法が多く開発されたが，人々に環境の価値を意識として聞き出すという表明選好法が最も広く用いられている．これらの手法の特徴は，自然科学でまだ完全に解明されていない生態系，大気，水資源などの複雑な天然資源を含め，あらゆる環境の価値を評価できることにある．実のところ，人々が環境の変化に値付けた結果は貨幣測度により表現した環境意識そのものである．　　　　　　　　　　　　　　　　　　　　　　　　[鄭　躍軍]

📖 参考文献
[1] 鄭 躍軍, 他, 2006, 東アジア諸国の人々の自然観・環境観の解析―環境意識形成に影響を与える要因の抽出, 行動計量学, **33**, 55-68.
[2] 総合地球環境学研究所編, 2010, 『地球環境学事典』弘文堂, 554-555.

放射線リスク

放射線は人の五感（視覚，聴覚，嗅覚，味覚，触角）で感じ取ることが不可能なため，被曝の可能性があると知った途端に不安になる人が少なくない．しかし，放射線は医療，工業など身のまわりのほとんどの分野で使用されており，放射線被曝は賢く怖がらなければならない．

●**放射能と放射線** 1895年にW. C. レントゲンがX線を発見してから，翌1896年のA. H. ベクレルによるウラン塩がX線と同様の感光作用をもつ透過性放射線を放出することの発見，1932年のJ. チャドウイックによる中性子の発見を経て，半世紀足らずで原子炉の開発，広島・長崎への原爆投下に至っている．なお，本項では，放射線は物質に電離作用を及ぼす電離放射線に限定する．放射能とは，物質が自発的に放射線を放出する性質で，そのような性質をもつ物質を放射性物質という．元素は原子核の構成要素である正に帯電した陽子の数 Z（原子番号）で決まるが，もう一つの構成要素である電荷ゼロの中性子の数 N が異なる同位体（同位元素）が一般に存在する．放射能の強さは，以前は1898年にラジウム，ポロニウムを発見し，放射能という命名をしたM. S. キュリーに因んで1グラムのラジウムがもつ放射能を単位とし，これを1キュリー（Ci）としていたが，SI単位系への移行後は，1秒間に崩壊（壊変）する原子核の数として，ベクレル（Bq）という単位で表されるようになった．$1\,\text{Ci} = 3.7 \times 10^{10}\,\text{Bq}$ である（放射能は測定可能）．原子核は Z と N の比が Z で定まるある範囲内にあれば安定であるが，そうでなければ不安定で崩壊して他の原子核に変わり，その際 α 線，β 線，γ 線とよばれる放射線を放出する（放射性核種）．α 線は陽子2個と中性子2個からなるヘリウム4の原子核の流れで，薄紙1枚で遮蔽できる．β 線は電子または陽電子の流れで，アルミニウムなどの薄い金属板で遮蔽できる．γ 線は電磁波で，遮蔽には鉛や厚い鉄の板が必要である．

●**放射線被曝** 体外からの放射線被曝を外部被曝といい，放射性物質が含まれる水や穀物，肉，牛乳などの食物の摂取（経口摂取）や，空気中に含まれているガス状あるいは粒子状の放射性物質を呼吸により肺に取り込むこと（吸入摂取）によって体内に入った放射性物質から放出される放射線への被曝を内部被曝という．放射線が物質（人体）を通過したときに単位質量の物質に吸収されたエネルギーを表す量を吸収線量といい，一般的な単位としてグレイ（Gy）が用いられる．$1\,\text{Gy} = 1\,\text{J/kg}$ である（吸収線量は測定可能）．

国際放射線防護委員会（ICRP）は低線量における確率的影響の生物学的効果比（RBE）に基づいて種々の放射線に対する放射線荷重係数を定めているが，β 線，

γ 線, X 線は 1, 中性子線はエネルギーにより 5〜20, α 線は 20 である. 吸収線量に放射線荷重係数を乗じたものは等価線量とよばれ, 単位としてシーベルト (Sv) が用いられる. さらに, 組織・臓器別の等価線量に, 身体の組織・臓器により異なる放射線の影響度 (放射線感受性) の指標である組織荷重係数を乗じ, 全身について合算した線量は実効線量とよばれる (単位は Sv).

GM 計数管などの放射線測定器では, 放射能は cpm で測定されるが, これは壊変によって放出される放射線を放射線測定器が 1 分あたりどれだけ検出したか (計数率) を示すものである. cpm から表面汚染汚染密度 (Bq/cm^2) や放射能 (Bq) に換算する係数は機器ごとに決まっている.

土壌に沈着した放射性核種によって受ける放射線量については, 種々の核種について, 放射性核種の降下量 (Bq/m^2) から現在受ける 1 時間あたりの実効線量 (nSv/h) (1 nSv=0.001 μSv) を算出するための換算係数が与えられている. 例えばセシウム 137 (Cs-137) の場合, 換算係数は 1.76×10^{-3} ($nSv/h/Bqm^{-2}$) であるから, Cs-137 の汚染レベルが 37 kBq/m^2 の土地では 1 時間あたりの被曝線量は $37,000 \times 1.76 \times 10^{-3}$ nSv ≒ 0.065 μSv となる. また, 放射性核種の時間による減衰を考慮して長期にわたって受ける放射線量を算出するための換算係数も試算されており, Cs-137 の場合は 269 (nSv/Bqm^{-2}) である. したがって, 上述の土地で長期にわたって受ける Cs-137 の放射線量は $37,000 \times 269$ nSv ≒ 10 mSv.

●**放射線障害** 放射線障害は大きく分けると, 被曝した個人に現れる身体的影響と, 被曝した人の子孫にまで及ぶ遺伝的影響となる. 身体的影響はさらに急性障害と晩発障害 (後障害) に二分される. 放射線被曝後数週間以内に症状が現れるものが急性障害であり, より長い潜伏期を経た後に現れるものが晩発障害である. 白血球減少, 皮膚紅斑, 脱毛などはいずれも急性障害であり, 発がん, 白内障, 寿命短縮, 胎児障害は晩発障害の代表である. 放射線障害の症状は複雑多岐であるが, その理由は, 放射線障害がすべての臓器・組織に起こり得ることと, 放射線障害に特有な症状のないことにある. 放射線障害の症状は種々の要因に関係し, その程度は, 被曝放射線の量・質, および被曝の態様によって異なる. また, 小児は成人に比べて影響を受けやすく, 被曝部位により症状の様相が異なる.

被曝の態様には, 放射線を短時間のうちに浴びる急性被曝と, 長期間にわたって浴びる慢性被曝がある. 同じ放射線量を浴びても, 単位時間あたりの線量 (線量率) は急性被曝の方が高く, 放射線障害の症状も重い. 原爆放射線被曝は急性被曝であり, X 線技師にみられる慢性放射線皮膚障害などは慢性被曝の例である.

身体的影響はまた, 確率的影響と非確率的影響の 2 つに分類される. 非確率的影響は, 被曝線量によって障害の重さを表すことができるもので, 脱毛, 皮膚紅斑などの放射線皮膚障害はその例である. この種の放射線障害の場合, これ以下の線量では障害が現れないという閾値 (しきい線量) が原則として存在する. 一

方,確率的影響は,放射線の量によって障害の程度を表すことができないもので,発がんと遺伝的影響はその例とされている.放射線被曝によって生じたがんや遺伝的疾患の重症度は被曝線量には関係しない.発がんおよび遺伝的影響において,被曝線量が影響するのは,その発生頻度(確率)である.確率的影響については,非確率的影響とは対照的に,しきい線量は存在しないと仮定されているが,この仮定を否定する議論が少なくない.

●**原爆被曝** 脱毛は放射線被曝による主要な急性障害の1つで,その発現が顕著であった時期は,被曝後第8週まで,遅くとも第10週以内であった.また,被曝後第3週から第5週までにおいて,白血球減少の度合と死亡率の間に相当の相関が認められている.1946年以降に発生した放射線に起因すると考えられる人体影響は,一般に,晩発障害(後障害)とよばれている.出現する人体影響は,個々の症例を観察する限り,一般にみられる疾病とまったく変わらない症状をもっており,放射線に起因するか否かの判定は不可能である.しかし,被爆者集団における発生頻度を考えると,一般集団に比べて発生頻度の高い疾病があり,そのような疾病は放射線に起因している蓋然性が高いと判断される.特に,被曝線量の増加とともに発生頻度の増加が認められる場合,疾病発生が放射線に起因している蓋然性はきわめて高い.

原爆放射線被曝による晩発障害の研究は国内外で行われており,国内では広島大学,長崎大学のほかいくつかの研究機関で行われているが,規模と調査精度の点で,原爆傷害調査委員会(ABCC)が1958年から開始し,1975年からはABCCを引継いだ(財)放射線影響研究所が行っている寿命調査(LSS)の右に出るものはない.LSSは,1950年の国勢調査の際に行われた原爆被爆の付帯調査において,原爆投下時に広島市,長崎市に居たと回答した約28万4,000人から抽出した約8万4,000人と,原爆投下時に両市に居なかった約2万6,000人(広島約2万人,長崎約6,000人)の対照からなる約12万人(広島約8万2,000人,長崎約3万8,000人)の固定人口集団の死亡を1950年に遡って現在も調査しており,最近では死亡のほかにがん発生の情報も収集されている.LSSの結果は国連科学委員会(UNSCEAR)に報告され,ICRPの勧告作成における重要な情報源となっている.

●**放射線リスクの推定** ポアソン回帰に基づく解析が多い.最近の解析の大半は,過剰リスクを背景リスクに相対的に表した過剰相対リスク(ERR)モデル,あるいは過剰リスクを総リスクと背景リスクの差として表した過剰絶対リスク(EAR)モデルのいずれかに基づいている.LSSの場合,年齢別瞬間リスクを次のいずれかで与えるモデルが用いられている.

$\lambda(c, s, a, b)[1+\text{ERR}(s, e, a, t, d)]$ または $(c, s, a, b)+\text{EAR}(s, e, a, t, d)$

ここに,λ は被曝線量0の場合の背景リスクを表し,市(c),性(s),到達年齢(a)および出生年(b)に依存する.また,過剰リスクは性(s),被曝時年齢(e),

到達年齢（a）および被曝からの時間（t）にも依存してよい．すべてのモデルがこれらの変数をすべて含むわけではない——実際，変数 e, t, a のうち2つが決まれば，残りは決まってしまう．ERR および EAR には母数モデルが用いられる．固形がん死亡率に関する最近の解析の大半は，次の形式のモデルに基づいている．

$$\text{ERR または EAR} = \rho(d)\beta_s \exp(\gamma e) a^\eta$$

関数 $\rho(d)$ は，閾値モデルやカテゴリカル（ノンパラメトリック）モデルも評価されているが，通常は，線量の線形関数または線形-2次関数が用いられる．線形関数 $\rho(d) = \beta_s d$ の場合，β_s は1Svあたりの過剰相対リスク（ERR/Sv）であり，便利な要約統計量である．母数 γ および η は，それぞれ，ERR/Sv の被曝時年齢および到達年齢への依存度を測っている．

●チェルノブイリ原子力発電所事故　国際原子力事象評価（INES）で最高のレベル7とされた史上最悪の原発事故から既に25年が経過した．これまでに国際原子力機関（IAEA），世界保健機関（WHO）などがまとめた事故の人体影響は次のとおりである．被曝者と考えられる人は，原発勤務者・消防夫など237人（致死量の被曝），1986～1987年の汚染除去作業者24万人（>100 mSv），1986年の強制疎開者11万6,000人（>33 mSv），高線量汚染地の居住者（1986～2005年）27万人（>50 mSv），低線量汚染地の居住者（1986～2005年）500万人（10～20 mSv）．入院した237人の原発勤務者・消防夫のうち，134人が急性放射線障害を起こし，そのうち28人は高線量被曝により3カ月以内に死亡した．さらに19人が2006年までに死亡したが，死因は多様で大部分は放射線被曝と無関係である．この大量被曝者における主な健康影響は皮膚障害と白内障である．上述の24万人を含め60～80万人が汚染除去作業に従事したが，これまでのところ白血病を含め放射線に起因する健康影響の証拠はない．汚染地域の一般住民については，事故当時小児であった人たちの中から6,000人以上の甲状腺がんが見つかっているが（15人は2005年までに死亡），それ以外に放射線に起因する健康影響について説得力のある証拠はない．最大の健康影響は無症状の精神的障害である．

2011年3月11日に発生した東北地方太平洋沖地震に伴う高さ十数メートルの大津波により東京電力福島第一原子力発電所では，電気設備がすべて破損され，地震で緊急停止した原子炉と使用済み燃料を冷却するシステムが作動せず炉心溶融に至り，周辺に大量の放射性物質が放出され，INES の最高レベル7に評価されている．3カ月経った現在も冷温停止の目途も立たず，限定的とはいえ，土壌の汚染レベルがチェルノブイリと同様の場所もある．チェルノブイリの教訓は牛乳などの食品摂取の規制には生かされたが，汚染地域住民の避難については十分に生かされているとはいえない．チェルノブイリの強制疎開者は25年経っても帰郷が叶わず，それが大きな精神的影響を与えている．　　　　　　　　　　　　　　　　　　　　　　　　　　　　　　　　　　　　［柴田義貞］

距離サンプリング：点過程に基づく統計量とモデリング

　図1は沖縄のヤンバルに設置された長期森林調査地における植物の空間分布図である．左の樹木は集中して分布し，パッチを形成している．中央の低木は集中しているようにもみえるがランダムな分布にも思える．右の木性シダでは，あまり高い密度のパッチは見られず，むしろある程度の間隔を空けた分布にもみえる．このような，すべての点の位置が x-y 座標系で与えられるデータは，樹木のほかにも動物の巣，コンビニやガソリンスタンドなど，日常的に広く見られる．ここでは，こうした点分布データを統計学的に吟味する方法を紹介する．

　樹木など調査対象の点と，平面上の任意の点を区別するため，以下では後者を「点」，前者を「樹木」と書く．また，樹木は空間的にどこでも同じ規則に従って集中なり間隔を空けて分布しているものとする（空間的定常性）．

●**ペア相関関数**　樹木の分布がランダム（定常ポアソン過程）のとき，任意の単位面積に樹木がある確率は独立に全体密度 λ に等しく，任意の2つの（小さな）単位面積に樹木がある確率は λ^2 となる．一般の分布に対して，空間的定常性の元では，2つの単位面積の両者に樹木がある確率はその距離 r にのみ依存する．そこで，この確率を λ^2 で割って正規化した距離 r の関数 $g(r)$ をペア相関関数という．

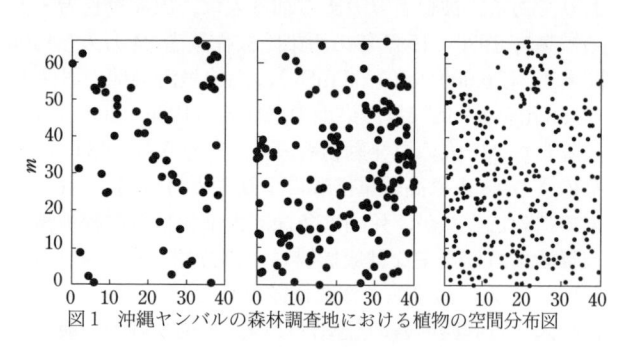

図1　沖縄ヤンバルの森林調査地における植物の空間分布図

　集中分布の場合，近接するペアが多いため，r が0に近い所で $g(r)>1$ となり，$g(r)$ の値がほぼ1となる距離 r がパッチのスケールに対応する．また，0付近の $g(r)$ の値は集中密度の高さを表す．逆に一定間隔を置く傾向のある分布では $g(r)<1$ となり，$g(r)$ の値がほぼ1まで上昇した距離が間隔のスケールに対応する．

●**データからの推定法**　図1のように有限領域で分布が与えられた場合，$g(r)$ は

$$g(r) = \frac{\sum_{i \neq j} W(\|X_i - X_j\| - r)/w(i,j)}{2\pi r} \cdot \frac{1}{n} \cdot \frac{1}{n/ab}$$

で推定できる．各樹木 i から距離 r 離れた樹木数を数えて平均する（n は樹木数）．密度を扱うので円周長で割る．ちょうど r 離れた樹木は存在しないから，

$$W(z) = (3/48)(1-(z^2/\delta^2)) \quad (|z| = d), \quad 0 \quad (|z| > d)$$

などのカーネル関数を使って数える．また，調査領域の境界に近い場合，外側は未調査のため距離 r 離れた樹木の数を過小推定する．そこで，樹木 i から樹木 j までの距離に等しい円周を描き，そのうち領域内に入っている部分の長さの割合

$w(i, j)$ に応じて樹木数を水増し推定する(エッジ補正).なおカーネル関数の幅 d には $0.2/\sqrt{\lambda}$ ぐらいの値が用いられるが,恣意性を含む.

図2の太線はこの式で計算した図1の樹木分布のペア相関関数である.確かに(a)は0に近い距離で高い値を示し集中分布,(b)はそれより弱いがやはり集中分布,(c)はさらに弱い集中分布だが,1m未満で間隔を空ける傾向が出ている.これは木性シダの葉は巨大なため重なり合うと互いに生息しづらいことを意味する.(a)では,同じ根元から複数の幹を出す種特性も影響している.

ランダムな分布でも偶然,集中してしまう場合がある.そこでデータと同じ数の点をランダムに作成し,ペア相関関数を計算する.この操作を繰り返し,各距離 r で 2.5% と 97.5% 点を取る.すべての r でデータから求めた $g(r)$ がその間に入ったら,そのような分布は偶然でも起こり得ると判断する.図2では実データは95%信頼区間を越えており,集中と,木性シダでは間隔を空ける傾向があるといえる.

● モデリング 図2からも集中のスケールはそれぞれ大略 4～5m と読み取れる.統計学的に定量化したい場合,樹木のように母樹から散布された子供による集中分布形成が考えられる場合,次のトーマス過程を適用する方法がある.

ⅰ) 母樹(すでに死んでいるため場所は不明)密度 λ でランダムに分布していた.
ⅱ) 各母樹は独立に強度 μ のポアソン分布に従う数の子供をつくった.
ⅲ) 子供は独立に平均0,分散 s^2 の2次元正規分布に従って母樹から散布された.
このとき,ペア相関関数は理論的に計算でき,$1+\exp(-r^2/4\,\sigma^2)/4\pi\lambda\sigma^2$ となることが知られている(子供数のパラメータ μ には依存しない).パラメータ (λ, s) を,この式とデータから求めた値との最小二乗法で推定すると,図2(a) は (λ, s) = (150本/ha, 1.4m),中央は (310本/ha, 2.6m) となり,パッチサイズを散布のされ方に関するパラメータ s で定量的に評価できる.さらに,図1の密度がそれぞれ 280本/ha と 600本/ha なので,どちらも1本の母樹が平均してほぼ2本ずつの子供をつくったことになる.こうして,今は亡き母樹密度,それらがつくった子供数,種子散布という過去の出来事を現在観察できる分布データから間接的に推定できるのである.ただし現実の植物は,散布に加え環境も影響するため,この推定値を鵜呑みにしてはいけない.　　　　　　　　　　　　　　　　　　　　[島谷健一郎]

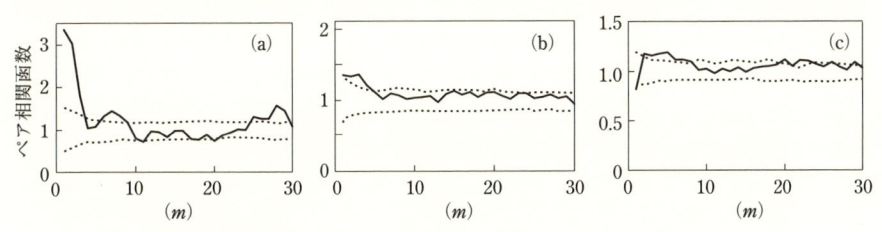

図2　図1の植物の空間分布に対するペア相関関数(実線)と200回のシミュレーションによる 95% の信頼区間(点線).

📖 参考文献
[1] 島谷健一郎,久保田康裕,「モデル(…?)による生態データ解析」種生物学会編『森林の生態学』文一総合出版,325-349.
[2] Illian, J., et al., 2008, *Statistical Analysis and Modelling of Spatial Point Patterns*, John Willey & Sons.

空間的相関

●**空間データと相関**　空間データには様々なものがあるが，位置が近いものほど似た傾向となることが多い．例えば，地下の鉱物資源の含有濃度や大気中の汚染物質の濃度が高い地点の近くでは，同様に高い値を示すことが多い．一方で，距離の離れたところとは似た傾向になるとは限らない．空間データに，相対的な位置関係（多くの場合，距離が用いられる）に応じて，統計学でいうところの相関が生じている時，空間的相関があるという．同じデータ間の空間的相関は，特に，空間的自己相関とよばれることも多い．空間的相関には上述のような正の相関だけでなく，負の相関もある．

Waldo Toblerの地理学の第1法則として知られる言葉 "Everything is related to everything else, but near things are more related than distant things." は，地理学のような人文科学系の分野に限らず，あらゆる空間データにおける空間的相関の原因を端的に表しているといえよう．

時系列データにおいて時系列相関が重要な関心事であるように，空間データの統計解析においても空間的相関は大きな関心事である．例えば，予測において空間的相関の情報を考慮すれば，それを考慮しない場合に比べ精度は高くなる．鉱山学で誕生し，今では空間内挿（予測）手法の1つとして最も広く用いられる手法であるクリギングは，空間的相関を考慮した統計学的手法として理論的にも確立されており，さまざまなデータに対して適用されている．また，データに対して何らかの統計モデルを当てはめる場合，例えば空間データに対して回帰モデルを作成する場合に，変数間あるいは誤差項間の空間的相関の存在を無視して，相関が存在しないことを前提としたパラメータ推定法を適用すると，信頼性の低い結果しか得られないこととなる．画像解析におけるノイズの排除や特徴抽出にも，空間的相関の考慮が有用である．さらに，空間的相関を局所的に検出，あるいは

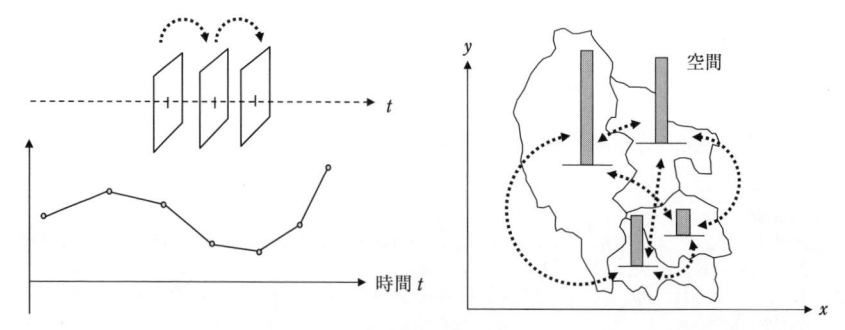

図1　時間と空間の違い

空間的な相関の及ぶ範囲を推計することは，疫学や犯罪分析を始めとしてさまざまな分野において行われている．

対象とする領域全体における空間的自己相関の有無を調べる診断指標としては，Geary's c 統計量や Moran's I 統計量がある．いずれの統計量においても，相対的な位置関係，すなわち隣接関係や空間内での距離が計算に用いられ，Geary's c は時系列相関の診断に用いられる Durbin-Watson 統計量 DW の，Moran's I は Pearson の相関係数の，それぞれ空間への拡張版と見ることができる．

●**時間から空間へ**　多くの場合，空間データが観測された位置は2次元または3次元空間における位置座標によって表現され，1次元上で表される時刻(時間)に比べて次数が多くなる．

数学的には，一見，次数の違いだけに過ぎないようにもみえるが，時間は過去から未来へ一方向に影響が及ぶのに対し，空間では双方向，すなわち相互に影響が及ぶという空間相互作用がある点で時間と空間の扱いには本質的な違いがあり，空間データを対象とした応用統計学の分野には独自の興味深い発展もみられる．

時系列の相関は，時間軸上の2つの時刻の差(間隔)である時間が相関の程度を決める．時系列データの多くが一定間隔(例えば1時間ごとや1ヶ月ごと)で観測されている．これに対し，空間データは，任意の点で得られる場合，メッシュ/グリッド単位で得られる場合，ポリゴンとよばれる不定形な領域(例えば，市町村境界で囲まれた面)単位で得られる場合など，形態もさまざまである．位置座標の異なるデータの間の距離をどのように定義するのかは(定義次第では「距離の公理」を満足しない場合もあり得る)，空間的相関を考える上で非常に重要な点である．実際には，単なるユークリッド距離が使われることが多いが，ポリゴンとポリゴンの間の距離をどのように計るのかにもいくつもの定義・方法が考えられる．また，2つの地点間に高い山脈のような障害物がある場合や，河川によって流される物質に関するデータを対象とする場合などには，単なる平面上のユークリッド距離を用いるのが適切でない場合もあり，特に社会経済活動に関する空間データを扱う際には，より顕著となる．

上述の空間相互作用も，分析の枠組みを時空間に拡張することで，時間方向では過去から未来へ一方向にしか影響が及ばないため，ある一時点でみた時の双方向性が解消されて数学的な扱いの難しさは緩和される場合もある．ただし，時間と空間という異なる次元をどう扱うのか，分析の対象とする空間データに応じた考慮が欠かせない．また，次元が増えることに伴う計算負荷の問題に悩まされることも少なくない．

空間データに内在する空間的相関は，水文学・鉱物学・地質学・生態学・免疫学・地理学・経済学など，さまざまな自然科学系あるいは社会科学系の学問分野において扱われており，「空間統計学」や「空間計量経済学」など，独自の発展経緯を経て一つの学問分野となりつつもあるものもある．さらに近年では，これらの学問分野の垣根を越えた研究も盛んになってきている．　　　　　　　　　　［堤　盛人］

自然資源モデリング：森林減少モデルの探求

　本項目では，典型的な自然資源である森林のデータを例として，一定の仮定のもとで事後的・帰納的に，法則性を洗い出す実例を紹介する．

●**森林減少の主要因**　主要な要因は，発展途上国における換金作物栽培，牛などの放牧，過度の焼き畑，材木の採取や燃料需要の増加，先進国における空気中汚染物質や酸性雨といわれる．つまり，これらの要因はすべて人為的な活動と関連しており，人口の増加に伴って森林が減少するモデルを想定することができる．一方，森林限界より下の急峻な傾斜地は，農耕地・住宅地としては適さず，また地滑り防止からも，森林を残存させると考えられる．

　この意味からまず基準地域メッシュデータを用いて，人口密度および起伏量により森林被覆率を説明する．ある約1km^{2}メッシュ内の人口密度をNとし，Rをそのメッシュでの起伏量，すなわち最高標高と最低標高の差とする．さらに$F \equiv F(N, R)$を生態学的疎林を含むメッシュごとの森林被覆率$(0<F\leqq1)$とする[1]．

●**階段関数による関数型の示唆**　FはNとRの回帰モデル$F=g(N)+h(R)+$誤差で表現できるものと仮定する．しかし，このモデルでは，予測したFが負となったり1を超える場合が発生してしまう．そこで

$$L(F) \equiv \log \frac{F+0.5}{1-F+0.5}$$
$$= \beta_0 + g(N) + h(R) + 誤差 \quad (1)$$

により拡張ロジット変換した場合に大幅なAICの改善がみられた[2]．$g(N)$は減少関数，$h(R)$は増加関数とする．ただし，$g(0)=h(0)=0$．このとき，回帰関数$g(N)$と$h(R)$を階段関数によって近似した．$\hat{g}(N)$と$\hat{h}(R)$に表1のモデルを広島県のデータにあてはめて推定した結果は，図1, 2である．

　図1の階段関数はシグモイド型，図2では対数関数を示唆しているので，式(1)の関数型候補として表1の関数群を考える．

●**空間依存する誤差をもつ非線型回帰モデル**　メッシュあたりの森林面積は，木材運搬路などの交通手段により，近隣のメッシュに影響され

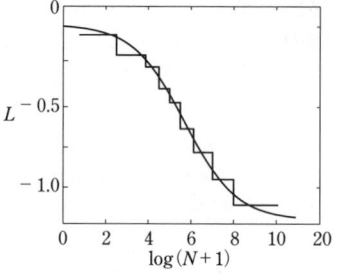

図1　階段関数と回帰関数 $g_2(N)$

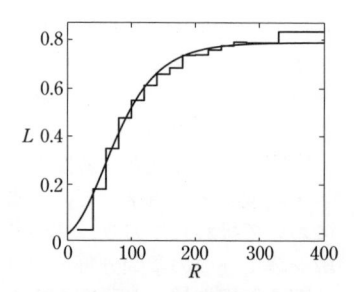

図2　階段関数と回帰関数 $h_3(R)$

表1　階段関数の形から推定される非線形モデル

$g_0(N)$ = 階段関数	$h_0(R)$ = 階段関数
$g_1(N) = -\alpha \log(N+1)$	$h_1(R) = I(R>\theta) \cdot \delta \log(R-\theta+1)$
$g_2(N) = -\dfrac{\beta_1}{1+\exp\{\beta_2-\beta_3\log(N+1)\}}$	$h_2(R) = I(R>\theta) \cdot \delta \log\left(\dfrac{R}{\theta}\right)$
$g_3(N) = \beta\,[1-\exp\{\alpha \log(N+1)\}]$	$h_3(R) = \gamma_3 \exp(-\gamma_1 e^{-\gamma_2 R})$
	$h_4(R) = \dfrac{\gamma_1}{1+\exp(\gamma_2-\gamma_3 R)}$

ることが容易に想像される．座標 (x, y) のメッシュにおける式 (1) の誤差項を e_{xy} とする．このとき，次の条件付正規分布モデル
$L_{xy}\mid L_{x+1,y}, L_{x-1,y}, L_{x,y+1}, L_{x,y-1} \sim N(\mu_{xy} + \phi\,(e_{x+1,y}, e_{x-1,y}, e_{x,y+1}, e_{x,y-1}), \sigma^2)$
を仮定すると，同時分布が導出され，AIC が得られる[2]．

表2は推定した各モデルの AIC である．空間的に独立な誤差をもつモデル，および上位3モデルと階段関数 $g_0(N) + h_0(R)$ に対しては空間モデル（表2では spatial）も考察した．その結果，空間モデルは独立誤差モデルの AIC を大幅に改善し，中でも $g_2(N) + h_2(R)$ の空間モデルが最良であることがわかった．なお空間モデルの母数推定値は次のようだ．$(\hat{\beta}_0, \hat{\beta}_1, \hat{\beta}_2, \hat{\beta}_3, \hat{\delta}, \hat{\theta}, \hat{\phi})$ = (0.2813, 1.254, 4.566, 0.7656, 0.3340, 26.29, 0.1610)．表1のモデルを東アジアの4地域にあてはめた場合も，空間モデルの優位性や回帰関数の選択についてほぼ同様な結果を得た[2]．地価などの説明変数の追加や回帰関数のさらなる検討を考えている．実データで得られた成果を基に時間発展的な成長モデルを求めて，理論的な因果関係の探求を推し進めるなどの展開が今後さらに期待されよう．　　　　　　　　［田中章司郎・西井龍映］

表2　各モデルの AIC 値（サンプル数＝8,538，AIC＋35,904.03）

	h_0	h_1	h_2	h_3	h_4
g_0	539.33	620.29	614.60	562.20	589.71
g_0 spatial	531.70	—	—	—	—
g_1	1,044.08	1,138.48	1,213.57	1,098.81	1,125.73
g_2	457.31	607.84	557.14	503.7	524.96
g_2 spatial	—	—	0.00**	00.97*	24.62
g_3	618.53	724.85	737.13	665.43	691.26

spatial：空間モデル，＊＊：最小値（最良モデル），＊：次点．

参考文献

[1] Tanaka S., 1995, A quantitative aspect on man-land interrelations：case study of deforestation in Japan, *Ecological Engineering*, 4, 163-172.
[2] Tanaka S. and Nishii R., 2009, Nonlinear regression models to identify functional forms of deforestation in East Asia, *IEEE Trans. Geosci. Remote Sens*. **47**(8), 2617-2626.

環境リスク評価

●**環境リスク** 環境リスクとは，人為活動により環境が変化し，それによって人や野生生物に好ましくない影響が生じる可能性のことで，人健康リスクと生態リスクに大別される．日本では過去に重篤な公害事件で汚染物質により人の健康が損なわれ，農薬の散布でトキやコウノトリが絶滅した．また，沿岸の開発が魚の産卵場を破壊し，漁業資源を減少させた．このような人為活動による環境の改変を通して人健康や自然生態系に被害が及ぶことは公害あるいは環境影響とよばれてきた．しかし近年は，

 i）原因が明確な大きな影響については環境対策が進んだ一方で，原因が不明確な小さい悪影響が残されてきたこと，

 ii）悪影響を完全になくすことが不可能で，ある程度の影響を許容せざるを得ない場合が出てきたこと，

 iii）対策すべき対象が多数あり，優先順位をつける必要があること，

などの理由からリスクとして捉えて定量化し，比較可能にしようという考え方が主流になった．開発行為も規制行為も，まず環境リスク評価によって影響や効果を推定してから実施に移される時代になろうとしている．

●**環境リスク評価の手順** 環境リスク評価への取り組みは，アメリカにおいて1970年代の環境関連法規の整備と共に始まった．初期の手順書としては，アメリカ科学カウンシル（NRC）による「連邦政府におけるリスク評価」（NRC, 1983）が有名である．この中で，科学的な作業のリスク評価と，政治・社会的な判断が加わるリスク管理は分けて行われるべきとされたが，現在では，両者には相互関係があるという考え方が受け入れられている．しかし，そこで提示された評価の枠組みは今も変わっていない．すなわち，

 i）有害性の同定：影響を評価する指標（エンドポイント）の選択，

 ii）用量-応答関係の評価：化学物質の曝露（または，影響を与える行為）の大きさとエンドポイントにおける変化の関係の明示，

 iii）曝露評価：化学物質の曝露量（影響を与える行為の大きさ）の評価，

 iv）リスク判定：i）～iii）を総合したリスクの大きさの評価，

の4段階である（NRCは化学物質によるリスクについて主に述べているが，開発行為などでも同一枠組みが利用できる）．

●**人健康リスク評価** 環境リスク評価の1つで，生態リスク評価より古い歴史をもつ．人健康リスクは，多くのがんのように閾値（これ以下では影響がないという曝露量）のない場合と，メチル水銀中毒（水俣病）やぜんそくなどのように閾

値がある場合の2つに大別でき，それぞれ，発がんリスクと非発がんリスクとよばれる．一般に遺伝子損傷性を有する放射線や物質による発がんは閾値がないとされ，発がんメカニズムがわかっていない場合は，発がんリスクは曝露量に対して線形と仮定され，係数が発がん強度となる．ここで，発がん強度は単位曝露量に対する発がん率の増分で，動物実験や人の疫学データから統計学を用いて推定される．他方，閾値がある場合は，ハザード比（HQ，曝露量/許容摂取量）や曝露マージン（MOE，無影響レベル/曝露量）によって評価されることが多い．HQは1を超えるとリスクの懸念ありと判定する．MOEでは値が大きいほど安全性が高いことを示し，無影響レベルの不確実性を考慮してリスク判定を下す．

なお，発がんと非発がんリスクを統合した損失余命などの新しいエンドポイントも提案されている．

●**生態リスク評価** 生態系リスクも環境リスク評価で大きな位置を占めるようになってきた．評価方法としては，生物個体に対する毒性試験の結果に基づく評価から，個体群の存続性に基づく評価，種間相互作用を考慮した評価など，多様な生態系をそのまま評価しようとする高次のエンドポイントまで，多くの評価法が提示されている（図1）．低次のエンドポイントによる評価は用量-応答関係が得られやすく確実だが，生態系の総合的な評価性に欠け，高次のエンドポイントでは，評価性は高いが評価の実行が困難である．また，生態リスク評価として生態系の多様性を維持することをもって目標とすべきか，生態系から人が受けるサービス（自然の恵み）の維持をもって目標とすべきかという議論もある．

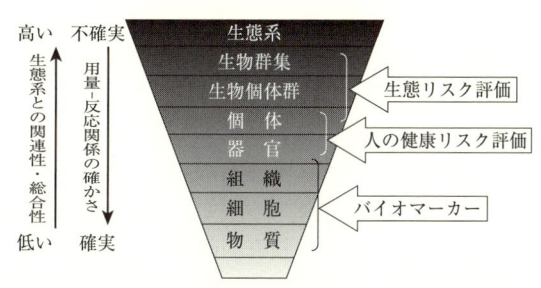

図1 環境リスク評価におけるエンドポイントの階層[2]

●**環境リスク評価におけるエンドポイント** 人健康リスク評価では個体レベルの影響が問題とされる．他方，生態リスク評価では個体の生死は問題でなく（絶滅危惧種などの場合を除く），種として存続できるか，あるいはある種は絶滅しても代替種がその生態系を維持できるかが問題とされる．これが両リスク評価の大きな違いである．現実の場面では両リスクはトレードオフ関係の場合も多く，両者を比較することが求められるが，まだそれらを統一したエンドポイントは提案されていない．　　　　　　　　　　　　　　　　　　　　　　　　　　　　　　　　　[益永茂樹]

📖 **参考文献**

[1] NRC, 1983, *Risk assessment in the federal government : Managing the process*, National Academy Press.
[2] Pastorok, R. A., 2002, *Ecological Modeling in Risk Assessment*, Lewis Publishers.

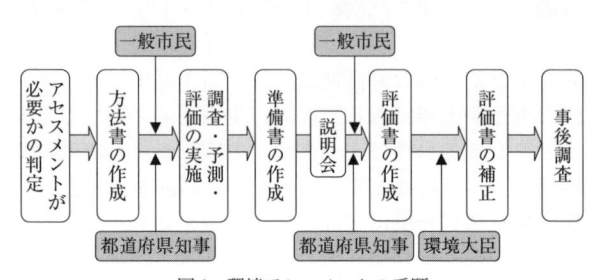

環境アセスメント

　環境アセスメントは，開発などが環境に及ぼす影響を事前に評価して，環境への影響を軽減し，あるいは開発計画などの意志決定に反映させる制度である．

　例えばダムを建設する場合を考えると，ダム建設によって水供給量が増加し，洪水などの災害を防止することが可能である．しかし，一方ではダム建設によって下流の水質が変化し，流域に生息する動植物が影響を受ける可能性がある．そこで，ダム建設を実施する前に，こうした環境への影響を事前に調査し，環境への影響が深刻と予想される場合には，ダムの規模を縮小するか，あるいは魚道を設置するなどの環境対策を導入することで環境への影響を緩和する必要がある．このように環境影響を事前に調査し，事業計画に反映させるための手順を定めたものが環境アセスメントである．

●**環境影響評価法と環境アセスメント**　日本では1970年代から環境アセスメントの必要性が指摘されてきたが，環境アセスメントを導入すると開発計画が遅れるのではないかとの懸念が強く，制度の導入が長らく見送られてきた．しかし，全国的に開発をめぐる対立が深刻化したこともあり，1997年に環境影響評価法が制定され，ようやく環境アセスメントの制度が実現した．

　図1は環境影響評価法による環境アセスメントの手順を示している．まず，環境アセスメントが必要かどうかの判定が行われる．必要と判断された場合，事業者は，環境への影響を，どのような項目をどのような方法で評価するかを示した「方法書」を作成して公開する．公開された方法書に対して，一般市民や都道府県知事は意見を提出することができる．

図1　環境アセスメントの手順

　次に，方法書に従って環境への影響の調査・予測・評価が行われる．評価項目には，大気汚染，騒音，水質汚染，土壌汚染，動植物，生態系，景観，廃棄物，温暖化などが含まれる．

　調査・予測・評価が完了すると，アセスメントの草案である「準備書」が公表される．準備書では事業計画を実施したときの環境への影響を示すとともに，環境への影響を低減するための対策が提示される．事業者はアセスメントの結果を

地域住民に知らせるために説明会を開催し，ここで地域住民は意見を述べることができる．また都道府県知事も意見を提出することができる．

事業者は，これらの意見をふまえて最終的な「評価書」を作成する．評価書は環境大臣による審査を受け，必要な場合は補正が行われる．環境への影響の予測の不確実性が高い場合は，環境への影響を確認するために事後評価も実施される．

●**海外の環境アセスメントとの違い**　世界で最初に環境アセスメントを法的に定めたのは，アメリカの国家環境政策法 NEPA(1969) である．国家環境政策法は，連邦政府が実施する事業・計画・政策などに対して，環境への影響が予想される場合は環境アセスメントの実施を義務づけている．またアメリカの環境アセスメントは，調査方法や調査結果について一般市民の公表し，一般市民から提出された意見を反映させることを義務づけている．さらに，アセスメントを実施する際には複数の代替案を用意し，比較検討することを求めている．

ヨーロッパでは EIA 指令 (1985) により EU 各国で環境アセスメントの導入が進んだ．当初は事業評価のみであったが，SEA 指令 (2001) により環境に影響を

表1　各国の環境アセスメント制度

	アメリカ	EU		日本
法律名 (制定年)	国家環境政策法 (1969)	EIA 指令 (1985)	SEA 指令 (2001)	環境影響評価法 (1997)
対象　事業	○	○	×	○
計画	○	×	○	×
政策	○	×	×	×
市民参加	義務	義務	義務	義務
代替案評価	義務	推奨('85) 義務('97)	義務	規定なし

及ぼす計画も評価対象に含められるようになった．EU でもアメリカと同様に一般市民への意見を反映させることが義務づけられている．また代替案評価は当初は推奨にとどまっていたが，その後は義務化された．

一方，日本の環境影響評価法は，事業評価のみ対象であり，環境に影響を及ぼす計画や政策は評価対象には含まれない．市民参加が義務づけられているが，事業計画の初期段階では情報が公開されず，市民が意見を提出することはできない．代替案評価が義務づけられていないため，大幅な事業内容の変更は困難であり，部分的な修正に止まる．このため，市民の意見を事業内容に反映させることは困難であり，環境アセスメントを実施しても対立が解消できないことが多い．個々の事業単位の評価だけでなく，政策・計画・プログラムなどの早い段階から環境への影響を評価する「戦略的環境アセスメント」の導入が国内でも求められている．　　[栗山浩一]

📖 **参考文献**
[1] 浅野直人監修，環境影響評価制度研究会編，2009,『戦略的環境アセスメントのすべて』ぎょうせい．

CV法（仮想評価法）

●**金銭単位の環境評価**　CV法（contingent valuation，CV環境法）は，環境を守るためにいくらまで支払っても構わないかを人々にたずねることで環境の価値を金銭単位で評価する手法である(CV法は，仮想評価法やCVMとよばれることも多い)．CV法は，大気汚染・水質汚染などの公害問題から，地球温暖化防止などの地球環境問題まで評価することが可能である．特に，野生動物や生態系などの非利用価値を評価できる数少ない評価手法であることから，1990年代に入ってから多数の環境政策で実際に用いられた．

　CV法が注目を集めるきっかけとなったのが1989年に発生したエクソン社のタンカー「バルディーズ」の原油流出事故である．この事故による生態系破壊の被害額がCV法によって28億ドルと算定され，この評価額をもとに生態系破壊をめぐる損害賠償の裁判が行われた結果，エクソン社が多額の賠償額を支払うことになった．このようにCV法が裁判で実際に使われるようになったことから，世界的に注目を集めたのである．

●**CV法の評価シナリオ**　CV法はアンケートを用いて人々に環境の価値をたずねるが，まず評価対象の現状を回答者に示す必要がある．次に仮想的な環境保全策または開発計画を示し，これによって環境がどのように変化するかを示す．その上で，この環境変化に対して最大いくらまで支払っても構わないか（支払意思額），あるいは少なくともいくらの補償が必要か（受入補償額）をたずねる．具体

表1　評価シナリオ

環境改善の場合	① 環境改善に対する支払意思額：環境が現在のAからBの状態に改善するための保全策を実施するために，あなたはいくらまで支払っても構いませんか？
	② 環境改善の中止に対するされたことに対する受入補償額：環境が現在のAからBの状態まで改善する計画が中止されることになりました．あなたは計画が中止される代わりに少なくともいくらの補償が必要ですか？
環境悪化の場合	③ 環境悪化の代償としての受入補償額：開発計画が実施されると環境が現在のAからCの状態まで悪化することが予想されます．あなたはこの環境悪化の代償として少なくともいくらの補償が必要ですか？
	④ 環境悪化の阻止に対する支払意思額：開発計画が実施されると環境が現在のAからCの状態まで悪化することが予想されます．あなたはこの開発計画を阻止するためにいくらまで支払っても構いませんか？

的には表1の4種類の評価シナリオが考えられる．

　ただし，受入補償額をたずねるシナリオでは過大評価になる傾向が見られることから，一般には支払意思額をたずねるシナリオが用いられることが多い．支払

表2 代表的なCV法の評価事例

評価対象	支払意思額	集計額
世界遺産屋久島の生態系保全	5,655円/世帯	2,483億円
温暖化対策の効果	7,394円/人	7,795億円
全国の農地の多面的機能	101,225円/世帯	4兆1,071億円

［栗山浩一，2000，『図解 環境評価と環境会計』日本評論社］

意思額や受入補償額は，1世帯あたり（または1人あたり）の金額なので，これに対象世帯数（または対象人数）をかけることで集計額が得られる．

●**CV法の質問形式** CV法で支払意思額をたずねるとき，単純に「いくらまで支払いますか，空欄に自由に記入してください」と自由に回答させると，無効回答が多数発生する．そこで，「あなたは1,000円を支払っても構いませんか？」というように金額を提示してYesまたはNoで回答してもらう二肢選択形式が今日では使われている．二肢選択形式は，回答者の負担が少なく，しかも価格をみて商品を購入するかどうかを判断する通常の消費行動に近い質問形式であることから，バイアスが比較的少ないという利点がある．

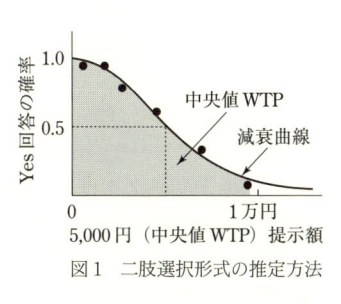

図1 二肢選択形式の推定方法

二肢選択形式では，提示額に対してYesまたはNoのデータしか得られないので，統計分析により支払意思額を推定する必要がある．図1は二肢選択形式のデータから支払意思額を推定する方法を示したものである．横軸は提示額，縦軸はYes回答の比率である．提示額を数種類用意し，回答者にはこれらの提示額のどれかが示される．低い金額を提示された回答者はYesと回答する割合が高いが，高い金額を提示された回答者はYesと回答する割合は低くなる．提示額とYes回答の比率をプロットし，これにフィットするような曲線をロジットモデルなどにより推定する．このとき，Yes回答の比率が50％となるような提示額が支払意思額の中央値とよばれる．また右下がりの減衰曲線の下側面積が支払意思額の平均値に相当する．

●**CV法の課題** CV法は，環境の価値を金銭単位で評価する手法の中でも評価対象の範囲が広く，生態系などの非利用価値を評価できる数少ない評価手法である．しかし，CV法はアンケートを用いることから，調査票設計や調査手順に不備があると設問内容が回答に影響を及ぼす現象（バイアス）が発生することが知られている．このため，信頼性の高い評価額を得るためには，小規模な事前調査を行い，設問内容が回答に影響していないかを確認することが必要である． ［栗山浩一］

参考文献
[1] 栗山浩一，1997，『公共事業と環境の価値―CVMガイドブック』築地書館．
[2] 栗山浩一，1998，『環境の価値と評価手法―CVMによる経済評価』北海道大学図書刊行会．

廃棄物統計

●**定義と問題点** 廃棄物処理法では廃棄物は，自ら利用したり他人に有償で譲り渡すことができないために不要になったもの（厚労省［当時の厚生省］通知）で，ごみ，粗大ごみ，燃えがら，汚泥，ふん尿，廃油などの汚物または不要物であって固形状または液状のものをいう（同法第3条）と定義されている．これに該当するかどうかはその性状，排出の状況，通常の取り扱い形態，取引価値の有無，占有者の意思等を総合的に勘案して判断するもの（同通知）とされる（総合判断説）．法律上，廃棄物は，一般廃棄物と産業廃棄物に区分されている．近年，廃棄物の発生量増加や質の多様化・悪化により処理コストが増大する一方で，処理施設の確保が次第に困難になってきている．

●**産業廃棄物** 廃棄物処理法および政令では，事業活動に伴って生じた廃棄物のうち，燃えがら，汚泥，廃油，廃酸，廃アルカリ，廃プラスチックなど20種類の廃棄物と，有害特性をもつ特別管理廃棄物を産業廃棄物として定義している．事

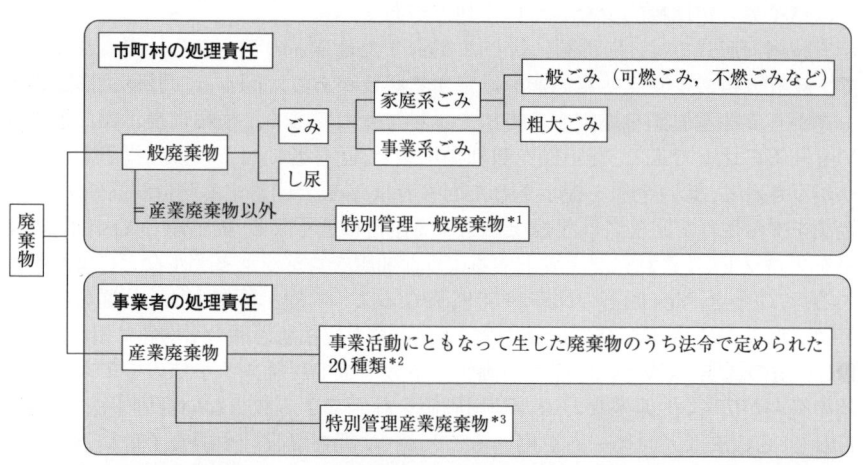

*1 爆発性，毒性，感染性その他の人の健康または生活環境にかかわる被害を生ずるおそれのあるもの．
*2 燃えがら，汚泥，廃油，廃アルカリ，廃プラスチック類，紙くず，木くず，繊維くず，動植物性残さ，動物系固形不要物，ゴムくず，金属くず，ガラスくず，コンクリートくずおよび陶磁器くず，鉱さい，がれき類，動物のふん尿，動物の死体，ばいじん，上記19種類の産業廃棄物を処分するために処理したもの，ほかに輸入された廃棄物．
*3 爆発性，毒性，感染性その他の人の健康または生活環境にかかわる被害を生ずるおそれがあるもの．

図1 廃棄物の区分
［環境省編，『平成21年版環境白書』，182．］

業系の廃棄物でも，この定義に該当しないオフィスごみなどは一般廃棄物となる（図1）．

産業廃棄物の総排出量は年間約4億tで，近年ではほぼ横ばい状態にある．汚泥・動物ふん尿・建設廃材で総排出量の80％を占める．排出事業者が責任をもって処理することを原則としているが，70％までが処理業者に委託されており，不法投棄の原因の1つとなっている．そこで，不法投棄を防止することを狙いとして，産業廃棄物の排出事業者に廃棄物管理票を作成させ，処理を委託した専門業者による収集，運搬，処理，処分までの全過程の管理を義務づけている．産業廃棄物は，特定の発生源から同質的なものが大量に排出され，かつ副生物という性格が強いため，リサイクル率は51％となっている．最終処分量は全体の5％であるが，処分場の残余年数は7年程度しかない．

●**一般廃棄物** 一般廃棄物（ごみ）は，廃棄物処理法では，産業廃棄物以外の廃棄物として定義され，主に家庭や商店，事務所などから排出される不要物をいう．し尿や家庭雑排水などの液状廃棄物も一般廃棄物に含まれる．排出源の違いに応じて，事業系廃棄物と家庭系廃棄物とに区別される．

現行法のもとでは，一般廃棄物の収集・処理・処分については，市区町村が責任を負っている．そのため，可燃ごみと不燃ごみの区分，ごみ収集の方法，処理・処分の方法が市区町村ごとに多少異なり，必ずしも統一されていない．一般廃棄物の排出量は，年間約5,000万tで，産廃の8分の1，1人1日あたりでは約1kgである．ごみ排出総量は，1985（昭和60）年頃から急増し，バブル崩壊後も緩やかな増加傾向が続いたが，2001（平成13）年度以降減少傾向にある（図2）．

一般廃棄物のリサイクル率は，20％程度と，産廃に比べきわめて低い水準にある．これは，排出源が多数で，かつ質的にも多様な廃棄物が混合して排出される

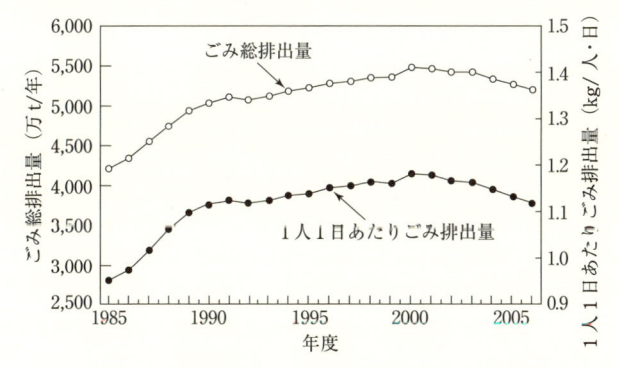

図2 ごみ総排出量と1人1日あたりごみ排出量の推移
「ごみ総排出量」＝「計画収集量＋直接搬入量＋資源ごみの集団回収量」
［環境省編，『平成21年版環境白書』，196.］

ことによる．しかし近年，リサイクルへの関心の高まりや，容器包装リサイクル法の施行と対象拡大を受けて，リサイクル率は着実に向上している．

●一般廃棄物統計へのアクセス　基礎的自治体として一般廃棄物の処理を担う全国の各市区町村は毎年，自区域の廃棄物処理に関する統計データを整備し，上位団体である都道府県に提出している．各都道府県は毎年，区域内市区町村の廃棄物統計データをとりまとめ，環境省に提出している．環境省は毎年，都道府県から上がった全国市区町村の廃棄物統計データを「一般廃棄物処理実態調査結果」としてホームページに掲載している．各年度について県別，市区町村別，全国(全体)に集計されており，廃棄物研究の基礎データとして利用されている．しかし，慣れないとアクセスが容易ではないともいわれている．

そこで，アクセスの手順を示しておこう．まず，環境省HPのトップページにある「廃棄物・リサイクル対策」の中の「廃棄物処理」を開き，以下次の手順をたどる．「廃棄物処理技術情報」→「一般廃棄物処理実態調査結果」→「統計表一覧」→「○○年度調査結果」→「施設整備状況」，「処理状況」．ここで，処理状況を選択すると，都道府県別データ，全国集計結果をみることができる．県別集計データは，ごみ処理状況，ごみ処理体制，し尿処理状況，経費，人員機材等，に分類されている．ここで，「ごみ処理状況」を選択すると，県内市区町村別に，総人口，外国人人口，ごみ総排出量，1人1日あたり排出量(生活系，事業系別)，自家処理量，ごみ処理量(直接焼却量，直接最終処分量，その他中間処理量別)，資源化量，リサイクル率，最終処分量といったデータを拾うことができる．

全国集計結果には，全国市区町村データの集計値が掲載されている．環境白書に出てくる図2のような図表は，全国の市区町村から提出されたデータを集計して作成されたものである．一方，「施設整備状況」を開けば，都道府県別，市区町村別に，焼却施設，粗大ごみ処理施設，資源化施設等の概要を把握することができる．

ちなみに，「焼却施設」を選択すると，都道府県別，市区町村別に，施設の名称，年間処理量，資源化量(資源物回収量，燃料ガス回収量)，焼却対象廃棄物，処理方式，炉型式，処理能力，炉数，使用開始年度，余熱利用の状況，余熱利用量，発電能力，発電効率，総発電量，灰処理設備の有無，運転管理体制(直営，委託の別)，ごみ組成分析結果などのデータを見ることができる．これらのデータも，全国の各市区町村から都道府県を経て環境省に提出されたものである．

●ごみ有料化統計　循環型社会の形成に向けて，ごみの減量化，リサイクルの推進が地方自治体にとって重要な取り組み課題となっているが，それを実現するための有力な施策とみられているのが「家庭ごみ有料化」である．その定義を，「家庭系可燃ごみの定期収集・処理について，市区町村に収入をもたらす従量制手数料を徴収すること」とすると，全国市区町村の有料化実施状況は，表1に示すと

表1　全国市区町村の有料化実施状況(2010年12月現在)

	総　数	有料化数	有料化実施率
市区	809	433	53.5%
町	757	500	66.1%
村	184	117	63.6%
計	1,750	1,049	59.9%

筆者のこれまでの調査結果を平成22年9月に都道府県に対して筆者が実施した調査の回答と照合し，個別確認の上とりまとめた．(有料化自治体のリストは，参考文献[4]参照)

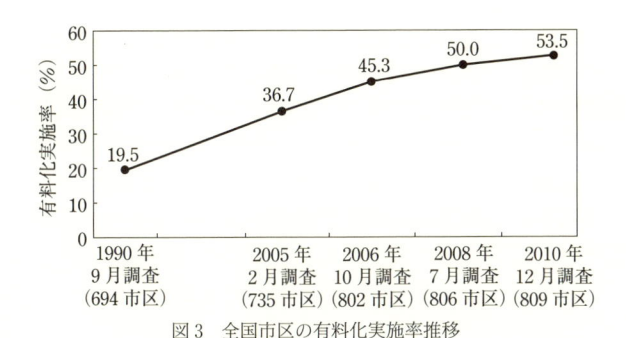

図3　全国市区の有料化実施率推移

1990年9月調査 (694市区)	2005年2月調査 (735市区)	2006年10月調査 (802市区)	2008年7月調査 (806市区)	2010年12月調査 (809市区)
19.5	36.7	45.3	50.0	53.5

おりである．2010(平成22)年12月現在の全国1,750市区町村のうち有料化実施は1,049団体に及び，有料化実施率は60％に達している．都市規模別には，これまで中小規模の自治体で有料化実施率が高く，大都市での有料化があまり進んでいなかったが，近年いくつかの政令指定都市で有料化が導入されている．全国市区(全国の市と東京23区)の有料化実施率については，図3に示すようにその推移をたどることができる．全国都市の有料化実施率は，1990(平成2)年9月の20％から直近54％へと急速に高まってきた．有料化が実施された自治体においてはかなり大きなごみ減量効果が得られており，今後も有料化の進展が見込まれる．

[山谷修作]

参考文献
[1] 環境省編，『環境白書』(各年版)．
[2] 環境省HP　http://www.env.go.jp/
[3] 奥 真美，他編，2009，『図説環境問題データブック』学陽書房．
[4] 家庭ごみ有料化の詳細データ：山谷修作HP　http://www2.toyo.ac.jp/~yamaya/

大気中粒子物質の健康影響

　大気中に存在する粒子状物質 (PM) には，主に煤塵，粉塵，ディーゼル車の排出ガスに含まれる黒煙，黄砂などがある．粒径 10 μm 以下を特に浮遊粒子状物質 (SPM) とよび，粒径 2.5 μm 以下を微小粒子状物質 (PM 2.5) とよんでいる．大気中の粒子状物質の健康影響に関わる統計の概略　環境統計の分野における，大気中の粒子状物質の健康影響の疫学的な調査・研究の流れを図1に示す．研究実施の動機からその手法は大きく2つに分けて考えられ，1つは短期的な高濃度事象による被害事例，もう1つは大気汚染濃度が通常の変動範囲にあるようなレベルであって，精密に収集された粒子状物質濃度と健康影響データの突合によってはじめて，短期あるいは長期曝露と健康影響との関連性に関する評価が可能となるような疫学研究である．例えば，浮遊粒子状物質については，環境基準で，「1時間値の1日平均値が，0.10 mg/m^3 以下であり，かつ1時間値が 0.20 mg/m^3 以下」とされているが，このような環境基準制定の根拠となった研究がある．

●**粒子状物質曝露の短期影響に関する解析**　曝露の短期影響に関しては，一般の疫学研究で使用頻度の少ない時系列研究が特徴的である．実例として，日本の13

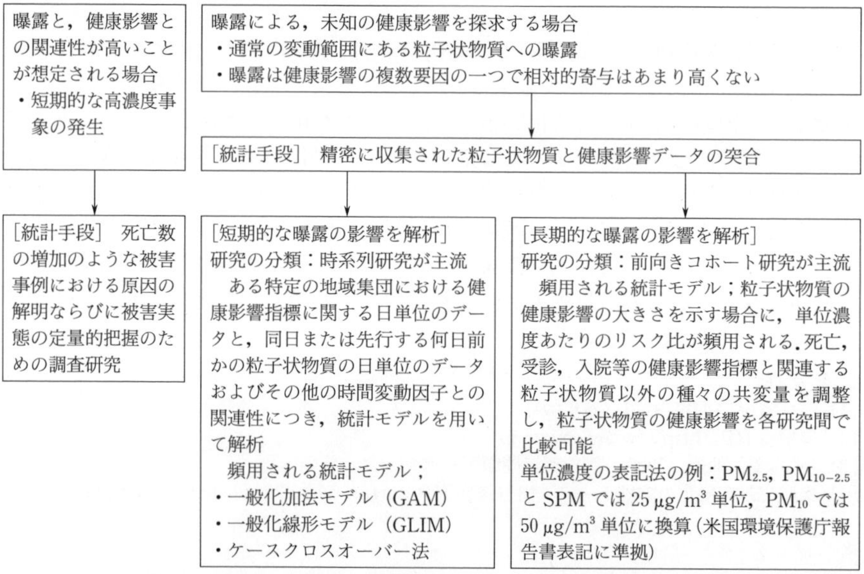

曝露と，健康影響との関連性が高いことが想定される場合 ・短期的な高濃度事象の発生	曝露による，未知の健康影響を探求する場合 ・通常の変動範囲にある粒子状物質への曝露 ・曝露は健康影響の複数要因の一つで相対的寄与はあまり高くない	
	[統計手段] 精密に収集された粒子状物質と健康影響データの突合	
[統計手段] 死亡数の増加のような被害事例における原因の解明ならびに被害実態の定量的把握のための調査研究	[短期的な曝露の影響を解析] 研究の分類：時系列研究が主流 　ある特定の地域集団における健康影響指標に関する日単位のデータと，同日または先行する何日前かの粒子状物質の日単位のデータおよびその他の時間変動因子との関連性につき，統計モデルを用いて解析 　頻用される統計モデル； ・一般化加法モデル (GAM) ・一般化線形モデル (GLIM) ・ケースクロスオーバー法	[長期的な曝露の影響を解析] 研究の分類：前向きコホート研究が主流 　頻用される統計モデル；粒子状物質の健康影響の大きさを示す場合に，単位濃度あたりのリスク比が頻用される．死亡，受診，入院等の健康影響指標と関連する粒子状物質以外の種々の共変量を調整し，粒子状物質の健康影響を各研究間で比較可能 単位濃度の表記法の例：$PM_{2.5}$, $PM_{10-2.5}$ と SPM では 25 μg/m^3 単位，PM_{10} では 50 μg/m^3 単位に換算（米国環境保護庁報告書表記に準拠）

図1　大気中粒子状物質の健康影響を明らかにする疫学調査研究の流れ

の政令指定都市におけるSPMと日死亡の関係についての解析結果(大森ら，2003)では，統合リスク(65歳以上)はSPM濃度25 μg/m³増加あたり，全死亡では2.0%増加，循環器系疾患は2.2%増加，呼吸器系疾患は2.7%増加と報告されている．統計制度の整った国・地域では死亡データ等が入手できることが多く[1]，また粒子状物質モニタリングも公的に実施されている場合が多い[2]．

●**粒子状物質曝露の長期影響に関する解析** 長期曝露影響は前向きコホート研究により検討されることが多い．実例にノルウェーの研究を挙げる(Næss, O. et. al., 2007)．研究対象はオスロ市全住民143,842人であり，470地区毎の大気汚染と死亡との関連について検討している．結果，PM 2.5 濃度の最低四分位階級に対する最高四分位階級の全死亡ハザード比は，男性若年群1.44，男性高年群1.18，女性若年群1.41，女性高年群1.11であった(表1)．このように，健康影響の表記には単位濃度あたりのリスク比が頻用される．今後，粒子状物質の健康影響をさらに解明するためには，統計モデルの発達も不可欠である． 　　　　　　[星野隆之]

表1 ノルウェー，オスロにおける4年間(1992-1995)の微小粒子状物質(PM$_{2.5}$) (μg/m³，4分位値)への暴露による，1992〜1998年の全死亡のハザード比の95%信頼区間(粗データ，調整済：職業および教育年数で調整，p値<0.001)

群 ( )内：対象者数		微小粒子状物質 (PM$_{2.5}$) (μg/m³：4分位値)	粗データ		調整済	
			ハザード比	95% 信頼区間	ハザード比	95% 信頼区間
男性	若年群 51〜70歳 (37,797人)	6.56〜11.45 11.46〜14.25 14.26〜18.43 18.44〜22.34	1.00 0.96 1.12 1.48	 0.89, 1.04 1.03, 1.22 1.36, 1.60	1.00 0.97 1.13 1.44	 0.89, 1.06 1.03, 1.23 1.32, 1.58
	高年群 71〜90歳 (19,072人)	6.56〜11.45 11.46〜14.25 14.26〜18.43 18.44〜22.34	1.00 0.99 1.10 1.19	 0.93, 1.06 1.03, 1.17 1.12, 1.27	1.00 0.99 1.04 1.18	 0.93, 1.06 0.97, 1.11 1.10, 1.26
女性	若年群 51〜70歳 (44,094人)	6.56〜11.45 11.46〜14.25 14.26〜18.43 18.44〜22.34	1.00 0.96 1.08 1.44	 0.87, 1.07 0.98, 1.20 1.30, 1.59	1.00 1.00 1.06 1.41	 0.90, 1.11 0.95, 1.18 1.27, 1.57
	高年群 71〜90歳 (38,014人)	6.56〜11.45 11.46〜14.25 14.26〜18.43 18.44〜22.34	1.00 1.03 1.07 1.11	 0.97, 1.09 1.01, 1.12 1.05, 1.16	1.00 1.03 1.05 1.11	 0.97, 1.09 0.99, 1.11 1.05, 1.17

[Næss, O. et. al., 2007, *Am. J. Epidemiol.*, **165**, 435-443]

📖 **参考文献**
[1] 厚生労働省：人口動態調査　http://www.mhlw.go.jp/toukei/list/81-1.html
[2] 環境省：大気汚染物質広域監視システム　http://soramame.taiki.go.jp/Index.php
[3] 環境省：微小粒子状物質健康影響評価検討会報告書 平成20年
　　http://www.env.go.jp/air/report/h20-01/index.html

中毒学と化学物質の健康影響

　化学物質の健康影響を知るには，ヒトにおける知見が優先されるが，通常不十分であるので，動物実験が重要な役割を果たしている(IPCS, 1999)．ヒトにおける知見を研究するのが，臨床毒性学すなわち中毒学で，大別して，事例研究と，それらの症状や所見をもとに被曝源および原因物質を類推する因果推論がある．有機リン系殺虫剤を例に述べる．

●**事例研究**　有機リン系殺虫剤は，1940年代に化学兵器として開発された神経毒で，世界で出荷される殺虫剤の約4分の1を占め，中でもマラチオンは，2008年の米国の調査によると冷凍ブルーベリーの28%，イチゴの25%，セロリの19%から検出されている．『中毒百科』，『健康食品・中毒百科』，『薬物乱用・中毒百科』（いずれも内藤裕史著）は事例研究の集大成で，有機リン系殺虫剤については『中毒百科』に次のような事例が示されている．"1954年8月1日，茨城県潮来保健所管内で，パラチオン撒布後早期に収穫したキュウリを漬物にして食べ，7人が中毒し，激しい嘔吐と水溶性下痢を起し，内3人が死亡した（佐谷戸 1965）."他の有機リン系殺虫剤も，大量に残留した食品を摂取すると同様の症状を引き起こす．

●**因果推論**　急性中毒の場合，発症までの経緯と症状，過去の経験から，因果推論は比較的容易である．ところが，慢性中毒の場合，一筋縄ではいかない．"1983年からシロアリ防除の仕事に就き，86年から有機リン系殺虫剤クロルピリホスを使い始めた人が，91年頃から，視力障害，呼吸困難，発汗過多が次第に増悪，92年2月に受診した．その時の症状は，緊張，不安，焦燥，入眠困難，頭重，ふらつき，全身倦怠感であった．神経症状として，閉眼片足立ちが左右不安定，全身の筋線維性れん縮，視調節障害，縮瞳，軽度構音障害，吐き気，下痢，軽度呼吸困難，手掌の発汗過多，上下肢の深部腱反射の減弱であった（兼田 1996）."これは事例研究であるが，長い経過の末生じた精神神経症状の原因が，すべてクロルピリホスにあると判定するのは困難である．そもそも精神神経症状は，動物実験では検出・評価が難しい．そこで，多数の症例について統計学を用いて調べることになる．

　"有機リン系殺虫剤中毒を経験した100人と，対照群100人を比較したところ，聴力検査，眼科検査，臨床検査，脳波で差はみられなかったが，神経心理学検査では，知的機能，学力技能，思考の柔軟性と抽象化，単純な運動機能に差がみられた (E. P. Savage 1988)."これは症例対照研究である．神経心理学的異常との関連が示されたが，個々の被曝量にばらつきがあり，量-反応関係は不明である．"免許を持って農薬撒布に従事している18,782人の白人男性集団について，過去に農薬を使用した日数と，農薬中毒に関連した23の症状の有無の聞き取り調査を

行った．調査前の1年間に10以上の症状を自覚した症状群約20%は，自覚症状が10未満の対照群約80%と比べて，過去により多くの日数，農薬を使用し，自分で農薬の混合や散布を行い，農薬に関連して医療機関を受診し，農薬中毒と診断され，大量被曝の経験があることが多かった．この傾向は，有機リン系および有機塩素系殺虫剤を用いる人で顕著だった．症状のうち農薬慢性被曝との関連が大きかったのは，不安，焦燥感，うつ，記憶力低下，集中力低下，夜盲，視力低下，複視，筋肉のけいれん，筋脱力，ふらつき，ふるえ，言語障害，吐き気，食欲不振，多汗，頻脈だった．(F. Kamel 2007)."これは職業集団における横断的症例対照研究である．量依存性に精神神経症状の発現との関連がみられる．

　毒物の代謝機能が未熟な発達期の小児への影響も研究されている．"米国の人口構成に一致させた1,139人の8歳から15歳の小児を調査したところ，「注意欠陥・多動性障害」の診断基準に合致した109人は，尿中の有機リン代謝産物が多く，両者の間に相関がみられた (M. F. Bouchard 2010)．"これは小児の代表的な神経発達障害との関連を調べた横断的症例対照研究である．交絡因子の年齢，性別，人種/民族，経済状態，絶食時間を補正した上で相関を認めている．

　このように横断的研究により健康障害の頻度（罹患率）がわかる．因果関係を知るには，前向き研究が必要で，現在日本でもエコチル調査として進行中である．

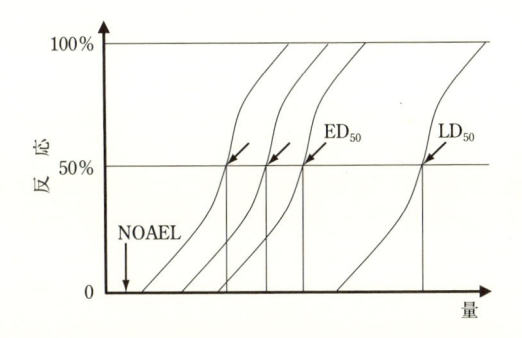

●**毒性値**　動物実験による毒性値の算出法は以下の通りである．均一の集団である実験動物では，体重あたりの化学物質投与量に対する反応は一峰性の山型分布し，何%が反応したかという量-反応曲線はS字状になる．毒性の強さの指標として，中央値のED_{50}（Effective Dose 50, 半数で症状が出る量），LD_{50}（Lethal Dose 50, 半数が死亡する量）を用いる．最小値から導かれたNOAEL（No Observed Adverse Effect Level）に，種差と個人差を考慮し，ARfD（Acute Reference Dose, ヒトが一度に摂取すると健康被害を及ぼす量，急性中毒の指標）とADI（Acceptable Daily Intake, 一生毎日摂取し続けても健康に影響のない量，慢性毒性の指標）という二種類の基準値が算出される．

［平　久美子］

空間データと環境学

●**空間データ** 地理座標や住所など地理空間における位置と関連づけられた空間データは環境学にとって不可欠なものである．空間データの解析に地理情報システム（GIS）は広く使われているが，環境の本質や問題解決の手がかりを得るためには空間要素，空間スケール，空間単位，空間範囲などのデータの空間特性に注意を払わなければならない[1]．

ⅰ）空間要素：対象とする環境事象の空間的構成で，ラスタ型の画像ではテクスチャー，ベクタ型の地図では点（ポイント），線（ライン），面（ポリゴン）として表される．空間要素は抽象化の度合によって階層的に定義することができる．上位要素は下位要素の集合体である．これに対応して空間データも階層的に整備できる．上位要素のデータは下位要素のデータを集約して作成する．

ⅱ）空間単位：画像のセルサイズまたは地図の最小ポリゴンで，空間データの精度あるいはデータ集約の度合を表す．空間単位内は均質な空間とみなされる．空間単位が小さいほど空間要素を詳細に表現できる．しかし，データ量が増え，1つの単位が代表する空間（空間代表性）が悪くなる．

ⅲ）空間スケール：空間要素の平均的大きさを表す．上位階層の要素は大きい空間スケールに対応する．要素間の相関関係を検証する場合，同程度のスケールのデータを使うべきである．要素間の因果関係を検証する場合，原因側が結果側より2～5分の1以上小さい空間単位のデータが望ましい．

ⅳ）空間範囲：対象地域の広がりであるが，空間データの閾値を定義し，対象としての環境事象の参照を規定する重要な意味もある．空間範囲が小さすぎると不完全な参照でのデータとなり，偏った処理と判断になるおそれがある．また，空間範囲が変われば，それに適した階層とスケールで空間要素を再構成する必要がある．空間要素の空間スケールの2～5倍を目安に空間範囲を設定するのが妥当である．

空間要素・空間単位・空間スケール・空間範囲は相互に影響する．よい解析結果を出すためには環境事象の空間特性をよく理解してから，空間データを選定し，処理を進めなければならない．

●**都市ヒートアイランド（UHI）** 都市ヒートアイランドを事例に空間特性の適用方法を説明する．UHI は都市中心市街の気温が郊外より高い都市気候現象である．都市拡大によって人工舗装面と建物密度が増え，蓄熱効果が高まることが主な原因となっている．UHI は気温観測の点データを内挿してつくった都市温度分布図に高温域が島のように浮かんでいることに由来する．UHI は都市全体を指すもので，そのスケールは高温域を形成する市街地全域に及ぶ．気温は周辺数百メ

ートルの空間における地表面のエネルギー交換の結果である．このエネルギー交換はさらにさまざまな地表被覆物の間で行われている．気温形成の原因を検証するためには，より詳細なスケールの空間データが必要になる．

したがって，UHIを把握するためには，数百メートルの距離間隔で気温データを観測する必要がある．これは大都市の場合，非常にコストがかかってしまう．そこで，空間精度の高い衛星熱画像を使うことがある．例えば，Landsat/TMは120m，Landsat/ETM+は60m，ASTER/TIRは90mの画像解像度を有する．衛星熱画像は地表被覆物の放射特性を観測した画像データである．衛星熱画像から求めた地表面の温度情報は輝度温度という．

このようにUHIという環境事象には都市ヒートアイランド，気温，輝度温度という3つの空間要素によって1つの階層構造を形成している．UHIが最も上位階層にあり，数キロメートル以上の空間スケールがある．UHIはそして，数百メートルスケールの気温によって定義される．気温はさらに数十メートルスケールの輝度温度から影響を受けている．

●**空間データの解析**　UHI研究では，都市中心と郊外との気温差を都市ヒートアイランド強度（UHII）という．しかし，都市には「中心」や「郊外」がはっきり定義されたケースがまれである．UHIIを評価する際に典型的郊外型，中心市街型の土地利用が含まれるように空間範囲を決め，中心市街と郊外の温度参照を決める[3]．その場合，空間範囲は一般にUHIのスケールの2～5倍にする．

また，気温と地表面温度は2つの環境事象で，気温データと輝度温度データは独立に取得されている．静かな夜間に観測された衛星輝度温度と地上気温との間に相関が高いと考えられる．しかし，前述したように2つの概念は空間スケールが異なるため，データをそのまま比較するのは妥当ではない．そこで，GISを用いて気温観測点から距離バッファを発生し，バッファ内の輝度温度平均値を気温観測値と比較した（表1）．その結果，東京では600mの距離バッファにおいて気温と輝度温度の間に最大の相関が認められた[2]．都市によって空間構造が違うため，この距離値が変わりうるが，環境事象の比較において，空間スケールの適合性に留意する重要性が確認された．

表1　衛星観測輝度温度と同時刻の地上観測気温の間の相関関係（1999年3月1日夜9時）

バッファ距離	100m	200m	400m	600m	800m	1,000m
相関係数	0.78	0.79	0.81	0.82	0.53	−0.14
信頼度	0.00	0.00	0.00	0.00	0.00	0.26
有意水準	1%	1%	1%	1%	1%	−

［厳　網林］

📖 **参考文献**
[1] Turner, M. G., et al./中越信和，原慶太郎訳，2004，『景観生態学』文一総合出版，399．
[2] 厳　網林，三上岳彦，2002，地学雑誌，**111**(5)，695-710．
[3] 厳　網林，三上岳彦，2004，地学雑誌，**113**(4)，482-494．

魚の資源調査と資源管理

●**水産資源の有効利用** 水産資源の持続的有効利用のためには,対象資源の状態の評価(資源評価)から管理に至る一連の手続きを適切に実行する必要がある.まず,各種の調査に基づき,年齢,成長,成熟,資源量,加入量,漁獲率などの生物・資源・漁業特性値の推定評価が行われる.次に,事前に設定した管理目標と資源評価結果を比較して資源や漁業が適切な状態にあるかどうかといった診断が行われる.そしてその結果をもとに,資源の合理的利用や,目標とする資源状態への回復を目指して,漁業規制などを伴う資源管理措置が実行される.

●**資源量推定法** 資源量の推定法には,(1) 漁獲データなどの,漁業から得られる情報を用いる方法,(2) 調査船調査などの漁業から独立した情報を用いる方法,に大別される.

(1) には,i) 単位漁獲努力あたり漁獲量(catch per unit of effort, CPUE, 1日1隻あたり漁獲量,1網あたり漁獲量など)によるもの(資源量指数,DeLury法,除去法など)と,ii) 資源量,漁獲量,自然死亡量,加入量に関する何らかの収支モデルに基づくもの(プロダクションモデル,VPA, stock synthesis modelなど)がある.

(2) には,iii) 試験漁獲調査,iv) 産卵量調査,v) 目視調査,vi) 音響学的調査,vii) 標識放流調査などがある.iii) は定点での試験漁獲(底びき網や表中層トロール網の曳網調査など)を通じて全体の資源量とその推定精度を評価するもので,生態学での枠取り法や帯状区画調査法に相当する.iv) はプランクトン採集用ネットの曳行による卵の分布密度調査によって海域全体の産卵量を推定し,親魚の資源量を間接的に推定する.v) は船や航空機からの目視計数による定線調査,潜水による区画・定線調査などがある.vi) は計量魚群探知機などによる定線調査で魚群を計量推定し,海域全体の資源量を評価する.vii) は標識放流魚が漁獲物に占める割合から資源尾数を推定するもので,壺実験の復元/非復元抽出モデルに相当する.

以上の手法では,層別抽出,多段抽出,無作為抽出,系統抽出などのサンプリング理論が活用されるほか,空間的な集中分布やゼロキャッチデータの扱いなどに関して統計学的な応用が展開される.

●**仮想確実モデル,管理手続き,順応的管理** 水産資源の管理が困難を伴う理由として,水中に生息する資源の状態や動態に関する知見の入手が,陸上生物であるヒトにとって容易ではなく,利用可能な情報に多大の不確実性を伴うことや,自然を対象とするため,ほかの科学のような繰り返し実験で,モデルや仮説の真

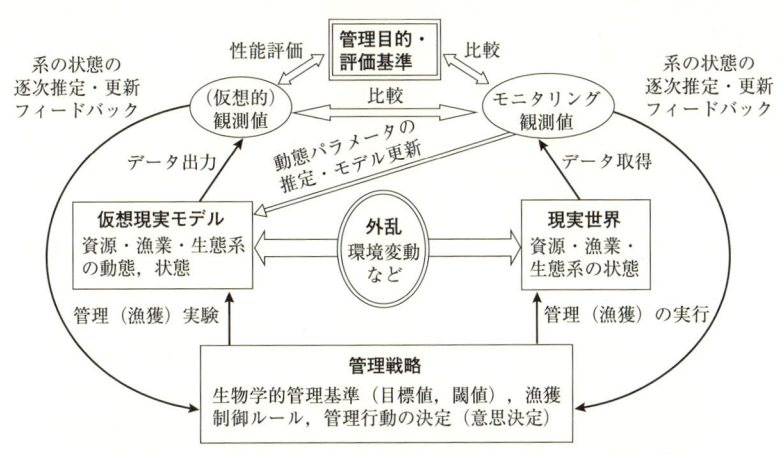

図1　management strategy evaluation（MSE）に基づく水産資源管理

偽を検証しにくい，という問題があげられる．

　近年では，資源の動態を模した仮想現実モデル（operating model, OM）をコンピュータ上に構築して資源評価や資源管理の仮想的な「実験」を行い，適切な管理方策を探る試みが行われている．このようなシミュレーションでは仮想した真の資源状態がわかっているため，資源評価や管理実験の失敗・成功を判断し，管理システム全体の性能を評価することができる．また，想定される多様な不確実性に対応した幅広い仮定を与えることにより，不確実性に対して頑健な管理方法を開発することができる．このようにして開発された一連の管理手続き（管理戦略）を MP（management procedure），その性能評価の枠組みを MSE（management strategy evaluation）framework という（図1）．

　どのように精緻なモデルが開発されても，将来予測値には大小の誤差を伴う．安全な資源管理のためには，不確実性の存在をあらかじめ織り込んだ管理戦略を構築する必要がある．そのような管理方式に，フィードバック管理，順応的管理がある．管理行動の投入による，対象とする系（資源，生態系など）の状態変化（応答）を，逐次的にモニタリングしつつ管理内容と程度を適応的に調節していく．例えば，現状の資源量が目標資源量よりも多ければ，あらかじめ定められた漁獲制御ルール（harvest control rule, HCR）に従って漁獲量を増やし，少なければ逆に漁獲量を減らす．順応的管理は，近年では広く生態系の保全・管理のための標準的な考え方としても定着しつつある．　　　　　　　　　　　［山川　卓］

地震と耐震

●**建物の耐震設計のための地震地域係数**　日本列島は世界の陸地のわずか0.3％しか占めていないにもかかわらず，全世界で解放される地震のエネルギーの15％が集中している．また，地震に関する歴史資料も720年に完成した日本書紀における記述をはじめとして1000年以上の蓄積があり，他国と比べて，地震の統計資料は豊富にあるといえる．これらの歴史資料や計器観測による資料をもとに，日本列島の各地の地震危険度解析をはじめて行ったのは，東京大学地震研究所教授の河角広である．解析に用いられた資料は599年から1949年までの地震のマグニチュードと震央位置である．その結果，例えば100年に1回の頻度で襲われる地震動は，東京で200～300ガルであるのに対して，北海道の北西部や九州では50ガル以下であり，地域によって最大10倍程度の差があることがわかった．ここに，ガル（Gal）は加速度の単位で，$1\,\text{Gal}=1\,\text{cm/s}^2$ である．

　1950年に建築基準法が公布されるとき，地震危険度解析の結果をもとに，建物の耐震設計のための地震荷重を地域ごとにどのように決めていくかが議論となった．結果として，もともと日本は狭いこと，いままで地震がなかったところはひずみエネルギーが蓄積され続けているとも考えられることから，地域によってあまり大きな差はつけないで，例えば福岡での設計用地震荷重は東京の0.8倍とすることとなった[1]．つまり，地震地域係数は東京で1.0，福岡で0.8となった．

　日本各地の地震危険度解析は，最近では，1995年の阪神・淡路大震災を契機に総理府に設置された地震調査研究推進本部（現在は文部科学省に移設）により，特に活断層のデータを加味して行われている．最新の知見を取り入れた地震調査研究推進本部の地震危険度解析結果でも，河角広による結果と同じく，地域によって10倍程度の差があり，建物の耐震設計のための地震地域係数との乖離は埋っていない．これは，例えば2005年に起った福岡県西方沖地震のように，確率は低くても起こると強い地震動に襲われること，建物の耐震性能が人命に直結するため，確率の大小でそのレベルを決めにくいことによると考えられる．

●**建物の性能設計**　震災の経験や耐震理論にもとづき，日本の建物は，現在では，かなり耐震性能が上がってきている．特に，阪神・淡路大震災では，倒壊建物の多くが古い木造建物であったこと，高層建物も，層崩壊の被害を受けたのが建築基準法が1981年に改正される前の建物であったことから，もはや，現行の法規に従っていれば，建物が被害を受けることによって人命を危険にさらすことはほとんどないだろうといわれるようにもなってきている．

　一方，阪神・淡路大震災でも，2011年に起った東日本大震災でも，住めなくなっ

たマンション，操業ができなくなった工場など，人命には直接かかわらない被害ではあるが，生活の基盤を失う人々が大勢いた．また，庁舎や病院などでは地震時も建物としての機能維持が求められていることも明らかになった．

最近，このような社会の要請を満たすための方法として，耐震の分野では性能設計手法が提案されている．そこでは通常の設計にはいる前に，建築主との対話を通して要求性能を引き出すこと，それに基づき目標性能を明示することが重要とされている．図1には，建築主との対話のときに用いられる建物の耐震性能グレードと被害・修復程度の関係より作成を示す．図では震度階が大きくなるに従って被害の程度も大きくなるが，耐震性能グレードが基準級，上級，特級と上がるにしたがって，被害の程度も小さくおさえられることを示している．

現時点では，図の震度階と再現期間は東京地区における例しかないが，建物の使用性能や機能性能の評価をより合理的にするには，上述したこの部分にこの地震危険度解析結果などを用いて，地域固有の情報を入れる必要があろう．

以上述べたように，現在は，最低基準である建築基準法を遵守するだけではなく，どの地震にどう備えるかを，建築にかかわる技術者ひとりひとりが，そして，生活を営む国民ひとりひとりが考える時代にさしかかっている．　　　　［壇　一男］

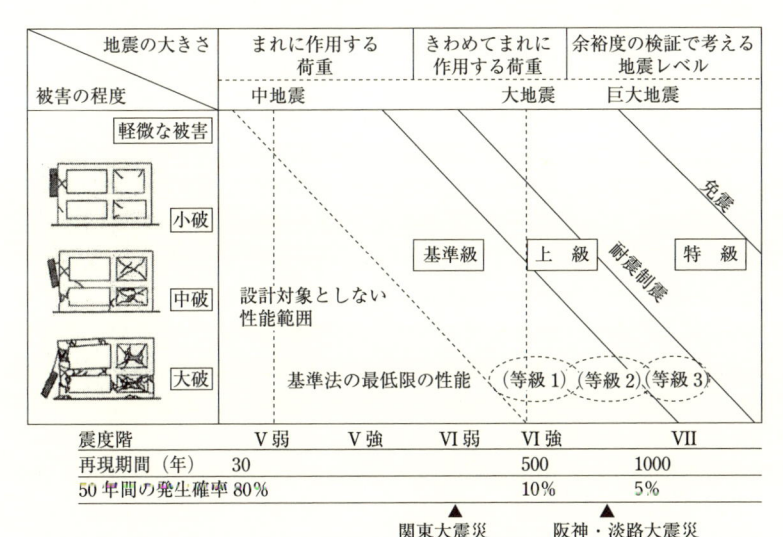

図1　建物の耐震性能グレードと被害・修復程度の関係（JSCA性能メニュー[2]より作成）

参考文献
[1] 大崎順彦，1983，『地震と建築』岩波新書．
[2] 社団法人 日本建築構造技術者協会：JSCA性能メニュー．

気象と環境の統計理論的分析

●**一般的統計理論の応用**　今日我々の知っているさまざまな統計的方法はすでに1世紀以上の歴史をもつ．その中で，生物学，医学，経済学，心理・教育学，工学など，一般的な統計的方法の取り入れが盛んな分野もあれば，他方，少なくとも我が国では取り入れがそれほどでもない分野もある．その1つは気象・気候およびそれに関わる環境科学の分野である．もちろんこれらの分野でそれぞれの現象ごとに有意義な個別研究がなされてきた実績はいうまでもないが，医学統計，生物統計のように，理論と実践の領域の展開に大きな役割を演じたとはいいきれないようである．

それにはいろいろな要因や背景があるが，1つには対象のあまりの巨大さがある．それは「温暖化」1つをとっても明らかであろう．我々の住む地球の気候の変化の時間のスパンは何万年，何十万年というオーダーである．やむを得ないとはいえわずか100年，1000年オーダーのデータではデータのサイズがあまりにも小さく，統計的にはまさに誤差のオーダーともみられる．また，地球は小さく有限になったとはいえ，我々の生活の次元からみれば，巨大というほかなく，一地域の大気環境はその何万分の1にすぎない．

とりわけ気体は，典型的な複雑系であり，大規模コンピューターでも扱い切れない不確実性をもっている．統計的方法の適用の可能性うんぬんよりも，データがサイズとしてあまりにも小さく，どのような統計的方法で用いても一般命題を立てるまでいかず，そのデータによる着実な個別研究が蓄積されている．とはいえ，逆のダイナミズムもある．例えば「異常気象」といえば，3シグマを超えるデータ値で記述されるが，現にそれさえ超える「想定外の」「超異常気象」さえ現に起きているのであるから，被害を別にすれば，学問的関心はつきないであろう．

ここでは，これ以上この課題を論ずることはやめ，もっぱら統計学的立場よりみた統計的方法の役立ち方のほんの一例を眺めることで，気象や環境の統計分析の一例にふれることにしよう．

●**相関分析を中心とした現象分析**　相関分析は多くの場合，同時点の異地点間の相関，共通量との相関の時系列分析を指すことが多い．しばしば回帰分析と重なる．この分析の目的は相関は現象の分析の基礎であり，出発点だからである．

［例］南方振動指数（SOI）＝タヒチ周辺の界面気圧偏差－ダーウィン周辺の海面気圧偏差であり，タヒチの海面気圧偏差とは＋の，ダーウィンの海面気圧偏差とは－の相関をもつ．

●**回帰分析を中心とした予測**　(1) 従属変数 Y は降水量が多い．(2) 独立変数

X は近接観測サイトの気圧，等気圧面の高度と気温，風向成分など多くの独立変数を導入するが，多重共線性の考慮がなされていないケースも少なくない．現象の高度の非線形性から，その必要も低いケースが存在する余地がある．また変数選択法に機械的に積むことなく，それにこだわらない実質科学的検証を加えるべきである．

［例］ Y＝大鹿日雨量，X_1＝潮岬 100 mf 高度，X_2＝潮岬 850 mf 高度

［例］ Y＝天竜川流域小渋ダムの降水量，X_1＝輪島 500 mf 高度，…，X_{10}＝八丈島 700 mf．風の南北成分．

●**多変量解析の適用** 現象の多元性から適用例は従来より多い．

ⅰ）主成分分析：最も多い方法の1つである．数学的に明晰であり，多様な解釈の余地が少なく，むしろ記述統計的簡明さがある．ただし，何らかの意味で，主成分得点の妥当性検証，安定性の実質科学的確認がないと，データの組み替えにすぎなくなる．

［例］ アメリカからカナダ南部にわたる 64 個の観測点を選び，各点の海面気圧の相関係数行列（64×64）から第1～8成分を抽出して，これで 90% の変動が説明された．2年にわたって変化がなかったことは，実質科学的な要因の存在を推認させる．

ⅱ）判別分析：カテゴリー予測として有効な方法であり，ことに降雨の予測に用いられる例が多い．説明（独立）変数の個数はかなり多い．ベイズ的視点に立てば，3以上のカテゴリーでも可能．

［例］ 岐阜県揖斐川流域における降水の有無を，当時の高層要因から，一定時間後について，判別予測を行った．有無のケースを分類表（略）から判別適中率はほぼ 65～75% であった．

ⅲ）因子分析：主成分分析と並行する方法であるが，解の抽出の基準，因子回転を行うなどの点で，主成分分析より操作的であり，現象記述から遠くなる傾向がある．因子抽出は初期には重心法であったが，この方法は直感的には良い方法である．さらに因子負荷重に対し，クラスター分析を行うことが多いが，逆行して個別の精査も必要である．

［例］ 夜間の騒音を 1 km メッシュ面 1 点をとり計測する（川崎市のケース）．他方，これは関連すると思われる 80 個以上の環境要因から因子分析（バリマックス法）で 29 の要因を選定する．さらにこれらをクラスター分析し，要因の分類を行う．

●**時系列分析** 時間領域（time domain）を周波数領域（frequency domain）の両方が用いられる．

ⅰ）時間領域：誤差を落す周期振動のフィルタリングを適用する研究がある．素朴でわかりやすい方法としては，移動平均で次数 m が大なら低周波数成分のみ

を検出するフィルター，小なら高周波成分を残すフィルターがある．またカルマン・フィルターを通す例もあるが，移動平均よりは精密であり，わかりやすい定式化の形をとれば実際にも有効である．

　[例]　筑後川水系の中流夜明地点に対し，河川流量の予測を試み，豪雨による洪水，高水位，低水位時の管理に硬化をあげた．

　ⅱ) 周波数領域：いうまでもなく，フーリエ解析の場面であり，パワースペクトル密度推定の方法としてはブラックマン・テューキー法がよく用いられ，またフーリエ解析の方法としては，精度は落ちるが高速フーリエ変換 (FFT) によるのが便利である．ほかには最大エントロピー (ME) の方法も考えられている．

　[例]　前述の南方振動指数 (SOI) はエルニーニョ現象の指標とされるが，自己相関関数もこの現象の 48 カ月，84 カ月の周期を示唆している．

●極値統計学　3 つのタイプの極値統計分布 (グンベル，フレッシェ，ワイブル) を降水量，地震，一般の破壊現象へ適用する研究は土木および建築工学，環境工学では標準的であり，テキストも多い．ただし，これは静態的分析であり動態的予測には十分でなく，一部では，いわゆる関与条件付の極値統計分析の試みもある．

　[例]　北陸から山陰にかけての豪雨は石川県輪島と島根県米子の両高層観測点での下層ジェット気流がみられるとき起こりやすいといわれる．両点での下層ジェットの有無を $x_1, x_2=1, 0$ で表すと，$p(x_1=1, x_2=1)=0.262$ と推定され，これが豪雨発生の可能性を示す確率となる．

●空間統計学　空間の環境現象が広く空間の 2 地点間の相関関係の分析に帰することはほとんど明らかであるが，これを記述する主な方法は空間相関である．空間相関は，共分散あるいは相関係数の添字 (r_{xy} の x, y) を空間化して得られる．その基礎は，共分散関数であり，これは 2 地点間の測定値差の分散で表されて (正確にはその 1/2)，ヴァリオグラム (あるいはセミ・ヴァリオグラム) とよばれる．共分散関数は実際には，空間の複雑さを反映して相当扱いにくいが，それに空間的定常性 (空間は一様と考える) を仮定して，簡単な線形，あるいは指数関数形を想定すると扱いやすい．これをクリッギングという．クリッギングによって，空間相関は統計的方法で扱われ空間における内挿として有用であり，その 1 つは時系列分析ごとに自己回帰モデルのアナロジーの発想からこれを精密化することである．

　[例]　ミラノ (イタリア) を中心とするロンバルディア平原における雨量のセミ・ヴァリオグラムは 2 地点間の距離に対し，無関連ないしはわずかに漸増傾向をもつが，相関係数については明確に減少する．

●リモート・センシング　衛星技術の発展により高空からの映像技術によるリモート・センシングが飛躍的展開がある．環境指標の一例として，植生状態把握の LAI (leaf area index)，NDVI (normalized difference vegetation index)

があり，またデータとしてはMODIS（moderate resolution imaging spectroradiometer）などが常用され，MODIS, LAIが収量推定に用いられている．統計分析としては，空間を時間とみなしてボックス・ジェンキンス型の時系列分析法を適用するなどの分析が行われている．

●**数理科学的シミュレーション**　流体力学的方法である．ここまでは統計的方法は現象面をできる限り実物通りになぞる方法であるが，数理的にアプローチする方法である．法則面（物理学的側面）から一般に流体の従う力学方程式はナビエ-ストークスの方程式といわれ，大気流の場合は，

$$\rho\left(\frac{\partial u}{\partial t}+u\frac{\partial u}{\partial x}+v\frac{\partial u}{\partial y}+w\frac{\partial u}{\partial z}\right)=-\frac{\partial p}{\partial x}+\mu\left(\frac{\partial^2 u}{\partial x^2}+\frac{\partial^2 u}{\partial y^2}+\frac{\partial^2 u}{\partial z^2}\right)+\rho fv$$

$$\rho\left(\frac{\partial v}{\partial t}+u\frac{\partial v}{\partial x}+v\frac{\partial v}{\partial y}+w\frac{\partial v}{\partial z}\right)=-\frac{\partial p}{\partial y}+\mu\left(\frac{\partial^2 v}{\partial x^2}+\frac{\partial^2 v}{\partial y^2}+\frac{\partial^2 v}{\partial z^2}\right)-\rho fu$$

$$\rho\left(\frac{\partial w}{\partial t}+u\frac{\partial w}{\partial x}+v\frac{\partial w}{\partial y}+w\frac{\partial w}{\partial z}\right)=-\frac{\partial p}{\partial z}+\mu\left(\frac{\partial^2 w}{\partial x^2}+\frac{\partial^2 w}{\partial y^2}+\frac{\partial^2 w}{\partial z^2}\right)-\rho g$$

である．この方程式の副次的条件として「連続の方程式」の制約がある．

ρは密度で非圧縮流体では一定，pは(x,y,z)地点での圧力，$u(x,y,z)$, $v(x,y,z)$は(x,y,z)における速度の3成分，μは粘性係数，fは地球表面におけるコリオリの力（地球の自転による慣性力），gは重力加速度である．$\mu=0$の場合（粘性のない流体）は完全流体といわれ，古典的なベルヌーイ，オイラーの流体力学の方程式となる．左辺の$\partial/\partial t$の項は，時間的変化項，残りの3項は空間的に移ることで速度が変化する「移流項」「非線形項」といわれる．

ナビエ-ストークスの方程式は難解で知られ，解析的には解かれていない．さらに，渦，乱れが加わった乱流はさらに複雑な式となるので，数値解によるほかない．

$\mu=0$の完全流体の場合に，最初にこの方程式の解に挑んだ気象予測研究者はノルウェーのV.ビェルクネス（1862-1951）とされているが，当時の計算技術では完全解は無理であった．しかし，現在では，計算技術の飛躍進展で，i）差分法による微分方程式の解法，ii）有限要素法による微分方程式の解法により，特定地点のu,v,w,pの推定も可能になり，気象予測やアセスメントも飛躍的に発展している．以上は地球の大気力学を古典的な流体力学方程式で解く試みで精密な数理モデルといえようが，これのほかに拡散方程式のモデルがあるが，紙幅の関係で割愛する．　　　　　　　　　　　　　　　　　　　　　　　　　　［松原　望］

自動車事故分析

●**交通事故のデータ** 交通事故データは警察による調査データと交通事故調査機関による詳細調査データに大別される．事故分析の目的は，事故の発生動向を把握し，事故対策を立案すると同時に，対策を評価することであるが，事故の責任の所在を明らかにする目的もある．事故分析は，方法により統計分析と事例分析，マクロ分析とミクロ分析などに分かれる．従来は，統計的な分析を行うのは交通統計データをもとにしたマクロ分析が主であったが，最近は事故発生過程を調査したミクロ分析もさまざまな手法を用いて統計的な分析が行われている．

事故調査の視点である5W1H（いつ，どこで，だれが，なにを，どのように，なぜ）の視点を基本として，発生年月日をはじめ，道路種別，年齢，車両種別，事故類型，事故原因などの項目が細かく集計されている．しかし，こうしたデータを用いる場合，注意しなければならない点がある．例えば，年齢層別の事故発生件数は，若年層の方が多いが，当然若年層は運転経験が少なく，運転に不慣れであるという背景があり，運転経験を考慮した分析をしないと誤った解釈をすることになる．車種ごとの被害度を検討する場合なども，1件あたりの傷害者数は，乗員数の多いバスが最多となる．これをもって，バスの安全対策が最優先とはいえない．また，死者数に関しては，事故発生後24時間以内，6日以内，30日以内など，国や地域により扱いが異なるので，データを利用する際に注意が必要である．

●**さまざまな事故率** 交通事故の発生件数はさまざまな要因に影響される．そのため，死傷者数が多いからといって，国や地域の規模や交通環境の違いがあり，単純に比較することはできない．そのため，さまざまな事故率が提案されている．しばしば用いられるのが人口10万人あたりの死者数・負傷者数，ある条件に該当する者のうちの死者数（致死率），車両1万台あたりの死者数，1億走行台キロあ

表1 10万人あたりの事故率および走行台キロメートルあたりの事故件数の国別比較

国	調査年	10万人あたりの事故件数	10万人あたりの死者数	1億台キロメートルあたりの事故件数
フィンランド	2006	127.2	6.3	12.92
エクアドル	2006	140.7	13.6	73.92
イスラエル	2006	245.6	5.9	40.40
ニュージーランド	2006	268.8	9.4	29.28
イギリス	2006	312.2	5.2	37.76
ドイツ	2006	398.0	6.2	48.00
アメリカ	2005	625.6	14.7	38.68
日本	2004	745.3	6.7	121.81

［総務省ホームページより］

たりの死者数・負傷者数などの事故率である．表1はそれらの指標のいくつかを国別に比較したものである．日本は，10万人あたりの交通死亡者数は 6.7 名（2004年）で，アメリカの 14.7 名（2005年）と比較し2分の1以下で，ヨーロッパの国々に近い値である．それに対し，10万人あたりの交通事故件数は 745.3 件であり，世界でも非常に多いといえる．しかし，人口あたりの事故率は自動車の保有率や利用形態にも影響されるので，ゆがみを生じる場合がある．交通事故の場合は，交通状況にどの程度さらされていたかという暴露度が問題となる．走行距離数が増加すれば，それだけ事故に遭遇する確率が高まる可能性があることから，1台の自動車がどのくらい走行した場合に事故を引き起こすかという走行台キロメートルあたりの事故率が暴露度に対する指標として用いられる．日本は，少ない走行距離で多くの事故が発生していることがわかる．

その他，条件を特定した場合の事故率を示すものとしてオッズ比があり，携帯電話を使用した場合の危険度やシートベルト着用の有無による致死率の比較などに用いられている．また，自動車保有台数 V あたりの交通事故死者数 D と人口 P あたりの車両保有台数 V の関係を次式で示したスミードモデルも国際間の交通情勢を比較するために用いられる[1]．

$$D/V = 0.003 \cdot (P/V)^{2/3}$$

●**事故要因の分析**　道路交通は，人，自動車および道路環境から成り立っており，それぞれについて事故要因が存在し，その数は膨大である．これらの関係をみるため，統計的手法としてはクロス分析，相関分析，回帰分析などが用いられる．図1は，状態別・年齢層別の死者数をクロス集計した結果を示している．状態別と年齢層別の単純な集計に比べ，高齢になるに伴い，歩行者，自転車による死亡事故が増加していることが明確になる．また，速度や距離など数値化できる要因と認知の誤りの有無や事故類型など，数値化できないことがあり，そうした場合は数量化理論による検討が行われている．［石田敏郎］

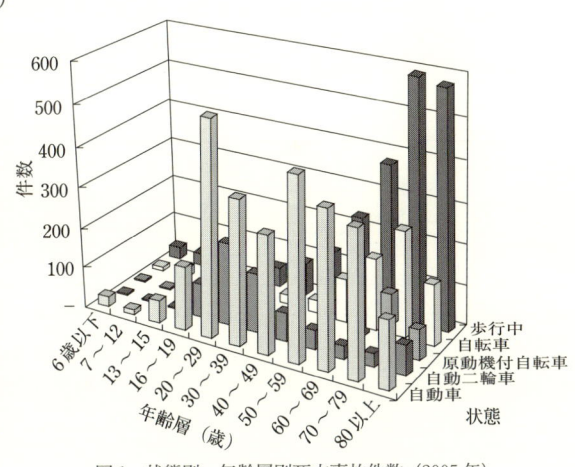

図1　状態別・年齢層別死亡事故件数（2005年）

📖 **参考文献**
[1] 交通工学研究会編，2008，『交通工学ハンドブック 2008』DVD-ROM 版，丸善，28-4-10．

交通量統計

　日本には，多くの交通量の統計調査があり，行政の政策立案や事業の決定などに幅広く活用されている．ここではその概要と使われ方を紹介する．
●**日本の交通量統計**　交通とは，何か（移動主体）が，何らかの目的をもち，何らかの手段を利用して，ある地点間を移動する現象である．このような交通の基本的特徴に着目して，日本の交通量統計の概要を説明する．
　移動主体は人か物のいずれかであり，交通量統計も人の移動（旅客交通）または物の移動（物流交通）に関するものに分かれる．また，交通は鉄道，バス，自動車，自転車，バイク，航空機，船舶など，何らかの交通手段を利用する．都市内の交通では徒歩も交通手段である．交通量統計には，人や物の全移動量を示すものと，交通手段別に移動量を示すものがある．交通の範囲は多様であり，統計も国際交通・全国レベルなど広域的なものから，都市圏内や都市内など日常生活圏のものまで諸レベルが存在する．移動のどこを捉えるかでもタイプが分かれる．地域の交通総量を示すデータ，地域間の交通流動を示すデータ，駅や道路などの特定箇所を対象に通過する交通などを観測したデータなどがある．
　これらのデータは，世帯や事業所を対象として調査員の訪問や郵送によって調査票を配布・回収したり，調査員を現場に配置して観測するなど，膨大な労力と

表1　日本の主な交通統計調査

調査名	調査主体	調査方法	主な活用	調査周期	交通主体	地域の広がり	交通手段	データ形態
パーソントリップ調査	都道府県，政令指定都市	世帯を抽出し訪問調査または郵送調査	都市圏の総合的な交通計画（旅客）策定，市町村などの交通施策検討へのデータ提供	必要に応じて不定期に実施（3大都市圏は10年ごと）	人	都市圏	総合	地域間流動
全国道路交通情勢調査，自動車起終点調査（道路交通センサス）	国土交通省道路局	自動車を抽出し訪問調査または郵送調査	全国など広域の道路計画，建設，管理	5年ごと	人・物	全国	自動車	地域間流動
大都市交通センサス	国土交通省総合政策局	主に鉄道事業者から利用者データを提供	鉄道整備計画，鉄道事業者などへデータ提供	5年ごと	人	都市圏（三大都市圏）	鉄道	地域間流動
幹線旅客純流動調査	国土交通省政策統括官付政策調整官・総合政策局・道路局	道路交通センサスなど，複数の既存統計を合成してデータ化	全国の総合的な交通計画（旅客）の策定	5年ごと	人	全国	総合	地域間流動
都市圏物資流動調査	都道府県，政令指定都市	事業所を抽出し訪問調査または郵送調査	都市圏の総合的な交通計画（物流）策定	3大都市圏などで概ね10年ごと	物	都市圏（三大都市圏等）	総合	地域間流動
全国貨物純流動調査	国土交通省総合政策局・道路局	事業所を抽出し郵送調査	全国の総合的な交通計画（貨物）の策定	5年ごと	物	全国	総合	地域間流動

費用を投じて作成される．近年は，ITの普及で，鉄道のICカード，携帯電話の位置情報など交通に関する多様なデータが蓄積されているが，公的統計への活用は今後の課題であり，現在は，調査者の努力と被調査者の協力に負う所が大きい．表1に，政策立案や学術研究に数多く利用されている地域間流動を把握した交通統計調査を示す．交通量統計は，これらの調査結果を整備したものである．

●**交通量統計の活用**　行政の政策立案などへのデータ活用のうち，実施例が多く，社会的な意義も大きいものを紹介し，交通量統計の重要性の一端を示そう．

　交通施設整備の長期計画策定において，交通量統計が用いられる．交通計画には多くの交通手段を対象とした総合的な計画と，交通手段別の計画があるが，前者の代表的なものは都市交通マスタープランである．パーソントリップ調査を用いて，比較的規模の大きい都市圏（概ね人口30万人以上）で策定されている．都市交通マスタープランは，都市計画の交通部門計画としての性格を有し，交通と土地利用を一体的に計画するものである．鉄道，バスなどの運行改善，交通需要管理施策（時差出勤，自動車の流入規制など）のソフト的施策も計画に含まれる．交通手段別の計画としては，道路，鉄道，空港，港湾などの計画がそれぞれ策定される．これらの計画の決定にあたっては，計画案の妥当性を科学的な根拠をもって明示することが求められる．このため，表1に示した交通流動を把握する統計調査の，現況交通実態データから交通量推計のための数学的モデルを作成し，複数の代替案について将来交通量やさまざまな評価指標（道路や鉄道の混雑状況，交通に伴う二酸化炭素排出量など）を予測して，計画が決定される．交通や都市開発などの事業の必要性，妥当性の説明にも交通量統計が用いられる．道路・鉄道などの事業では，事業実施前に効果を費用便益分析などによって明らかにする必要があり，交通量統計に基づく交通量予測が必須である．鉄道やモノレール，路面電車などの新設にあたっても，国からの認可を得る際に，交通量統計に基づく交通量予測と経営採算性の提示が求められる．高速道路の料金設定においても，長期の償還計画を示す交通量統計を用いた交通量予測が必要である．

　交通事業や都市開発事業の実施にあたっては，事前に環境アセスメントや，周辺の交通への影響の確認が必要であり，環境影響や交通負荷の予測のためにも，交通量統計を用いた交通量予測・評価が行われている．このほか，さまざまな行政の施策立案や企業の経営方針検討において，基礎的な交通の現状や課題分析に交通量統計が広く用いられる．交通量統計から得られる人の活動情報を生かした新しい活用例もみられ，パーソントリップ調査による時刻別・地域別の人の滞留や移動状況データを活用した，地震の被災想定や帰宅困難者分析などの防災計画の検討，新型インフルエンザの感染予測などはその例である．　　　　［中野　敦］

📖 **参考文献**
[1] 新谷洋二編著，2003,『都市交通計画 第2版』技報堂出版，第4章，第5章.
[2] 交通工学研究会，2008,『交通工学ハンドブック2008』丸善出版，第9章.

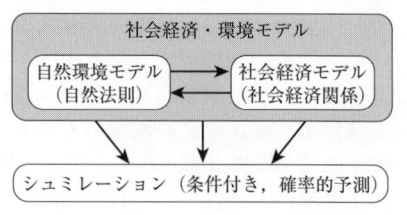

環境シミュレーション

●**シミュレーションの有効性** 環境問題に対する人々の関心が高まっている．何が原因で環境の悪化や異変が起き，どのような事態が予想され，それはどの程度確かなのだろうか．そして，我々はどう対応したらよいのか．こうした疑問に答えようとする1つの方法が環境シミュレーションである．

シミュレーションは模擬実験といった意味であるから，環境シミュレーションを字義どおり解釈すれば，環境の状態や時間的変化をコンピューター・モデルなどによって模擬的に実験し推定，予測することである．しかし，化学汚染や地球温暖化など人為的起源の環境問題への対応が現代社会の大きな課題となりつつあり，人間行動や社会経済の動向と統合したモデルが広く開発され，両者の相互関係の分析，環境保全のための政策評価などで重要な役割を果たしている．ここでは標記の語意を広く捉え，対象の範囲やモデル構築の方法論によって分類しながら概説し，不確実性を取り扱う手段としての統計学の応用に焦点をあてる．

図1 環境シミュレーションの概略

●**自然環境モデル** まず我々の毎日の生活に欠かせない天気予報，特定の有害物質が環境に放出された場合の挙動を予測するシミュレーションがある．用いられるのは，科学的な関係式に基づくモデルである．例えば，大気や水，地中を隣り合う3次元ボックスに分割し，ボックス相互間の物理的・化学的関係が定式化される．そして，ある突発的な気象変化や有害物質の放出が起きた場合に，それらがどのように各ボックス間を伝搬し広がってゆくかがシミュレートされる．もちろん，天候の変化に関する日々の経験などからも推察できるように，詳細な諸変数関係の同定には限界があり，予測は100％的中とはいかない．ここに統計学応用の主たる役割が存在する．大気や気候の変化に関する過去の膨大な蓄積データ，空気や水，地中おける化学物質の拡散に関する種々の実験結果などを基礎に統計的に推定された変数間の数量関係（パラメータ）がモデルに組み込まれる．こうして，私たちは毎日テレビでおなじみの天気予報（時々刻々の気圧変化やその日の降水確率など）をみることができる．

次に，種々の環境汚染に対する我々の第1の関心事はそれらの人体への影響についてであり，広くは人間の健康や動植物など生態系への影響まで含むモデルの拡張が行われる．方法論的には先と同様であり，実験や過去の被害例などから諸

関係が統計的に推定され定式化される．時にマスコミで「…は数万人規模の被害者を生み出す」と報道されるのを見かけるが，その応用例である．

●**社会経済・環境モデル**　高度経済成長の裏面としての多くの公害問題，酸性雨やフロンによる成層圏オゾン層破壊，地球温暖化など地球規模の環境問題まで，人間社会と自然環境の関係悪化が顕在化，ますます深刻化の様相を呈している．こうした状況に際して人間の行動，そして社会経済の動向など人間社会と自然環境の相互関係を統合したモデルの構築が盛んに行われるようになった．経済諸関係の計量化は20世紀後半以降急速に進展した分野（計量経済学）であり，統計学手法の開発やデータの整備，情報技術の急進歩などを背景に大規模モデルな構築も可能になり，今日では種々の将来予測や政策評価に欠かせないツールとなっている．こうした社会経済モデルと自然環境モデルを統合することにより，「経済活動が…ならば，環境は…」，「人々の行動が…ならば，環境は…」，「政府が…政策を導入すれば，環境は…」などの条件付き予測や政策評価に有用な情報を提供することができる．

●**グローバル・モデル**　上記モデルを最大限拡張したものとして，今日の地球環境（温暖化）問題への高い関心を背景に開発が進められているグローバル・モデルについて簡単に触れておく．世界各国（地域）の相互的な政治経済関係がモデル化され，その動態により温室効果ガスなど汚染物質の排出量や大気中濃度がシミュレートされる．それを地球規模の自然環境モデル（大気循環モデル）とリンクさせれば温暖化の程度やその各国への影響をシミュレートでき，さらにそうした悪影響と経済成長を調和させるような世界的な政策対応の効果まで組み入れた統合評価モデルへの拡張も試みられている．

●**不確実性下のシミュレーション**　社会経済モデルではその基礎にある理論（理論とは社会構造を理解するための1つの仮説，思想である），目的や用途に応じて多様な定式化が可能である．その因果関係ならびに付随する不確実性の解釈において，自然科学モデルとは異なる配慮が必要であることはいうまでもない．また，大規模モデルでは自ずと不確実性の程度も大きく複合的になり，その詳細な把握は我々の能力を超える．これらをどう取り扱えばよいか，概して大局的，長期的な視点から展望するのに有効ないくつかの方法を紹介する．例えば，『気候変動に関する政府間パネル（IPCC）』の報告書では，それぞれ独自の理論的整合性を有する数種類のモデルにおいて別個にシミュレーションを行い，主要な関心事（大気中の二酸化炭素濃度，平均気温上昇の程度など）についての各モデルの推定結果を統計的に評価した確率的将来予測を提示している．そのほか，特定のモデルにおいて，不確実パラメータに関してモンテカルロ・シミュレーション，すなわちパラメータを推定（あるいは想定）された分布に従って乱数発生させ，数多くのシミュレーションを繰り返し，結果の分布を統計的に処理して確率的予測を行う方法もある．

［後藤則行］

動物生息数調査

　生息数の推定は，害虫や害獣など有害生物の駆除計画を立てる際に必要となるほか，希少生物の保全計画を立てる上でも重要となる．動物の大きさや移動能力などの特性に応じてさまざまな方法が使い分けられている（距離情報を用いる方法については「距離サンプリング」参照）．

●**区画法**　調査地域の全域を調べるのは困難であることから，調査地域を多くの区画に分け，その一部の区画をランダムに選んで個体数を計測することにより，区画あたりの個体数を推定する（「標本調査の基礎」「標本調査のいろいろな方法」参照）．区画内の動物の個体数を正確にカウントするのは困難であることも多く，現場ではさまざまな工夫が行われている．害虫調査の場合で，区画内の個体数が非常に多くなる場合には，個体数を直接にカウントする代わりに，その個体数をグレードに分けて記録する場合がある．例えば，農作物有害動植物発生予察事業の実施要領においては，水田でツマグロヨコバイの成虫個体数を記録する際に，表1のような換算表により個体数を5段階「甚，多，中，小，無」で記録するように定められている．

表1　農作物有害動植物発生予察事業におけるツマグロヨコバイ個体数の換算表（水田巡回調査：捕虫網20回振り）

グレード	個体数
甚	1,501〜
多	751〜1,500
中	51〜750
少	1〜50
無	0

　一般に，観測値を分散分析などにより分析する際には，等分散性と相加性を満たすために，分析の前に適切な変数変換を行う必要がある．このグレード法においては，個体数を観測すると同時に5値 (4, 3, 2, 1, 0) にノンパラメトリック変数変換を行っていることになり，その点で効率的な調査法になっている[1]．また，観測の際に動物そのものを観測する代わりに，動物個体数に比例する指標を観測する場合がある．例えば，ノウサギの個体数推定においては，糞数や足跡の長さが指標として用いられることがある．この場合には，1匹あたりの糞数や足跡長を別途に調べておき，その割り算により区画あたりの個体数を推定する．

●**標識再捕法**　動物の移動能力が高い場合には，動物個体群のランダムな混合を仮定して標識再捕法を用いることも多い．いま M 匹の動物個体に標識を付けて放飼し，野外で動物が十分に混ざり合った後に n 匹の動物を捕獲したところ，その中に m 匹の標識個体が含まれていたとする．このとき，野外の総個体数の推定値は $M \times (n/m)$ で与えられる．この式は，野外に存在する標識個体数 M に，総個体数と標識個体数の比の推定値 (n/m) をかけたものであり，ペテルセン式と

よばれている．実際には標識個体が死亡したり，新しい個体が加入したりするため，さまざまな修正式が使用されることも多い．また，標識の仕方も動物によってさまざまに異なる．近年のクマの個体数推定では，ヘア・トラップにより個体の体毛を採取し，そこから得られたDNAにより個体識別を行い，それを標識として用いることにより個体数が推定されている．

●除去を用いた推定法　単位努力量あたりの目撃数(SPUE)や単位努力量あたりの捕獲数(CPUE)の違いは，そこに存在する個体数の相対的な違いを反映するとみなすことができる．こうした情報だけでは絶対的な総個体数を推定することはできない．しかし，個体群から個体を除去したときに，個体数が相対的にどれだけ変化するかを記録していれば，総個体数を逆算することが可能となる．例えば，M 個体を除去した際に個体数が p 倍に減少したとすれば，野外の総個体数の推定値は $M/(1-p)$ で与えられる．実際には，動物は増殖したり自然死亡したりするため，個体数推定の際には，そこに動物の個体群動態モデルを組み込む必要がある．

北海道のエゾシカ個体数管理においては，1993年の個体数を100とする相対個体数（個体数指数）が活用されてきた．図1(a)はライトセンサス（日没後に低速の車で移動しながらスポットライトを照らして個体数を数える方法）により推定された個体数指数である．図1(b)は，この個体数指数の変化とエゾシカの狩猟・駆除個体数の変化の関係から推定された総個体数である．観測確率の年変動を考慮し，ここでは状態空間モデルを用いた推定が行われている（「カルマンフィルター」「状態空間モデルとカルマンフィルター」参照）．　　　　　　　　　　　［山村光司］

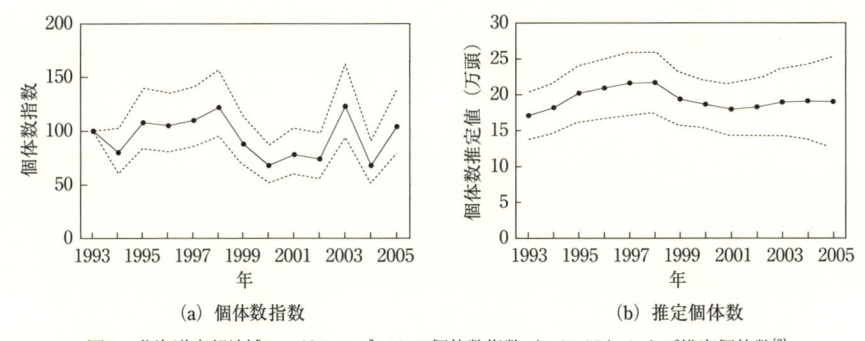

図1　北海道東部地域におけるエゾシカの個体数指数（±95CL）および推定個体数[2]

引用文献
[1] 山村光司，根本　久，2003, *Appli ed Entomology and Zoology*, **38**, 149-156.
[2] 山村光司，他，2008, *Population Ecology*, **50**, 131-144.

コラム：「理科年表」環境部（平成23年）を読む

『理科年表』（丸善出版，東京天文台編）という興味深い，そしてその方面の専門家，関係者，関心ある人々には，手元においで開いて楽しめるハンディーな資料集がある．経済分析の重要統計資料を集めた『統計要覧』というこれまた便利で興味深い出版物もある．両方とも原資料（データ）に近く，統計分析をしてはいないが，だからこそデータ感覚が養われ，ちょっとした生の統計分析の演習例には格好で，統計センスを養う上で有効活用できる．『理科年表』はいわゆる"歴史年表"ではなく，環境年鑑，データ資料集の各年の最新版という感じで，内容のレベルも高く，素人はやや苦労するかもしれない．とはいえ，今何が環境で重要か，あるいは常に注目すべきはどんな現象かをみることはでき，データで見る日本や世界の環境の姿を机の前でいながらにしてわかるのも仲々オツである．いま環境で何がポイントか，いささか粗いが，関心度を頁数構成からみよう．

内　容	頁　数
気候変動・地球温暖化	22＊（頁）
オゾン層	7
大気汚染	4
水循環	5
水域環境	23
陸域環境	14
物質循環	4
化学物質・放射線	22(16, 6)
全	101

＊）総数≒100なので，ほぼ％に等しい．
参考：「地学部」全242頁，「生物部」全91頁．

これでみると環境問題の関心は，ラフにみて，生物全体とほぼ同等の関心を集めその重要性を担っているが，地学全体からみるとほぼ4割強の重要性を占めている．環境部の中をみると，COP10もあって1「地球環境問題」型の関心（気候変動〜陸域環境）が半分以上のスペースが割かれている．他方，ここ10年程強調されている循環型社会の動きもサブタイトルに現れている．重みが小さいのは本質が「社会」に基づけられているからであろう．化学物質の全体管理もテーマとして上っており，公害型以降ふたたび化学物質に人々の厳しい目がそそがれてきている放射線管理は今後の重要課題であろう．

この『理科年表』は大正一四年に初めて発行されたが，一貫して国立天文台が編集の責を負っている．そのルーツから「暦部」から始まり「天文部」へと進む．面白いのは暦部と天文部が分けてあることである．よく「天動説」対「地動説」の対立が世界観の対立のようにいわれるが，天文学はそもそも暦の制作が元で始まったことに気をつけておこう．やはり実践的実学関心が学問のルーツである．この意味において，「環境統計学」が新しい社会における統計学の体系に学として加わることを希望したい． ［松原　望］

10. 文化統計

　文化は，人類が哲学・芸術・科学・宗教などの活動の中で築き上げてきた風習・伝統・思考方法・価値観などの総称である．文化に関する従来の研究は，文系型の研究手法が主流であり，いわば主観的認識に基づいた評論や自然言語による記述的手法が主である．文化に関する研究をより科学的に行うため，統計的手法が徐々に文化研究に浸透しつつある．考古学を含む有形文化遺産に関する研究や言語学などには，統計学手法が比較的に早く取り入れ，その研究事例も少なくないのに対し，絵画，音楽，民俗などに関しては，統計手法による研究事例は少ない．ここでは，統計手法による文化に関する研究として，計量言語学，計量コーパス，文化計量学，計量考古学，音楽のデータ分析，スポーツのデータ分析のトピックについて基本的内容や事例について解説する．これらのアイディアを借りて，より多くの文化事象の研究に統計手法が，科学的研究手法として用いられることを願う． 　　　　　　　　［金　明哲］

計量言語学

　計量言語学は，統計的な方法をもちいて言語や言語行動に関する諸要素の集合的な性質・関係について，その法則や量的構造を研究する言語学の一分野である．計量言語学の隣接分野としては，代数的言語学・計算言語学・コーパス言語学があり，これらの上位概念にあたる大分野として数理言語学がある．数理言語学は，数学の方法を使って言語を研究する分野全般を指す．ただし，補助手段としてではなく，中心的な手段として数学の方法を使うのである．数学と言語学の学際的な分野とみることも可能である．

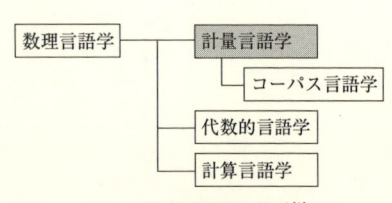

図1　数理言語学の体系[1]

　計量言語学の下位分野としては計量語彙論，計量文体論，言語年代学，言語行動の計量的調査，社会言語学などがある．なお，コーパス言語学は結局は「コーパスを使った計量言語学」の域を出ていないので，図1のような位置づけとなる．代数的言語学は代数学的・論理学的手法による演繹的方法を用いて，言語の代数的構造を解明したり，言語モデルを構築したりする．分野としては形式文法論，形式意味論などがある．計算言語学は帰納的・演繹的方法によって日本語をコンピューターで処理するためのアルゴリズム構築（算法化）や自然言語処理のための言語研究（機械翻訳研究）などを行う．

●**計量言語学と伝統的言語学の研究分野**　数理言語学の諸分野はいずれも研究方法は明確に規定されているが，研究対象には固有の領域はなく，言語学の全分野にわたる．言語構造の研究に限れば，伝統的な言語学は主に音素，形態素，単語，そして文といった言語のミクロ構造をことばの論理で解明してきた．これまでに目覚ましい発展を遂げた分野として，音声学・音韻論，形態論，統語論，意味論，言語地理学・方言学などがあげられる．それに対し，計量言語学は主に語彙や文章といった言語のマクロ構造を，数学の論理で解明してきた．そのため，伝統的な言語学ではその調査対象量の膨大さゆえに研究が遅れていた語彙論や文体論がむしろ計量言語学の主流となり，計量語彙論や計量文体論といった独自の下位分野が1960年までには確立した．これにより，これまで理論が中心であった語彙論や文体論に実質が与えられることになった．

　一方，社会言語学のようなインフォーマントの集合を調査対象とする分野は推測統計の手法をとらない限り科学にはならない．そのため，1940年代末に世界にさきがけて実施された国立国語研究所の社会言語学の調査では，いち早く推測統

計学が採用されている.

●**計量国語学** 日本の計量言語学, つまり計量国語学は, 1948年12月に設立された国立国語研究所と1956年12月に創立された計量国語学会を中心にして発展してきた. この時期における, この種の学会の創立は世界初である. 欧米で計量言語学や数理言語学が活況を呈するようになったのは, 翌年の1957年にアメリカケンブリッジで開催された第8回国際言語学者会議以降であった. 要するに, 計量国語学はいわゆる輸入学問ではなく, 世界にさきがけて日本で独自に誕生した学問だということである. さらにいえば, 計量国語学は, 「計量」とはいうものの, 実際は代数的研究や計算言語学をも包含しているため, 結果的に数理言語学に相当することになる. つまり方法論からいえば, 計量国語学は計量言語学の下位分野ではなく, 上位分野ということになる.

●**語彙の量的構造**[3] 表1は, ロシアの文豪プーシキンの『大尉の娘』で使われたすべての単語, つまり語彙の度数分布である[5]. この表1は, 『大尉の娘』で, 1回だけ使われた単語は2,384語あり, 2回使われた単語は847語, 3回使われた単語は433語…というように, x回使われた単語が何語あるかを示したものである. 表1をグラフ化すると図2のようになる.

このような度数分布をつくると, テキストの中で, 1回だけ使われた単語の種類, つまり異なり語数が一番多く, 2回使われた単語の異なり語数が2番目に多く, 3回使われた単語の異なり語数が3番目に多いというように, 単語の使用度数と異なり語数とはほぼ反比例の関係になっていることがわかる. 図2では $\chi=26$ 以上のデータが省略されているが, 実際は $\chi=1,160$ までグラフの尾が長くひくことになる. そのグラフ

表1 プーシキンの『大尉の娘』の語彙の度数分布

x	f_x	x	f_x	x	f_x	x	f_x	x	f_x	x	f_x
1	2,384	22	7	45	1	85	1	166	1		
2	847	23	7	47	3	86	1	178	1		
3	433	24	3	48	3	89	1	187	1		
4	238	25	5	49	1	90	1	195	1		
5	146	26	6	50	1	91	1	214	1		
6	114	27	3	51	1	95	1	220	1		
7	82	28	6	53	2	96	1	236	1		
8	79	29	3	55	3	97	1	244	1		
9	41	30	10	56	1	98	1	256	1		
10	39	31	8	60	1	101	1	257	1		
11	34	32	9	62	1	107	1	282	1		
12	33	33	5	63	3	110	1	288	1		
13	20	34	1	68	1	118	1	289	1		
14	22	35	7	69	1	119	1	297	1		
15	12	36	4	71	3	121	1	299	1		
16	17	37	4	72	1	122	1	421	1		
17	20	38	6	73	2	123	1	430	1		
18	6	40	5	75	1	124	1	479	1		
19	7	41	4	77	1	131	1	582	1		
20	13	43	3	78	1	134	1	724	1		
21	10	44	1	81	1	139	1	777	1		
								1,160	1		

$N=\sum f_x x=28,591$, $V=\sum f_x=4,783$, $m=N/V=5.98$

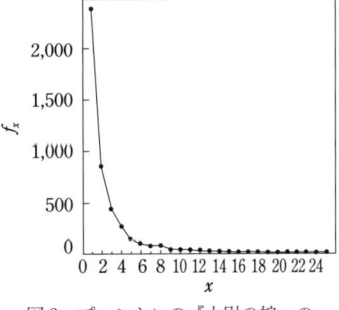

図2 プーシキンの『大尉の娘』の語彙の度数分布

の形から,計量国語学では伝統的に「L字型分布」とよんできたが,この分布がどのような型の統計分布に従うかを追及するのが計量語彙論の主要課題となる.そのような語彙の分布に近似する関数が「語彙の量的構造」であるが,その解明をめぐっては早くから議論されてきた.

アメリカのG.K.ジップ(1949)は,ある素材テキストの中に,1回,2回,…と,一般にはx回現れる語が,f_x個あるとすると,このxとf_xとの間に,

$$f_x = \frac{C}{x^2}, \quad \text{または} \quad f_x x^2 = C \quad (C \text{は定数})$$

という関係がなりたつとしている.しかし,この近似式は平均値付近の近似はよいがその他の部分はあまりよくない.さらに$f_x = C/x^2$を,$f_x = C/x^r$と一般形にしても,適合度はほとんど向上しない.

一方,イギリスのG.ハーダン(1964)は『大尉の娘』の語彙の度数分布にワーリング分布をあてはめたところ,比較的よく当てはまることを実証している.

●**語彙の度数分布への対数指数分布の当てはめ**　ハーダンの試みに対し,安本美典(1977)はさらに適合度を向上させるために対数指数分布を考えて良好な結果を出している.対数正規分布では,xをあらかじめ,対数変換しておく.そして,$\log x$を,適当な区間で区切って,その間の度数をまとめると,その分布は,左右対称の正規分布となる.1の対数は0であり,2の対数は0.3010である.語彙の度数において,表1のように,たとえば,$x=7$のとき$f_x=82$であれば,こんどはあらたに$X(=\log x)$という変数をもうけて,Xの値が$0.8451(=\log 7)$のとき,$f_x=82$と考える.そして,このXを適当な間隔で区切って,その間の度数を整理するのである.

このようにして,表1を整理しなおせば,表2のようになり,また,それをグラフ化すれば,図3のようになる.

表2に示したようにf_hとf_{h-1}との比をとれば,f_hは等比数列的に減少していることがわかる.事実,度数f_hの方も対数にとり,度数f_xの方も対数にとってグラフをかけば,図4のようにほとんど直線上にならんでいる.いま,Xのかわりに,クラス番号hを変数として平均値を算出すれば,$\bar{h}=1.5$.そこで式(1)の形

表2　xを対数変換したときの度数分布

クラス番号h	$X=\log x$	x	f_h	f_h/f_{h-1}	理論度数
1	0.000〜0.445	1〜2	3,231		3,189
2	0.445〜0.890	3〜7	1,013	0.3135	1,063
3	0.890〜1.335	8〜21	353	0.3484	354
4	1.335〜1.780	22〜60	126	0.3569	118
5	1.780〜2.225	61〜167	39	0.3095	39
6	2.225〜2.670	168〜467	16	0.4103	13
7	2.670〜3.115	468〜1,303	5	0.3125	7
計			4,783		4,783

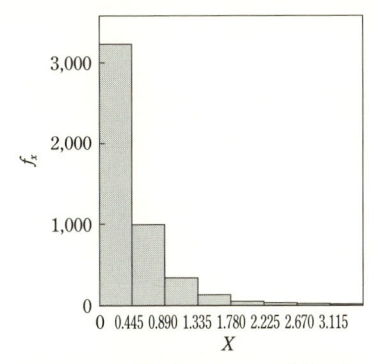

図3 xを対数変換したのちの度数分布

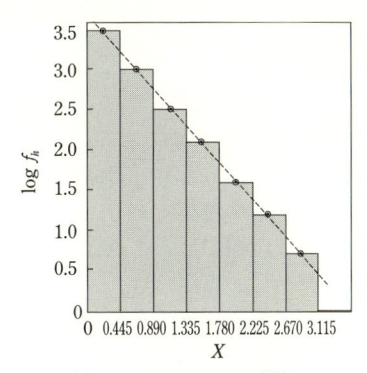

図4 Xと$\log f_h$との関係

の幾何分布を考える．幾何分布の場合，$E(h)=1/p$であるから，$1/p=1.5$とおいて，$p=2/3$となる．したがって，『大尉の娘』の場合，次の式(2)

$$f_h = Vpq^{h-1} \quad (1), \qquad f_h = 4{,}783 \times \left(\frac{2}{3}\right)\left(\frac{1}{3}\right)^{h-1} \quad (2)$$

となる．これはワーリング分布に比べて，はるかに単純な形である．f_hつまりf_1，f_2, f_3, …は，(1/3)を公比とする等比数列となるのである．

上式により，理論度数を求めれば，表2の右欄のようになる．適合度の検定により，カイ二乗の値を算出すれば，4.713となる．平均値$\bar{h}$と，$V(=\sum f_h = 4{,}783)$を用いているので，自由度は5，カイ二乗の値として，4.713がえられる確率Pは，$0.50 < P < 0.30$．

表2は次のようなことを示している．つまり『大尉の娘』の中に，1～2回使われる単語の数は3,231語である．そして，3～7回使われる語の数1013は3,231語の約1/3である．そして，8～21回使われる単語は，さらにその1/3である…という具合に，xの対数をとったときに，等間隔になるようにまとめて行けば，度数f_hの方は，等比数列的に減少して行く．hが幾何分布に従うことは，Xが指数分布に従うことを示している．

以上から，『大尉の娘』の語彙の度数分布は，「対数指数分布」とでもよぶべき分布に，かなりよくあてはまることが明らかとなった．

［伊藤雅光］

参考文献
[1] 伊藤雅光, 2002, 『計量言語学入門』大修館書店.
[2] 計量国語学会, 2009, 『計量国語学事典』朝倉書店.
[3] 安本美典, 1977, 語彙の量的構造, 数理科学, 15 (6).
[4] Altmann G., et al., 2005, *Quantitative Linguistik/Ein internationales Handbuch*, Walter de Gruyter Gmbh.
[5] Herdan G., 1964, *Quantitative linguistics*, Butterworth.
[6] Ziph G. K., 1949, *Human Behavior and the Principle of Least Effort*, Addison-Wesley.

計量コーパス

　コーパスとはもともと言語分析を目的として系統的に収集された大量のテキストデータを指す言葉であった．コンピューターの出現により加速度的に情報化が進んでいる現在では，これに加えて電子化されコンピューターによる処理が可能なものを指し，専用のコンコーダンサーを備えたものもみられるほか，さまざまな検索ソフトを利用することにより高度で複雑な分析も可能となっている．

●**コーパスから得られる1次資料**
コーパスの最大のメリットはキーワードを中心に前後の文脈を提示するKWIC（keyword in context）形式のコンコーダンスが得られることと，キーワードの右，あるいは左の語をソートキーとしてコンコーダンスラインの並び替えが行えることにある．例えば，図1は，1億語のイギリス英語のコーパス BNC（British National Corpus）を *seemingly* で検索した結果で，キーワードの右側3語をソートキーとして並べ替えを行った．「見たところでは」を意味する様態副詞 *seemingly* は BNC 全体で1192回生起するが，*endless* と共起する場合が最多で70回，その内の最初の15行を示した．このようにソートされたコンコーダンスは今まで隠されていたパターンを視覚化することになり，辞書編纂などには欠かせない共起語研究が飛躍的に進歩することになった．

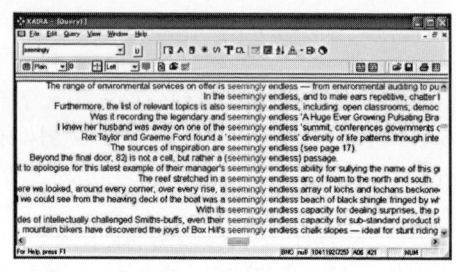

図1　*seemingly* のコンコーダンス（BNC より）

●**コーパスにおける統計量と指標**　ソートされたコンコーダンスラインをみて，あるキーワードの共起語が何度生起するかを数え，傾向をみつけるのは容易だが，その場合，キーワードと共起する語の結びつきの度合いが考慮されていない．そこで，共起頻度と各単語の個別頻度をもとに結びつきの度合いを測定する手法が考案されている．よく使われるものに，観測された頻度と期待される頻度との差の有意性を測る z-Score と，共起確率と期待される確率の比を見る相互情報量があるが，その値は「単語 x」と「単語 y」の共起頻度を a とする表1のような分割表を考え，

表1　図式的分割表（1）

	単語 y	y 以外	行合計
単語 x	a	b	$a+b$
x 以外	c	d	$c+d$
列合計	$a+c$	$b+d$	$N=a+b+c+d$

$$\text{z-Score} = \frac{a-[(a+b)(a+c)]/N}{\sqrt{(a+b)(a+c)}}, \quad \text{MI} = \log_2\left[\frac{aN}{(a+c)(a+b)}\right]$$

で与えられる．BNC の専用検索ソフト Xaira では共起語の抽出にこのいずれかの指標を選択することができる．また，表1の分割表を対象にイェイツの補正を行ったカイ二乗値も共起の度合いを測る指標として使われるが，最近はその発展型である対数尤度比が使われ，その統計量は

$$対数尤度比 = 2[a\ln a + b\ln b + c\ln c + d\ln d - \{(a+b)\ln(a+b) + (c+d)\ln(c+d) + (a+c)\ln(a+c) + (b+d)\ln(b+d)\} + (a+b+c+d)\ln(a+b+c+d)]$$

で与えられる．いずれの指標もその値の大きいものほど有意度が高い．

先の分割表はあるコーパスにおける「単語 x」と「単語 y」の共起の度合いを測るのに利用したが，「単語 y」と「y 以外」の列に異なるコーパスの値を入れることにより，サイズの大きいコーパスを基準に，当該コーパスの特徴語を抽出することができる．この場合もイェイツの補正を行ったカイ二乗値，あるいは対数尤度比を使用するが，標準的なコーパス検索ソフトである WordSmith Tools には，このいずれかの指標を選択する Keywords とよばれる機能がある．

●**コーパスのデータ解析** いくつかのコーパス，あるいはコーパス内のサブコーパスやテキストに現れる言語的な特徴を数えることにより表2のような分割表が作成できる．このような分割表に対しては多変量解析の手法が有効な分析手段と考えられるが，コーパスから得られるデータの分析にも使われている．

表2 図式的分割表 (2)

	Lf_1	Lf_2	Lf_3	…	Lf_m
Text$_1$	f_{11}	f_{12}	f_{13}	…	f_{1m}
Text$_2$	f_{21}	f_{22}	f_{23}	…	f_{2m}
Text$_3$	f_{31}	f_{32}	f_{33}	…	f_{3m}
⋮	⋮	⋮	⋮		⋮
Text$_n$	f_{n1}	f_{n2}	f_{n3}	…	f_{nm}

例えば，Burrows (1987) は Jane Austen のいくつかの作品に現れる頻出語の分布を調べ，主成分分析により頻出語と作品の間の関係を特定し，Tabata (1995) も同じような手法で Dickens の作品の分析を行っている．因子分析を利用したものには，その典型として Biber (1988) があげられる．彼は，英語の書き言葉，話し言葉を網羅した 481 のテキストに現れる 67 の言語的な特徴を数え，主因子分析により書き言葉，話し言葉の言語的特徴を明らかにするとともに，その要因を特定した．また，Nakamura (2002) は Brown Corpus のイギリス英語版である LOB (Lancaster-Oslo-Bergen) Corpus の 15 のジャンルにおける動詞，名詞，形容詞のレンマの頻度表を作成し，対応分析を用いることにより，ジャンルと主要品詞の語彙との関連を明らかにした．いずれの場合も，結果を図示することにより視覚的に解釈が可能になるが，これはこれらの手法の利点でもある． ［中村純作］

📖 **参考文献**
[1] Oakes, M. P., 1998, *Statistics for Corpus Linguistics*, Edinburgh University Press.
[2] 齊藤俊雄，他，2006，『英語コーパス言語学―基礎と実践 改訂新版』研究社．

文化計量学

　感性的，主観的，哲学的な観点からの研究が中心であった文化領域の研究に，客観的データに基づく計量分析法を導入し，文化事象の理解・解明を試みるのが文化計量学である．文化現象は多種多様で，事象そのものが曖昧模糊としたものが多く，また文化計量学の歴史も浅いため，事象解明にどのような情報（変数）を用いるべきか，それをどのようなモノサシで計量すべきか，どのような分析手法を用いるべきかなどに関し解決すべき多くの問題を抱えてはいる．しかし従来の文化研究とは異なる視点から文化事象を理解・解明するため，文学作品，宗教書，哲学書などの著作物や絵画，音楽，伝統芸能，考古学・歴史学的遺物，建築物などを初めとして，人間の精神的・知的活動の表現としてのさまざまな文化事象に関して計量的研究が試みられている．

●**文章の計量分析**　文献の記述内容の検討や成立に関する歴史的事実の考証といった従来の文献研究とは異なり，文章の特徴を数量的に把握し，その分析に基づき，著者に関する疑問や文献の成立時期などの解明を試みる研究が，文学，宗教学，哲学，政治学などの文献を対象に，20世紀に入り本格的に行われるようになった．研究の発端は，論理代数の創始者といわれるド・モルガン（Augustus de Morgan, 1806-71）の，「単語の長さの平均値を調べることで，その文章の著者が推定できるのではないか」というアイデアにあった．

　当初対象となったのは，原著が失われ写本などで伝承されてきたために，筆跡鑑定やインク・墨汁・紙質などの化学的鑑定が利用できない古い文献が主であったが，近年はワープロやパソコンで作成された文献も対象となっている．分析に用いる文章の計量的特徴（変数）として，文の長さや単語の長さの平均値，語彙量などのほか，主要な品詞（名詞・動詞・形容詞・助詞・助動詞など）の使用率や，文献の記述内容に依存しない単語の使用率などが用いられている．また日本文の分析では，漢字の使用率や読点の付け方（どのような文字の後に読点を付ける傾向があるか）などの情報も用いられている．分析対象の文献は，シェークスピアの作品，『新約聖書』，『旧約聖書』，『静かなドン』，『紅楼夢』，プラトンの『第七書簡』，『連邦主義者（Federalist Papers）』，『ジュニアス・レター』，『源氏物語』

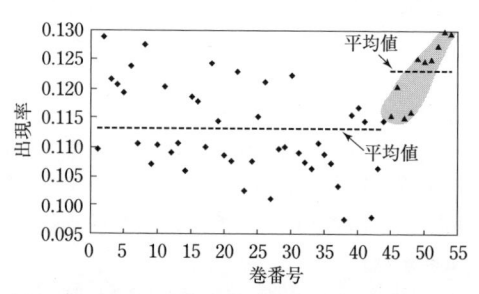

図1　『源氏物語』54巻の助動詞の出現率：45〜54巻（宇治十帖）では後の巻になるほど出現率が増加する顕著な傾向がみえる

（図1）など，宗教学，文学，哲学，政治学，歴史学など多岐の分野にわたるが，近年では犯罪事件に係わる文献も分析されている．

●**浮世絵の計量分析** 浮世絵に描かれている人物の顔を対象に，絵師の描画法の特徴などが計量的な観点から研究されている．菱川師宣，西川祐信，鈴木春信，鳥居清長，喜多川歌麿，歌川豊国，葛飾北斎，渓斎英泉，歌川国芳の9人の浮世絵師の描いた女性の顔53点の輪郭，目，鼻，口，耳などのパーツの位置を計測し，それらの計測点の中の3点を結んで出来る12種類の角度データ（図2）を主成分分析で分析し，9人の絵師の顔の描き方の差異が数量的に明らかにされている（図3）．また顔の各パーツをパターン化し，数量化4類を用いた顔の分類や，顔の輪郭線の数式近似による分類なども試みられている．

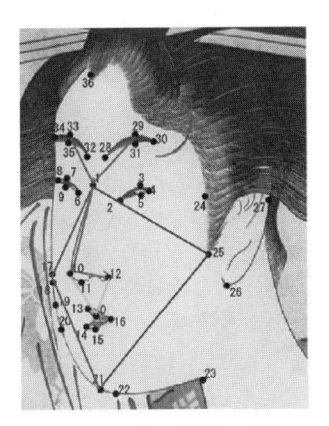

図2 顔の形状の計測点と分析に用いた12種類の計測点間の角度の一部

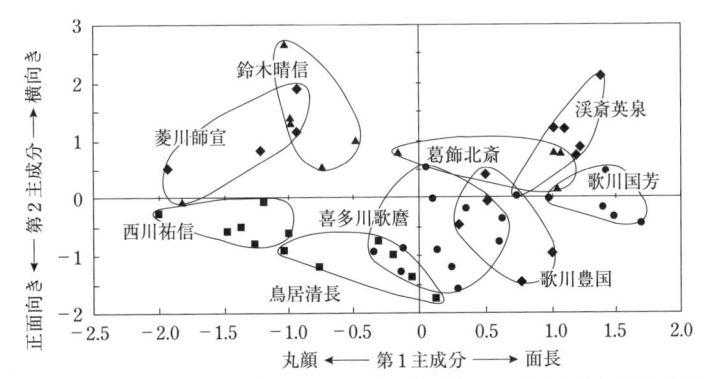

図3 9人の絵師の描いた53点の女性の顔の相関行列を利用した主成分分析結果：第2主成分までの累積寄与率は0.562．第1主成分は顔の長さを表す合成変数で，活躍期が遅い絵師ほど描く顔は面長な顔となっている

●**考古学データの計量分析** 考古学の分野では，青銅に含まれる鉛の同位体比の分析による銅鏡や銅剣の原料の産地の推定，古代寺院の金堂の平面形状の計量分析による建立時期の推定など，遺跡や遺物に関して多くの計量分析が試みられている．

［村上征勝］

📖 **参考文献**
[1] 村上征勝，2002，『文化を計る―文化計量学序説』朝倉書店．
[2] 村上征勝，2004，『シェークスピアは誰ですか？―計量文献学の世界』文藝春秋．
[3] 村上征勝，2006，『文化情報学入門』勉誠出版．

計量考古学

考古学は，過去の人間のさまざまな行動の痕跡として残されている物質的痕跡（文化財）の情報から，過去の社会や文化を含めた人類の世界を再構築していく学問分野である．その目的のためにはさまざまな種類の文化財が情報化され評価されるが，この過程において，特に狭義の統計学的手法を用いたアプローチが採用される場合に，これを「計量考古学」とよぶ場合がある．

考古学の方法論には，一般的に"計量しないアプローチ"は存在しない．我々は遺跡に立てば現場を測量し，建物や住居などの遺構を計測し，遺物の記録は点数から重量，大きさ（物理量）や形（形状量）にいたるまで，さまざまな計量を実施する．それは，過去の人間のさまざまな行動を復原する上での不可欠な情報化であり，その重要性は，すでに19世紀の考古学者ピットリバースによっても指摘されている．多くの人のもつ"珍品・貴品の蒐集と歴史のロマンを語る考古学"というイメージは誤りである．とはいえ，考古学は比較的新しい時代になって美術史や歴史学から独立した分野であり，19世紀までは"珍品・貴品の蒐集と歴史のロマンを語る"時代があったことも事実である．

現在，計量考古学とよばれる分野は「考古情報学」とよばれる．考古学ではさまざまな質の膨大な量の情報が発生し，それらを分析して歴史事象を再現する方法論や，それによって復原される世界に関する研究が中心である．またこれとは別に「考古測定学」とよばれる分野があり，こちらは主に情報化そのものの計測技術や方法に関する研究に主眼が置かれている．

●**考古学史における計量革命**　19世紀末から20世紀の考古学の近代化の時代には，文化財の記録や情報化に定量的な手法が一般的に用いられるようになっていた．しかし，そうした情報をどのように分析すれば人類の過去の行動や生態が復原できるのか，という理論や方法の確立には，1950年代の計量革命を待たなくてはならなかった．

1950年代後半から1970年代にかけて，多種多様な情報を定性的（経験的）に理解して歴史叙述を行ってきたこれまでの考古学に対し，「ニューアーケオロジー」運動とよばれるパラダイムシフトが起こった．このニューアーケオロジーやプロセス考古学とよばれる新しい考古学は，特に物理学や数学（統計学）などの純粋科学の考え方や方法を導入し，文化財を"科学的"な姿勢で再現性を重視しながら評価することをめざした．欧米では，コリン・レンフリューやルイス・ビンフォードらによって研究が牽引され，「考古遺伝学」や「中範囲理論」（具体的なフィールド調査データと高度に抽象的な社会科学理論を媒介する理論や方法論），

「先史言語学」，考古情報学と連携した文化交流モデルなど，それまでの考古学とは異なる新しい方向性が顕著となった．デイビッド・クラークの「空間考古学」やクライブ・オルトンの「数理考古学」など，純粋幾何学や純粋数学とも積極的に連携した．計量考古学は，このパラダイムシフトとともに生まれ，現在にいたっている．

●**計量革命以後の2つの考古学**　計量革命を経験した欧米の考古学者は，その後CAA（Computer Application and quantitative methods in Archaeology）国際会議を毎年開催し，現在では欧米だけでなく，インドや中国，日本などのアジア諸国の考古学者も参加してさまざまな主題を議論している．2010年現在の中心的なテーマは，時空間を扱う4次元アーカイブや，文化遺産情報のオントロジー解析，エージェントシミュレーションなどを応用した社会モデルの評価，高精度年代測定と文化拡散モデルの構築，文化意伝子による進化考古学の実践などである．

一方で，一部の考古学者は「プロセス考古学」という"科学的"考え方や方法論だけでは，人間の行動や社会・文化は明らかにできないことに気づいていた．イアン・ホダーやマーク・レオーネらによって，弁証法的・主観的・構造主義的方法論としてポストプロセス考古学が提唱された．その中心的分野の「認知考古学」では，認知科学や心理科学などの研究成果を援用しながら過去の人々の行動の背景にある心に着目し，人類の行動が純粋"科学"の検証可能性や実証性と寄り添うことが難しいことも明らかにしてきた．

現在では，プロセスかポストプロセスかという二者択一的な研究姿勢を明示しそれを貫く考古学者は少ない．考古学者自らが文化財の現場やフィールドに立ち続け，自らデータを作成し，これをどのような考え方で理解すれば，より過去の人間の行動に近づけるかという意識に，データや研究が帰結しているからである．現在多くの考古学者は，計量考古学と非計量考古学の差を意識してはおらず，何で語るかではなく，何を語るか，に主眼をおいている．

●**カタチを解析する**　考古学の対象とする文化財の情報化の最も一般的な方法は，そのカタチを計測してデータ化することから始まる．実際には，1つの土器をとりあげても，大きさのような物理量と形状のような幾何量のデータが混在しており，それらが合わせて"土器の機能"（煮る・盛る・貯めるなど）を復原するのであるから，情報の次元を分離して考える考え方は一般的ではなかった．しかし，機能が限定され，さらに大きさが類似する土器を分類する場合，どうしても，形状の次元だけを分離して解析する必要が生じる．

形状を幾何的に捉える方法に，数学的にフーリエ記述子で記述する方法がある．平面形状の輪郭を周期関数とし，この関数をフーリエ変換する．輪郭を XY 平面に投影し，輪郭曲線の座標を楕円弧長関数とする楕円フーリエ記述子を見てみよう．これはどんな輪郭（形状）でも，第1次的に楕円形を近似させ，その $\sin$ と $\cos$

関数の係数 a, b, c, d で形状を記述する．図1の左のような輪郭の土器の場合，y 軸成分について考えると，図1の右のような時間 T で変化する関数 $y(t)$ に置き代わる．x 軸成分についても同様に考えると，楕円弧長関数は，

$$x(t) = \frac{a_0}{2} + \sum \left(a_n \cos \frac{2 n\pi t}{T} + b_n \sin \frac{2 n\pi t}{T} \right)$$

$$y(t) = \frac{c_0}{2} + \sum \left(c_n \cos \frac{2 n\pi t}{T} + d_n \sin \frac{2 n\pi t}{T} \right)$$

で一般化され，ラグランジュの未定乗数法により係数 a, b, c, d を与えることができる．この時 n は $N=1$ のときが第1次調和楕円で，N の次数を増加させると輪郭が近似する（図2）．この係数のままでは，N の次数によりかなり高次元空間での分布を考えなくてはならないが，記述子の主成分分析によって次元を縮約し，形状の特徴を主成分得点で低次元空間に再配置することができる．

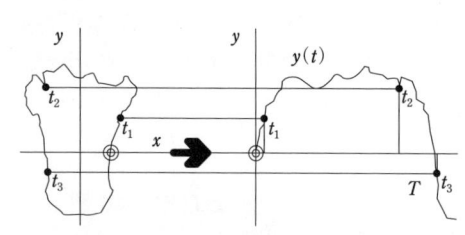

図1 楕円弧長関数：◎の点からスタートし，時間（周期）にそって，輪郭上の y 軸成分を示すと右のグラフとなる．

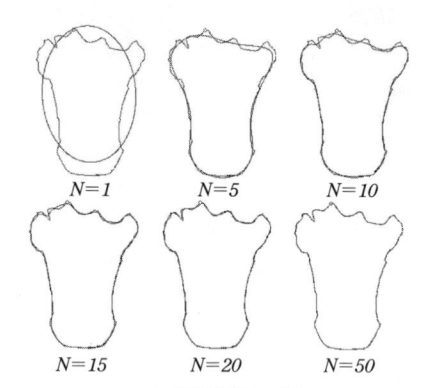

図2 調和楕円と次数

2つの異なる遺跡から出土した，機能が同じ土器（深鉢）について，側面形状に対して楕円フーリエ記述子を求め，その主成分分析を実施した（図3）．$N=50$ で，197次元空間が対象だが，主成分では第2主成分までで累積寄与率92％となる．回帰係数の相違は，そのまま両遺跡に残された土器の形状の差を表しており，相違をたった1つの係数（1次元）に縮約したことになる．こうした方法はこれまでの分類や系統の考え方を変える可能性をもっている．

●**考古測定学と空間考古学の融合** 考古測定学の主要な分野の1つに，原産地同定（推定）研究がある．火山性の岩石を対象とした場合，特定の火山には特有の元素組成があることが知られている．考古学の遺跡では黒曜石とよばれる火山ガラスでつくられた石器が頻繁に出土し，その元素組成分析結果から，素材となった黒曜石の原産地が特定の火山に同定される．その際，主成分分析やクラスター分析が用いられることが多い．レンフリューが示した文化交流モデルは，こうした原産地分析の結果と実際の遺跡での出土量の比較から，交換や交易の実態に迫

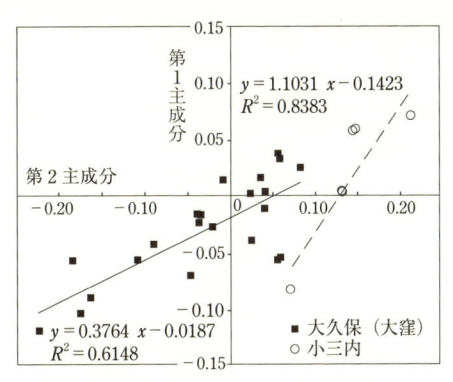

図3 主成分得点分布と形状の差

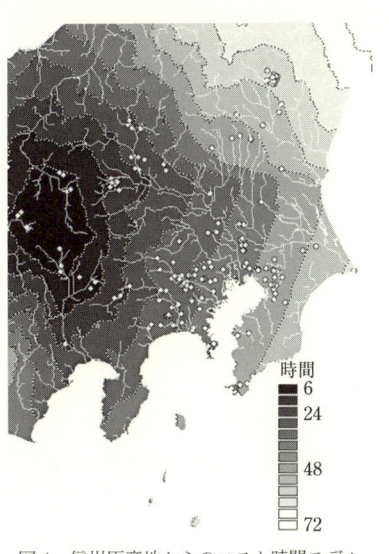

図4 信州原産地からのコスト時間モデル

る方法だが，近年これと空間考古学が融合し，より実像に近いイメージを明らかにしつつある．

同定された各原産地からの人間の移動について，ワルド・トブラーが示したハイキング関数を用いて移動にかかるコスト時間モデルを作成する（図4）．これに遺跡からの出土量のトレンドサーフェイス（スプライン関数による空間補間）を生成し，それら相互の空間的な関係を，ピアソンの相関係数

$$r = \frac{\sum_x \sum_y \{(A(x,y) - \overline{A(x,y)})((B(x,y) - \overline{B(x,y)}))\}}{\sqrt{\sum_x \sum_y \{A(x,y) - \overline{A(x,y)}\}^2} \times \sqrt{\sum_x \sum_y \{B(x,y) - \overline{B(x,y)}\}^2}}$$

で XY 次元について求める方法である．

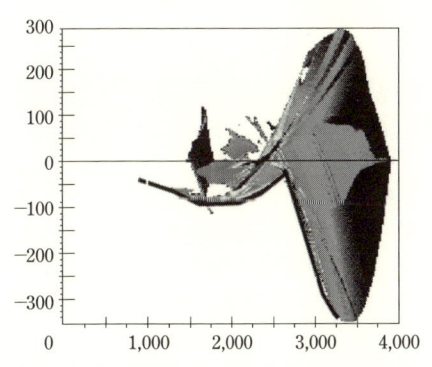

図5 3次元相関グラフ：横軸のコスト時間に対する相関（0.7以上）のピクセルの逓減モデル

移動時間モデルとトレンドサーフェイスの相関の時空間的な推移を3次元相関グラフにしたのが，図5である．コスト時間を横軸にとり，相関が0.7以上を示すピクセル数を，エッジエフェクトを標準化した値からの逓減値で示している．時間約2,800分までは空間的に相関が弱くなり，また上昇する．こうした文化財情報と空間考古学の融合は，これまで不可視だった先史時代人の行動を明らかにする可能性をもっているだろう． ［津村宏臣］

音楽のデータ分析

　音楽は情報であるといえるだろう．しかし具体的にどんな情報が音楽にあたるのかは簡単にいえない．オーディオCDに取り込まれたデータはサウンドについての情報だが，それをCDプレーヤーで再現した場合その情報に基づいて空気の振動が起こされ，その振動が耳で把握されたとき「音楽」が聞こえる．したがって音楽は空気の振動に過ぎないという解釈もある．ただし聴き手は空気の振動というより「音」「楽器」「歌手」などを認識するので，震える空気は音楽そのものではなく，ただ音楽についての情報を伝達しているとも考えられる．つまり演劇の場合では劇が舞台で行われ，観衆に届くのはその視聴覚的な印象だけであると同様に，音楽の場合もそれ自体は演奏の現場で行われ，CDに取込まれたり聴衆の耳に届いたりするのはただ音楽の響きに過ぎないかもしれない．さらに即興を除いて考えれば，演奏される音楽は演奏以前すでに存在している．その演奏以前にあるものは「歌」「ソナタ」などというものだが，それが本来の音楽であるという考え方もある．そうすると音楽そのものは演奏現場で伝達されるだけで，そこに存在しているのではない．ただそうなると音楽自体はどこにあるだろうか．楽譜も明らかに音楽そのものではなく，作品についての情報に過ぎない．音楽そのもの自体は音の構造であるとか，想像された音であるとか，あるいは作品にさえ音楽そのものを認めず，調和の原理こそが音楽であるなどという考え方もある．

　とにかく音楽の特徴の1つとして，さまざまな種類のデータがあり，そのどれが一次的で，どれが二次的なのかは簡単にいえないことである．したがって音楽のデータ分析も非常に多様である．芸術としての音楽を対象とする研究は主に作品や演奏の特徴を明らかにしようとしている．つまり典型ではなく，典型から外れるところに注目している．データ全体の傾向ではなくおのおのの箇所に注目するので，統計はあまり使われない．しかしある現象が典型から外れているかどうかを知るためには，あらかじめその典型を知る必要がある．したがって作品様式研究や演奏法研究は不可欠な基礎研究分野である．そういう研究には統計的なアプローチもある．

●作品研究　作品研究では作者に一番近い情報として，楽譜が分析の対象になるのが最も多い．楽譜の情報は象徴性が高いが，その中にも離散的でデータとして扱いやすいもの（ピッチ，音価に関わる情報など），連続的で曖昧にしか読み取れないもの（音量・テンポ・アティキュレーションなどに関わる用語や記号），解釈を通して初めて意味をもつもの（音楽の性格を表す言葉など）のように，さまざまな種類に区別できる．統計をとるには当然ながら曖昧性が少ないデータの方が扱いやすい．例えばピッチの頻度や（マルコフ連鎖などの方法を使って）連続性

を統計的に出せば作曲様式の違いがある程度みえてくる．曲の調の統計をとるだけでも，例えばハイドンとベートーヴェンの好みの違いが明らかに出る（図1では長短の違いを無視して，第1楽章最初の調号だけの統計を取った）．より曖昧な記号で統計を取る場合には，記号の書方や意味が変わる可能性に十分注意しなければならない．それは特に時代や様式を超えて分析するときに重要である．例えば楽譜に強弱の記号が少ないというのは必ずしも曲に強弱の変化が少ないという意味ではなく，作曲家がそれを演奏者に任せているという可能性もある．しかし曖昧な記号の意味を明らかにするために統計が役に立つこともある．例えば表1でみられるように，普通同義語と思われるディミヌエンド（dim.）とデクレシエンド（decresc.）はシューベルトの楽譜で明らかに区別されている．dim. は主に pp で起こるのに対して，decresc. はあらゆる音量で使われる．pp や p のように両方の指示が使われる場合もあるから，それには何がしの意味の違いを表していると考えられる．意味について考えるときには個別の分析が必要だが，そのとき統計が重要なヒントになるのである．

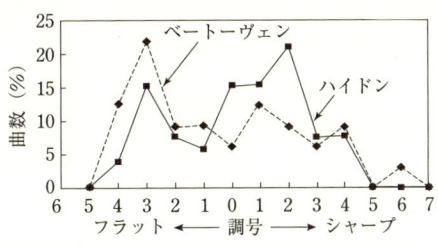

図1 ハイドンとベートーヴェンのピアノソナタの調号

表1 シューベルトのピアノソナタで，それぞれの基本音量における dim. と decresc. の頻度

	dim.	decresc.
ppp	8	1
pp	69	44
p	19	54
mf	1	12
f	1	31
ff	3	11

●**演奏研究**　楽譜には音楽の時間的構造が定められているので，それをそのままコンピューターで再現することができる．しかし人間の感情を込めた演奏はそのような機械的なものではない．芸術的な演奏では楽譜に表せない微妙なテンポ変化や強弱のニュアンスが重要な役割を果たしている．例えば単純な民謡のメロディーを演奏しても，フレーズの最初と最後を少し延ばさなければ不自然に聞こえる．延ばしが必要な箇所と程度を測定するには，その旋律を多くの演奏者に弾かせて，その時間構造の平均を取る方法がある．ただし注意しなければならないのは，演奏者同士の相違は必ずしも正確さや程度の違いにとどまらず，解釈の違いも考えられる．例えばフレーズの切れ目について2つ以上の可能性がある場合，別々の解釈による演奏はそれぞれ説得力があっても，それを平均して工夫した演奏も説得力があるとは限らない．音楽が複雑になるほどその可能性が増えるので，演奏の平均を取る方法は簡単な実験設定でしか推薦できない．

　もう1つの方法は聴覚実験である．事前に準備した演奏が被験者によって評価される実験と，コンピューターソフトを使って，被験者が自分で納得するまでパラメータを調整できる設定がある．これら実験データの分析は実験心理学の方法によるので，ここでは省略する．　　　　　　　　　　[Hermann Gottschewski]

スポーツデータ分析

　スポーツ人口や観客動員数などの社会調査,体力や運動能力に関する調査,実験データの統計処理など,スポーツと統計との関わりは多岐にわたっている.中でも近年,スポーツにおける戦術的傾向を統計的に明らかにしようとする試みが積極的になされており,学術研究の範疇を超え,ビジネスとしても注目を浴びている.

●**スポーツにおけるデータ分析の目的**　スポーツにおけるデータ分析の目的は,主に以下の3点に大別できる.

　i) 対戦相手のスカウティング:対戦相手の特徴を客観化し,対策や作戦の立案に役立てる.ii) チームづくりの方向性の確認:自チームのチームづくりが,コンセプトや方針どおりに進んでいるかを客観化し,その成熟度を見極める.iii) 個人の評価:チームに所属する選手のパフォーマンスを客観化する.データ分析を元にしたパフォーマンスの客観化は,監督やコーチによる評価のみならず,契約更改などグラウンド外の場面でも活用されている.

●**プロ野球におけるデータ分析事例**　プロ野球では,投手による投球パターンの分析,打者による打球落下位置の分析,バント,牽制,盗塁,エンドランに関する作戦傾向の分析などが戦略的に活用されている.図1には,WBCでも活躍した某プロ野球投手による,1シーズンを通じての右打者に対する投球の分析事例を示した.本投手は右打者に対して外角への投球が多く,球種ではストレートやスライダー,フォークボールが多いこと,内角にはシュートを多投していることなどが読みとれる.また,走者の状況によって投球パターンを変化させていることもうかがえる.なお,本例と同様のデータ分析は,2009年3月に行われたWBCでの日本代表チームにおいても導入されており,戦略的なデータ分析の活用が,日本代表チームの連続優勝に貢献したことに疑いの余地はないであろう.

●**サッカー日本代表におけるデータ分析事例**　ワールドカップ予選を戦うサッカー日本代表チームも,データ分析を活用しており,その分析項目は多岐にわたっている.表1には,2010 FIFAワールドカップアジア最終予選における日本代表チームのパススタッツを示した.これらのデータから,W杯予選を通じてのパス

表1　W杯予選での日本代表チームのパススタッツ (データスタジアム株式会社提供)

試合日	対戦相手	ホーム/アウェイ	結果・スコア	総パス数	ショートパス成功率	1タッチパス成功率	サイドチェンジ回数
2008.9.6	バーレーン	A	○ 3-2	483	87.0%	73.8%	21
2008.10.15	ウズベキスタン	H	△ 1-1	642	80.0%	70.5%	33
2008.11.19	カタール	A	○ 3-0	491	82.8%	64.3%	15
2009.2.11	オーストラリア	H	△ 0-0	671	87.3%	75.2%	35
2009.3.28	バーレーン	H	○ 1-0	579	84.5%	71.8%	19

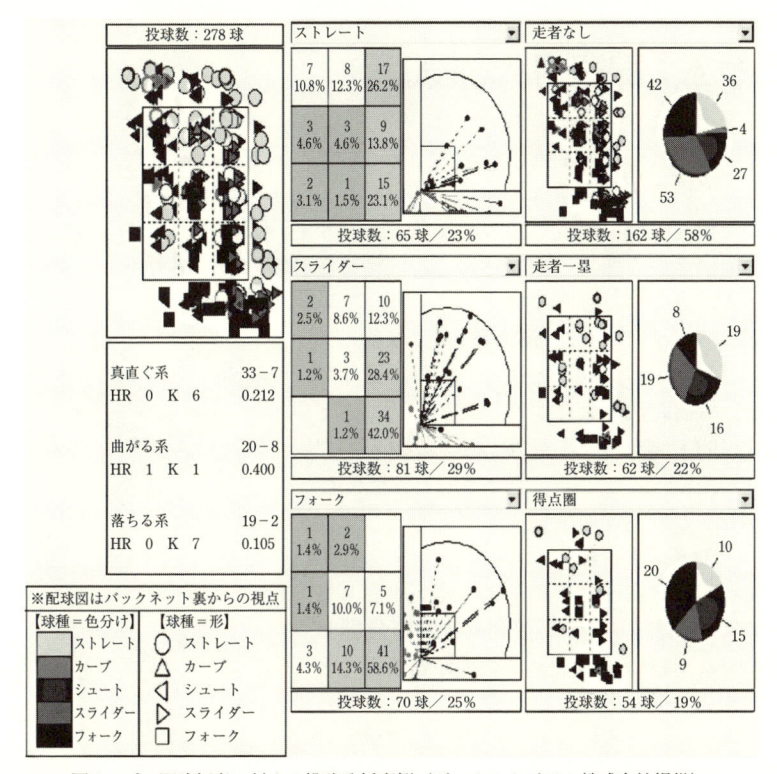

図1 プロ野球打者に対する投球分析事例（データスタジアム株式会社提供）

数や成功率には試合によるかなりの相違があること，日本代表チームにおけるショートパスの成功率が常に80％以上の水準にあること，またパスやサイドチェンジ数が多いことが，必ずしも勝利へと直結していないことなどがうかがえる．

●スポーツデータ分析の将来展望　スポーツ現場でデータ分析を活用するためには，いくつかのポイントがある．第1に，分析結果の「視覚化」は，指導者や選手に対して分析結果を提示する上での重要なポイントである．次に，「迅速化」も重要なポイントである．近年のサッカー中継では，前半での選手の走行距離に関する分析結果が，ハーフタイムには紹介されるといった事例も増えている．こうした迅速化の背景には，画像処理や位置計測システム（GPS）などを応用した，選手の自動追従技術の発展などテクノロジーの進化がある．

　社会情勢とともに，スポーツにおいても「情報化」が目覚ましい勢いで進みつつある．スポーツにおけるデータ分析の活用は，テクノロジーの進化とも相まって，今後さらに発展を遂げるであろう．　　　　　　　　　　　　　　［川本竜史］

コラム：時空間人類情報学

　従来，人文社会科学においては，"人間の学"としての人類学と，"人間の世界の学"としての地理学は，切っても切れない双璧であった．時空間人類情報学という不可思議な名称は，切り離してしまった"人間とその世界の学問"を無理矢理再構成してみた印象だ．しかも，ここで紹介する事例は考古学や先史学の方法まで取り込んで，同時に統計学の応用を考えようというのだから，はなはだ心許ない．

　図1は，イタリア北部のカモニカ渓谷にあるベドリナの"地図"とよばれる世界遺産である．鉄器時代の人々が残したこの図は，どんな目的で何を伝えようとして描かれたのだろうか．

　GISなどの情報処理技術を導入して，この"地図"をデジタル化し，オブジェクトの種別を整理して分布密度をカーネル密度推定してみると，図2のように空間が4つに分離され，それぞれのオブジェクト別の密度推定との面相関の傾向もこれに同調することが明らかとなった．さらにこの4つの空間単位を現実のカモニカ渓谷に対応するようにオルソ補正をかけると，図3のように"地図"が歪むことも明らかになった．この歪みについて，現実空間の距離との差を計算すると，ベドリナの"地図"の地点から川を南下するに従って，図の縮小率が大きくなっていて，遠い場所が実際の距離より相対的に大きく描かれており，逆に近い距離の場所が実際より小さく描かれていたことがうかがい知れる．

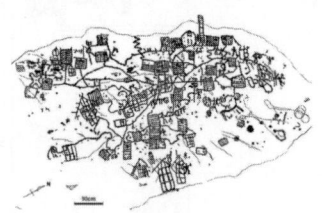

図1　ベドリナの"地図"
[Sansoni, U. 1982の一部改変]

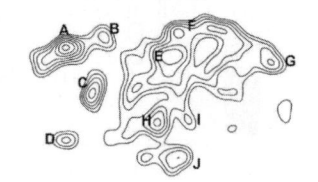

図2　オブジェクト分布密度

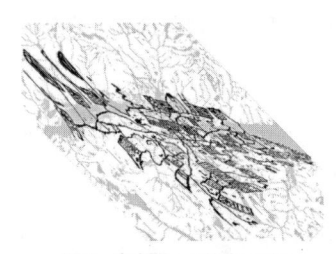

図3　実空間への比定モデル

　描かれたモチーフは，武器をもった人と畑と家畜と水源，そして"地図"の歪みは図内での距離感の標準化とモチーフの密度分布との関連を示唆している．だとすると，これは空間を描写する"地図"なのではなく，当時の戦争や略奪などの物語を示す叙事図だったと理解することもできるのだ．

[津村宏臣]

付　　　録

統計数理的視点から見た統計学発展史
：主要著作，論文，主題

統計数理的視点から見た統計学発展史
：主要著作，論文，主題

1713	J. ベルヌーイ『予測術』（アルス・コンジェクタンディ）
1718	ド・モアブル『確率の理論』（中心極限定理を展開）
1880*	K. ピアソン『科学の文法』
1889	ゴルトン『自然的遺伝』（回帰現象）
1894	K. ピアソン「非対称頻度曲線」
1896	K. ピアソン「積率相関係数」
1900	K. ピアソン「χ^2 乗適合度統計量」
1901	K. ピアソン，F. ゴルトン，W. ウェルドン（編）『バイオメトリカ』第1号
1906	C. スピアマン「客観的に決定，測定された一般知能」（因子分析）
1908	W. ゴセット「スチューデントの t 検定」（バイオメトリカ誌）
1920～30	中心極限定理の研究の進展（フェラー，フォン・ミーゼス，レヴィー，コルモゴロフ，リンデベルグ，クラメール，ワルドなど）
1921	J. M. ケインズ『確率論研究』
1923	R. フィッシャー「収量変動の研究 II」（分散分析）
1925	R. フィッシャー『研究者のための統計的方法』
1931	P. マハラノビス，インド統計研究所を設立(S. N. ロイ，C. R. ラオ，R. C. ボース，P. K. セン，M. プーリー)
1933	J. ネイマン，E. ピアソン「最も効率的な仮説検定の問題について」（基本補題）
1933	H. ホテリング「統計的変数体系から主成分への分析」
1933	A. コルモゴロフ「経験分布関数による適合度」
1934	J. ネイマン「代表的方法の二つの異なる見方について」（信頼区間）
1935	R. フィッシャー『実験計画法』
1939	H. ジェフリーズ『確率の理論』（ベイジアン）
1940	G. スネデカー『統計的方法』
1945	H. クラメール『統計学の数学的方法』
1945	H. ウィルコクソン「順位による2標本検定」
1947	H. マン，D. R. ホイットニー「順位による確率的大小の検定」
1947	E. デミングを対日統計的標本理論専門家に任命
1948	W. ヘフディング「漸近的に正規分布に従う統計量のクラスについて」（U 統計量）
1948-49	E. ピットマン「漸近的相対効率」（未出版）

1950	W. コクラン，G. コックス『実験計画法』
1950	A. ワルド『統計的決定関数』
1950	A. コルモゴロフ『確率論の基礎』
1951	T. W. アンダーソン『多変量解析入門』
1954	L. J. サベジ『統計学の基礎』（ベイジアン）
1955	R. フィッシャー『統計学的方法と科学的推論』
1956	C. スタイン「多変量正規変量の平均の非許容性」（→スタイン縮減推定量）
1958	E. グンベル『極値統計学』
1958	T. W. アンダーソン「多変量解析による分類」（判別分析）
1958	S. ウィルクス，プリンストン大学統計学部長となる（数理統計学の発展）
1958	H. チャーノフ，I. R. サベジ「順位統計量の表現定理」
1959	E. レーマン『統計的仮説検定』
1960〜70	個人確率の理論の数学的発展（J. サベジ，B. d. フィネッティ）
1960〜	J. テューキーの「探索的データ解析」
1960〜	M. ローゼンブラット，E. パルゼンの「カーネル密度関数推定法」
1962	J. テューキー「データ解析の将来」
1964	G. ボックス，D. コックスの「データ変換」
1965	D. リンドレー『ベイズ的視点からの確率統計入門』
1968	B. エフロン，t検定のロバストネスを証明
1969	J. ハイエク『ノンパラメトリック統計学』
1970	M. デ・グルート『最適統計的決定』
1970〜80	カーネマンとA. トゥバースキーによる個人確率の解釈の研究
1972	J. テューキーと共同者(プリンストン大学)，ロバストネスの研究を出版
1982	B. エフロン「ブートストラップ法」

［注］(1)『　』：書名(邦訳書名とは限らない)，「　」：主題あるいは論文名(かっこ内は分野)，19(8)〜：おおむね初出年（一部，確定不能あり）．
(2) 原則として，我が国における発展は含んでいない．
(3) 各項目の解説サイト　http://www.virtual-u.net/　http://www.qmss.jp/portal/

索　　引

※「五十音見出し語索引」は **xv** 頁参照．見出し語の掲載ページは太字で示してある．
なお，適切な英語表記が決め難い語，形式的訳は英語表記を省いた．

■人名

アロー，K. J.　Arrow, K. J.　470

インケルス，A.　Inkeles, A.　348

エフロン，B.　Efron, B.　112

カルマン，R.E.　Kalman, R. E.　124

クロンバック，L. J.　Cronbach, L. J.　427, 435

サーストン，L. L.　Thurstone, L. L.　464
サーティ，T. L.　Saaty, T. L.　396

シェッフェ，H.　Scheffé, H.　465
シモン，T.　Simon, T.　434

シューハート，W. A.　Shewhart, W.　574, 594

スティーヴンス，S. S.　Stevens, S. S.　372, 375

タイラー，R. W.　Tyler, R. W.　422

ディヴィジア，F.　Divisia, F.　216
デミング，W. E.　Deming, W. E.　574

パッシン，H.　Passin, H.　362
パール，J.　Pearl, J.　427

ピアソン，K.　Pearson, K.　42, 71
ビネー，A.　Binet, A.　421, 434

フィッシャー，R. A.　Fisher, R. A.　574, 582

ヘルムホルツ，H. V.　Helmholtz, H. V.　372

ベアード，J. C.　Baird, J. C.　405

メシック，S.　Messick, S.　426

ライト，S.　Wright, S.　388
ラッシュ，G.　Rasch, G.　436

リン，R. L.　Linn, R. L.　420, 426
ラミング，D.　Laming, D.　405

ロード，F. M.　Lord, F. M.　436

■A～Z

0-1 損失　0-1 loss　142
2 値　binary　570
3 D-SSP　three-dimensional stereotactic surface projections　536

AGFI　adjusted goodness of fit index　393
AHP　analytic hierarchy process　396
AIC　Akaike's information criterion　393
ARIMA モデル　autoregressive integrated moving average model　**268**

BCa 法　bias-corrected and accelerated method　113
Berkson バイアス　Berksonian bias　487
BGM　Brace-Gatarek-Musiela　281

BIBD balanced incomplete block design 583
BNC British National Corpus 658

CAI computer assisted instruction 294,456
CAPI computer assisted personal interview 300
CART classification and regression trees 139
CASH cancer and steroid hormone 498
CASIC computer assisted survey lnformation collection 318
CATI computer assisted telephone interviewing 304,318
CDS credit default swap 289
CESSDA Committee of European Social Science Data Archives 335
CFI comparative fit index 393
CHAID chi-squared automatic interaction detection 138
CI（景気指標） composite index 226
CI (AHP) consistency index 397
CIF cost, insurance and freight 210
CPUE catch per unit of effort 636
CSAQ computerized self-administered questionnaires 294
CSCL computer supported collaborative learning 456
CV法 contingent valuation (method) **624**

DDI data documentation initiative 333
deleted ジャックナイフ法 deleted jackknife 115
DI diffusion index 226

EM アルゴリズム EM algorithm **84**
ESS European Social Survey 347
extensive measurement の構造 extensive measurement 374
eZIS easy Z-score imaging system 536
e ラーニング e-learning **456**

FOB free on board 210
GARCH generalized auto regressive conditional heteroskedastic 279
GDP gross domestic product 201,230
GEE generalized estimating equation 477
GSEA genesetenrichment analysis 547
GSS general social survey 347

HPD区間 highest posterior density interval 60
HTML hypertext markup language 150

ICPSR Inter-University Consortium for Political and Social Research 335,336
ID 3 iterative dichotomiser 3 139
IDF inverse document frequencies 151
IFDO International Federation of Data Organization 335
ILO International Labour Organization 218
IMF International Monetary Fund 218
IPTW法 inverse probability of treatment weighted method 491
ISSP International Social Survey Program 347
item count 法 item count technique 319
IVR interactive voice response 295

KWIC keyword in context 658
K 関数法 K function method 155

LMS learning managemnt system 456
LM検定 lagrange multiplier test 393,449
LOB corpus Lancaster-Oslo-Bergen corpus 659
LOCF last observation carried forward 562

MAR missing at random 83
MCAR missing completely at randam 82
MCMC Markov chain Monte Carlo 61,507
MIMIC モデル multiple indicator multiple cause model 392
NFI normed fit index 393

P&P 方式　paper and pencil　294
PAPI　paper and pencil interviewing　304
PPMs　posterior probability maps　536
PRO　patient reported outcomes　478
PSA　prostate-specific-antigen　534
p 値調整法　p-value adjustment　556

Q-Q プロット　Q-Q plot　48
QALY　quality adjusted life years　472
QE　quick estimation　201
QOL（生活の質）　quality of life　**478**

RAND 医療保険研究　RAND Health Insurance Experiment　471
RDD　random digit dialing　304
RMSEA　root mean square error of approximation　393
ROC　receiver operating characteristic　440, 493
ROC 曲線　receiver operating characteristic curve　531
RVC　relative vevariance contribution　273

S-P 表　S-P table　401, **452**
SD 法　semantic differential method　409
SEM　structural equation modeling　393
SEM/LV　structural equation model with latent variable　389
SNA の構造　structure on system of national account　**228**
SNA の利用　use of SNA　**230**
SNA 利用上の問題点　consideration for use of SNA　**232**
SORD　Social and Opinion Reseanch Database　335
SPMs　statistical parametric maps　536
SRDQ　Social Research Database on Questionnaire　335
SSJDA　Social Science Japan Data Archive　335, 336
Stock-Watson モデル　Stock-Watson model　227

TDE　touch tone data entry　295
TF　term frequencies　151

unscented Kalman filter：UKF　125
UV 曲線　unemployment-vacancy curve, Beveridge curve　188

Web データ解析　web mining　**150**

X-11（X：experimental）　243
X-12 ARIMA　X-12 autoregressive integrated moving average　242
XML　extensible markup language　333

ZA　Institute for Data Analysis and Archiving　334
ZACAT（GESIS Online Stuby Catalogue）　333

■あ

曖昧性　ambiguity　413
赤池情報量規準　Akaike information criterion：AIC　51, **86**
アジョイント法　adjoint method　128
マーケット・バスケット・トランザクション　market basket transaction　162
アソシエーション分析　associations analysis　**162**
アドホック調査　ad hoc survey　316
アメリカ総合社会調査　General Social Survey (GSS)　419
ありのままの学習　learning in wild　457
アンサンブル学習　ensemble learning　139
アンサンブルカルマンフィルタ　ensemble Kalman filter：EnKF　129
安定状態　staple state　594
暗黙の指数　implicit index　215

イェイツの補正　Yates' correction　659
閾値自己回帰　threshold autoregressive：TAR　279
意思決定理論（事例ベース）　theory of decision-

making 376
異質性　heterogeneity　570
依存しない測定　item free measurement　437
1因子実験　one-factor experiment　578
一塩基多型　single nucleotide polymorphism：SNP　542, 546
一元配置型の変量モデル　random-effects model　526
1元配置実験　one-way layout　578
一段階検定　single step test procedure　555
一部実施法　fractional factorial design　580
一部の変数に対する欠損　item nonresponse　356
一様最小分散不偏推定量　uniformly minimum variance unbiased estimator：UMVUE　26
逸脱度　deviance　63
一致した関連　consistency　388
一致推定量　consistent estimator　27
一対比較法　paired comparison method　**464**
一対比較法　paired comparison　596
一般化ウィルコクソン検定　generalized Wilcoxon test　515
一般化加法モデル　generalized additive model：GAM　630
一般化逆行列　generalized inverse matrix　523
一般化主成分分析法　generalized principal components analysis　108
一般化条件付自己回帰型不均一分散　generalized autoregressive conditional heteroscedasticity：GARCH　278
一般化推定方程式　generalized estimating equations：GEE　71
一般化積率法　genarelized method of moments　249
一般化線形モデル　generalized linear model：GLM　**76**, 630
一般化モーメント　generalized method of moment　253
一般社会調査（総合社会調査）　general social survey　346
一般線形モデル　general linear model　536

一般廃棄物　non-industrial waste　627
遺伝疫学　genetic epidemiology　**498**
移動中央値　running median　107
移動平均　moving average　90, 267
移動平均法　moving average method　242
異方性　anisotropy　156
医療経済　health economics　**470**
医療経済評価　economic evaluation (appraisal) in health care　472
医療費請求額　medical charge　472
因果関係　causality　272, 382, 388
因果効果　causal effect　490
因果構造モデル　causal structural model　491
因果推論　causal inference　**490**
因子間相関行列　inter-factor correlation matrix　385
因子寄与　factor contribution　57
因子寄与率　factor contribution rate　57
因子得点　factor score　56
因子負荷行列　factor loading matrix　385
因子負荷量　factor loading　54, 56, 384
因子分析　factor analysis　**56**, 401, 420
因子分析モデル　factor analysis model　390, 429
陰性的中率　predictive values of negative test：PVN　531
インパルス応答関数　impulse response function　273
インピュート法　imputation　219

ヴァシチェクモデル　Vasicek model　280
ウエイト　weight　220
上側四分位点　upper quartile　9
ウェブ調査　web-based survey，web survey　**308**
浮世絵の計量分析　psychometric analysis of Ukiyoe　661
後ろ向き研究　retrospective studies　484
打ち切りデータ　censored data　514

影響関数　influence function, influential function　49, 89

索引

栄養疫学　nutritional epidemiology **496**
疫　学　epidemiology　482
エリア・サンプリング　area sampling　298
エンゲル関数　Engel's function　185
エンゲル係数　Engel's coefficient　185
エンゲルの法則　Engel's law　185
エンドポイント　endpoint　555
エントロピー相関係数　entropy correlation coefficient：ECC　77

横断調査　cross-sectional survey　522
応答曲面法　response surface method　584, 589
起こりえる現象　random variation　503
オーソドックスな調査法　**300**
オーダーメード集計　custom tabnlations　240
オッズ比　odds ratio　484, 645
オーバーラップ法　overlap method　218
オプション価格式　option pricing model　282
オプションコスト法　option costs　219
オブリミン回転　OBLIMIN rotation　385
重みつきユークリッド距離　weighted Euclidean distance　387, 451
音楽のデータ分析　**266**

■か

回帰現象　regression phenomena　**432**
回帰診断　regression diagnostics　48
回帰分析　regression analysis　115
回帰木　regression tree　138
回帰モデル　regression model　76
回収率　recovery　302
階数条件　rank condition　252
外生変数　exogenous variable　389
階層意識　class consciousness　**416**
階層化意思決定法　analytic hierarchy process　396
階層帰属意識　class identification　419
階層分析法（階層化意思決定法）　analytic hierarchy process：AHP　**396**
回　転　rotation　57
街頭調査　street survey　307
価格指数　price indices　**222**

価格指数と数量指数　price indices and quantity indices　214
価格指数と品質調整　price indices and quality adjustments　**218**
過学習　over-training　140
化学物質の健康影響　health effrcts of chemicals　632
価格理論　price theory　286
核関数　kernel function　91
確実性下の意思決定　decision making under certainty　412
拡張カルマンフィルタ　extended Kalman filter：EKF　125
確　認　confirmation　334
確認的因子分析　confirnatory factor analysis　57, **448**
確　率　probability　2
確率の定義と性質　definition and properties of probability　**2**
確率標本　random sample　176
確率比例抽出　probability proportion sampling　179
確率分布　probability distribution　6
確率分布の特性値　characteristics of probability distributions　8
確率変数　random variable　6
確率変数と確率分布　random variable and probability distributions　**6**
確率密度関数　probability density function　6
家系集積性　disease clustering　498
家計消費状況調査　Survey of Household Economy　184
家計調査　Family Income and Expenditure Survey　184
家計の分析　analysis of household income and expenditure　**184**
加工処理誤差　processing error　292
貸出動向　209
加重補正処理　adjusting error　293
過剰識別　over-identified　252
可処分所得　disposable income　184
仮説検定　hypothesis testing　32

仮想現実モデル　operating model：OM　637
画像診断　diagnostic imaging　**536**
仮想評価法　contingent valuation method　624
加速定数　acceleration constant　113
偏り　bias　26, 114
偏り修正量　amount of bias-correction　113
偏りのある誤差　differential error　487
カットオフ値　cut-off value　530
ガットマン尺度（ガットマンスケール）　Guttman scale　370, 408
過適応　over-fit　140
過適合　overfitting　549
カテゴリー　category　466
カテゴリー判断の法則　law of categorical judgment　466
カーネルトリック　kernel trick　147
カーネル法　kernel method　**130**
カバレッジ誤差　coverage error　292, 312
カプラン－マイヤー法　kaplan-Meier estimates (product-limit estimator)　514
カルマンフィルタ　Kalman filter：KF　**124**, 270
Carli 指数　Carli index　213
間隔尺度　interval scale　94, 466
環境（影響）アセスメント　environmental impact assessment　622
環境意識　**608**
環境疫学　environmental epidemiology　**494**
環境学　environmental studies　634
環境・経済統合勘定　System of Environmental & Economic Account：SEEA　229
環境計量学　environmetrics　**604**
環境シミュレーション　**648**
環境の統計分析　statistical analysis of environmental　640
環境配慮行動理論　environmental behavior theory　608
環境評価　environmental evaluation　609
環境リスク評価　environmental risk assessment　620
がん検診　cancer screening　**534**
観光客　tourist　202

観光サテライト勘定　tourism satellite account　202
観光統計　tourism statistics　**202**
観察研究　observational study　554
観察研究でのバイアス　**486**
患者集団　545
患者立脚型アウトカム　patient-based outcomes　478
間接効果　indirect effect　389
間接的に計測される金融サービス　232
間接法　indirect scaling　405
完全空間ランダム　complete spatial randomness　154
完全にランダムな欠損　missing completely at random：MCAR　357
完全プロファイル評定型　full profile rating　394
観測値の等化　observed score equating　414
観測の誤差　observational error　292
観測変数の構造方程式モデリング　389
官庁統計の基本原則　239
感度　sensitivity　5, 440, 492, 530
感度分析　sensitivity analysis　473, 570
官能検査　sensory evaluation　**596**
がんの分子診断　molecular diagnosis of cancer　**548**
簡便な手法　quick-and-dirty method　104
幹葉表示　stem-and-leaf display　105
管理図　control chart　530, **594**
管理戦略の性能評価　management strategy evaluation：MSE framework　637
簡略生命表　abridged life table　508

偽　false　530
機械学習　machine learning　**134**, 140
企業統計　business statistics　**194**
企業物価指数　corporate goods price index：CGPI　223
擬似相関　spurious correlation　62
基準関連妥当性　criterion-related validity　426
基準値　reference value　524

索引

基準範囲　reference range　**524**
気象と環境の統計理論的分析　**640**
季節調整の手法　methods of seasonal adjustment　**276**
季節的階差　268
季節的自己回帰和分移動平均過程　seasonal autoregressive integrated moving average： SARIMA　268
季節変動　seasonal variation　242
季節変動の加法モデル　additive model　242
季節変動の乗法モデル　productive model　242
基礎的支出費目　categories of basic consumption expenditure　185
期待ショートフォール　expected shortfall　288
期待値　expectation　8
喫煙率　smoking rates　475
帰納的　a posteriori　618
偽発見率　false discovery rate：FDR　546
ギブズ・サンプラー　Gibbs sampler　122
基本単位区　basic unit area　205
キャリー・オーバー効果　carry-over effect　323
教育評価　**422**
共　起　collocation　658
共起語　collocates　658
協調学習　collaborative learning　456
共通因子　common factor　56, 384
共通性　communality　57
共分散　covariance　11
共分散構造分析　covariance structure analysis　**392**
共変量　covariates　516
共役事前分布　conjugate prior distribution　59
共有（意思）決定　shared decision making　478
距離行列　distance matrix　95
共和分モデル　cointegration model　274
漁業制御ルール　harvest control rule：HCR　637
局所管理　local control　575
局所独立　local independence　390
許容誤差　tolerance error　530

距離サンプリング　614
寄与率　contribution rate　55
均衡価格モデル　equilibrium price model　237
均衡算出額モデル　equilibrium output model　236
均質性　homogeneity　570
近接中心性　closeness centrality　454
金融統計　financial statistics　**208**
空間疫学　spatial epidemiology　**500**
空間回帰モデル　spatial regressive model　157
空間計量経済学　spatial econometrics　155, 617
空間考古学　spatial archaeology　664
空間誤差モデル　spatial error model　157
空間－時間集積性　space-time clustering　502
空間・時間スキャン統計量　505
空間自己回帰モデル　spatial autoregressive model　157
空間集積性　502
空間情報と空間統計　spatial information and spatial statistics　**154**
空間スキャン統計量　spatial circular scan statistic　504
空間スケール　spatial scale　634
空間相関　spatial correlation　501
空間相互作用　spatial interaction　617
空間的自己相関　spatial autocorrelation　616
空間的相関　spatial correlation　**606**
空間的相互作用　spatial interaction　207
空間的定常性　spatial stationarity　614
空間データ　spatial data　156, **634**
空間統計学　spatial statistics　617
空間範囲　extent　634
空間要素　feature　634
偶然原因　chance cause　594
偶然誤差　random error　530, 582
偶然の一致　accidental coincidence　598
クォーター法　quota sampling　299
区　画　quadrat　650
区画法　quadrat method　155
区間推定　interval estimation　**28**

クック距離　Cook's distance　49
クラスター　cluster　502
クラスター分析　cluster analysis　68
クラスタリング係数　clusteing coefficient　411
グラフィカルモデリング　graphical modeling　62
クラメール・ラオの不等式　Cramér-Rao inequality　26
クリギング　Kriging　155, 616
クリスプ集合　crisp set　402
グリッド　grid　617
グレード法　grading method　650
クロスオーバー試験　cross-over trial　**558**
クロス集計　cross-tabulation　338
グローバル検定　global test　556

景気動向指数　226
景気の指標　business indicators　**226**
経験分布　empirical distribution　112
経験ベイズ　empirical Bayes　507
経験尤度　empirical likelihood　253
傾向スコア　propensity score　357
傾向変動　trend　242
経済時系列データの分析　economic time series data　**242**
経済センサス　economic census　**172**
計算言語学　computational linguistics　654
計算統計学　computational statistics　166
継続調査　continuous survey　317
系統誤差　systematic error　530, 582
系統抽出　systematic sampling　178, 368
系統的成分　systematic component　76
計量経済学　econometrics　468
計量経済分析　econometric analysis　**248**
計量言語学　quantitative linguistics　**654**
計量語彙論　guantitative analysis of vocabulary　654
計量考古学　archaeometry　**662**
計量国語学　mathematical Japanese linguistics　655
計量コーパス　**656**
計量心理学　psychometrics　420, 468

計量多次元尺度法　metric multidimensional scaling　450
計量分析　psychometric analysis　458, 661
計量文体論　stylometrics　654
系列範疇法　method of successive categories　**466**
ケースクロスオーバー法　case-crossover study　630
ケース・コントロール研究　case-control studies　484
結合関数　link function　76
欠測値　missing value　98, 562
欠損データの扱い　missing data analysis for survey　356
欠損メカニズム　missing mechanism　356
決定係数　coefficient of determination　45, 418
決定係数の増分法 → 分散の分割　418
決定木　decision tree　138
ゲートキーパー　gatekeeper　557
ゲートキーピング法　gatekeeping procedure　557
ゲノムデータ解析　genome data analysis　**542**
ゲノムワイドスクリーニング　Genome-wide Screening　546
限界消費性向　marginal propensity to consume　185
健康関連QOL　health related quality of life　478
健康関連体力　health related physical fitness　481
健康危険度評価　health risk appraisal：HRA　512
健康寿命　**508**
健康評価　**512**
顕在変数　manifest variable　390
検出力　statistical power　463
検証的実験研究　confirmatory experimental study　554
検証的分析　confirmatory analysis　390
検　定　statistical testing　462
検定力　statistical power　463

索引

語彙の量的構造　statistical structure of vocabulary　655
公開データの二次分析　secondary analysis of publicly available data　336
効用関数　utility function　216
効果量　effect size　463
工業統計　industrial statistics　196
公共の論争　public controversies　334
考古学データの計量分析　651
交互作用　interaction　463, 489, 576
交互作用効果　interaction effect　419
考古情報学　archaeological informatics　662
考古測定学　archaeological metrology　662
交差検証法　cross validation　90, 115
高次因子分析モデル　higher-order factor analysis model　392
恒常所得仮説　permanent-income hypothesis　256
恒常法　method of constant stimuli　438
構成概念　construct　392, 428
構成概念妥当性　construct validity　426
構造型　structural form　250
構造統計　structural statistics　**168**
構造同値　structural equivalence　454
構造ネストモデル　structural nested model：SNM　491
構造方程式　structural equation　249, 250
構造方程式と識別問題　structural equation and identification problem　**250**
構造方程式の推定法　estimation of structural equation　**252**
構造方程式モデリング（モデル）　structural equation modeling：SEM　384, 391, 393
構造方程式モデル　structural equation model
高速自動微分　128
後退消去　backward elimination　51
交通量調査　traffic census　**646**
交通量統計　traffic statistics　646
公的統計　official statistics　**238, 240**
公的統計の利用・提供　use and dissemination of official statistics　240

購入者価格　purchaser's price　235
公表バイアス　publication bias　570
コウホート分析　cohort analysis　**314**
項目応答理論　item response theory　420
項目反応理論　item response theory　381, 401, **436**
項目プール　item pool　401
項目分析　item analysis　**400**, 452
項目無回答　item non-response　292
効用型尺度　preference-based measures　478
効用関数　utility function　285
効用理論　utility theory　454
交絡　confounding　463, 477, 491
交絡している　confound　575
交絡変数　confounding variable：confounder　489
効率　efficiency, efficacy　27
効率的GMM　efficient GMM　253
公理的測定理論　axiomatic measurement theory　373, 468
国際環境計量学会　International Environmetric Society：TIES　604
国際観光統計年鑑　Yearbook of Tourism Statistics　203
国際観光統計要覧　Compendium of Tourism Statistics　203
国際共同試験　**564**
国際疾病サーベイランス学会　International Society for Disease Surveillance：ISDS　504
国際収支統計　Balance of Payments　210
国際比較調査　cross-national comparative survey　346, 348
国勢調査　population census　168, **170**
国内生産　total domestic output　234
国内総生産　gross domestic product：GDP　235
国民生活基礎調査　181
コ・クリギング　cokriging　156
国連世界観光機構　UNWTO　202
誤差　error　530
誤差因子　noise factor　576

誤差修正モデル　275
故障率　failure rate　591
個人差多次元尺度法　387, 451
コックス・インガソル・ロス
　　Cox-Ingersoll-Ross：CIR　280
コーディング　coding　355
古典的テスト理論　classical test theory　434
コードブック　codebook　332
子どもの体力・運動能力測定　measurement of physical fitness and motor ability of children　480
コーパス　corpus　659
コーパス言語学　corpus linguistics　654
誤判別率　error rate, misclassification rate　52
個別面接聴取法　face-to-face interview　300
コホート研究　cohort studies　483
ごみ有料化　628
雇用形態の変化　192
雇用と失業率　188
コールドデック　cold deck　357
コルモゴロフ記述量　Kolmogorov complexity　158
混合効果モデル　mixed-effects model　518
混合方式　312
混合モード　312
コンコーダンス　concordance　658
コンジョイント分析　conjoint analysis　394
困難度（テスト項目の）　item difficulty　401
コンピューター支援　computer-assisted：CA　295
コンピュータ出題採点試験　computer based test：CBT　431
コンピュータ断層撮影　computed tomography：CT　536

■さ

再現性　reproducibility　334, 530
生産者価格指数　producer's price index　223
最終需要　final demand　234
最小二乗法　least squares estimation　44
最小重要差　minimally important difference：MID　479
最小二乗法　least squares analusis　57
再抽出　resampling　556
再抽出分布　resampling distribution　557
裁定価格理論　arbitrage pricing theory：APT　286
再表現　re-expression　106
最頻値　mode　9, 96
再分析　secondary analysis　334
最尤推定法　maximum likelihood estimation　419
最尤推定量　maximum likelihood estimator　30
最尤法　maximum likelihood analysis　57
最良指数　superlative index number　216
魚の資源調査と資源管理　636
作品研究　research about musical works　667
サーストン尺度　Thurstone scale　406
サービス産業の統計調査　surveys for the service industry　200
サポートベクターマシン　support vector machine：SVM　130, 146
サリドマイド　thalidomide　485
産業関連表　inter-industry relation table　234
産業関連分析　inter-industry analysis　236
産業廃棄物　industrial waste　626
産業分類　industrial classification　174
残差　residual　44
残差平方和　residual sum of squares　45
3次スプライン　cubic spline　90
三重クロス　three-way cross-tabulation　340
産出物　output　234
散布図　scatter plot　102
散布図行列　scatter plot matrix　102
散布度　97
三分法　106

Jevons指数　Jevons index　213
シェッフェ法　Scheffé test　555
視覚化ツール　161
時間依存性交絡要因　time-dependent confoun-

ders 491
時間集積性 502
時間的な関係 temporality 388
磁気共鳴画像法 MRI：magnetic resonance imaging 536
識別問題 identification problem 250
識別力（テスト項目の） item discriminating power 401
事業所統計 194
資金吸収動向 209
資金循環統計 209
時空間人類情報学 670
時系列研究 time series analysis 630
資源管理戦略 management procedure：MP 637
次元縮小 dimension reduction 108
資源量 stock abundance 637
資源量指数 abundance index 637
自己回帰 autoregressive 267
自己回帰移動平均 autoregressive integrated moving average 268
自己回帰モデル conditionally autoregressive model：CAR 157
事後確率 posterior probability 5, 147
自己高揚 self-enhancement 417
自己参加型 self-selection 309
支出弾力性 expenditure elasticity 185
2乗誤差 squared error 26
地震 earthquake 638
指　数 index number 212
次数条件 order condition 252
次数中心性 454
指数の経済理論・連鎖指数 216
事前確率 prior probability 5
自然環境モデル 648
自然3次スプライン natural cubic spline 90
自然史 natural history 492
自然資源モデリング 618
下側四分位点 lower quartile 9
疾患特異的尺度 disease-targeted measures 478
失業率 unemployment rate 188

実験計画法 design of experiment 574
実験的な根拠の存在 experimental evidence 388
実際の誤判別率 actual error rate 53
実質 GDP real GDP 213
質的調査 qualitative research 324
質的調査と量的調査 qualitative research and quantitative research 324
疾病集積性 disease clustering 502
疾病地図 disease mapping 500, 506
疾病統計 disease statistics 511
質問紙調査 questionnaire survey 320
質的データの分析 262
自動車事故分析 644
ジニ係数 Gini coefficient 139
ジニ多様性指標 Gini's diversity index 139
四半期 GDP 速報 quarterly estimates of GDP 230
四分位数 quartiles 97
四分位範囲 inter-quartile range 9, 97
資本資産評価モデル capital asset pricing model：CAPM 286
シミュレーション simulation 117
社会疫学 social epidemiology 476
社会格差と健康 476
社会関係資本 social capital 476
社会調査 social research, social survey 324
社会調査における誤差 292
社会的ネットワーク social networks 454
社会的望ましさ social desirability 311
弱学習器 weak learner 140
尺　度 scale 374
斜交回転 oblique rotation 57
ジャックナイフ法 jackknife method 114
シャピロ・ウィルクの検定 Shapiro-Wilk test 48
シャープの測度 Sharpe ratio 285
シャーリー・ウィリアムズ検定 Shirley-Williams test 555
主因子分析 principal factor analysis 659
主因子法 principal factor analyisi 57
重回帰分析 multiple regression analysis

46, 418
重回帰分析の変数選択　variable selection　50
自由回答　open question　354
就業意欲喪失効果　discouraged workers effect　188
集計データとミクロデータ　aggregate data and micro data　**264**
集合体　aggregate　143
集合調査　**306**
収支項目分類　184
住生活基本計画　183
修正ボンフェローニ法　modified/improved Bonferroni procedure　556
重相関係数　multiple correlation coefficient　45
従属変数　dependent variable　418
住宅　housing　182
住宅需要実態調査　182
住宅・土地統計調査　182
住宅と土地　housing and land　**182**
集団学習　ensemble learning　**140**
重点的サンプリング　importance sampling　119
十分位数　deciles　97
十分統計量　sufficient statistic　27
周辺確率分布　marginal probability distribution　10
周辺確率密度関数　marginal probability density function　10
周辺構造モデル　marginal structural model：MSM　491
住民からの報告　reported cluster　502
住民登録　resident registration　168
集落抽出　cluster sampling　181, 368
重力モデル　gravity model　207
主観確率　subjective probability　61
主観的等価点　point of subjective equality：PSE　439
縮小階数　reduced rank　252
縮約型モデル　reduced form model　289
縮約モデル　reduced model　63
主効果　main effect　489, 576

主効果と交互作用　main effect and interaction　**576**
主催する会議　504
受信者動作特性曲線（ROC 曲線）　receiver operating characteristic curve　531
主成分得点　principal component score　54, 55, 659
主成分分析　**54**, 659
寿命分布　lifetime distribution　590
樹木モデル　tree-based model　**138**
主要エンドポイント　primary endpoint　556
腫瘍マーカー　tumor marker　**540**
循環変動　cycle　242
順序効果　order effect　323
順序尺度　ordinal scale　94, 466
順応的管理　adaptive management　637
条件付きロジットモデル　conditional logit model　395
障害なし平均余命　509
商業統計　commercial statistics　198
商業動態統計調査　181
商業の統計　statistics for commerce　**198**
商業販売統計　commercial sales　199
条件付き確率　conditional probability　4
条件付き確率密度関数　conditional probability density function　11
条件付き確率とベイズの定理　conditional probability and Bayes's theorem　4
条件付自己回帰型不均一分散　autoregressive conditional heteroscedasticity：ARCH　278
条件付自己回帰モデル　conditional autoregressive model　501
条件付き独立　conditional independence　489
条件付き分布　conditional distribution　10
症候サーベランス　syndromic surveillance　**504**
証拠理論　evidence theory　442
状態空間表現とカルマン・フィルター　state space model and Kalman filter　**270**
状態空間モデル　state space model　128
消費　consumption　254

索引

消費関数　consumption function　254, 256
消費者物価指数　consumer price index　218, **220**
消費性向　propensity to consume　184
小標本論　small sample theory　24
情報損失　265
情報バイアス　487
情報利得　information gain　139
情報量規準　Akaike information criterion：AIC　135
初期標本　52
除去を用いた推定法　651
職業分類　**174**
食事調査法　496
食物摂取頻度調査法　food frequency questionnaire：FFQ　496
初頭効果　primacy effect　311
所　得　income　254
所得格差　186
事例調査法　case study method　325
事例ベース意思決定理論　**376**
真　true　530
親近性効果　recency effect　311
シングルファクターモデル　single factor model　285
心血管系死亡　cardiovascular mortality　556
信号検出理論　signal detection theory：SDT **440**
人口集中地区　densely inhabited district：DID　204
人口静態統計　statics of population statistics　510
人口統計　demographic statistics　474
人口動態統計　vitalstatistics, dynamic of population statistics　510
真止な学習　457
真正の評価　423
(真値の)等化　true score equating　414
心電図　electrocardiogram：ECG　**538**
人　年　person-year　523
信念測度　belief measure　442
真の指数　true index number　216

シンプソンのパラドックス　Simpson's paradox　340, **488**
信頼区間　confidence interval　28
信頼限界　confidence limit　113
信頼性　reliability　400, 427, 428, 592
信頼性と妥当性　reliability and validity **426**
信頼性・保全性　reliability and maintainability　592
心理学的尺度構成法　464
心理学の連続体　psychological continuum　429
心理実験　psychological experiment　462
心理実験と検定　psychological experiment and statistical testing　462
心理尺度　374
心理尺度構成　psychological scaling　466
心理測定　psychological measurement　372
心理測定関数　psychometric function　438
森林インベントリー　forest inventory **606**
森林継続調査　continuous forest inventory：CFI　607
森林減少モデル　618

推移核　transition kernel　120
水　準　level　576
推　定　estimation　26
推定値　estimate　26
推定量　estimator　26
数理経済学　methematical econometrics　468
数理言語学　mathematical linguistics　654
数理心理学　methematical psychology　468
数量化Ⅰ類　quantification method Ⅰ　**342**
数量化Ⅱ類　quantifation methol Ⅱ　342, 351
数量化Ⅲ類　quantification method Ⅲ　**344**, 351
数量化の方法　quantification method　342
スコア検定　score test　71
スタンプ　stumps　140
スチューデント化残差　studentized residual　49
スティール・ドゥワス　Steel-Dwass　554
素データ　raw data　334

スプライン spline 90
スプリットハーフ split-half 318
スポーツデータ分析 668
スムージング smoothing 90
スモールワールド small world 410

正確度 accuracy 530
生活時間調査 360
正規化 normalization 543
正規化圧縮距離 158
正規化情報距離 158
正規性 normality 48
正規分布 normal distribution 16, 97
正規分布に関する統計的推測 statistical inference for normal distribution 34
正規偏差値 378
正規方程式 normal equation 44
制御因子 controllable factor 576
制限情報 limited information 252
整合性のある関連・一貫性 coherence 388
整合的リスク尺度 coherent risk measure 289
政策分析 policy analysis 474
生産関数 production function 258
生産指数 index of Industrial Production：IIP 224
生産者価格 producer's price 235
生産者物価指数 producer price index 218
生産性の計測 260
生産動態統計（経済産業省） dynamic statistics of production economic time series data 197
正準結合 canonical link 77
正準相関分析 canonical correlation analysis 64
正常範囲 normal range 524
精神測定関数 psychometric function 438
精神年齢 mental age 430
製造業と生産指数 index of industrial production：IIP 224
製造業の統計 statistics for manufacturing industry 196
正則条件 regularity conditions 26

生存時間 survival time（time-to-event） 514
生存時間関数 survivorship function 514
生存時間分析 survival time analysis 514
生存率関数 survival rate function 514
生態学的誤謬 ecological fallacy 477
生態リスク ecological risk 621
成長曲線モデル latent growth model 393
生物学的勾配 biological gradient 388
政府統計の利用法 244
成分負荷量 component loading 54
正方点 cube point 586
精密測定の原理 59
精密度 precision 530
精密標本論 exact distribution theory 24
生命表 life table 508
世界価値観調査 347
積仮説 555
絶対閾 absolute threshold 439
節点 knot 90
正方分割表 399
セミ・パラメトリック semi-parametric 253
選挙予測調査 364
漸近相対効率 asymptotic relative efficiency 104
線形回帰モデル linear regression model 76
線形計画法 linear programming 237
線形判別関数 linear discriminant function 52
先験確率 52
全項目無回答 292
全国消費実態調査 184
全国物価統計調査 National Survey of Prices 222
潜在意味解析 latent semantic indexing 151
潜在因子 latent factor 56
潜在曲線モデル latent curve model 393
潜在クラスモデル latent class model 390
潜在結果 490
潜在構造分析 latent structure analysis 390
潜在構造方程式 latent structure equation 390
潜在構造モデル latent structure model 390

索引　689

潜在特性モデル　latent trait model　390
潜在変数　latent variable　385,390,392,**428**
潜在変数を含む構造方程式モデリング
　　structural equation model with latent variable：SEM/LV　389
センサス局法　Bureau of Census method　242
前進選択　forward selection　51
全数調査（センサス）　168,176
全体効用　total utility　394
選択行動　447
選択肢　alternative　396
選択肢回答　closed question　354
選択肢回答と自由回答　closed question and open question　**354**
選択的支出費目　185
選択バイアス　selection bias　486,502
尖　度　kurtosis　9,97
セントラル・アーカイヴ　Zentralarchiv für Empirishe Sozialforschung　334
全平方和　sum of squares corrected for the mean　45
全変数に対する欠損　unit nonresponse　356
全要素生産性　total factor productivity：TFP　261

相　phase　95
相関関係　correlation　382
相関係数　correlation coefficient　11,45,382
相関と因果関係　correlation and causality　**382**
総合効果　total effect　389
総合社会調査　general social survey　346
相互情報量　mutual information　658
操作変数　instrumental variables　249,253
総死亡　total mortality　556
総世帯視聴率　households using television：HUT　369
相対危険度　relative risk　517
相対所得　relative income　255
層別逆回帰法　sliced inverse regression：SIR　**110**
層別抽出　stratified sampling　178

層別抽出　multi-layer sampling　296
測定誤差　measurement error　293,380
ソシオメトリー　sociometry　455
ソシオメトリック・テスト　sociometric test　455
ソフト・マージン　146
ソマトタイプ　somatotype　528

■た

第1法則　616
対応分析　correspondence analysis　**66**,659
体　格　body shape　528
体格指数　body mass index　528
大学入試センター試験　The National Center Test　**424**
大気中粒子物質　630
大気中粒子物質の健康影響　health effect of—　630
体型・肥満度の測定　indices of body shape and adiposity　528
第三変数　third variable　489
対　照　control　554
対称性関連検定　399
耐　震　earthquake-proof　**638**
対数オッズ　log odds　70
対数線形モデル　log-linear model　74,489
代数的言語学　654
大数の法則　laws of large numbers　**20**,122
対数尤度比　log likelihood ratio　659
代替世帯　369
代替弾力性　elasticity of substitution　258
代替変数　surrogate variable　487
大都市圏・都市圏　205
態度測定　attitude measurement　**406**
代入法　plug-in method　53
対　比　contrast　555
大標本論　large sample theory　24
代理損失　surrogate loss　142
体力・運動能力測定　480
互いに独立　mutually independent　3,10
多項ロジットモデル　multinomial logit model　**446**

多次元尺度法　multidimensional scaling　386, 450
多重エンドポイント　multiple endpoints　555
多重検定　554
多重指標　428
多重と多重比較・多重エンドポイント　**554**
多重代入　multiple imputation　357
多重比較　multiple comparison　554
多重比較法　multiple comparison procedure：MCP　554
多段抽出　multi-stage sampling　179, 296
脱　落　dropout　356
妥当性　validity　400, 426, 486
妥当性測度　plausibility measure　442
ダネット　Dunnett　554
ダービン・ワトソンの検定　Durbin-Watson test　48
多変量回帰　multivariate regression　251
多変量時系列モデル　multivariate time-series models　**272**
多変量正規分布　multivariate normal distribution　**18**
多母集団の同時分析　393
ダミー変数　dummy variable　70, 262
単　位　404
単位漁獲努力あたり漁獲量　catch per unit of effort：CPUE　636
単位根モデル　unit-root model　274
単一回答　354
単一代入　357
単回帰分析　simple regression analysis　**44**
単光子放射型断層撮影　SPECT　536
探索的因子分析　exploratory factor analysis　57, **384**
探索的データ解析　exploratory data analysis：EDA　**104**
単純クリギング　simple kriging　156
単純集計とクロス集計　**338**
単純無作為抽出　simple random sampling　176
単相2元データ　single-phase binary data　95
単調回帰　monotonic regression　555

地域データ分析　spatial analysis of statistical data　**206**
地域と統計　area（or space）and statistics　**204**
地域メッシュ　grid square　205
地位共有モデル　status-sharing model　416
地位最大化　status maximizing　416
地位借用モデル　status-borrowing model　416
地位独立モデル　independent-status model　416
チェルノブイリ原子力発電所事故　Chernobyl nuclear accident　613
地球統計学　geostatistics　155
逐次選択法　stepwise selection　51
知能指数　Intelligence Quotient　430
注意係数　caution index　401, **452**
中央値　median　9, 96
中間回答選好傾向　preference of middle answer category　349
中間需要　intermediate demand　234
抽出単位　sampling unit　176
中心極限定理　central limit theorem　**22**, 24
中心点　center point　586
中毒学研究と化学物質の健康影響　**632**
超過リスク　excess risk　502
調査員　interviewer　**352**
調査区　enumeration district　205
調査誤差　error in survey　330
調査誤差，バイアス　error and bias in survey　**330**
調査単位　unit of analysis　176
調査票の設計　questionnaire design　**322**
調査不能と回収率　non-research and response rate　302
調査方式　survey mode　294, 308
調査倫理　code of ethics　**326**
調整されたオッズ比　adjusted odds ratio　71
調整p値　adjusted p-value　557
丁度可知差異　just noticeable difference　439
蝶ネクタイ　bow-tie　150
超母数　hyper parameter　59
直接効果　direct effect　389

直列システム　593
直接法　405
直列門番・直列ゲートキーピング　serial gatekeeping　557
直交回転　orthogonal rotation　57
直交条件　orthogonality condition　253
直交表　table of orthogonal arrays　**580**
地理情報システム　goegraphic information system：GIS　205, 500
地理的加重回帰モデル　geographically weighted regression model：GWR　157
地理的空間　geographic space　204
治療不遵守　non-compliance　491
治療方針　491
賃金構造　190
賃金と労働時間　wages and working hours　**190**

追加的就業効果　188
通常クリギング　ordinary kriging　156
釣り合い型不完備ブロック計画　balanced incomplete blocked design：BIBD　583

ディヴィジア指数　Divisia index number　216
t 検定　t test　**50**
抵抗力のある手法　105
定常時系列モデル　stationary time series models　**266**
定常人口　stationary population　509
定常性　stationarity　266, 617
定常ポアソン過程　homogeneous Poisson process　614
Dutot 指数　Dutot index　213
ディミヌエンド　deminuendo　667
定　線　636
適応的方法　adaptive method　438
適合度　goodness of fit　71
適合度検定　goodness of fit test　**42**
適合度検定　test of goodness-of-fit　448
テキストマイニング　text mining：TM　148, 355
適中度　predictive value　493

出口調査　exit poll　306
デクレシェンド　decrescendo　667
てこ比　leverage　49
テスト　test　400, **420**, 452
テストの測定誤差　measurement error in testing　380
テスト理論　test theory　420
データ・アーカイヴ　data archive　**334**, 336
データ解析とソフト　**160**
データ同化　**128**
データの構造　94
データの視覚化　100
データの洗練　105
データの測定　94
データの要約　96
データマイニング　data mining　**136**, 148
データマイニングツール　data mining tools　137, 161
デビアンス　deviance　71
テューキー　Tukey　554
デリバティブの価格理論　282
テレビ視聴率　television ratings　368
テレビ視聴率調査　television audience measurement：TAM　368
転　帰　492
点推定　point estimation　26
デンプスター・シェーファー理論　Dempster-Shafer theory　442
電話調査　telephone survey　304

ドイツ社会科学インフラストラクチャ・サービス　Gesellschaft Sozialwissenschaftlicher Infrastruktureinrichtungen：GESIS　333
等　化　414
統計解析パッケージ　statistical analysis package　160
統計地域　statistical area　204
統計地図　statistical map　206
統計調査法　statistical research　325
統計的決定理論　statistical decision theory　58
統計的検定　statistical testing　**32**

統計的パターン認識　statistical pattern recognition　140
統計の中立性　243
統計法　241
同時確率分布　joint probability distribution　10
同時確率密度関数　joint probability density function　10
同時検定　simultaneous test　555
同時較正　concurrent calibration　415, 437
同時出生集団　birth cohort　314
等質群　414
同時方程式　simultaneous equations　249, 250
動態統計　dynamic statistics　**168**
投入　input　235
投入係数　input coefficient　235, 236
投入産出価格指数　223
投入産出表　input-output table　234
動物生息数調査　**650**
等分散　constant variance　**48**
統計データーカイブ　statistical data archives　241
トゥルンクヴィスト　Törnqvist　214
特異値分解　singular value decomposition　151
特異度　specificity　5, 441, 492, 530
特異な関連　388
独自因子　unique factor　56, 384
独自分散行列　unique variance matrix　385
特性関数　characteristic function　402
得点等化法　**414**
匿名データ　240
独立かつ同一の分布に従う　independently identically distributed：i.i.d.　24
独立変数　independent variable　418
独立変数に重みづけパラメータを導入したロジスティック回帰モデル　418
都市ヒートアイランド　urban heat island：UHI　634
都市ヒートアイランド強度　urban heat island intensity：UHII　635
土地価格　land prices　183

トップコーディング　top-coding　241
トランザクション　transaction　162
トランスログ生産関数　trans-log production function　259
トリム平均　trimmed mean　88

■ な

内閣府調査の継続質問　**362**
内生変数　endogenous variable　389
内的整合性　internal consistency　401
内容妥当性　content validity　426
並べ替えベース多重検定　557

2元配置実験　two-way layout　579
2元配置データ　577
二項分布の推定・検定　**38**
二次判別関数　quadratic discriminant function　52
二次分析　secondary analysis　333
2選択肢共生選択　two-alternative forced choice：2AFC　438
二相抽出　two-phase sampling　181
二段階GMM　two-step GMM　253
日銀短観　227
2値データ　binary data　262
日米EU医薬品規制調和国際会議　564
二値変数　dichotomous variable　416
2変量の確率分布　bivariate probability distributions　**10**
日本版総合的社会調査　Japanese General Social Survey：JGSS　336
ニュートン=ラフソン法　Newton-Raphson Algorithm　419
ニューラルネットワーク　neural network　144
ニューロン　neuron　144

ネフィツィ　Neftçi　227
Neficiモデル　Neftçi model　227
年齢・時代・コホートモデル　age-periodcohort model　**522**

農業集落　204

望ましさ関数　587
ノンパラメトリック　nonparametric　253
ノンパラメトリック判別分析　53
ノンパラメトリック・ブートストラップ法　112
ノンパラメトリック法　nonparametric test　**78**

■は

バイアス　bias in survey　330
バイアス・バリアンス・ジレンマ　143
媒介中心性　454
倍加時間　541
廃棄物統計　**626**
配合実験　mixture experiments　**588**
バイプロット　biplot　102
パイロットスタディー　pilot study　329
南風原の方法　415
バギング　bagging　139,143
曝露応答関係　exposure-response relationship　569
暴露度　exposure　645
曝露評価　494
曝露マージン　margin of exposure：MOE　621
箱ヒゲ図　box-and-whisker plot　99,105
ハザード（瞬間死亡率）関数　hazard function　516
ハザード比　hazard quotient：HQ　621
パーシェ式　Paasche formula　214
パス　path　62
パス解析　path analysis　62,**388**,418
パス係数　path coefficient　389,418
パス図（パスダイアグラム）　path diagram　62,389
バスタブ曲線　bath-tub curve　590,592
外れ値　outlier　48,98,105,525
パーセンタイル（パーセント点）　percentiles　97
パーセンタイル順位　percentile rank　379
パーセンタイル法　percentile method　113
発がんリスク　cancer risk　621
バックトランスレーション　backtranslation　**350**

ハーディー・ワインベルク平衡　Hardy-Weinberg equilibrium：HWE　542
ハード・マージン　hard margin　146
パネル調査　panel survey　180,**316**,368
パネルの損耗　356
林の数量化III類　Hayashi's quantifation methol III　351
パラメトリック・ブートストラップ法　112
バリオグラム　variogram　155
バリマックス回転　varimax rotation　57,385
ハル・ホワイト　Hull-White　280
反事実的　counterfactual　490
反事実モデル　counterfactual model　490
半正規プロット　half-normal plot　49
反　復　replication　575
判別点　53
判別得点　discriminant score　53
判別分析　discriminant analysis　**52**,115
判別ルール　52
比較判断　comparative judgment　405
非観測の誤差　nonobservational error　292
非計量多次元尺度法　nonmetric multidimensional scaling　**386**
比尺度　ratio scale　94
微小粒子状物質　fine particlate matter：PM2.5　630
比推定　ratio estimate　179
ヒース・ジャロー・モートン　Heath-Jarrow-Morton：HJM　281
非線形時系列モデル　nonlinear time-series models　**278**
非対称多次元尺度構成法　asymmetric multidimensional scaling　398
非対称データの解析　**398**
ビッターリッツ法　Betlithertu method　607
非定常時系列モデル　non-stationary time series models　**274**
非等質群　414
ヒト健康リスク　621
1つ取って置き法　53
非発がんリスク　non-cancer risk　621
非標本誤差　non-sampling error　177,368
非標準解　448

非復元抽出　sampling without replacement　176, 557
肥満　obesity　528
肥満度　relative weight　528
百分位数　percentile　97, 113
費用（医療）　cost　472
評価基準　criterion　396
病気の原因を探る　**482**
標示因子　indicative factor　576
標識再捕法　mark-recapture method　650
標準解　standardized solution　448
標準化死亡比　standardized mortality ratio：SMR　506
標準誤差　standard error：SE　86
標準正規分布　standard normal distribution　262, 466
標準偏差　standard deviation：SD　8, 97
標本　sample　112, 296
標本誤差　sampling error　177, 292, 368
標本抽出　sampling　325
標本抽出誤差　sampling error　296
標本抽出方法　statistical sampling　**296**, **298**
標本調査　sample survey　176
標本調査のいろいろな方法　178
標本調査の基礎　**176**
標本調査の実例　**180**
標本分布　sampling distribution　24
標本分布論　24
標本平均　sample mean　24
標本理論の非整合性　58
描画の画像解析　image analysis of drawing picture　461
描画の計量分析　psychometric analysis of drawing picture　**460**
非類似性　dissimilarity　386, 450
比例ハザードモデル　proportional hazards model　516

ファイナンスの確率過程　stochastic process of finance　**280**
ファジィ数　402
ファジィデータ解析　fuzzy data analysis　402
ファーマコゲノミクス　pharmacogenomics　**544**
フィッシャー式　Fisher formula　214

フィッシャー情報量　Fisher information　26
フィッシャーの線形判別関数　Fisher's linear discriminant function　53
フィードバック管理　feedback control　637
フェースシート　face sheet　322
フェヒナー問題　Fechner's problem　440
付加価値率　237
不確実性　uncertainty　412
不確実性下の意思決定　decision making under uncertainty　413
不完全データ　incomplete data　82, 356
不規則変動　irregular variation　242
復元抽出　sampling with replacement　113, 176, 557
複合エンドポイント　556
副次エンドポイント　557
複数回答　multiple answer　354
ブースティング　boosting　139, 141
ブートストラップ　bootstrap　143
ブートストラップ信頼区間　113
ブートストラップ推定値　113
ブートストラップt法　113
ブートストラップ標本　bootstrap sample　112
ブートストラップ分布　113
ブートストラップベース多重検定　557
ブートストラップ法　bootstrap method　112, 114
不平等の尺度と所得格差　**186**
部分域　204
部分効用　394
普遍クリギング　universal kriging　156
不偏推定量　unbiased estimator　26
不偏性　unbiasedness　26
不偏分散　unbiased variance　97
不変分布　invariant distribution　121
浮遊粒子状物質　suspended particle matter：SPM　630
ブラック・カラシンスキ　Black-Karasinski　281
ブラッドフォード・ヒルの9つの基準　388
フリーター　193
プリテスト　pretest　320, **328**
フルモデル　full model　50, 63
フレサカー・ヒューストン　Flesaker-Hughston　281
ブログ　blog　150

索引

プロセス考古学　663
プロセティック　prothetic　404
ブロック因子　block factor　576
プロビット・モデル　probit model　262
プロファイル型尺度　profile measures　478
プロマックス回転　promax rotation　57
分位点差縮小法　425
分解定理　factorization theorem　27
文化計量学　660
文化多様体解析　347
分割表の解析　**72**
分散　variance　8, 97, 112, 114, 418
分散減少法　variance reduction　119
分散分解　273
分散分析　analysis of variance　**36**
文章の計量分析　660
分析操作の誤り　operational error　530
分布関数　distribution function　112
分類木　classification tree　138

ペア相関函数　pair correlation function　614
ペアワイズ評定型　pairwise rating　394
平滑化スプライン　smoothing spline　90
平均因果効果　average causal effect　490
平均故障間隔　mean time between failures：MTBF　592
平均故障寿命　mean time to failure：MTTF　592
平均2乗誤差　mean squared error：MSE　26
平均寿命　life expectancy at birth　**508**
平均値　mean　8, 96
平均分散アプローチ　expectation-variance approach　284
平均への回帰　regression to the mean　45, 432
閉検定手順　closed testing prodcedure；CTP　555
並行座標プロット　parallel coordinate plot：PCP　102
米国科学カウンシル　National Research Council：NRC　620
ベイズ因子　Bayes factor　547
ベイズ統計の推測　Bayesian inference　**58**
ベイズの定理　Bayes's theorem　4
ベイズモデル　Bayesian model　570
併存妥当性　426

並列ゲートキーピング　parallel gatekeeping　557
並列システム　593
並列門番・並列ゲートキーピング　557
べき関数　power function　404
べき法則　power law　404
ベクトル移動平均　vector moving average：VMA　272
ベクトル自己回帰　vector autoregressive：VAR　272
ヘドニック法　hedonic approach　219
偏回帰係数　partial regression coefficient　47
偏差値　deviation value　**378**
変数選択　variable selection　115
偏相関係数　partial correlation coefficient　62
変動係数　coefficient of variation：CV　9, 97
変動消費　256
変動所得　256
弁別閾　discrimination threshold　439
変量効果　random effect　518
変量内誤差モデル　error-in-variables model　428
変量モデル　random-effects model　570

ポアソン分布の推定・検定　**40**
貿易指数　indexes of trade statistics　223
包括的尺度　generic measures　478
放射線　radiation　610
放射線障害　radiation damage　611
放射線被曝　radiation exposure　610
放射線リスク　radiation risk　610
放射能　radioactivity　610
法人土地基本調査　Basic Survey on Land　182
保健指標　health indices　**510**
星型点　586
母集団　population, universe　176, 296
母数効果　fixed-effects　518
母数（効果）モデル　fixed-effects model　518, 570
保全性　maintainability　592
ボックスプロット　boxplot　102
ホットデック　hot deck　357
補定処理　inputation error　293
ボディ・マス・インデックス　body mass index：BMI　528

ポテンシャル・モデル　207
ポートフォリオ最適化　284
ホー・リーモデル　Ho-Lee model　281
ポリゴン　polygon　617
ホルフォードの方法　Holford method　523
ホルム法　Holm method　556
ホルム-ボンフェローニ法　Holm-Bonferroni method　555
ボンフェローニの不等式　Bonferroni inequality　555
ホンメル法　Hommel method　556

■ま

前向き研究　prospective studies　483
前向きコホート研究　prospective cohort study　631
マグニチュード推定法　404
マーケティング・リサーチ　marketing research　**366**
マネーストック統計　208
マハラノビス距離　Mahalanobis distance　53
マルコフ連鎖　Markov chain　120
マルコフ連鎖モデル　Markov chain model　390
マルコフ連鎖モンテカルロ法　Markov chain Monte Carlo method　120
マルチファクターモデル　multifactor model　285
マルチモード　**312**
マルチレベル分析　multilevel analysis　**520**
マローズのCp　Mallows Cp　51

見かけ上の誤判別率　53
見かけ上の相関　apparent correlation　62, 383
見かけのクラスター　apparent cluster　502
ミクロデータ　micro data　264
見せかけの回帰　apparent regression　274
見逃せない原因　assignable cause　594
ミックスモード　**312**

無回答　nonresponse　292
無回答誤差　non-response error　293
無向グラフ　undirected graph　62
無作為化　randomzation　491, 557, 575
無作為抽出　random sampling　176, 325, 552,

557
無作為割付け　randomization　552

名義尺度　nominal scale　94
メタ・アナリシス　meta-analysis　**570**
メタセティック　metathetic　404
メタデータ　metadata　333
メタボリックシンドローム　metabolic syndrome　**532**
メッシュ　mesh　617
メディアンポリッシュ　median polish　107
メトロポリス-ヘイスティングズ・アルゴリズム　Metropolis-Hastings (M-H) algorithm　123
面積定理　440
メンバーシップ関数　membership function　402

黙従傾向　311
目標母集団　292
もっともらしい関連・説得性　388
モデル選択法　model selection procedure　87
モデルの適合度　86
モンテカルト近似　Monte Carlo approximation　122
モンテカルロ法　Monte Carlo method　116
門番・ゲートキーパー　557
門番法・ゲートキーピング法　557

■や

薬物動態学　pharmacokinetics：PK　566
薬物動態学的モデル・薬力学モデル　pharmacokinetics model, pharmacodynamics model　566
薬力学　pharmacodynamics：PD　567
薬力学モデル　pharmacodynamics model　566

有意性　significance　71
有意抽出　purposive sampling　176
有意標本　purposive sample　176
有限母集団修正　finite population correction　177
有向グラフ　directed graph　62
有効推定量　efficient estimator　27
有効性　efficacy　530

索引

優性 dominant 542
誘導型 reduced form 250
尤度関数 likelihood function 30
尤度原理 likelihood principle 58
尤度比検定統計量 71
尤度方程式 likelihood equation 30
有病率 prevalence 493
郵便法 301
ユークリッド距離 Euclidean distance 387, 450
ユニバース univese 296

要因計画 factorial experiment **578**
陽性的中率 predictive values of positive test：PVP 531
要素逆転テスト 214
陽電子放射断層撮影 PET 536
予測 prediction 616
予測誤差 prediction error 115
予測妥当性 predictive validity 426
予測平均二乗誤差 predictive mean squared error 115
予防原則 412
予防的アプローチ 412
世論調査の歴史 **358**

■ ら

ライフサイクル仮説 life cycle hypothesis 257
ラスパイレス式 Laspeyres formula 212, 214, 221
ラスペーア（ラスパイレス指数） Laspeyres 212
ラチェット効果 ratchet effect 184
乱塊法，ラテン方格法とBIBD randomized block design/balanced incomplete block design 574, **582**
乱数 random numbers 117
ランダム化比較試験（無作為化） randomized controlled trial 535
ランダム効果 random effect 428
ランダム効用理論 **444**
ランダム成分 random component 76
ランダムでない欠損 not missing st random：NMAR 357

ランダムな欠損 missing at random：MAR 357
ランダムフォレスト random forest 139
ランダム・ルート・サンプリング 298

力学系モデルと計量分析 **458**
リグルーピング 241
離散型確率変数 discrete 6
離散型分布 discrete type distribution **12**
リサンプリング resampling 112, 241
リサンプリングベースの多重検定 556
リサンプル resample 112
リスク因子 risk factor 512
リスク下の意思決定 decision making under risk 412
リスク計測の統計的方法 **288**
リスク差 risk difference 484
リスクと不確実性 **412**
リスク比 risk ratio 484
リスク比（ハザード比） hazard ratio 631
リスク評価 risk evaluation **600**
率 rate 522
リッカート尺度 Likert scale 407
利得比 gain ratio 139
リードタイム・バイアス lead-time bias 534
粒子状物質 particulate matter：PM 630
粒子フィルタ particle filter：PF 129
流動資産 liquid asset 255
量的調査 quantitative research 324
臨床疫学 clinical epidemiology 492
臨床検査の個人差モデル 526
臨床検査の精度管理 **530**
臨床試験 clinical trial 550
臨床試験における無作為割付け 552
隣接行列 adjacency matrix 454

類似性データ 95
類似の関連の存在 analogy 388
累積寄与率 55, 57
累積的 334
累積分布関数 cumulative distribution function 6

レギュラー同値 454
劣性 recessive 542
レングス・バイアス 534

連鎖指数　chain index number　216
連鎖的調査分析　cultural linkage analysis：
　　CLA　346
連続型確率変数　6
連続型分布　continuous-type distribution　**14**
連続修正　continuity correction　39
連邦主義者　Federalist papers　660

労働時間　working hours　191
労働力調査　Labour Force Survey　180
労働力率　188
ログランク検定　log-rank test　515
ロジスティク分布　logistic distribution　262
ロジスティック回帰　logistic regression　**70**
ロジスティック回帰モデル　logistic regression model　70,418
ロジスティック関数　logistic function　70
ロジスティック判別分析　logistic discriminant analysis　53

ロジット　logit　70
ロジット・モデル　logit model　262
ローテーション　sample rotation　368
ロバストネス　robustness　**88**
ローパー・センター　Roper Center　334
ロングスタッフ・シュワルツ　Longstaff-Schwartz　281

■わ

歪度　skewness　9,97
ワイブル確率紙　Weibull prubability paper　591
ワイブル分布　Weibull distrbutim　590
ワーク・ライフ・バランス　193
ワーディング　wording　320,323
和分過程　integrated process　268
割当て法（クォーター法）　quota sampling　299
割引　discounting　473
ワルド検定　Wald test　71,393,449

統計応用の百科事典

平成23年10月31日　発行

編集委員長　松原　望，美添泰人

発行者　吉田　明彦

発行所　丸善出版株式会社
〒101-0051 東京都千代田区神田神保町二丁目17番
編集：電話(03) 3512-3264／FAX (03) 3512-3272
営業：電話(03) 3512-3256／FAX (03) 3512-3270
http://pub.maruzen.co.jp/

© Nozomu Matsubara, Yasuto Yoshizoe, 2011

組版印刷・有限会社 悠朋舎／製本・株式会社 松岳社
ISBN 978-4-621-08397-0 C 3541　　Printed in Japan

JCOPY 〈(社)出版者著作権管理機構 委託出版物〉
本書の無断複写は著作権法上での例外を除き禁じられています。複写される場合は、そのつど事前に、(社)出版者著作権管理機構(電話03-3513-6969, FAX 03-3513-6979, e-mail : info@jcopy.or.jp)の許諾を得てください。